AF240690

DICTIONNAIRE

CLASSIQUE

D'HISTOIRE NATURELLE.

MM.

AD. B.   Adolphe Brongniart.
A. D. J.   Adrien de Jussieu.
A. F.   Apollinaire Fée.
A. R.   Achille Richard.
AUD.   Audouin.
B.   Bory de Saint-Vincent.
C. P.   Constant Prévost.
D.   Dumas.
D. C..E.   De Candolle.
D..H.   Deshayes.
DR..Z.   Drapiez.
E.   Edwards.

MM.

E. D..L.   Eudes Deslonchamps.
F.   D'Audebard de Férussac.
FL..S.   Flourens.
G.   Guérin.
G. DEL.   Gabriel Delafosse.
GEOF. ST.-H.   Geoffroy St.-Hilaire.
G..N.   Guillemin.
ISID. B.   Isidore Bourdon.
IS. G. ST.-H.   Isidore Geoffroy Saint-Hilaire.
K.   Kunth.
LAT.   Latreille.

La grande division à laquelle appartient chaque article , est indiquée par l'une des abréviations suivantes , qu'on trouve immédiatement après son titre.

ACAL.   Acalèphes.
ANNEL.   Annelides.
ARACHN.   Arachnides.
BOT. CRYPT.   Botanique. Cryptogamie.
BOT. PHAN.   Botanique. Phanérogamie.
CHIM.   Chimie.
CIRRH.   Cirrhipèdes.
CONCH.   Conchifères.
CRUST.   Crustacés.
ECHIN.   Echinodermes.
FOSS.   Fossiles.
GÉOL.   Géologie.
INS.   Insectes.

INT.   Intestinaux.
MAM.   Mammifères.
MICR.   Microscopiques.
MIN.   Minéralogie.
MOLL.   Mollusques.
OIS.   Oiseaux.
POIS.   Poissons.
POLYP.   Polypes.
REPT. BAT.   Reptiles Batraciens.
— CHEL.   —   Chéloniens.
— OPH.   —   Ophidiens.
— SAUR.   —   Sauriens.
ZOOL.   Zoologie.

IMPRIMERIE DE J. TASTU, RUE DE VAUGIRARD, N° 36.

DICTIONNAIRE

CLASSIQUE

D'HISTOIRE NATURELLE.

MACLE. CRIST. Nom donné par Romé de l'Isle à cette sorte de groupement qui résulte de deux Cristaux semblables, réunis en sens contraires par des faces égales. Ce nom ayant été appliqué par la plupart des minéralogistes à une espèce minérale particulière, Haüy a cru devoir lui substituer le mot Hémitropie, sous lequel nous avons déjà décrit succinctement ce que ce groupement offre de remarquable ; cependant on se sert encore du nom de Macle, surtout dans le langage ordinaire, pour désigner en général toute espèce de groupement régulier, et c'est là le sens que nous lui attribuons dans cet article. On distingue différentes sortes de Macles, d'après les diverses manières dont les Cristaux simples peuvent se réunir entre eux ; mais toutes sont soumises à une règle fort remarquable qui consiste en ce que les plans de jonction des Cristaux composans sont toujours parallèles à des faces de décroissement qui pourraient exister ou qui existent réellement sur ces Cristaux ; de plus, dans les groupemens réguliers, les seuls que nous ayons à considérer ici, les Cristaux sont toujours accolés par des faces égales et semblables, de même espèce, et réunis par des côtés égaux. Lorsque deux Cristaux du même genre se réunissent par des faces de même espèce, il peut arriver deux cas : ou la réunion se fait directement, de telle sorte que les faces homologues des Cristaux soient parallèles, ou elle a lieu d'une manière inverse, les Cristaux se trouvant situés en sens contraires comme si l'un avait fait une demi-révolution pour se placer sur l'autre ; dans ce dernier cas il arrive fréquemment que le groupe présente, en quelques-unes de ses parties, des angles rentrans. Cette circonstance, lorsqu'elle a lieu, suffit pour faire reconnaître que le Cristal est maclé ; mais elle n'existe pas toujours, et quand elle ne se rencontre pas, on ne peut s'assurer du groupement que par l'examen des parties opposées du Cristal, où les facettes modifiantes ne se correspondent plus symétriquement. Les groupemens avec inversion, dont nous venons de parler, sont ceux que l'on désigne par le nom particulier d'Hémitropies. Lorsque deux Cristaux du même genre se réunissent sur un plan de jonction perpendiculaire à leur axe, il peut arriver ou que l'un des Cristaux ait fait une demi-révolution pour se placer sur l'autre, ou qu'il n'ait fait qu'un sixième de révolution ; ce dernier cas a lieu fréquemment dans les systèmes de Cristallisations cubiques et rhomboédriques. Haüy a adopté le nom de Transposition pour désigner cette espèce particulière de groupement. Il existe d'autres groupemens réguliers que l'on observe plus particulièrement dans les Minéraux appartenant aux systèmes prismatiques ; on peut en distinguer de deux sortes : ceux où les axes des Cristaux groupés sont parallèles, et ceux où ils se croisent. Plusieurs Cristaux prismatiques peuvent s'accoler les uns aux autres par leurs faces latérales de manière à présenter dans leur ensemble une configuration régulière plus ou moins nette. Ce cas a lieu fréquemment dans l'Arragonite : les Cristaux composans sont des prismes rhomboïdaux de 116 et 64 ^{d}· qui se combinent entre eux diversement pour donner naissance à d'autres prismes. Tantôt deux Cristaux entiers de cette espèce se réunissent par les arêtes latérales, obtuses, en laissant entre eux des vides qui se remplissent chacun par un demi-cristal, ce qui produit un prisme hexagonal qui a deux angles de 116 ^{d} et quatre de 122 ^{d}· ; tantôt ils se joignent par deux de leurs faces latérales, et reçoivent, dans l'espace angulaire qu'ils comprennent entre eux, un prisme secondaire de 128 ^{d}·, ce qui produit un autre prisme hexagonal, ayant trois sortes d'angles. On connaît des combinaisons formées d'un plus grand nombre de prismes primitifs entre lesquels s'interposent des prismes ou demi-prismes secondaires, et qui présentent souvent dans leur contour des angles rentrans. Les Cristaux de forme octaédrique produisent aussi, par leur réunion face à face autour d'un même point central, des configurations remarquables : ces sortes de rosaces sont fréquentes dans le Fer sulfuré blanc, le Titane oxidé, l'Etain oxidé, etc. Les groupemens dans lesquels les axes des Cristaux simples ne sont pas parallèles, sont ceux que l'on nomme en *étoiles*, en *croix*, en *roses*, en *gerbes*, en *éventail*, etc. ; les plus simples

et les plus remarquables sont les groupemens cruciformes que présentent certains Cristaux de Staurotide : ces Cristaux, au lieu de se réunir par leurs pans, se réunissent par les faces de leurs sommets dièdres, de manière à former une croix tantôt rectangulaire et tantôt obliquangle. *V.* STAUROTIDE.   (G. DEL.)

MACLE. MIN. *Hohlspath*, Wern. *Chiastolithe*, Karst. Substance pierreuse, assez dure pour rayer le verre, infusible, ayant pour forme primitive un prisme droit, rhomboïdal, de 91 ° 50' ; sa pesanteur spécifique varie depuis 2, 98 jusqu'à 3, 2. Considérée chimiquement, c'est un double silicate d'Alumine et de Potasse, contenant en poids 35 parties de Silice, 56 d'Alumine et 9 de Potasse. La Macle est rarement pure ; elle renferme des matières étrangères de couleur noire, non répandues uniformément dans toute sa masse, mais placées au centre des Cristaux d'une manière symétrique ; ces matières sont de même nature que la roche au milieu de laquelle la Macle a cristallisé, et qui est composée en grande partie de parcelles de Mica très-divisées. La forme ordinaire de la Macle est le prisme droit rhomboïdal, dont nous avons parlé ci-dessus ; lorsqu'on coupe un de ces prismes perpendiculairement à son axe, on obtient sur le plan de section un dessin régulier qui varie souvent dans les différentes portions d'un même prisme comme l'assortiment des deux substances composantes, dont l'une, qui est la matière propre de la Macle, est d'un blanc jaunâtre, et l'autre qui est la matière étrangère, est d'un noir bleuâtre ; tantôt quatre lignes noirâtres, partant d'un petit rhombe central de même couleur, vont aboutir aux angles du rhombe extérieur ; c'est la disposition qu'Haüy désigne par le mot de Tétragramme : tantôt il se joint à l'assortiment précédent quatre autres petits rhombes vers les angles du prisme ; c'est alors la sous-variété pentarhombique. Quelquefois

les lignes noirâtres, situées diagonalement, se ramifient en d'autres lignes parallèles aux côtés de la base :
c'est la Macle polygramme, H. ; enfin
l'intérieur du prisme est entièrement
noirâtre, et les pans sont seulement
recouverts d'une pellicule blanchâtre : on donne à cette variété le nom
de Macle circonscrite. Cette substance intéressante se trouve disséminée dans le Schiste argileux en différens endroits, en France dans le département du Morbihan, à Saint-Jacques de Compostelle en Espagne, près
de Gefrees dans le pays de Bayreuth,
dans le Harz en Cumberland et dans
l'Amérique du nord ; on l'a observée
encore dans deux autres espèces de
roches, dont l'une est la Dolomie du
Simplon, et l'autre un Calcaire noirâtre, mêlé de grains p riteux, qui
existe à Couleloux dans la vallée de
Ger, Haute-Garonne.

La plupart des minéralogistes réunissent maintenant à l'espèce précédente, sous le nom d'Andalousite ou
de Jamesonite, un Minéral décrit par
Haüy sous la dénomination de Feldspath apyre : c'est l'Andalousite de
Werner et le Micaphyllite de Brunner ; ses couleurs ordinaires sont le
rouge violet et le blanc grisâtre ou
gris de perle. Il est composé, selon
Vauquelin, de 52 parties d'Alumine,
52 parties de Silice, 8 de Potasse et 2
d'oxide de Fer : total 94. Comme la
Macle, il est infusible au chalumeau,
ce qui le distingue du Feldspath avec
lequel il a quelque analogie d'aspect.
L'Andalousite appartient aux terrains
primordiaux anciens : on la trouve
dans le terrain de Granite et de Gneiss
de Lisens, en Tyrol ; de Herzogau,
dans le Haut-Palatinat, et d'Imbert,
près de Montbrison ; dans celui de
Micaschiste, dans le royaume de Cas-
tille en Espagne ; aux environs de
Nantes en France ; à Killiney en Irlande ; à Dartmoor en Devonshire. Il
est ordinairement accompagné de
Quartz Hyalin, et quelquefois de Pi-
nite.   (G. DEL.)

MACLOU. BOT. PHAN. L'un des

syn. vulgaires d'*Anthora*, espèce du
genre Aconit. *V.* ce mot.   (B.)

*MACLURA. BOT. PHAN. Genre de
la famille des Urticées et de la Diœcie
Triandrie, L., établi par Nuttall
(*Gener. of North Amer. Plants*, 2,
p. 233) qui lui a imposé les caractères essentiels suivans : fleurs dioïques ; les femelles, réunies en un
chaton axillaire, sans calice ni corolle ;
style filiforme, velu ; ovaires nombreux réunis en une baie globuleuse
de la grosseur d'une orange, multiloculaire ; une graine ovale et comprimée dans chaque loge : les fleurs mâles
sont inconnues. Ce genre, qui est voisin du *Broussonetia*, a pour type une
Plante à laquelle Nuttall a donné le
nom de *Maclura aurantiaca*. C'est un
Arbre lactescent, dont le tronc rameux
s'élève à environ dix mètres ; ses feuilles sont alternes, très-entières, ovales-
acuminées, légèrement pubescentes
en dessous sur les nervures et les pétioles, dépourvues de stipules. Cette
Plante croit sur les bords du Missouri
et de l'Arkansa dans l'Amérique septentrionale. Le *Morus tinctoria* de
Sloane (*Hist. Jam.*, 2, p. 3) paraît
être, selon Nuttall, une autre espèce
de ce genre.   (G..N.)

MACLURÉITE. MIN. Nom donné
par Seybert à la Chondrodite des Etats-
Unis. *V.* CONDRODITE.   (G. DEL.)

*MACLURITE. *Maclurites.* MOLL.
Genre proposé par Lesueur, dans le
premier volume des Mémoires de l'A-
cadémie de Sciences Naturelles de Philadelphie, pour une Coquille pétrifiée
qui rentre parfaitement dans le genre
que Sowerby avait proposé long-temps
avant dans le *Mineral Conchology* sous
le nom de *Euomphalus*. *V.* ce mot.
                                  (D..H.)

*MACLURITE. MIN. Si le Minéral
auquel le nom de Maclurite a été appliqué par Nuttall, forme réellement
une espèce distincte, on doit admettre cette désignation depuis qu'on a
reconnu que la Macluréite de Seybert
est identique avec la Condrodite de
Berzelius. Ce Minéral a été découvert
au sud du fourneau à Fer de Franklin,

daಾs la Nouvelle-Jersey ; il est d'un vert pâle , ressemblant à de l'Amphibole hornblende , et il forme des croûtes cristallines à la surface des lits de Calcaire. Il fond difficilement ; sa composition chimique est, d'après Nuttall : Silice 52, 1 ; deutoxide de Fer 10,7; Chaux 20,0; Magnésie 11,0; Alumine 4,0; Eau 1, 5. Cette composition chimique paraît lui donner quelque ressemblance avec le Pyroxène augite. (G..N.)

MACOCO. MAM. C'est sans doute un Antilope que Daper veut désigner sous ce nom qui , au Congo, signifie grande bête. (B.)

MACOCQWER. BOT. PHAN. (L'Écluse.) Probablement le fruit du Calebassier (*Crescentia Cujete*), *V*. ce mot, et non une Courge. (B.)

MACOLOR. POIS. (Renard.) Espèce de Diagramme. (B.)

*MACOMA. CONCH. Nous trouvons l'indication de ce genre de Leach , dans l'article MOLLUSQUE du Dictionnaire des Sciences Naturelles au genre *Venus*, dont il fait une des nombreuses sous-divisions. La coquille qui lui sert de type nous est inconnue; nous croyons même qu'elle n'a jamais été figurée, et nous ne connaissons rien de ce genre que la phrase suivante , par laquelle Blainville l'a caractérisé: « coquille épidermée , striée, comprimée , ovale; les sommets peu proémineus; deux dents bifides sur la valve droite, une seule sur la gauche.» (D..H.)

MACON. BOT. PHAN. On ne peut reconnaître quel est le Palmier désigné sous ce nom par Humboldt, et que ce voyageur dit croître à Maypures. (B.)

MAÇON ET MAÇONNE. ZOOL. On a donné ces noms à divers Animaux qui se construisent fort artistement des nids ou de petits domiciles avec de la terre humectée d'une sorte de salive mucilagineuse; tels que, par exemple, la Sittelle d'Europe parmi les Oiseaux, une Abeille parmi les Insectes, une Epëïre parmi les Arachnides;

on l'a étendu à une Coquille du genre *Trochus*, aussi appelée Fripière. (B.)

* MAÇONNE BON DIEU. GÉOL. On donne ce nom aux Antilles à l'espèce de Traverstin que forment, sur le rivage au fond de certaines baies , les débris coquilliers ou les fragmens d'autres substances calcaires déposés par la mer, et agglomérés par une substance lapidifique , d'où résulte bientôt une sorte de Roche assez dure, jaunâtre , grenue et propre à bâtir. Elle englobe des corps étrangers à sa nature, et c'est dans sa substance de formation très-moderne, à la Guadeloupe, qu'ont été trouvés ces prétendus Anthropolithes dont la découverte fit quelque bruit il y a une dizaine d'années dans le monde savant, pour rentrer ensuite dans l'ordre naturel des faits géologiques dont aucun ne peut être encore allégué en faveur de l'existence de véritables Anthropolithes. Dans la Relation d'un voyage aux quatre îles des mers d'Afrique, nous avons, il y a plus de vingt ans, signalé un fait analogue au sujet d'une Roche qui se forme journellement sous les yeux des hommes le long des rivages de l'île de Mascareigne (T. III, p. 185). (B.)

MACOUBÉ. *Macoubea*. BOT. PHAN. Aublet a donné ce nom à un genre de la famille des Guttifères dont on ne connaît encore que le fruit. Le *Macoubea Guianensis*, Aublet, *Pl. Gui.*, suppl. 2, p. 17, est un Arbre d'environ quarante pieds de hauteur sur un pied et demi de diamètre; ses feuilles sont opposées, elliptiques, aiguës, entières , glabres. Les fleurs n'ont point encore été observées. Les fruits viennent en grappes portées sur un pédoncule commun à la bifurcation des rameaux; ils sont accompagnés par le calice qui est persistant. Ces fruits, à peu près de la grosseur d'une orange, sont un peu comprimés , et quelquefois comme à trois faces; leur pellicule est un peu rude, grisâtre , ayant environ une ligne d'épaisseur; elle renferme un grand nombre de graines disséminées dans une pulpe charnue. Toutes les parties de cet Arbre laissent couler un suc blanc et laiteux lorsqu'on les entame. Cet Arbre croît à la Guiane, dans les forêts du quartier de Caux. (A. R.)

MACOUCAGUA. ois. Nom de pays du Tinamou Mayoua. *V.* TINAMOU. (DR..Z.)

MACOUCOU et MACOUCOUA. BOT. PHAN. Deux Plantes très-différentes sont nommées *Macoucou* par les habitans de la Guiane. L'une est une espèce de *Chrysophyllum* dont les Garipons mangent le fruit avec plaisir. L'autre appartient au genre *Ilex*, et a été désignée par Persoon et De Candolle sous le nom d'*I. Macoucoua*, et par Willdenow sous celui d'*I. acuminata*. Elle était le type d'un genre particulier constitué par Aublet (Plantes de la Guiane, p. 88, t. 54) qui nommait cette Plante *Macoucoua Guianensis*, et dont Scopoli avait changé le nom générique en celui de *Labatia*. C'est un Arbre de dix à douze mètres de haut, muni d'une écorce épaisse, dure, blanchâtre extérieurement, et qui est employée par les Galibis pour cuire leurs poteries. Il porte des feuilles ovales, échancrées, coriaces, glabres et très-entières; ses fleurs sont blanches, très-petites, réunies par bouquets dans les aisselles des feuilles; son fruit est ovoïde et quadriloculaire. Cette espèce croît dans les forêts de la Guiane, de Saint-Domingue et de la Trinité. (G..N.)

MACOUNA. BOT. PHAN. (L'Ecluse.) Syn. de *Dolichos urens*. C'est le Macuna des Brésiliens. (B.)

MACPALXOCHITL. BOT. PHAN. (Hernandès.) Mal à propos rapporté par Linné à l'*Helicteres apetala*. Syn. de *Cheirostemon* de Bonpland. *V.* ce mot. (B.)

MACQUERIA. BOT. PHAN. (Commerson.) Syn. de *Fagara heterophylla*. (B.)

* MACQUEROLLE. ois. Ancien nom de la Macreuse. *V.* CANARD. (DR..Z.)

MACQUI. BOT. PHAN. Pour Maqui. *V.* ARISTOTÉLIE. (B.)

MACRANTHE. *Macranthus.* BOT. PHAN. Loureiro (*Flor. Cochinch.*, édit. Willd., 2, p. 562) a décrit sous ce nom imprimé par erreur *Marcanthus*, un genre de la famille des Légumineuses et de la Diadelphie Décandrie, L., auquel il a attribué les caractères suivans : calice tubuleux, coloré, persistant, à quatre lobes aigus, les deux latéraux plus courts; corolle papilionacée dont l'étendard est ovale, émarginé, concave, les ailes oblongues, trois fois plus longues que l'étendard; dix étamines diadelphes dont quatre épaisses à anthères ovées, et les six autres plus minces à anthères oblongues; style filiforme, velu, couronné par un stigmate obtus; légume droit, presque cylindrique, épais, acuminé et polysperme. Ce genre a été placé par De Candolle (*Prodrom. Syst. Veg.*, 2, p. 382) dans la tribu des Phaséolées, quoiqu'il offrît des rapports avec les genres *Clitoria* et *Galactia* qui appartiennent à un autre groupe de Légumineuses; mais ce rapprochement n'a pu être vérifié sur la Plante de Loureiro qui probablement n'existe que dans son herbier. Celle-ci (*Macranthus cochinchinensis*) est une herbe volubile, dont les feuilles sont composées de trois folioles ovées, rhomboïdes, velues et munies de stipules filiformes; les fleurs sont blanches, nombreuses et portées sur des pédoncules axillaires. Cette Plante est cultivée en Cochinchine où l'on mange ses légumes. (G..N.)

* MACRASPIS. *Macraspis.* INS. Genre de l'ordre des Coléoptères, section des Pentamères, famille des Lamellicornes, tribu des Scarabéides, division des Xylophiles, établi par Mac-Leay et confondu par Fabricius avec les Cétoines. Les caractères de ce genre nous sont inconnus, et Latreille ne fait que le mentionner dans ses Familles Naturelles : les espèces qu

appartiennent à ce genre sont les *Cetonia clavata*, *tetradactyla*, *fucata* et *chrysis* de Fabricius. Latreille, dans ses ouvrages antérieurs à celui que nous venons de citer, les rangeait dans son genre *Rutela*. (G.)

MACRE. *Trapa*. BOT. PHAN. Genre de Plantes de la Tétrandrie Monogynie, L., placé d'abord par Jussieu dans la famille des Hydrocharidées, puis transporté dans celle des Onagraires d'où il a été ensuite retiré pour faire partie du nouvel ordre naturel des Hygrobiées, voisin des Onagraires. Les caractères de ce genre assez singulier sont les suivans : sou calice monosépale, allongé, à quatre lobes dressés, est adhérent par sa partie inférieure avec l'ovaire qui est semi-infère ; la corolle se compose de quatre pétales dressés, allongés, chiffonnés, alternes avec les lobes du calice ; les quatre étamines également dressées et alternes avec les pétales ont leurs filets subulés ; leurs anthères arrondies, comprimées, introrses, à deux loges s'ouvrant par un sillon longitudinal : ces étamines ainsi que les pétales sont insérées en dehors d'un disque périgyne et lobé placé autour du point où la moitié supérieure de l'ovaire est libre et saillante ; cet ovaire, ainsi que nous l'avons dit, est à moitié inférieur, il se termine supérieurement en un style qui est surmonté d'un stigmate discoïde, épais, glanduleux et bilobé. Coupé transversalement, cet ovaire offre deux loges qui contiennent chacune un seul ovule attaché à la partie la plus supérieure de la cloison. Le fruit est une sorte de noix d'une forme particulière, coriace lorsqu'elle est sèche, et presque ligneuse ; elle est comme rhomboïde, un peu comprimée, terminée à son sommet par une sorte de pyramide tronquée, offrant vers sa partie moyenne deux ou quatre cornes épaisses, pointues ou obtuses, qui sont formées par les divisions du limbe calicinal épaissies. Cette noix reste indéhiscente, elle offre une seule loge, et renferme une graine comprimée, très-grosse, presque deltoïde, composée d'un tégument propre très-mince, recouvrant un embryon très-gros offrant l'organisation suivante : presque toute la masse de l'embryon est formée par un corps très-gros, parfaitement indivis, et que la plupart des botanistes ont considéré comme un corps cotylédonaire simple. Vers la partie supérieure de ce corps on trouve sur son bord une échancrure d'où naît un organe conique qui est bien certainement la radicule ; vers son sommet on observe sur un de ses côtés un petit corps obtus ou une sorte d'écusson qui est le second cotylédon à l'état rudimentaire. En écartant ce second cotylédon on trouve à son aisselle la gemmule. Ce genre se compose de trois espèces : l'une, *Trapa natans*, qui croît dans les eaux stagnantes de l'Europe et de l'Asie ; et les deux autres, *Trapa bicornis* et *Trapa cochinchinensis*, qui peut-être ne sont que deux variétés l'une de l'autre, sont communes en Chine et à la Cochinchine.

La MACRE ORDINAIRE, *Trapa natans*, L., est une Plante vivace, qui croît au milieu des étangs : sa tige est longue, rameuse et flottante ; ses feuilles, réunies en rosettes élégamment étalées à la surface des eaux, sont alternes, pétiolées, rhomboïdales, dentées, glabres ; leur pétiole est renflé et fusiforme dans sa partie supérieure ; à sa base on trouve deux petites stipules subulées. Les fleurs sont blanches, pédonculées et axillaires ; le fruit présente quatre cornes courtes et très-aiguës. Cette Plante est fort commune dans plusieurs parties de la France, entre autres en Bretagne : ses amandes sont épaisses et charnues ; on les mange sous le nom de Châtaignes d'eau. Elle n'existait point dans les vastes marais qu'on trouve au nord-ouest de Bordeaux. Notre collaborateur Bory de Saint-Vincent l'y sema en l'an VI de la république avec des fruits venus des environs d'Angers ; elle s'y était excessivement répandue dès le commencement de ce siècle. (A. R.)

*** MACRÉE.** géol. C'est le phénomène plus généralement connu sous
le nom de *Barre*, et qui est produit à l'embouchure des grands fleuves et même sur des plages sablonneuses par suite de la résistance
qu'opposent les eaux fluviales au flux
rapide de la mer, et même par la rencontre, à ce qu'il paraît, du reflux et
du flux qui le suit dans les mouvemens oscillatoires des vagues. Lorsque celles-ci, après s'être déployées
sur le rivage, se retirent, elles rencontrent celles qui les suivent, et au
point où se fait le choc, il se forme un
banc composé de ce que la vague, qui
se retire, emporte du rivage, et de ce
que la lame montante apporte. L'existence de ces bancs est très à craindre,
et il en est plusieurs, tels que celui
de la Côte-d'Or, de la Côte de l'Inde,
que l'on ne peut passer sans danger,
même avec des bateaux spécialement
construits pour le passage. L'impétuosité de la lame est telle sur la
Côte-d'Or, qu'on ne peut rien dé-
barquer que dans des futailles que
l'on jette à la mer près de la barre,
laissant au flot le soin de les porter
au rivage. Le géologue ne peut se dis-
penser d'étudier, dans tous leurs détails, de semblables effets qui ont lieu
dans la nature actuelle, pour voir si,
dans les dépôts marins qui composent
nos continens, il n'en existe pas qui
pourraient avoir été produits par des
causes analogues à celles dont il est
témoin.   (c. p.)

MACREUSE. ois. Espèce du genre
Canard. *V*. ce mot. (b.)

*** MACROCARPE.** *Macrocarpus*.
bot. crypt. (*Algues*.) Syn. d'Ecto-
carpe. *V*. ce mot. Bonnemaison, auteur de ce genre, y ajoute quelques
Céramies, Conferves, etc. (b.)

MACROCÉPHALE. pois. Espèce
du genre Labre. *V*. ce mot. (b.)

MACROCÉPHALE. ins. Ce nom a
été donné d'abord par Swederus à un
genre d'Hémiptères de la famille des
Géocorises, et que Fabricius a appelé
depuis *Syrtis ;* Olivier a ensuite dési-

gné sous ce nom le genre Anthribe de
Geoffroy. *V*. Anthribe, Syrtis et
Phymate.   (g.)

*** MACROCERATIUM.** bot. phan.
Sous ce nom De Candolle (*Syst. Veg.
Nat.*, 2, p. 204) a formé la troisième
division du genre *Notoceras* de R.
Brown. Elle se compose du *Notoceras
cardaminefolium*, D. C. et Deless.
(*Icon. Select.*, 2, t. 18), ou *Lepidium
cornutum* de Sibthorp. Cette section
a été considérée par Reichenbach
comme un genre distinct auquel il a
donné le nom d'*Andreiowskia*, qui
d'un autre côté a été proposé par De
Candolle, pour un autre genre de Crucifères.   (g..n.)

MACROCERCUS. ois. Nom géné-
rique des Aras dans Vieillot. *V*. Ara.
    (b.)

MACROCÈRE. *Macrocera*. ins.
Genre de l'ordre des Diptères, famille
des Némocères, tribu des Typulaires
fungivores, établi par Meigen et
adopté par Latreille (Fam. Nat. du
Règu. Anim.) Les caractères de ce
genre sont : antennes en forme de
soie, très-longues, ayant les deux articles de la base renflés, et les suivans
cylindriques ; yeux ovales, trois petits yeux lisses ; ailes couchées, parallèles. L'espèce qui sert de type à ce
genre est :

La Macrocère jaune, *Macrocera
lutea*, Meig. (Dipt., 1re part., tab. 2,
p. 24). Elle est longue de trois lignes,
jaune ; ses antennes sont une fois plus
longues que le corps. On la trouve en
Europe.

Spinola a établi sous le même nom
un genre d'Hyménoptères, dans la
section des Porte-Aiguillons, famille
des Mellifères, tribu des Apiaires, et
ayant pour caractères : cinq articles
distincts aux palpes maxillaires ; ailes
supérieures offrant trois cellules cubitales complètes. Ces Hyménoptères
diffèrent des Eucères de Fabricius par
les palpes maxillaires qui sont composés de six articles dans ces derniers :
les Centris n'ont que quatre articles
aux palpes. Ce genre renferme plusieurs Eucères de Fabricius et l'*Eu-*

cera antennata de Panzer ou Abeille de la Mauve de Rossi. (G.)

* **MACROCHÈLE.** *Macrochelus*. ARACHN. Genre de l'ordre des Trachéennes, famille des Phalangiens, établi par Latreille (Fam. Nat. du Règn. Anim.) qui ne donne pas ses caractères, et qui dit seulement que le type du genre est l'*Acarus marginatus* d'Hermann. (G.)

MACROCNÈME. *Macrocnemum*. BOT. PHAN. Genre de la famille des Rubiacées et de la Pentandrie Monogynie, L., établi par Patrik Browne, adopté par tous les autres botanistes, et qui offre pour caractères : un calice adhérent par sa base avec l'ovaire infère, ayant son limbe subcampanulé, à cinq dents et persistant ; une corolle monopétale, infundibuliforme et presque campanulée, ayant son tube plus long que les divisions du calice, et son limbe étalé et à cinq lobes ; les cinq étamines, insérées au bas du tube, sont saillantes ; l'ovaire est infère, surmonté d'un style simple que termine un stigmate bilobé. Le fruit est une capsule biloculaire s'ouvrant en deux valves septifères sur le milieu de leur face interne ; chaque loge contient plusieurs graines planes et un peu membraneuses sur leurs bords. Ce genre se compose d'environ une dizaine d'espèces, toutes originaires de l'Amérique méridionale : ce sont des Arbres ou des Arbrisseaux à feuilles opposées, avec des stipules interposées ; leurs fleurs forment des corymbes ou des panicules terminales, et sont accompagnées de bractées quelquefois très-grandes et colorées.

L'une des espèces les plus intéressantes de ce genre est le *Macrocnemum corymbosum*, Ruiz et Pavon, Fl. Péruv., 2, p. 48, t. 189. C'est un grand et bel Arbre qui croît au Pérou et dans le royaume de la Nouvelle-Grenade : ses feuilles sont obovales, allongées, acuminées, cordiformes à leur base et sessiles ; les fleurs sont disposées en corymbes terminaux ; elles sont accompagnées de bractées très-petites et sessiles. L'écorce des jeunes rameaux a une saveur amère et astringente ; on la trouve quelquefois mélangée avec les écorces de Quinquina qui nous viennent du Pérou.

Une autre espèce de ce genre, décrite par Kunth (*in Humb. Nov. Gen.*, 3, p. 399) sous le nom de *Macrocnemum tinctorium*, croît dans les missions de l'Orénoque. Son écorce fournit un principe colorant rouge. (A. R.)

* **MACROCYSTE.** *Macrocystis*. BOT. CRYPT. (*Hydrophytes.*) Genre de la première section de notre famille des Laminariées, établi par Agardh aux dépens du *Laminaria* de Lamouroux, composé des plus grands Végétaux de la mer, que rapproche un faciès tout particulier. Les Macrocystes s'accrochent sur les rochers des plus grandes profondeurs ou des rivages, à l'aide de puissantes racines bien caractérisées, composées de divisions très-ramifiées, fort dures et entrelacées souvent d'une manière inextricable. De ces racines s'élèvent des tiges flexibles, de la grosseur du petit doigt à celle du pouce, et qui atteignent, dit-on, jusqu'à plusieurs centaines de pieds de longueur, s'entremêlant alors dans certains parages ou vers certaines rives, de manière à y rendre l'effet de la rame des petites embarcations absolument nul, et à mettre obstacle à la navigation des bateaux. Ces tiges ont une écorce ridée, noirâtre, recouvrant une substance consistante, comme ligneuse, où se reconnaissent, comme dans le tronc des Lessonies, des couches concentriques, et qu'une substance médullaire, centrale, et plus foncée, occupe dans toute la longueur. De véritables feuilles, solitaires sur leur pétiole dans toutes les espèces qui nous sont connues, sont alternes sur les tiges des Macrocystes, ovoïdes ou linéaires ; elles ne parviennent pas aux vastes proportions que feraient supposer les tiges. D'une couleur olivâtre tirant sur le brun ou le jaunâtre, elles sont plus ou moins

plissées ; Agardh prétend que là fructification, qui, selon lui, consiste en tubercules formés de granules séminaux, est répandue dans leur substance. Nous n'avons reconnu rien d'analogue, et malgré des recherches très-minutieuses, la fructification des Plantes de ce genre nous a complétement échappé. Nous n'avons conséquemment adopté le genre Macrocyste que sur l'*habitus* général, trop particularisé pour qu'on s'y puisse méprendre. Il offre cependant de grands rapports avec les Sargasses, auxquelles il forme un passage, les pétioles des feuilles se renflant en vésicules absolument analogues à celles de ces mêmes Sargasses, et du *Fucus nodosus*, L., qui est un *Halidrys*.—Dès le temps des premières navigations dans les mers de l'hémisphère austral, les Macrocystes furent remarqués, et Jean Bauhin en fit mention; mais il arriva encore de ces Plantes, comme de tous les genres où de grands caractères frappans sont communs à toutes les espèces, on les confondit en une seule ; elles devinrent le *Fucus pyriferus* de Linné et des auteurs. Nous ne croyons pas pouvoir admettre avec Agardh, dans ce genre, le *Fucus comosus* de Turner, tab. 142, qui est une véritable Sargasse, d'après l'examen que nous en avons fait, ou peut-être un Halidrys. Nous possédons dans nos collections cinq espèces bien constatées de ce beau genre.

1° *Macrocystis integrifolius*, N., à feuilles linéaires, étroites, très-entières, n'ayant jamais leurs bords profondément dentés ; vésicule pétiolaire subcylindracé, oblong, peu renflé. Nous avons trouvé cette espèce parmi des amas de la suivante, rapportée de Valparaiso, sur les côtes occidentales de l'Amérique du sud ; 2° *Macrocystis communis*, N., celui qu'a représenté Turner, pl. 110 ; feuille proportionnellement plus large que dans le précédent, bien plus plissée, mais toujours simplement lancéolée, oblongue, profondément dentée sur les bords, les dentelures prolongées comme flexibles ; vésicule pé-

tiolaire allongé dans la jeunesse et se renflant en forme de poire. Nous avons reçu cette espèce du cap de Bonne-Espérance, par Schlechtendal, des Malouines et de la Conception au Chili, par Lesson, du cap Horn, par Lamouroux, des mers des Indes, par Thunberg, et de Valparaiso ; 3° *Macrocystis angustifolius*, N.; feuille étroite et linéaire, finement dentée sur les bords ; vésicule pétiolaire court, se renflant vers l'insertion de la feuille, de manière à présenter la forme d'un cœur. Labillardière nous a enrichi de cette espèce qu'il a recueillie à la Nouvelle-Hollande; nous l'avons aussi reçue de Valparaiso ; 4° *Macrocystis latifolius*, N.; feuille ovoïde, très-grande, largement et longuement dentée, de sorte que le vésicule pétiolaire, cylindracé, paraît petit en comparaison de la grandeur des feuilles. Nous l'avons reçu des côtes du Pérou vers Lima ; 5° *Macrocystis pomiferus*, N.; *Laminaria pomifera*, Lamx., inéd.; *M. Humboldtii*, Agardh, Syst., p. 293 ; *Fucus hirtus*, Humb. et Bonpl., t. 68 et 69. Le nom de *pomifera* donné par Lamouroux à cette Plante est bon et antérieur; il doit être maintenu, parce qu'il indique la forme du vésicule pétiolaire qui est sphérique; la feuille est très-étroite, linéaire, dentée, moins consistante que dans les espèces précédentes. Le nom donné par Humboldt et Bonpland est au contraire fort impropre, toute la Plante étant très-glabre ; mais ces naturalistes, si nous en jugeons par l'échantillon que nous tenons de l'un d'eux, avaient pris un Polypier qui couvrait leur Plante, pour des poils qu'ils croyaient lui être adhérens, et nous ne voyons pas pourquoi on adopterait le changement de nom proposé par Agardh, puisqu'il signalerait une erreur du savant à qui la Plante serait dédiée. Nous avons encore reçu cette espèce de Valparaiso ; Durville nous l'a aussi communiquée de la Conception sur les côtes du Chili. — Le *Macrocystis Menziesii* d'Agardh, *Fucus*, pl. 27, de Turner, nous paraît également appartenir à ce genre, dont le développement est analogue à celui des Lessonies , les feuilles des extrémités se divisant de la base à la pointe.   (B.)

* MACRODACTYLE. *Macrodactyles*. INS. Genre de l'ordre des Coléoptères , section des Pentamères , famille des Lamellicornes , tribu des Scarabéides Phyllophages de Latreille (Fam. Nat. du Règne Anim.), établi par cet auteur, qui ne donne pas ses caractères, et ayant pour type le *Melolontha subspinosa* de Fabricius , *M. angustata* de Palisot-Beauvois. (G.)

MACRODACTYLES. *Macrodactyli*. OIS. Nom donné par Vieillot à une famille de l'ordre des Echassiers, composée d'Oiseaux à longs doigts sans palmures. Elle comprend les genres suivans : Râle, Porzane, Porphyrion et Gallinule. *V.* ces mots.
(G.)

MACRODACTYLES. *Macrodactyli*. INS. Tribu de l'ordre des Coléoptères, section des Pentamères , famille des Clavicornes , établie par Latreille, et ayant pour caractères : antennes de dix à onze articles, trèscourtes, formant , dès le troisième article, une massue en fuseau ou cylindracée, dentelée. Ces Insectes se tiennent sur les bords des ruisseaux et des mares. Leur nom vient de ce qu'ils ont les tarses longs et terminés par de forts crochets.

A. Tarses de quatre articles, menus , filiformes et terminés par de petits crochets. Jambes antérieures larges, épineuses et fouisseuses. Corps déprimé.

Genre : HÉTÉROCÈRE.

B. Tarses de cinq articles, grands, grossissant vers le bout et terminés par deux forts crochets.

Genres : POTAMOPHILE, DRYOPS , ELMIS, MACRONYQUE et GÉORISSE.
(G.)

MACRODITE. *Macrodites*. MOLL. Genre proposé par Montfort pour une Coquille microcospique, que Férussac et de Blainville ont rangée dans les Lenticulites, *V.* ce mot, et qui , suivant notre opinion , s'en distingue

assez bien par l'ampleur de l'ouverture. La manière dont Montfort a observé ce corps , laisse beaucoup de doute sur ses rapports ; il n'est pas sûr si l'ouverture est totalement fermée, et il ignore s'il existe un syphon ou une rimule, ou une fente. Ce corps n'étant connu que par la description et la mauvaise figure de cet auteur, il est fort difficile de statuer à son égard.   (D..H.)

* MACRODON. POIS. Espèce de Perche du sous-genre Centronote. *V.* PERCHE.   (B.)

* MACRODON. BOT. CRYPT. (*Mousses.*) Nouveau genre établi par Walker-Arnott (Mémoires de la Société d'Histoire Naturelle de Paris, t. II), qui l'a placé dans le groupe des Hypnoïdées , en lui assignant les caractères suivans : soie latérale; coiffe en capuchon ; péristome simple à seize dents distinctes divisées presque jusqu'à la base , et formant trente-deux lanières filiformes, un peu roides, roussâtres et rapprochées par paires. Ce genre a été constitué sur le *Trichostomum Leucoloma* de Schwægrichen, qui en a publié une figure, t. 122 de la première partie du second supplément au *Species Muscorum* d'Hedwig. Il diffère du *Trichostomum* par ses soies latérales , et du *Dicnemum* par sa coiffe à base oblique. Walker-Arnott donne à cette Mousse le nom de *Macrodon Auberti* en l'honneur d'Aubert Du Petit-Thouars, qui l'a rapportée de Madagascar. Elle a un port tout particulier ; son péristome est filiforme, à peu près aussi long que celui des *Trichostomum* et beaucoup plus qu'il ne l'est habituellement dans les Hypnoïdées. Dans un des derniers numéros du *Botanische Zeitung*, pour 1825, Hornschuch , dans un extrait de l'ouvrage de Schwægrichen, a aussi, de son côté, senti que le *Trichostomum leucoloma* devait former un genre distinct pour lequel il a proposé le nom de *Walkeria*. Mais comme il n'en a point exposé les caractères , et que d'ailleurs le nom de

Walkeria ou *Walkera* a déjà deux emplois pour des Plantes phanérogames, nous pensons que celui qui a été proposé par Walker-Arnott dès le mois de mars 1825 , doit être adopté. (G..N.)

* **MACRODONTE**. POIS. Espèce du genre Labre.   (B.)

* **MACROGASTÈRE**. POIS. Espèce du genre Glyphisodon.   (B.)

MACROGASTRES. *Macrogastri.* INS. Latreille désignait ainsi une famille de l'ordre des Coléoptères, section des Hétéromères, qu'il composait des genres Pyrochre et Calope. *V.* STÉNÉLYTRES et TRACHÉLIDES. (G.)

* **MACROGÈNE**. ACAL. Espèce du genre Cyanée. *V.* ce mot. (B.)

* **MACROGLOSSE**. *Macroglossus.* MAM. Nom donné par Fr. Cuvier à un sous-genre de Chauve-Souris frugivores. *V.* ROUSSETTE. (IS. G. ST.-H.)

MACROGLOSSE. *Macroglossum.* INS. Genre de l'ordre des Lépidoptères, famille des Crépusculaires, tribu des Sphingides, établi par Scopoli, et ne différant des Sphinx proprement dits, que par l'abdomen qui est terminé par une brosse. Fabricius, dans son système des Glossates, en forme à tort le genre *Sesia.* Ce genre a pour type le *Sphinx stellatarum* de Linné, et ceux qu'on a nommés *fuciformis , bombyliformis.*, etc. *V.* SPHINX.   (G.)

***MACROGLOSSES**. OIS. (Vieillot.) Nom d'une famille d'Oiseaux qui comprend les genres Pic et Torcol.   (DR..Z.)

MACROGNATHE. *Macrognathus.* POIS. Le genre formé sous ce nom par Lacépède, n'a été adopté par Cuvier que comme sous-genre de *Rhynchobdella. V.* RHYNCHOBDELLE.   (B.)

* **MACROLÉPIDOTE**. POIS. Espèce de Glyphisodon.   (B.)

MACROLOBIUM. BOT. PHAN. Sous ce nom générique, Schreber et Willdenow ont réuni les genres *Vouapa* et *Outea* d'Aublet. En adoptant cette nouvelle dénomination ,

Vahl l'avait employée seulement pour le premier de ces genres. L'un et l'autre ont été adoptés par De Candolle dans son dernier travail sur les Légumineuses. *V.* OUTÉA et VOUAPA.   (G. N.)

* **MACROMITRION**. BOT. CRYPT. (*Mousses.*) Ce genre, fondé par Bridel , a été définitivement réuni aux *Orthotrichum* par Hooker et Gréville (*in Edinburgh Journal of Science*, 1, p. 110) qui ont prouvé que les espèces de ce nouveau genre n'avaient pas même un port particulier qui pût compenser l'absence de tous caractères distinctifs. *V.* ORTHOTRIC.   (G..N.)

MACRONAX. BOT. PHAN. (Rafinesque.) Syn. d'*Arundinaria* de Michaux. *V.* ARUNDINAIRE.   (B.)

* **MACRONÈME**. POIS. Espèce du genre Mulle. *V.* ce mot.   (B.)

MACRONYCHES. *Macronyches.* OIS. Famille d'Échassiers , tribu des Tétradactyles, renfermant, dans le Système de Vieillot, des Oiseaux qui ont non-seulement les doigts, mais les ongles très-longs , et presque droits. Cette famille est formée du seul genre Jacana. *V.* ce mot. (G.)

MACRONYQUE. *Macronychus.* INS. Genre de l'ordre des Coléoptères, section des Pentamères, famille des Clavicornes, tribu des Macrodactyles, établi par Müller et ayant pour caractères : antennes repliées sous les yeux , de la longueur de la tête et du corselet, presque filiformes ; de six articles , dont le dernier seulement plus grand et formant une masse ovalaire ; tarses longs ; corps oblong.

Ce genre diffère des Elmis par les antennes qui , dans ceux-ci , sont presque de la même grosseur dans toute leur étendue, et sont terminées par un article à peine plus gros. Les Géorisses s'en éloignent par les tarses qui n'ont que quatre articles distincts ; enfin, les Dryops, les Hydères et les Hétérocères s'en distinguent par les antennes qui , à partir du troisième , forment une massue composée d'articles serrés et en dents de scie au

côté interne. La tête des Macrony-
ques s'enfonce en grande partie dans
le corselet, dont les côtés sont fortement rebordés. Leurs antennes sont
insérées au bord interne des yeux
sous lesquels elles se courbent en
forme d'arc ; le premier article est
cylindrique, plus long que les quatre
suivans ; l'extrémité de ces antennes
se loge sous le bord latéral et antérieur du corselet. La bouche est très-
petite et s'enfonce aussi dans le corselet ; le labre est presque demi-circulaire ; les mâchoires sont terminées par
deux lobes ciliés dont l'extérieur est
plus étroit ; les palpes sont égaux,
très-courts, et terminés par un article
plus gros et ovale ; les mandibules
sont cornées et bifides à leur pointe,
et la lèvre est formée d'un menton
transversal et d'une languette plus
grande, avec le bord supérieur plus
large, droit et entier. Le corps présente le port des Dryops ; il est
oblong, presque cylindrique ; le milieu du corselet offre une impression
transverse ; l'écusson est petit, triangulaire et pointu ; les pates sont longues et grêles, avec les cuisses cylindriques.

Ce genre a été établi sur un très-
petit Insecte qu'on n'a encore trouvé
qu'en Allemagne.

Le MACRONYQUE A QUATRE TUBER-
CULES, *M. quadrituberculatus*, Müll.
(*Magaz. Insekt.*, Illig., 1806,
p. 215). Noir, un peu bronzé ; antennes roussâtres ; bord antérieur du
corselet et extérieur des élytres pâle
ou jaunâtre ; corselet ayant, entre le
milieu et le bord postérieur, de petites éminences disposées sur une
ligne transverse ; élytres ayant des
stries longitudinales formées de points
enfoncés.   (G.)

MACROPE. *Macropus*. INS. Nom
donné par Thunberg à un genre de
Coléoptères. *V.* LAMIE.   (G.)

MACROPE. *Macropa*. CRUST. *V.*
MÉGALOPE.   (G.)

* MACROPÈZE. *Macropeza*. INS.
Genre de l'ordre des Diptères, famille des Némocères, tribu des Ti-

pulaires, division des Caliciformes,
mentionné par Latreille (Fam. Nat.
du Règne Anim.), et dont nous ne
connaissons pas les caractères. Ce
genre est placé près des Cératopo-
gons.   (G.)

MACROPHTHALME. POIS. Es-
pèces des genres Denté et Priacanthe.
V. ces mots.   (B.)

* MACROPHTHALME. *Macro-
phthalmus.* CRUST. Genre de l'ordre des
Décapodes, famille des Brachyures,
tribu des Quadrilatères, établi par
Latreille (Fam. Nat. du Règ. Anim.),
et dont il ne donne pas les caractères.
Ce genre comprend les espèces ayant
les formes générales des Grapses, les
pieds-mâchoires semblables à ceux
des Crabes proprement dits, et les
yeux portés sur de longs pédoncules.
                                       (G.)

MACROPODA. MAM. (Illiger.)
Famille de Rongeurs qui renferme
les Gerboises et les Mériones. *V.* ces
mots.   (B.)

MACROPODE. *Macropodus.* POIS.
Le genre formé sous ce nom par
Lacépède (T. III, p. 416), dans l'ordre des Thoraciques, n'a même pas
été mentionné par Cuvier, qui, trop
exact dans ses recherches pour admettre des êtres dont l'existence n'est
constatée que sur des peintures chinoises, ne regarde comme connu que
ce qui l'est réellement. D'après ces
peintures, dont l'une est copiée, pl. 16,
f. 1 de son grand Traité, Lacépède conclut que son Poisson est « magnifique
dans ses mouvemens légers, et dans
ses évolutions variées. Aussi n'est-il
pas surprenant, ajoute le continua-
teur de Buffon, que les Chinois qui
cultivent les beaux Poissons comme
les belles fleurs, et qui aiment, pour
ainsi dire, à faire de leurs pièces
d'eau, éclairées par un soleil brillant,
autant de parterres vivans, mobiles
et émaillés de toutes les nuances de
l'Iris, se plaisent à le nourrir, à le
multiplier, et à multiplier aussi son
image par une peinture fidèle. » Les
naturalistes ne peuvent adopter la

création d'un genre d'après de pareilles raisons.   (B.)

MACROPODIE. *Macropodia.* CRUST. Genre de l'ordre des Décapodes, famille des Brachyures, tribu des Triangulaires, établi par Leach, et auquel Latreille (Fam. Natur. du Règne Anim.) donne le nom de Sténorhynque, que Lamarck lui avait imposé avant Leach. *V.* STÉNORHYNQUE.   (G.)

* **MACROPODIUM.** BOT. PHAN. Genre de la famille des Crucifères, et de la Tétradynamie siliqueuse, L., établi par R. Brown (*in Hort. Kew.,* éd. 2, T. IV, p. 108), et offrant les caractères suivans : calice dressé, un peu dilaté à la base; pétales oblongs, linéaires; étamines dont les filets sont libres et dépourvus de dents; silique pédicellée, plane, comprimée, linéaire, surmontée d'un stigmate sessile et punctiforme, à valves planes, à une seule nervure qui part du milieu de la base; graines orbiculées, ceintes d'une aile très-courte, distantes et placées sur un seul rang. Ce genre a été formé sur une espèce de *Cardamine* de Pallas; il se distingue des *Cardamine* et des *Arabis,* par sa silique stipitée, par ses valves nervigères à la base, et par son calice légèrement dilaté. En l'adoptant, De Candolle (*Syst. Veg. Natur.* 2, p. 244) l'a placé entre les deux genres que nous venons de citer, parmi les Pleurorhizées siliqueuses, c'est-à-dire parmi les Crucifères qui présentent pour caractère principal : une silique et des cotylédons accombans. Le *Macropodium nivale,* R. Br., *Cardamine nivalis,* Pallas (Voyages, éd. française, app. p. 341, t. 68, f. 2), est une Plante herbacée, vivace, très-glabre, dressée et simple; ses feuilles sont ovales-lancéolées, acuminées, légèrement dentées en scie; les fleurs de couleur blanche, et portées sur de très-courts pédicelles, forment une grappe longue et spiciforme. Cette espèce croît près des neiges perpétuelles sur les sommets des monts Altaïs. (O..N.)

* **MACROPTÈRE.** POIS. Espèce du genre Canthère.   (B.)

* **MACROPTÈRES.** OIS. On a quelquefois désigné sous ce nom divers Oiseaux dont les ailes très-longues dépassent ordinairement la queue.   (DR..Z.)

MACROPTÉRONOTE. *Macropteronotus.* POIS. (Lacépède.) *V.* SILURE.

MACROPUS. MAM. (Schaw.) *V.* KANGUROO.

MACRORAMPHOSE. *Macroramphosus.* POIS. (Lacépède.) *V.* SILURE.

* **MACRORHINE.** MAM. *V.* MAKI.

MACRORHYNQUE. *Macrorhynchus.* POIS. (Lacépède.) *V.* SYNGNATHES.

* **MACROSCÉPIDE.** *Macroscepis.* BOT. PHAN. Genre de la famille des Asclépiadées, et de la Pentandrie Monogynie, L., établi par Kunth (*Nov. Gen. et Spec. Plant. æquin.* T. III, p. 200), qui lui a imposé les caractères essentiels suivans : calice à cinq divisions profondes, un peu plus grand que la corolle, et muni de deux bractées; corolle épaisse, dont le tube est renflé et globuleux, le limbe étalé à cinq divisions peu profondes; couronne composée de cinq écailles presque arrondies, charnues, insérées sur l'entrée de la corolle; gynostème court, scutelliforme; anthères terminées par une membrane; masses polliniques, comprimées, fixées par le sommet et pendantes; stigmate mutique. Le fruit est inconnu. Ce genre est très-voisin du *Lachnostoma,* établi par le même auteur; il s'en distingue cependant par la grandeur du calice, par la structure de la couronne et du gynostème, enfin par l'entrée de la corolle qui est nue; il offre aussi quelque affinité avec le *Gonolobus.* Le *Macroscepis obovata,* Kunth, *loc. cit.,* t. 253, est la seule espèce du genre. C'est une Plante dont la tige est volubile, à rameaux hérissés de poils, à feuilles opposées, obovées et cordiformes. Les pédoncules sont interpétiolaires et

portent deux fleurs pédicellées et accompagnées de bractées. Cette espèce croît au Mexique, sur la côte de Campêche. (G..N.)

MACROSTEMA. BOT. PHAN. (Persoon.) *V.* CALBOA.

* **MACROSTOMES.** *Macrostoma.* MOLL. Lamarck a réuni dans cette famille les genres de Coquilles qui offrent une très-grande ouverture, rassemblés d'après des caractères tirés plutôt de la coquille que de l'Animal. Après un examen plus approfondi, ils ne purent rester dans les mêmes rapports; ainsi Blainville en porta une partie dans sa famille des Otidés (*V.* ce mot), et une autre dans son ordre des Chismobranches. Cuvier, avant Blainville, avait déjà séparé les Sigarets des Haliotides. Latreille a suivi cet exemple dans les Familles du Règne Animal; il a soin, en les plaçant dans deux ordres différens, de les rapprocher le plus possible, ce que n'a pas fait Blainville. Cette famille créée dans la Philosophie Zoologique, sous le nom de Stomatacées, reçut de son auteur le nom qu'elle porte aujourd'hui dans l'Extrait du Cours; elle éprouva dans cet ouvrage des changemens notables. Composée primitivement des trois genres Haliotide, Stomate et Stomatelle, elle ne renferma plus que les deux derniers; les Haliotides furent portés avec les Patelles, et les Sigarets restèrent dans la famille des Aplysiens. Dans son dernier ouvrage, Lamarck recomposa la famille des Macrostomes sur son premier plan; il n'y fit d'autres changemens que d'y joindre le genre Sigaret; elle se compose donc aujourd'hui des genres Sigaret, Stomatelle, Stomate et Haliotide, auxquels nous renvoyons ainsi qu'à Otidés, Scutibranches et Chismobranches. *V.* ce dernier mot au Supplément. (D..H.)

* **MACROSTYLE.** *Macrostylis.* BOT. PHAN. Bartling et Wendland, auxquels on doit une revue des espèces nombreuses confondues auparavant sous le nom de *Diosma*, en ont formé, avec raison, plusieurs genres; les uns déjà proposés par différens botanistes, les autres entièrement nouveaux. Parmi ces derniers est celui qu'ils nomment *Macrostylis*, et qui est caractérisé de la manière suivante : calice quinquéparti, revêtu à sa base par un disque qui forme plus haut un bourrelet libre et épais; cinq pétales plus longs que le calice, réfléchis, rétrécis à leur base en un onglet barbu du côté interne; cinq étamines alternant avec les pétales saillans, et dont les anthères sont surmontées d'une petite glande; style allongé, saillant, aminci à son extrémité qui présente trois petits lobes stigmatiques; trois ovaires accollés, cachés dans la base du calice et sous le bourrelet du disque, glabres, prolongés au sommet en une masse qui les égale à peu près en volume, renfermant chacun deux ovules juxtaposés; fruit composé de trois coques qui se séparent à la maturité et dont chacune est surmontée d'une corne comprimée. Nous omettons ici les caractères de la graine, ainsi que plusieurs autres communs à toutes les Diosmées du cap de Bonne-Espérance et qui sont décrits ailleurs. *V.* RUTACÉES.

Ce genre comprend trois espèces. Ce sont de petits Arbrisseaux à feuilles éparses ou plus rarement opposées, courtes, marquées d'une série de points le long de leurs bords et sur les côtés de leur nervure médiane. Leurs fleurs, rougeâtres, sont portées sur de courts pédoncules que des bractées accompagnent et disposées en une sorte d'ombelle aux extrémités des rameaux. *V.* Adr. Juss., RUTACÉES, tab. 19, n. 20. (A.D.J.)

MACROTARSIENS. *Macrotarsii.* (Illiger.) Famille qui comprend les Tarsiers et Galagos. (B.)

MACROTARSUS. MAM. OIS. Lacépède donne indifféremment ce nom comme générique pour les Tarsiers et pour le genre Echasse. (B.)

* **MACROTROPIS.** BOT. PHAN. Genre de la famille des Légumineu-

ses, récemment établi par De Candolle (*Mémoires sur la Famille des Légumineuses*, et *Prodr. Syst. Veget.* 2, p. 98) qui l'a ainsi caractérisé: calice cyathiforme ou renflé, à cinq dents; corolle papilionacée dont les pétales, qui forment la carène, sont plus grands que l'étendard, égaux entre eux et à ceux qui composent les ailes; légume droit, comprimé ou presque cylindrique, polysperme. Ce genre est encore mal connu, et semble, par ses caractères, intermédiaire entre l'*Anagyris* et le *Sophora*; il a été formé sur deux Plantes de la Chine et de la Cochinchine que Loureiro plaçait parmi les *Anagyris*, sous les noms d'*A. fœtida* et d'*A. inodora*. Ce sont des Arbustes à feuilles glabres, imparipinnées et à fleurs blanches.   (G..N.)

MACROTYS. BOT. PHAN. Et non *Macrotris*. Rafinesque-Schmaltz a décrit sous ce nom, dans le Journ. de Bot. pour 1808, vol. II, p. 170, un genre formé sur l'*Actæa racemosa* de Linné. De Candolle (*Syst. Veg. Nat.* 1, p. 383) ne l'a admis que comme section des *Actæa*, caractérisée essentiellement par ses fleurs monogynes. *V.* ACTÆA.   (G..N.)

MACROULE ou **MORELLE.** OIS. Espèce du genre Foulque. *V.* ce mot.   (B.)

MACROURE. *Macrourus.* POIS. Genre adjoint à la famille des Gades, dans l'ordre des Malacoptérygiens Subbrachiens, où, comme dans le Lépidolèpre, la première dorsale est courte et distincte de la seconde qui, bien plus basse, s'étend tout le long du reste du corps, fait tout le tour d'une longue queue pointue, et s'unit ainsi à l'anale qui vient finir perpendiculairement ou à peu près, en dessous. On ne voit pas comment avec un tel aspect ce Poisson put être confondu avec les Coryphœnes. Les ventrales y sont d'ailleurs bien en avant. Les écailles sont dures, crénelées et rudes; les dents petites et sur plusieurs rangs. On voit un barbillon sous l'extrémité de la mâ-

choire inférieure comme dans les Morues. On n'en connaît encore qu'une espèce.

Le BERLAX, Lacép., Pois. T. III, p. 170, pl. 10, fig. 1; Poisson à longue queue, Encyclop., pl. 35, fig. 133; *Macrourus rupestris*, Bloch, 177; *Coryphœna*, Gmel., *Syst. Nat.* XIII, T. I, p. 1195. Ce Poisson habite les plus grandes profondeurs de la mer Glaciale. On le pêche en Groënland, à la ligne, sa chair étant assez bonne. Il atteint de deux à quatre pieds de long. Quand on l'a pris il se débat violemment et fait briller ses yeux en les gonflant comme de rage. Sa couleur est celle de l'argent, ses nageoires sont jaunes. B. 6, D. 11-124, P. 19, V. 7, A. 148, C. 0.   (B.)

MACROURES. *Macroura.* CRUST. Famille de l'ordre des Décapodes, établie par Latreille, et renfermant une grande partie des *Canceres Macrouri* de Linné, ou l'ordre des Exochnates de Fabricius. Ces Crustacés ont des branchies vésiculeuses, barbues ou velues, rapprochées par faisceaux (quatre à chaque) au-dessus des pieds, et accompagnées d'un appendice membraneux, vésiculeux, en forme de sac allongé, représentant la lanière des pieds-mâchoires des Brachyures; l'avant-dernier segment du post-abdomen a, de chaque côté, un appendice analogue à ceux du dessous des segmens précédens, et formant le plus souvent, avec le dernier, une nageoire en éventail. Le post-abdomen est aussi long ou plus long que le thoracide, simplement courbé en dessous dans la plupart, composé constamment, dans les deux sexes, de sept segmens distincts. Les vulves sont situées sur le premier article de la troisième paire de pieds. Le corps est généralement plus étroit et plus allongé que dans la famille des Brachyures, avec le dessus du post-abdomen couvexe et souvent caréné. Les antennes sont aussi plus longues, les intermédiaires sont généralement avancées ainsi que les latérales, et terminées par deux ou trois filets sétacés. Les pieds-mâchoires extérieurs ont participé aux changemens en proportions qu'a éprouvés le corps ; ils ont la forme de palpes ou de pieds grêles. Celle des pieds antérieurs varie ; dans les uns, tantôt les deux premiers, tantôt ceux encore de la seconde paire et même de la troisième sont terminés par une pince ou main à deux doigts ; dans d'autres aucun n'est didactyle ; quelquefois même les deux antérieurs sont adactyles. On en connaît où les pieds d'un côté diffèrent de ceux de l'autre. Les pédicules oculaires sont toujours très-courts. Les appendices inférieurs du post-abdomen sont généralement plus grands, même dans les mâles, que dans la famille des Brachyures, et forment des pieds à nageoires. Le test est proportionnellement plus faible que dans les Brachyures, très-peu solide et flexible dans plusieurs.

Latreille désignait d'abord sous le nom de Macroures (*Gen. Crust.*) la seconde tribu de son ordre des Décapodes, et il la divisait en trois familles. Dans le Règne Animal, il a converti cette tribu en famille qu'il a divisée en quatre sous-familles ; enfin, dans ses Familles Naturelles, il les partage en deux sous-familles : ce sont les Anomaux et les Pinnicaudes. Ces divisions renferment huit tribus. *V.* les mots HIPPIDES, PAGURIENS, LANGOUSTINES, SCYLLARIDES, GALATHINES, ASTACINES, SALICOQUES et SCHIZOPODES.   (G.)

* MACROXUS. MAM. Nom proposé par Fr. Cuvier pour désigner une section du genre Écureuil, celle des Guerlinguets. *V.* ÉCUREUIL.
                        (IS. G. ST.-H.)

MACTRA. CONCH. Klein (Méth. Ostrac., p. 171, pl. 11, fig. 73) avait appliqué ce nom, auquel depuis on a donné une autre signification, à des Coquilles qui, d'après l'indication de Rumph, pl. 44, fig. L, doivent appartenir au genre Arche.   (D..H.)

* MACTRACÉES. CONCH. Famille proposée par Lamarck, dans la Philosophie Zoologique, pour réunir les Coquilles bivalves régulières, plus ou moins bâillantes, qui ont le ligament intérieur. Elle était formée, dans cet ouvrage, ainsi que dans l'Extrait du Cours où elle n'éprouva aucun changement, des cinq genres suivans : Érycine, Onguline, Crassatelle, Mactre et Lutraire. Dans son dernier ouvrage, il lui fit subir quelques modifications dans l'arrangement des genres, et y en ajouta deux. Il les distribua de la manière suivante :

† Ligament uniquement intérieur.

A. Coquille bâillante sur les côtés. Genres : LUTRAIRE, MACTRE.

B. Coquille non bâillante sur les côtés.
Genres : CRASSATELLE, ÉRYCINE.

†† Ligament se montrant au-dehors ou étant double, l'un interne et l'autre externe.
Genres : ONGULINE, SOLÉMYE, AMPHIDESME.

Si, dans l'arrangement des Conchifères, on considère les caractères tirés de la position du ligament comme de première importance, il est certain que les rapports des genres qui composent cette famille sont parfaitement établis. Mais si, comme le font la plupart des zoologistes, on est obligé de prendre des rapports sur des connaissances plus approfondies de l'Animal des Coquilles, on sera forcé de faire plusieurs changemens très-bien motivés. *V.* les différens mots génériques que nous venons de rapporter. Latreille a admis la famille des Mactracées en en séparant le genre Lutraire. Blainville l'a complétement démembrée ; une partie se trouve dans la famille des Conchacés (*V.* ce mot au Supplément), et une autre dans celle des Pyloridés. (*V.* également ce mot.)   (D..II.)

MACTRE. *Mactra.* CONCH. Genre de la famille des Mactracées de Lamarck, établi par Linné, qui y réunissait des Coquilles dont on a fait depuis plusieurs autres genres.

Le mot de Mactre fut employé pour la première fois par Bonani, qui a désigné ainsi une espèce d'Arche. Linné l'appliqua au genre qui nous occupe. Bruguière l'adopta sans y apporter de changemens. Lamarck le réforma en le débarrassant d'abord des Lutraires, de plusieurs Crassatelles et de quelques Lucines. Ainsi modifié, le genre Mactre de Linné présenta une coupe naturelle que tous les zoologistes ont admise comme un genre dans leurs classifications ; mais tous n'ont pas été d'accord sur la place qu'il devait occuper dans la série des Acéphales ou Conchifères. Cuvier reconnut la grande ressemblance qui existe entre l'Animal des Mactres et celui des Vénus ; aussi est-ce dans sa famille des Cardiacés qu'il plaça ce genre. Cependant, reconnaissant aussi les rapports intimes qui lient ce genre aux Lutraires et aux Myes par la coquille ; il les rapprocha le plus qu'il put en terminant les Cardiacés par les Mactres et en commençant la famille des Enfermés par les Myes et les Lutraires. Férussac adopta cette opinion en la modifiant un peu d'après les derniers travaux de Lamarck. Blainville rapprocha les Mactres des Vénus bien plus que ne l'avaient fait les auteurs que nous venons de citer. Il fut en cela parfaitement d'accord avec Poli qui réunit l'Animal des Vénus et celui des Mactres dans un seul et même genre ; ce motif l'engagea, dans son article MOLLUSQUE du Dictionnaire des Sciences Naturelles, à placer les Mactres entre les Cyprines et les Vénus. Quelle que soit la grande analogie des Animaux, les rapports évidens des coquilles doivent cependant entrer aussi pour quelque chose dans la place que l'on fait occuper à un genre. Les Mactres, qui sont des Coquilles peu épaisses, épidermées, bâillantes, qui ont le ligament interne et des dents latérales, lamelleuses, peuvent bien être conservées dans la même famille que les Vénus, mais présentant le passage le plus évident avec les Lutraires, c'est sur

la limite de ces deux familles, que d'après l'opinion de Cuvier, que nous avons adoptée, elles doivent se trouver. Latreille, dans son excellent ouvrage sur les Familles Naturelles, a suivi la manière de voir de Lamarck. Il a eu sans doute quelque motif pour cela. Quelle que soit la dissidence des opinions sur ce genre, voici de quelle manière il peut être caractérisé : Animal très-voisin des Vénus ; coquille transverse, inéquilatérale, subtrigone, un peu bâillante sur les côtés, à crochets protubérans ; une dent cardinale comprimée, pliée en gouttière sur chaque valve, et auprès, une dent en saillie ; deux dents latérales rapprochées de la charnière, comprimées, intrantes ; ligament intérieur inséré dans la fossette cardinale ; ligament extérieur très-petit.

Les espèces de ce genre sont nombreuses, et elles viennent de toutes les mers. Elles ne présentent, par leur forme assez semblable, que peu de moyens de les sous-diviser ; cependant, Blainville les a partagés en cinq sections dont les caractères sont tirés de la charnière. Il en existe plusieurs espèces fossiles. Defrance en cite huit, mais nous en connaissons davantage.

MACTRE GÉANTE, *Mactra gigantea*, Lamk., Anim. sans vert. T. v, p. 472, n. 1 ; Encyclop., pl. 259, fig. 1 ; Chemnitz, Conchyl. T. x, pl. 170, fig. 1656. C'est la plus grande espèce du genre. Elle est finement striée en travers ; son épiderme est brunâtre. Le caractère qui la distingue le mieux est la grandeur de la fossette pour le ligament. Elle vit enfoncée dans le sable, comme toutes les espèces du genre. Il paraît qu'elle se trouve dans les mers de l'Amérique.

MACTRE CARÉNÉE, *Mactra carinata*, Lamk., *loc. cit.*, n. 4 ; Knorr, *Verg.*, 6, t. 34, fig. 1 ; Encyclop., pl. 251, fig. 1, A, B, C, et fig. 12, A, B, pl. 252, fig. 2, C. Ces dernières figures sont probablement une variété dont l'angle n'est pas surmonté d'une crête.

MACTRE SOLIDE, *Mactra solida*,

Lamk., *loc. cit.*, n. 23; *Mactra solida*, L., n. 13; Pennant, Zool. Britann. T. IV, fig. 43, A; Encycl., pl. 258, fig. 1; Chemnitz, Conchyl. T. VI, tab. 25, fig. 229. Espèce très-commune dans l'Océan d'Europe, très-abondante dans la Manche.

MACTRE DELTOÏDE, *Mactra deltoides*, Lamk., *loc. cit.*, n. 32; *Mactra semisulcata*, *ibid.*, Ann. du Mus. T. VI, p. 412, et T. IX, pl. 20, fig. 3, A, B; *Mactra semisulcata*, N., Descript. des Coq. Foss. des environs de Paris, T. I, p. 31, pl. 4, fig. 7 à 10. Espèce fort commune, fossile, aux environs de Paris. Elle a son analogue vivant, dont on ignore la patrie, et qui est rare dans les collections. Il paraîtrait, d'après Lamarck, que cette espèce se trouve aussi fossile à Bordeaux. Basterot le confirme par la citation qu'il en a faite dans son Mémoire sur les Fossiles des environs de cette ville. (D..H.)

MACUCUA. BOT. PHAN. Pour Macoucoua. *V.* ce mot. (A. R.)

* MACULARIA. BOT. PHAN. L'une des divisions établies par Dunal dans le genre Hélianthème. *V.* ce mot. (G..N.)

MACUMA. BOT. PHAN. Pour Macouna. *V.* ce mot. (B.)

MACUSSON. BOT. PHAN. L'un des noms vulgaires du *Lathyrus tuberosus. V.* GESSE. (B.)

MADABLOTA. (Sonnerat.) BOT. PHAN. Espèce du genre Hiptage. *V.* ce mot. (B.)

* MADANAKA. BOT. PHAN. Nom brame du *Calyptranthes caryophyllifolia*, Willd., qui est aussi nommé *Perin-Njara* à la côte du Malabar. (G..N.)

* MADÉGASSE. POIS. Espèce de Cotte du sous-genre Platycéphale. *V.* COTTE. (B.)

MADELAINE. BOT. PHAN. Variété de Pêche; on nomme de même une variété de Poire. (B.)

MADHUCA. BOT. PHAN. (Gmelin.) Syn. d'Illipé. *V.* BASSIA. (B.)

MADI. *Madia*. BOT. PHAN. Ce genre de la famille des Synanthérées, Corymbifères de Jussieu, et de la Syngénésie superflue, L., a été indiqué par Molina (Chili, éd. fr., p. 106), et par Feuillée (Pérou, p. 39, t. 26). Jussieu, Cavanilles et Jacquin lui ont attribué pour caractères essentiels : des fleurs radiées; un involucre simple à huit ou dix folioles linéaires et pubescentes, quelquefois un second involucre intérieur à plusieurs folioles; réceptacle nu; fleurons du centre hermaphrodites, fleurons de la circonférence en languettes et femelles; ovaire surmonté d'un style capillaire; akènes non aigrettés, planes d'un côté, convexes de l'autre. Le MADI CULTIVÉ, *Madia sativa*, Mol., est une Plante qui offre de l'intérêt à cause de ses graines qui fournissent, soit par l'expression soit par la coction, une huile très-douce, et dont les habitans du Chili se servent pour assaisonner leurs mets. On cultive dans les jardins botaniques en Europe le *Madia viscosa* de Cavanilles (*Icon. rar.*, 3, t. 298), espèce qui se distingue facilement du *Madia sativa* par ses feuilles amplexicaules et visqueuses. Jacquin (*Hort. Schœnbrunn.*, 3, t. 302) l'a rapportée au *Madia mellosa* ou Madi sauvage cité par Molina. (G..N.)

MADIAN. BOT. PHAN. Le fruit de l'Inde, mentionné sous ce nom par Linschott, n'est pas connu; on dit qu'il se mange dans ce pays pour aiguiser l'appétit, mais qu'il enivre facilement. Ce pourrait être la noix de l'Aréquier, dont le nom indou est Madi. (B.)

* MADIZA. INS. Genre de Diptères établi par Fallen dans sa famille des Micromyzides, et dont nous ne connaissons pas les caractères. Latreille (Fam. Nat. du Règn. Anim.) n'adopte pas ce genre. (G.)

MADOKA. MAM. Nom de pays de l'*Antilope Saltiana. V.* ANTILOPE. (B.)

MADONIA. BOT. PHAN. (Théophraste.) L'un des syn. de *Nymphœa. V.* NÉNUPHAR. (B.)

MADRÉPORE. *Madrepora.* POLYP.
Genre de l'ordre des Madréporées,
dans la division de Polypiers entièrement pierreux, et dont voici les caractères : Polypier pierreux, subden-
droïde, rameux, à surface garnie de
tous côtés de cellules saillantes, à interstices poreux ; cellules éparses,
quelquefois sériales, distinctes, tubuleuses, saillantes, à étoiles presque
nulles, à lames très-étroites. Lamarck
ayant formé, aux dépens du grand
genre *Madrepora* de Linné, Pallas et
Gmelin, un assez grand nombre de
genres particuliers, a réservé le nom
de Madrépore aux Polypiers lamellifères, dendroïdes, dont la surface est
hérissée de cellules saillantes ; et les
espèces, au nombre de neuf, que Lamarck y rapporte, sont presque toutes
formées des variétés d'une seule espèce des auteurs antérieurs, le *Madrepora muricata.* La plupart des Madrépores parviennent à une grandeur
assez considérable ; on assure même
que la plupart des rescifs des mers
australes, si remarquables par leur
accroissement rapide, sont dus au
développement prodigieux d'une des
espèces de ce genre, le *Madrepora
abrotanoides.*

Les formes générales des Madrépores sont assez variables ; les uns
présentent des expansions aplaties,
profondément divisées, quelquefois
subpalmées ; d'autres forment une
masse oblongue, couverte de petites
branches courtes, cylindriques, dont
la réunion simule parfois une sorte de
corymbe au sommet du polypier ;
d'autres enfin se développent en longs
rameaux cylindriques, branchus, figurant assez bien des cornes de cerf.
Si les Madrépores diffèrent entre eux
par leur figure extérieure, ils se
ressemblent beaucoup par leur structure interne, par la disposition et
l'aspect des cellules ; ce qui explique
pourquoi les auteurs n'en avaient
formé qu'une seule espèce : ces cellules sont cylindriques, nombreuses,
serrées, éparses ou disposées presque
régulièrement sur une ligne longitudinale, obliquement placées sur les

tiges et les rameaux ; à l'extérieur
elles sont striées longitudinalement
ou échinulées suivant les espèces.
L'ouverture est arrondie, et l'intérieur garni de douze lamelles longitudinales, alternativement grandes et
petites, mais toutes peu saillantes ; la
cavité des cellules se prolongeant dans
l'intérieur du polypier, et les espaces
compris entre leurs parois étant creusés de petites cellulosités irrégulières
communiquant entre elles, il résulte
que le tissu des Madrépores, quoique
très-ferme et très-solide, est néanmoins spongieux. On n'a que fort peu
de notions sur les Animaux qui construisent les Madrépores : Lesueur, qui
a observé vivans ceux du *Madrepora
palmata*, rapporte que ce sont des
Animaux gélatineux, presque dif-
fluens, astéroïdes, pourvus de douze
tentacules courts, placés autour de
l'ouverture centrale ; ces tentacules
ont à l'extérieur et au sommet une
tache blanchâtre en forme de larme
entourée de roux, et à leur base un
petit bourrelet. (Mem. du Mus., 3ᵉ ou
4ᵉ cahier, p. 290.) Les espèces rapportées à ce genre sont les *Madrepora
palmata, Flabellum, corymbosa, plan-
taginea, pocillifera, laxa, abrotanoï-
des, cervicornis, prolifera.* (E. D..L.)

*** MADRÉPORES.** POLYP. Ordre
établi par Lamouroux dans la section
des Polypiers pierreux, lamellifères ;
il lui attribue pour caractères : étoiles
ou cellules circonscrites, répandues
sur toutes les surfaces libres du polypier ; et y rattache les genres Porite,
Sériatopore, Pocillopore, Madrépore,
Oculine, Styline et Sarcinule. *V.* ces
mots.   (E. D..L.)

MADRÉPORITE. MIN. Nom donné
à une variété de Calcaire bacillaire,
d'un gris noirâtre, trouvée dans la
vallée de Rusbach, pays de Salzbourg.
Il provient d'une analogie que l'on a
cru reconnaître entre cette variété et
les Lithophytes. *V.* CHAUX CARBO-
NATÉE.   (G. DEL.)

MADRÉPORITE. ZOOL. On a fort
improprement donné ce nom à des
Fossiles découverts aux Vaches-Noi-

res, rochers des côtes de Normandie, qui se trouvent être des os de grands Sauriens ou de Cétacés. Ces débris, quand on les casse ou qu'on les frotte, répandent une odeur fétide; ils supportent le poli, et présentent alors des yeux oblongs, qui résultent des anciens pores, et qui les ont fait prendre pour des Madrépores fossiles auxquels on a aussi donné quelquefois le même nom, qui leur conviendrait bien plus qu'à des os ou qu'à la substance minérale pour laquelle on nous l'a proposé.　(B.)

* MADRE SOLDAT. POIS. (Delaroche.) Syn. de *Sparus Mœna*, L., aux îles Baléares.　(B.)

MAELSTROM. GÉOL Prétendu gouffre marin très-célèbre des côtes de Norwège, regardé par Rudbeck comme le véritable Achéron de la première antiquité, mais qui n'est qu'un tournant ou remont occasioné par le choc d'un courant resserré entre deux îles, comme Carybde et Scylla dans le détroit de Messine.　(D.)

* MÆ-MÆ. BOT. PHAN. *V.* KATOU CALESJAM.

MAENCHIA. BOT. PHAN. (Roth.) pour Mœnchia. *V.* ce mot.

* MÆNURA. OIS. *V.* MÉNURE.

* MAERA. *Macra.* CRUST. Genre de l'ordre des Amphipodes, famille des Crevettines, établi par Leach, et ne différant des Mélites du même que par des caractères de peu d'importance. Ce genre n'a pas été adopté par Latreille (Fam. Nat. du Règu. Anim.); il est probable qu'il le réunit au genre Mélite qu'il adopte. Le Crustacé qui a servi de type à ce genre est le *Macra grossimana*, Leach (Edimb. Encycl. T. VII, p. 403; Trans. Linn. T. XI, p. 359); *Cancer Gammarus grossimanus*, Montagu (Trans. Linn. T. II, p. 97, tab. 4, fig. 5).　(G.)

MÆRUA. BOT. PHAN. Forskahl (*Flor. Ægypt. Arab.*, 104) a établi ce genre de la Polyandrie Monogynie, L., que De Candolle (*Prodrom.*

Syst. Veg., 1, p. 254) a placé à la fin des Capparidées, et qu'il a considéré comme établissant un lien entre cette famille et celle des Passiflorées. Voici ses caractères principaux: calice tubuleux, à quatre divisions profondes, l'entrée du tube couronnée par des écailles pétaloïdes; corolle nulle; réceptacle allongé, sur le sommet duquel sont insérées des étamines en nombre indéfini, et légèrement monadelphes; silique charnue stipitée. Ce genre ne se compose que de trois Arbrisseaux non épineux, et à feuilles simples, savoir: deux indigènes de l'Arabie, décrits par Vahl (*Symbol.*, 1, p. 36) sous les noms de *Mœrua uniflora* et *racemosa*, et le troisième nommé par De Candolle *Mœrua Angolensis*. Cette dernière espèce croît dans le royaume d'Angola, et a beaucoup de rapports avec le *Mœrua uniflora*.　(G..N.)

MÆSA. BOT. PHAN. Genre de la Pentandrie Monogynie, L., établi par Forskahl (*Fl. Ægypt. Arab.*, p. 66) et adopté par Jussieu (*Genera Plant.*, p. 161) qui l'a placé entre les genres *Argophyllum* et *Vaccinium* dans la section des Ericinées à ovaire infère ou demi-infère. Voici ses caractères: calice demi-supère, à cinq dents, entouré à la base de deux écailles persistantes; corolle campanulée à cinq petites divisions; cinq étamines courtes, à anthères ovées; baie demi-infère, globuleuse, acuminée par le style, couronnée supérieurement par les écailles calicinales conniventes, à une seule loge, renfermant un grand nombre de graines attachées à un placenta central. Ce genre est identique avec le *Bœobothrys* de Forster. Il se compose de deux espèces, l'une indigène des montagnes de l'Arabie-Heureuse, que Vahl (*Symbol.*, 1, p. 19, t. 6), qui a adopté le nom générique de *Bœobothrys*, a nommée *Bœobothrys lanceolata*. L'autre espèce est le *B. nemoralis* de Vahl et Willdenow; elle a été découverte par Forster dans l'île de Tanna. Ces Plantes sont des Arbustes, à feuilles alternes, à fleurs accompagnées de bractées , et disposées en panicules axillaires et terminales. (G..N.)

MAFAN. MOLL. Il paraîtrait d'après Adanson (Voy. au Sénég., pag. 93, pl. 6, fig. 4) que ce Cône serait une des nombreuses variétés du *Conus amiralis* des auteurs. Comme ceux-ci n'ont pas rapporté cette espèce dans leur synonymie, on doit conserver du doute jusqu'au moment où on aura pu l'étudier de nouveau ; la figure d'Adanson étant insuffisante pour décider la question.   (D..H.)

MAGALEP. BOT. PHAN. Pour Mahaleb. *V.* ce mot.   (D.)

MAGALLANA. BOT. PHAN. Et non *Magellana*. Ce genre consacré par Cavanilles (*Icon.*, 4, p. 51, t. 374) à la mémoire du célèbre navigateur Magallan et non Magellan, appartient à la petite famille des Tropéolées de Jussieu, et à l'Octandrie Monogynie, L. Voici ses caractères essentiels : calice muni d'un éperon, à cinq divisions dont deux très-profondes, les trois autres réunies en une seule qui, par conséquent, est tridentée ; cinq pétales inégaux ; huit étamines légèrement unies par la base ; fruit muni de trois ailes, uniloculaire par avortement, et monosperme ; graines trop peu connues. Le *Magallana porrifolia* croît près du port Désiré, dans l'Amérique méridionale. Cette Plante est herbacée et grimpante sur les haies ; elle possède des feuilles alternes, à trois segmens linéaires, entiers ; ses fleurs sont jaunes et axillaires. (G..N.)

MAGAS. *Magas.* CONCH. Genre proposé par Sowerby (*Mineral Conchology*, pl. 119) pour une petite Coquille bivalve, fossile, que l'on trouve dans la craie de Meudon ainsi que dans celle de Maudesley-Norwich en Angleterre. Lamarck l'avait mentionnée, dans son dernier ouvrage, parmi les Térébratules ; elle en présente en effet les caractères extérieurs ; mais Sowerby, ayant eu occasion d'examiner sa structure intérieure, a cru devoir, d'après cela, proposer le nouveau genre : il le caractérise de la

manière suivante : coquille bivalve, équilatérale, inéquivalve ; l'une des valves est munie d'un bec recourbé, le long duquel s'étend un sinus angulaire : la charnière est droite avec deux élévations dans le milieu. Ce genre, que Defrance a examiné avec soin, offre, dans le milieu de la valve inférieure, une demi-cloison qui, dans cette partie, devait partager l'Animal en deux. Ces caractères d'organisation intérieure, si variables dans les Térébratules, doivent-ils suffire pour la distinction des genres ? Nous ne le pensons pas ; aussi suivrons-nous à cet égard l'opinion de Blainville, qui a fait des Magas une petite sous-division de ce grand genre. Sowerby a donné le nom de *Magas pumilus* à l'espèce qu'il décrit ; Lamarck lui avait donné celui de Térébratule concave, *Terebratula concava*. (Lamk., Anim. sans vert. T. VI, 1re partie, p. 251, n° 26.) *V.* TÉRÉBRATULE.

          (D..H.)

MAGASTACHYE. BOT. PHAN. Pour Mégastachye. *V.* ce mot.   (A. R.)

* **MAGDALIS.** INS. Genre de Charanson mentionné par Latreille (Fam. Nat. du Règn. Anim.), et dont il ne donne pas les caractères. Il avoisine le genre Hypère de Germar.   (G.)

MAGELLANA. BOT. PHAN. (Poiret.) Pour Magallana. *V.* ce mot. (G..N.)

MAGGAI. BOT. PHAN. Ce nom de pays, cité par C. Bauhin, paraît convenir au Gayac.   (B.)

MAGILE. *Magilus.* MOLL.? ANNEL.? Ce fut sous le nom de Compulotte que Guettard (Mém. T. III, pl. 71, fig. 6) réunit les Magiles aux Vermets en un seul genre, ce qui, d'après les connaissances acquises par l'ouvrage d'Adanson, devait porter ce genre parmi les Mollusques. Cependant on ne tint pas depuis compte de cette opinion ; car les Magiles furent confondues avec les Serpules. Montfort, dans sa Conchyliologie systématique, revint à l'opinion de Guettard, reporta la Magile parmi les Mollusques, la sépara des Vermets, et lui donna le nom générique qu'elle porte aujourd'hui, et qui est généralement adopté. Lamarck ne mentionna pas ce genre dans l'Extrait du Cours ; il ne l'adopta définitivement que dans son dernier ouvrage, où il le plaça à la fin de la famille des Serpulées. Cuvier (Règne Animal) ne mentionna ce genre, ni parmi les Mollusques, ni parmi les Annelides ; Blainville leur trouva assez de rapports avec les Vermets pour les admettre ainsi que les Siliquaires parmi les Mollusques ; cette opinion n'a point été adoptée par Latreille qui a conservé celle de Lamarck. On voit par ce qui précède combien il existe encore de doutes à l'égard des Magiles. Les deux opinions peuvent être également soutenues avec avantage : car les zoologistes qui pensent que ce corps doit rester parmi les Annelides, ont une figure de Pallas qu'ils rapportent à ce genre, et qui pourrait bien être une Serpule. Les personnes qui croient que les Magiles sont des Mollusques s'appuient sur des analogies assez bien fondées de la forme de la coquille. Nous sommes donc forcés, jusqu'à ce que l'on connaisse bien l'Animal des Magiles, de flotter, pour ainsi dire, entre deux opinions différentes. Les Magiles ont une singulière manière de vivre ; elles sont engagées dans des masses madréporiques dans lesquelles elles se creusent une cavité pour y être contenues assez juste et sans y avoir la moindre adhérence ; elles commencent par former une coquille spirale héliciforme qui se continue par un tube assez droit, onduleux, à une seule carène. A mesure que l'Animal grandit, il abandonne la partie de la coquille et de son tube qui ne peut plus le contenir ; mais au lieu d'y laisser des cloisons, comme le font les Serpules, il remplit entièrement cet espace par une matière calcaire, compacte, diaphane, dure, pesante, semblable, en quelque sorte, dans sa cassure, à de la Calcédoine blonde. Lamarck caractérise le genre Magile de la manière suivante : test ayant la base contournée en une seule spirale courte,

ovale, héliciforme ; à quatre tours contigus, convexes, dont le dernier est le plus grand et se prolonge en tube dirigé en ligne droite ondée ; le tube convexe en dessus, caréné en dessous, un peu déprimé et plissé sur les côtés ; à plis lamelleux, serrés, ondés, verticaux, plus épais d'un côté que de l'autre. Animal inconnu.

Il n'y a encore qu'une seule espèce de Magile qui soit connue ; car celle rapportée par Péron ne nous semble pas distincte ; c'est un jeune individu de l'espèce que Lamarck nomme MAGILE ANTIQUE, *Magilus antiquus*, Anim. sans vert. T. V, pag. 364, Montfort, Conchyl. Syst. T. II, pag. 43. Cette Coquille, rare dans les collections, semble assez commune dans les mers de l'Ile-de-France, où, au rapport de Mathieu, elle acquiert une longueur de trois pieds.   (D..H.)

MAGJON. BOT. PHAN. L'un des noms vulgaires des tubercules de la Gesse tubéreuse.   (B.)

MAGNAS. BOT. PHAN. Nom du Manguier chez les anciens voyageurs qui en parlèrent les premiers.   (B.)

MAGNELITHE. MIN. (Hœpner.) Syn. de Jade tenace. *V*. JADE.
                                    (G. DEL.)
* **MAGNESIAN LIMESTONE.** GÉOL. Dénomination sous laquelle les géologues anglais désignent une formation particulière. *V*. MAGNÉSIEN (Calcaire) et TERRAINS. (C. P.)

MAGNÉSIE. MIN. Genre de la classe des substances métalliques hétéropsides, composé de cinq espèces : la Magnésie boratée, la Magnésie carbonatée, la Magnésie hydratée, la Magnésie sulfatée et la Magnésie hydrosilicatée. Ces espèces ont, pour caractère commun, de donner un précipité pulvérulent par l'Ammoniaque, lorsqu'elles sont en solution dans l'Acide nitrique ou dans l'eau. Ce précipité est presqu'entièrement formé d'un Oxide métallique dont il est fait mention à l'article MAGNESIUM. *V*. ce mot. Examinons successivement leurs principales propriétés.

Magnésie boratée, *Boracite*, Werner. Substance indissoluble dans l'eau, soluble dans l'Acide nitrique, et précipitant alors par l'Ammoniaque. Sa forme primitive est le cube; elle est électrique par la chaleur, et l'on observe une différence de configuration dans les parties qui répondent, sur les formes secondaires, aux angles solides diamétralement opposés du noyau : sa pesanteur spécifique est 2,56. Elle raye le verre; au chalumeau, elle fond avec bouillonnement en émail jaunâtre. Ses Cristaux ont huit pôles électriques, dont quatre sont à l'état d'électricité vitrée, et les quatre autres manifestent l'électricité résineuse; ils correspondent aux huit angles solides du cube. La Magnésie boratée est souvent mélangée de borate de Chaux; lorsqu'elle est pure, elle est composée de 68 parties d'Acide borique et de 32 parties de Magnésie. Haüy distingue cinq variétés de formes cristallines, dont les plus simples et les plus communes sont : la quadriduodécimale, présentant l'aspect du dodécaèdre rhomboïdal, dont quatre seulement des angles solides trièdres sont remplacés par des facettes; la défective, cube tronqué sur toutes ses arêtes et sur quatre seulement de ses angles solides; la surabondante contenant, outre les faces de la variété précédente, celles du solide trapézoïdal. La Magnésie boratée est ordinairement incolore, quelquefois blanchâtre, grise ou violâtre. On la trouve en Cristaux disséminés dans le gypse granulaire du mont Kalkberg, près de Lunebourg, et du Segeberg, dans le Holstein. Ces Cristaux sont ordinairement d'un petit volume; leur épaisseur est au plus de quatre à cinq lignes : ils sont remarquables par la netteté et la perfection de leurs formes. On les connaît, depuis long-temps, sous le nom de Pierres cubiques, à Lunebourg, où ils sont recherchés comme objets de curiosité.

Magnésie carbonatée, *Giobertite*, Brongn. Magnésie native de plusieurs minéralogistes; substance blanche, à texture ordinairement terreuse, soluble avec une vive effervescence dans l'Acide nitrique, infusible par l'action du chalumeau; pesant spécifiquement 2,45; se ramollissant dans l'eau. Cette substance, à l'état compacte, est souvent mélangée de Magnésie et de Calcaire. Sa composition, calculée d'après les lois des proportions définies, est en poids de 52 parties d'Acide carbonique, et de 48 de Magnésite. Les Cristaux de ce sel sont extrêmement rares : ils se rapportent à un rhomboèdre de 107^d. 25^m. On trouve la Magnésie carbonatée dans la Serpentine, à Hrubschitz en Moravie, et près de Castellamonte et de Baldissero en Piémont. Celle-ci a été employée, pendant long-temps, au lieu de Kaolin, dans plusieurs manufactures de Porcelaine. On l'avait regardée comme une Argile jusqu'au moment où les expériences de Giobert ont prouvé que c'était la Magnésie qui en formait la base.

Magnésie hydratée, *Brucite*, Brong. Cette substance, qui se trouve, comme la précédente, en veine dans des roches serpentineuses, dans le New-Jersey aux États-Unis, ne s'est encore présentée qu'à l'état laminaire; elle est blanche, nacrée, translucide, tendre et douce au toucher; elle donne de l'eau par la calcination; elle se dissout sans effervescence dans l'Acide nitrique, et la solution précipite en blanc par l'Ammoniaque. Sa pesanteur spécifique est de 2,6. Elle a été analysée par Bruce, qui en a retiré 70 parties de Magnésie, et 30 d'Eau.

Magnésie sulfatée, *Epsomite*, Brong.; *Bittersalz*, Werner. Vulgairement Sel d'Epsom et Sel de Sedlitz. Substance blanche, soluble dans l'eau, d'une saveur très-amère; fusible à un léger degré de chaleur, pesant spécifiquement 1,66. On ne la trouve dans la nature que sous la forme granulaire, aciculaire ou fibreuse; mais dans les laboratoires, elle cristallise en prismes droits à bases carrées, ordinairement modifiés sur les arêtes des bases. D'après Haüy la longueur des arêtes est à la hauteur du prisme fondamental comme 5 est à 4. Ce sel se rencontre tantôt en solution dans les eaux, comme à Sedlitz en Bohême, au village d'Epsom en Angleterre; tantôt en masses granulaires avec l'Anhydrite dans les terrains salifères, comme à Bergtolsgaden en Bavière; le plus souvent en efflorescence à la surface de certains Schistes. On en distingue deux variétés de mélanges : la Magnésie sulfatée ferrifère, en fibres capillaires, le Sel halotrique de Scopoli; et la Magnésie sulfatée cobaltifère, en concrétions rosâtres dans les mines de Cuivre de Herrengrund en Hongrie.

MAGNÉSIE HYDRO-SILICATÉE, *Magnésite* de Brongniart. Composée d'un atome de trisilicate de Magnésie, et de cinq atomes d'Eau, ou en poids de Silice 52, Magnésie 23, Eau 25. Substance blanche à cassure terreuse, ayant souvent une teinte rosâtre, solide, tendre et sèche au toucher, infusible; se ramollissant dans l'eau : pesanteur spécifique de 2,6 à 3,4. Brongniart en distingue quatre variétés principales : la Magnésite écume de mer, compacte, à cassure terreuse, qui nous vient de l'Asie-Mineure, où elle a pour gangue un Calcaire compacte accompagné de Silex; la Magnésite de Madrid, connue sous le nom de Terre de Vallecas, qui a son gisement dans les terrains secondaires, au-dessus des Argiles salifères; la Magnésite de Salinelle, près Sommières dans le département du Gard; et la Magnésite parisienne, des environs de Saint-Ouen et de Coulommiers. Ces deux dernières appartiennent au sol tertiaire, et se trouvent dans le Calcaire ou dans l'Argile à Limnées, inférieurs au Gypse. La première variété, dite Ecume de mer, est employée en Crimée et en Anatolie, à la fabrication des pipes turques, dont il se fait un grand commerce à Constantinople.   (G. DEL.)

* MAGNÉSIEN (CALCAIRE). GÉOL. La présence de la Magnésie, soit combinée, soit associée avec la Chaux carbonatée, se manifeste dans un grand nombre de terrains différens, depuis les primitifs jusqu'aux plus nouveaux. *V*. DOLOMIE et CHAUX CARBONATÉE MAGNÉSIFÈRE. Mais à l'imitation des géologues anglais on désigne assez généralement aujourd'hui sous le nom de Calcaire Magnésien, les dépôts sédimenteux magnésifères qui, par leur position, sont intermédiaires entre les deux grandes séries du Terrain houiller et du Calcaire oolithique, et qui, en Angleterre principalement, ont pris un grand développement que jusqu'à présent on est porté à regarder comme local; c'est le *Magnesian limestone* des Anglais. *V*. TERRAINS.   (C. P.)

MAGNÉSITE. MIN. (Brongniart.) Syn. de Magnésie hydro-silicatée. *V*. MAGNÉSIE.   (G. DEL.)

* MAGNESIUM. CHIM. MIN. Nom donné à la substance métallique qui, par sa combinaison avec l'Oxigène, constitue la Magnésie. Ce corps n'existe pas isolément dans la nature. On le retire de la Magnésie, en soumettant à l'action de la pile un mélange de trois parties de celle-ci, après l'avoir humectée, et d'une partie de peroxide de Mercure. On l'obtient en plus grande quantité par un autre procédé qui consiste à faire passer du Potassium en vapeur sur de la Magnésie chauffée au rouge blanc dans un tube de porcelaine. L'Oxigène de la Magnésie lui est enlevé par le Potassium. On introduit alors dans le tube, du Mercure qui forme un amalgame avec le Magnésium, et on élimine le Mercure par la distillation de l'amalgame dans une petite cornue et à l'abri du contact de l'air. Le Magnésium a plus de densité que l'eau. Lorsqu'on le projette dans ce liquide il se décompose et se convertit en Magnésie. On obtient un semblable produit, quand on fait chauffer le Magnésium qui brûle alors avec une flamme rouge.

La Magnésie est la seule combinaison connue du Magnésium avec l'Oxigène. Elle est composée selon Berzelius, d'Oxigène 38,71 et de Ma-

gnésium 61,29 ; total 100. On la prépare en formant un précipité de sous-
carbonate de Magnésie par l'action
du sous-carbonate de Potasse ou de
Soude sur une solution de Sel d'Epsom ou sulfate de Magnésie ; en la-
vant à plusieurs reprises ce précipité ;
et en le faisant chauffer au rouge
dans un creuset. La Magnésie calcinée et à l'état de pureté, est une base
salifiable blanche, presque insipide,
dont la densité est, selon Kirwan,
de 2, 3. Elle neutralise parfaitement
tous les Acides ; elle est fort peu
soluble dans l'Eau, mais plus à froid
qu'à chaud. Elle forme avec ce fluide
un hydrate composé, d'après Berzelius, de Magnésie 69,68 et d'Eau
30,32, dans lesquels corps la quantité d'Oxigène est la même. Cet hydrate est légèrement soluble dans
l'Eau et sa solution verdit le sirop
de violette.

On fait un grand usage en médecine de la Magnésie pour absorber
les Acides contenus dans les premières voies digestives. Les chimistes
l'emploient avec avantage dans l'a-
nalyse végétale, pour séparer les Alcalis végétaux des Acides avec lesquels ils sont en combinaison. (G..N.)

* MAGNET - EISENSTEIN. MIN.
V. FER.

* MAGNÉTISME. Ce mot sert à désigner la collection des phénomènes
que présentent non-seulement la variété de Fer oxidé vulgairement nommée pierre d'Aimant, mais encore
les substances qui en ont acquis accidentellement les propriétés. La
plus saillante de ces propriétés n'a-
vait pas échappé aux anciens, et,
sans chercher à agrandir le champ
des découvertes, ils s'étaient conten-
tés d'admirer la singulière attraction
de la pierre d'Aimant pour le Fer. Cependant, ils ne paraissent pas avoir
ignoré que cette attraction pouvait
être transmise au Fer lui-même,
puisqu'ils font mention d'une chaîne
d'anneaux de Fer retenus l'un par
l'autre quoique le premier fût le seul
qui touchât à l'Aimant. Mais ce fut
à une époque assez récente que ce
phénomène a été bien observé. On
reconnut que les extrémités des aiguilles d'Acier auxquelles on avait
communiqué la propriété magnétique et suspendues par leur milieu, de
manière à pouvoir tourner librement,
ou placées sur des morceaux de Liége
pour les faire flotter sur l'eau, étaient
attirées ou repoussées par l'Aimant,
suivant qu'on présentait successivement à l'une d'elles le même côté de
celui-ci. Les forces magnétiques s'ac-
cumulent donc dans les aiguilles aimantées vers deux points opposés
que l'on a désignés sous le nom de
Pôles. Lorsque les aiguilles ne sont
influencées par l'action d'aucun Aimant, elles affectent une constante
direction, c'est-à-dire que l'une
des extrémités se dirige vers le nord,
et l'autre vers le sud. Celle qui regarde le nord était autrefois nommée *Pôle boréal*, et l'extrémité opposée *Pôle austral*; mais les physiciens modernes ont donné un sens
contraire à ces deux désignations,
afin d'assimiler les circonstances de
ce phénomène à celles de l'action réciproque des Aimans qui s'attirent
par les pôles de dénominations contraires et se repoussent par ceux de
même dénomination. Ainsi le pôle
de l'aiguille aimantée qui regarde le
pôle nord du globe terrestre est actuellement appelé *Pôle austral*, et
l'on nomme *Pôle boréal* celui qui
est dirigé vers le sud. L'observation
de cette constante direction a été
la source d'où est dérivée l'invention
de la boussole. Cet instrument,
si précieux pour la navigation, ne
fut connu en Europe que vers le
douzième siècle de l'ère vulgaire.
On ne sait pas positivement à qui
l'on doit attribuer l'honneur de sa
découverte, et lors même que nous
saurions le nom du premier Européen qui fit connaître la boussole,
nous serions forcé d'accorder la prio-
rité aux Chinois qui l'employaient
long-temps avant l'arrivée des premiers voyageurs. L'usage journalier
et le perfectionnement de la boussole

firent reconnaître plus tard que l'aiguille aimantée ne prenait pas toujours exactement la direction nord et sud, que cette direction variait avec le temps et le lieu, et qu'elle s'écartait du méridien terrestre. C'est cette variation qu'on a désignée sous le nom de *déclinaison de l'aiguille aimantée*. Nous venons de dire que la déclinaison est dépendante du lieu et du temps. En effet, le méridien magnétique varie inégalement dans les différens points où il a été observé. Depuis cent quarante ans la déclinaison n'a point varié sensiblement à la Nouvelle-Hollande, tandis qu'à Paris elle s'est élevée, dans un espace de temps à peu près semblable, jusqu'à vingt-deux degrés du côté de l'ouest. Depuis 1802, elle paraît presque stationnaire vers ce dernier point et semble prête à diminuer par le retour de l'aiguille vers la méridienne. L'aiguille éprouve en outre des variations diurnes, sensibles seulement dans les boussoles perfectionnées et dont les plus graudes ont été observées à Paris pendant les mois d'avril, mai, juin et juillet.

Lorsqu'on suspend un barreau aimanté par son centre de gravité, il prend une situation inclinée à l'horizon. L'angle qu'il forme avec celui-ci varie dans les différentes régions; il devient nul en quelques points du globe, et l'aiguille prend alors une situation horizontale. La courbe fort irrégulière, qui joint les points où l'aiguille prend une direction horizontale, se nomme *équateur magnétique*. L'inclinaison change, de même que la déclinaison, suivant les temps et les lieux, mais ses variations sont beaucoup moins sensibles. Les plus grandes inclinaisons observées jusqu'à ce jour ont été trouvées par les navigateurs anglais dans les mers arctiques. Près du Spitzberg, par 79°,50' de latitude, Phipps observa, en 1773, une inclinaison de 82°; en 1818, le capitaine Parry la vit s'élever jusqu'à 84°,25', dans la baie de Baffin, à 75°,5' de latitude. Ce dernier navigateur paraît

avoir même dépassé le pôle magnétique boréal; car étant parvenu, en 1819, à une latitude de 74°,45', et à une longitude très-avancée vers l'ouest, la pointe de l'aiguille qui regarde le nord se tourna vers le sud, ce qui prouvait que le navire était alors au nord du pôle magnétique boréal.

Nous n'avons fait qu'indiquer, au commencement de cet article, le corps naturel qui communique aux autres la propriété magnétique, et parmi ceux-ci, nous n'avons parlé que du Fer ou de l'Acier. Le Nickel et le Cobalt, à l'état de pureté, sont aussi susceptibles d'aimantation, mais à un degré beaucoup plus faible. On aimante tous ces Métaux par deux procédés principaux qu'il n'est pas nécessaire d'exposer ici, et que l'on nomme la simple touche et la double touche.

Il est encore d'autres moyens d'aimantation fournis par quelques causes naturelles ou par l'action de certains phénomènes accidentels. Ainsi, l'exposition prolongée des verges ou barreaux de Fer dans une situation verticale, ou mieux, dans une direction inclinée semblable à celle que prendrait un barreau aimanté suspendu par son centre de gravité, leur fait acquérir un Magnétisme sensible. Il se développe encore dans les outils d'Acier qui servent à couper ou percer le Fer, surtout lorsqu'ils s'échauffent; dans les instrumens avec lesquels on attise le feu; par la percussion réitérée; par la rotation; et enfin par la simple torsion des fils minces. Coulomb a reconnu que l'écrouissement donné au Fer par la torsion, le rend susceptible de retenir la force magnétique presque aussi bien que l'Acier. En ces derniers temps, Arago a aimanté des aiguilles d'Acier en les plaçant dans un fil métallique roulé en spirale, par lequel il faisait passer un courant d'étincelles électriques.

La mesure des forces magnétiques d'un Aimant, soit naturel, soit artificiel, s'obtient par l'évaluation du poids dont il peut rester chargé, sans que son adhérence aux corps qu'il attire soit rompue. Quant aux aiguilles et autres corps mobiles faiblement aimantés, elle se déduit de la comparaison des forces nécessaires pour les retenir hors du méridien magnétique. Coulomb, qui s'est beaucoup occupé de recherches sur la mesure des forces magnétiques, a inventé une balance de torsion, au moyen de laquelle on apprécie les plus petites de ces forces. Il a ensuite montré qu'on pouvait employer pour cette détermination, les oscillations que les aiguilles ou barreaux minces, suspendus librement, effectuent de chaque côté du méridien magnétique, comme on fait usage des oscillations du pendule pour mesurer la gravité. En se servant de ce procédé, on est parvenu à reconnaître que l'intensité des forces magnétiques n'était pas la même dans tous les lieux de la terre. D'après les expériences de Humboldt, elle est moindre au Pérou qu'à Paris, puisqu'une aiguille faisait, dans les contrées équinoxiales, deux cent onze oscillations en dix minutes, tandis que le nombre de ses oscillations s'élevait à deux cent quarante-cinq avant et après le voyage. Lors de sa fameuse ascension aérostatique, Gay-Lussac chercha aussi à déterminer si l'intensité des forces magnétiques variait dans les hautes régions de l'atmosphère, mais ses résultats furent négatifs, c'est-à-dire qu'il n'observa aucun changement sensible dans les oscillations de l'aiguille aimantée. On a voulu également savoir si les aiguilles aimantées conservaient indéfiniment l'intensité de leur force directrice. Le voyage autour du monde de l'Uranie commandée par le capitaine Freycinet, a donné à cet égard un résultat très-satisfaisant. Deux aiguilles aimantées, observées avec soin lors du départ et du retour de l'expédition, n'ont éprouvé qu'un faible affaiblissement dans les forces directrices qui leur avaient été d'abord communiquées.

D'après les expériences de Kupfer, professeur à Casan (Annales de Chimie et de Physique, octobre 1825, p. 113), l'intensité de la force magnétique d'une aiguille diminue à mesure que la température s'élève, et suivant une loi telle que les décroissemens de la force magnétique sont en raison simple des accroissemens de la chaleur. Ce physicien a aussi annoncé qu'un barreau aimanté à la température de 13 ° R., étant chauffé jusqu'à 80 °, et ensuite refroidi, ne revient pas à la même force magnétique qu'il possédait avant d'être chauffé : cela ne peut tenir qu'à une perte de Magnétisme occasionée par la chaleur et indépendante des variations de l'intensité de la force magnétique à diverses températures. Des résultats analogues avaient été obtenus antérieurement par S. Hunter-Christie, auteur d'un beau Mémoire sur les effets de la température sur l'intensité des forces magnétiques, inséré dans les Transact. Phil. pour 1825. Ce savant a conclu de ses nombreuses observations, qu'entre certaines limites de chaleur le décroissement de l'intensité magnétique n'est pas constant à toutes les températures, mais que ce décroissement augmente suivant l'accroissement de la chaleur; qu'à la température de 80 ° Fahrenheit, l'intensité décroît plus rapidement que la température n'augmente; et qu'au-delà d'une température de 100 °, une portion de la force magnétique est perdue sans retour.

Les phénomènes magnétiques dont nous venons de faire l'exposition d'une manière fort abrégée, avaient excité vivement l'attention des physiciens modernes, mais on n'était arrivé à aucune donnée sur la nature de la cause qui les produit. Il était réservé à la période actuelle du dix-neuvième siècle de pénétrer dans ce mystère. Jusqu'à ces derniers temps, on ne connaissait que le globe terrestre d'une part, le Fer, le Nickel et le Cobalt de l'autre, qui exerçassent une influence sur l'aiguille aimantée, et cette action, ainsi bornée à des corps spéciaux, ne permettait pas d'assimiler le fluide magnétique à d'autres agens tels que le fluide électrique, dont les effets étaient mieux connus, et qui manifestaient leur action presque indistinctement sur tous les corps de la nature. En 1820, le professeur OErstedt de Copenhague observa le premier, que le fil qui unit les deux pôles d'une pile voltaïque agissait sur l'aiguille aimantée, en la déviant de sa direction. Ayant placé horizontalement ce fil au-dessus et parallèlement à une aiguille de boussole librement suspendue, celle-ci a pris un mouvement tel, que sous la partie du fil la plus rapprochée du pôle négatif de l'appareil voltaïque, elle a décliné vers l'ouest. Cette déviation était d'autant plus marquée que la pile était plus énergique, et le fil conjonctif plus rapproché de l'aiguille. Un effet inverse a eu lieu, c'est-à-dire que le pôle de l'aiguille a décliné vers l'est, lorsque le fil conjonctif a été placé au-dessous du plan horizontal dans lequel l'aiguille était située. Lorsque l'aiguille et le fil conjonctif étaient dans le même plan horizontal, la première ne déclinait pas, mais s'inclinait dans une position verticale. OErstedt a encore varié de plusieurs manières la position du fil conjonctif par rapport à l'aiguille, et de ses expériences il a conclu que du fil conjonctif émane une force dont la sphère d'activité est assez étendue et qui agit en tournoyant, comme le ferait un courant circulaire situé dans un plan perpendiculaire à la direction du fil. A peine cette découverte fut-elle annoncée que plusieurs savans, parmi lesquels nous citerons particulièrement Ampère, Arago, Davy et Delarive, y appliquèrent tous les efforts de leur génie, et la fécondèrent si merveilleusement qu'ils n'ont pas laissé beaucoup de choses positives à découvrir par la suite sur un sujet naguère entièrement inconnu. Dans le nombre des faits constatés par ces physiciens, nous citerons seulement les suivans qui peuvent être considérés comme fondamentaux de la théorie électro-magnétique. L'influence du fil conjonctif sur l'aiguille aimantée est réciproque, en sorte que si on fixe cette dernière, et qu'au contraire on rende mobile le fil conjonctif, celui-ci s'éloignera ou se rapprochera de l'aiguille. Le globe terrestre produit seul, et sans le concours d'un barreau aimanté, une action sur le fil, lorsque celui-ci est suffisamment libre et convenablement disposé. Enfin, si l'on substitue à l'aiguille aimantée un second fil conjonctif, et qu'on le place dans une direction parallèle à celle du premier fil, ils se repoussent ou s'attirent selon que les courans électriques les parcourent dans le même sens ou en sens contraire. Cette analogie d'action entre deux courans d'un même fluide et les courans de deux fluides, que, vu la spécialité ainsi que la permanence de l'un et l'universalité ainsi que la fugacité de l'autre, on avait regardés comme d'une nature extrêmement différente, est une probabilité puissante en faveur de la grande analogie, nous dirons même de la similitude des agens électrique et magnétique. Elle est en outre fortifiée par l'expérience d'Arago que nous avons eu occasion de citer, et qui consiste à aimanter des aiguilles d'Acier renfermées dans un fil métallique roulé en spirale et par lequel on fait passer un courant d'étincelles électriques.

Des expériences, d'une toute autre nature que celles qui avaient été tentées jusqu'à ces derniers temps, ont déjà fourni des résultats assez nombreux pour mériter d'intéresser vivement les physiciens. C'est encore à Arago que la science est redevable de la découverte de cette nouvelle mine de recherches : ce savant a présenté à l'Académie des Sciences de Paris, dans sa séance du 7 mars 1825, un appareil qui, sous une forme nouvelle, montre l'action que les corps aimantés, et ceux qui ne le sont pas, exercent les uns sur les autres. Il avait déjà prouvé, par des expériences antérieures, qu'une plaque de cuivre ou de toute autre substance solide ou liquide, placée au-dessous d'une aiguille aimantée, exerce une action qui a pour effet immédiat d'altérer l'amplitude des oscillations sans changer sensiblement leur durée. Le phénomène nouveau est pour ainsi dire l'inverse du précédent. Puisqu'une aiguille en mouvement est arrêtée par une plaque en repos, Arago a pensé que réciproquement une aiguille en repos serait entraînée par une plaque en mouvement; en effet, si l'on fait tourner une plaque de cuivre, par exemple, avec une vitesse déterminée sous une aiguille aimantée, renfermée dans un vase fermé de toutes parts, l'aiguille ne se place plus dans sa position ordinaire, elle s'arrête hors du méridien magnétique, et d'autant plus loin de ce plan que le mouvement de rotation de la plaque est plus rapide; si ce mouvement de rotation est suffisamment prompt, l'aiguille, à toute distance de la plaque, tourne elle-même d'une manière continue autour du fil auquel elle est suspendue. Partant de ces premières données, plusieurs personnes, tant sur le continent qu'en Angleterre, ont répété et multiplié les expériences sur ce sujet; elles ont cherché surtout à varier la nature des corps auxquels ils faisaient subir le mouvement de rotation, et elles ont observé des différences assez marquées pour leur permettre d'en tirer des inductions sur la manière dont se produisent ces nouveaux phénomènes. Quelques physiciens ont pensé que ces effets sont dus très-probablement à une aimantation passagère des disques produite par l'influence de l'Aimant.

Nous avons vu que certains Métaux jouissaient spécialement des facultés magnétiques; leur présence dans les Minéraux composés peut donc être décelée par l'action qu'ils exercent sur l'aiguille aimantée, et conséquemment le Magnétisme peut être mis au nombre des caractères minéralogiques. Dans les substances qui contiennent, en plus ou moins grande quantité, des molécules ferrugineuses,

celles-ci sont quelquefois tellement oxidées ou disséminées dans la masse, que leur effet magnétique est à peu près nul; ainsi les pierres précieuses, dont la coloration est due au Fer, ainsi que le prouve l'analyse chimique, ne donnent le plus souvent aucun signe de Magnétisme. Haüy cependant est parvenu à rendre sensible à l'aiguille aimantée ces particules ferrugineuses au moyen d'un procédé particulier qu'il a nommé Méthode du double Magnétisme. Il consiste à faire dévier l'aiguille, à l'aide d'un barreau aimanté, de manière à ce qu'elle effectue à peu près une demi-révolution, c'est-à-dire que son extrémité nord regarde l'ouest et son extrémité sud regarde l'est. L'appareil étant ainsi disposé, si l'on vient à approcher un Minéral très-peu chargé de Fer de l'extrémité de l'aiguille qui tend à se porter vers le barreau, la présence de cette substance, toute faible que soit son énergie, suffira pour achever ce qui est commencé; l'aiguille décrira une nouvelle portion de sa révolution, et son extrémité nord pourra même être amenée au point où elle regardera le sud. C'est de cette manière qu'on éprouve quelques variétés de Grenats, de Péridots et l'Essonite; mais il est bon d'avertir que ces expériences exigent une grande habitude et des instrumens très-délicats.

Parmi les Minéraux qui agissent directement, et par attraction simple, sur les aiguilles aimantées, il en est qui ne sont point assez vigoureux pour contraindre celles-ci à les suivre au-delà de certaines limites. Un grand nombre de roches sont au rang de ces corps dont la force magnétique n'a pour ainsi dire qu'un succès passager. D'autres, et c'est le cas des Minerais de Fer naturels ou grillés, font opérer aux aiguilles aimantées des révolutions complètes. C'est par la distance à laquelle ils commencent à agir, par la portion plus ou moins grande de l'arc de cercle que l'aiguille décrit, qu'on juge de l'intensité de leur Magnétisme. Plusieurs variétés de Fer oligiste, celles de l'île d'Elbe, du Dauphiné, de la Corse, n'offrent que des attractions simples lorsqu'on les éprouve avec des barreaux puissans, tandis qu'elles exercent des attractions et des répulsions alternatives sur les aiguilles faiblement aimantées ; elles paraissent avoir deux pôles distincts. Quelques Minéraux attirent ou repoussent constamment le même pôle d'un barreau vigoureusement aimanté, c'est-à-dire qu'en certaines parties ils attirent ou repoussent le pôle nord, tandis que les points opposés attirent ou repoussent le pôle sud. Ces Minéraux ont reçu particulièrement le surnom de Magnétiques, et se distinguent du Fer oxidé aimantaire en ce qu'ils ne communiquent aucune propriété au Fer non aimanté. C'est donc la faculté de transmettre au Fer et surtout à l'Acier les propriétés magnétiques, qui caractérise éminemment le Minerai de Fer que l'on nomme Aimant par excellence : ce corps attire les parcelles de Fer et les retient attachées à sa surface, principalement vers les points qui répondent à ses pôles ; adhésion qu'on peut doubler ou tripler en taillant le morceau d'Aimant d'une manière convenable, en l'entourant d'une armure de Fer, et en augmentant progressivement le poids du Fer qu'il pouvait d'abord retenir.

Vers la fin du siècle dernier on s'est beaucoup occupé, et l'on s'occupe encore en ce moment, de recherches sur un agent que l'on croit exister entre les corps vivans, et particulièrement entre les individus du genre humain, agent que l'on désigne sous le nom de *Magnétisme animal*. Si les faits que l'on a rassemblés en faveur de l'existence de ce fluide n'étaient pas tellement empreints de ce merveilleux qui nous autorise à en suspecter la vérité, tout attestés qu'ils sont par des personnes recommandables ; s'ils n'étaient pas si peu en rapport avec ce que nous savons des autres phénomènes physiologiques ; s'ils n'avaient pas été niés par des hommes du plus grand mérite, nous essaierions de les reproduire ici, parce qu'étant un attribut spécial des êtres vivans et sentans, un état particulier de leur système nerveux, ils seraient conséquemment très-dignes d'exciter les méditations du naturaliste. Nous n'entreprendrons donc point leur histoire, et nous nous contenterons d'indiquer aux amateurs du Magnétisme les écrits de l'honorable Deleuze, et surtout l'art. *Magnétisme* du nouveau Dictionnaire de Médecine où le docteur Rostan, partisan zélé et éclairé de l'existence de cet agent, a traité la question en littérateur distingué aussi bien qu'en profond philosophe. (G..N.)

* **MAGNETKIES.** MIN. Syn. de Fer sulfuré magnétique. *V*. FER SULFURÉ.   (G. DEL.)

MAGNIFIQUE. OIS. Espèce du genre Paradis. *V*. ce mot. On a aussi nommé Magnifique un Colibri et un Pigeon de la Nouvelle-Hollande.

(DR..Z.)

MAGNOLIA. BOT. PHAN. *V*. MAGNOLIE.

MAGNOLIACÉES. *Magnoliaceæ*. BOT. PHAN. Famille naturelle de Plantes dicotylédones polypétales à étamines hypogynes, ayant pour type le genre Magnolier (*Magnolia*) dont elle a tiré son nom. Cette famille se compose d'Arbres ou d'Arbrisseaux d'un port élégant, tous exotiques, mais dont un assez grand nombre sont cultivés en pleine terre dans nos jardins comme Arbres d'agrément. Leurs feuilles sont alternes, simples, d'abord enveloppées par deux grandes stipules foliacées et caduques. Les fleurs sont généralement très-grandes et répandent une odeur très-agréable ; elles sont ou solitaires et terminales, ou plus rarement réunies plusieurs ensemble. Leur calice, quelquefois entièrement clos dans le bouton, et se rompant lors de l'épanouissement de la fleur, est le plus souvent formé de trois grands sépales arrondis, concaves ; très-rarement on en compte six. Le nombre des pétales est de trois, six, neuf, ou d'un nombre multiple de trois, disposés sur plusieurs rangées; ils sont caducs ainsi que le calice. Les étamines sont fort nombreuses, disposées sur plusieurs rangs et attachées sur un gynophore cylindrique et plus ou moins allongé. Les filets sont généralement planes, les anthères terminales adnées, immobiles, à deux loges écartées l'une de l'autre par la partie supérieure du filet, et s'ouvrant par un sillon longitudinal. Le nombre et la disposition des pistils sont fort variables. Dans le genre *Tasmannia* de Rob. Brown on n'en trouve qu'un seul; dans tous les autres genres de la famille il en existe plusieurs. Tantôt ils sont rangés circulairement et forment un anneau simple; tantôt, et le plus souvent, ils sont réunis sur un gynophore ovoïde ou allongé, et constituent une sorte de capitule ou d'épi. Ces pistils sont généralement distincts les uns des autres; ils sont soudés entre eux dans le genre *Talauma* de Jussieu. Chacun d'eux est comprimé, à une seule loge contenant deux ou un plus grand nombre d'ovules insérés à leur angle interne, et le plus souvent disposés sur deux rangs. Le style, qui manque quelquefois, est à peine distinct du sommet de l'ovaire avec lequel il se confond insensiblement. Le stigmate est simple et règne sur un des côtés du style. Les fruits sont des carpelles en même nombre que les pistils et offrent la même disposition; ils forment tantôt une sorte d'épi, tantôt une espèce de cône, où ils sont disposés circulairement et légèrement soudés entre eux par leurs parties latérales. Ces carpelles sont quelquefois charnus et indéhiscens, mais plus souvent secs, tantôt s'ouvrant complétement ou incomplétement en deux valves, ou restant indéhiscens : ils renferment une, deux ou plusieurs graines. Dans le genre *Talauma* tous les carpelles sont soudés entre eux et forment un fruit ovoïde, dont la partie externe se rompt incomplétement et d'une manière irrégulière en trois, quatre ou cinq portions, tandis que la partie interne, à laquelle les graines sont adhérentes,

constitue un axe central en forme de massue. Chaque graine se compose d'un tégument propre, recouvrant un endosperme charnu, dans la partie inférieure duquel est placé un petit embryon.

Les Plantes qui forment ce groupe naturel, sont originaires de l'Amérique septentrionale, de l'Asie australe, et quelques-unes de l'Amérique méridionale ou de la Nouvelle-Hollande. Leur écorce, leurs feuilles et leurs fruits sont souvent amers et aromatiques, et employés comme toniques et fébrifuges.

La famille des Magnoliacées a beaucoup de rapports, d'une part, avec les Dilléniacées, dont elle diffère surtout par le nombre ternaire des parties de sa fleur; d'autre part, avec les Anonacées, dont elle se distingue par son endosperme continu, et surtout par ses stipules.

Les genres qui appartiennent à cette famille peuvent être partagés en deux tribus, caractérisées de la manière suivante :

§ I. — ILLICIÉES.

Carpelles disposés circulairement, rarement solitaires; feuilles parsemées de points translucides.

Illicium, L.; *Temus*, Mol., Chil.; *Drimys*, Forst.; *Tasmannia*, R. Brow.

§ II. — MAGNOLIÉES.

Carpelles disposés en épi; feuilles non parsemées de points translucides.

Mayna, Aubl.; *Michelia*, L.; *Magnolia*, L.; *Talauma*, Juss.; *Liriodendron*, L.   (A. R.)

MAGNOLIE ou **MAGNOLIER.** *Magnolia.* BOT. PHAN. Ce genre, l'un des plus beaux du règne végétal par l'élégance et souvent la majesté du port des espèces qui le composent, la grandeur et l'odeur suave de ses fleurs, se compose aujourd'hui d'environ dix-sept à dix-huit espèces. Environ la moitié de ces espèces croissent dans l'Amérique septentrionale; ce sont les mieux connues, soit parce qu'il est plus aisé de les observer dans leur patrie, soit que la plupart sont aujourd'hui introduites et cultivées dans nos jardins, où elles fleurissent et fructifient; l'autre moitié croît à la Chine, au Japon ; elles sont beaucoup moins connues, et la structure de leur fruit n'a pas encore été décrite. Les espèces de Magnoliers sont en général de grands et beaux Arbres qui, dans leur patrie, acquièrent quelquefois une hauteur de soixante-dix à quatre-vingts pieds ; leurs feuilles, très-grandes dans quelques espèces, sont alternes, pétiolées, entières, accompagnées à la base de leur pétiole de deux stipules opposées, foliacées, très-caduques. Les fleurs sont très-grandes dans toutes les espèces, et terminent les jeunes rameaux ; elles sont généralement blanches, quelquefois un peu purpurines, accompagnées chacune d'une ou de deux bractées caduques. Le calice est formé de trois sépales, quelquefois colorées et pétaloïdes, tombant de bonne heure. La corolle se compose de six à douze pétales disposés sur deux ou quatre rangs, plus rarement de trois pétales seulement (*Magnol. tripetala*). Ces pétales sont caducs, de même que les étamines, qui sont en très-grand nombre et insérées sur plusieurs rangs à un gynophore ou réceptacle cylindrique. Les pistils sont très-nombreux, formant une sorte de capitule ovoïde au centre de la fleur, où ils sont imbriqués. L'ovaire est comprimé latéralement à une seule loge, contenant deux ovules attachés à la suture interne ; le style est à peine distinct du sommet de l'ovaire. Le fruit se compose d'un très-grand nombre de capsules appliquées les unes contre les autres et formant une espèce de cône. Ces capsules sont comprimées, terminées en pointe recourbée à leur sommet, s'ouvrant en deux valves, ordinairement par leur côté inférieur, et contenant une ou deux graines charnues extérieurement, souvent suspendues et pendantes hors de la capsule, après

sa déhiscence, au moyen d'un fil plus ou moins allongé, qui est le faisceau de vaisseaux nourriciers de la graine.

Nous avons dit que les espèces de ce genre appartenaient soit au nouveau continent, soit à la Chine et au Japon. De Candolle et plusieurs botanistes ont proposé de former de ces espèces deux sections, que Rottler a considérées comme deux genres distincts. Nous allons décrire ici les espèces les plus intéressantes de ce genre, surtout parmi celles qui sont cultivées dans nos jardins.

Sect. 1. — *Magnolia.*

Espèces américaines ; une seule bractée recouvrant le bouton ; ovaires rapprochés ; anthères extrorses.

MAGNOLIER A GRANDES FLEURS, *Magnolia grandiflora*, L.; Lamk., Ill., t. 490. C'est sans contredit l'espèce la plus belle de ce genre, qui en compte cependant un si grand nombre de remarquables dans l'Amérique septentrionale où il croît depuis la Caroline septentrionale, jusqu'à la Louisiane. Ce Magnolier forme un Arbre de soixante-dix à quatre-vingts pieds de hauteur, ayant son tronc droit et cylindrique, terminé par une belle pyramide de verdure. Ses rameaux sont verticillés ; ses feuilles alternes, courtement pétiolées, longues de huit à dix pouces, larges d'environ trois pouces, elliptiques, entières, acuminées au sommet, coriaces, glabres, vertes et luisantes à leur face supérieure, tomenteuses et d'une teinte ferrugineuse en dessous. Les stipules, qui sont très-caduques, sont également tomenteuses et d'une couleur rousse ferrugineuse. Les fleurs sont terminales, blanches, ayant souvent sept à huit pouces de diamètre. Les pétales, au nombre de neuf à douze, sont rarement étalés ; plus souvent ils sont dressés, ovales, allongés, rétrécis à leur base. Le capitule de fruits est ovoïde, allongé, d'environ trois à quatre pouces de longueur ; les capsules sont ligneuses, épaisses et un peu tomenteuses ; ses fleurs répandent l'odeur la plus suave. Ce bel Arbre est depuis long-temps introduit dans nos jardins. On le cultive en pleine terre sous le climat de Paris ; mais il demande à être empaillé pendant les grands froids. Il fleurit et fructifie très-bien dans nos climats. On le multiplie soit de graines que l'on sème dans des terrines pleines de terre de bruyère, soit de marcottes. Ce Magnolier, que l'on désigne aussi sous le nom de *Laurier tulipier*, doit être placé à une exposition du sud-ouest, dans une terre profonde et substantielle.

MAGNOLIER GLAUQUE, *Magnolia glauca*, L., Michx., Arbr. Am., 3, t. 2. Cette espèce est une des plus communes dans nos jardins. Dans l'Amérique septentrionale, où on la connaît sous les noms vulgaires de *Magnolier bleu*, *Magnolier des Marais*, ou *Arbre de Castor*, elle forme un petit Arbre d'un aspect agréable et d'un port élégant qui s'élève à une hauteur de quinze à vingt pieds. Ses feuilles alternes sont pétiolées, elliptiques, entières, glabres, et d'un vert clair en dessus, entièrement glauques à leur face inférieure. Les fleurs sont blanches, beaucoup moins grandes que dans l'espèce précédente, mais généralement plus nombreuses. Elles exhalent une odeur extrêmement suave, qui a beaucoup d'analogie avec celle de la fleur d'Oranger. Les fruits n'ont guère plus d'un pouce à un pouce et demi de longueur. Le Magnolier glauque croît dans les lieux humides de la Caroline, de la Virginie, etc. Il a été apporté en Europe vers la fin du siècle dernier. Aujourd'hui il est fort commun dans les jardins, où il forme un Arbrisseau buissonneux de six à dix pieds de hauteur. Il se multiplie de graines, et doit être placé dans un lieu un peu abrité du soleil. L'écorce de cette espèce est amère et aromatique. En Amérique on en fait usage comme tonique et fébrifuge. Pendant assez long-temps on a cru que l'écorce d'Angusture était celle du *Magnolia glauca*; mais on sait positivement aujourd'hui que c'est celle du

Cusparia febrifuga de Humboldt, qui croît dans l'Amérique méridionale et qui appartient à la famille des Rutacées.

MAGNOLIER PARASOL, *Magnolia Umbrella*, Lamk.; *M. tripetala*, L., Michx., Arbr. Am., 3, p. 90, t. 5. Cette espèce est un Arbre de moyenne grandeur, s'élevant quelquefois jusqu'à vingt-cinq et trente pieds de hauteur; ses feuilles alternes, courtement pétiolées, obovales, allongées, acuminées, minces, entières, ont quelquefois, surtout dans les jeunes individus, jusqu'à dix-huit et vingt pouces de longueur sur une largeur de sept à huit pouces. Ces feuilles réunies et rapprochées au sommet des jeunes rameaux forment des espèces d'ombrelles ou de parasols; de-là le nom spécifique qui a été donné à cet Arbre. Les fleurs sont grandes, blanches; la corolle est rarement formée de trois pétales, ce qui infirme le nom *tripetala*, donné par Linné à cette espèce; le plus souvent on en compte neuf. Les cônes ou réunion de capsules sont ovoïdes et roses. Cette espèce est depuis long-temps introduite dans les jardins de France et d'Angleterre; elle peut supporter un assez grand degré de froid.

MAGNOLIER ACUMINÉ, *Magnolia acuminata*, L., Michx., Arb. Am., 3, p. 82, t. 3. C'est avec le *Magnolia grandiflora*, l'espèce qui dans l'Amérique septentrionale acquiert les plus grandes dimensions. Elle abonde dans toute la région montagneuse des Alléghanys; elle est également très-commune dans les montagnes du Cumberland. Ses feuilles longues de six à sept pouces, et larges de trois à quatre, sont minces, ovales, acuminées au sommet et pétiolées à leur base. Les fleurs sont blanches, grandes à peu près comme celles du *Magnolia glauca*; quelquefois elles offrent une teinte bleuâtre; les cônes sont allongés. Selon Michaux, la plupart des habitans qui vivent dans le voisinage des monts Alléghanys, cueillent les cônes de cette espèce, vers le milieu de l'été, lorsqu'ils sont à la moitié de leur maturité, et les mettent infuser dans de l'eau-de-vie de grains, à laquelle ils communiquent une grande amertume. Ils sont dans l'habitude de prendre tous les matins, un ou plusieurs petits verres de cette liqueur amère, qu'ils regardent comme un bon préservatif contre les fièvres automnales. En France, en Angleterre et en Allemagne, on peut cultiver cette belle espèce en pleine terre.

MAGNOLIER AURICULÉ, *Magnolia auriculata*, Lamk., Michx., Arbr. Am., 3, p. 94, t. 6. Cette belle espèce ne se trouve que fort avant dans l'intérieur des terres de l'Amérique septentrionale. Selon Michaux, elle est particulièrement confinée dans cette partie des monts Alléghanys, qui traverse les États méridionaux et se trouve éloignée de la mer d'environ cent lieues. C'est un Arbre de quarante à quarante-cinq pieds de hauteur, dont le tronc est droit et bien filé. Ses feuilles d'un vert tendre et d'une texture fine, ont de huit à neuf pouces de longueur, sur quatre à six de largeur. Elles sont obovales, aiguës, rétrécies vers leur partie inférieure et fortement échancrées en cœur. Les fleurs sont blanches, très-suaves, ayant trois à quatre pouces de diamètre, et naissant aux extrémités des jeunes rameaux, qui sont d'un rouge violet et ponctuées de blanc. Les cônes sont ovoïdes, longs de trois à quatre pouces et d'une belle couleur rose. Son bois tendre, spongieux et fort léger, n'est propre à aucun usage. Cette espèce est cultivée en pleine terre sous le climat de Paris.

A cette première section appartiennent encore les *Magnolia pyramidata*, *M. macrophylla* et *M. cordata* que nous cultivons également dans les jardins.

Sect. 2. — *Gwillimia*.

Les espèces de cette section sont asiatiques; les fleurs sont accompagnées de deux bractées opposées, qui recouvrent entièrement le bouton;

les anthères sont introrses, et les pistils éloignés les uns des autres.

MAGNOLIER YULAN, *Magnolia Yulan*, Desf., Arb., 2, p. 6; Bonpl., Pl. Nav., p. 53, t. 20. Cette magnifique espèce, originaire de la Chine, est cultivée dans nos jardins. C'est, dans sa patrie, un Arbre de trente à quarante pieds de hauteur; ses rameaux sont pubescens; ses feuilles qui ne se développent qu'après l'épanouissement des fleurs, sont presque cunéiformes à leur base, acuminées et aiguës au sommet, longues de trois à quatre pouces, larges de deux pouces à deux pouces et demi. Les fleurs sont grandes, blanches, très-odorantes, terminales; les pétales au nombre de six à neuf, obovales, arrondis.

Dans cette section on trouve encore les espèces suivantes: *Magnolia Kobus*, D. C., *M. obovata*, Thunb., *M. fuscata*, Andr., *M. pumila*, D. C., *M. parviflora*, D. C., *M. inodora*, D. C., *M. Coco*, D. C., *M. Figo*, D. C.

Le *Magnolia Plumieri* forme aujourd'hui le genre *Talauma* de Jussieu. *V.* ce mot. (A. R.)

MAGNOLIÉES. BOT. PHAN. L'une des deux tribus de la famille des Magnoliacées. *V.* ce mot. (A. R.)

MAGOSTAM. BOT. PHAN. (Adanson.) Syn. de Mangoustan. *V.* ce mot. (B.)

MAGOT. MAM. *Simia Inuus*, L. Espèce du genre Macaque, devenue type du troisième sous-genre. *V.* MACAQUE. (B.)

MAGOUA. OIS. Espèce du genre Tinamou. *V.* ce mot. (DR..Z.)

MAGUARI. OIS. Espèce du genre Cigogne. *V.* ce mot. (DR..Z.)

MAGUEY. BOT. PHAN. Nom mexicain de l'*Agave Cubensis*, Jacq., Amer., p. 100. Cette Plante très-précieuse, au rapport des voyageurs, fournit aux naturels une boisson agréable appelée *pulque*, du bois par la hampe, des clous par les épines qui arment les feuilles, des couvertures de toits par celles-ci, et d'excellentes cordes ou du fil propre à tisser

de la toile par ses fibres. *V*. Agave.
(B.)

*MAHABOTHYA. bot. phan. Même chose que Bothya. *V*. ce mot.
(B.)

MAHAGONI et MAHOGONI. bot. phan. Dont par corruption quelques ébénistes de Paris, font Mahoni. Nom de pays du *Swietenia*, qui fournit l'Acajou des meubles. *V*. Swiéténie.
(B.)

MAHALEB. bot. phan. Espèce du genre Cerisier, qui était un *Prunus* pour Linné, et qui est vulgairement nommée bois de Sainte-Lucie. (B.)

MAHERNIE. *Mahernia*. bot. phan. Genre de la famille des Buttnériacées, section des Hermanniées, établi par Linné dans la Pentandrie Pentagynie (*Mant.*, 59), et composé d'une vingtaine d'espèces environ, qui toutes sont de petits Arbustes originaires du cap de Bonne-Espérance. Leurs feuilles sont alternes, munies à leur base de deux bractées. Les fleurs sont généralement jaunes, quelquefois rouges. Le calice est simple, nu, campanulé, quinquéfide, égal : la corolle se compose de cinq pétales dressés, onguiculés, incombans par leurs parties latérales et un peu tordus en spirale ; les cinq étamines sont dressées, tout-à-fait libres ou à peine monadelphes par la partie inférieure de leurs filets ; ceux-ci présentent vers leur partie supérieure et externe un appendice renflé, cordiforme ou obtus, glanduleux et velu. L'anthère est extrorse, sagittée, à deux loges terminées chacune par une pointe à leur sommet. L'ovaire est ovoïde, à cinq côtes obtuses et à cinq loges, contenant chacune un assez grand nombre d'ovules, insérés sur deux rangs à l'angle interne de chaque loge ; les styles au nombre de cinq, sont quelquefois cohérens entre eux et terminés chacun par un stigmate fort petit et à peine distinct. Le fruit est une capsule à cinq loges polyspermes, s'ouvrant en cinq valves. Quelques espèces de ce genre sont cultivées dans les jardins d'agrément ; telles sont surtout les *Mahernia odorata*, Andr., *Bot. Repos.*, t. 85 ; *Mahernia glabra* ; Cavan., Diss. 6, t. 200 ; *Mahernia incisa*, Curt., *Bot. Mag.*, t. 353. Toutes ces espèces se cultivent en serre tempérée et dans une terre franche et légère. (A. R.)

MAHOGON ou MAHOGONI. bot. phan. *V*. Mahagoni.

MAHON. bot. phan. Syn. de *Melampyrum arvense* et de Coquelicot. *V*. Mélampyre et Pavot. (B.)

*MAHONIE. *Mahonia*. bot. phan. Genre de la famille des Berbéridées et de l'Hexandrie Monogynie, L., établi par Nuttall (*Genera of North Americ. Plant.*, 1, p. 211), et adopté par De Candolle (*System. Veg. Nat.* T. II, p. 18) qui l'a ainsi caractérisé : calice à six sépales disposés sur deux rangs, les extérieurs plus petits, munis en dehors de trois écailles ; six pétales dépourvus à l'intérieur de glandes apparentes, mais cependant nectarifères à la base selon Nuttall ; six étamines dont les filets sont munis d'une dent de chaque côté et au sommet ; ovaire ovoïde, globuleux ; stigmate sessile, orbiculaire ; baie ovoïde globuleuse, renfermant de trois à neuf graines. A ces caractères on pourrait ajouter celui d'avoir des baies triloculaires, observé sur la Plante vivante par Pursh et Léon Dufour ; mais comme Nuttall n'en a point parlé et que d'ailleurs il est anomal dans la famille des Beribéridées, ce caractère n'a pas été admis par De Candolle. Le genre *Mahonia* a été proposé plus tard par Rafinesque-Smaltz, sous le nouveau nom d'*Odostemon*. Il est tellement voisin du *Berberis* que toutes ses espèces avaient été rapportées à ce dernier par les auteurs et les collecteurs ; cependant il s'en distingue suffisamment par ses filets dentés, ses pétales dépourvus de glandes et surtout par son port. Cinq espèces ont été décrites avec soin par Nuttall, Pursh, Lagasca et De Candolle. Quatre croissent dans les contrées tempérées de l'Amérique, et une en Asie dans le Napaul. Ce sont des Arbrisseaux élégans, à feuilles alternes, persistantes, qui ne dégénèrent aucunement en épines comme celles des véritables *Berberis*, mais qui sont composées, imparipinnées, portées sur un pétiole cylindrique, dilaté à la base et articulé au point où s'insère chaque paire de folioles ; celles-ci sont légèrement coriaces, glabres, pinnées et épineuses sur les bords. Les fleurs sont jaunes, disposées en corymbes plus ou moins fournis, pédicellées et accompagnées de petites bractées persistantes. On cultive en pleine terre dans le jardin de Valence en Espagne, le *Mahonia fascicularis*, D. C., et Delessert (*Icon. Select.*, 2, t. 5), bel Arbrisseau originaire de la côte occidentale de l'Amérique du nord et du Mexique. Il est permis de croire que cette Plante pourrait également être cultivée dans les départemens méridionaux de la France, où elle serait très-utile, soit pour former d'excellentes haies vives, soit à cause de la bonté de son fruit légèrement acidule, et propre à faire des confitures.   (G..N.)

MAHOT. bot. phan. Ce nom de pays paraît avoir originairement désigné les Arbres du genre *Bombax*, Fromager. On l'a étendu à plusieurs autres. Ainsi on a appelé :

*Mahot blanc, à Mascareigne, la *Monimia* de Du Petit-Thouars.

Mahot a Cochon, à la Guiane, un Sterculier.

Mahot Piment, aux Antilles, un Daphné, etc.   (B.)

MAHURÉE ou MAHURI. *Mahurea.* bot. phan. Aublet (Plantes de la Guiane, 1, p. 558) est l'auteur de ce genre qui appartient à la Polyandrie Monogynie, et que l'on avait placé mal à propos parmi les Tiliacées. Dans son travail sur les Guttifères (Mém. de la Société d'Hist. Nat. de Paris, T. 1, p. 220), Choisy l'a rapporté à cette dernière famille, en exprimant toutefois son incertitude sur ce rapprochement, et il l'a distingué par ces caractères : calice à cinq sépales imbriqués ; corolle à cinq pétales dont l'estivation est tordue ; étamines libres, à anthères oblongues ; un seul style surmonté d'un stigmate simple ; capsule conique à trois valves qui par leur introflexion atteignent les placentas ; graines très-petites, très-nombreuses, comprimées et presque pendantes. Ce genre, dont le nom a été inutilement changé en celui de *Bonnetia* par Schreber et Vahl, fait partie, selon Choisy, de la première section qu'il a établie parmi les Guttifères et qu'il a nommée Clusiées. Swartz l'avait confondu avec le *Marila*, autre genre du même groupe et qui, comme lui, paraît former un passage entre les Guttifères et les Hypéricinées. Le *Mahurea* a en effet le port des Bixinées, le fruit et les graines des Hypéricinées, le style et les étamines des Guttifères. Il se compose de deux espèces, savoir : *Mahurea palustris*, Aubl., qui croît dans la Guiane ; et *Mahurea speciosa*, espèce nouvelle recueillie par le docteur Bertero dans l'île Sainte-Marthe et que Choisy a rapportée avec doute au genre dont il s'agit. Ce sont des Arbres à feuilles alternes, et à fleurs en grappes, portées sur des pédoncules qui, dans la première espèce, sont pourvus à leur base de deux écailles.   (G.'.N.)

MAI ou BOIS, ET ÉPINE DE MAI. bot. phan. Nom vulgaire de l'Aubépin dans le midi de la France.   (B.)

MAIA. ois. Espèce du genre Gros-Bec. *V.* ce mot.   (B.)

MAIA. *Maia.* crust. Et non *Maja*. Genre de l'ordre des Décapodes, famille des Brachyures, tribu des Triangulaires, établi par Lamarck, qui a réuni sous ce nom les genres *Parthenope* et *Inachus* de Fabricius. Latreille a ensuite retiré de ces Maïas les espèces dont il a formé les genres Lithode et Macrope ou Macropodie. Plus tard Leach a divisé le genre Maïa en vingt-deux genres qui n'ont pas tous été adoptés par Latreille dans ses Familles Naturelles ; le genre Maïa, tel qu'il est conservé par ce savant, peut être ainsi caractérisé : antennes extérieures assez longues, avec leurs deux premiers articles gros, cylindriques, à peu près égaux entre eux, insérés dans les fossettes oculaires. Troisième article des pieds-mâchoires extérieurs pas plus long que large, en forme de carré irrégulier, avec son bord intérieur échancré profondément ; test triangulaire ou ovoïde, rétréci en devant, et pointu ou tronqué ; espace compris entre l'origine des antennes et l'extrémité supérieure de la cavité buccale, transversal ou n'étant pas plus long que large ; yeux logés dans des fossettes latérales ou inférieures ; serres de grandeur moyenne ou petites. Les Maïas se plaisent dans les lieux pierreux et vaseux de la mer, et se dérobent à la recherche de leurs ennemis par l'aspect rocailleux, la dureté et la couleur de leur test. Menacées de quelque danger, elles se blottissent contre un rocher et attendent qu'il soit passé ou qu'il les atteigne, dans une immobilité parfaite ; dans le dernier cas, leurs pinces sont leurs moyens de défense ; l'Océan et surtout les côtes de la Méditerranée nourrissent les Maïas : suivant Risso, lorsque les Maïas sont prêtes à changer de test, elles se retirent dans les moyennes profondeurs, se cachent sous les Ulves, les Algues ou les Fucus, et restent plusieurs jours dans un état de torpeur. C'est ordinairement après cette espèce de métamorphose que le mâle court à la recherche de la femelle pour s'accoupler. Plusieurs espèces portent au-delà de six à dix mille œufs ; d'autres n'en font qu'un très-petit nombre et ne frayent qu'une fois dans l'année. Dans le prélude de leurs amours, les grandes espèces s'approchent du rivage, et parcourant la mer en tous sens, se jettent plus facilement dans les filets que pendant les autres époques de leur vie. Aussitôt que la femelle veut se débarrasser de ses œufs, elle choisit les endroits tapissés de Plantes marines, et les dépose parmi ces Végétaux. La plupart des Maïas vivent plusieurs années ; elles ne vont ordinairement à la recherche de leur nourriture que pendant la nuit. Ces Crustacés, dont quelques espèces acquièrent une taille assez considérable, sont connus dans les provinces méridionales, sous les noms d'Araignées de mer et en provençal d'Esquignado ; on mange ces grandes espèces, parmi lesquelles nous citerons la suivante comme la plus connue :

Maïa Squinado, *M. Squinado*, Lamk., Bosc., Latr., Risso, Leach (Mal. Brit., tab. 18) ; *Cancer Squinado*, Herbst ; (tab. 56, et tab. 14, fig. 84 et 85) ; *Cancer Maïa*, Scopoli ; *Cancer spinosus*, Olivier. Long de quatre pouces ; large de trois. Carapace toute couverte de tubercules velus, dont les plus forts se trouvent au centre des régions qui sont assez nettement distinguées ; deux longues épines un peu déprimées, divergentes en avant du front ; une grande pointe au-dessus de chaque orbite ; cinq pointes fortes de chaque côté de la carapace, et une sixième au-dessous de l'orbite. Il est très-commun dans l'Océan et la Méditerranée. Les anciens en avaient fait un attribut de Diane d'Ephèse ; il était considéré par eux comme doué d'une grande sagesse, et comme sensible aux charmes de la musique. *V.* pour les autres espèces Leach, Herbst, Risso, Latreille, etc.　　　(G.)

MAIAN, MAJAN. ois. Espèce du genre Gros-Bec. *V.* ce mot. (DR..z.)

MAIANTHÈME. *Maianthemum.* bot. phan. Desfontaines, dans le neuvième volume des Annales du Muséum, a établi ce genre pour quelques espèces du genre *Convallaria* de Linné, qui offrent les caractères suivans : le calice est pétaloïde, monosépale, étoilé, à quatre divisions profondes et étalées ; les quatre étamines ont les filamens grêles. Le fruit est une baie globuleuse, à deux loges monospermes. Ce genre diffère des *Convallaria* par la forme de son calice et le nombre de ses étamines. Il a pour

type le *Convallaria bifolia* de Linné.
V. Muguet.   (a. h.)

* MAÏBA. mam. Nom de pays du Tapir indien. *V*. Tapir.   (b.)

MAIETA. bot. phan. Dans un Mémoire inséré parmi ceux de l'Institut pour 1807, Ventenat rétablit ce genre constitué autrefois par Aublet (Guian., 1, p. 443, t. 176), aux dépens des *Melastoma*, dont il ne diffère que par le seul caractère d'avoir le calice adhérent à l'ovaire, puis en partie ou en totalité au fruit qui est bacciforme. La faiblesse de ce caractère n'est pas compensée par une différence sensible dans le port, car les quatre espèces dont se compose le *Maieta*, ressemblent en tous points aux autres Mélastomes. Ces espèces ont été publiées et figurées par l'auteur du genre, *loc. cit.*, et par Ventenat (Choix de Plantes, t. 32 et 33), sous les noms de *Maieta Guianensis*, *annulata*, *Scalpta* et *argentea*. La dernière est seulement décrite sans figure. *V*. Mélastome.   (g..n.)

MAIEUZE. ois. L'un des syn. vulgaires de la grosse Charbonnière. *V*. Mésange.   (dr..z)

MAIGRE. pois. *Sciæna Aquila*, Cuv. Même chose que Fégaro, espèce du genre Sciène. *V*. ce mot.   (b.)

* MAILLÉ. pois. Espèce du genre Labre. *V*. ce mot.   (b.)

* MAILLET. pois. (Valenciennes.) Syn. de l'antouflier. *V*. ce mot et Squale.   (b.)

MAILLOT. *Pupa*. moll. Avant les travaux de Draparnaud, aucun auteur n'avait bien saisi les caractères de ce genre, puisque les Coquilles qui le composent étaient disséminées dans des genres différens, presque toutes parmi les Hélices et plusieurs parmi les Turbos, dans le système de Linné; parmi les Hélices et les Bulimes, dans celui de Bruguière, etc. Dès que ce genre fut bien circonscrit par Draparnaud, dans son Prodrome, Lamarck l'adopta immédiatement après dans le Système des Animaux

sans vertèbres; quoique terrestre, il le classa dans sa méthode, loin des Hélices, entre les Scalaires et les Turritelles; mais il ne tarda pas à modifier son opinion, et à remettre les Maillots dans leurs rapports naturels, en suivant l'exemple de Draparnaud. La famille des Colimacées de la Philosophie Zoologique contient en effet ce genre avec les Hélices, Bulimes, Agathines, etc.; mais il paraît qu'alors Lamarck n'avait point encore considéré le genre Clausilie comme nécessaire puisqu'il ne le mentionne pas. Roissy, dans le Buffon de Sonnini, suivit l'exemple de Lamarck. Montfort adopta les Maillots, et il n'admit pas non plus le genre Clausilie, ce qui doit étonner de la part de cet auteur qui établissait des genres sur de très-petits caractères. Cette omission ne fut point encore réparée par Lamarck dans l'Extrait du Cours, mais seulement dans les Animaux sans vertèbres, après que Cuvier lui-même eut proposé son genre des Nompareilles qui répond aux Clausilies de Draparnaud. Les Maillots furent alors associés aux Clausilies, dans la famille des Colimacées, augmentée de plusieurs autres genres. Férussac, dans son Système de classification du genre Hélice, adopta, à bien dire, le genre Maillot, en le réduisant au titre de sous-genre, et en lui donnant le nom de Cochlodonte, *V*. ce mot et Hélice, et sans changer rien de bien important dans l'énoncé des caractères. Blainville a adopté ce genre et l'a placé comme Lamarck en rapport avec les Clausilies, les Agathines, et les autres genres des Colimacées. *V*. ce mot. Latreille, dans son dernier ouvrage, a conservé l'opinion la plus généralement reçue, c'est-à-dire qu'en adoptant le genre Maillot il l'a mis dans les mêmes rapports que Lamarck et Blainville. (*V*. Géocochlides au Supplément.) L'Animal des Maillots paraît être absolument semblable à celui des Hélices; cependant la première paire de tentacules est beaucoup plus courte. Les différences les plus essentielles sont dans les formes de la coquille, la position de l'ouverture, et le plus souvent les plis lamelleux qui garnissent l'ouverture. Les Maillots sont des Coquilles cylindroïdes, ovales, obtuses au sommet, à tours serrés et nombreux, lisses et plissées longitudinalement, jamais striées ou plissées en travers; du moins, nous n'en connaissons aucun exemple. L'ouverture est arrondie, bordée, aussi haute que large; ce qui la distingue éminemment de celle des Hélices, c'est qu'elle est dans une position parallèle à l'axe au lieu de lui être diversement ou plus ou moins inclinée. Les Maillots vivent dans les forêts, sous les buissons, dans les lieux ombragés où ils se tiennent cachés pendant l'ardeur du soleil. Ils sortent de leur retraite pendant les pluies douces du printemps ou de l'été: alors on les trouve assez abondamment quelquefois le long des Arbres, des rochers ou des vieilles murailles. Il est à présumer qu'ils passent l'hiver comme les Hélices dans un état d'engourdissement. Les caractères suivans sont ceux que Lamarck donne à ce genre : coquille cylindracée, en général épaisse; ouverture irrégulière, demi-ovale, arrondie et subanguleuse inférieurement; à bords presque égaux, réfléchis en dehors, disjoints dans leur partie supérieure; une lame columellaire, tout-à-fait appliquée, s'interposant entre eux. A l'article MAILLOT du Dictionnaire des Sciences Naturelles, Blainville les a divisés d'une manière facile à saisir d'après le nombre et la position des dents de l'ouverture; mais dans son article MOLLUSQUE du même Dictionnaire, ce zoologiste a proposé de nouvelles divisions d'après la forme générale et d'après des coupes déjà proposées par d'autres auteurs. C'est ainsi qu'il y fait rentrer les genres Grenaille, Cuv.; Gibbe, Montfort; Vertigo, Müll.; et Partule, Férussac. Ces différens genres réunis aux Maillots augmentent le nombre des espèces, et malgré ces divisions, on

pourrait encore admettre au besoin celles qui reposent sur le nombre et la position des plis de l'ouverture. La plupart des espèces connues sont petites ou de taille médiocre: elles sont d'Europe et d'Amérique. On en trouve aussi en Asie, et plusieurs espèces aux îles de France et de Madagascar. On en a également trouvé de fossiles, particulièrement dans une brèche osseuse de Cette ainsi qu'à Antibes et à Nice.

MAILLOT MOMIE, *Pupa Mumia*, Lamk., Anim. sans vert. T. VI, 2ᵉ partie, p. 105, n. 1; *Bulimus Mumia*, Brug., Encycl., n. 87; Lister, Conchyl., tab. 588, fig. 48. On le trouve aux Antilles.

MAILLOT OBTUS, *Pupa obtusa*, Draparn., Moll. terrest. et fluviat. de France, pl. 2, fig. 44; *Pupa germanica*, Lamk., Anim. sans vert., *loc. cit.*, n. 14. Espèce assez rare que Draparnaud paraît avoir trouvée en France, mais qui est plus communément répandue en Allemagne sur les montagnes.

MAILLOT CENDRÉ, *Pupa cinerea*, l'Anti-Nompareille, Geoff., Coq., p. 54, n. 18; Lamk., Anim. sans vert., *loc. cit.*, n. 15; *Bulimus similis*, Brug., Encyclop., n. 96; *Pupa cinerea*, Draparn., Mollusq. terrestr. et d'eau douce de France, pl. 3, fig. 53, 54. Coquille de cinq lignes de longueur environ, que l'on trouve communément en France, sur les rochers, les vieilles murailles. Elle a cinq plis à l'ouverture.

MAILLOT POLYODONTE, *Pupa Polyodon*, Lamk., *loc. cit.*, n. 18; *Helix Polyodon*, Féruss., Prodrome des Mollusq. terrestr. et fluviat., n. 490; *Pupa Polyodon*, Draparn., *loc. cit.*, pl. 4, fig. 1, 2. Espèce fort remarquable par les quinze ou dix-huit lames qui garnissent son ouverture et la rétrécissent beaucoup. Elle est du midi de la France.   (D..H.)

MAIMON. MAM. Espèce de Macaque. *V.* ce mot. On a aussi étendu ce nom à d'autres Singes. *V.* CYNOCÉPHALE.   (B.

MAIN. bot. zool. On a vu de quelle importance étaient les Mains au mot Homme et au mot Bimane, et que cette importance avait été exagérée par certains philosophes. Une ressemblance plus ou moins éloignée avec la forme de la Main de l'Homme a fait nommer :

Main découpée (Bot.), le Platane.

Main de Diable (Polyp.), un Alcyon.

Main de gloire (Bot.), la Mandragore.

Main de Judas ou de Ladre (Polyp.), l'Alcyon Main de Diable.

Main de Jésus (Bot. phan.), la plumule dans l'amande du *Pinus Pinea*.

Main de l'Homme (Bot. crypt.), la Clavaire digitée.

Main de Mars (Bot.), la Potentille quintefeuille.

Main de mer (Polyp.), des Alcyons lobés et les Laminaires palmées parmi les Hydrophytes.

Main de la passion (Bot.), la feuille de certaines Passiflores. (b.)

MAINATE. *Gracula*. ois. (Linné.) Genre de l'ordre des Omnivores. Caractères : bec médiocre, dur, comprimé, convexe en dessus, courbé vers la pointe qui a quelquefois une échancrure plus ou moins forte ; mandibule inférieure robuste, égalant en hauteur la supérieure ; narines placées de chaque côté du bec et vers le milieu, ouvertes, cachées en partie par les plumes très-avancées du front : pieds robustes ; quatre doigts, trois en avant, l'intermédiaire de la longueur du tarse et réuni à l'externe par la base ; l'interne divisé ; un derrière, très-fort ; ailes médiocres ; première rémige presque nulle, la deuxième un peu plus courte que la troisième.

Ce genre, tel qu'il se trouve établi dans la treizième édition du *Systema Naturæ*, renferme un assez grand nombre d'espèces, mais l'anomalie que l'on observait dans quelques-uns des caractères principaux a fait rejeter la plupart de ces espèces dans

beaucoup d'autres genres différens, de manière qu'il n'est resté que l'unique qui constitue réellement le genre Mainate, que Cuvier, réservant le synonyme latin *Gracula* pour son genre Martin, a appelé *Eulabes*. Le Mainate se fait distinguer et rechercher même des Chinois et des Malais, par la douceur de son caractère, la facilité avec laquelle il se fait à la domesticité, l'aptitude qu'il montre pour retenir les airs, les mots et les phrases qu'on veut lui apprendre, et la complaisance avec laquelle il les répète au moindre désir du maître ; il paraît même qu'il possède ces talens à un degré supérieur à celui que l'on observe dans les Perroquets qui, généralement, nous captivent davantage par l'éclat de leurs couleurs que par leurs grâces et leur amabilité. Du reste, c'est encore un fort bel Oiseau dont le plumage, d'un noir brillant, reflète toutes les couleurs primitives de la lumière qui vient se décomposer sur les prismes nombreux de sa robe légère. Dans les îles de Java et de Sumatra, où ces Oiseaux sont communs, on les voit réunis en troupes se répandre dans les plaines, visiter tour à tour les jardins et les forêts pour y chercher la nourriture qu'il trouve soit dans les Vers et les Insectes, soit dans les fruits et les graines ; il fait entendre naturellement un chant fort agréable ; il construit conjointement avec sa femelle, à laquelle il témoigne un grand attachement, un nid qu'il tapisse intérieurement d'un tapis très-abondant ; ce nid est ordinairement placé fort près du sol, entre les tiges accumulées d'une souche épaisse. La ponte est ordinairement de trois œufs grisâtres, tachetés de vert olive. Le vol des Mainates est assez rapide quoique peu soutenu ; il a beaucoup d'analogie avec celui du Merle.

Mainate Maynou, *Gracula religiosa*. L., Buff., pl. enl. 268. Plumage noir, lustré et irisé en bleu, vert ou violet ; plumes de la tête courtes, épaisses et veloutées ; une bande de plumes longues et effilées partant du front et retombant sur la nuque entre deux membranes charnues, d'un jaune rougeâtre, qui prennent naissance dessous l'angle postérieur de l'œil, et s'étendent vers l'occiput ; une grande tache blanche sur le milieu des rémiges ; bec rouge à la base et jaune dans le reste ; pieds d'un jaune orangé. Taille, dix à onze pouces. Il varie un peu pour la taille et l'étendue de la tache blanche, ce qui a induit en erreur quelques ornithologistes qui ont considéré ces variétés comme des espèces. (DR..Z.)

MAINE. BOT. PHAN. Pour Mayna. *V.* ce mot. (B.)

MAIPOURI. MAM. Nom de pays du Tapir américain. (B.)

MAIPOURI. OIS. Espèce du genre Perroquet. *V.* ce mot. (DR..Z.)

MAIRANIA. BOT. PHAN. Nom substitué par Necker et Desvaux à celui d'*Arctostaphylos* employé par Adanson pour un genre formé aux dépens des Arbousiers. *V.* ce mot et ARCTOSTAPHYLOS. (G..N.)

MAIRERIA. BOT. PHAN. (Scopoli.) Syn. de Mouroucoa d'Aublet. *V.* ce mot. (B.)

MAIS. *Zea.* BOT. PHAN. Genre de la famille des Graminées, rapproché de la section des Saccharinées, et appartenant à la Monœcie Triandrie, L. Ce genre ne se compose que d'un très-petit nombre d'espèces dont la plus intéressante est le Maïs cultivé, *Zea Mais*, L., Blackw., t. 547, plus généralement connu sous les noms de *Blé de Turquie* ou *Blé d'Inde*. C'est une des plus belles et des plus grandes Graminées que l'on cultive en Europe ; elle est annuelle ; son chaume, qui s'élève quelquefois à une hauteur de cinq à six pieds, est cylindrique, légèrement comprimé et noueux ; assez souvent il naît de ses nœuds inférieurs des radicules cylindriques et blanches qui prennent un accroissement plus ou moins considérable en se dirigeant vers la terre. Les feuilles, engaînantes à leur base, sont très-longues, larges d'en-

viron un pouce, un peu rudes sur les bords ; les fleurs sont monoïques ; les mâles forment au sommet de la tige une panicule rameuse et pyramidale ; les épillets sont géminés, l'un est sessile et l'autre est pédicellé, chaque épillet est biflore ; la lépicène est formée de deux valves égales lancéolées, aiguës, concaves, mutiques, striées longitudinalement et un peu velues ; les fleurs sont sessiles, à peu près de la même longueur que la lépicène ; les deux valves de leurs glumes sont égales, lancéolées, aiguës, mutiques, striées longitudinalement ; la glumelle se compose de deux paléoles unies entre elles par leur bord interne, tronquées et un peu sinueuses à leur bord supérieur ; les trois étamines ont les filets capillaires et les anthères très-allongées ; les fleurs femelles forment à l'aisselle des feuilles de gros épis irrégulièrement polygones, recouverts par un grand nombre d'écailles spathiformes qui semblent être des feuilles avortées ; les épis sont solitaires ; ils se composent d'un axe cellulaire très-épais, polygone, offrant de quatre à treize faces longitudinales et portant chacune une double rangée d'épillets sessiles et géminés ; chaque épillet est biflore, mais d'une manière incomplète ; la lépicène se compose de deux valves arrondies, concaves, persistantes, obtuses et ciliées ; la fleur intérieure est femelle ; les deux valves de sa glume sont concaves, obtuses, légèrement échancrées ; l'ovaire est environné de trois rudimens d'étamines, et quelquefois d'une glumelle formée de deux paléoles qui manquent assez souvent : cet ovaire qui est globuleux porte à son sommet un style qui se confond avec un stigmate filiforme, velu, ayant cinq à six pouces de longueur. La fleurette extérieure est neutre, très-rarement elle est femelle comme l'interne et offrant la même organisation ; le fruit est une caryopse irrégulièrement globuleuse, un peu déprimée, enveloppée à sa base par les écailles florales qui sont persistantes.

La culture du Maïs est introduite en Europe depuis le seizième siècle. Cette belle Graminée est originaire du Nouveau-Monde ; en effet il n'en est fait aucune mention dans les ouvrages d'agriculture ou d'économie rurale, antérieurs à la découverte de Christophe Colomb ; néanmoins les noms vulgaires de Blé de Turquie, Blé d'Inde, sous lesquels le Maïs est généralement désigné, semblent venir à l'appui de l'opinion de quelques auteurs qui pensent qu'il a été transporté de l'ancien dans le nouveau continent ; quoi qu'il en soit de l'origine de cette Céréale, elle est aujourd'hui abondamment cultivée dans toutes les parties du monde. Elle produit en résultat beaucoup plus de matières alimentaires qu'aucune autre Plante de la famille des Graminées.

On distingue un assez grand nombre de variétés de Maïs obtenues par suite de sa longue culture ; les unes sont relatives à la durée plus ou moins hâtive de sa végétation, les autres à la couleur de son grain. Ainsi on nomme *Maïs précoce*, *Maïs de deux mois*, *Maïs quarantain* une variété très-hâtive à laquelle il ne faut guère plus de deux mois pour arriver à une maturité parfaite. La couleur du grain est aussi très-variable ; le plus généralement ces grains sont d'une teinte blonde dorée, mais il y en a de blancs, de bruns, de violets, de rouges et de panachés ; les deux variétés les plus répandues sont le jaune et ensuite le blanc. Selon la plupart des agronomes, la farine du Maïs jaune est beaucoup plus savoureuse que celle du blanc. En France on cultive très-abondamment le Maïs dans un grand nombre de provinces ; telles sont les Landes aquitaniques et le reste de la Gascogne, la Bourgogne, l'Alsace, etc. En général cette Plante a besoin d'un terrain profond, plutôt léger que substantiel, et plutôt un peu humide que trop sec ; dans une terre trop substantielle, le Maïs pousse beaucoup en herbe, mais ses grains sont moins abondans et moins

bien nourris. Le terrain doit avoir été bien préparé par deux labours profonds et convenablement fumé ; le plus généralement on fait de distance en distance des trous de quelques pouces de profondeur, dans lesquels on met cinq à six grains de Maïs que l'on recouvre ensuite de fumier et de terre ; dans les pays chauds, en se servant des variétés hâtives, on peut facilement, dans la même saison, faire deux récoltes dans un même champ. Ces récoltes sont en général très-productives, mais cette Céréale épuise considérablement le sol, en sorte qu'il est plus convenable de ne la planter que tous les quatre à cinq ans au plus dans un même terrain ; on doit aussi pour cette raison ne jamais faire précéder ni suivre la récolte du Maïs de celle des autres Céréales. C'est surtout après le défrichement d'une prairie artificielle que le Blé de Turquie réussit le mieux.

La farine du Maïs est d'une couleur jaune pâle, elle diffère de celle des autres Céréales en général par l'absence du gluten ; elle se compose de fécule, de matière sucrée et animalisée, de matière mucilagineuse et d'albumine. Cette farine de Maïs, dans les parties de la France où cette Graminée est cultivée, forme la base de l'alimentation des habitans, en même temps qu'elle sert à la nourriture des bestiaux et de la volaille. Dans le département des Landes, les Pyrénées, une partie de la Bourgogne, le Maïs tient la place du Froment et du Seigle pour la classe peu aisée du peuple, et on lui fait subir un grand nombre de préparations ; ainsi on en fait quelquefois une bouillie plus ou moins épaisse en délayant sa farine dans de l'eau et en y ajoutant un peu de sel : cette pâte à laquelle on donne différens degrés de consistance, est la préparation la plus simple et la plus usitée non-seulement en France, mais encore dans quelques parties de l'Angleterre, de l'Italie et de l'Allemagne. On fait aussi du pain avec la farine de Maïs,

mais il est lourd et compacte, parce
que la farine, privée de gluten, ne
lève pas ; cependant les habitans des
Landes en font une très-grande consommation.

On peut, en mélangeant un quart
ou moitié de farine de Froment
à celle de Blé de Turquie, obtenir un pain parfaitement levé, et
qui a tous les avantages du pain de
Froment, en même temps qu'il est
beaucoup moins cher. On prépare
aussi avec la pâte de Maïs des galettes
plus ou moins minces que l'on fait
cuire sur des plaques de tôle ou même
simplement sur des planches de bois
que l'on approche convenablement
du feu. Cette préparation est préférable au pain fait sans addition de
farine de Froment, parce qu'elle est
mieux cuite, et par conséquent moins
indigeste. Enfin, selon Parmentier,
on peut faire avec le Maïs du gruau,
de la semouille et même des pâtisse-
ries qui, pour la délicatesse et la légèreté, ne cèdent en rien à celles que
l'on fait avec la meilleure farine de
Froment. Ce n'est pas seulement à
son état de maturité complète que
l'on fait usage du Maïs comme ali-
ment; on mange aussi ses épis lorsqu'ils sont encore verts et très jeunes,
après les avoir fait bouillir dans l'eau,
ou bien on les confit dans le vinaigre
comme des cornichons. Les grains de
Maïs entrent également dans la préparation de plusieurs boissons; ainsi,
en faisant fermenter ces grains con-
cassés et légèrement bouillis, on en
fait une boisson spiritueuse et enivrante que les Américains désignent
sous le nom d'Atole. Parmentier assure que cette Céréale peut remplacer
l'Orge dans la préparation de la
bière, et que ses graines torréfiées
fournissent une liqueur analogue au
Café. Ainsi que cela a lieu dans plusieurs autres Graminées, les tiges de
Blé de Turquie contiennent une
quantité notable de matière sucrée.
Au rapport de Humboldt, les habitans du Mexique en retirent du
sucre avec avantage; aussi a-t-on
cherché à en extraire ce principe à

une époque encore peu éloignée, où
la guerre avait interrompu les communications commerciales de la France avec les colonies. Pictet, de
Genève, a publié en 1811 le résultat d'essais tentés à cet égard : il a
obtenu des jeunes tiges de Maïs,
récoltées au moment où la graine
commence à se former, un sirop
d'un goût très-agréable, propre,
selon lui, à remplacer le sucre de
canne pour le Thé, le Café et plusieurs
autres préparations économiques et
culinaires.

On a généralement remarqué que
les personnes qui font habituellement usage du Maïs comme ali-
ment sont fortes et vigoureuses. Le
docteur Lespez, qui a présenté en
1825 à la Faculté de médecine de Paris,
une dissertation sur le Maïs, assure
qu'à mesure que la culture et l'emploi de cette Graminée s'introduisent
dans quelque canton du département
des Landes, on voit les habitans perdre le teint blaffard qui leur était naturel pour se revêtir des formes et
du coloris de la santé. Selon quelques observateurs, les paysans qui
se nourrissent de Maïs ne sont point
sujets à la pierre ni à la gravelle, maladies qui se déclarent si fréquemment chez les individus qui se nourrissent plus particulièrement de matières animales et azotées; la bouillie de farine de Maïs étant d'une
digestion extrêmement facile, plusieurs praticiens en recommandent
l'usage aux convalescens, aux personnes épuisées par de longues maladies comme les phthisiques par
exemple; on l'a vue aussi très-bien
réussir chez plusieurs personnes af-
fectées de maladies chroniques de
l'estomac et du tube digestif, chez
lesquelles les fonctions assimilatrices
ne se faisaient qu'incomplétement et
avec difficulté. S'il fallait en croire
le témoignage de quelques auteurs,
le Maïs serait un remède efficace contre l'épilepsie dont il éloignerait et
ferait même cesser entièrement les
accès; mais cette assertion a besoin
de nouveau d'être soumise à l'expé-.

rience avant qu'on puisse l'admettre.
Cet exposé succinct et incomplet des
usages et des avantages du Maïs est
néanmoins suffisant pour faire voir
combien il est important d'introduire
la culture de cette Céréale dans les parties de la France qui en sont privées ,
et où la nature du terrain semble
être favorable à son développement.
(A. R.)

MAIT-SOU. ois. Espèce du genre
Pigeon. *V.* ce mot. (DR..Z.)

MAJA. crust. (Linné.) Pour Maïa.
V. ce mot.

* **MAJANIL.** mam. *V.* Eléphant.

MAJANTHÈME. bot. phan. Pour
Maianthème. *V.* ce mot. (A. R.)

MAJAT. moll. Nom donné par
Adanson (Voy. au Sénég., pl. 5 , fig.
1) à une espèce très-commune de
Porcelaine, *Cypræa stercoraria*, Lamarck. (D..H.)

MAJAUFES , MAJAUFLES ou
MAJUFLES. bot. phan. Variété de
Fraisier. *V.* ce mot. (B.)

MAJORANA. bot. phan. Syn. de
Marjolaine. (B.)

MAKAIRA. pois. *V.* Macaria et
Xiphias.

MAKAKOUAN. mam. On a indiqué sous ce nom un Carnassier encore indéterminé qui habite la Guiane. (IS. G. ST.-H.)

* **MAKAVOUANA.** ois. *V.* Ara.

MAKI. *Lemur.* mam. Genre de
Quadrumanes, appartenant à la famille des Lémuriens ou Strepsirrhi-
nins de Geoffroy Saint-Hilaire , et
qui, conservant encore plusieurs des
caractères de celle des Singes , s'en
distingue néanmoins très-bien à plusieurs égards, et particulièrement
sous le rapport de son système dentaire. Les dents sont , il est vrai, en
même nombre chez les Makis et chez
la plupart des Singes américains; et
les uns et les autres ont de même, à
la mâchoire supérieure, quatre incisives , deux canines et douze molaires; mais on compte à l'inférieure ,

chez tous les Makis , six incisives et
seulement dix molaires. Les incisives
inférieures diffèrent donc par leur
nombre de celles des Singes : elles en
diffèrent également, et d'une manière
non moins remarquable, par leur forme et leur position. Elles sont extrêmement allongées, très-minces, et dirigées , non pas de bas en haut comme à l'ordinaire, mais presque horizontalement d'arrière en avant. Il est
à observer que l'externe a une forme
différente de celle des internes , et
qu'elle est aussi plus grande ; fait qu'il
est d'autant plus important de remarquer, que l'on pourrait, suivant
quelques auteurs , regarder cette dernière incisive comme la véritable canine, et alors, dans la dent suivante,
ou celle que l'on a considérée comme
la canine, ne voir que la première des
mâchelières. Suivant cette manière
de voir, s'il était possible de l'adopter, les Makis (et il en est de même
de plusieurs autres genres de Lémuriens) auraient exactement le même
nombre d'incisives , de canines, et
de molaires que les Singes américains. Elle fournirait aussi l'explication d'une anomalie que présente le
système dentaire des Makis et de plusieurs genres voisins, chez lesquels
la canine supérieure est placée plus
antérieurement que l'inférieure, disposition contraire à celle qui a lieu
dans le plus grand nombre des cas.
Quoi qu'il en soit , la canine inférieure, ou , suivant les auteurs dont
nous venons de rapporter l'opinion,
la première molaire est petite, triangulaire et semblable à une fausse
molaire , comme l'a remarqué Frédéric Cuvier lui-même, quoique d'ailleurs ce zoologiste ne regarde comme
des fausses molaires que les deux dents
suivantes. Les vraies molaires sont
toutes trois de même forme, et présentent en devant deux pointes, l'une
interne, l'autre externe, et en arrière une dépression et un tubercule
placé extérieurement. On trouve de
même à la mâchoire supérieure trois
vraies molaires, parmi lesquelles la
première est la plus grande, et la der-

nière la plus petite; disposition qui a également lieu à la mâchoire inférieure. La première présente deux tubercules assez développés sur son bord externe, deux assez petits sur son bord interne, et enfin, à sa partie moyenne, deux autres de grandeur fort inégale; à la seconde, le tubercule postérieur et interne a disparu, et le gros tubercule médian est devenu une crête longitudinale. La dernière n'a plus que trois tubercules externes et une crête placée à son bord interne. Les fausses molaires, au nombre de trois, se ressemblent généralement, et sont séparées par un intervalle vide de la canine; celle-ci est mince, large, tranchante en avant et en arrière, et cache presque entièrement l'incisive externe de son côté; l'incisive interne droite et la gauche sont séparées par un intervalle vide, l'intermaxillaire étant en avant d'une extrême minceur sur la ligne médiane. Du reste, ces incisives ne présentent rien de bien remarquable sous le rapport de leur forme et de leur direction.

Les membres des Makis, et surtout les postérieurs, sont longs, et leurs pouces, bien séparés des autres doigts et bien opposables, font de de leurs mains des instrumens assez parfaits de préhension. Tous leurs doigts sont terminés par des ongles plats, ou du moins aplatis, à l'exception d'un seul, le second des pieds de derrière, qui est assez court, et remarquable par sa phalange onguéale fort amincie, et que termine un ongle subulé, long et relevé. La queue est plus longue que le corps, et contribue à donner à l'Animal beaucoup de grâce; mais elle ne paraît pas être pour lui un organe d'une grande importance. Les formes générales des Makis sont sveltes, et leur tête longue, triangulaire, à museau effilé, a été souvent comparée à celle du Renard. Leur pelage est généralement laineux, très-touffu et abondant; leurs oreilles sont courtes et velues; leurs narines terminales et sinueuses; et leurs yeux sont placés, non pas

antérieurement comme chez l'Homme, non pas latéralement comme chez les Quadrupèdes, mais dans une position intermédiaire. Les mamelles sont pectorales et au nombre de deux. Le gland est conique, et sa surface est couverte de papilles cornées, dirigées en arrière.

Les Makis, dont l'organisation est sous presque tous les rapports, analogue à celle des Singes, ont aussi à peu près les mêmes habitudes. Ils vivent sur les Arbres et peuvent sauter d'une branche à l'autre avec beaucoup d'agilité. Ils se nourrissent essentiellement de fruits comme les Singes, et sont, comme eux, fort ardens en amour, fort impétueux et fort vifs; mais on ne voit pas chez eux cette lubricité, cette indocilité, et nous ne saurions mieux exprimer notre pensée que par ces mots, cet empressement de nuire et cette impudence, qui caractérisent un si grand nombre de Singes, et particulièrement la plupart de ceux de l'Ancien-Monde. Doux à l'égard des personnes qui lui sont connues, timide à l'égard des étrangers, on voit souvent le Maki, réduit en domesticité, fuir à l'approche du spectateur; mais on ne le voit jamais s'avancer vers lui pour le repousser par des grimaces et des gestes menaçans, ou chercher à le saisir et à le blesser, comme le fait un Cynocéphale ou un Macaque. Les Makis sont d'ailleurs, comme les Singes, très-attachés à leurs petits, ce qu'on a eu occasion de constater à la Ménagerie du Muséum où l'on a vu produire une espèce du genre. Ces Animaux, qui tous habitent Madagascar et quelques îles voisines, ont été souvent transportés dans nos climats et plusieurs y ont même vécu fort long-temps. Tel est particulièrement le Mococo dont Geoffroy Saint-Hilaire (Ménagerie du Muséum) a donné l'histoire et la description. Cet individu se portait encore très-bien au bout de dix-neuf ans de domesticité, quoique depuis son arrivée en France, il eût toujours paru fort incom-

modé du froid. Il cherchait à s'en ga-
rantir en se ramassant en boule, les
jambes rapprochées du ventre, et en
se couvrant le dos avec sa queue. Il
s'asseyait, l'hiver, à portée d'un
foyer, et tenait ses mains et même
son visage aussi près du feu qu'il le
pouvait : il lui arrivait quelquefois
de se laisser ainsi brûler les moustaches, et alors même il se contentait
de tourner la tête, au lieu de s'éloigner du feu.

Linné et les auteurs systématiques
avaient réuni dans le genre *Lemur*
non-seulement tous les véritables Makis, mais aussi tous les Lémuriens,
et même plusieurs espèces d'organisation toute différente ; mais depuis,
Geoffroy Saint-Hilaire a, par la formation successive des genres Indri,
Loris, Nycticèbe, Galago et Tarsier,
isolé enfin les véritables Makis, et le
genre a été définitivement constitué.
Il est encore formé d'un grand nombre d'espèces qui toutes, comme
nous l'avons déjà remarqué, habitent
exclusivement Madagascar et les îles
voisines, où, tout au contraire, on
ne trouve aucun véritable Singe.
Nous décrirons les diverses espèces
du genre dans l'ordre où elles ont été
placées par Geoffroy Saint-Hilaire.

Le VARI, *Lemur Macaco*, L., le
Vari et le Vari à ceinture, Geoff.,
Magaz. Encycl. T. VII, a un pied
huit pouces de long, et est très-remarquable par son pelage varié de
grandes taches blanches et noires. Le
mâle a les côtés du nez, les coins de
la bouche, les oreilles, le dessus du
cou, le dos, les flancs de couleur
blanche, avec le dessus de la tête, le
ventre, la queue et la face externe
des avant-bras et des cuisses de couleur noire. La femelle diffère du
mâle en ce qu'elle a beaucoup moins
de blanc, et particulièrement en ce
que son dos est tout noir, à l'exception d'une bande blanche placée
transversalement à son milieu. Suivant Geoffroy Saint-Hilaire, les jeunes, soit mâles, soit femelles, ont le
dos blanc comme le mâle adulte, en
sorte que les jeunes femelles ressem-

blent d'abord aux mâles ; fait très-
remarquable, puisque ordinairement
ce sont au contraire les jeunes mâles
qui ressemblent aux femelles. Desmarest (article *Maki* du Dictionn.
des Scienc. Natur.) a décrit, comme
variété de cette espèce, un individu
qui avait tout le noir du pelage des
Varis ordinaires remplacé par du
gris-brun.

Le MAKI NOIR, *Lemur niger*, Geoff.
Saint-Hil., Ann. du Mus. ; le Man-
canco noir d'Edwards, est une espèce fort peu connue. Son pelage est
généralement noir.

Le MAKI ROUGE, *Lemur ruber*,
Geoff. Saint-Hil., Ann. du Mus.,
généralement d'un roux marron très-
vif, avec la tête, la queue, les mains,
la face interne des membres et le
ventre noirs, et un demi-collier
blanc sur le haut du col.

Le MAKI ROUX, *Lemur rufus*,
Geoff. St.-Hil., ne doit pas être confondu avec le Maki roux de Fr. Cuvier, qui est un Maki rouge. Son pelage est d'un roux doré en dessus,
d'un blanc jaunâtre en dessous, avec
le tour de la tête blanc, excepté au
front, et une bande noire s'étendant
de la face à l'occiput.

Le MAKI A FRONT BLANC, *Lemur
albifrons*, Geoff. St.-Hil., Mag. Encyclop. et Ann. du Mus. Roux brunâtre en dessus, gris à l'occiput et
sur les épaules, gris roussâtre en dessous ; la face est noire depuis les yeux ;
mais le mâle a sur le dessus de la
tête et sur le front un bandeau blanc
qui n'existe pas chez la femelle. Aussi
celle-ci avait-elle été d'abord considérée comme une espèce distincte, et
décrite par Geoffroy Saint-Hilaire
sous le nom de Maki d'Anjouan. La
ménagerie du Muséum ayant réuni
à la fois les deux sexes, on est parvenu à les faire accoupler ; la femelle
a mis bas au bout de quatre mois de
gestation. Les petits, qui n'avaient
en naissant que la grosseur d'un Rat,
pouvaient déjà manger seuls au bout
de six semaines. Fr. Cuvier, qui a
donné (Mamm. lithog., par Geof.
St.-Hil. et Fr. Cuvier) l'histoire de ces

jeunes Animaux, a fait connaître les principales circonstances de l'accouplement et de la gestation, et montré que le Maki d'Anjouan et le Maki à front blanc ne forment pas, comme on l'avait cru jusqu'alors, deux espèces distinctes. Il serait fort possible que d'autres observations fissent de même, dans la suite, diminuer le nombre des espèces de ce genre, en montrant à l'égard de quelques-unes de celles admises aujourd'hui qu'elles ne sont pareillement que de simples variétés d'âge ou de sexe. Le Maki à front blanc a été trouvé à Madagascar et à Anjouan.

Le MAKI A FRONT NOIR, *Lemur nigrifrons*, Geoff. St.-Hil., est supérieurement gris roux sur les parties postérieures du corps, et cendré en avant, avec le ventre et les parties internes des cuisses, roux, et le dessus de la tête et le front noirs. Ce Maki paraît être le *Simia Sciurus* de Petiver.

Le MAKI AUX PIEDS BLANCS, Briss., *Lemur albimanus*, Geoff. St.-Hil., est une espèce fort peu connue; son pelage est gris brun en dessus, roux cannelle sur les côtés du col, blanc sur la poitrine, roussâtre sur le ventre. Les mains sont blanches, comme l'indique le nom donné à l'espèce par Brisson.

Le MONGOUS, Buff. XIII, *Lemur Mongoz*, L., paraît être le Mongous de Geoffroy, mais non pas celui d'Audebert, qui est un Maki aux pieds blancs. Geoffroy caractérise ainsi cette espèce : pelage gris en dessus, blanc en dessous; le tour des yeux et le chanfrein noirs.

Le MAKI BRUN, *Lemur fulvus*, Geoff. St.-Hil., Ménagerie du Mus. et Ann. du Mus., est le Grand Mongous de Buffon. Il a le pelage brun en dessus, gris en dessous; la tête noirâtre; le chanfrein élevé et busqué.

Le MAKI A FRAISE, *Lemur collaris*, Geoff. St.-Hil., Ann. du Mus. Pelage brun roux en dessus, fauve en dessous; une sorte de collerette de poils roux; la face plombée; les poils de la queue dirigés latéralement. La femelle est plus petite que le mâle, et elle a le sommet de la tête gris, et le pelage généralement plus jaunâtre.

Le MOCOCO, Buff. XIII, *Lemur Catta*, L. L'une des plus belles espèces du genre, et en même temps l'une des plus distinctes. Son pelage est cendré roussâtre en dessus, cendré sur les membres et les flancs, et blanc en dessous; la queue est colorée dans toute sa longueur d'anneaux alternativement blancs et noirs, dont le nombre s'élève à trente environ. L'élégance des formes, l'harmonie des couleurs, et la grâce de cette espèce ont dès long-temps fixé sur elle l'attention des naturalistes, et l'ont fait transporter un grand nombre de fois en Europe.

Le GRISET, Buff., Supplém. VII, *Lemur griseus*, Geoff. St.-Hil., Mag. Encycl., n'a que dix pouces de long environ, et se trouve ainsi d'une taille inférieure à celle des autres espèces du genre, qui toutes ont de quinze à vingt pouces; il a aussi la tête un peu moins allongée, caractères qui l'ont fait considérer pendant long-temps comme un jeune âge. Mais il n'y a plus à douter aujourd'hui de la réalité de sa distinction spécifique. Son pelage est généralement gris en dessus et blanc grisâtre en dessous.

Telles sont les espèces du genre Maki admises par Geoffroy Saint-Hilaire, et d'après lui par les autres zoologistes modernes; mais nous le répétons, lorsque les observations à leur égard se seront multipliées, il est très-probable qu'on reconnaîtra dans quelques-unes d'entre elles de simples variétés d'âge ou de sexe, et qu'ainsi le nombre des véritables espèces du genre viendra à diminuer. Il est également probable que d'autres Makis restent encore à découvrir dans l'île de Madagascar si imparfaitement connue jusqu'à ce jour. On devrait même, suivant Fr. Cuvier et Desmoulins, réunir à ce genre le petit Quadrumane connu sous le nom de Galago de Madagascar, et Fr.

Cuvier lui a même donné le nom de Maki nain quoique , comme il le dit lui-même , des caractères particuliers l'éloignent des autres Makis : il a le museau court , la tête ronde , les yeux très-grands , et est généralement beaucoup plus trapu que ceux-ci , dont il diffère encore par sa vie nocturne. Ses oreilles sont très-arrondies , mais avec un tragus et un antitragus ; ses narines sont entourées d'un mufle , et son corps est couvert d'un pelage épais , composé tout entier de poils soyeux en apparence , et dont la couleur générale est le gris fauve uniforme en dessus , le blanc en dessous. Mais il est fort douteux que ce Quadrumane , qui paraît être le Rat de Madagascar de Buffon , et le *Lemur murinus* des auteurs systématiques , puisse être définitivement placé dans le genre des Makis , quoique d'ailleurs il leur ressemble à quelques égards , et qu'il ait la même patrie. Au reste , cette dernière circonstance n'est pas même une présomption en faveur de l'opinion de Fr. Cuvier et de Desmoulins , puisque nous connaissons déjà plusieurs Lémuriens , et particulièrement les Indris qui forment un petit genre voisin , mais certainement différent de celui des Makis , et qui , néanmoins , habitent comme eux l'île de Madagascar. D'ailleurs le Galago de Madagascar ou le Maki nain , ne peut guère plus être considéré comme un véritable Galago que comme un véritable Maki.

(IS. G. ST.-H.)

* **MALABAILA**. BOT. PHAN. Ce genre de la famille des Ombellifères , établi par Hoffmann sur les *Pastinaca graveolens* et *pimpinellifolia* de Marchall-Bieberstein , n'offre que des différences trop légères d'avec le genre *Pastinaca* pour mériter d'être adopté. *V*. PANAIS. (G..N.)

MALABATHRUM. BOT. PHAN. Espèce du genre Laurier. *V*. ce mot. (B.)

* **MALACAGA**. MAM. (Barrère) Syn. d'Ocelot. *V*. CHAT. (B.)

MALACCA PELA. BOT. PHAN. (Rhéed., *Malab.* , 3, tab. 35.) Syn. de *Pisdium pomiferum*. *V*. GOUYAVIER. (B.)

MALACENTOZOAIRES. *Malacentozoaria*. MOLL. Nom que Blainville avait proposé pour remplacer celui de Cirrhopodes des auteurs ; l'auteur a abrégé ce mot. *V.* MALENTOZOAIRES , MOLLUSQUE ARTICULÉ et CIRRHOPODES. (D..H.)

MALACHE. BOT. PHAN. (Trew.) De l'un des mots qui dans quelques anciens signifiaient la Mauve. Syn. de *Pavonia racemosa*, Willd. (B.)

MALACHIE. *Malachius*. INS. Genre de l'ordre des Coléoptères , section des Pentamères , famille des Serricornes , division des Malacodermes , tribu des Mélyrides , établi par Fabricius , et ayant pour caractères : mandibules échancrées ou bidentées à leur pointe , étroites et allongées ; palpes filiformes ; des vésicules intérieures , mais exsertiles , sur les côtés du corselet et de la base du ventre. Ce genre a été confondu par Linné et Geoffroy , avec les Téléphores ; le premier lui a donné le nom de *Cantharis* , et le second celui de *Cicindela*. Ce genre , tel qu'il est adopté actuellement , diffère de celui des Téléphores par les mandibules qui , dans ceux-ci , sont simples , et par les palpes qui sont sécuriformes ; il s'en éloigne encore , ainsi que de tous les autres genres de la même famille par la présence des corps vésiculaires rétractiles dont nous avons parlé plus haut. Ces Insectes ont le corps un peu allongé ; la tête est à peu près de la largeur du corselet. Les yeux sont arrondis , saillans ; le corselet est presque aussi large que les élytres , déprimé , rebordé , ordinairement arrondi ; l'écusson est petit et arrondi postérieurement , et les élytres sont flexibles et de la longueur de l'abdomen ; les pates sont de longueur moyenne. Lorsque ces Insectes sont effrayés , ils font sortir de dessous les angles antérieurs du corselet et de la base du ventre les quatre vésicules dont nous avons déjà parlé : on ignore encore leur usage ; elles sont composées de trois lobes , et se désenflent et rentrent dans le corps de l'Insecte dès qu'on cesse de le tourmenter ; ces vésicules ont reçu de quelques auteurs le nom de Cocardes. Les larves de ces Insectes sont encore inconnues ; il est pourtant présumable qu'elles vivent dans le bois , car on trouve souvent l'Insecte parfait nouvellement sorti de sa nymphe dans les chantiers. Ce genre se compose d'un assez grand nombre d'espèces. Dejean (Catal. des Col., p. 38) en mentionne quarante - neuf dont trois seulement sont étrangères à l'Europe ; une vingtaine d'espèces se trouvent aux environs de Paris, et nous citerons comme la plus commune :

Le MALACHIE BRONZÉ , *M. œneus; Cantharis œnea*, L. , Panz. , *Faun. Ins. Germ.* x , 11. Long de trois lignes, d'un vert luisant , avec les étuis rouges au bord et le devant de la tête jaune. *V.*, pour les autres espèces, Fabricius , Olivier , Gyllenhall, Geoffroy , etc.   (G.)

MALACHITE. MIN. Nom d'une variété de Cuivre carbonaté vert , en concrétions mamelonnées, à structure compacte ou fibreuse, qui est employé maintenant comme nom spécifique par la plupart des minéralogistes. *V.* CUIVRE CARBONATÉ.

           (G. DEL.)

MALACHODENDRON. *Malachodendrum.* BOT. PHAN. Ce genre de la Monadelphie Polyandrie, L., établi d'abord par Mitchell (*in Catesb. Carol.*, 3, p. 12), fut réuni par Linné et l'Héritier au *Stewartia.* Cavanilles (Dissert., 6, p. 302) l'ayant rétabli, cette distinction fut admise d'abord par Jussieu qui le plaça parmi les Malvacées , et récemment par De Candolle qui le fit entrer dans la tribu des Gordoniées de la famille des Ternstrœmiacées. Voici ses principaux caractères : calice accompagné d'une seule bractée ; corolle à cinq ou six pétales dont le limbe est cré-

nelé ; étamines nombreuses , monadelphes ; ovaire marqué de cinq sillons , et surmonté de cinq styles libres à la base ; stigmates capités ; carpelles capsulaires , au nombre de cinq soudés entre eux et monospermes ; graines inconnues. Le *Malachodendrum ovatum*, Cav. , *loc. cit.*, *Stuartia pentagyna* , l'Hérit. , *Stirp. Nov.* , 1 , p. 155 , t. 74 , est une Plante arborescente , à feuilles ovales aiguës , à fleurs solitaires presque sessiles. Cette espèce croît en Virginie.   (G..N.)

* **MALACHODRE.** BOT. PHAN. (Poiret.) Syn. de Malachodendron. (B.)

MALACHRA. BOT. PHAN. Genre de la famille des Malvacées , et de la Monadelphie Polyandrie, L., offrant pour caractères essentiels : un involucre général à trois ou cinq feuilles qui enveloppent totalement les capitules de fleurs ; le calice est entouré d'un involucelle particulier formé de huit à douze folioles linéaires ou sétiformes ; cinq carpelles capsulaires disposés orbiculairement et monospermes. Linné (*Syst.* , 518) ne connaissait que deux espèces de ce genre, savoir : *Malachra capitata* et *Malachra radiata* , Plantes indigènes des Antilles et de Cayenne. Ce nombre s'est accru de douze autres espèces qui ont été décrites par Jacquin , Cavanilles , Poiret, etc.; ces Plantes, dont quelques-unes ont été confondues avec les *Sida* , sont toutes originaires de l'Amérique méridionale. Cependant le *Malachra capitata* croît aussi, selon R. Brown, au Congo en Afrique, et le professeur De Candolle a réuni à ce genre , d'après l'indication de Willdenow , l'*Urena polyflora* de Loureiro, qui se trouve en Chine près de Canton. Les *Malachra* sont des Plantes herbacées dont les fleurs en tête et souvent cachées par l'involucre , n'ont rien d'élégant, et n'inspirent aucun intérêt.   (G..N.)

MALACOCISSUS. BOT. PHAN. La Plante désignée sous ce nom par les anciens, fut, selon les modernes, le

Glécome, le Calthe des marais, la Ficaire, le Tamnier commun, ou le Liseron des haies. (B.)

MALACODERMES. *Malacodermi.* INS. Latreille avait formé sous ce nom une famille de l'ordre des Coléoptères, section des Pentamères; il l'a convertie depuis (Règne Anim. et Fam. Nat. du Règne Anim.) en une division renfermant les six dernières tribus de sa famille des Serricornes. *V.* SERRICORNES et INSECTES. (G.)

MALACOIDES. BOT. PHAN. (Tournefort et Adanson.) Syn. de Malope. (Plumier.) Syn de Malachra. (B.)

MALACOLITHE. MIN. Nom donné par Abildgaard à une variété de Pyroxène d'un vert jaunâtre ou d'un vert clair. *V.* PYROXÈNE. (G. DEL.)

MALACOPTÉRYGIENS. POIS. Artedi appliqua le premier cette dénomination aux Poissons à squelettes osseux, dont tous les rayons des nageoires étaient mous, appelant Acanthoptérygiens, ceux au contraire dont les rayons, ou partie de ces rayons étaient épineux. Cuvier adopte l'ordre des Malacoptérygiens, mais il le divise en trois ordres nouveaux, différens par la position des ventrales ou leur abscence : les ABDOMINAUX, les SUBBRACHIENS et les APODES.

Les ABDOMINAUX, qui sont les plus nombreux et presque tous d'eau douce, sont répartis dans les cinq familles suivantes : Salmones, Clupes, Esoces, Cyprins et Siluroïdes.

Les SUBBRACHIENS sont répartis dans presque autant de familles que de genres; ce sont les Gadoïdes, les Pleuronectes ou Poissons plats, et les Discoboles.

Les APODES, dépourvus de ventrale, ne forment qu'une seule famille, tant le sous-ordre est naturel. Cette famille est celle des Anguiformes. (B.)

MALACOSTRACÉS. *Malacostracea.* CRUST. Latreille désignait ainsi dans ses ouvrages antérieurs au Règne Animal par Cuvier, et formait sous ce nom, un ordre de Crustacés correspondant au genre *Cancer* de Linné, et il donnait le nom d'Entomostracés (*V.* ce mot) aux Crustacés qui forment aujourd'hui les ordres des Lophyropodes et des Phyllopodes (*V.* ces mots). Dans le Règne Animal et dans ses Familles Naturelles du Règne Animal, cet illustre entomologiste n'a plus partagé les Crustacés en Entomostracés et Malacostracés, et ceux qui formaient (*Gen. Crust. et Ins.*) ce dernier ordre ou cette légion ont été divisés en cinq ordres. *V.* les mots : DÉCAPODES, STOMMAPODES, LŒMODIPODES, AMPHIPODES et ISOPODES. *V.* encore le mot CRUSTACÉS. (G.)

MALACOXYLON. BOT. PHAN. Sous le nom de *Malacoxylon pinnatum*, Jacquin (*Fragment. botan.*, p. 31, t. 35, f. A) a décrit un Arbre de l'Ile-de-France où on le nomme Mapou ou bois de Mapou, dénomination collective employée dans les colonies pour désigner les Arbres dont le bois est trop mou pour qu'on en fasse usage. Du Petit-Thouars parle de cette Plante, dans ses Observations sur les Plantes des îles australes d'Afrique, et indique ses rapports avec le genre *Cissus* ; il y a lieu de croire que c'est l'espèce décrite par Lamarck dans ses Illustrations, sous le nom de *Cissus Mappia*. (G..N.)

MALACOZOAIRES. *Malacozoaria.* MOLL. Dénomination proposée par Blainville, pour remplacer dans son Système le mot Mollusque. Cependant c'est à ce dernier mot que Blainville a fait son article général sur les Mollusques. *V.* ce mot. (D..H.)

MALADOA. CONCH. C'est probablement par erreur que l'on a ainsi écrit ce mot dans les Dictionnaires antérieurs, car c'est *Matadoa* qui n'est point une Arche comme on l'a dit. (D..H.)

MALAGH ET **MALAGNÉ.** BOT. PHAN. Noms vulgaires du Cerisier sauvage et du Mahaleb, dans le midi de la France. (B.)

MALAGO-CODI. BOT. PHAN. (Rhéede, *Hort. Malab.*, 7, p. 23, t. 12.) Syn. de *Piper nigrum*, L. (G..N.)

MALAGO-MARAM. BOT. PHAN. On a rapporté cette Plante décrite et figurée par Rhéede (*Hort. Malab.*, 5, p. 49, t. 25) au *Rhus Cominia*, L. (G..N.)

*** MALAGOS.** OIS. (Kolbe, Descr. du cap de Bonne-Espérance, t. 3, p. 173.) Probablement le Cormoran. *V.* ce mot. (B.)

MALAGUETTE. BOT. PHAN. Lorsqu'au temps des premières navigations lointaines, les Portugais introduisirent les épiceries dans le commerce, ils en rapportaient en Europe qui n'y sont plus guère usitées de nos jours ; de ce nombre était la *graine de Malaguette*, qui donna même son nom à un petit canton de la côte de Guinée d'où on la tirait. Cette Malaguette africaine était la graine de l'*Amomum Granum-paradisiaca*. On étendit ce nom dans le Nouveau-Monde au *Myrtus Pimenta*, et on nomma Malaguette du Brésil, diverses espèces du genre *Capsicum. V.* PIMENT. (B.)

*** MALAISE.** MAM. Race humaine de l'espèce Neptunienne. *V.* HOMME. (B.)

MALAKENTOZOAIRES. MOLL. Même chose que Malacentozoaires. *V.* ce mot. (B.)

MALAMIRIS. BOT. PHAN. Espèce du genre Poivre. *V.* ce mot. (B.)

MALANÉE OU **MÉLANI.** *Malanea.* BOT. PHAN. Genre de la famille des Rubiacées, et de la Tétrandrie Monogynie, L., établi par Aublet (Guian., 1, p. 106, t. 41), et ainsi caractérisé : calice très-petit à quatre dents ; corolle petite, rotacée, à quatre lobes étalés ; filets des étamines saillans et égaux au limbe de la corolle ; anthères presque arrondies ; drupe ressemblant au fruit des *Berberis*, mais sèche, mince, ovée, couronnée par le calice, contenant un noyau biloculaire et disperme. Le nom de ce genre a été inutilement

changé par Schreber en celui de *Cunninghamia*. Le *Malanea sarmentosa*, Aubl., *loc. cit.*, est un Arbrisseau grimpant ; à rameaux pendans, garnis de feuilles roulées sur les bords. Les fleurs sont axillaires et disposées en épis ou en tête au sommet des rameaux. Cette Plante croît à la Guiane. Lamarck a réuni à ce genre, sous le nom de *Malanea verticillata*, l'*Antirrhœa* de Jussieu, Arbre des îles de France et de Mascareigne, où il est vulgairement appelé bois de Losteau, et dont on emploie l'écorce pour arrêter les diarrhées et les dyssenteries. (G..N.)

*** MALANEH.** BOT. PHAN. (Camerarius et Delile.) Syn. arabe de *Cicer Arietinum. V.* CHICHE. (B.)

MALAN-KUA. BOT. PHAN. (Rhéede, *Hort. Malab.*, p. 17, t. 19.) Syn. de *Kœmpferia rotunda*, L. (G..N.)

MALAPARI. BOT. PHAN. C'est un des noms vulgaires, aux Moluques, d'un Arbre décrit et figuré par Rumph (*Herb. Amb.*, vol. 3, p. 183, t. 117), sous le nom de *Malaparius*. Loureiro (*Flor. Cochinch.*, 2, p. 625) en a fait une espèce de *Pterocarpus* et l'a nommé *P. flavus*. Ce nom spécifique a été inutilement changé par Poiret en celui de *P. luteus. V.* PTÉROCARPE. (G..N.)

MALAPERTURE. POIS. Pour Malaptérure. *V.* ce mot. (B.)

MALAPOENNA. BOT. PHAN. La Plante décrite et figurée sous ce nom par Rhéede (*Hort. Malab.*, 5, t. 9) et adoptée par Adanson comme type d'un genre distinct, est trop imparfaitement connue pour qu'on puisse lui faire occuper une place dans aucune des classifications actuelles des Végétaux. (G..N.)

MALAPTÈRE. POIS. Espèce de Labre du sous-genre Girelle. (B.)

MALAPTÈRENOTE. POIS. Espèce de Labre du sous-genre Girelle. (B.)

MALAPTÉRURE. *Malapterurus.* POIS. Genre formé par Lacépède (Pois.

T. v, p. 9o) aux dépens des Silures de Linné, et qu'il caractérisait : tête déprimée et couverte de lames grandes et dures ou d'une peau visqueuse ; la bouche à l'extrémité du museau ; deux barbillons aux mâchoires ; le corps gros, la peau de ce corps et de la queue enduite d'une mucosité abondante ; une seule nageoire dorsale, adipeuse, et placée fort en arrière et près de la caudale. Cuvier adopta ce genre, en le plaçant dans l'ordre des Malacoptérygiens abdominaux, et le comprit dans la famille des Siluroïdes, en indiquant que les Malaptérures manquent de dorsale rayonnée, et que nulle épine n'arme leurs pectorales. Leurs dents sont en velours et disposées tant en haut qu'en bas sur une langue en croissant ; ou leur compte sept rayons branchiaux. La seule espèce connue de ce genre fut d'abord décrite, mais superficiellement par Forskahl et par Broussonnet. C'est à notre illustre confrère Geoffroy de Saint-Hilaire qu'on en doit l'histoire approfondie. C'est le *Malapterurus electricus*, Lacép., *loc. cit.; Silurus electricus*, Gmel., *Syst. Nat.* XIII, T. I, p. 1354 ; le Trembleur, Encyclop., Pois., pl. 6ɔ, fig. ɔ45, si bien représenté par Geoffroy Saint-Hilaire parmi les Poissons d'Égypte, pl. 11, fig. 1. Cet Animal, appelé *Roasch*, c'est-à-dire Tonnerre, par les Arabes, se trouve dans le Nil et même au Sénégal. Il y parvient à un pied et demi où deux pieds de long. Son corps se renfle en avant, en s'aplatissant, ainsi que la tête, dans cette direction ; ses yeux, peu gros, sont recouverts par la membrane la plus extérieure de son tégument général, laquelle s'étend comme un voile transparent au-dessus de chacun ; les narines ont leur orifice double ; deux barbillons se voient auprès, à la mâchoire supérieure, l'inférieure en supporte quatre. La couleur du Poisson est grisâtre et sombre, relevée par quelques taches noires. La propriété électrique du Malaptérure le rend très-remar-

quable ; elle paraît résider dans un tissu particulier situé entre la peau et les muscles, et qui présente l'apparence d'un tissu graisseux abondamment pourvu de nerfs.   (B.)

MALARD ou **MALART**. ois. L'un des noms vulgaires du Canard domestique, et du métis de ce même Canard avec celui de Barbarie.   (B.)

MALARMAT. pois. Espèce de Trigle, type d'un sous-genre. *V*. Trigle.   (B.)

MALAXIDE. *Malaxis*. bot. phan. Genre de la famille des Orchidées et de la Gynandrie Monandrie, L., offrant les caractères suivans : les trois divisions externes du calice sont étalées ; le labelle est supérieur, sessile, plane ou concave, entier, rarement tridenté au sommet, échancré en cœur à sa base où il embrasse le gynostème ; celui-ci est très-court, creusé à son sommet d'une fossette profonde qui renferme l'anthère ; cette anthère est operculiforme, à deux loges contenant chacune une masse pollinique solide, formée de deux massettes agglutinées ensemble. Ce genre se compose d'un petit nombre d'espèces qui croissent dans l'Amérique méridionale et septentrionale, et une en Europe (*Malaxis palustris*, Swartz). Ce sont en général de petites Plantes herbacées, terrestres, venant dans les lieux humides ou ombragés : leur tige est généralement renflée et bulbiforme à sa base où elle porte un petit nombre de feuilles ; les fleurs sont petites, d'un jaune verdâtre, souvent incomplétement unisexuées, disposées en épis allongés ou en cymes. Le professeur Richard a séparé de ce genre plusieurs espèces, et entre autres le *Malaxis Loeselii* de Swartz pour en faire un genre nouveau, sous le nom de Liparis. *V*. ce mot.   (A. R.)

* **MALBRANCIA**. bot. phan. (Necker.) Syn. de *Rourea* d'Aublet. *V*. ce mot.   (B.)

MALBROUK. mam. Espèce du genre Guenon. *V*. ce mot.   (B.)

* **MALCHUS**. POIS. (Molina.) *V.* CYPRIN, sous-genre GONORHYNQUE.
(B.)

MALCOMIE. *Malcomia.* BOT. PHAN. Ce genre, de la famille des Crucifères et de la Tétradynamie siliqueuse, L., a été établi par R. Brown (*in Hort. Kew.*, 2ᵉ éd., vol, 4, p. 121) et adopté par De Candolle (*Syst. Veget. Nat.*, 2, p. 438) qui l'a ainsi caractérisé : calice dont les sépales sont connivens, à deux renflemens à la base, quelquefois presque égaux et sans bosses ; pétales dont le limbe est obovale ou échancré ; étamines tétradynames, libres, sans dentelures ; silique cylindracée, biloculaire, bivalve, terminée par un stigmate simple et très-aigu ; graines ovées, non bordées, et disposées en une seule série ; cotylédons planes, incombans. Ce genre a été fondé sur des Plantes dont plusieurs étaient placées parmi les *Cheiranthus* et les *Hesperis* des auteurs ; il offre en effet quelques affinités avec ces genres, cependant il s'en distingue facilement par le port et par quelques caractères dont le principal réside dans le stigmate subulé très-aigu et comme simple, c'est-à-dire formé par l'intime réunion de deux. En raison de ses cotylédons incombans, De Candolle a placé le *Malcomia* à la tête de la tribu des Sisymbrées, immédiatement avant l'*Hesperis*. Les espèces dont il se compose sont au nombre de quinze, toutes indigènes du bassin de la Méditerranée. Ce sont des Plantes herbacées, annuelles ou vivaces, scabres ou le plus souvent veloutées de poils étoilés, à feuilles oblongues ou ovales, entières, dentées ou sinuées, pinnatifides ; les fleurs sont disposées en grappes, de couleur blanche ou purpurine, quelquefois très-petites, et susceptibles de doubler par la culture. C'est à ce genre qu'appartiennent plusieurs petites Plantes cultivées dans les jardins, et qui font un effet assez agréable comme bordures des parterres. Nous ne mentionnerons que la suivante :

La MALCOMIE MARITIME, *Malcomia maritima*, Br. et D. C., *loc. cit.*; *Cheiranthus maritimus*, L. ; *Hesperis maritima*, Lamarck ; a une tige dressée et rameuse, garnie de feuilles elliptiques, obtuses, entières, atténuées à la base, couvertes d'un duvet très-court. Cette petite espèce, que l'on connaît sous le nom de Giroflée de Mahon, croît dans les localités sablonneuses des contrées de l'Europe et de l'Afrique que baigne la Méditerranée ; elle se sème en place dans une terre légère et une situation exposée au soleil : quand le terrain lui convient elle se resème d'elle-même, et ne demande aucun soin. (G..N.)

MALCOT. POIS. L'un des noms vulgaires du *Gadus barbatus*. *V.* GADE. (B.)

***MALDANIES**. *Maldaniæ*. ANNEL. Famille de l'ordre des Serpulées, établie par Savigny (Système des Annelides, p. 70 et 92) qui lui a donné pour caractère propre d'être privée de branchies. Les Maldanies se distinguent des Amphitrites et des Téléthuses par cette absence des branchies extérieures ; elles ont en outre une bouche sans tentacules formée par deux lèvres extérieures ; leurs pieds sont dissemblables, ceux du premier segment nuls ou anomaux, ceux des segmens suivans ambulatoires, de plusieurs sortes ; la première paire et les deux paires suivantes sont constamment dépourvues de rames ventrales et de soies à crochets. L'anatomie a fait voir que ces Annelides avaient l'intestin grêle, sans boursouflures sensibles, dépourvu de cœcum et tout droit. Cette famille ne comprend que le seul genre Clymène. *V.* ce mot.

Savigny rapporte à cette famille quelques Annelides peu ou mal connues : 1º le *Lumbricus tubicola* de Müller (*Zool. Dan.*, pl. 75), qui sembe incomplet par la perte de quelques-uns de ses anneaux postérieurs ; Lamarck le décrit sous le nom de *Tubifex marinus*; 2º le *Lumbricus sabellaris* de Müller (*loc. cit.*, pl. 104, fig. 5), qui paraît man

quer de quelques anneaux antérieurs;
3° enfin le *Lumbricus aquaticus* d'O-
thon Fabricius (*Fauna Groenl.*, n°
263). (AUD.)

MALEFOU. BOT. PHAN. L'un des
noms vulgaires de l'*Orchis mascula*.
V. ORCHIDE. (B.)

* **MALENTOZOAIRES**. *Malento-
zoaria*. MOLL. Sous-type établi par
Blainville dans les Mollusques avec
des changemens assez notables pour
les Animaux que les auteurs désignent sous le nom de Cirrhipèdes ou
Cirrhopodes. *V*. ces mots et MOL-
LUSQUES. (D..H.)

MALESHERBIA. BOT. PHAN. Ce
genre appartient à la Pentandrie Monogynie, L., et à la famille des Passiflorées, desquelles cependant son
port ne le ferait pas rapprocher à la
première vue. Son calice forme un
tube plus ou moins long, divisé à
son sommet en cinq lanières, au dedans et dans l'intervalle desquelles
s'insèrent cinq pétales plus courts; au-
dessous d'eux est une couronne composée de dix écailles dentées au sommet et de consistance membraneuse ;
du fond du calice s'élève un support
inférieurement cylindrique, puis dilaté et chargé sur son contour de cinq
étamines, et à son milieu d'un pistil
libre. Les filets des étamines, minces
et aplatis, dépassent un peu le calice
et portent à leur sommet des anthères biloculaires et introrses. L'o-
vaire est de forme ovoïde et uniloculaire ; au-dessous de son sommet
partent de sa surface trois styles filiformes, plus longs que les étamines
et terminés par des stigmates en tête.
Le fruit est ordinairement caché dans
le calice persistant qu'il dépasse à
peine ; c'est une capsule qui s'ouvre
en trois valves depuis son sommet
jusqu'à la hauteur où s'insèrent les
styles, avec lesquels ces valves alternent. Elle est indéhiscente dans le
reste de son étendue, que parcourent
trois placentas longitudinaux, également alternes avec les styles, et chargés d'un grand nombre de graines,
le plus ordinairement ascendantes. Ce

genre dédié au vertueux Malesherbes
par les auteurs de la Flore péruvien-
ne, a été, d'une autre part, établi
par Cavanilles sous le nom de *Gy-
nopleura*, tiré de l'insertion latérale
des styles. Cet auteur en a décrit et
figuré deux espèces (*Icon*. 4, p. 51,
tab. 375 et 376) originaires l'une du
Pérou, l'autre des Andes du Chili.
Les tiges sont annuelles, hautes de
deux à trois pieds; les feuilles éparses,
ciliées ou dentées, velues ou tomenteuses, quelquefois couvertes d'un
enduit, accompagnées à leur base de
deux folioles stipuliformes, visqueuses. Les fleurs de couleur jaune sont
grandes et belles, et situées vers le
sommet des rameaux, à l'aisselle des
feuilles qu'elles surpassent en longueur; elles semblent y former (notamment dans le *Malesherbia thyrsiflora*,
Ruiz, Pav.) des épis longs et touffus.
(A. D. J.)

MALFAISANTE. INS. On a donné
ce nom au *Scolopendra morsitans*. *V*.
SCOLOPENDRE. (G.)

MAL-FAMÉE. BOT. PHAN. *V*. CAA-
CICA.

MALFINI. OIS. Espèce du genre
Faucon, sous-genre Autour. *V*. FAU-
CON. (B.)

MALHERBE. BOT. PHAN. L'un des
noms vulgaires du *Plumbago euro-
pea*, du *Globularia Turbith* et du
Daphne Mezereum. (B.)

MALICORIUM. BOT. PHAN. On
appelle ainsi l'écorce du fruit du
Grenadier qui est employée en médecine comme astringente et tonique. *V*. GRENADIER. (A. R.)

* **MALIGNE**. REPT. OPH. Espèce
du genre Couleuvre. *V*. ce mot. (B.)

MALIMBE. OIS. Espèce du genre
Tisserin, de laquelle Vieillot avait
emprunté autrefois le nom qu'il donnait à ce genre. *V*. TISSERIN. (DR..Z.)

MALINATHALLA. BOT. PHAN.
(L'Ecluse dans Belon, p. 112.) Syn.
de *Cyperus esculentus*, L. *V*. SOU-
CHET. (B.)

MALINGA-TENGA. BOT. PHAN.

Nom de pays du Cocos, fruit du *Cocos nucifera*, L. *V*. Cocotier. (B.)

MALION. BOT. PHAN. Les anciens donnaient ce nom à l'*Anthemis nobilis*, L., à laquelle ils trouvaient une odeur de pomme. (B.)

* MALIQUE. MIN. *V*. Acide.

* MALKALA-KOURLA. OIS. Espèce du genre Gobe-Mouche. *V*. ce mot. (DR..Z.)

MALKOHA. *Phœnicophaus*. OIS. Genre de l'ordre des Zygodactyles. Caractères : bec plus long que la tête, robuste, épais, arrondi, arqué ; fosses nasales très-petites ; narines placées de chaque côté du bec, mais loin de sa base et près du bord de la mandibule linéaire ; yeux entourés d'une membrane mamelonnée ; quatre doigts, deux devant et deux derrière ; ongles courts, peu courbés ; ailes très-courtes ; les trois premières rémiges étagées, la quatrième ou la cinquième plus longue ; dix rectrices étagées. La seule espèce de ce genre, qui eût été bien connue avant que Levaillant ait donné la description de son Rouverdin, avait été placée par Gmelin dans le genre Coucou ; mais en observant bien les caractères particuliers de ces Oiseaux, en tenant compte surtout de quelques-unes de leurs habitudes que des voyageurs ont récemment été à même de remarquer, on ne peut s'empêcher de reconnaître que la réunion des Malkohas avec les Coucous n'était ni naturelle ni méthodique, et que Vieillot a agi très-conséquemment en établissant un genre nouveau. Les Malkohas habitent les régions les plus chaudes de l'Inde et la plupart des îles de son immense archipel ; leur vol est irrégulier, lent et de peu d'étendue, ce que l'on peut attribuer à la gêne qui doit résulter d'ailes fort courtes avec une queue très-longue ; néanmoins ils placent leurs nids à la plus haute extrémité des Arbres élevés, comme pour en défendre l'accès aux Singes ; ils se nourrissent exclusivement de baies et de fruits, et paraissent, ainsi

que quelques Colombes, très-friands du brou pulpeux de la Muscade.

MALKOHA ROUVERDIN, *Phœnicophaus viridis*, Levaill. Parties supérieures d'un vert foncé irisé ; sommet de la tête, joues et portion de la nuque d'un brun cendré avec quelques reflets verdâtres ; rémiges d'un noir bleuâtre ; rectrices d'un vert sombre brillant, largement terminées de brun roux, les latérales sont presque entièrement de cette nuance ; menton d'un gris ardoisé ; gorge et côtés du cou d'un roux qui perd de son éclat à mesure qu'il s'étend vers les parties inférieures qui tirent au brun ; mandibule supérieure verte, l'inférieure noire avec l'arête d'un rouge vif ; orbite oculaire d'un rouge orangé beaucoup plus vif vers l'angle du bec ; pieds d'un gris noirâtre. Taille, seize à dix-huit pouces. De Java.

MALKOHA A SOURCILS ROUGES, *Phœnicophaus superciliosus*, Cuv. Parties supérieures noires, à reflets violets ; extrémité des rectrices blanche et arrondie ; parties inférieures d'un blanc sale ; bec cendré ; orbite des yeux rouge avec deux rangées en forme de sourcils, de plumes effilées d'un rouge vif ; pieds gris. Taille, dix à onze pouces. Des Philippines.

MALKOHA A VENTRE BLANC, *Phœniphaus leucogaster*, D. ; *Cuculus pyrrocephalus*, Gmel. Parties supérieures d'un noir nuancé de verdâtre ; tête et cou d'un noir verdâtre avec une strie blanche sur chaque plume ; extrémité des rectrices blanche ; gorge et devant du cou d'un vert sombre ; poitrine, parties inférieures et tectrices caudales blanches ; bec d'un vert olive, jaunâtre à la pointe et à la base en dessous ; orbite des yeux d'un rouge orangé ; pieds d'un gris bleuâtre. Taille, quinze à seize pouces. De Ceylan. (DR..Z.)

MALLA. BOT. PHAN. (Feuillée.) Nom de pays de l'espèce de Capucine appelée par Linné *Tropeolum peregrinum*. (B.)

MALLAM-TODDALI. BOT. PHAN. (Rhéede, *Malab*., 4, tab. 40.) Syn. de

Celtis micranthus, selon Jussieu, et non du *Celtis orientalis*, comme le pensait Richard.   (B.)

* MALLEACÉES. CONCH. Famille de Mollusques Acéphalés, établie par Lamarck pour une partie des genres faits aux dépens des Huîtres de Linné. Plusieurs des genres qui composent aujourd'hui la famille des Malléacées étaient compris dans celle des Byssifères du même auteur, dans ses premières familles de la Philosophie Zoologique et de l'Extrait du Cours. Depuis, les Byssifères furent partagés en deux parties, l'une qui forme la famille des Pectinides, *V.* ce mot, et l'autre celle qui nous occupe. Elle est composée des genres suivans : Crénatule, Perne, Marteau, Avicule et Pintadine, auxquels nous renvoyons. Blainville, sans adopter le nom de Malléacées, a pourtant admis la famille, en y adaptant quelques changemens et en y ajoutant quelques genres. C'est à l'article MARGARITACÉS que nous les ferons connaître. Latreille a fait de même que Blainville, c'est-à-dire qu'en conservant les mêmes genres dans un même groupe et en y faisant de très-petits changemens, il a cru nécessaire de changer la dénomination de Malléacées pour celle d'Oxigones. *V.* ce mot.   (D..H.)

* MALLETTE. BOT. PHAN. L'un des noms vulgaires du *Thlaspi Bursapastoris*, L.   (B.)

MALLEUS. CONCH. *V.* MARTEAU.

MALLINGTONIA. BOT. PHAN. Schreber, Willdenow et Steudel ont ainsi altéré l'orthographe du mot *Millingtonia*, nom d'un genre établi par Linné fils, et adopté par Jussieu. *V.* MILLINGTONIE.   (G..N.)

MALLOCOCA. BOT. PHAN. L'Arbuste des îles de la mer du Sud, dont Forster fit un genre sous ce nom, appartient au genre *Grewia*. *V.* GREVIER.   (G..N.)

* MALLOOR. BOT. PHAN. L'un des noms de pays du *Mogorium Sambac*.   (B.)

MALLORA. BOT. PHAN. C'est le nom sous lequel Cossigny, dans son Voyage à Canton, désigne un Arbre qu'il dit être une variété d'un Palmier de Madagascar, nommé *Vouakoa.* Si ce mot est une corruption de celui de *Vacoua* ou Vaquois (*Pandanus*), il signifie un Arbre appartenant à une famille différente de celle des Palmiers. Cependant, d'après les renseignemens fournis par l'auteur sur les usages économiques de son fruit et de ses feuilles, on a pensé que le *Mallora* pourrait bien être le Sagoutier. *V.* ce mot.   (G..N.)

*MALLOTE. INS. Genre de Diptères, de la famille des Authéricères, tribu des Syrphies, mentionné par Latreille (Famil. Natur. du Règn. Anim.) et dont nous ne connaissons pas les caractères ; il avoisine celui des Hélophiles de Meigen.   (G.)

* MALLOTIUM. BOT. CRYPT. (*Lichens.*) *V.* COLLÉMA.

MALLOTUS. BOT. PHAN. Loureiro a décrit sous ce nom un Arbre de la Chine, dont il représente les feuilles comme tricuspidées et tomenteuses, les fleurs disposées en grappes et dioïques. Leur seule enveloppe est un calice composé de trois folioles étalées et velues ; dans les mâles, on trouve de nombreuses étamines insérées sur le réceptacle ; dans les femelles, trois styles longs, réfléchis, velus, colorés ; un fruit capsulaire revêtu de villosités nombreuses, longues et molles, à trois lobes et autant de loges monospermes. Willdenow regardait le *Mallotus* comme devant être rapporté au *Trewia :* tous ces caractères nous portent à penser qu'il faut plutôt le rapprocher du *Rottlera* (genre de la famille des Euphorbiacées), tel que nous l'avons défini dans notre travail sur cette famille.   (A. D. J.)

MALMAISON. BOT. PHAN. L'un des synonymes vulgaires d'Astragale des champs.   (B.)

MAL-NAREGAM. BOT. PHAN. Ce nom a été emprunté de la langue

malabare, dans Rhéede, par Adanson, pour désigner le *Limonia mo-
nophylla*, L., qui est le type du genre *Atalantia* de Correa. *V*. ce mot au
Supplément.   (B.)

MAL-NOMMÉE. BOT. PHAN. Même
chose que Mal-Famée. *V*. ce mot
et CAA-CICA.   (B.)

MALOPE. *Malope*. BOT. PHAN.
Genre de la famille des Malvacées, et
de la Monadelphie Polyandrie, L.,
ainsi caractérisé : calice quinquéfide,
ceint d'un involucre à trois folioles
cordiformes ; corolle à cinq pétales
étalés, plus grands que le calice, réunis par leur base, et adnés au tube des
étamines; celles-ci, très-nombreuses,
monadelphes, à anthères réniformes ;
ovaire surmonté d'un style divisé supérieurement en plusieurs branches
terminées par des stigmates sétacés ;
plusieurs carpelles monospermes réunis en tête. Ce genre ne contient que
quatre espèces indigènes du bassin
de la Méditerranée. Celle qui doit
être considérée comme type, est le
Malope malacoides, L. et Cavan.
(Dissert., tab. 37, fig. 1). Elle
a des feuilles ovales, crénelées, accompagnées de stipules oblongues,
linéaires, des pédoncules axillaires
ne portant chacun qu'une seule fleur
purpurine ou violette. Cette Plante
croît en Italie, en Espagne, ainsi
que dans nos départemens méridionaux et riverains de la Méditerranée.

Pline donnait le nom de *Malope* à
la Rose trémière, *Alcea rosea*, L. *V*.
GUIMAUVE.   (G..N.)

MALORA. BOT. PHAN. Pour Mallora. *V*. ce mot.   (B.)

MALOT. INS. L'un des noms vulgaires des Taons.   (B.)

MALOUASSE. OIS. (Salerne.) Syn.
vulgaire du Gros-Bec. *V*. ce mot.
          (DR..Z.)

*MALOXA. BOT. PHAN. L'Arbre
des îles Nicobar, que Cossigny désigne sous ce nom, paraît devoir être
la même chose que ce voyageur désigne ailleurs sous le nom de Mallora.
V. ce mot.   (B.)

MALPALXOCHITL. BOT. PHAN.
(Hernandez.) Nom de pays de l'*Helicteres apetala*.   (B.)

MALPIGHIACÉES. *Malpighia-
ceæ*. BOT. PHAN. Famille naturelle de
Plantes dicotylédones polypétales, à
étamines hypogynes ayant pour type
le genre *Malpighia* de Linné, qui,
ainsi que nous le dirons dans l'article
suivant, a été divisé en plusieurs
genres assez distincts les uns des autres. On reconnaît les Plantes de la
famille des Malpighiacées à leur calice monosépale, souvent persistant,
à quatre ou cinq divisions profondes,
offrant le plus généralement deux
grosses glandes sur chaque division ;
à leur corolle, qui manque fort rarement, et se compose de cinq pétales
longuement onguiculés, alternes
avec les lobes du calice, et étalés.
Les étamines au nombre de dix, rarement moins nombreuses, sont monadelphes tout-à-fait par la base de
leurs filets, quelquefois elles sont
entièrement libres; les anthères sont
arrondies, extrorses, à deux loges
s'ouvrant par une fente longitudinale. Le pistil est tantôt simple et
trilobé, tantôt formé de trois carpelles, réunis plus ou moins entre eux ;
dans le premier cas il est à trois loges, dans le second cas chaque car-
pelle est uniloculaire et contient un
seul ovule suspendu à l'angle interne un peu au-dessous du sommet.
Les styles, au nombre de trois, sont
parfois réunis en un seul, et terminés
chacun par un stigmate simple et
très-petit. Le fruit, qui est sec ou
charnu, se compose de trois carpelles
distincts, ou forme une capsule ou
un nuculaine à trois loges, rarement
à deux ou à une seule loge par suite
d'avortement. La capsule est ordinairement relevée d'ailes membraneuses,
très-saillantes, dont le nombre varie
de deux à quatre. Le nuculaine renferme tantôt trois nucules uniloeu-
laires, tantôt un seul noyau à deux
ou trois loges toujours monospermes.
Chaque graine se compose d'un tégument propre, peu épais, recouvrant

immédiatement un embryon qui, à lui seul, forme la masse de la graine. Cet embryon a la même direction que la graine, c'est-à-dire que sa radicule correspond au hile; elle est en général courte et conique; les deux cotylédons, qui sont épais, charnus, et souvent inégaux, sont recourbés sur eux-mêmes.

Les Plantes qui forment ce groupe naturel sont des Arbustes ou des Arbrisseaux quelquefois sarmenteux et grimpans; très-rarement des Arbres. Leurs feuilles opposées, à très-peu d'exceptions près, sont simples, non ponctuées, entières ou quelquefois lobées, accompagnées ordinairement, à leur base, de deux stipules. Les fleurs, généralement jaunes ou blanches, forment des grappes, des corymbes ou des sertules, axillaires ou terminaux. Les pédicelles qui supportent les fleurs sont souvent articulés vers leur partie moyenne où ils offrent deux petites écailles.

Dans le *Genera Plantarum*, la famille qui nous occupe se compose des seuls genres *Banisteria*, *Triopteris* et *Malpighia*, à la suite desquels sont placés comme ayant quelque affinité avec eux, le genre *Trigonia* aujourd'hui rangé dans la famille des Hippocratéacées, et le genre *Erythroxylum* devenu le type d'un ordre naturel nouveau sous le nom d'Erythroxylées. Cavanilles, dans ses Dissertations, a établi les genres *Galphimia* et *Tetrapteris*, Du Petit-Thouars le *Tristellateia*. Dans le Mémoire de Jussieu, sur les Malpighiacées (Ann. Mus., 18, p. 479), le professeur Richard a formé les genres *Byrsonima* et *Bunchosia* adoptés depuis par Kunth et De Candolle, et qui sont des démembremens du genre *Malpighia* de Linné; Kunth (*in Humb. Nov. Gener.*, 5, p. 145) a proposé les deux genres *Gaudichaudia* et *Heteropteris*. Enfin, Auguste Saint-Hilaire (*Bull. Societ. Philom*, an. 1823) a établi un nouveau genre qu'il nomme *Camarea*. De Candolle, dans le premier volume de son *Prodromus Systematis*, divise ainsi cette famille.

1re Tribu : MALPIGHIÉES.

Trois styles distincts ou rarement réunis en un seul; fruit charnu et indéhiscent; feuilles opposées.

Malpighia, Rich., *in Juss.*; *Byrsonima*, Rich., *in Juss.*; *Bunchosia*, Rich., *in Juss.*; *Galphimia*, Cavan.; *Caucanthus*, Forsk.

2e Tribu : HIPTAGÉES.

Un seul style; carpelles secs, indéhiscens, monospermes, ordinairement munis d'ailes membraneuses; feuilles opposées ou verticillées.

Hiptage, Gaert.; *Tristellateia*, Du Petit-Thouars; *Thryallis*, L.; *Aspicarpa*, Rich.; *Gaudichaudia*, Kunth; *Camarea*, Aug. St.-Hil.

3e Tribu : BANISTÉRIÉES.

Trois styles distincts; carpelles secs, monospermes, indéhiscens, munis d'ailes; feuilles opposées ou verticillées.

Hiræa, Jacq.; *Triopteris*, L.; *Tetrapteris*, Cavan.; *Banisteria*, L.; *Heteropteris*, Kunth.

De Candolle rapproche des Malpighiacées, le genre *Niota* de Lamarck.

La famille des Malpighiacées est voisine des Acérinées, des Hippocratéacées et des Hypéricinées. Elle se distingue des Acérinées par ses pétales longuement onguiculés et ses étamines monadelphes; par son fruit dont les loges ne contiennent qu'une seule graine renversée. Quant à la famille des Hippocratéacées, ses étamines dont le nombre ne dépasse pas cinq, son ovaire dont les loges contiennent chacune quatre ovules, son embryon qui a la radicule inférieure, la distinguent facilement des Malpighiacées. Les Hypéricinées, par leurs étamines indéfinies et polyadelphes, leur ovaire simple et leurs loges polyspermes, s'éloignent de la famille qui nous occupe ici. (A. R.)

MALPIGHIE. *Malpighia.* BOT. PHAN. En parlant dans l'article précédent du genre *Malpighia* que quelques auteurs désignent sous le nom vulgaire de *Moureillier*, nous avons dit que le professeur Richard en avait modifié les caractères, et qu'il ne considérait, comme appartenant à ce genre, que les espèces qui offraient les caractères suivans : un calice hémisphérique, à cinq divisions peu profondes, généralement munies en dehors de glandes; une corolle de cinq pétales onguiculés, réniformes, arrondis, étalés; dix étamines hypogynes, ayant les filets réunis et monadelphes seulement par leur base; un ovaire à trois loges, contenant chacune un seul ovule suspendu; trois styles terminés chacun par un stigmate tronqué; et pour fruit un nuculaine ovoïde, cérasiforme, contenant trois et très-rarement quatre nucules osseux et monospermes. Ainsi caractérisé, ce genre est très-distinct. On a retiré du genre *Malpighia* de Linné, les espèces qui ont pour fruit une drupe contenant un noyau à trois loges. Elles forment le genre *Byrsonima* du professeur Richard ; et celles qui ont un seul style et deux ou trois nucules monospermes pour établir le genre *Bunchosia*, du même botaniste.

Les Malpighies sont des Arbustes ou rarement des Arbres portant des feuilles opposées, quelquefois verticillées par trois, entières ou dentées et épineuses, accompagnées à leur base de deux stipules. Les fleurs sont en général disposées en sertules ou ombelles simples et axillaires, environnées de bractées; très-rarement elles sont solitaires. Ces fleurs sont constamment roses ou purpurines. Toutes appartiennent à l'Amérique méridionale.

Parmi les espèces de ce genre, nous citerons ici les suivantes :

MALPIGHIE BRULANTE, *Malpighia urens*, L., Cavan., Dissert. 8, tab. 235, fig. 1. C'est un petit Arbrisseau ayant ses feuilles opposées, presque sessiles, ovales, oblongues, aiguës, glabres supérieurement, couvertes inférieurement de poils en forme de navette et attachés par le milieu de leur longueur; caractère qui appar-

tient à un grand nombre d'autres espèces de ce genre; ces feuilles offrent à leur base deux petites stipules courtes et aiguës. Les fleurs sont pédonculées, réunies plusieurs ensemble à l'aisselle des feuilles. Les fruits sont de petites drupes globuleuses, rouges, de la grosseur d'une Cerise. On les mange dans les Antilles, après les avoir fait confire au sucre. Les poils des feuilles, couchés et à peine visibles au premier coup-d'œil, sont très-aigus, roides et très-piquans.

MALPIGHIE GLABRE, *Malpighia glabra*, L. Cette espèce, que l'on appelle aussi Cerisier des Antilles, est un Arbrisseau de quinze à dix-huit pieds de hauteur. Ses feuilles, courtement pétiolées, sont ovales, aiguës, entières, glabres, coriaces et luisantes. Les fleurs sont disposées en ombelles à l'aisselle des feuilles. Les fruits sont charnus, rouges et cérasiformes; ils ont une saveur aigrelette, et on les mange dans plusieurs parties de l'Amérique méridionale.

       (A. R.)

* MALPIGHIÉES. BOT. PHAN. (De Candolle.) *V*. MALPIGHIACÉES.

MALPOLE. REPT. OPH. Espèce du genre Couleuvre. *V*. ce mot. (B.)

* MALPOLON. REPT. OPH. Nom vulgaire de plusieurs petits Serpens de Ceylan, particulièrement de l'Asiatique, espèce du genre Couleuvre. *V*. ce mot.   (B.)

* MALSTROEM. GÉOL. *V*. COURANT.

MALTHA. POIS. L'un des noms vulgaires du Milandre. *V*. SQUALE.

       (B.)

MALTHE. MIN. (Brongniart.) Nom d'une variété noire du Pétrole, ou de Poix minérale. *V*. BITUME. (G. DEL.)

MALTHÉE. POIS. Sous-genre de Lophie. *V*. ce mot. (B.)

MALTHINE. *Malthinus* INS. Genre de l'ordre des Coléoptères, section des Pentamères, famille des Serricornes, tribu des Lampyrides, établi

par Latreille aux dépens des Téléphores de Schœffer (*Cantharis*, Linn.),
et n'en différant que par les palpes
qui sont terminés par un article
ovoïde, par la tête qui est amincie en
arrière, et par les étuis qui sont plus
courts que l'abdomen. Ces Insectes
ont les mêmes habitudes que les Téléphores, leur organisation est aussi
la même; ce sont de petites espèces
qui vivent sur les Plantes, et plus
particulièrement sur les Arbres; ils
se trouvent presque tous aux environs de Paris, et la principale espèce est :

Le MALTHINE BORDÉ, *M. margina-
tus*, Latr.; *Cantharis bisagittata*, Panz.
(*Faun. Ins.*, etc., *fasc.* 11, f. 15); la
Nécydale à points jaunes, Geoff.
(*Ins.* de Paris); *Cantharis minima?*
Fab. *V.*, pour les autres espèces, La-
treille (*Gen. Crust. et Ins.*), Olivier,
Geoffroy, etc.   (G.)

MALURUS. ois. (Vieillot.) Syn.
de Mérion. *V.* ce mot.   (DR..Z.)

MALUS. BOT. PHAN. *V.* POMMIER.

MALVA. BOT. PHAN. *V.* MAUVE.

MALVACÉES. *Malvaceæ*. BOT.
PHAN. Famille de Plantes dicotylédones polypétalées, à étamines hypogynes, ayant pour type le genre *Malva*.
Cette famille, telle qu'elle a été circonscrite par les botanistes modernes
et particulièrement par R. Brown
et Kunth, diffère beaucoup de la famille des Malvacées, telle qu'elle avait
été établie par Jussieu dans son *Genera Plantarum*. Ce savant botaniste
avait divisé les genres nombreux qui la
composent en sept sections. Les trois
premières de ces sections forment
seules aujourd'hui la famille des
Malvacées, à laquelle on a réuni quelques-uns des genres épars dans les
autres sections. Ventenat (Plant. du
jard. Malm.) a d'abord établi une famille des Sterculiacées, qui tient le
milieu entre les Malvacées et les Tiliacées, et qui avait pour principal caractère : des étamines monadelphes
et des graines munies d'un endosperme. Robert Brown, dans ses *General*

Remarks, considère les Malvacées,
non comme une simple famille, mais
comme une classe qui comprend les
Malvacées de Jussieu, les Sterculiacées de Ventenat, les Chlénacées de
Du Petit-Thouars, les Tiliacées de
Jussieu, et une famille nouvelle qu'il
nomme Buttnériacées. Plus récemment le professeur Kunth, dans un
travail spécial et dans le cinquième volume des *Nova Genera* de Humboldt,
a autrement circonscrit les Malvacées. Il y place seulement les trois premières sections des Malvacées de l'auteur du *Genera Plantarum*, adopte les
Buttnériacées de Robert Brown, auxquelles il réunit les Sterculiacées de
Ventenat et le groupe des Hermanniées de Jussieu, et forme une nouvelle famille qu'il nomme Bombacées,
des genres *Bombax*, *Cheirostemon*,
Pachira, *Helicteres*, *Cavanillesia*,
Matisia et *Chorisia*. Ces changemens
ont été adoptés par De Candolle dans
le premier volume de son *Prodromus
Systematis*. Nous suivrons également
ici la nouvelle coordination du groupe
des Malvacées, tel qu'il a été défini
par Kunth; et nous commencerons
d'abord par donner les caractères généraux de la famille des Malvacées.
Le calice est monosépale, persistant, à cinq divisions plus ou moins
profondes, à préfloraison valvaire,
assez souvent accompagné en dehors
d'un second calice ou calicule externe. La corolle est formée de cinq
pétales réguliers et hypogynes, quelquefois réunis entre eux par la base,
au moyen d'une prolongation de la
substance des filets staminaux, de
manière à représenter une corolle
monopétale. Les étamines sont fort
nombreuses, toujours monadelphes;
les filets sont libres dans leur partie
supérieure où ils se terminent chacun par une anthère courte, arrondie, réniforme, uniloculaire, mais
s'ouvrant en deux valves. Le pistil est
libre, sessile ou stipité, composé de
trois, de cinq ou d'un grand nombre
de coques uniloculaires, contenant
un ou plusieurs ovules attachés à
l'angle interne. Les styles sont en

même nombre que les coques ou loges de l'ovaire; ils sont quelquefois réunis entre eux. Les stigmates sont petits, simples et capitulés. Le fruit est tantôt simple, charnu ou plus souvent sec, à trois, cinq ou un plus grand nombre de loges, s'ouvrant par leur partie moyenne en autant de valves, ou quelquefois restant indéhiscentes; tantôt c'est un fruit composé de cinq ou d'un plus grand nombre de coques, attachées à un axe central, persistant, et s'ouvrant le plus souvent en deux valves. Les graines sont généralement réniformes, dépourvues d'endosperme; l'embryon a sa radicule dirigée vers le hile et les cotylédons pliés. Les Malvacées sont des Plantes herbacées, annuelles ou vivaces, des Arbustes ou même des Arbres extrêmement élevés; leurs poils, lorsqu'elles en sont pourvues, sont en étoile. Les feuilles sont alternes, simples, entières ou diversement lobées et incisées; chaque feuille est accompagnée de deux stipules. Les fleurs qui sont quelquefois très-grandes et ornées des plus vives couleurs, offrent différens modes d'inflorescence.

Les genres qui forment la famille des Malvacées sont assez nombreux; on peut les disposer de la manière suivante :

§ I. Calice accompagné d'un calicule.

Malope, L.; *Malva*, L.; *Kitaibelia*, Willd.; *Althœa*, Cav.; *Lavatera*, L.; *Malachra*, L.; *Urena*, L.; *Pavonia*, Cavan.; *Malvaviscus*, Dillen.; *Lebretonia*, Schrank.; *Hibiscus*, L.; *Thespezia*, Cavan.; *Gossypium*, L.; *Redoutea*, Vent.; *Fugosia*, Juss.; *Senra*, Cavan.; *Lopimia*, Mart.

§ II. Calice nu, sans calicule.

Palava, Cavan.; *Cristaria*, Cavan.; *Anoda*, Cavan.; *Periptera*, D. C.; *Sida*, Cavan.; *Lagunea*, Cavan.; *Ingenhousia*, D. C.   (A. R.)

MALVAVISCUS. BOT. PHAN. Vulgairement Mauvisque. Genre de la famille des Malvacées, et de la Monadelphie Polyandrie, L., établi par Dillen (*Hort. Eltham.*, 210), adopté par Cavanilles, Jussieu, Kunth et De Candolle. Il est ainsi caractérisé : calice quinquéfide entouré d'un involucre polyphylle ; cinq pétales dressés, égaux entre eux et enroulés ; étamines nombreuses et monadelphes, dont le tube est adné aux onglets des pétales ; anthères réniformes, uniloculaires ; ovaire à cinq loges monospermes, surmonté d'un style à dix divisions terminées par des stigmates capités ; cinq carpelles bacciformes, monospermes, quelquefois légèrement distincts, le plus souvent réunis en une baie globuleuse, et à cinq loges. Ce genre a été décrit par Swartz, sous le nom d'*Achania*. Linné qui n'en connaissait qu'une seule espèce, le réunissait aux *Hibiscus*. Dans le premier volume de son *Prodromus*, le professeur De Candolle a donné les caractères de quinze espèces distribuées en deux sections. La première, qu'il a désignée par le nom d'*Achania*, est caractérisée par ses pétales auriculés d'un côté. Les onze Plantes qui la composent sont indigènes de l'Amérique méridionale, et surtout du Mexique et du Pérou ; toutes sont nouvelles, et on en doit la description à Kunth et à De Candolle, excepté pour celle qui a servi à établir le genre. Cette belle Plante, qui est cultivée depuis long-temps dans les jardins d'Europe, mérite une courte description.

Le MALVAVISCUS ARBORESCENT, *Malvaviscus arboreus*, Cav. (Diss., 3, t. 48, f. 1); *Hibiscus Malvaviscus*, L.; *Achania Malvaviscus*, Swartz, a des rameaux pubescens, des feuilles cordiformes à trois ou cinq lobes, acuminées, un peu scabres. Les fleurs sont d'un beau rouge, solitaires, et leur involucelle court, à huit ou onze folioles dressées. Elle croît naturellement dans les lieux pierreux et calcaires des Antilles, du Mexique et de la république de Colombie.

La seconde section se distingue par ses pétales non auriculés d'un côté. Elle a reçu le nom d'*Anotea*, et elle renferme quatre espèces indigènes du Brésil et du Mexique. (G..N.)

MALVEOLA. BOT. PHAN. (Heilter.) Syn. de *Sida Abutilon*, L. (B.)

MALVINDA. BOT. PHAN. Dillen avait donné ce nóm à une espèce du genre *Sida* de Linné, et Burmann l'avait appliqué à un *Waltheria* et à un *Urena*. Enfin il a été employé par Médikus pour désigner un genre formé aux dépens du *Sida*, et qui aurait été caractérisé par ses carpelles au nombre de cinq à douze, monospermes et non renflés. Ce genre n'a été considéré par De Candolle (*Prodrom. Syst. Veg.*, 1, p. 459) que comme une simple section du genre *Sida*. *V.* ce mot. (G..N.)

* MAMANDRITE. POLYP. FOSS. On a donné ce nom à quelques espèces d'Alcyons fossiles, dont la forme approche de celle de l'*Alcyonium Ficus*. (E. D..L.)

MAMAT. OIS. Syn. *d'Emberiza hyemalis*, Lath. (DR..Z.)

MAMBRINE. MAM. *V.* CHÈVRE.

MAMBU. BOT. PHAN. On trouve dans l'Ecluse (*Exotic.*, p. 259) à l'article du Tabaxir, *V.* ce mot, que cette concrétion provient des roseaux arborescens appelés *Mambu*, ce qui donne ce mot pour synonyme de Bambou. (B.)

MAMEI. BOT. PHAN. Pour Mamméa. *V.* ce mot. (B.)

MAMEKA. BOT. PHAN. Divers voyageurs nous apprennent que les Hottentots désignent sous ce nom diverses espèces de Mésembrianthèmes, et autres Ficoïdes qu'ils mâchent pour apaiser leur soif dans les déserts du sud de l'Afrique. (B.)

MAMELLE PLUCHÉE ET TIGRÉE. BOT. CRYPT. Paulet nomme ainsi divers Agarics. Ce fongologue a aussi ses MAMELLE CHAIR, MAMELLE A L'ENCRE, MAMELLE DORÉE, BRUNE, RAYÉE, etc., tous noms d'une trivialité qui les rend inadmissibles. (A. F.)

MAMELLES. ZOOL. On appelle ainsi les organes destinés à la sécrétion du lait et essentiellement formés par la glande mammaire. La présence de ces organes forme le caractère essentiel de toute une classe d'Animaux, qu'on a pour cette raison nommés Mammifères. *V.* ce mot pour les détails sur la structure et les modifications de ces organes dans les diverses familles de Mammifères. (A. R.)

MAMELON. MOLL. On désigne ainsi en conchyliologie les premiers tours de la spire d'une Coquille, lorsqu'ils sont enflés et arrondis comme dans plusieurs Fuseaux et la plupart des Volutes. (D..H.)

MAMELON. BOT. CRYPT. Paulet appelle Mamelon à l'œil, ardoise, souris, etc., des Agarics à qui les botanistes ne conservent pas ces dénominations baroques. (D.)

MAMELONNÉS. BOT. CRYPT. (*Champignons.*) Famille de Paulet qui contient le crottin de Cheval, le petit bouton lilas, l'éteignoir doré, etc., du même auteur, mais que les cryptogamistes ne sauraient adopter. (B.)

* MAMILLARIA. BOT. PHAN. (Haworth.) *V.* CIERGE,

MAMINA. BOT. PHAN. Nom donné, dans l'île d'Amboine, à un Arbre décrit et figuré par Rumph (*Herb. Ambuin.*, 2, t. 83), mais si imparfaitement qu'on ne peut rien statuer à son égard. Cet Arbre a un suc visqueux que les peintres du pays emploient en guise de vernis; on fait usage de ses jeunes feuilles pour purger les enfans. Le nom de *Mamina*, qui signifie Arbre gras (*Arbor pinguis*), a été donné à ce Végétal en raison de ses feuilles charnues. (G..N.)

* MAMMA. MOLL. Genre formé par Klein (*Meth. Ostrac.*, p. 25), pour les Coquilles du genre Natice surtout, et des Tonnes ou autres qui ont une forme globuleuse, et dont l'extrémité se termine en mamelon ou en s'arrondissant. (D..H.)

MAMMAIRE. *Mammaria.* ACAL. Genre encore peu connu , ayant pour caractères : corps libre , nu , ovale ou subglobuleux , terminé au sommet par une seule ouverture ; point de tentacules à l'oscule. On ne sait sur les Animaux , autre chose que ce qui est énoncé dans leurs caractères génériques. Müller auquel on doit l'établissement de ce genre , Fabricius qui a fait connaître une espèce de Mammaire, se sont bornés à des descriptions trop succinctes pour que l'on puisse fixer positivement leur place dans un cadre zoologique. Müller et Gmelin les rapprochent des Actinies ; Lamarck les place à la fin de son second ordre des Tuniciers libres ou Ascidiens ; Schweigger les classe parmi les Mollusques dans le voisinage des Ascidies. Ce genre renferme trois espèces qui vivent dans les mers du Nord : les *M. Mamilla*, *varia* et *Globulus.*   (E. D. L.)

MAMMALOGIE. *Mammalogia.* ZOOL. Nous nous conformerons à l'usage en adoptant ce nom pour désigner la branche de la Zoologie qui traite de l'histoire naturelle des Mammifères ; quoique ce mot, dont une partie est d'origine latine et l'autre d'origine greeque, soit tout-à-fait barbare et formé contre toutes les règles. Aussi est-il à regretter que le nom de Mastologie ou même, malgré sa longueur, celui de Mastozoologie, proposés successivement par divers naturalistes pour remplacer celui de Mammalogie, n'aient point reçu la sanction de l'usage.

La Mammalogie est certainement la branche de l'Histoire Naturelle dont l'étude est la plus intéressante, la plus utile et la plus féconde en résultats dignes de la haute attention du philosophe comme en applications journalières. Dans le temps même où l'étude des rapports était tout-à-fait négligée, on a dit, on a prétendu démontrer qu'il est parmi les Animaux, des espèces si voisines de l'Homme, que c'est presque un préjugé de leur refuser ce nom ; et personne n'ignore que plusieurs auteurs , et même le grand naturaliste qui a posé les premières bases de la Zoologie, ont encore été plus loin en plaçant quelques Singes dans le genre *Homo.* Aujourd'hui que la théorie de l'unité de composition, en nous montrant tous les Animaux formés sur le même plan, a fait voir également le véritable point de vue sous lequel il faut apercevoir l'analogie que présentent tous les êtres; aujourd'hui surtout que ces espèces , qu'on disait liées avec l'Homme par des rapports si intimes, ne sont plus connues par les seules relations de voyageurs souvent crédules et ignorans, et presque toujours amis du merveilleux; les naturalistes ont apprécié à leur juste valeur des opinions en partie admises parce qu'on avait exagéré, et quelquefois même supposé des ressemblances, en même temps qu'on omettait d'importantes et réelles dissemblances. Néanmoins l'étude zoologique des caractères extérieurs, et mieux encore, l'étude anatomique, l'étude approfondie de toute l'organisation de l'Homme, ont dès longtemps également montré que cet être, que ses facultés morales distinguent si éminemment de la brute, n'est cependant qu'un Mammifère aux yeux du naturaliste, c'est-à-dire aux yeux de celui qui ne considère que son organisation et ses qualités physiques. *V.* HOMME.

Si l'organisation des Mammifères se rapproche ainsi réellement de l'organisation humaine; s'il y a entre toutes les parties de leur corps et celles du corps humain, non pas seulement de l'analogie, mais même de la ressemblance, quel jour l'étude de ces Animaux ne jettera-t-elle pas sur l'histoire de l'Homme? Ne sera-t-elle pas utile, nécessaire même au philosophe qui cherchera à concevoir où est la source de cette intelligence humaine, tellement supérieure et peu comparable à celle des Animaux dans un être qui n'a que la même organisation physique? L'anatomiste, le physiologiste ne devront ils pas chercher une instruction plus approfondie sur la disposition ou la structure et sur les fonctions des organes de l'Homme, dans l'étude des organes analogues des Mammifères? Et la série de leur dégradation successive chez les Animaux ne fournit-elle pas, comme on l'a dit, une série de dissections et d'expériences toutes faites? Le physiologiste, qui cherche, par des expériences sur les Animaux vivans, à prendre, pour ainsi dire, la nature sur le fait, doit surtout porter son attention sur les espèces les plus voisines de l'Homme, sur les Mammifères, et même sur les premiers d'entre eux, si du moins il a pour but principal l'avancement de la Physiologie humaine; car la fonction étant comme la forme dont elle dépend, fugitive presque d'une espèce à l'autre, les expériences faites sur les Reptiles ou les Oiseaux ne fournissent que rarement des conséquences immédiatement applicables à l'Homme.

Les Mammifères ne doivent pas moins intéresser sous d'autres rapports : combien d'espèces, sans parler même de celles que l'Homme a réduites en domesticité, combien lui sont utiles par leur chair, leur pelleterie, leur graisse, leurs os, leur sang même? Combien au contraire il compte parmi eux d'ennemis, les uns redoutables par leur force, et les autres, quoique faibles, plus à craindre peut-être, ou du moins plus incommodes par leur petitesse même qui les dérobe à son action au milieu même de sa demeure, et dans ses champs qu'ils dévastent? Or, s'il est vrai que tous les êtres de la nature sont dignes de l'attention et de l'étude du naturaliste, on peut dire même de tout homme instruit; on doit également convenir que l'Homme a surtout besoin de connaître ceux avec lesquels il se trouve le plus fréquemment en rapport; ceux qui lui sont utiles pour les rechercher, ceux qui lui sont dangereux pour les éviter, ceux qui lui sont nuisibles pour les détruire.

On ne doit donc pas s'étonner que l'on se soit empressé dans tous les temps et dans tous les lieux de recueillir des notions plus ou moins imparfaites sur l'histoire naturelle des Mammifères. Il n'est presque aucun voyageur qui n'ait publié quelques remarques sur les formes et les habitudes des espèces propres aux contrées qu'il a parcourues; et parmi les anciens, diverses observations sont également répandues dans les écrits d'Hérodote, de Columelle, de Varron, de Sénèque, d'Athénée, et surtout d'Oppien, qui, dans son Traité de la chasse, devait nécessairement s'occuper d'un grand nombre d'espèces. Mais Aristote, Pline et Elien sont réellement les seuls qu'on puisse regarder comme de véritables naturalistes, à cause du but qu'ils se sont proposé dans leurs ouvrages, et de la manière dont ils les ont composés. Aristote surtout peut à juste titre être considéré comme le père de l'Histoire Naturelle : ses descriptions quelquefois incomplètes, mais toujours exactes, ses observations pleines d'intérêt sur les mœurs des Animaux, et surtout la sagesse avec laquelle il fait connaître, discute et explique même toutes les fables répandues de son temps, rendent véritablement ses ouvrages d'Histoire Naturelle dignes d'être lus et médités par les naturalistes de tous les temps.

Après la renaissance des lettres, Gesner, Aldrovande, Jonston publièrent successivement divers ouvrages sur les Mammifères : ils cherchèrent et réussirent souvent à retrouver les Animaux décrits ou indiqués dans les ouvrages des anciens, et ils firent eux-mêmes connaître un grand nombre d'espèces nouvelles. Malheureusement le peu de précision des caractères qu'ils employaient, a de beaucoup diminué, nous ne dirons pas le mérite, mais du moins l'utilité de leurs travaux. Ils n'avaient point d'ailleurs senti la nécessité d'une méthode fondée sur les caractères des êtres; et c'est ainsi que Gesner avait adopté tout simplement l'ordre alphabétique. Toutefois il est juste de remarquer que ce dernier auteur, qu'on a appelé à juste titre le restaurateur de l'Histoire Naturelle, avait déjà réuni ou rapproché toutes les espèces qui lui paraissaient se ressembler, et formé ainsi des groupes qui représentaient en quelque sorte des familles ou des genres naturels.

En 1693, l'un des naturalistes les plus féconds et les plus savans du dix-septième siècle, Jean Ray (qu'il ne faut pas confondre avec un autre auteur du même nom, Augustin Ray, auquel on doit une *Zoologie universelle et portative*, publiée en 1788), fit enfin paraître son *Synopsis Methodi Anim. Quadrupedum et Serpentini generis.* Cet ouvrage forme véritablement une époque importante pour la science ; et nous devons faire connaître la classification qu'on y adoptait, avec plus de détail que nous ne pourrons le faire pour toutes les méthodes proposées dans la suite par d'autres naturalistes. Ray divise d'abord les Mammifères en deux grandes classes : ceux qui ont des sabots, et ceux qui ont des ongles ; les premiers se subdivisent ensuite en trois sections : les Solipèdes, comme les Chevaux ; les espèces dont le pied est divisé en plus de deux parties, comme les Éléphans ; et celles qui ont le pied fourchu, parmi lesquelles il distingue ceux qui ruminent, comme les Bœufs, les Moutons, etc., et ceux qui ne ruminent pas comme les Cochons. Ceux qui ont des ongles les ont, ou bien larges et plats comme les Singes, ou bien étroits et pointus. Parmi les derniers les uns ont le pied fourchu comme les Chameaux, et les autres sont Fissipèdes. Ceux-ci étant encore en très-grand nombre, il était nécessaire de les subdiviser de nouveau, et c'est ce que l'auteur a essayé d'après la considération de leur système dentaire. Il les partage en *analogues* et en *anomaux* ; ceux-ci forment deux classes, les uns privés de dents, comme les Fourmiliers et les Pangolins, et les autres ayant des dents différentes par leur nombre, leur forme ou leur position, de celles des espèces nor-

males. Ces dernières sont celles qui ont plus de deux incisives, comme les Carnassiers, ou deux seulement comme les Rongeurs. Telle est la méthode mammalogique de Ray, méthode véritablement très-remarquable pour le temps où elle a été faite. Elle a été pendant long-temps en usage chez les Anglais, et plusieurs des divisions établies par l'auteur ont même été conservées par la plupart des naturalistes modernes.

Après la publication du *Synopsis* de Ray, la science resta assez long-temps stationnaire : le temps où, fécondée par le génie de Linné et de Buffon, elle devait faire de si rapides progrès n'était point encore venu. Ce ne fut qu'en 1735 que parut la première édition du *Systema Naturæ*, ouvrage qui donna à la Mammalogie de nouvelles formes, une nouvelle langue, une nouvelle méthode, l'établit sur ses véritables bases, et mit enfin l'ordre, la précision, l'exactitude où il n'avait trouvé que le désordre, le vague et l'incertitude, et qui créa, on peut le dire, une science qui n'existait pas. Cette science a, depuis Linné, fait d'immenses progrès ; et c'est avec juste raison qu'on a dit les quarante années qui viennent de s'écouler, plus fructueuses pour elle que tous les siècles qui les ont précédées ; néanmoins elle est restée à peu près telle que le génie de Linné l'a faite, et les travaux des modernes n'ont pour ainsi dire fait qu'étendre et perfectionner l'admirable édifice élevé par le naturaliste suédois. Il est donc indispensable de faire connaître avec détail la méthode mammalogique exposée dans le *Systema Naturæ* ; ce que nous croyons ne pouvoir faire avec plus de clarté que par le tableau synoptique ci-joint.

On y voit que Linné rapporte tous les Mammifères à quarante genres, qu'il répartit dans sept ordres, désignés sous les noms de *Primates*, de *Bruta*, de *Feræ*, de *Glires*, de *Pecora*, de *Belluæ* et de *Cete*, et qu'il forme principalement sur la considération des dents. Cette classification, extrêmement simple , est infiniment supérieure à celle de Ray , parce que le génie de Linné avait senti les véritables rapports des êtres , et parce qu'il avait enfin créé une méthode naturelle. Aussi toutes ses coupes ont-elles été généralement adoptées. Tous ses ordres sont encore admis aujourd'hui par la plupart des naturalistes modernes , et particulièrement par Cuvier, qui seulement a substitué aux noms de Linné, presque tous peu susceptibles d'être traduits en français, ceux de Quadrumanes , d'Edentés, de Carnassiers, de Rongeurs, de Ruminans , de Pachydermes et de Cétacés. Enfin , parmi ses genres, ceux même qu'on a été obligé de subdiviser, se retrouvent encore conservés dans les classifications les plus récentes , où elles forment des familles naturelles. C'est ainsi , par exemple, que l'ordre des Quadrumanes comprend deux grandes familles , les Singes et les Lémuriens , qui correspondent exactement au genre *Simia* et au genre *Lemur* de l'illustre législateur de la Zoologie.

La méthode du *Systema Naturæ* n'est pas moins remarquable à d'autres égards. Avant Linné, les Cétacés avaient toujours été séparés des Quadrupèdes vivipares , et la classe des Mammifères n'avait point été établie. Déjà , il est vrai, l'illustre Bernard de Jussieu avait senti les véritables rapports des Cétacés, que tous les naturalistes, et Linné lui-même (dans ses premières éditions) avaient jusqu'alors rangés parmi les Poissons ; déjà Brisson, en les séparant de ceux-ci pour en former la seconde classe de son règne animal , les avait placés à la suite des Quadrupèdes vivipares ; mais Linné fit plus encore : on les avait rapprochés, il les réunit ; et c'est ainsi qu'embrassant, sous le nom commun de *Mammalia*, tous les Animaux à mamelles pour n'en former qu'une seule grande classe, il partagea avec Bernard de Jussieu et Brisson la gloire de la découverte.

Nous passerons plus rapidement sur la classification purement artificielle de Klein , et sur celle de Brisson , publiées l'une en 1751, sous le titre de *Quadrupedum disquisitio brevisque historia naturalis* , et l'autre en 1756 , dans un ouvrage intitulé : *Distribution du règne animal, en neuf classes.* Le premier, dans sa méthode presque uniquement basée sur la considération du nombre des doigts , établissait parmi les Mammifères deux ordres, dont l'un renfermait tous les Ongulés répartis en cinq familles, nommées *Monochiles , Dichiles , Trichiles , Tétrachiles* et *Pentachiles.* Les Unguiculés formaient quatre familles également caractérisées par le nombre de leurs doigts , les *Didactyles* , les *Tridactyles*, les *Tétradactyles* et les *Pentadactyles.* Enfin une dixième famille comprenait sous le nom d'*Acromalopèdes*, toutes les espèces à pieds palmés.

Dans son système mammalogique , Brisson s'attachant, au contraire , principalement à la considération du système dentaire, et n'accordant , avec juste raison, qu'une importance secondaire aux caractères tirés du nombre des doigts, divise les Mammifères en dix-huit ordres , qu'il caractérise de la manière suivante : le premier n'a point de dents ; le second n'a que des molaires ; le troisième a, de plus, des canines ; le quatrième et le cinquième ont des incisives à la mâchoire inférieure ; mais l'un six seulement, et l'autre huit. Tous les ordres suivans ont des incisives aux deux mâchoires ; mais ils se distinguent, soit par le nombre de ces dents, soit par celui des doigts. Ainsi le sixième a la corne du pied formée d'une seule pièce ; le septième a le pied fourchu ; le huitième a trois doigts ongulés à chaque pied ; le neuvième et le dixième ont également quatre doigts ongulés devant , trois derrière ; mais l'un a deux incisives , et l'autre dix à chaque mâchoire. Le onzième se distingue par quatre doigts ongulés à chaque pied. Les sept ordres suivans sont tous unguiculés ;

mais le nombre des incisives varie : il y en a à chaque mâchoire , deux dans le douzième, et quatre dans le treizième. Le quatorzième en a quatre en haut, six en bas; le quinzième , six en haut , quatre en bas ; le seizième, six à chaque mâchoire; le dix-septième, six en haut et huit en bas, et le dernier, dix en haut et huit en bas.

On voit que ces deux méthodes , quoique publiées après les premières éditions du *Systema Naturæ*, sont tout-à-fait différentes de celle qui se trouve exposée dans cet ouvrage. Presque tous les auteurs systématiques, dont il nous reste à faire connaître les travaux, peuvent au contraire être considérés comme appartenant à l'école de Linné. Tel est particulièrement Erxleben qui , en publiant, en 1777, son *Systema regni animalis*, ne l'annonça , en quelque sorte , lui-même que comme une nouvelle édition plus complète du *Systema Naturæ*. L'auteur fit en effet connaître beaucoup d'espèces nouvelles , établit plusieurs genres qui tous ont été adoptés, et rendit surtout son ouvrage très-recommandable par le soin avec lequel il compléta la synonymie, en citant, pour chaque Animal, tous les auteurs qui en ont fait mention dans leurs écrits, depuis Aristote jusqu'aux contemporains : travail immense, et qui ne pouvait être véritablement utile, qu'autant qu'il était exécuté par un naturaliste aussi laborieux et un critique aussi éclairé que le fut Erxleben. Le *Systema regni animalis* diffère d'ailleurs , à quelques égards , du *Systema Naturæ* : remarquant qu'on a beaucoup de peine à former et à caractériser des divisions secondaires vraiment naturelles , l'auteur s'est affranchi de la difficulté à laquelle s'étaient soumis ses devanciers, en partageant la classe en un certain nombre d'ordres , sous lesquels se trouvaient ensuite compris les genres. Il les place tous dans une seule série continue , et paraît s'attacher presque uniquement à conserver exactement à chacun d'eux, le

rang que lui assignent ses rapports naturels.

Dans les années qui suivirent la publication du *Systema* d'Erxleben , plusieurs méthodes parurent successivement dans d'autres ouvrages, tels que le *Prodromus methodi Animalium*, de Storr, qui fut publié en 1780; l'*Elenchus Animalium* de Boddaert , en 1787; une nouvelle édition du *Systema Naturæ* revue par Gmelin, en 1789; le Manuel d'Histoire Naturelle de Blumenbach , et le Système anatomique des Quadrupèdes (1792) où Vicq-d'Azyr présenta une nouvelle classification faite par Daubenton. A l'exception de cette dernière où les Mammifères forment quinze classes, et sur laquelle nous ne nous arrêterons pas, parce qu'elle est peu digne du nom de son illustre auteur; toutes n'étaient au fond que celle de Linné avec des modifications plus ou moins importantes , et plus ou moins heureuses.

Storr divisait tous les Animaux en trois phalanges : 1° ceux qui sont pourvus de pieds propres à la marche ; ils forment deux cohortes , les Unguiculés et les Ongulés; 2° ceux qui ont les pieds en forme de nageoires, mais à doigts distincts , comme les Phoques et les Lamantins; 3° ceux qui ont de véritables nageoires : ce sont les Cétacés. La première cohorte de la première phalange comprend trois ordres : 1° les *Primates*, qui se subdivisent en deux tribus, ceux qui ont des mains (*Manuati*), et ceux qui n'en ont pas (*Emanuati*); cette dernière comprend les Chauve-Souris et les Carnassiers; 2° les *Rosores*, ce sont les Rongeurs; et 3° les *Mutici*, ou les espèces qui manquent de dents ou du moins qui n'ont pas d'incisives. La seconde cohorte comprend également trois ordres : 1° les *Jumenta*, qui n'ont qu'un seul sabot; 2° les *Pecora*, qui en ont deux; 3° les *Belluæ*, qui en ont plus de deux.

La méthode de Boddaert se rapproche davantage de celle de Linné; mais elle a beaucoup moins de précision et d'exactitude que celle de Storr, à laquelle elle ressemble d'ailleurs en ce que tous les Mammifères sont d'abord divisés en deux grandes sections, les Terrestres et les Aquatiques. La seconde comprend en outre de véritables Aquatiques, l'Hippopotame, le Castor et la Loutre. Boddaert admet d'ailleurs, parmi les Terrestres, presque tous les ordres établis par Linné; seulement il réunit en un seul les *Primates* et les *Bruta*, qu'il embrasse sous le nom d'Unguiculés.

Blumenbach s'est encore plus rapproché de Linné; seulement, aux sept ordres admis dans le *Systema Naturæ*, il en ajoute trois autres (*V.* cinquième édition) qu'il désigne sous les noms de Bimanes, de Cheiroptères et de Solipèdes (*Solidungula*). Le genre Homme, jusqu'alors ordinairement placé à la tête des Primats, compose le premier; les Chauve-Souris et le genre Cheval forment les deux autres. Quant à Gmelin, il s'est seulement proposé, en publiant une nouvelle édition du *Systema Naturæ*, quelques années après la mort de son auteur, de mettre cet ouvrage au niveau de la science en employant les travaux de Buffon, de Pallas, de Schreber, de Blumenbach et des autres savans ses contemporains. Malheureusement, l'esprit de critique, si nécessaire pour les travaux de cette nature, n'a point présidé à ceux de Gmelin; et il serait dangereux de consulter sans défiance la compilation de cet auteur.

Dans la même année où parut la cinquième édition du Manuel d'Histoire Naturelle de Blumenbach (1797), Cuvier et Geoffroy publièrent aussi en France (dans un des journaux du temps, le Magasin Encyclopédique) une nouvelle classification des Mammifères, sur laquelle nous devons nous arrêter avec quelque détail, parce que, modifiée dans la suite à plusieurs égards, elle fut généralement adoptée. Ils divisèrent, d'abord, la classe en trois embranchemens; les espèces à ongles, les espèces à sabots et les espèces marines; et c'est de la subdivision de chacun de ces embranchemens, que résultèrent leurs

ordres, au nombre de quatorze. Nous indiquerons successivement les caractères de chacun d'eux.

I. QUADRUMANES. Doigts unguiculés; trois sortes de dents; pouces séparés aux quatre pieds.

II. CHEIROPTÈRES. Doigts unguiculés; trois sortes de dents; mains allongées, palmées; membrane s'étendant du cou, entre les pieds, à l'anus.

III. PLANTIGRADES. Doigts unguiculés; trois sortes de dents; point de pouces séparés; plante entière appuyée.

IV. PÉDIMANES. Doigts unguiculés; trois sortes de dents; pouces séparés aux pieds de derrière seulement.

V. VERMIFORMES. Doigts unguiculés; trois sortes de dents; point de pouces séparés; corps allongé; pieds n'appuyant que les doigts; métatarses inclinés; membres courts.

VI. BÊTES FÉROCES. Doigts unguiculés; trois sortes de dents; point de pouces séparés; pieds n'appuyant que les doigts; membres redressés.

VII. RONGEURS. Doigts unguiculés; dents incisives et molaires seulement, sans canines.

VIII. EDENTÉS. Doigts unguiculés; point d'incisives ni de canines (les Fourmiliers, les Pangolins, les Tatous.)

IX. TARDIGRADES. Doigts unguiculés; point d'incisives; des canines et des molaires (le genre Bradype).

X. PACHYDERMES. Pieds à sabots; plus de deux doigts aux pieds.

XI. RUMINANS. Pieds à sabots; deux doigts à chacun.

XII. SOLIPÈDES. Pieds à sabots; un seul doigt.

XIII. AMPHIBIES. Pieds en nageoires, ceux de derrière distincts.

XIV. CÉTACÉS. Pieds en nageoires; point d'extrémités postérieures distinctes.

Cette méthode était sans doute très-naturelle, et toutes les coupes faites par Cuvier et Geoffroy ont toujours été conservées depuis; mais quelques-unes des divisions ainsi établies paraissaient devoir plutôt constituer de simples familles que de véritables ordres. C'est ce que reconnurent bientôt ses auteurs eux-mêmes; et elle subit successivement diverses modifications, dont la science fut presque toujours redevable à Cuvier : car, donnant dès-lors à l'étude des rapports des êtres une attention toute spéciale, et porté par cette étude elle-même à admettre qu'il est pour l'Histoire Naturelle quelque chose de plus important que ses classifications, et à reconnaître qu'il entre nécessairement de l'arbitraire dans la distribution et l'enchaînement des familles, Geoffroy se borna à ce premier essai d'une méthode, et se livra dès-lors plus particulièrement aux travaux monographiques.

Dès l'année 1798, Cuvier avait déjà, dans son Tableau de l'Histoire Naturelle, réuni l'ordre des Tardigrades à celui des Edentés, supprimé tout-à-fait celui des Vermiformes ; et il ne considérait plus les Cheiroptères, les Plantigrades, les Carnivores et les Pédimanes que comme des divisions d'un seul ordre, celui des Carnassiers. D'autres perfectionnemens furent encore faits par le même naturaliste quelques années après, dans son Anatomie comparée, et plus tard (en 1817) dans son Règne Animal. Dans ce dernier ouvrage, l'auteur réunit les Solipèdes aux Pachydermes, comme l'avait fait Linné, supprime la tribu des Pédimanes, et établit une nouvelle division des Carnassiers, qu'il partage en Cheiroptères, Insectivores, Carnivores et Marsupiaux; comprenant ainsi, dans cette dernière famille, tous les Animaux à bourse, qui avaient jusqu'alors fait partie de l'ordre des Pédimanes qu'ils composaient presque en entier, et de celui des Rongeurs. La classe des Mammifères est ainsi composée dans cette méthode de huit ordres, celui des Bimanes, où se trouve placé seul le genre Homme, et les sept admis dans le *Systema Naturæ*. Ainsi, après un siècle de travaux, on en revint à la classification de Linné; et la science fut réplacée sur les mêmes bases où

l'avait créée le génie de ce grand homme.

Néanmoins, quelques auteurs modernes avaient aussi publié, peu de temps avant, quelques méthodes fort différentes de celles du *Systema Naturæ*. Ce fut en 1811 que parut le *Prodromus Systematis Mammalium* d'Illiger. Ce naturaliste, auquel on doit reprocher d'avoir fort inutilement changé presque tous les noms proposés par ses prédécesseurs et ses contemporains, et d'avoir inventé beaucoup plus de mots qu'il n'a fait de travaux utiles, n'était cependant pas sans mérite, et son ouvrage est remarquable à plusieurs égards. Il divise tous les Mammifères en cent vingt-cinq genres qu'il répartit en trente-neuf familles, et en quatorze ordres qu'il désigne sous les noms suivans : I. *Erecta* (l'Homme); — II. *Pollicata*, qui comprennent cinq familles, *Quadrumana* (les Singes); *Prosimii* et *Macrotarsi* (les Lémuriens); *Leptodactyla* (le Cheiromys); et *Marsupialia*; cette dernière famille comprend tous les Animaux à bourse, excepté les Kanguroos qui, sous le nom de *Salientia*, forment l'ordre III; — IV. *Prensiculata* qui, divisés en huit familles, comprennent tous les Rongeurs; — V. et VI. *Multungula* et *Solidungula* (les Pachydermes); — VII. *Bisulca* (les Ruminans); — VIII. *Tardigrada* (les Bradypes); — IX. *Effodientia* (les autres Edentés); — X. *Reptantia* (les Monotrêmes); — XI. *Volitantia* (les Cheiroptères); — XII. *Falculata* qui comprennent la plupart des Carnassiers; — XIII. *Pinnipedia* (les Phoques et les Lamantins); — XIV. *Natantia* (les Cétacés).

Quelques années après le *Prodromus* d'Illiger, en 1816, le savant naturaliste Blainville fit aussi paraître (*V*. Bullet. de la Sociét. Philomat.) une autre classification également assez différente de celle de Linné, et qu'il reproduisit plus tard avec quelques modifications dans son Traité de l'organisation des Animaux. Dans ce dernier ouvrage, l'auteur divise d'abord tous les Mammifères en deux sous-classes : les Monodelphes et les Didelphes ; donnant à ce mot une acception beaucoup plus étendue qu'on ne l'avait généralement fait jusqu'alors. La première sous-classe renferme sept ordres que nous ferons connaître successivement avec leurs subdivions : I. l'Homme ; — II. les Quadrumanes, distingués en normaux, ce sont les véritables Quadrumanes, et en anomaux; parmi ces derniers, les uns sont modifiés pour voler (les Galéopithèques), les autres pour grimper (les Tardigrades; — III. les Carnassiers, distingués en normaux non claviculés (les Plantigrades et les Digitigrades); normaux claviculés (les Insectivores); anomaux claviculés (les Taupes modifiées pour fouir, et les Cheiroptères modifiés pour voler); enfin, les anomaux non claviculés (les Phoques modifiés pour nager);—IV. les Edentés, distingués en normaux (les véritables Edentés); et en anomaux (les Cétacés modifiés pour nager); — V. les Rongeurs ou Célérigrades, distingués en claviculés, sub-claviculés et non-claviculés: — VI. les Gravigrades ou les Bidentés, distingués en normaux (les Eléphans), et en anomaux (les Lamantins modifiés pour nager); — VII. les Ongulogrades, distingués en ceux qui ont un système de doigts impair et qui sont ou triongulés, ou monongulés, et ceux qui ont un système de doigts pair, ou les bisulques et les tétrasulques ; — VIII. Cet ordre, qui compose à lui seul la sous-classe des Didelphes, comprend deux sections : les normaux, les Sarigues et les Phalangers, qui se subdivisent en Carnassiers et en Rongeurs; et les anomaux, modifiés, les uns pour fouir (le genre Echidné), les autres pour nager (le genre Ornithorhynque).

La méthode de Blainville et celle de Cuvier sont, comme on le voit, fort différentes à tous égards. Cependant, il ne serait peut-être pas impossible, en les conciliant, d'améliorer l'une par l'autre; c'est du moins ce qu'on paraît s'être proposé de faire dans une classification publiée tout récemment en France : nous voulons parler de celle de Desmoulins, exposée dans deux tableaux annexés à la Physiologie de Magendie (2ᵉ édition, 1825). Tous les Unguiculés sont, dans ce système, classés comme dans le Règne Animal, à l'exception des Animaux à bourse, et des Monotrêmes qui sont, comme dans le Prodrome de Blainville, réunis sous le nom commun de Marsupiaux ou d'Embryopares : cet ordre est ensuite subdivisé en Marsupiaux carnivores, frugivores, herbivores, rongeurs et édentés ; ces derniers n'étant autres que les Monotrêmes. L'auteur se rapproche encore sous ce rapport de Blainville qui avait déjà distingué parmi les Marsupiaux, une famille de Rongeurs et une de Carnassiers. Enfin, il admet aussi, comme ce dernier, l'ordre des Gravigrades et celui des Ongulogrades auxquels il conserve même ces noms ; mais il reporte les Lamantins parmi les Cétacés, à l'exemple de Cuvier, et forme deux ordres distincts des Ruminans et des Solipèdes; s'écartant à l'égard de ces derniers, autant de la classification du Règne Animal, que de celle du Traité de l'Organisation.

Enfin, parmi les autres auteurs systématiques modernes, nous devons encore citer Lacépède, Desmarest (Dictionnaire d'Histoire Naturelle de Déterville, et Mammalogie); Duméril (Tableau Elémentaire d'Histoire Naturelle, et Elémens des Sc. Naturelles); Fr. Cuvier (Dents des Mammifères); Ranzani (Elémens de Zoologie); et Latreille (Familles Naturelles du Règne Animal), qui tous ont adopté les méthodes exposées par Cuvier, soit dans son Anatomie comparée, soit dans son Règne Animal. Cependant quelques-uns d'entre eux, et particulièrement Lacépède, Fr. Cuvier et Latreille, ont proposé diverses modifications. La classification de Lacépède, déjà assez ancienne, se rapprochait à plusieurs égards de celle qu'Illiger publia quelques années après, et que nous avons déjà fait connaître. Fr. Cuvier divise les Marsupiaux en deux sections : les Marsupiaux insectivores, qu'il met, à cause de leur système dentaire, à la suite des Hérissons et des Tenrecs ; et en Frugivores, qu'il place, comme on le fait ordinairement, entre les Carnassiers et les Rongeurs. Enfin Latreille élève au rang d'ordres, la tribu des Cheiroptères qu'il considère comme intermédiaires aux Quadrumanes et aux Carnassiers, et celle des Marsupiaux, considérées toutes deux par Cuvier comme la première et la dernière famille de Carnassiers. En outre, cet illustre naturaliste sépare des Edentés, les Monotrêmes, qu'il considère, avec Geoffroy Saint-Hilaire et Van der Hoeven, comme devant former une classe à part.

Enfin, nous terminerons en présentant un aperçu de la classification exposée par Oken, dans son Esquisse du Système d'Anatomie, de Physiologie et d'Histoire Naturelle (1821). Le célèbre anatomiste allemand cherche à établir dans cet ouvrage « que le Règne Animal s'est développé dans le même ordre que les organes dans le corps animal, et que ce sont ces organes qui forment, caractérisent et représentent les classes ; qu'il y a autant de classes d'Animaux qu'il y a d'organes ; et que, dans un système scientifique, ces classes doivent recevoir leurs dénominations des organes. » Il applique ensuite les mêmes idées à la formation des ordres et des familles, et divise les Mammifères qu'il nomme Animaux à sens ou *Sensiers*, en cinq ordres : I. Les *Germiers*, divisés en *Spermiers*, *Oviers*, et *Fétiers* (ce sont les Rongeurs) ; — II. les *Sexiers* (les Insectivores et les Marsupiaux) ; — III. les *Entrailliers* (les Monotrêmes et les Edentés) ; — IV. les *Carniers* (les Cétacés, les Ruminans, les Pachydermes) ; — V. les *Sensiers* (les Carnassiers amphibies, plantigrades, digitigrades, et Cheiroptères ; les Quadrumanes et l'Homme). Nous regrettons que l'étendue de cet article ne nous permette pas de développer davantage le Système d'Oken, et d'indiquer les bases sur lesquelles l'auteur l'a fondé ; ce que nous ne pourrions faire sans de très-longs développemens. Nous renvoyons donc à son Esquisse (imprimée en français, à Paris), à l'Isis et à la Philosophie de la Nature.

Telles sont les principales méthodes publiées successivement par les mammalogistes ; mais celle de Cuvier a généralement été considérée comme la meilleure. Néanmoins, on pourrait sans doute encore la perfectionner en adoptant quelques-unes des modifications proposées depuis sa publication par d'autres zoologistes. Ainsi les Monotrêmes paraissent devoir être séparés des Edentés, et constituer, sinon une classe, du moins un ordre bien distinct ; et les Cheiroptères, les Marsupiaux, les Gravigrades et les Solipèdes doivent peut-être pareillement être considérés comme formant des degrés d'organisation particuliers. Enfin, peut-être en est-il aussi de même des Cétacés herbivores dont l'organisation est si différente à tous égards de celle des vrais Cétacés. Quoi qu'il en soit, la méthode mammalogique de Cuvier étant celle qui a été suivie dans ce Dictionnaire, il nous suffira d'avoir fait cette remarque ; et dans le tableau synoptique ci-joint, nous la ferons connaître telle qu'elle a été exposée dans le Règne Animal.

Il nous resterait maintenant, pour compléter l'histoire de la Mammalogie, à donner une idée des travaux des auteurs qui ont le plus contribué à ses progrès par l'établissement de nouveaux genres, par la distinction et la description d'espèces nouvelles, et par des observations sur les mœurs, sur les caractères, et principalement sur l'organisation des Animaux déjà connus ; en un mot, de ceux qui se sont plutôt occupés de découvrir les faits que de les classer. Ce genre de recherches forme véritablement la plus belle partie de l'Histoire Naturelle ; ou plutôt il constitue véritablement la science, s'il est juste de dire que les faits sont les matériaux qui composent cet admirable édifice, tandis que les méthodes seraient plutôt comparables aux échafaudages dressés pour sa construction. Nous n'entreprendrons pas ici néanmoins d'analyser les utiles travaux de ces naturalistes, à cause de l'immensité des détails où nous serions entraînés, et parce que nous ne pourrions d'ailleurs que répéter ce qui a été dit ou ce qui le sera dans l'histoire particulière de chaque genre. Au reste, ceux qui ont le plus enrichi la science de faits et d'observations, sont aussi pour la plupart ceux qui ont le plus contribué au perfectionnement de ses méthodes. Qu'il nous suffise donc de rappeler ici tous les savans que nous avons déjà cités dans cet article, et de nommer en outre Pallas, Pennant, Daubenton, Camper, Schreber, Edwards, Allamand, Azzara, Péron, Lesueur, Bonnaterre, Sonnerat, Kuhl, Leisler, Bechstein, Shaw, Barrow, Humboldt, Everard Home, Quoy, Gaimard, Leach, le prince Maximilien de Neuwied, Otto, Temminck, Horsfield, Harlan, Rafinesque, Savi, etc., et surtout notre immortel Buffon.

L'époque où parurent les premiers volumes de son Histoire Naturelle (1749-1753) n'est pas moins mémorable dans les fastes de la science que dans ceux de la littérature. On lui a reproché, il est vrai, de n'avoir pas senti la nécessité d'un plan méthodique et d'une nomenclature rigoureuse ; d'avoir introduit dans la science de graves erreurs, quoiqu'on retrouve dans ces erreurs même, comme l'a dit son éloquent panégyriste, l'empreinte de son génie ; enfin, d'avoir peint les mœurs des Animaux avec des couleurs plus brillantes qu'exactes, et d'avoir fait ainsi plutôt le roman que l'histoire de la Nature. Quoi qu'il en soit, et malgré ces taches, dont plusieurs même doivent être imputées plutôt à son siècle et à sa position sociale qu'à lui-même, il restera toujours, comme l'a dit un des hommes qui peuvent le

mieux le juger, parce qu'il est un de ceux qui surent le mieux l'imiter, « il restera toujours l'auteur fondamental pour l'histoire des Quadrupèdes. » Il n'a pas eu, en effet, sur ses progrès, une moindre influence que Linné lui-même, et les noms de ces deux grands hommes ont des droits égaux à la reconnaissance et à l'admiration de la postérité. Linné avait élevé la Zoologie au rang des sciences, par l'exactitude de la méthode et la perfection de la langue qu'il lui donna ; elle devint l'une des plus fécondes et l'une des plus dignes d'intérêt par le nombre des faits dont l'enrichit Buffon, et par les grandes idées que créa son génie ; et l'un ne fut pas moins utile par la richesse et la magnificence de ses descriptions, que l'autre par la précision et l'exactitude de ses divisions systématiques. Disons-le même : si le nom de Linné est si généralement connu, ses ouvrages si généralement admirés, c'est parce qu'en rendant la science si intéressante, Buffon sut la rendre populaire ; ou pour nous servir des expressions de l'orateur que nous avons déjà cité, c'est parce que, peignant ce que les autres ont décrit, substituant des tableaux ornés à des détails arides, des théories brillantes à de vaines suppositions, il força tous les esprits à méditer sur les objets de ses études, et à partager ses travaux et ses plaisirs.

Les ouvrages de Buffon furent en effet lus avec empressement dans tous les pays, et ils firent naître partout le goût de l'Histoire Naturelle, en sorte que ce grand homme prépara véritablement les temps où cette science devait être si généralement cultivée sur tous les points du globe, qu'il serait possible de compter, dans une seule ville de l'Amérique, plus de naturalistes instruits, qu'il n'en existait dans toute l'Europe il y a moins de deux siècles. Mais ce fut surtout en France qu'une impulsion plus rapide fut donnée à l'Histoire Naturelle, parce que chacun y put lire Buffon dans sa propre langue, sans perdre tout ce qu'il y a dans son style de beautés inaccessibles aux efforts du traducteur. Aussi, lorsque plus tard, la découverte de la véritable anatomie comparée vint placer la Zoologie dans une voie si éminemment scientifique; quand on reconnut que l'étude approfondie des caractères des êtres, mène nécessairement sur le champ de l'anatomie, et que la science fut enfin établie sur ses véritables bases; c'est à des Français qu'on dut cette grande révolution qui devait faire, du commencement du dix-neuvième siècle, une époque non moins mémorable que celles marquées par les utiles tentatives de Ray ou même par les travaux à jamais admirables de Linné. Ainsi Buffon fut peut-être le premier auteur de ce mouvement qui devait, vingt ans après sa mort, entraîner la science dans une direction si différente de celle où il l'avait lui-même placée : remarque que nous pouvons faire sans porter atteinte à la gloire des naturalistes modernes, puisqu'il sera toujours constant que l'Histoire Naturelle a fait plus de progrès dans les quarante années qui viennent de s'écouler, qu'elle n'en avait fait jusqu'alors en plusieurs siècles; ni à celle de la France, puisqu'en rendant justice à Buffon, nous pourrons toujours dire, suivant l'expression d'un savant distingué, que la Zoologie est une science toute française.

(IS. G. ST.-H.)

MAMMEA. BOT. PHAN. Genre de la famille des Guttifères, qui présente : un calice de deux folioles colorées et coriaces; quatre pétales ovales de même consistance; des étamines nombreuses, à filets courts, terminés par des anthères minces et oblongues; un style cylindrique, persistant, que surmonte un stigmate en tête; une baie charnue à l'intérieur, et renfermant dans une loge unique quatre graines, dont il n'est pas rare de voir plusieurs avorter. Les espèces de ce genre, dont trois ont été décrites, sont des Arbres originaires de l'Amérique, qu'on a observés soit au Mexique, soit dans les îles de son golfe. Leurs feuilles, opposées et grandes, présentent ces veines transversales, droites et parallèles, qui caractérisent la plupart des Végétaux de cette famille. Les fleurs naissent solitaires ou géminées à leurs aisselles; les unes sont hermaphrodites, les autres mâles seulement.

(A. D. J.)

MAMMIFÈRES. *Mammalia.* ZOOL. La première classe du règne animal, celle qui comprend les Animaux les plus semblables à l'Homme, et les plus rapprochés de lui par la perfection de leur organisation et par le haut degré de leur intelligence.

Linné, dont les travaux mammalogiques sont encore, comme tous ceux dont il a illustré les diverses branches de l'Histoire Naturelle, la règle et la base de nos classifications, et qui devina par la force de son génie ce que des travaux sans nombre et quarante ans de profondes recherches ont démontré depuis, a le premier établi cette classe, en réunissant aux Quadrupèdes vivipares les Animaux marins connus sous le nom de Cétacés. Ces êtres, semblables aux Poissons par leurs formes générales, vivant comme eux au sein des mers, ne pouvant non plus quitter le milieu aquatique sans perdre promptement la vie, respirent cependant l'air en nature, et se rapprochent par l'ensemble de leurs caractères et par l'essentiel de leur organisation, de ces Animaux terrestres dont ils paraissent si différens. Bernard de Ju-sieu avait le premier senti ce rapport; Brisson, en formant des Cétacés la seconde classe du règne animal, les avait déjà placés, d'après les idées de l'illustre auteur de la Méthode naturelle des Végétaux, près des Quadrupèdes vivipares : Linné fit plus encore en embrassant sous le nom commun de *Mammalia*, toutes les espèces à mamelles.

Les Mammifères, a dit en effet l'illustre naturaliste suédois, sont tous les Animaux qui ont le cœur à deux venticules et à deux oreillettes ; le sang chaud et rouge ; des poumons ; les mâchoires horizontales et cachées, soit par des muscles , soit par des tégumens ; ordinairement des dents enchâssées ; un pénis susceptible d'intromission , les femelles étant d'ailleurs vivipares , et allaitant leurs petits ; une langue , des yeux , des oreilles , des papilles pour organes des sens. Les tégumens sont des poils, peu abondans chez les espèces des pays chauds , en très-petit nombre chez les aquatiques ; les membres sont des pieds , généralement au nombre de quatre ; mais dans les espèces tout-à-fait aquatiques , la paire postérieure manque complétement ; enfin il y a ordinairement une queue.

Tels sont les caractères généraux assignés par Linné à la classe des Mammifères ; mais on voit que , si l'on fait abstraction de tous ceux qui ne lui appartenant pas en propre ne peuvent servir à sa distinction, le nombre de ceux qui s'appliquent à tous les individus, est fort restreint. Et, en effet, ceux même qui ont le plus de généralité , et qu'on serait tenté de regarder comme véritablement classiques , viennent cependant à manquer dans quelques espèces. C'est ce que Linné avait bien reconnu lui-même. Le caractère de l'existence des mamelles , caractère qu'il regardait ou comme le plus important, ou comme le moins variable, puisqu'il en a tiré le nom de la classe, n'était pas même, suivant les idées de son temps, généralement applicable à tous les individus : on croyait que le Cheval mâle manquait de ces organes. Cependant les anomalies qu'on observe chez un petit nombre d'espèces , comme l'absence des dents chez les Fourmiliers; celle des poils et des membres postérieurs chez les Dauphins ; même celle des poils, des membres postérieurs et des dents chez les Baleines , prouvent seulement que les Mammifères ne forment pas une classe bien naturelle, et n'empêchent pas qu'on ne doive réunir tous ces êtres d'ailleurs semblables par l'essentiel de leur or-

ganisation. Ainsi , et cette comparaison rend bien notre pensée, on voit assez fréquemment des Chiens qui ont cinq doigts aux pieds de derrière comme à ceux de devant , et d'autres qui ont sept molaires au lieu de six à la mâchoire supérieure ; quelques individus réunissent même quelquefois ces deux anomalies ; personne ne balancera cependant à reconnaître en eux des Chiens , parce que leur organisation est toujours néanmoins dans son essentiel celle de ces Animaux. Au contraire il peut arriver que des êtres constitués à quelques égards comme les Mammifères, et conservant même une portion de leurs caractères extérieurs , soient cependant modifiés plus profondément, et tellement même qu'on ne puisse plus les considérer comme appartenant à cette classe. Tel paraît être le cas de ces Quadrupèdes de la Nouvelle-Hollande, connus sous le nom de Monotrèmes, qui nous offrent la réunion singulière d'une portion des caractères des Mammifères, des Oiseaux et des Reptiles , et qui doivent former une classe à part, s'ils sont réellement Ovipares , comme sembleraient le prouver les recherches plusieurs fois inutilement répétées de ceux qui ont voulu trouver les mamelles (1), et les témoignages des naturels de la Nouvelle-Hollande, qui assurent avoir connaissance de leurs œufs. Au reste nous examinerons dans un autre article (*V.* Monotrèmes) ce qu'il faut penser de tous ces témoignages, et nous rechercherons quelle place doivent occuper dans la série animale ces êtres extraordinaires ; nous renvoyons également au même article tout ce qui concerne l'histoire de leur organisation.

Quoi qu'il en soit au reste des variations de quelques caractères plus ou moins importans chez les Mammifères , la nécessité de leur réunion, telle qu'elle a été proposée par Linné,

---

(1) Les mamelles , assure-t-on , auraient cependant été enfin trouvées chez l'Ornithorhynque par Meckel.

est bien certaine, et a été sanctionnée par les recherches approfondies auxquelles on s'est livré avec tant de succès dans ces derniers temps sur l'ensemble de l'organisation, et particulièrement sur le squelette et sur le système nerveux. Aussi notre collaborateur Isidore Bourdon, ayant eu récemment à définir la classe des Mammifères, a-t-il donné (*V.* ANIMAL) une définition beaucoup plus complète que celle de Linné; définition que nous reproduirons ici. MAMMIFÈRES, petits vivans, mamelles, allaitement; cœur à deux ventricules; poumon; sang chaud; cerveau volumineux, à corps calleux; sens complets: diaphragme musculaire entre la poitrine et l'abdomen; sept vertèbres cervicales, excepté une espèce qui en a neuf.

Nous n'insisterons pas ici sur cette définition, dont la suite de notre article fournira le développement: nous nous proposons en effet d'étudier sous un point de vue général l'organisation des Mammifères, et de présenter quelques remarques sur les mutations naturelles et accidentelles de leur pelage; sur leurs moyens de locomotion et de préhension; sur leurs rapports sexuels; sur les accouplemens hybrides et les croisemens des races; sur la place qu'ils doivent occuper dans la série animale, et sur leur distribution géographique.

DE L'ORGANISATION DES MAMMIFÈRES.

De leurs formes générales.

Il n'est aucune classe où l'on rencontre, sous le rapport du volume, des variations aussi grandes entre les différens êtres qui la composent. On sait que le plus grand des Animaux, la Baleine, est un Mammifère; il en est au contraire d'autres comme quelques espèces de Rats, et surtout de Musaraignes, dont la taille excède à peine celle du plus petit des Oiseaux, de l'Oiseau-Mouche, et dont la longueur ne forme ainsi que la huit-cen-

tième partie de celle de l'immense Cétacé que nous venons de nommer. Les plus grandes espèces se trouvent parmi les Aquatiques: on conçoit bien en effet que des Animaux qui vivent et se meuvent dans un milieu dont la densité égale presque celle de leur corps, peuvent acquérir un volume et un poids plus considérables que ceux qui vivent sur le sol, et à plus forte raison que ceux qui s'élèvent dans les airs. Parmi les espèces terrestres, les Herbivores sont celles dont les dimensions sont les plus considérables, les plus petites étant généralement celles qui ont reçu les noms de Rongeurs et d'Insectivores; enfin les Quadrumanes et les Carnassiers ont une taille moyenne. Est-il juste de dire, à l'égard de ces derniers, que l'équilibre de la nature ne pourrait subsister sans cette proportion, les Carnassiers devant avoir assez de force pour vaincre les autres Animaux, sans avoir une taille qui puisse entraîner la destruction des espèces herbivores?

On a trouvé en plusieurs lieux des ossemens fossiles indiquant des espèces de taille considérable, et qu'on a reconnu appartenir le plus souvent à des familles où se trouvent encore aujourd'hui de très-grandes espèces, et par exemple les Mastodontes, les Éléphans, les Rhinocéros, les Hippopotames; mais quelquefois aussi à d'autres où ne se trouvent plus aujourd'hui que des Animaux de très-petite taille. Tel est le genre Mégathérium, voisin de celui des Bradypes, et qui se trouve formé de deux espèces, dont l'une est de la taille du Rhinocéros.

Les proportions du corps varient aussi beaucoup. Très-court et trapu chez certains Ruminans, chez quelques Rongeurs, et quelques Marsupiaux, il est au contraire quelquefois très-grêle et très-allongé, comme chez la plupart des Carnassiers, et particulièrement chez tous ceux qui se nourrissent essentiellement d'une proie vivante: disposition dont on se rend très-bien compte par l'agilité

dont ils ont besoin. Mais les espèces
les plus allongées sont, comme cela a
lieu également dans toutes les classes,
suivant la remarque de Blainville, les
espèces aquatiques, comme les Cétacés, les Lamantins, les Phoques et
les Loutres; les premiers, c'est-à-dire
ceux qui vivent toujours dans l'eau,
et que Linné nomme *Species meræ
aquaticæ*, étant même tout-à-fait
ichthyoïdes, et ayant même été long-
temps pour cette raison confondus
avec les Poissons.

Une autre observation, applicable,
suivant Geoffroy Saint - Hilaire, à
l'universalité des êtres, et expliquée
parfaitement par sa loi du balancement des organes, est celle du développement de la colonne vertébrale,
qui se fait toujours en raison inverse
de celui des membres. Ainsi, les espèces chez lesquelles les membres
postérieurs manquent tout-à-fait,
les Cétacés, sont précisément, comme
nous venons de le dire, celles
dont le corps est le plus allongé;
les deux paires sont presque rudimentaires chez les Phoques, très-
courtes chez les Loutres, et courtes
chez tous les Carnassiers dont le corps
a beaucoup de longueur, chez tous
les Vermiformes par exemple. Il faut
toutefois remarquer que plusieurs
genres étant plantigrades, leurs membres se trouvent raccourcis pour
eux de toute la longueur du carpe
et du métacarpe, et peuvent ainsi
avoir plus de brièveté que chez les
Digitigrades, sans être réellement
moins développés. Les deux paires de
membres sont d'ailleurs souvent
d'une longueur fort inégale : les antérieurs sont d'une longueur considérable chez les Gibbons ; et ils sont
fort courts chez les Kanguroos et les
Gerboises, où les postérieurs acquièrent au contraire un développement
considérable. Les espèces dont les
membres postérieurs ont beaucoup
de longueur, sautent avec une grande
facilité, comme les Lièvres, les Kanguroos et les Gerboises. Chez celles qui ont au contraire les antérieurs plus allongés, comme la Gi-

rafe, les Hyènes, le Protèle, les Bradypes, la marche et surtout la course
sont difficiles et gênées : aussi a-t-on
dit également et de la Girafe et des
Hyènes, que ces Animaux boitent en
marchant.

On distingue généralement, dans
les Mammifères, la tête, le col, le
tronc, la queue et les membres :
beaucoup d'espèces manquent cependant de queue ; et chez quelques-
unes, comme chez les Cétacés, le col
est confondu avec le tronc. Mais, ainsi
que Geoffroy Saint-Hilaire l'a remarqué, c'est un caractère classique des
Mammifères d'avoir le tronc, ou du
moins les principaux viscères, sous le
milieu de la colonne vertébrale, et
non pas, comme les Oiseaux, sous
l'extrémité de la colonne et sous le
coccyx, ou, comme les Poissons,
sous les premières vertèbres et sous
la tête. Cette disposition nous donne
l'explication de plusieurs faits organiques : ainsi nous voyons, par exemple, pourquoi le nombre des vertèbres cervicales est constamment le
même chez tous les Mammifères,
tandis qu'il varie d'une espèce à l'autre dans les autres classes, comme
chez les Oiseaux, où celui des vertèbres coccygiennes devient au contraire plus constant.

Enfin tous les Mammifères sont à
l'extérieur parfaitement symétriques,
et on ne trouve parmi eux aucune
de ces anomalies qui rendent si remarquables les Bec-Croisés parmi les
Oiseaux, et surtout les Pleuronectes
parmi les Poissons. Le Narwhal seul
paraît faire exception, à cause de sa
longue défense non placée sur sa ligne
médiane. Mais cette exception même
est plus apparente que réelle : tous les
jeunes sujets ont d'abord deux dents
placées symétriquement de chaque
côté, et quelques individus les conservent même pendant toute la durée
de leur vie. Cette considération avait
porté Storr à substituer au nom
de *Monodon*, donné ordinairement
au Narwhal par les auteurs systématiques, celui de *Diodon* qui lui paraissait plus exact, mais qui ne pou-

vait être adopté, parce qu'un genre de Poisson l'avait déjà reçu.

Du squelette.

La portion du squelette, qu'on peut regarder comme la plus essentielle, parce qu'elle existe le plus constamment, est celle que Blainville embrasse sous le nom de Portion centrale supérieure au canal alimentaire; c'est-à-dire la colonne vertébrale et la tête, ou, si l'on veut, l'axe vertébral : car, suivant Oken, Duméril, et la plupart des anatomistes modernes, la tête doit elle-même être considérée comme une portion de la colonne vertébrale, ou plutôt comme une réunion de vertèbres, ne différant de celles qui composent la colonne vertébrale, que par leur immobilité, et par le développement considérable de leurs élémens : développement qui tient à celui de la partie correspondante de l'axe central du système nerveux, ou le cerveau. D'après cette manière de voir, le squelette se trouverait seulement divisé en deux portions, l'axe vertébral et les appendices; l'une, toujours existant et toujours formée du même nombre d'élémens chez tous les Vertébrés, et même chez une portion des Articulés; l'autre, sujette à d'importantes variations.

La colonne vertébrale est généralement formée de vertèbres de deux sortes, les unes mobiles, les autres immobiles, c'est-à-dire, qui étant articulées par des moyens divers, mais toujours d'une manière fixe, ou même étant tout-à-fait soudées avec les vertèbres voisines, ne peuvent se mouvoir sans elles, et sont toujours, à leur égard, dans les mêmes rapports et dans la même position. Les vertèbres mobiles sont, au contraire, simplement unies à leurs voisines, par des fibro-cartilages interposés entre leurs corps, par des ligamens et par des muscles.

C'est de cette seconde sorte de vertèbres que se trouve composé, dans sa plus grande partie, l'axe vertébral des Mammifères : il est d'ailleurs susceptible de mouvemens plus ou moins variés et plus ou moins étendus, suivant les espèces, et dans la même espèce, suivant les régions où on l'observe. Quelques segmens sont cependant formés de vertèbres immobiles : telles sont chez l'Homme, et chez la plus grande partie des Mammifères, les crâniennes et les sacrées, ou celles qui servent à l'articulation des membres pelviens. Les crâniennes ont d'ailleurs un caractère qui leur est propre, en ce que chacune d'elles n'est pas seulement en contact avec celle qui la suit, et avec celle qui la précède immédiatement : disposition qui explique pourquoi les anatomistes ne s'accordent pas entre eux sur le nombre des vertèbres de la tête, ni sur les pièces qui doivent entrer dans la composition de chacune d'elles.

On trouve généralement chez les Cétacés, quelques-unes et quelquefois la totalité des vertèbres cervicales, soudées ensemble, et souvent même tellement confondues qu'on hésite sur leur nombre réel. Au contraire, dans tout cet ordre, le membre postérieur ne consistant plus que dans quelques osselets, ou même manquant tout entier, il n'y a plus de sacrum, c'est-à-dire que les vertèbres sacrées sont mobiles comme les lombaires et les caudales. Il résulte de cette disposition qu'on ne peut plus distinguer alors en lombaires, sacrées et caudales, celles qui suivent les dorsales.

Au contraire, à l'exception des Cétacés, et aussi d'un très-petit nombre d'espèces qui manquent entièrement de coccyx, on peut, chez tous les Mammifères, diviser l'axe vertébral en portions crânienne, cervicale, dorsale, lombaire, sacrée et coccygienne ou caudale. Nous présenterons quelques considérations sur le nombre et la forme des vertèbres dans chacune d'elles.

Portion crânienne ou *crâne.* Les os qui composent le crâne sont très-nombreux, mais beaucoup moins cependant que chez la plupart des autres Vertébrés, et surtout que chez les Poissons. D'après les derniers travaux de Geoffroy Saint-Hilaire, le crâne (non comprise la mâchoire inférieure)est composé de sept vertèbres formées chacune d'une pièce centrale avec quatre pièces latérales de chaque côté ; ce qui donne le nombre total de soixante-trois os,ou plutôt de soixante-trois élémens vertébraux : car il s'en faut bien que les os crâniens, dans le sens qu'on attache ordinairement à ce mot, soient aussi nombreux chez les Mammifères adultes et surtout chez l'Homme. Chaque élément vertébral forme bien une pièce à part chez les Vertébrés inférieurs, comme chez les Poissons, pendant toute la durée de leur vie; mais il n'en est ainsi chez les supérieurs, et surtout chez les Mammifères, que dans leur état fœtal. Plus l'être est avancé en âge, plus le nombre de ses os diminue, parce que chacun d'eux tend à se réunir et à se confondre avec ceux qui l'avoisinent. Ce n'est même qu'à une époque très-reculée de la gestation, que chaque élément vertébral est un os à part chez les Mammifères et chez l'Homme; et un grand nombre de pièces se soudent presque au moment de leur formation, tandis que d'autres restent isolées jusque dans un âge très-avancé. Aussi le nombre des os, lorsqu'on donne à ce mot un sens différent de celui d'élément vertébral, n'est-il qu'une chose tout-à-fait arbitraire. Et par exemple, la plupart des anthropotomistes disent, avec Bichat, que le crâne de l'Homme est formé de vingt os, le coronal, l'occipital, les deux pariétaux, les deux temporaux, l'ethmoïde, le sphénoïde, les deux maxillaires supérieurs, les deux malaires, l'os du nez, les deux unguis, le vomer, les deux cornets inférieurs et les deux palatins. Mais on pourrait également admettre un nombre de pièces plus considérable. Le coronal est jusque dans un âge assez avancé formé de deux pièces, et beaucoup d'individus ont pendant toute leur vie deux frontaux. Il en est à peu près de même de l'os du nez.

D'un autre côté, on pourrait aussi admettre un moindre nombre de pièces. Le malaire se soude fréquemment au maxillaire ; les deux pariétaux ne forment également qu'un os chez beaucoup d'individus; enfin, chez beaucoup d'autres même, on pourrait dire chez tous ceux dont la vie est assez prolongée, le coronal, les deux pariétaux, l'occipital et le sphénoïde se soudent tous ensemble et ne forment plus véritablement qu'une seule pièce. Sœmmering a même déjà proposé de ne considérer l'occipital et le sphénoïde que comme formant un seul os qu'il nomme sphénoccipital.

Au reste, ce qu'on reconnaît en comparant ensemble des individus de la même espèce, est encore rendu bien plus évident par des comparaisons faites entre des espèces voisines. Comparons, par exemple, un Singe de l'Ancien-Monde avec un Singe d'Amérique. Le premier n'a qu'un seul os du nez; la réunion de ses deux moitiés est opérée avant même la chute des dents de lait. Le second conserve au contraire deux nasaux bien distincts à peu près pendant toute la durée de sa vie : ce n'est que dans un âge très-avancé qu'ils viennent à se souder. Pour cette différence, et pour quelques autres aussi légères, doit-on dire que l'un a un nombre d'os plus considérable que l'autre ? Oui, sans aucun doute, dans le sens qu'on attache ordinairement à ce mot; et cependant, nous sommes bien certainement sûr des organisations identiques; il y a bien le même nombre d'élémens vertébraux; il y a bien unité de composition organique.

Ce que nous montre évidemment la comparaison de deux Animaux de la même famille, est précisément ce qui se trouve établi par les recherches de Geoffroy Saint-Hilaire, non-seulement pour tous les Mammifères, mais pour l'ensemble des Vertébrés. Tous ont le même nombre de pièces crâniennes, d'élémens vertébraux; mais ces pièces sont tantôt isolées, tantôt réunies avec d'autres, et leurs proportions, leurs formes et leurs combinaisons de soudure sont variables à l'infini. Toutefois, au milieu de ces transformations, elles conservent toujours les mêmes connexious et les mêmes rapports.

Indiquer toutes les différences que présentent, dans la série des Mammifères, toutes les pièces crâniennes, serait une chose impossible dans un article général tel que l'est celui-ci. Nous devons cependant faire connaître les modifications principales. Les Mammifères se distinguent généralement par le volume de leur encéphale ; aussi toutes les pièces qui correspondent à cette partie de l'axe cérébro-spinal, ou celles qui composent le crâne proprement dit, sont-elles beaucoup plus développées que chez les Oiseaux et surtout que chez les Reptiles. Par suite, les os de la face dont l'étendue est toujours en raison inverse de celle du crâne, sont peu considérables. Ces caractères sont surtout exagérés chez l'Homme, celui de tous les êtres qui a le crâne le plus grand et la face la plus petite, à cause du volume considérable de son cerveau. Ceux des Mammifères qui se rapprochent le plus de l'Homme sous ce rapport, comme les Quadrumanes, sont aussi généralement ceux chez lesquels ces proportions sont les plus frappantes. Quelques espèces font cependant exception : tel est l'Éléphant, dont le cerveau n'est pas très-volumineux, et dont le crâne est cependant très-étendu, à cause de la grande épaisseur du diploé de ses os du front. C'est un des faits qui prouvent le mieux que la grandeur de l'angle facial (*V.* CRANE) n'est pas toujours rigoureusement en rapport avec le volume du cerveau, quoique d'ailleurs on ne puisse nier que les Animaux qui ont cet angle le plus grand ne soient ordinairement ceux qui ont le développement cérébral le plus considérable, et généralement aussi le plus d'intelligence. Les anciens avaient même parfaitement saisi ce genre de relations; et ils représentaient toujours avec l'angle facial très-ouvert, ceux à qui ils voulaient imprimer le caractère d'une majesté et d'une intelligence plus qu'humaines. Ainsi, tandis que celui d'un Européen ne surpasse pas 80° environ, ils donnaient 90° aux héros et aux demi-dieux, et beaucoup plus encore aux dieux.

Vertèbres cervicales. Elles sont toujours au nombre de sept chez les Mammifères; le Bradype Aï qui en a neuf, fait néanmoins exception à cette loi. Cependant, malgré la constance du nombre de ces os, comme leurs dimensions sont très-variables, le col présente aussi relativement à sa longueur une multitude de variations. Chacun sait qu'il est considérable chez la Girafe, les Chameaux, les Lamas, où les Vertèbres sont beaucoup plus longues que larges. Il est au contraire d'une extrême brièveté chez tous les Cétacés, qui les ont soudées et très-minces : c'est à peine si elles ont, chez quelques Dauphins, l'épaisseur d'une feuille de papier. Les apophyses épineuses manquent dans quelques genres d'Insectivores. Elles sont au contraire très-développées dans beaucoup d'autres espèces, où elles donnent, ainsi que celles des vertèbres du dos, insertion au ligament cervical. Ce ligament, qui va s'attacher à l'occipital et soutient la tête, qui tendrait par son propre poids à tomber en avant, est d'autant plus nécessaire et aussi d'autant plus considérable que la tête est plus pesante, et que le trou occipital se trouve plus reculé en arrière. Il est très-considérable chez les Carnivores, plus encore chez le Cheval et surtout chez l'Éléphant.

On a nié l'existence de ce ligament chez l'Homme : il y existe cependant, mais rudimentaire. Sa station habituellement verticale et la position très-antérieure de son grand trou occipital, fout que la tête est soutenue en équilibre sur la colonne vertébrale, par son propre poids, et sans avoir besoin du secours du ligament cervical.

Vertèbres dorsales. Quoique leur nombre ne soit pas aussi constant que celui des cervicales, on doit cependant lui donner une grande attention. En effet, ces vertèbres étant celles qui portent les côtes, elles se trouvent ainsi en rapport avec l'étendue de l'organe respiratoire L'Homme en a, comme chacun sait, douze, et tous les Quadrumanes en ont généralement de douze à quatorze, à l'exception du Loris grêle, qui en a quinze. On retrouve aussi à peu près ces nombres chez tous les Carnassiers, tous les Rongeurs, les Ruminans, les Cétacés eux-mêmes, et la plupart des Edentés. Au contraire, les Pachydermes en ont généralement un beaucoup plus grand nombre; par exemple, le Cheval en a dix-huit, le Rhinocéros dix-neuf, l'Eléphant et le Tapir vingt, et le Daman vingt-un. Il est cependant encore un Quadrupède qui en a un plus grand nombre, l'Unau: quoique tous les autres Edentés, et même ses congénères, en aient seulement quatorze, quinze ou seize, ce Bradype en a en effet jusqu'à vingt-trois.

Les apophyses épineuses dorsales manquent chez les Chauve-Souris, de sorte que les vertèbres ne présentent en arrière aucune aspérité. Elles sont très-grandes chez tous les Quadrupèdes dont la tête est très-pesante, comme chez le Rhinocéros et l'Eléphant, et aussi chez ceux où elle est portée sur un cou très-allongé, comme chez la Girafe. On croit communément qu'elles soutiennent la bosse chez le Chameau, le Dromadaire et le Zébu, et on est d'autant plus porté à le croire, que les apophyses épineuses des premières dorsales sont très-allongées. C'est néanmoins une erreur: la bosse de ces Animaux est entièrement formée de graisse, et les apophyses épineuses ne sont pas moins allongées dans les autres espèces des mêmes genres, où il n'y a pas de bosse. Cette longueur n'a en effet pour objet, comme nous l'avons déjà indiqué, que de donner attache au ligament cervical, nécessairement très-développé dans tous ces genres à cause du poids de la tête.

Un fait bien remarquable serait la disposition de ces mêmes apophyses chez le Gaour, et si la Notice envoyée de l'Inde à Geoffroy Saint-Hilaire et publiée en France par ce naturaliste (Journ. Complém. Sc. Médic., août 1822), ne contient que des faits bien exacts, il existerait en effet dans les montagnes de Mine-Pout, dans l'Inde, un Bœuf sauvage connu des Anglais sous le nom de Gour ou Gaour, et des naturels du pays sous ceux de Purozah, de Parecoch ou de Gourier (suivant l'âge ou le sexe des individus), et qui aurait, dit la Notice que nous venons de citer, « une série d'épines répandue sur son dos, qui prend à la dernière vertèbre du cou, et qui finit en s'abaissant vers la moitié du corps. Ces pièces sont élevées d'au moins six pouces au-delà de la véritable échine, et semblent un prolongement des apophyses épineuses des vertèbres dorsales. »

Vertèbres lombaires. Leur nombre est variable comme celui des dorsales : l'Homme en a cinq ; mais beaucoup d'espèces en ont un plus grand nombre; beaucoup d'autres, au contraire, quatre, trois, ou même deux seulement, sans que tous ces nombres paraissent en rapport avec les affinités des diverses familles naturelles. Celui de tous les Mammifères qui en a le plus, est le Loris grêle ; et c'est même principalement à ce grand nombre de vertèbres qu'il doit sa gracilité.

Vertèbres sacrées. Leur nombre varie comme celui des lombaires ; mais aucun Mammifère n'en a plus de sept. Les apophyses épineuses sont très-courtes chez l'Homme et les Singes; elles se rapprochent et forment une crête continue chez le Rhinocéros et chez la plupart des Ruminans. Le sacrum, ou l'os formé de la réunion des vertèbres sacrées, est d'ailleurs généralement beaucoup plus étroit que chez l'Homme, et forme, avec l'épine, une ligne droite: il est plus allongé chez les espèces qui se tiennent souvent dans la situation verticale, comme chez les Singes, les Bradypes et même les Ours.

Nous avons déjà dit qu'il n'y a pas de sacrum chez les Cétacés : les vertèbres post-dorsales, qu'on ne peut plus ainsi distinguer en lombaires, sacrées et caudales, sont assez nombreuses. Les apophyses épineuses des premières de ces vertèbres sont très-fortes, parce qu'elles donnent attache aux muscles coccygiens, qui deviennent, à cause de l'absence des membres postérieurs, et comme ils le sont également chez les Poissons, les principaux agens de la locomotion. Ainsi, sous ce rapport, les Cétacés se trouvent réaliser par leurs organes de locomotion les conditions ichthyologiques. Et en effet, vivant comme les Poissons dans le milieu aquatique, se trouvant placés dans les mêmes conditions physiques, et astreints au même mode de progression, la nature, toujours amie de l'unité, leur a donné les mêmes formes, les mêmes proportions, et a imprimé de semblables modifications à leurs organes. Nous verrons cependant que ces organes de locomotion, et surtout les membres antérieurs, véritables organes ichthyologiques par leur fonction, ont cependant les principaux caractères classiques des Mammifères, et sont restés mammalogiques par leur organisation intérieure.

Quant à l'absence de leur sacrum, les Cétacés sont au reste à quelques égards dans les conditions de tous les jeunes Animaux, chez lesquels toutes les vertèbres sacrées sont d'abord libres et tout-à-fait distinctes.

Vertèbres caudales. Le nombre de ces vertèbres est extrêmement variable, comme chacun le sait : personne n'ignore en effet quelle diversité les Mammifères présentent quant à la longueur de leur queue. Très-courte dans beaucoup d'espèces, elle manque même entièrement chez plusieurs. Souvent, en effet, il n'y a qu'un petit nombre de vertèbres caudales, qui se trouvent alors cachées sous les tégumens, et c'est ce qui a lieu chez l'Homme et chez les Orangs, le Magot, l'Indri, le Loris, les Lagomys et beaucoup d'autres ; mais chez les Roussettes sans queue, il n'y a plus même aucune trace de coccyx, aucune vertèbre caudale. (Cuv., Anat. comp. i.). Cependant (preuve bien réelle du peu d'importance physiologique du prolongement caudal chez les Chauve-Souris où il ne sert pas de soutien à la membrane interfémorale) il n'y a d'ailleurs aucune différence organique de quelque importance entre ces Roussettes et celles qui en sont pourvues.

Au reste le célèbre anatomiste Serres a trouvé dans la série des développemens de la moelle épinière, la cause de l'absence de la queue soit chez l'Homme soit chez tous les Animaux qui en manquent, et chez les Roussettes elles - mêmes. Les embryons de tous ces êtres ont d'abord un prolongement caudal assez long ; et alors la moelle épinière descend jusqu'à la terminaison du coccyx, comme chez les Oiseaux, avec cette différence qu'elle n'y est pas fixée comme chez ceux-ci ; mais plus tard, à mesure que les membres antérieurs et postérieurs, et les renflemens de la moelle épinière qui leur correspondent, viennent à se développer, la moelle remonte dans le canal vertébral ; en même temps la queue diminue peu à peu, et vient enfin à disparaître. Chez l'embryon humain, par exemple, pendant le deuxième mois, la moelle épinière se prolonge jusqu'à l'extrémité du coccyx, et le prolongement caudal est encore dans toute sa force ; aux troisième et quatrième mois il diminue, la moelle épinière étant remontée successivement jusqu'au milieu du coccyx, et à la fin du sacrum : au quatrième mois elle est arrêtée au haut du canal sacré ; au cinquième elle correspond au niveau de la cinquième vertèbre lombaire, et l'embryon a perdu sa queue en totalité. La même succession de phénomènes a pareillement lieu chez les Roussettes, avec cette différence seulement que c'est à une époque plus avancée de la gestation. Enfin, selon la remarque de Serres, la métamorphose du têtard des Batraciens, n'est encore qu'un phénomène du même ordre; le têtard a, comme l'embryon du Mammifère, une queue, et point de membres; mais quand l'ascension de la moelle épinière vient à s'opérer, les membres se développent, et la queue disparaît. Ainsi le Mammifère se métamorphose comme le Batracien; et tous ces changemens qui nous surprennent si vivement chez ce dernier, qui nous semblent des merveilles, ne sont pas même des anomalies : ils ont également lieu chez les Mammifères, chez l'Homme lui-même, et sont des phénomènes généraux d'embryogénie.

Dans les espèces dont la queue conserve beaucoup de longueur, on conçoit, d'après ce que nous venons de dire, que la moelle épinière doit remonter beaucoup moins haut dans le canal vertébral; c'est ce qui a lieu; et alors la queue se trouve formée de vertèbres de deux sortes, les unes conservant un canal pour la moelle, les autres n'en ayant plus. Celles-ci vont en diminuant de grosseur vers l'extrémité de la queue, et les dernières sont souvent d'une extrême petitesse.

Le nombre des vertèbres caudales est très-variable : nous venons de dire que plusieurs Roussettes n'en ont aucune; au contraire les Atèles en ont plus de trente; le Fourmilier en a même quarante, et le Phatagin (nommé pour cette raison même, *Manis longicaudata*, Geoff. St.-Hil.), quarante-cinq. Au reste il s'en faut bien qu'on puisse, d'après la longueur de la queue d'un Mammifère, juger avec précision du nombre des vertèbres qui la composent, parce qu'elles varient beaucoup pour leur longueur propre. Ainsi le Loris et l'Aï, qui manquent de queue, c'est-à-dire dont la queue n'est point apparente à l'extérieur, ont l'un neuf et l'autre treize vertèbres caudales; tandis que d'autres espèces, dont la queue est quelquefois même assez allongée, n'en ont également que treize, douze, et même moins.

La queue est généralement chez les Mammifères de peu d'usage : ce-

pendant, sans parler des Cétacés, où elle constitue le principal organe de la locomotion, elle acquiert, dans quelques Quadrupèdes, des fonctions importantes, comme chez les Sapajous, le Kinkajou, plusieurs Marsupiaux et quelques autres genres, chez lesquels elle devient un organe de préhension et fait l'office d'une véritable main; ou bien comme chez les Kanguroos et les Gerboises, qui, se tenant habituellement dans la position verticale, l'emploient comme une troisième jambe.

Chez les Kanguroos, et en général chez tous les Mammifères qui l'ont mobile, allongée, et qui en font fréquemment usage, on trouve à la face inférieure une rangée de petits os correspondant à l'union des vertèbres; ces os, destinés à donner attache aux muscles de la queue, ont été nommés os en V ou furcéaux. Chaque furcéal est formé de quatre pièces, distinctes encore dans les espèces où il est le plus développé, et qui sont, suivant Geoffroy Saint-Hilaire, les deux paraaux et les deux cataaux (Mém. sur la Vert., Mém. Mus. T. IX, p. 89). Ces pièces existent très-développées chez les Cétacés : elles le sont peu chez les Chats où on ne les a guère considérées que comme des épiphyses.

Ainsi nous voyons le prolongement caudal varier presqu'à l'infini chez les Mammifères, dans ses formes, dans ses proportions, dans ses usages, dans le degré de son importance : toutes variations qui dépendent de ce qu'il n'est chez eux qu'un organe secondaire, qu'un organe tout-à-fait accessoire. Chez les Poissons au contraire, véritable organe classique, il se reproduit toujours le même, et conserve toujours la même forme et la même fonction, comme il a toujours le même degré d'importance.

Membres. Ils sont toujours formés de quatre parties, l'épaule, le bras, l'avant-bras et la main, pour l'antérieur; le bassin, la cuisse, la jambe, le pied, pour le postérieur.

L'épaule est élémentairement formée de quatre os, le scapulum ou l'omoplate, la clavicule, l'acromial et l'os coracoïde ; mais ces quatre pièces, séparées dans le jeune âge, se soudent chez les Mammifères, et il n'en reste plus que deux de distinctes, l'omoplate et la clavicule, et souvent même qu'une seule. L'omoplate est toujours la principale pièce chez les Mammifères ; et il est surtout considérable chez les espèces qui font avec leurs bras des efforts plus violens : ainsi chez les Chauve - Souris, aussi large que dans l'Homme, il est d'ailleurs plus long que tout le thorax. Il a aussi beaucoup de longueur chez la Taupe. L'omoplate est ordinairement uni au sternum par la clavicule, comme chez l'Homme, les Singes, les Chauve-Souris, et en général chez tous les Mammifères qui portent fréquemment leurs bras en avant, soit pour la préhension, soit pour le vol ou pour tout autre mouvement. Au contraire, la plupart des Carnassiers et beaucoup de Rongeurs n'ont qu'une clavicule rudimentaire et suspendue seulement dans les chairs, sans conserver de rapport ni avec le sternum ni avec l'omoplate ; de sorte que le membre antérieur se trouve tout-à-fait séparé du reste du squelette. Enfin dans tous les Animaux à sabots, chez tous ceux dont le membre antérieur n'a plus d'autre fonction que celle de la marche, la clavicule, suivant les observations de Geoffroy Saint-Hilaire, n'est plus qu'un petit osselet qui se soude à l'omoplate, comme l'os coracoïde et l'acromial. On a même longtemps cru qu'elle manquait complétement ; et c'est en effet ce qui se trouve dit dans tous les ouvrages d'anatomie comparée.

L'analogie, ou (suivant l'expression reçue pour désigner cette sorte d'analogie) l'homologie du membre postérieur avec l'antérieur, est bien démontrée aujourd'hui : on ne peut surtout la méconnaître, lorsqu'on étudie le squelette des Animaux chez lesquels les membres antérieurs remplissent les mêmes fonctions que les postérieurs, comme chez les Ruminans, où les uns et les autres servent uniquement à la marche. On retrouve sans la moindre peine, dans l'un et dans l'autre, les mêmes os presque avec les mêmes formes et la même disposition : du moins lorsqu'on étudie l'une des trois dernières parties du membre : car la comparaison du bassin avec l'épaule présente toujours beaucoup plus de difficulté, comme nous allons le voir.

Serres a découvert il y a quelques années (Anal. des travaux de l'Acad. des Sc., 1819) que chez l'Homme et chez la plupart des Mammifères, la cavité cotyloïde n'est pas, comme on l'avait cru jusqu'à lui, seulement formée de l'union des trois grands os pelviens, connus de tous les anatomistes sous les noms d'iléum, d'ischium et de pubis ; mais qu'il en existe en outre un quatrième fort petit, placé entre les trois autres. Cet os est même assez développé et se soude assez tard dans diverses familles, comme chez les Lièvres ; il est au contraire très-petit et soudé de très-bonne heure chez l'Homme. C'est sans doute à cause de cette circonstance, et aussi parce que, placé dans la cavité cotyloïde, il se trouve caché par la tête du fémur, qu'il a échappé long-temps à tous les anatomistes. Quoi qu'il en soit, cette découverte est d'autant plus intéressante, que cet os est précisément l'analogue du quatrième os du bassin des Marsupiaux, ou l'os marsupial : en effet l'os découvert par Serres manque, comme il l'a constaté, chez tous les Animaux à bourse ; en sorte qu'il manque chez tous ceux qui ont l'os marsupial, et se trouve chez tous ceux qui ne l'ont pas.

Ainsi la découverte de Serres nous montre que tous les Mammifères ont élémentairement quatre os pelviens, l'iléum, l'ischium, le pubis et le marsupial, de même qu'ils ont tous quatre os huméraux, l'omoplate, l'acromial, le coracoïde et la clavicule. Quant à la question de déterminer lesquels de ces os sont homologues entre eux, plusieurs anatomistes en ont tenté la solution ; mais , ignorant le nombre véritable des élémens constitutifs du bassin et de l'épaule , ils n'ont pu arriver à des résultats certains. Nous rapporterons seulement ici la détermination donnée par Blainville : ce célèbre naturaliste , qui considérait l'épaule comme formée de deux os seulement , et le bassin de trois , pensait que l'iléum était l'homologue de l'omoplate , et le pubis celui de la clavicule , dont , comme il le remarque lui-même , il diffère cependant en ce qu'il entre dans la composition de la cavité cotyloïde. Quant à l'ischium , son homologue n'existerait pas.

Le bassin est chez les Oiseaux ouvert en devant , et par conséquent son diamètre est susceptible de devenir plus considérable, lors du passage de l'œuf : c'est ce qui explique comment plusieurs Oiseaux pondent des œufs d'une grosseur qui semble véritablement disproportionnée. Le caractère classique chez les Mammifères , est au contraire d'être fermé en devant , les deux pubis étant unis l'un à l'autre sur la ligne médiane par un cartilage et par des ligamens qui les rendent immobiles. De cette manière les os des îles , réunis aussi postérieurement par le sacrum , forment une ceinture complète , dont la forme et les dimensions sont d'ailleurs variables.

L'Homme se distingue par la largeur de son bassin , très-considérable surtout chez la Femme , et par l'obliquité de son sacrum sur la colonne vertébrale : l'effet de cette disposition est de lui fournir une base plus solide pour la station verticale. La largeur du bassin était d'ailleurs rendue nécessaire pour l'accouchement , à cause de la grosseur de la tête du fœtus. ·

La Taupe est au contraire celui de tous les Mammifères dont le bassin est le plus étroit : les os coxaux sont presque cylindriques et si serrés contre la colonne vertébrale , que le passage du fœtus dans le bassin est rendu tout-à-fait impossible. Aussi observe-t-on chez elle une anomalie très-remarquable : l'orifice de la génération s'ouvre au-dessus du pubis , et le fœtus en naissant ne traverse pas le bassin.

C'est dans une cavité formée ordinairement, comme nous l'avons dit , chez les Mammifères par l'union des quatre os pelviens , et nommée cotyloïde, que s'articule l'os de la cuisse ou le fémur. Cet os, de même que l'os du bras ou l'humérus , est toujours de forme allongée , et susceptible de peu de variations. A la partie inférieure du fémur se trouve placée la rotule , qui donne attache aux principaux muscles extenseurs de la jambe , le triceps crural et le droit antérieur. Son homologue au membre supérieur est , suivant la plupart des anatomistes , l'apophyse olécrâne du cubitus qui , en effet, donne de même attache à l'extenseur de l'avant-bras , le triceps brachial.

L'avant-bras est au contraire formé de deux os , le radius et le cubitus , auxquels correspondent les deux os de la jambe, le tibia et le péroné. Ces os présentent une multitude de variations. Ainsi les deux os de l'avant-bras sont très-distincts chez presque tous les Unguiculés , et susceptibles même de pronation et de supination chez les Quadrumanes , et généralement chez tous les Mammifères qui emploient leur main pour la préhension ; mais ils se confondent chez les Ruminans , le cubitus se fixant au radius, et devenant tout-à-fait immobile. Chez beaucoup d'entre eux, comme chez les Chameaux , un simple sillon est même, dans l'âge adulte, tout ce qui indique l'existence primitive de deux os , dans l'os unique de l'avant-bras. Les deux os de la jambe sont soudés même chez une grande partie des Unguiculés : et à cet égard on trouve des variations remarquables , même dans des genres de familles voisines. Ainsi tandis que les deux os ne se réunissent, chez les Chats et même chez les Civettes , qu'à leurs extrémités , et sont toujours écartés l'un de l'autre dans tout le reste de leur longueur , le péroné est au contraire chez les Chiens , le Protèle et les Hyènes , contigu et même soudé au tibia dans sa moitié inférieure. On voit même souvent chez les Chiens, les deux os réunis dans la portion de leur longueur où ils sont écartés, au moyen d'une lame osseuse qui va d'un os à l'autre , comme ferait un ligament interosseux. Dans le Cheval , le péroné n'est même plus qu'une petite pièce de forme allongée, soudée au tibia. Enfin il reste à peine quelques traces de cet os chez les Ruminans.

La dernière partie du membre antérieur est subdivisée en trois portions : le carpe , le métacarpe et les phalanges digitales. Le carpe est chez l'Homme composé de huit petits os , formant deux rangées. Ceux de la première rangée ou de la rangée antibrachiale, sont le scaphoïde, le semilunaire, le pyramidal et le pisiforme; ceux de la seconde sont le trapèze, le trapézoïde , le grand os et l'unciforme. Le nombre de ces os est chez les Mammifères susceptible de quelques variations; il est tantôt moindre, quelques-uns venant à se souder ensemble, et tantôt plus grand, à cause de la division de l'un d'eux en deux pièces, ou de la présence de quelques osselets sésamoïdes placés près du carpe , et paraissant en faire partie. Ainsi , chez les Gibbons, on trouve ordinairement deux de ces osselets , dont l'un est placé près du pisiforme, et l'autre près du scaphoïde; et chez la plupart des Rongeurs , le pyramidal est divisé en deux. Au contraire , le semi-lunaire est soudé au scaphoïde chez le Cabiai.

Les os du métacarpe ne sont véritablement que les premières phalanges de chaque doigt : aïnsi chez les Chauve-Souris, chez les Cétacés, et dans plusieurs autres familles , les os du métacarpe ne diffèrent pas plus des premières phalanges, que celles-ci des secondes; et leurs fonctions sont exactement identiques. Il n'en est pas de même dans beaucoup d'autres , ces os ayant été plus ou moins profondément modifiés , comme par exemple chez l'Homme, et surtout chez les Solipèdes et les Ruminans. Chez l'Homme, ils diffèrent des phalanges, surtout en ce qu'ils ne font pas partie des doigts , mais qu'ils se trouvent au contraire enveloppés sous la peau , et sont , à l'exception de celui du pouce , fort peu mobiles : en outre on trouve entre eux des muscles nommés interosseux, et dont les analogues ne peuvent, comme on le pense bien , exister entre les phalanges des doigts.

Le métacarpe présente peu de différences chez la plupart des Unguiculés; seulement chez beaucoup d'entre eux, comme chez les Chiens et les autres Carnassiers nommés pour cette raison digitigrades, il s'allonge, se redresse, et devient véritablement une portion de la jambe; l'Animal pose alors uniquement sur les doigts.

Chez les Ruminans, le métacarpe est si profondément modifié, si différent de celui de l'Homme, qu'il a été méconnu d'abord par les anatomistes vétérinaires, qui lui ont donné le nom d'os du canon, le considérant comme une nouvelle et troisième partie ajoutée à la jambe chez ces Animaux. Mais la composition du canon est aujourd'hui bien connue. Fougeroux et Geoffroy Saint-Hilaire ont montré qu'il est formé de deux métacarpiens excessivement développés , et qui se soudent ensemble de très-bonne heure : un sillon indique cependant toujours la ligne de réunion. Le développement considérable des deux métacarpiens du canon a fait tomber les autres dans des conditions rudimentaires, mais ne les a pas entièrement détruits. Deux autres fort grêles, et souvent même ossifiés seulement à leurs extrémités, mais suivis, tout aussi bien que les grands métacarpiens, de trois phalanges , se voient ordinairement, l'un à droite , l'autre à gauche du canon (Geoffroy Saint-Hilaire, Mém. Mus. T. x , pl. 2).

Le pied , ou la dernière partie du membre postérieur, est , comme la main, divisé en trois portions, l'analogue du carpe ou le tarse, celui du métacarpe ou le métatarse, et les phalanges. Le tarse varie beaucoup moins que le carpe : une grande partie des Unguiculés n'a, comme l'Homme, que sept os, le calcanéum, l'astragale, le scaphoïde, les trois cunéiformes et le cuboïde : mais chez les Ongulés, et même chez beaucoup d'Unguiculés, le nombre de ces os est différent. Leur forme est d'ailleurs variable comme celle du carpe.

Le calcanéum est ordinairement le plus développé; il a surtout un volume considérable chez le Tarsier et le Galago, où il est si excessivement allongé que le pied de ces Animaux est d'une longueur véritablement disproportionnée. Le Tarsier avait même été, pour cette raison, placé, par quelques auteurs, parmi les Gerboises; mais, comme l'ont remarqué Cuvier et Geoffroy Saint-Hilaire, dans un Mémoire écrit en commun sur ce Quadrumane, il n'y a même rien de réel dans le seul rapprochement qu'on avait cru saisir entre ces deux Animaux; car l'allongement du pied dépend chez les Gerboises, non pas de la longueur du tarse, mais de celle du métatarse.

Ce segment de la jambe présente les mêmes modifications que le métacarpe, auquel il ressemble le plus souvent. Il forme de même chez les Ruminans un os du canon semblable à celui du membre antérieur ; et les Quadrumanes ont même un de ces os mobile et opposable aux autres. Enfin de semblables rapports s'observent généralement dans toutes les espèces où le membre postérieur remplit les mêmes fonctions que l'antérieur. Le métatarse diffère seulement du métacarpe chez ces Animaux, en ce qu'il a plus de longueur. Cette proportion est constante chez tous, à l'exception de deux genres, les Hyènes et le Protèle, chez lesquels les métacarpiens ne le cèdent en rien aux métatarsiens.

Au contraire, cette ressemblance ne se retrouve plus chez ceux où les fonc-

tions des membres antérieurs diffèrent de celles des postérieurs, parce qu'alors la diversité de fonction est liée à une diversité de forme. La plus remarquable de ces variations est celle qui s'observe chez les Gerboises. Tandis que leur métacarpe ne présente rien de particulier, leurs trois métatarsiens médians se réunissent en un seul os, qui porte les trois uniques doigts chez les espèces tridactyles, et les trois principaux chez les autres, et forment ainsi un véritable os du canon chez ces Rongeurs.

Les doigts sont toujours, chez les Mammifères quadrupèdes, soit au membre de devant, soit à celui de derrière, formés de trois phalanges, à l'exception du pouce qui n'en a que deux. Le pouce est toujours véritablement le doigt interne, quoique chez l'Homme et les Singes il puisse, par l'effet de la supination, être porté en dehors au membre supérieur, et que tous les ouvrages d'Anatomie humaine désignent constamment, par le nom de côté externe, le côté du pouce. Chez les Cétacés, le nombre des phalanges est plus considérable. Ainsi, le grand doigt des Baleines en a chez les unes sept, et chez les autres jusqu'à neuf. Les espèces de cet ordre se rapprochent un peu, à cet égard, des Poissons : du reste, toutes leurs phalanges sont, comme le métacarpe, enveloppées sous la peau. Les doigts sont néanmoins encore indiqués à l'extérieur dans plusieurs espèces, comme chez les Lamantins, par la présence de quelques ongles.

Ainsi, nous voyons chez les Cétacés le bras et l'avant-bras se raccourcir, la main s'allonger, et les phalanges s'envelopper entièrement et se cacher sous la peau. Telles sont les principales modifications que subit, chez ces Mammifères anomaux, le membre antérieur appelé chez eux à une fonction si différente de celle qu'il remplit ordinairement. Nous le voyons prendre la forme d'une véritable nageoire, comme il en prend la fonction. La fonction dépend toujours en effet de la forme, et la ressemblance de l'une entraîne nécessairement celle de l'autre. Mais l'anatomiste retrouve toujours en lui tous les élémens qui le composent chez les Mammifères normaux, et il les trouve tous, non-seulement avec les mêmes connexions, mais aussi avec la même disposition et la même forme générale. C'est ainsi qu'au milieu de toutes ces anomalies, le Cétacé reste toujours Mammifère dans l'essentiel de l'organisation, et que les caractères du type classique sont tous conservés.

Au reste, tous les Quadrupèdes aquatiques se rapprochent des Cétacés sous ce point de vue, qu'ils ont comme eux les membres raccourcis, et que leurs doigts ne sont plus libres, mais palmés, c'est-à-dire unis dans toute leur étendue, les uns aux autres par une continuation de la peau : c'est ce qui a lieu chez les Loutres, les Rats d'eau, les Desmans, et surtout chez les Phoques, dont les membres offrent véritablement, surtout dans certaines espèces, une grande ressemblance avec ceux des Cétacés, dont ils ont même été long-temps, pour cette raison, considérés comme voisins.

Le membre antérieur de la Chauve-Souris modifié pour devenir un organe de vol, leur aile, suivant l'expression reçue, est, comme la nageoire du Cétacé, un organe anomal à quelques égards, mais dont les anomalies n'excèdent pas cependant les variations que comporte la constance des caractères classiques. Ses doigts ne diffèrent de ceux des Mammifères normaux que par leur extrême allongement, leur extrème ténuité, et par l'existence de la membrane alaire. Cette membrane n'est réellement qu'une palmature immense, étendue, non-seulement entre ces doigts si allongés, mais aussi entre le bras et l'avant-bras, la main et le corps, le membre postérieur et la queue, et dont les phalanges digitales et métacarpiennes, amincies et prolongées à l'excès, deviennent les baguettes tutrices. Du reste, le membre postérieur (modifié lui-même d'ailleurs, à d'autres égards, d'une manière non moins

remarquable, *V.* CHAUVE-SOURIS), et même un doigt de l'antérieur, le pouce, sont dans les conditions ordinaires de développement, et il en est à peu près de même du bras et de l'avant-bras. Ainsi l'aile de la Chauve-Souris présente tous les caractères classiques d'un membre antérieur de Mammifère, et ses anomalies elles-mêmes suffiraient à l'anatomiste pour reconnaître la classe à laquelle elle doit appartenir.

On voit que ces modifications éloignent beaucoup moins les Chauve-Souris du type des Mammifères normaux, que ne le sont les Cétacés; elles n'empêchent pas même que ces Animaux ne se trouvent fort voisins par leur organisation de divers Quadrumanes. La raison en est facile à concevoir : elle est dans la gracilité de leurs doigts eux-mêmes ; l'allongement s'étant fait aux dépens de leur épaisseur, il n'a entraîné l'atrophie d'aucun autre organe. Le séjour habituel du Cétacé, dans un milieu où il ne peut respirer, rendait d'ailleurs nécessaires pour lui des modifications dont la Chauve-Souris a naturellement dû se trouver exempte.

Le nombre des doigts est assez variable chez les Mammifères ; les Quadrumanes, les Cheiroptères et les Carnassiers en ont toujours cinq à chaque extrémité, comme la plupart des Quadrumanes, les Ours, les Civettes et les Chats ; ou cinq à l'une et quatre seulement à l'autre, comme les Atèles et les Chiens ; ou enfin, quatre à l'une et à l'autre, comme les Hyènes et le Suricate; mais ce dernier cas est très-rare. Au reste, le cinquième doigt existe généralement en rudiment chez ces derniers Animaux, quoiqu'il ne paraisse pas à l'extérieur.

Le nombre des doigts est très-variable dans l'ordre peu naturel des Pachydermes ; l'Hippopotame en a quatre, et le Rhinocéros trois. Les Ruminans n'ont que deux grands doigts, et les Chevaux, qu'un seul ; mais chez les uns et les autres on trouve latéralement deux autres doigts forts petits. Ainsi, le nombre des

doigts est toujours de cinq, de quatre ou de trois, ce dernier nombre
ne se trouvant même que très-rarement.

Le pouce est généralement plus court
que les autres doigts, et il est très-
souvent sans usage. Il a au contraire
d'importantes fonctions à l'extrémité
antérieure chez l'Homme, à la postérieure chez la plupart des Marsupiaux, et à l'une et à l'autre chez les
Quadrumanes, parce que, devenant
chez ces Animaux très-mobile et opposable aux autres doigts, il fait de
leur main un excellent organe de préhension. Au reste, il n'est, chez aucun Animal, aussi long que chez
l'Homme, et, par suite, il n'est jamais d'une aussi grande utilité.

Il ne faut d'ailleurs, en aucun cas,
attacher trop d'importance à l'existence de ce doigt; car il y a parmi
les Quadrumanes même des genres
où se trouvent à la fois des espèces tétradactyles et d'autres pentadactyles. Tel est le genre Atèle
formé d'abord uniquement d'espèces
privées de pouce aux mains antérieures, et auquel on a été obligé de réunir l'Hypoxanthe, qui, ayant tous les
caractères du genre, a cependant un
petit pouce unguiculé. On peut remarquer ainsi que les Atèles ne mériteraient véritablement pas tous le
nom de Quadrumanes.

Sternum et Côtes. Le sternum est chez
les Mammifères un os allongé composé élémentairement de neuf pièces
rangées à la suite les unes des autres,
et toutes bien distinctes chez ceux
dont la poitrine est allongée, et surtout chez le Phoque ; mais dans
beaucoup d'espèces, la moindre étendue du coffre pectoral ne permet
pas à toutes les pièces de se développer assez pour avoir une existence
indépendante, et oblige l'une d'elles
(c'est ordinairement l'avant-dernière)
à tomber dans les conditions rudimentaires ; elle s'unit alors et se confond avec la dernière, et le nombre
des pièces sternales est ainsi réduit à
huit. Enfin leur nombre diminue encore chez les Animaux à sabots, qui

n'en ont souvent que sept ou même
seulement six de distinctes.

Les Mammifères n'ont jamais cette
lame verticale qui, chez les Oiseaux,
forme une saillie considérable au-de-
vant du sternum, et qui est connue
sous le nom de bréchet. Les Chauve-Souris sont les seules où se trouve
quelque chose de semblable : mais
leur sternum n'en garde pas moins le
caractère classique; il est toujours
composé de pièces en série, et le bréchet n'est pas formé, comme chez les
Oiseaux, d'une seule pièce (l'os
entosternal de Geoffroy Saint-Hilaire), mais d'une crête produite
sur chacune des pièces élémentaires.
C'est ainsi que nous voyons s'établir chez les Chauve-Souris, le bréchet destiné, comme chez les Oiseaux, à fournir une surface plus
considérable à l'insertion des muscles pectoraux nécessairement très-
développés chez tous les êtres organisés pour le vol. Au contraire, il n'y
a plus de bréchet, parmi les Oiseaux
eux-mêmes, dans quelques espèces,
telles que l'Autruche et le Casoar,
dont le membre antérieur est rudimentaire et tout-à-fait impropre au vol.

Nous avons vu, en traitant des
vertèbres dorsales, que le nombre
des côtes est variable dans les différentes familles; nous devons ajouter
que dans la plupart le nombre des
vraies côtes ou des côtes sternales est
plus considérable que celui des fausses côtes ; ainsi, des douze côtes de
l'Homme, cinq seulement ne vont pas
au sternum; et les mêmes nombres se
retrouvent chez plusieurs espèces de
Quadrumanes, de Chauve-Souris, de
Rongeurs et de Ruminans ; mais
quelques Unguiculés, beaucoup de Pachydermes, et les Cétacés ont au contraire plus de fausses côtes que de
vraies. On voit que toutes ces modifications se rencontrent dans les mêmes familles naturelles, et l'on ne
doit pas par conséquent y attacher
beaucoup d'importance.

Les côtes du sternum, ou celles
que l'Anatomie humaine désigne
sous le nom de cartilages costaux à

cause de leur état cartilagineux chez l'Homme, sont cependant de véritables os; elles s'ossifient très-fréquemment chez l'Homme lui-même, et sont constamment osseuses chez plusieurs Mammifères, de même que chez les Oiseaux. C'est pour cette raison qu'elles ont reçu quelquefois le nom de côtes sternales, par opposition aux côtes proprement dites, ou côtes vertébrales : dénominations très-justes, mais qu'il est cependant difficile d'adopter, à cause de l'usage où l'on est de nommer côtes sternales les appendices costaux qui unissent la colonne vertébrale au sternum, c'est-à-dire à la fois et la côte sternale et la côte vertébrale.

Appareil hyoïdien. L'appareil hyoïdien est très-rudimentaire chez l'Homme; toutes les espèces qui le composent sont petites et réunies ensemble : aussi ne l'a-t-on considéré que comme un os unique, qui a reçu le nom d'hyoïde, de sa forme à peu près semblable à celle de la lettre grecque T. Si, au contraire, on étudie l'hyoïde du Cheval et du Bœuf, on trouve les pièces hyoïdiennes très-grandes et très-distinctes, mais formant néanmoins un seul appareil dont toutes les parties se tiennent.

L'hyoïde est élémentairement composé de onze pièces, que Geoffroy Saint-Hilaire a le premier distinguées, et qui sont, suivant la nomenclature de cet anatomiste, le basihyal ou le corps de l'os; l'urohyal, ou sa queue; l'entohyal, os intermédiaire; les deux glossohyaux, ou les cornes postérieures; les deux apohyaux, ou les premières pièces des cornes antérieures; les deux cératohyaux, ou les secondes pièces de ces mêmes cornes, et les deux stylhyaux, ou les os styloïdes, ordinairement fixés au crâne. Ces onze pièces ne sont généralement pas toutes distinctes chez les Mammifères, classe où l'hyoïde existe dans un état moyen de développement. Il diffère d'ailleurs à plusieurs égards de celui des Ovipares. Chez ces derniers, il ne se divise pas en quatre branches, les cornes postérieures et les cornes antérieures;

celles-ci étant ramenées sur la ligne médiane, ou même soudées l'une à l'autre. Ces mêmes cornes, chez les Ovipares, sont spécialement et exclusivement consacrées à la langue; tandis que chez les Mammifères, elles soutiennent également et le larynx et la langue.

En outre de ces caractères généraux, l'hyoïde présente chez les Mammifères un grand nombre de modifications remarquables dont nous nous contenterons de faire connaître une des principales, celle qu'il offre chez les Alouates. Ces Singes, que la force extrême de leur voix a rendus célèbres sous le nom de Singes hurleurs, ont le corps de l'hyoïde d'une grosseur considérable, et formant une caisse osseuse très-large et très-bombée, dont les parois sont minces et élastiques, et qui présente en arrière une large ouverture. Les petites cornes, consistant dans deux petites apophyses, sont placées près de cette ouverture; et les grandes cornes sont articulées plus haut.

Des Muscles.

Les recherches de H. M. Edwards sur la structure des muscles, lui ont montré la fibre élémentaire identique chez tous les Animaux, et toujours formée d'une série de globules de même diamètre; aussi la structure des muscles chez les Mammifères ne varie-t-elle pas généralement dans les différentes familles, et ne présente-t-elle même aucune différence générale avec ce qu'on observe dans d'autres classes, ou du moins dans celle des Oiseaux. Au contraire, relativement à leurs formes, à leur volume, à leurs usages, les muscles présentent une infinité de variations. Ils diffèrent même, sous le rapport du nombre proportionnel des fibres musculaires et des parties tendineuses qui entrent dans leur composition, en sorte que certains muscles, presque entièrement charnus dans une famille, sont dans une autre presque seulement tendineux ou aponévrotiques. Enfin plusieurs muscles viennent même à manquer dans certaines familles, comme par exemple le carré pronateur chez les Chauve-Souris, qui n'ont qu'un rudiment du cubitus. Au reste toutes ces variations des muscles sont toujours nécessairement liées à celles des os dont elles dépendent ; en sorte qu'on peut souvent, par la forme d'un os, juger de la forme, du volume et de la direction des muscles qui doivent s'y attacher.

Nous n'essaierons pas d'indiquer ici toutes ces variations, dont il serait difficile de donner une idée sans entrer dans de longs développemens ; nous présenterons seulement quelques remarques sur le diaphragme, qui nous fournira l'un des caractères classiques les plus importans des Mammifères. On a dit que les êtres de cette classe ont seuls un diaphragme, et que les Ovipares n'en ont pas. Il n'y a point en effet chez ceux-ci de distinction entre la cavité thorachique et la cavité abdominale ; mais le diaphragme n'en existe pas moins en rudiment. D'après les idées du professeur Serres et sa théorie du développement excentrique, tout organe se forme de la circonférence au centre, de dehors en dedans ; tout organe impair et médian est formé de deux parties paires et latérales primitivement distinctes, mais qui s'étendant toujours de dehors en dedans, ont fini par se réunir et se confondre sur la ligne médiane.

Le développement du diaphragme se fait en effet exactement suivant cette loi, et commence de même chez tous les Vertébrés. Sa partie externe, sa circonférence se forme d'abord chez tous, et on peut dire alors que le diaphragme existe semblable chez les Mammifères et chez les Ovipares : mais ce premier degré de développement est le seul où parviennent ces derniers, tandis que chez les Mammifères, les deux demi-diaphragmes ne tardent pas à se réunir sur la ligne médiane, en laissant seulement des ouvertures pour le passage des vaisseaux. Telle est, sous le rapport du diaphragme, la différence des Verté-

brés supérieurs et inférieurs ; différence considérable sous le rapport physiologique, le diaphragme devenant inutile et sans fonctions en même temps que rudimentaire ; et au contraire, différence presque nulle pour la théorie des analogues.

L'idée que les organes des Animaux inférieurs réalisent les conditions de ceux des Animaux supérieurs dans leur état embryonnaire ou fœtal ; et celle que les monstruosités proviennent d'un retardement de développement, et par suite doivent aussi tomber dans les conditions organiques des classes inférieures, reçoivent toutes deux ici une application fort remarquable. D'une part nous avons vu qu'il en était, sous le rapport de l'absence du diaphragme des fœtus de Mammifères comme des Animaux ovipares adultes ; et, de l'autre, le même fait organique se reproduit assez fréquemment chez les monstres. Ainsi on en voit chez lesquels le diaphragme est aussi rudimentaire que chez les Oiseaux ; plus souvent on trouve au centre une large ouverture, par laquelle une partie des viscères abdominaux remonte dans le thorax.

Ainsi nous voyons chez le Mammifère adulte et normal, un diaphragme complet, percé seulement de fort petites ouvertures ; chez les Ovipares, chez le jeune embryon et chez quelques monstres, on peut au contraire le considérer comme percé d'une ouverture dont le diamètre égale presque celui du corps tout entier ; et chez d'autres monstres, ainsi que chez les embryons d'une époque de développement plus avancée, on trouve une ouverture d'une étendue moyenne.

Du Cœur et des Vaisseaux.

En définissant le Mammifère, nous avons déjà indiqué les principaux caractères que présente le cœur dans cette classe ; nous avons vu qu'il était constamment divisé en deux ventricules et deux oreillettes. Il n'y a point à cet égard d'exception, et ce caractère est fondamental. Cependant il ne l'est pas tellement que le jeune Mammifère ne réalise jusqu'à un certain point les conditions de certains Reptiles (les Batraciens) , par l'ouverture du trou de botal , qui met en communication l'oreillette droite et la gauche ; mais ce trou ne tarde pas à se fermer entièrement ; et l'on peut dire que la circulation est constamment double chez les Mammifères.

Les vaisseaux présentent au contraire une foule de variations, non-seulement dans les familles d'un même ordre , mais même dans les individus d'une même espèce. Ainsi chez l'Homme seul on a rencontré presque toutes les variétés qui forment l'état à peu près constant d'autres Mammifères. Souvent même les vaisseaux d'un côté du corps diffèrent considérablement de ceux de l'autre côté. Ainsi, par exemple, nous avons vu plusieurs fois les artères radiale et cubitale de l'Homme, qui ne présentaient d'un côté rien de particulier, et naissaient comme à l'ordinaire un peu au-dessous du pli du bras, commencer au contraire de l'autre presque vers la partie supérieure de l'humérus. Cette anomalie est remarquable, parce qu'elle réalise précisément les conditions normales des artères du bras de la plupart des Marsupiaux.

Cependant au milieu de toutes ces variations, les trois systèmes vasculaires, le lymphatique , le veineux et l'artériel, et surtout ce dernier , offrent toujours quelques caractères qu'on peut nommer classiques, dans ce sens qu'ils se retrouvent presque toujours chez les Mammifères , et ne s'observent jamais chez les Ovipares. Au contraire la division du cœur en deux oreillettes et deux ventricules , toute constante et invariable qu'elle reste dans toutes les familles, ne peut nullement servir à distinguer les Mammifères des Ovipares ; car les Oiseaux ont comme eux la circulation double.

Cœur. Le cœur a chez tous les Mammifères la même structure que chez l'Homme. Toujours les parois des ventricules sont charnues et fort épaisses ; toujours les oreillettes ont des appendices qui sont comme sur-ajoutés à la masse. En outre, toujours aussi le cœur et l'origine des gros vaisseaux se trouvent enveloppés par le péricarde , de même que chez l'Homme : cette membrane séreuse, véritable sac sans ouverture, ne contient pas l'organe dans sa cavité ; mais tandis qu'une de ses parties adhère au cœur, l'autre forme un repli qui l'entoure de nouveau , en sorte que ce viscère se trouve doublement enveloppé par le péricarde , et que cette membrane est de toute part en rapport avec elle-même par sa face interne. Le péricarde a pour principal usage d'assujettir le cœur dans sa position, comme l'ont prouvé des expériences directes sur les Animaux vivans. Ainsi , il se fixe tantôt, comme chez les Singes et l'Homme , au diaphragme , tantôt aux prolongemens du médiastin.

Le cœur lui-même présente, sous le rapport de sa forme , quelques modifications ; la plus remarquable est celle qui a lieu chez le Lamantin, dont les deux ventricules sont en arrière tout-à-fait séparés , d'où il résulte que sa pointe est remplacée par une échancrure assez considérable. La capacité proportionnelle des ventricules et des oreillettes varie peu. On sait que chez l'Homme, le ventricule droit est plus étendu que le gauche ; et il paraît qu'il en est de même de tous les Mammifères. La différence est d'ailleurs chez tous peu considérable, et la capacité de l'un est presque toujours à peu près égale à celle de l'autre, comme on peut le voir par les observations de Cuvier (Anat. Comp.), et de Legallois (article *Cœur* du Dictionnaire des Sciences médicales).

Le ventricule gauche est généralement celui dont les parois sont les plus épaisses; et ses muscles sont aussi plus nombreux et plus variés; c'est en effet sa contraction qui doit chasser le sang dans toutes les parties du corps, par l'aorte.

* *Système artériel.*

Aorte. Cette première artère, d'où naissent toutes les autres, naît elle-même du ventricule gauche. Elle remonte d'abord un peu, puis se recourbe, et redescend le long de la colonne vertébrale, placée à sa partie antérieure, mais un peu à gauche, l'œsophage d'abord, et ensuite la veine cave inférieure occupant la partie droite. Quelquefois, au contraire, par anomalie, on trouve la veine cave à gauche et l'aorte à droite; mais cette transposition est très-rare.

L'aorte est ainsi formée de deux parties, l'une courbe, nommée la crosse de l'aorte, et l'autre droite, nommée l'aorte descendante, par opposition avec les artères qui naissent de la crosse, artères destinées à la tête et au bras, et qui ont reçu collectivement le nom d'aorte ascendante, de leur direction, de même que leur usage leur a valu celui d'artères brachio-céphaliques. L'aorte descendante ou l'aorte proprement dite se divise elle-même naturellement en deux portions, l'une placée au-dessus du diaphragme, l'aorte pectorale ou thorachique; l'autre placée au-dessous, l'aorte ventrale ou abdominale. Nous ferons connaître successivement les principales artères provenant de ces trois parties de l'aorte, ainsi que celles qui naissent de sa terminaison.

Aorte ascendante. Les artères de l'aorte ascendante sont essentiellement au nombre de quatre, savoir les deux sous-clavières, appartenant aux deux membres supérieurs, et les deux carotides, appartenant aux deux côtés de la tête. Mais il est très-rare que ces quatre artères aient toutes une origine distincte. C'est cependant ce qui se voit dans quelques espèces, (et quelquefois par anomalie chez l'Homme lui-même); mais le plus souvent la carotide et la sous-clavière droites naissent d'un tronc commun nommé tronc innominé ou tronc brachio-céphalique. L'Éléphant a de même trois artères; mais ces trois ar-

tères sont les deux sous-clavières, et un tronc commun aux deux carotides. Chez plusieurs Mammifères la crosse de l'aorte ne fournit que deux artères, savoir la sous-clavière gauche, et un tronc commun d'où naissent la droite et les deux carotides; c'est ce qui a lieu chez la Marmotte et le Cabiai, chez lesquels la carotide gauche se sépare bientôt des deux autres; et aussi chez les Chats, les Ours, et plusieurs autres Carnassiers, chez lesquels c'est au contraire la sous-clavière qui se sépare d'abord, le tronc innominé se continuant alors en un autre tronc artériel, dont les deux carotides sont des divisions. Enfin chez les Ruminans et chez plusieurs Pachydermes, il y a une véritable aorte ascendante ou plutôt, à cause de la position horizontale du corps de ces Animaux, une aorte antérieure, l'aorte se divisant dès sa naissance en deux gros troncs, dont l'un descend et dont l'autre remonte le long de la colonne vertébrale. Ainsi nous voyons l'aorte ascendante formée à son origine tantôt d'une seule branche, tantôt de deux, de trois et de quatre.

Quoi qu'il en soit, de ces premières branches naissent les artères suivantes : 1° de la carotide, qu'on nomme primitive pour la distinguer des suivantes, la carotide externe, qui nourrit toute la face, toutes les parties externes de la tête, la langue, et donne même des rameaux à diverses parties cervicales; et la carotide interne, qui se distribue dans le cerveau, pénétrant dans le crâne par un conduit creusé dans le rocher, et connu sous le nom de canal ou de conduit carotidien. Elle donne, en outre, des branches cérébrales, l'artère ophthalmique, qui se distribue aux diverses parties du globe de l'œil, à ses muscles, et fournit même aussi quelques rameaux à la face. 2° De la sous-clavière, l'artère vertébrale, qui, après de nombreuses inflexions, s'introduit dans le crâne par le grand trou occipital, et nourrit le cervelet et la moelle épinière. Cette artère, d'un calibre assez fort, s'unit sur l'os basilaire à sa congénère, et donne ainsi un exemple d'une anastomose de l'espèce la plus remarquable. L'artère sous-clavière se continue d'ailleurs avec l'axillaire, la brachiale, et enfin la radiale et la cubitale, divisions de la brachiale ; et c'est de ces diverses artères que naissent toutes les branches nutricières des diverses parties du bras. Ces deux dernières, qu'on voit commencer tantôt plus haut, tantôt plus bas, sont constantes, et se retrouvent même chez les Mammifères qui n'ont qu'un seul os de l'avant-bras. Les Loris et les Nycticèbes sont, suivant Carlisle, remarquables par un lacis vasculaire qui entoure la brachiale, et qui résulte de l'anastomose d'un grand nombre de rameaux fournis par l'axillaire.

Aorte pectorale. Elle fournit un grand nombre de branches connues sous les noms de bronchiques, d'œsophagiennes, de médiastines, dont les noms indiquent suffisamment l'usage, et les intercostales, dont le nombre varie avec celui des côtes, et qui appartiennent principalement à ces os et aux muscles intercostaux.

Aorte abdominale. Elle donne ordinairement : 1° le tronc cœliaque, qui se divise en trois artères qui se rendent, l'une à l'estomac, l'autre au foie, et la troisième à la rate ; 2° la mésentérique supérieure, qui nourrit tout l'intestin grêle et une portion du gros ; 3° la mésentérique inférieure, qui nourrit le reste de ce dernier intestin, c'est-à-dire une portion du colon et le rectum. Toutes ces artères naissent à peu près de la partie antérieure de l'aorte. Parmi celles qui naissent de sa partie latérale, nous remarquerons, 4° les rénales, qui nourrissent les reins ; 5° les spermatiques, qui appartiennent aux testicules chez l'Homme, et aux ovaires chez la Femme ; 6° enfin les lombaires, qui sont les analogues des intercostales. 7° Enfin on peut y joindre les capsulaires, petites branches qui nourrissent les capsules surrénales, et qui sont tantôt des branches de l'aorte, tantôt seulement des rameaux des artères rénales. Les Ruminans n'ont point le tronc cœliaque disposé tout-à-fait comme les autres Mammifères ; les artères hépatique, splénique et coronaire stomachique naissent successivement de la cœliaque.

Branches terminales de l'aorte. Elles varient, pour leur origine, comme celles qui naissent de la courbure aortique. Chez l'Homme et la plupart des Mammifères, l'aorte se divise à sa terminaison en trois branches, les deux iliaques primitives et la sacrée moyenne ; chez d'autres, comme chez les Ruminans et beaucoup de Carnassiers, elle se divise en quatre branches, les deux iliaques externes, la sacrée moyenne, et un tronc d'où naissent presque aussitôt les deux iliaques internes.

L'artère nommée sacrée moyenne, a été nommée ainsi par opposition avec les sacrées latérales, petites artères qui naissent ou de l'iliaque interne, ou de ses branches. Chez l'Homme, elle n'a pas en effet un calibre plus considérable, et on n'a pas attaché plus d'importance à l'une qu'à l'autre. Cependant, cette petite artère, cette petite branche de l'aorte, comme dit l'anatomie humaine, est véritablement une portion de l'aorte elle-même, portion qu'on pourrait nommer aorte caudale. Elle a en effet la direction de l'aorte, et se continue avec elle ; elle en a les rapports, l'os sacrum, devant lequel elle est placée, n'étant, comme nous l'avons remarqué, qu'une réunion de vertèbres bien distinctes et séparées dans le jeune âge ; elle en a même le volume et l'importance chez plusieurs Mammifères, comme les Cétacés et les Kanguroos, et chez l'embryon humain lui-même, chez lequel elle est considérable.

L'iliaque interne ou l'hypogastrique nourrit presque tous les viscères contenus dans le bassin. Ses principales branches sont : 1° l'iléo-lombaire, qui se distribue aux muscles des lombes et de la fosse iliaque ; 2° la sacrée latérale, dont nous avons déjà parlé, et qui est quelquefois double ;

ses rameaux se distribuent aux muscles de l'épine; plusieurs pénètrent dans le canal sacré; 3° la fessière, qui se distribue dans les muscles fessiers; 4° l'ombilicale, artère considérable chez le fœtus, mais presque oblitérée chez l'adulte; elle donne quelques petits rameaux à la vessie; 5° les vésicales, qui se rendent aussi à la vessie : leur nombre varie; 6° l'obturatrice, qui se distribue aux muscles de la partie supérieure de la cuisse; 7° l'utérine, qui se rend à la matrice; 8° l'ischiatique, qui se distribue aux muscles de la partie supérieure de la cuisse; 9° la honteuse interne, qui se rend aux organes génitaux externes, et quelques autres. L'origine de toutes ces artères varie fréquemment, et plusieurs manquent même quelquefois.

L'artère iliaque externe change bientôt de nom, et prend celui de crurale ou de fémorale : elle fournit l'artère épigastrique, artère peu importante chez les Animaux à mamelles pectorales; mais qui le devient beaucoup dans les espèces à mamelles ventrales, chez lesquelles l'épigastrique est l'artère mammaire. Les mamelles sont au contraire nourries chez les espèces à mamelles pectorales par l'artère thorachique interne, ou la sous-sternale, branche de la sous-clavière. Mais un fait fort remarquable, c'est que ces deux artères, dont les fonctions sont, comme on le voit, analogues, et qui se suppléent l'une l'autre, s'anastomosent constamment ensemble par plusieurs branches.

L'artère crurale, ou plutôt la poplitée (car elle prend ce nom vers le bas de la cuisse), se divise, vers la partie supérieure de la jambe, en deux branches, la tibiale antérieure et la tibiale postérieure, qui ne tarde pas à fournir une grosse branche nommée péronière. Ce sont ces trois artères, ainsi que la crurale et la poplitée, qui nourrissent tout le membre inférieur. Suivant Carlisle, on retrouve également, au membre inférieur, un lacis vasculaire semblable à celui du membre supérieur, chez les Loris, les Nycticèbes et les Bra-

dypes. Ce fait remarquable, et qui a long-temps passé pour faux, a été vérifié par Quoy et Gaimard pour les Bradypes; mais les petites artères qui le forment ne se réunissent pas ensuite en un seul tronc, comme l'avaient supposé quelques personnes.

Chez les Cétacés, l'artère iliaque externe manque avec tout le membre postérieur; l'aorte donne seulement deux branches, qui sont les deux iliaques internes. Dans ce cas, l'aorte se continue bien évidemment avec l'artère sacrée moyenne, qui ne diffère plus du reste de l'aorte, de même que les vertèbres auxquelles elle correspond ne diffèrent plus de celles du reste de la colonne vertébrale.

Chez les Marsupiaux, les artères abdominales présentent des variations non moins remarquables. La principale consiste dans l'absence de la mésentérique inférieure; en outre, l'aorte se termine beaucoup plus haut, et les iliaques font en descendant un angle beaucoup plus aigu que chez les autres Mammifères. Par suite, la sacrée moyenne, la crurale, les branches de cette artère, et particulièrement l'épigastrique, ont un calibre plus considérable. Ces faits, découverts par Geoffroy Saint-Hilaire (*V.* l'article *Marsupiaux* du Dict. des Sc. Nat. T. XXIX, et celui de ce Dictionnaire), lui ont révélé les causes du mode particulier de génération, et des principales modifications organiques que présente la tribu si remarquable des Animaux à bourse. Le même naturaliste a plus récemment découvert que la principale de ces modifications l'absence de l'artère mésentérique, que les Marsupiaux présentent seuls parmi les Mammifères, se retrouve également chez les Oiseaux. (*V.* Intestin.) Ainsi se trouve expliquée la grande analogie qu'il avait lui-même signalée autrefois entre les Oiseaux et les Animaux à bourse, dont les anomalies, comme il l'a démontré, réalisent, à beaucoup d'égards, les conditions normales ornithologiques.

Les *artères pulmonaires*, dont il nous reste à parler, ne diffèrent, chez les Mammifères, de celles de l'Homme que par le nombre de leurs subdivisions, qui varie avec celui des lobes du poumon. Cuvier a cependant remarqué (Anat. comp. T. iv) que les Cétacés ont les parois du tronc pulmonaire presque aussi épaisses que celles de l'aorte; il pense que peut-être la circulation pulmonaire est plus difficile chez eux que chez les autres Mammifères.

*** Système veineux.*

Les veines sont généralement plus nombreuses que les artères, et on trouve presque partout plusieurs vaisseaux veineux pour un seul artériel. Du reste, elles se distribuent comme les artères, les accompagnent généralement, et ont presque partout reçu les mêmes noms. On trouve cependant plusieurs différences que nous indiquerons.

1°. Il n'y a point pour les vaisseaux veineux un seul tronc central, comme pour les vaisseaux artériels, mais deux connus sous le nom de veines caves supérieure et inférieure. La première, qui s'ouvre à la partie supérieure de l'oreillette droite, ramène tout le sang des membres supérieurs et de toutes les parties céphaliques, cervicales et thorachiques; la seconde, qui s'ouvre à la partie inférieure, ramène celui des membres inférieurs, des viscères abdominaux et de toutes les parties abdominales.

2°. On nomme veine azygos une veine du côté droit, qui met en communication la veine cave supérieure et l'inférieure, s'ouvrant en bas dans celle-ci, et de même, près de sa terminaison, dans la première.

3°. Les membres supérieurs, outre les veines qui sont analogues aux artères brachiale, cubitale et radiale, ont d'autres veines superficielles nommées basilique et céphalique.

4°. Les membres inférieurs ont, de même que les supérieurs, des veines superficielles qui n'ont pas d'analogues parmi les artères, et qu'on nomme saphènes interne et externe.

5°. Enfin il existe encore quelques autres différences dont nous indiquerons les principales en traitant du cerveau et du foie.

Les variations que présentent les veines sont d'ailleurs fort nombreuses; ainsi quelques espèces ont une veine azygos à gauche, tout aussi bien qu'à droite, disposition qui se rencontre fréquemment chez l'Homme lui-même. Une autre modification plus remarquable a été observée par Cuvier chez le Porc-Épic et l'Éléphant. Ces deux Animaux ont deux veines caves antérieures, une pour chaque côté.

*** Système lymphatique.*

Telle est la distribution des principales artères et des principales veines chez les Mammifères. Quant aux vaisseaux lymphatiques, on a cru long-temps qu'ils n'existaient que chez les Mammifères, tous les Ovipares en étant généralement privés, ou du moins n'en ayant quelques-uns que dans la région cervicale. Aujourd'hui l'existence du système lymphatique chez les Oiseaux est un fait qui ne peut plus être révoqué en doute. Les anatomistes allemands Tiedemann et Fohmann, et tout récemment en France le docteur Lauth fils, l'ont en effet démontrée de la manière la plus évidente. Ainsi les lymphatiques ne sont nullement propres aux Mammifères, et, de même que nous l'avons vu pour les systèmes artériel et veineux, ne diffèrent, chez les Ovipares, que sous le rapport de leur distribution et de leur disposition.

De l'organe et des voies respiratoires.

La respiration est toujours simple chez les Mammifères, et non pas double, comme chez les Oiseaux, où l'air pénètre dans toutes les parties du corps, et agit sur le sang des vaisseaux aortiques, comme sur celui des vaisseaux pulmonaires. D'un autre côté, le poumon des Mammifères diffère beaucoup, par sa structure, de celui des Reptiles, chez lesquels la respiration est beaucoup moins complète. Les Mammifères sont donc généralement, sous le rapport de la quantité de leur respiration, dans un degré qui leur est propre, et qui se trouve intermédiaire entre celui des Oiseaux et celui des autres Ovipares.

Le conduit aérien, par lequel l'air pénètre dans le poumon, présente aussi des caractères particuliers chez les Mammifères, dans l'absence des parties trachéales inférieures connues chez les Oiseaux sous le nom de larynx inférieur ; en sorte qu'il n'est formé que de trois parties principales, le larynx, la trachée-artère et les bronches.

Larynx. Les principales parties qu'on a distinguées dans le larynx, sont : 1° le cartilage thyroïde, le plus grand de tous, et placé à sa partie supérieure et antérieure ; il est formé de deux lames obliques s'unissant sur la ligne médiane ; 2° le cartilage cricoïde, dont la forme est celle d'un anneau ; il est placé au-dessous et en arrière du thyroïde ; 3° les cartilages arythénoïdes, qui s'articulent sur la partie postérieure du cricoïde ; c'est à leur base que s'attachent les ligamens de la glotte, ou les cordes vocales ; 4° d'autres cartilages, nommés tubercules de Santorini, et placés entre les arythénoïdes et l'épiglotte ; 5° l'épiglotte, cartilage mol, impair, placé au-dessus du bord supérieur du thyroïde. Tous ces cartilages sont unis les uns aux autres par des membranes, des ligamens, et par des muscles, au moyen desquels les diverses pièces laryngiennes sont mobiles les unes sur les autres ; mais le larynx est en outre mobile dans sa totalité, soit au moyen des muscles thyro-hyoïdiens et sterno-thyroïdiens, soit aussi au moyen des muscles de l'hyoïde, parce que le larynx se trouvant suspendu à cet os, est obligé ainsi de participer à ses mouvemens.

Telle est la disposition générale du larynx chez les Mammifères ; mais il présente en outre un grand nombre de modifications tenant aux variations de forme et de volume des divers cartilages ; leur structure elle-même est sujette à varier, et quoique ordinairement cartilagineux, ils deviennent quelquefois cependant osseux. C'est ce qui se voit chez beaucoup d'Animaux herbivores à peine adultes, et chez l'Homme lui-même dans sa vieillesse. L'ossification a même fréquemment lieu beaucoup plus tôt chez ce dernier à la suite d'un développement extraordinaire de tout l'organe vocal, et quelquefois elle se fait plus promptement d'un côté que de l'autre, comme l'a vu Geoffroy Saint-Hilaire (Phil. Anat. T. I, p. 244) chez un Homme que sa profession obligeait de crier dans les rues.

Le larynx varie aussi chez l'Homme suivant l'âge et le sexe : on sait en effet combien le larynx d'une Femme, d'un enfant ou d'un castrat, diffère de celui d'un Homme adulte, et l'on sait aussi combien leur voix diffère. De pareilles variations, mais beaucoup plus considérables et surtout beaucoup plus nombreuses, ont lieu chez les Mammifères. On fera connaître les principales dans d'autres articles (*V.* Voix, Larynx et Trachée-Artère) ; l'étendue de celui-ci ne nous permettant pas d'entrer dans tous les détails nécessaires. Nous devons seulement dire ici quelques mots des sacs thyro-hyoïdiens des Singes. Ce sont de grands sacs membraneux situés sous la gorge, et qui s'ouvrent dans le larynx entre l'hyoïde et le thyroïde. Ces sacs se trouvent chez beaucoup de Singes, mais plus ou moins développés. Camper a quelquefois trouvé celui d'un côté beaucoup plus considérable que celui de l'autre.

Trachée-artère et bronches. La trachée-artère, qui fait suite au larynx, et dans laquelle se continue la même membrane muqueuse, est toujours un canal de forme arrondie, et dont la longueur est proportionnelle à celle du col. Elle est formée en devant et sur les côtés de cartilages unis ensemble par un tissu fibreux, et en arrière par une membrane musculeuse. Ces cartilages, dont le nombre varie, ont été nommés anneaux de la trachée-artère à cause de leur forme, qui est en effet celle d'anneaux, quelquefois complets comme chez les Makis, mais le plus souvent incomplets, comme chez l'Homme où ils ne ceignent que les deux tiers antérieurs du canal.

La trachée-artère est placée au devant de l'œsophage, qui la sépare de la colonne vertébrale, et occupe la ligne médiane : arrivée au niveau des premières vertèbres dorsales, elle se divise en deux parties, qui se dirigent l'une à droite, l'autre à gauche, et pénètrent dans les poumons, où elles se divisent et se subdivisent à l'infini. Ces divisions ou les bronches, ont généralement la même forme et la même structure que la trachée-artère ; seulement à mesure qu'elles se divisent, et que leur diamètre devient moins considérable, les anneaux cartilagineux deviennent et moins larges et moins nombreux, et ils finissent même par disparaître entièrement, en sorte que les dernières divisions des bronches sont seulement musculo-membraneuses.

Poumons. Ce sont toutes ces divisions des bronches, et celles non moins nombreuses des vaisseaux pulmonaires, qui composent dans son essentiel le poumon chez les Mammifères. Les cellules pulmonaires ne sont en effet autre chose, suivant la plupart des anatomistes, que la terminaison en cul-de-sac des ramifications bronchiques réduites à un diamètre infiniment petit.

Les poumons de l'Homme sont divisés par des scissures profondes en plusieurs parties ou lobes, qui sont au nombre de deux pour le gauche, de trois pour le droit : chez tous les Mammifères, ce dernier est aussi généralement celui qui a un nombre de lobes plus considérable ; ainsi il en a presque toujours trois ou quatre, et le gauche deux ou trois seulement : mais il y a exception pour les Cétacés, la plupart des Pachydermes, et quelques genres de Cheiroptères, de Marsupiaux et de Ruminans, qui n'ont aucun lobe dis-

tinct ; et pour le Porc-Epic qui en a au contraire jusqu'à cinq à gauche, et six à droite. Au reste tous ces nombres sont sujets à quelques variations dans les mêmes espèces.

Le poumon est toujours enveloppé par la plèvre, membrane séreuse dont une partie adhère au poumon, et l'autre aux parois de la poitrine : cette membrane forme ainsi chez les Mammifères un sac sans ouverture et dont la cavité est vide ; elle se comporte à l'égard du poumon, comme nous avons vu le péricarde se comporter à l'égard du cœur.

Tels sont les principaux caractères du poumon et des voies pulmonaires dans cette classe : presque tous lui appartiennent exclusivement. Toutes les autres, et celle des Oiseaux elle-même, présentent une foule de différences dont nous devons indiquer les principales.

1°. La trachée-artère n'est pas toujours proportionnée à la longueur du col ; mais elle présente quelquefois un repli qui se loge sous le sternum ou dans une cavité de cet os, comme chez diverses espèces de Hérons et dans le Cygne à bec jaune (*Anas Cygnus*).

2°. Elle n'est pas non plus toujours cylindrique, et présente dans quelques espèces, comme chez les Harles et plusieurs Canards, des dilatations plus ou moins considérables.

3°. Les anneaux cartilagineux sont ordinairement complets dans la trachée-artère.

4°. Les bronches, arrivées dans le poumon, se subdivisent tout d'un coup en une infinité de rameaux.

5°. Par suite de cette différence, il n'y a point de lobes pulmonaires distincts.

6°. Les poumons sont encastrés dans les côtes, enfoncés dans leurs intervalles : et ils sont ainsi divisés par des sillons parallèles entre eux, et de même forme que les côtes.

7°. Les bronches ne se terminent pas toutes en cellules aériennes ; au contraire plusieurs rameaux considérables aboutissent à la surface des poumons , en sorte que l'air peut s'échapper et se répandre dans toutes les parties du corps.

8°. La plèvre ne forme plus un sac sans ouverture.

9°. Enfin on trouve chez les Oiseaux, à la bifurcation de la trachée-artère , un appareil remarquable , formé de pièces cartilagineuses et de muscles , et auquel on a donné le nom de larynx inférieur , parce qu'il est véritablement l'organe de la voix chez les Oiseaux , et qu'il remplit ainsi à leur égard les mêmes fonctions que le véritable larynx chez les Mammifères. Geoffroy Saint - Hilaire a montré (Phil. Anat. T. 1) que ces pièces cartilagineuses ne sont autres que quelques anneaux de la trachée-artère plus ou moins modifiés ; et quant à leurs muscles, il est parvenu à retrouver de même leurs analogues chez les Mammifères où ils existent, en effet, à la partie postérieure de la bifurcation de la trachée-artère. Ces muscles avaient même déjà été assez anciennement vus et décrits chez l'Homme par Wohlfahrt et Heister.

Des organes digestifs.

La grandeur de l'ouverture buccale est très-variable dans les diverses familles de Mammifères; mais toutes ses variations sont presque constamment en rapport avec celles de l'os intermaxillaire, comme l'a le premier remarqué Geoffroy Saint-Hilaire : la commissure des lèvres s'étend toujours en effet jusqu'au niveau postérieur de cet os. Ainsi les Fourmiliers qui l'ont très-petit , ont aussi l'ouverture buccale extrêmement étroite , quoique leurs mâchoires soient plus allongées que dans aucun autre Mammifère. Les Chauve-Souris insectivores font cependant exception à cet égard, et leur gueule est fendue jusqu'au niveau des dernières molaires. Elles offrent ainsi parmi les Mammifères une anomalie qui forme également le caractère de plusieurs Oiseaux qui se nourrissent également d'Insectes. On sait en effet que les Hirondelles et les Engoulevens ont le bec fendu jusqu'au-delà des yeux.

Langue. La langue occupe une grande partie de la cavité orale : elle est ordinairement charnue , épaisse, très-mobile , mais peu extensible comme chez l'Homme : quelques espèces font cependant exception : tels sont d'un côté les Cétacés chez lesquels elle est adhérente au palais ; et de l'autre les Fourmiliers et les Pangolins chez lesquels elle est extrêmement grêle et amincie , et en même temps tellement extensible , qu'elle peut acquérir une longueur double de celle de leur tête déjà extrêmement allongée. Au reste , sans cet amincissement et cette longueur considérables , ces Animaux dont l'ouverture buccale est si petite , n'eussent pu se procurer leur nourriture.

Les anomalies de la langue du Cétacé et de celle du Fourmilier ou du Pangolin , quoique précisément inverses l'une de l'autre , produisent cependant à certains égards les mêmes effets physiologiques. Chez les uns et les autres , la langue se trouve soustraite à l'une des fonctions qu'elle remplit généralement , celle de favoriser la mastication. Or n'est-il pas bien remarquable que ces Animaux, les Cétacés, les Fourmiliers et les Pangolins , soient aussi les seuls Mammifères qui manquent de dents , ou qui n'aient que des dents impropres à la mastication ? Et y aurait-il donc un rapport entre la forme et la structure de la langue, et celles des dents , de manière que dans toutes les espèces où la langue n'existe plus, comme auxiliaire de la mastication , les directs et principaux agens de cette fonction vinssent à manquer pareillement, les dents ou ne s'y rencontrant plus , ou s'y rencontrant sous d'autres formes et avec d'autres usages? C'est aussi ce qui paraît avoir lieu chez les Monotrèmes, les Oiseaux, les Reptiles et les Poissons , qui manquent en général , ou tout-à-fait de dents, ou du moins de dents propres à la mastication ; et c'est cependant ce qui ne serait pas d'une manière absolument générale, s'il est vrai, selon l'observation de l'illustre Humboldt, que les Lamantins, qui ont un système dentaire très-parfait et très-propre à la mastication, et dont les dents ressemblent même à s'y méprendre à celles de plusieurs Quadrupèdes herbivores, aient, comme les autres Cétacés, la langue adipeuse et fixée au palais.

Dents. Sous le rapport de leur système dentaire, les Mammifères ont cela de commun qu'ils n'ont jamais de dents sur d'autres os que sur les maxillaires ou les intermaxillaires · leurs dents varient d'ailleurs beaucoup, soit pour leur insertion, soit pour leur nombre, soit pour leur forme. La forme est ici beaucoup plus importante que le nombre, parce que c'est elle, et non pas le nombre, qui détermine la fonction, et que les dents ont surtout une grande importance physiologique. C'est en effet, parce qu'il est toujours en rapport de fonctions avec les autres organes du système digestif, que le système dentaire indique constamment leurs modifications par les siennes propres.

Les dents des Mammifères ont été distinguées, particulièrement d'après leur insertion, en trois classes, les incisives, les canines, les molaires : mais il s'en faut bien que les trois sortes de dents existent dans toutes les espèces. Nous avons déjà vu que les Fourmiliers et les Pangolins n'en ont aucune : le Narwhal n'a que deux canines, quoique d'ailleurs les dents qui se trouvent le plus constamment, soient cependant les molaires. Celles qui manquent le plus souvent sont au contraire les incisives : car Geoffroy Saint-Hilaire a montré il y a quelques années (*V.* Rongeurs) que les prétendues incisives des Rongeurs sont de véritables canines.

Le molaires se rapportent, eu égard à leur forme, à quatre types principaux.

1°. Les unes sont larges et aplaties : elles sont propres à broyer, et appartiennent aux Herbivores.

2°. D'autres sont hérissées de pointes coniques : elles sont propres à briser les élytres et les parties dures des Insectes, et appartiennent aux Insectivores.

3°. D'autres sont tranchantes : elles sont propres à déchirer la chair, et appartiennent aux Carnivores.

4°. Enfin d'autres sont toutes coniques, allongées, simples, ne se correspondant plus entre elles : elles ne sont propres qu'à retenir une proie, et appartiennent aux Cétacés qui n'ont pas de mastication.

Les Baleines n'ont même plus de dents ; mais les lames cornées qui garnissent les deux côtés de leurs mâchoires, ou leurs fanons, en tiennent véritablement lieu : ils remplissent en effet les fonctions des dents chez les autres Cétacés, et servent aussi à retenir la proie. Ils leur sont d'ailleurs analogues aux yeux de l'anatomiste ; et c'est ainsi que le système dentaire d'un Mammifère vient à nous reproduire presque à tous égards celui des Oiseaux, et particulièrement, comme l'a montré Geoffroy Saint - Hilaire (Système dentaire des Mamm. et des Oiseaux), celui du Canard Souchet.

Glandes salivaires. En outre des dents et de la langue, on trouve dans la bouche plusieurs glandes salivaires nommées, d'après leur position, parotides, sublinguales et maxillaires. Ces glandes sont surtout développées dans les espèces chez lesquelles les alimens séjournent le plus long-temps dans la cavité orale, comme sont les Herbivores : elles sont atrophiées par la raison contraire chez les Cétacés qui avalent leur nourriture sans l'avoir préparée dans leur bouche par la mastication.

Voile du palais. Enfin le voile du palais est une sorte de rideau suspendu à la voûte du palais, et qui se porte vers la base de la langue : il est formé de plusieurs muscles enveloppés dans un repli de la membrane muqueuse orale. Son bord inférieur libre offre dans son milieu une petite languette plus ou moins prononcée, qu'on a nommée luette. Le voile du palais présente des modifications très-remarquables chez les Cétacés, où sa disposition est toute autre (*V*. Cétacés et Events); et la luette manque même chez la plupart de Animaux; ou plutôt, comme l'a dit le docteur Lisfranc, ils n'ont qu'un rudiment de cet organe, qui se trouve d'ailleurs remplacé par la disposition du voile du palais plus prolongé en arrière. Cette disposition, très-prononcée chez les Singes, l'est d'ailleurs beaucoup moins chez les Ruminans et les Rongeurs : ces Quadrupèdes qui marchent, la tête inclinée vers le sol, n'en avaient pas en effet le même besoin, comme l'a aussi remarqué ce savant professeur; les narines antérieures donnant chez eux aux mucosités nasales un écoulement trop facile, pour qu'elles se portent dans le pharynx.

Canal alimentaire. La cavité orale se continue avec le canal alimentaire, dont la première partie est le pharynx, cavité en forme de sac, entourée de muscles disposés, les uns de manière à diminuer son diamètre par leur contraction; ce sont les constricteurs, et les autres à l'élever; ce sont les releveurs ou les stylo-pharyngiens. Ces muscles se retrouvent chez les Mammifères comme chez l'Homme, et sont même chez eux généralement plus prononcés. Le pharynx présente inférieurement deux ouvertures, l'une formant l'entrée des voies respiratoires; et l'autre, celle du canal alimentaire avec lequel il se continue principalement.

Nous nous bornerons ici à indiquer succinctement les principales modifications que présentent ses diverses parties, parce que nous les avons déjà fait connaître ailleurs. (*V*. Intestin.)

1°. OEsophage. Sa longueur est toujours proportionnelle à celle du col et de la poitrine; il est membraneux, et ne se trouve jamais ni renflé en divers points comme chez les Oiseaux, ni dilaté dans toute son étendue comme chez plusieurs Reptiles et chez beaucoup de Poissons.

2°. Estomac. On le trouve d'autant plus compliqué qu'on l'observe dans des espèces plus essentiellement herbivores; ainsi, très-simple chez les Carnassiers, il se complique de plus en plus chez les Rongeurs, les Pachydermes, les Cétacés et les Ruminans.

3°. Intestin. Il est comme l'estomac d'autant plus compliqué, et en même temps plus long qu'on l'observe dans des espèces plus essentiellement herbivores. Les Carnassiers diffèrent encore des Herbivores par la structure de leurs intestins : la tunique péritonéale est très-épaisse chez eux, et la muqueuse très-mince; tandis que chez les Herbivores, celle-ci a une épaisseur considérable, la péritonéale étant au contraire d'une extrême ténuité. Le cœcum varie beaucoup; les Orangs et le Phascolome ont seuls comme l'Homme un cœcum avec un appendice vermiforme; mais le plus souvent le cœcum existe seul. Enfin il n'y a ni cœcum ni appendice chez beaucoup d'entre eux. Chez beaucoup aussi, soit parmi ceux qui ont un cœcum, soit surtout parmi ceux qui en manquent, le volume de l'intestin est le même dans toute son étendue, en sorte qu'il n'est plus possible de le diviser comme à l'ordinaire en intestin grêle et en gros intestin.

L'ouverture inférieure du canal intestinal, ou l'anus, est chez tous les Mammifères, comme chez l'Homme, placée à l'extrémité inférieure ou postérieure du corps, et immédiatement sous l'origine de la queue, lorsqu'elle existe : elle ne donne issue qu'aux excrémens solides. On nomme muscles de l'anus plusieurs muscles, par lesquels l'extrémité anale du rectum est mise en mouvement. Les plus constans sont le sphincter placé immédiatement sous la peau, et dont les fibres elliptiques entourent l'orifice anal; et les releveurs. Leurs noms indiquent assez leurs fonctions. Les muscles de l'anus sont sujets à de nombreuses variations dans les diverses familles, et plusieurs d'entre eux diffèrent même chez les divers individus de la même espèce, suivant leur sexe, parce qu'appartenant aussi aux organes sexuels, ils sont tenus de partager leurs modifications.

Annexes du canal alimentaire. Le foie est la plus grosse de toutes les glandes, et même le plus volumineux de tous les organes de l'abdomen ; il est toujours situé dans l'hypochondre droit, mais il s'étend le plus souvent jusque dans le gauche. Toujours chez les Mammifères d'une structure et d'un volume semblables à ceux qu'il présente chez l'Homme, il ne diffère guère que par le nombre des lobes qui le composent. Au reste, ces variations s'observent même quelquefois chez l'Homme, et n'offrent rien de constant pour chaque genre. Ainsi le Jaguar a quatre lobes, et le Lynx en a huit ; le Sulgan et le Pika en ont cinq, et l'Ogoton sept.

D'autres variations aussi nombreuses et aussi remarquables sont celles que présentent les canaux cystique, hépatique et cholédoque, et la vésicule biliaire elle-même, qui tantôt existe et tantôt manque dans la même famille. Ainsi elle existe chez le Porc-Epic, et manque chez l'Urson ; on la trouve chez beaucoup de Rats, et beaucoup d'autres n'en ont pas ; et l'on ne sait point encore à quoi tient son existence.

En outre des vaisseaux hépatiques, le foie possède encore un autre ordre de vaisseaux, qui lui est propre dans la veine-porte et ses ramifications. Cette veine, dont le calibre est considérable, après avoir reçu par les veines splénique et mésentérique supérieure le sang de presque tous les viscères abdominaux, se ramifie dans le foie à la manière des artères. La veine-porte est donc formée de deux portions, l'une abdominale qui fait l'office d'une veine, l'autre hépatique qui se distribue à la manière d'une artère. Ce sont toutes ces ramifications de la veine-porte, celles des canaux biliaires,

celles de l'artère hépatique et de la veine hépatique, qui composent essentiellement la substance du foie, dont la structure est, comme on le voit, extrêmement remarquable.

Outre la bile que le canal cholédoque verse dans le duodénum, cet intestin reçoit aussi un liquide connu sous le nom de suc pancréatique, parce qu'il est sécrété par le pancréas. Cette glande, la plus grosse des glandes analogues aux salivaires, a chez tous les Mammifères une structure semblable à celle qu'elle a chez l'Homme, mais elle varie par sa consistance, sa couleur, sa forme, et aussi en ce qu'elle est souvent divisée en plusieurs lobes. Son canal excréteur, formé quelquefois de plusieurs branches, s'ouvre toujours très-près du canal cholédoque, et souvent même ces deux canaux se réunissent l'un à l'autre, et leur orifice est commun.

La rate, organe placé dans l'hypochondre droit, est d'un volume très-variable, mais toujours de beaucoup inférieur à celui du foie. Elle est généralement plus grosse chez les Mammifères que chez les Ovipares. Les usages de ce viscère, que Blainville considère comme une sorte de ganglion vasculaire, analogue aux ganglions lymphatiques, ne sont point encore connus.

Péritoine. Il est au canal alimentaire et aux divers viscères abdominaux ce que le péricarde est au cœur, et la plèvre aux poumons ; mais la forme irrégulière et le nombre des organes qu'il enveloppe, rendent très-compliquées sa forme et sa disposition, et ont produit divers replis connus sous les noms de *mésentère* et d'*épiploon*. Ces replis existent en général chez les Mammifères comme chez l'Homme ; mais, et il en est de même du péritoine dans son ensemble, ils doivent nécessairement varier, et varient en effet comme les viscères abdominaux auxquels ils sont fixés.

Des organes urinaires.

L'appareil de la dépuration urinaire se compose généralement d'une glande qui sécrète l'urine, ou le rein ; d'une poche membraneuse qui forme pour l'urine une sorte de réservoir, ou la vessie ; du canal par où elle y arrive, ou l'uretère, et de celui par lequel elle en sort, et est rejetée à l'extérieur, ou l'urèthre.

Reins. Les reins ne sont pas chez l'embryon humain, comme chez l'adulte, partagés seulement par une scissure médiane ; mais ils sont au contraire divisés en un grand nombre de lobes. Cette disposition se voit également dans beaucoup d'espèces d'une manière permanente, comme chez l'Eléphant, le Bœuf, et surtout les Ours, les Loutres, les Phoques et les Cétacés, où leur division est telle qu'on peut, remarque Cuvier, les comparer à des grappes de raisin. Du reste la structure des reins est la même chez tous les Mammifères, et on trouve chez tous aussi (excepté chez l'Eléphant?) une limite bien tranchée entre les deux substances qui les composent. La division des reins en plusieurs lobes donne cependant lieu à une autre anomalie : l'artère rénale n'entre plus toute entière dans le sinus ; mais plusieurs branches se détachent et vont directement aux lobes qu'ils doivent nourrir. Au reste quelque chose d'analogue se voit également, suivant les observations de Serres, chez l'embryon humain luimême, pendant qu'il a encore les reins partagés en plusieurs lobes.

Uretère. C'est toujours un canal membraneux qui descend le long de la colonne vertébrale, se dirige sur la vessie, se continue d'abord entre les fibres de sa tunique musculeuse, et s'ouvre enfin par un orifice plus étroit que son diamètre. Il présente seulement quelque différence dans son origine chez les Dauphins et chez plusieurs Quadrupèdes.

La *vessie* est une grande poche musculo-membraneuse, qu'on pourrait considérer, avec Meckel et Blainville, comme une dilatation considérable des uretères, dont elle diffère cependant par les fibres musculaires qui entrent dans sa structure. On a dit qu'elle était beaucoup plus considérable chez les Herbivores que chez les Carnivores ; mais suivant Cuvier, cette différence de volume n'est pas bien réelle ; seulement, comme ses parois sont beaucoup plus musculeuses chez ceux-ci, leur vessie se contracte plus fortement à l'instant de la mort. Elle paraît en effet de même plus petite chez quelques Herbivores qui ont la tunique musculeuse plus développée comme le Cheval.

Le *canal de l'urèthre*, qui est composé dans son essentiel d'une membrane muqueuse, mais dont la structure est d'ailleurs très - compliquée, est toujours situé à la partie inférieure du pénis chez les mâles. Chez les femelles il traverse de même quelquefois le clitoris comme chez les Loris, où cet organe ne présente plus un simple sillon, comme dans beaucoup d'espèces, mais bien un canal complet.

Capsules surrénales. On nomme ainsi des corps glanduleux situés audessus des reins, et dont l'usage est encore inconnu : très-développés chez le fœtus humain, ils s'atrophient chez l'adulte. On avait dit les capsules surrénales plus développées chez les Nègres que chez les Hommes de la race Caucasique ; mais il n'y a point réellement de différence constante, comme l'a constaté Serres. Chez les Mammifères leur volume et leur forme varient beaucoup, et leurs modifications sont souvent en rapport avec celles des reins, dont ils paraissent quelquefois aussi se rapprocher par leur structure. Ces ressemblances ont fait penser à Cuvier que leurs fonctions pourraient bien avoir de l'analogie avec celles de ces glandes.

Des organes génitaux.

L'unité de composition des organes génitaux mâles et des organes femelles, aperçue par la plupart des anatomistes anciens et modernes, et déjà soupçonnée par Aristote et par Galien, est un fait aujourd'hui bien certain. Home, Autenrieth, Ackermann (sur la différence des deux .

sexes, Archives de Phys.), et surtout Meckel, en montrant la parfaite similitude de l'appareil mâle et de l'appareil femelle chez l'embryon humain ; Geoffroy Saint-Hilaire, en retrouvant la même similitude chez l'adulte même dans certaines espèces ; ont particulièrement mis hors de doute une vérité que les travaux de Blainville et de plusieurs autres savans eussent suffi d'ailleurs pour faire regarder comme démontrée. Nous avons dû faire remarquer cette analogie, dans tous les temps bien curieuse et bien digne d'attention, mais aujourd'hui surtout d'une extrême importance, parce qu'elle est la véritable base de la théorie de l'unité de composition. Si l'appareil mâle et l'appareil femelle ne sont pas, dans leur essence et dans leurs élémens, des modifications d'un seul et même appareil ; si l'organisation du mâle et celle de la femelle, si celle de tous les individus d'une même espèce, ne peut se ramener à un même type ; comment en effet pourrait-on concevoir l'analogie, l'unité de composition pour l'universalité des êtres ?

Nous ne parlerons dans cet article que de l'organe femelle ; tout ce qui concerne l'organe mâle ayant déjà été dit ou devant l'être dans d'autres articles. Il sera pareillement traité ailleurs de la génération des Animaux à bourse. *V.* ACCOUPLEMENT, COPULATION, GÉNÉRATION et MARSUPIAUX

Les *ovaires*, généralement doubles chez les Mammifères, ne présentent chez eux aucune modification importante, et ressemblent généralement à ceux de la Femme ; ils sont toujours nourris par les mêmes artères qui nourrissent les testicules chez le mâle, les spermatiques. Il en est des trompes utérines comme de l'ovaire, elles sont toujours doubles et présentent la même structure et la même disposition que chez la Femme. Dans les espèces où l'adutérum est développé, elles s'insèrent à son extrémité ; dans celles où il est rudimentaire, elles aboutissent jusque dans l'utérus.

L'organe connu sous le nom de *matrice* est, en effet, formé de deux parties qui doivent être distinguées, et considérées comme des organes particuliers.' Des artères différentes nourrissent séparément le corps de la matrice, et ses cornes, ou, suivant le nom que leur a donné Geoffroy Saint-Hilaire, l'*adutérum* ; tous deux ont des fonctions différentes, et leur développement est le plus souvent inverse. Chez la Femme, l'adutérum est très-rudimentaire, et vient presque à disparaître, tandis que le corps de la matrice, ou l'utérus proprement dit, est très-développé. Aussi l'anatomie humaine n'a-t-elle pas même soupçonné l'existence de l'adutérum comme organe distinct, quoiqu'il le soit réellement dans le jeune âge, et qu'on l'ait plusieurs fois, par anomalie, trouvé tel chez l'adulte lui-même. Chez les Singes et la plupart des Édentés, l'adutérum est de même très-rudimentaire, et l'utérus très-volumineux. Chez les Carnassiers, les Rongeurs et les Herbivores, le développement de ces deux organes s'est au contraire fait dans un rapport inverse, l'adutérum étant extrêmement allongé ; et enfin, chez quelques-uns, comme chez les *Cavia* de Gmelin, et surtout chez les Lièvres, l'utérus devient à son tour très-rudimentaire, ou plutôt même presque nul ; de sorte que les deux adutérums ont chacun leur orifice distinct dans le vagin. Les deux moitiés de la matrice, suivant l'ancienne nomenclature, sont ainsi tout-à-fait indépendantes l'une de l'autre, et la superfétation devient alors un phénomène qui se produit aussi facilement qu'il s'explique. Il existe au contraire quelques genres où l'utérus et l'adutérum se trouvent également développés, et tels sont particulièrement les Makis, parmi les Quadrumanes.

Le *vagin* présente peu de modifications remarquables, et il a chez tous les Mammifères, à peu près les mêmes caractères qu'il offre chez la Femme.

La membrane hymen, qu'on avait prétendu n'exister que chez elle seule, se retrouve généralement chez tous, comme l'a constaté Cuvier, et est même très-prononcée chez plusieurs. Les diverses parties externes de la génération varient au contraire beaucoup; mais nous n'insisterons pas sur toutes ces variations pour la plupart peu importantes; et nous nous bornerons à indiquer les principaux rapports du *clitoris* avec le pénis du mâle.

Cet organe, peu développé chez la Femme, ressemble d'ailleurs tellement au pénis par sa structure et ses connexions, que la plupart des anatomistes n'ont pas balancé à reconnaître en lui son analogue, même en se bornant à comparer ensemble les organes génitaux de l'Homme et ceux de la Femme adultes. Le clitoris a en effet, comme le pénis, un gland, un petit prépuce et un corps caverneux attaché de même aux branches de l'ischion par une double racine; il reçoit la même artère, la même veine et le même nerf, et leur distribution est entièrement analogue. La ressemblance est encore bien plus grande, soit chez l'embryon humain, soit chez divers Animaux. On voit chez l'embryon humain, soit mâle, soit femelle, dit Meckel (Manuel d'anatomie humaine, traduction de Jourdan et de Breschet): « un corps considérable, triangulaire, un peu renflé à son extrémité antérieure, collé d'abord à la partie inférieure de la partie antérieure du bas-ventre, et qui plus tard pend librement en avant. Le corps est formé de deux moitiés séparées l'une de l'autre par un sillon qui marche le long de la face inférieure. Avec le temps il produit soit la verge, soit le clitoris. » On trouve presque la même similitude chez plusieurs Animaux adultes. Le volume du clitoris égale celui du pénis dans plusieurs espèces, même parmi les Singes; et la ressemblance est telle que les femelles sont prises la plupart du temps pour des mâles. Quelques espèces ont le gland du pénis bifurqué;

celui du clitoris l'est alors pareillement. Celles qui ont un os pénial, ont ordinairement de même un os dans le clitoris. Enfin cet organe se trouve souvent creusé profondément d'un sillon qui fait suite à l'urèthre; et dans quelques espèces, ce sillon se change même en un canal complet. Ainsi nous voyons dans beaucoup d'espèces le clitoris s'élever au degré de développement qui caractérise le pénis, et en acquérir toutes les conditions et tous les caractères. Il serait tout aussi facile de montrer ce dernier organe venant, au contraire, à s'atrophier, à tomber dans les conditions rudimentaires, et ne plus représenter chez le mâle comme chez la femelle (si l'on peut s'exprimer ainsi) qu'un simple clitoris. C'est ce qui a lieu d'une manière évidente dans plusieurs Animaux, et quelquefois, par anomalie, chez les Mammifères et chez l'Homme lui-même.

Les *mamelles* varient beaucoup chez les Mammifères pour leur nombre et leur situation. Lorsqu'elles sont inguinales ou abdominales, elles sont nourries par les artères épigastriques, et lorsqu'elles sont pectorales, par les thorachiques internes. Leur nombre est ordinairement en rapport avec celui des petits. Chez presque toutes les espèces qui n'en ont que deux, elles sont pectorales comme chez l'Homme; c'est ce qui a lieu chez les Singes, les Chauve-Souris, la plupart des espèces du genre Tatou, les Bradypes, les Éléphans et les Lamantins. Du reste leur nombre est extrêmement variable.

Les mamelles existent chez tous les mâles de Mammifères; et c'est une erreur de croire qu'elles manquent chez ceux du genre Cheval, comme on l'a cru long-temps, et comme l'avait dit Buffon lui-même; seulement elles sont chez eux très-petites et très-peu apparentes. Leur existence chez les mâles où elles ne sont destinées à aucunes fonctions, comme chez les femelles où elles en remplissent d'aussi importantes, est un fait bien remarquable, et où se montre bien la tendance de la nature à l'uniformité. Leur organisation chez les premiers est même si parfaite, que la sécrétion du lait peut très-bien s'opérer chez eux ; et qu'on ne manque pas d'exemples d'enfans allaités par des Hommes. Humboldt (Voyage aux régions équinoxiales du nouveau continent) parle d'un Homme qui avait nourri son fils de son propre lait pendant cinq mois entiers ; et c'est sans doute pour avoir eu connaissance de quelque fait semblable, que des voyageurs amis du merveilleux ont affirmé qu'au Brésil ce sont les Hommes, et non pas les Femmes, qui allaitent leurs enfans ; conte absurde sans doute, mais qui pourrait bien être fondé, comme on le voit, sur quelque chose de réel.

Des organes des sens.

Ils sont chez presque tous les Mammifères au nombre de cinq, comme chez l'Homme ; ils ont tous le sens général ou le toucher, et, selon l'opinion unanime de tous les physiologistes, deux des sens spéciaux, le goût et l'ouie : quant aux deux autres, l'odorat et la vue, ils paraissent manquer dans quelques espèces.

Les sens spéciaux reçoivent ordinairement deux ordres de nerfs que l'on peut désigner avec Serres d'une manière générale, l'un sous le nom de nerf propre ou principal, et l'autre sous celui de nerf accessoire : le premier met l'appareil sensitif en communication directe avec l'encéphale ; le second est toujours une branche du nerf trijumeau. Ainsi, la vue a pour nerf sensitif propre, l'optique ; l'ouie, l'acoustique, et l'odorat, l'olfactif ; et chacun de ces sens reçoit en outre une branche de la cinquième paire. Cette disposition fort remarquable n'est cependant pas tout-à-fait constante : le nerf propre manque fréquemment, et dans ce cas le rameau de la cinquième paire, de nerf accessoire qu'il est ordinairement, devient le principal. C'est ce qui a lieu constamment pour le sens du goût, dont le nerf n'est autre que le rameau de la cinquième paire, connu sous le nom de lingual. C'est ce qui a également lieu, suivant la remarque de Serres, pour tous les sens, chez les Mollusques, les Insectes et les Crustacés. Enfin, suivant le même anatomiste, c'est aussi ce qui a lieu chez divers Mammifères pour l'odorat et pour la vue.

Cuvier a découvert le premier que le nerf olfactif n'existe pas chez les Cétacés (Anat. comp. T. ii, p. 196) ; et dans ce cas il n'existe pas non plus de trous ethmoïdaux. Suivant Serres, le nerf optique manque de même chez la Taupe, la Chrysochlore, les Rats-Taupes, les Musaraignes et la plupart des Mammifères qui vivent profondément sous terre et dans les lieux où la lumière ne pénètre pas. Son absence a cependant été contestée par Bailly, qui a cru l'avoir rencontré chez la Taupe : mais le filet extrêmement ténu que cet habile anatomiste considère comme le nerf optique, paraît exister généralement chez tous les Animaux où l'existence de ce nerf est évidente, de même que chez ceux qui en sont privés.

Au reste, il n'est pas bien certain que ceux qui sont privés du nerf olfactif ne jouissent pas de l'odorat, et il s'en faut bien que tous ceux qui sont privés de l'optique soient aveugles : c'est cependant ce qui a certainement lieu pour quelques espèces où l'œil est entièrement caché sous une peau aussi épaisse que celle du corps, pareillement revêtue de poils, et même doublée par le peaussier : tel est le Zemni (*Mus typhlus*). Il est bien certain, au contraire, que la vision s'exerce très-bien chez les Musaraignes ; et, d'après les observations faites au Cap par Delalande sur le Rat-Taupe, il en est de même de ce Rongeur. Enfin, Geoffroy Saint-Hilaire et Durondeau ont fait sur la Taupe diverses expériences qui donnent les mêmes résultats que pour le Rat-Taupe. Quelques personnes ont dit, il est vrai, qu'il existe en Europe deux espèces de Taupes, dont l'une serait aveugle ; et cette assertion, à laquelle jusqu'à ce jour ou n'avait attaché que très-peu d'importance, pourrait bien être plus fondée qu'on ne l'avait cru. Le docteur Savi, de Pise, vient en effet d'envoyer à Geoffroy Saint-Hilaire deux Taupes qui paraissent former une espèce différente de la Taupe commune (*Talpa europœa*). Le zoologiste italien a même donné à cet Animal le nom de *Talpa cœca* ; mais nous ignorons s'il s'est assuré par des expériences directes, qu'elle est réellement aveugle. Nous avons même, au contraire, reconnu qu'elle a, comme la Taupe commune, un petit œil rudimentaire.

Il était tout naturel de penser que la sensation s'opère au moyen de la cinquième paire pour tous les appareils sensitifs dont les nerfs ne sont que des branches de celle-ci, et qu'ainsi sa destruction entraînerait nécessairement celle de ces sens. Mais Magendie a découvert un fait que les théories physiologiques jusqu'alors admises étaient bien loin de pouvoir faire soupçonner : c'est que chez les Mammifères normaux, comme chez ceux qui n'ont pour nerfs sensitifs que des branches de la cinquième paire, la section de ce nerf est suivie immédiatement de la perte, non pas seulement du goût, mais aussi de la vue, de l'ouie et de l'odorat, malgré la présence des nerfs optiques, acoustiques et olfactifs. D'un autre côté, le même physiologiste ayant également réussi à couper le nerf optique, il a vu aussi que sa destruction (le nerf de la cinquième paire étant laissé intact) entraîne pareillement celle de la vue. Ainsi ce dernier sens, et il en est probablement de même de l'ouie et de l'odorat, a besoin du concours des deux nerfs qu'il reçoit ; et la section de l'un des deux rend la sensation impossible.

L'anatomie pathologique a fourni des résultats non moins remarquables, et qui s'accordent très-bien avec les expériences de Magendie. Ainsi, Serres a vu l'altération patho-

logique du tronc de la cinquième paire produire exactement tous les mêmes phénomènes causés par sa destruction artificielle ou sa section ; et l'analogie est même si complète, que le célèbre anatomiste avait pu prévoir et annoncer d'avance tout ce que l'autopsie cadavérique a montré.

Du système nerveux.

L'*encéphale* des Mammifères a d'abord un caractère qui lui est propre dans son volume considérable ; mais il ne faut pas croire que ses différentes parties contribuent toutes à cet accroissement de la masse. Serres a parfaitement démontré (Anatomie du cerveau, T. I, 1824) que parmi les différens organes dont se compose l'encéphale, il en est qui se développent en raison directe l'un de l'autre ; mais qu'il en est aussi qui se développent en raison inverse. Il suit de ces rapports, que certaines parties de l'encéphale arrivant chez les Mammifères au *maximum* de leur développement, d'autres doivent en même temps, et pour cette raison, tomber au *minimum*. L'état rudimentaire de certaines parties encéphaliques fournira donc, tout aussi bien que le volume considérable de quelques autres, des indices et des preuves du haut degré de développement de l'organe dans son ensemble.

C'est exactement ce qui a lieu chez les Mammifères. Les hémisphères cérébraux sont très-développés, plus développés que dans aucune autre classe ; au contraire, les tubercules quadrijumeaux sont très-petits et très-rudimentaires. Leur nom de *tubercules quadrijumeaux*, qui leur convient très-bien chez tous les Mammifères, leur a même été donné à cause de leur petitesse, qui n'a permis de les considérer que comme de petits tubercules, de petites éminences faisant partie d'autres organes. Au contraire, dans les autres classes, et surtout chez les Poissons, de dominés qu'ils étaient, ils deviennent, à leur tour, les organes dominateurs de l'encéphale, et tellement, qu'ils ont été généralement, jusqu'aux derniers travaux de Serres, et sont même encore par quelques anatomistes, regardés comme les hémisphères cérébraux. Le nom de tubercules quadrijumeaux est alors bien loin de leur convenir, d'autant mieux qu'ils ne se trouvent plus formés de quatre petites éminences, mais de deux lobes considérables et bien distincts. Aussi Serres, embrassant tous ces rapports, leur a-t-il donné le nom beaucoup plus généralement convenable de lobes optiques.

Les variations de ces lobes nous représentent exactement ce que nous avons déjà vu pour diverses parties du système osseux, pour l'os coracoïde par exemple. Faible, petit, sans importance, réuni à l'omoplate, tout-à-fait rudimentaire dans une classe, et considéré comme une simple éminence, une simple apophyse ; il devient dans une autre un os bien distinct, d'une grande importance, d'un volume considérable, et qui égale et surpasse même cette autre pièce dont des observations trop circonscrites et trop peu nombreuses ne l'eussent fait considérer que comme une petite éminence.

Au reste, il en est des lobes optiques comme de tous les organes rudimentaires des Mammifères et de l'Homme : ils se trouvent dans les premiers âges du fœtus de l'Homme, non moins importans, et non moins développés que chez les plus inférieurs des Vertébrés, chez les Poissons. D'abord, d'une grandeur considérable et creusés, comme le sont les hémisphères cérébraux dans l'adulte, de ventricules très-étendus, leur volume proportionnel diminue peu à peu ; bientôt ils n'ont plus que le degré de développement de ceux des Reptiles, puis de ceux des Oiseaux, et ils finissent enfin par présenter les caractères et les conditions normales du Mammifère, c'est-à-dire que leur volume devient très-peu considérable, que leurs ventricules s'oblitèrent, et qu'un sillon, séparant chaque lobe en deux parties, les

change en véritables tubercules quadrijumeaux.

Un autre caractère propre à l'encéphale des Mammifères adultes, est l'existence du corps calleux ou mésolobe qui réunit sur la ligne médiane les deux hémisphères cérébraux. La théorie du développement excentrique des organes explique parfaitement son absence chez les Ovipares et chez les fœtus des Mammifères.

L'existence des circonvolutions ne doit pas être mise au nombre des caractères classiques des hémisphères cérébraux des Mammifères ; elles manquent chez les Rongeurs, qui se trouvent en général les plus inférieurs des Mammifères, sous le rapport du développement de l'encéphale. Aucun Mammifère n'en a d'ailleurs ni d'aussi nombreuses ni d'aussi profondes que l'Homme.

L'Homme paraît aussi avoir les hémisphères cérébraux les plus volumineux ; mais ce serait une erreur de croire qu'il l'emporte également sur tous par le volume de la masse encéphalique.

Les hémisphères sont aussi très-développés chez les Singes, où ils recouvrent, comme chez l'Homme, le cervelet, par leurs circonvolutions postérieures : ces Quadrumanes seuls et quelques Cétacés présentent ce caractère. Leur volume décroît ensuite de plus en plus des Cétacés et des Carnassiers amphibies aux Carnassiers terrestres, aux Ruminans et aux Rongeurs. On ne trouve de cavité digitale que chez l'Homme et les Singes ; et le petit pied d'Hippocampe n'existe que chez l'Homme.

Les tubercules quadrijumeaux sont toujours développés en raison inverse des hémisphères cérébraux : ainsi ils décroissent des Rongeurs et des Ruminans, aux Carnassiers, aux Singes et à l'Homme. Quant à leur proportion entre eux, elle est variable ; le sillon qui divise chaque lobe optique en deux tubercules, se plaçant tantôt au milieu, tantôt plus en devant, tantôt plus en arrière. Ainsi il y a égalité des antérieurs et des postérieurs chez l'Homme; prédominance des postérieurs chez les Carnassiers ; des antérieurs, chez les Ruminans et les Rongeurs.

Le volume des tubercules quadrijumeaux est généralement proportionnel à celui des yeux et à celui des nerfs optiques chez les Mammifères, comme aussi chez les Vertébrés inférieurs. Quelques espèces font cependant à ce rapport une exception très-remarquable. Tous ces Mammifères anomaux dont nous avons déjà parlé, et qui se trouvent manquer de nerfs optiques, et n'avoir que des yeux très-rudimentaires, comme la Taupe, la Chrysochlore et divers Rongeurs, ont cependant des tubercules quadrijumeaux très-volumineux. Quel peut être leur usage chez des Animaux où manque le nerf qui les met en communication avec l'œil, et où ils deviennent ainsi inutiles à la vision?

Le cervelet est généralement volumineux chez les Mammifères; et il est chez tous partagé en lames parallèles par des sillons transversaux plus ou moins prononcés. En outre il existe chez l'Homme, et chez une grande partie d'entre eux, des scissures pareillement transversales, qui le divisent beaucoup plus profondément, et le partagent en lobules : leur nombre diminue des Singes et des Carnassiers aux Pachydermes, aux Ruminans et aux Rongeurs. En outre le cervelet présente dans sa composition d'autres caractères que nous ferons également connaître d'après Serres.

Le cervelet est élémentairement composé de deux parties qui se trouvent isolées chez les Poissons ; savoir: un lobule médian et des feuillets latéraux. C'est de leur réunion qu'est formé le cervelet des Mammifères, où l'on doit ainsi distinguer le processus vermiculaire supérieur, ou son lobe médian, et les hémisphères. Ces deux élémens, quoique réunis, n'en demeurent pas moins indépendans l'un de l'autre : et tellement, que l'un est toujours développé en raison inverse de l'autre. En outre, ils sont tous

deux en rapport avec d'autres parties de l'encéphale. Ainsi le lobe médian est toujours développé : 1° en raison directe des tubercules quadrijumeaux ; 2° en raison directe de la moelle épinière ; 3° en raison inverse de la protubérance annulaire.

L'existence de ce dernier organe doit encore être mise au nombre des caractères classiques de l'encéphale des Mammifères ; et nous pouvons faire à son égard la même remarque que nous avons déjà faite au sujet du corps calleux. Sa forme est d'ailleurs variable suivant les différentes espèces chez lesquelles on l'étudie : conique chez les Kanguroos, chez la plupart des Pachydermes, et chez plusieurs Ruminans, il devient quadrilatère dans beaucoup d'autres genres, et particulièrement dans ceux dont le cerveau est le plus développé, comme chez les Quadrumanes, les Cétacés et les Carnassiers amphibies.

Moelle épinière. La moelle épinière présente généralement chez les Mammifères deux renflemens, dont l'un correspond aux membres antérieurs, l'autre aux postérieurs. Les Cétacés, qui n'ont qu'une paire de membres, font aussi exception sous ce rapport, et n'ont qu'un seul renflement.

Nous avons déjà dit comment, à mesure que les renflemens épiniers se forment, la moelle épinière remonte dans le canal vertébral, et comment alors la queue vient à disparaître. C'est par cette ascension qu'est produite la queue de Cheval, qui ne peut exister tant que la moelle épinière occupe encore le canal sacré.

Méninges. L'encéphale des Mammifères est enveloppé par trois membranes, connues sous les noms de pie-mère, d'arachnoïde et de dure-mère, et auxquelles on donne aussi collectivement le nom de méninges du cerveau.

La pie-mère est la plus interne, elle se trouve en contact avec la substance cérébrale : elle pénètre avec les nombreux vaisseaux ramifiés sur elle, et qui paraissent la composer, dans toutes les anfractuosités du cerveau , et forme dans les ventricules des replis connus sous le nom de plexus choroïdiens.

La dure-mère est la plus externe : c'est une membrane fibreuse, très-épaisse, très-résistante, qui tapisse tout l'intérieur de la cavité du crâne et du canal vertébral. Sa lame interne forme entre les principaux organes encéphaliques, des replis qui les séparent l'un de l'autre. Les trois plus remarquables sont la faux du cerveau, placée au-dessus du corps calleux, entre les deux hémisphères cérébraux; la faux du cervelet qui fixe les hémisphères cérébelleux; et la tente du cervelet qui sépare le cerveau du cervelet. La tente du cervelet est en partie formée par une lame osseuse chez plusieurs Carnassiers : sa faux est moins constante, et disparaît chez les espèces dont le lobe médian est très-développé, c'est-à-dire chez les Mammifères inférieurs.

C'est dans des conduits particuliers formés par la duplicature de la dure-mère, et connus sous le nom de *Sinus de la dure-mère*, que se rendent toutes les veinules du cerveau. Ces sinus, dont le nombre varie, communiquent les uns dans les autres, et versent ainsi tout le sang veineux du cerveau dans les veines jugulaires internes.

La troisième membrane du cerveau, ou l'arachnoïde, est intermédiaire aux deux autres. C'est une membrane séreuse dont la disposition est tout-à-fait analogue à celle des membranes séreuses de la poitrine et de l'abdomen. Elle forme, comme elles, un sac sans ouverture, qui adhère par sa portion externe à la face interne de la dure-mère, par sa portion interne à la face externe de la pie-mère; mais elle ne pénètre pas comme celle-ci dans les anfractuosités du cerveau, et passe seulement au-dessus en formant une sorte de pont. Elle enveloppe l'origine de chaque nerf à sa sortie de la cavité cérébrale, par un repli de ses deux feuillets, qui forme un cul-de-sac. C'est par une disposition analogue qu'elle se prolonge dans

le canal vertébral sans être percée d'aucune ouverture.

Nerfs. Les nerfs qui naissent de l'axe cérébro-spinal, ou plus exactement, suivant la théorie de Serres, qui y aboutissent, sont au nombre de quarante paires environ chez l'Homme ; mais leur nombre varie chez les Mammifères avec celui des vertèbres, nombre auquel il correspond généralement. Celui des nerfs crâniens est au contraire le plus généralement le même.

L'*olfactif* ou le nerf de la première paire, est, chez les Singes, semblable pour sa forme et sa disposition à celui de l'Homme ; mais chez les autres Mammifères, il est généralement remplacé par un corps, de couleur cendrée, qui remplit la fosse ethmoïdale, et constitue un véritable lobe encéphalique. Ce lobe est connu sous le nom de lobule olfactif : il est généralement développé en raison directe des tubercules quadrijumeaux, ce qui explique son état rudimentaire chez l'Homme, et le volume considérable qu'il vient au contraire à acquérir chez les Animaux inférieurs. La grandeur de l'angle facial donne aussi assez exactement le degré de développement du lobule olfactif.

Nerfs de la vision. La deuxième paire, ou le nerf optique, est le nerf propre du sens de la vue : elle entre dans le globe de l'œil par sa partie postérieure, et c'est de son épanouissement que résulte la rétine ou la membrane nerveuse qui perçoit l'impression de la lumière. En outre l'œil reçoit encore la troisième, la quatrième et la sixième paires, qui se distribuent à ses muscles moteurs, et la branche ophthalmique de la cinquième paire. Mais ce dernier nerf est le seul qui existe chez la Taupe, les Musaraignes, la Chrysochlore, divers Rongeurs, et généralement toutes les espèces qui vivent dans des lieux où la lumière ne pénètre pas. Ces Mammifères ont le globe de l'œil très-rudimentaire, soit sous le rapport de son volume, soit sous celui de sa composition, et privé même de ses muscles moteurs. Par suite de cette absence, les troisième, quatrième et sixième paires viennent aussi à manquer, en sorte que la première paire (l'olfactif) et la cinquième (le trijumeau) sont les seules des six premières, qui se retrouvent chez ces Mammifères anomaux.

Nerf trifacial ou nerf de la cinquième paire. Ce nerf, connu aussi sous le nom de trijumeau, a reçu ce nom, parce qu'il se divise bientôt en trois branches considérables, le nerf ophthalmique, le maxillaire supérieur et le maxillaire inférieur. Nous avons dit comment la section du tronc de ce nerf entraîne la perte de tous les sens, et nous ne reviendrons pas ici sur les conséquences remarquables des belles expériences de Magendie.

Le *nerf facial* et l'*auditif*, connus autrefois sous les noms de portion dure et de portion molle de la septième paire, et aujourd'hui sous ceux de septième et de huitième paire, varient beaucoup pour leur volume proportionnel : ainsi le facial est très-volumineux chez les Singes (et particulièrement chez les Cynocéphales) et chez les Chats, les Chevaux et les Chameaux. L'auditif est très-développé chez les Singes, et, fait digne d'attention, chez les Amphibies et les Cétacés, tandis qu'il est grêle chez les Chauve-Souris. On voit que son développement est bien loin d'être en rapport avec celui des organes de l'audition, et notamment avec celui des parties externes de l'oreille. Au contraire les espèces qui ont l'oreille externe très-développée, ont aussi les branches auriculaires du facial très-grosses, suivant les observations faites par Serres.

Nerfs glossopharyngien et *pneumogastrique*. Ces nerfs connus autrefois collectivement sous le nom de huitième paire, sont regardés aujourd'hui comme formant la neuvième et la dixième. Le glossopharyngien qui peut, suivant Serres, être considéré comme le nerf respirateur de la langue,

appartient, comme son nom l'indique, à cet organe et au pharynx, particulièrement à leurs muscles. Le pneumogastrique a une distribution beaucoup plus compliquée, et qui même lui a valu le nom de nerf vague. Il descend le long de l'artère carotide et ensuite le long de l'œsophage, et se termine dans le foie, le pancréas, le commencement du canal intestinal, et l'estomac, où il forme un plexus considérable. Il donne en outre dans son trajet divers rameaux au pharynx, au larynx, à l'œsophage, à la trachée-artère, au cœur et aux poumons. Ainsi, naissant dans le crâne, il fournit des branches qui se distribuent jusque dans la poitrine et l'abdomen.

Le *nerf hypoglosse*, considéré autrefois comme la neuvième paire, et maintenant comme la onzième, et même comme la douzième par plusieurs anatomistes, se distribue, comme son nom l'indique, aux muscles de la langue, et en outre aux muscles du col.

Enfin le *nerf spinal*, dont le mode d'origine est extrêmement remarquable, se distribue principalement dans les muscles du col.

Les autres nerfs correspondent toujours pour leur nombre à celui des vertèbres ; leur distribution est le plus souvent analogue à celle des vaisseaux ; en sorte qu'on trouve ordinairement ensemble une artère, une ou plusieurs veines, et un nerf. Nous ne nous arrêterons que sur le nerf diaphragmatique, parce qu'il est en quelque sorte classique pour les Mammifères. Bien différent de la plupart des nerfs qui naissent des paires les plus voisines des organes auxquels ils doivent se distribuer, il est formé de filets appartenant aux cervicales, et n'arrive ainsi au diaphragme qu'après avoir traversé toute la poitrine. Nous devons remarquer en outre que les paires cervicales qui lui donnent naissance, sont précisément celles qui concourent à la formation du plexus brachial, d'où naissent tous les nerfs du bras : disposition qui peut servir à expliquer le rapport physiologique qui existe entre les mouvemens des membres supérieurs et ceux du diaphragme.

La distribution du *grand sympathique* est, chez tous les Mammifères, analogue à celle du même nerf chez l'Homme; il se rend constamment aux mêmes organes et forme les mêmes plexus.

Des tégumens et des variations naturelles et accidentelles du pelage.

Linné, cherchant toujours à faire ressortir par des oppositions les caractères qu'il assignait à chacune de ses classes, a dit : Les Mammifères ont des poils, les Oiseaux des plumes, les Poissons des écailles. Ces propositions sont vraies d'une manière générale ; cependant plusieurs Mammifères manquent de poils ou n'en ont qu'un très-petit nombre, comme Linné lui-même en a fait la remarque dans un autre passage de son *Systema Naturæ*. Quelques espèces, comme les Pangolins, sont en effet couvertes de véritables écailles; et d'autres, comme les Cétacés, ont la peau nue; mais ce sont de véritables exceptions au caractère classique; exceptions plus apparentes même que réelles à l'égard des Pangolins, dont les écailles sont de véritables poils composés; et même aussi, suivant Blainville, à l'égard des Cétacés, chez lesquels les poils formeraient une sorte de croûte ou enveloppe générale. Ce célèbre naturaliste pense même que le nom de Pilifères pourrait peut-être remplacer avec avantage celui de Mammifères. Remarquons cependant qu'on trouve aussi de véritables poils chez quelques Oiseaux, et qu'ainsi, à la rigueur, le nom de Pilifères leur conviendrait également.

Les Mammifères ont généralement deux sortes de poils, les soyeux, plus ou moins roides, et extérieurs; et les laineux, très-fins, très-doux au toucher, et ordinairement cachés sous les soyeux. Les races domestiques de Moutons font à cet égard une exception fort remarquable, à cause de l'abondance et de la longueur de la laine, et en même temps de la disparution presque totale des poils soyeux. Les Animaux des pays froids se rapprochent d'elles sous ce rapport : chez ceux des pays chauds, les poils soyeux sont au contraire très-développés, et les laineux manquent presque entièrement. La quantité, c'est-à-dire l'abondance proportionnelle de ceux-ci, est généralement en raison inverse, et celle des soyeux en raison directe de la température.

Les poils soyeux ont une longueur fort considérable chez plusieurs espèces dans certaines régions (surtout chez les mâles), comme à la région cervicale chez le Lion et le Cheval, où ils forment ce que l'on nomme une crinière; et à la queue dans beaucoup d'espèces. D'autres sont couvertes en entier de poils très-longs : tel est particulièrement l'Ours des Grandes-Indes (*Ursus labiatus*), dont les poils ont presque partout de sept à neuf pouces, et même, en quelques endroits, près d'un pied de long.

Chez quelques espèces, le pelage est mêlé, et quelquefois composé dans sa totalité, d'épines plus ou moins abondantes et de structure assez variable; tels sont les Hérissons, les Tanrecs, les Echimys, les Porcs-Epics et plusieurs autres. Ces épines ou piquans sont ordinairement pointues, comme l'indiquent les noms mêmes qu'on leur a donnés, et ont généralement la forme d'un poil. Cependant le Porc-Epic ordinaire (*Hystrix cristata*) a la queue garnie de tuyaux cylindriques et ouverts transversalement par leur extrémité, comme serait un tuyau de plume coupé à l'origine de la lame. On remarque en général chez toutes les espèces épineuses un grand développement des muscles peaussiers; et ce développement est surtout considérable chez le Hérisson. On remarque également chez ces espèces, que les épines sont divisées en petits groupes réguliers, dont la disposition est d'ailleurs spéciale pour chacune d'elles.

Sous le rapport de sa couleur,

le pelage est tantôt *piqueté*, ou, pour parler plus correctement, *tiqueté*, c'est-à-dire formé de poils annelés ou peints de plusieurs couleurs disposées en anneaux, comme chez les Écureuils et les Lièvres; tantôt uniforme, comme dans le plus grand nombre des genres; tantôt varié, c'est-à-dire présentant des couleurs disposées par grandes plaques, comme chez quelques Makis.

Les couleurs des Mammifères n'ont point cet éclat métallique qui caractérise un si grand nombre de genres parmi les Oiseaux : une espèce, la Chrysochlore, fait seule exception sous ce rapport. Elles n'ont jamais non plus l'éclat et la vivacité de celles des Coqs-de-Roche, des Perroquets, des Tangaras et des Phénicoptères; et on trouve même rarement chez les Mammifères, quelque chose d'analogue à ces parures qui ornent le plumage de beaucoup d'Oiseaux, et que présentent même dans cette classe plusieurs espèces nocturnes, telles que certains Engoulevens.

Un autre caractère général du pelage des Mammifères, consiste dans la disposition de ses couleurs beaucoup plus claires en dessous qu'à la partie supérieure et sur les flancs. C'est ce qui s'observe, non-seulement à l'égard des véritables Quadrupèdes, mais également pour les espèces qui conservent plus ou moins constamment la position verticale, comme les Kanguroos. Cependant, sans compter même plusieurs espèces entièrement unicolores, comme le Coaïta (*Ateles paniscus*) et l'Ours polaire (*Ursus maritimus*), nous trouvons quelques exceptions parmi les Rongeurs et surtout dans l'ordre des Carnassiers, comme par exemple chez le Hamster, les Gloutons, le Ratel, le Blaireau et quelques autres espèces : plusieurs ont même le ventre absolument noir. Tel est particulièrement un Carnassier tout récemment connu en France, et décrit par Fr. Cuvier sous le nom spécifique de Panda.

Le pelage est ordinairement le même chez le mâle et chez la femelle,

qui ne diffère guère que par des nuances un peu moins vives, et n'a pas, comme chez la plupart des Oiseaux, des couleurs entièrement différentes de celles du mâle, et qui ne les rappellent que par leur disposition. Au contraire, toutes les autres causes de variations qui agissent sur les couleurs des Oiseaux, agissent également sur celles des Mammifères, quoique dans certains cas d'une manière différente. L'âge par exemple ne fait varier les couleurs du pelage que dans un petit nombre d'espèces, comme chez les Cerfs, les Tapirs et le Lion qui ont à leur naissance, ce qu'on nomme une livrée, c'est-à-dire une disposition particulière de coloration. Leur pelage, au lieu d'être uniforme comme chez l'adulte, est d'abord parsemé de taches régulièrement disposées, et analogues à celles que présentent dans l'âge adulte d'autres espèces du genre. Ainsi elles sont blanches chez les jeunes Faons comme chez l'adulte de l'Axis, et noires chez les Lionceaux comme chez la plupart des Chats. Ce rapport remarquable entre le système de coloration des jeunes individus d'une espèce, et celui des autres espèces du genre dans l'âge adulte, se retrouve chez quelques Oiseaux : mais au lieu que leur premier plumage, ordinairement semblable à celui des femelles adultes, est toujours beaucoup plus triste que celui de l'âge adulte ; la livréa des jeunes Mammifères, variée de taches agréablement disposées, est au contraire un ornement qu'ils perdent avec l'âge pour prendre des couleurs plus simples et plus uniformes.

L'influence de la maladie albine agit également et de la même manière sur les Mammifères et sur les Oiseaux. Tout le monde a vu des Lapins albinos, et il n'est pas très-rare non plus de voir des Lièvres blancs; la même altération a été observée pareillement dans presque toutes les familles des Mammifères ; et nous avons même vu un exemple de cette altération dans une Chauve-Souris, dont la peau, tous les poils et toutes les membranes étaient blanches, à l'exception du tiers inférieur de la membrane interfémorale et de la queue, qui était au contraire noir. Nous insistons sur cette observation parce que la famille des Cheiroptères était la seule dans laquelle on n'eût point encore jusqu'à ce jour trouvé d'individus albinos.

La maladie albine est plus fréquente dans les pays froids; une autre altération, qui lui est précisément opposée dans ses causes comme dans ses effets, est le mélanisme. On l'observe particulièrement dans les pays chauds; mais il y est d'ailleurs beaucoup moins fréquent que ne l'est l'albinisme dans les pays froids. On n'a guère vu de mélanos, quant aux espèces sauvages, que parmi les Chats, les Daims et les Rats.

En outre de l'influence de la maladie albine, mais par des causes analogues, les espèces qui vivent dans les climats froids, blanchissent l'hiver : c'est ce qui a lieu pour plusieurs espèces de Lièvres, de Renards, de Martes, et pour quelques autres Mammifères. Le noir est ordinairement la seule couleur qui se conserve dans toutes les saisons; ainsi l'Hermine a toujours le bout de la queue noir; et l'extrémité des oreilles garde également cette couleur chez le Lièvre variable. C'est aussi ce qu'on observe chez plusieurs Oiseaux, parmi ceux qui blanchissent en hiver comme le Tétras Lagopède et le Tétras des Saules. Quelques espèces qui ne vivent pas dans des climats aussi froids que les précédentes, et même, pour quelques-unes d'entre elles, les individus qui se trouvent moins avancés vers le Nord, ne blanchissent qu'incomplétement l'hiver. On sait au contraire que l'Ours polaire est entièrement blanc en toute saison.

On voit donc comment les mutations hibernales d'un Mammifère dépendent de lois fixes et se peuvent, en quelque sorte, calculer d'après la connaissance de la température du lieu qu'il habite. Il s'en faut bien qu'il soit également possible d'ap-

précier ainsi les changemens qu'éprouve le pelage par l'influence de la domesticité : nous essaierons cependant de saisir à cet égard quelques rapports.

Il est d'abord certain que les modifications sont d'autant plus prononcées, que les espèces sont réduites en domesticité depuis un temps plus considérable, et qu'elles sont plus entièrement domestiques; le Chien, le Cheval, le Bœuf, la Brebis, la Chèvre, le Porc, sont en effet les espèces les plus profondément modifiées. Ainsi (et nous ne prenons pas pour exemple les Chiens, à cause de l'opinion aujourd'hui très-répandue en histoire naturelle, qu'ils ne forment pas une seule espèce), les variétés dans l'espèce du Cheval sont, pour ainsi dire, innombrables ; et leur taille, leurs formes, la nature de leurs poils, et, à plus forte raison, leurs couleurs, présentent les différences les plus prononcées. On a distingué environ trente races différentes, et la plupart de ces races sont elles-mêmes formées de plusieurs variétés. Les unes, telles que celle qu'on désigne sous le nom de race anglaise commune, ont plus de cinq pieds de hauteur au garrot, tandis que d'autres n'ont pas plus de trois pieds ; nous avons même eu l'occasion de voir deux Chevaux lapons, dont la taille n'excédait pas trente-cinq pouces pour l'un, et trente-trois pour l'autre. La plupart des races de Chevaux ont les poils lisses et assez courts : chez le Cheval de Norwège, ils sont de même lisses et courts pendant l'été, mais ils deviennent pendant l'hiver entièrement frisés. Le Cheval baskir les a de même frisés et très-longs. On trouve aussi des Chevaux entièrement privés de poils. Enfin, les formes et les couleurs ne sont pas moins variables, comme chacun le sait.

Ainsi, plus une espèce est réduite en domesticité depuis long-temps, et plus cette domesticité est entière et complète; ou, si l'on veut, plus l'influence de l'Homme a duré long-temps, et plus elle a été puissante;

plus l'espèce a été modifiée profondément, plus les diverses variétés sont
nombreuses et différentes entre elles.
C'est donc de la durée et du degré de
l'influence de la domesticité que dépendent le nombre et l'étendue des
modifications. Leur nature tient à
une autre cause, et cette cause réside
dans l'organisation elle-même de l'A-
nimal.

C'est ainsi, et cette comparaison
fera mieux comprendre ce que nous
venons de dire, c'est ainsi qu'on peut
distinguer dans une monstruosité
deux effets, la nature de l'anomalie,
et son étendue ou son importance.
L'intensité des causes perturbatrices
détermine celle-ci; sa nature est déterminée par l'organisation normale
de l'espèce même. Et, par exemple,
lorsque des organes deviennent mons-
trueux, comme l'œil et le nez chez
un Cyclope, ils le deviennent en prenant des caractères qui ne sont pas
les caractères normaux (car alors il
n'y aurait pas de monstruosité), mais
qui du moins s'y rapportent, et en dépendent, parce qu'ils en dérivent.
L'œil et le nez doivent donc différer
et diffèrent en effet chez le Veau et
chez le Chien cyclopes, par exemple,
parce que l'altération d'organes différens dans l'état normal, produit
nécessairement des organes différens
de même dans l'état anomal. Ainsi
deux lignes géométriques, partant de
points différens, et suivant une direction analogue peuvent bien être
parallèles, mais non pas se confondre.

Ce qui a lieu pour les monstruosités, a lieu pour les variations qui
nous occupent ici : variations qui
sont véritablement, à beaucoup d'é-
gards, des monstruosités permanentes. Les causes perturbatrices sont ici
dans l'influence de la domesticité.

Appliquons maintenant aux variations qui nous occupent ici spécialement, à celles de la coloration, ces
idées plus générales. Les couleurs des
différentes variétés d'une espèce, ou,
comme nous pouvons les nommer,
ses couleurs secondaires, dépendent

de sa couleur primitive. Il ne faut pas
croire, en effet, qu'elles la remplacent au hasard, et comme arbitrairement : et, en effet, si cela était, après
un certain nombre de générations,
il n'est pas de couleurs qui ne vinssent
à se produire dans une espèce.

Quant au nombre des variétés, et
quant à l'importance des différences
qu'elles présentent avec le type primitif, le degré de l'influence de la
domesticité les produit et les détermine. Ainsi une espèce nouvellement
réduite en domesticité, ou une espèce
qui ne l'est qu'imparfaitement, ne
présente qu'un petit nombre de variétés; et encore ces variétés sont-elles
peu différentes entre elles. Dans ce
cas, si elle redevient sauvage, elle
aura repris dès les premières générations ses caractères primitifs. Si, au
contraire, une espèce a été depuis
long-temps réduite à une domesticité
complète, ses variétés seront très-
nombreuses et très-différentes entre
elles; et, redevenue sauvage, elle ne
reprendra sa couleur propre qu'après
un temps très-considérable, ou même
ne la reprendra jamais complétement.
C'est ce qui a lieu pour les Chevaux
redevenus sauvages dans les pampas
de Buénos-Ayres et les steppes de
l'Asie centrale. On trouve, en effet,
parmi eux des individus de toutes couleurs.

Nous devons remarquer néanmoins
que les effets produits ne sont pas toujours exactement proportionnels aux
causes que nous indiquons ici : c'est
ainsi que la couleur primitive de l'espèce se trouve encore assez bien conservée dans toutes les variétés de l'Ane,
quoique ce Quadrupède soit depuis long-temps soumis à la domination de l'Homme. C'est que l'organisation n'est pas au même degré, chez
tous les Animaux, susceptible d'être
modifiée par la domesticité, et qu'elle
se trouve ainsi avoir une influence
notable sur l'étendue des variations,
en même temps que sur leur nature.
Une autre cause, pareillement très-
digne d'attention, mais dont on a
souvent encore exagéré les effets, c'est

l'action du climat. Ce que nous avons dit sur les variations hibernales du pelage de certaines espèces , et sur l'albinisme, suffit pour en faire apprécier l'importance pour la coloration.

Il resterait maintenant , la couleur primitive d'une espèce étant donnée, à déterminer quelles seront les couleurs secondaires , ou celle des variétés : question importante, et dont la solution complète montrerait enfin , pour beaucoup d'Animaux, s'ils doivent réellement être considérés comme de simples variétés d'autres espèces, ou comme des espèces distinctes. Malheureusement nous n'avons encore de données que pour un très-petit nombre de cas. Il est deux variations que présentent presque toutes les espèces , quelle que soit d'ailleurs leur couleur primitive , l'albinisme et le mélanisme. Tout le monde sait, en effet, qu'il existe des individus blancs et d'autres noirs chez tous les Animaux domestiques , comme chez le Bœuf, le Mouton, la Chèvre , le Chat, le Lapin , et même le Chameau. Ces couleurs se retrouvent même assez fréquemment , comme nous l'avons remarqué, dans les espèces sauvages , et se transmettent dans quelques-unes avec assez de fixité pour qu'on y ait distingué une race blanche et une race noire : c'est ce qui a lieu pour le Daim.

On sait d'une manière générale que l'albinisme est produit par un ensemble de causes débilitantes , et tient à l'absence de la matière colorante de la peau : s'il est démontré que le mélanisme est , au contraire, l'effet de causes fortifiantes , et tient à l'excès de la matière colorante, on verra pourquoi toutes les espèces sont susceptibles de présenter la couleur blanche et la noire , quelle que soit d'ailleurs leur coloration primitive.

Relativement aux autres couleurs secondaires , on conçoit qu'elles doivent se retrouver d'autant plus fréquemment parmi les variétés domestiques , qu'elles dérivent de couleurs appartenant primitivement à un plus grand nombre d'espèces : tel est le gris roussâtre que présente le pelage du Lapin , du Cochon - d'Inde , et même du Chat à l'état sauvage, et d'où dérive le roux vif : on rencontre, en effet , très-fréquemment cette dernière couleur chez tous ces Animaux.

Au reste , et par une raison qu'il est facile d'indiquer, la même coloration n'est ordinairement pas commune à plusieurs espèces domestiques. Leur petit nombre a fait que très-peu d'entre elles se ressemblaient primitivement : par suite , et d'après ce que nous avons dit, on voit qu'elles ne doivent pas se ressembler non plus dans leurs variétés.

DE LA LOCOMOTION CHEZ LES MAMMIFÈRES.

Nous avons suffisamment indiqué quels étaient les organes de la locomotion chez les espèces auxquelles des modifications particulières commandent le séjour habituel des eaux, ou permettent de s'élever dans les airs. Nous parlerons seulement ici des véritables Animaux terrestres.

La plupart de ces derniers sont de vrais Quadrupèdes, et posent sur le sol par leurs quatre extrémités. Tels sont les Herbivores et la plupart des Carnassiers, parmi lesquels les uns sont plantigrades, tandis que d'autres n'appuient que sur leurs doigts, ou même seulement sur leurs ongles; modifications d'une haute importance , et qui ont en partie servi de base aux classifications aujourd'hui adoptées. *V.* MAMMALOGIE. Chez d'autres Mammifères, la locomotion s'exerce principalement, et quelquefois même exclusivement au moyen des membres postérieurs. Tels sont plusieurs Singes, et particulièrement les Orangs , et quelques genres de Rongeurs et de Marsupiaux, comme les Gerboises et les Kanguroos. Chez ceux-ci le mode de progression le plus habituel est le saut exécuté au moyen des membres postérieurs seuls, et de la queue qui fait véritablement l'office d'une troisième jambe. Mais ces Animaux , ou du moins les Kanguroos, suivant les observations de plusieurs voyageurs , lorsqu'ils sont vivement pressés, emploient aussi leurs membres antérieurs, non pas, il est vrai, pour une marche analogue à celle des véritables Quadrupèdes, mais pour une manière particulière de saut. Les Orangs ont une marche extrêmement remarquable; posant sur leurs membres postérieurs, et se tenant presque dans la situation verticale, ils s'aident néanmoins des antérieurs, et, profitant ainsi de l'extrême longueur de leurs bras, s'appuient sur le sol au moyen de leurs mains. On voit donc que les Orangs ont un mode de progression fort singulier, et que ces Animaux, auxquels on ne peut certainement donner le nom de Quadrupèdes, ne sont pas non plus de véritables Bipèdes. L'Homme seul mérite ce dernier nom; lui seul repose uniquement dans la marche sur la plante des pieds de derrière, parce que la position verticale de son corps, suffit pour établir son équilibre, sans qu'il ait besoin d'autre soutien ou d'autre appui. Cette position verticale du corps, qui lui est propre, est d'ailleurs la seule qui soit possible chez lui (*V.* HOMME) à cause de la forme de son calcanéum et de tout son pied, de celle de son bassin, de la disposition et de la direction de sa colonne vertébrale, et de ses muscles sacro-spinaux, de la forme de sa tête, de la position de son trou occipital, des proportions de son crâne et de sa face, et de la direction de son orbite. On voit donc combien ont peu de fondement les idées de plusieurs philosophes qui ont soutenu que l'Homme, dans l'état de nature, est un véritable Quadrupède, et que la station verticale n'est chez lui que l'effet de l'habitude et de l'éducation. Quoique présentée quelquefois d'une manière spécieuse, cette opinion n'en est pas moins une supposition entièrement fausse, et dans laquelle on ne serait pas tombé, si l'on eût fait la réflexion que le mode de station d'un être est un résultat nécessaire de son organisation, et que l'anatomie peut seule donner la clef d'une question de physiologie.

Ovide qui n'avait à soutenir aucun système, et qui n'était que poëte, avait au contraire dit avec beaucoup de justesse :

Pronaque cum spectent animalia cætera terram,
Os homini sublime dedit, cœlumque tueri
Jussit, et erectos ad sidera tollere vultus.

DE LA PRÉHENSION.

Elle s'exécute principalement chez les Carnassiers et chez les Rongeurs au moyen de leurs doigts ordinairement bien distincts et terminés par des ongles plus ou moins pointus. Quelques espèces, comme les Ecureuils parmi les Rongeurs, les Ratons parmi les Carnassiers, saisissent leur nourriture entre leurs deux pates antérieures, et la portent ainsi à leur bouche. La main est beaucoup plus parfaite chez l'Homme, les Quadrumanes et les Pédimanes, à cause de la mobilité du pouce qui peut s'écarter des autres doigts, et s'y opposer. Tous les Singes (à l'exception de ceux du genre Atèle), et généralement tous les Quadrumanes, ont, comme ce nom l'indique, quatre véritables mains, c'est-à-dire que le pouce est opposable aux quatre membres. Ils peuvent ainsi saisir également avec les membres postérieurs et avec les antérieurs ; mais leur main, beaucoup moins parfaite que celle de l'Homme, comme organe du toucher, l'est aussi moins, comme organe de préhension, à cause de la brièveté de leur pouce. Chez les Didelphes et quelques autres Marsupiaux qui ont aussi de véritables mains, mais seulement aux membres postérieurs, le pouce est généralement dépourvu d'ongle, et se trouve, à cause de sa brièveté, le plus souvent susceptible de peu d'usage.

Plusieurs Mammifères ont en outre dans leur queue, un véritable organe de préhension, quoique sa fonction la plus ordinaire soit d'assurer leurs mouvemens: nous voulons parler des espèces qui l'ont prenante, c'est-à-dire susceptible de s'enrouler autour des corps, et de les saisir. Chez plusieurs d'entre elles, elle est entièrement garnie de poils ; mais d'autres, et ce sont celles où elle agit avec le plus de force, l'ont nue et calleuse en dessous, vers son extrémité, c'est-à-dire dans la partie qui est le plus sujette aux frottemens. Elle remplit souvent l'office d'une véritable main, et peut attirer vers l'Animal des objets dont le poids est considérable. On dit aussi que le Kinkajou la fait entrer dans les trous où il a aperçu des-Crustacés, afin que ceux-ci la saisissant avec leurs pinces, il puisse, en la ramenant à lui, les tirer hors de leur retraite pour en faire sa proie. Beaucoup de Singes d'Amérique ont la queue prenante ; le même caractère se retrouve également chez plusieurs Carnassiers, chez plusieurs Marsupiaux, et chez quelques Rongeurs.

Enfin un autre instrument de préhension beaucoup plus remarquable encore, est la trompe des Eléphans. Cet organe, connu de tout le monde, est un prolongement du nez, pourvu de muscles nombreux, qui lui permettent des mouvemens dans tous les sens, et qui peuvent aussi soit l'allonger, soit le raccourcir. (*V.* ELÉPHANT.) C'est simplement en en repliant l'extrémité autour d'une branche d'Arbre que l'Animal l'arrache ; et c'est aussi de cette manière qu'il cueille l'herbe dont il veut faire sa nourriture. Mais ce qui fait de la trompe un instrument de préhension très-parfait, ce qui la rend capable de saisir des corps extrêmement menus, tels que des pièces de monnaie, c'est surtout la saillie qui la termine en dessus, et dont on ne peut mieux donner l'idée qu'en la comparant à un pouce très-fortement opposable. Elle s'appuie en effet contre la partie inférieure de la trompe, de même que le pouce s'appuie sur les autres doigts : aussi beaucoup de langues n'ont-elles qu'un même mot pour désigner la main de l'Homme et la trompe de l'Eléphant.

Plusieurs autres Mammifères ont aussi le nez assez prolongé pour qu'on l'ait désigné sous le nom de trompe, comme les Tapirs et les Desmans ; mais cette trompe n'a jamais un développement assez considérable pour être employée à la manière de celle de l'Eléphant.

C'est aussi au moyen de sa trompe que l'Eléphant boit : chacun sait comment il l'emploie pour verser l'eau dans sa bouche, quoique d'ailleurs le mécanisme de la projection de ce liquide soit encore peu connu. Les autres Mammifères boivent généralement, soit en lapant, comme la plupart des Carnassiers, soit en humant l'eau, comme les Herbivores.

Les organes de la préhension sont donc chez les Mammifères, les membres de devant et ceux de derrière, la queue, le nez, les lèvres et la langue, auxquels on doit ajouter aussi les dents.

DE LA GÉNÉRATION.

Un grand nombre de Mammifères ont, ainsi que l'Homme, les mamelles pectorales, et le pénis et les testicules pendans à l'extérieur : tels sont les Quadrumanes et les Cheiroptères. Nous trouvons également dans ces deux ordres, plusieurs espèces dont les femelles sont, comme la Femme, sujettes à un écoulement menstruel plus ou moins régulier. Ce fait remarquable, très-bien et dès long-temps connu à l'égard de plusieurs Singes et des Makis, vient d'être vérifié à l'égard des Roussettes par les voyageurs Garnot et Lesson. L'écoulement menstruel chez la femelle, dans ces espèces, ou du moins l'afflux du sang à ses parties génitales, revient d'une manière périodique, et détermine l'époque du rut ; c'est seulement alors que la femelle est disposée à recevoir le mâle. Il n'y a point au contraire d'époque périodique de rut pour celui-ci ; l'accouplement est possible chez lui en toute saison et à toute époque, à cause de la disposition de ses organes génitaux, et surtout de son pénis toujours libre. Le rut se manifeste par des signes variables chez les autres Animaux, et souvent une seule fois dans l'année. Il s'annonce quelquefois chez les femelles de Carnassiers par une sorte de menstruation, comme l'a observé Fr. Cuvier pour la Genette : il se manifeste chez les Boucs, par l'odeur extrêmement forte et fétide qu'ont alors ces Ruminans ; chez beaucoup d'Herbivores, par l'accroissement de volume des testicules, et chez d'autres où la verge est habituellement dirigée en arrière, par son renversement en avant ; chez les Chameaux mâles, par des démangeaisons, par un grand amaigrissement, par des écoulemens à l'occiput d'un liquide noir, visqueux et fétide ; chez les Dromadaires, par deux vessies qu'on voit sortir à chaque instant de leur bouche ; enfin chez tous les Animaux, par une sécrétion plus abondante dans toutes les glandes souscutanées, et par un grand changement dans leur instinct et leur naturel. Les plus doux deviennent à cette époque comme furieux, et l'on doit se défier même des mieux apprivoisés. L'ignorance de ce fait remarquable a souvent été la cause de funestes accidens ; et l'on a vu quelquefois des Animaux, dans le temps de leur rut, blesser leurs gardiens, qui, rassurés par leur douceur et leur docilité habituelles, n'avaient aucune défiance.

On a exposé ailleurs les principales différences que présente chaque espèce pour son mode d'accouplement ; on conçoit que ces variations sont aussi nombreuses que celles de la forme et de la position des organes génitaux dans les différentes familles.

Les petites espèces de Mammifères sont généralement beaucoup plus fécondes que les grandes, parce que, leur gestation durant moins longtemps, elles mettent bas plus souvent, et aussi parce qu'elles font à la fois un nombre plus considérable de petits. On a calculé qu'avec un seul couple de Cochons-d'Inde on pourrait en avoir un millier dans une seule année ; mais cette extrême fécondité est un effet de la domesticité où ils sont réduits, et n'existe nullement dans l'état de nature.

Le degré de développement dans lequel naissent les petits des Mammifères est bien loin d'être le même dans toutes les familles. Ainsi tandis que le jeune Ruminant peut dès le jour même de sa naissance se tenir sur ses jambes et marcher, les jeunes Carnassiers et les jeunes Singes restent pendant un certain temps faibles et débiles ; et les jeunes Marsupiaux ne sont pas même arrivés, à l'époque de leur naissance, au degré de développement qui caractérise le fœtus. *V.* Lactivores.

Buffon a calculé que la durée de l'époque de croissance et de développement complet du corps, forme la septième partie de la durée totale de la vie chez les Mammifères. C'est en effet à peu près ce qu'on observe dans cette classe ; et il est bien certain, à quelques exceptions près, que les espèces qui croissent le plus lentement, sont aussi celles qui vivent le plus long-temps.

Des métis, et du croisement des espèces et des races chez les Mammifères.

On a réussi souvent à faire accoupler des individus appartenant à des espèces différentes ; c'est ce qu'on voit journellement à l'égard de l'Ane et du Cheval, qui produisent très-facilement ensemble ; et qui s'accouplent sans répugnance, comme chacun le sait ; c'est aussi ce dont on a des exemples pour l'Ane et le Zèbre, le Zèbre et le Cheval, le Bison et la Vache, le Bélier et la Chèvre, le Loup et le Chien, etc. Les accouplemens hybrides sont donc assez fréquens chez les Mammifères ; cependant ils ne s'opèrent pas ordinairement sans qu'il y ait réunion d'un certain nombre de circonstances. Ainsi par exemple, il faut que les deux espèces, ou du moins l'une d'elles, soit réduite en domesticité. On ne connaît qu'un très-petit nombre d'exceptions ; la puissance de l'Homme peut en effet seule produire ces phénomènes contraires aux lois générales de la nature. Il faut que les deux espèces soient de même taille, ou du moins de taille peu différente ; et il est facile en effet de concevoir que l'accouplement ne peut avoir lieu, sans qu'il y ait proportion entre les dimensions des organes génitaux mâles et des organes femelles. Toutefois si l'on adoptait l'opinion de ceux qui considèrent comme des espèces différentes les principales races de Chiens (opinion qui n'est pas aujourd'hui sans quelque probabilité), on pourrait citer une exception fort remarquable à cette loi ; ainsi on voit quelquefois un Chien de très-petite race s'accoupler avec une Chienne de très-grande taille. On a même aussi des exemples de l'accouplement du Lama avec la Chèvre ; fait qui paraît aussi exceptionnel, mais qui s'explique cependant très-bien par la petitesse proportionnelle du pénis chez le Lama. Cet accouplement a d'ailleurs toujours été stérile. Enfin, et nous ne connaissons aucun fait authentique véritablement contraire à cette dernière loi, il n'y a d'accouplement hybride qu'entre des espèces voisines, et appartenant au même genre naturel. Ainsi le Cheval, le Zèbre et l'Ane, le Bison et la Vache, le Loup et le Chien, sont bien des espèces de même genre ; et quant au Bélier et à la Chèvre, tous les zoologistes conviennent qu'aucun caractère bien réel et bien positif ne les distingue génériquement, et que plusieurs races de Chèvres pourraient tout aussi bien être placées parmi les Moutons ; ces derniers font même partie du genre *Capra* dans plusieurs systèmes, et particulièrement suivant ceux qui sont le plus généralement adoptés en Allemagne. Ainsi l'accouplement du Bélier et de la Chèvre ne nous empêche pas de dire qu'il n'y a aucune exception à cette dernière loi ; mais il n'en serait pas de même, si quelques faits rapportés par Rafinesque étaient bien avérés. « Une Chatte, dit ce zoologiste (Annales générales des Sciences Physiques, par Bory Saint-Vincent, Drapiez et Van-Mons, T. VII, p. 85), fut laissée dans

une cabane dans les bois du Kentuky, laquelle fut abandonnée pendant plusieurs mois. Cette cabane était parfaitement isolée et éloignée de plusieurs lieues de toute autre, et il n'y avait pas de Chats dans le voisinage à la distance de quinze à dix-huit milles. Le propriétaire de la cabane trouva à son retour sa Chatte encore dans la cabane, et allaitant une portée de cinq petits monstres semblables aux Chats par le corps et le poil, mais ayant la tête, les pates et la queue semblables à celles du Didelphe commun des Etats-Unis, nommé ici *Opossum* (le *Didelphis Virginiana* des naturalistes). Ces Animaux vécurent et furent montrés comme curiosité dans tous les environs ; mais ils sont morts jeunes et sans s'être propagés. On a conjecturé avec fondement que cette Chatte, ainsi isolée, abandonnée, et qui a vécu d'Oiseaux, de Souris et de Taupes dans l'intervalle, aura agacé un Didelphe mâle durant la période ordinaire de chaleur, à défaut de mâle de l'espèce analogue ; car il n'y a même pas de Chats sauvages dans le Kentuky (ceux qu'on nomme ainsi sont des Lynx), et aura été fécondée par lui. »

On doit bien se garder d'admettre, sans un examen attentif, ce fait et quelques autres semblables rapportés par le même auteur. Il est en effet bien difficile d'admettre la possibilité d'un accouplement fécond entre deux espèces appartenant à des genres aussi éloignés à tous égards, et particulièrement par leur mode de génération, que le sont les Chats et les Didelphes. Nous avons déjà remarqué d'ailleurs que la puissance de l'Homme peut seule ordinairement produire ces unions contraires aux lois de la nature, et pour lesquelles toutes les espèces sauvages montrent constamment de la répugnance. Enfin, et cette remarque n'est pas ici sans importance, on sait que parmi les Chats, les femelles résistent long-temps, même à leurs propres mâles, dans la crainte de la douleur qui accompagne toujours pour elles l'acte de l'accouplement, à cause des pointes dont se trouve armé le pénis de ces Animaux.

L'accouplement hybride du Raton et d'une espèce de Renard, auquel les chasseurs de l'Amérique septentrionale, croient généralement, ainsi que nous l'apprend également Rafinesque, nous paraît aussi un fait fort douteux. Il en est de même de celui du Cerf et de la Vache, de celui du Chat et du Chien, et encore bien mieux de celui du Chat et du Loir, dont Locke dit avoir vu un exemple. Enfin tout ce qu'on a dit de l'existence du Jumar ou du prétendu métis du Taureau et de la Jument, nous semble de même dénué de fondement. L'organisation de ces espèces est en effet trop différente à tous égards, pour que leur union, ou du moins leur union féconde, puisse être regardée comme possible dans l'état actuel de la science.

Les jeunes Mulets, et surtout ceux qui proviennent d'une espèce domestique et d'une espèce sauvage, et non pas de deux espèces domestiques, s'élèvent souvent avec peine, ou même meurent dès le bas âge, comme si la nature répugnait à l'existence de ces êtres que l'Homme a, pour ainsi dire, créés. Quelquefois néanmoins ils s'élèvent très-bien. Un des exemples les plus remarquables est le métis né, en 1807, d'un Zèbre femelle et d'un Ane à la ménagerie du Muséum, où il vit encore aujourd'hui. Geoffroy Saint-Hilaire l'a décrit (Ann. Mus. T. ix), et a fait connaître (Ann. Mus. T. vii) les circonstances de l'accouplement qui lui a donné naissance. Il s'est fait sans aucune difficulté; et l'on n'a eu nul. besoin de recourir à quelque ruse analogue à celle qu'Allamand nous dit avoir été employée, dans un cas semblable, par un seigneur anglais; ruse de l'efficacité de laquelle nous croyons d'ailleurs qu'il est fort permis de douter. On avait, rapporte cet auteur, fait d'inutiles tentatives pour produire l'accouplement, lorsqu'on s'avisa de peindre l'Ane des couleurs du Zèbre; celui-ci se laissa tromper par cette

similitude, et l'accouplement eut lieu. Tout récemment on a cherché au Muséum à faire accoupler le Bison mâle avec une Vache; phénomène qu'on est déjà parvenu à produire en quelques lieux. L'accouplement a eu effet eu lieu plusieurs fois, et l'on espère qu'il ne restera pas stérile; mais on n'a encore à cet égard aucune certitude.

La question de la fécondité des Mulets a été long-temps débattue, et n'est point encore résolue d'une manière générale. Quelques-uns, comme les métis du Chien et du Loup, ne sont certainement pas stériles, et Buffon l'a prouvé par plusieurs exemples; mais ils ne produisent ordinairement que des Animaux faibles et qui s'élèvent difficilement. Cependant Buffon (Supplém. T. vii) a fait connaître jusqu'à la quatrième génération de ces métis. D'autres métis semblent presque entièrement stériles; tel est le Mulet proprement dit, ou le Mulet né du Cheval et de l'Ane. Ce métis s'accouple très-facilement avec le Cheval, mais presque toujours infructueusement. On a néanmoins prouvé par plusieurs exemples qu'il n'est pas absolument infécond; mais ces exemples sont en petit nombre, et n'ont guère été recueillis pour la plupart que dans les pays chauds. Il paraît même presque entièrement stérile dans nos climats: c'est ce qui résulte du nombre considérable d'essais tentés inutilement; et c'est ce qu'indiquent aussi les observations faites sur l'appareil générateur du Mulet, d'après Gleichen, par notre collaborateur Dumas et par Prévost. Ces savans n'ont trouvé dans le sperme que des globules analogues à ceux qui se trouvent dans celui des Animaux encore impubères, ou des Animaux devenus stériles par l'effet de la vieillesse, et point d'Animalcules spermatiques. Bory de Saint-Vincent a fait également en Espagne de semblables observations, et ses résultats, analogues à ceux des savans physiologistes que nous venons de citer, les confirment entièrement. Cependant on a aussi quelques exemples de l'accouplement fécond du Mulet et du Cheval dans nos climats, comme celui que Buffon rapporte dans ses Supplémens (T. vii), d'une Mule qui fut six fois féconde dans la ville de Valence en Espagne.

Les Mulets présentent généralement des caractères assez fixes, et qui sont en partie ceux du père, en partie ceux de la mère. Ainsi le métis de l'Ane et du Cheval ressemble à l'un et à l'autre, et il forme véritablement un être intermédiaire entre ces deux espèces, sans jamais présenter tous les caractères de l'une d'elles, à l'exclusion de ceux de l'autre. Jamais un Ane, jamais un Cheval ne naîtra de l'accouplement du Cheval et de l'Ane; le produit pourra bien ressembler à l'un plus qu'à l'autre, mais non pas exclusivement à l'un d'eux; on reconnaîtra toujours en lui un métis.

Il n'en est pas toujours ainsi du croisement de deux variétés d'une même espèce : le produit tient le plus souvent de l'une et de l'autre (et l'on n'ignore pas combien l'économie rurale a su profiter de la connaissance de ce fait pour améliorer les races domestiques); mais, très - fréquemment aussi, il ressemble entièrement à l'un des Animaux dont il est provenu. Souvent parmi les espèces qui font plusieurs petits à la fois, on trouve dans la même portée, des individus semblables au père, d'autres semblables à la mère, d'autres enfin qui tiennent de l'un et de l'autre; et c'est ce que chacun sait d'après l'expérience journalière. Le croisement entre les deux mêmes individus, opéré dans des circonstances qui sont ou du moins qui nous paraissent semblables, peut produire des petits semblables au mâle, et à une autre portée, d'autres qui se trouvent ressembler à la mère. Par exemple le croisement d'une Daine blanche et d'un Daim noir a d'abord produit un mâle varié de blanc et de noir, cette dernière couleur étant d'ailleurs celle qui dominait généralement. Le même croisement a donné à la portée sui-

vante un autre mâle, noir comme le père, dont il ne différait que par une très-petite tache au-dessus du sabot; et ainsi presque entièrement semblable au produit de l'accouplement de deux individus de la race noire.

Quelle loi peut embrasser toutes ces variations? Et quelles causes déterminent ces ressemblances que nous présente tour à tour le produit avec le père, avec la mère, avec tous deux, et quelquefois même avec le grand-père, comme plusieurs agriculteurs l'ont reconnu à l'égard des Moutons? C'est ce qu'on ignore presque complétement; et il en est à peu près de même de la cause qui détermine le sexe du produit, quoique de nombreux travaux entrepris récemment dans différentes directions, aient commencé à jeter quelque jour sur cette importante et difficile matière.

Nous rapporterons ici en peu de mots un fait qui nous paraît sous ces deux rapports, et aussi à d'autres égards, digne d'attention : nous l'avons observé dans la Ménagerie du Muséum. Une Chienne de très-grande race, et venant du mont Saint-Bernard, avait été couverte successivement par un Chien de chasse ordinaire et par un Chien de la race de Terre-Neuve. Elle mit bas, en mai 1824, jusqu'à onze petits qui présentaient les caractères suivans : six d'entre eux se trouvaient semblables au Chien de chasse; cinq ressemblaient au contraire au Chien de Terre-Neuve. Ces Animaux différaient ainsi tellement entre eux qu'on aurait cru difficilement qu'ils fussent nés de la même mère et dans la même portée : les jeunes Chiens de Terre-Neuve étaient en effet d'une couleur toute différente des premiers, et d'une taille presque double de la leur. Aucun d'eux n'avait d'ailleurs de rapports de coloration avec la mère; et il n'y avait point à cet égard à s'y méprendre, celle-ci étant très-remarquable par de belles taches jaunes répandues sur un fond blanc. Enfin, et ce fait ne nous a pas paru moins digne d'attention, les cinq jeunes Chiens de Terre-Neuve se trouvaient tous du sexe mâle, et les six autres, au contraire, du sexe femelle. La même mère a fait depuis d'autres portées qui n'ont rien présenté de remarquable : nous dirons seulement qu'elles étaient moins nombreuses.

DE LA PLACE QUE DOIVENT OCCUPER LES MAMMIFÈRES DANS LA SÉRIE ANIMALE.

Avant d'avoir étudié l'organisation des Mammifères, de l'avoir considérée dans ses rapports avec celle des autres classes, tous les naturalistes étaient tombés d'accord sur la nécessité de les placer à la tête du règne animal. L'extrême intelligence de ces Animaux, leur mode de génération, et toutes leurs fonctions en tout point analogues à celles de l'Homme; la grande ressemblance extérieure de quelques-uns d'entre eux avec cet être le plus parfait de tous, avaient en effet frappé les premiers observateurs. Aujourd'hui, ce qu'on avait reconnu d'après un petit nombre de rapports, ce qu'on avait en quelque sorte deviné instinctivement, est une vérité pleinement et rigoureusement démontrée. Les nombreuses recherches auxquelles on s'est livré dans ces derniers temps, ont en effet fourni ce beau résultat, que les Mammifères sont des êtres dont le développement est généralement plus parfait que celui des autres classes; que les Ovipares réalisent pendant toute la durée de leur vie les caractères propres aux Mammifères dans l'âge fœtal, et qu'ils ne sont, suivant l'expression reçue, que des embryons permanens de cette classe. Nous ne chercherons pas à accumuler ici les nombreux faits qui viennent à l'appui, et qui donnent la démonstration de cette idée; nous en avons d'ailleurs fait remarquer quelques-uns dans le cours de cet article : c'est ainsi que nous avons vu chez les fœtus des Mammifères un diaphragme rudimentaire comme celui des Oiseaux; des tubercules quadrijumeaux semblables d'abord à ceux des Poissons, puis à ceux des Reptiles,

puis à ceux des Oiseaux; enfin le même nombre de pièces crâniennes qui entrent dans la composition de la tête osseuse des Vertébrés inférieurs. C'est ainsi que, se trouvant toujours en rapport avec eux primitivement, ils ne s'en éloignent que par la série de leurs développemens successifs.

Ces idées sont aujourd'hui généralement adoptées en France et en Allemagne. Emises en 1807 par Geoffroy Saint-Hilaire, qui fonda sur elles sa détermination du crâne des Poissons, elles ont en effet été depuis développées avec succès en France par ce même anatomiste et par Serres, et en Allemagne par Meckel et par Tiedemann, qui en ont, on peut le dire, donné la démonstration pour tous les principaux systèmes organiques. Toutefois quelques naturalistes français les repoussent encore aujourd'hui même comme hypothétiques, et comme fondées sur une apparence qui n'a rien de réel; mais ils semblent véritablement les avoir confondues avec celles de Demaillet, qui, cherchant à prouver l'origine aquatique de l'espèce humaine, a voulu établir l'identité primitive de l'Homme avec le Poisson. Ces théories, aussi bizarres que ridicules, ne sont nullement celles des anatomistes que nous venons de citer : ils ont établi qu'il y a analogie et ressemblance primitives des élémens des organes ; mais non, comme on l'a dit, que l'échelle animale représente un seul être depuis son premier degré de développement jusqu'au dernier, et encore bien moins, que l'Homme a été, à une époque de son développement, un véritable Poisson ou un véritable Reptile. On peut dire même que toutes ces singulières hypothèses, si elles ne sont pas tout-à-fait incompatibles avec les théories générales de ces anatomistes, et particulièrement avec la doctrine de l'unité de composition de Geoffroy Saint-Hilaire, ne peuvent du moins se concilier avec elles que fort difficilement. *V.* MATIÈRE.

Il était important d'insister sur cette théorie de la ressemblance primitive des organes ; car sa démonstration est aussi la démonstration la plus évidente et la plus certaine de l'unité de composition organique, comme l'entend Geoffroy Saint-Hilaire, de l'unité de composition dans les élémens de l'organisation. Si en effet les variations de ces élémens dans la série animale sont les mêmes que celles qu'ils présentent dans la série des développemens du fœtus ; à moins de nier qu'il y ait analogie entre les élémens des organes du fœtus et ceux de l'adulte, on ne peut se refuser à admettre pour l'ensemble des Animaux, le même genre d'analogie ; nous voulons toujours dire l'analogie élémentaire.

Ainsi on peut regarder comme bien démontré, que les Mammifères doivent être considérés comme les êtres dont l'organisation est la plus parfaite, et qui, par conséquent, se placent d'après l'ensemble de leurs rapports à la tête du règne animal. La plupart de leurs organes ont en effet atteint le *maximum* de composition, tandis que quelques autres sont au contraire arrivés au *minimum* ; et à cet égard il n'en pouvait être autrement, puisque certaines parties de l'organisation sont toujours développées en raison inverse l'une de l'autre, ainsi que nous l'avons déjà remarqué. L'état tout-à-fait rudimentaire de quelques organes est donc précisément la cause de l'extrême richesse de développement de quelques autres, et peut ainsi lui-même être regardé comme une preuve du développement plus parfait de l'ensemble de l'organisation.

L'étendue plus considérable de la respiration chez les Oiseaux où elle est, selon l'expression reçue, double, paraît cependant modifier un peu ces rapports ; mais nous pourrions remarquer qu'elle tient à quelques égards elle-même, à l'imperfection de la plèvre et du péritoine, et à l'état tout-à-fait rudimentaire du diaphragme.

DE LA DISTRIBUTION GÉOGRAPHIQUE DES MAMMIFÈRES.

Buffon, dans les ouvrages duquel il ne faudrait chercher que le mérite du style et le talent du grand écrivain, suivant plusieurs naturalistes modernes, est cependant celui qui a posé, à l'égard de la Mammalogie, les premiers principes de cette importante partie de la science, connue sous le nom de Géographie physique. Privé des connaissances de l'anatomiste ; porté, d'après certaines théories qui lui étaient propres, à regarder l'influence du climat sur le développement et les caractères des Animaux, comme plus grande encore qu'elle ne l'est réellement, et d'ailleurs ses propositions générales n'étant pas la déduction d'un nombre assez considérable de faits, il a été entraîné dans quelques erreurs plus ou moins importantes, dont au reste il a lui-même reconnu et corrigé plusieurs. C'est ce qu'on peut remarquer particulièrement au sujet de son bel article sur la distribution géographique des Mammifères (T. IX , p. 56-128), qui n'en doit pas moins cependant être regardé comme un des morceaux les plus importans de l'Histoire Naturelle. Ce qui a été fait dans ces derniers temps par divers naturalistes, et principalement par Geoffroy Saint-Hilaire, n'a en effet été que le développement et la démonstration des idées que Buffon a exposées dans ce passage.

La question de la distribution géographique des Mammifères doit être traitée sous deux points de vue, c'est-à-dire à l'égard des genres et à l'égard des espèces.

Buffon a remarqué le premier qu'aucune des espèces de la Zône-Torride, trouvée dans l'un des continens, ne s'est trouvée dans l'autre, et que même la plupart de celles des climats tempérés de l'Europe manquent également dans le Nouveau-Monde. Cette grande loi, regardée comme inexacte, et combattue par la plupart des contemporains de Buffon, est aujourd'hui généralement admise, depuis que Geoffroy Saint-Hilaire a démontré la différence spécifique du Jaguar et de la Panthère, que diverses erreurs de Buffon lui-même avaient long-temps fait confondre, quoiqu'il eût déjà reconnu et annoncé que le Tigre d'Amérique et la Panthère étaient deux Animaux différens.

Au contraire quelques-unes des espèces qui vivent dans les climats les plus froids, et qui se trouvent les plus rapprochées du Nord, se trouvent également dans la partie la plus septentrionale des deux continens, comme l'a remarqué Buffon : mais il faut bien se garder de croire que ces Animaux communs aux deux mondes, soient à beaucoup près aussi nombreux qu'il le dit. Ainsi, après avoir cité plusieurs espèces qu'il suppose se trouver également dans le nord des deux continens, il ajoute « que les Lièvres, les Écureuils, les Hérissons, les Rats musqués, les Loutres, les Musaraignes, les Chauve-Souris, les Taupes sont aussi des espèces qu'on pourrait regarder comme communes aux deux continens, quoique d'ailleurs (comme il le remarque ensuite lui-même) il n'y ait dans tous ces genres aucune espèce qui soit parfaitement semblable en Amérique à celles de l'Europe. » Et en effet, relativement à tous ces Animaux, ceux de l'Ancien-Monde et ceux de l'Amérique, entre lesquels Buffon n'apercevait aucune différence bien notable, sont aujourd'hui considérés comme des espèces bien distinctes, et plusieurs même comme des genres particuliers. Une étude plus approfondie des caractères des êtres, a donc montré que le nombre des espèces qui n'appartiennent pas exclusivement à l'un ou à l'autre des deux mondes, est fort restreint; encore a-t-on reconnu, à l'égard de ces espèces, que plusieurs sont formées de deux variétés, l'une américaine, l'autre appartenant principalement à notre continent. Tel est le cas du Glouton (*Ursus Gulo*, Lin.) qui existe à la fois dans le nord de l'Europe, de l'Asie et de l'Amérique, mais qui, dans cette dernière région, a des couleurs beaucoup plus pâles, et diffère assez pour avoir été d'abord considéré comme une espèce distincte, sous le nom de Volverenne (*Ursus luscus*).

Buffon avait comparé les Animaux du Nouveau-Monde à ceux de l'ancien sous un autre rapport, et cherché à établir d'une manière générale que les premiers sont d'une taille moins considérable, la différence étant même dans le rapport d'un à quatre, six, huit et dix. « Une autre observation qui vient encore à l'appui de ce fait général, ajoute-t-il, c'est que tous les Animaux qui ont été transportés d'Europe en Amérique, comme les Chevaux, les Anes, les Bœufs, les Brebis, les Chèvres, les Cochons, etc., tous ces Animaux, dis-je, y sont devenus plus petits; et que ceux qui n'y ont pas été transportés, et qui y sont allés d'eux-mêmes, ceux, en un mot, qui sont communs aux deux mondes, tels que les Loups, les Renards, les Cerfs, les Chevreuils, les Élans, sont aussi considérablement plus petits en Amérique qu'en Europe, et cela sans aucune exception. — Il y a donc dans la combinaison des élémens et des autres causes physiques, quelque chose de contraire à l'agrandissement de la nature vivante dans le Nouveau-Monde. » Buffon cherche ensuite les causes de ces faits, et il les trouve dans la chaleur beaucoup moindre, et l'humidité beaucoup plus grande de cette région, en même temps que dans le petit nombre et les mœurs des Américains, qui menant, dit-il, la vie des Animaux, laissaient la nature brute, et négligeaient la terre.

Ces hypothèses, qui peuvent être très-fondées pour une localité et pour un cas particulier, ne peuvent être adoptées d'une manière générale; et on ne peut les considérer comme applicables aux diverses régions du Nouveau-Monde tout entier. Au reste, ne pourrait-on pas dire que Buffon cherchait en vain à expliquer d'une manière générale un fait qui lui - même n'est pas général ? S'il est certain , en effet , que les plus grands Quadrupèdes, les Éléphans , les Rhinocéros, l'Hippopotame , la Girafe , les Chameaux , le Lion , le Tigre , appartiennent tous à l'Ancien-Monde, nous pouvons remarquer aussi que beaucoup de familles ont leurs plus grandes espèces parmi celles du Nouveau-Monde. Le Fourmilier Tamanoir l'emporte de beaucoup sur les Fourmiliers de l'Ancien-Monde, ou les Pangolins ; le Jaguar sur la Panthère ; le Cabiai , les Pacas, le Castor , sur les autres Rongeurs ; le Lamantin d'Amérique sur celui du Sénégal ?

Buffon n'aurait donc pas dû poser d'une manière générale sa loi de l'infériorité des espèces du Nouveau-Monde, et affirmer qu'elle ne souffre aucune exception. Mais , nous devons aussi le dire, nous aurions également tort de soutenir que son opinion n'est fondée sur rien de réel ; et si nous ne devons pas voir dans le fait signalé par Buffon une loi générale de Géographie physique , nous devons convenir que du moins il a véritablement lieu pour le plus grand nombre des cas. Les exceptions que nous venons de citer, celles que nous pourrions ajouter encore , sont en fort petit nombre ; et presque tous les grands Animaux sont réellement habitans de l'Ancien - Monde : ce qui peut bien tenir aussi en partie à ce que l'Amérique ne nourrit qu'un très-petit nombre d'Herbivores, et surtout de Pachydermes , et que ces derniers sont précisément, comme nous l'avons remarqué, ceux qui sont susceptibles de parvenir à la plus grande taille.

Telles sont les principales lois de la distribution géographique des espèces de Mammifères, lois que l'observation a révélées. Mais la puissance de l'Homme créant pour ainsi dire de nouvelles espèces dans les races qu'il a fait naître, en détruisant d'autres , peuplant l'Amérique des Animaux de l'Europe, et , par une sorte d'échange , l'Europe de ceux de l'Amérique, a changé la face de la terre , et renversé les lois qu'avait posées la nature.

Dans tous les articles de ce Dictionnaire qui ont été donnés soit par nous, soit par d'autres collaborateurs , on a fait connaître avec le plus de soins et le plus d'exactitude possible, la patrie de chaque espèce. Nous croyons donc inutile de donner ici, pour chaque contrée du globe , l'énumération des Mammifères qui l'habitent ; et nous ne pourrions d'ailleurs, en le faisant, que reproduire un travail déjà fait avec un grand soin par le savant professeur Desmarest (dans son article *Mammifères* du Dictionnaire de Déterville). On trouvera également d'intéressantes observations dans l'ouvrage déjà cité de Humboldt, dans plusieurs Mémoires insérés par Quoy et Gaimard dans les Annales des Sciences Naturelles , dans le Mémoire de Desmoulins sur la distribution géographique des Vertébrés (Journal de Physique, février 1822 , p. 19), dans la Faune Américaine de Harlan , et dans plusieurs autres ouvrages.

La distribution géographique des genres a également beaucoup occupé les naturalistes ; et, quoiqu'on n'ait encore à leur égard trouvé aucune loi générale , les résultats auxquels on est parvenu , n'en sont pas moins dignes de remarque : nous exposerons les principaux.

C'est encore à Buffon que nous devons les premières observations à ce sujet : ce grand homme reconnut que chaque sorte d'Animaux, ou, comme nous le dirions aujourd'hui, chaque genre naturel , a le plus souvent sa patrie particulière ; en sorte que chaque région a ses genres, comme ses espèces de Mammifères. Il est même surtout vrai de dire pour la plupart des genres, comme nous l'avons dit d'une manière générale pour toutes les espèces, que ceux de la Zône-Torride de l'un des deux continens ne se retrouvent pas dans l'autre.

Ainsi tous les Singes de l'ancien continent diffèrent génériquement de ceux du nouveau, et les Makis et plusieurs autres Lémuriens, non-seulement sont propres à l'ancien, mais même se trouvent exclusivement sur un seul point, dans l'île de Madagascar. Il n'y a ainsi pour tous les Quadrumanes aucune exception ; et s'il en était de même pour tous les autres ordres de Mammifères, on pourrait établir des lois générales pour leur distribution générique, comme pour leur distribution spécifique.

C'est ce qu'on serait d'autant plus porté à croire, que la plupart des faits présentés comme des objections contre ces théories, n'avaient rien de réel, et que l'examen a même souvent montré en eux des preuves du contraire. Ainsi Buffon ayant établi que les Didelphes habitaient exclusivement l'Amérique, la plupart des naturalistes contemporains de ce grand Homme annoncèrent et soutinrent qu'il en existait également dans les Indes-Orientales. Les preuves apportées à l'appui de cette assertion, parurent même, dans ces temps où l'on avait encore si peu idée des rapports naturels, si certaines et si concluantes que Buffon lui-même crut devoir, dans les dernières années de sa vie, renoncer à sa théorie favorite, et déclarer qu'il s'était trompé. Aujourd'hui tous les naturalistes modernes s'accordent à admirer la sagacité de Buffon ; le prétendu Didelphe, le fameux Didelphe oriental, s'est trouvé, non pas un véritable Didelphe, mais un Phalanger.

On voit donc que, tandis que plusieurs genres sont véritablement (suivant l'expression reçue) cosmopolites, comme les Chats, les Renards, les Ours, les Écureuils, les Tapirs, les Cerfs, il en est beaucoup aussi qui se trouvent confinés dans certaines parties du monde. Le nombre de ces derniers est même beaucoup plus considérable qu'un examen superficiel pourrait d'abord le faire imaginer. Nous avons remarqué ailleurs (Ann. des Sc. Nat. T. I , avril 1824), que plus on remonte dans l'échelle des êtres , plus l'existence d'Animaux semblables habitant les deux mondes,

devient rare. Ainsi de tous les genres naturels de Singes, de Lémuriens, de Cheiroptères, d'Insectivores jusqu'à ce jour décrits, on n'en a pendant long-temps connu aucun dont l'existence dans l'un et dans l'autre continent, fût bien constatée; et il paraissait prouvé, pour toutes ces familles, que leur distribution géographique correspondait exactement aux divisions établies parmi eux d'après leurs caractères zoologiques. C'est cependant ce qu'on ne peut aujourd'hui admettre d'une manière générale pour tous les Cheiroptères. Nous avons en effet démontré qu'un des genres de cette famille, celui que Geoffroy Saint-Hilaire a établi sous le nom de Nyctinome , existe à la fois dans l'Amérique méridionale et dans plusieurs parties de l'Ancien-Monde. Sans donner ici toutes les preuves de ce fait important, sans établir rigoureusement, comme nous le ferons ailleurs par l'énumération de ses caractères, que l'espèce nouvelle décrite par nous sous le nom de *Nyctinomus brasiliensis*, est bien réellement un Nyctinome; nous nous contenterons de dire ici que non-seulement l'espèce américaine ne peut, d'après ses rapports naturels, être séparée des Nyctinomes de l'Ancien-Monde; mais qu'elle ressemble même presque entièrement à l'un d'eux, le Nyctinome du Bengale. La similitude de formes , de taille, de couleur même, est si parfaite, que l'image de l'une peut être prise pour l'image de l'autre, et que si ces deux Animaux habitaient la même région, on serait tenté de les réunir en une seule espèce.

Cette remarque suffit pour faire juger de l'analogie qui existe entre les deux espèces , et pour mettre hors de doute l'existence simultanée d'un genre de Chauve-Souris dans le sud de l'Amérique et dans le centre de l'Asie.

On n'a donc point encore réussi , et disons-le même, on ne réussira sans doute jamais à embrasser dans une loi générale la distribution géographique des genres de Mammifères. Tout ce qu'on a pu remarquer jusqu'à ce jour, c'est que les Cheiroptères, les Insectivores, et surtout les Quadrumanes, sont les familles où des différences de caractères correspondent le plus fréquemment à des différences de patrie, et que c'est au contraire parmi les véritables Carnassiers que se trouvent les genres les plus véritablement cosmopolites. Ce rapport se trouverait-il expliqué par le régime même de ces Animaux? Et pourrait-on dire que, destinés à se nourrir de proie vivante, ils ont pu trouver dans les deux mondes le même genre de nourriture?

Nous terminerons par une autre remarque. Toutes ces idées sur la distribution géographique des êtres, ont plus d'importance qu'elles ne le paraissent d'abord, et n'ont pas seulement l'intérêt de la curiosité. C'est véritablement d'elles qu'il faut attendre la solution du grand problème posé dans ces derniers temps par quelques naturalistes : les diverses espèces d'un même genre et les divers genres d'une même famille, ne seraient-ils que des races d'une même espèce primitive, modifiées par le temps, le climat et les circonstances extérieures? Plusieurs philosophes n'ont pas hésité à répondre affirmativement; mais leur opinion, basée presque seulement sur des hypothèses, est en contradiction avec un grand nombre de faits.   (IS. G. ST.-H.)

MAMMIFÈRES FOSSILES. Les ossemens de Mammifères sont trop abondamment répandus sur un grand nombre de points du globe, au milieu des dépôts qui constituent certains sols, et la plupart d'entre eux sont trop reconnaissables par leur forme, pour que depuis long-temps les observateurs n'aient pas reconnu leur existence à l'état fossile dans le sein de la terre; mais quelque nombreux que fussent les faits recueillis par les géologues, ceux-ci étaient loin de s'attendre aux résultats que devaient procurer les recherches spéciales entreprises sur ce sujet important par l'un de nos plus célèbres naturalistes; c'est après avoir étudié d'une manière non moins exacte que rationnelle le squelette de tous les Mammifères de l'époque actuelle qu'il a pu réunir dans une immense collection, et après avoir examiné comparativement, pour ainsi dire, chacun des os dont ils se composent avec ceux que l'on rencontre fossiles, que Cuvier est parvenu à distinguer et à décrire beaucoup d'espèces anciennes et même des genres entiers qui n'existent plus maintenant; tandis que d'un autre côté il a pu faire voir que la plupart des espèces de notre époque diffèrent, soit en partie, soit entièrement, de celles qui habitaient la terre dans des temps plus ou moins reculés. Le savant anatomiste que nous venons de citer ne s'est pas seulement attaché à établir les ressemblances ou les différences que présentaient les êtres de l'Ancien-Monde avec ceux qui vivent aujourd'hui à sa surface, mais il a cherché encore dans quels rapports la somme de ces ressemblances ou différences des diverses espèces fossiles pouvait être avec l'âge des assises qui recèlent leurs débris. Ces recherches positives, si importantes pour l'histoire physique de la surface de la terre, et pour celle des révolutions dont elle a été le théâtre, ne sont pas d'un moins grand intérêt pour le philosophe qui essaie de soulever le voile dont les œuvres du Créateur sont enveloppées; elles lui donnent la preuve que s'il est encore quelques-uns des mystères de la nature qui ne soient pas impénétrables pour l'Homme, c'est par l'observation qu'il triomphera des obstacles; c'est en interrogeant avec persévérance et sang froid les archives du globe que peut-être il parviendra, après avoir réuni tous les anneaux de la chaîne compliquée des êtres, à remonter jusqu'à l'origine de chaque type et à suivre pas à pas les progrès de l'organisasion depuis la création de l'être le plus simple jusqu'à celle de l'Homme lui-même.

Les travaux de Cuvier paraissent démontrer que depuis long-temps des espèces d'Animaux, appartenant à toutes les autres classes du règne animal, et en particulier aux Animaux vertébrés, tels que les Poissous, les Reptiles, avaient laissé leurs dépouilles dans les couches dont la terre se revêtissait successivement, lorsque des Mammifères ont, pour la première fois, été enveloppés par les dépôts qui continuaient à se former; il semble naturel de conclure de cette observation, que les êtres les plus parfaits ou ceux dont l'organisation est le plus rapprochée de celle de l'Homme ont été créés les derniers, et cette conséquence devient encore plus probable si l'on étudie le gisement des divers Mammifères fossiles eux-mêmes; en effet, on voit que plus les espèces enfouies différaient des espèces vivantes, et plus elles appartiennent à des couches anciennes; de sorte que ce n'est que dans les couches meubles les plus superficielles que l'on rencontre des ossemens semblables à ceux des Mammifères dont les races subsistent encore, et même les espèces les plus rapprochées de l'Homme, tels que les Makis, les Singes, n'ont pas jusqu'à présent d'analogues fossiles, observation qui semble coïncider avec l'absence d'ossemens humains dans les dépôts antérieurs aux temps historiques. *V.* ANTHROPOLITE.

Voici les derniers résultats généraux publiés par Cuvier qui, dans le même tableau, comprend les Quadrupèdes vivipares (Mammifères) et les Quadrupèdes ovipares (les Reptiles). Sur cent cinquante espèces fossiles décrites, les trois quarts appartiennent aux Mammifères, et plus de la moitié, parmi celles-ci, sont des Animaux à sabot non ruminans; les races de plus de quatre-vingt-dix de ces Quadrupèdes sont perdues, et sur ce nombre, près de soixante se rapportent à des genres nouveaux; les autres entrent dans des genres ou sous-genres connus.

L'Homme, avons-nous dit, n'a

point été trouvé à l'état fossile, il en est de même pour tous les Quadrumanes; mais si l'on fouille le sol le plus superficiel composé de terres, de sables, de limon qui recouvre nos grandes plaines, remplit les vallées, comble les cavernes, obstrue les fentes de plusieurs rochers, et semble être le dernier dépôt formé sur nos continens par une action que l'on croit avoir été rapide et violente, dépôt qui présente les mêmes caractères généraux sur presque tous les points connus du globe et que les Anglais désignent par l'expression de *Diluvium*; on trouve presque partout de nombreuses dépouilles de Mammifères qui étaient plus ou moins semblables à ceux qui nous entourent, tels que des Renards, des Loups, des Tigres, des Hyènes, des Ours, qui quelquefois, comme on le voit en France et en Angleterre, se rencontrent dans les mêmes lieux avec des os d'Éléphans, de Rhinocéros, d'Hippopotames, de Chevaux, de Bœufs, de Cerfs et de plusieurs Rongeurs. Ce n'est que dans des dépôts inférieurs au *Diluvium*, dans des couches régulières de Calcaire, de Marne, de Gypse, d'Argile, que paraissent les espèces dont les genres sont perdus, tels que les Palæotheriums, les Lophiodons, les Anoplotheriums, les Anthracotheriums, les Cheropotames, les Adepis (*V.* ces mots, soit dans le Dictionnaire, soit au Supplément); mais si l'on pénètre plus avant dans les couches de la terre, si l'on parvient jusque dans les couches de l'âge du Calcaire grossier parisien, on ne trouve plus que quelques Mammifères aquatiques comme des Lamantins, des Morses, ou des Cétacés comme des Dauphins. Deux seuls exemples viennent faire jusqu'à présent exception à cet aperçu général, l'un cité par Boué qui dit avoir trouvé en Autriche des os de Ruminans dans la Craie, et l'autre admis par presque tous les géologues anglais qui classent parmi les terrains oolithiques les Schistes calcaires de Stonesfield près

Oxfort, dans lesquels on a découvert plusieurs fragmens de mâchoires avec des dents qui ressemblent à celles d'un petit Carnassier insectivore analogue à quelque Didelphe. Nous sommes loin de contester l'authenticité de ces faits jusqu'à présent exceptionnels, mais nous pensons que dans l'état actuel des connaissances fournies par le gisement des divers Mammifères fossiles, il importe de ne les admettre qu'après l'examen le plus rigoureux, et c'est dans ce but que, dans un travail spécial, nous avons réuni toutes les objections qu'il nous a paru possible de faire contre l'admission de l'un de ces deux faits.

Le nombre des Mammifères fossiles est réparti à peu près de la manière suivante : Genres : Ours, 4 espèces ; — Marte, 2 ; — Chien, 4 ; — Hyène, 1 ; — Chat, 2 ; — Phoque, 2 ; — Sarigue, 2 ; — Castor, 1 ; — Campagnol, 2 ; — Lagomys, 2 ; — Lièvre, 2 ; — * Megalonix, 1 (1) ; — * Megatherium, 1 ; — Eléphant, 2 ; — * Mastodonte, 6 ; — Hippopotame, 4 ; — Cochon, 1 ; — * Anoplotherium, 2 ; — * Xiphodon, 1 ; — * Dichobune, 3 ; — * Anthracotherium, 2 ; — * Adapis, 1 ; — * Chœropotame, 1 ; — Rhinocéros, 4 ; — * Palæotherium, 8 ; — * Lophiodon, 5, — Tapir, 1 ; — * Elasmotherium, 1 ; — Cheval, 1 ; — Rat, 1 ; — Cerf, 5 ; — Bœuf, 4 ; — Loir, 2 ; — Lamantin, 1 ; — Dauphin, 4 ; — Baleine, 3. (C. P.)

MAMMOLE. BOT. PHAN. L'un des noms vulgaires des fruits du *Cactus Tuna*, dans les pays où ils se mangent. (B.)

MAMMONT ou MAMMOUTH. MAM. FOSS. Les Russes avaient donné ce nom au grand Eléphant fossile, dont les ossemens se trouvent en grande abondance en Sibérie. Les Américains croyant reconnaître le même Animal dans celui que depuis on a appelé Mastodonte, et dont les premiers squelettes furent découverts sur les bords de l'Ohio, l'avaient désigné sous le même nom de Mammouth. *V*. ELÉPHANT FOSSILE et MASTODONTE. (O. P.)

MAMOIERA. BOT. PHAN. L'Écluse a fort bien décrit et figuré sous ce nom portugais le *Carica Papaya* mâle et femelle. (B.)

MAMONET. MAM. Syn. de Maimon. (B.)

* MAMOUT. POIS. Syn. de Halé, espèce de Silure du sous-genre Hétérobranche. *V*. SILURE. (B.)

MAMPATA. BOT. PHAN. Nom donné, suivant Adanson, par les habitans du Sénégal à une Plante que Jussieu a le premier jugée congénère des *Parinarium*, et que De Candolle (*Prodrom. Syst.* 2, p. 527) a rapportée avec doute au *Parinarium excelsum* de Sabine (*in Trans. Hort. Soc.* 5, p. 45). Cette Plante a un fruit gris farineux, qui, quoique sans saveur, est mangé avec plaisir par les Nègres. Elle se rapproche beaucoup d'une autre espèce que De Candolle (*loc. cit.*) a nommée *P. Senegalense*, et dont nous avons reçu des échantillons de Le Prieur, jeune botaniste extrêmement zélé, qui parcourt en ce moment l'intérieur de l'Afrique. Il y a même lieu de croire que le *Mampata* des indigènes du Sénégal est cette dernière Plante, puisqu'Adanson n'a visité que cette contrée, tandis que l'Arbre décrit par Sabine croît dans les montagnes de Sierra-Leone. (G..N.)

MAMULARIA. BOT. PHAN. Et non *Mamolaria*. Même chose qu'Harpacantha ou Herpacantha. *V*. ces mots. (B.)

MANABEA. BOT. PHAN. Selon Jussieu, le genre ainsi nommé par Aublet doit être réuni à l'*Ægiphila*, dont il ne diffère que par son fruit à deux loges dispermes et non à quatre loges monospermes comme dans ce dernier. (A. R.)

MANACA. BOT. PHAN. (Marcgraaff.) Un Myrte ou un *Eugenia* du Brésil.

____

(1) Les genres maintenant perdus sont marqués d'un astérisque *.

(Humboldt.) Un Palmier indéterminé des rives du Rionegro dans l'Amérique du sud.   (B.)

MANACUS. ois. (Brisson.) *V*. Ma-nakin.

MANAGUIER. *Managa*. bot. phan. Aublet a décrit sous le nom de *Managa Guianensis* (*Pl. Guian.* 2, Suppl., p. 2, tab. 369) un Arbre dont il a observé les feuilles et les fruits ; mais dont il n'a pas vu les fleurs, qui n'ont été décrites par aucun botaniste jusqu'à ce jour. Aussi ce genre n'a-t-il pu être classé, et dans son *Genera Plantarum*, Jussieu n'en a-t-il fait aucune mention. Nous pouvons donner sur ce genre des renseignemens plus précis, et faire connaître d'une manière assez complète son organisation. Nous possédons dans notre herbier de la Guiane un échantillon en fruit de cette Plante, avec un petit dessin de sa fleur fait par le professeur L.-C. Richard, ainsi qu'une description assez détaillée, qui nous serviront à faire connaître les caractères de ce genre.

Le *Managa* est un Arbre de moyenne grandeur, dont le bois, selon Aublet, est blanc et léger. Ses feuilles sont alternes, obovales, entières, fortement acuminées au sommet, glabres sur leurs deux faces, longues d'environ quatre pouces, larges seulement de deux, minces, membraneuses, portées sur un pétiole de deux à trois lignes de longueur. Les fleurs sont terminales ou axillaires, tantôt solitaires, tantôt géminées, portées sur un pédoncule court, recourbé, articulé vers son sommet et offrant généralement deux bractées. Le calice est monosépale, campaniforme, et comme turbiné à sa base, à cinq divisions égales, profondes et aiguës, plus large que le tube de la corolle qu'il embrasse. La corolle est monopétale, hypocratériforme, à tube très-long et cylindrique, à limbe plane, à cinq divisions un peu inégales. Les étamines, au nombre de quatre, sont inégales, didynames, incluses, ayant les filamens très-

courts. L'ovaire est libre, très-petit, ovoïde, à deux loges. Le fruit est globuleux, bacciforme, jaune, de la grosseur d'une prune de reine-claude, accompagné à sa base par le calice qui a acquis quelque développement. Il offre extérieurement deux sillons longitudinaux ; le péricarpe assez épais est plutôt celluleux que charnu; il présente deux loges contenant chacune deux, trois ou quelquefois un plus grand nombre de graines enveloppées dans une substance pulpeuse d'une saveur douce; elles sont ascendantes, attachées à la partie inférieure de la cloison. Chaque graine est brunâtre, allongée, formée d'un tégument propre, mince; d'un endosperme extrêmement dur et comme corné, contenant dans son intérieur un embryon dressé, ayant la radicule très-longue, cylindrique, les deux cotylédons courts et arrondis.

D'après les caractères que nous venons d'exposer, le genre Managa nous paraît avoir de très-grands rapports avec la famille des Solanées, dont il s'éloigne néanmoins par quelques caractères, tels que l'inégalité des étamines, la position des graines, la nature de l'endosperme et la position intraire de l'embryon. Nous regrettons beaucoup de ne pas posséder la fleur de ce genre en herbier, et de n'avoir pu en faire l'analyse : la description incomplète que nous en avons donnée est faite d'après une simple esquisse crayonnée au milieu des forêts de la Guiane où se trouve le *Managa Guianensis*.   (A. R.)

MANAGURELL. mam. (Sonnini.) L'un des noms de pays du Coendou.   (B.)

MANAKIN. *Pipra*. ois. Genre de l'ordre des Insectivores. Caractères : bec court, trigone à sa base qui est un peu élargie, comprimé dans le reste et surtout vers la pointe, convexe en dessus ; mandibule supérieure courbée et échancrée vers l'extrémité, l'inférieure pointue ; narines placées sur les côtés du bec et vers la base, recouvertes en partie par une membrane garnie de petites plumes; pieds médiocres; quatre doigts; trois en avant, dont l'intermédiaire, moins long que le tarse, est uni à l'externe jusqu'à la seconde articulation, et à l'interne seulement à la base; ailes et queue courtes; les deux premières rémiges moins longues que les troisième et quatrième, qui dépassent toutes les autres.

Les Manakins sont de très-jolis petits Oiseaux, que l'on n'a jusqu'à ce jour rencontrés que dans l'Amérique méridionale; il est assez apparent que leurs mœurs n'ont offert aucune particularité remarquable, puisqu'aucun auteur ne s'est occupé de leur histoire. Tranquilles habitans des forêts, ils quittent bien rarement ces lieux de retraite pour venir étaler dans les plaines et les jardins le luxe d'un plumage ordinairement varié de couleurs aussi pures qu'éclatantes. A l'exception de la première partie du jour, pendant laquelle on les trouve assez souvent réunis, ils vivent isolés, séparés même de leurs femelles; quelque jeunes qu'on les prenne, ils se font difficilement au joug et meurent bientôt de chagrin et d'ennui; ils se nourrissent indifféremment d'Insectes et de petits fruits succulens que, dans l'état de captivité, on les voit préférer aux premiers; ils ont le vol rapide, mais bas et peu soutenu; ils établissent leurs nids dans les broussailles et les buissons fourrés, et leur ponte, comme chez presque tous les Oiseaux de petite taille, est fort nombreuse.

MANAKIN BLEU, *Pipra cærulea*, Lath. Parties supérieures noires, avec le milieu du dos bleuâtre; les inférieures d'un blanc jaunâtre; bec et pieds bruns. Taille, trois pouces. Espèce douteuse, qui pourrait bien n'être qu'une variété d'âge de l'une des suivantes.

MANAKIN BLEU A POITRINE ROUGE. *V.* COTINGA CORDON-BLEU.

MANAKIN DU BRÉSIL, Buff., pl. enl. 302, fig. 1. Variété du Manakin goîtreux.

MANAKIN CASSE-NOISETTE, Buff.,

pl. enl. 303, fig. 1. *V.* MANAKIN GOÎTREUX.

MANAKIN CENDRÉ, *Pipra cinerea*, Lath. Parties supérieures cendrées; les inférieures grisâtres avec l'abdomen blanchâtre; bec et pieds bruns. Taille, trois pouces et demi. Espèce douteuse.

MANAKIN CHAPERONNÉ, *Pipra pileata*, P. Max., Temm., pl. 172, fig. 1. Parties supérieures d'un châtain vif; sommet de la tête, occiput, nuque et rémiges d'un noir pur; tectrices alaires terminées par une tache d'un châtain cendré; les rémiges sont bordées de verdâtre; joues et sourcils d'un roux vif; queue faiblement étagée; les six rectrices intermédiaires noires, terminées de brun; les latérales brunes, jaunâtres à leur base; parois inférieures roussâtres; bec et pieds jaunes. Taille, quatre pouces et demi. Les plumes de la tête se relèvent en une espèce de chaperon, qui reparaît aussi chez la femelle; mais il est verdâtre, ainsi que les parties supérieures; celle-ci a en outre les ailes cendrées, tachetées de grisâtre, avec le bord des plumes verdâtre. Du Brésil.

MANAKIN CHAPERONNÉ DE NOIR. Vieill. *V.* MANAKIN GOÎTREUX.

MANAKIN A COLLIER.

MANAKIN DESMAREST, *Pipra Desmaresti*, Leach. Parties supérieures d'un bleu-noir éclatant; gorge et poitrine rouges; ventre blanc; anus rouge; espèce qui paraît appartenir à un autre genre.

MANAKIN A DEUX BRINS, *Pipra militaris*, Shaw. Parties supérieures brunes; les inférieures d'un blanc grisâtre; front rouge; tête d'un bleu ardoisé; bec et pieds bruns; rectrices intermédiaires dépassant de beaucoup les autres. Taille, trois pouces et demi. Paraît être une variété du Manakin à front rouge.

MANAKIN A FRONT BLANC. *V.* MANAKIN VARIÉ.

MANAKIN A FRONT ROUGE, *Pipra rubrifrons*, Vieill. Parties supérieures noires; rémiges brunes bordées de verdâtre; rectrices intermédiaires longues et étroites, dépassant les autres ; front et croupion rouges ; joues et menton grisâtres ; parties inférieures blanches ; bec et pieds jaunes. Taille, trois pouces deux tiers. De l'Amérique méridionale.

MANAKIN GOÎTREUX, *Pipra gutturosa*, Desm., fig. 10. Parties supérieures noires ; les inférieures blanches ; plumes de la gorge touffues, longues, effilées et présentant une sorte de renflement de cet organe ; bec noir ; pieds jaunes. Taille, trois pouces et demi. La femelle a les parties supérieures rousses ; les inférieures d'un blanc roussâtre. De Cayenne.

MANAKIN A GORGE BLANCHE, *Pipra gutturalis*, Lath., Buff., pl. enl. 514, fig. 1. Tout le plumage d'un noir luisant, à l'exception de la gorge, qui se prolonge en pointe sur la poitrine, et qui est d'un blanc pur ainsi que le bord interne de quelques rémiges et la mandibule inférieure ; la supérieure est noire ; les pieds rouges. Taille, trois pouces deux tiers. La femelle a les parties supérieures d'un vert olive ; les rémiges et les rectrices d'un brun noirâtre ; une tache noire autour de l'œil ; les parties inférieures blanches. De Cayenne.

MANAKIN A GORGE ROUGE, *Pipra nigricollis*, Lath. Parties supérieures d'un noir bleuâtre ; gorge et abdomen rouges ; ventre blanc ; bec et pieds noirs. Espèce douteuse.

GRAND MANAKIN. *V*. MANAKIN TIJÉ.

MANAKIN A LONGUE QUEUE, *Pipra caudata*, Lath. Parties supérieures bleues ; sommet de la tête rouge ; rémiges et rectrices dont les intermédiaires dépassent les autres, noires ; bec brun ; pieds fauves. Taille, quatre pouces et demi. De l'Amérique méridionale.

MANAKIN MANIKUP, *Pipra nœvia*, Lath. *V*. FOURMILIER.

MANAKIN NOIR ET BLANC. *V*. MANAKIN GOÎTREUX.

MANAKIN NOIR ET JAUNE. *V*. MANAKIN ROUGE.

MANAKIN NOIR HUPPÉ. *V*. MANAKIN TIJÉ.

MANAKIN ORANGÉ. *V*. MANAKIN ROUGE.

MANAKIN A OREILLES BLANCHES, *Pipra leucotis*, L. *V*. FOURMILIER.

MANAKIN ORGANISTE, *Pipra musica*, Lath. *V*. TANGARA.

MANAKIN PLOMBÉ, *Pipra plumbea*, Vieil. Parties supérieures d'un roux cendré ; les inférieures roussâtres ; rémiges et rectrices noirâtres, bordées de cendré bleuâtre ; bec noir ; pieds bleuâtres. Taille, quatre pouces deux tiers. De l'Amérique méridionale.

MANAKIN POINTILLÉ. *V*. PARDALOTE.

MANAKIN A POITRINE DORÉE, *Pipra pectoralis*, Lath. Parties supérieures d'un noir bleuâtre, de même que la tête, le cou et la poitrine ; un large hausse-col d'un jaune brillant ; parties inférieures d'un brun roux ; bec brunâtre ; pieds cendrés. Taille, trois pouces et demi. Du Brésil.

MANAKIN A QUEUE EN PELLE, *Pipra longicauda*, Vieil. Parties supérieures noires ; sommet de la tête d'un rouge vif, avec la base des plumes orangée ; rémiges et rectrices bordées de bleu pâle ; les deux rectrices intermédiaires de cette couleur plus longues que les autres, et terminées en forme de palette ; menton et gorge noirs ; le reste des parties inférieures d'un bleu pâle ; bec brun ; tarse rougeâtre. Taille, cinq pouces et demi. La femelle est d'un vert sombre, varié de brunâtre sur les tectrices alaires ; le dessous des ailes est blanchâtre. De l'Amérique méridionale.

MANAKIN RAYÉ. *V*. PARDALOTE A TÊTE RAYÉE.

MANAKIN ROUGE, *Pipra aureola*, Lath., Buff., pl. enl. 34, fig. 3. Parties supérieures noires ; sommet de la tête, gorge et poitrine d'un rouge éclatant ; front et côtés de la gorge d'un jaune orangé ; rémiges, à l'exception de la première, marquées d'une tache blanche vers le milieu ; tectrices alaires inférieures jaunâtres ; abdomen varié de noir, de rouge et d'orangé ; bec et pieds noirâtres. Taille, trois pouces un quart. La femelle est olivâtre en dessus et d'un vert jaunâtre en dessous; elle diffère encore du mâle en ce qu'elle a le sommet de la tête entouré d'un cercle rouge. Les jeunes sont entièrement olivâtres avec le front, le cou, la gorge, la poitrine et le ventre tachetés de rouge; ils ne prennent du noir qu'à mesure qu'ils approchent de l'état adulte. De la Guiane.

MANAKIN ROUGEATRE, *Pipra superciliosa. V.* PARDALOTE.

MANAKIN RUBIS, *Pipra strigillata*, P. Max., Temm., pl. color. 54, fig. 1 et 2. Parties supérieures d'un beau vert; sommet de la tête orné d'une belle huppe d'un rouge éclatant; rémiges brunes avec les bords internes lisérés de blanc; rectrices courtes, d'un cendré verdâtre; parties inférieures d'un blanc jaunâtre, strié de brun; bec brun; pieds jaunâtres. Taille, trois pouces un quart. La femelle a les parties supérieures entièrement vertes, sans huppe rouge; les inférieures d'un brun jaunâtre. Du Brésil.

MANAKIN SUPERBE, *Pipra superba*, Lath., Pall. Parties supérieures noires; sommet de la tête couvert d'une huppe d'un rouge de feu; une tache bleue en croissant sur le dos; rémiges brunes et pointues; queue courte; bec brun; pieds jaunâtres. Taille, quatre pouces et demi. Patrie inconnue.

MANAKIN A TÊTE BLANCHE, *Pipra leucocilla*, Lath.; *Pipra leucocephala*, Desm., Buff., pl. enl. 34, fig. 2. Tout le plumage d'un noir irisé, avec le sommet de la tête blanc; quelquefois des petites plumes blanches, mélangées de jaune et de rouge, au bas de la jambe; bec brunâtre; pieds noirs. Taille, trois pouces deux tiers. De la Guiane.

MANAKIN A TÊTE BLEUE, *Pipra cyanocephala*, Vieill. Parties supérieures d'un vert olive; sommet de la tête et nuque d'un bleu pâle; croupion jaunâtre; rémiges et rectrices noires, bordées de verdâtre; parties inférieures d'un jaune foncé, nuancé de vert sur les flancs; bec et pieds

noirs. Taille, trois pouces un quart. De l'Amérique méridionale.

MANAKIN A TÊTE D'OR, *Pipra erythrocephala*, Buff., pl. enl. 54, fig. 3. Plumage noir, irisé, empourpré; sommet de la tête, joues et nuque d'un jaune doré brillant; un anneau jaune au bas de la jambe; bec blanchâtre; pieds rougeâtres. Taille, trois pouces un quart. De la Guiane.

MANAKIN A TÊTE RAYÉE, *Pipra striata. V.* PARDALOTE.

MANAKIN A TÊTE ROUGE, *Pipra erythrocephala*, Var., Lath.; *Pipra rubrocapilla*, Briss., Temm., Ois. color., pl. 54, fig. 3. Plumage d'un noir à reflets chatoyans, avec le sommet de la tête d'un rouge orangé très-éclatant; jambes jaunâtres avec une tache rouge à l'extérieur des plumes; bec et pieds jaunâtres. Taille, trois pouces un quart. De la Guiane.

MANAKIN TIJÉ, *Pipra parcola*, Lath., Buff., pl. enl. 687, fig. 2. Plumage d'un noir velouté avec le dos et les tectrices alaires d'un bleu céleste; sommet de la tête couvert de plumes d'un rouge brillant, susceptibles de se relever en huppe; bec noir; pieds rouges. Taille, quatre pouces et demi. On trouve une variété dont la huppe est d'un rouge orangé; une autre dont les parties supérieures sont entièrement vertes. La femelle est en dessus d'une teinte uniforme olivâtre, qui tire sur le jaune en dessous; elle n'a point de huppe, non plus que le jeune mâle, qui est partout d'un cendré olivâtre. Des Antilles et du continent de l'Amérique méridionale.

MANAKIN VARIÉ, *Pipra serena*, Lath. Tout le plumage noir, à l'exception du front, qui est blanc, du sommet de la tête, qui est d'un bleu verdâtre, et du croupion, qui est bleu; l'abdomen et quelquefois le milieu de la poitrine sont d'un rouge orangé brillant; bec et pieds noirs. Taille, trois pouces et demi. Du Brésil.

MANAKIN A VENTRE ORANGÉ, *Pipra capensis*, Lath. Parties supérieures noirâtres; les inférieures d'un orangé pâle; bec et pieds noirs.

Taille, quatre pouces. Du cap de Bonne-Espérance ; espèce douteuse.

MANAKIN A VENTRE ROUGE, *Pipra hamorrhoa*, Lath. Parties supérieures noires ; les inférieures blanches, avec une tache rouge sur l'abdomen ; tectrices caudales inférieures aussi longues que les rectrices ; bec et pieds bruns. Taille, trois pouces trois quarts ; patrie inconnue.

MANAKIN VERDIN, *Pipra chloris*, Natter, Temm., pl. color. 172, fig. 2. Parties supérieures d'un beau vert ; un petit bandeau d'un brun roux ; rémiges noires ainsi que les tectrices, qui sont marquées d'une double rangée de taches blanchâtres, les unes et les autres frangées de vert ; rectrices noirâtres, lisérées de vert et terminées de blanchâtre ; parties inférieures d'un vert jaunâtre, avec la gorge et le milieu du ventre jaunes ; bec et pieds bleuâtres. Taille, cinq pouces. Du Brésil.

MANAKIN VERT A HUPPE ROUGE, Buff., pl. enl. 303, fig. 2. *V.* MANAKIN TIJÉ, dont il est une variété presque adulte.

MANAKIN AU VISAGE BLANC. *V.* FOURMILIER MANIKUP. (DR..Z.)

MANAM-PADAM. BOT. PHAN. (Rhéede, *Malab.*, t. 10, pl. 65.) Syn. d'*Elsholtzia paniculata*, Willd. *V.* ELSHOLTZIE. (B.)

* MANANGHAMETTE. BOT. PHAN. (Flacourt.) Arbre de Madagascar qui paraît être un Plaqueminier. *V.* ce mot. (B.)

* MANASSI. BOT. PHAN. (Flacourt.) L'Ananas à Madagascar. (B.)

MANATE ET MANATI. MAM. D'où le nom scientifique *Manatus* dérivé de Main (qui a des mains). Nom vulgaire des Lamantins. (B.)

* MANATIA. POIS. Espèce de Raie du sous-genre Céphaloptère. *V.* RAIE. (B.)

MANATUS. MAM. *V.* LAMANTIN et MANATE.

MANAVIRI. MAM. (Humboldt.) Nom de pays du Kinkajou Pottot. *V.* ce mot. (B.)

MANCANDRITE. POLYP. FOSS. L'Alcyon-Figue chez quelques oryctographes. (E. D..L.)

MANCANILLA ET MANCINELLA. BOT. PHAN. (Plumier.) Mots qui, dérivés de l'espagnol, signifient *petite Pomme*. Syn. d'Hippomane. *V.* ce mot et MANCENILLIER. (B.)

MANCENILLIER. *Hippomane.* BOT. PHAN. Genre de la famille des Euphorbiacées : ses fleurs sont monoïques, les mâles sont disposées sur des épis terminaux en petits pelotons alternes, dont chacun est accompagné d'une bractée munie de deux glandes à sa base, et les femelles solitaires ; un calice turbiné bifide et un filet chargé de deux anthères à son sommet constituent la fleur mâle ; la femelle présente un calice triparti, un style court et épais couronné par plusieurs stigmates (le plus ordinairement sept) rayonnés ; un ovaire à autant de loges uniovulées ; il devient un fruit de la forme d'une pomme d'api qui renferme sous une chair gonflée d'un suc laiteux un noyau ligneux, inégal et âpre à sa surface, creusé à l'intérieur de plusieurs loges monospermes. Les feuilles sont stipulées, portées sur de longs pétioles munis à leur sommet d'une double glande, alternes, légèrement dentées en scie, glabres, luisantes, veinées. La seule espèce connue qui appartient bien véritablement à ce genre, est originaire de l'Amérique équinoxiale.

L'influence funeste attribuée au Mancenillier lui a donné une réputation populaire : on a dit que son exhalaison suffisait pour causer la mort à l'imprudent qui s'arrêterait sous son ombre, ou qui recevrait les gouttes de la pluie distillant à travers son feuillage. Jacquin, qui osa en faire l'expérience, n'en éprouva aucun accident ; mais il est clair cependant que la sienne n'est pas encore décisive, puisque le danger, s'il existe, résulte d'un principe éminemment volatil, et peut varier suivant des

circonstances locales et momentanées,
telles que la direction du vent, le degré de la température, etc. , etc. Quoi
qu'il en soit, il est indubitable que
le suc laiteux qu'on trouve dans les
diverses parties du Mancenillier, de
même que dans la chair de son fruit,
est un poison actif qui irrite violemment les tissus vivans sur lesquels on
l'applique. On n'est pas bien d'accord
sur son degré d'énergie exagéré par
quelques auteurs, et en ce moment
même on s'occupe à déterminer plus
exactement son intensité et son mode
d'action. La crainte qu'inspirent ses
vertus vraies ou supposées a contribué
à le rendre de plus en plus rare; car
on a cherché à l'extirper de tous les
lieux habités. De Tussac, qui l'a vu
aux Antilles, a donné dans le Journal de Botanique (1813, vol. 1 , p.
112) des détails sur ce Végétal et sur
son action irritante qu'il avait éprou-
vée personnellement.　　　(A. D. J.)

MANCHE DE COUTEAU. conch.
Syn. vulgaire de Solen. *V*. ce mot.
　　　　　　　　　(B.)

MANCHE DE VELOURS. ois.
Nom trivial que quelques voyageurs
ont donné au Fou de Bassan. *V*. Fou.
　　　　　　　　　(DR..Z.)

MANCHETTE GRISE. bot.
crypt. Un Agaric de Paulet.　(B.)

MANCHETTE DE NEPTUNE.
polyp. On a donné ce nom au *Rete-
pora cellulosa*, Lamk., ainsi qu'à
des Polypiers fossiles d'un genre indéterminé.　　　　　(E. D..L.)

MANCHETTE DE LA VIERGE.
bot. phan. L'un des noms vulgaires
du *Convolvulus sepium*, L. *V*. Liseron.　　　　　　　　(B.)

**MANCHIBOCÉE ou MANCHI-
BOUI.** bot. phan. Nom de pays des
fruits du *Mammea Americana*. (B.)

* **MANCHONS DE NEPTUNE.**
polyp. Ce nom a été donné à des Polypiers de la famille des Éponges par
les anciens naturalistes.　(E. D..L.)

MANCHOT. *Aptenodytes*. ois.
Genre de l'ordre des Palmipèdes.
Caractères : bec plus long que la tête,
grêle, droit, fléchi vers l'extrémité;
les deux mandibules à pointes égales
un peu obtuses; la supérieure sillonnée dans toute sa longueur, l'inférieure plus large à sa base et couverte
d'une peau nue et lisse; fosse nasale
très-longue, couverte de plumes; narines à peine visibles, placées à la
partie supérieure du bec et près de
l'arête; pieds très-courts, gros, entièrement retirés dans l'abdomen;
quatre doigts, trois en avant, réunis
par une membrane, un en arrière,
très-court, articulé sur le doigt interne; ailes dépourvues de rémiges,
impropres au vol.

Nous voici occupés d'un groupe qui
n'offre que des Oiseaux dont l'organisation, pour ainsi dire incertaine,
peut être considérée plutôt comme
une ébauche que comme une production parfaite. Il semble que la nature, ordinairement si prévoyante
dans tous les détails de la création, se
soit fait une étude de multiplier les
difficultés dans l'existence du Manchot, ou qu'elle ait eu l'intention de
le faire servir par une gradation moins
sensible, de point de rapprochement
dans les distances que l'on observe
entre les Oiseaux et les habitans de
l'eau. En effet, loin de retrouver chez
les Manchots cette vivacité que l'on
aime à contempler dans les êtres qui
animent nos bosquets et y font entendre mille chants variés, on ne doit
en quelque sorte les considérer que
comme des Poissons dont ils partagent presque toutes les habitudes :
leurs bras, au lieu de s'allonger en
rames légères, destinées à frapper
l'air et à y trouver immédiatement des
points d'appui qui permettent à l'Oiseau de s'élancer rapidement et de se
soutenir à de grandes hauteurs, ne
présentent que des nageoires pendantes, informes, courtes, épaisses, re-
vêtues d'espèces d'écailles plutôt que
de véritables plumes; elles ne peuvent servir qu'à diriger l'Oiseau-Pois-
son dans un fluide d'une grande densité où les particularités de son organisation interne lui font trouver le
moyen de demeurer assez long-temp

sans éprouver le besoin de respirer. Leur cri rauque et désagréable ne se fait entendre que pendant la saison des amours et tout le temps que dure l'incubation, seule époque périodique et annuelle qu'ils passent régulièrement sur le rivage et à l'abri des marées. Ils habitent régulièrement des trous creusés par le battement des flots, les joncs, les roseaux et autres plantes aquatiques, au milieu desquels ils se tiennent cachés, et qu'au moindre danger ils quittent en plongeant. Ils nagent sur et sous l'eau avec une vitesse extraordinaire, au point que souvent ils échappent ainsi à la voracité des gros Poissons qui les poursuivent. Les Manchots parviennent au rivage en troupes assez nombreuses, et rien n'égale la stupidité qu'ils expriment lorsqu'ils y sont surpris. Privés de la faculté de regagner leurs retraites humides avec assez de vitesse pour se dérober aux attaques de l'Homme, ils semblent attendre avec courage et résignation le sort qui leur est réservé; non qu'ils ne fassent tous leurs efforts pour vendre chèrement un reste de vie, car à mesure qu'ils s'aperçoivent que le danger devient plus pressant ils ont l'instinct de se serrer davantage les uns contre les autres afin de présenter de tous côtés un front à l'attaque. Là, dans une position presque verticale, agitant constamment la tête et le cou, ils élancent le bec pour en porter aux jambes des assaillans des coups souvent assez forts pour y faire des blessures profondes et enlever des lambeaux de peau et de muscles. Presque toujours ils succombent sous le bâton avec lequel on les poursuit.

Les Manchots quittent rarement les mers du Sud ou les pointes de rochers qui en rendent la navigation si dangereuse. Ils se construisent au milieu des grandes herbes, dont les bords des îlots sont garnis, des trous assez profonds où ils se retirent et où ils nichent. La ponte consiste en deux ou trois œufs gros et d'un blanc jaunâtre. Ils se nourrissent de Poissons qu'ils pêchent le matin et le soir, et dont ils se gorgent souvent outre mesure. Leur chair noire et huileuse n'est recherchée des matelots que dans les cas de disette absolue de toute autre viande fraîche.

Le genre Manchot, tel qu'il est établi par Temminck, se compose de deux espèces que Vieillot a laissées confondues avec ses Gorfous qui constituent nos Sphénisques, et probablement d'une troisième qui est encore très-peu connue, et dont Vieillot fait isolément son genre Apténodyte.

Manchot antarctique. *V.* **Sphénisque antarctique.**

Manchot a bec tronqué. *V.* **Sphénisque de Brisson.**

Manchot du cap de Bonne-Espérance. *V.* **Sphénisque tacheté.**

Manchot du Chili, *Aptenodytes Chilensis*, Gmel.; *Aptenodytes Molina*, Lath. Espèce peu connue et dont la description, qui n'a encore été donnée que par Molina, semble faire un Pingouin plutôt qu'un Manchot ou un Sphénisque.

Manchot de Chiloé, *Aptenodytes Chiloensis*, Lath.; *Eudyptes Chiloensis*, Vieill. Toute la robe composée de plumes longues, touffues, faiblement crépues et de couleur cendrée aux parties supérieures, les inférieures blanchâtres. On assure que dans cette espèce la finesse et la solidité des plumes les rend susceptibles d'être filées, puis converties en tissus que les habitans de l'île Chiloé emploient à divers usages.

Manchot a collier de la Nouvelle-Guinée. *V.* **Sphénisque a collier.**

Manchot (grand). *Aptenodytes patachonica*, Lath.; *Eudyptes patachonica*, Vieill., Buff., pl. enl. 975. Parties supérieures d'un cendré obscur, avec l'extrémité de chaque plume bleuâtre; tête, gorge et cou d'un brun foncé; une moustache jaune bordée de noir; parties inférieures blanches; mandibule supérieure avec la pointe jaunâtre; l'inférieure d'un jaune orangé avec l'extrémité noire; iris d'un brun foncé; pieds noirs. Taille, quatre pieds. Les femelles ont en général les teintes du plumage plus pâles. Des îles Malouines et de la mer du Sud.

MANCHOT DES HOTTENTOTS. *V*. SPHÉNISQUE TACHETÉ.

MANCHOT HUPPÉ DE SIBÉRIE. *V*. SPHÉNISQUE SAUTEUR.

MANCHOT DES ILES MALOUINES. *V*. MANCHOT (GRAND).

MANCHOT MAGELLANIQUE. *V*. SPHÉNISQUE MAGELLANIQUE.

MANCHOT DE LA NOUVELLE-GUINÉE. *V*. MANCHOT (GRAND).

MANCHOT PAPOU, *Aptenodytes Papua*, Lath. Parties supérieures d'un noir bleuâtre; tête et cou d'une teinte plus foncée; un large sourcil blanc qui s'étend sur l'occiput et le ceint; rectrices ou soies qui en tiennent lieu disposées en étage, les plus longues au centre; parties inférieures blanches; bec assez long; mandibule inférieure un peu plus courte que la supérieure, toutes deux rouges; iris jaune ou rouge, ainsi que les pieds; membrane des doigts et ongles noirâtres. Taille, vingt-huit pouces. Des îles de la Nouvelle-Guinée.

MANCHOT (PETIT). *V*. SPHÉNISQUE.

MANCHOT QUÉCHU. *V*. MANCHOT DE CHILOÉ.

MANCHOT SAUTEUR. *V*. SPHÉNISQUE SAUTEUR.   (DR..Z.)

MANCHOT. POIS. Espèce du genre Pleuronecte. *V*. ce mot.   (B.)

MANCHOTTE. BOT. PHAN. Nom vulgaire du *Tordylium nodosum*, L.   (B.)

MANCIENNE. BOT. PHAN. L'un des noms vulgaires du *Viburnum Lantana*, L. *V*. VIORNE.   (B.)

* MANCINELLA. BOT. PHAN. *V*. MANCANILLA.

* MANCIVIENNE. OIS. Syn. vulgaire de Corlieu. *V*. COURLIS.   (DR..Z.)

MANDAR. MAM. (Boddaërt et Vicq-d'Azyr.) Syn. d'Oryctérope. *V*. ce mot.   (B.)

MANDARA. BOT. PHAN. Et non *Mandaru*. *V*. CHANCENA-POU.

MANDELINÉ. BOT. PHAN. Nom vulgaire de l'*Erinus alpinus*, L. (B.)

MANDELSTEIN ou PIERRE D'AMANDES. MIN. Nom donné par les Allemands à des roches caverneuses dont les cavités ont été remplies après coup par des infiltrations le plus ordinairement calcaires, siliceuses ou zéolitiques, qui figurent des espèces de noyaux ou d'amandes au milieu d'une pâte d'apparence terreuse. Telles sont celles d'Oberstein, du Derbyshire, etc. *V*. AMYGDALOIDE. (G. DEL.)

* MANDGEL SITOU. OIS. C'est, suivant le voyageur Leschenault de la Tour, le nom malais d'une espèce du genre Loriot.   (IS. G. ST.-H.)

MANDIBULES. ZOOL. Nom que les ornithologistes ont appliqué aux deux parties du bec, qu'ils distinguent encore en supérieure et en inférieure. Quant aux Mandibules des Insectes, *V*. BOUCHE.   (DR..Z.)

MANDIBULÉS. *Mandibulata*. INS. Famille d'Insectes aptères, de l'ordre des Parasites, établi par Latreille, et ayant pour caractères : des mandibules, des mâchoires et deux lèvres. Ces Insectes n'ont point d'ailes; leurs pieds sont au nombre de six : les mandibules sont plus ou moins extérieures, en forme de crochets; les mâchoires sont cachées, elles portent quelquefois des palpes peu apparens. Chaque côté de la tête offre des yeux lisses, quelquefois peu distincts; leurs antennes sont tantôt plus grosses à leur extrémité, tantôt filiformes; l'abdomen n'a ni latéralement ni postérieurement d'appendices mobiles, et l'œsophage occupe une grande partie du dessous de la tête. Ces Insectes passent leur vie sur les Mammifères et sur les Oiseaux dont ils sucent le sang et rongent les parties. Latreille divise cette famille en quatre genres. *V*. RICIN, GYROPE, NIRME et TRICHODOCTE.   (G.)

MANDIBULITES. POIS. FOSS. Syn. de Bufonites. *V*. ce mot.   (B.)

* MANDOUAVATTE. BOT. PHAN. L'Arbre désigné sous ce nom par Flacourt n'est pas reconnu; on sait

seulement que les Malegaches se servent de son bois pour faire des sagayes. (B.)

MANDRAGORE. *Mandragora.* BOT. PHAN. Ce genre constitué par Tournefort, a été réuni par Linné aux Belladones (*Atropa*), puis rétabli par Jussieu et Gaertner. Ayant adopté à cet égard les idées de Linné, nous renvoyons au mot BELLADONE où se trouve la description de l'unique espèce dont ce genre est composé. (G..N.)

MANDRILL. MAM. Espèce du genre Cynocéphale. *V*. ce mot. (B.)

MANDURRIA. OIS. Espèce du genre Ibis. *V*. ce mot. (B.)

* **MANÉ.** POLYP. Genre formé par Guettard aux dépens des Eponges, et qu'il caractérise ainsi : corps marins composés de fibres longitudinales, simples ou ramifiées, séparées les unes des autres sans ordre ni symétrie, qui n'ont point de cavités ou de trous, ou qui sont imperceptibles (Guett., *Mem.* T. IV, p. 139). Ce genre n'a pas été adopté. (E. D..L.)

* **MANÉBI.** OIS. Nom de pays du *Colomba coronata*, L. (B.)

MANETOU. MOLL. Pour Manitou. *V*. ce mot. (B.)

* **MANETTIA.** BOT. PHAN. Ce genre de la famille des Rubiacées et de la Tétrandrie Monogynie, L., fut établi par Mutis et Linné, et adopté par Ruiz et Pavon, Swartz et Kunth. Jussieu, dans son *Genera Plantarum*, avait cependant indiqué sa réunion avec le *Nacibea*, antérieurement établi par Aublet, et qui par conséquent doit être maintenu. *V*. NACIBÉE.

Adanson donnait le nom de *Manetia* au *Mesembryanthemum* de Dillen et Linné. *V*. FICOIDE. (G..N.)

MANGA ET **MANGOS.** BOT. PHAN. Nom de pays, devenu la racine du nom scientifique de *Mangifera* par lequel on désigne les fruits de cet Arbre aux Indes-Orientales. *V*. MANGUIER. (B.)

MANGABEY ET **MANGABEY A**

COLLIER. MAM. Espèces du genre Guenon. *V*. ce mot. (B.)

MANGA - BRAVA. BOT. PHAN. Même chose que Caju-Sussu. *V*. ce mot. (B.)

* **MANGADILAO.** BOT. PHAN. Même chose que Calamansay. *V*. ce mot. (A. R.)

* **MANGA-NARI.** BOT. PHAN. *V*. AMBULIE.

MANGANÈSE. MIN. *Braunstein*, W.; *Mangan*, Karst. Métal qui forme la base d'un genre minéralogique, dans la classe des substances métalliques autopsides. Ce genre est composé de cinq espèces qui toutes ont pour caractère commun de donner, après la fusion avec le carbonate de Soude, une fritte verte qui devient vert bleuâtre par le refroidissement. Le Manganèse à l'état métallique est d'un blanc tirant sur le gris et très-cassant; à l'état d'oxide il colore en violet le verre de Borax. Les cinq espèces du genre Manganèse sont : le Manganèse oxidé, le Manganèse sulfuré, le Manganèse hydraté, le Manganèse phosphaté et le Manganèse carbonaté.

MANGANÈSE CARBONATÉ, *Roth-Braunsteinerz*, Werner; *Rhodochrosit*, Hausmann. Substance d'un blanc rosâtre ou d'un rouge de rose; soluble avec effervescence à chaud, cristallisant en un rhomboïde obtus de 106°, 51'. Elle est composée d'un atome de bi-oxide de Manganèse et de deux atomes d'Acide carbonique, ou en poids de 38 parties d'Acide, et de 62 de bi-oxide de Manganèse. Sa pesanteur spécifique est de 3,25; sa dureté est moyenne entre celles du Fluore et de l'Apatite. On ne connaît que trois variétés de Manganèse carbonaté : la variété *rhomboédrique*, en cristaux déformés et groupés irrégulièrement; la variété *lamellaire* et la variété *compacte*. Cette substance se mélange souvent de carbonate de Chaux et de Silice; il paraît même qu'il existe une combinaison particulière de Silice et d'oxide de Manganèse que l'on doit regarder comme un bisilicate de Manganèse : c'est celle que Léonhard a décrite sous le nom de Kieselmangan. Le Manganèse carbonaté est peu commun dans la nature ; on le trouve dans les filons, à Nagyag en Transylvanie où il accompagne le Tellure et le Manganèse sulfuré ; et à Kapnick où il s'associe à l'Antimoine sulfuré, au Cuivre gris et à la Blende.

MANGANÈSE HYDRATÉ, Schwarz ; *Braunsteinerz*, W. ; Manganèse terne, Brong. Substance ordinairement noire ou d'un gris |de fer en masse, à poussière brune, donnant beaucoup d'Eau par la calcination, infusible au chalumeau ; colorant en violet le verre de Borax : sa dureté est moyenne entre celle du Fluore et du Quartz ; sa pesanteur spécifique est de 5, 84. On a cité des Cristaux de cette substance en prisme à base carrée et en octaèdres. Une analyse du Manganèse hydraté terreux de la mine de Dorothée au Harz, par Klaproth, a donné : oxide brun de Manganèse 68 ; Eau 17, 5 ; oxide de Fer 6, 5 ; Silice 8 ; Carbone et Baryte 2 ; total 102, 0. Ce Minerai est souvent mélangé de peroxide de Manganèse et d'hydroxide de Fer.

Le Manganèse hydraté se présente quelquefois en petites masses légères, très-tendres, qui tachent les doigts au moindre frottement, et qui ont l'apparence de prismes à quatre, à cinq et à six pans, ce qui est probablement l'effet du retrait que le Manganèse hydraté, souvent argilifère, a éprouvé en se desséchant. Cette variété a été observée à Saint-Jean de Gardonenque dans les Cévennes ; plus fréquemment on trouve la même substance en enduit à la surface du Fer hématite, du Fer carbonaté et de la Chaux carbonatée. Ces incrustations sont tantôt compactes avec un éclat métalloïde argentin, tantôt elles ont le tissu fibreux comme les Hématites ; enfin le Manganèse hydraté se rencontre encore sous la forme stalactitique, et il produit souvent des Dendrites noires à la surface ou dans l'intérieur de différentes Pierres, telles que le Calcaire compacte, l'Aga-

the, etc. Ce Minerai existe dans la nature en grande masse dans les terrains anciens, et on le retrouve dans les terrains de toutes les époques, jusque dans ceux de sédiment supérieur : à Montmartre il se présente en petites masses mamelonnées au milieu des Marnes du Gypse ; il accompagne fréquemment le Manganèse oxidé, le Fer hydroxidé et le Fer spathique. Suivant Beudant, les Cristaux noirs, décrits par Haüy comme type de son espèce Manganèse hydraté, appartiendraient à une autre substance qu'il considère comme un silicate tri-manganésien. Il existe à Romanèche, près de Mâcon, une variété de Manganèse hydroxidé mélangé de Baryte, dont la composition n'est pas encore bien connue, et qui peut-être formera quelque jour une espèce à part. Elle est d'un noir métalloïde, à tissu fibreux, et souvent entremêlée de Chaux fluatée violette.

MANGANÈSE OXIDÉ, *Grauer Braunstein*, W. ; Manganèse métalloïde, Brongn. Substance d'un gris de fer métalloïde, à poussière noire, ne donnant pas sensiblement de l'Eau par la calcination ; tendre et même friable ; ayant pour forme primitive un prisme rhomboïdal droit de 100° : c'est le peroxide de Manganèse, contenant en poids 36 parties d'oxigène et 64 de Manganèse. Ses formes cristallines les plus ordinaires sont le prisme primitif, et le même modifié sur deux arêtes latérales, avec des sommets dièdres ou tétraèdres. Ses variétés de structure sont : l'aciculaires en aiguilles divergentes ou entrelacées, la fibreuse, la compacte et la mamelonnée ou stalactitique ; cette dernière est presque toujours mélangée d'hydroxide. Le Manganèse oxidé se trouve fréquemment dans les terrains primitifs et intermédiaires, et dans divers dépôts des terrains secondaires ; on le rencontre en outre dans ceux d'hydroxide de Fer et de carbonate de Fer, tantôt en masses compactes, tantôt en stalactites. On emploie le Manganèse oxidé dans les verreries pour faire disparaître les fausses teintes qui altèrent la transparence du verre ; on s'en sert en chimie pour la préparation de l'Oxigène et du Chlore. -

MANGANÈSE PHOSPHATÉ, Phosphate de Manganèse et de Fer; *Triplite*, Beudant. Substance brune, offrant quelques indices de clivage, soluble sans effervescence dans l'Acide nitrique; fragile, d'une dureté médiocre; aisément fusible au chalumeau, pesant spécifiquement 3, 9; d'après une analyse de Vauquelin, elle contient, sur 100 parties, 42 de deutoxide de Manganèse, 31 d'oxide de Fer et 27 d'Acide phosphorique. Cette substance a été trouvée par Alluau, au milieu du Granite, aux environs de Limoges, dans le même filon de Quartz qui renferme les Emeraudes.

MANGANÈSE SULFURÉ, *Manganglanz*, W. Substance d'un gris métalloïde, passant au noir par l'exposition à l'air; non cristallisée; facile à entamer avec le couteau; soluble avec effervescence dans l'Acide nitrique; pesant spécifiquement 3, 9. Sa composition est encore mal connue ; il est probable que c'est un bisulfure de Manganèse. Elle ne se trouve qu'en petites masses ou en veines noirâtres dans le carbonate de Manganèse de Nagyag en Transylvanie où elle est associée au Tellure. (G. DEL.)

* MANGARA. BOT. PHAN. (Pison.) Les Gouets au Brésil. (B.)

MANGARASAHAC. MAM. Et non *Mangarsahoe*. Il serait fort intéressant de reconnaître quel est le grand Mammifère de Madagascar, auquel Flacourt dit que les naturels donnent ce nom. Il est de la taille d'un Ane, et ses oreilles beaucoup plus considérables encore pendent sur les yeux. (B.)

MANGARATIA. BOT. PHAN. (Pison.) Le Gingembre au Brésil. (B.)

MANGE-BOUILLON ou SOUFFRETEUSES. INS. Les diverses larves qui se nourrissent du Bouillon-Blanc, *Verbascum Thapsus*, L.,

dont celle du *Curculio verbasci* est du nombre, ont été fort mal figurées et décrites sous ce nom par Goëdart.

D'après la nourriture habituelle que prennent divers Animaux, on a appelé :

MANGE-FOURMI (Mam.), le Tamanoir.

MANGE-FROMENT (Ins.), la larve de la Coccinelle à sept points.

MANGE-SERPENS (Ois.), les Pélicans et le Secrétaire.

MANGE-ABEILLE ou MANGEUR D'ABEILLES (Ois.), les Mérops ou Guêpiers.

MANGEUR D'APPAT (Pois.), diverses Balistes.

MANGEUR DE CHÈVRES, ou DE CHIENS, ou DE RATS (Rept. Oph.), la plupart des Boas.

MANGEUR DE CERISES (Ois.), le Loriot commun.

MANGEUR DE CRAPAUDS (Ois.), une Buse à Cayenne.

MANGEUR D'HUITRES (Ois.), l'Huîtrier.

MANGEUR DE NOYAUX (Ois.), le *Loxia Coccauthraustes*.

MANGEUR DE PIERRE (Ins. et Conch.), même chose que Lithophage. *V*. ce mot.

MANGEUR DE PLOMB (Ois.), les Plongeons.

MANGEUR DE POMMES (Ins.), la larve du *Pyralis Pomana*, Fabr.

MANGEUR DE POIVRE (Ois.), le Koulik, espèce de Toucan.

MANGEUR DE POULES (Ois.), le Milan.

MANGEUR DE RIZ (Ois.), le joli *Emberiza orizivora*, à l'Ile-de-France.

MANGEUR DE VERS (Ois.), le *Motacilla vermivora*, L., etc.

On appelle encore MANGE-TOUT une variété de Pois cultivés, dont la cosse est aussi bonne que les grains. (B.)

MANGHAS. BOT. PHAN. Espèce du genre *Cerbera*. *V*. ce mot. (B.)

MANGIER. BOT. PHAN. Pour Manguier. *V*. ce mot. (B.)

MANGIFERA. BOT. PHAN. *V*. Manguier.

MANGIUM. BOT. PHAN. (Rumph.) Syn. de Manglier.   (B.)

MANGLE. BOT. PHAN. Fruit du Manglier, et quelquefois le Manglier ou Palétuvier lui-même ; on a aussi appelé :

MANGLE BLANC, le Fromager.

MANGLE GRIS, l'*Avicennia tomentosa* et le *Conocarpus erectus.*

MANGLIER ROUGE, le *Cocoloba vinifera.*

MANGLE VENIMEUX, le *Cerbera Manghas*, etc.   (B.)

MANGLIER. BOT. PHAN. On désigne sous ce nom différens Arbres exotiques qui croissent sur le bord de la mer, et plus particulièrement le Palétuvier. *V.* ce mot.   (A. R.)

*** MANGLIETIA.** BOT. PHAN. Genre de la famille des Magnoliacées, et de la Polyandrie Polygynie, L., récemment établi par Blume (Mémoires pour servir à la Flore de l'Inde Hollandaise, publiés à Batavia en 1825), et auquel il assigne pour caractères essentiels : un calice spathacé, caduc ; une corolle dont le nombre des pétales est ordinairement de neuf ; des étamines nombreuses, subulées, à anthères introrses ; plusieurs capsules imbriquées, disposées en cône, persistantes et polyspermes. Ce genre, dont l'auteur n'indique pas les affinités, est si voisin du *Michelia* qu'on a déjà proposé de l'y réunir. La Plante qui le constitue, est un Arbre indigène de Java, que l'on trouve particulièrement sur les monts Salak et Gède. Les habitans le nomment *Mangliet ;* d'où le nom générique.   (G..N.)

MANGLILLA. BOT. PHAN. Jussieu (*Genera Plantarum*, p. 151) a établi sous ce nom un genre qu'il a placé dans la famille des Sapotées, et auquel il a attribué les caractères suivans : calice très-petit, à cinq divisions ; cinq étamines à anthères sessiles ; style nul ; stigmate un peu gros ; drupe globuleuse, uniloculaire et monosperme. Les auteurs de la Flore du Pérou et du Chili ont plus tard établi le même genre sous le nouveau nom de *Caballeria*, et ils

en ont décrit sept espèces. Les espèces du genre *Sclerorylon*, constitué par Willdenow (*Enum. Hort. Berol.*, 1, p. 249), ont été fondues dans le *Manglilla* par Rœmer et Schultes. Selon Kunth, le genre *Manglilla* doit faire partie des *Myrsine ;* cet auteur pense même que son *M. ardisioides* est à peine distinct du *Manglilla Jussieui* de Persoon, espèce qui doit être considérée comme type du genre et qui est indigène du Pérou.   (G..N.)

MANGO. BOT. PHAN. *V.* MANGUE.

*** MANGONÀRA.** BOT. PHAN. (Gaertner.) *V.* GUTTIER-GOMMIER.

MANGONE. OIS. Syn. vulgaire de Flammant. *V.* ce mot.   (DR..Z.)

*** MANGOSE.** BOT. PHAN. *V.* COLLIER-FAUX.

MANGOSTANA. BOT. PHAN. Sous ce nom, Garcin et Rumph avaient décrit la Plante qui produit le délicieux fruit nommé Mangoustan et dont Linné fit une espèce de son genre *Garcinia.* Dans son Mémoire sur la famille des Guttifères (Mém. de la Société d'Hist. Nat. de Paris, T. I, p. 226) Choisy en a fait une section de ce dernier genre, caractérisée par ses fleurs monoïques ou hermaphrodites et ses étamines libres. Elle renferme quatre espèces indigènes des Indes-Orientales. *V.* GARCINIE.   (G..N.)

MANGOUSTAN. BOT. PHAN. On désigne vulgairement sous ce nom le *Garcinia Mangostana*, L., Arbre indigène des îles de l'archipel Indien, et qui porte des fruits d'une saveur et d'un parfum exquis. Ces fruits sont doux et légèrement laxatifs après la maturité ; ils sont, au contraire, acidules avant cette époque et leur écorce passe pour astringente ; on en fait usage pour arrêter les dyssenteries. *V.* GARCINIE.   (G..N.)

MANGOUSTE. MAM. Sous-genre de Civettes. *V.* ce mot.   (B.)

*** MANGUE.** *Crossarchus.* MAM. Genre de Carnassiers voisin par l'ensemble de ses caractères des Mangoustes et du Suricate, entre lesquels il se trouve intermédiaire. Les pieds sont pentadactyles, comme chez les Mangoustes ; mais il n'y a aucune trace de la petite membrane interdigitale qui existe chez celles-ci. Parmi les doigts, c'est celui du milieu qui est le plus long de tous, et c'est au contraire le pouce qui est le plus court ; proportions qui se retrouvent chez le plus grand nombre des Mammifères. La plante du pied, qui pose tout entière sur le sol dans la marche, présente cinq tubercules, dont trois sont placés à la commissure des quatre grands doigts, et les deux autres plus en arrière. On retrouve aussi à la paume le même nombre de tubercules, et leur disposition est aussi à peu près la même : seulement les deux postérieurs sont situés sur la même ligne, au lieu d'être placés en série, comme ils le sont à la plante. La queue est comprimée, et d'un tiers moins longue que le corps. Les dents sont en même nombre que chez le Suricate, mais elles ressemblent par leurs formes générales à celles des Mangoustes. Les oreilles sont assez petites, arrondies, et la conque présente dans son milieu deux lobes très-saillans situés l'un au-dessus de l'autre. La pupille est ronde ; et la langue, couverte dans son milieu de papilles cornées, est douce sur ses bords. Mais ce qui rend le Mangue très-remarquable, et ce qui le distingue des Mangoustes, c'est la forme de son museau qui se prolonge de beaucoup au-delà des mâchoires, et jouit d'une extrême mobilité ; il est d'ailleurs terminé par un mufle, sur le bord duquel s'ouvrent les narines. La forme et la mobilité de cette petite trompe, rapproche à quelques égards le Mangue des Coatis, auxquels il ressemble aussi par plusieurs autres caractères, et particulièrement par sa marche plantigrade et par la forme de ses ongles. Les testicules ne se voient point à l'extérieur, et la verge est dirigée en avant : le gland, terminé en cône, est aplati sur les côtés. En-

fin « l'anus est, dit Fr. Cuvier, situé à la partie inférieure de la poche anale, c'est-à-dire que celle-ci se rapproche de la base de la queue. Elle se ferme par une sorte de sphincter, de sorte que dans cet état, elle semble n'être que l'orifice de l'anus ; mais dès qu'on l'ouvre et qu'on la développe, elle présente une sorte de fraise qui, en se déplissant, finit par présenter une surface très-considérable. Cette poche sécrète une matière onctueuse extrêmement puante, dont l'Animal se débarrasse en se frottant contre les corps durs qu'il rencontre. »

Ce genre a été établi récemment par Fr. Cuvier, d'après un individu que possédait la ménagerie du Muséum, et qui venait des côtes occidentales de l'Afrique. On ne connaît encore que cette seule espèce, décrite par le même auteur sous le nom de *Crossarchus obscurus* (Mam. lith., liv. 47ᵉ). Elle est d'un brun uniforme sur tout le corps, seulement avec une teinte un peu plus pâle sur la tête, chaque poil étant brun avec la pointe jaune. Elle a un peu moins d'un pied de longueur depuis le bout du museau jusqu'à l'origine de la queue, qui a sept pouces. L'individu qui a servi de type à cette description, était d'une extrême propreté ; il déposait toujours ses excrémens dans le même coin de sa cage, et avait au contraire bien soin de ne jamais salir celui où il avait coutume de coucher. Il était très-doux et très-apprivoisé, et paraissait rechercher et goûter vivement les caresses, selon les observations de Fr. Cuvier, auquel nous avons emprunté presque tout ce qui précède. Nous avons aussi eu l'occasion d'étudier pendant sa vie ce joli Animal, qui attirait l'attention soit par sa douceur, soit par l'intérêt qui s'attache naturellement à une espèce nouvelle ; nous rapporterons ici quelques-unes des observations que nous avons faites à son sujet. Quand on s'approchait de sa cage, il venait présenter sa gorge ou son dos pour qu'on le caressât ; et lorsqu'on le faisait, il restait immobile, ouvrant seulement et fermant continuellement la bouche. Quand on s'éloignait de lui, il faisait entendre de petits sifflemens ou cris aigus, semblables à ceux d'un petit Oiseau ou d'un Sajou. Il avait l'habitude d'élever de temps en temps son corps sur ses pates antérieures, et d'appliquer son anus contre la partie supérieure des barreaux de sa cage. Il buvait en lapant, et faisait alors un bruit semblable à celui que produit le frottement du doigt sur un marbre mouillé. Enfin, quoiqu'il se nourrît habituellement de viande, il mangeait aussi volontiers du pain, des carottes, des fruits desséchés, quand on venait à lui en présenter, comme nous l'avons fait plusieurs fois. (IS. G. ST.-H.)

MANGUE ou MANGO. BOT. PHAN. Fruit du Manguier. *V.* ce mot. Les Mangues, dont il existe beaucoup de variétés, sont de la grosseur d'un Abricot à celle des plus fortes poires; elles sont à peu près oblongues, réniformes, un peu plus grosses vers l'insertion du pédoncule; un sillon léger règne tout le long. La peau est très-glabre et même luisante, ordinairement verte, même dans la maturité, mais d'un rouge souvent fort vif ou jaune sur la partie exposée à la lumière. Cette peau s'enlève assez aisément, et de petites gouttes résineuses suintent à travers par les moindres piqûres. La chair est d'un jaune orangé brillant, absolument comme de la carotte; le noyau est grand, aplati, revêtu d'une enveloppe très-fibreuse qui s'introduit jusque dans la chair du fruit, et le rend souvent désagréable à manger, en se prenant entre les dents. La Mangue cependant, quand elle est bien mûre et de bonne qualité, est un manger exquis; elle conserve néanmoins un léger goût de térébenthine, et les Européens qui finissent par les aimer beaucoup, ont de la peine à s'y accoutumer d'abord.   (B.)

MANGUIER. *Mangifera.* **BOT. PHAN.** Genre de la famille des Térébinthacées et de la Pentandrie Mo-nogynie, L. Ses fleurs polygames offrent un calice divisé profondément en cinq parties régulières et caduques, avec lesquelles alternent autant de pétales insérés à sa base, oblongs, sessiles, étalés; cinq étamines, insérées de même, dont trois ou quatre plus courtes ne portent pas d'anthères et se soudent quelquefois entre elles; un ovaire libre, sessile, portant un style latéral, terminé par un stigmate obtus et renfermant un ovule unique fixé près du fond de la loge. Il devient une drupe, où, dans un noyau filamenteux à l'extérieur et de consistance coriace, est contenue une graine allongée et un peu comprimée, dépourvue de périsperme. Son enveloppe est simple, mince, chartacée; ses cotylédons charnus sont convexes en dehors, et sa radicule infère se recourbe en se dirigeant de bas en haut vers le point d'attache. C'est ainsi que Kunth a caractérisé ce genre dans son Mémoire sur les Térébinthacées. Il ajoute que dans les fleurs mâles par avortement, c'est l'étamine fertile qui occupe la place centrale du pistil qui n'existe plus dans les fleurs de l'espèce cultivée au Jardin des Plantes; nous avons observé de plus cinq glandes quadrifides adnées à la base des pétales, et cinq autres glandes alternant avec les premières, arrondies et formant par leur réunion un disque qui soutient l'ovaire. Le genre *Mangifera* ainsi défini comprend plusieurs Arbres à feuilles dépourvues de stipules, éparses, simples, entières et coriaces; leurs fleurs petites, blanches ou rougeâtres, pédicellées, forment des panicules terminales, très-rameuses et accompagnées de bractées. Leurs fruits se mangent. L'espèce la plus connue est le Manguier domestique, originaire de l'Inde, et cultivé dans les Antilles ainsi qu'à l'Ile-de-France. Une autre, le *Mangifera laxiflora*, croît dans cette dernière, et une troisième, le *M. fœtida*, se trouve à la Cochinchine et aux Moluques. On y rapporte encore, mais avec doute, une espèce à feuilles

opposées, observée dans le Pégu. Plusieurs autres simplement indiquées par Roxburgh, ainsi que le nombre des variétés qu'offrent les espèces connues, prouvent que ce genre aurait besoin d'une révision. Enfin plusieurs Plantes qui étaient autrefois considérées comme en faisant partie, en sont maintenant séparées; telles sont : le *Mangifera pinnata* de Lamarck, qui forme le genre *Sorindeia*; le *M. axillaris* du même auteur, dont Kunth a formé son genre *Combessedea* et que De Candolle réunit au *Buchanania* de Spreugel. *V.* ces différens mots soit dans les volumes suivans, soit au Supplément de ce Dictionnaire.
(A. D. J.)

MANI. BOT. PHAN. Résine que produit à la Guiane le *Moronobea* d'Aublet, ou *Symphonia* de Linné fils. On l'a aussi proposé pour désigner ce genre. *V.* MORONOBEA. (B.)

MANICAIRE. *Manicaria.* BOT. PHAN. Ce genre de la famille des Palmiers, et de la Monœcie Polyandrie, L., établi par Gaertner (*de Fruct. et Sem.*, 2, p. 468, t. 176), offre les caractères suivans : fructification monoïque sur le même régime; spathe simple, fibreuse, réticulée, se fendant irrégulièrement; fleurs enfoncées dans des alvéoles. Les mâles ont un calice à trois folioles; une corolle à trois pétales coriaces, des étamines nombreuses, à filets libres. Les fleurs femelles ont un calice et une corolle comme les fleurs mâles; un ovaire triloculaire avec des stigmates sessiles. Le fruit est une drupe à trois coques, recouverte d'une écorce tubéreuse, anguleuse et hérissée de piquans, contenant un noyau crustacé avec un seul pore à la base, un embryon basilaire dans un embryon égal et creux. Ce genre a été nommé *Pilophora* par Jacquin (*Fragm. bot.*, p. 32, t. 35 à 36), et Willdenow a adopté cette nouvelle dénomination. Le *Manicaria saccifera*, Gaertner, *loc. cit.*, en est la seule espèce connue. Ce Palmier croît dans les Indes-Orien-

tales. Son stipe est gros, marqué de cicatrices, à frondes terminales, très-grandes, entières, oblongues et qui se fendent irrégulièrement. Les fleurs sont jaunes, formant un régime situé parmi les frondes, divisé en rameaux simples et tomenteux. (G..N.)

MANICOU. MAM. Espèce de Didelphe. *V.* ce mot. (B.)

MANIER. OIS. Syn. vulgaire d'Ecorcheur. *V.* PIE-GRIÈCHE. (DR..Z.)

MANIGUETTE. BOT. PHAN. Qu'il ne faut pas confondre avec Malaguette. On a désigné sous ce nom les graines de l'*Uvaria aromatica*. (B.)

MANIHOT. BOT. PHAN. (De Candolle.) *V.* KETMIE.

MANIKOR. OIS. *Pipra papuensis*, Lath., Buff., pl. enl. 707. Espèce que l'on a placée parmi les Manakins, contre le sentiment de Buffon, et que Temminck a rejetée dans le genre Gobe-Mouche. Cet Oiseau que Sonnerat a rapporté de la Nouvelle-Guinée, a les parties supérieures d'un noir verdâtre ainsi que les rémiges et les rectrices; les parties inférieures blanchâtres avec une tache oblongue, orangée sur la poitrine; le bec et les pieds noirs. Sa taille n'excède guère trois pouces. (DR..Z.)

MANIKUP. OIS. Espèce du genre Fourmilier. *V.* ce mot. (B.)

MANILLE. REPT. OPH. La Vipère qui passe pour fort dangereuse dans l'Inde sous ce nom, n'est pas encore bien déterminée. (B.)

MANIMBÉ. OIS. Espèce du genre Gros-Bec. *V.* ce mot. (B.)

MANINA. BOT. CRYPT. Dénomination employée par les anciens botanistes et reproduite par Adanson pour la *Clavaria coralloides*, L., dont il avait formé inutilement un genre. *V.* CLAVAIRE. (G..N.)

MANIOC ou MANIOT. BOT. PHAN. Espèce du genre Médicinier. *V.* ce mot. (B.)

MANIPI. OIS. *V.* PIGEON GOURA.

MANIPOURI. mam. L'un des noms de pays du Tapir. *V*. ce mot. (B.)

MANIPURITE. mam. *V*. Mapurita.

MANIS. mam. *V*. Pangolin.

MANISURIS. bot. phan. Genre de la famille des Graminées et que l'on a placé dans la Triandrie Digynie, L., quoique ses fleurs soient polygames. Il est ainsi caractérisé : fleurs hermaphrodites ; lépicène à deux valves dont l'extérieure est hémisphérique, tuberculée ; la glume plus petite que la lépicène, et à deux valves membraneuses ; trois étamines ; style bifide. Fleurs mâles et neutres, mélangées avec les hermaphrodites, et ayant la lépicène à valves presqu'égales et lancéolées. Ce genre était confondu par Linné avec les *Cenchrus*. Il a pour type le *Manisuris granularis*, Swartz (*Flor. Ind. occid.*, 1, p. 186) et Palisot-Beauvois (Agrostographie, t. 21, p. 10), Plante qui croît aux Antilles, à l'Ile-de-France et dans l'Inde. Dans sa Flore d'Oware et de Benin, T. 1, p. 24, t. 14, Palisot-Beauvois a décrit et figuré une autre espèce qui se distingue seulement de la précédente par ses épis deux ou trois fois plus nombreux, et qu'il a nommée *Manisuris polystachya*. Cet auteur a admis le genre *Peltophorus* de Desvaux fondé sur le *Manisuris Myurus* de Linné fils, qui n'a pas d'autres caractères que la valve extérieure et la lépicène, membraneuse sur ses bords, plane et non tuberculée. (G..N.)

MANITAMBOU. bot. phan. Le Sapotilier à la Guiane. (B.)

MANITOU. mam. Quelques auteurs ont employé ce nom comme synonyme de Manicou. (is. ô. st.-h.)

MANITOU DES SAUVAGES. moll. L'un des noms vulgaires et marchands de l'*Ampularia rugosa*. *V*. Ampulaire. (B.)

*MANKIRIO. ois. Nom de pays du Mégapode Freycinet. *V*. Mégapode. (DR..Z.)

MANKS. ois. Espèce du genre Pétrel. *V*. ce mot. (DR..Z.)

*MANNA. bot. phan. D. Don, qui considère le genre *Hedysarum* des auteurs comme peu naturel, en sépare génériquement deux espèces connues, auxquelles il en ajoute une troisième inédite : et il nomme ce nouveau genre *Manna*, parce que l'un des Arbrisseaux qui le composent fournit une résine de consistance mielleuse que les Arabes du Sinaï appellent Manne. C'est l'*Hedysarum Alhagi* de Linné. Une autre espèce, l'*H. pseudo-Alhagi* de Marschall, croît sur les bords de la mer Caspienne ; une troisième a été recueillie dans le Napaul. Ce sont des Arbrisseaux bas, très-rameux, à feuilles simples et très-entières, accompagnées de petites stipules persistantes. De leurs aisselles partent des épines solitaires qui ne sont autre chose que des rameaux avortés, et sur celles de ces épines qui se rapprochent le plus du sommet, naissent, comme sur un épi, plusieurs fleurs de couleur rouge. Leur calice campanulé se termine par cinq dents égales. Dans leur corolle papilionacée, l'étendard large recouvre les autres pétales plus courts que lui, et la carène égale aux ailes s'arrondit au sommet. Les étamines sont diadelphes. Le légume uniloculaire, bosselé, ne contient que peu de graines. De Candolle qui a divisé le genre *Hedysarum* en plusieurs, admet aussi celui-ci, mais sous le nom d'Alhagi, qu'il avait reçu antérieurement de Tournefort. (A. D. J.)

MANNE. bot. phan. On appelle ainsi une matière concrète et sucrée qui découle de plusieurs espèces de Frêne, et en particulier du *Fraxinus rotundifolia* et du *Fraxinus Ornus*. C'est spécialement en Calabre que l'on recueille la Manne. On pratique à la partie supérieure du tronc des Frênes, des incisions longitudinales dans lesquelles on introduit de petits brins de paille, pour faciliter l'écoulement et le dessèchement du suc propre qui doit former la Manne. Dans le commerce on en distingue trois espèces, savoir : 1° la Manne en larmes ou en canon. C'est la plus pure. On la recueille pendant les mois de juillet et d'août, c'est-à-dire pendant les plus grandes chaleurs de l'été. Le suc propre se dessèche alors très-rapidement. La Manne en larmes est en morceaux irréguliers ou allongés en forme de stalactites, d'une couleur blanche, légèrement jaunâtre, d'une saveur douce et sucrée. Lorsqu'elle est très-récente, sa saveur est très-agréable, et les habitans du pays l'emploient aux mêmes usages que le sucre; dans cet état elle n'est pas purgative. Mais par suite elle acquiert une odeur et une saveur particulières qui paraissent dues à une sorte de fermentation, et elle devient laxative. 2°. La Manne en sorte, qui est celle que l'on emploie le plus généralement, est recueillie pendant les mois de septembre et d'octobre. Elle se dessèche moins rapidement que la première et se compose de morceaux blancs assez gros, irréguliers, réunis en masse au moyen d'une matière syrupeuse. Sa saveur et son odeur sont légèrement nauséabondes. 3°. La Manne grasse est la plus commune des trois, et on ne l'emploie guère intérieurement si ce n'est en lavement. On la recueille en automne. Les fragmens de matière blanche sont plus petits et la matière non cristallisée plus abondante. Sa saveur et son odeur sont encore moins agréables. La Manne a été analysée par plusieurs chimistes et en particulier par Thénard, qui y a trouvé du sucre, une matière sucrée et cristallisable, qu'il a nommée Mannite et une matière nauséeuse incristallisable. Le sucre forme environ un dixième de la Manne en larmes; la Mannite au contraire la forme presqu'en totalité. Ce principe n'est nullement purgatif. C'est la matière nauséeuse qui possède cette propriété : aussi remarque-t-on qu'elle est plus abondante dans la Manne en sorte et surtout dans la Manne grasse.

La Manne est un purgatif minoratif très-doux, qui s'emploie à la dose de deux onces. Plusieurs autres Végétaux fournissent une matière sucrée que l'on a nommée Manne. Ainsi le Mélèze donne la Manne de Briançon, l'*Hedysarum Alhagi*, la Manne Alhagi; quelques espèces de Rhododendron fournissent également une sorte de Manne.

On a encore appelé MANNE DU LIBAN le Mastic en larmes, et MANNE AQUATIQUE ou DE POLOGNE le menu grain que donne le *Festuca fluitans*, dont on fait à Varsovie un gruau fort délicat. (A. R.)

*MANNET. MAM. Syn. de Lièvre sauteur du Cap. *V*. GERBOISE, sous-genre HÉLAMYS. (B.)

* MANNITE. BOT. PHAN. Substance cristallisable de la Manne. *V*. ce mot. (G..N.)

MANOA. BOT. PHAN. (Rumph, *Amb*. 1, tab. 45.) Syn. d'*Anona mucosa*, Jacq. (B.)

* MANON. POLYP. Oken établit ce genre aux dépens des Eponges. Le *Spongia dichotoma*, L., que l'auteur nomme *Manon cervicornis*, en est le type. *V*. EPONGE. (B.)

MANOOROA. OIS. *V*. PAILLE-EN-QUEUE.

MANORINE. *Manorina*. OIS. Genre créé par Vieillot, pour y placer un Sylvain de la famille des Chanteurs. Cet ornithologiste assigne pour caractères génériques à son *Manorina* : bec court, un peu grêle, à base garnie sur les côtés de petites plumes, dirigées en avant, et couvrant l'origine des narines, anguleux en dessous, très-comprimé latéralement, entier, pointu; mandibule supérieure un peu arquée du milieu à la pointe, et couvrant les bords de l'inférieure; celle-ci un peu plus courte et droite; narines amples, occupant la moitié en longueur de la mandibule supérieure, s'étendant de l'arête jusqu'aux bords du bec, élargies à la base et finissant un peu en pointe, couvertes d'une membrane, à ouverture linéaire, et située en dessous; tour de l'œil nu; première rémige plus courte que la sixième; les deuxième et quatrième égales, la troisième la plus longue de toutes; quatre doigts, trois devant, un derrière, les antérieurs grêles; l'intermédiaire soudé avec l'extérieur à la base et totalement séparé de l'interne; le pouce très-épais et plus long que les doigts latéraux; ongles crochus, étroits et aigus, le postérieur le plus fort et le plus long de tous. On ne connaît encore qu'une espèce de ce genre.

MANORINE VERTE, *Manorina viridis*, Vieill. Parties supérieures d'un vert olive; sommet de la tête olive; front d'un noir velouté, les plumes s'avançant et recouvrant les narines; joues jaunes; moustaches longues noires; parties inférieures d'un jaune olivâtre; bec et pieds jaunes; taille cinq pouces, dix lignes. La femelle ressemble beaucoup au mâle, mais elle n'a point de moustaches, ni les joues jaunes; son plumage est en général plus terne. Cet Oiseau a été découvert à la Nouvelle-Hollande.　　　　(DR..Z.)

MANOTE. BOT. CRYPT. L'un des noms vulgaires de la Clavaire coralloïde.　　　　(B.)

MANS. INS. L'un des noms vulgaires de la larve du Hanneton. (B.)

MANSAD, MANSEAU. OIS. Syn. vulgaires de Ramier. *V.* PIGEON.
　　　　　　　　　　(DR..Z.)

MANSANA. BOT. PHAN. *V.* MANSANAS.

MANSANAS. BOT. PHAN. Sonnerat, qui ne savait pas l'espagnol, avait donné ce nom à un genre adopté sous le nom de *Mansana* par Gmelin qui ne le savait pas davantage, et dont le *Ziziphus Jujuba*, Willd., était le type. Ces noms qui doivent être rejetés de la science ne sont que le *Manzana* des Espagnols, qui signifie la Pomme.　　　　(B.)

MANSANILLA, d'où **MANSANILLE.** BOT. PHAN. Pour Mancenille et Mancenillier. *V.* ce mot.　　(B.)

MANSUETTE. BOT. PHAN. Variété de Poires.　　　　(B.)

MANTE. *Mantis.* INS. Genre de l'ordre des Orthoptères, section des Coureurs, famille des Mantides, établi par Linné, restreint par Illiger et tous les entomologistes, et ayant pour caractères : corps étroit et allongé; tête découverte, n'ayant pas le front prolongé en forme de corne; antennes simples dans les deux sexes; les deux pieds antérieurs plus grands que les autres; cinq articles à tous les tarses; élytres et ailes couchées horizontalement sur le corps.

Ce genre se distingue de celui qu'Illiger nomme Empuse, par les antennes qui, dans les mâles de ce dernier, sont pectinées, et par leur tête qui est prolongée antérieurement en forme de corne; il s'éloigne des Blattes par la forme du corps, et des Spectres que Linné y réunissait, par les pieds qui, dans ceux-ci, sont de forme identique. La tête des Mantes est triangulaire, verticale avec les yeux grands et trois petits yeux lisses distincts. Leurs antennes sont simples, sétacées, composées d'un grand nombre d'articles et insérées entre les yeux; leur labre est entier; les mandibules sont incisives; les palpes filiformes, pointus au bout, non comprimés, et la languette a quatre divisions presque également longues. Le corselet est allongé, formé en majeure partie du premier segment, dont l'extrémité antérieure est souvent dilatée et arrondie sur les côtés. Les pates antérieures sont avancées, avec les hanches fort grandes, les cuisses comprimées, dentelées; les jambes également dentelées, terminées par un fort crochet, et s'appliquant sous la cuisse; les autres pates sont simples et menues. Les élytres sont horizontales, couchées l'une sur l'autre le long du côté interne, étroites, allongées, peu épaisses, demi-transparentes; les ailes sont plissées en éventail dans leur longueur. L'abdomen est oblong; il a à son extrémité deux appendices articulés et coniques, et

10*

une pièce en forme de lame écailleuse, comprimée, arquée sur le dos, formée elle-même de plusieurs pièces courtes, reçues entre deux valves de l'anus.

Les Mantes sont plus répandues dans les pays chauds ; l'Europe n'en offre que quatre à cinq espèces; celle que l'on rencontre le plus fréquemment dans les provinces méridionales de la France, porte le nom de *Pregâ-Diou* (*Prie-Dieu*) parce qu'elle élève continuellement ses pates de devant et les joint ensemble, de sorte que le peuple la regarde comme un Insecte sacré dans certains cantons, tandis qu'en d'autres on l'appelle *Sorcière ;* les Turcs ont même pour elle un respect religieux, et une autre espèce est encore plus vénérée chez les Hottentots. Le nom latin de *Mantis* (*Devin*) qu'on a donné à ces Insectes, vient de ce que l'on s'est imaginé qu'ils devinent et indiquent les choses en étendant leurs pates. Dans l'état de nymphes, les Mantes ont sur le dos quatre pièces aplaties, qui sont les fourreaux renfermant les ailes et les élytres. Elles marchent et agissent comme l'Insecte parfait, vivant de rapine et mangeant tous les Insectes qu'elles peuvent saisir avec leurs pates antérieures qui font l'office de pinces. Roësel a conservé des Mantes en les nourrissant avec des Mouches ou autres Insectes ; quand on les met ensemble elles se dévorent. Un mâle et une femelle de ces Insectes ayant été enfermés dans un vase de verre, le premier fut saisi par la femelle qui lui coupa la tête. Comme ces Insectes sont extrêmement vivaces, le mâle vécut encore assez long-temps, et ne fut dévoré par la femelle que quand celle-ci en eut été fécondée. Les œufs que pondent les femelles sont rassemblés en un paquet allongé, couvert d'une espèce d'enveloppe de la consistance d'un parchemin. A mesure qu'ils sortent de l'ovaire, il s'échappe avec eux une espèce de bouillie qui, en se détachant, forme l'enveloppe coriace qui les couvre. Ces œufs sont allongés,

de couleur jaune, et placés sur deux rangées dans le paquet ; la femelle attache ordinairement cette masse à la tige de quelque Plante.

Ce genre se compose d'un assez grand nombre d'espèces ; celle qui est la plus commune en France et qui sert de type au genre, est :

La Mante religieuse, *Mantis religiosa*, Linn.; la Mante, Geoff., Ins. de Paris, T. 1, p. 399, pl. 8, fig. 4. ; *Gryllus religiosus*, Scop., Entom. Carn., p. 103.; *Mantis oratoria*, var. β. Fabr. Longue de près de deux pouces, verte; corselet ayant une petite carène dorsale ; ses bords latéraux étant d'une jaune roussâtre, un peu dentelés ; élytres bordées légèrement de jaunâtre ; pates antérieures ayant une tache d'un noir bleuâtre au côté interne des hanches, et jambes ayant une teinte d'un roussâtre clair. Cette espèce, commune dans le midi de la France, commence à se trouver non loin de Paris. Linné l'avait bien distinguée de la Mante prêcheuse, *Mantis oratoria*. Les auteurs qui ont écrit après lui ont confondu l'une avec l'autre, et ont embrouillé la synonymie. Il sera facile d'éclaircir cette difficulté, si l'on sépare ces deux espèces et si l'on rapporte tous les synonymes cités à la Mante religieuse; l'espèce nommée prêcheuse n'a été connue jusqu'à nos jours que de Linné. Draparnaud l'a tirée de l'oubli où elle était, et en a donné une bonne figure dans le N. 69 du Bulletin de la Société Philomatique. *V.*, pour les autres espèces, la Monographie qu'en a publié eLichtenstein dans le T. vi des Transactions de la Société Linnéenne de Londres.

On a improprement donné le nom de Mantes de Mer, motivé sur une grossière ressemblance, à des Crustacés du genre Squille. *V.* ce mot. (G.)

MANTEAU. zool. Les Animaux Mollusques bivalves ou plutôt les Conchifères ont tous leur coquille revêtue à l'intérieur d'une peau plus ou moins mince qui se partage en deux lobes égaux ou inégaux, selon que la coquille est elle-même équivalve ou inéquivalve. Cette partie charnue semble revêtir l'Animal à peu près de la même manière que les manteaux dont nous nous couvrons, d'où est venu par comparaison le nom que l'on donne à cette partie des Conchifères ; depuis on a également donné le même nom aux enveloppes cutanées des autres Mollusques, quoiqu'elles aient des formes bien différentes. *V.* MOLLUSQUE.

Latreille ayant adopté la forme du Manteau et le nombre de ses ouvertures pour lui servir de moyens de division dans les Acéphales en plusieurs ordres, a donné le nom de Manteaux-Biforés, *Bifori-Palla,* au second ordre de cette classe. Il l'a sous-divisé en deux familles, les MYTILACÉS et les NAIADES, après lui avoir donné les caractères suivans : outre l'ouverture ordinaire, servant de passage au pied, le Manteau en offre encore une autre qui est propre aux déjections ; la coquille est toujours plagymione ; tantôt l'impression antérieure ou celle du muscle constricteur est petite, et l'autre est allongée ; tantôt les deux sont bien apparentes, et l'antérieure est composée ou divisée. Le ligament cardinal est extérieur, marginal, linéaire, et s'étend souvent beaucoup plus sur le corselet ou la partie postérieure que sur l'antérieure. La coquille est souvent triangulaire avec le côté postérieur long, et l'autre très-court

MANTEAUX-OUVERTS, *Patuli-Palla.* Latreille, dans les Familles du Règne Animal, a nommé ainsi le premier ordre des Acéphales, qu'il caractérise par l'ouverture du Manteau entièrement fendue ; l'Animal se trouvant, par conséquent, dépourvu de tubes pour l'anus et la respiration, il les a divisés en deux sections, les *Mésomiones* et les *Plagymiones,* qui eux-mêmes sont partagés en plusieurs familles, comme on le verra en consultant ces mots.

MANTEAUX-TRIFORÉS, *Trifori-Pal-* la. Troisième ordre établi par Latreille, *loc. cit.,* parmi les Acéphales ou Conchifères, pour ceux qui ont au Manteau trois ouvertures sans tubes, l'une pour le passage du pied, l'autre pour les branchies et la troisième pour l'anus. Cet ordre ne se compose que d'une seule famille, les Tridacnites (*V.* ce mot), et ne renferme que les deux genres Hippope et Tridacne, quoique cependant on puisse y rapporter les Cames dont le Gataron d'Adanson fait partie essentielle ; par suite et par analogie devraient aussi y rentrer les autres genres de la famille des Camacées, c'est-à-dire les Ethéries et les Dicérates ; que Latreille place à tort, suivant notre opinion, dans son quatrième ordre, les Manteaux-Tubuleux.

MANTEAUX-TUBULEUX, *Tubuli-Palla.* Latreille a rassemblé dans le quatrième ordre des Acéphales, auquel il a imposé ce nom, tous les Conchifères dont le Manteau est terminé postérieurement par deux tubes plus ou moins prolongés, tantôt séparés, tantôt conjoints, quelquefois même n'en formant qu'un, mais à deux conduits intérieurs. Cet ordre est divisé en deux sections, les Uniconques et les Tubicoles, qui elles-mêmes sont sous-divisées en plusieurs familles. *V.* ces mots. (D..H.)

Le nom de MANTEAU est encore devenu spécifique avec l'addition de quelque épithète ; ainsi l'on a appelé :

MANTEAU-BLEU ou BLEU-MANTEAU (Ois.), une espèce de Mouette.

MANTEAU-DUCAL (Conch.), une espèce du genre Peigne.

MANTEAU ou TROMPETTE DU CHRIST (Bot. Phan.), le *Datura fastuosa,* L.

MANTEAU-GRIS ou GRIS-MANTEAU (Ois.), la Corneille mantelée.

MANTEAU DE GUEUX (Bot. Phan.), la Pulmonaire dont la feuille est tachée, ou de grands Rumex aquatiques dont les feuilles se trouent et se déchirent assez naturellement.

MANTEAU-NOIR ou NOIR-MANTEAU

(Ois.), une espèce de Mouette ou Goéland.

MANTEAU-POURPRE (Conch.), une grande espèce du genre Peigne.

MANTEAU–ROYAL (Ins. et Bot. Phan.), une Chenille et l'Ancolie.

MANTEAU DE SAINTE-MARIE (Bot. Phan.), la Colocase, etc.   (B.)

*MANTÉES. BOT. PHAN. *V.* COME-GOMMI.

*MANTELÉE. OIS. Espèce du genre Corbeau. *V.* CORBEAU. C'est aussi le nom d'une Buse du Brésil, *V.* FAUCON, et d'une Colombe des Indes. *V.* PIGEON.   (DR..Z.)

MANTELET. MOLL. Adanson (Voy. au Sénég.), trompé par quelques différences que présentent les Animaux et les coquilles des Porcelaines jeunes avec les vieilles, avait formé un genre pour les premières, auquel il avait donné ce nom; quelques auteurs, sans l'avoir examiné assez attentivement, l'ont adopté à tort. *V.* PORCELAINE.   (D..H.)

*MANTELLE. OIS. L'un des noms vulgaires de la Corneille mantelée. *V.* CORBEAU.   (DR..Z.)

MANTICHORE. MAM. Animal fabuleux, sur lequel les anciens ont rapporté beaucoup de contes ridicules, et que sur leurs folles descriptions quelques naturalistes, tels que Jonston et Ruysch, ont figuré.   (B.)

MANTICORE. *Manticora.* INS. Genre de l'ordre des Coléoptères, section des Pentamères, famille des Carnassiers terrestres, tribu des Cicindelètes, établi par Fabricius, et adopté par tous les entomologistes; ses caractères sont : tous les tarses semblables, à articles cylindriques dans les deux sexes; dos du corselet formant une espèce de lobe demi-circulaire, horizontal, prolongé jusqu'au-dessus du bord postérieur, et tombant brusquement dans son pourtour, avec les bords presque aigus et sinués; abdomen pédiculé, presque en forme de cœur, plus large que la partie antérieure du corps, presque entièrement enveloppé par les élytres qui sont carénées latéralement. Fabricius n'ayant vu que quatre antennules aux Manticores, et trompé d'ailleurs par la forme des élytres, crut que ce genre avait beaucoup de rapports avec celui des Pimélies. Mais l'ensemble de tous ses caractères le rapproche tellement des Cicindèles, que Clairville pense même qu'il n'en est pas distinct. Outre les caractères tirés de la forme des élytres et de l'abdomen, qui éloignent ces Insectes des Cicindèles, ils en sont encore séparés, ainsi que des Insectes de la même tribu, par la longueur du pénultième article de leurs palpes maxillaires extérieurs, qui surpasse celle du dernier article des mêmes palpes. La tête des Manticores est très-grande, aplatie sur le front, presque cylindrique postérieurement. Les Mandibules sont très-grandes, arquées et armées intérieurement de quatre dents, dout la troisième est beaucoup plus petite que les autres ; la lèvre supérieure est plus avancée, presque transversale ; elle a six dentelures à sa partie antérieure. Les palpes sont grands, et leur dernier article est un peu sécuriforme. Les antennes sont minces et filiformes, leur troisième article est allongé et anguleux. Les yeux sont arrondis, petits et peu saillans ; le corselet est presque de la longueur de la tête ; il paraît divisé en deux parties par un sillon transversal peu éloigné du bord antérieur, parallèle à celui-ci, et prolongé sur les côtés et en dessous jusqu'à l'origine des pates antérieures. Il n'y a pas d'écusson visible, l'abdomen paraît pédiculé, et il est presque entièrement enveloppé par les élytres qui sont soudées, larges, planes en dessus, presque en forme de cœur, fortement chagrinées, surtout postérieurement. Les bords latéraux sont en carène et légèrement dentelés, et la partie qui enveloppe l'abdomen est presque lisse, à l'exception de quelques points élevés vers l'extrémité ; les pates sont grandes et couvertes de poils roides et assez serrés. Le Manticore a la démarche vive des Carabes ; il court sur les sables de la partie la plus méridionale de l'Afrique, et se cache souvent sous les pierres. Il se nourrit d'Insectes et sa larve est inconnue. Fabricius n'en mentionne que deux espèces propres à la colonie du cap de Bonne-Espérance ; celle qui sert de type au genre, est :

Le MANTICORE MAXILLAIRE, *Manticora maxillosa*, Fabr., Oliv., Latr., Dej.; Carabe à tubercules, Degéer ; *Cicindela gigantea*, Thunb., Herbst., etc. Cet Insecte est long de plus d'un pouce et demi, il est entièrement d'une couleur noire, peu luisante, et l'on aperçoit sur tout le corps des poils assez longs, roides et peu rapprochés les uns des autres.　　(G.)

MANTIDES. *Mantides.* INS. Famille de l'ordre des Orthoptères, section des Coureurs, établie par Latreille, et renfermant une portion du grand genre *Mantis* de Linné. Les caractères de cette famille sont : corps allongé et étroit ; tête découverte ; palpes courts, filiformes, finissant en pointe ; languette quadrifide ; antennes simples dans les deux sexes, ou pectinées dans les mâles; corselet grand, étroit, quelquefois dilaté sur les côtés ; ailes simplement pliées dans leur longueur ; les deux pieds antérieurs beaucoup plus grands que les autres, avec les hanches longues, les cuisses fortes, comprimées et épineuses, et les jambes terminées par un fort crochet, susceptible de se replier sous ces cuisses, afin de pouvoir saisir leur proie : les autres pieds sont grêles, peu garnis d'épines, et ont souvent au bout des cuisses un appendice foliacé plus ou moins développé. L'abdomen est un peu plus large que le thorax et festonné sur les bords dans plusieurs.

Ces Insectes se trouvent dans les pays tempérés et méridionaux ; ils se tiennent sur les Arbres et sur les Plantes, ressemblent même quelquefois à des feuilles par la forme et la couleur de leur corps et de leurs ailes. Ils recherchent la lumière du jour, vivent d'autres Insectes qu'ils saisissent avec leurs pieds antérieurs, qu'ils relèvent ou portent en avant, et dont ils replient avec promptitude la jambe contre le dessous de la cuisse. Leurs œufs, très-nombreux, sont renfermés dans autant de petites cellules composées d'une matière gommeuse, se durcissant à l'air et disposés par séries régulières et réunies en une masse ovoïde ; la femelle les colle sur des Plantes ou sur d'autres corps élevés à la surface de la terre. Le jabot de ces Insectes est longitudinal ; leur gésier a, en dedans, de fortes dents crochues; on leur compte huit à dix cœcums autour du pylore. Ces Animaux ont été désignés par Stoll sous les noms de FEUILLES AMBULANTES ; cette famille forme deux genres. *V.* EMPUSE et MANTE.　　(G.)

MANTIS. INS. *V.* MANTE.

MANTISALCA. BOT. PHAN. Cassini (Bulletin de la Société Philomatique, septembre 1818) a formé sous ce nom un genre aux dépens du *Centaurea* de Linné. Entre autres caractères, il lui attribue les suivans : involucre ovoïde, formé d'écailles régulièrement imbriquées, appliquées, ovales-oblongues, coriaces, surmontées d'un appendice tubuleux, spiniforme et réfléchi ; réceptacle plane, épais, garni de paillettes ; calathide dont les fleurs centrales sont nombreuses et hermaphrodites, celles de la circonférence sur un seul rang, neutres et à corolles agrandies ; ovaires des fleurs centrales munis de côtes longitudinales et de stries transversales, surmontés d'une double aigrette ; l'extérieure semblable à celle des autres Centaurées ; l'intérieure irrégulière, unilatérale, composée de trois ou quatre paillettes soudées entre elles, et formant une large lame membraneuse. Ce genre que l'auteur lui-même consent à ne regarder que comme un simple sous-genre ou subdivision des Centaurées, se compose uniquement du *Centaurea Salmantica*, espèce à laquelle Linné a donné pour nom spécifique celui d'une ville d'Espagne, où elle ne se trouve pas plus abondamment que dans le reste de l'Europe méridionale. C'est pourtant avec l'anagramme de cet adjectif insignifiant que Cassini a formé le nom générique de *Mantisalca*, quoique cette manière de forger des mots soit aujourd'hui proscrite par la plupart des botanistes ; mais, d'après les idées particulières de Cassini, les règles ne doivent être respectées qu'autant qu'elles sont fondées sur des motifs raisonnables, et l'on ne doit voir dans les noms génériques que des lettres et des syllabes arbitrairement assemblées et fixées par convention. C'était le même raisonnement que faisait Adanson il y a soixante ans, pour justifier ses innovations et ses singularités. (G..N.)

MANTISIE. *Mantisia.* BOT. PHAN. Genre de la famille des Amomées et de la Monandrie Monogynie, L., établi par Sims (*Bot. Magazine*, p. et t. 1520) qui l'a ainsi caractérisé : anthère double ; filament linéaire, très-long, bilobé au sommet, et muni d'un appendice à la base et de chaque côté. À ce caractère abrégé l'auteur a ajouté celui de l'inflorescence radicale, en quoi le genre proposé diffère surtout du *Globba*, dont il est d'ailleurs très-rapproché. L'espèce sur laquelle il est fondé, et que Sims a nommée *Mantisia saltatoria*, a même été décrite par Roxburgh (*Asiatic Researches*, vol. 11, p. 359) sous le nom de *Globba radicalis*. Cette Plante croît dans les Indes-Orientales. Ses fleurs, dont les couleurs offrent un mélange de jaune et de violet, ont un aspect fort agréable. (G..N.)

MANTISPE. *Mantispa.* INS. Genre de l'ordre des Névroptères, famille des Planipennes, tribu des Raphidines (Latr., Fam. Nat. du Règn. Anim.), établi par Illiger et ayant pour caractères : antennes sétacées ; prothorax en forme de corselet, allongé, cylindracé ; ailes en toit ; pates antérieures ravisseuses. Les espèces qui forment

ce genre ont été long-temps placées parmi les Orthoptères, et confondues avec les Mantes ; la forme de leurs pates antérieures et leurs mœurs pouvaient, en effet, autoriser cette réunion ; cependant Poda, et après lui Linné et Scopoli, n'avaient point commis cette faute, et non-seulement ils plaçaient la Mantispe alors connue, *Mantispa pagana*, parmi les Névroptères, mais ils en faisaient même une espèce du genre *Raphidia*. Les autres caractères fixent définitivement la place des Mantispes auprès des Raphidies, et Lepelletier de Saint-Fargeau et Serville ont reconnu que la disposition des nervures des ailes est ici d'accord avec la méthode. Ce genre se distingue de tous ceux de sa famille par un caractère bien tranché, par la forme des pates antérieures qui sont propres, ainsi que celles des Mantides, à saisir les petits Insectes dont ces Animaux se nourrissent.

Ces Insectes ont le corps long ; leur corselet a son segment antérieur fort allongé, évasé à la partie antérieure ; le second segment est court et transversal ; la tête est triangulaire, verticale ; les yeux sont grands, saillans : on voit entre eux trois petits yeux lisses peu apparens ; les antennes sont sétacées, seulement un peu plus longues que la tête, composées d'articles nombreux, moniliformes ; les deux de la base presque égaux entre eux. Le labre est avancé, presque carré, attaché au chaperon, arrondi et entier à sa partie antérieure ; les mandibules sont fortes, cornées ; les palpes sont au nombre de quatre, filiformes, presqu'égaux en longueur, le dernier article des maxillaires étant ovale et fort allongé. Les ailes sont de grandeur égale, un peu réticulées, élevées en toit dans le repos. La plupart des nervures qui se dirigent vers les bords postérieur et intérieur se bifurquent en manière d'Y. L'abdomen est en forme de massue, rétréci vers sa base. Les pates antérieures ont leurs hanches très-longues ; leurs cuisses sont dilatées, carénées en dessous ; cette carène est garnie de dents.

Les jambes sont arquées, comprimées et tranchantes en dessous, et s'appliquent sur la cuisse entre la série de dentelures et une épine qui est placée près de la carène ; les tarses ne paraissent consister qu'en un fort onglet. Les quatre autres pates sont petites ; leurs tarses sont composés de cinq articles et terminés par deux crochets, s'élargissant un peu vers leur extrémité qui est tridentée, et par une pelote grosse et bilobée.

Ce genre se compose de cinq ou six espèces dont une seule est propre à l'Europe ; c'est :

La MANTISPE PAYENNE, *Mantispa pagana*, Illig., Latr. ; *Raphidia Mantispa*, Scop., Linn. ; *Mantis persa*, Pall., Spicil. Zool., fasc. 9, pl. 14, tab. 1, fig. 8) ; *Mantis pagana*, Fabr. Elle est petite, d'une couleur ferrugineuse, avec les yeux noirs. Ses ailes sont transparentes et réticulées, et ont à la côte une tache ferrugineuse. Elle se trouve dans le midi de la France.   (G.)

MANTODDA-VADDI. BOT. PHAN. Rhéede (*Hort. Malab.*, t. 23) a décrit et figuré sous ce nom de pays, qui a été employé comme génériqué par Adanson, un Arbrisseau du Malabar qui ne diffère pas du *Tamarindus indica*, L. *V.* TAMARINIER.
                            (G.,N.)

MANUCODE. OIS. Espèce du genre Paradis dont Vieillot a fait le type du genre *Cicinnurus*. *V.* PARADIS.   (DR..Z.)

MANUCODE A DOUZE FILETS. OIS. Pour Promerops à douze filets. *V.* ce mot.   (DR..Z.)

MANUCODIATES. *Paradiscei.* OIS. Vieillot a formé sous ce nom, dans la tribu des Anisodactyles de l'ordre des Sylvains, une famille dont les caractères sont : pieds médiocres ; tarses annelés ; quatre doigts dont trois devant et un derrière, les extérieurs réunis à la base ; les plumes hypocondriales ou cervicales sont de diverses formes ; le bec est emplumé à la base ; la queue composée de douze

rectrices. Quatre genres (Sifilet, Lophorine, Manucode et Samalia) composent la famille des Manucodiates.
                            (B.)
MANUL. MAM. Espèce du genre Chat. *V.* ce mot.   (B.)

MANULÉE. *Manulea.* BOT. PHAN. Genre de la famille des Rhinanthacées, et de la Didynamie Angiospermie, établi par Linné et ainsi caractérisé : calice à cinq divisions profondes ; corolle tubuleuse, dont le limbe est découpé en cinq segmens subulés, l'inférieur éloigné des autres ; étamines didynames, à anthères inégales ; un style ; capsule ovée, biloculaire, bivalve et polysperme.

Bergius (*Descript. Plant. Cap.*, 6, sp. 160) a décrit une espèce de ce genre, sous le nouveau nom générique de *Nemia*. Linné lui-même a placé parmi les *Selago* une Plante qui appartient réellement à son *Manulea*, et que Thunberg, Lamarck et Jacquin ont fait connaître sous le nom de *Manulea tomentosa*. C'est sur cette espèce que Mœnch a établi son genre *Lychnidea* qui n'a pas été adopté. Enfin quelques espèces nouvelles ont été rapportées aux *Buchnera* par Andrews ; et Roth a formé de l'une d'elles son genre *Sutera* qui n'a pas été adopté.

Les Manulées sont des Plantes herbacées ou frutescentes, à feuilles opposées ou alternes, à fleurs en grappes terminales ou latérales, et accompagnées de bractées. Linné n'en connaissait qu'un petit nombre d'espèces ; mais Thunberg (*Prodr. Fl. Cap.*, p. 100) en a décrit plus de vingt nouvelles ; ses descriptions, il est vrai, sont fort incomplètes et laissent quelques doutes sur la validité de plusieurs d'entre elles. A l'exception d'une seule espèce (*M. alternifolia*, Desf.) qui croît à la Nouvelle-Hollande, toutes les autres sont indigènes du cap de Bonne-Espérance. On en cultive dans les jardins de botanique, quelques-unes qui pourraient être considérées comme Plantes d'ornement. On les sème sur ceuche dans des pots remplis de terre de bruyère ; on repique en pleine terre les espèces annuelles, et l'on rentre les ligneuses dans l'orangerie, aux approches de l'hiver. De toutes ces espèces, la plus remarquable est la suivante :

MANULÉE A FEUILLES OPPOSÉES, *Manulea oppositifolia*, Venten., Jard. de Malmaison, 1, t. 15. C'est un Arbuste d'environ neuf décimètres de hauteur, à feuilles opposées, pétiolées, en ovale renversé, pubescentes, dentées en scie. Les fleurs sont blanches, solitaires, axillaires, soutenues par des pédoncules uniflores de la longueur des feuilles. (G..N.)

* MANURE. OIS. Espèce du genre Engoulevent. *V.* ce mot. (DR..Z.)

MAOKA. BOT. PHAN. Variété de Cotonnier. (B.)

MAOS. OIS. Syn. vulgaire de Goéland Bourguemestre. *V.* MOUETTE. (DR..Z.)

MAOU, MAO ET MAHO. BOT. PHAN. Il n'est pas aisé de savoir si ces mots sont passés des colonies d'un monde à l'autre ; mais ils n'en sont pas moins employés à la Guiane, à l'Ile-de-France, à Mascareigne et ailleurs, pour désigner l'*Hibiscus tiliaceus*, et par extension plusieurs autres Arbres et Arbustes plus ou moins voisins par la forme de leurs grandes feuilles entières. On peut faire dériver tous ces mots de Mahot, qui, dans l'idiôme malegache, signifie Plantes textiles. (B.)

MAOURELO. BOT. PHAN. (Gouan.) Qui n'est évidemment que la corruption du nom de Morelle, dont on a déplacé la signification. Le *Croton tinctorium* dans le Languedoc. (B.)

MAPACH. MAM. (Charleton et Niéremberg.) Nom de pays du Raton, *Ursus lotor*, L. (B.)

MAPANIE. *Mapania*. BOT. PHAN. Genre de la famille des Cypéracées et de la Triandrie Monogynie, L., établi par Aublet (*Guian.*, 1, p. 47, t. 17) pour une Plante qu'il nomme *Mapania sylvatica* et dont voici les caractères : sa racine est vivace ; les chaumes sont dressés, simples, triangulaires, hauts d'un à trois pieds, dépourvus de feuilles radicales et caulinaires, excepté à leur sommet qui se termine par trois feuilles elliptiques, oblongues, aiguës, entières, glabres, très-rapprochées les unes des autres, comme verticillées et canaliculées à leur base, où elles embrassent un ou deux épillets sessiles brunâtres. Chacun de ces épillets est ovoïde, presque cylindrique, obtus au sommet, composé d'un grand nombre d'écailles imbriquées en tous sens, minces, membraneuses, étroites, diaphanes, canaliculées, marquées d'une nervure moyenne à peine saillante et velue, et contenant chacune, à l'exception des inférieures qui sont vides, une fleur sessile, un peu plus longue et plus étroite. Cette fleur est hermaphrodite, composée d'un involucre de six écailles, dont deux extérieures carenées et en gouttière, forment une sorte de glume à deux valves carenées et hispides sur leur nervure moyenne ; échancrées et mucronées à leur sommet ; les quatre autres sont plus intérieures et plus minces, mais de même forme. Les étamines sont au nombre de trois, à filamens un peu élargis vers leur milieu. L'ovaire est stipité, comprimé et triangulaire, surmonté d'un style qui paraît formé de la réunion de trois styles distincts, terminés chacun par un stigmate linéaire, recourbé, glanduleux seulement sur sa face interne. Le fruit est un akène triangulaire terminé en pointe à son sommet et recouvert par les valves de l'involucre. Cette Plante croît dans les forêts de la Guiane. Quelquefois elle est stérile et prolifère, c'est-à-dire qu'au lieu d'épillets on trouve au centre des trois feuilles terminales des rameaux ou rejets également stériles et terminés par trois feuilles verticillées. (A. R.)

MAPIRA. BOT. PHAN. (Adanson.) Syn. d'Olyra. *V.* ce mot. (B.)

MAPOU. BOT. PHAN. A la Guiane,

les Fromagers et autres grands Arbres à bois mou; aux îles de France et de Mascareigne, le *Malacoxylon* de Jacquin, et notre *Ambora tomentosa* qui est le *Monimia* de Du Petit-Thouars, outre d'autres Arbres également à bois mou.   (B.)

*MAPOURIA. BOT. PHAN. Le genre de Rubiacées décrit sous ce nom par Aublet, paraît devoir être réuni au *Psychotria*. *V.* ce mot. (A. R.)

*MAPPA. BOT. PHAN. On avait accumulé dans le genre Ricin plusieurs espèces qui n'avaient ensemble que des rapports éloignés et qui rendaient ce genre vague et peu naturel. Aussi avons-nous cru devoir le réduire à celles qui se rapprochaient évidemment de son type, le *Ricinus communis*, et alors le *R. Mappa* de Linné a dû devenir celui d'un genre nouveau assez distant du premier, et que nous avons ainsi caractérisé : fleurs monoïques ou dioïques ; dans les mâles, un calice triparti, de trois à dix étamines, dont les filets libres ou bien soudés entre eux à leur base, portent des anthères à deux tiges globuleuses ; dans les femelles, un calice bi ou trifide, deux ou trois styles oblongs, réfléchis en dehors, plumeux le long de leur face interne, ou bien un seul style bi ou triparti ; un ovaire hérissé à l'extérieur de pointes roides, divisé intérieurement en deux ou trois loges dont chacune contient un seul ovule, et devenant plus tard une capsule à autant de coques, armée de pointes peu nombreuses, mais assez longues. Les espèces de ce genre sont des Arbres ou des Arbrisseaux à feuilles alternes, peltées, entières, veinées, portées sur de longs pétioles qu'accompagnent à leur base deux stipules grandes et caduques. Les épis axillaires et plusieurs fois ramifiés sont garnis de bractées assez grandes, qui enveloppent, les unes une fleur femelle solitaire, les autres un paquet de fleurs mâles extrêmement petites. On doit rapporter à ce genre outre le *Ricinus Mappa* de Linné, lequel

croît aux Indes et dans les Moluques, le *Ricinus tanarius* observé dans les mêmes pays et dans la Cochinchine, et peut-être aussi le *R. dioicus* de Forster, d'après sa description. De deux espèces inédites, l'une, rapportée de Timor, devra vraisemblablement être réunie à l'une des précédentes ; l'autre, originaire de l'île de Ceylan, est bien distincte par plusieurs caractères, et notamment par ses fleurs mâles où on ne trouve que trois étamines. *V.* notre Dissertation sur les Euphorbiacées, p. 44, tab. 14, n° 44.   (A. D. J.)

*MAPPEMONDE. MOLL. Coquille du genre Porcelaine, *Cypræa Mappa*, à laquelle on donne aussi le nom de Carte de géographie. *V.* PORCELAINE.   (D..H.)

MAPPIA. BOT. PHAN. Schreber (*Gener. Plant.*, n. 1775) a donné ce nom au *Soramia* d'Aublet, qui a été réuni par De Candolle au *Doliocarpus*. *V.* ce mot.   (G..N.)

MAPROUNIER. *Maprounea*. BOT. PHAN. Genre de la famille des Euphorbiacées, établi sous ce nom par Aublet, mais décrit par Linné fils et Smith sous celui d'*Ægopricon*. Ses fleurs sont monoïques : les mâles se composent d'un petit calice bi ou quadrifide, du fond duquel part un filet saillant, terminé par deux anthères biloculaires accolées ; les femelles offrent un calice à trois lobes, un style court, épais, trifide, trois stigmates réfléchis, un ovaire globuleux à trois loges uniovulées, devenant une capsule à trois coques. Les graines osseuses sont creusées sur une partie de leur surface d'une foule de petites fossettes. La seule espèce connue de ce genre est un Arbre de la Guiane : peut-être en rencontre-t-on une seconde au Congo, où Robert Brown cite une Plante voisine de l'*Ægopricon*, mais en différant notamment par son fruit capsulaire et non bacciforme (tel que Linné fils avait décrit celui du genre qui nous occupe). Or cette différence disparaît, d'après les descriptions de

Smith et de Gaertner, qui s'accordent à le regarder comme capsulaire et d'après nos propres observations. Quoi qu'il en soit, l'espèce de la Guiane, figurée par Aublet (tab. 342) et par Smith (*Icon. exot.*, tab. 42), est un Arbre à feuilles alternes, entières, glabres, veinées, luisant sur leur surface supérieure. Ses fleurs mâles très-petites, et qu'accompagnent de petites écailles, se réunissent en têtes ou chatons dont chacun a sa base ceinte d'un court involucre biparti, et dont l'ensemble est disposé au sommet des branches en courtes panicules. Au-dessous de chaque chaton mâle s'observe une seule fleur femelle portée sur un pédoncule muni de deux bractées. (A. D. J.)

MAPURITA, MAPURITE ou **MANIPURITE**, et **MAPURITO**. MAM. Carnassiers plantigrades qu'on avait rapportés aux Gloutons, aux Martes et aux Mouffettes, mais qui ne sont point encore déterminés avec certitude. *V*. GLOUTON et MOUFFETTE. (IS. G. ST.-H.)

MAQUEREAU. POIS. Espèce du genre Scombre. *V*. ce mot. On a étendu ce nom à deux ou trois autres Animaux du même genre, dans les pays où ils se rencontrent. (B.)

MAQUI. BOT. PHAN. *V*. ARISTOTÉLIE.

MAQUIRA. BOT. PHAN. Aublet a nommé *Maquira Guianensis* (*Pl. Guian. Suppl.*, 36, t. 380) un Arbre dont il n'a pu observer la fleur ni le fruit. La figure qu'il en donne est trop incomplète pour pouvoir déterminer à quelle famille appartient ce genre, qu'on doit considérer comme non avenu. (A. R.)

* **MAR**. OIS. Espèce de genre Pic. *V*. ce mot. (DR..Z.)

MARABOU. OIS. Les plumes auxquelles on donne ce nom, et qui sont recherchées dans la parure des dames, proviennent de l'Argala, espèce du genre Cigogne, qui se trouve en Afrique et dans l'Inde où on le réduit en domesticité pour lui ôter, à mesure qu'elles repoussent, ces plumes précieuses. (B.)

MARACA. BOT. PHAN. Pour Maraka. *V*. ce mot. (B.)

MARACANA. OIS. Nom de pays adopté par Azzara pour désigner diverses espèces d'Aras et de Perroquets. (B.)

MARACAYA. MAM. Nom de pays du Margay au Brésil. *V*. CHAT. Selon d'autres dialectes de l'Amérique méridionale, quelques voyageur sont écrit, MARAGNA, MARAGAIA, MARAGNAO, etc. (B.)

MARACOANI. CRUST. Pison et Marcgraaff nomment ainsi une espèce du genre Gélasime de Latreille; c'est le *Cancer vocans* de Linné. *V*. GÉLASIME et OCCIPODE. (G.)

MARACOC ou **MARACOT**. BOT. PHAN. L'un des noms vulgaires du *Passiflora incarnata*. (B.)

MARA-COUJA. BOT. PHAN. Même chose que Murucuja. *V*. ce mot. (B.)

* **MARAIAIBA** ou **MARAJAIBU**. BOT. PHAN. Pison cite sous ce nom un Palmier brésilien fort épineux, produisant des fruits bons à manger, de la grosseur d'un œuf, et disposés en grappes. On ne sait à quel genre le rapporter. (B.)

MARAIGNON. POIS. La très-jeune Anguille dans certains cantons. (B.)

MARAIL. OIS. Espèce du genre Pénélope. *V*. ce mot. (DR..Z.)

MARAIS. GÉOL. On nomme ainsi tout espace de terrain comme délayé par des eaux stagnantes. Une végétation particulière caractérise les Marais; il est dans toutes les classes du règne végétal des espèces qui leur sont propres, depuis les Arbres les plus élevés jusqu'aux Mousses les plus humbles. Les Champignons y sont cependant extrêmement rares. Cette végétation des Marais est en général pompeuse et d'un aspect frais et verdoyant. Elle frappe surtout par son éclat et sa richesse, lorsque les Marais s'étendent le long d'un sol que pare une végétation telle que celle de nos Landes aquitaniques, courte, rigide, luisante, formée d'Arbustes ou de Pins. Les Marais étendus sur de vastes surfaces de pays, indiquent le fond de quelqu'ancien lac ou d'une mer intérieure dont les eaux nourrirent des Plantes inondées, jusqu'à l'époque où le détritus de ces Plantes ayant formé une vase substantielle, élevée jusqu'au voisinage de la surface, produisit des Scirpes, des Roseaux, des Ményantes, des Nénuphars, dont les racines ajoutèrent, par leur destruction, à la consistance du sol. A ces Plantes succèdent quelques Ombellifères, des Lysimaques, des Salicaires, plusieurs Fougères, des Laiches, des Massettes qui veulent un peu moins d'inondation, et enfin quand les débris de ces Plantes mortes ont porté le terrain au niveau de la surface des eaux absorbées, des Arbustes dont la plupart sont fort élégans, tels que les Mirica, des Andromèdes, des Airelles, des Lédum, des Kalmies, viennent ajouter, par l'entrecroisement de leurs racines prodigieusement divisées, un élément de plus au terrain qui bientôt supportera de profondes forêts. Les Marais ont aussi une zoologie qui leur est propre; des Vers y sillonnant la vase attirent des Oiseaux dont les formes sont appropriées à la nature des lieux où ils se peuvent substanter. Ainsi la plupart (Echassiers) sont perchés sur de longues pates que terminent des doigts considérables et ouverts, de façon à couvrir une telle surface du terrain amolli que l'Animal ne puisse s'y enfoncer. Le bec, au contraire, sera propre à pénétrer dans la boue; pointu et généralement grêle, il n'a pas besoin d'être fort dur; aussi beaucoup d'Oiseaux de Marais ont le bec flexible comme du cuir; plusieurs n'introduisent pas seulement cet organe dans la vase où se cache leur proie; ils y enfoncent encore tout le cou, pour parvenir à de plus grandes profondeurs, et alors cette partie finit par se dépouiller de plumes.

L'entrelacement des racines de la végétation marécageuse produit souvent comme des îles flottantes sur la surface d'étangs prêts à s'effacer pour devenir des terrains humides; d'autres fois elle compose sur des espaces considérables un sol mouvant. On trouve des Marais partout; mais, lorsqu'ils sont peu étendus, et qu'ils ne doivent leur existence qu'à la présence de quelques ruisseaux dont le cours se ralentit, on les appelle simplement des marécages. Un des Marais les plus curieux de ce genre, est celui de quatre à cinq lieues d'étendue qu'on trouve au milieu de la Manche, l'une des provinces centrales de l'Espagne, très-élevée au-dessus du niveau de la mer. Il est formé par la disparition d'un cours d'eau considérable sorti d'un chapelet de lagunes dites de Ruidéra, et qu'on regarde comme l'origine du Guadiana. A l'autre extrémité du marécage jaillissent tout-à-coup plusieurs grosses fontaines bouillonnantes, appelées Yeux dans le pays, et par où le fleuve renaît, et déjà considérable, parcourra désormais un pays assaini. Une lisière de marécages d'un quart de lieue à une lieue de largeur borde les rives orientales des étangs formés à la base des dunes mobiles de nos Landes aquitaniques, dans une longueur de près de vingt-cinq lieues du nord au sud. Tantôt herbeuse, tantôt ombragée de petits bois d'Aunes et de Saules, tantôt couverte de forêts de divers Chênes, elle donne une idée fort exacte des vastes Marais dont se couvrent des contrées immenses du reste de l'univers. Elle mérite d'être étudiée et visitée par un naturaliste; on y trouvera encore bien des objets nouveaux pour la Flore et pour la Faune européenne.

Les régions riveraines du nord de l'Europe, depuis Calais jusqu'au golfe de Finlande, dans la Baltique, doivent être considérées comme un seul et vaste Marais qui s'étend dans la direction du sud-ouest au nord-est, dans l'espace de près de trente degrés en longitude; les hauteurs calcaires de la Belgique, du cap Grinès à Maëstricht, sur la gauche de la Meuse ; celles qui, de la rive opposée, par Fauquemont, Roldhuc, Stolberg, Duren et Bonn, s'étendent jusqu'à la droite du Rhin pour se ramifier un peu vers la Westphalie septentrionale, en se liant ensuite au Hartz et aux monts de la Saxe, fixent les côtes primitives de l'ancienne mer du Nord qui, plus récemment qu'on ne le croit, couvrait encore ce qu'on nomme, à juste titre, les Pays-Bas, la totalité du pays d'Oldenbourg, du Hanovre et du Danemarck, le Mecklembourg, la totalité des Marches brandebourgeoises, les Poméranies, tout le bassin de la Vistule et du Niémen, la Livonie et l'Esthonie. Il suffit d'avoir visité ces lieux pour être convaincu de cette vérité ; et l'on retrouve aisément jusqu'à la série non interrompue des dunes de sable qui bordaient le rivage d'alors. La totalité de ces contrées est basse et marécageuse ; ce n'est qu'à force de canaux et de saignées que les hommes sont parvenus à les rendre cultivables. Ils n'y ont pas réussi partout, et, à de grandes distances des rivages artificiels construits à grands frais, ils ne sont pas toujours à l'abri des retours d'un élément qui semble vouloir reprendre l'espace dont il se laissa déposséder. Des lacs sans nombre y demeurent comme monument de l'ancien règne de Neptune, et comme ils se touchent presque les uns les autres, et s'anastomosent par de petits cours d'eau depuis la Prusse ducale, au sud de la Baltique, jusqu'à la mer Blanche, on reconnaît que ces deux mers furent naguère unies. La Scandinavie était alors une île, et les changemens récens qui ont eu lieu dans toutes ces régions, expliquent des points de géographie historique qui sont demeurés très-obscurs jusqu'à ce jour, où des savans, totalement étrangers à la géographie physique, ont cherché à retrouver le berceau des peuplades germaines connues par les Romains dans un temps où l'Allemagne était de moitié plus étroite qu'aujourd'hui, sur l'Allemagne actuelle, qui ne res-

semble plus du tout à l'antique Germanie. Peu avant cette époque, cette même mer du Nord, qui environnait la Suède et la Norwège, communiquait à l'Euxin et à la Caspienne. En effet, de Pétersbourg à l'Euxin et à Astracan, on voyage toujours par un pays tellement plat, qu'excepté dans les lieux défrichés, et en divers points légèrement accidentés, on ne sort pas d'un Marais, qu'on est obligé, la plupart du temps, afin de ne pas s'y perdre, de couvrir de gros troncs d'arbres qui font comme une route pontée. Il en est de même des sources de la Narew et du Bug, affluens de la Vistule, et de celles du Boristhène qui tombe dans la mer Noire ; elles se confondent dans des Marais sans fin, pour couler cependant dans deux mers opposées. Les troupes de Charles XII et de Napoléon firent la triste expérience des difficultés que présente encore un tel pays demeuré en litige entre la terre et les eaux. Des Marais semblables se prolongent jusqu'en Sibérie, où Patrin nous apprend qu'ils sont infects et impénétrables. On trouve bien dans l'étendue de ces Marais quelques monts, dont les racines sont plus marécageuses encore, parce que les cours d'eau descendus des rochers les viennent délayer ; mais ces monts furent des îles quand les Marais appartenaient à la mer.

Le Nouveau-Monde présente également des Marais immenses ; ceux de l'embouchure du Mississipi, de l'Orénoque et du fleuve des Amazones, sont les plus vastes. On doit à Humboldt des détails fort intéressans et instructifs sur ces derniers, peuplés de Reptiles extraordinaires, d'Insectes variés, et la plupart du temps ombragés d'Arbres pressés dont, au temps des inondations, des familles humaines disputent les cimes aux tribus de Singes pour en faire leur habitation. Ici la vie et la végétation se montrent dans tout le luxe de développement qui peut résulter de la chaleur et de l'humidité, c'est-à-dire de l'eau fécondée par les flots de lumière émanés d'un soleil ardent.

Partout les Marais desséchés et défrichés deviennent des terres fertiles; mais la culture n'en est pas d'abord sans danger. Les exhalaisons qui s'en élèvent causent des maladies graves auxquelles des populations entières finissent cependant par s'habituer. Ainsi les habitans de la Zélande et de ses bords fangeux vivent avec des fièvres endémiques qui abrègent à peine leurs jours; tandis que, comme à Batavia, autre possession hollandaise des Indes, les étrangers y meurent assez promptement presque tous de ce qui n'est qu'une simple incommodité pour les indigènes.

Les Tourbières, pénétrées d'eau et devenues boueuses, peuvent présenter une apparence de Marais, mais cependant ne sont pas la même chose: elles offrent leur nature et leur végétation particulière; peu d'Animaux les habitent, et jamais elles ne deviennent fertiles par le défrichement. *V.* Dunes, Landes, Tourbières.

On a appelé Marais salans, des marais du bord de la mer où le flot monte et qu'il imprègne d'un sel qu'on y vient recueillir au moyen de travaux particuliers qui appartiennent à l'art du saulnier. On y pratique des digues pour retenir les eaux dans divers bassins d'évaporation et de graduation. Le sol de ces digues, fortement imprégné de chlorure de Sodium, présente une végétation sensiblement distincte de celle des rivages ordinaires, et encore qu'il s'y trouve beaucoup de Plantes communes, il en est aussi de particulières; les autres prennent un aspect plus rigide ou plus succulent selon chaque famille. Aussi quand les Graminées y sont plus dures, les Soudes et les Chénopodiées y sont épaisses et charnues. L'*Aster Tripolium* est chez nous une Plante commune essentielle des Marais salans; aux environs de Cadiz c'est un Mésembrianthème africain, des Statices charnus, et le *Cressa* de Crète. *V.* Salines. (B.)

MARAKA et **TAMARA**. BOT.

PHAN. Le fruit comparé à une Courge, dont les Brésiliens font un instrument de musique en le remplissant de cailloux, après l'avoir vidé, paraît provenir d'un Arbre du genre *Crescentia*. (B.)

MARALIA. BOT. PHAN. Du Petit-Thouars (*Nova Genera Madagasc.*) a formé, sous ce nom, un genre de la famille des Araliacées et de la Pentandrie Trigynie, L., auquel il a imposé les caractères suivans: calice très-petit; corolle à cinq pétales; cinq étamines; ovaire inférieur, cylindrique, surmonté de trois styles; baie noirâtre, contenant trois graines. Ce genre est tellement voisin de l'*Aralia*, que Kunth n'a pas hésité à indiquer leur réunion. La Plante sur laquelle il est constitué croît à Madagascar. C'est un petit Arbrisseau à feuilles alternes, ailées, à fleurs en grappes pendantes, et composées de petites ombelles longuement pédonculées. (G..N.)

MARANTA. BOT. PHAN. Ce genre de la famille des Amomées et de la Monandrie Monogynie, L., présente les caractères suivans: calice extérieur à trois folioles lancéolées; calice intérieur (corolle) tubuleux, oblique, à limbe double, savoir: à trois divisions extérieures et deux intérieures, égales entre elles, outre le labelle qui est difforme et convexe; une étamine formée d'une anthère simple, adnée à un filet membraneux, pétaloïde, bipartite et enveloppant le style: celui-ci attaché au tube de la corolle et terminé par un stigmate trigone et convexe; fruit capsulaire, triloculaire, à trois valves et contenant une seule semence fertile. Roscoë (*Transact. of Linn. Societ.* T. VIII) a exclu de ce genre le *Maranta Galanga*, L., et l'a rapporté aux *Alpinia*. Dans sa Flore d'Essequebo, Meyer a constitué un genre nouveau sous le nom de *Calathea*, qu'il a composé de plusieurs espèces de la Guiane et des Antilles, décrites par Aublet et Jacquin comme appartenant aux *Maranta*. Si l'on admet ces retranchemens, le genre *Maranta* est un de ceux, parm les Amomées, dont les espèces sont le moins bien déterminées. On doit considérer comme type le *Maranta arundinacea*, Willd. et Roscoë, *loc. cit.*, p. 339, qui croît dans l'Amérique, que l'on cultive dans quelques jardins d'Europe et sur lequel Fischer (*in Act. Mosq.*, 3, p. 49, t. 8) a observé les caractères que nous avons exposés plus haut. Les autres espèces sont indigènes des contrées les plus chaudes du globe.

(G..N.)

MARAPUTE. MAM. Espèce de Chat indéterminée de la côte de Malabar, qu'on a prise à tort pour le Serval. Elle a la queue courte comme le Lynx, et vit sur les Arbres où elle se fait une bauge.

(B.)

MARASCA. BOT. PHAN. La variété de Cerises dont se fait le Marasquin.

(B.)

* MARASSUS. REPT. OPH. Le Serpent d'Arabie représenté sous ce nom par Séba, T. II, t. 55, n. 2, n'est pas déterminé.

(B.)

MARATHRUM. BOT. PHAN. Humboldt et Bonpland ont décrit et figuré (Plantes équinoxiales, vol. 1, p. 40, t. 11), sous le nom générique de *Marathrum*, une Plante très-singulière qui appartient à la Pentandrie Digynie, L., et que ces auteurs avaient placée parmi les Naïades ; mais cette petite famille, composée d'élémens hétérogènes amassés par les divers auteurs qui y rejetaient tous les genres dont ils méconnaissaient les affinités, n'existe plus. Dans les *Nova Genera et Species Plant. æquin.*, rédigé par notre collaborateur Kunth, le *Marathrum* a été ajouté à la famille des Podostémées de Richard. Il est ainsi caractérisé : calice à cinq ou huit folioles en forme d'écailles ; cinq ou huit étamines à anthères linéaires, sagittées à la base ; ovaire elliptique, surmonté de deux stigmates sessiles ; capsule elliptique, striée, biloculaire, bivalve et polysperme.

Le *Marathrum fœniculaceum*, Humb. et Bonpl., *loc. cit.*, a une souche tubéreuse qui émet de nombreuses racines, et des feuilles très-découpées, à pinnules dichotomes, multifides, linéaires, sétacées, analogues à celles du Fenouil. Les fleurs sont solitaires sur des pédoncules radicaux enveloppés d'une graine à la base. Cette Plante croît dans la Nouvelle-Grenade, sur les rochers auxquels elle adhère par les racines.

Malgré l'existence du genre que nous venons de faire connaître, Rafinesque-Schmaltz (Journ. Sc. Phys., vol. 89, p. 10) a constitué plus tard, sous le même nom de *Marathrum*, un genre parmi les Ombellifères, et qui a pour type le *Seseli divaricatum* de Pursh ; il n'a pas été adopté. *V.* SESELI.

(G..N.)

MARATTIA. BOT. CRYPT. (*Fougères.*) Une des Plantes qui composent ce genre fut d'abord indiquée par Commerson et par De Jussieu sous le nom de *Myriotheca* ; mais le nom de *Marattia*, donné à ce genre par Smith, quoiqu'il soit postérieur de plusieurs années, a généralement prévalu, parce que cet auteur a donné son caractère avec plus de précision, et y a joint la description et la figure de plusieurs des espèces qui lui appartiennent. La fructification de ces Plantes consiste en des capsules beaucoup plus grosses que celles de la plupart des Fougères, oblongues, s'ouvrant par une fente qui parcourt toute la longueur de leur bord supérieur ; ses capsules sont divisées intérieurement, par des cloisons transversales, en deux rangs de loges étroites dont les orifices correspondent à la fente de la capsule, et ne sont visibles qu'après la déhiscence. Ces capsules sont sessiles et solitaires à l'extrémité de la plupart des nervures, près du bord de la fronde ; elles ne sont recouvertes par aucun tégument. Ce genre se rapproche beaucoup du *Danæa*, dont il diffère essentiellement par ses capsules plus petites, plus espacées, qui ne couvrent pas toute la surface de la fronde, et par l'absence de toute espèce de tégument. Toutes les Plantes qui le composent ont une fronde deux fois pinnée, dont les folioles et les pétioles communs sont articulés et caducs ; les pétioles secondaires sont souvent régulièrement opposés ; mais les folioles sont ordinairement alternes, dentelées, rétrécies à la base en un court pétiole ; leurs nervures sont pinnées, et les nervules simples ou une seule fois bifurquées. Les pétioles communs secondaires sont ailés dans quelques espèces.

On ne connaît que quatre espèces de ce genre ; deux habitent les Antilles, et deux croissent à l'île de Mascareigne ; il en existe en outre quelques espèces dans les herbiers, qui diffèrent peut-être de celles-ci ; une de la Nouvelle-Hollande se rapproche beaucoup du *Marattia sorbifolia* ainsi que le *Marattia attenuata* décrit par Labillardière, comme de la Nouvelle-Calédonie ; une autre de l'Inde est très-voisine du *M. Fraxinea*. On voit que toutes les Plantes de ce genre sont propres aux régions équatoriales.   (AD. B.)

* MARATTIÉES. bot. crypt. *V.* Fougères.

* MARAVARA. bot. phan. Ce mot est dans les langues malaises synonyme d'Angrec, pour tant de noms de Plantes dans la composition duquel il entre.   (B.)

MARAYE. ois. (Bajon.) Syn. du Marail à Cayenne. *V.* Pénélope.   (DR..Z.)

* MARAYE. pois. Le monstre marin plus grand que le Tuburon, mentionné sous ce nom par Rondelet, est peut-être le Squale très-grand. (B.)

MARBRE. *Marmor.* géol. min. Nom vulgairement donné, depuis les temps les plus reculés, à presque toutes les Pierres qui prennent un poli brillant, et sont employées par les sculpteurs et les architectes, soit à la confection de monumens des arts, soit à l'embellissement et l'ornement des palais, des maisons et des meubles ; dans un langage plus rigoureux, on n'appelle assez généralement Marbres que les variétés de Chaux carbonatée

(*V.* ce mot), à tissu compacte ou cristallin, qui peuvent recevoir un beau poli. On en distingue les Granits et les Porphyres que les anciens comprenaient aussi sous la dénomination de *Marmor*, et dont la dureté, bien supérieure à celle des véritables Marbres, a sans doute donné lieu à l'adage bien connu : dur comme du Marbre. Il conviendrait aussi de séparer des Marbres les Pierres polissables employées aux mêmes usages qu'eux, et qui sont évidemment formées de fragmens réunis par une pâte ou ciment, lesquelles sont ou des Brèches, ou des Pouddings, suivant que les fragmens sont anguleux ou arrondis (*V.* ces mots).

Les Marbres, ainsi limités, devront faire effervescence avec l'Acide nitrique, se laisser rayer par une pointe de Fer, et se réduire en chaux vive par la calcination, caractères au moyen desquels ils ne peuvent être confondus qu'avec l'Albâtre calcaire (*V.* ce mot et Chaux carbonatée concrétionnée), qui en diffère par sa texture intérieure, presque toujours fibreuse, par sa translucidité, etc.

Les Marbres sont blancs ou noirs, ou le plus souvent mélangés de diverses couleurs quelquefois très-opposées, et distribuées d'une manière particulière que l'on désigne par les expressions marbrure, marbré. Ils appartiennent par la position géologique qu'ils occupent à des terrains différens. Les Marbres blancs, employés principalement par les statuaires et nommés Marbres statuaires, Marbres salins, Calcaires saccaroïdes, se rencontrent exclusivement dans les formations les plus anciennes, tandis que les Marbres veinés de plusieurs couleurs occupent des étages supérieurs, sans toutefois se montrer au-dessus des terrains secondaires dans les derniers desquels ils sont très-rares. On trouve bien dans les formations jurassiques, et même jusque dans les dépôts tertiaires (Liquart de Luzarches, Pierre de Saillancourt, Calcaire d'Eau douce de Château-Landon), des lits plus ou moins épais de roche calcaire, qui sont employés dans la marbrerie commune, mais rarement pour des objets d'ornement ; leurs couleurs ternes et même sales n'ont rien de comparable à celles des Marbres plus anciens. Le nombre de variétés de Marbres qui ont reçu dans le commerce des noms particuliers est immense. Ces noms s'appliquent non-seulement aux Pierres tirées des divers pays et des diverses exploitations, mais souvent ils distinguent certains lits d'une même carrière. On est aussi dans l'habitude de désigner comme Marbres antiques ceux qui ont été employés par les anciens, et dont on ne connaît plus les carrières; il arrive aussi très-souvent que, pour leur donner plus de valeur, on range dans cette classe des Marbres encore exploités, qui ressemblent à ceux employés par les anciens. Presque tous les pays, et surtout la France, possèdent des Marbres d'un grand nombre de variétés qui sont ou pourraient être exploités avec avantage pour la décoration des bâtimens et même pour la sculpture. Parmi les Marbres blancs employés par les artistes de l'antiquité, on peut citer comme les plus célèbres celui de Paros dont les carrières existaient dans l'île de ce nom et dans celles de Naxos et Ténos (Vénus de Médicis, Vénus du Capitole); celui extrait du mont Pentelès près d'Athènes et nommé Marbre pentelique (tête d'Alexandre, Bacchus indien, torse, statue d'Esculape, tête d'Hippocrate, etc.); celui de Luni et de Carrare (Antinoüs du Capitole, et à ce qu'assure Dolomieu, l'Apollon du Belvédère, etc.). La vallée de Carrare, dont les deux côtés sont formés de couches de Marbre blanc d'une belle qualité, fournit maintenant à presque tous les travaux des sculpteurs, quoique dans la Savoie, et pour la France dans les Pyrénées, on pourrait trouver des Pierres de même qualité; mais leur exploitation en grand serait trop dispendieuse pour qu'ils puissent entrer en concurrence pour les prix avec ceux de la côte de Toscane.

Ne pouvant ici entrer pour la partie technique de cet article dans les détails qu'il exigerait, nous renverrons à l'intéressant ouvrage publié par Brard sur la Minéralogie appliquée aux arts, et nous nous bornerons à citer quelques-uns des Marbres les plus connus, en indiquant leurs couleurs et les lieux d'où on les tire.

MARBRE ROUGE ANTIQUE, rouge foncé, sablé de petits points noirs et de très-petites veines ; d'Egypte, entre le Nil et la mer Rouge.

MARBRE GRIOTTE D'ITALIE, rouge de feu avec des taches ovales plus claires ; coquilles à peine reconnaissables, mais formant des lignes spirales noires; de Caunes, près de Narbonne.

MARBRE DE LANGUEDOC, rouge mêlé de blanc et gris, en zônes contournées; des carrières de Caunes comme le précédent.

MARBRE JAUNE DE SIENNE, jaune clair; de Sienne en Italie.

MARBRE CIPOLIN, tout Marbre blanc avec des veines ou zônes verdâtres dues à du talc.

MARBRE DE CAMPAN, (*a*) *vert*, vert d'eau très-pâle, avec linéamens d'un vert plus foncé; (*b*) *Isabelle*, fond rose et veiné de talc vert ; (*γ*) *rouge*, rouge sombre, veiné de rouge encore plus foncé. Ces trois variétés se voient réunies ensemble. On les exploite au bourg de Campan, près Bagnères, dans les Pyrénées.

MARBRE BLEU TURQUIN, gris clair tirant sur le bleuâtre avec zônes blanches ou grises. Le véritable vient, dit-on, de la Mauritanie ; mais le plus commun vient des carrières de Carrare.

MARBRE PORTOR, fond noir, veiné d'un jaune d'or ; des Apennins, au cap de Porto-Venere, et dans les îles voisines.

MARBRE SAINTE-ANNE, fond noirâtre, veiné de blanc et de gris ; des environs de Maubeuge, Belgique, très-employé à Paris.

MARBRES LUMACHELLES, ceux qui renferment beaucoup de Coquilles, de Madrépores, d'Encrines, tels que le Drap-Mortuaire, noir foncé avec Coquilles coniques, blanches, éparses; le petit Granite, fond noir avec une immense quantité d'Encrines; des Ecaussines près Mons; il est très-communément employé maintenant à Paris, etc., etc.

Parmi les Marbres, les uns ne renferment point de corps organisés apparens, et ils sont en général cristallins et à texture laminaire, tels que les Marbres statuaires blancs; les autres au contraire, à tissu compacte, serré, paraissent comme pétris de Polypiers et de Coquilles. Ces corps sont quelquefois liés d'une manière si intime avec la pâte qui les enveloppe, que le poli seul peut démontrer leur présence, qui ne se manifeste au premier aspect que par des taches diversement colorées. Dans certains Marbres, les couleurs différentes qui les caractérisent semblent entremêlées et nuancées entre elles comme le sont celles que prennent dans nos laboratoires les Savons marbrés, et l'on dirait qu'au moment de leur formation des sédimens de diverses couleurs se sont réunis dans un même point sans se mêler intimement, ou bien qu'une pâte sédimenteuse a été inégalement pénétrée par des solutions colorées. Cependant, dans un grand nombre de cas, les veines et principalement les veines blanches paraissent être des fentes qui, après coup, ont été remplies par des infiltrations de Spath calcaire. On peut surtout remarquer cette disposition dans les Marbres Sainte-Anne, et voir que quelquefois après que les premières fentes produites soit par retrait, soit par brisement, ont été remplies, de nouvelles fentes se sont faites qui ont coupé les premières et ont été également remplies; c'est en petit ce que présentent les filons. Tous les Marbres ne résistent pas également aux influences atmosphériques; ceux qui contiennent de l'Argile s'exfolient promptement; mais certaines variétés, telles que les Marbres blancs antiques qui sont presque uniquement formés de car-

bonate de Chaux pure, sont à peine altérés par les injures du temps, ainsi que le prouvent les statues, les vases, les colonnes et autres monumens que les anciens ont laissés à notre admiration. (C. P.)

MARBRÉ. *Polychrus*. REPT. SAUR. Genre détaché par Cuvier des Agames de Daudin dans la méthode duquel il formait la section appelée les *Lézardets*. Le seul Animal qui le constitue est l'intermédiaire des Iguanes et des Anolis. Il diffère des premiers parce qu'il n'a pas de crête dorsale, et des seconds, parce que ses doigts ne sont pas dilatés; du reste, il se rapproche des Agames, mais surtout des Caméléons, avec lesquels il a de commun la faculté de changer de couleur au plus haut degré, un poumon très-volumineux remplissant la presque totalité du corps, et se divisant en plusieurs branches, enfin, les fausses côtes entourant l'abdomen et se réunissant pour former des cercles entiers. Il peut dilater sa gorge et lui donner l'apparence d'un goître; ses cuisses présentent une série de pores. Le MARBRÉ, *Lacerta marmorata*, L., Encycl., Rept., pl. 9, fig. 4, d'après Lacépède; *Agama marmorata*, Daud., est un joli Lézard qu'on a cru, mal à propos, habiter l'ancien continent jusqu'en Espagne, mais qui paraît propre à l'Amérique méridionale, et fort commun à Surinam. Sa queue est trois fois environ aussi longue que son corps; ses couleurs brunâtres, cendrées ou de vert-de-gris, sont tellement variées, qu'on les a comparées aux nuances que présente le Marbre.

On a étendu le nom de Marbré à un Poisson du genre Achire, à un Oiseau-Mouche, ainsi qu'à des Coquilles du genre Turbinelle. *V.* tous ces mots. (B.)

MARBRÉ. BOT. CRYPT. L'une des familles de Champignons de Paulet, aussi appelée les MOUSSEUX MARBRÉS. Elle contient les Marbré-bistre, Marbré-Couleuvre, etc., etc.

Ce sont tout simplement des Bolets.
(B.)

MARBRÉE. POIS. L'un des noms vulgaires de la Lamproie. (B.)

* **MARCANTHUS.** BOT. PHAN. (Loureiro, édit. Willdenow.) Pour Macranthus. *V.* ce mot. (G..N.)

MARCASSIN. MAM. Le Sanglier dans la grande jeunesse. *V.* COCHON.
(B.)

MARCASSITE. MIN. On désignait autrefois sous ce nom les cristaux cubiques de Fer sulfuré d'un jaune d'or et d'une assez grande pureté pour être taillés, polis et employés comme objets d'ornement. *V.* FER SULFURÉ JAUNE. (G. DEL.)

MARCEAU. BOT. PHAN. L'une des espèces du genre Saule les plus communes en France. (B.)

MARCESCENT. *Marcescens.* BOT. PHAN. Cette épithète s'emploie pour exprimer les organes foliacés qui se dessèchent sur la Plante avant de s'en détacher ; telles sont par exemple les feuilles du Chêne ; tandis que les feuilles persistantes sont celles qui demeurent attachées à l'Arbre plusieurs années de suite sans se dessécher, comme dans les Lauriers, les Pins, les Sapins, etc. (A. R.)

MARCGRAVIA. BOT. PHAN. Ce genre, d'abord placé dans la famille des Capparidées et dans la Polyandrie Monogynie, L., est devenu le type d'une famille nouvelle que Jussieu nomme Marcgraviacées. *V.* ce mot. Les *Marcgravia* sont des Arbrisseaux parasites et sarmenteux, croissant comme le Lierre sur le tronc des autres Arbres où ils s'accrochent au moyen de suçoirs. Leurs rameaux stériles sont étalés et adhérens, ceux qui portent les fleurs sont libres et pendans. Leurs feuilles sont alternes, très-entières, coriaces, persistantes, dépourvues de stipules ; celles des rameaux stériles sont souvent de figure différente. Les fleurs, longuement pédonculées, sont disposées en sertules ou ombelles simples ou quelquefois en grappes ; les pédoncules

portent un appendice ou bractée d'une forme particulière dans les diverses espèces ; le plus généralement il est concave, en forme de capuchon, quelquefois pédicellé. Dans les espèces à fleurs en sertule, les fleurs centrales avortent généralement, et les pédoncules ne portent que l'appendice dont nous venons de parler. Le calice est cupuliforme, persistant, formé de cinq à sept sépales obtus et imbriqués latéralement. La corolle est monopétale, coriace, entièrement close, s'ouvrant circulairement, par sa base, en forme de coiffe glandiforme. Les étamines varient de dix-huit à quarante ; elles sont hypogynes ainsi que la corolle, dressées dans le bouton, mais étalées et un peu recourbées quand la corolle est tombée. Les filets sont libres, distincts, subulés ; les anthères allongées à deux loges introrses s'ouvrant par un sillon longitudinal et attachées un peu au-dessus de leur base ; l'ovaire est sessile, ovoïde, ou presque globuleux, à une seule loge. Son organisation singulière n'a été bien connue et bien décrite que par le professeur Richard qui en a communiqué une description et un dessin manuscrit à Jussieu, lors de la rédaction de son Mémoire sur le genre *Marcgravia.* De la paroi interne de l'ovaire naissent de quatre à neuf placentas ou trophospermes pariétaux lamelliformes, se réunissant avec ceux du côté opposé dans la partie supérieure et inférieure de l'ovaire, libres dans leur partie moyenne qui s'avance jusqu'à environ le quart de la largeur de la cavité et s'y divise en trois branches ; l'une moyenne plus courte se dirige vers le centre du fruit, les deux latérales se recourbent brusquement vers les parois de l'ovaire et se bifurquent à leur sommet. La surface entière de ces lames placentaires est couverte d'ovules fort petits et excessivement nombreux. Cet ovaire a été décrit par tous les botanistes même les plus modernes comme étant à plusieurs loges distinctes et comme ayant des placentas ou trophospermes axillaires. Il est évident qu'ils ont pris les trophospermes pariétaux et lamelliformes pour des cloisons. L'ovaire s'amincit légèrement à son sommet où il se termine par un stigmate sessile divisé superficiellement en quatre ou neuf lobes par des sillons disposés en étoile. Le fruit est globuleux, coriace extérieurement, pulpeux à son intérieur, qui offre la même organisation que celle de l'ovaire, restant indéhiscent ou s'ouvrant d'une manière irrégulière de la base au sommet. Les graines sont petites, très-nombreuses, pulpeuses extérieurement, contenant un embryon dressé, dépourvu d'endosperme.

Les espèces du genre *Marcgravia* sont peu nombreuses, puisqu'on n'en compte que quatre dans le premier volume du Prodrome de De Candolle, savoir : *Marcgravia umbellata*, L. ; *M. coriacea*, Vabl. ; *M. spiciflora*, Juss.; *M. picta*, Willd., auxquelles il faut ajouter une espèce encore incertaine mentionnée par Kunth sous le nom de *Marcgravia dubia*; mais en étudiant avec soin ces espèces, nous avons reconnu que plusieurs Plantes différentes avaient été réunies et confondues sous le nom de *Marcgravia umbellata*. Ainsi la Plante décrite et figurée sous ce nom par Jacquin (Am., p. 156, tab. 96) est certainement différente de celle de Plumier publiée antérieurement, et que nous considérons comme le type véritable du *M. umbellata*. Dans l'espèce de Plumier en effet les feuilles sont elliptiques, aiguës, éloignées les unes des autres; dans celles de Jacquin, elles sont lancéolées, étroites et très-rapprochées; dans la première, les fleurs sont très-obliquement placées à la partie supérieure du pédoncule, tandis que dans la seconde elles sont tout-à-fait terminales. Nous pensons même que l'on peut établir deux sections parmi les espèces de ce genre, suivant que leurs fleurs offrent l'une ou l'autre de ces deux positions. Ainsi dans la section des espèces à fleurs obliques, nous placerons : 1°

Marcgravia umbellata, L., Plum., *Ic.* 173, fig. 1 ; 2° *M. coriacea*, Vahl., Eclog. 2, p. 36 ; 3° *M. parviflora*, N., espèce nouvelle et inédite, originaire de la Guiane. Dans la seconde section nous placerons : 1° *Marcgravia Jacquini*, N., ou *M. umbellata*, Jacq. ; 2° *M. spiciflora*, Juss., Ann. Mus. 14, tab. 25; 3° *M. grandiflora*, N., espèce nouvelle et inédite, originaire des Antilles et de la Guiane. A la suite de ces espèces, nous reporterions comme trop imparfaitement connues les *M. dubia*, Kunth, et *M. picta*, Willd. Nous comptons publier prochainement un travail sur ce genre dont toutes les espèces sont originaires de l'Amérique méridionale.

(A. R.)

MARCGRAVIACÉES, *Marcgraviaceæ*. BOT. PHAN. Nous avons dit dans l'article précédent qu'on appelait ainsi une petite famille naturelle ayant pour type et genre principal le *Marcgravia*. Ce genre avait été placé par Adanson et Jussieu dans la famille des Capparidées. Mais plus tard, ce dernier botaniste adoptant l'opinion du professeur Richard qui rapprochait le genre *Marcgravia* du *Clusia*, en a fait une section à part dans la famille des Guttifères, qui plus tard a été considérée comme une famille distincte par Choisy, De Candolle et Kunth. Voici les caractères généraux que nous avons observés dans ce groupe naturel. Les fleurs sont constamment hermaphrodites; le calice est formé de quatre à six ou sept sépales courts, imbriqués et persistans dans tous les genres, à l'exception de l'*Antholoma* de Labillardière où ils sont longs et caducs ; la corolle est monopétale, en forme de dé à coudre, ouverte ou fermée à son sommet, s'enlevant comme une sorte de coiffe, ou formée de cinq pétales sessiles; les étamines sont généralement en grand nombre, quelquefois cinq seulement (*Sourou-bea*, Aublet) ayant leurs filets distincts et hypogynes et leurs anthères terminales dressées, à deux loges introrses, s'ouvrant par un sillon longitudinal ou seulement par leur partie supérieure (*Antholoma*.) L'ovaire est libre et généralement globuleux, surmonté d'un stigmate sessile et lobé en étoile, et d'un style dans le seul genre *Antholoma*. Coupé transversalement, cet ovaire est uniloculaire et offre de quatre à douze trophospermes pariétaux, saillans, en forme de demi-cloisons, divisés par leur bord libre en deux ou trois lames diversement contournées et toutes couvertes d'ovules fort petits. Le fruit est généralement globuleux, accompagné à sa base par le calice qui est persistant. Il est coriace extérieurement, pulpeux à son intérieur qui présente l'organisation que nous venons de décrire pour l'ovaire. Les placentas lamelliformes se détachent quelquefois de la paroi interne du péricarpe et forment avec les graines et la pulpe qui les environne une masse globuleuse libre au milieu du péricarpe. Celui-ci reste en général indéhiscent, ou bien se rompt régulièrement ou irrégulièrement en un certain nombre de parties ou valves, dont la déhiscence se fait de la base vers le sommet. Les trophospermes correspondent au milieu de la face interne de chaque valve. Les graines sont très-petites et nombreuses. Leur tégument propre, qui est généralement chagriné, recouvre immédiatement un embryon dressé, à radicule courte.

Les Marcgraviacées sont des Arbres ou plus souvent des Arbustes sarmenteux, grimpans et parasites à la manière du Lierre. Leurs rameaux sont souvent pendans; leurs feuilles sont alternes, simples, très-entières, presque sessiles et coriaces. Leurs fleurs sont généralement disposées en un épi très-court et en forme de cyme, quelquefois en un épi plus ou moins allongé. Ces fleurs sont longuement pédonculées, tantôt terminales, tantôt obliques au sommet de leur pédoncule; celui-ci porte souvent une bractée d'une forme bizarre, creuse et cuculliforme ou en cornet. Dans les espèces à fleurs en

cymes, les fleurs du centre avortent assez souvent et la bractée prend plus d'accroissement.

C'est le professeur Richard qui a le premier bien fait connaître l'organisation du fruit des Marcgraviacées et indiqué ses véritables rapports avec la famille des Guttiférées, comme le rapporte Jussieu dans son Mémoire sur le genre *Marcgravia*. Cette petite famille se compose, outre le genre dont elle a emprunté son nom, de l'*Antholoma* de Labillardière et des *Norantea* et *Souroubea* d'Aublet. Mais si l'on réfléchit que le *Souroubea* ou *Ruyschia* de Jacquin ne diffère du *Norantea* ou *Ascyum* de Vahl, que parce qu'il n'a que cinq étamines, on verra que ces deux genres devraient être réunis, et que par conséquent la famille des Marcgraviacées ne se composerait plus que de trois genres, mais ayant entre eux la plus grande affinité, et par leur port, et par l'organisation des diverses parties de leur fleur.

On est aussi assez généralement d'accord de placer les Marcgraviacées auprès des Guttifères dont elles se rapprochent beaucoup par plusieurs caractères. Néanmoins cette famille nous paraît s'en écarter sensiblement par l'organisation de son fruit, et selon nous ce fruit rapprocherait un peu les Marcgraviacées des Flacourtianées ou des Bixinées qui ont également, avec une corolle polypétale, des étamines indéfinies et hypogynes, un ovaire globuleux, uniloculaire, contenant un grand nombre d'ovules attachés à des trophospermes pariétaux. Mais dans ces deux familles l'embryon est pourvu d'un endosperme charnu, et dans les Bixinées, il y a des stipules, organes qui manquent dans les Marcgraviacées. (A. R.)

MARCHAIS. POIS. Variété du Maquereau qui n'a pas de taches. On appelle aussi de même le Hareng qui n'a plus ni laite ni œufs. (B.)

MARCHAND. OIS. Espèce du genre Canard. *V.* ce mot. (DR..Z,)

MARCHANTE. *Marchantia.*
BOT. CRYPT. (*Hépatiques.*) Ce genre est l'un des plus curieux de la famille des Hépatiques, et il paraîtrait que ce sont les Plantes qui le composent qui ont porté plus particulièrement le nom d'Hépatiques, qu'on a donné depuis à toute cette famille. Dillen le désignait sous le nom de *Lichen*, Micheli sous celui de *Marchantia* et d'*Hepatica*. Marchant, dans les Mémoires de l'Académie des Sciences, le décrivit le premier avec soin et le dédia à son père.

Toutes les Plantes qui composent ce genre offrent une fronde membraneuse, verte, plus ou moins distinctement réticulée, étalée en rosette sur la terre, divisée en lobes dichotomes, donnant naissance de sa face inférieure à une infinité de fibrilles qui la fixent au sol; de la surface supérieure de cette fronde ou des échancrures de son bord s'élèvent des organes de deux sortes, tantôt réunis sur le même individu, tantôt portés sur des individus différens.

La MARCHANTE ÉTOILÉE, *Marchantia polymorpha*, L., qui a servi de type à ce genre, ayant été mieux étudiée que les autres, va nous fournir les principaux caractères des Marchantes. Dans cette Plante, les organes des deux sortes sont portés sur des individus différens. Les uns ont la forme d'une ombrelle et sont portés sur un pédicelle qui sort d'une gaine membraneuse produite par la fronde; ce réceptacle, en forme d'ombrelle, est divisé en lobes ou rayons qui varient pour le nombre et la profondeur suivant les espèces; chaque lobe ou rayon porte inférieurement un involucre membraneux se divisant en deux valves et renfermant dans son intérieur depuis une jusqu'à six capsules. Chaque capsule est renfermée dans une enveloppe membraneuse propre, analogue à ce qu'on a nommé calice dans les Jungermannes; cette enveloppe propre plus ou moins grande, formant une saillie plus ou moins marquée hors de l'involucre commun, est percée au sommet; dans son intérieur, on trouve une capsule recouverte par une membrane particulière, se prolongeant en un appendice tubuleux analogue à la coiffe des Mousses. La capsule augmente, déchire cette coiffe, se dégage de l'enveloppe propre extérieure, et bientôt elle s'ouvre elle-même en quatre ou huit valves; son intérieur est rempli de séminules mêlés d'*Elaters*, ou fils en double spirale élastiques, qui les projettent au dehors; ces séminules mis dans des circonstances convenables ont germé et reproduit la même Plante. Les autres organes ont également la forme d'une ombrelle, mais leur contour n'est que légèrement sinueux; leur surface supérieure est un peu concave; intérieurement, ils renferment dans des loges particulières, des petits corps ovales fixés par une de leurs extrémités, et qui paraissent analogues à ce qu'on a regardé comme des organes mâles dans les Mousses.

Outre ces deux organes, on observe encore sur la fronde des sortes de cupules sessiles qui renferment plusieurs corps lenticulaires, qui sont susceptibles de se développer et de produire une nouvelle Plante. Tels sont les organes de la fructification dans le *Marchantia polymorpha*, l'espèce la plus commune et la mieux observée. Schneider, et ensuite Hedwig, qui l'ont parfaitement décrite, s'accordent à regarder les premiers comme des organes femelles, les seconds comme des organes mâles dont l'influence est nécessaire au développement des graines; enfin, les derniers, comme de simples bulbilles qui se développent sans fécondation. Hedwig rapporte à l'appui de cette opinion, une observation qui, si elle avait été répétée plusieurs fois, serait décisive : il dit qu'ayant trouvé le *Marchantia polymorpha* en grande quantité sur le bord d'un bassin, il remarqua que tous les individus de cette localité étaient des individus femelles à réceptacle étoilé, sans aucun mélange d'individus mâles ; qu'ayant examiné les capsules d'un grand nombre de ces Plantes, il les trouva toutes avortées, et ne renfermant que des filamens sans graines, ce qu'il attribue à l'absence de fécondation.

Les autres espèces de Marchantes n'ont pas été aussi bien observées que celle-ci, et on a été porté, peut-être un peu légèrement, à en faire des genres particuliers ; ainsi Raddi a divisé les Marchantes en cinq genres : *Marchantia*, *Grimaldia*, *Rebouillia*, *Fegatella*, *Lunularia* ; de ces genres, le *Grimaldia* avait déjà été établi par Nées d'Esenbeck sous le nom de *Fimbraria* ; le *Rebouillia* fondé sur le *Marchantia hemispherica* ne paraît pas différer essentiellement des *Marchantia* ; le *Fegatella*, qui a pour type le *Marchantia conica* avait été, depuis long-temps, désigné par Hill sous le nom de *Conocephalum*. Il ne diffère réellement du *Marchantia* qu'en ce que chaque lobe de l'ombrelle ne renferme qu'une seule capsule presque entièrement renfermée dans le réceptacle et par ses organes mâles qui, au lieu d'être contenus dans un réceptacle pédicellé, sont renfermés dans un réceptacle en forme de disque sessile. Enfin, le *Lunularia* ou *Lunaria* de Micheli qui ne renferme que le *Marchantia cruciata* de Linné, est encore très-imparfaitement connu, mais ses formes extérieures peuvent faire présumer que ce genre méritera d'être adopté.

Le genre *Fimbraria* seul paraîtrait jusqu'ici mériter d'être séparé des Marchantes ; il en diffère par des caractères assez importans et par un port particulier. La coiffe qui enveloppe chaque capsule fait une saillie considérable au dehors ; elle reste fermée au sommet et s'ouvre latéralement par une infinité de fentes qui lui donnent un aspect fibreux ; la capsule qu'elle contient, au lieu de s'ouvrir en plusieurs valves, se divise transversalement en deux comme les capsules qu'on a nommées pyxides ou comme l'urne des Mousses. Toutes les

espèces de ce dernier genre sont beaucoup plus petites, à fronde à peine divisée, coriace ; la plupart croissent dans les parties méridionales de l'Europe ou dans les zônes plus chaudes du globe.

Les espèces exotiques de Marchantes sont encore très-imparfaitement connues ; on en a indiqué plusieurs dans les Antilles, au Brésil, au cap de Bonne-Espérance, etc. ; mais leurs caractères n'ont pas été bien comparés : le *Marchantia polymorpha*, si commun en Europe, paraît se retrouver sans différences appréciables sur presque tous les points du globe. (AD. B.)

* MARCHE. C'est l'action par laquelle les Animaux pourvus de pieds se meuvent et ont la faculté de se porter d'un lieu vers un autre. Nous renvoyons au mot PROGRESSION où nous parlerons des divers modes de Marches, tels que course, saut, etc. *V*. PROGRESSION. (A. R.)

MARCKEA. BOT. PHAN. Genre établi par le professeur Richard (Act. Soc. Hist. Nat. de Paris, p. 107) et dédié à Lamarck, l'un des naturalistes les plus profonds de ce siècle, et à qui la botanique et la zoologie doivent également d'importans ouvrages. Ce genre, de la famille des Solanées et de la Pentandrie Monogynie, offre pour caractères : un calice monosépale, tubuleux, persistant, presque pentagone, à cinq lanières peu profondes, étroites, aiguës et dressées ; une corolle monopétale, infundibuliforme, régulière, à tube plus long que le calice, à limbe étalé, à cinq divisions obtuses ; cinq étamines incluses, attachées vers la partie inférieure du tube de la corolle, ayant les anthères allongées, à deux loges, s'ouvrant chacune par un sillon longitudinal ; l'ovaire est libre, conoïde, allongé ; le style est filiforme, de la longueur des étamines, terminé par un stigmate allongé et glanduleux. Le fruit est une capsule oblongue, cylindrique, à deux loges, contenant chacune un grand nombre de graines attachées à un trophosperme central, et s'ouvrant en deux valves. Ce genre se compose d'une seule espèce, *Marckea coccinea*, Rich., *loc. cit.* (*V*. planches de ce Dictionnaire). C'est une Liane grimpante, ligneuse et volubile, ayant ses rameaux dressés ou plus souvent pendans en forme de festons, portant des feuilles alternes, pétiolées, elliptiques, acuminées, très-entières, glabres, luisantes et presque sans nervures. Les fleurs sont grandes comme celles du *Nicotiana Tabacum*, mais d'un beau rouge écarlate ; elles forment une sorte de grappe pendante au sommet d'un pédoncule axillaire plus long que les feuilles. Cette jolie Plante, qui n'avait pas encore été figurée, croît dans les forêts humides de la Guiane. (**A. R.**)

MARCOTTE. **bot**. On nomme ainsi une branche tenant encore à la Plante – mère, et qui, placée dans un milieu humide comme de la terre ou de la mousse, y pousse des racines. Le marcottage est un des moyens le plus fréquemment employés pour la multiplication de certains Végétaux. C'est une imitation de celui dont la nature se sert pour reproduire plusieurs Végétaux, tels que ceux qui sont dits stolonifères ; car les stolons ne sont que des branches couchées, qui, en quelques-unes de leurs parties, ont émis des racines par l'action de l'humidité du sol sur lequel elles sont étendues. Il suffit quelquefois de laisser intacte la branche d'un Végétal, et de la mettre dans des circonstances favorables pour en faire une Marcotte ; c'est le cas des Plantes succulentes ; mais souvent on est obligé d'entailler l'écorce et de lui faire une ligature ou une section qui détermine la formation d'un bourrelet propre à faciliter l'émission des racines. Ces opérations sont connues sous les noms de marcottage, de couchage, de provignage, lorsqu'il s'agit des OEillets et de la Vigne, dont on détache les branches après leur avoir fait prendre racine en les courbant, et en couvrant de terre quelques-unes de leurs parties. (**G..N.**)

MARE. **géol**. Dépression peu profonde et de peu d'étendue à la surface du sol, dans laquelle s'écoule et séjourne l'eau fournie par l'atmosphère aux terres environnantes. Les Mares naturelles ne se rencontrent pas seulement dans les lieux bas et humides ; il en existe également dans les montagnes et sur les plateaux secs et élevés. Les environs de Paris offrent un exemple remarquable, à l'appui de cette observation, dans les plaines hautes, qui de Versailles s'étendent au Midi vers la Beauce. Au milieu des champs cultivés, on rencontre çà et là beaucoup de Mares séparées entièrement les unes des autres et qui, dans plusieurs endroits, paraissent être disposées sur des lignes presque continues, de manière à faire présumer qu'elles ont pu être anciennement réunies lorsque la culture n'avait pas encore modifié et nivelé le terrain qui les entoure et les sépare. Ces petits amas d'eau, isolés, nourrissent des Mollusques d'eau douce (des Lymnées, des Planorbes, etc.), et sont favorables à la végétation de Plantes particulières. Chaque année, le nombre de ces Mares diminue ; l'intérêt des cultivateurs les porte à en dessécher et combler quelques-unes pour rendre le sol à l'agriculture après avoir employé le fond vaseux à l'amendement des terres voisines. Dans presque toutes les fouilles entreprises dans ce dernier but, on rencontre sur plusieurs pieds d'épaisseur des couches de Marne très-fines, d'un blanc jaunâtre ou bleuâtre avec des lits minces de matière charbonneuse provenant de la décomposition de feuilles et de bois d'Arbres, et même on trouve souvent des troncs entiers et couchés de grands Chênes ou de Châtaigniers dont le bois est devenu très-dur et d'un noir d'Ebène. Les fruits du Noisetier sont très-communs dans ces dépôts. En général, ces débris du règne végétal sont enveloppés par des sédimens vaseux qui contiennent des tests de Coquilles analogues à celles dont les Animaux vivent actuellement dans les mêmes lieux. Les dépôts isolés formés par des eaux douces stagnantes, que nous venons de signaler, ont sûrement beaucoup d'analogie avec les dépôts anciens de Marne blanche remplie de Gyrogonites, de Planorbes et de Lymnées, qui se trouve à quelque profondeur dans le sol des mêmes plaines hautes où elle est exploitée pour le marnage des terres, notamment dans les plaines de Trape, de Gometz, des Mollières près Chevreuse, etc.; ces dépôts anciens ne sont pas non plus continus, car toutes les recherches ne sont pas fructueuses, et de deux puits creusés à très-peu de distance dans la même pièce de terre, l'un atteint une couche de Marne de plusieurs pieds d'épaisseur avant d'arriver au sable qui est le sol sur lequel elle repose, tandis que l'autre puits pénètre dans le sable sans rencontrer aucun vestige de Marne. Il ne faut pas confondre les Mares avec les Marais. *V.* ce mot. On remarque que les Batraciens qui sont si communs dans les Mares, sont moins fréquens dans les grands Marais.

On donne également le nom de Mare à des cavités artificielles que l'on fait dans les campagnes pour y recueillir les eaux des pluies. (O. P.)

MAREC. ois. Espèce du genre Canard. *V.* ce mot. (DR..Z.)

MARÉCA. ois. Espèce du genre Canard. *V.* ce mot. (DR..Z.)

* **MARÉCAGINE.** bot. crypt. Bridel propose ce nom pour désigner en français son genre *Paludella*. *V.* ce mot. (B.)

MARÉCHAL. ins. L'un des noms vulgaires des Taupins. (B.)

MARÉCHAUX. ois. Syn. vulgaire du Rossignol de muraille. *V.* SYLVIE. (DR..Z.)

MARÉES. géol. Mouvement périodique et alternatif d'élévation et d'abaissement des eaux de la Mer, qui se fait remarquer d'une manière plus ou moins sensible sur ses rivages. Dans presque tous les points des continens et des îles qui sont baignés par les eaux de l'Océan, on voit le niveau de celles-ci s'élever pendant l'espace de six heures environ pour redescendre dans le même espace de temps au point de départ ou à peu près. L'instant du flux ou flot, est celui où la Marée monte; lorsque le mouvement d'ascension s'arrête, la Mer est pleine, haute, elle étale; puis, lorsque les eaux s'abaissent, on a le reflux ou Jusan, la Marée descend; et enfin, pendant le moment très-court qui précède une nouvelle élévation graduelle, on dit que la Mer est basse. Les effets de ce grand phénomène général ne sont cependant pas chaque jour les mêmes dans un même lieu, et ils varient d'une manière très-sensible dans le même moment d'un lieu à un autre, soit pour l'instant de la haute ou de la basse Mer, soit pour la quantité d'élévation et d'abaissement des eaux. Cette quantité varie aussi dans un port déterminé, selon les saisons et les jours; toutes ces différences et ces irrégularités tiennent, d'une part, immédiatement aux causes qui produisent les Marées, et d'une autre à des circonstances secondaires et locales qui modifient les effets des premières causes, telles que la forme et le plus ou moins d'étendue des bassins des différentes Mers, la masse et la profondeur des eaux mises en mouvement, la disposition particulière des rives, des plages, des falaises, des golfes, des détroits, l'action irrégulière des courans et des vents, etc. Ainsi, bien que la cause qui détermine le mouvement des eaux de la Mer soit la même dans un même point du globe, on remarque, par exemple, que sur les côtes de notre Océan, et plus spécialement sur celles de la Manche, la différence de niveau des eaux varie depuis quelques pieds jusqu'à quarante et quarante-cinq pieds entre la haute et la basse Mer, tandis que ce niveau change à peine dans la Baltique, la Méditerranée, la Mer Noire et encore moins dans la Caspienne. On observe que dans tel port la Mer est haute plusieurs heures plus tôt ou plus tard que dans un autre port voisin : lorsque la Mer est pleine à 3 h. à Amsterdam, elle l'est à 6 h. 45' à Anvers ; à 11 h. 45' à Calais ; à 10 h. 40' à Boulogne ; à 7 h. 45' à Cherbourg ; à 6 h. à Saint-Malo ; à 3 h. 33' à Brest, etc. Ici la Mer s'avance lentement sur une plage qu'elle abandonne de même ; là elle s'élance avec une rapidité telle, qu'elle peut atteindre le cheval le plus agile, ce qu'on voit surtout au Mont-Saint-Michel, dans la baie de Cancale.

Malgré le nombre infini de modifications de ce genre qui doivent résulter du grand nombre de causes secondaires et perturbatrices que nous avons signalées, le calcul et l'observation se sont réunis pour rendre compte de presque toutes les anomalies et pour dévoiler la véritable cause productrice des Marées. Ce phénomène si imposant, et que les anciens connaissaient à peine tant qu'ils ne quittèrent pas les côtes de la Méditerranée, fixa cependant leur attention lorsqu'ils eurent l'occasion de l'observer dans les Mers des Indes et sur les bords de l'Océan. Les rapports qu'ils remarquèrent exister entre les époques des hautes et basses eaux avec la position de la lune dans le ciel, firent soupçonner à plusieurs que les Marées étaient le résultat de l'action de cet astre. Pline les attribue même à l'influence du soleil et de la lune ; mais cette vérité n'a été démontrée incontestable que depuis la découverte et l'analyse des lois de la gravitation universelle, et depuis que l'immortel Newton a fait voir que les phénomènes compliqués du mouvement périodique des eaux de la Mer, n'étaient qu'une conséquence rigoureuse de ces lois. En effet, l'une d'elles est que les molé-

cules des corps célestes, comme celles de la matière en général, tendent l'une vers l'autre en raison inverse du carré de la distance qui les sépare, et d'après cela chacune des molécules dont se compose le globe terrestre est attirée différemment par celles du soleil et par celles de la lune. Pour ne parler dans ce moment que de l'action exercée par ce dernier astre sur la terre, on conçoit que les parties de celle-ci, qui sont le plus rapprochées de la lune, sont dans le même moment plus fortement attirées que celles qui sont au centre, et bien plus encore que celles qui sont à la surface de l'hémisphère opposé ; cependant, malgré cette intensité différente d'attraction, les molécules qui composent la masse solide du globe ne pouvant se séparer pour se mouvoir isolément et obéir à la force qui sollicite chacune d'elles, l'effet définitif de la lune sur la terre solide est le résultat de toutes les actions exercées sur chaque molécule en particulier ; mais il n'en est pas de même pour la masse liquide des eaux, dont toutes les parties mobiles séparément sont attirées en raison de l'intensité de l'action qui les sollicite ; il en résulte que lorsque la lune est au-dessus d'un point quelconque de la surface des Mers, l'eau s'élève vers cet astre, et comme par suite des mouvemens de la lune et de la terre, le même lieu se retrouve sous la même influence lunaire toutes les 24 h. 49', ou à peu près (24 h. 48' 44" 1'" 48""), l'élévation des eaux a lieu par suite de cette influence une fois par jour ; mais par une conséquence de la loi d'attraction, dans le moment où la Mer se gonfle en un point donné d'un hémisphère, les eaux qui occupent la portion diamétralement opposée dans l'autre hémisphère, étant plus éloignées de la puissance attractive que ne l'est la masse solide de la terre, elles restent, pour ainsi dire, en arrière de celle-ci, et elles forment en sens inverse une élévation analogue à celle produite par soulèvement. De-là vient qu'au lieu d'une seule Marée montante dans les 24 h., il y en a réellement deux, l'une étant produite par le plus grand rapprochement de la lune, et l'autre au contraire l'étant par son plus grand éloignement ; de cette manière, la masse générale des eaux de la Mer a la forme d'un sphéroïde allongé dont le grand diamètre devrait être dirigé vers la lune si le mouvement de la terre, celui imprimé aux molécules aqueuses et l'action variable du soleil, suivant sa position respective par rapport à la lune et à la terre, ne s'opposaient pas à ce que l'effet suivît instantanément l'action qui le produit. Nous n'avons parlé, dans l'explication précédente, que de l'action exercée par la lune sur les eaux du globe ; mais nous devons dire que celle du soleil la modifie soit en s'y ajoutant, soit en s'y opposant ; ce dernier astre, malgré sa masse, n'exerce à cause de son éloignement qu'une action évaluée au quart de celle de la lune. Dans les *syzygies*, c'est-à-dire au moment de la nouvelle et de la pleine lune, lorsque le soleil et la lune agissent concurremment, les Marées sont les plus fortes, tandis que dans les quadratures (premier et dernier quartier) elles sont plus faibles. Il y a donc une variation dans le gonflement de la Mer pendant une lunaison ; le plus grand se nomme *grande Mer* ou *Maline*, et le plus petit *morte Eau*. Lorsque la lune est le plus près de la terre, c'est-à-dire à son périgée, toutes choses étant égales d'ailleurs, les Marées sont plus grandes ; de même aux équinoxes les Marées des syzygies sont les plus grandes et les mortes eaux sont les plus basses ; dans les solstices, les variations entre l'élévation et l'abaissement des eaux sont moindres ; en général l'abaissement dans la même Marée est en raison inverse de l'élévation, c'est-à-dire que la Mer se retire d'autant plus qu'elle s'est élevée davantage précédemment. De même que l'effet produit par la lune n'a pas lieu immédiate-

ment au moment du passage de cet astre au méridien, de même la grande Mer et la morte eau n'arrivent que trois ou quatre Marées après les syzygies et les quadratures. Les Marées du soir ne sont pas égales à celles du matin ; elles sont plus grandes le soir dans l'hémisphère où se trouve le soleil ; ainsi en Europe, les Marées du matin sont plus grandes pendant l'hiver, et en été elles sont plus petites. On voit, par tout ce qui précède, de combien de données se compose le problème du mouvement des eaux de la Mer, mouvement dont la connaissance est d'une importance première pour les navigateurs, qui, chaque jour dans leurs voyages, ont besoin de savoir d'une manière exacte la quantité d'élévation ou d'abaissement des eaux dans un lieu donné et à une époque déterminée, afin de pouvoir diriger la marche de leur vaisseau en conséquence. Pour obtenir ces résultats, les calculs théoriques ne suffisent pas ; il est nécessaire qu'ils soient établis sur des observations préliminaires. Pour arriver, par exemple, à déterminer à quelle heure la Mer sera haute tel jour dans tel port, et savoir en même temps quelle sera la différence de hauteur d'eau entre la haute et la basse Mer, il faut que des observations précédentes aient indiqué à quelle heure ordinairement la Mer est haute les jours de pleine et de nouvelle lune dans ce port ; c'est ce que l'on nomme l'établissement du port ou de la Marée, point de départ des calculs. On peut cependant, comme on le pense, résoudre les mêmes problèmes en sachant quelle est l'heure de la haute Mer pour un jour donné ; les marins possèdent des tables toutes faites, dressées d'après l'observation, et qui leur indiquent l'établissement des Marées dans les principaux ports connus. C'est à ces tables que nous emprunterons quelques exemples, qui donneront une idée des irrégularités locales qui peuvent exister si l'on compare les différences des heures avec la position relative et géographique des ports cités.

Heures de la pleine mer les jours de la nouvelle et de la pleine lune dans les ports ci-après :

Hambourg. . . .	6ʰ 1″	Brest.	3ʰ33″
Amsterdam. . . .	3 0	Rochefort.	4 15
Groningue. . .	11 15	Embouchure de	
Anvers.	6 45	la Gironde :	
Embouchure de		Tour de Cor-	
la Tamise. . . .	11 15	douan.	3 40
Londres.	2 45	Bordeaux. .	7 47
Douvres.	10 50	Bayonne.	3 30
Calais.	11 45	Lisbonne. , . . .	2 15
Dieppe.	10 50	Cadiz.	4 30
Portsmouth. . .	11 40	Fayal (îles Aço-	
Hâvre de Grâce.	9 00	res)	2 30
Rouen.	1 15	Funchal (Ma-	
Dives.	8 20	dère).	12 4
Cherbourg. . . .	7 45	Ste-Hélène(île).	10 30
Plimouth.	6 5	Cap de Bonne-	
Morlaix.	5 15	Espérance. . . .	3 00
Cap Lézard (An-		Foulepointe	
gleterre).	7 30	(Madagascar)..	1 20

Avec ces tables, les marins en consultent encore d'autres, qui leur apprennent de combien l'effet calculé d'après le passage de la lune au méridien d'un lieu, retarde ou avance selon que cet astre est à son plus grand rapprochement, son plus grand éloignement, ou bien à des distances moyennes de la terre ; mais nous ne saurions entrer ici dans plus de détails sur ce sujet.

Les vagues qui viennent se briser continuellement contre les rivages qu'elles couvrent de leur écume, sont donc en grande partie dues au mouvement sidérique des eaux de la Mer ; aussi existent-elles lorsque l'atmosphère est le plus calme, bien que dans les tempêtes les vents augmentent quelquefois d'une manière considérable, mais momentanée, cette agitation constante ; celle-ci donne lieu à un bruit monotone particulier et imposant, que l'Homme ne peut entendre pour la première fois sans une profonde émotion. Lorsque la Marée monte, de même que lorsqu'elle descend, les eaux ne s'élèvent pas et ne s'abaissent pas d'une manière continue, il se fait une suite d'oscillations répétées, à

chacune desquelles la Mer semble se retirer et s'avancer ; on appelle aussi ce mouvement oscillatoire flux et reflux. C'est au choc de la vague contre le sol résistant qu'est dû en partie le bruit dont nous venons de parler ; car il s'y joint celui que font les pierres amassées sur la plage, et que les eaux soulèvent continuellement, les frottant les unes contre les autres et finissant par les arrondir. On appelle cailloux roulés ou mieux galets, les pierres ainsi usées par l'action des eaux de la Mer, et l'on observe que leur grosseur varie sur chaque plage et pour ainsi dire de pied en pied, de manière qu'ils paraissent comme réunis d'après leur dimension, ce qui tient sans doute aux différentes intensités d'action des vagues sur eux, selon la forme des rives. On peut voir un exemple remarquable de cette distribution par grosseur des galets, en suivant l'espèce d'isthme qui réunit l'île de Portland au sol de l'Angleterre ; sur une longueur de plusieurs lieues, on voit de pas en pas les galets croître pour ainsi dire en progression géométrique depuis la dimension d'une noisette jusqu'à celle de la tête d'un enfant, sans qu'il y ait mélange. On remarque encore, si l'on suit une plage en étudiant la nature des roches qui forment les côtes, que les galets existent là où les roches peuvent être dégradées par les vagues, et que si la nature des roches change, la nature des galets change de même ; de sorte que la formation de ces derniers paraît locale et subordonnée à la nature des côtes. Il arrive cependant que par des circonstances particulières et exceptionnelles, que par des causes ordinairement violentes et passagères, les galets, après avoir été arrondis sur un point de la côte, sont transportés sur un autre peu éloigné ; mais alors ils ne sont plus aussi bien assortis ; ils sont mélangés avec du sable ou de la vase, caractère qui indique qu'ils ne sont pas à la place où ils ont été formés. Ces observations, et un grand nombre d'autres du même genre, présentent un grand intérêt aux géologues pour l'étude des couches de la terre qui renferment ou sont entièrement composées de galets, et surtout pour la recherche des circonstances particulières sous lesquelles ces couches se sont formées.

Lorsque les côtes sont à pic, les vagues viennent en miner et saper périodiquement le pied, et les parties supérieures restant en surplomb ne tardent pas à s'ébouler; c'est ce que l'on indique en appelant ces côtes des falaises. Les matières molles, fines, délayables, sont entraînées par les flots à différentes distances, et elles forment sous les eaux de nouvelles couches sédimenteuses, tandis que les fragmens durs et pesans sont transformés en galets, qui s'éloignent beaucoup moins de la rive.

La Marée montante coïncide presque toujours avec certains vents et un état hygrométrique particulier de l'atmosphère.

Le flux ou flot se fait sentir d'une manière remarquable jusqu'à une distance plus ou moins grande de l'embouchure de certains fleuves; une ou plusieurs vagues qui se succèdent rémontent avec bruit contre le cours des eaux fluviatiles, dont la marche est arrêtée. On connaît ce phénomène sous le nom de Barre à l'embouchure du Gange, du Sénégal, de la Seine, de l'Orne, etc.; sous celui de Mascaret dans la Gironde, la Dordogne, la Garonne; et de Pororoca sur les rives du fleuve des Amazones. Dans ce dernier lieu, comme dans la Garonne et même la Dordogne, les lames d'eau qui remontent le fleuve ont douze à quinze pieds de haut et même plus; elles renversent tous les obstacles sur leur passage, et le bruit effrayant qu'elles produisent, surtout dans les grandes Marées, s'entend à plusieurs lieues.

Des géologues ont essayé de rendre compte de la formation de nos continens actuels, de la présence des débris de corps marins, de galets, etc.,

dans des lieux qni se trouvent maintenant de plusieurs centaines de toises au-dessus du niveau des Mers, par des Marées gigantesques qui auraient existé à un âge moins avancé du globe. Dolomieu, l'un des partisans de ce système, pensait que les matériaux de toutes les couches coquillières avaient été transportés du fond des Mers par des Marées de huit cents toises; que les vallées secondaires étaient dues à l'action de ces immenses Marées et aux courans puissans qui résultaient de la retraite des eaux après leur gonflement. Chaque flux, disait-il, déposait des couches qui étaient ensuite morcelées et dégradées par le reflux; dans d'autres circonstances, les Marées subséquentes comblaient les vallées creusées par celles qui les avaient précédées, et elles rassemblaient dans les couches qu'elles y déposaient les produits de tous les règnes et de tous les climats. Par le développement exagéré d'un phénomène de la nature actuelle, Dolomieu cherchait à expliquer les faits que l'observation lui avait fait connaître, sans avoir besoin de supposer des retraites, des séjours et des retours de la Mer plusieurs fois répétés sur le même point du globe, comme on ne se fait pas scrupule de l'admettre aujourd'hui dans des ouvrages célèbres. Mais est-il plus facile de concilier l'opinion de Dolomieu, que cette dernière supposition, avec les connaissances astronomiques qui nous ont dévoilé l'ordre établi dans l'univers et les lois immuables qui les régissent? Par quelles causes les Marées de huit cents toises auraient-elles été produites, à moins de supposer que la masse des eaux, les rapports de la terre avec le soleil et la lune, ses mouvemens mêmes, étaient différens de ce qu'ils sont aujourd'hui à une époque où cependant végétaient et vivaient déjà sur cette même terre des Plantes et des Animaux analogues sous le rapport de leur organisation avec les êtres de la terre actuelle? *V.* TERRE.   (C. P.)

MARÉKANITE. MIN. Nom d'une variété globuliforme d'Obsidienne hyaline. *V.* OBSIDIENNE. (G. DEL.)

MAREL. OIS. (Sepp.) Syn. de Barge à queue noire. *V.* BARGE.
(DR..Z.)

MARÈNE. POIS. Espèce du sous-genre Corégone. *V.* SAUMON. (B.)

MARENGE. OIS. Syn. vulgaire de Charbonnière. *V.* MÉSANGE. (DR..Z.)

MARENTERIA. BOT. PHAN. Ce genre établi d'après Noronha par Du Petit-Thouars (*Nov. Gen. Madagasc.*, p. 18, n. 60), a été réuni par Dunal (Monographie des Anonacées, p. 43) aux *Unona*, et l'espèce unique dont il était composé a été nommée par De Candolle *Unona Marenteria*. Celui-ci a employé le mot *Marenteria* pour désigner une sous-section des *Unona*. *V.* UNONE. (G..N.)

MARETON. OIS. Syn. vulgaire de Millouin. *V.* CANARD. (DR..Z.)

*** MARFOURÉ. BOT. PHAN.** (Gouan.) L'un des noms vulgaires de l'*Helleborus fœtidus*, L., dans le Languedoc. (B.)

*** MARGADON. MOLL.** La Seiche commune, sur quelques côtes de la France septentrionale. (B.)

MARGAGNON. POIS. Nom vulgaire de l'Anguille mâle dans certains cantons de la France. (B.)

MARGAL ET MARGAN. BOT. PHAN. L'Ivraie dans certains cantons de la France méridionale. (B.)

MARGARITA. MIN. *V.* NACRITE.

*** MARGARITACÉS.** *Margaritacea.* CONCH. Famille nouvellement proposée par Blainville pour remplacer celle des Malléacées de Lamarck. Ce sont à peu près les mêmes genres qui ont servi aux deux zoologistes pour la formation de ce groupe; seulement les Margaritacés contiennent plus de genres que les Malléacées, parce que depuis la publication de l'ouvrage de Lamarck ils ont été établis et adoptés, et sont venus naturellement se ranger dans leurs rapports naturels avec les anciens. Un changement heureux que Blainville a fait, c'est de rapprocher les Vulselles des Marteaux dont elles sont fort voisines bien plus que des Huîtres où Lamarck les avait laissées. La famille des Margaritacés est composée des genres Vulselle, Marteau, Perne, Crénatule, Inocérame, Catille, Pulvinite, Gervilie et Avicule auxquels nous renvoyons.   — (D..H.)

MARGARITARIA. BOT. PHAN. Dans le supplément donné par Linné fils aux genres de son père, on en trouve un ainsi nommé et caractérisé de la manière suivante : fleurs dioïques; calice à quatre dents; quatre pétales attachés au calice : dans les mâles, huit étamines insérées au réceptacle, à filets longs et sétacés, à anthères arrondies et petites; un rudiment d'ovaire surmonté d'un style unique : dans les femelles, quatre ou cinq styles filiformes, des stigmates simples; un fruit globuleux renfermant sous une enveloppe légèrement charnue quatre ou cinq coques luisantes qui s'ouvrent en deux valves. Une seule espèce originaire de Surinam se rapporte à ce genre, jusqu'ici très-obscur, et qui peut-être n'existe pas dans la nature comme l'auteur lui-même paraît le soupçonner. Il est possible en effet que les rameaux mâles, qui offrent des feuilles opposées et semblables à celles du Fusain, de nombreuses fleurs disposées en panicules rappelant celles du *Spiræa Aruncus*, n'appartiennent pas à la même Plante que les rameaux à feuilles alternes et à fleurs solitaires axillaires, d'après lesquels les femelles ont été décrites. On rencontre assez fréquemment dans les herbiers sous le nom de *Margaritaria* une espèce d'Euphorbiacée que nous avons fait connaître sous le nom de *Cicca Antillana*, dont les fruits offrent quelque analogie avec ceux que Linné fils a décrits, mais dont les fleurs mâles sont tout-à-fait différentes de celles qu'il attribue au genre en question. (A. D. J.)

MARGARITE. *Margarita.* CONCH

Leach avait proposé ce genre pour une partie des Avicules de Bruguière; Lamarck lui a donné depuis le nom de Pintadine; Megerle l'avait aussi formé dès 1811 sous le nom de Margaritiphore, et Klein enfin l'avait, bien avant tout cela, assez bien indiqué sous le nom de *Mater perlarum*. *V*. PINTADINE. (D..)

MARGARITIPHORE. CONCH. *V*. MARGARITE.

***MARGARITITES.** MOLL. FOSS. Les anciens ont donné ce nom à des corps arrondis, pétrifiés, qu'ils ont cru être des perles. On n'a point de certitude à cet égard. Il n'en est pas de même d'une perle véritable que nous avons trouvée en vidant une Avicule fossile de Bordeaux, *Avicula phalenacea*, Bast., dont les deux valves étaient encore réunies. Ce corps parfaitement rond, d'une ligne de diamètre environ, avait conservé une partie de l'éclat de la Nacre. (D..H.)

MARGAY. MAM. Espèce du genre Chat. *V*. ce mot. (B.)

MARGE. BOT. CRYPT. (*Lichens*.) On donne le nom de Marge, *Margo*, à celte bordure qui entoure le disque des Lichens; elle n'est jamais formée par le thallus, quelquefois elle est concolore, c'est-à-dire de la même couleur que l'apothécion comme cela a lieu dans le *Lecidea*, ou formée d'une substance propre comme on peut l'observer dans les *Lecanora*; dans le premier cas elle se dit propre, et dans le second elle est accessoire. On nomme Marge vraie celle qui fait partie de l'apothécion, et fausse le bourrelet formé par le thallus qui ceint quelquefois l'apothécion très-étroitement, mais sans faire pourtant corps avec lui. On tire de celte partie des organes carpomorphes d'excellens caractères spécifiques. (A.F.)

***MARGENAS.** OIS. Syn. de Perroquets chez les sauvages de l'Amérique méridionale. (DB..Z.)

***MARGINAIRE.** *Marginaria*. BOT. CRYPT. (*Fougères*.) Nous avons proposé la création de ce genre qui ren-

trera dans la famille de nos Polypodiacées proprement dites, c'est-à-dire parmi les vraies Fougères où les sores sont dépourvus d'induse. La position complétement marginale, et, avons-nous dit (T.VI, p. 587 de ce Dict.), comme à cheval sur le bord des frondes de paquets arrondis et distincts de fructification, caractérise les Marginaires qui sont aux Polypodes ce que les Vittaires sont aux Ptérides; ce genre est sans doute un peu artificiel, mais ne l'est pas plus que tant d'autres dont les différences ne sont empruntées que de la situation des organes fructificateurs; les positions des sores dans les sinus, sur la page, aux marges, le long de telle ou telle nervure, sont des caractères vagues, il en faut convenir, et propres tout au plus pour l'établissement de sous-genres ailleurs que chez les Fougères; mais dans la multitude des espèces dont plusieurs genres sont composés, on s'est vu réduit, pour éviter la confusion, à emprunter des caractères de cette sorte, pour pouvoir isoler quelques espèces du reste des masses. Les Marginaires offrent d'ailleurs quelques autres traits de connexion; indépendamment de la position de leurs paquets de capsules, leur consistance est épaisse, leur surface est plus ou moins écailleuse. Nous n'en connaissons que de simples ou tout au plus de pinnatifides, et leur racine traçante serpente sur l'humus végétal des Arbres pourris dans les forêts; nous en possédons six espèces toutes des pays chauds, entre lesquelles nous citerons : 1° la MARGINAIRE SCOLOPENDRINE, *Polypodium marginatum*, N. *in Willd. Sp.* T. IX, p. 149, que nous avons découverte dans les bois de Mascareigne; 2° la MARGINAIRE CÉTÉRACINE, *Polypodium ceteracinum*, Mich., *Amer.*, t. 2, p. 271; *Polypodium incanum*, Willd., *Sp.* T. IX, p. 174; *Acrostichum Polypodioides*, L., *Sp.*, 1525. Nous avons dû préférer le nom imposé à cette espèce par Michaux qui rappelle la ressemblance de cette Plante qui n'est pas blanchâtre avec le Cétérach dont elle offre la couleur : elle se trouve dans les parties chaudes des Etats-Unis d'Amérique, dans la Floride, à la Jamaïque, à la Martinique , à Cumana et jusque dans les Guianes ; 3° la MARGINAIRE MINIME , *Marginaria minima* , N., semblable par ses formes et l'aspect à la précédente , mais trois ou quatre fois plus petite et plus roussâtre : confondue dans les herbiers avec elle ; on la trouve dans les parties tempérées du Brésil ; 4° la MARGINAIRE ARGENTÉE, *Polypodium argyratum*, N. *in Willd. Sp.* T. X , p. 175, assez semblable au n° 2, mais plus longue et plus étroite dans toutes ses parties, à pinnules plus aiguës , et toute revêtue d'une poussière blanche argentée , qui fait ressortir la teinte blonde des sores qui sont grosses , et forment comme des globules sur les bords de la fronde. Nous avons découvert cette espèce dans les hautes montagnes de Mascareigne , particulièrement en arrivant à la plaine des Chicots , vers mille toises d'élévation au-dessus du niveau de la mer.   (B.)

MARGINELLE. *Marginella*. MOLL. Genre de la famille des Columellaires de Lamarck qui se place dans les Pectinibranches buccinoïdes de Cuvier. C'est à Adanson que l'on doit sa création ; il le nomma Porcelaine en conservant le nom vulgaire de Pucelage aux Coquilles qui portent aujourd'hui celui de Porcelaine; il y confondit les Olives, ce qui prouve que les Animaux qu'il avait vus sont bien voisins. Malgré l'établissement de ce genre, Linné n'en rangea pas moins les Marginelles au nombre de ses Volutes, ce que Bruguière imita. Lamarck, en démembrant le genre Volute de Linné, et par suite le genre Porcelaine d'Adanson , donna à celui-ci le nom de Marginelle qui lui est resté : depuis lors ce genre a été adopté par la plupart des zoologistes , quoique ses Animaux ne diffèrent de ceux des Porcelaines que par un peu moins d'ampleur dans les lobes du manteau. Les coquilles offrent

assez de différences pour être distinguées facilement ; elles servent même de point intermédiaire entre les Volutes et les Enroulés auxquels elles touchent par les espèces dont la spire n'est pas saillante ; elles s'en rapprochent par le bourrelet marginal du bord droit , et souvent par les plis columellaires qui accompagnent tout le bord gauche. Voici les caractères de ce genre : coquille ovale, oblongue , lisse , à spire courte et à bord droit garni d'un bourrelet en dehors ; base de l'ouverture à peine échancrée; des plis à la columelle presque égaux.

Les Marginelles sont des coquilles lisses, de taille médiocre, agréablement colorées , qui viennent toutes des mers équatoriales des deux mondes ; elles peuvent se diviser en deux groupes comme l'a proposé Lamarck. Blainville avait adopté cette sous-division dans son article MARGINELLE du Dictionnaire des Sciences Naturelles ; mais à l'article MOLLUSQUE il propose un troisième groupe pour le genre Volvaire (*V.* ce mot), ce qui détruit une partie des caractères imposés aux Marginelles. Nous ne suivrons pas cet exemple ; ce même zoologiste dit que Klein avait établi ce genre depuis long-temps sous le nom de *Cucumis ;* nous trouvons bien effectivement un genre de ce nom dans Klein ; mais en vérifiant les citations nous le trouvons composé d'un plus grand nombre de Mitres et de Volutes que de véritables Marginelles.

† Espèces dont la spire est saillante.

MARGINELLE NEIGEUSE, *Marginella glabella* , Lamarck, Anim. sans vert. T. VII, p. 365 , n. 1 ; *Voluta glabella*, Linn. , Gmel. , p. 3445 , n. 32 ; la *Porcelaine*, Adanson, Voy. au Sénég., pl. 4 , fig. 1 ; Encyclop. , pl. 377, fig. 6, a, b. Coquille ovale, oblongue, rougeâtre , marquée de deux zônes transversales d'un rouge plus foncé, toute parsemée de taches blanches irrégulièrement disposées ; spire courte , obtuse , conique ; sutures peu profondes, marquées par une zône rouge plus marquée , interrompue par des taches blanches plus grandes ; bord droit , épais , formant une légère échancrure à sa réunion avec le bord gauche ; quatre plis saillans à la columelle.

Marginelle bleuatre , *Marginella cærulescens* , Lamk. , *loc. cit.* , n. 4 ; *Voluta prunum* , Linn. , Gmel. , pag. 3446 , n. 33 ; l'*Egouen* , Adanson , Voy. au Sénég. , pl. 4 , fig. 3 ; Encyclopédie , pl. 376 , fig. 8 , a , b.

Marginelle éburnée , *Marginella eburnea* , Lamk. , Annales du Mus. T. II , p. 61 , n. 1 , et T. VI , pl. 44 , fig. 9 , a , b ; *ibid.* , Anim. sans vert. , *loc. cit.* , n. 16. Petite espèce fossile des environs de Paris , fort commune à Grignon , et qui a beaucoup de rapport avec la *Marginella muscaria* , Lamk. , *loc. cit.* , n. 13 , qui vient de la Nouvelle-Hollande.

†† Espèces dont la spire n'est pas saillante.

Marginelle rayée , *Marginella lineata* , Lamk. , Anim. sans vert. ; *loc. cit.* , n. 23 ; *Voluta persicula* (Var. b.) , Linn. , Gmel. , p. 3444 , n. 29 ; le *Bobi* , Adans. , Voy. au Sénég. , pl. 4 , fig. 4 ; Martini. , Conch. T. II , tab. 42 , fig. 419 et 420 ; Encyclopédie , pl. 377 , fig. 4 , a , b. Elle est assez commune dans les mers du Sénégal.   (D..H.)

MARGOUSIER. bot. phan. Nom vulgaire du *Melia Azaderach.*   (B.)

MARGRAVE. *Margravia.* bot. phan. Pour Marcgravia. *V.* ce mot.   (A. R.)

MARGUERITE. bot. phan. Nom vulgaire de la Paquerette , *Bellis perennis* , étendu à d'autres Composées. Ainsi l'on a appelé :

Grande Marguerite ou Marguerite des champs , le Chrysanthème Leucanthème.

Marguerite jaune , le *Chrysanthemum coronarium* , L.

Reine Marguerite , l'*Aster chinensis.*

Marguerite de Saint-Michel , l'Astère annuelle , etc.   (B.)

MARGYRICARPE. *Margyricar-* *pus.* bot. phan. Et non *Margyrocarpus.* Genre de la famille des Rosacées et de la Diandrie Digynie , L. , établi par Ruiz et Pavon (*Fl. Peruv. Prodr.* , 7 , t. 33) , et adopté par Kunth (*Nov. Gener. et Spec. Plant. æquin.* , 6 , p. 229) qui en a ainsi déterminé les caractères : calice persistant , dont le tube est comprimé , tétragone , la gorge resserrée ; le limbe à quatre ou cinq divisions profondes , munies chacune extérieurement et à la base d'une petite épine dentiforme ; corolle nulle ; deux étamines insérées sur l'orifice du tube calicinal , à anthères biloculaires didymes ; ovaire étroitement renfermé dans le calice , surmonté d'un style terminal court , terminé par un stigmate plumeux et multifide ; akène adhérent au tube du calice converti en une sorte de baie à quatre épines , couronné par le limbe calicinal ; graine pendante , ayant son point d'attache près du sommet. Ce genre a été placé par De Candolle (*Prodr. Syst. Veg.* , 2 , p. 591) dans la tribu des Sanguisorbées ; il ne renferme qu'une seule espèce , *Margyricarpus setosus* de Ruiz et Pavon (*Flor. Peruv.* , 1 , p. 28 , t. 8 , f. d). Cette Plante a été décrite par Lamarck sous le nom d'*Empetrum pinnatum* dans le Dictionnaire Encyclopédique , puis réunie aux *Ancistrum* dans les Illustrations des genres. C'est un Arbrisseau très-rameux , à feuilles alternes , imparipinnées , composées de folioles très-étroites , subulées , à fleurs axillaires , solitaires et sessiles : ses baies globuleuses , blanchâtres , ont une saveur agréable ; l'infusion de cette Plante sert à arrêter les hémorrhagies. Elle croît sur les collines arides de l'Amérique méridionale , au Pérou , au Chili , au Brésil , à Santa-Fé de Bogota , Popayan , Quito , etc.   (G..N.)

MARIALVA. bot. phan. Ce genre , établi par Vandelli (*in Rœmer Script. Brasil.* , p. 118) , est le même que le *Beauharnoisia* de Ruiz et Pavon , déjà décrit dans ce Dictionnaire , T. II , p. 239. Choisy (Mémoires de la Soc. d'Hist. Natur. T. 1, p. 223) adoptant le nom de *Marialva* comme générique, sans égard à l'antériorité, l'a placé parmi les Garciniées, seconde section de la famille des Guttifères, et lui a définitivement réuni le *Tovomita* d'Aublet; il l'a composé de trois espèces, savoir : 1° *Marialva guianensis*, Choisy, ou *Tovomita guianensis*, Aublet, Plante indigène de la Guiane ; 2° *M. fructipendula*, Choisy, ou *Beauharnoisia fructipendula* de Ruiz et Pavon; et 3° *M. uniflora*, Choisy; espèce nouvelle très-voisine de la seconde, et qui habite la Guiane. (G..N.)

* MARIARMO. bot. phan. (Garidel.) L'Hysope en Provence.   (B.)

MARIBOUSES. ins. (Mademoiselle S. Mérian.) Une Guêpe de Surinam dont la piqûre est fort douloureuse. Ce mot est peut-être une corruption de *Mariposa* espagnol, qui signifie Papillon.   (B.)

MARICA. bot. phan. (Willdenow.) *V.* Cipure.

* MARICOCA. ois. Syn. vulgaire de Traîne-Buisson. *V.* Sylvie. (DR..Z.)

* MARIE. ois. Syn. de Canard de Bahama. *V.* Canard.   (B.)

* MARIÉE. ins. *Noctua Sponsa*, L. Espèce de Noctuelle.   (B.)

MARIE-GALANTE. bot. phan. Le Quinquina corymbifère à la Martinique selon Bosc.   (B.)

* MARIETTE. bot. phan. L'un des noms vulgaires du *Campanula Medium*, L.   (B.)

MARIGNAN. pois. L'un des noms vulgaires du Sogo, espèce d'Holocentre aux Antilles.   (B.)

MARIGNIA. bot. phan. Commerson avait établi dans ses manuscrits et dans son herbier ce genre que Lamarck et Jussieu ont réuni depuis au *Bursera*. Dans sa Révision de la famille des Térébinthacées, p. 19, Kunth l'a rétabli et en a ainsi fixé les caractères : calice persistant, divisé en cinq segmens peu profonds, ovales, aigus, et dont la préfleuraison est valvaire; cinq pétales larges à la base, du double plus longs que les divisions calicinales, ovales, aigus, ouverts et réfléchis, à préfleuraison valvaire; dix étamines hypogynes et libres, à anthères ovées-oblongues, échancrées à la base, biloculaires et déhiscentes longitudinalement; ovaire supère, sessile, presque globuleux, à cinq loges contenant chacune deux ovules fixés à l'axe et collatéraux; disque annulaire, entier, n'embrassant pas étroitement l'ovaire; stigmate sessile, orbiculé, à cinq lobes peu distincts; fruit drupacé, ombiliqué par le style persistant, recouvert d'une écorce épaisse et coriace, renfermant un à cinq noyaux monospermes, entourés, selon Lamarck, d'une pulpe gélatineuse ; graines ovoïdes, dépourvues d'albumen, contenant un embryon droit et renversé, à radicule supérieure et à cotylédons planes, d'après Kunth qui les a observés sur une graine non mûre, chiffonnés et ridés, d'après Gaertner. Ce genre a été placé par Kunth dans la nouvelle famille pour laquelle il a proposé le nom de Burséracées. Il est le même que le *Dammara* de Gaertner, genre qu'il ne faut point confondre avec un autre du même nom, adopté par Richard. *V.* Dammara. L'espèce que l'on doit considérer comme type du *Marignia* a été décrite dans l'Encyclopédie sous le nom de *Bursera obtusifolia*. C'est un Arbre balsamifère, indigène de l'Ile-de-France où on le nomme vulgairement Colophane bâtard. Ses feuilles sont alternes, imparipinnées, à folioles opposées, coriaces, très-entières, sans stipules. Les fleurs sont blanchâtres et disposées en panicules axillaires au sommet des rameaux et accompagnées de bractées. C'est surtout dans les fruits que réside le suc résineux balsamique. De Candolle (*Prodrom. Syst. Veg.*, 2, p. 79) a fait du *Dammara nigra* de Rumph (*Herb. Amboin.*, 2, p. 160, 52), une espèce nouvelle sous le nom de *Marignia acutifolia.* Cette Plante croît dans les Moluques.   (G..N.)

MARIKANITE. MÍN. *V.* MARÉKANITE.

MARIKINA. MAM. Ce nom, diminutif espagnol de Marie, a été appliqué à une espèce d'Ouistiti, qu'on se plaisait sans doute à appeler d'un nom de femme, car c'est aussi la Rosalie. *V.* ce mot.   (B.)

MARILA. BOT. PHAN. Ce genre, de la Polyandrie Monogynie, L., établi par Swartz (*Prodrom.*, p. 84), est ainsi caractérisé : calice à quatre sépales disposés en croix, les deux extérieurs enveloppant la fleur ; corolle à quatre pétales ; étamines très-nombreuses, légèrement soudées par la base, à anthères aduées ; un style surmonté d'un stigmate capité ; fruit couronné par le calice persistant à trois ou quatre loges et à autant de valves qui par leur introflexion viennent se fixer à un placenta central, et après la déhiscence s'enroulent par leurs bords membraneux ; graines très-nombreuses, ceintes d'une membrane jaune et frangée. Jussieu avait marqué la place de ce genre entre les Hypéricinées et les Guttifères ; il a du rapport avec la première de ces familles par la structure du fruit et par ses graines, mais il se rapproche davantage de la seconde par son inflorescence semblable à celle des *Calophylum*, par son style et son stigmate simples, et par ses anthères. Ces considérations ont décidé Choisy (Mém. de la Société d'Hist. Nat. de Paris, T. 1, p. 221) à le ranger parmi les Clusiées, première section de la famille des Guttifères. On n'en connaît qu'une seule espèce, *Marila racemosa*, Swartz, Arbre indigène des Antilles.   (G..N.)

* **MARIMARI.** BOT. PHAN. (Aublet.) Nom de pays du *Cassia biflora.*   (B.)

MARIMONDA. MAM. Humboldt donne ce nom comme une désiguation de pays de l'Atèle Belzebuth. Nous avons des raisons de croire qu'il

y a une faute d'orthographe espagnole, et qu'il faut écrire Marimona.   (B.)

MARINGOUIN. OIS. Espèce du genre Bécasseau. *V.* ce mot. (DR..Z.)

MARINGOUINS. INS. On donne ce nom dans diverses contrées de l'Amérique et surtout dans les Antilles, aux Cousins qui sont très-nombreux dans les pays chauds où leurs piqûres sont encore plus douloureuses que dans nos climats. (B.)

* **MARION-LAREUCHE.** OIS. Syn. vulgaire de Rouge-Gorge. *V.* SYLVIE.   (DR..Z.)

MARIPA. BOT. PHAN. Genre de la famille des Convolvulacées, et de la Pentandrie Digynie, L., établi par Aublet (Plantes de la Guiane, p. 230, t. 91) qui l'a ainsi caractérisé : calice à cinq divisions obtuses, qui se recouvrent mutuellement ; corolle tubuleuse, dilatée à sa base, et dont le limbe est divisé en cinq lobes ; cinq étamines insérées à la base du tube (opposées aux lobes, d'après la figure donnée par Aublet); anthères longues, sagittées ; stigmate pelté ; fruit biloculaire et disperme. Le *Maripa scandens*, Aublet et Lamarck, Illustr., t. 110, est un Arbrisseau grimpant, dont les branches, très-longues, retombent vers la terre et sont garnies de feuilles pétiolées, alternes, ovales, aiguës, entières, très-grandes, vertes et lisses. Les fleurs, de couleur blanche, forment des panicules terminales ou axillaires ; elles sont soutenues par des pédoncules accompagnés de bractées. Cette Plante croît sur les bords de la rivière de Sinamary, dans la Guiane.

Le nom de *Maripa* est encore donné par Aublet (Observations sur les Palmiers, p. 100) à un Palmier de la Guiane, dont il n'a pas fait connaître avec assez de détails les caractères de la fleur pour qu'on puisse déterminer à quel genre il appartient. Barrère a aussi parlé de ce *Maripa* qu'il nomme Chou-Maripa, parce qu'on mange les jeunes pousses qui occupent le centre de la touffe de ses feuilles.   (G..N.)

MARIPOSA. ois. Espèce du genre Gros-Bec. Ce nom dérive du mot qui, en espagnol, signifie Papillon. *V.* Gros-Bec.   (DR..Z.)

MARIPOU ET **MARIRAOU.** BOT. PHAN. Nom de pays de l'*Eugenia sinemariensis*, Aublet.   (B.)

MARIQUE. BOT. PHAN. Pour *Marica. V.* ce mot.   (B.)

MARISQUE. *Mariscus.* BOT. PHAN. Quelques auteurs ont formé sous ce nom, employé par Linné pour une espèce de *Schœnus*, des genres très-différens dans la famille des Cypéracées. Ainsi le *Mariscus* de Haller et de Mœnch se compose des *Scirpus acicularis* et *setaceus* qui rentrent dans l'*Isolepis* de Brown. Celui de Gaertner a pour type le *Schœnus Mariscus*, L., auquel sont réunis le *Scirpus retrofractus*, et le *Killingia panicea* de Rottboll. Enfin Vahl (*Enumerat. Plant.*, 2, p. 372) a mieux défini ce genre *Mariscus* qui a été adopté par Rob. Brown et Kunth. Voici ses caractères essentiels : épillets formés d'un nombre de fleurs (deux à trois selon R. Brown) ; écailles imbriquées et distiques, les inférieures vides ; trois étamines ou quelquefois deux seulement ; style trifide ; point de soies hypogynes ; akène triquètre reçu dans l'excavation du rachis. Les espèces qui se rapportent à ce genre ont été confondues avec les *Killingia* par les auteurs. R. Brown en a publié quatre nouvelles, indigènes de la Nouvelle-Hollande ; et Kunth (*Nov. Gener. et Spec. Plant. æquinoct.*, 1, p. 212) en a décrit neuf qui croissent dans l'Amérique méridionale. Ce sont des Plantes herbacées, à chaumes garnis de feuilles seulement à la base. Leurs épis sont composés d'épillets nombreux, involucrés, terminaux, rarement solitaires, disposés en ombelles ou agglomérés en capitules. Selon R. Brown, le genre *Mariscus* a le port des *Cyperus* et n'en diffère que par

le petit nombre des épillets. (G..N.)

MARITACACA. MAM. Et non *Maricata. V.* BIARATACA.

MARITAMBOUR. BOT. PHAN. L'un des noms de pays de la Passionnaire bleue.   (B.)

MARJOLAINE. *Majorana.* BOT. PHAN. Ce nom vulgaire d'une espèce d'Origan avait été employé par Tournefort pour distinguer génériquement cette Plante ; mais Linné n'a pas trouvé que les caractères assignés à ce genre fussent suffisans pour motiver son admission. *V.* ORIGAN.   (G..N.)

MARL. BOT. PHAN. L'un des syn. vulgaires d'*Agrostis Spica-Venti*. (B.)

*** MARLITE.** GÉOL. Nom proposé par Kirwan, pour réunir plusieurs roches calcaires mélangées d'Argile et de Sable, et qui par leur dureté et la résistance qu'elles opposent à l'action de l'air atmosphérique, diffèrent des Marnes proprement dites. Les Molasses de Genève et Lausanne, le Schiste marno-bitumineux à empreintes de Poissons du Mansfeld, seraient des Marlites pour Kirwan ; mais ces distinctions nombreuses établies sur quelques caractères particuliers entre les mélanges variables presqu'à l'infini que présentent les substances minérales, et surtout la création de nouveaux noms pour désigner de pareilles variétés, sont peut-être plus nuisibles qu'utiles pour l'avancement de l'histoire naturelle de la terre.   (C. P.)

*** MARMELADE NATURELLE.** BOT. PHAN. Nom vulgaire, aux Antilles, de l'*Achras Sapota*, L., qui est un Arbre du genre Lucuma. *V.* ce mot.   (B.)

MARMELOS. BOT. PHAN. *V.* EGLÉ.

MARMITE DE SINGE. BOT. PHAN. *V.* AMANDE D'ANDOS et LÉCYTHIS.

MARMOLIER. BOT. PHAN. Syn. de Duroia. *V.* ce mot.   (B.)

*** MARMOLITE.** MIN. (Nuttall.) Substance opaque d'un vert pâle, avec un éclat légèrement perlé, facile à entamer avec le couteau ; pesant spécif. 2,5, et se présentant en masses clivables dans deux directions obliques l'une à l'autre. Elle est composée, d'après une analyse de Nuttall, de Magnésie 46 ; Silice 36 ; Eau 15 ; Chaux 2 ; oxide de Fer et de Chrome 0,50. On la regarde comme étant une variété cristallisée de Serpentine. On la trouve dans ce dernier Minéral à Hoboken , près de Baltimore aux Etats-Unis.   (G. DEL.)

* **MARMON.** ois. Syn. de Macareux. *V.* ce mot.   (DR..Z.)

MARMONTAIN et **MARMONTAINE.** MAM. Vieux noms français de la Marmotte.   (B.)

MARMOR. GÉOL. *V.* MARBRE.

* **MARMORARIA.** BOT. PHAN. L'un des noms antiques de l'Acanthe.   (B.)

MARMOSE. MAM. Espèce du genre Didelphe. *V.* ce mot.   (B.)

MARMOT. POIS. L'un des syn. vulgaires du Denté commun.   (B.)

MARMOTTE. *Arctomys.* MAM. Genre de Rongeurs claviculés , que l'on considère ordinairement comme appartenant à la famille des Rats, mais qui a aussi des rapports très-intimes avec celle des Ecureuils. Les dents sont en même nombre que chez ces derniers, c'est-à-dire que la mâchoire supérieure a cinq molaires de chaque côté, et l'inférieure quatre seulement. Parmi les supérieures, la première , beaucoup plus petite que les autres , ne présente qu'un seul tubercule , et n'a qu'une seule racine ; les quatre dernières, qui sont toutes à peu près de même forme, ont au contraire trois racines dont deux sont externes , et l'autre interne, et sont divisées transversalement en trois collines par deux sillons profonds, dont le premier traverse entièrement la dent , tandis que les deux collines postérieures se réunissent par leur extrémité interne, et forment ainsi un petit talon. Les quatre molaires inférieu-

res ont toutes la même grandeur et la même forme générale ; elles sont échancrées sur leur côté externe , et présentent , en dedans de l'échancrure, un enfoncement dont la largeur est presque égale à celle de la dent tout entière. Les incisives sont , comme chez presque tous les Rongeurs, au nombre de deux à l'une et à l'autre mâchoires ; elles sont très-fortes , très-longues , et taillées en biseau à leur face interne. Le système de dentition des Marmottes est donc très-peu différent de celui des Ecureuils ; et ces deux genres forment véritablement sous ce rapport une seule et même famille, comme on l'a remarqué ; mais les premières ont aussi plusieurs caractères qui leur sont exclusivement propres , et qui permettent de les distinguer , même au premier coup-d'œil , de tous les autres Rongeurs. Les quatre membres, et surtout les postérieurs , sont très-courts ; et ils le paraissent même dans l'état naturel plus encore qu'ils ne le sont réellement , parce que l'Animal les tient habituellement un peu fléchis : aussi les Marmottes sont-elles dans le cas de toutes les espèces qui présentent les mêmes modifications des organes de la locomotion : leur démarche est lourde et embarrassée, surtout lorsqu'elles veulent courir. Elles ont au contraire beaucoup de facilité pour fouir , à cause de la forme et de la force de leurs ongles , et aussi à cause de la disposition de leurs membres de devant, qui se trouvent un peu tournés en dedans. Les doigts , réunis jusqu'à la seconde phalange par une membrane, sont au nombre de cinq à l'extrémité postérieure, et de quatre seulement à l'antérieure, le pouce ne consistant (du moins chez toutes les espèces bien connues) que dans un petit tubercule placé vers le haut du métacarpe, et fort peu apparent. La queue, très-courte , ne présente rien de remarquable. Le col est court ; le corps est gros et trapu , et ses formes sont généralement lourdes. Il est d'ailleurs couvert en entier d'une épaisse fourrure composée de poils laineux et de poils soyeux généralement longs et très-abondans. Les yeux sont latéraux, et la pupille est ronde. Le mufle, peu étendu, est compris entre les deux narines ; et la lèvre supérieure est fendue en partie, et divisée, comme chez beaucoup de Rongeurs, par un sillon longitudinal. Les oreilles sont très-simples et très-courtes, et se trouvent même presque entièrement cachées dans le poil. Il y a de chaque côté (du moins chez la Marmotte des Alpes) cinq mamelles, dont trois sont ventrales et deux pectorales.

Les Marmottes sont au nombre des Rongeurs omnivores de quelques naturalistes. Elles mangent en effet à peu près tout ce qu'on leur donne, des fruits, des feuilles, des racines, du pain, de la viande et même des Insectes ; néanmoins c'est de matières végétales qu'elles se nourrissent de préférence. Elles se creusent de profondes et spacieuses retraites, qui consistent ordinairement en deux galeries aboutissant à une sorte de cul-de-sac ; c'est là qu'elles se renferment dans la saison froide pour se livrer à leur léthargie hibernale, qui commence dès que la température n'est plus que de 8 ou 9°. Elles sont alors très-grasses, et leur épiploon est chargé d'une grande abondance de feuillets adipeux ; elles sont au contraire assez maigres à l'époque de leur réveil, et leur poids total est même alors sensiblement diminué. « Cette différence de poids nous prouve évidemment, dit Mangili (Mémoire sur la léthargie des Marmottes, Ann. Mus. T. IX), que la graisse dont elles sont pourvues leur est infiniment utile ; non-seulement il s'en consomme une partie pendant le sommeil léthargique ; mais elles en sont encore nourries pendant les intervalles de veille auxquels elles peuvent être exposées par l'élévation ou l'abaissement de la température. » On sait en effet que les Marmottes, de même que tous les autres Animaux hibernans, se réveillent dès que le froid vient à augmenter, qu'elles

souffrent alors beaucoup, et que s'il est prolongé, elles ne tardent même pas à périr. C'est au reste à quoi elles ne sont que très-rarement exposées, parce que l'extrême profondeur de leurs terriers, et le soin qu'elles ont de fermer les galeries qui y conduisent, font que la température s'y maintient presque constamment, même pendant les plus grands froids, à plusieurs degrés au-dessus de o.

Ce genre, composé dans l'état présent de la science d'un grand nombre d'espèces, si l'on admet toutes celles qui se trouvent indiquées dans les auteurs, mais qui est encore très-imparfaitement connu, habite également l'Amérique et l'Ancien-Monde. On est redevable de sa formation à Gmelin qui, dans la treizième édition du *Systema Naturæ*, sépara pour la première fois les Marmottes des Rats, avec lesquels Linné les avait confondues. Nous décrirons d'abord l'espèce type du genre.

La Marmotte des Alpes, *Arctomys Marmotta*, Gm. ; *Mus Arctomys*, Pall., a plus d'un pied du bout du museau à l'origine de la queue ; elle est généralement d'un gris foncé avec le bout de la queue noir, les pieds blanchâtres, le tour du museau blanc-grisâtre, et les parties inférieures du corps d'un roux clair. Cette espèce, qui habite les montagnes alpines de l'Europe, est connue de tout le monde ; et personne n'ignore que, malgré son apparence stupide, elle est un des Animaux les plus susceptibles d'éducation. Elle est d'ailleurs assez intelligente, et ses mœurs, dans l'état de nature, sont tout-à-fait dignes d'attention. Elle creuse ordinairement sa retraite sur le penchant de la montagne, en sorte que les deux galeries ne se trouvent pas dirigées horizontalement ; c'est dans l'inférieure qu'elle va faire ses excrémens ; c'est par la supérieure qu'elle entre dans son domicile et qu'elle en sort. La partie centrale, celle où elle se tient habituellement, est de niveau ; on y trouve toujours une grande quantité de foin et de mousse, qu'elle prend le soin d'y transporter pendant l'été. Chaque terrier est l'ouvrage et la propriété d'un assez grand nombre d'individus qui forment ce qu'on pourrait nommer une société. C'est ce qu'on a particulièrement l'occasion d'observer, lorsque l'époque est venue de récolter le foin qui doit former pendant l'hiver le lit de toute la troupe : tous ceux qui font partie de la même société, travaillent ensemble; et lorsqu'ils ont préparé ce qui leur est nécessaire, l'un d'eux se couche sur le dos, et les autres, le tirant par la queue, s'en servent comme d'un chariot pour transporter leurs provisions au domicile commun. On dit encore que quand la troupe vient à sortir pour brouter, ou pour jouer sur le gazon, comme il arrive souvent dans les beaux jours de l'été, une sentinelle est toujours placée sur le sommet d'un rocher pour veiller à la sûreté générale. Enfin (et ce fait, non moins remarquable que les précédens, est beaucoup plus certain) quand l'époque de la léthargie hibernale est venue, l'Animal se compose, avec les provisions qu'il a faites pendant la belle saison, un petit tas de fourrage, de forme ordinairement sphérique, et au centre duquel il va se placer; il y entre toujours à reculons, tenant dans sa bouche une poignée de foin qu'il emploie à boucher l'ouverture par laquelle son corps a pénétré. La Marmotte des Alpes ne paraît pas être à beaucoup près aussi féconde que la plupart des Rongeurs; elle ne fait, dit-on, dans l'année qu'une seule portée de cinq petits environ.

Le BOBAK, Buff. T. XIII, pl. 18; *Arctomys Bobac*, Gm. La Marmotte de Pologne, de quelques auteurs, habite également l'Europe, mais plus particulièrement sa partie la plus septentrionale, et elle se trouve également dans le nord de l'Asie. Elle est généralement d'un gris jaunâtre mêlé de brun noirâtre, avec les parties inférieures du corps d'un fauve roussâtre clair, la queue et la gorge roussâtres, le tour des yeux brun, et le

bout du museau gris argenté. Elle vit, comme nous l'avons indiqué, dans des contrées plus froides que la Marmotte des Alpes; mais elle n'habite pas, comme elle, sur les hautes montagnes, et préfère les collines peu élevées et dont l'exposition est au midi.

La MARMOTTE DE QUÉBEC, Penn., Quad., p. 270; *Arctomys empetra*, Gm.; *Mus empetra*, Pall., est la Marmotte du Canada de l'Encyclopédie méthodique, mais non pas celle de Buffon; elle paraît également différer de la Marmotte de Québec de Forster, espèce que nous décrirons, d'après Harlan, sous le nom de Marmotte de Parry. Elle est généralement d'un brun noirâtre varié de blanc, avec le sommet de la tête d'un brun uniforme passant au brun rougeâtre sur l'occiput, les joues et le menton d'un blanc grisâtre sale, et la poitrine et les pates de devant d'un roux vif; la queue, assez courte, est couverte de poils noirs assez abondans. La Marmotte de Québec habite particulièrement le Canada et les environs de la baie d'Hudson; elle est plus anciennement et beaucoup mieux connue que toutes les autres Marmottes de l'Amérique. Celles-ci, considérées par divers auteurs, les unes comme de simples variétés de l'*Arctomys empetra*, et par d'autres, comme devant au contraire former des genres nouveaux, paraissent être assez nombreuses. Ainsi l'auteur de la Faune américaine que nous avons déjà plusieurs fois citée, Richard Harlan, établit qu'il existe dans l'Amérique du nord, jusqu'à onze espèces distinctes, et il les décrit toutes en détail et avec beaucoup de soin dans son ouvrage. Nous croyons donc devoir suivre à cet égard ce naturaliste, tout en remarquant que la plupart des espèces qu'il admet étant encore inconnues en France', son travail doit encore laisser quelque doute sur la réalité de leur existence.

Le MONAX, Edwards, *Av.* II; Buff., Suppl. III; *Arctomys Monax*,

Gm., Harl., Esp. i, p. 158; *Cuniculus bahamensis*, Catesby, a les oreilles arrondies, les ongles longs et aigus; le pelage d'un brun ferrugineux un peu moins foncé sur les flancs et les parties inférieures du corps que sur le dos, avec le museau gris bleuâtre et la queue noirâtre. Cette espèce, que Harlan a observée vivante, habite particulièrement la partie centrale des Etats-Unis.

La Marmotte du Missouri, *Arctomys Missouriensis*, Warden; *A. Ludoviciani*, Ord, Geog. de Guthrie; Harl., Esp. iii, p. 160, est généralement d'un rouge brun. Elle a la tête large et déprimée en dessus; les yeux grands; l'iris brun obscur; les oreilles courtes et comme tronquées; les moustaches de moyenne longueur et de couleur noire; en outre, de longues soies naissent au-dessus de l'œil et sur la joue. Tous les pieds sont pentadactyles, couverts de poils très-courts, et armés d'ongles noirs assez longs. La queue, assez courte, présente vers son extrémité une bande brune. Cet intéressant Rongeur, dont le Muséum de Philadelphie possède un très-bel individu, a reçu, dit Harlan, le nom impropre de Chien de prairie, à cause d'une ressemblance qu'on a cru trouver entre son cri et l'aboiement du Chien. On imite assez bien ce cri, ajoute le même auteur, par la syllabe *tcheh*, lorsqu'on la prononce avec une sorte de sifflement. Cette espèce est surtout abondante dans la province du Missouri, où l'on connaît sous le nom de Villages des Chiens de prairie, certains lieux où se trouvent réunis en grande quantité les terriers de ces Animaux. Quelques-uns de ces villages des Chiens de prairie n'ont qu'une petite étendue, mais d'autres ont jusqu'à plusieurs milles de circonférence.

La quatrième espèce admise par Harlan, est celle qu'il nomme *Arctomys tridecemlineata*; c'est le Rongeur décrit par Mitchill, sous le nom de *Sciurus tridecemlineatus*, ou l'Ecureuil de la Fédération de plusieurs ouvrages, et particulièrement de ce Dictionnaire. Mais (suivant Harlan) c'est à tort qu'il a été placé parmi les Ecureuils, dont il s'éloigne à beaucoup d'égards; la forme générale du corps, de la tête et des oreilles, la longueur, la direction et la forme de la queue, enfin la forme et la proportion des jambes et des ongles, le rapprochent en effet des Marmottes dont il a aussi les mœurs. Au reste Desmarest avait déjà en France soupçonné les véritables rapports de cette espèce, qu'on pourra nommer Marmotte de la Fédération, si (comme nous le pensons aussi) elle doit réellement être placée dans le genre *Arctomys*. Quoi qu'il en soit, Harlan nous apprend qu'elle se creuse des terriers, et ne monte pas volontiers dans les Arbres. Elle est répandue dans une grande partie de l'Amérique du nord, et se trouve depuis les lacs les plus septentrionaux jusqu'à la rivière d'Arkansa, et très-probablement jusque dans le Mexique. (*V.* pour sa description l'article Ecureuil, T. vi).

La Marmotte de Franklin, *Arctomys Franklinii*, Sabine, Trans. Lin. T. xiii; Harl., Esp. v., p. 167; connue aussi sous le nom de Marmotte grise d'Amérique, a la gorge d'un blanc sale; les poils du dessus du corps sont courts et annelés de noirâtre, de blanc sale, de noir, de blanc jaunâtre et de noirâtre (en sorte que le pelage est d'un gris jaunâtre varié); ceux du ventre sont noirâtres à leur origine, d'un blanc sale à leur extrémité; enfin la queue est couverte de poils annelés de blanc et de noir, et paraît elle-même dans son ensemble annelée des mêmes couleurs. Les incisives supérieures sont rougeâtres, les inférieures plus pâles. On remarque en outre des moustaches (qui sont de couleur noire), de longs poils qui naissent au-dessus et au-dessous de l'œil.

La Marmotte de Richardson, *Arctomys Richardsonii*, Sabine, *loc. cit.*; Harl., Esp. vi, p. 168, est aussi connue sous le nom de *Tawny American Marmot* (Marmotte d'Amérique,

couleur de tan). Elle a le sommet
de la tête couvert de poils courts noirâtres à la base, plus clairs au sommet ; le museau couvert de poils
brunâtres se joignant à ceux du sommet de la tête ; les joues de même
couleur ; la gorge d'un blanc sale, la
partie supérieure du corps couverte
de poils courts et doux au toucher,
qui sont noirâtres à leur base, fauves
à leur extrémité ; le dos à peu près
de même couleur que le sommet de
la tête ; les flancs d'un gris brunâtre ; les parties inférieures d'un brun
roussâtre ; enfin la queue couverte de
poils annelés, longs, mais peu abondans. Les oreilles sont ovales et courtes ; les ongles, de couleur cornée,
sont arqués et aigus ; seulement le
doigt interne des pieds de devant,
très-petit et très-reculé en arrière,
est terminé par un petit ongle obtus. Harlan n'indique pas d'une manière précise la patrie de cette espèce, non plus que celle de la précédente ; il ne donne non plus aucuns
détails sur leurs mœurs et leurs habitudes.

La Marmotte poudrée, *Arctomys pruinosa*, Gm., Harl., Esp. vii,
p. 159, est de la taille d'un Lapin ;
elle a le bout du nez noir, les oreilles
courtes et ovales, les joues blanchâtres. Le pelage, formé de poils
cendrés à leur racine, noirs dans leur
milieu, blanchâtres à leur extrémité,
est dans son ensemble d'un gris
blanchâtre. La queue est d'un noir
mélangé de roux, et les jambes sont
noires. La description de Harlan a
été faite d'après un individu que l'on
croyait venir du nord de l'Amérique
septentrionale.

La Marmotte de Parry, *Arctomys Parryii*, Richardson, exp.
Franklin ; Harl., Esp. vii, p. 170 ;
l'Écureuil de terre, Hearne, Journ.,
a les mains antérieures pentadactyles ;
le museau très-obtus ; les oreilles très-
petites ; la queue allongée, noire à
l'extrémité ; le corps marbré de noir
et de blanc en dessus, d'un roux
ferrugineux en dessous. Cette espèce
a des abajoues ; elle habite, comme

la précédente, le nord de l'Amérique
septentrionale.

La Marmotte brachyure, *Arctomys brachyura*, Harl., Esp. i, Supp.,
p. 304 ; *Anisonyx brachyura*, Rafin. ;
Burrowing Squirrel (l'Écureuil fouis-
seur), Lewis et Clarke, exp. Miss.,
avait servi de type à l'établissement
du genre *Anisonyx* de Rafinesque ;
genre qui ne doit pas être conservé,
suivant Harlan, les espèces qui le
composaient n'étant que de véritables Marmottes. La Marmotte brachyure est généralement d'un brun
tirant sur le gris roussâtre, avec le dessous du corps rougeâtre ; la queue
forme le septième de la longueur totale, d'un brun rougeâtre en dessus,
et elle est d'un gris de fer en dessous,
blanche sur les bords. Cette espèce,
qui vit en société à la manière de
l'*Arctomys Ludoviciani*, habite les
plaines de la Colombie.

La Marmotte rousse, *Arctomys
rufa*, Harl., Esp. iii, Suppl., p. 308 ;
Anisonyx rufa, Rafin., est généralement d'un brun rougeâtre ; les oreilles courtes et minces sont couvertes de
poils courts, d'un rouge brun uniforme. Elle habite les plaines boisées de
la Colombie, où elle ne paraît pas être
très-commune ; car nous apprenons
de Harlan que le capitaine Lewis a
offert des sommes considérables aux
Indiens, sans pouvoir se procurer un
seul individu vivant.

Enfin la dernière espèce admise par
Harlan est celle qu'il nomme *Arctomys
latrans*, Esp. ii, Supp., p 300 ; c'est le
Barring Squirrel (Écureuil aboyant)
de Lewis et de Clarke (*loc. cit.*) ; elle est
généralement d'un rouge de brique
uniforme, avec le dessous du col et le
ventre plus clairs que les autres parties du corps. En outre des moustaches, on remarque aussi de longs
poils qui naissent au-dessus des yeux.
Chaque pied a cinq doigts, parmi
lesquels les deux externes sont les
plus courts. Cette espèce qui habite
les plaines du Missouri, a, comme on
le voit, les plus grands rapports avec
l'*Arctomys Ludoviciani*, dont elle
pourrait bien ne pas différer. Le Cy-

nomys social de Rafinesque, type du nouveau genre Cynomys de ce naturaliste, paraît également se rapporter au même Animal.

Telles sont les espèces admises dans le genre *Arctomys* par Richard Harlan ; mais il n'est pas impossible que quelques-unes d'entre elles doivent, quand elles seront mieux connues, en être séparées. C'est ainsi qu'une espèce d'Europe, le Souslik, long-temps considérée comme une véritable Marmotte, est devenue, lorsqu'on l'a étudiée d'une manière plus approfondie, le type du nouveau genre Spermophile. *V*. ce mot. Quant à quelques autres espèces rapportées comme lui au genre *Arctomys*, on ne possède encore à leur égard que des descriptions fort incomplètes ou même des indications fort vagues ; et on chercherait vainement à établir d'une manière certaine à quel genre ils doivent réellement appartenir. Tels sont : le Maulin, *Mus Maulinus*, Molina, *Arctomys Maulina*, Sh., qui aurait tous les pieds pentadactyles et les dents semblables pour leur nombre et leur disposition à celles de la Souris : la Marmotte de Circassie de Pennant, *Mus Tscherkessicus*, Erxl., qui a les jambes antérieures courtes, les yeux rouges et brillans, etc., et qui se creuse des terriers aux environs du fleuve Terek ; et surtout le Gundi de l'Atlas, *Mus Gundi*, Rothmann, *Arctomys Gundi*, Gm., qui n'aurait que quatre doigts à tous les pieds. Le Hamster a également reçu les noms de Marmotte de Strasbourg et de Marmotte d'Allemagne (*V*. HAMSTER), et le Daman celui de Marmotte bâtarde d'Afrique (Vosmaer) et de Marmotte du Cap. (*V*. DAMAN.)   (IS. G. ST.-H.)

MARMOUTON. MAM. L'un des noms vulgaires des Béliers réservés pour étalons.   (B.)

MARNAT. MOLL. Adanson nomme ainsi (Voy. au Sénég., pl. 12, fig. 1) une Coquille du genre Turbo, dont Linné a fait une espèce particulière à laquelle il a donné le nom de *Turbo punctatus* (*Syst. Nat.*, 13ᵉ édit., T. 1, pag. 3597, nᵒ 37).   (D..M.)

MARNE. GÉOL. Mélange naturel, et dans des proportions très-variables, des particules calcaires, argileuses et sablonneuses, d'une ténuité telle que leur réunion présente à l'œil une substance homogène dont les caractères minéralogiques principaux sont d'être très-peu dure, souvent même très-tendre et friable, d'avoir l'aspect terne et pulvérulent, de se délayer plus ou moins facilement dans l'eau, en ne faisant avec celle-ci qu'une pâte courte, qui, soumise à l'action du feu, acquiert peu de dureté et se fond facilement. Ces derniers traits, joints à celui de donner lieu à une très-vive effervescence avec l'Acide nitrique, distinguent les Marnes des Argiles proprement dites, tandis que le résidu considérable qui reste au fond de la dissolution par l'Acide nitrique établit une différence entre elles et les Calcaires sans mélange.

Malgré ces distinctions qui paraissent bien tranchées, cependant à l'exception de quelques substances particulières que les usages auxquels elles sont propres font désigner par tout le monde sous le même nom, il est difficile de savoir si beaucoup de dépôts, dont les couches nombreuses et souvent très-puissantes entrent essentiellement dans la composition des divers terrains secondaires et tertiaires, doivent être considérés comme appartenant à des variétés de Calcaire ou d'Argile, ou bien comme étant de véritables Marnes. La difficulté qui est ici la même que pour toutes les substances minérales mélangées est d'autant plus grande, que dans la même couche les quantités relatives de Calcaire, d'Argile et de Sable, varient d'un point à un autre. De-là viennent les expressions journellement employées dans les descriptions géologiques, d'Argile marneuse, de Calcaire marneux, de Marne calcaire, ou Marne argileuse, Marne sablonneuse, etc. ; expres-

sions que , loin de bannir, il est bon
d'employer , puisqu'elles expriment
vaguement les modifications sans
nombre qui existent dans la nature ,
mais dont il faut , à ce qu'il me semble , se garder de limiter le sens d'une
manière trop étroite et trop systématique, dans la crainte de donner en les
employant des idées inexactes.

Les auteurs allemands désignent la
Marne sous le nom de *Mergel*, dont
Werner ne distinguait que deux variétés : la Marne terreuse, *Mergel
Erde*, et la Marne endurcie, *Verhœr-
teter Mergel*, qu'il regardait comme
des espèces de Calcaires. Haüy, ne
considérant pas avec raison la Marne
comme une substance minérale particulière , mais comme un mélange
d'Argile et de Calcaire, l'appelait
Argile calcarifère. Brongniart (Traité
de Minéralogie) fait des Marnes une
espèce de son ordre des Pierres ar-
giloïdes, sorte d'appendice aux véritables Minéraux , et que depuis il
comprend dans la classification des
Roches d'apparence homogène et tendre.

L'auteur célèbre que nous venons
de citer reconnaît parmi les Marnes
deux variétés principales : 1° les
Marnes argileuses se délayant et faisant une pâte courte avec l'eau , variant pour les couleurs du gris au
jaune, au vert et brun, quelquefois
marbrées de gris, de jaune, de rouge. C'est à cette variété qu'il faut
rapporter la Terre ou Argile à potier
(Marne argileuse figuline), qui ressemble beaucoup à l'Argile plastique par sa texture fine et serrée ,
mais qui a moins de ténacité et se
casse plus facilement qu'elle, en présentant des surfaces raboteuses dans
la cassure. Quoique toujours elle fasse
effervescence avec l'Acide nitrique ,
elle ne contient quelquefois que cinq
pour cent de Chaux carbonatée, et
rarement plus de quinze , ce qui suffit
cependant pour la rendre fusible au
feu. La couche puissante de Marne
verte qui, dans les terrains des environs de Paris, et notamment à
Montmartre, recouvre la formation

gypseuse, est un exemple de Marne
argileuse; c'est elle qui est employée
à la fabrication des tuiles , des briques, des carreaux autour de la ville,
et qui alimente un grand nombre
d'établissemens dans la vallée de
Montmorency. Les Marnes argileuses,
schistoïdes et compactes, diffèrent entre elles par leur texture et par leur
gisement. La première, dont la couleur est assez généralement foncée ,
est quelquefois confondue avec les
Schistes et l'Argile schisteuse des
terrains houillers (*Schiefersthon*) avec
lesquels elle se trouve. A la seconde
sous-variété se rapportent des Marnes
verdâtres et d'un gris marbré, qui séparent les bancs de la seconde masse
de Plâtre à Montmartre , et qui sont
employées comme pierre à détacher :
on peut en rapprocher aussi quelques Terres à foulon employées en
Angleterre et dans d'autres pays.
2°. Les Marnes calcaires diffèrent des
précédentes par la difficulté avec laquelle elle font pâte avec l'eau ; on
ne parvient à lier les parties humectées que si préliminairement on les
a réduites par le broyement à une
très-grande ténuité. Quoique souvent
assez dures pour êtres employées
dans les constructions, les Marnes
calcaires n'ont point de ténacité; elles
se brisent facilement; et souvent elles
se réduisent d'elles-mêmes, sous l'influence atmosphérique, en une poussière fine; leurs couleurs dominantes
sont le blanc, le jaunâtre; elles offrent beaucoup plus rarement des
teintes foncées que les Marnes argileuses. La plupart des couches de
Marne qui précèdent et surmontent
la formation gypseuse des environs
de Paris, et celles qui alternent avec
les lits de Plâtre , appartiennent à la
sous-variété de Marne calcaire compacte. Une autre sous-variété offre
une structure fissile schistoïde; c'est
à elle qu'il faut rapporter les célèbres
Schistes calcaires d'Œningen près
du lac de Constance, du Locle près de
Neufchâtel, d'Aix en Provence, qui
renferment entre leurs feuillets des
débris nombreux de Végétaux , de

Poissons, de Reptiles et de Coquilles d'eau douce. On regarde assez généralement aussi comme des Marnes calcaires schistoïdes celles qui, au mont Bolca, près Vérone, renferment une si prodigieuse quantité d'Ichthyolithes; mais la dénomination qu'on leur applique souvent, de Calcaire marneux ou de Schiste calcaire, les désigne tout aussi bien que ceux des environs d'Eichtedt et de Pappenheim, non moins célèbres par les Fossiles nombreux qu'ils contiennent.

On a donné le nom de Marne siliceuse feuilletée à une couche particulière de la formation gypseuse de Montmartre qui, au milieu de ses feuillets, contient des rognons ou des tables de l'espèce de Silex connu sous le nom de Ménilite. Cette Marne, qui est brune et se délite en feuillets très-minces, est remarquable par la petite quantité d'Alumine et de Chaux qu'elle contient, son analyse ayant donné, sur cent parties, environ soixante de Silice, huit de Magnésie, une à quatre d'Alumine, une de Chaux, etc. Quelques auteurs regardent comme une variété bitumineuse de Marne feuilletée le Minéral qui se trouve auprès de Syracuse, en Sicile, et auquel Cordier a donné le nom de Dusodyle. *V*. ce mot.

Comme on vient de le voir, les Marnes ne contiennent pas seulement de l'Argile, du Calcaire et du Sable; la Magnésie, les oxides de Fer entrent dans le mélange qui les constitue, mais accessoirement. C'est par la présence de la Magnésie que l'emploi de certaines Marnes en agriculture est plus nuisible qu'utile; c'est aux oxides de Fer, de Manganèse qu'elles doivent leurs couleurs variées. Les paillettes de Mica caractérisent par leur existence presque constante les dépôts puissans et continus qui, dans le sud de la France, dans les collines sub-apennines, la Dalmatie, la Hongrie, les environs de Vienne en Autriche, etc., appartiennent à une même formation moderne riche en Coquilles fossiles.

Bien que l'on trouve quelquefois les Marnes en amas au milieu d'autres substances, elles se présentent plus généralement en couches qui alternent avec des Calcaires et des Argiles; elles offrent alors tous les caractères de dépôts sédimenteux opérés sous des eaux tranquilles qui tenaient en suspension les particules dont elles se composent, et qui dans beaucoup de cas ont été, comme plus fines, séparées mécaniquement d'un mélange plus grossier, et transportées, en raison de leur pesanteur spécifique, loin du lieu où s'est fait le premier délayement. Beaucoup de Marnes paraissent avoir été portées par des courans continentaux qui les ont laissé déposer, soit dans des lacs, soit dans la mer.

En perdant l'eau qui les tenait délayées et en se desséchant, les Marnes ont affecté différentes formes; les unes se sont fendillées dans tous les sens, d'autres se sont divisées par le retrait en parallélipipèdes, et même en colonnes prismatiques analogues à celles des Basaltes. On voit un exemple de cette dernière disposition dans une Marne calcaire, blanche et compacte, de la formation gypseuse, sur les bords de la Seine, près d'Argenteuil. Le premier, avec notre ami Desmarets, nous avons fait connaître, il y a plus de seize années, une sorte de retrait encore plus remarquable. (Journal des Mines, mars 1809.) Nous l'avions observé d'abord dans une couche de Marne calcaire jaunâtre, remplie en même temps de cristaux de Sélénite et de nombreuses empreintes de Coquilles marines, qui fait partie de la troisième masse de Plâtre, visible alors dans une carrière dite de la Hutte-aux-Gardes, au pied de Montmartre, du côté de la route de Saint-Ouen, mais actuellement comblée. Depuis lors, cette même couche a été suivie dans toute la ceinture nord de Paris, à partir de Passy jusqu'au faubourg du Temple, et elle a présenté les indices d'un semblable retrait. Dernièrement encore, nous venons d'en retrouver des exemples remarquables par certaines modifications particulières, dont nous parlerons ci-après , dans des Marnes calcaires très-dures qui accompagnent les deux bancs d'Huîtres fossiles supérieurs au Gypse, à Montmorency, Moulignon Saint-Prix. Voici ce que l'on observe dans les premières Marnes que nous avons citées, c'est-à-dire dans celles de Montmartre : si l'on frappe un bloc de Marne pour le briser, il s'en détache souvent une pyramide à quatre faces striées assez profondément, et parallèlement aux côtés de sa base, qui sont à peu près égaux entre eux et ont d'un à cinq et six pouces, la hauteur de la pyramide est environ égale à la longueur de chacun de ces côtés et son sommet est obtus (*V.* les planches de ce Dict., fig. 1). La cavité pyramidale laissée dans le bloc de Marne (fig. 2, ▲) paraît au premier aspect n'être que le moule ou l'empreinte de la pyramide qui vient de se détacher; mais en examinant et séparant avec précaution le bloc, on s'aperçoit bientôt que la cavité a pour parois quatre faces d'autant de pyramides semblables à la première, et dont les sommets se réunissent en un point central. Enfin, le système se complète par une sixième pyramide dont le sommet est directement opposé à celui de la première pyramide. Pour se faire une idée exacte de cette disposition , qu'il est difficile d'expliquer sans une figure, il faut se représenter un solide cubique (fig. 3), imaginer des plans qui, de chacune des arêtes du cube, passent à l'arête qui lui est diamétralement opposée, et se figurer quelle sera la division opérée dans la masse solide par l'intersection de ces différens plans. Il est évident qu'il en résultera six pyramides semblables , dont tous les sommets seront réunis au centre du cube , et qui auront chacune pour base l'une des faces de celui-ci (fig. 4). On voit encore que chaque face des pyramides sera en contact immédiat avec l'une des faces d'une autre pyramide. Toutes ces circonstances sont offertes par le mode de retrait que nous cherchons à décrire , à l'excep-

tion qu'on ne peut pas supposer dans la Marne la préexistence de solides cubiques à la formation des pyramides; car la base de chacune de celles-ci, qui serait l'une des faces du cube, n'est jamais libre et apparente ; elle se confond toujours avec la masse de la Marne. Avant que d'avoir bien conçu cet assemblage des six pyramides , et lorsqu'on en trouva isolément quelques-unes, on a été tenté de regarder chacune d'elles comme des moitiés d'octaèdre. Aussi, malgré l'explication que nous avons donnée dans le temps, nous les avons souvent entendu citer sous le nom d'octaèdres de Montmartre. Serait-ce ainsi qu'il faudrait entendre ce que dit de Born des Marnes présentant des octaèdres? et Emmerling , qui dit que l'on a trouvé dans des Marnes des pseudo-cristaux, ayant la forme d'une pyramide à quatre faces doubles , a-t-il voulu indiquer autre chose que ce mode de retrait? Il nous a toujours paru évident que l'on ne saurait attribuer cette division si singulièrement régulière à une cristallisation , et qu'elle ne pouvait avoir été que le produit d'un retrait par desséchement; mais il faut avouer que nous croyons difficile de rendre compte, d'une manière satisfaisante, d'un semblable effet par cette cause. La solution de cette question a excité l'attention de plusieurs savans ; Girard a recherché si la division observée n'avait pas pu être occasionée par une pression comparable à celle exercée sur l'une des deux faces parallèles d'un solide prismatique , et particulièrement d'un cube dont l'autre face serait appuyée sur un plan résistant. Ce savant ingénieur étayait sa supposition par des calculs rigoureux , et par les observations entreprises par Coulomb et Rondelet pour connaître la force avec laquelle les différentes pierres employées dans les constructions , résistent au poids des masses dont elles sont chargées. En effet, Rondelet avait vu que des cubes de matière homogène, de pierre calcaire par exemple, étant fortement comprimés sur deux faces parallèles, se partageaient en six pyramides semblables. Mais, par cette explication ingénieuse, on ne peut rendre raison des stries que présentent les faces des pyramides qui devraient être lisses; et au surplus, on rencontre ces pyramides dans la même couche, placées suivant des directions qui se croisent; de plus, les sommets des six pyramides, qui sont obtus, ainsi que nous l'avons dit, laissent entre eux un vide qui, au lieu de faire présumer une pression, indique au contraire un écartement ou retrait. C'est cette dernière observation qui lie le fait précédent à celui qui nous reste à rapporter et que voici : dans la Marne calcaire très-compacte des sommets de Montmorency, Moulignon Saint-Prix, on observe un grand nombre de cavités cubiques dont les plus petites ne sont visibles qu'à la loupe, et dont les plus grandes n'ont que quelques lignes de diamètre. Nous les remarquâmes long-temps sans pouvoir nous rendre compte d'une telle régularité; nous vîmes que plus ces cavités étaient grandes et moins les parois en étaient planes ; celles-ci devenaient de plus en plus convexes, de sorte que les angles de réunion étaient plus aigus. Il nous fut facile de concevoir qu'en exagérant par la pensée cet effet croissant, la masse solide, au centre de laquelle était la cavité cubique, serait divisée en six pyramides qui auraient chacune pour sommet la paroi convexe de la cavité, et nous vîmes alors dans chacune de celles-ci l'origine d'une division pyramidale analogue à celles des Marnes de Montmartre (*V.* les planches de ce Dict., fig. 5). Notre conjecture ne tarda pas à devenir une vérité démontrée; car nous sûmes que dans les mêmes couches on avait trouvé des pyramides isolées, et nous en rencontrâmes nous-même quelques fragmens. L'identité d'origine ne peut donc plus être contestée, pas plus, à ce qu'il nous semble, que la cause qu'il faut regarder comme un mode de retrait particulier, dont le caractère

serait d'avoir commencé dans plusieurs points isolés, au milieu d'une masse plus ou moins molle. Mais qui a déterminé le retrait à commencer ainsi? c'est ce que nous ne saurions expliquer. Nous nous contenterons de faire remarquer que, si dans une pâte humide une cause quelconque vient faire qu'un point central se dessèche plus tôt que ceux qui l'environnent (la disparition, par exemple, d'une ou plusieurs molécules d'eau qui se combineraient chimiquement avec d'autres molécules accessoires dans la pâte), les molécules s'écarteront de ce point dans des directions opposées ; et la pâte, diminuant de volume en raison inverse de son éloignement du point central où a commencé le desséchement, il se fera nécessairement des solutions de continuité, des fentes qui auront lieu suivant les diagonales différentes des forces les plus rapprochées. Si le retrait s'opère dans six directions principales opposées les unes aux autres, douze fentes seront produites chacune sur la ligne intermédiaire, entre deux forces perpendiculaires l'une à l'autre à partir du point central; et le résultat sera la division de la pâte en six pyramides dont la hauteur et la largeur croîtront avec le desséchement, et dont par conséquent les bases ne sauraient exister réellement. Le phénomène n'aura-t-il pas, quant aux effets, beaucoup d'analogie avec ceux de la pression extérieure, quoique produit par une cause agissant du dedans au dehors?

Les Marnes en général jouent dans la nature un rôle dont l'importance est bien supérieure à celui de la plupart des substances minérales simples, dont l'existence n'est presque toujours qu'accessoire dans les couches dont se compose l'écorce terrestre, tandis que celle-ci est dans beaucoup de lieux essentiellement formée de Marnes; elles entrent pour près des deux tiers dans la composition de certains terrains, comme ceux qui constituent les collines sub-apennines, et on les retrouve dans presque toutes les formations. Plusieurs variétés alternent avec les lits de Schiste, de Grès et de Charbon de terre dans les terrains houillers. Des Marnes diversement colorées en vert, et surtout en rouge, abondent tellement dans les terrains gypseux et muriatifères, que les Anglais ont désigné spécialement celui de ces terrains qui sépare la formation houillère, des Calcaires oolithiques sous le nom particulier de Marne rouge (*red Marl*). Les grands dépôts de Calcaire jurassique sont entrecoupés par des séries puissantes de couches marneuses dont la couleur dominante est le gris et le verdâtre. Quelquefois les couches de Marne qui alternent avec des dépôts très-coquilliers ne renferment pas de Fossiles, ou bien ceux qu'elles renferment sont dans un état de conservation différent de celui des couches inférieures ou supérieures; ils sont en général plus entiers : elles renferment des squelettes d'Animaux qui sont entiers et des débris de Végétaux bien conservés. Sous le rapport de la nature des Fossiles qu'elles renferment, on peut distinguer des Marnes marines et des Marnes d'eau douce; mais il faut remarquer que, dans les premières, des débris d'êtres terrestres ou fluviatiles sont associés aux dépouilles généralement entières de productions marines.

Les Marnes ne sont pas seulement d'un grand intérêt pour le géologue; les usages auxquels elles sont propres invitent les fabricans, et surtout les agriculteurs, à les rechercher et à étudier leur variable composition; elles sont employées, comme nous l'avons déjà dit, pour la fabrication des poteries, des tuiles, carreaux, etc., pour le dégraissage des draps, etc.; mais leur emploi sur les terres cultivées, pour en modifier la nature et les rendre plus fertiles, est de la plus haute importance. Le marnage des terres est une pratique suivie de temps immémorial en certaines contrées, et que la routine n'a pas jus-

qu'à présent laissé s'établir dans d'autres qui en possèdent tous les moyens et en retireraient les plus grands avantages. Pour le succès de l'opération, non-seulement il n'est pas indifférent d'employer toute espèce de Marne, mais il faut encore que les qualités de celle employée soient en rapport avec la nature de la terre que l'on veut amender par ce moyen. Les Marnes argileuses, par exemple, conviennent aux terres sablonneuses qu'elles rendent plus tenaces et plus propres à retenir l'humidité; les Marnes calcaires au contraire serviront à ameublir les terres argileuses trop grasses; les Argiles ou les Sables purs pourraient à la rigueur opérer ces deux actions mécaniques; mais il paraît que la quantité de carbonate de chaux qui entre dans la composition des Marnes exerce une action chimique favorable à la végétation, soit que ce sel absorbe l'oxigène de l'air, soit qu'il fournisse aux Plantes de l'Acide carbonique et rende soluble l'humus qui doit les nourrir. Quoi qu'il en soit, il est certain que l'effet des Marnes sur les terres n'est pas rapide; il n'est le plus souvent sensible que la seconde, la troisième ou même la quatrième année, mais il dure jusqu'à quinze années et plus. Il faut que l'expérience apprenne au cultivateur quelle est la quantité de Marne qu'il doit répandre sur sa terre, car une trop forte dose peut produire une stérilité complète. Pour les employer, les Marnes doivent être réduites en poudre; et beaucoup d'entre elles, qui paraissent fort dures, s'y réduisent d'elles-mêmes en se délitant par leur exposition à l'air. Aussi est-on dans l'habitude de les laisser réunies pendant quelque temps en tas auprès des marnières avant que de les employer. A défaut de Marne proprement dite, on emploie aux mêmes usages, dans quelques contrées, la Craie, des amas de Coquilles fossiles (*Faluns*), des Vases de mer, et même la Chaux éteinte à l'air. Il faut éviter de se servir des Calcaires ou Marnes qui contiennent trop de Magnésie , parce qu'il paraît que cette substance frappe les terres de stérilité.   (C. P.)

* **MARO**. BOT. PHAN. (Garcia, cité par l'Ecluse.) Syn. de Cocotier.   (B.)

* **MAROC** ou **MOROC**. OIS. Espèce du genre Coucou.   (B.)

MAROCHOS. OIS. (Albert – le-Grand.) Le Guêpier commun.   (B.)

MAROLY. OIS. Valmont de Bomare croit reconnaître l'Orfraie dans l'Oiseau imaginaire si bizarrement décrit sous ce nom par La Chesnaye-des-Bois.   (B.)

* **MARON ROTI**. MOLL. Pour **Marron roti**. *V*. ce mot.   (B.)

* **MARONITE**. MIN. (Link.) Syn. de Macle. *V*. ce mot.   (G..N.)

MAROTOU. OIS. et BOT. L'un des noms vulgaires du Milan dans certains cantons de la France océanique. On l'étend aussi aux Souchets, *Cyperus*.   (B.)

MAROTTI. BOT. PHAN. L'Arbre du Malabar, décrit et figuré sous ce nom par Rhéede, ne peut être rapporté, avec quelques probabilités, à aucun des genres connus. Les caractères que cet auteur en a donnés, ne suffisent même pas pour déterminer dans quelle famille on doit le placer; car Jussieu indique, mais avec beaucoup de réserve, les Sapindacées ou plutôt les Berbéridées.   (G.. N.)

MAROUETTE. OIS. Espèce du genre Gallinule. *V*. ce mot. (DR..Z.)

MAROUTE. BOT. PHAN. Nom vulgaire d'une espèce de Camomille, devenue le type du genre *Maruta* de Cassini. *V*. **Maruta**.   (G..N.)

MARQUETTE. MOLL. Les pêcheurs donnent ce nom à de jeunes Sèches qu'ils emploient comme appât.   (B.)

MARQUISE. BOT. PHAN. Variété de Poires.   (B.)

MARRACHÉMIN. BOT. PHAN. L'un des noms vulgaires du Mar-rube commun dans certains cantons de la France.   (B.)

MARRON ou **CIMARRON**. ZOOL. Nous saisissons l'occasion que nous fournit ce mot, qui se rattache si douloureusement à l'histoire du genre humain, pour citer un passage de Virey, aussi bien écrit que bien pensé. « Ce mot s'applique pareillement, dit-il, à tous les Animaux échappés au joug de l'Homme. Le **Marron** est surtout le Nègre qui s'est enfui de l'habitation de son maître, et qui se cache dans les bois, les cavernes et les montagnes pour échapper aux châtimens rigoureux dont on l'accable. Le misérable végète tristement dans les lieux déserts, cherchant quelques racines agrestes, quelques mauvais fruits, rebut des Animaux, pour soutenir sa vie. Loin de son pays, de sa famille, de ses amis, il demeure toujours en crainte d'être découvert et tué par les blancs. Dans les colonies, les blancs vont en effet à la chasse des *Nègres Marrons* ou fuyards, et les tuent à coups de fusil comme des bêtes. Si de tels malheureux accablés de misère reviennent demander leur grâce, on les punit cruellement, on les attache à une grande chaîne pour les empêcher de fuir désormais ; ils y sont pour le reste de leurs jours à la merci d'un Homme qui, ayant tout pouvoir sur eux, est intéressé à multiplier leurs travaux, sans qu'il leur en revienne le moindre profit ; ils se trouvent encore heureux lorsqu'on ne les accable pas de coups. »

Nous avons connu personnellement des créoles et des blancs qui n'avaient d'autre état que celui de chasseurs d'Hommes. Ils battaient les bois et les montagnes, chargés de cordes pour attacher les malheureux qu'ils venaient à surprendre ; et lorsque ne pouvant les saisir pour les revendre, ils les tiraient comme on tire le gibier, leur habitude était de couper la main du mort afin de la porter au gouvernement qui payait une prime pour ces sortes d'offrandes. Dès que de tels chasseurs savent qu'il s'est échappé un esclave de quelque habitation , ils vont chez le propriétaire et s'arrangent avec lui à bas prix , pour la propriété du fuyard. Nous avons encore vu un de ces Marrons reconduit chez son maître, auquel celui-ci fit couper la jambe droite , pour le mettre dans l'impossibilité de retourner au bois; ainsi mutilé, le malheureux était employé à épouvanter par des cris les Oiseaux et les Singes, le long des champs de Maïs ou de Riz. De tels exemples sont fort rares à Mascareigne; plus fréquens à l'Ile-de-France, assez communs à la Guiane, très-nombreux à la Martinique, et furent si multipliés à Saint-Domingue, que les plaintes des victimes parvinrent enfin jusqu'au Dieu vengeur.

On a encore étendu le nom de MARRON à d'autres créatures moins à plaindre sans doute que les nègres , et appelé ainsi une espèce de Poisson du genre Spare.

MARRON ÉPINEUX, un Conchifère du genre Came.

MARRON ROTI , le *Murex Ricinus* , etc. , etc.   (B.)

MARRON. BOT. Ce nom désignait premièrement les plus belles Châtaignes choisies pour les tables recherchées. On l'étendit à d'autres Végétaux ; ainsi l'on appela :

MARRON D'INDE , les fruits de l'Hippocastane.

MARRON DE COCHONS , les racines du Cyclame commun.

MARRON D'EAU , les fruits de la Macre.

MARRON NOIR , un Agaric dans Paulet.   (B.)

MARRONNIER. BOT. PHAN. L'un des noms du Châtaignier, qu'on a étendu à l'Hippocastane, appelé vulgairement MARRONNIER D'INDE, et au Pavia, appelé MARRONNIER A FLEURS ROUGES. *V*. HIPPOCASTANE et PAVIA.   (B.)

MARRUBE. *Marrubium.* BOT. PHAN. Genre de la famille des Labiées et de la Didynamie Gymnospermie , L., ainsi caractérisé : calice tubuleux, cylindrique , à dix stries et à cinq ou

dix dents ; corolle bilabiée, dont le tube est un peu plus long que le calice, légèrement arqué ; la lèvre supérieure dressée , plane, étroite et bifide ; l'inférieure a trois lobes inégaux, deux latéraux plus petits, ovales et obtus, celui du milieu plus grand et échancré ; étamines didynames très-courtes, renfermées dans l'intérieur de la corolle ; style très-court, terminé par un stigmate à deux lobes inégaux. Ce genre se compose d'une vingtaine d'espèces, dont la plupart sont indigènes de l'Europe méridionale et orientale. On en cultive plusieurs dans les jardins de botanique; et quelques-unes, par exemple le *Marrubium peregrinum*, si ce n'était la petitesse de leurs fleurs, mériteraient de fixer l'attention des amateurs comme Plantes d'ornement. Les deux espèces suivantes offrent assez d'intérêt pour que nous en donnions une courte description.

Le MARRUBE COMMUN, *Marrubium vulgare*, L. et Rich., Bot. Méd., p. 261, a une racine vivace, qui donne naissance à des tiges dressées, longues de trois à six décimètres, rameuses, velues et blanchâtres ; les feuilles sont pétiolées, ovales, aiguës, crénelées, crépues et cotonneuses; les fleurs sont blanches, petites, formant aux aisselles des feuilles des verticilles compactes, accompagnés en dehors de bractées subulées et courtes. Cette Plante est fort commune dans les lieux incultes, sur le bord des routes et des fossés de presque toute l'Europe. Elle disparaît cependant en certaines contrées, comme par exemple dans la région Alpine. Le Marrube est d'une odeur aromatique comme musquée, et d'une saveur âcre, qui dénotent en lui des propriétés assez actives. C'est un bon stimulant, dont l'usage peut convenir dans certains cas d'aménorrhée et dans les catarrhes chroniques.

Le MARRUBE FAUX-DICTAMNE, *Marrubium Pseudo-Dictamnus*, L., est originaire de l'île de Crète, et on le cultive dans les jardins de botanique.

Ses tiges sont sous-frutescentes, hautes de cinq à six décimètres, couvertes, ainsi que toutes les parties de la Plante, d'un duvet blanchâtre et très-abondant; les feuilles sont cordiformes, presque arrondies, crénelées et très-ridées; les fleurs, de couleur rosée, sont disposées par verticilles rapprochés et accompagnés de bractées spatulées et velues. On a cru que cette Plante représentait le fameux Dictamne de Crète des poëtes de l'antiquité; mais il est plus probable que ce spécifique était une espèce d'Origan.   (G..N.)

MARRUBIASTRUM. BOT. PHAN. Les espèces dont se composait le genre constitué sous ce nom par Tournefort, ont été réparties dans les genres *Sideritis*, *Stachys* et *Leonurus* de Linné. *V.* ces mots. (G..N.)

MARRUBIUM. BOT. PHAN. *V.* **MARRUBE.**

MARS. INS. Geoffroy appelle ainsi le *Papilio Ilia* de Fabricius. Ce nom a servi depuis à désigner une petite famille du genre *Nymphalis* de Latreille. *V.* **NYMPHALE.**   (G.)

MARS. MIN. Syn. de Fer chez les alchimistes, d'où il était passé dans la chimie ancienne.   (B.)

MARSANA. BOT. PHAN. (Sonnerat.) Syn. de Murraya.   (B.)

MARSCHALLIA ou **MARSHALLIA.** BOT. PHAN. Ce nom générique a eu deux emplois. Scopoli l'a substitué à celui de *Racoubea*, genre d'Aublet, qui a été réuni à l'*Homalium* de Jacquin. Dans son édition du *Systema Vegetabilium* de Linné, Gmelin, tout en adoptant cette substitution, a également admis la même dénomination dont s'était servi Schreber pour un genre de Synanthérées qui a reçu depuis d'autres noms, tels que ceux de *Persoonia*, *Trattenichia* et *Phyteumopsis*, proposés par Michaux, Persoon et Poiret. C'est donc à ce dernier genre que le nom de *Marschallia* doit être appliqué, principalement à cause de son antériorité.

Le *Marschallia* appartient aux Co-

rymbifères de Jussieu et à la Syngénésie égale de Linné. Il offre pour caractères essentiels: involucre composé d'écailles lancéolées, disposées presque sur deux rangs; réceptacle garni de paillettes de la longueur de l'involucre; calathide de fleurs toutes hermaphrodites et fertiles, dont la corolle est régulière, à cinq divisions linéaires; ovaire allongé, surmonté d'un style à deux stigmates réfléchis; akène ovale, strié, surmonté de cinq paillettes membraneuses. Ce genre se compose de trois espèces, *M. lanceolata*, *latifolia* et *angustifolia*, qui habitent la Caroline et les contrées voisines de l'Amérique du nord.   (G..N.)

MARSDÉNIE. *Marsdenia.* BOT. PHAN. Genre de la famille des Asclépiadées et de la Pentandrie Digynie, L., établi par R. Brown (*in Wern. Transact.*, 1, p. 28) qui l'a ainsi caractérisé : corolle urcéolée, quinquéfide, quelquefois rotacée; couronne staminale à cinq folioles comprimées, indivises et simples intérieurement; anthères terminées par une membrane; masses polliniques dressées, fixées par la base; follicules lisses; graines aigrettées. Ce genre est extrêmement rapproché du *Pergularia*, duquel, selon R. Brown lui-même, il ne diffère que par les folioles simples de la couronne staminale, tandis qu'elles sont augmentées d'une laciniure dans les Pergulaires. Les cinq espèces qui composent ce genre croissent dans la Nouvelle-Hollande, entre les tropiques. Ce sont des sous-Arbrisseaux, le plus souvent volubiles, à feuilles opposées, assez larges et planes; à fleurs tantôt en cymes, tantôt en thyrses situés entre les pétioles. Brown (*loc. cit.*, et *Prodr. Nov.-Hol.*, p. 461) les a distribués en deux sections. La première, caractérisée par son stigmate mutique, renferme les *Marsdenia velutina*, *viridiflora*, *cinerascens* et *suaveolens*. Cette dernière espèce a été décrite avec plus de détails et figurée par Rudge. (*Transact.*

of Linn. Society, x , p. 299 , tab. 21.) La seconde section ne contient qu'une seule espèce , *M. rostrata*. Elle se distingue des vraies Marsdénies par son stigmate rostré ; les masses polliniques sont réniformes, presque transversales , fixées par leur extrémité qui est éloignée du corpuscule du stigmate. Cette section est désignée par R. Brown sous le nom de *Nephrandra*. (G..N.)

MARSEA. BOT. PHAN. (Adanson.) Syn. de Baccharis. (D.)

MARSEAU ou **MARSAULT. BOT. PHAN.** Même chose que Marceau. *V*. ce mot. Ces orthographes devraient être préférées , vu l'étymologie , qui vient de ce que le Saule ainsi nommé fleurit dans le mois de mais. (B.)

MARSETTE. BOT. PHAN. L'un des noms vulgaires du *Phleum pratense*. (B.)

MARSHALLIA. BOT. PHAN. *V*. MARSCHALLIA.

MARSILÉACÉES. *Marsileaceæ.* **BOT. CRYPT.** Cette petite famille , désignée successivement sous les noms de *Rhizospermes*, de *Salviniées* et de *Marsiléacées*, paraît avoir été plus généralement adoptée sous ce dernier nom. Quoique ne renfermant que quatre genres , elle se divise en deux groupes très-naturels et assez différens pour qu'il soit très-difficile de donner un caractère commun et exact à toute la famille.

Dans les MARSILÉACÉES PROPREMENT DITES , renfermant les deux genres *Marsilea* et *Pilularia* , on observe à la base des feuilles des involucres coriaces , épais, indéhiscens ou s'ouvrant en plusieurs valves , divisés intérieurement par des cloisons membraneuses en plusieurs loges ; chacune de ces loges renferme des organes de déux sortes , qui sont insérés à une partie de ses parois ; les uns, en moins grand nombre , sont des ovaires ou plutôt des graines composées d'une membrane extérieure transparente , se gonflant par l'humidité et devenant une couche épaisse

de substance gélatineuse , et d'une membrane interne dure et coriace , jaune, qui présente à sa surface un point particulier par lequel doit sortir l'embryon lors de son développement ; mais qui , du reste , n'offre aucune continuité vasculaire avec la Plante mère ; la graine est tout-à-fait libre au milieu de la substance gélatineuse ; les autres organes , plus nombreux , sont des sacs membraneux , se gonflant légèrement par l'humidité , s'ouvrant alors au sommet et renfermant au milieu d'un mucus gélatineux des globules sphériques assez nombreux , beaucoup plus petits que les graines. Les Plantes qui composent cette section rampent au fond des eaux stagnantes peu profondes et sont complétement submergées. Leurs feuilles sont enroulées en crosse , avant leur développement , comme dans les Fougères. Dans la Pilulaire, ces feuilles ne doivent être regardées que comme des pétioles dont les folioles sont avortées ; dans le *Marsilea* , les folioles ont une structure tout-à-fait semblable à celle des pinnules de certaines Fougères ; mais ce n'est que par leurs organes végétatifs que ces deux familles se ressemblent ; leur fructification est tout-à-fait différente.

Dans la seconde section de cette famille , à laquelle on peut conserver le nom de SALVINIÉES, et qui renferme les genres *Salvinia* et *Azolla*, on trouve à la base des feuilles des involucres membraneux de deux sortes , et renfermant des organes différens ; les uns contiennent une grappe de graines qui sont ovoïdes, et ne renferment qu'un seul embryon dans le *Salvinia*, tandis qu'elles sont sphériques et contiennent six à neuf embryons dans l'*Azolla* ; le tégument de ces graines est mince , réticulé, brunâtre, et ne se gonfle pas dans l'eau comme celui des vraies Marsiléacées ; le pédicelle assez long qui les supporte paraît renfermer un vaisseau qui dans le *Salvinia* vient s'insérer latéralement sur la graine. Les autres involucres , regardés comine des organes mâles , ont une structure assez compliquée dans l'*Azolla*, où ils ont été bien observés par R. Brown. *V.* Azolla. Dans le *Salvinia* (*V.* fig. 2, *c*, *d*, de l'Atlas de ce Dictionnaire) , ils renferment un grand nombre de grains sphériques attachés par de longs pédicelles à une colonne centrale ; ces globules sont beaucoup plus petits que les graines ; leur surface est également réticulée, et ils ne se rompent pas par l'action de l'eau. Toutes les Plantes de cette section flottent sur l'eau ; leurs feuilles opposées dans le *Salvinia*, alternes dans l'*Azolla*, ne sont pas enroulées en crosse dans leur jeunesse, et n'ont pas du tout la structure de celles des Fougères. L'ensemble de ces caractères établit des différences bien notables entre ces Plantes et les vraies Marsiléacées, et sous plusieurs rapports elles forment le passage entre cette famille et celle des Lycopodiacées.

Les expériences de germination faites sur le *Salvinia* et sur le *Pilularia*, avaient prouvé depuis long-temps que dans ces Plantes les globules les plus gros étaient de vraies graines : l'analogie nous permettait de l'admettre pour les organes analogues des *Marsilea* et des *Azolla*; mais il restait encore à prouver que les autres organes étaient de vrais organes mâles dont le concours était nécessaire au développement des graines ; c'est ce que Savi, professeur à Pise, nous paraissait avoir établi d'une manière claire. Le *Salvinia* croît abondamment aux environs de cette ville , et des expériences ont pu être faites sur des Plantes fraîches et en bon état. Il a mis dans des vases différens : 1° des graines seules ; 2° des globules mâles seuls ; 3° les uns et les autres mêlés. Dans les deux premiers vases, rien n'a germé ; dans le second , les graines sont venues à la surface de l'eau et se sont parfaitement développées. Cependant G.-L. Duvernoy vient de publier une Dissertation sur cette Plante , dans laquelle il annonce qu'ayant répété les expériences de

Savi, il n'a pas obtenu les mêmes résultats que lui, et que les graines mêmes , séparées des globules sphériques , se sont parfaitement développées ; ce sujet est donc encore loin d'être parfaitement éclairci, et exige de nouvelles recherches, tant sur cette Plante que sur les vraies Marsiléacées. On a beaucoup discuté pour savoir si dans ces Plantes l'embryon est visible avant la germination : aucun auteur n'a pu le voir clairement, et il faut avouer que la petitesse de ces graines rend une semblable recherche très-difficile. D'ailleurs si , comme ces auteurs le prétendent, il ne peut exister d'embryon sans fécondation , et que dans ces Plantes la fécondation n'ait lieu qu'après la dissémination des graines, par le séjour dans le même milieu des organes mâles et femelles , il est évident qu'on ne devra chercher l'embryon que lorsque cette fécondation aura eu lieu , c'est-à-dire peu de temps avant le commencement de la germination , ou plutôt au moment même où la germination commence ; car il nous paraît impossible de concevoir que dans ces Plantes la fécondation puisse s'opérer pendant que les graines sont encore renfermées dans les involucres , puisqu'à cette époque les organes mâles sont renfermés dans des organes parfaitement clos , et que d'ailleurs les involucres femelles n'offrent aucun organe propre à transmettre le fluide fécondant du dehors en contact avec les graines dans les espèces à involucres mâles et femelles distincts. Il nous paraît donc certain ou qu'il n'y a pas de fécondation , ou qu'elle a lieu après que les graines sont sorties des involucres qui les renfermaient.

Le genre que nous avons établi parmi les Plantes fossiles sous le nom de Sphénophyllites, nous paraît devoir se rapporter à la famille des Marsiléacées, quoique bien distinct de tous les genres qu'elle renferme actuellement. *V.* Sphénophyllites. 　　　　　(AD. B.)

MARSILÉE. *Marsilea.* bot. crypt.

(*Marsiléacées.*) Micheli créa d'abord sous ce nom un genre qui depuis fut réuni aux Jungermannes ; il renfermait toutes les espèces dont la fronde est continue , lobée et appliquée sur la terre. Depuis , Linné transporta le nom de *Marsilea* au genre que Jussieu avait désigné sous celui de *Lemma.* La nomenclature de Linné ayant été généralement adoptée, c'est ce genre dont nous allons tracer les caractères.

Les Marsilées sont des Plantes aquatiques dont la tige rampe dans les eaux peu profondes ; de ces tiges naissent des feuilles portées sur un long pétiole et composées de quatre folioles cunéiformes opposées en croix ; à la base de ces feuilles ou sur leurs pétioles même sont insérés un , deux ou trois involucres, coriaces, indéhiscens , ovoïdes , aplatis ; ces involucres sont divisés par des cloisons verticales membraneuses en deux ou quatre grandes loges qui sont elles-mêmes subdivisées par d'autres cloisons horizontales en loges linéaires transversales; chacune de ces loges renferme des organes de deux sortes, insérés aux membranes qui forment les cloisons; les uns sont des vésicules membraneuses , se gonflant légèrement par l'immersion dans l'eau ; de forme ovoïde , parfaitement transparentes , renfermant dans leur centre une graine elliptique lisse , d'un jaune pâle , paraissant tronquée ou perforée vers la base. Ces organes sont insérés sur la partie des cloisons qui est la plus proche de la circonférence ou de l'involucre : on n'aperçoit rien à leur surface qui puisse être comparé à un style, quoique quelques auteurs aient prétendu qu'il en existe un au sommet de chaque vésicule; elle est au contraire parfaitement lisse, et formée par une membrane uniforme. Les autres organes sont insérés vers le milieu des cloisons; ce sont des vésicules membraneuses , plus petites que les précédentes, moins régulières , ovales ou oblongues, parfaitement transparentes et renfermant un assez grand nombre de grains

sphériques libres , très-serrés, d'un jaune clair, dont la surface paraît elle-même chagrinée ou granuleuse.

Il est difficile de ne pas reconnaître, dans les premiers de ces organes, des graines analogues à celles qu'on a vu germer dans la Pilulaire, et dans les seconds des anthères à une seule loge renfermant des grains de pollen. La germination de ces Plantes n'a pas encore été observée ; mais il est extrêmement probable que chaque graine ne donne naissance qu'à une seule Plante , et que les globules renfermés dans ces graines qu'Hedwig a indiquées comme des graines, ne sont qu'un périsperme granuleux analogue à celui des Chara et de la Pilulaire, avec laquelle ce genre a tant d'affinité.

Le genre *Marsilea* est le type de la famille des Marsiléacées, et réuni à la Pilulaire, avec laquelle il a les rapports les plus intimes , il forme une section remarquable par ses involucres , qui renferment les deux sexes réunis , par l'analogie de structure de ses organes sexuels , enfin par l'enroulement des feuilles en crosse et par la structure de ces feuilles , caractères qui lient cette famille à celle des Fougères.

Linné avait d'abord réuni à ce genre , sous le nom de *Marsilea natans* , la Plante dont Micheli avait formé son genre *Salvinia* , genre parfaitement distinct, et qui a été rétabli depuis et adopté généralement.

Les vraies Marsilées forment un genre extrêmement naturel , tant par les caractères de leur fructification que par ceux de leur végétation. On connaît huit espèces de ce genre. L'une, le *Marsilea quadrifolia,* paraît se retrouver, sans différences appréciables, dans les lieux les plus éloignés du globe ; elle est abondante dans l'Europe tempérée et méridionale; elle croît dans l'Amérique méridionale , dans le Népaul, à la Nouvelle-Hollande et à l'île Maurice. Les autres espèces croissent la plupart dans les régions les plus chaudes du globe, dans l'Inde, au cap de Bonne-Espérance, à la Nouvelle-Hollande , en Egypte. Le *Marsilea Ægyptiaca* est figuré dans les planches de ce Dictionnaire (fig. 3 , *a*). C'est une des plus petites espèces de ce genre : les pétioles , longs de quatre à cinq centimètres, portent quatre folioles étroites, cunéiformes, irrégulièrement lobées à leur extrémité (*b*) ; les involucres sont solitaires (*c*) , portés sur un pédoncule distinct et non pas insérés sur le pétiole comme cela a lieu pour la plupart des autres espèces ; ils sont légèrement velus, presque quadrilatères et divisés en quatre loges par des cloisons verticales (*d*, *e*) ; ils renferment un assez grand nombre de graines et d'anthères entremêlées.

Une nouvelle espèce de ce genre vient d'être découverte au Sénégal par Le Prieur, jeune et ardent botaniste, que l'amour de la science a déterminé à aller affronter ces climats dangereux ; sa taille, de beaucoup inférieure à celle de toutes les espèces connues, l'a engagé à donner à cette Plante le nom de *Marsilea pygmea.* Comme le *M. Ægyptiaca* , ses involucres sont solitaires , et partent de la tige elle-même , et non des pétioles des feuilles ; ils sont comprimés, presque triangulaires , insérés latéralement au sommet des pédoncules ; leur surface externe est lisse et brillante d'un brun rouge ; leur cavité est simple et n'est pas partagée par des cloisons. Elle renferme des graines elliptiques et des anthères entremêlées, insérées aux parois ; les feuilles sont portées sur des pétioles beaucoup plus longs que les pédoncules , mais qui n'ont cependant pas plus de cinq à six lignes ; les folioles sont cunéiformes , arrondies au sommet et très-entières ; leur tissu est épais et coriace.   (AD. B.)

* **MARSIO** ET **MARSIONE.** POIS. Noms vulgaires de l'Aphye , espèce de Gobie. *V.* ce mot.   (B.)

MARSIPPOSPERMUM. BOT. PHAN. (Desvaux.) *V.* JONC.

***MARSOLEAU.** OIS. Syn. vulgaire de la Linotte. *V.* GROS-BEC.   (DR..Z.)

MARSOUIN. MAM. Espèce du genre Dauphin. *V.* ce mot, ainsi que pour les autres Mammifères auxquels ce nom fut étendu comme type d'un sous-genre.   (B.)

MARSUPIAUX. *Marsupialia.* MAM. L'une des divisions les plus remarquables de la grande classe des Mammifères, et l'une des familles du règne animal dont l'étude est la plus propre à éclairer la théorie physiologique de la génération , à cause des phénomènes singuliers que présente cette fonction dans les espèces qui la composent. Les petits ne se développent pas comme chez tous les autres Mammifères dans la matrice, mais dans une poche, ou, selon l'expression usitée, dans une bourse extérieure, formée par un repli de la peau de l'abdomen, et soutenue par un os particulier. De-là le nom de Marsupiaux ou d'Animaux à bourse, donné à ces êtres singuliers, qu'on appelle souvent aussi Didelphes, c'est-à-dire Animaux à deux matrices , parce que la bourse a été comparée à un second utérus ; mais on désigne plus ordinairement de cette dernière manière le genre de Marsupiaux le plus anciennement connu.

Ces Quadrupèdes offrent tous les mêmes modifications de l'appareil sexuel ; mais les autres organes , et particulièrement ceux de la mastication , de la digestion et du mouvement, se rapportent , pour ainsi dire, à autant de types différens qu'il existe de genres parmi eux. Aussi, parmi tous les caractères que nous pourrions indiquer comme appartenant aux Animaux à bourse, n'en est-il pas un seul qu'on puisse dire commun à toute la tribu, et qui ne soit au contraire propre seulement à quelques-unes ou même à une seule des subdivisions qu'elle comprend. Ces subdivisions, qu'il est donc important de faire connaître, sont, suivant la méthode de Cuvier, au nombre de six (T. 1, Règne Animal).

La première a de longues canines et de petites incisives aux deux mâchoires, des arrière-molaires hérissées de pointes, et, en général, tous les caractères des Carnassiers insectivores. Le pouce des pieds de derrière est opposable et manque d'ongle. Elle correspond à la famille des Entomophages de Latreille, et comprend le genre *Didelphis* de Linné, le genre *Chironectes* d'Illiger, et les genres *Dasyurus* et *Perameles* de Geoffroy Saint-Hilaire.

La seconde subdivision porte à la mâchoire inférieure deux longues et larges incisives pointues et tranchantes par leur bord, couchées en avant, et auxquelles il en répond six à la mâchoire supérieure. Les canines supérieures sont encore longues et pointues; mais il n'y a plus pour canines inférieures que des dents si petites qu'elles sont souvent cachées par la gencive; quelques espèces n'en ont même pas du tout. Elle comprend le genre *Phalangista* de Geoffroy, et le genre *Petaurus* de Shaw.

La troisième subdivision a beaucoup de rapports avec la seconde; mais elle manque de pouces postérieurs et de canines inférieures. Elle ne comprend que le genre *Hipsyprymnus* d'Illiger.

La quatrième ne diffère de la précédente que parce qu'elle n'a point du tout de canines; elle comprend le genre *Kangurus* de Geoffroy.

La cinquième, que forme le genre *Phascolarctos* de Blainville, a deux longues incisives sans canines à la mâchoire inférieure, et, à la supérieure, deux longues incisives au milieu, quelques petites sur les côtés, et deux petites canines.

Enfin la sixième ne diffère de l'ordre des Rongeurs que par le mode d'articulation de la mâchoire inférieure; elle ne comprend que le genre *Phascolomys* de Geoffroy.

Les genres qui appartiennent à ces six subdivisions ont été considérés par Cuvier comme constituant la quatrième famille des Carnassiers;

mais Geoffroy Saint-Hilaire et Latreille en ont formé un ordre distinct; et Blainville les regarde même comme composant une sous-classe particulière. Si en effet les Didelphes et les Dasyures sont de véritables Carnassiers, et les Phascolomes de véritables Rongeurs, comme tous les mammalogistes en conviennent, on doit convenir également que dans un système rigoureux ils ne peuvent être réunis dans le même ordre : car n'est-il pas évident que le Rongeur didelphe est aussi éloigné par ses rapports naturels du Carnassier didelphe, qu'un Rongeur ordinaire l'est d'un Carnassier ordinaire ou monodelphe ? Au reste Cuvier qui, comme nous l'avons dit, ne formait de tous les Animaux à bourse qu'une seule famille, avait lui-même eu cette pensée. « On dirait, remarque l'illustre zoologiste, que les Marsupiaux forment une classe distincte, parallèle à celle des Quadrupèdes ordinaires et divisible en ordres semblables; en sorte que si l'on plaçait ces deux classes sur deux colonnes, les Sarigues (ou Didelphes), Dasyures et Péramèles seraient vis-à-vis des Carnassiers insectivores à longues canines, tels que les Tanrecs et les Taupes; les Phalangers et Kanguroos-Rats vis-à-vis des Hérissons et des Musaraignes. Les Kanguroos proprement dits ne se laisseraient guère comparer à rien; mais les Phascolomes devraient aller vis-à-vis des Rongeurs. »

C'est d'après de semblables idées que Blainville a divisé la classe en deux sous-classes, formées, l'une de tous les Mammifères ordinaires ou Monodelphes, l'autre des Marsupiaux ou Didelphes, auxquels il joint les Monotrêmes, qui sont en effet liés par des rapports assez intimes avec les véritables Animaux à bourse. *V.* MONOTRÊMES. Desmoulins a même tout récemment subdivisé la sousclasse des Didelphes en plusieurs sections, auxquelles il donne généralement des noms correspondans à ceux des familles ou des ordres établis parmi les Monodelphes.

De la génération et des modifications de l'appareil sexuel chez les Marsupiaux.

Geoffroy Saint-Hilaire dans plusieurs Mémoires publiés à diverses époques, et particulièrement dans l'article *Marsupiaux* du Dictionnaire des Sciences Naturelles, a traité avec détail cette importante et difficile question ; et il a émis à ce sujet plusieurs idées qui, nouvelles encore, paraissent néanmoins assez généralement goûtées des zootomistes, pour que nous croyions ne pouvoir mieux faire que de donner ici, pour ainsi dire, un simple extrait de son travail.

L'opinion que les Animaux à bourse naissent aux tetines de leur mère, remonte presque à la même époque où les naturalistes européens puisèrent, dans les vagues indications des voyageurs, quelques notions sur ces êtres singuliers. Il est dans les deux Indes, attestaient unanimement ceux qui avaient visité ces contrées, des Mammifères dont le mode de génération est tout différent de celui des Quadrupèdes ordinaires : les petits ne se forment et ne se développent pas dans la matrice de leurs mères, mais bien dans une poche ou bourse particulière située extérieurement. « La bourse est proprement l'utérus du Çarigueya ; la semence y est élaborée, et les petits y sont formés, » écrivait Marcgraaff il y a près de deux siècles, au sujet d'une espèce du genre Didelphe, qu'il avait observée en Amérique. « La poche des Filandres est une matrice dans laquelle sont conçus les petits, » écrivait également Valentin dans son Histoire des Moluques : « Les jeunes Sarigues existent dans le faux-ventre sans jamais entrer dans le véritable, et ils se développent aux tetines de leur mère, » disait enfin Béverley dans son ouvrage sur la Virginie ; et tous les voyageurs s'exprimaient à peu près dans les mêmes termes. Néanmoins l'accord parfait des nombreux témoignages venus presque à la fois des deux mondes, n'empêcha pas

qu'un fait qui paraissait tellement contraire à l'analogie, ne fût rejeté comme fabuleux, d'abord par la plupart des naturalistes, et même ensuite par tous, quand on se fut procuré des Didelphes, et qu'on eut reconnu qu'il n'existait pas de communication intérieure et directe entre la bourse et la matrice. On ne pouvait s'expliquer par la théorie physiologique de la génération ce qui était si généralement attesté : on le regarda comme impossible, et on se contenta de considérer les Marsupiaux comme des êtres dont la naissance prématurée était compensée par une sorte d'incubation dans la bourse.

Cette idée, qui en effet pouvait paraître véritablement spécieuse, était encore généralement adoptée, lorsque le sénateur d'Aboville (alors officier d'artillerie) fit de nouvelles observations qui ramenaient à l'ancienne manière de voir. On les trouve rapportées dans le Voyage en Amérique du marquis de Chastellux : « Deux Opossums (*Didelphis Virginiana*), mâle et femelle, et apprivoisés, allaient, dit Chastellux, et venaient librement dans une maison que M. d'Aboville occupait aux États-Unis en 1783. Ces Animaux, qu'il retirait le soir dans sa propre chambre, s'y accouplèrent : M. d'Aboville en suivit attentivement les effets, ce qui donna lieu aux observations ci-après : le bord de l'orifice de la poche fut trouvé dix jours après un peu épaissi, et cela parut de plus en plus sensible les jours suivans. Comme la poche s'agrandissait en même temps, l'ouverture en devenait bien plus évasée. Le treizième jour la femelle ne quitte sa retraite que pour boire, manger et se vider ; le quatorzième elle ne sort point. M. d'Aboville se décide enfin à la saisir et à l'observer. La poche, dont précédemment l'ouverture s'évasait, était presque fermée : une sécrétion glaireuse humectait les poils du pourtour. Le quinzième jour, un doigt est introduit dans la bourse, et un corps rond de la grosseur d'un pois y est au fond sensible au toucher :

l'exploration en est faite difficilement à raison de l'impatience de cette mère, douce au contraire et tranquille précédemment. Le seizième jour elle sort un moment de sa boîte pour manger. Le dix-septième elle se laisse visiter : M. d'Aboville sent deux corps gros comme un pois, et conformés comme serait une figue dont la queue occuperait le centre d'un segment de sphère : il est toutefois un plus grand nombre de ces petits naissans. Le vingt-cinquième jour, ils cèdent et remuent sous le doigt. Au quarantième, la bourse est assez entr'ouverte pour qu'on puisse les distinguer ; et au soixantième, quand la mère est couchée, on les voit suspendus aux tetines, les uns en dehors de la bourse, les autres en dedans. Quant au mamelon, il est, après le sévrage, long dé deux lignes ; mais il se dessèche bientôt, et il finit par tomber comme ferait un cordon ombilical. »

Les observations du docteur Barton, faites quelque temps après celles de d'Aboville, ne sont pas moins importantes. Il vit que « les Didelphes mettent bas, non des fœtus, mais des corps gélatineux, des ébauches informes, des embryons sans yeux ni oreilles. Nés de parens gros comme des Chats, ils pèsent, à leur première apparition, un grain environ ; mais quinze jours de développement suffisent pour les amener à la taille d'une Souris. Lorsqu'ils ont atteint celle d'un Rat, ils cessent d'adhérer aux mamelles ; mais ils les reprennent à volonté, et sont alors nourris du lait de leur mère, et en même temps de ce qu'ils trouvent. » Barton conclut qu'on peut distinguer deux sortes de gestation, l'une qu'il appelle utérine, et qu'il estime être de vingt-deux à vingt-six jours, et l'autre qu'il nomme marsupiale. Quant à la manière dont il est possible de concevoir le transport de l'embryon de la cavité utérine dans la bourse, il remarque que la femelle du Didelphe se couche fréquemment sur le dos, et principalement lorsqu'elle

a des petits. « Dans cette position, elle touche, quand il lui plaît, tous les points des parois intérieures de sa bourse avec l'extrémité de son vagin ; et elle peut ainsi, au moment de la mise bas, y verser ses petits sans recourir à un ongle ou à l'un de ses doigts. »

C'est principalement d'après les observations de d'Aboville et de Barton, et d'après les faits qu'ont pu lui procurer ses recherches anatomiques et les secours de l'analogie, que Geoffroy Saint - Hilaire a établi sa théorie de la génération des Animaux à bourse ; théorie que nous allons exposer, en commençant par l'examen anatomique de l'appareil sexuel.

Des modifications de l'appareil sexuel chez les Marsupiaux.

L'appareil sexuel des Marsupiaux s'écarte presque à tous égards du type classique des Mammifères ; néanmoins les nombreuses et importantes anomalies qu'il présente, peuvent toutes être rapportées à deux modifications du système artériel, qu'on peut nommer fondamentales.

1°. On sait que chez l'Homme et les Mammifères ordinaires, l'aorte abdominale donne successivement deux grosses branches connues sous le nom de mésentériques supérieure et inférieure, et qui toutes deux appartiennent au canal intestinal. Chez les Marsupiaux, une seule existe ; c'est la mésentérique supérieure. La portion terminale de l'aorte ne donne ainsi chez eux aucune branche aux organes de la nutrition ; elle appartient exclusivement soit à ceux de la génération, soit au membre postérieur et à la queue.

2°. L'aorte se termine chez les Marsupiaux, comme chez les Mammifères monodelphes, à peu près à la hauteur de la crête des os des îles ; mais comme le bassin a beaucoup de longueur chez les premiers, les iliaques primitives naissent véritablement plus haut, et l'angle de bifurcation est sensiblement plus aigu. Cette disposition, fort simple, est de la plus haute importance ; car tandis que chez l'Homme, et chez presque tous les Mammifères, l'iliaque externe, ou la première portion de la crurale, et l'iliaque interne, ou l'hypogastrique, sont des artères d'un calibre presque égal, l'artère iliaque externe forme chez les Marsupiaux une mère-branche dont l'hypogastrique n'est plus qu'un simple rameau ; et la sacrée moyenne est également d'un diamètre assez considérable. La conséquence évidente d'une pareille combinaison est le grand développement du prolongement caudal et du membre postérieur, qui, chez les Animaux à bourse, sont en effet presque constamment l'un et l'autre d'importans organes de locomotion ou de préhension. De plus, comme l'artère utérine et l'artère vaginale sont des branches de l'hypogastrique, et comme l'artère épigastrique vient au contraire de l'iliaque externe, on conçoit que le calibre des premières doit être diminué, et que, tout au contraire, celui de l'épigastrique doit être de beaucoup augmenté. Aussi l'utérine et la vaginale suffisent seulement à nourrir l'appareil sexuel ; et les fluides nourriciers ne se portent plus, dans la saison de l'amour, aux organes que ces artères nourrissent, à l'utérus et au vagin, mais à ceux auxquels appartient l'épigastrique, les mamelles et les tégumens qui les environnent.

Ces considérations peuvent déjà donner une idée des modifications foudamentales de l'appareil de la génération : quelques remarques sur chacun des organes qui le composent sont maintenant nécessaires.

a De l'utérus et des autres organes génitaux internes.

La détermination des organes génitaux internes a long-temps embarrassé les zootomistes ; ils trouvaient entre le premier et le troisième segment du canal sexuel, ou, comme ils le disaient, entre le vagin et l'utérus, deux tubes placés l'un à droite, l'autre à gauche, et dont ils cherchaient en vain les analogues chez l'Homme et les Mammifères normaux. A la vérité Tyson avait supposé que ces tubes pourraient bien n'être que les cornes de la matrice ; mais cette hypothèse était évidemment inadmissible, puisque ces appendices sont toujours placés au-delà, et non pas en-deçà de l'utérus. C'est ce que sentit l'illustre Daubenton, qui ne trouvant d'ailleurs aucune détermination plus exacte qu'il pût substituer à l'ancienne, se borna à désigner les deux tubes latéraux sous le nom de canaux communiquant du vagin à l'utérus.

La difficulté naissait d'une erreur, le prétendu vagin n'étant, selon Geoffroy Saint-Hilaire, que le canal urétro-sexuel. Ce naturaliste, dans un Mémoire sur les Oiseaux, a ainsi nommé la seconde portion de leur appareil génital, ou le segment qui résulte de la réunion des oviductus et des uretères chez la femelle, des canaux déférens et des uretères chez le mâle. Ce canal existe également chez les Mammifères ; mais il est généralement assez petit dans cette classe, et il est même si rudimentaire chez la Femme que les anthropotomistes l'ont à peine remarqué : au contraire, il a une étendue considérable chez les Marsupiaux, qui, sous ce rapport, se rapprochent ainsi des Oiseaux.

Ce premier point établi, il est assez facile de saisir les véritables rapports de tous les autres organes sexuels : les deux tubes latéraux, placés entre le canal urétro-sexuel et l'utérus, ne peuvent être que deux vagins, l'un droit, l'autre gauche. « Leur duplicité, comme le remarque Geoffroy, ne doit pas plus nous surprendre que celle du clitoris, et que celle d'une partie du pénis chez les mâles ; chaque vagin reçoit dans l'accouplement sa portion correspondante du pénis ; ajoutez à ces considérations que les Oiseaux ont également un vagin à droite et un à gauche. »

L'utérus est également très-différent de celui des Mammifères : c'est un simple canal d'une structure très-peu compliquée, et où l'on ne voit point

de ces rétrécissemens, qui forment,
chez les autres Mammifères, ce qu'on
a coutume de nommer les cols de la
matrice. Il résulte de la réunion des
deux vagins, qui, partant l'un et
l'autre du canal urétro-sexuel, aboutissent également tous deux dans une
même cavité, celle de l'utérus. Mais
cette disposition remarquable ne s'observe que chez les femelles qui ont
déjà mis bas; car chez les vierges, les
deux moitiés de la matrice sont séparées par un diaphragme, en sorte
qu'elles forment véritablement alors
deux organes distincts.

Quant aux cornes de la matrice et
aux tubes de fallope, ces segmens ont
été parfaitement déterminés par Daubenton; les cornes ont en effet chez les
Marsupiaux la même position et les
mêmes rapports que chez les autres
Mammifères, et on ne voit pas ce
qui a pu causer l'erreur de Tyson.

« Ainsi, dit Geoffroy Saint-Hilaire, après avoir exposé les faits que
nous venons d'indiquer ; ainsi les
appareils sexuels des Didelphes forment deux longs intestins entièrement semblables aux oviductus des
Oiseaux, à ces différences près, 1°
qu'ils sont réunis et greffés sur un
point de leur longueur à la région
utérine, et 2° que partagés en com-
partimens antérieurs et postérieurs,
ceux-là sont plus courts que ceux-
ci. Enfin, une dernière conséquence
c'est que les poches utérines sont
seulement des canaux, et ne sont pas
établies sur le modèle d'un utérus de
Mammifère : il leur manque pour cela d'être concentrées, ramassées, et
en partie plissées. L'organe n'existe
que pour satisfaire à la théorie des
analogues; il manque sous le rapport
d'une partie de ses fonctions. Point
d'obstacle à la sortie du produit ovarien ; celui-ci échappe, s'écoule nécessairement. On explique ce fait
chez les Mammifères, en le déclarant
un fait d'avortement; l'ovule est ex-
pulsé avant que le phénomène de sa
transformation en embryon ait commencé; mais chez les Oiseaux on se
contente de dire, un œuf est pondu. »

ɛ *De la bourse, et des os marsu-*
piaux.

La bourse n'existe pas chez tous les
Marsupiaux; elle est remplacée chez
beaucoup de Didelphes par de simples
replis de la peau, qui entourent les
mamelles ; au contraire les os marsupiaux se retrouvent constamment
chez tous. Ce sont deux pièces de
forme allongée, mais un peu aplaties, qui s'articulent par leur extrémité postérieure avec le pubis, et qui
s'avancent de-là dans les parois antérieures de l'abdomen en s'écartant
l'une de l'autre ; elles sont d'ailleurs
mobiles à peu près à la manière d'un
pivot, et susceptibles de se rapprocher et de s'éloigner l'une de l'autre.

Ces mouvemens peuvent résulter
de la contraction de plusieurs muscles, parmi lesquels on remarque
surtout les triangulaires, ainsi nommés par Tyson à cause de leur forme,
et qui sont les analogues des pyrami-
daux : leurs fibres naissent d'une ligne aponévrotique médiane, et se terminent au bord interne des deux os,
dont ils remplissent l'intervalle. Ils
ont donc pour usage de les amener
vers la ligne médiane, et d'opérer
ainsi leur rapprochement.

Un autre muscle dont la disposition
chez les femelles des Animaux à bourse n'est pas moins remarquable,
c'est l'iléo-marsupial du savant anatomiste Duvernoy, ou l'analogue du
crémaster. Il s'insère sur le ligament
rond qui se trouve ainsi couvert de
fibres musculaires comme le cordon
spermatique chez le mâle, et va se
terminer par plusieurs digitations sur
la glande mammaire.

Les os de la bourse ou les os
marsupiaux avaient été nommés par
Tyson *marsupii janitores ;* mais ils
paraissent avoir des fonctions beaucoup plus importantes que ne l'a-
vait supposé cet anatomiste : « Ils
secondent merveilleusement la mise-
bas en se rapprochant, dit Geoffroy Saint-Hilaire; car alors toutes
les masses musculaires de l'abdomen
entrant en jeu, et serrant fortement

le bas-ventre, les organes génitaux, et principalement le canal urétro-sexuel, sont contraints de descendre vers le fond du bassin ; cette pression persévérant de plus en plus, le canal urétro-sexuel sort en se retournant comme un doigt de gant, et s'en vient porter au dehors l'entrée même des vagins. L'effet de ces contractions générales, et en particulier de celles du muscle pyramidal, est d'obliger les os marsupiaux à se rapprocher ; la glande mammaire est au milieu d'eux ; elle ressent leurs efforts, et n'y échappe qu'en se portant en devant. C'est aussi au même moment qu'agissent les muscles crémasters ; tirant la bourse chacun vers son anneau inguinal, ils l'entraînent dans la diagonale de leurs efforts ; c'est-à-dire qu'ils l'abaissent et qu'ils la portent sur le vagin. Ainsi s'exécute ce que Barton a raconté d'après ses propres observations. Le vagin, qui a la faculté de toucher toutes les surfaces internes de la bourse, a par conséquent, et à plus forte raison, celle d'y déposer les produits accumulés dans l'oviductus. C'est une chose dont j'aurais pu douter, malgré l'assertion formelle de ce médecin, si je ne savais pertinemment aujourd'hui que c'est la fonction de tout canal urétro-sexuel de s'employer à mener au dehors tantôt le méat vaginal, et tantôt le méat urinaire. Le rectum des Oiseaux, bien plus reculé dans l'abdomen, agit de même, et réussit également à porter au dehors son extrémité. »

** *De l'évolution du germe, et du développement de l'embryon chez les Marsupiaux.*

« Les Didelphes mettent bas, non des fœtus, mais des corps gélatineux, des ébauches informes, » avait dit Barton ; c'est-à-dire, suivant Geoffroy Saint-Hilaire, qu'ils mettent bas non des fœtus, mais des ovules. Ce zootomiste établit en effet que les produits de l'ovaire, ou ces corps transparens qu'on a désignés sous le nom de *corpora lutea*, et qu'il nomme ovules, sont promptement rejetés à l'extérieur, sans avoir subi ces transformations qui les amènent successivement à l'état d'embryon et de fœtus chez les Mammifères normaux, à celui d'œuf, d'embryon et de fœtus chez les Oiseaux. Les organes qui, dans cette dernière classe, produisent les couches albumineuses par l'addition desquelles l'ovule est changé en œuf, sont encore moins développés chez les Marsupiaux que chez les Mammifères ordinaires, les portions fallopiennes de leur oviductus étant très-courtes comme chez les Didelphes, et même quelquefois presque nulles comme chez les Kanguroos. L'ovule arrive donc promptement dans la matrice, et il y arrive tel qu'il a été produit par l'ovaire. Mais le canal utéro-vaginal n'étant point ramassé sur lui-même, n'étant point pourvu de cols, il n'y est point retenu, et ne s'y arrête pas, comme cela a lieu chez les Mammifères normaux : il est au contraire promptement rejeté au dehors, et la mère le dépose, au moyen du mécanisme que nous avons indiqué, dans sa bourse abdominale.

Suivant cette manière de voir, on peut donc comprendre comment le produit ovarien traverse si rapidement le canal sexuel sans s'être développé, et comment il n'est encore qu'un simple ovule tout au plus baigné de fluides albumineux, lorsqu'il arrive dans la bourse ; on peut de même concevoir les nouveaux rapports qui, à ce moment, s'établissent entre ce même produit et le mamelon. Les nombreux cas de grossesses extra-utérines, observés chez la Femme elle-même, suffisent pour démontrer qu'un ovule détourné de sa route peut se greffer sur une artère quelconque, soit dans les trompes, soit sur d'autres organes. Or, ces faits qu'on n'observe que par anomalie chez la plupart des Mammifères, sont précisément analogues aux phénomènes qui ont lieu dans l'état normal chez les Marsupiaux : leur ovule, parvenu dans la bourse, se greffe sur le point de cette cavité, où les vaisseaux sanguins sont répandus le plus abondamment, sur le mamelon ; et c'est là qu'il se développe. L'artère épigastrique remplit à l'égard des jeunes Didelphes les fonctions de l'utérine, de même que la matrice est remplacée pour lui par la bourse.

C'est donc dans cette poche que l'ovule atteint successivement l'âge embryonnaire et l'âge fœtal, et qu'il parvient enfin au même degré de développement où se trouve le Mammifère monodelphe à l'époque de sa naissance. Le fœtus didelphe naît aussi à ce moment : la tetine qui, jusqu'à cette époque, n'avait cessé de croître dans la même raison que l'embryon, est rompue ; et ses vaisseaux, qui se prolongeaient dans le fœtus, s'arrêtent et ne se terminent plus que dans la glande mammaire.

L'artère épigastrique reprend alors les mêmes fonctions qu'elle a chez les Quadrupèdes normaux ; elle n'est plus que l'artère nutricière de la glande mammaire, c'est-à-dire de l'organe sécréteur du lait. Le jeune Animal à bourse est alors allaité par sa mère dont il peut, à volonté, prendre et quitter la mamelle, et il rentre à ce moment dans les conditions communes de tous les autres Mammifères.

Telle est la manière dont on peut concevoir et expliquer les phénomènes et les anomalies de la génération des Marsupiaux : on voit qu'ils atteignent successivement tous les mêmes degrés de développement que les autres Mammifères ; mais ils naissent à l'état d'ovule dans la bourse, tandis que ceux-ci s'arrêtent dans la matrice, lorsqu'ils sont dans cet âge de formation.

Il nous resterait à rechercher quel est le mode de nutrition de l'ovule, de l'embryon et du fœtus du Didelphe ; mais cette question, non moins difficile qu'importante, nous entraînerait dans une discussion trop longue pour que nous puissions l'entreprendre dans cet article : nous nous bornerons donc à renvoyer au travail déjà cité de Geoffroy Saint-Hilaire

(ou à l'excellente analyse qu'en a donnée, dans les Annales des Sciences Naturelles, notre savant collaborateur Dumas), et à une note publiée depuis, où le même auteur annonce l'existence de quelques vestiges d'organisation placentaire et d'ombilic chez les très-jeunes embryons des Animaux à bourse. (Ann. Sc. Nat. T. II.)   (IS. G. ST.-H.)

***MARSUPITE.** *Marsupites.* ÉCHIN. FOSS. Genre de l'ordre des Échinodermes pédicellés ayant pour caractères : un corps subglobuleux, libre, formé de plaques calcaires contiguës par leurs bords ; celle du centre ou la base supportant cinq plaques (costales) ; celles-ci, cinq autres (intercostales), qui donnent à leur tour insertion à une troisième série de plaques encore au nombre de cinq (les scapulaires), desquelles naissent cinq bras. L'espace circonscrit en dessus par les plaques scapulaires est couvert par une sorte de tégument protégé par des plaques calcaires petites et nombreuses ; la bouche se trouve au centre de ce tégument. La seule espèce qui constitue ce genre a la forme d'un ovoïde tronqué ; on l'a comparée à une bourse (*Marsupium*), d'où lui vient son nom. On ne l'a point encore trouvée complète, on n'en connaît que le corps sur lequel on a remarqué l'origine des bras ; mais on n'a point encore découvert ceux-ci ; il paraît également que les échantillons avec le tégument supérieur, recouvrant la cavité limitée par les plaques, sont fort rares, et que ce Fossile intéressant est presque toujours mutilé ou incomplet. La plaque qui occupe le centre du corps, a cinq côtés à peu près égaux ; sa surface extérieure est un peu convexe, elle est couverte de stries rayonnantes subcrénelées, elle n'est point percée dans son centre, on n'y remarque aucune dépression qui puisse indiquer qu'elle fut articulée à une tige ou colonne. Cinq plaques (costales), également à cinq côtés, viennent s'appliquer par l'un de leurs bords sur la plaque centrale, et s'articulent entre elles par deux de leurs bords correspondans ; elles sont striées à l'extérieur comme la plaque centrale. Cinq autres plaques (intercostales) viennent s'articuler sur les bords de celles-là et entre elles ; elles ont six côtés et sont striées comme les précédentes ; de plus, elles offrent quelques gros cordons rayonnans du centre à la circonférence. (Miller en indique quatre dans son texte ; mais sa planche en indique distinctement six.) Viennent enfin les cinq plaques scapulaires, à cinq côtés ; elles s'articulent sur les intercostales et entre elles, et sont marquées à l'extérieur, de deux gros cordons saillans, en fer à cheval, qui s'embranchent avec ceux des plaques intercostales. Le bord supérieur de chaque plaque scapulaire est marqué d'une dépression ou échancrure destinée à recevoir l'implantation des bras. Les débris de ceux-ci remarqués sur quelques échantillons, étant de forme anguleuse, ont porté Miller à penser qu'ils étaient divisés dès leur origine, et, par analogie, qu'ils continuaient de se bifurquer comme les bras des Euryales. La présence des rugosités extérieures des plaques du Marsupite, fait également présumer à Miller que cet Animal était couvert d'un tégument membraneux susceptible de contraction et de dilatation. L'intervalle que circonscrivent supérieurement les plaques scapulaires est occupé par de petites plaques polygonales et nombreuses, analogues à celles que l'on remarque dans le genre Actinocrinite ; elles indiquent, suivant Miller, qu'il existait un tégument protégé par ces plaques, dans le centre duquel était la bouche, et qu'il recouvrait la cavité abdominale contenant les viscères.

Le Marsupite n'a encore été trouvé que dans les couches de Craie, à Lewes, à Hurtspoint (Sussex), à Brighton, dans le comté de Kent et à Warminster. Les plaques, d'épaisseur médiocre, sont changées en

Spath calcaire, à cassure oblique et particulière aux Échinodermes pétrifiés ; l'intérieur de la poche, formée par l'union des plaques, est rempli de Craie.

D'après Miller, le Marsupite se rapproche des Actinocrinites et des Cyatocrinites par ses formes et l'arrangement de ses plaques, mais il en diffère par l'absence de colonne ; il le regarde également comme voisin des Euryales par la forme de ses bras, et pense qu'il forme un passage des Crinoïdes inarticulées aux Stellérides ; de même que les Comatules, par la présence de leurs rayons dorsaux, semblent faire le passage des Stellérides aux Crinoïdes articulées. Miller nomme cette espèce *Marsupites ornatus*.   (E. D..L.)

MARSYAS. MOLL. Nom que Oken, dans son Système de zoologie, a donné à un genre de Mollusques que Lamarck a établi sous le nom d'Auricule qui a été généralement adopté. *V.* AURICULE.   (D..H.)

MARSYPOCARPUS. BOT. PHAN. Le *Thlaspi Bursa-pastoris*, L., a été distingué génériquement sous ce nom par Necker (*Elem. Bot.*, n. 1416) ; mais De Candolle, d'après Médikus et Mœnch, a adopté le nom de *Capsella*, jadis employé par Césalpin. *V.* CAPSELLE.   (G..N.)

MARTAGON. BOT. PHAN. Espèce du genre Lis. *V.* ce mot.   (B).

MARTE. *Mustela.* MAM. (On écrit également Martre.) Genre de Carnassiers digitigrades, comprenant presque toutes les espèces qui appartiennent à la famille des Vermiformes ; ou, ce qui revient à peu près au même, presque toutes celles que Linné avait placées dans son grand genre *Mustela.* Toutes les Martes ont à l'une et à l'autre mâchoire six incisives, deux canines, et, parmi les mâchelières, deux carnassières et deux tuberculeuses : mais le nombre des fausses molaires est sujet à quelques variations : plusieurs espèces en ont six supérieures et huit inférieures , et d'autres quatre supérieures et six inférieures seulement, en sorte que le nombre total des dents varie de trente-huit à trente-quatre. Mais ces différences sont de peu de valeur : comme nous l'avons déjà remarqué dans un autre article, la fonction étant déterminée par la forme et non par le nombre , la forme est toujours beaucoup plus importante que le nombre, lorsqu'on étudie l'appareil dentaire : c'est en effet parce qu'il est physiologiquement en rapport avec toutes les autres parties de l'appareil digestif, qu'il indique si constamment leurs diverses modifications par les siennes propres , et qu'il fournit ainsi aux zoologistes des caractères qu'on peut nommer de premier ordre. D'ailleurs les dents surnuméraires , s'il nous est permis d'employer cette expression , sont toujours très-peu développées , très-rudimentaires même , et par conséquent de très-peu d'usage : ainsi elles n'ont qu'une seule racine, et se terminent par une pointe très-mousse. Les autres fausses molaires, qui ont au contraire plusieurs racines, sont minces de dehors en dedans , larges d'arrière en avant et très-pointues. Les carnassières qui viennent ensuite, sont assez semblables à celles des Chats : les supérieures ont cependant le tubercule interne plus distinct, et les inférieures sont remarquables par un talon assez étendu que présente leur partie postérieure. Les tuberculeuses inférieures sont petites, arrondies , et leur couronne se termine par trois petites pointes; les supérieures assez grandes ont le diamètre transversal plus grand que l'antéro-postérieur , et sont divisées par un sillon assez profond en deux parties, de grandeur un peu inégale, et qui se composent l'une et l'autre de trois petits tubercules.

Les pieds sont courts, et terminés par cinq doigts réunis par une membrane dans une grande partie de leur longueur : ce caractère est même assez prononcé dans quelques espèces , pour que divers auteurs aient cru devoir les placer parmi les Loutres. Le pouce est le plus court de tous les doigts ; le médian et le quatrième sont ordinairement les deux plus longs ; les deux autres, égaux entre eux , tiennent le milieu pour la grandeur. On voit à la base des doigts des tubercules nus et de forme allongée : un autre se remarque également vers le milieu de la plante du pied ; il présente en devant trois prolongemens qui se dirigent vers les doigts. Enfin il en existe également un à la paume. Les ongles sont arqués et très-pointus (excepté chez le Zorille); aussi les Martes ont-elles, comme plusieurs autres genres de Carnassiers, la faculté de grimper sur les Arbres. La queue présente quelques variations : elle est tantôt aussi longue que le corps, et tantôt beaucoup plus courte. Le corps est au contraire toujours très-long, très-grêle, ou, comme on a coutume de le dire, vermiforme : il est couvert de poils de deux sortes, les uns soyeux , les autres laineux, ceux-ci étant les plus abondans. Le pelage est doux et moelleux dans toutes les espèces ; mais quelques-unes , et particulièrement celles qui vivent dans les régions les plus septentrionales , sont particulièrement remarquables à cet égard; et il n'est personne en effet qui ne sache combien les fourrures de Zibeline, d'Hermine, et de Marte , sont recherchées et estimées dans le commerce. Les moustaches sont assez longues, et les narines sont entourées d'un mufle. L'oreille est courte , arrondie et assez simple. La pupille est allongée transversalement. L'os pénial existe assez développé chez toutes les Martes ; mais sa forme n'est pas exactement la même chez toutes. Ainsi il diffère chez la Marte et chez le Putois, chez la Fouine et chez la Belette ; et il présente aussi chez l'Hermine quelques caractères particuliers. Les mamelles, très-peu apparentes, si ce n'est au temps de l'allaitement et vers la fin de la gestation , sont ventrales :

leur nombre varie suivant les espèces : ainsi il est de huit dans quelques-unes, tandis que d'autres, telles que la Fouine, en ont quatre seulement. On ne trouve point près de l'anus des poches profondes, comme chez les Civettes, mais seulement de petites glandes qui sécrètent une substance dont l'odeur, ordinairement désagréable, est souvent même excessivement fétide, comme chez plusieurs Putois.

Les Martes, quoique généralement d'une fort petite taille, sont au nombre des plus carnassiers, et surtout des plus sanguinaires de tous les Animaux qui se nourrissent d'une proie vivante : personne n'ignore quel ravage la Fouine fait dans les basse-cours lorsqu'elle vient à bout de s'y introduire ; et toutes les autres espèces du genre ont à peu près le même instinct et les mêmes penchans. Elles sont cependant assez susceptibles d'être apprivoisées ; et chacun sait que le Furet, depuis long-temps réduit en domesticité, est même au nombre des Animaux qui rendent aux chasseurs les services les plus importans. Ce genre est un de ceux qu'on a coutume de dire cosmopolites ; et la Nouvelle-Hollande est en effet presque la seule contrée où l'on n'ait encore trouvé aucune espèce qui lui appartienne : il habite d'ailleurs plus particulièrement les pays froids ou tempérés que les pays chauds.

Nous comprendrons sous le nom de *Mustela*, comme l'ont fait Geoffroy Saint-Hilaire, Desmarest, Frédéric Cuvier, Ranzani et quelques autres mammalogistes, non-seulement les Martes proprement dites, mais aussi les Putois, les Belettes et le Zorille ; mais, à l'exemple de Desmarest, nous les diviserons en trois sous-genres, les Martes proprement dites, les Putois et les Zorilles, qui correspondront, le premier, au genre Marte, *Mustela*, de G. Cuvier ; les deux autres, à son genre Putois, *Putorius*.

*Les Martes proprement dites, *Mustela*, Lin. Ce sont toutes les espèces qui ont six fausses molaires à la mâchoire supérieure, et huit à l'inférieure : elles habitent particulièrement l'Europe, l'Asie et l'Amérique septentrionale.

La Marte, *Mustela Martes*, Lin. La Marte, Buff. T. vii, pl. 22, a été appelée aussi Marte sauvage et Marte des Sapins, *Martes Abietum*, par opposition avec la Fouine à laquelle on avait donné les noms fort impropres de Marte domestique et de Marte des Hêtres, *Martes Fagorum*. Enfin la Marte commune de quelques auteurs français se rapporte encore à la même espèce, quoiqu'elle soit beaucoup plus rare en France que la Fouine. Elle est généralement d'un brun lustré avec une tache d'un jaune clair sous la gorge : l'extrémité du museau, la dernière portion de la queue et les membres sont d'un brun plus foncé, et la partie postérieure du ventre, d'un brun plus roussâtre que le reste du corps. Elle a environ un pied et demi depuis le bout du museau jusqu'à l'origine de la queue ; et celle-ci a un peu moins de dix pouces. La Marte vit au fond des forêts, fuyant également et les pays habités et les lieux découverts : elle détruit une grande quantité de petits Quadrupèdes, et surtout d'Oiseaux, s'emparant de leurs œufs qu'elle va dénicher jusque sur les branches élevées des arbres. Elle fait au printemps une portée de deux ou de trois petits qu'elle dépose ou dans le trou d'un vieil arbre, ou même dans le nid d'un Ecureuil qu'elle chasse ou dont elle fait sa proie. Les petits naissent les yeux fermés, mais ils grandissent rapidement. L'espèce est répandue dans une grande partie de l'Europe ; mais elle est rare en France : elle paraît exister également dans le nord de l'Amérique.

La Fouine, Buff. T. vii, pl. 18 ; *Mustela Foina*, Lin., est un peu moindre que la Marte ; son pelage est généralement brun avec une tache blanche sous la gorge, et les jambes et la queue noirâtres ; et ses proportions sont presque exactement celles de la Marte. Buffon et Daubenton indi-

quent cependant quelques différences ; mais elles sont pour la plupart
si peu importantes , qu'on peut en
trouver d'aussi prononcées entre
deux individus de la même espèce.
La Fouine , qui est répandue dans
toute l'Europe où elle est généralement assez commune , et qui se
trouve également dans une partie
de l'Asie , diffère autant de la précédente par ses habitudes , qu'elle
lui ressemble par ses caractères extérieurs et par son organisation.
Elle se tient à portée des habitations où elle pénètre fréquemment là nuit , et où elle fait de
grands ravages : on sait en effet que,
lorsqu'elle vient à s'introduire dans
un poulailler ou dans une faisan-
derie , elle commence ordinairement
par mettre à mort tout ce qu'elle
peut atteindre , et qu'elle n'est pas
moins redoutée dans les campagnes
que le Renard lui-même , avec lequel
elle a quelques ressemblances de
mœurs. Il paraît qu'elle fait chaque
année deux ou même plusieurs portées : car on trouve également à plusieurs époques de l'année de jeunes
individus. Elle dépose ses petits
dans les trous des vieux arbres et
des murailles , où elle leur prépare un lit de mousse : il lui arrive quelquefois de mettre bas dans
les granges et les greniers à foin.
Sa fourrure est beaucoup moins estimée que celle de la Marte , parce
qu'elle a moins de douceur , de
moelleux et d'éclat ; elle serait cependant assez recherchée , si l'Animal était plus rare. La Marte et la
Fouine sont , comme on le voit ,
liées par les rapports les plus intimes;
et la couleur de la gorge , jaune chez
l'une et blanche chez l'autre , forme
presque la seule différence sensible
qui existe entre elles. On ne doit
donc pas s'étonner que plusieurs
auteurs les aient regardées comme de
simples variétés d'une seule espèce ;
et cette opinion paraîtrait même très-
vraisemblable , si elles étaient moins
complétement connues, et surtout si
l'on ne savait combien leurs mœurs

sont différentes. On avait même affirmé qu'elles s'accouplent ensemble :
mais Buffon et Daubenton ont révoqué ce fait en doute ; et tous les zoologistes modernes pensent maintenant
avec ces illustres naturalistes , que
la Fouine forme bien réellement une
espèce particulière.

La ZIBELINE , Buff. T. XIII, *Mustela
Zibellina*, Lin., est encore une espèce
fort voisine de la Marte , dont elle
diffère cependant en ce qu'elle a du
poil jusque sous les doigts : elle est
généralement d'un brun lustré , noirâtre en hiver , mais d'une nuance
moins foncée en été , avec le dessous
de la gorge grisâtre et la partie antérieure de la tête et les oreilles blanchâtres. Elle vit dans la région la
plus septentrionale de l'Asie , et se
trouve jusqu'au Kamtschatka où
elle est assez abondante. « Les
fourrures des Zibelines de Sibérie ,
dit Sonnini , passent pour les plus
précieuses , et l'on estime surtout
celles de Witiuski et de Nerskinsk.
Les bords de la Witima (rivière qui
sort d'un lac situé à l'est du Baïkal ,
et va se jeter dans la Léna) sont fameux par les Zibelines que l'on y
chasse. Ces Martes abondent dans la
partie des monts Altaïs que le froid
rend inhabitable, ainsi que dans les
montagnes de Saïan , au-delà du
Jénisseï , et surtout aux environs de
l'Oby et des ruisseaux qui tombent
dans la Touba. » Les Zibelines noires,
c'est-à-dire les Zibelines en pelage
d'hiver, sont les plus estimées ; leur
fourrure a dans cette saison autant
d'éclat que de douceur et de moelleux;
et elle est à juste titre l'une de celles
que le luxe européen recherche comme les plus magnifiques et les plus
précieuses. La chasse de cette Marte
au milieu des solitudes glacées de la
Sibérie et du Kamtschatka , est peut-
être la plus pénible et la plus périlleuse , où l'appât du gain ait jamais
entraîné l'Homme; et l'on a plusieurs
exemples de chasseurs qui, succom-
bant à la fatigue, au froid et à la
faim , ont péri au milieu des déserts.
Au reste , il paraît que les Russes

importent annuellement, soit en Europe, soit en Chine, et vendent pour de la véritable Zibeline d'hiver un grand nombre de pelleteries de Zibeline d'été, qu'ils savent préparer avec une telle perfection, qu'il est très-difficile de s'apercevoir de la fraude, et que les personnes habituées au commerce des fourrures sont quelquefois exposées à se laisser tromper elle-mêmes.

Le Pékan, Buff. T. xiii, pl. 13, *Mustela Canadensis*, L., est d'une taille un peu supérieure à celle des espèces précédentes. Elle a les pates, la queue, le dessous du corps et le museau d'un brun-marron très-foncé, et les oreilles blanchâtres; le reste du pelage est d'un gris-brun varié de noirâtre, et dont la nuance est d'ailleurs très-différente suivant les divers individus; quelques-uns sont même presque entièrement noirs. Cette espèce, qui habite le Canada et les États-Unis du nord, a, selon Harlan, les mêmes habitudes que le Vison.

La Marte des Hurons, *Mustela Huro*, Fr. Cuv., Dict. Sc. Nat., est généralement d'un blond clair, avec les pates et l'extrémité de la queue plus foncées et même brunes chez quelques individus. Du reste, les couleurs de cette espèce varient suivant les individus. Un de ceux que possède le Muséum, a les parties inférieures du corps d'une nuance plus foncée que les supérieures, tandis que la disposition inverse s'observe chez les autres. La tête, ordinairement d'un blond clair comme le corps, est quelquefois blanchâtre, et quelquefois même entièrement blanche. La Marte des Hurons ne serait-elle, comme on l'avait pensé, qu'une variété en pelage d'hiver de quelque espèce encore inconnue?

Quant aux Carnassiers désignés par Buffon sous les noms de petite Fouine de Madagascar, de petite Fouine de la Guiane et de grande Marte de la Guiane, ils n'appartiennent pas à ce genre. Le second paraît n'être qu'un jeune Coati, et les deux autres se rapportent l'un à une Mangouste,

celui-ci au Glouton Taïra; enfin la Fouine de la Guiane est également une autre espèce du même génre, le Grison. (*F.* Glouton et Mangouste, au mot Civette.)

** Les Putois, *Putorius*, Cuv. Ils n'ont que quatre fausses molaires à la mâchoire supérieure, et six à l'inférieure; leur tête est un peu moins allongée que celle des Martes proprement dites, auxquelles ils ressemblent d'ailleurs généralement par tous leurs caractères extérieurs. Les espèces de ce sous-genre sont très-nombreuses: plusieurs d'entre elles habitent la France.

Le Putois, *Mustela Putorius*, Lin. Le Putois, Buff. T. vii, pl. 25, est presque de la taille de la Marte: il a plus d'un pied depuis le bout du museau jusqu'à l'origine de la queue, et celle-ci a environ six pouces. Il est d'un brun noirâtre, assez foncé sur les membres, mais plus clair et prenant une teinte fauve sur les flancs: le bout du museau est blanc, et les oreilles et une tache placée derrière l'œil, sont aussi de cette couleur. Les poils laineux sont blanchâtres. Le Putois habite les climats tempérés de l'Europe, où il est assez abondant: son nom lui est venu de l'odeur infecte qu'il répand. Ses mœurs sont peu différentes de celles de la Fouine: comme elle, il vit près des lieux habités, et s'introduit la nuit dans les basse-cours et dans les colombiers où il fait de grands ravages. «Les Putois, dit Buffon, vivent de proie à la ville, et de chasse à la campagne: ils s'établissent pour passer l'été dans des terriers de Lapins, dans des fentes de rochers, dans des troncs d'arbres creux, d'où ils ne sortent guère que la nuit pour se répandre dans les champs, dans les bois: ils cherchent les nids des Perdrix, des Alouettes et des Cailles; ils grimpent sur les arbres pour prendre ceux des autres Oiseaux: ils épient les Rats, les Taupes, les Mulots, et font une guerre continuelle aux Lapins qui ne peuvent leur échapper, parce qu'ils entrent aisément dans leurs trous: une seule famille de Putois suffit pour détruire une garenne. Ce serait le moyen le plus simple pour diminuer le nombre des Lapins dans les endroits où ils deviennent trop abondans. »

Le Furet, *Mustela Furo*, Linn., Buff. T. vii, pl. 25 et 26, varie, comme tous les Animaux domestiques, pour la couleur de son pelage. Cependant la plupart des individus sont d'un jaune que Daubenton a comparé à celui du buis. On appelle Furets-Putois ceux qui ont, comme le Putois, du blanc, du noir et du fauve plus ou moins foncé, et qui se trouvent ainsi avoir plus de ressemblance avec lui. Au reste les Furets ont généralement des rapports si intimes avec l'espèce précédente, que plusieurs zoologistes ont pensé qu'ils n'en constituent réellement qu'une simple variété ; et cette opinion est même aujourd'hui celle du plus grand nombre des naturalistes, malgré l'autorité de Linné et de Buffon. — Le Furet est originaire des pays chauds, et particulièrement de la Barbarie où il porte, suivant le docteur Shaw, le nom de Nimse. Son instinct en fait l'ennemi mortel du Lapin, suivant l'expression de Buffon ; et dès qu'il aperçoit un de ces Animaux, il s'élance sur lui, le saisit à la gorge et lui suce le sang : aussi l'emploie-t-on principalement pour la chasse de ce gibier, comme chacun le sait. On l'élève dans des tonneaux où on lui fait un lit d'étoupes : il dort presque continuellement, et ne s'éveille guère que pour manger. Il est néanmoins très-ardent en amour; et les chasseurs prétendent même (*V.* Gesner, *Hist. An. Quadr.*) que la femelle meurt lorsqu'elle est séparée de son mâle à l'époque du rut.

La Marte de Sibérie, *Mustela Sibirica*, Pall., *Spic. Zool.* ; le Chorok? Sonnini, éd. de Buff. T. xxxv, est généralement d'un beau fauve doré : seulement le tour du mufle est blanc, et la partie du museau comprise entre les yeux et cette partie blanche, est brune. Elle est à peu près de la taille du Furet, auquel elle ressemble aussi par ses proportions ; mais son poil est beaucoup plus long. Certains individus ont le dessous de la mâchoire inférieure blanc, et d'autres d'un roux seulement un peu plus clair que celui de tout le corps. Cette espèce, qui habite la Sibérie, se tient ordinairement dans les forêts les plus épaisses : elle se rapproche cependant l'hiver des habitations, et s'introduit souvent même dans les basse-cours, comme la Fouine et le Putois.

Le Pérouasca, *Mustela Sarmatica*, Pall., *Spic. Zool.* Cette espèce est un peu plus petite que la précédente, et elle a les poils plus courts. Les membres, le dessous du corps et le bout de la queue sont d'un brun foncé; la tête est brune avec une ligne blanche qui, naissant sous l'oreille, passe sur les yeux et le front, et va se terminer sous l'autre oreille, en dessinant sur le front une sorte de fer-à-cheval. L'oreille, le bout du museau, et le dessous de la mâchoire inférieure, sont blancs ; enfin, le dessus du corps est d'un beau fauve clair, parsemé d'un très-grand nombre de taches brunes ; et la queue est dans sa première moitié variée de brun clair et de gris blanchâtre. Les mœurs de cet Animal diffèrent peu de celles des autres Martes : comme le Putois il répand une odeur désagréable, surtout lorsqu'il est irrité. Au reste nous devons remarquer que notre description, faite d'après l'individu que possède le Muséum, diffère à quelques égards de celle de Pallas : il est donc à penser, comme on l'a déjà remarqué, que la distribution du pelage n'est pas identique chez toutes les Martes Pérouascas.

L'Hermine ou le Roselet, Buff. T. vii, pl. 29 et 31, *Mustela Erminea*, Lin. Cette espèce est particulièrement connue sous le nom d'Hermine dans son pelage d'hiver, et sous celui de Roselet dans son pelage d'été; elle a neuf pouces six lignes du bout du museau à l'origine de la queue, et celle-ci a un peu plus de trois pouces et demi. L'Hermine d'été ou le Roselet a le pelage généralement brun, avec le dessous du corps d'un jaune soufré clair, la mâchoire inférieure blanche, et la queue brune avec son extrémité noire. L'Hermine d'hiver ou l'Hermine proprement dite est toute blanche : seulement la queue est noire à son extrémité. On voit que cette dernière couleur se conserve seule pendant toute l'année chez cette espèce ; remarque qu'on peut faire également à l'égard de la plupart des Mammifères et des Oiseaux qui blanchissent en hiver, comme sont, parmi les premiers, les Lièvres variables qui ont en tout temps le bout de l'oreille noir, et, parmi les Oiseaux, plusieurs Lagopèdes.—Cette espèce qui est assez abondante dans les parties septentrionales de l'ancien continent, se trouve aussi dans l'Europe tempérée et dans le nord de l'Amérique. Ses mœurs sont peu différentes de celles de la Belette : elle se tient cependant moins constamment dans le voisinage des habitations ; et l'on assure qu'elle est encore plus carnassière que celle-ci ; elle est d'ailleurs susceptible d'être élevée en domesticité, et se laisse même très-bien apprivoiser. Sa fourrure d'hiver est, comme chacun sait, l'objet d'un commerce très-important : mais l'Hermine des climats les plus septentrionaux est la plus estimée, parce qu'elle n'a pas, comme celle des pays tempérés, une légère teinte jaunâtre, et qu'elle est au contraire d'une blancheur éclatante.

La Belette, Buff. T. vii, pl. 29, *Mustela vulgaris*, Lin., a un demi-pied du bout du museau à l'origine de la queue, et celle-ci a deux pouces environ : son pelage ne diffère guère de celui de l'Hermine d'été ou du Roselet que par la couleur de sa queue entièrement brune en dessus, et blanche en dessous : nous pouvons cependant ajouter que les parties inférieures du corps sont blanchâtres ou d'un jaune lavé de roussâtre, mais non pas d'un jaune soufré. Cette espèce est aussi com-

mune dans les climats tempérés de l'Ancien-Monde, que la précédente dans les climats septentrionaux ; elle est au contraire plus rare dans les pays où celle-ci se trouve le plus abondamment répandue. Elle vit dans le voisinage des habitations comme la Fouine, et elle est peut-être encore plus à craindre pour les basse-cours et les poulaillers, que cette dernière elle-même, parce que sa petite taille lui permet de s'y introduire par les plus étroites ouvertures. Elle n'attaque que rarement les Coqs, qui la repoussent à coups de bec, et parviennent souvent ainsi à la mettre en fuite ; mais elle choisit les poussins et les jeunes Poules. Elle craint le froid, et va se réfugier l'hiver dans les greniers et dans les granges, et rend alors de véritables services en détruisant un grand nombre de Rats et de Souris. Elle fait au printemps une portée de plusieurs petits qu'elle dépose dans un tronc d'arbre creux, ou dans toute autre cavité : elle s'établit même quelquefois au milieu des débris des Animaux morts dans les bois, et Buffon rapporte l'exemple de trois individus trouvés dans le thorax d'un Loup qu'on avait suspendu à un arbre par les pieds de derrière, et qui, déjà entièrement putréfié, répandait une odeur infecte.

La Belette des neiges, *Mustela nivalis*, Lin., *Faun. Suec.*; *Mustela vulgaris*, Var. Gm.; *Mustela erminea*, Var. Bodd., est à peu près de la taille de la Belette, et a le pelage entièrement blanc avec quelques poils noirs au bout de la queue. Elle est encore fort peu connue, et on ne sait si on doit la regarder comme une véritable espèce, ou comme une simple variété soit de l'Hermine, soit de la Belette : quelques auteurs modernes, et particulièrement Desmarest, se prononcent néanmoins pour cette dernière opinion.

La Belette d'Afrique, *Mustela Africana*, Desm., a dix pouces du bout du museau à l'origine de la queue, et celle-ci a six pouces environ. Son

pelage est généralement d'un brun
roussâtre en dessus, et d'un jaune
blanchâtre en dessous avec une ligne
brune longitudinale sur le milieu du
ventre. Cette espèce, qui ressemble
beaucoup à la Belette, a été établie
par Desmarest d'après un individu
que possède le Muséum, et que l'on
croit venir d'Afrique. Ses habitudes
ne sont pas connues.

La MARTE RAYÉE, *Mustela striata*,
Geoff. S.-H., est à peu près de la
taille de la Belette : son pelage est
généralement d'un brun foncé avec
cinq raies blanches longitudinales en
dessus, la queue blanche, et le dessous du corps d'un blanc grisâtre.
Cette espèce, dont les mœurs ne sont
pas connues, a été établie par Geoffroy Saint-Hilaire d'après un individu donné au Muséum par Sonnerat. Elle habite Madagascar.

Le NUDIPÈDE, ou le FURET DE
JAVA, *Mustela nudipes*, Fr. Cuv.,
Mam. lith., est d'une taille un peu
inférieure à celle du Putois ; son pelage est généralement d'un beau roux
doré très-brillant, avec la tête et l'extrémité de la queue blanches. Cette
espèce, remarquable par la nudité
du dessous de ses pieds, a été découverte à Java par Diard et Duvaucel ;
et c'est d'après un individu envoyé
au Muséum par ces voyageurs que
Fr. Cuvier l'a décrite.

La BELETTE DE JAVA, Geoff. S.-H.,
Mustela Javanica, Séba. Geoffroy
Saint-Hilaire a décrit ainsi cette espèce d'après l'individu même qui a
servi de type à la figure de Séba :
longueur de six pouces environ ;
forme plus effilée que celle de l'Hermine, et plus rapprochée de celle
de la Belette ; les joues sont blanchâtres ; on remarque un demi-cer-
cle de cette couleur au devant de
chaque œil ; le reste du pelage a les
couleurs de l'Hermine d'été ou du
Roselet ; la queue est terminée de
même par une touffe de longs poils
noirâtres ; les pieds sont garnis de
poils assez longs. Ainsi, quoique la
Belette de Java soit encore très-imparfaitement connue, il est facile de

voir qu'elle diffère du Furet de Java.
Il est donc important de ne pas confondre ces deux espèces ; et c'est pour
éviter la confusion qui résulterait nécessairement de la ressemblance de
leurs noms que nous proposons celui
de Nudipède pour la dernière connue.

Le VISON, Buff. T. XIII, pl. 43, *Mustela Vison*, Lin., doit être placé dans
le sous-genre des Putois, et non pas
parmi les Martes proprement dites,
comme on le fait ordinairement. Il
est à peu près de la taille de la Fouine : son pelage est généralement d'un
brun marron avec le bout de la queue
plus foncé que le corps, et la pointe
de la mâchoire inférieure blanche en
dessous. Cette espèce à laquelle on
assigne pour patrie le Canada et les
Etats-Unis, vit sur le bord des eaux,
et se nourrit en partie de Poissons et
de Reptiles. Sa fourrure est assez estimée.

La MARTE MARRON, *Mustela rufa*
de Geoffroy, est ainsi caractérisée par
ce zoologiste : pelage d'un roux marron ; la queue de même couleur ; les
quatre extrémités plus foncées ; longueur totale, un pied sept pouces. Il est
impossible, d'après cette phrase indi-
cative, et même d'après la description
plus détaillée que le même auteur
donne ensuite de cet Animal, de décider, dans l'état présent de la science,
s'il forme réellement une espèce distincte, ou si, comme il paraît plus
vraisemblable, il doit être rapporté
au Vison ou au Mink.

Le MINK, *Mustela Lutreola*, Pall.,
Spic. Zool. Cette Marte qui ressemble presque entièrement au Vison, et
qui paraît avoir aussi les mêmes habitudes, est ainsi caractérisée par les
auteurs les plus modernes : une
taille inférieure à celle du Vison ; le
pelage d'un marron presque noir,
avec le dernier tiers de la queue tout-
à-fait noir, et la pointe de la mâchoire inférieure blanche. Le Mink
habite particulièrement le nord de
l'Europe et de l'Asie ; mais on le
trouve, dit-on, jusque sur les bords
de la mer Noire.

Le MINK DES AMÉRICAINS, Wardeu, Etats-Unis, T. v, p. 613; *Mustela lutreocephala*, Harlan, ne doit pas, suivant ces auteurs, être confondu avec le Mink ou avec le Vison. Il ressemble beaucoup, dit ce dernier, au Mink, mais il en diffère cependant par sa couleur, par ses formes générales et par sa taille. Il est généralement d'un blanc brunâtre, plus clair en dessous, avec la queue d'un brun ferrugineux : sa taille est double de celle du Mink ; du reste, il ressemble à la Loutre par la forme de sa tête et de ses oreilles, mais il se rapproche davantage de la Belette par son pelage, par sa queue et par les proportions générales de son corps : ses pieds sont légèrement palmés. Cette courte description et les indications données par Warden dans son ouvrage, ne permettent pas de décider si le Mink des Américains diffère réellement du Vison et du Mink d'Europe, et s'il existe deux espèces dans les Etats-Unis, sans compter le Pékan et les autres Martes bien caractérisées, que nous avons dit appartenir à la même contrée. L'examen des diverses pelleteries que possède le Muséum laisse dans le même doute : nous avons trouvé en effet parmi les Animaux de l'Amérique du Nord, des individus d'un brun foncé, d'autres d'un marron clair, d'autres enfin d'une nuance intermédiaire. Chez quelques-uns la tache blanche de la mâchoire inférieure se prolonge en une ligne étroite sur le milieu de la gorge, tandis que chez la plupart on ne voit rien de semblable : mais d'autres n'ont qu'une ligne blanche très-petite ou très-peu prononcée, et tiennent ainsi le milieu entre ceux où elle existe entière, et ceux où elle n'existe pas. Enfin leur taille n'est pas moins variable, en sorte qu'ils ne sont ni assez différens pour qu'on puisse les considérer comme types de deux espèces distinctes, ni assez semblables pour qu'on soit certain de leur identité spécifique.

Quant à l'Animal désigné par Buffon, sous le nom de Putois rayé de l'Inde, ce n'est point un véritable Putois, mais une Civette (*V.* ce mot).

Putois fossiles.

Deux espèces fossiles appartenant à ce sous-genre ont été indiquées par Cuvier (Oss. Fos. T. iv). L'une d'elles n'est connue que par deux dents découvertes par Buckland dans la caverne de Kirkdale, et qui sont la carnassière et la tuberculeuse supérieures d'un Animal très-semblable à la Belette. La seconde a quelques rapports avec le Zorille ; mais elle est surtout voisine du Putois, comme l'a reconnu Cuvier par l'examen de quelques phalanges digitales et métatarsiennes, de quelques vertèbres dorsales et caudales, et surtout d'un fragment de bassin, trouvés à Gaylenreuth.

*** Les Zorilles, *Zorilla*. Ils ont avec le système dentaire des Putois, des ongles longs, robustes et assez semblables à ceux des Mouffettes, auxquelles ils ressemblent aussi par leur système de coloration. Par suite de cette modification ils ne peuvent plus grimper sur les arbres, comme le font les autres Martes ; mais ils peuvent fouir avec beaucoup de facilité et se creusent des terriers, comme les Mouffettes. On n'a encore distingué dans ce sous-genre qu'une seule espèce.

Le Zorille, Buff. T. xiii, pl. 44; *Mustela Zorilla* et *Viverra Zorilla* des auteurs systématiques, a plus d'un pied du bout du museau à l'origine de la queue ; celle-ci a huit pouces environ. Il est généralement noir avec plusieurs taches blanches sur la tête, et plusieurs lignes longitudinales de même couleur à la partie supérieure du corps. Ces bandes et ces taches ont assez constamment la même disposition, mais leur étendue proportionnelle varie beaucoup. Cette espèce n'habite pas seulement les environs du cap de Bonne-Espérance ; mais elle existe aussi au Sénégal, et sur les bords de la Gambie, où elle a été trouvée par le malheureux voyageur Bodwich. Le Zorille du Sénégal et de la Gambie diffère d'ailleurs de celui du Cap à quelques égards : ainsi ou retrouve bien chez l'un et chez l'autre les mêmes taches et les mêmes lignes ; mais chez le premier, les parties blanches ont beaucoup plus d'étendue que les noires, en sorte que le pelage est presque entièrement blanc sur le dessus et les côtés du corps, tandis que la disposition inverse s'observe dans la variété du Cap. Nous ne pensons pas néanmoins qu'on doive considérer ces deux Animaux comme des espèces distinctes : car l'étendue proportionnelle des taches blanches varie même tellement entre les individus d'un même pays, qu'il est assez difficile d'en trouver deux exactement semblables.

Enfin le genre *Mustela* comprend encore quelques autres espèces qu'il nous suffira d'indiquer en peu de mots, parce qu'elles sont encore très-imparfaitement connues. Telles sont les suivantes :

La Marte Zorra, *Mustela Sinuensis*, Humbodt. Elle est généralement d'un gris noirâtre, avec l'intérieur des oreilles et le ventre blancs : son corps est moins vermiforme que celui des autres Martes. Elle habite la Nouvelle-Grenade où, comme dans l'Espagne européenne, Zorra signifie un Renard.

Le Cuja, *Mustela Cuja*, et le Quiqui, *Mustela Quiqui*, Molina, habitent le Chili. Le premier est généralement noir, et son pelage est très-touffu et très-doux : le second est brun avec une tache blanche au milieu du nez. Si la description de Molina est exacte, le Quiqui n'est point une Marte, quoiqu'il le rapporte à ce genre ; car il n'aurait que douze incisives, douze molaires et quatre canines, en tout vingt-huit dents.

La Marte a gorge dorée, *Mustela flavigula*, Bodd., est noire avec la gorge, le ventre et le dos jaunes, et les joues blanches. Sa patrie est inconnue.

La Marte pêcheuse, *Mustela Pennantii*, Erxl. ; *Mustela melanorhyncha*, Bodd., habite l'Amérique du Nord : elle est généralement noire, avec les côtés du col et la face d'un cendré-brunâtre. Elle pourrait bien n'être, selon la remarque de Harlan, qu'un double emploi du Pékan.

La Marte a tête grise, *Viverra poliocephala*, Traill., Mem. Wern. Soc., paraît également appartenir au genre *Mustela*, quoique l'auteur l'ait rapportée au genre *Viverra*, et elle est ainsi caractérisée : corps noir ; tête et col gris avec une tache jaunâtre bordée de noir. Cette espèce habite la Guiane.

Le Putois des Alpes, *Mustela Alpina*, Gebler, Soc. Imp. Nat. de Moscou, ressemble beaucoup au Putois commun : il est généralement jaune, avec le dessus du corps brunâtre et le menton blanc. Cette espèce est très-bien connue des habitans des mines de Riddersk : elle se nourrit particulièrement de Souris, d'Oiseaux et de Lagomys. Sa fourrure est peu estimée, parce que ses poils sont généralement assez courts. (is. g. st.-h.)

MARTEAU. *Zygœna.* poiss. Espèce de Squale, type d'un sous-genre très-remarquable. (b.)

MARTEAU. *Malleus.* conch. Linné confondait les Coquilles de ce genre parmi les Huîtres comme beaucoup d'autres qui en diffèrent cependant d'une manière essentielle. Bruguière dans les planches de l'Encyclopédie sépara des Huîtres de Linné, son genre Avicule dans lequel il plaça les Marteaux ; enfin Lamarck en fit un genre particulier, auquel il donna le nom de Marteau, à cause de la forme des coquilles, qui a quelque ressemblance avec cet instrument des couvreurs. Ce fut dans l'ouvrage sur les Animaux sans vertèbres publié en 1801 que ce genre fut établi pour la première fois. Depuis cette époque, il fut admis par le plus grand nombre des conchyliologues qui ne varièrent pas sur la nécessité de l'admettre, mais sur la place qu'il devait occuper dans la série. C'est ainsi que son auteur lui-même, après l'avoir placé près des Vulselles et des Avicules dans le Système des Animaux sans vertèbres, les en sépara quelques années après, pour les porter dans la famille des Byssifères, tandis que les Vulselles restèrent dans la famille des Ostracées. Le savant auteur de l'Extrait du Cours et des Animaux sans vertèbres conserva ces rapports dans ces deux ouvrages ; cependant dans le dernier il sépara de ses Byssifères la famille des Malléacées (*V.* ce mot) dont il crut devoir exclure encore les Vulselles ; les Marteaux se trouvèrent voisins des Pernes, des Crénatules, etc. Cuvier (Règne Animal) n'a point imité Lamarck ; il a laissé les Marteaux près des Vulselles. Férussac, en conservant la famille des Malléacées, y a apporté quelques changemens ; c'est ainsi qu'il en a ôté les Crénatules pour y placer les Vulselles qui sont mises en contact avec les Marteaux. Blainville a conservé le genre Marteau, l'a mis près des Vulselles, et a donné le nom de Margaritacés (*V.* ce mot) à la famille des Malléacées, en y faisant des changemens nécessaires. On ne connaît pas encore l'Animal du Marteau ; on sait seulement qu'il s'attache par un byssus. Voici les caractères de ce genre : coquille subéquivalve, raboteuse, difforme, le plus souvent allongée, sublobée à la base, à crochets petits, divergens ; charnière sans dents, une fossette allongée, conique, située sous les crochets, traversant obliquement la facette du ligament ; celui-ci presque extérieur, s'insérant sur la facette courte et en talus de chaque valve.

Les espèces de ce genre sont peu nombreuses, et on n'en connaît point de fossiles ; elles peuvent se diviser assez naturellement en deux groupes.

† Coquilles lobées ou auriculées à la base.

MARTEAU COMMUN, *Malleus vulgaris*, Lamk., Anim. sans vert. T. VII, 1ʳᵉ part., pag. 144, n° 2 ; *Ostrea Malleus*, Lin., pag. 3333, n° 99 ; Knorr, *Verg.*, 5, tab. 4. fig. 1, Chemnitz ; Conch. T. VIII, pl. 70, fig. 655 ; En-

cyclop., pl. 177, fig. 12. Coquille recherchée à cause de sa forme singulière ; elle présente une variété blanche dont les oreilles sont plus courtes ; on la trouve dans l'Océan des grandes Indes. Bougainville découvrit dans cette mer une petite île déserte dont les rivages, après une tempête, s'en trouvèrent couverts ; il lui avait donné à cause de cela le nom d'île aux Marteaux.

†† Coquilles non auriculées à la base.

MARTEAU VULSELLÉ, *Malleus vulsellatus*, Lamk., Anim. sans vert., *loc. cit.*, n° 4 ; *Ostrea vulsella*, Lin., Gmel., pag. 3333, n° 100 ; Chemnitz, Conch. T. VIII, pl. 70, fig. 657 ; Encyclop., pl. 177, fig. 15. Coquille de taille médiocre, allongée, aplatie, droite ou courbée sur elle-même, d'une couleur violet foncé ou noirâtre avec une tache blanche nacrée à l'intérieur. Cette Coquille se trouve dans la mer Rouge et à Timor.   (D..H.)

MARTEAU ou NIVEAU D'EAU DOUCE. INS. Quelques auteurs anciens ont donné ce nom aux larves des Agrions qui offrent une sorte de ressemblance avec un T.   (G.)

MARTEAU. BOT. PHAN. L'un des noms vulgaires du Narcisse Faux-Narcisse.   (B.)

MARTELA. BOT. CRYPT. Genre établi par Adanson, et adopté par Scopoli, mais qui ne doit être considéré que comme une division du genre *Hydnum*. V. ce mot.   (G..N.)

MARTELET. OIS. Syn. vulgaire de Martinet noir. *V.* MARTINET.
                (DR..Z.)

MARTELOT. OIS. Syn. vulgaire de Traquet Pâtre, L. *V.* TRAQUET.
                (DR..Z.)

* MARTIA. BOT. PHAN. (Leandro.) Pour *Martiusia. V.* ce mot.
                (G..N.)

MARTIN. *Acridotheres.* OIS. Genre de l'ordre des Omnivores. Caractères : bec conique, allongé ; mandibules très-comprimées, à bords tranchans, avec la base nue ; la supérieure faiblement échancrée à la pointe qui est un peu fléchie; narines ovoïdes, placées de chaque côté du bec et près de la base, en partie recouvertes par une membrane emplumée; quatre doigts, trois devant, dont l'intermédiaire, moins long que le tarse, est soudé à sa naissance avec l'extérieur; première rémige presque nulle, la deuxième et la troisième plus longues.

Les Martins ont, avec les Étourneaux, la plus grande analogie de mœurs : comme eux on les voit presque toujours en troupes plus ou moins nombreuses, voler assez bruyamment d'un champ à l'autre, et y faire une recherche exacte des Insectes cachés sous la feuille, ou réfugiés entre les mottes de terre. Ils paraissent se nourrir de préférence de Sauterelles et de Criquets, dont ils font une telle consommation, que, dans les régions où ces Orthoptères apparaissent en masses innombrables, on élève des Martins expressément pour les opposer au fléau destructeur. C'est le seul moyen que l'on ait pu employer avec succès pour purger certaines îles de la désolante multiplication de ces Insectes. D'un naturel très-familier, les Martins ne témoignent qu'une faible appréhension à la vue de l'Homme; ils se mêlent parmi les troupeaux et rendent même de grands services aux Animaux sur lesquels ils s'accroupissent, en les débarrassant de la vermine qui les ronge. Ce sont sans doute ces soins et la fréquentation habituelle des paisibles habitans des prairies qui ont déterminé Temminck à choisir pour dénomination latine du genre, le mot *Pastor*.

Les Martins sont très-dociles aux leçons qu'on leur donne, et retiennent avec facilité les sons qu'ils entendent fréquemment. On assure même que, quoique à l'état de liberté, on les a entendus contrefaire le chant des Oiseaux domestiques, et même imiter le bêlement des Agneaux. Les habitans civilisés de l'Inde et de l'Afrique se plaisent à élever ces Oiseaux qui, en revanche,

les amusent par la gentillesse de leurs manières et la vivacité de leurs mouvemens. Il paraît probable que ces Oiseaux ont deux couvées par an, du moins les jeunes que l'on a observés à deux époques éloignées d'une même saison, tendent à le faire croire; les voyageurs se taisent sur leur nidification, de même que sur la durée de l'incubation. Levaillant, qui a cherché à observer l'une et l'autre, est porté à croire qu'ils nichent dans des trous creusés en terre. La seule espèce qui paraisse passagèrement en Europe place quelquefois son nid dans des trous d'arbre ou des crevasses de ruines. Outre les Insectes et dans les temps de disette de cette nourriture, on voit les Martins attaquer les petits Quadrupèdes, tels que Souris et Mulots, les dépecer et se repaître de leur chair; ils se jettent quelquefois sur les fruits qu'ils gâtent outre mesure, sans en faire une grande consommation.

MARTIN BRAME, *Turdus pagodarum*, Lin.; *Gracula pagodarum*, Daudin; *Acridotheres pagodarum*, Vieill., Levail., Oiseaux d'Afrique, pl. 95. Parties supérieures d'un cendré bleuâtre, nuancé de fauve à l'extrémité des tectrices alaires; front, sommet de la tête et nuque garnis de longues plumes soyeuses et effilées d'un noir bronzé; des plumes presque semblables, mais d'une couleur isabelle, variées de blanchâtre, ornent le derrière et les côtés du cou; rémiges noirâtres, terminées de cendré bronzé; rectrices d'un gris noirâtre bronzé, terminées de blanc, mais de manière que celles des côtés soient presque entièrement blanches; parties inférieures d'un fauve isabelle avec l'extrémité de chaque plume striée d'une teinte plus pâle; tectrices caudales et alaires inférieures d'un blanc nuancé de cendré; bec noir à la base et jaune dans l'autre partie; pieds jaunes. Taille, sept pouces et demi. Des diverses parties de l'Inde où il se perche sur les tours des temples; de passage en Afrique dont il habite vraisemblablement quelques contrées.

Martin commun, *Gracula tristis*, Lat. ; *Paradisæa tristis*, Gmel., Buff., pl. enl. 219. Parties supérieures d'un brun-marron ; sommet de la tête garni de plumes noires longues et effilées ; un espace triangulaire, nu derrière l'œil ; grandes rémiges noires à l'extrémité, blanches à la base ; rectrices brunes avec l'extrémité des latérales blanche ; gorge, cou et haut de la poitrine d'un gris foncé ; abdomen et tectrices caudales inférieures d'un blanc mat ; bec et pieds jaunes. Taille, neuf pouces et demi. De toutes les parties de l'Inde où il construit assez souvent son nid dans l'enfourchement des grosses branches. « Le Martin, dit notre collègue Bory de Saint-Vincent (Voy. au quatre îles d'Afrique, t. 1, p. 224), est un Oiseau précieux à l'Ile-de-France ; il préserve le pays de la multiplication prodigieuse entre les Tropiques de tous les Insectes dévastateurs. Avant qu'il l'habitât, les Chenilles, les Sauterelles, les Réduves et les Blattes infestaient la campagne et dévoraient ses productions. On imagina de faire venir des Martins des Philippines ; on les lâcha : en peu de temps ils se multiplièrent au point d'inquiéter les habitans qui les détruisirent, mais qui par la suite furent obligés de les rappeler à leur secours. Ils ont maintenant ruiné l'entomologie de l'île qui ne fournit plus que quelques beaux Insectes. »

Le **Martin aux ailes noires**, *Gracula melanoptera*, Daud, paraît n'être qu'une variété du Martin commun dont les parties inférieures seraient beaucoup plus blanches, et les rémiges et rectrices noires ; du reste les deux espèces sont tout-à-fait semblables.

Martin de Gingi, *Turdus Ginginianus*, Lath. Parties supérieures d'un gris cendré, avec les tectrices alaires verdâtres ; rémiges en partie noires et en partie rousses ; tectrices brunes, roussâtres vers l'extrémité ;

nuque ornée de plumes noires longues et étroites ; un espace longitudinal, nu depuis l'angle de la bouche jusqu'à celui de l'œil ; parties inférieures grises ; bec et pieds jaunes. Taille, neuf pouces. De l'Inde.

Martin goulin, *Gracula calva*, Buff., pl. enl. 200. Parties supérieures d'un gris blanchâtre qui prend une teinte plus sombre sur les ailes et la queue ; un grand espace nu autour de l'œil, de couleur de chair ou jaunâtre ; une seule ligne de plumes sur le sommet de la tête ; parties inférieures d'un beau brun qui prend une teinte plus claire vers l'abdomen ; bec et pieds jaunes. Taille, huit pouces. Des Philippines.

Martin gris-de-fer, *Gracula grisea*, Daud. ; *Cossyphus griseus*, Dum., Levail., Ois. d'Afrique, pl. 95, f. 2. Parties supérieures grises ; tête garnie de plumes noires et effilées ; une peau nue orangée derrière l'œil ; tectrices alaires d'un fauve blanchâtre ; rémiges et rectrices noirâtres, les quatre latérales de celles-ci terminées de fauve blanchâtre ; parties inférieures d'un brun ferrugineux, avec une bande fauve sur la poitrine ; bec orangé ; pieds jaunes. Taille, sept pouces et demi. De l'Inde où il se trouve mêlé avec le Martin de Gingi, dont il n'est peut-être qu'une variété.

Martin huppé de la Chine, *Gracula cristatella*, Lath., Buff., pl. enl. 507. Tout le plumage d'un noir bleuâtre sombre, à l'exception des rémiges et des tectrices qui sont blanches, les premières à leur origine, les autres à l'extrémité ; front, sommet de la tête et nuque garnis de plumes noires, longues et étroites ; bec et pieds jaunes. Taille, huit pouces et demi. De l'Inde.

Martin a longue queue, *Cossyphus caudatus*, Dum. Parties supérieures brunes, variées de roussâtre, les inférieures d'un cendré foncé, avec quelques stries blanchâtres ; gorge blanche ; bec et pieds jaunes. Taille, huit pouces. De l'Inde.

MARTIN ochrocéphale. *V.* Merle ochrocéphale.

MARTIN olive, *Cossyphus olivaceus*, Dum. *V.* Manorine.

MARTIN aux oreilles blanches, *Pastor oricularis*. Parties supérieures d'un brun noirâtre bronzé; tête, cou, gorge, haut de la poitrine et tectrices d'un noir brillant; sommet de la tête garni de plumes noires, longues et étroites; espace nu, au milieu duquel se trouve l'œil de couleur de chair; méat auditif couvert d'une plaque de petites plumes soyeuses blanches; petites tectrices alaires, croupion et parties inférieures d'un blanc pur; bec et pieds jaunes. Taille, huit pouces. Nous avons reçu cette espèce de Java et du continent de l'Inde.

MARTIN a plumes soyeuses, *Sturnus sericeus*, Lath. Parties supérieures cendrées; rémiges et rectrices noires avec l'origine blanche; tête d'un blanc jaunâtre, presque jaune sur le sommet; dessus du cou jaune; parties inférieures d'un gris blanchâtre; bec d'un rouge pourpré; pieds d'un jaune tirant sur le rouge. Taille, sept pouces et demi. La femelle a les rémiges et les rectrices brunes, le sommet de la tête noir, et le front mélangé de brun et de blanchâtre; cette dernière couleur se montre encore sur le croupion et sur les flancs; elle a le bec et les pieds bruns. De la Chine.

MARTIN Porte-lambeaux, *Sturnus gallinaceus*, Lath.; *Gracula carunculata*, Gmel.; *Cossyphus carunculatus*, Dum.; *Gracula curvata*, Shaw, Levaill., Ois. d'Afriq., pl. 93 et 94. Parties supérieures d'un gris roussâtre; rémiges et rectrices d'un noir bronzé; parties inférieures et cou d'un blanc roussâtre; mandibule inférieure garnie d'un double lambeau qui embrasse toute la gorge, fendu en pointe, et se sépare en deux vers l'extrémité; front relevé par une espèce de crête ovulaire transversale qui couronne une seconde crête cordiforme, partant du sommet de la tête; un espace nu sur la joue; cet espace, de même que les lambeaux, sont d'un brun noirâtre; bec et pieds bruns. Taille, neuf pouces. La femelle est un peu plus petite; les couleurs de son plumage sont beaucoup plus ternes, et les lambeaux, quoique assez semblables à ceux du mâle, sont beaucoup moins grands. Les jeunes ont la tête totalement emplumée, conséquemment dépourvue de lambeaux; leur plumage est d'un gris cendré, avec les rémiges et les rectrices d'un brun terne; les tectrices alaires et les parties inférieures sont blanchâtres. De l'Afrique.

MARTIN pygmée, *Cossyphus minutus*, Dum. Parties supérieures brunes; tête rayée longitudinalement de roux et de brun; parties inférieures d'un gris fauve, avec la gorge blanche. Taille, quatre pouces et demi. De l'Inde.

MARTIN a queue striée, *Cossyphus striatus*, Dum. Parties supérieures d'un gris roussâtre, les inférieures d'une teinte plus pâle, rayées de brun. Taille, neuf pouces. De l'Inde. Ces deux espèces sont encore douteuses.

MARTIN Roselin, *Pastor roseus*, Tem.; *Turdus roseus*, Gmel.; *Turdus selenlis*, Gmel.; Merle couleur de rose, Buff., pl. enl. 251. Parties supérieures, ventre et abdomen couleur de rose; tête, cou et haut de la poitrine noirs, à reflets violets; nuque garnie de plumes longues et étroites, noires; rémiges et rectrices d'un brun irisé; tectrices alaires noirâtres, lisérées de rose; tectrices caudales inférieures et cuisses noires, rayées de blanchâtre; bec d'un jaune rougeâtre, avec la base de la mandibule inférieure noire; pieds jaunes; iris brun. Taille, huit pouces. La femelle a les couleurs moins vives; et le rose est lavé de brunâtre, les plumes de la nuque sont moins longues. Les jeunes ont les parties supérieures d'une seule nuance fauve isabelle; les rémiges et les rectrices brunes, frangées de blanc et de cendré; les parties inférieures d'un brun cendré, à l'exception de la gorge et du milieu de l'abdomen qui sont d'un blanc pur. Point de longues plumes sur la tête. Des parties chaudes de l'ancien continent. De passage dans le midi de l'Europe.

MARTIN TIROUCH, *Upupa Capensis* ; *Coracia cristata*, Vieill. Parties supérieures d'un gris foncé ; rémiges noirâtres avec une tache blanche vers le milieu ; tête garnie d'une belle huppe blanche, composée de plumes longues, flexibles, à barbes désunies, et susceptibles de se recourber en avant quand l'Oiseau les redresse ; dessus du cou grisâtre ; parties inférieures blanches ; bec et pieds jaunes. Taille, dix pouces. Du cap de Bonne-Espérance.

MARTIN VIEILLARD, *Turdus Malabaricus*, Lin. ; *Acridotheres Malabaricus*, Vieill. Parties supérieures d'un gris cendré ; rémiges et rectrices noires ; tête et cou cendrés, avec une ligne blanche au centre ; les plumes de ces parties sont longues et déliées ; parties inférieures rousses ; bec noir avec l'extrémité jaune ; pieds jaunes. Taille, huit pouces. De l'Inde.

(DR..Z.)

MARTIN – CHASSEUR. *Dacelo.* ois. Genre de l'ordre des Alcyons. Caractères : bec gros, fort, tranchant, dilaté sur les côtés, convexe en dessus, sans arête vive, déprimé à sa base, subitement comprimé et courbé à la pointe qui est très-évasée ; mandibule inférieure large, concave, plus courte que la supérieure, terminée en pointe ; narines percées obliquement de chaque côté de la base du bec, à moitié fermées par une membrane couverte de plumes ; pieds assez robustes ; tarse plus court que le doigt intermédiaire auquel sont unis l'externe jusqu'à la troisième articulation, et l'interne jusqu'à la seconde, le pouce large à sa base ; ailes médiocres ; première rémige plus courte que la seconde qui est un peu moins longue que la troisième ; plumage non lustré, à barbes faibles et décomposées.

Des considérations contestées long-temps par différens ornithologistes, et admises par quelques autres, ont porté Leach à réaliser une idée produite par Levaillant, et qui consiste à enlever du genre Martin-Pêcheur l'espèce connue sous le nom de *Géant*, pour en former le type d'un genre nouveau, auquel il a donné un nom que l'on a traduit en français par le mot composé Martin-Chasseur, dénomination admise d'abord spécifiquement par Levaillant. Quoique nous reconnaissions la justesse des motifs qui rendent les méthodistes extrêmement sévères dans les nouvelles formations de genres, nous pensons cependant que la différence de mœurs si tranchée entre les Martins-Pêcheurs et les Martins-Chasseurs, paraît suffisante pour ne point confondre les uns et les autres dans une simple division d'un même genre. Du reste la différence de mœurs et d'habitudes n'est point la seule qui puisse justifier l'établissement du genre ; on en retrouve d'autres dans la nature du plumage qui suffisent pour faire reconnaître, même à la simple vue, un Martin-Chasseur d'avec un Martin – Pêcheur : dans les premiers, une souplesse soyeuse dans les barbules remplace le tissu serré, roide et lustré qui constitue les plumes des autres, et qui convient admirablement à leur manière de chercher leur nourriture. La forme de la queue, et même celle des ailes, aident encore à reconnaître les espèces de l'un et de l'autre genres. Les Martins-Chasseurs habitent les forêts touffues, et ne se trouvent qu'accidentellement, comme les autres Sylvains, sur les bords des ruisseaux ; non moins sauvages que les Martins-Pêcheurs, ils n'évitent cependant pas, ainsi que l'a avancé Sonnerat, la société des autres Oiseaux, car plusieurs observateurs les ont vus disputant aux Merles et aux Moucherolles les Insectes dont ils font presque leur unique nourriture. Ils construisent leur nid qu'ils placent dans un creux ou une bifurcation des arbres élevés. Leur ponte consiste en quatre ou cinq œufs d'un blanc bleuâtre, également tiqueté de brun. La composition de ce genre, formée d'abord de deux ou trois espèces, paraît devoir s'accroître à mesure que les richesses zoologiques des Moluques et de l'Australasie nous seront mieux connues.

MARTIN - CHASSEUR DE GAUDICHAUD, *Dacelo Guadichaudii*, Gaim., Voyage de Freyc., p. 25. Parties supérieures noires ; côtés et derrière du col blancs, nuancés de roussâtre ; trait oculaire blanc ; croupion et tectrices alaires supérieures d'un bleu très-vif ; rémiges et rectrices d'un bleu foncé, terminées de noir ; gorge blanche ; poitrine et parties inférieures d'un roux foncé ; flancs fauves, avec une grande tache noire cachée par l'aile lorsque l'Oiseau est en repos ; bec grisâtre, avec le bord des mandibules verdâtres ; pieds bruns. Taille, onze pouces et demi. Rapporté de la Nouvelle-Hollande par Quoy et Gaimard, naturalistes de l'expédition du capitaine Freycinet.

MARTIN-CHASSEUR GÉANT, *Alcedo fusca*, Lin. ; *Alcedo gigantea*, Lath. ; Martin-Pêcheur de la Nouvelle-Guinée, Buff., pl. enl. 663. Parties supérieures d'un brun olivâtre ; sommet de la tête brun, strié de gris ; nuque garnie de plumes longues et effilées, brunes, formant une espèce de huppe ; occiput et côté de la tête variés de blanchâtre et de noirâtre ; côtés du cou d'un brun foncé ; rémiges brunes, blanchâtres à leur base, noires à l'extrémité et bordées de bleu ; sur les tectrices alaires une tache d'un bleu verdâtre pâle et brillant ; cette couleur est aussi celle du croupion ; rectrices fauves, ondées de noir et terminées de bleu ; parties inférieures d'un faux brunâtre, striées de noir ; un collier blanc également strié de brun foncé ; mandibule supérieure noire, l'inférieure orangée ; pieds gris ; ongles noirs. Taille, quatorze pouces. De la Nouvelle-Hollande.

MARTIN - CHASSEUR MIGNON, *Da-*

celo *pulchella*, Temm., Ois. color., pl. 277. Parties supérieures bleues, rayées de noir, la plus grande étendue de chaque plume rayée de noir et de blanc alternativement ; rémiges noires, rayées de blanc ; front, joues, côtés du cou et nuque d'un roux marron ; sommet de la tête et occiput garnis de plumes longues et touffues, brunes à la base, bleues à l'extrémité, et tachetées de blanc ; rectrices étagées à barbes extérieures rayées de noir et de bleu, avec quelques taches blanches ; les barbes intérieures sont rayées de noir et de blanc ; ce qui ne fait paraître que ces deux nuances en dessous de la queue ; devant du cou et milieu du ventre blancs ; poitrine, flancs et abdomen roussâtres ; bec rouge ; pieds bruns. Taille, sept pouces. De Java.

MARTIN - CHASSEUR OREILLON BLEU, *Dacelo Cyanotis*, Temm., Ois. color., pl. 262. Parties supérieures d'un brun olivâtre ; sommet de la tête d'un roux vif, garni de plumes longues et effilées, formant une sorte de panache ; bande oculaire qui se dilate sur la nuque et y forme un large demi-collier bleu : cette bande est noirâtre sur les joues ; côtés du cou mélangés ou nuancés de roussâtre et de rosé ; tectrices alaires bleues ; bord des scapulaires blanc ; rémiges brunes, bordées et terminées de noir ; rectrices étagées, longues, d'un roux foncé en dessus, fauves roussâtres en dessous ; gorge blanche ; parties inférieures blanchâtres, nuancées de fauve et de rosé ; bec rouge ; pieds bruns. Taille, neuf pouces. De Sumatra.

MARTIN-CHASSEUR A TÊTE GRISE, *Alcedo Senegalensis*, Lath., Buff., pl. enl. 594. Parties supérieures d'un bleu azuré brillant ; sommet de la tête d'un gris-brun ; sourcils et dessus des narines d'un gris blanchâtre ; joues noires ; dessus et côtés du cou d'un gris bleuâtre, finement striés, ainsi que la poitrine et les flancs, d'un gris foncé ; scapulaires noirs ; rémiges blanches à la base et à l'intérieur, noires à l'extrémité, de même qu'extérieurement ; rectrices bleues en dessus, noires en dessous ; gorge et parties inférieures blanchâtres ; mandibule supérieure rouge ; l'inférieure noire ; pieds d'un brun foncé. Taille, huit pouces et demi. D'Afrique.

Martin-Chasseur a tête et poitrine striée, *Dacelo striata*. Parties supérieures d'un brun noirâtre ; sommet de la tête et occiput bruns, striés de noirâtre ; dessus, côtés et devant du cou, poitrine et flancs d'un gris brunâtre, clair, strié, tacheté et finement rayé de brun ; croupion et barbes extérieures des grandes tectrices alaires bleus ; rémiges noires extérieurement et à l'extrémité, brunâtres à la base et intérieurement ; rectrices bleues en dessus, bordées de noirâtre qui est la nuance du dessous ; gorge et milieu du ventre blanchâtres : tectrices caudales inférieures roussâtres ; bec rouge varié de noirâtre et d'un blanc rougeâtre à la pointe ; pieds noirâtres en dessus, blanchâtres en dessous. Taille, huit pouces. De la Cafrerie. Nous ne pensons pas que cette espèce puisse être confondue avec celle que Levaillant présume être le mâle de la précédente.

Martin-Chasseur trapu, *Dacelo concreta*, Temm., Ois. color., p. 346. Parties supérieures d'un noir mat, frangées de bleu foncé ; front vert, bordé de jaune roussâtre ; sommet de la tête d'un vert foncé, varié de vert brillant ; bande oculaire et nuque noires ; sourcils, joues et cou d'un roux vif ; une large moustache d'un bleu vif foncé ; croupion d'un bleu verdâtre brillant ; rémiges et rectrices noires bordées de bleu foncé ; gorge roussâtre ; poitrine et flancs roux ; le reste des parties inférieures blanc ; bec noirâtre, à l'exception des bords des mandibules qui sont jaunes, ainsi que les pieds. Taille, sept pouces et demi. De Sumatra.

(DR..Z.)

MARTIN-PÊCHEUR. *Alcedo.* ois. Genre de l'ordre des Alcyons. Caractères : bec long, droit, anguleux, tranchant, gros à sa base, pointu, rarement déprimé ; narines placées de chaque côté du bec et près de sa base, percées obliquement, presque entièrement fermées par une membrane nue ; pieds courts, placés fort en arrière du corps ; jambe découverte ; tarse assez gros et arrondi ; quatre doigts, trois en devant, dont l'externe soudé à l'intermédiaire jusqu'à la seconde articulation ; l'interne ne l'est que jusqu'à la première ; un en arrière fort large à son origine ; ongles épais, celui du pouce plus petit ; première et seconde rémiges moins longues que la troisième qui dépasse toutes les autres.

Si la nature a prodigué tout le luxe de sa palette sur la robe lustrée des Martins-Pêcheurs, il semble qu'elle n'ait voulu rien faire de plus pour ces tristes Oiseaux ; tout l'éclat de leur plumage ne peut effacer l'impression désagréable que fait sur nos sens ou que laisse dans notre imagination une conformation trapue et pour ainsi dire grotesque, des mœurs âpres et solitaires. En effet, si l'on met en opposition leur cri perçant avec le chant mélodieux du Rossignol, leur vol brusque et rapide avec l'agréable légèreté de la Bergeronnette, leurs habitudes défiantes avec l'agaçante familiarité du Pinçon, leur sombre maintien avec l'aimable pétulance du Chardonneret, enfin leurs accouplemens passagers avec les constantes amours de la Colombe, on sera obligé d'avouer que, malgré l'infériorité de leur parure, les hôtes enjoués des bocages l'emportent de beaucoup sur les fastueux mais tristes Martins-Pêcheurs.

Quoique ce genre soit assez nombreux en espèces, on n'en trouve qu'une seule en Europe, et comme elle est également répandue dans les deux autres parties de l'ancien continent, il ne serait point étonnant qu'elle fût originaire d'un climat où les Oiseaux se distinguent par la vivacité des couleurs, qu'une circonstance particulière ait déterminé son expatriation, et qu'ensuite cette espèce ayant vainement cherché à regagner les lieux de naissance où l'instinct ramène soit habituellement, soit périodiquement, la plupart des Oiseaux, elle ait laissé des colonies égarées dans toutes les régions qu'elle a successivement parcourues. Ces colonies étant parvenues insensiblement à se faire un climat où elles étaient demeurées, il en est résulté que l'espèce du Martin-Pêcheur Alcyon est devenue propre à toutes les températures.

Outre la séparation des Martins-Chasseurs d'avec les Martins-Pêcheurs, on a encore sous-divisé le dernier de ces genres en plusieurs sections. Vieillot établit d'abord sa coupe principale sur le nombre des doigts : il place d'un côté tous ceux qui ont quatre doigts visibles, et de l'autre ceux dont le doigt interne, représenté seulement par un rudiment, donne au pied une apparence tridactyle. Cuvier et Lacépède ont même fait de ces Martins-Pêcheurs, prétendus tridactyles, un genre qu'ils ont appelé *Ceix*. Malgré tout le respect que nous portons à deux naturalistes si célèbres, et dont l'opinion est du plus grand poids dans l'étude des sciences naturelles, nous n'avons pas cru devoir adopter le genre Ceix par la raison que le caractère sur lequel il est fondé (celui qui est pris de l'existence de trois doigts seulement) n'est point d'une rigoureuse exactitude. De l'aveu de plusieurs ornithologistes qui, avant nous, en ont fait l'observation, les Ceix ne sont point privés du doigt interne ; ce doigt existe véritablement, mais il n'est pas entièrement développé ; et dans les deux espèces qui constituent le genre, l'*Alcedo tribrachys*, Shaw, présente un moignon bien distinct ; à la vérité, il est dépourvu d'ongle, mais l'autre espèce, *Alcedo tridactylus*, présente un ongle parfaitement formé et implanté sur un rudiment de doigt. Il ne resterait donc que ces subdivisions prises de la conformation du bec qui serait tétragone dans le plus grand nombre des espèces, et trigone avec

la mandibule inférieure renflée dans les autres ; cette subdivision offre cependant chez certains individus des transitions ou passages qui en rendent les caractères difficiles à établir.

Les Martins-Pêcheurs ne fréquentent que les bords ombragés des fleuves et des ruisseaux : rarement on les trouve sur les dunes, sur les rivages arides ; il est vrai que l'embarras qu'ils éprouvent dans la marche leur interdit en quelque sorte l'accès de ces côtes. Doués d'une patience extrême, ils sont constamment occupés à guetter les petits Poissons dont ils font leur principale nourriture ; immobiles sur l'une des branches qui garnissent la rive, ou sur la pointe du rocher que baigne une eau tranquille, ils attendent, les regards fixément tournés vers la surface de l'onde, que l'objet de leur persévérance s'y montre. Dès qu'ils l'ont aperçu, aussi prompts que l'éclair, ils s'élancent perpendiculairement, et la proie se trouve saisie avant même qu'elle ait eu le temps de songer à la fuite. Il arrive assez souvent que ces Oiseaux pêchent en volant ; on les voit alors, dans leur course rapide, décrire brusquement un angle parfait, plonger la tête dans l'eau et se relever tout aussitôt avec le Poisson dans le bec. Quelquefois celui-ci est trop gros pour être avalé en entier ; dans ce cas, l'Oiseau le dépose sur une pierre, et à coups de bec il le dépèce avec l'adresse que procure l'habitude de l'exercice. Lorsqu'il y a pénurie de Poissons, ils se jettent sur les larves d'Insectes aquatiques. Les Martins-Pêcheurs vivent isolés, jamais on ne les rencontre en troupes, et quand le besoin de se reproduire leur fait rechercher une compagne, la sociabilité n'existe entre eux que durant le temps nécessaire pour terminer la couvée et voir la jeune famille en état de pourvoir elle-même à sa nourriture. Ils nichent dans les terriers que pratiquent le long du rivage les petits Amphibies ; ils en consolident la galerie avec de la terre gâchée, de manière à pouvoir y déposer avec sécurité la ponte qui est de quatre à huit œufs ordinairement tout blancs. Le mâle et la femelle les couvent alternativement, et viennent après apporter la pâtée aux jeunes.

On a prétendu que les Martins-Pêcheurs, que l'on voit plus fréquemment en hiver qu'en été, se retiraient pendant la belle saison dans les parties les plus obscures des forêts. Ce fait n'a point été constaté, et il paraît qu'il a été avancé trop légèrement ; si ces Oiseaux apparaissent en plus grand nombre en hiver, c'est qu'alors les feuilles ne les dérobent point à la vue, que la recherche de la nourriture leur cause plus d'exercice, et que lorsque la gelée vient glacer la surface des rivières, ils sont forcés à de longues excursions avant de trouver des endroits propres à la pêche.

Les Martins-Pêcheurs n'ont qu'une mue annuelle ; les femelles diffèrent peu des mâles et les jeunes leur ressemblent entièrement ; on distingue néanmoins ceux-ci à la couleur du bec et des pieds qui n'acquièrent leur véritable couleur qu'après la première mue.

MARTIN-PÊCHEUR ALATLI, *Alcedo torquata*, Lath., Buff., pl. enl. 284. Parties supérieures d'un gris bleuâtre ; rémiges noirâtres, dentelées de blanc à l'intérieur ; rectrices noires, largement rayées de blanc ; parties inférieures d'un roux marron, à l'exception de la poitrine qui est couverte de plumes d'un gris bleuâtre, et de la gorge qui est blanche ainsi que les côtés du cou dont les extrémités se joignent sur le derrière et dessinent un large collier ; bec noirâtre ; pieds gris. Taille, seize pouces. Des Antilles.

MARTIN-PÊCHEUR ALCYON, *Alcedo Ispida*, L. ; *Gracula Athis*, Gmel. ; *Ispida Senegalensis*, Briss., Buff., pl. enl. 77. Parties supérieures d'un vert bleuâtre, obscur, tacheté de bleu d'azur sur la tête et les tectrices alaires ; milieu du dos et croupion bleus ; gorge et côtés du cou d'un bleu roussâtre ; trait oculaire roux ; une

large moustache d'un vert noirâtre, tachetée de vert brillant ou de bleu d'azur ; rémiges noires, blanchâtres intérieurement, avec une partie du bord extérieur verte ; rectrices d'un bleu d'aigue-marine en dessus, noirâtres en dessous ; parties inférieures d'un roux vif ; bec noirâtre avec la base de la mandibule inférieure rougeâtre ; pieds rouges. Taille, sept pouces. Les femelles ont les teintes du plumage plus ternes, et la couleur bleue passant presque entièrement au vert. Les jeunes ressemblent assez aux femelles ; ils ont de plus le bec tout noir et les pieds d'un roux pâle. En Europe, en Asie et en Afrique.

MARTIN-PÊCHEUR DE L'AMAZONE, *Alcedo Amazona*, Lath. Parties supérieures d'un vert brillant ; une espèce de collier blanc sur la nuque ; tectrices alaires et rémiges vertes, tachetées de blanc ; rectrices vertes, les intermédiaires plus pâles et brillantes, les autres tachetées de blanc ; parties inférieures blanches avec la poitrine et les flancs verts ; bec noir avec la base de la mandibule inférieure jaune. Taille, douze pouces. De la Guiane.

MARTIN-PÊCHEUR D'APYE, *Alcedo venerata*, Lath. Parties supérieures d'un brun clair varié de verdâtre plus ou moins brillant ; sourcils d'un blanc verdâtre ; tectrices alaires, rémiges et rectrices vertes avec la tige rousse ; parties inférieures blanchâtres ; bec noir avec la base de la mandibule inférieure blanche ; pieds bruns. Taille, neuf pouces. Des îles des Amis où cette espèce est pour les naturels un objet de vénération.

MARTIN-PÊCHEUR AZURÉ, *Alcedo azurea*, Lath. Parties supérieures d'un bleu foncé brillant ; rémiges et rectrices brunes ; un trait fauve sur les joues ; une longue bande blanche sur les côtés du cou ; gorge, côtés du cou et parties inférieures d'un roux fauve ; bec noir ; pieds rouges. Taille, six pouces trois lignes. De l'Australasie, île de Norfolk.

MARTIN-PÊCHEUR BABOUCARD, *Al-*

cedo Senegalensis, Briss. Variété du
MARTIN-PÉCHEUR ALCYON.

MARTIN-PÉCHEUR A BEC BLANC,
Alcedo leucorhyncha, Lath. Parties
supérieures d'un vert brillant; tête et
cou d'un brun pourpre; rémiges et
rectrices vertes en dessus, cendrées en
dessous; parties inférieures jaunâtres; bec blanc; pieds rougeâtres.
Taille, quatre pouces six lignes. De
l'Amérique.

MARTIN-PÉCHEUR DU BENGALE,
Alcedo Bengalensis, Var., Lath.,
Edwards, pl. 11. Parties supérieures
d'un vert bleuâtre brillant; rémiges
et rectrices brunes, bordées de vert;
trait oculaire roussâtre; sommet de
la tête rayé de bleu foncé; parties inférieures d'un fauve roussâtre avec
la gorge blanche; bec noir, rougeâtre à la base de la mandibule inférieure; pieds rouges. Taille, quatre
pouces six lignes. On en distingue une
variété de plus petite taille, dont
le trait oculaire se divise en deux, et
qui a les plumes de la tête et de la
queue tout-à-fait brunes : ce n'est
peut-être qu'une variété de sexe.

MARTIN-PÉCHEUR BIRU, *Alcedo
Biru*, Horst., Temm., Ois. color.,
pl. 239, fig. 1. Parties supérieures
d'un bleu d'aigue-marine; plumes du
sommet de la tête et des petites tectrices alaires terminées de bleu plus
foncé; extrémité des rémiges et dessous des rectrices noirâtres; trait oculaire taché sur les côtés du cou; gorge
et parties inférieures blanches; poitrine bleue; bec noir; pieds bruns.
Taille, cinq pouces. Des Moluques.

MARTIN-PÉCHEUR BLANC ET NOIR.
V. MARTIN-PÉCHEUR PIE.

MARTIN-PÉCHEUR BLEU D'AMÉRI-
QUE. *V.* MARTIN-PÉCHEUR A BEC
BLANC.

MARTIN-PÉCHEUR BLEU ET BLANC,
Alcedo cyanoleuca, Vieill. Parties
supérieures d'un bleu d'aigue-marine; trait oculaire et petites tectrices alaires d'un noir profond; côtés
du cou et parties inférieures d'un
blanc rayé et tacheté de bleu; bec
rouge avec l'extrémité noire; pieds
noirs. Taille, neuf pouces. D'Afrique.

MARTIN-PÉCHEUR BLEU DE CIEL,
Alcedo cœrulea, Vieill. Parties supérieures d'un beau bleu pâle, strié de
noirâtre; tectrices alaires supérieures
tachetées de noir; rémiges noires extérieurement et marquées de blanc,
qui est aussi la nuance de leur extrémité; les barbules intérieures blanchâtres, rayées de noir; petites tectrices alaires inférieures d'un brun
rougeâtre; joues blanches de même
que la gorge et une espèce de demi-
collier; parties inférieures d'un roux
vif; bec noir; pieds bruns. Taille,
seize pouces. De l'Amérique méridionale.

MARTIN-PÉCHEUR BLEU DE MADA-
GASCAR. *V.* MARTIN-PÉCHEUR BLEU
ET ROUX.

MARTIN-PÉCHEUR BLEU ET NOIR
DU SÉNÉGAL, *Alcedo Senegalensis*,
Var., Lath., Buff., pl. enl. 356.
Parties supérieures d'un bleu foncé;
rémiges et tectrices alaires noirâtres :
gorge blanche; parties inférieures
rousses; bec brun; pieds rougeâtres.
Taille, sept pouces.

MARTIN-PÉCHEUR BLEU ET ROUX,
Alcedo Smyrnensis, Var., Lath.,
Buff., pl. enl. 232. Parties supérieures
d'un bleu verdâtre brillant; épaules,
tectrices alaires intermédiaires, et
bout des rémiges noirs; tête, cou et
parties inférieures d'un roux marron vif; bec rouge, trigone, avec la
mandibule inférieure renflée; pieds
rouges. Taille, neuf pouces. D'Asie et
d'Afrique.

MARTIN-PÉCHEUR BLEUATRE, *Alcedo cœrulescens*, Lath. Parties supérieures variées de bleu pâle et de
blanc; moustache bleue, descendant
sur la poitrine qui est de la même
teinte, et avec laquelle elle se confond; joues, gorge, devant du cou et
abdomen blancs; bec noir; pieds on-
glés. Taille, quatre pouces six lignes.
Des Moluques.

MARTIN-PÉCHEUR DU BRÉSIL, *Alcedo Brasiliensis*, Lath. Parties supérieures fauves, variées de roux, de
brun et de blanc; rémiges et rectrices
roussâtres, rayées de blanc; trait
oculaire brun; parties inférieures

blanches; bec et pieds noirs. Taille,
sept pouces.

MARTIN-PÊCHEUR DU CAP DE BONNE-
ESPÉRANCE, *Alcedo Capensis*, Lath.,
Buff., pl. enl. 590. Parties supérieures d'un bleu verdâtre; tectrices alaires
d'un bleu d'aigue-marine; sommet
de la tête d'un gris clair; dessous des
rectrices gris; parties inférieures d'un
fauve terne; bec rouge, fortement
renflé; pieds rougeâtres. Taille, quatorze pouces.

MARTIN-PÊCHEUR DE CAYENNE,
Alcedo Cayenensis, Lath. Parties supérieures d'un bleu pâle, tirant au
verdâtre vers le croupion; rémiges
noires avec les barbules externes
bleues en dessus; rectrices intermédiaires entièrement bleues en dessus;
un demi-collier noir: parties inférieures blanches; bec noir avec la
mandibule inférieure rouge de même
que les pieds. Taille, huit pouces.

MARTIN-PÊCHEUR DE LA CHINE,
Alcedo atricapilla, Lath., Buff., pl.
enl. 673. Parties supérieures d'un
bleu violet luisant; tête et cou noirs,
ainsi qu'une partie des tectrices alaires; un demi-collier blanc; gorge et
poitrine blanches, le reste des parties
inférieures d'un roux clair; bec et
pieds rouges. Taille, dix pouces.

MARTIN-PÊCHEUR A COIFFE NOIRE.
V. MARTIN-PÊCHEUR DE LA CHINE.

MARTIN-PÊCHEUR A COLLIER DU
BENGALE, *Alcedo Erithaca*, Lath.
Parties supérieures d'un bleu foncé
avec les ailes grises; sommet de la
tête, croupion et tectrices caudales
rouges; côtés de la tête jaunes, ornés
de deux bandes, l'une noire et l'autre
bleue; front et parties inférieures
jaunes; gorge et collier blancs; dessous de la queue gris; bec et pieds
rouges. Taille, sept pouces. Espèce
douteuse.

MARTIN-PÊCHEUR A COLLIER BLANC,
Alcedo collaris, Lath. Parties supérieures d'un bleu nuancé de verdâtre;
un petit collier blanc ainsi que les
parties inférieures; bec noir avec la
mandibule inférieure jaunâtre; pieds
noirâtres. Taille, huit pouces. Des
Philippines.

MARTIN-PÊCHEUR A COLLIER DES
INDES, *Alcedo cœrulea*, Lath. Parties
supérieures d'un beau bleu; sourcils
blancs qui s'étendent vers l'occiput;
une tache roussâtre au-dessous de
l'œil, de chaque côté; un collier
blanc; tectrices alaires, croupion et
tectrices caudales supérieures d'un
vert brillant; rémiges et rectrices
bleues en dessus, noires en dessous;
gorge roussâtre; parties inférieures
rousses; bec noir, grisâtre à sa base;
pieds gris. Taille, sept pouces.

MARTIN-PÊCHEUR DE LA COTE DE
MALABAR. *V.* MARTIN-PÊCHEUR
(GRAND) DU BENGALE.

MARTIN-PÊCHEUR A COU ROUGE.
V. MARTIN-PÊCHEUR MORDORÉ.

MARTIN-PÊCHEUR CRABIER, *Alcedo
cancrophaga*, Lath., Buff., pl. enl.
334. Parties supérieures d'un bleu
verdâtre brillant; sommet de la tête
d'un cendré bleuâtre tirant sur le
blanc au-dessus des yeux; trait oculaire, tectrices alaires et extrémité
des rémiges noirs; parties inférieures
d'un fauve pâle; bec et pieds rouges;
mandibule inférieure renflée. Taille,
douze pouces. D'Afrique.

MARTIN-PÊCHEUR A DOS BLEU,
Alcedo tribrachys, Shaw. Parties
supérieures et joues d'un bleu foncé
qui forme aussi une bande de chaque
côté sur la gorge, la poitrine et le
cou; parties inférieures d'un roux
ferrugineux; bec noir; tarse orangé;
doigt interne presque nul. Taille,
cinq pouces. De Timor.

MARTIN-PÊCHEUR DOUBLE ŒIL,
Alcedo Diops, Temm., Ois. color.,
pl. 272. Parties supérieures d'un bleu
nuancé de vert d'aigue-marine; sommet de la tête, dessus et côtés du cou,
bande pectorale, cuisses, rémiges et
rectrices d'un bleu vif; une grande
tache blanche de chaque côté du
front; trait oculaire varié de noirâtre;
extrémité des rémiges et dessous de
la queue noirs; menton, gorge et abdomen blancs; bec et pieds noirs.
Taille, sept pouces six lignes. Des Moluques et des Célèbes.

MARTIN-PÊCHEUR ÉGYPTIEN, *Alcedo Ægyptia*, Lath. Espèce placée

mal à propos dans ce genre, et qui paraît, selon Savigny, devoir être rangée parmi les Biboreaux. *V.* Hé- RON.

MARTIN-PÈCHEUR EROORO, *Alcedo tuta*, Lath. Parties supérieures d'un vert olive; sourcils blancs; collier noirâtre; parties inférieures blan- ches; bec noir avec la mandibule in- férieure blanche; pieds noirs. Taille, huit pouces. De l'Océanique.

MARTIN-PÈCHEUR A FRONT GRIS, *Aceldo cinereifrons*, Vieill. Parties supérieures d'un bleu d'aigue-ma- rine; front gris; trait oculaire noir, ainsi que les tectrices alaires; rémiges brunes avec le bord extérieur d'un bleu verdâtre brillant; poitrine d'un bleu d'aigue-marine; le reste des par- ties inférieures blanchâtre; bec noir tacheté en dessus de jaune et de rou- geâtre; pieds bruns. Taille, neuf pouces six lignes. La femelle a les parties supérieures et la poitrine d'un gris bleuâtre, et les tectrices alaires brunes. De l'Ethiopïe.

MARTIN-PÈCHEUR A FRONT JAUNE. *V.* MARTIN-PÈCHEUR A COLLIER DU BENGALE.

MARTIN-PÈCHEUR GARGANTA. *V.* MARTIN-PÈCHEUR MORDORÉ.

MARTIN-PÈCHEUR GAUDICHAUD. *V.* MARTIN-CHASSEUR GAUDICHAUD.

MARTIN-PÈCHEUR GÉANT. *V.* MAR- TIN-CHASSEUR GÉANT.

MARTIN-PÈCHEUR GIP-GIP. *V.* MARTIN-PÈCHEUR DU BRÉSIL.

MARTIN-PÈCHEUR GHOTARRÉ, *Al- cedo sacra*, Var., Lath. Parties supé- rieures bleues; nuque noire; collier blanc; sourcils jaunâtres ainsi que les parties inférieures à l'exception de la gorge qui est blanche; tectrices alaires inférieures noires; bec et pieds bruns. Taille, huit pouces. De la Nouvelle-Zélande : on présume que cette espèce n'est qu'une variété du Martin-Pêcheur des mers du Sud.

MARTIN-PÈCHEUR (GRAND) DU BEN- GALE, *Alcedo Smyrnensis*, Var., Lath., Buff., pl. enl. 894. Parties supérieures d'un bleu verdâtre bril- lant; tête et dessus du cou d'un brun marron; tectrices alaires supérieures

brunes, les intermédiaires noirâtres, de même que l'extrémité des rémiges et le dessous des rectrices; gorge, devant du cou et haut de la poitrine blancs, avec quelques taches sur les flancs d'un roux marron qui est la couleur des autres parties inférieures; bec rouge avec la mandibule infé- rieure renflée; pieds orangés. Taille, dix pouces six lignes.

MARTIN-PÈCHEUR (GRAND) DE L'ILE DE LUÇON, *Alcedo atricapilla*, Var. Parties supérieures d'un bleu clair, brillant; sommet de la tête et haut du cou bruns; sourcils et collier blanchâtres; petites tectrices alaires brunes; rémiges bleues terminées de noirâtre; parties inférieures blanches avec chaque plume marquée d'un trait longitudinal brun dans le mi- lieu; bec noirâtre avec la mandibule inférieure renflée; pieds bruns. Taille, neuf pouces.

MARTIN-PÈCHEUR (GRAND) DE MA- DAGASCAR. *V.* MARTIN-PÈCHEUR BLEU ET ROUX.

MARTIN-PÈCHEUR (GRAND) DE LA NOUVELLE-GUINÉE. *V.* MARTIN- CHASSEUR GÉANT.

MARTIN-PÈCHEUR (GRAND) DU SÉ- NÉGAL. *V.* MARTIN-CHASSEUR A TÈTE GRISE.

MARTIN-PÈCHEUR A GROS BEC. *V.* MARTIN-PÈCHEUR DU CAP DE BONNE- ESPÉRANCE.

MARTIN-PÈCHEUR HUPPÉ, *Alcedo maxima*, Var., Lath., Buff., pl. enl. 679. Parties supérieures d'un gris noirâtre varié de lignes blan- ches; sommet de la tête d'un gris noirâtre parsemé de taches d'un gris ardoisé; sourcils blancs; rémiges et rectrices noirâtres, régulièrement ta- chetées et terminées de blanc; gorge blanche, striée de noirâtre et de rous- sâtre; poitrine mêlée de ces deux couleurs; le reste des parties infé- rieures blanc avec les flancs d'un rouge orangé; bec et pieds noirs. Taille, seize pouces. La femelle a la gorge et le devant du cou d'un brun ferrugineux pâle, des lignes étroites et noirâtres sur les parties inférieures. De l'Afrique.

MARTIN-PÈCHEUR HUPPÉ DU BRÉSIL, *Alcedo Guacu*, Vieill. Parties supérieures d'un brun ferrugineux; collier blanc; rémiges et rectrices tachetées transversalement de blanc; parties inférieures blanches; bec et pieds noirs. Taille, dix pouces.

MARTIN-PÈCHEUR HUPPÉ DU CAP DE BONNE-ESPÉRANCE. *V.* MARTIN-PÈCHEUR PIE.

MARTIN-PÈCHEUR HUPPÉ DE LA CAROLINE, *Alcedo Alcyon*, Lath., Buff., pl. enl. 715. Parties supérieures d'un gris ardoisé, varié de nuances plus claires; tête d'un bleu ardoisé, munie de plumes assez longues et effilées, susceptibles de se relever en huppe; cou blanc; tectrices alaires tachetées de blanc; rémiges noires, bordées de blanc; gorge blanche; poitrine ardoisée; parties inférieures blanches avec le bas de la poitrine et les flancs roux; tectrices caudales inférieures blanches; bec et pieds noirs. Taille, onze pouces. La femelle n'a point de roux à la poitrine et aux flancs.

MARTIN-PÈCHEUR HUPPÉ DE LA LOUISIANE. *V.* MARTIN-PÈCHEUR HUPPÉ DE LA CAROLINE.

MARTIN-PÈCHEUR HUPPÉ DU MEXIQUE. *V.* MARTIN-PÈCHEUR ALATLI.

MARTIN-PÈCHEUR DE L'ILE DE LUÇON, *Alcedo tridactyla*, Lath. Parties supérieures d'un rouge de lilas; tectrices alaires d'un bleu sombre foncé, bordées de bleu vif éclatant; rémiges et rectrices noirâtres; parties inférieures blanches; bec et pieds rouges; doigt interne presque nul. Taille, quatre pouces.

MARTIN-PÈCHEUR DES ILES DE LA SOCIÉTÉ, *Alcedo sacra*, Var., Lath. Parties supérieures d'un bleu verdâtre brillant; sourcils d'un blanc sale; rémiges et rectrices d'un brun noirâtre, bordées extérieurement de bleu; parties inférieures blanches; bec et pieds noirâtres. Taille, neuf pouces. De l'Australasie.

MARTIN-PÈCHEUR DES INDES, *Alcedo orientalis*, Lath. Parties supérieures d'un vert brillant; sommet de la tête, trait oculaire et gorge d'un bleu éclatant; sourcils blancs; une tache rousse sur la joue; rémiges noirâtres, bordées extérieurement de bleu verdâtre; rectrices semblables, à l'exception des deux intermédiaires qui sont vertes; parties inférieures rousses; bec et pieds rouges. Taille, quatre pouces six lignes.

MARTIN-PÈCHEUR SAGUACATI. *V.* MARTIN-PÈCHEUR HUPPÉ DE LA CAROLINE.

MARTIN-PÈCHEUR SAGUACATI GUACA. *V.* MARTIN-PÈCHEUR HUPPÉ DU BRÉSIL.

MARTIN-PÈCHEUR DE JAVA, *Alcedo leucocephala*, Lath., Buff., pl. enl. 757. Parties supérieures d'un bleu verdâtre pâle, brillant; sommet de la tête jaunâtre ainsi que le cou, mais strié de petits traits noirs, ce qui lui donne une teinte plus sombre; tectrices alaires, et dessus des rectrices d'un vert sombre; rémiges noirâtres, bordées extérieurement de vert; parties inférieures jaunâtres; dessous des rectrices noirâtre; bec rouge; mandibule inférieure renflée; pieds bruns. Taille, douze pouces.

MARTIN-PÈCHEUR KOATOO. Cette espèce que l'on considère comme une variété du Martin-Pêcheur des mers du Sud, a les parties supérieures d'un vert sombre; les sourcils d'un blanc sale, verdâtre; un collier blanc; les tectrices alaires vertes, bordées de jaunâtre; les rémiges et les rectrices noirâtres bordées de bleu; les parties inférieures d'un blanc jaunâtre; bec et pieds noirâtres. Taille, huit pouces. De la Nouvelle-Zélande.

MARTIN-PÈCHEUR A LONGS BRINS, *Alcedo Dea*, Lath. Parties supérieures noirâtres, bordées de bleu foncé; sommet de la tête, cou et tectrices alaires d'un bleu foncé; rémiges bleues, bordées de noir; les deux rectrices intermédiaires dépassant de beaucoup les autres, et dénuées de barbules dans le milieu de leur longueur; elles sont de même que les autres d'un rouge de rose à l'extérieur, bordées intérieurement de brun, mais la partie intermédiaire est bleue; parties inférieures et croupion d'un blanc rosé ; bec et pieds rougeâtres ; mandibule inférieure renflée. Taille, neuf à dix pouces. Des Moluques.

MARTIN - PÈCHEUR DE LA LOUISIANE. *V.* MARTIN-PÈCHEUR HUPPÉ DE LA CAROLINE.

MARTIN-PÈCHEUR DE MADAGASCAR, *Alcedo Madagascariensis,* Lath., Buff., pl. enl. 778, fig. 1. Parties supérieures d'un roux éclatant ; rémiges noires ; tectrices alaires et rectrices noirâtres, bordées de roux ; bec et pieds rouges. Taille, cinq pouces.

MARTIN - PÈCHEUR DE MALIMBE. *V.* MARTIN-PÈCHEUR A FRONT GRIS.

MARTIN - PÈCHEUR A MANTEAU, *Alcedo vestita,* Dumont. Parties supérieures d'un vert foncé, avec les rémiges et les rectrices tachetées de blanc ; demi-collier blanc ; parties inférieures blanches, à l'exception des côtés de la poitrine qui sont verts ; bec et pieds noirs. Taille, dix pouces. Du Brésil.

MARTIN-PÈCHEUR MATUITI, *Alcedo maculata,* Lath. Parties supérieures brunes, tachetées de jaunâtre ; rémiges et rectrices traversées de bandes de la même couleur ; gorge jaune ; parties inférieures blanches, pointillées de brun ; bec rouge avec la mandibule supérieure courbée à la pointe ; pieds gris. Taille, huit pouces. Du Brésil. Cette espèce que nous n'avons point vue, devra probablement être rangée parmi les Martins-Chasseurs.

MARTIN-PÈCHEUR MÉLANOPTÈRE, *Alcedo Melanoptera,* Horsf. *V.* MARTIN-PÈCHEUR OMNICOLORE.

MARTIN-PÈCHEUR MENINTING, *Alcedo Meninting,* Horsf., Temm., Ois. color., pl. 239, f. 2. *V.* MARTIN-PÈCHEUR DU BENGALE, variété première, dont il ne diffère point assez pour constituer une espèce.

MARTIN-PÈCHEUR DE MER AUX AILES LONGUES. Nom donné fort improprement à la Frégate. *V.* ce mot.

MARTIN - PÈCHEUR DES MERS DU SUD, *Alcedo sacra,* Lath. Parties supérieures d'un vert pâle ; de larges sourcils roux qui se réunissent sur la nuque ; trait auriculaire d'un vert foncé ; une petite ligne orangée bordée de bleu sur la joue ; rémiges et rectrices noirâtres, bordées de bleu extérieurement ; parties supérieures blanches ; un collier roussâtre ; bec grisâtre avec la base de la mandibule inférieure blanche ; pieds noirs. Taille, neuf pouces.

MARTIN-PÈCHEUR MORDORÉ, *Alcedo rubescens,* Vieill. Parties supérieures d'un brun mordoré avec des reflets verts et des petites tâches blanchâtres ; sourcils, trait oculaire, gorge et demi-collier blancs ; rémiges et rectrices noirâtres, tachetées de blanc latéralement ; parties inférieures blanches, tachetées de rouge et de noir sur les flancs ; bec et pieds noirâtres. Taille, douze pouces trois lignes. De l'Amérique méridionale.

MARTIN-PÈCHEUR DE LA NOUVELLE-GUINÉE, *Alcedo Novæ - Guineæ,* Lath. Parties supérieures noires, tachetées de blanc ; rémiges et rectrices mouchetées de blanc ; deux larges taches blanches de chaque côté du cou ; parties inférieures noirâtres striées de blanc ; bec et pieds noirs. Taille, seize pouces. Il est probable que cette espèce fera partie des Martins-Chasseurs.

MARTIN - PÈCHEUR OMNICOLORE, *Alcedo omnicolor,* Reinw., Temm., Ois. color., pl. 135. Parties supérieures d'un bleu azuré foncé ; sommet de la tête noir ; une large moustache brune ; collier d'un brun marron, varié d'un bleu foncé qui est la couleur de la nuque ; petites tectrices alaires et extrémité des rémiges d'un noir profond ; grandes tectrices et rémiges d'un bleu verdâtre brillant à l'extérieur, d'un blanc pur intérieurement ; rectrices d'un bleu verdâtre en dessus, noires en dessous ; gorge et devant du cou d'un brun marron foncé ; le reste des parties inférieures bleu ; bec et pieds rouges. Taille, dix pouces. De Java.

PETIT MARTIN-PÈCHEUR HUPPÉ DES PHILIPPINES, *Alcedo cristata,* Lath., Buff., pl. enl. 756, f. 1. Parties supérieures d'un bleu brillant ; sommet de la tête rayé et pointillé de noir ; joues d'un roux marron, traversées par une bande d'un bleu violet qui descend de chaque côté du cou ; scapulaire de la même nuance ; tectrices alaires, oreilles couvertes de plumes blanchâtres ; petites tectrices alaires d'un bleu violet foncé, terminées par un point vert ; rémiges brunes avec un reflet violet ; rectrices d'une teinte semblable, mais plus foncée ; parties inférieures rousses avec la gorge blanchâtre ; bec et pieds rouges. Taille, quatre pouces six lignes.

PETIT MARTIN-PÊCHEUR DU SÉNÉGAL. *V.* MARTIN-PÊCHEUR A TÊTE BLEUE.

MARTIN-PÊCHEUR PIE, *Alcedo rudis*, Lath., Buff., pl. enl. 62. Plumage varié de noir et de blanc ; cette dernière nuance borde les plumes de la tête et du cou, et forme une bande sur leurs côtés et des taches irrégulières sur les parties supérieures ; elle couvre presque entièrement les parties inférieures, à l'exception d'une large bande interrompue sur la poitrine ; bec et pieds noirs. Taille, onze pouces. De l'Afrique et de la Chine.

MARTIN-PÊCHEUR DE PONDICHÉRY, *Alcedo purpurea*, Lath., Buff., pl. enl. 778. Parties supérieures d'un roux pourpré à reflets violets ; joues d'un roux orangé ; oreilles couvertes de plumes bleues, bordant une tache blanche ; rectrices alaires variées de roux et de noirâtre ; rémiges noirâtres, roussâtres intérieurement ; gorge blanche ; le reste des parties inférieures mêlées de roux et de jaune d'or sur un fond blanc ; bec et pieds d'un jaune rougeâtre. Taille, quatre pouces.

MARTIN-PÊCHEUR POURPRÉ. *V.* MARTIN-PÊCHEUR DE PONDICHÉRY.

MARTIN-PÊCHEUR ROUX. *V.* MARTIN-PÊCHEUR DE MADAGASCAR.

MARTIN-PÊCHEUR SACRÉ. *V.* MARTIN-PÊCHEUR DES MERS DU SUD.

MARTIN-PÊCHEUR DE SAINT-DOMINGUE. *V.* MARTIN-PÊCHEUR HUPPÉ DE LA CAROLINE.

MARTIN-PÊCHEUR DU SÉNÉGAL. *V.*

MARTIN-PÊCHEUR BLEU ET NOIR DU SÉNÉGAL.

MARTIN-PÊCHEUR DE SMYRNE, *Alcedo Smyrnensis*, Lath. Parties supérieures d'un vert sombre ; tête, cou et parties inférieures d'un brun marron ; rémiges et rectrices latérales, noirâtres, bordées de vert obscur ; gorge et bande transversale sur la poitrine blanches ; bec et pieds rouges. Taille, huit pouces six lignes.

MARTIN-PÊCHEUR DE SURINAM, *Alcedo Surinamensis*, Lath. Parties supérieures d'un bleu clair brillant ; tête d'un vert noirâtre, tachetée de bleu ; rectrices d'un bleu foncé ; gorge et milieu du ventre d'un blanc rougeâtre ; poitrine rousse ; bec et pieds noirs. Taille, huit pouces.

MARTIN-PÊCHEUR TAAOU-YUTEHIN. *V.* MARTIN-PÊCHEUR DU BENGALE.

MARTIN-PÊCHEUR TACHETÉ, *Alcedo Indica*, Lath. Parties supérieures d'un vert obscur ; bande oculaire noire, bordée de jaune orangé ; côtés du cou verts ; collier noir, bordé de blanchâtre ; rémiges et rectrices tachetées de blanc ; parties inférieures d'un roux orangé ; bec noirâtre, avec la mandibule inférieure d'un jaune rougeâtre ; pieds rougeâtres. Taille, sept pouces. De Cayenne.

MARTIN-PÊCHEUR TACHETÉ DU BRÉSIL. *V.* MARTIN-PÊCHEUR MATUITI.

MARTIN-PÊCHEUR TUPURARA. *V.* MARTIN-PÊCHEUR DU BENGALE.

MARTIN-PÊCHEUR DE TERNATE. *V.* MARTIN-PÊCHEUR A LONGS BRINS.

MARTIN-PÊCHEUR A TÊTE BLANCHE, *Alcedo Albicilla*, Cuv. Parties supérieures bleues ; tête et parties inférieures blanches à l'exception de la gorge et de la poitrine qui sont roussâtres. Souvent la tête est mélangée de bleu ; quelquefois même elle est entièrement de cette couleur, ce qui jette, comme l'a fort judicieusement fait remarquer un savant ornithologiste, beaucoup d'incertitude sur le nombre réel des espèces que l'on a jusqu'ici établies dans le genre Martin-Pêcheur. Taille, sept à huit pouces. Des îles Marianes.

MARTIN-PÈCHEUR A TÊTE BLEUE, *Alcedo cæruleocephala*, Lath., Buff., pl. enl. 356. Parties supérieures d'un bleu verdâtre brillant, varié de bleu vif sur la tête; rémiges noirâtres, bordées de bleu; joues et parties inférieures d'un rouge orangé; gorge blanche; bec et pieds rouges. Taille, quatre pouces. De l'Afrique.

MARTIN-PÈCHEUR A TÊTE COULEUR DE PAILLE. *V.* MARTIN-PÈCHEUR DE JAVA.

MARTIN-PÈCHEUR A TÊTE GRISE. *V.* MARTIN-CHASSEUR A TÊTE GRISE.

MARTIN-PÈCHEUR A TÊTE ROUSSE, *Alcedo ruficeps*, Cuv. Parties supérieures d'un vert foncé avec la tête et le dessous du cou roux; parties inférieures roussâtres variées de blanc; bec et pieds rouges. Taille, huit pouces. Des îles Marianes.

MARTIN-PÈCHEUR A TÊTE VERTE, *Alcedo chlorocephala*, Lath., Buff., pl. enl. 783. Parties supérieures d'un vert clair; sommet de la tête d'un vert foncé entouré d'une ligne noire qui entoure aussi les yeux, et s'étend jusqu'aux angles du bec; tectrices alaires d'un vert d'aigue-marine; rémiges et rectrices noirâtres; parties inférieures blanches; bec et pieds noirs; mandibule inférieure renflée. Taille, neuf pouces. Des Moluques.

MARTIN-PÈCHEUR TÈU-ROU-JOULON. Parties supérieures vertes; rectrices bleues; parties inférieures jaunes; bec et pieds rouges. Taille, sept pouces. Des Célèbes. Espèce peu caractérisée.

MARTIN-PÈCHEUR TOUNZI, *Alcedo nutans*, Vieill. Parties supérieures bleues; sommet de la tête bleu avec l'extrémité de chaque plume rayée de bleu clair; une ligne rousse sur les joues qui sont d'un violet pourpré; une tache blanche bordée d'un rouge vif sur les oreilles; collier roux; gorge blanche; parties inférieures rousses; bec noir, blanchâtre à sa base, orangé vers la pointe. Taille, quatre pouces. D'Afrique.

MARTIN-PÈCHEUR D'ULCITÉA. Va-

riété du Martin-Pêcheur de la mer du Sud.

MARTIN-PÈCHEUR A VENTRE BLEU, *Alcedo cyanoventris*, Vieill. Parties supérieures d'un bleu d'outre-mer brillant; sommet de la tête d'un brun noirâtre à reflets bleus; collier bleu; occiput bordé de brun; petites tectrices alaires noires, les grandes bleues bordées de vert; rémiges blanches à leur base, vertes extérieurement et terminées de noir; rectrices bleues en dessus, noires en dessous; gorge et devant du cou d'un brun marron à reflets violets sur la poitrine; abdomen bleu à reflets verdâtres; bec et pieds rouges. Taille, huit pouces six lignes. De Java. Cette espèce paraît être la même que celle que Temminck a figurée, pl. 135 des Oiseaux coloriés, sous le nom d'Omnicolore que lui a donné le professeur Reinwardt.

MARTIN-PÈCHEUR VERT, *Alcedo viridis*, Vieill. Parties supérieures d'un vert obscur, avec quelques points blancs sur les tectrices alaires; rémiges et rectrices noires tachetées de blanc intérieurement; gorge et collier d'un blanc pur; parties inférieures blanches, tachetées de vert; devant du cou marron; bec et pieds noirs. Taille, huit pouces. De l'Amérique méridionale.

MARTIN-PÈCHEUR VERT D'AMÉRIQUE. *V.* MARTIN-PÈCHEUR VERT ET ORANGÉ.

MARTIN-PÈCHEUR VERT DE L'AUSTRALASIE, *Alcedo Australasiæ*, Vieill. Parties supérieures vertes; plumes du cou bordées de roux; sourcils, côtés de la tête et dessus du cou d'un brun ferrugineux; joues traversées par une bande d'un bleu foncé dégénérant en verdâtre; rémiges et rectrices bleues; tectrices alaires terminées de roux; menton blanc; parties inférieures jaunes, variées de jaunâtre; bec noir, avec la mandibule inférieure blanche, la supérieure inclinée vers la pointe. Taille, sept pouces. Cette espèce serait peut-être mieux placée parmi les Martins-Chasseurs.

MARTIN-PÈCHEUR VERT ET BLANC,

Alcedo Americana, Lath., Buff., pl. enl. 591. Parties supérieures d'un vert sombre à reflets d'un vert plus clair ; un trait blanc sur les côtés de la tête et du cou ; d'autres traits ou taches semblables sur les ailes ; gorge blanche ; poitrine d'un roux orangé ; le reste des parties inférieures mélangé de blanc et de vert ; bec noir ; pieds rougeâtres. Taille, sept pouces. La femelle n'a point de roux sur la poitrine. De l'Amérique méridionale.

MARTIN-PÊCHEUR VERT DE CAYENNE. *V.* MARTIN - PÊCHEUR VERT ET ORANGÉ.

MARTIN-PÊCHEUR VERT DE MER, *Alcedo Beryllina*, Vieill. Parties supérieures et poitrine vertes ; joues et taches sur les côtés du cou blanches ainsi que la gorge et les parties inférieures ; bec noir ; pieds jaunâtres. Taille, cinq pouces six lignes. De Java.

MARTIN-PÊCHEUR VERT ET ORANGÉ, *Alcedo superciliosa*, Lath., Buff., pl. enl. 756, fig. 2 et 5. Parties supérieures d'un vert obscur, avec quelques petites taches roussâtres sur les ailes ; rémiges brunes ; collier, poitrine, flancs et abdomen d'un roux orangé ; gorge et poitrine blanches ; une bande verte entourée de roux vers le haut de cette dernière partie ; bec et pieds noirs ; base de la mandibule inférieure d'un jaune rougeâtre. Taille, cinq pouces. De l'Amérique méridionale. La femelle n'a point de bande verte sur la poitrine.

MARTIN-PÊCHEUR VERT ET ROUX, *Alcedo bicolor*, Lath., Buff., pl. enl. 592, fig. 1 et 2. Parties supérieures vertes tachetées de roussâtre sur les ailes et la queue ; un trait roux entre la narine et l'œil ; collier roux ; parties inférieures d'un roux marron à l'exception d'une bande blanche tachetée de vert sur la poitrine du mâle seulement ; bec noirâtre ; pieds rougeâtres. Taille, neuf pouces six lignes. De l'Amérique méridionale.

MARTIN-PÊCHEUR VINTZI. *V.* MARTIN - PÊCHEUR HUPPÉ DES PHILIPPINES.

MARTIN-PÊCHEUR VIOLET DE LA CÔTE DE COROMANDEL, *Alcedo Coro-* *mandeliæ*, Lath. Parties supérieures roussâtres, avec des reflets violets ; croupion d'un blanc bleuâtre ; parties inférieures d'un jaune roussâtre, plus pâle vers le menton ; bec rouge ; mandibule inférieure renflée ; pieds d'un rouge jaunâtre. Taille, huit à neuf pouces.   (DR..Z.)

MARTIN-SEC ET MARTIN-SIRE. BOT. PHAN. Variétés de Poires.   (B.)

* MARTIN ET VACHE AU BON DIEU. INS. Noms vulgaires des Coccinelles.   (B.)

MARTINET. *Cypselus*. OIS. Genre de l'ordre des Chélidons. Caractères : bec très-court, peu apparent, en partie caché par les plumes du front, triangulaire, déprimé, large à sa base ; angle des mandibules s'étendant jusqu'au-dessous des yeux : la supérieure courbée à la pointe ; narines larges, placées longitudinalement vers le haut du bec, près de l'arête, couvertes en arrière par une membrane élevée dont les bords sont garnis de petites plumes semblables à celles du Capistrum ; tarse extrêmement court ; quatre doigts entièrement divisés, et tous dirigés en avant ; ils sont courts et gros de même que les ongles ; ailes très-longues ; première rémige un peu plus courte que la seconde ; queue composée de dix rectrices.

Comme les Hirondelles avec lesquelles ils ont été long-temps confondus, les Martinets semblent être exclusivement du domaine de l'air. C'est le matin, ainsi que vers le soir et même pendant une partie de la nuit, qu'ils aiment à donner un libre essor à leur étonnante mobilité et parcourir en un instant des distances que l'imagination admettrait avec peine, si le phénomène ne se reproduisait constamment à nos yeux ; dans le milieu de la journée, lorsque la chaleur solaire se développe avec le plus d'intensité, les Martinets fuient son trop ardent contact ; ils se retirent dans les trous de murailles ou de masures, dans les crevasses de rochers dont ils font leur retraite journalière, et où l'on assure qu'ils se livrent au sommeil. Il faut à ces Oiseaux une température presque absolument uniforme; c'est pour cela que ne pouvant séjourner long-temps dans les mêmes lieux, ils sont assujettis à des voyages pour ainsi dire continuels, et pour lesquels la nature semble les avoir doués d'organes très-favorables. Les points culminans des lieux qu'ils habitent, les tours, les monumens élevés, les pics de rochers sont ordinairement choisis par ces Oiseaux de mœurs un peu farouches, comme points centraux de leurs voyages aériens; souvent ils se poursuivent dans la même direction par bandes de huit à dix, mais jamais ils ne se mêlent avec d'autres espèces, et lorsque de la plus haute portée à laquelle la vue peut atteindre, on aperçoit des Oiseaux fendre l'air avec rapidité, et en laissant échapper des sifflemens aigus, on peut être certain que ce sont des Martinets.

C'est toujours en volant que les Martinets pourvoient à leur nourriture, et pour exécuter leur chasse, ils n'ont qu'à tenir leur bec ouvert : la cavité de la bouche extrêmement étendue et constamment humectée par une humeur visqueuse, retient contre ses parois les Insectes répandus sur la route sinueuse des Martinets, et qui sont en quelque sorte engouffrés dans cette énorme bouche. L'Oiseau paraît ne les avaler que lorsqu'il éprouve le besoin de nourriture, ou lorsqu'il en juge le nombre assez considérable. Quand la soif se fait sentir, il effleure la surface d'un ruisseau ou d'une rivière, y plonge habilement la tête et se relève avec la plus grande vivacité, après s'être gorgé de liquide. Sa vue doit être extrêmement perçante, car on a souvent observé que des Martinets se dirigeaient de très-loin vers un petit Insecte voltigeant autour d'une fleur ou au-dessus des eaux. Son courage est beaucoup au-dessus de sa taille, et il le déploie surtout quand il s'agit de défendre sa couvée contre l'attaque des petits Oiseaux de proie;

alors il n'hésite pas à lutter contre des forces huit ou dix fois supérieures, et quand il est obligé de succomber, ce qui arrive assez ordinairement dans des combats aussi inégaux, ce n'est qu'après avoir épuisé toute sa vigueur et quand il est prêt à périr. Les Martinets ne s'abattent jamais volontairement dans les plaines, ils y éprouveraient trop de difficultés pour reprendre le vol : l'extrême longueur de leurs ailes, jointe à l'exiguité du tarse, rend leur marche très-pénible sur un terrain parfaitement uni, et ce n'est que lorsqu'à l'aide d'un balancement favorable, ils ont pu atteindre une pierre ou une motte de terre plus élevée, qu'ils s'élancent dans leurs régions favorites où des Oiseaux de même taille se trouvent en possession de leur disputer la supériorité du vol. De même que les Hirondelles, les Martinets vont chaque année déposer dans les mêmes lieux les fruits de leurs amours, ce qui peut faire penser qu'il existe beaucoup de constance dans leurs unions; ils y retrouvent le nid qu'ils ont primitivement construit, et qui consiste en débris de feuilles, de tiges, et en couches de duvet appliquées et collées les unes sur les autres au moyen de l'humeur glutineuse qu'ils sécrètent par le bec. Ils n'ont chaque année qu'une légère réparation à faire à ce nid qui reçoit ensuite trois ou quatre œufs d'un blanc pur. Dès que ces œufs sont éclos, les père et mère apportent simultanément la becquée aux jeunes, et lorsque ceux-ci sont en état de quitter le nid, déjà la famille songe aux préparatifs de départ pour aller sans doute se séparer dans d'autres climats.

Les jeunes Martinets diffèrent peu des vieux dont les couleurs sont les mêmes dans les deux sexes, chez la plupart des espèces. D'après la concordance des observations faites par plusieurs voyageurs, la mue annuelle s'opère de très-bonne heure, au mois de février : conséquemment sous les zones qui, à cette époque, donnent aux régions africaines et asiatiques une température de vingt-cinq à trente degrés.

MARTINET BLANC-COL, *Cypselus collaris*, prince Maxim., Temm., Ois. color., pl. 195. Tout le plumage d'un noir brunâtre, moins prononcé encore sur la tête et les ailes ; un collier blanc, assez étroit sur les côtés du cou ; dix rectrices assez courtes, élastiques, terminées en pointe roide : les latérales progressivement plus longues que les intermédiaires, ce qui rend la queue un peu fourchue ; rémiges dépassant les rectrices de deux pouces et demi ; bec noir ; pieds d'un brun noirâtre ; tarses lisses et plus élevés que dans les autres espèces. Taille, de l'extrémité du bec à celle de la queue, six pouces six lignes. Du Brésil.

MARTINET COIFFÉ, *Cypselus comatus*, Temm., Ois. color., pl. 268. Parties supérieures, cou, poitrine et ventre d'un vert cuivré et bronzé ; côtés de la tête garnis de plumes longues, étroites et blanches, formant une bande qui, de la base du bec, passe au-dessus des yeux et se rabat en huppe sur la nuque : une autre bande semblable prend naissance du menton, se dirige au-dessous des yeux, et va se terminer sur la nuque ; les autres plumes de la tête également longues et effilées sont d'un vert bronzé ; une tache d'un brun marron couvre l'orifice des oreilles ; tectrices alaires, rémiges et rectrices d'un vert foncé avec des reflets métalliques ; extrémité des tectrices alaires, partie de l'abdomen et tectrices anales blanches ; queue très-fourchue ; bec et pieds noirâtres. Taille, cinq pouces huit lignes. De Sumatra.

MARTINET DE LA CAROLINE. *V.* **HIRONDELLE BLEUE DE LA LOUISIANE.**

MARTINET A CROUPE BLANCHE. *V.* **HIRONDELLE NOIRE D'AFRIQUE.**

MARTINET A CROUPION BLANC. *V.* **HIRONDELLE NOIRE D'AFRIQUE.**

MARTINET A CUL BLANC. *V.* **HIRONDELLE DE FENÊTRE.**

MARTINET GÉANT, *Cypselus gigan-*

teus, Van Hasselt, Temm., Ois. color., pl. 364. Parties supérieures d'un brun noirâtre ; sommet de la tête, nuque, partie des tectrices alaires, tectrices uropygiales et côtés de l'abdomen d'un vert foncé à reflets brillans ; scapulaires et milieu du dos d'un brun cendré mat ; rémiges et rectrices d'un noir irisé : celles-ci terminées par une longue pointe nue formée du prolongement de la baguette ; une bande blanche au-dessus des cuisses, qui se confond avec les tectrices anales qui sont également blanches ; bec et pieds bruns. Taille, sept pouces six lignes. De Java.

MARTINET A GORGE BLANCHE D'AFRIQUE, Levaill., Ois. d'Afr., pl. 243. On le considère comme une variété du Martinet à ventre blanc dont le brun de la poitrine s'étendrait davantage sur le bas du cou et en restreindrait conséquemment la nuance blanche. *V.* **MARTINET A VENTRE BLANC.**

MARTINET (GRAND). *V.* **MARTINET DE MURAILLE.**

MARTINET (GRAND) DE LA CHINE, *Hirundo Sinensis*, Lath. Parties supérieures brunes ; sommet de la tête d'un roux clair ; bande oculaire brune ; yeux entourés de petites plumes blanches ; gorge blanche ; parties inférieures roussâtres ; bec et pieds gris bleuâtres. Taille, onze pouces six lignes.

MARTINET (GRAND) NOIR A VENTRE BLANC. *V.* **MARTINET A VENTRE BLANC.**

MARTINET (GRAND) A VENTRE BLANC. *V.* **MARTINET A VENTRE BLANC.**

MARTINET LONGIPENNE, *Cypselus longipennis*, Temm., Ois. color., pl. 83, fig. 1. Parties supérieures d'un vert foncé brillant ; ailes et queue d'un vert bleuâtre avec les rémiges les plus voisines du corps blanches ; une tache d'un brun marron sur l'orifice des oreilles ; parties inférieures cendrées ; milieu du ventre et tectrices anales blanches ; croupion d'un cendré verdâtre ; bec noir ; pieds rougeâtres. Taille, huit pouces six li-

gues. La femelle n'a point de tache
rousse aux oreilles. De Java.

MARTINET DE MURAILLE, *Hirundo
Apus*, Gmel. ; *Cypselus murarius*,
Temm. ; *Micropus murarius*, Meyer,
Buff., pl. enlum. 542, fig. 2. Tout
le plumage d'un noir brunâtre, à
l'exception de la gorge qui est d'un
blanc sale ; bec et pieds noirs ; tarses
emplumés. Taille, sept pouces dix
lignes. Les jeunes ont la gorge et le
tour du bec blancs, les rémiges et
les tectrices alaires, les rectrices frangées de blanc. En Europe, en Asie
et en Afrique.

MARTINET NOIR. *V*. MARTINET DE
MURAILLE.

MARTINET (PETIT). *V*. HIRONDELLE
DE FENÊTRE.

MARTINET (PETIT) NOIR. *V*. PETITE
HIRONDELLE NOIRE.

MARTINET DE SAINT-DOMINGUE.
V. PETITE HIRONDELLE NOIRE.

MARTINET VÉLOCIFÈRE. *V*. HIRON-
DELLE VÉLOCIFÈRE.

MARTINET A VENTRE BLANC, *Cypselus alpinus*, Temm.; *Hirundo mel-
ba*, Gmel.; *Micropus alpinus*, Meyer.
Parties supérieures d'un brun cendré
qui prend une nuance plus foncée et
irisée sur les ailes et la queue ; gorge,
poitrine et ventre blancs ; un large
collier d'un noir brunâtre ; le reste
des parties inférieures, et flancs d'un
cendré brunâtre ; bec noir ; pieds rougeâtres. Taille, neuf pouces. Du midi
de l'Europe. (DR..Z.)

MARTINÉZIE. *Martinezia*. BOT.
PHAN. Ce genre de la famille des Palmiers et de la Monœcie Hexandrie,
L., fut établi par Ruiz et Pavon
(*Prodrom. Flor. Peruv. et Chil.*, p.
138, tab. 52), et composé d'espèces
qui, pour la plupart, ne peuvent être
groupées ensemble. Dans son *Genera Palmarum*, p. 22, Martius assure, en effet, qu'elles doivent être
distribuées dans les genres *Chamæ-
dorea*, *Bactris*, *Geonoma* et *Euterpe*.
En conséquence, il est nécessaire de
regarder comme type du *Martinezia*,
le *M. caryotæfolia* de Kunth, et d'admettre pour caractères génériques

ceux qui ont été donnés par ce dernier auteur, sauf quelques modifications proposées par Martius. Les
fleurs sont monoïques sur le même
régime, et enfoncées dans des alvéoles. La spathe qui les entoure est
simple, d'une structure fibreuse réticulée, et se rompt irrégulièrement.
Les fleurs mâles ont un calice double, l'un et l'autre à trois folioles,
mais l'extérieur plus petit ; six étamines à filets libres ; un pistil rudimentaire. Les fleurs femelles sont
pourvues d'enveloppes florales semblables à celles des mâles, d'une
membrane cylindrique à six dents
peu marquées, et entourant l'ovaire.
Cet organe représente les étamines
avortées. L'ovaire est triloculaire,
surmonté de trois styles. Le fruit est
une drupe globuleuse, monosperme.
Kunth indique avec doute, comme
congénère du *Martinezia*, le *Nun-
nezharia* de Ruiz et Pavon.

Le *Martinezia caryotæfolia*, Kunth
(*Nova Genera et Species Plant.
æquin.*, 1, p. 305), atteint une hauteur de plus de quinze mètres. Des
racines épineuses élèvent son tronc
à près d'un mètre au-dessus du sol.
Ses frondes sont pinnées, à folioles
cunéiformes, tronquées et rongées au
sommet comme celles du *Caryota
urens;* elles sont portées sur des pétioles garnis en dessus d'épines géminées. Ce Palmier croît dans l'Amérique méridionale, près des fleuves
de l'Orénoque, du Cassiquiare et de
l'Atabapo. On le cultive dans les jardins de la province de Popayan. Les
habitans lui donnent le nom de *Pal-
ma Corozo*. (G..N.)

MARTINOLLE. REPT. BATR. L'un
des noms vulgaires de la Rainette
verte. (B.)

*MARTISIA. MOLL. Genre établi
par Leach pour des Pholades raccour-
cies, cunéiformes, bâillantes, avec
plusieurs pièces accessoires, l'une
dorsale et moyenne, et deux marginales inférieures. Blainville, à l'article
Mollusque du Dictionnaire des Sciences Naturelles, a admis ce genre com-

me sous-division des Pholades. *V.* ce mot. (D..H.)

* **MARTIUSIA**. BOT. PHAN. Dans les Mémoires de l'Acad. de Munich, t. 7, p. 125, t. 12, le père Léandro, botaniste brésilien, a établi, sous le nom de *Martia*, un genre qui appartient à la famille des Légumineuses, mais que le nombre ambigu de ses étamines empêche de classer convenablement dans le système sexuel. Schultes (*Mantiss.*, 1, p. 69) a changé le nom de *Martia* en celui de *Martiusia*, qui en effet paraît plus convenable, puisque le genre en question est dédié au savant bavarois Martius. De Candolle (*Prodrom. Syst. Veget.*, 2, p. 256) admet la dénomination rectifiée par Schultes, et asssigne au *Martiusia* les caractères suivans : calice tubuleux, persistant, presque bilabié, à cinq dents aiguës, l'inférieure plus longue; corolle nulle; quatre étamines dont deux anthérifères et deux stériles, ayant toutes leurs filets distincts et de la moitié plus courts que l'ovaire; anthères légèrement ciliées; légume ceint à la base par le calice, stipité, comprimé, presque tétragone, dont les valves sont marquées à leur milieu d'une nervure longitudinale. Ce genre a le calice et le fruit du *Neurocarpum*, mais il s'en éloigne par son défaut de corolles et par ses étamines, dont le nombre est tellement anomal pour un genre de Légumineuses, que le professeur De Candolle présume qu'il résulte d'un avortement, et conséquemment que le nouveau genre pourrait bien ne pas différer du *Neurocarpum*. Quoi qu'il en soit, ce genre se compose d'une espèce, *Martiusia physalodes*, qui croît dans les champs près de Rio-Janeiro. Cette Plante y porte le nom vulgaire de *Timbo*, et elle passe pour mortelle aux bestiaux qui la broutent. Sa tige est sous-frutescente, volubile, velue; ses feuilles sont pinnées à trois folioles ovales-oblongues, mucronées, glabres en dessus, et pubescentes en dessous ; les pédoncules sont biflores. (G..N.)

* **MARTRASIA**. Ce nom a été substitué sans motifs plausibles par Lagasca, à celui de *Dumerilia* qu'il avait lui-même proposé pour un genre de la famille de Synanthérées. Le nom de *Dumerilia* ayant été adopté par De Candolle et Kunth, c'est au mot DUMERILIA que nous avons dû décrire le genre en question. Cassini s'est servi de nouveau, dans le Dictionnaire des Sciences Naturelles, du nom de *Martrasia*, pour désigner un genre fondé sur le *Martrasia pubescens* de Lagasca, et qui se distingue des autres espèces par l'aigrette stipitée, ou, en d'autres termes, par le fruit aminci et prolongé supérieurement en col. (G..N.)

* **MARTRE**. MAM. *V.* MARTE.

* **MARTRE**. INS. La chenille du *Bombix Caja*, L., vulgairement Ecaille-Martre. (B.)

MARTYNIE. *Martynia*. BOT. PHAN. Ce genre que l'on désigne aussi en français sous le nom de *Cornaret*, à cause des deux cornes qui terminent son fruit, appartient à la famille des Bignoniacées et à la Didynamie Angiospermie, L. Voici quels sont ses caractères : le calice est à cinq divisions profondes et inégales ; la corolle est monopétale, tubuleuse, évasée, à cinq lobes inégaux. Les étamines au nombre de quatre sont didynames ; deux avortent quelquefois, et il y a constamment le rudiment d'une cinquième étamine également avortée. Le style est allongé, terminé par un stigmate formé de deux lamelles. Le fruit est une sorte de drupe, terminée à son sommet par deux cornes recourbées ; il contient un noyau cartilagineux, de même forme, à une seule loge, offrant deux trophospermes pariétaux, saillans en forme de cloisons vers le centre de la fleur et divisés en deux lames divariquées, qui parfois rejoignent les parois du fruit, en sorte que celui-ci paraît à quatre loges. Les graines sont placées au bord libre de ces deux lames; elles sont ovoïdes, un peu comprimées, à surface chagrinée , pendantes et ayant la radicule tournée vers le hile.

Nous croyons être le premier, qui précédemment à l'article BIGNONIA-CÉES de ce Dictionnaire , ayons fait connaître la véritable structure de l'ovaire et du fruit dans le genre *Martynia*. En effet , tous les botanistes , même les plus modernes , décrivent le fruit de ce genre comme offrant quatre ou cinq loges. Mais nous pensons que telle n'est pas sa véritable organisation, et que si en effet il en était ainsi, ce genre s'éloignerait beaucoup des autres Bignoniacées. Il est vrai qu'au premier aspect, cette structure paraît être celle de la Noix dans les *Martynia annua*, L. , ou *M. diandra*, Willd., et *M. proboscidea*, Willd. Si l'on coupe en travers le fruit de la première espèce, il paraît à quatre loges. Mais d'abord si l'on examine l'intérieur de l'ovaire au moment de la fécondation , on voit qu'il est évidemment à une seule loge, offrant deux placentas ou trophospermes pariétaux saillans en forme de demicloisons, se divisant en deux branches ou lames qui portent les ovules à leur extrémité. Ces deux lames sont dirigées du centre vers la paroi interne de l'ovaire, mais elles en sont distinctes et n'y adhèrent nullement. Peu à peu elles s'en rapprochent cependant et finissent par la toucher; c'est alors que le fruit paraît être à quatre loges, parce que les deux lames produites par chacun des trophospermes , deviennent contiguës avec celles du côté opposé. Mais même dans cet état , il est encore facile de reconnaître la véritable organisation du fruit, au milieu des changemens importans qu'elle a subis. En effet , on voit que la cloison perpendiculaire est formée de deux lames rapprochées, contiguës, mais nullement soudées, et si on examine avec soin le point de jonction du bord de ces lames avec la paroi de l'ovaire , on reconnaît facilement qu'il y est seulement contigu. Cette organisation est encore plus aisée à distinguer dans le *Martynia proboscidea*, dont

le fruit est décrit, même par Gaertner, comme ayant cinq loges. La cinquième loge qui est centrale , provient de ce que les deux lames émises par les trophospermes ne se touchent pas et laissent entre elles un espace vide. A la planche 110 de Gaertner, on voit dans la figure au trait qu'il donne de la coupe transversale du fruit, que telle est en effet son organisation. Les espèces de *Martynia* , au nombre de quatre à cinq, sont toutes annuelles; une seule est originaire du cap de Bonne-Espérance (*M. longiflora* , Willd.). Les autres croissent dans l'Amérique méridionale. On a retiré de ce genre le *Martynia perennis*, pour en former le genre *Gloxinia* qui a été transporté dans la famille des Gesnériées. 　　　　　　　　　(A. R.)

MARTYROLE. OIS. L'un des noms vulgaires du Martinet noir. *V*. MARTINET. 　　　　　　　　　(DR..Z.)

MARUM. BOT. PHAN. *V*. GERMANDRÉE.

MARURANG. BOT. PHAN. Rumph (*Herb. Amboin.*, 4, t. 49) a décrit et figuré sous ce nom vulgaire à Amboine une Plante dont Adanson a fait un genre qu'il a placé dans sa famille des Jasmins. Cette Plante paraît être une espèce de *Clerodendron*. *V*. ce mot. 　　　　　　　　　(G..N.)

*MARUTA. BOT. PHAN. Cassini (Bull. de la Soc. Phil., novembre 1818) a proposé sous ce nom la formation d'un sous-genre dans les *Anthemis* de Linné. Il se distingue essentiellement par ses fleurs marginales qui sont neutres , par ses ovaires hérissés de points tuberculeux, par son réceptacle cylindracé , dépourvu d'appendices dans sa partie inférieure, mais garni supérieurement de paillettes courtes , très-grêles et tubulées. Cette subdivision générique a pour type l'*Anthemis cotula*, L. , espèce commune dans toute l'Europe, et à laquelle Cassini donne le nom de *Maruta fœtida*. On l'a nommée vulgairement Maroute ou Camomille puante, et elle était autrefois employée

en médecine comme antihystérique.
(G..N.)

* MASA. BOT. PHAN. Nom péruvien du *Monnina polystachia* de Ruiz et Pavon , Arbrisseau dont toutes les parties et surtout la racine sont extrêmement amères et d'un usage analogue à celui du *Quassia amara*. (G..N.)

MASARIDES. *Masarides*. INS. Latreille désignait ainsi une famille d'Hyménoptères Diploptères qu'il a convertie depuis en tribu, et à laquelle il a donné pour caractères : un aiguillon dans les femelles ; ailes supérieures doublées longitudinalement dans le repos ; yeux en croissant ; antennes terminées en bouton arrondi au bout, et n'offrant distinctement que huit ou dix articles ; languette terminée par deux filets, se retirant dans un tube formé par sa base ; les quatre palpes très-courts ; ailes ayant deux cellules cubitales complètes, dont la seconde reçoit les deux nervures récurrentes ; abdomen tronqué transversalement à sa base, et paraissant comme sessile, en demi-ovale ou presque demi-cylindrique. Quoique ces Insectes aient de grands rapports avec les Guêpes , ils s'en distinguent par leurs antennes, leur lèvre inférieure et leur abdomen dont la forme est presque semblable à celle du Chrysis. La plupart des espèces ont l'habitude de contracter leur corps en boule ; la tête est de la largeur du corselet et appliquée contre lui ; les yeux sont échancrés au côté interne ; le corselet est tronqué aux deux bouts, et se termine, de chaque côté, par deux angles fort saillans ; le segment antérieur se courbe et s'élargit de chaque côté en manière d'épaulette , de même que dans les Guêpiaires ; les pates sont courtes. Ces Hyménoptères sont propres aux contrées méridionales de l'Europe et de l'Afrique ; leurs habitudes nous sont inconnues. Cette tribu se compose de deux genres. *V.* MASARIS et CÉLONITE. (G.)

MASARIS. *Masaris*. INS. Ce genre a été établi par Fabricius sur une espèce d'Hyménoptères de la famille des Diploptères , tribu des Masarides , rapportée de Barbarie par le célèbre Desfontaines. Ses caractères sont : yeux échancrés ; ailes supérieures doublées longitudinalement dans le repos ; abdomen paraissant sessile, allongé ; antennes aussi longues que la tête, et le corselet n'ayant que huit articles, dont le dernier en forme de massue ; un aiguillon dans les femelles.

Fabricius , en formant ce genre, y a ajouté une espèce que Rossi avait nommée, dans sa Faune Etrusque, Chrysis douteux ; mais Latreille en a fait le type de son genre Célonite. Juriné désigne sous le nom de Masaris les Célonites de Latreille. La seule espèce qui existe dans ce genre est :

Le MASARIS VESPIFORME, *Masaris vespiforme*, Fabr. , figuré par Coquebert (*Illust. Icon. Insect.* , déc. 2, tab. 15, *mas*); ses antennes (du mâle) sont plus longues que celles des Célonites ; elles n'ont que huit articles : le premier, beaucoup plus long que le suivant, est cylindrique ; le dernier est en forme de massue obconique et obtus ; le labre est triangulaire et plus long que large ; les mandibules ont quatre dents très-distinctes ; les palpes maxillaires ont quatre articles, ou un de plus que ceux des Célonites ; les angles postérieurs du corselet ne se prolongent pas en une espèce de lame comprimée , comme ceux du corselet des Célonites ; la cellule radiale des ailes supérieures est plus allongée et appendicée ; l'abdomen est presque cylindrique et beaucoup plus long que celui des Célonites. La couleur générale de cet Hyménoptère est noire, variée de jaune, d'après Fabricius. (G.)

* MASCAGNIA. BOT. PHAN. *V.* HIRÉE.

MASCAGNIN. MIN. Syn. d'Ammoniaque sulfatée. (G. DEL.)

MASCARET. GÉOL. Nom que l'on donne dans le golfe de Gascogne à la vague qui s'avance avec bruit et rapidité à chaque marée montante dans le lit de la Gironde et jusqu'à Bordeaux, en s'opposant pour quelques instans au cours des eaux du fleuve. *V.* Marées.   (c. p.)

MASCARILLE. bot. crypt. L'un des noms vulgaires des Champignons de couche. Paulet le donne à l'un de ses Calotins, *V.* ce mot, et dit que cette espèce a la forme d'une borne, et qu'il est délicieux comme le *Tripam* ou *Boudin noir de l'Inde;* or le Tripam est une Holoturie?   (b.)

MASCARIN. ois. Espèce du genre Perroquet. *V.* ce mot.   (dr..z.)

MASCARONE. crust. Nom vulgaire de diverses espèces du genre Dorippe.   (b.)

* MASCHALANTHUS. bot. crypt. (*Mousses.*) Schulz à distingué sous ce nom le *Pterigynandrum filiforme* d'Hedwig : Sprengel a changé ce nom en *Maschalocarpus;* mais ces genres n'ont été adoptés par personne, et le *Pterigynandrum filiforme* peut même être regardé comme une des espèces qui servent de type à ce genre. *V.* Pterigynandrum. (ad. b.)

* MASCHALOCARPUS. *V.* Maschalanthus.

* MASCHIO. ois. L'un des noms vulgaires de l'Ecorcheur. *V.* Pie-Grièche.   (dr..z.)

MASDEVALLIE. *Masdevallia.* bot. phan. Genre de la famille des Orchidées, ou de la Gynandrie Monandrie, L., établi par Ruiz et Pavon (*Prodrom. Flor. Peruv.*, tab. 26) et ayant beaucoup de rapport avec le *Dendrobium.* Il présente les caractères suivans : les folioles du calice sont étalées ; les trois extérieures sont soudées ensemble jusqu'à leur partie moyenne; le labelle est onguiculé à sa base, dépourvu d'éperon; l'onglet du labelle est soudé avec les folioles extérieures du calice. Le gynostème est semi-cylindrique ; l'anthère est terminale, operculiforme, à deux loges contenant deux masses polliniques solides. Une seule espèce compose ce genre :

Masdevallia uniflora, Ruiz et Pavon (*loc. cit.*); Kunth, *in Humb. Nov. Gener.*, 1, p. 361, tab. 89. C'est une Plante parasite, ayant une racine fibreuse ; des feuilles radicales, longuement pétiolées, ovales, obtuses et presque spatulées ; les hampes sont dressées, hautes de huit pouces, glabres, accompagnées de gaînes, terminées par une seule fleur penchée, assez grande. Elle croît au Pérou.   (a. r.)

MASIER. moll. Nom donné par Adanson à un tube calcaire enroulé en spirale et qui appartient sans doute au genre Vermet. *V.* ce mot. (d..h.)

* MASINETTA. crust. (Scopoli.) Syn. de *Cancer depurator*, L., sur les bords de l'Adriatique.   (b.)

* MASORÉE. *Masoreus.* ins. Genre de l'ordre des Coléoptères, section des Pentamères, famille des Carnassiers, tribu des Carabiques thoraciques, établi par Ziégler et adopté par Latreille (Fam. Natur. du Règn. Anim.) Ce genre se rapproche beaucoup de celui des Harpales, et les quatre tarses antérieurs des mâles sont dilatés comme dans ceux-ci. Nous ne connaissons pas les caractères qui distinguent ce genre de ceux d'Acinope, Harpale, Ophone, etc. La seule espèce qu'il renferme est le Masorée luxé de Creutzer. Il se trouve à Paris.   (g.)

MASQUE. zool. Réaumur et Geoffroy ont donné ce nom à la lèvre inférieure des larves et des nymphes des Libellulines. *V.* Libellule, Æshne et Agrion.   (g.)

MASQUE. *Persona.* moll. Genre proposé par Montfort, dans sa Conchyliologie Systématique, pour quelques Coquilles démembrées des Murex de Linné, et que Lamarck range avec raison dans son genre Triton. *V.* ce mot.   (d..h.)

MASSE DE BEDEAU. bot. phan. Syn. de *Bunias Erucago*, L. *V.* Buniade.   (b.)

MASSE D'EAU. bot. phan. Syn. vulgaire de Massette. *V.* ce mot. (b.)

* **MASSENA**. pois. Espèce de Raie du sous-genre Céphaloptère. *V.* ce mot.   (B.)

MASSES. bot. crypt. Paulet forme sous ce nom une petite famille de Clavaires qui contient la Masse à guerrier avec les gros et petits Pisons. (B.)

MASSETTE. int. Quelques zoologistes français ont donné ce nom aux Scolex. *V.* ce mot.   (E. D..L.)

MASSETTE. *Typha.* bot. phan. Genre de Plantes monocotylédonées, formant le type de la famille des Typhacées, et de la Monœcie Polyandrie, L., et offrant pour caractères : des fleurs monoïques, disposées en chatons cylindriques, superposés, les mâles occupant la partie supérieure de la tige, et les femelles placées au-dessous. Les unes et les autres forment un axe cylindrique et épais; dans les mâles il est tout couvert d'étamines dont les filets se terminent à leur sommet par une, deux ou quatre anthères allongées, presque linéaires, à deux loges, s'ouvrant par leur partie supérieure ; cet axe porte aussi des poils plus courts que les étamines; les chatons femelles sont composés de fleurs très-serrées les unes contre les autres, ordinairement stipitées à leur base et environnées de poils nombreux qui naissent sur différens points de l'étendue de leurs stipes ; l'ovaire est fusiforme, aminci en pointe à ses deux extrémités, marqué d'un sillon longitudinal sur un de ses côtés, à une seule loge contenant un seul ovule renversé; le style se continue avec le sommet de l'ovaire et s'évase supérieurement en un stigmate onguiforme, concave, aiguë, à bord inégal. Le fruit est fusiforme, membraneux, s'ouvrant par le sillon longitudinal qui règne sur l'une de ses faces. La graine qu'il contient se compose d'un tégument propre, mince, chagriné, d'un endosperme farineux, contenant dans son centre un embryon cylindrique et monocotylédon. Les espèces de ce genre sont peu nombreuses. Ce sont des Plantes herbacées, vivaces, croissant sur le bord des étangs et des rivières. Leurs feuilles sont radicales, étroites, rubanées, assez fermes; leur tige est cylindrique, terminée par les chatons de fleurs auxquels elle sert d'axe. En France, on trouve trois espèces de ce genre, *Typha latifolia*, L.; *T. angustifolia* et *T. minima.* La seconde espèce a été retrouvée identiquement la même à l'île de Mascareigne, notamment à l'étang de Saint-Paul, par notre collaborateur Bory de Saint-Vincent.
                (A. R.)

* **MASSETTES.** bot. phan. Syn. de Typhacées. *V.* ce mot.   (B.)

MASSETTES A RESSORT. bot. crypt. Le genre *Trichia* des botanistes et quelques autres petits Champignons sont réunis par Paulet sous ce nom ridicule.   (B.)

MASSICOT. min. *V.* Plomb.

MASSON. bot. phan. Syn. de *Zyziphus œnoplia* au Bengale.   (B.)

MASSONIE. *Massonia.* bot. phan. Ce genre, de la famille des Asphodelées de Jussieu, et de l'Hexandrie Monogynie, L., établi par Thunberg, est ainsi caractérisé : périanthe tubuleux à la base, dont le limbe est divisé en six segmens, et muni à l'entrée du tube de six appendices dentiformes (nectaires de Thunberg) sur lesquels sont insérées les six étamines qui ont leurs filets subulés et les anthères ovales, oblongues; ovaire libre, trigone, surmonté d'un style filiforme et d'un stigmate simple : capsule à trois angles saillans, triloculaire, trivalve et polysperme. Le *Mauhlia ensifolia* de Thunberg a été réuni à ce genre sous le nom de *Massonia violacea* par Andrews (*Reposit.*, tab. 46); mais cette Plante en diffère par plusieurs caractères, et doit rester dans le genre *Mauhlia* ou *Agapanthus* de l'Héritier et Willdenow. Le genre *Massonia* se compose de plusieurs Plantes indigènes du cap de Bonne-Espérance remarquables par leurs feuilles toutes radicales, plus ou moins larges, par leurs fleurs fasciculées ou formant une sorte d'ombelle dont la hampe est presque nulle. Plusieurs espèces, par la singularité de leur port, ont attiré l'attention des curieux. On les cultive en serre chaude dans un mélange de terre de bruyère et de terre franche que l'on renouvelle tous les deux ans. Cette culture n'est pas facile, parce que les Massonies produisent rarement des cayeux et que leurs graines ne mûrissent pas dans nos climats. Jacquin, dans son *Hortus Schœnbrunnensis*, a donné les descriptions et les figures de plusieurs espèces dont plusieurs ne doivent être regardées que comme des variétés produites par la culture. Parmi ces Plantes, nous mentionnerons seulement les suivantes comme les plus remarquables.

MASSONIE A LARGES FEUILLES, *Massonia latifolia*, L. fils, Suppl.; Lamk., Illustr., tab. 253, fig. 1. Ses racines bulbeuses produisent deux larges feuilles ovales, presque arrondies, étalées, tachetées de rouge en dessus et d'un vert pâle en dessous. Les fleurs sont blanches, disposées entre les feuilles en une sorte d'ombelle serrée, portée sur une hampe très-courte.

MASSONIE PUSTULEUSE, *Massonia pustulata*, Jacq., *loc. cit.*, 4, tab. 454. Ses bulbes sont bruns, arrondis et gros comme une noix; ils émettent deux feuilles opposées, canaliculées à la base, ovales, un peu arrondies, légèrement mucronées, d'un vert foncé, couvertes en dessous d'un grand nombre de pustules. Les fleurs sont réunies en tête et entremêlées de bractées lancéolées.

MASSONIE A FEUILLES EN COEUR, *Massonia cordata*, Jacq., *loc. cit.*, p. 50, tab. 449. Ses feuilles, légèrement arrondies, sont échancrées en cœur à leur base, aiguës, luisantes sur leurs deux faces. Les fleurs, formant une tête serrée, soutenues par une hampe très-courte, sont blanches, rouges à l'orifice du tube; les filets des étamines sont jaunâtres et teints de rouge à leur base. (O..N.)

MASSOT. POIS. (Delaroche.) Syn.

de *Labrus Turdus*, L., aux îles Baléares. *V.* LABRE.   (B.)

* **MASSOY.** BOT. PHAN. Rumph (*Herb. Amboin.*, vol. II, p. 62) a le premier fait connaître, avec beaucoup de détails, l'écorce de ce nom, qu'il a aussi nommée *Cortex Oninius*, et qui provient d'un grand Arbre commun dans la partie occidentale de la Nouvelle-Guinée, et dont on n'a pu déterminer les affinités naturelles. Murray (*Apparat. Medicam.*, vol. VI, p. 183) cite aussi cette écorce qui est mince, presque plane, d'une saveur douce, agréable, analogue à celle de la Cannelle, et d'une couleur grise. Les Indiens la réduisent en poudre et l'emploient comme un stimulant énergique.   (G..N.)

* **MASSUE.** INF. (Joblot.) *V.* ENCHÉLIDE.

MASSUE D'HERCULE (PETITE). MOLL. Syn. de *Murex Brandaris*, L. *V.* MUREX. On appelle aussi vulgairement MASSUE ÉPINEUSE OU GRANDE MASSUE, le *Murex cornutus*. *V.* ROCHER.   (B.)

* **MASSUE** OU **TROMPETTE**. BOT. PHAN. Variété de la Calebasse, espèce du genre Courge. *V.* ce mot.   (B.)

MASTACEMBLE. POIS. Sous-genre de Ryncbobdelle. *V.* ce mot.   (B.)

MASTIC OU **MASTIX**. BOT. CHIM. Substance résineuse que l'on obtient, principalement dans l'île de Chio, en pratiquant des incisions transversales sur l'écorce du *Pistacia Lentiscus*, L. De fluide très-visqueuse qu'elle est d'abord, elle finit par se concréter à l'air, et c'est dans cet état qu'elle est connue sous le nom de Mastic. On en distingue deux variétés dans le commerce: l'une est le Mastic commun, en masses irrégulières; l'autre, ou le Mastic en larmes, se présente sous forme de larmes plus ou moins grosses, souvent aplaties, d'une couleur jaune clair, pulvérulentes extérieurement, d'une odeur suave, d'une saveur piquante et aromatique; sa cassure est vitreuse, et il se ramollit sous la dent. Le nom de Mastic a été donné à cette substance à cause de son emploi comme masticatoire. C'est en effet un usage très-répandu dans l'Orient d'en mâcher continuellement, soit pour se fortifier les gencives et se blanchir les dents, soit pour se parfumer l'haleine. Le Mastic n'est pas une résine pure; il contient en outre une huile volatile, et une substance qui ne se dissout pas dans l'Alcohol. Néanmoins la majeure partie de ses principes étant résineux, solubles dans l'Alcohol ainsi que dans l'huile volatile de Térébenthine, il forme avec ces véhicules des vernis très-brillans. Le Mastic faisait autrefois partie de plusieurs préparations pharmaceutiques. Administré à l'intérieur, il est tonique et stimulant; mais son emploi médical est aujourd'hui entièrement négligé.   (G..N.)

MASTICHINA. BOT. PHAN. Espèce du genre Thym, qui était le *Marum* de quelques anciens botanistes, mais non de l'antiquité.   (B.)

MASTIGES. *Mastigus.* INS. Genre de l'ordre des Coléoptères, section des Pentamères, famille des Clavicornes, tribu des Palpeurs, établi par Hoffmansegg, et adopté par Latreille qui lui donne pour caractères : tête ovoïde, dégagée ou séparée du corselet par un étranglement; palpes maxillaires renflés vers leur extrémité, très-saillans, et de la longueur au moins de la tête; antennes coudées, à articles allongés; extrémité antérieure du corselet rétrécie et plus étroite que la tête; abdomen ovalaire ou subovoïde, et embrassé inférieurement par les élytres. Ces Insectes diffèrent des Ptines, avec lesquels ils ont beaucoup de rapports de formes, par des caractères tirés des antennes, des palpes, et des élytres qui ne sont point soudées dans ces derniers; ils s'éloignent des Scydmènes par les antennes qui, dans ceux-ci, sont droites. Les antennes des Mastiges sont filiformes, longues, très-coudées; les deux premiers articles, et surtout le radical, sont très-allongés, les autres sont courts et ont la forme d'un cône renversé, et le terminal ou onzième a une forme ovale-oblongue; les mandibules sont robustes, terminées par une dent forte, arquée, très-aiguë, avec quelques dentelures au côté interne; les palpes maxillaires sont très-grands, avancés, et finissent en une massue ovale, composée des deux derniers articles; les palpes labiaux sont courts, de trois articles, dont le second, le plus grand de tous, est presque globuleux, et dont le troisième est petit, conique et pointu. Les mâchoires sont divisées à leur extrémité, en deux lobes dont l'extérieur, presque coriace, semble être formé de deux articles, et dont l'interne est membraneux; la languette est membraneuse, presque carrée, avec l'extrémité supérieure un peu plus large, prolongée en forme de dent à chaque angle, et offrant encore dans l'intervalle l'apparence de deux petites dents; le menton est coriace, court et transversal; les articles des tarses sont cylindriques, le dernier est terminé par deux petits crochets; la tête et le corselet sont plus étroits que les élytres; le corselet a presque la figure d'un cœur tronqué postérieurement; l'abdomen est ovalaire et enveloppé par les élytres qui sont soudées; les pieds sont longs et grêles. L'espèce qui sert de type à ce genre et qui est la seule bien connue est :

Le MASTIGE PALPEUR, *Mastigus palpalis*, Hoffm., Latr., Dej. Il est tout noir et un peu soyeux; les élytres sont fortement pointillées. Cet Insecte vit à terre, sous les pierres ou les débris de Végétaux. Il a été trouvé en Portugal par Hoffmansegg, et en Espagne par Dejean. Le *Ptinus spinicornis* de Fabricius, qui se trouve aux îles Sandwich, paraît aussi appartenir à ce genre; il est figuré par Olivier (Entom., tab. 2, n. 17, pl. 1, fig. 5, A, B).   (G.)

* **MASTIGOCÈRE.** *Mastigocera.*

INS. Nom donné par Klüg à un genre d'Hyménoptères que Dalman a nommé Xiéle, et qui est adopté sous ce nom par Latreille. *V.* XIÉLE. (G.)

MASTIGODES. INT. Zeder a donné ce nom à un genre admis, par la plupart des auteurs, sous le nom de Trichocéphale. *V.* ce mot. (E. D..L..)

MASTODIES. ZOOL. (Rafinesque.) Syn. de Mammifères. (B.)

MASTODOLOGIE. ZOOL. Ce mot venu trop tard, et créé par Latreille pour remplacer le nom vicieux de Mammalogie déjà admis, n'a pu être adopté. *V.* MAMMALOGIE. (B.)

MASTODONTE. MAM. FOSS. Genre d'Animaux mammifères, qui ne paraissent plus exister sur la terre, et dont Cuvier, qui a créé ce nom pour indiquer la forme particulière de leurs dents molaires, a jusqu'à présent admis six espèces fossiles. Les Mastodontes, par la forme générale de leur corps, par leur nez prolongé en trompe, les grandes défenses de la nature de l'ivoire qui armaient leur mâchoire supérieure, l'absence de toutes canines et d'incisives inférieures, les cinq doigts de chacun de leurs pieds, etc., avaient les plus grands rapports avec les Eléphans, dont ils différaient essentiellement par la structure particulière de leurs dents molaires; la couronne de celles-ci présentait de gros mamelons ou tubercules saillans disposés par paires et offrant, par l'usure, des figures différentes dans les diverses espèces. Ces dents étaient au nombre de deux à chaque mâchoire, et comme dans les Eléphans elles poussaient d'arrière en avant, en usant obliquement leur couronne et se remplaçant de sorte que comme dans ces derniers Animaux le nombre des molaires pouvait varier de deux à trois, selon que les deux étaient entières ou que l'antérieure était à moitié usée, une nouvelle dent paraissait derrière la seconde dans le fond de la mâchoire.

Le grand Mastodonte ou Géant,
celui que l'on a désigné sous les noms d'Animal de l'Ohio, d'Eléphant carnivore, de Mammouth, *V.* ce mot, de Père aux Bœufs chez les Indiens, est le seul dont les squelettes aient été trouvés assez complets pour qu'ils puissent servir à caractériser le genre; les autres espèces n'en sont rapprochées et en même temps distinguées que sur de fortes inductions fournies par des dents molaires, seules parties qui, avec quelques os isolés, aient été examinées par Cuvier. Malgré quelques assertions contraires, ce savant est porté à penser que le grand Mastodonte était propre à l'Amérique septentrionale. Ses ossemens n'ont encore été rencontrés d'une manière incontestable que dans des terrains meubles et très-superficiels, entre le Mississipi et le lac Erié, et principalement dans la grande vallée de l'Ohio. C'est auprès de Williambourg en Virginie, que l'on a trouvé avec un squelette presque entier une masse comme à moitié broyée de diverses substances végétales enveloppées dans une sorte de sac que l'on a considéré comme l'estomac de l'Animal. Ce fait et quelques autres ont porté à croire que la destruction de la race du grand Mastodonte pouvait n'être pas réelle; mais comme on n'a encore observé aucun individu vivant, on peut seulement en inférer que la disparition de ces Animaux de la surface du sol qu'ils habitaient autrefois est des plus récentes. La forme des dents des Mastodontes n'indique pas, ainsi qu'on l'a dit, qu'ils se nourrissaient de chair : tout porte à croire au contraire que comme les Hippopotames, les Cochons, les Tapirs, ils préféraient les racines et les parties charnues des Végétaux. Les espèces sont :

Le MASTODONTE GÉANT, *Mastodon Giganteum.* Taille de neuf pieds de haut environ; molaires à couronne à peu près rectangulaire, garnie de six, huit ou dix gros tubercules en forme de pyramides quadrangulaires et disposées par paires dont l'usure produit de doubles losanges ou disques bordés d'émail : c'est celui de l'Amérique septentrionale, dont nous venons de parler.

MASTODONTE A DENTS ÉTROITES, *Mastodon angustidens*. Molaires d'un tiers plus petites que celles de l'espèce précédente, mais comparativement plus longues et plus étroites ; mamelons coniques divisés en pointes secondaires par des sillons plus ou moins profonds ; au lieu de losanges, l'usure de ces dents fait paraître d'abord de petits cercles isolés et plus tard des espèces de trèfles. On a trouvé de ces dents dans l'Amérique méridionale et dans plusieurs points de l'Europe, particulièrement en France, en Allemagne et en Italie, toujours dans les terrains meubles ; les pierres connues dans le commerce sous le nom de Turquoises de Simorre et de Turquoises orientales, qui viennent du département du Gers, dans la montagne Noire, sont des portions de dents de ce Mastodonte teintes naturellement en vert bleuâtre par le fer.

MASTODONTE DES CORDILIÈRES. Molaires à six pointes et semblables, pour les proportions et les dimensions, à celles du Mastodonte Géant, mais offrant, par l'usure, des figures à trois lobes comme celles du Mastodonte à dents étroites. De l'Amérique méridionale, dans les Cordilières, à douze cents toises de hauteur.

MASTODONTE HUMBOLDTIEN. Une seule dent, rapportée du Chili par Humboldt, a servi à l'établissement de cette espèce. Cette dent molaire diffère des dents intermédiaires du Mastodonte Géant, en ce qu'elle est d'un tiers plus petite.

MASTODONTE (PETIT), *Mastodon minor*. D'après une seule dent trouvée en Saxe, et offrant les formes et les proportions de celles du Mastodonte à dents étroites, mais plus petites.

MASTODONTE TAPIROÏDE. Dents du même volume que celles du petit Mastodonte, formées de collines transverses, crénelées et divisées en quatre ou cinq lobes principaux ; disposition qui rappelle celle des dents des Tapirs. Trouvée à Montahusard, près d'Orléans, dans un calcaire d'eau douce avec des ossemens de Palæotherium, des Limnées et des Planorbes, gisement différent de celui des autres espèces, et qui reporte son existence à une époque plus reculée. (C. P.)

MASTOZOAIRES. ZOOL. Nom donné par Blainville à ce qu'il appelle aussi le second sous-type du premier sous-règne, et qui ne contient qu'une classe formée d'Animaux vivipares qu'il appelle celle des Pilifères. (B.)

MASTOZOOLOGIE. ZOOL. Blainville propose ce nom à la place de celui de Mammalogie. *V*. ce mot. (B.)

* MASTRÈME. *Mastrema*. POLYP. FOSS. Genre de l'ordre des Tubiporées dans la division des Polypiers entièrement pierreux, dont les caractères sont : corps pierreux composé de plusieurs tubes articulés, libres ou réunis ; articulations imbriquées ; bouche terminale campanulée, centre mamelliforme. C'est à Rafinesque (Journ. de Phys., 1819, T. LXXXVIII, p. 428) que l'on doit l'établissement du genre Mastrème où cet auteur fait mention de plusieurs espèces qu'il nomme *Mastrema striata, crenulata, polypodia*, etc. Ne connaissant aucun de ces Polypiers, nous sommes réduit à copier la phrase générique de Rafinesque, sans pouvoir rien ajouter sur les espèces que ce naturaliste a trouvées dans l'Amérique du Nord. (E. D..L.)

* MATADOA. CONCH. Adanson (Voy. au Sénég., p. 239 et 259, pl. 18, fig. 5) nomme ainsi une Coquille qu'il rapporte à son genre Telline, lequel répond aux Donaces des auteurs modernes. Il est fort difficile de décider du genre de cette Coquille d'après la description et la seule figure d'Adanson ; il dit, page 239, que le *Matadoa* a de la ressemblance avec la Calcinelle dont il a le ligament intérieur

placé un peu plus au-dessous des sommets ; ce n'est donc point une véritable Donace ; ce n'est pas non plus une Vénus comme l'a pensé Linné, ce serait plutôt une Mactre. Comme on le voit, on est dans l'impossibilité de décider la question avant de revoir en nature la Coquille d'Adanson. (D..H.)

MATAGASSE. ois. Syn. vulgaire de Pie-Grièche rousse. *V.* ce mot. (DR..Z.)

MATAYBA. bot. phan. Genre de la famille des Sapindacées et de l'Octandrie Monogynie, L., établi par Aublet (Plantes de la Guiane, 1, p. 331, t. 128). Schreber et Necker ont inutilement substitué à cette dénomination qui n'a rien de contraire aux principes de la glossologie, celles d'*Ephielis* et d'*Ernstingia*. Ce genre offre les caractères suivans : calice à cinq divisions profondes ; cinq pétales munis à leur base de deux glandes ; huit étamines à filets velus ; un stigmate sessile ; capsule oblongue, uniloculaire, à deux valves dont l'une est nue, l'autre portant sur son milieu deux graines réniformes et munies d'un arille. Le *Matayba Guianensis*, Aubl. ; *Ephielis fraxinea*, Willd., est un Arbre à feuilles pinnées sans impaire, glabres, à pétiole nu et à fleurs en grappes paniculées. Il croît dans les forêts de la Guiane et d'Haïti. De Candolle (*Prodrom. Syst. Veget.*, 1, p. 609) a décrit deux nouvelles espèces de *Matayba*, savoir : 1° *M. Patrisiana* qui diffère de la précédente espèce par ses folioles plus nombreuses, velues en dessous, son pétiole légèrement ailé, et ses grappes simples ; 2° *M. Voua-Rana*, établie sur la Plante qu'Aublet (Guian., 2, suppl., p. 12, t. 574) avait nommée *Voua-Rana Guianensis.* (G..N.)

MATELÉE. *Matelea.* bot. phan. Genre de la famille des Apocynées et de la Pentandrie Digynie, L., établi par Aublet (Guian., 1, p. 278, t. 109), et offrant pour caractères : un calice à cinq divisions profondes ; une corolle monopétale, régulière, rotacée, à cinq lobes obtus ; cinq étamines dont les anthères sont rapprochées et unies au stigmate ; celui-ci est orbiculaire, déprimé, porté sur un style très-court ; l'ovaire est ovoïde, allongé, marqué de deux sillons opposés ; le fruit est un follicule quelquefois simple, contenant un grand nombre de graines imbriquées, dépourvues d'aigrette. Ce genre ne se compose que d'une seule espèce, *Matelea palustris*, Aubl., *loc. cit.* C'est un petit sous-Arbrisseau de deux à trois pieds d'élévation, ayant une tige simple, des feuilles opposées, pétiolées, lancéolées, très-aiguës, entières, glabres ou ovales, acuminées, dans une variété qu'Aublet appelle *Matelea latifolia.* Les fleurs sont petites, d'un blanc verdâtre, pédonculées, disposées en un épi court, axillaire et pédonculé. Cette Plante croît dans les forêts humides de la Guiane. (A. R.)

MATELOT. ois. L'un des noms vulgaires de l'Hirondelle de fenêtre. *V.* Hirondelle. (DR..Z.)

MATELOT. moll. Nom vulgaire et marchand du *Conus classiarius.* (B.)

MATERAT. ois. *V.* Mésange a longue queue.

* **MATER PERLARUM.** conch. C'est-à-dire *Mère des Perles.* Klein (Méth. Ostrac., p. 123) a nommé ainsi un genre qui répond assez bien au genre Perne des modernes. *V.* ce mot. (D..H.)

MATHIOLE. *Mathiola.* bot. phan. R. Brown (*Hort. Kew.*, 2e édit., vol. 4, p. 1119) a formé sous ce nom un genre aux dépens des *Cheiranthus* de Linné. Il appartient à la famille des Crucifères et à la Tétradynamie siliqueuse, L., et il est caractérisé de la manière suivante par De Candolle (*System. Veget. Nat.* T. II, p. 162): calice dressé, ayant deux de ses divisions renflées en forme de sac à la base ; pétales onguiculés, dont le limbe est étalé, obovale ou oblong ; étamines à filets libres, sans dentelures, longs et légèrement dilatés ; silique cylindrique ou comprimée, allongée, biloculaire, bivalve, terminée par le stigmate à deux lobes très-épais ou portant sur le dos des protubérances en forme de cornes; graines comprimées sur un seul rang, le plus souvent bordées; cotylédons planes et accombans. Ce genre est placé en tête de la première tribu établie par De Candolle sous le nom d'Arabidées ou Pleurorhizées siliqueuses. La structure de son stigmate le distingue suffisamment du *Cheiranthus* et d'autres genres voisins; sous ce rapport il est même essentiellement différent du *Notoceras* qui a aussi des gibbosités au sommet du fruit; mais dans ce dernier genre les cornes de la silique sont placées sur le sommet des valves, tandis que dans le *Mathiola* les valves sont mutiques, et les gibbosités ou cornes procèdent du sommet des placentas ou du dos des stigmates. Le genre en question s'éloigne en outre de l'*Hesperis* et du *Malcomia*, par ses cotylédons accombans. Les Mathioles sont des Plantes herbacées ou rarement sous-frutescentes, dressées ou diffuses, rameuses, presque toutes couvertes d'un duvet blanchâtre et composé de poils étoilés; quelques-unes sont munies de glandes légèrement pédicellées; leurs feuilles sont alternes, oblongues, entières ou sinuées et dentées; les fleurs sont disposées en grappes terminales, blanches, purpurines ou d'une couleur vineuse triste, et douées d'une odeur agréable. Toutes les espèces sont indigènes de la région méditerranéenne et surtout de l'Orient, à l'exception de quelques-unes qui croissent dans la Sibérie et dans la Haute-Ethiopie. De Candolle en a décrit vingt-huit qu'il a distribuées en quatre sections.

§ 1. PACHYNOTUM. Limbe des pétales obovale, obtus ou échancré, plane, blanc ou d'un pourpre pur, mais jamais d'une couleur sale; stigmates épaissis ou gibbeux sur le dos, mais non cornigères. Cette section se compose de neuf espèces parmi lesquelles les deux suivantes nous paraissent dignes d'être mentionnées.

La MATHIOLE BLANCHATRE, *Ma-*

thiola incana, Br. et D. C.; *Cheiranthus incanus*, Linn.; *Hesperis violaria*, Lamk.; vulgairement Violier ou Giroflée des jardins. Cette Plante, ainsi que son nom spécifique l'exprime, est blanchâtre sur toutes ses parties; elle est connue de tout le monde par la beauté et l'odeur agréable de ses fleurs. Sa tige, nue et épaisse inférieurement, atteint environ la hauteur d'un demi-mètre; elle se divise dans sa partie moyenne en plusieurs rameaux blanchâtres, couverts de feuilles éparses, oblongues ou lancéolées, obtuses, entières, molles et un peu ondulées. Les fleurs sont purpurines ou violettes, quelquefois blanches ou panachées; elles doublent facilement par la culture, et forment de grosses grappes très-odorantes, d'une couleur vive et d'un aspect fort agréable. Cette espèce, cultivée depuis un temps immémorial dans tous les jardins de l'Europe, est originaire des bords de la Méditerranée et de la mer Noire, depuis l'Espagne jusqu'en Crimée et en Tauride.

La MATHIOLE ANNUELLE, *Mathiola annua*, D. C.; *Cheiranthus annuus*, L., n'est considérée par plusieurs auteurs que comme une variété de la précédente; cependant elle en diffère par sa racine annuelle; sa tige est herbacée, ses feuilles quelquefois légèrement sinueuses, ses pétales un peu plus échancrés; au reste, elle offre les mêmes variations de couleur depuis le pourpre vif jusqu'au blanc pur, mais elle n'est pas sujette à doubler comme la Mathiole blanchâtre. Ces différences sont sans doute très-légères; si l'on réfléchit cependant qu'elle se perpétue malgré la culture, on pensera qu'il est assez rationnel d'admettre la Plante en question comme une espèce distincte. Les jardiniers lui donnent le nom de Quarantain parce que, dit-on, sa végétation est si prompte, que quarante jours après avoir été semée, elle montre des boutons assez avancés pour qu'on puisse juger si les fleurs seront simples ou doubles. La culture des deux espèces que nous venons de mentionner n'exige pas d'autres soins que celle des Giroflées et des Juliennes. *V.* ces mots.

§ II. LUPERIA. Limbe des pétales ondulé ou oblique, d'une couleur sale, d'un jaune rougeâtre; stigmates épais ou gibbeux, mais non pas prolongés véritablement en cornes. Six espèces constituent cette section, parmi lesquelles les *Mathiola odoratissima*, *M. tristis*, Br. et D. C., sont les plus remarquables.

§ III. PINARIA. Limbe des pétales oblong, d'un jaune rougeâtre sale; stigmates portant des protubérances cornues sur le dos. Cette section renferme quatre espèces dont les *Mathiola oxyceras* et *M. livida*, D. C. et Deless. (*Icon. Select.*, 2, t. 11 et 12), font partie. La dernière de ces Plantes était le *Cheiranthus tristis* de Forskahl et Delile, qu'il ne faut pas confondre avec l'espèce ainsi nommée par Linné et qui fait partie de la section précédente.

§ IV. ACINOTUM. Pétales obovales, obtus ou échancrés; silique munie au sommet de trois longues pointes situées sur le dos des stigmates; graines non bordées, selon Andreiowski aux yeux duquel cette section doit former un genre particulier. On y compte cinq espèces dont la principale est le *Mathiola tricuspidata*, Br. et D. C., ou *Cheiranthus tricuspidatus*, L. Cette jolie espèce, qui a des stigmates beaucoup plus cornus que les autres espèces, croît sur les côtes de la Méditerranée, et on la cultive avec facilité dans les jardins de botanique.

Linné avait formé sous le nom de *Mathiola* un genre qui a été réuni au *Guettarda*. *V.* ce mot.   (G..N.)

MATHOEN. OIS. L'un des noms vulgaires de l'Echasse. *V.* ce mot. (DR..Z.)

MATIÈRE. On ne doit pas s'attendre à nous voir traiter de la Matière dans cet article, sous le point de vue métaphysique, ni comme on l'envisagea long-temps, dans un esprit de système qui n'est pas celui de la véritable philosophie; nous l'examinerons en naturaliste, c'est-à-dire que,

laissant au physicien le soin de déterminer ses propriétés générales, nous nous attacherons à caractériser quelques-unes de ses diverses modifications qu'on peut considérer comme primitives dans le mécanisme de l'organisation, et comme des essais générateurs dans toute création. *V.* ce mot.

Pour les anciens, la Matière était inerte, la base moléculaire de toute chose, et comme une capacité modifiable par la forme; il était difficile de ne pas la concevoir éternelle; aussi nulle théogonie ne dit positivement qu'elle ait été tirée du néant à l'époque d'une création, que chacun raconte selon les traditions ou les idées qui régnaient de son temps.

La Genèse établit, ainsi qu'il a été dit (T. v, p. 40), « qu'au commencement la terre était informe et nue, et que l'esprit de Dieu était porté sur les eaux » : or, les eaux, or, la terre, nue et informe, étaient composées de Matières, et il est bien évident que le livre sacré n'entend exprimer, par ce qu'il rapporte de la création, que le réveil du Seigneur, « réveil qui, selon que nous l'avons déjà prouvé, introduisant au milieu de l'inertie d'une Matière préexistante un mouvement jusqu'alors inconnu, et imprimant des lois organisatrices à ce que l'absence de ces lois et du mouvement avait tenu dans un véritable état de mort, vint enfin féconder l'univers (1). »

Plus tard on adopta le système des

<hr>

(1) Dans un premier Essai sur la Matière considérée sous les rapports de l'Histoire Naturelle, et dans notre article CRÉATION de ce Dictionnaire, nous avions dit : *Réveil qui introduisant de nouveaux élémens*, etc., et cette phrase fut amèrement censurée par le rédacteur d'une feuille décréditée qui voudrait contraindre tous les écrivains à se plier aux vieilleries qu'il est payé pour défendre. Le mot *élément*, comme nous l'avions employé, étant effectivement amphibologique, le folliculaire, encore qu'il eût tort dans les formes délatrices de sa remarque, avait complétement raison quant au fond. Or, comme nous recevons les bons avis de quelque part qu'ils nous viennent et quelles que soient les paroles acerbes qui les

quatre élémens , qui , depuis une trentaine d'années seulement, est si loin de nous. La Genèse n'avait parlé que de l'aride ou terre , des eaux et de la lumière , dont la séparation fut le premier effet de la volonté du Dieu vivant ; on y ajouta l'air. On supposait ces corps composés de molécules homogènes , diverses selon l'espèce , et dont le mélange dans certaines proportions suffisait pour constituer l'univers. On appela ces molécules des *Atomes* , afin de désigner leur petitesse qu'on imaginait être telle , qu'elles en demeuraient insécables.

L'existence des atomes est aujourd'hui au moins problématique ; il est encore hasardé de leur supposer , sans preuves , une forme quelconque ; la divisibilité de la Matière se peut concevoir à l'infini ; l'on connaît plus de quatre substances regardées comme primitives ou élémentaires : en un mot, toutes les idées qu'on avait de la Matière et celles qu'on prétend en donner d'après de vaines spéculations , sont maintenant, excepté son éternité et son inertie, regardées par les bons esprits comme douteuses. L'inertie complète qu'on lui supposait même, a , dans le siècle dernier , été révoquée en doute , du moins quant à certaines de ses modifications : en vain on l'a considérée comme éminemment brute ; plusieurs observations prouvent que si elle n'est pas toute agissante par sa nature même, il est de la Matière qui l'est essentiellement , et dont la présence peut déterminer la vie dans l'agglomération d'autres molécules , opérée selon certaines lois ; et de ce que la plupart de ces lois nous seront probablement toujours imparfaitement connues, il serait au

moins téméraire d'avancer qu'une intelligence infinie ne les imposa pas, puisqu'elles sont manifestées par leurs résultats.

La Matière ne saurait penser, a-t-on dit. Il est probable, en effet, que des molécules de Matière quelconque, isolées , ne produiraient pas un résultat qui ne peut être que la conséquence d'un certain ordre d'organisation ; mais la pensée étant un effet nécessaire d'un certain ordre d'organisation, dès que cet ordre se trouve établi, la pensée en dérive nécessairement , et il n'est pas plus possible à des molécules de Matière , coordonnées de certaine façon , de ne pas produire la pensée, qu'il n'est donné à l'Airain de ne pas retentir quand il est frappé, qu'il n'est donné aux Etres que cette Matière sert à constituer d'après telle ou telle loi, de ne pas grandir, de ne pas respirer, de ne pas se reproduire, en un mot, de ne pas exercer les facultés qui résultent du mécanisme d'organisation qui leur est propre.

Ce n'est pas , avons-nous dit, sous le point de vue métaphysique que nous devons examiner la Matière. Le naturaliste , en ne s'occupant que de réalités démontrées , ne la considère qu'à partir du point où ses particules lui deviennent visibles , et le microscope lui prête un puissant secours pour indiquer les premières merveilles de sa tendance vers l'organisation. Cet instrument peut, à l'aide d'un grossissement de mille fois , nous rapprocher des limites de l'incertain et de la réalité , c'està-dire du point où les particules de la Matière , encore voisines d'un grand état de simplicité , commencent, en s'agglomérant , à produire les phénomènes de l'organisation.

On sent bien que parmi les principes des corps sur lesquels nous avons interrogé la Nature , à l'aide du microscope , ce n'est pas des fluides impondérables, de la lumière , des gaz , ni même de l'eau, que nous avons cherché à saisir la composition moléculaire ; mais ces fluides, les Gaz , l'Eau et la Lumière joueront un grand

pourraient faire paraître injurieux , nous avons rectifié notre phrase de manière à ce que le sens n'impliquât plus contradiction avec le reste de nos vues, et nous saisissons cette occasion pour témoigner notre reconnaissance à l'anobli De G. ... dont l'observation critique sur l'un de nos ouvrages constate l'excellence du précepte contenu dans le 5.e vers du IV.e chant de l'Art poétique de Boileau.

rôle dans les faits qui vont être exposés.

Nous devons déclarer, avant tout, qu'un grossissement au-dessus de mille fois expose à de graves erreurs. La portée des moyens de l'Homme, du moins de ceux que nous avons acquis une grande habitude d'employer, a des bornes, au-delà desquelles notre faiblesse court risque de s'égarer, parce que le fil d'Ariane nous échappe. Ce ne sont donc pas des atomes ou des particules qui constituent les fluides, et qu'on peut concevoir comme de nature éminemment subtile, que l'on doit chercher à découvrir au moyen de verres multiplicateurs, mais des rudimens d'existence qui, pour être à peine perceptibles quand on les distingue à l'aide d'une lentille d'un quart de ligne, n'en remplissent pas moins un rôle décisif dans le vaste ensemble de la Nature, et paraissent les rudimens de toute création, c'est-à-dire les matériaux que régissent, comme dans le but de produire, les lois promulguées par une intelligence suprème, dont il est toujours imprudent de s'occuper plus qu'elle ne permit qu'on le pût faire.

Dans cet invisible et nouvel univers, duquel Leuwenhoeck fut le Colomb, et que nous avons exploré sur les traces de ce grand homme, la Matière s'est toujours présentée à nous, après une multitude d'expériences, dans six états parfaitement distincts (1), états que nous sommes loin de donner comme exclusivement primordiaux ou élémentaires, au-delà desquels existent sans doute une multitude d'autres états qu'il ne nous est pas donné d'apercevoir, mais qui sont, pour nous, les causes déterminantes des formes et qui, constitués une fois, peuvent produire par leur combinaison les Etres existans qu'il nous est donné d'analyser et de connaître le moins imparfaitement.

Les six états primitifs de la Matière tendant à s'organiser et qui nous ont été jusqu'ici perceptibles, considérés seulement sous le rapport de leurs caractères visibles, sont :

1°. L'ÉTAT MUQUEUX, sans molécule apparente, étendu, continu, imparfaitement liquide, enduisant, enveloppant, et plus ou moins épaissi, transparent, dans lequel se manisfeste par le desséchement une confusion de molécules amorphes, dont la plus grande partie des limites n'est pas terminée, et qui paraît légèrement jaunâtre.

2°. L'ÉTAT VÉSICULAIRE, composé de molécules globuleuses, le plus léger en raison des gaz qui déterminent son apparition, conséquemment ascendant, extensible ou contractile par l'effet alternatif de la dilatation et de la raréfaction qui s'exerce dans l'intérieur de ses globules qui sont hyalins, et qui disparaissent par le desséchement en ne laissant nulle trace de leur existence sur le porte-objet.

3°. L'ÉTAT AGISSANT, composé de molécules sphériques, évidemment contractiles, mais non extensibles au-delà des limites qu'on leur reconnaît dès leur apparition, complétement diaphanes, peut-être bleuâtres, nageant et s'agitant individuellement, avec une grande vélocité, se déformant par le desséchement, de manière à présenter, quand elles se sèchent, le même aspect que l'état muqueux.

4°. L'ÉTAT VÉGÉTATIF, composé de molécules à peine perceptibles, subconfuses et comme diffluentes, pénétrantes, translucides, mais d'un beau vert plus ou moins intense et conservant leur couleur dans le desséchement où la forme s'altère, et s'étendant souvent en une teinte homogène dans laquelle on ne reconnaît plus la forme de chaque molécule.

5°. L'ÉTAT CRISTALLIN, dur, excitant, pesant, translucide, laminaire, anguleux, qui, par le desséchement, adopte une multitude de formes déterminables, mais jamais rien de globuleux.

6°. L'ÉTAT TERREUX, dur, inerte,

lourd, opaque, grossièrement arrondi ou obtusément anguleux, et ne changeant ni de forme, ni de couleur, soit que l'eau en tienne les parcelles en suspension, soit que par leur desséchement celles-ci se rapprochent en masses amorphes et irrégulières, ou vaguent dans l'atmosphère comme si elles y nageaient.

Que l'on place sous le microscope tout corps inorganisé ou organisé, dont on réduira les parties à la ténuité nécessaire pour y être observées; qu'on en opère la décomposition par des moyens artificiels, ou que, dans des vases contenant une quantité de liquide suffisant pour dissoudre ces particules, on facilite au contraire des moyens d'organisation nouvelle, on ne tardera point à retrouver l'une des six formes primitives qui viennent d'être indiquées: ou si quelqu'une d'entre elles se fait attendre, on finira nécessairement par l'y voir se développer. On doit toujours se souvenir que nous n'avons pas l'audace d'employer le mot PRIMITIF dans un sens absolu.

Pour observer ces six états de la Matière, on fera donc infuser des substances animales ou végétales, en suivant avec le microscope les phénomènes qui se développeront pendant que ces substances seront tenues en infusion; il suffit même de placer de l'eau dans des vases de verre exposés à la lumière et à l'air atmosphérique. Dans le liquide mis en expérience, on apercevra tous les jours de nouvelles productions, merveilles de plus en plus composées; mais le développement de celles-ci sera nécessairement précédé ou terminé par l'un ou par plusieurs des six états rudimentaires. On retrouvera ces états jusque dans les fluides émanés des corps vivans, ou qui en sont des produits indispensables.

Nous ne prétendons assigner ni l'ordre, ni les rapports dans lesquels les six états primitifs que nous avons reconnus peuvent et doivent se combiner pour produire des êtres organisés, végétans et vivans; mais nous

pourrons indiquer divers exemples de la formation de ces six états; formation qui a lieu sous les yeux de tout naturaliste patient qui sait provoquer, attendre ou saisir l'occasion de les observer.

Une partie des idées que nous venons d'émettre, fruit de recherches assidues, a été exposée dans un essai qui fut publié en 1823, mais dont il ne fut tiré que trente exemplaires, distribués à des savans, dans les lumières desquels nous sommes habitués à placer la plus haute confiance. Les observations que nous a values cette communication nous ont procuré les moyens de rectifier plus d'une erreur où nous étions tombé, en nous forçant à revoir notre travail sous toutes les faces; mais c'est à tort qu'on nous a généralement reproché de considérer comme *espèces*, de simples modifications; nous ferons remarquer qu'en spécifiant divers modes préparatoires d'organisation dans la Matière, nous ne les avons cependant jamais qualifiés de la sorte, mais simplement d'*états*, de *formes*, ou de *modifications primitives*, et nous continuerons à nous servir de telles expressions, en répétant que nous n'employons pas ici le mot PRIMITIF dans le sens absolu.

On nous a plus à propos fait remarquer combien le nom de *Matière vivante* que, d'après d'éloquentes autorités, nous avions cru pouvoir appliquer à l'une de nos modifications, était vicieux. Nous y avons conséquemment substitué celui de MATIÈRE AGISSANTE dont on concevra aisément la portée, sans qu'il soit nécessaire de s'étendre sur la signification du mot *agir*. En effet, qui pourrait concevoir une Matière vivante par elle-même? L'idée de Matière et l'idée de vie impliquant contradiction; la sagesse de notre langue ne permet pas d'unir ainsi, sur les traces d'écrivains habitués à confondre la témérité des expressions avec les hardiesses du style, des mots qui deviennent vides de sens dès qu'on les rapproche. Nous sentons d'ailleurs la nécessité d'en revenir presque toujours aux axiomes du profond Lamarck, qui dit avec pleine raison (Animaux sans vert. T. I, p. 12) : « Tout mouvement ou changement, toute force agissante, et tout effet quelconque observé dans les corps, tient nécessairement à des causes mécaniques, régies par des lois.... Il n'y a dans la nature aucune Matière qui ait en propre la faculté de vivre.... Il n'y a dans la Nature aucune Matière qui ait en propre la faculté d'avoir ou de se former des idées, d'exécuter des opérations entre des idées, en un mot, de penser. » Nous n'avons jamais prétendu proclamer d'absurdités. On peut s'être mépris au sens de quelques-unes de nos phrases qui n'avaient pu recevoir un développement suffisant pour être bien comprises. Après ces explications qui nous ont paru indispensables, nous passerons à l'examen de chacune de nos six modifications ou Formes primitives de la Matière.

§ I. Matière muqueuse.

Partout où séjourne de l'eau exposée au contact de l'air et de la lumière, sa limpidité ne tarde pas à s'altérer, et si l'on y fait suffisamment attention, on voit les parois du vase qui la contient, ou les corps plongés dans cette eau, quand on fait l'observation dans un étang ou dans un marais, se revêtir bientôt d'un enduit muqueux ; cet enduit devient tellement sensible sur les pierres polies des torrens et des fontaines, qu'il les rend très-glissantes, et souvent dangereuses à parcourir : il se présente fréquemment à la surface des rochers humides, le long des sources et des infiltrations. On peut dans nos villes le discerner au tact contre les dalles sur lesquelles coule l'eau des fontaines publiques, ou qui contiennent cette eau. C'est là notre Matière muqueuse, sans couleur d'abord apparente, sans consistance, tant qu'elle ne se modifie point par l'admission de quelque autre principe ; elle ne se distingue guère que comme le ferait un enduit d'Albumine ou de Gomme délayée, étendus

sur les corps qui en sont recouverts ; mais elle est sensiblement onctueuse au toucher, et s'épaissit dans certaines circonstances favorables à son développement, et surtout par la chaleur, au point de devenir visible à l'œil comme une véritable gelée. C'est principalement à la surface de certains Animaux ou Végétaux aquatiques qu'elle semble se complaire. L'enduit muqueux des Oscillaires, des Batrachospermes, d'une quantité d'Animaux marins, et de beaucoup de Poissons même, n'est que notre Matière muqueuse qui se trouve dans les eaux salées comme dans les eaux douces, et qui donne à celles de la mer cette qualité presque gluante dont l'existence n'échappe pas même aux personnes les moins attentives. Nous avons examiné soigneusement cette Matière muqueuse recueillie sur des Marsouins, sur des Éponges et sur des Carpes ; le microscope nous la présenta toujours identique, souvent pénétrée de molécules appartenant aux cinq autres états, mais par elle-même un peu jaunâtre ou incolore, insipide, et même inodore, lorsque par des lavages réitérés nous l'avions rendue à sa condition naturelle. La gelée, souvent fétide, dont se couvrent dans nos mares les Ephydaties, et dans la mer les Spongiaires et les Gorgoniées ; seule composition animale que l'on puisse reconnaître dans ces êtres Psychodiaires, n'est encore que de la matière muqueuse, pénétrée de notre troisième modification qui vient y déterminer la vie. Soit qu'elle transsude excrétoirement des êtres qui en sont enduits, soit qu'elle ne fasse que s'accumuler à leur surface, on peut considérer la Matière muqueuse comme un milieu des plus simples, offert par l'un des effets d'enchaînement si fréquens dans la nature aux cinq autres modifications primitives de la Matière, afin que celles-ci puissent s'organiser en s'y agglomérant ; et si l'on considère qu'elle peut naître et résister dans l'eau graduellement chauffée, ou sur les corps immergés dans les sources thermales, on est tenté de la regarder comme une gélatine élémentaire et comme la base de la mucosité des membranes animales, ou de plusieurs des sécrétions de notre propre corps.

On sent bien que, par ce qui vient d'être dit, nous ne prétendons point donner le mucus animal comme identique avec notre Matière muqueuse ; mais celle-ci, modifiée par le mécanisme de l'animalité, et l'addition de principes échappant à nos sens, n'en pourrait-elle être la base comme elle l'est de l'animalité même ? et le mucus ne serait-il pas l'état muqueux retournant, par l'effet des sécrétions vers son état primitif ? Selon l'analyse de Fourcroy et de Vauquelin (Ann. Mus. T. xii, p. 61), « c'est une humeur qui ressemble à une dissolution chargée de gomme qui s'épaissit à l'air, et s'y dessèche en lames ou filets transparens, sans élasticité, » etc. Berzélius y reconnaît avec une très-petite quantité d'autres principes qui sont les causes évidentes de son altération, 53 de matière muqueuse sur 953 d'eau. Ainsi, l'un des chimistes les plus instruits de notre époque retrouve la modification matérielle qui nous occupe à l'état de pureté dans l'une de ses principales transformations : son existence n'est-elle pas constatée par un si puissant témoignage ?

Mais un témoignage non moins respectable vient donner à nos idées sur la Matière muqueuse toute l'importance de la certitude la mieux établie, c'est ce que le savant Geoffroy de Saint-Hilaire en dit dans le sixième paragraphe (p. 294 et suiv.) de son classique Traité des monstruosités humaines. Après avoir retrouvé le mucus abondamment distribué dans le tube intestinal, non-seulement de l'ébauche normale, mais encore dans celui de petits individus bizarrement développés sans bouche ; après avoir examiné quel rôle ce mucus y doit remplir, ce grand naturaliste ajoute : « Le mucus est un des principes immédiats des êtres organisés. Son principal caractère est

d'être le premier degré des corps organiques. Les Végétaux le donnent, de même que les Animaux, après une première révolution des fluides circulatoires. Il est plus abondant chez les plus jeunes, et par conséquent chez le fœtus ; et ce sera tout aussi bien en physiologie qu'en chimie qu'on ne tardera pas à le considérer comme le fond commun où puisent les membranes et généralement tous les tissus employés comme contenans. Il est dans le cas de toutes les Matières premières dont on forme nos étoffes. Les alimens deviennent lui, et lui les organes solides ; il est l'objet final de la digestion, la substance animalisable par excellence. On dit en physiologie que le fœtus étant beaucoup trop faible pour assimiler à sa propre substance des substances étrangères, reçoit de sa mère ses alimens tout préparés : c'est voir de trop haut les choses, et s'exposer à les voir confusément ; c'est d'ailleurs généraliser un fait qu'une seule espèce, qu'une seule considération aurait donné. Pour peu qu'on ait observé les Animaux dans les premiers momens de leur existence, on sait qu'il n'est point d'êtres, si frêles qu'on les suppose, qui ne produisent du mucus, ou plutôt l'abondance de ce produit augmente en raison directe de leur plus grande débilité ; et il n'est pas d'êtres non plus qui n'absorbent du mucus, qui ne s'en nourrissent et qui ne jouissent par conséquent des facultés assimilatrices. Voyez le frai des Batraciens ; c'est par la production du mucus que s'annonce en lui le mouvement vital, et le mucus formé devient aussitôt la source où le nouvel être va puiser sa nourriture. » Ce passage précieux ne nous était pas connu, lorsqu'à peu près vers l'époque où nous publiâmes nos premières idées sur la Matière, l'illustre professeur, dont nous venons d'emprunter les paroles, livrait ces paroles à l'impression ; nous n'eussions pas manqué de nous appuyer de l'autorité d'un savant, duquel nous sommes tout énorgueilli d'avoir partagé simultanément les idées. Non‑seulement le fœtus vit dans la Matière muqueuse et de la Matière muqueuse; mais n'en fut‑il pas lui‑même un simple composé aux premiers instans de la conception qui détermine son développement? Qu'était‑il au moment où deux sexes s'unirent pour en mélanger les rudi‑mens, en imprimant à ceux‑ci l'action nécessaire pour se constituer et croî‑tre? Le fluide répandu dans cette cir‑constance par le mâle est‑il autre chose que de la Matière muqueuse pénétrée de gaz, de Matière agissante et de Matière cristallisable? Les Zoosper‑mes (Animalcules spermatiques), qu'on a supposé remplir un rôle d'in‑tromission nerveuse dans la généra‑tion, n'y sont peut‑être, par la mul‑tiplicité de leurs mouvemens agiles, que mêler deux ou trois de nos mo‑difications primitives de la Matière afin de développer, au moyen de leur combinaison, la propriété fécondante.

Vaucher, savant et excellent ob‑servateur genevois, très‑habitué à se servir du microscope, célèbre par un fort bon ouvrage sur les Conferves d'eau douce, Vaucher considérant la Matière muqueuse dans ses rapports avec l'organisation végétale, trouve dans les observations qu'il nous a adressées à ce sujet, que nous l'a‑vions fort bien caractérisée, et par‑faitement reconnue. Son témoignage est encore d'un grand poids : il a remarqué, ajoute‑t‑il, que la Ma‑tière muqueuse ne se développait ce‑pendant pas dans les eaux du lac de Genève, sur les pierres qui ne sont point ochreuses, ce qui tient sans doute à quelque cause locale qui mé‑rite d'être étudiée. Il pense aussi qu'elle serait plus commune dans les marais, parce qu'elle y proviendrait de la décomposition des Animalcules. Nul doute que la décomposition des Animalcules ne rende beaucoup de Matière muqueuse dans son état na‑turel à la masse de l'eau marécageuse; mais elle ne l'y crée pas davantage que du précipité rouge ne crée du mercure dans un canon de fusil,

quand on fait rougir ce canon après l'avoir rempli de précipité.

C'est précisément cette Matière mu‑queuse, considérée comme corps dé‑veloppé dans les eaux de nos fon‑taines et sources, ou bien épaissi à la surface des rochers humides, dont nous avons formé le genre Chaos, en proposant de placer ce genre en tête du règne végétal, et en at‑tendant que le règne intermédiaire dont nous avons proposé l'établis‑sement sous le nom de Psychodiaire, soit adopté (*V*. Dict. class. d'Hist. nat. T. VIII, au tableau adjoint à l'article Histoire naturelle).

Le genre Chaos n'appartient pro‑prement ni à la Plante ni à l'Animal; il est un intermédiaire, une sorte de gangue propre à protéger le dé‑veloppement des autres combinaisons matérielles appelées à s'introduire dans son épaisseur et à l'augmenter. Aussi verrons‑nous cette Matière pri‑mordiale, notre Chaos, devenir le *Byssus* ou *Lepra botryoides* des bota‑nistes, lorsque, pénétré par les glo‑bules verts de la matière végétative, il passe à l'état de Plante, si l'on peut qualifier du nom de Plante les der‑niers êtres dont se composait la Cryp‑togamie de Linné; le Chaos est en‑core le milieu dans lequel sont réunis les corpuscules épars, par lesquels se caractérisent les Palmelles et les Tremelles, ou les globules qui, se juxtaposant en figures de chapelets, forment les Nostocs, les Téléphores, les Collémas, les Batrachospermes, etc., etc.

Il arrive d'autres fois que ce sont des Navicules, des Bacillaires, des Lunulines ou des Styllaires qui pé‑nètrent le Chaos. Celui‑ci prend alors une teinte ochracée ou verdà‑tre, avec une consistance qui l'a fait regarder par Lyngbye, très‑savant algologue, comme un Végétal voisin des Nostocs. Dans cet état, les êtres vivans qui s'y sont agglomérés en masse ont perdu leur mouvement individuel, et forment, par leur con‑fusion pressée, une sorte d'Animal commun qui offre déjà la trace d'une organisation analogue à celle des Polypiers pulpeux que Lamarck appelle *Empâtés*.

Si l'on considère qu'outre les êtres appelés *Infusoires* par les naturalistes (nos Microscopiques), ceux qui n'ont ni cirres, ni queue, ni organe rotatoire, en un mot qui, étant les plus simples, ressemblent à des amas de globules (nos Gymnodés), n'ont souvent aucune forme déterminée, on serait tenté de supposer que de tels Animaux ne sont que des gouttes de Matière muqueuse pénétrées par des globules de la seconde et de la troisième modification de la Matière, lesquels essaieraient dans l'épaisseur de ces gouttes l'exercice d'une vie commune qui, plus développée par l'addition de quelques organes rudimentaires, offrirait une grande analogie avec celle des Médusaires et de plusieurs sortes de Polypiers molasses. Ainsi, les Microscopiques, depuis leur état de plus grande simplicité jusqu'à ceux où des complications se sont opérées, de même que plusieurs Animaux plus avancés, tels particulièrement que les Biphores (*Salpa*), pourraient être considérés comme autant d'espèces de fœtus où les combinaisons organiques sont devenues propres à se reproduire, sans être parvenues néanmoins au point où toutes les conséquences de l'organisation rudimentaire se pouvaient étendre si le moindre principe d'un organe de plus s'y fût trouvé contenu. Cette dernière vue, présentée par un grand naturaliste de nos jours, mérite surtout qu'on s'y arrête; elle conduira l'observateur qui voudra se donner la peine d'étudier de bonne foi la marche de l'organisation dans ses essais mêmes, au lieu d'en rechercher les lois fondamentales dans les êtres compliqués où la nature n'a plus rien à ajouter, vers la féconde idée de l'unité d'organisation; vérité comme instinctive, entrevue dès l'antiquité, mais mal démêlée par des philosophes ingénieux du dernier siècle, qui en discouraient par supposition, au lieu d'en chercher les preuves dans la nature même; vérité que plusieurs s'obstinent à méconnaître aujourd'hui, et qu'ils attaquent, en lui prêtant un ridicule énoncé qu'on ne trouverait nulle part dans les écrits de ceux qui en établissent la démonstration par l'exposé de faits irrécusables.

Lorsque, pour mettre d'accord la marche naturelle de la création et des croyances qu'il n'était permis d'examiner qu'avec une circonspection superstitieuse, des écrivains plus théologiens que naturalistes, descendaient de la PUISSANCE CRÉATRICE à ce qu'ils qualifiaient d'êtres méprisables, et qu'ils prétendaient établir une chaîne non interrompue d'existences décroissantes sans cascades ni lacunes, un esprit judicieux pouvait combattre les suppositions gratuites par lesquelles ou étayait de telles spéculations; et lorsqu'un certain Robinet, pénétré de conviction, les présentait dans toute sa crédulité, en donnant pour titre à son ouvrage: *Essai de la nature qui apprend à faire l'Homme*, il eût été permis de s'égayer sur la théorie de Robinet ou des autres défenseurs de *la Chaîne des êtres*. Ce qui était bon alors, ce qui pouvait l'être encore, il y a vingt-cinq ans, dans l'examen de telles questions, ne l'est plus maintenant; la plaisanterie sur de telles choses prouverait que l'écrivain, tenté de l'employer, aurait fait halte dans la science. Mais lequel des observateurs scrupuleux qui proclament aujourd'hui l'unité de composition dans l'organisation animale et même végétale, a jamais soutenu l'existence d'un enchaînement matériel qu'eût établi la Puissance par Excellence pour se rattacher aux dernières individualités de sa Création? Est-il deux idées plus disparates que celles de la merveilleuse harmonie de cette création résultante de lois tracées par la Justice Suprême, et des anneaux de fer assemblés par un vulgaire forgeron? Les naturalistes profondément investigateurs, qui croient à l'unité d'organisation, n'ont point *donné un nouvel habit* aux idées de quelques rêveurs pour en déguiser *les formes grossières*, consacrant la totalité de leur existence à la recherche de la vérité, ils ne se sont pas forgé de système sur des choses qu'ils n'avaient pas vues, et n'ont pas imaginé des chimères pour les combattre ; l'autorité ne les a point emprisonnés dans des vues étroites ; ils ne se sont point arrêtés à des différences partielles entre les êtres ; mais ils ont tenu compte de tous les caractères de ceux-ci, et s'ils n'ont pas trouvé que les classes naquissent les unes des autres, parce qu'il n'existe point, à proprement parler, de classes, ils ont positivement constaté « qu'en prenant les êtres les plus compliqués à l'état d'embryon, on y pouvait retrouver les parties des êtres inférieurs, parce que la composition devait se montrer la même chez tous, sauf plus ou moins de développement dans certaines parties. » Reconnaissant néanmoins des *hiatus* entre les divisions systématiques introduites par l'Homme, ils n'ont pas renoncé à chercher les points de rapprochement qui pouvaient combler les lacunes, ou du moins en diminuer l'espace, et ils ont souvent trouvé ces rapprochemens dans certaines de ces métamorphoses organiques, si fréquentes dans la nature, laquelle semble préférer ce mode de procéder à tout autre ; métamorphoses commandées par des lois sans cesse les mêmes, auxquelles obéit le développement de tout ce qui existe, comme y obéissent toutes les destructions. Ces lois immuables, dont les effets ne se compliquent que graduellement, peuvent arrêter leur action après le développement de tel ou tel organe dans telle ou telle des productions qu'elles déterminent, tandis qu'elles peuvent commander un plus grand nombre d'organes dans telle ou telle autre. Cette manière de voir est confirmée par l'assentiment de l'illustre Cuvier, qui, voulant nous initier au jeu des organes, d'où résulte, selon lui, la vie, nous dit dans son excellente Histoire du Règne Animal (T. 1, p. 7) : « Le procédé le plus fécond pour obtenir la connaissance des lois qui résultent de l'observation, consiste à comparer successivement les mêmes corps dans les différentes positions où la nature les place, ou à comparer entre eux les différens corps jusqu'à ce que l'on ait reconnu des rapports constans entre leur structure et les phénomènes qu'ils manifestent. *Ces corps divers sont des espèces d'expériences toutes préparées par la nature, qui ajoute ou retranche à chacun d'eux différentes parties, comme nous pourrions désirer le faire dans nos laboratoires, et nous montrer elle-même les résultats de ces additions ou de ces retranchemens.* » Or, la nature qui ajoute ou qui retranche dans les divers êtres comme pour nous initier à sa manière de procéder, astreinte conséquemment à l'unité de composition, n'élève-t-elle pas, par des additions d'organes et de modifications en modifications, un fœtus, de la condition d'Animalcule microscopique à la dignité humaine ? Sans la nécessité d'aucune soustraction fort importante, cette même nature ramène notre orgueilleuse espèce à la Chauve-Souris ou vers le dernier des Singes, et le tout dans le même plan, selon la marche progressive ou descendante que lui imposent les lois par lesquelles le Créateur la rendit féconde.

§ II. Matière vésiculaire.

A peu près vers le temps où la Matière muqueuse se manifeste dans l'eau exposée à la lumière, ainsi qu'au contact de l'air, et plus la température est élevée, ou le soleil brillant, on voit se former graduellement au fond et sur les parois des vases dans lesquels cette eau se trouve contenue, des globules, d'abord presque imperceptibles, mais qui, ne tardant pas à grossir, se détachent pour s'élever avec rapidité à la surface du liquide, où plusieurs persistent durant quelques instans, mais où beaucoup d'autres grossissant davantage sans obstacle, se rompent et disparaissent. Ces globules sont occasionés par un commencement de dilatation propre à des molécules gazeuses qui, loin d'être soumises à la cohésion, sont au contraire, comme chacun sait, douées d'une force répulsive qui tend à les écarter les unes des autres, tant qu'une compression suffisante ne les rapproche point pour nous les rendre perceptibles sous la forme liquide. C'est ordinairement de l'air atmosphérique ou l'un des gaz qui entre dans sa composition et tenu en solution dans l'eau, qui, se dégageant de celle-ci, remplit les globules dont il est question, lesquels sont limités par une légère couche de Matière muqueuse dont la résistance modère la dilatation intérieure, surtout tant que la pression du fluide environnant seconde cette résistance et qu'une trop grande augmentation de l'agent vaporisateur n'en rend pas l'effort irrésistible. Dans cet état de choses, la molécule gazeuse, captive dans le mucus, ne peut détacher de la masse de celui-ci la couche qui la tient renfermée, que la dilatation graduellement augmentée n'ait donné au globule dont elle est la première cause, assez de légèreté pour que la force d'ascension qui en résulte l'emporte dans la partie supérieure du liquide, toujours captive dans de la Matière muqueuse. La paroi de sa petite prison se brise quand la dilatation, continuant plus librement à la surface de l'eau, n'est plus suffisamment maîtrisée par la pression du milieu dans lequel on la vit commencer. Mais si la couche de Matière muqueuse s'est épaissie, si elle domine au-dessus des vases, si les parois de ceux-ci s'en sont abondamment garnies, les globules gazeux y demeurent enchâssés, et n'y peuvent plus augmenter, la résistance du mucus étant trop forte; celui-ci devient alors une pellicule bulleuse où de véritables vésicules persistent, encore que la plupart demeurent à peine visibles. C'est par un tel mécanisme que se forment ces masses ou couches glaireuses au tact et comme criblées de bulles d'air qu'on voit surnager dans les marécages, en tapisser la vase et

les bords, ou se mêler aux Plantes aquatiques flottantes; et dans l'ébullition, qu'on peut considérer comme un moyen des plus actifs de dilatation dans les liquides où sont dissous des gaz, c'est encore la Matière muqueuse qui, tendant à se durcir par l'effet de la chaleur, résiste d'abord à l'effort expansif des molécules vaporisées, et produit, comme en luttant avec elles, ces milliers de bulles qui viennent en crevant à la surface rendre les particules gazeuses à la liberté.

Cependant les particules gazeuzes dilatées par l'effort d'un agent quelconque, environnées de la Matière muqueuse qui les renferme de manière à ce qu'elles ne puissent plus s'en dégager, doivent, selon l'augmentation ou l'amoindrissement de la cause expansive, croître ou diminuer de volume, et conséquemment agir au milieu de la Matière muqueuse en lui imprimant un mouvement interne. L'effet de ce mouvement ne serait-il pas cet *Orgasme* que le profond Lamarck regarde comme une des premières causes de l'organisation animale, quand il dit (Anim. sans vert. T. 1, p. 104 et suiv.): « Un Orgasme vital est essentiel à tout être vivant; il fait partie de l'état des choses que j'ai dit devoir exister dans un corps, pour qu'il puisse posséder la vie, et pour que ses mouvemens vitaux se puissent exécuter...... L'Orgasme dont il s'agit n'est dans les Végétaux qu'à son plus grand degré de simplicité; il y est effectivement si faible, qu'un coup de vent d'un air très-sec, ou certain brouillard, ou une gelée, suffisent souvent pour le détruire. » En effet, les divers météores causant l'augmentation ou la diminution trop considérable des vésicules gazeuses qui déterminent l'Orgasme, peuvent les faire crever ou disparaître, et de ces deux effets, résultant de trop de dilatation ou de raréfaction, provient un état de mort. Aussi les fluides élastiques que l'on peut concevoir, formés de particules tour à tour dilatables et coërcibles, méritent une sérieuse attention; car ce sont eux qui produisent le phénomène le plus étonnant, celui de communiquer à la Matière muqueuse cette élasticité qui lui devient nécessaire, pour que les principes moléculaires de toute organisation qui s'y viennent surajouter, puissent y agir les uns sur les autres, en raison de la souplesse que lui donnent les globules élastiques dont elle se trouve pénétrée.

Tant que la Matière muqueuse, d'où résultent, au moyen de la dilatation d'un gaz, les corpuscules que nous appelons Matière vésiculeuse, est assez peu épaissie pour n'être pas fortement résistante, l'existence de cette Matière vésiculeuse demeure précaire ; ses corpuscules sont trop exposés aux petites explosions qui détruisent l'harmonie nécessaire dans une existence commune; il faut que le milieu qui les limite acquière une certaine solidité pour qu'ils y persistent; mais dès qu'ils sont définitivement constitués, ils concourent puissamment au développement des corps dont leur présence prépare le complément. Ces corpuscules développés et suffisamment retenus dans la masse muqueuse dont se composent la plupart des Microscopiques, par exemple, y demeurent très-visibles par leur transparence souvent parfaite ; devenus parties nécessaires de ces petits Animaux et ne pouvant plus s'en échapper, ils ne s'y opposent à nul mouvement de contraction ou d'extension, puisqu'ils demeurent par leur nature même susceptibles d'augmentation, de diminution et même de changement de forme en agissant les uns sur les autres. Selon qu'ils se dilatent, ils rendent l'Animal plus léger. On dirait chez certains Microscopiques où l'on en distingue souvent de fort considérables, le modèle de la vessie natatoire des Poissons. Et quelle que soit leur quantité dans le petit corps de la plupart de tels Animalcules, ils ne s'y opposeront point à l'introduction d'organes compliqués qui les trouvant compressibles peuvent, au contraire, occuper une place aux dépens de leur volume réduit. Ces corpuscules, que

nous avons appelés *Hyalins*, n'en demeurent pas moins comme indépendans de l'être dans la composition duquel le verre grossissant nous les montre ; aussi les voit-on, par exemple, se mouvoir à l'intérieur d'un Volvoce, dans un sens différent de celui où s'agite la masse du petit Animal, et comme sans la participation de sa volonté. Les élémens primitifs de la vie ne sont donc pas encore dans le Volvoce complétement équilibrés? C'est ce que Müller a fort bien remarqué et qu'il nota soigneusement en décrivant plusieurs de ses Animalcules, tels que l'*Enchelis nebulosa*, l'*Enchelis similis*, et le *Leucophra conflictor* qu'il caractérise par ces mots *interaneis mobilibus*.

Tant que les Animaux peu compliqués demeurent transparens, ces corps hyalins y sont manifestement visibles. On les distingue dans nos Stomoblépharés, où des cirres garnissent déjà un rudiment d'ouverture buccale : ils se trouvent toujours dans les Rotifères, persistent dans les Crustodés déjà munis de test, et nous les avons reconnus jusque dans les Polypes, et même chez des Radiaires bien plus avancés dans l'échelle animale, tels que les Béroés et les Méduses même. Si les naturalistes qui se sont tant occupés de ces Méduses, et qui en ont donné des monographies où la multitude de noms génériques inutiles rebute la meilleure mémoire, eussent descendu dans l'organisation intime de ces Animaux, aidés du microscope, ils y eussent reconnu tout comme nous l'existence des corpuscules hyalins ; ils eussent admiré comment, dans les mouvemens de flexion, de contraction, ou d'allongement chez ces merveilleuses créatures, les globules, constituant notre Matière vésiculeuse, se déplacent en glissant les uns sur les autres, s'aplatissent en se comprimant pour céder à l'effort qui les presse, et reprennent ensuite, comme par une sorte de réaction, leur forme première, afin de contribuer, soit qu'ils cèdent, soit qu'ils réagissent, au mouvement général. Ces corpuscules sont peut-être les *moteurs* de tout mouvement avant qu'on puisse distinguer ou même concevoir l'introduction d'une fibre quelconque, d'un système nerveux, ou d'un appareil locomotif dans la frêle machine. On retrouvera certainement un élément si essentiel d'action dans le reste des Animaux en remontant des plus simples aux compliqués, et sa présence expliquera à quoi tient la souplesse sans laquelle nulle créature ne pourrait agir.

Les corpuscules hyalins, considérés comme les individualités de la Matière-vésiculeuse, ne sont pas seulement propres aux véritables Animaux; nos Psychodiaires, êtres qui lient les Animaux aux Plantes et dont tour à tour ils possèdent les deux natures, en sont encore remplis. C'est eux qui se montrent dans nos Vorticellaires, dans nos Bacillariées et dans nos Arthrodiées en si grande quantité; chez ces dernières, ils remplissent les tubes filamenteux de l'état végétant concurremment avec la Matière verte qui les colore. Ils y sont parfois dispersés sans ordre, mais en d'autres circonstances ils s'y disposent sous des formes élégantes. Dans les Salmacis, par exemple, ils constituent des séries qui se contournent en spirales, et l'on dirait le laiton dont se compose l'élastique d'une bretelle. Ces spirales, d'abord si comprimées qu'on n'en reconnaît pas la figure, se détendent à mesure que le filament s'allonge, ce qui vient peut-être de ce que les corpuscules hyalins grossissent à mesure que la Salmacis avance vers le terme de son existence, par la dilatation du gaz dont elle est remplie; par ce mécanisme, des diaphragmes traversés par les séries contournées de corpuscules hyalins, et qui forment dans l'intérieur des tubes comme de petites cloisons déterminant ce que les botanistes ont appelé articles, s'éloignent de plus en plus les uns des autres. Il est évident, par le simple exposé de ce fait, combien mal à propos on donna pour caractère d'espèces l'étendue des articles; étendue nécessairement subordonnée à la distension des spirales de corpuscules hyalins, résultat de l'âge. C'est encore plus mal à propos qu'en voyant les séries constituées par les corps hyalins se développer, ces corps grossir ou diminuer en vertu des changemens de température qui doivent agir jusque dans l'intérieur des tubes d'Arthrodiées, et s'échapper enfin désunis des tubes rompus pour se disperser sur le champ du microscope, en y obéissant aux courans; c'est plus mal à propos, disons-nous, qu'on les a dit être doués de vie. En poussant plus avant l'observation, on eût vu ces globules s'évanouir dès que les gaz dont ils étaient remplis n'étaient plus suffisamment contenus, et comme les bulles qui, se formant dans tout liquide où se dissout du gaz acide carbonique, font mousser ce liquide. Dans cette faculté de mousser qui rend certains vins si célèbres, la Matière muqueuse doit nécessairement jouer encore un rôle malgré qu'elle y ait été méconnue jusqu'à ce jour; aussi de tels vins deviennent-ils gluans à la longue, et des élémens d'organisation s'y trouvant contenus, les algologues y ont découvert des Plantes qui certainement n'y ont point été semées. *V*. HYDROCROCIS.

C'est par son évanescence que nous verrons surtout combien la Matière vésiculeuse, toujours disposée à rompre ses parois, diffère des deux modifications suivantes dont l'une se dessèche confusément sur place en y laissant une impression perceptible par des ébauches de contours, et dont l'autre laisse toujours après elle une teinte verte fort sensible.

Les tubes de ces Conferves, qu'il ne faut pas confondre avec les Arthrodiées, sont également remplis de corpuscules hyalins; on les voit persévérer dans les Ectospermes qui se lient, selon nous, à ces Characées, dans lesquelles nous sommes surpris qu'un savant, auquel on doit d'excellentes observations sur leur circulation interne , ne les ait pas mentionnés. Les Céramiaires en présentent encore de pareils à ceux dont il vient d'être question, mais soit que les tissus se roidissent dans les Fucacées et les Ulvacées, les corpuscules hyalins se trouvent contraints à subir , dans l'épaisseur de tels Hydrophytes, une autre forme , soit qu'ils y obéissent à d'autres lois; ils s'y dénaturent quand le Végétal , qui s'en était pénétré dans sa jeunesse où il était presque totalement muqueux , acquiert plus de consistance, et que diverses pressions s'exerçant en tous sens sur les globules , leur impriment les figures sous lesquelles nous les voyons persévérer à mesure que leurs parois ont acquis une solidité constitutrice pour se perpétuer dans le reste de cette végétation fixée, laquelle rend à l'atmosphère les torrens de gaz qu'avait absorbés la Matière vésiculeuse en se formant originairement par le concours de la Matière muqueuse.

§ III. Matière agissante.

Quelque substance animale que l'on mette en infusion dans l'eau pure, on ne tarde pas à voir se former à la surface de cette eau une pellicule presque impalpable, qui , ne présentant d'abord aucune organisation , est encore de la Matière muqueuse ; en même temps le fluide deviendra légèrement trouble, surtout en dessus, et cette altération de teinte est due à la présence de notre troisième forme matérielle. Celle-ci est composée de globules d'une petitesse telle, que leur volume n'équivaut pas , après un grossissement de mille fois, à celui du trou que l'on ferait dans une feuille de papier avec l'aiguille la plus déliée. Chaque globule, parfaitement rond , s'agite, monte, descend , nage en tout sens et comme par un mouvement de bouillonnement. Ces globules , si petits que Müller , en figurant les Infusoires à l'aide des plus fortes lentilles, les a représentés par un simple pointillé ,

sont le *Monas Termo* de ce grand naturaliste.

Entre le *Monas Termo* et les créatures que le savant Danois avait classées dans le même genre , il existe une distance incalculable, soit pour les dimensions , soit dans le développement des facultés vitales. Il est difficile de concevoir que chacun de ces petits corps dont on ne peut mieux comparer les mouvemens qu'à celui des bulles d'air qui se heurtent à la surface de l'eau fortement poussée au degré d'ébullition ; il est difficile de concevoir, disons-nous , que chacun de ces petits corps soit un être doué de volonté , et conséquemment d'une vie complète ; il lui manque sans doute des organes capables de régulariser le genre de perceptions dont il pourrait être susceptible. De-là cette agitation que rien de rationnel ne paraît déterminer , qui semble commune à la masse des globules roulant irrégulièrement en tout sens sur eux-mêmes , souvent avec une vélocité qui fatigue l'œil , mais cependant en manifestant des indices frappans d'animalité.

La quantité des globules agités devient d'autant plus considérable, que ces globules se développent sur les bords du vase, ou plutôt vers les limites de l'eau qui les tient en suspension. Soit que l'évaporation , soit qu'une attraction particulière à chaque petite sphère et proportionnée à sa masse, porte ces globules actifs vers un lieu plutôt que vers un autre, on dirait qu'un instinct irrésistible les conduit. Ainsi, dans une goutte d'eau remplie de notre Matière agissante , mise sur un porte-objet, on voit chacune des individualités de cette Matière fuir le centre et nager avec un empressement extraordinaire vers les bords d'un petit océan dont le desséchement doit déterminer la cessation de toute vie : on dirait qu'ils disputent à qui mourra le plutôt. Cet instinct ou cette force est probablement ce qui détermine l'affluence des globules de Matière agissante , vers les pellicules ou vers les glomérules de

Matière muqueuse déjà développée ;
c'est autour de cette Matière muqueuse qu'on les voit surtout se heurter , se pousser , combattre en quelque sorte , empressés , pour y pénétrer. Bientôt , par la pression continuelle que leur agitation produit les
uns sur les autres , ces globules animés s'incorporent à la Matière muqueuse, et lui donnent une certaine
consistance en perdant dans son épaisseur le mouvement individuel. Alors
des pellicules , d'abord presque imperceptibles , deviennent sensiblement jaunâtres , épaisses au point
d'offrir une certaine résistance , et,
dans cet état, soumises au microscope , tout globule agissant semble y
avoir disparu ; mais la confusion de
ces globules ainsi confondus altérant
la simplicité de l'état muqueux , on
découvre comme une membrane à
laquelle il ne paraît manquer , pour
constituer un corps organisé complet,
qu'un réseau nerveux dont la faiblesse humaine ne saisira jamais probablement l'introduction rudimentaire, encore qu'on le puisse concevoir
en supposant l'opération qu'on a sous
les yeux , déterminée dans les corps
vivans par des circonstances qu'il ne
nous est pas encore donné de provoquer.

Ce n'est qu'après avoir donné durant un temps quelconque , et probablement subordonné aux principes
qu'elle renferme , de la Matière muqueuse et de la Matière agissante ,
et lorsque la Matière vésiculeuse
étant produite par le concours des gaz,
vient ajouter l'élasticité à la formation des membranes rudimentaires ,
qu'une infusion produit de véritables
Animaux microscopiques. Jamais aucun être organisé ne précède ces trois
existences primitives. On peut s'en
convaincre surtout en examinant l'eau
contenue dans les Huîtres. Si l'on
remplit un verre avec cette eau, elle
deviendra trouble , d'autant plus
promptement que l'atmosphère sera
plus chaude. Avant même que cette
eau ait acquis l'odeur insupportable
qui dénote la putréfaction , on verra
la surface du vase couverte par la pellicule muqueuse, et le *Monas Termo*
ou Matière agissante , s'y agiter en si
énorme quantité , que son mouvement serait capable de fatiguer , à
travers le microscope, l'œil qui l'exa-
minerait trop long-temps. A ces globules simples et agissans , succéderont bientôt avec l'odeur de pour-
riture qui s'exhale de l'eau mise en
expérience , et qui provient du dégagement des gaz dont quelques-uns
ne demeurent pas emprisonnés dans
la modification vésiculeuse; à ces globules , disons-nous, succéderont des
Animaux divers et compliqués déjà
par trois termes multiplicateurs. En
même temps que la Matière agissante
globuleuse semble comme s'effacer
en s'identifiant avec la muqueuse ,
elle en devient la molécule motrice ,
car elle y exerce son action sur les globules compressibles de Matière vésiculeuse, d'où résulte la souplesse de la
muqueuse; celle-ci ne tarde pas à s'o-
blitérer ; c'est alors qu'elle se remplit
de corpuscules appartenant à notre
quatrième modification avec des globules opaques de Matière terreuse ; et
lorsque l'évaporation produit le desséchement de la croûte qui résulte du
mélange successif de toutes ces choses,
cette croûte , devenue friable , offre
l'aspect et tous les caractères des substances minérales ; mais ni les principes des Matières ainsi concrétées ,
ni la faculté de repasser par les mêmes
phases , ne sont perdus. Qu'on verse
de l'eau sur le magma ou terre saline
résultant de l'eau d'Huître mise en
expérience et desséchée , les mêmes
phénomènes y auront successivement
lieu de nouveau : la même pellicule
muqueuse , les mêmes globules de
Matière vésiculeuse et de Matière agissante, les mêmes espèces d'Animaux,
les mêmes sels et la même terre y re-
paraîtront tour à tour autant de fois
qu'on réitérera l'expérience , sans
rien ajouter au liquide d'où puisse
résulter de perturbation , c'est-à-dire
tant qu'on organisera et qu'on désor-
ganisera par la voie humide.

Non - seulement la Matière agissante se développe promptement dans l'eau d'Huître et dans celle où l'on met infuser des substances animales; mais plusieurs infusions végétales l'offrent en grande quantité avec les mêmes phénomènes, et ce fait explique aisément par l'analogie chimique les rapports qu'on a découverts entre certaines Plantes et les Animaux; mais si la Matière animale entre dans l'ensemble de plusieurs Végétaux comme élément constitutif, on sent qu'elle y devient un motif de plus pour proscrire l'établissement absolu des limites qu'on suppose exister entre les deux anciens règnes organiques.

Il arriverait donc que cette Matière agissante, dont les particules individualisées jouissent d'une sorte de vie propre, perd cette vie de détail pour contribuer à une vie commune lorsque ces mêmes particules se coordonnent de telle ou telle façon avec la matière vésiculeuse; l'une et l'autre peuvent être contraintes à une existence purement végétative, encore que l'une des deux, essentiellement mobile dans l'état d'individualisation, semble cependant être appelée par sa nature même à ne produire que des êtres doués de volonté et de mouvement spontané.

On sent que ce ne sont ni les substances animales, ni les substances végétales mises en expérience, qui produisent les trois modifications de la Matière dont il vient d'être question; ces substances, au contraire, sont formées de ces modifications même qui s'y trouvent prédisposées comme les bases de l'organisation, avec d'autres principes qui, régissant celle-ci et la fixant, demeurent néanmoins inappréciables pour nos sens. Réunie dans un tout destiné à exercer une vie plus ou moins développée, chaque molécule agissante perd son degré de vie individuelle, qui tourne au profit de la vie collective. L'opération qu'on fait subir au corps organisé dont on veut observer les bases, ne fait conséquemment que rompre les liens qui unirent ceux des élémens qui tenaient les molécules de

Matière vésiculeuse et de Matière agissante subordonnées les unes aux autres dans la Matière muqueuse, et les rend à leur liberté originelle. Ce n'est donc point dans la putréfaction que s'engendre la vie, et que s'opèrent des générations spontanées, comme l'avaient pensé les anciens, ou des philosophes qui, n'ayant jamais observé la nature, en raisonnaient sur des apparences trompeuses; cette putréfaction concourt seulement, dans les expériences, à relâcher les nœuds secrets qui tiennent assemblées les parties constitutives des corps; elle se borne à détruire les forces qui subordonnaient de premières modifications de la Matière; elle individualise enfin les molécules, base de toute existence, et de-là ce passage alternatif de la molécule agissante à l'état de torpeur où nous la trouvons dans la Matière muqueuse qu'elle a pénétrée, ou à l'état d'agilité qu'elle reprend par disjonction, selon qu'on renouvelle ou qu'on fait disparaître l'humidité autour des substances mises en expérience qui la contenaient asservie.

Comme des gaz tels que l'hydrogène et l'oxigène nous paraissent être les corps dont les particules, emprisonnées par une pellicule de Matière muqueuse, contribuent avec celle-ci à former notre second état primitif, il se pourrait que ce fût l'azote qui jouât dans le troisième état un rôle analogue. En admettant cette hypothèse, on se rendrait compte de la cause qui fait de l'azote comme le principe dominant dans les substances animales. Outre les corpuscules hyalins, individus de la Matière vésiculeuse, les Microscopiques, où nous commençons à distinguer des molécules constitutives, empâtées dans la Matière muqueuse devenue les Microscopiques, renferment d'autres corpuscules beaucoup plus petits, bien plus nombreux et déjà moins transparens, qui ne sont que des globules de Matière agissante agglomérés, ayant perdu leur vie individuelle par leur introduction dans la muqueuse qui les rassemble. Ces monades enfermées y ajoutent probablement la faculté de percevoir par le tact, tandis que la Matière vésiculeuse donne à la masse devenue ternaire les élémens de flexibilité nécessaires pour l'exercice des mouvemens compliqués auxquels se devra déterminer l'Animal quand il aura touché et senti.

§ IV. Matière végétative.

A la Matière muqueuse ne tarde point à succéder ou à se joindre encore, dans l'eau exposée à l'air et à la lumière, ce que nous appellerons la Matière végétative. Celle-ci se développe dans l'eau distillée, ainsi que dans celle des puits, des fontaines, des rivières ou de la pluie, et jusque dans l'eau salée de la mer. Elle se forme sur les parois des vases, dans la masse du liquide mise en expérience, sur les pierres et autres corps inondés, en y produisant une teinte agréable à l'œil; teinte que Priestley remarqua le premier, qu'il appela Matière verte, et qui, méconnue depuis cet illustre physicien, a donné lieu à de grandes controverses en physique. Cette matière verte de Priestley est si facile à confondre avec une multitude de corpuscules microscopiques également colorés en vert, que beaucoup d'observateurs s'y sont mépris; nous-même qui l'avons dès long-temps reconnue et constamment observée, nous avons à tort regardé d'abord comme lui appartenant, de véritables corps organisés qui en sont à la vérité pénétrés, mais qui ne sont déjà plus cette Matière dans son état de plus grande simplicité. Trompé par les proportions appréciables et les formes diverses de plusieurs choses que nous supposions n'en être que des états divers, nous disions (Dict. de Levrault, T. xxix) : « On serait tenté de croire qu'il en existe de plusieurs espèces. » Une observation communiquée par Gaillon de Dieppe, micrographe et naturaliste scrupuleux, nous a éclairé, et comme nous n'avons jamais tenu à nos opinions dès qu'on nous a démontré qu'elles étaient mal fondées, nous saisirons l'occasion qui nous est offerte pour rectifier à cet égard nos propres idées, et pour témoigner notre reconnaissance au savant qui voulut bien nous signaler l'une de nos fautes.

C'est la Matière verte ou végétative qui, se développant dans la nature entière, partout où la lumière agit sur l'eau, pénètre les Marais de toute espèce, les bassins où l'on fait parquer les Huîtres, les fossés des grandes routes ou des fortifications, en colorant les pierres taillées et le bas des murs humides.

La lumière paraît cependant être moins nécessaire à son développement que d'autres principes auxquels il faut nécessairement attribuer la couleur verte persistante dans certaines Plantes, lors même que ces Plantes croissent soustraites au pouvoir bienfaisant des rayons du jour. En effet, si la privation de lumière produit en général l'étiolement et la pâleur dans les êtres organisés, on a cependant vu des Végétaux transportés dans les ténèbres de certaines galeries de mines, verdir dès que l'air ambiant contenait de l'hydrogène et de l'azote en suffisante quantité pour y déterminer la coloration. Dans les plus grandes profondeurs de la mer où la sonde pût atteindre, à deux cents pieds sous l'eau, d'où l'on est parvenu à déraciner quelques Hydrophytes, la plus belle teinte verte resplendissait sur ces Plantes qui avaient cependant végété dans une obscurité complète ou à peu près. Serait-ce que des rayons verts eussent seuls pénétré jusque dans les abîmes, ou que ce ne fût pas nécessairement par l'influence de tels rayons que du carbone et de l'hydrogène se pussent combiner pour décorer la végétation marine de sa plus aimable nuance? Quoi qu'il en soit, partout où nous avons vu la Matière verte ou végétative se développer, elle a paru d'abord comme une simple teinte, où le plus fort grossissement (d'un quart de ligne) ne nous permit de distinguer qu'un pointillé dont la figure du *Monas Termo* de Müller, donnerait encore une idée exacte, si la planche eût été tirée en vert tendre. Mais les molécules, que nous crûmes obovalaires, dont se composait ce pointillé, étaient inertes; tout corps voisin qui s'y trouvait plongé ne tardait pas à s'en pénétrer au point d'en prendre la teinte; car les Animaux microscopiques, comme nous le verrons tout à l'heure, la peuvent absorber non moins que toute modification organique par laquelle la création s'élève de la Matière verte élémentaire à la végétation la plus arrêtée.

Partout où la matière muqueuse se développe, elle est bientôt suivie par la quatrième modification dont elle se sature pour former l'un des plus simples Végétaux; celui par lequel nous avons proposé de commencer le catalogue des Plantes sous le nom de *Chaos primordialis*, première complication végétale opérée par la Matière verte introduite dans la Matière muqueuse, simple nuance étendue sur les corps humides, essai de la nature qu'on a pris mal à propos pour des sédimens d'Ulvacées dissoutes, quand des Ulvacées ne pouvaient exister avant que la Matière vésiculeuse se fût introduite dans la réunion de la muqueuse et de la végétative pour en former des mailles. Du mélange des quatre modifications primitives qui viennent de nous occuper, ne tardent guère à résulter de ces corpuscules faciles à distinguer au grossissement d'une demi-ligne de foyer, que nous avions long-temps confondus à tort avec la Matière végétative, et qui, variant de forme et de nuance, fournissent les caractères des cinq ou six espèces jusqu'ici reconnues dans ce genre Chaos qui doit être inscrit en tête de la méthode naturelle. L'humidité venant à disparaître, quand la Matière muqueuse s'évanouit, la végétation persiste, et, comme une poussière de la plus belle couleur, ne cesse de teindre les corps sur lesquels on la vit se développer. Dans cet état de desséchement, les corpuscules spécifiques demeurant plus sensibles, les botanistes décrivent diverses espè-

ces du genre Chaos, comme des Bysses pulvérulens, de la plupart desquels on vit les lichénographes faire leur genre *Lepra*, et que l'algologue Agardh, sans trop tenir compte de ce qu'observèrent ses prédécesseurs, nous paraît avoir appelé indifféremment *Protococcus* et *Palmella*, quand le premier de ces noms était inutile et que le second était consacré par le savant Lyngbye, dont il eût été convenable de noter au moins qu'on l'avait emprunté.

Nous avons dit tout à l'heure que des Microscopiques absorbaient la Matière végétative; peut-être s'en nourrissent-ils. Ils seraient alors, par l'effet des combinaisons les plus simples qu'on puisse imaginer, les premiers des Herbivores précédant ainsi tout Carnivore possible dans la nature; fait très-digne d'être consigné, puisqu'il est évident que, dans l'ordre de la création (*V*. ce mot), les Plantes durent, à la face de la terre, précéder les Animaux qui s'en nourrissent, et que les bêtes féroces ne pouvaient y apparaître qu'après celles qui leur servent de proie; ainsi les merveilles de la nature microscopique sont, en toutes choses, les essais de ce qui frappe les regards dans l'ensemble admirable des merveilles plus grandes?

Peut-être même de la Matière verte se peut-elle aussi développer dans le corps humide des Microscopiques, pénétrables à la lumière, déjà gonflés de l'azote contenu par la molécule agissante et des gaz dont la distension détermine la Matière vésiculeuse. Il arriverait alors dans la transparence de ces Animaux rudimentaires ce qui a lieu dans l'eau même, et de-là cette organisation qui résulte dans certains Euchélides, Cratérines, Raphanelles, Plagiotriques, Stentorines, Vorticellaires, Navicules, Lunulines, etc., de la confusion des molécules hyalines élastiques, propres à l'état vésiculaire et de molécules de Matière agissante répandues dans une teinte d'un vert plus ou moins foncé. Nos Zoocarpes surtout, propagules vivans, qui sont verts , offrent une composition de ce genre , où l'on reconnaît conséquemment déjà le concours des quatre premières modifications visibles de la Matière.

Les êtres microscopiques dont il vient d'être question, ces ébauches invisibles de l'animalité, ne sont pas les seuls Animaux qui se pénètrent de Matière colorante végétative ; de plus compliqués s'en teignent aussi, soit qu'ils l'absorbent, soit qu'elle se forme encore dans leur translucide masse. Ainsi nous avons produit sur ces Hydres que l'on appelle Polypes d'eau douce, ce qui arrive tous les jours aux Huîtres que l'on fait parquer. En élevant de ces Animaux dans des vases où la Matière verte s'était développée abondamment, ils sont devenus du plus beau vert, ce qui nous porte à soupçonner que l'*Hydra viridis* des helminthologues pourrait n'être pas une espèce, mais simplement une modification des espèces voisines que le hasard plaça dans des circonstances pareilles à celles où nous en avons mis nous-même pour les colorer.

La *Viridité* des Huîtres, pour nous servir de l'expression très-significative employée par Gaillon, n'a d'autre cause que l'absorption de la Matière verte par ces Conchifères. L'époque où cette viridité a lieu, est celle où l'eau, introduite dans les bassins, se trouve dans les conditions nécessaires pour que la Matière verte s'y développe en suffisante quantité. Tout ce qui existe alors dans les mêmes lieux s'en pénètre ; la vase, les Plantes, les Entomostracés et autres Animalcules, les Coquilles s'en trouvent colorés également. On a rapporté, ainsi qu'il a été dit plus haut, ce phénomène à la décomposition des Ulves ou autres Hydrophytes, et c'est précisément le contraire qui a lieu : c'est au développement du principe primitif de ces mêmes Ulves qu'est dû ce que l'on croyait un effet de leur dépérissement et de leur dissolution.

Gaillon, qui le premier acquit par le microscope des idées justes sur un si important phénomène, fut cependant induit en erreur sur un point, ce qui ne prouve pas que cet excellent observateur ait mal vu ; mais seulement que dans les choses délicates, de la nature de celles qui nous occupent, il est impossible de voir complétement juste du premier regard. Il observa dans l'eau verdie des parcs, dans les Huîtres colorées, et dans les couches de Matière verte étendue sur le test de celles-ci, un Animal dont il a dit d'excellentes choses (Annales générales des Sciences physiques, T. VII, p. 93), et qu'il compara au *Vibrio tripunctatus* de Müller ; il n'y vit guère de différence que dans la couleur ; la figure qu'il nous en adressa est parfaitement exacte. Cet Animal que Gaillon proposait de nommer *Vibrio ostrearius*, n'est cependant lui-même qu'un être coloré accidentellement comme l'Huître : fort transparent, il absorbe ou sert au développement des corpuscules de la Matière végétative ; et, dans cet état, pénétrant dans la Matière muqueuse des parties de l'Huître où sa forme aiguë et naviculaire lui donne la faculté de s'introduire, il ne colore que parce que lui-même fut coloré précédemment, et il est fort commun de trouver des Huîtres colorées sans la participation des Navicules de Gaillon, ainsi que l'étaient les Hydres colorées dans nos expériences, sans aucun indice de pareils Animaux. Un magistrat de Marenne, qui paraît n'avoir pas la moindre teinture des sciences naturelles, mais qui croit pouvoir raisonner en maître sur les Huîtres, parce qu'il est du pays où l'on en trouve le plus, a durement attaqué les observations précieuses de Gaillon. Celui-ci, savant laborieux et modeste, au lieu de perdre son temps à répondre à de mauvaises plaisanteries, a continué ses recherches à la grande satisfaction des naturalistes qui veulent sincèrement s'instruire.

Nous avons dit que Priestley remarqua le premier la Matière végétative qu'il appela VERTE (T. IV, sect. 33, pag. 335). Ainsi que nous, il la trouva souvent confondue avec la muqueuse dont elle est indépendante et distincte, mais qu'elle pénètre communément. Il s'occupa beaucoup plus des propriétés de l'air qu'il supposait s'en dégager, que de sa nature; cependant il affirma avec raison qu'elle n'était ni un Animal, ni un Végétal; et, n'y découvrant aucune organisation au microscope, il la regarda comme une substance particulière, « *sui generis*, véritable sédiment muqueux et coloré de l'eau. »

Sénebier (Journal de physique, 1781, T. XXVII, pag. 209 et suiv.), s'étant proposé de réitérer les expériences de Priestley sur la Matière verte, la méconnut totalement : « Cette Matière, dit-il, est une Plante » aquatique du genre des Conferves » gélatineuses. » Il est facile de voir par tout ce qu'ajoute ce savant à cette première erreur, que, n'ayant pas tenu compte des teintes formées par les molécules de la véritable Matière verte, il a pris pour celle-ci la Trémelle d'Adanson (espèce du genre Oscillaire) qui ne tarde pas effectivement à se développer et à croître dans les vases où l'on met en expérience de l'eau pure exposée à la lumière et à l'air; ces vases offrant au développement de cette Arthrodiée les mêmes facilités que lui présentent les baquets où on laisse séjourner l'eau dans nos cours ou dans nos jardins.

Baker (*Employ. for the Microsc.*, part. II, p. 255, *plat.* 10, fig. 1-6) avait déjà observé la même Oscillaire développée dans des vases de verre remplis d'eau, et l'avait considérée comme un être vivant, et non comme une Conferve gélatineuse.

De Candolle (Flor. Fr. T. II, pag. 65) a été entraîné dans l'erreur par son illustre compatriote, au sujet de la Matière verte de Priestley; et de-là cette création du *Vaucheria infusionum*, Plante qui n'existerait pas dans la nature, si l'expérience ne nous avait appris qu'il était question sous ce nom de l'*Oscillaria Adansonii*, N., impar-

faitement observée, avec une lentille trop faible, pour qu'on y eût découvert les articulations caractéristiques. Cette Oscillaire, ou la prétendue Vaucherie des infusions, n'a nul rapport avec les êtres auxquels le savant Genevois ôta, sans motifs suffisans, l'excellent nom d'Ectosperme que leur avait donné Vaucher et que nous avons proposé de leur rendre. *V.* CONFERVÉES et ECTOSPERME.

Ingen-Housz (Journ. Phys., 1784, T. XXIV, pag. 356 et suiv.) avait, après Sénebier, examiné la Matière verte de Priestley ; mais en observant des faits très-intéressans dont il n'apprécia pas toute l'importance, et lorsque le hasard lui avait évidemment découvert avant nous ces Zoocarpes que nous avons fait connaître, il prononça que la Matière verte était composée de petits Animaux qu'il appelait improprement Insectes. Le Mémoire d'Ingen-Housz est trop curieux et trop riche de faits pour que nous puissions ne pas nous arrêter à son examen.

L'auteur s'était proposé principalement de publier ses observations sur l'air qui résulte de la Matière verte. « Priestley, dit-il, avait remarqué le premier que lorsqu'on expose au soleil de l'eau, surtout de l'eau de source, il s'y engendre, après quelques jours, une substance verte, gélatineuse au toucher, et que, quand cette Matière est produite, on trouve dans le vase une grande quantité d'air pur qui se développe au soleil. » Ce n'était point à des Plantes placées dans des bouteilles qu'on devait attribuer un phénomène qui continua quand on les en eut retirées, il était conséquemment dû à la Matière verte dont le fond était tapissé.

Priestley, ayant décrit la Matière verte comme un sédiment muqueux de l'eau, dans son quatrième volume sur les airs (imprimé en 1779), l'éleva au rang des Végétaux dans le cinquième (imprimé en 1781), sur le témoignage de son ami, Delvy, et il la classa parmi les Conferves, sans vouloir déterminer si c'était le *Conferva fontinalis* , ou quelque autre espèce. Forster l'avait prise pour le *Byssus botryoïdes* de Linné. Sénebier, dans un ouvrage également intéressant et curieux sur la lumière solaire (imprimé en 1782), a cru que ni Priestley ni Forster n'avaient connu la véritable nature de cet être. Le premier dit qu'en examinant de plus près cette Plante, il l'a reconnue pour être la *Conferva cespitosa filis rectis undique divergentibus* de Haller, n° 214. Si c'est la *Conferva fontinalis*, il faudrait qu'elle eût des fibres au moins de la longueur d'un demi-pouce ; si c'est la Plante de Haller, il faudrait que les filamens fussent encore plus longs. Suivant le second, ces filamens paraissent déjà après deux jours , lorsqu'on expose l'eau commune à l'action immédiate du soleil. Il dit qu'on voit ces filamens s'élever graduellement et tapisser les parois sur tout le fond du verre. Cette Plante , poursuit Sénebier, devient soit serrée en bas, et parvient à une grandeur si considérable, qu'il l'a vue s'élever pendant deux mois à la hauteur de deux pouces et demi au-dessus du fond. Ingen-Housz ne veut pas nier l'exactitude des observations de Sénebier ; mais il doute avec raison que la Plante de ce savant soit la véritable Matière verte que Priestley décrivit dans son quatrième volume. « En effet, dit-il, lorsqu'on compare une masse informe, muqueuse, sans aucune organisation apparente , ainsi que l'a décrite Priestley, avec une Plante qui, selon Sénebier, tapisse comme un tissu fort serré, tout le fond d'un vase , qui s'allonge jusqu'à deux pouces et demi en hauteur , et par conséquent qui est très-visible à plusieurs pas de distance , on ne saurait guère soupçonner l'identité. » Priestley a montré lui-même à Ingen-Housz cette Matière à Londres ; une cloche pleine d'eau en était tapissée ; et cet observateur exact y eût certainement vu des fibres , si ces fibres y eussent existé. L'auteur a examiné

journellement la Matière verte durant plus de trois ans, et l'a suivie dans tous ses états depuis son origine jusqu'à son dépérissement. Il croit pouvoir prononcer à cet égard , et en ayant fait faire des dessins exacts , gravés pour orner le second volume de ses Expériences sur les Végétaux , il se contente d'en donner une description abrégée. Pour éviter toute confusion , il commence par produire la Matière verte sous les yeux de ses lecteurs, comme le faisait Priestley, c'est-à-dire en mettant dans des vases bien transparens exposés au soleil , de l'eau de source , et en plaçant au fond de ces vases de petites lames de verre, afin de pouvoir ensuite examiner ces lames au microscope.

Lorsqu'après quelques jours on aura observé une bonne quantité de bulles d'air montant continuellement dans l'eau, c'est-à-dire notre Matière vésiculeuse à son premier degré de formation gazeuse, on trouvera les parois du vase intérieurement parsemées de corpuscules ronds ou ovales , ou approchant de ces figures, et d'une couleur verdâtre (on voit qu'ici Ingen-Housz ne s'était pas d'abord rendu plus que nous compte de la forme propre à la Matière végétative). Le nombre des corpuscules augmentant chaque jour , ceux-ci deviennent au bout de quelques semaines une croûte dont la verdure est plus ou moins foncée , en raison du temps que l'eau a été exposée au soleil , et du nombre des corpuscules qui se sont accumulés dans cette eau. Ces corpuscules sont extrêmement petits et enveloppés dans une Matière muqueuse. On les reconnaît bientôt pour de véritables Insectes qui cessent de se mouvoir lorsqu'ils se trouvent embarrassés dans la couche glaireuse. On en voit nager tout autour : on y aperçoit aussi des corps angulaires plus volumineux que les Insectes (l'auteur désigne évidemment ici des Enchélides, des Raphanelles ainsi que des amas de nos Matières cristallisables et terreuses). Ces Insectes finissent par obstruer et remplir la couche muqueuse, qui par elle-même était sans couleur, de sorte que celle-ci ne paraît bientôt plus être qu'une masse glaireuse, verte, sans aucune apparence manifeste d'organisation ; elle ressemble alors parfaitement à ce que Priestley l'a trouvée : *une disposition glaireuse de l'eau devenue verte au soleil.* Plus tard l'incorporation des Insectes dans la masse muqueuse est complète ; mais si l'on en éparpille les lambeaux, on remarquera que ses bords déchirés sont tout hérissés de fibres transparentes, sans aucune couleur, et ressemblent à des tubes de verre. On observera aussi que ces fibres sont douées d'un mouvement sensible (il est clairement question ici d'une Oscillaire déjà introduite dans une masse formée de choses désormais différentes) : elles se plient en tout sens, s'approchent, s'entrelacent et se tortillent de nouveau. Ce mouvement, qui ressemble à celui de certains Animalcules aquatiques, qui ont la forme d'Anguilles, se fait par intervalles très-réguliers. L'abbé Fontana a montré, plusieurs années auparavant, à l'auteur, des fibres semblables, mais vertes, douées d'un pareil mouvement ; il les prit pour des Animaux-Plantes, et les crut des êtres intermédiaires entre ceux des Règnes Animal et Végétal. Il fallait trois, quatre ou cinq mois pour produire ces fibres.

Si l'on s'obstine à abandonner la croûte muqueuse à elle-même, la métamorphose va plus loin, la croûte muqueuse se couvre de bosses et d'aspérités. En dix ou douze mois ces bosses s'élèvent en pyramides d'un à deux pouces, qui, devenant perpendiculaires, sont d'un vert plus foncé vers leur partie supérieure qu'au milieu et au bas, et ressemblent à une gelée assez ferme pour se soutenir dans l'eau. Si la croûte muqueuse mérite réellement le nom de Plante, elle doit être classée parmi les Trémelles. Il faut pour obtenir ces résultats laisser la Matière verte dans le même vase sans la déranger. La Trémelle ne se forme pas pour peu qu'il y ait de mouvement.

« La Matière verte est généralement commune dans les bassins des jardins, et entremêlée au *Conferva rivularis* (probablement plutôt l'une de nos Vaucheries). On en voit aussi dans les cuves en bois qui servent aux arrosemens du jardin de botanique de Vienne, et plus tard cette Matière verte est remplacée par le *Conferva rivularis*, dont les filamens observés au microscope paraissent être des tubes transparens ayant des intersections plus ou moins distantes les unes des autres. Ces fibres tubulaires semblent devoir leur couleur aux petits corpuscules verts dont elles sont comme farcies, et qu'on serait tenté de prendre pour les restes des Insectes dont la Matière verte est composée, ou pour ces Insectes même qui y sont enfermés comme ils le seraient dans un tube de verre, c'est-à-dire sans être attachés au tube, dont on les voit sortir librement et assez souvent, lorsqu'on observe au microscope les extrémités des fibres coupées. On placera peut-être les Conferves parmi les Zoophytes, lorsqu'on sera convaincu que ces corpuscules verts, dont les fibres de la Conferve sont même farcies, sont des Insectes morts ou vivans. »

Ce dernier passage que nous avons cité textuellement est fort précieux ; il prouve que nous ne sommes pas les seuls, comme on a prétendu l'insinuer, qui ayons vu des tubes confervoïdes se rompre pour produire des Zoocarpes, œufs vivans de véritables Plantes que l'un des meilleurs observateurs du siècle dernier avait vus comme nous.

« La Matière verte de Priestley, ajoute Ingen-Housz, toute composée d'Insectes véritables dans le premier temps de son existence, se change-t-elle d'elle-même, tantôt en Trémelle, et tantôt en Conferve ? Je me contenterai, dans cet abrégé, de la relation du fait tel qu'il est. J'invite, continue le même savant, en terminant son intéressant Mémoire, les physiciens à suivre en été les progrès de cette substance vraiment curieuse, et entièrement négligée avant Priestley, au moins dans l'état où il l'a observée. Mais si l'on désire abréger le temps, et obtenir bientôt une quantité considérable de la Matière verte de Priestley, on peut suivre la méthode simple de la produire qu'il a indiquée dans son cinquième volume ; elle consiste à mettre dans l'eau exposée au soleil un morceau de viande, de poisson, de pomme-de-terre, ou quelque autre substance putrescible. On verra bientôt (quoique pas infailliblement) toute l'eau devenir verte. En examinant cette eau au foyer d'un bon microscope, on trouvera que sa couleur est due à un nombre infini de petits Insectes verts, très-manifestement vivans. Ces Insectes sont communément ronds et ovales. »

Il est évident, d'après cet extrait du travail d'Ingen-Housz, que ce physicien a d'abord connu et fort bien observé notre Matière végétative, qui est bien la Matière verte de Priestley ; mais que l'ayant ensuite perdue de vue, il a pris, comme les savans dont il avait essayé de réfuter les erreurs, des organisations toutes différentes, et des êtres d'une autre nature, pour les conséquences de sa Matière verte. Les idées d'Ingen-Housz ont été reproduites sous d'autres formes par Agardh, et l'on peut reconnaître en partie les bases du Mémoire qu'a publié le professeur suédois, sous le titre de Métamorphoses des Algues, dans le Mémoire beaucoup meilleur auquel nous avons dû nous arrêter. Plusieurs idées de Girod-Chantrans ont aussi de l'analogie avec les métamorphoses prétendues d'Agardh; mais on ne peut supposer que Girod-Chantrans les eût puisées à la même source, car ce dernier observateur paraît n'avoir connu d'autre livre que le *Systema Naturæ* de Gmelin, et semble avoir ignoré qu'Ingen-Housz et Müller eussent existé.

Ingen-Housz a vu encore, comme Priestley et comme nous, la Matière végétative pénétrant une Matière muqueuse. Les Oscillaires n'ayant pas tardé à se développer dans les mêmes vases et autour des amas de Matière muqueuse pénétrée de Matière verte, il a soupçonné que ces substances s'étaient organisées en Végétaux ; enfin sont venus les Microscopiques plus compliqués, ayant absorbé de la Matière verte, et il a cru que la Matière verte s'était métamorphosée en Animaux. Nous avons déjà indiqué la cause de telles erreurs qui ne prouvent rien contre la véracité de l'excellent observateur qui s'y est trouvé entraîné, puisque d'ailleurs il a parfaitement décrit une série de phénomènes qu'on reconnaît constamment dans les Infusoires.

Quant aux Animalcules verts, qui se développent dans les infusions remplies de Matière animale ou végétative, ou bien à ceux qui sortent des tubes des Conferves ou de prétendues Conferves, ni les uns ni les autres ne sont de la Matière végétative ; nous devons, pour éviter tout malentendu, nous étendre un peu sur ce point.

Les tubes des Conferves, et surtout des êtres ambigus dont nous avons formé la famille des Arthrodiées dans le règne psychodiaire, sont généralement verts; vus au microscope, leur couleur paraît d'abord due à des glomérules de même teinte dont serait rempli le tube intérieur qui se reconnaît aisément dans la plupart d'entre eux. Ces glomérules sont probablement de la Matière végétative ou verte, ainsi que l'a pensé Ingen-Housz; mais il ne faut pas confondre, avec cette Matière, des corpuscules parfaitement globuleux, un peu plus gros que ces corpuscules ovoïdes, et que nous appellerons *Corpuscules hyalins*, pour indiquer leur parfaite translucidité; ceux-ci, mêlés à la Matière végétative intérieure, se groupent ou se disposent avec elle sous diverses figures, dont plusieurs peuvent fournir des caractères génériques et spécifiques excellens. Ce sont eux qui, par exemple, sont comme enfilés en spirale dans nos Salmacis de la

tribu des Conjuguées. Ces corpuscules hyalins ne sont que les globules
de gaz constituant notre modification vésiculaire, pareils à ceux qui
montent à la surface des eaux où l'on
tient des Conferves ou des Arthrodiées en expérience. Les physiciens
de la fin du dernier siècle attribuaient le développement de cet air,
qu'ils appelaient Vital, à la présence
de la Matière verte qui n'en produit
cependant pas, mais qui, au contraire, semble en être un effet.

Ce qui nous a fait naître cette idée,
c'est que lorsqu'on observe au microscope des Arthrodiées, des Conferves, ou toute autre Hydrophyte
filamenteuse, tubuleuse et transparente, qui contient de la Matière
verte et des corpuscules hyalins, si
quelque filament vient à se rompre
sous l'œil de l'observateur, les globules ovoïdes de Matière verte, qui
doivent avoir un certain poids, se
répandent au fond de l'eau comme le
ferait un sédiment, tandis que les
corpuscules hyalins s'élèvent à la
surface de cette eau, comme le font
partout ailleurs les bulles d'air. Le
plus grand nombre de ces corpuscules
hyalins ou bulles, ne tarde pas à diminuer et même à disparaître peu
d'instans après avoir été mis en liberté; la Matière verte, au contraire,
persiste et présente les mêmes phénomènes dans son desséchement, que
celle qui s'est formée en liberté sans
avoir jamais été captive dans aucun tube.

Nos Zoocarpes, végétativement formés dans les articles des Arthrodiées, agglomération de Matière
verte et de corpuscules hyalins, probablement aussi de Matière agissante
développée dans l'intérieur de l'Arthrodiée où nos faibles moyens ne
nous permettront pas de la distinguer; nos Zoocarpes, tant qu'ils sont
captifs et sans mouvement, se préparent à la vie comme le Papillon s'y
prépare dans l'immobile chrysalide.
Que manque-t-il donc à ces Zoocarpes dans la capsule articulaire qui les
renferme pour agir et manifester une

vie complète?.... Est-ce le contact
immédiat de l'eau ou l'influence d'un
agent vaporisateur ou condensateur
propre, par des dilatations et des ra-
réfactions alternatives, à lui imprimer le mouvement?.... Il ne nous
est pas permis de l'établir; mais si
les corpuscules hyalins sont, comme
nous l'avons précédemment rapporté,
dus à la modification vésiculaire de
l'état gazeux, on s'explique comment les gaz peuvent entrer sous
forme de globules dans la composition des corps organisés vivans. C'est
à leur présence, sous cette forme globuleuse, que sera due l'élasticité des
tissus; et, indépendamment de leurs
propriétés chimiques, ils auraient encore conséquemment, comme nous
l'avons dit, l'usage de petites vessies
compressibles, interposées dans la
réunion de la Matière agissante, végétative et muqueuse, pour compléter l'organisation. Ici nous arri-
vons de rechef aux limites des connaissances que nos yeux nous purent
révéler, et nous devons nous y arrêter
dans la crainte de nous perdre hors
du domaine des réalités.

Ceux qui voudraient connaître
exactement la matière verte de Priestley, et qui craindraient de confondre celle qu'ils peuvent faire développer sous leurs yeux, avec les Oscillaires et les Conferves promptes à lui
succéder ou à s'y confondre, la retrou-
veront souvent contre les vitres humides des serres chaudes : celles du
Jardin des Plantes de Paris, particulièrement, en sont souvent colorées
vers l'automne, surtout aux lieux où
ces vitres passent l'une sur l'autre
par leurs bords. Il faut noter dans
cette circonstance qu'il arrive à la
Matière verte une chose fort remarquable, prise encore pour une métamorphose par les Ovides de l'al-
gologie, et qui eut lieu quelquefois sous nos yeux dans des cara-
fes : pressées les unes contre les autres dans une légère couche de Matière muqueuse qui s'est également
développée sur les parois des vases
ou contre les vitres humides, les par-

ticules de la Matière végétative se déforment légèrement, et devenant polygones par l'effet de leur pression réciproque , finissent par composer une petite membrane mince qu'on peut préparer sur le papier comme une véritable Ulve. La Matière prend dans ce cas tellement l'aspect d'un Hydrophyte parfait, qu'au microscope même il devient impossible à l'observateur le plus exercé d'en saisir les différences.

Il est peu de personnes qui n'aient remarqué dans certains fossés du pourtour d'une ferme, dans plusieurs ornières des boues d'un faubourg, dans des coins de fosses à fumier, enfin dans l'eau stagnante et superficielle des lieux voisins des habitations mal tenues du campagnard, de l'eau d'un vert sombre, souvent très-foncée en couleur, qui s'épaissit quelquefois au point de perdre toute fluidité , et d'acquérir la propriété de teindre les doigts , le papier ou le linge qu'on y plonge, ainsi que le ferait une dissolution de Vert de vessie. Dans cet état l'eau a contracté une légère odeur de poisson qui rappelle celle des parcs où l'on met verdir les Huîtres. Ce n'est point la matière verte dans son état primitif et naturel qui produit un tel phénomène. Si l'on soumet au microscope une goutte de cette eau colorée, on la trouve remplie par des Animalcules que nous appelons *Raphanella urbica* (un *Furcocerca* de Lamarck , et un *Cercaria* de Müller, *Inf.*, p. 126, t. 19, f. 6, 13; Encycl. Vers., pl. 9, f. 6, 15). Ils nagent avec rapidité ; leur figure très-variable est dans l'état normal celle d'une poire allongée, et leur taille est déjà des milliers de fois plus considérable que celle des molécules de toutes les modifications primitives de la Matière dont il a été question dans cet article. Ce sont de pareils Animaux qui, absorbant ou produisant dans leur épaisseur de la Matière végétative, en se formant des Matières muqueuse, vésiculeuse et agissante, se retrouvent souvent dans les infusions artificielles ; ce sont eux qui, s'étant

développés dans les expériences d'Ingen-Housz , ont porté ce physicien à regarder sa Matière verte comme formée d'êtres vivans qu'il appelait improprement des Insectes.

On doit remarquer que les Animalcules verts sont déjà d'un ordre fort avancé , relativement à ceux qui sont entièrement incolores et translucides. Il n'entre dans ces derniers que de la Matière muqueuse, pénétrée de Matière agissante et de corpuscules hyalins ou gazeux, appartenant à la Matière vésiculeuse ; la Matière végétative , soit qu'elle se développe ensuite intérieurement en vertu du mécanisme de la décomposition de l'eau par la lumière, soit qu'elle ait été absorbée pour la substantation de l'Animal, apportant une molécule élémentaire de plus dans l'organisation de celui-ci, doit augmenter les combinaisons instinctives qui en peuvent être les conséquences. L'influence de l'introduction de la Matière végétative est telle dans certains Microscopiques , qu'elle suffit pour changer leur condition en embarrassant les ressorts d'où résultait leur vie animale rudimentaire, au point de les réduire à l'état purement végétatif. C'est ce qu'aperçut fort bien Goeze , et qu'annota Müller en décrivant le *Monas pulvisculus* (*Inf.*, p. 7, t. 1, f. 5, 6; Encycl. Vers., pl. 1, fig. 9, a, c). Cet Animal est un infiniment petit, hyalin , sphérique et verdâtre par les bords, qui se développe avec la Matière végétative dont il s'imprègne dans les vases où celle-ci se développe en abondance ; il nage d'abord avec rapidité en se donnant un mouvement d'oscillation et tant qu'il n'est point saturé de vert ; dès que cette couleur épaissie domine en lui, il devient lent dans ses allures, se juxtapose en se déformant à d'autres individus de son espèce , comme lui devenus verts et auxquels il finit par s'unir intimement pour former sur les corps inondés ou sur les parois du verre, des plaques qui , venant à se détacher, flottent enfin à la surface du liquide en pellicules inertes. Ces pellicules , soumises au microscope, ne présentent plus que l'aspect d'une petite Ulvacée où tout mouvement a cessé, et qui peut se préparer sur le papier d'où elle ne saurait plus se décoller. La réunion de la Matière végétative en Ulve a donc lieu également ici pour la Matière agissante. Ce fait nous paraît d'une grande importance, et nous ne concevons pas comment les inventeurs où défenseurs du système des métamorphoses ne l'ont pas invoqué au secours de leur opinion, qui après tout pouvait bien n'être établie que sur un simple abus de mots.

Nous avons de fortes raisons pour croire que tout Animalcule qui se colore en vert a des rapports plus ou moins directs avec quelque état végétatif et doit devenir confervoïde, ulvoïde ou trémelliforme; mais dès que le Microscopique se colore en jaunâtre, son état animalisé est définitivement arrêté; un tel être n'aura désormais plus rien de commun avec la Plante, et bientôt la teinte ferrugineuse devenant plus foncée, l'organisation se développera davantage; pour peu que cette teinte passe au rougeâtre par quelque cause qui nous demeure inconnue, le sang ou du moins un fluide analogue y apparaît avec ses globules. Ici cesse l'état rudimentaire : l'Animal s'étant complété *selon son espèce*, comme il est dit dans un livre sacré, il faut lui reconnaître plusieurs sens, et nécessairement un jugement pour régulariser les opérations de ceux-ci.

§ V. Matière cristallisable.

Il ne sera point ici question des Cristaux dans le sens qu'on attache communément à ce mot, ni des lois en vertu desquelles les molécules de ces Cristaux se disposent selon telles ou telles lois pour devenir visibles sous des formes déterminées; nous n'examinerons pas si, pour concevoir le mode d'existence qui résulte de certaines dispositions moléculaires, il ne faudrait pas d'abord remonter au système des Atomes, corps insécables, en tout semblables, dans leur petitesse infinie, aux figures imposées à chaque espèce de cristallisation. Ce n'est pas, avons-nous dit, la nature de la Matière que nous avons promis d'examiner, mais seulement les dispositions primitives qu'elle affecte dès que certaines circonstances viennent déterminer l'organisation en vertu des règles invariables auxquelles toute organisation doit obéir.

En continuant, sur des infusions quelconques, les expériences qui nous ont donné successivement la Matière muqueuse, la Matière vésiculeuse, la Matière agissante et la Matière végétative, on ne tardera pas à remarquer, vers l'époque où l'évaporation rapproche les substances tenues en suspension dans l'eau, des particules éminemment translucides, consistantes, immobiles et aplaties en lames que terminent au pourtour divers angles; dès que la forme de ces particules devient perceptible, elles prennent une apparence laminaire et se recherchent, non par un mouvement d'ascension comme dans la Matière vésiculeuse, non par un mouvement volontaire, comme dans la Matière agissante, mais par une sorte d'attraction qu'on peut comparer à ce que nous voyons s'opérer entre ces gouttes contiguës de certains fluides qui semblent se jeter l'une sur l'autre, pour n'en former plus qu'une. A mesure que les infusions ont vieilli, les particules qui nous occupent deviennent plus nombreuses, et lorsqu'on abandonne enfin ces infusions au repos, elles s'y juxtaposent selon des élections particulières, pour former une multitude de petits Cristaux de plus en plus distincts, lesquels, pour échapper à la vue, n'en ont pas moins des formes constantes, et que divers observateurs se sont appliqués à faire connaître par de bonnes figures. Baker et Gleichen surtout ont fait graver une multitude de tels corps trouvés dans toutes sortes d'infusions, et nous n'exagérons point en assurant qu'il nous est passé sous les yeux des centaines de formes analogues qui échappèrent à ces auteurs, ou qu'ils n'ont pas jugé être assez saillantes pour mériter les honneurs de la publication.

Dans ces formes si variées, il en est sans doute de primitives, et qui sont spécifiquement propres à certains modes de cristallisation ; c'est encore probablement du mélange de celles-ci, dans diverses proportions, que résulte la multitude de ces autres figures presque innombrables, dont une histoire complète pourrait fournir le fond d'un ouvrage très-curieux.

Nous n'avons pas saisi la combinaison directe de la Matière cristallisable avec la Matière agissante ou avec la végétative ; mais cette Matière cristallisable s'étant développée, non-seulement dans toutes les infusions animales ou végétales, mais encore dans l'eau pure, mise par nous en expérience pour en obtenir de la Matière végétative ou de la Matière agissante, nous avons dû conclure que les élémens en étaient partout aussi bien que ceux des précédentes modifications primitives. Cependant la combinaison de la Matière muqueuse et de la Matière cristallisable est fréquente, et se manifeste à chaque instant ; elle devient intime, et de ce mélange résulte une multitude de formes solides, d'autant plus compliquées qu'un nombre plus considérable de molécules cristallisables s'est confondu dans l'épaisseur de la Matière muqueuse. Ce fait est rendu très-sensible par le dessèchement. La Matière muqueuse paraissant douée de la propriété d'étendre l'autre, d'en défigurer les molécules, et de les combiner même au point de paraître en arrondir les angles, il en résulte cette multitude d'arborisations, de dispositions extraordinaires et de figures dendritiques qui se dessinent sur le porte-objet du microscope, où on laisse se dessécher de la matière muqueuse pénétrée par la Matière cristallisable. Nous avons vu que la Matière agissante et la Matière végétative pénétrant les premières avec la vésiculeuse dans la Matière muqueuse,

l'épaississent en la colorant, et lui impriment déjà des rudimens d'organisation et de souplesse ; quand la Matière cristallisable s'y mêle ensuite, l'organisation se complique encore ; on peut en juger par les figures qu'a données Gleichen de divers spermes desséchés. Dans le sperme où la Matière muqueuse est remplie d'Animalcules encore très-simples, et dans lequel se manifeste aussi beaucoup de Matière agissante dès le premier degré de décomposition, de l'Urée, des Phosphates, ou autres substances cristallisables se groupent fréquemment sous les figures les plus bizarres ; et comme tout corps muqueux compliqué d'autres substances élémentaires, produit de semblables figures et des arrangemens de parcelles qui rappellent souvent la disposition des flocons arborisés que l'on voit en hiver contre les vitres, ou serait tenté de croire que la Matière muqueuse, si évidemment tenue en suspension dans l'eau, contribue aux dispositions élégamment variées qu'affectent les congélations sur des surfaces planes ou dans la formation de la neige ; et de l'influence de cette Matière muqueuse sur la cristallisation de l'eau, résulte peut-être, dans presque toutes les circonstances, l'irrégularité de celle-ci, dont on n'a pas encore déterminé les formes d'une manière parfaitement satisfaisante.

Nous recommandons aux minéralogistes et aux chimistes l'examen microscopique des formes cristallisables de la Matière, et des singulières figures qui résultent du mélange de cette Matière avec la muqueuse, animalisée par l'introduction de la Matière agissante, végétalisée par la présence de la Matière verte, et devenant enfin si compliquée lorsque les quatre états vésiculaire, agissant, végétatif et cristallisable, s'y trouvent réunis ; ce dernier y entre peut-être alors comme excitant, c'est-à-dire qu'à l'aide de petites aspérités occasionées par les angles pointus de ses molécules, il causerait incessamment une irritation dans les agglomérations de Matière muqueuse, vésiculeuse et agissante, pour provoquer les efforts de cette dernière sur les deux autres, afin de déterminer des mouvemens collectifs dans toute masse tendant à l'organisation animale.

§ VI. Matière terreuse.

Ce nom pourra paraître impropre, et rappeler celui de l'un des quatre prétendus élémens qu'adopta l'ancienne philosophie; mais nous n'en pouvions guère employer d'autres pour désigner des corpuscules inertes, opaques, sans organisation apparente, et qui, dans les observations microscopiques, finissent par remplir toutes les substances mises en infusion, pour peu que les expériences se prolongent.

Dans ces molécules irrégulières se cachent sans doute beaucoup de principes élémentaires; mais l'opacité ne permet pas de les y distinguer: on dirait une impalpable poussière s'introduisant dans tous les interstices laissées par les formes précédentes; et c'est peut-être elle qui, réduite au dernier état de ténuité qu'il nous soit permis d'apprécier, donne à la Matière muqueuse, encore pure en apparence, la teinte ferrugineuse qui s'y développe sensiblement par la dessiccation. Cette teinte ferrugineuse, résultant des corpuscules opaques, les plus petits qu'on puisse concevoir, s'observe particulièrement sur un grand nombre d'Animalcules, et entre autres chez nos Bacillariées, dont la substance et la couleur ont tant d'analogie avec certaines parties des Polypiers flexibles, qu'on serait tenté de les croire l'état rudimentaire de ces Psychodiaires. Ces corpuscules sont-ils absorbés par l'Animalcule microscopique, ou se développent-ils en lui? Nous sommes à cet égard dans la même ignorance que sur la cause de l'introduction de la Matière végétative dans les Animalcules colorés en vert. Cependant on pourrait supposer qu'ils sont l'état rudimentaire de toute par-

tie solide dans les Animaux, et qu'ils furent employés par la puissance organisatrice comme une sorte d'essai de l'action en grand de la Matière terreuse dans les hautes créations dont cette Matière forme la charpente solide. La matière vésiculeuse, en s'introduisant dans la muqueuse, lui donna donc des moyens de souplesse, la Matière agissante la capacité nécessaire pour devenir sensible, la végétative une couleur, la cristallisable des stimulans; la Matière terreuse déterminant enfin la consistance y devint propre à fournir les matériaux du test des Crustacés, ou du squelette des autres Animaux, et, toujours selon l'expression même des livres sacrés, « Dieu vit que cela était bon, et il fut ainsi. »

La forme de Matière qui nous occupe, opaque, et peut-être essentiellement calcaire, se développant dans toutes les infusions; c'est elle qui finit par donner une consistance véritablement terreuse, dans l'acception vulgaire du mot, aux couches qui se forment au fond des vases où, pendant très long-temps, on a tenu des liquides en expérience. Quand les modifications précédentes de la Matière se sont successivement développées dans ces liquides, la terreuse constitue, par la confusion de ses molécules, un magma onctueux, noirâtre ou grisâtre, pénétré de bulles d'air appartenant à la forme vésiculaire, véritable Limon dont nous concevons difficilement l'étonnant volume, quoique sa formation eût lieu mille fois sous nos yeux, dans des vases disposés de façon à ce que l'air et la lumière seuls y pénétrassent, sans que la poussière atmosphérique s'y pût introduire. Ce Limon devient un sol sur lequel ne tardent pas à croître des Végétaux aquatiques, et sa présence se manifeste abondamment au fond des mares et des eaux stagnantes; les bulles gazeuses qui s'y développent en y demeurant incorporées, rendent quelquefois ses masses si légères, que celles-ci viennent flotter à la surface des eaux ; les Oscillaires alors s'y fixent en rayonnant tout autour, et de-là vient qu'au centre des rosettes nageantes, composées par ces Arthrodiées, est un noyau limoneux et gras au toucher, amas de Matière terreuse confondue avec les modifications précédentes dans la Matière muqueuse primordiale.

En se desséchant le Limon onctueux devient friable et brunâtre; des glomérules opaques, amorphes, en composent la masse légère; cette masse n'est déjà plus la matière terreuse telle que le microscope nous l'offrait sans mélange dans l'état d'individualité de ses molécules, c'est-à-dire pénétrant, en molécules colorantes infiniment petites, dans le résultat des infusions où ces molécules semblent ne se développer qu'après les autres, comme pour les teindre et les durcir. Telle est cependant la ténuité du résultat terreux et privé de toute humidité qu'on obtient des infusions où les six modifications primitives de la Matière se sont successivement développées et confondues, que le moindre souffle en peut dissiper les parcelles dans les airs, où celles-ci ne semblent pas même avoir le poids de la poussière qu'on voit tourbillonner dans les appartemens obscurs quand l'introduction de quelque rayon lumineux y rend visible ce qu'on nomme communément Poussière volante ou atmosphérique.

Cette Matière terreuse dont on conçoit le plus difficilement l'apparition dans l'eau exposée à la lumière ainsi qu'au contact de l'air, s'y trouve cependant suspendue à l'état de molécules si ténues, que ces molécules peuvent même n'en pas troubler la transparence, et qu'elles n'ont point encore le degré de pesanteur nécessaire pour tomber en sédiment. Il faut, pour que le dépôt en puisse avoir lieu, que la Matière muqueuse se soit d'abord dégagée du liquide pour former les enduits glaireux destinés à servir de milieu à toute organisation subséquente. Cet élément distrait de la masse, et dont la subs-tance s'est agglomérée en vertu des affinités qui appellent les unes vers les autres toutes particules homogènes, les gaz s'étant échappés sous la forme vésiculaire, la Matière agissante cessant d'être enchaînée, ayant pris son volontaire essor, le poids de la Matière cristallisable et des molécules de la Matière terreuse, qui ne sont plus contraintes à flotter dans l'état de suspension où les tenait l'épaisseur du mélange, doivent nécessairement tomber. Le liquide, rendu à son plus grand état de simplicité par la soustraction des principes qui s'y trouvaient confondus, ne saurait plus tenir aucune molécule à l'état flottant, et des effets d'attraction, que rien ne saurait désormais entraver, agissent alors directement sur les parties inertes en leur imposant la nécessité de s'agglomérer, selon les affinités respectives de leurs particules élémentaires, pour se précipiter en vertu de leur pesanteur devenue suffisante.

Parmi les observations qui nous ont été faites sur la manière dont nous avions essayé précédemment de classer les modifications primitives de la Matière tendant vers l'organisation, il en est une surtout qui nécessite qu'on entre ici en explication. «Il existe, nous a-t-on objecté, une Matière qui semble être partout où l'air peut avoir accès. Le trou d'une serrure, les fentes d'une porte, suffisent pour son introduction dans les appartemens qu'on suppose être le plus hermétiquement fermés. Comment n'aurait-elle pas pénétré dans les vases où vous mettiez de l'eau en expérience! Son analyse a donné des produits animaux, de la Silice, de la Chaux, etc.; cette Matière volait dans l'espace et y était tenue suspensivement en particules tellement ténues, qu'échappant à nos regards, on peut supposer, qu'en s'introduisant dans vos infusions et dans l'eau soumise à vos recherches, elle y déposa les germes de tout ce que votre microscope vous rendit perceptible. » Mais ceci n'est point en contradiction avec le résultat de nos expériences. La poussière atmosphérique n'est-elle pas ce même Limon, à l'état de siccité, formé comme un dépôt au fond de nos vases, et composé de glomérules où tous les élémens de nos six modifications demeurent concrétés; Limon que nous avons volatilisé nous-même dans les airs? Par un enchaînement d'où résulte l'harmonie perpétuelle des créations, ce résidu de nos expériences ramené dans les eaux superficielles par les pluies ou par toute autre cause, y aura recommencé le cercle de ses reproductions. Ainsi, cette poussière qu'on nous oppose, parce qu'un journal d'Edimbourg raconte qu'on en avait, après plus d'un siècle de repos, trouvé quelques lignes d'épaisseur sur les archives poudreuses de l'Écosse, est au contraire une preuve en faveur de tout ce qui vient d'être établi. Pour nous en mieux convaincre, nous avons mis infuser dans de l'eau soigneusement distillée, et que nous avions fait bouillir avant de l'employer, un peu de cette poussière atmosphérique, et après l'y avoir dissoute par des secousses violentes, au point que la quantité mêlée ne troublait même pas la transparence du liquide, tous les phénomènes décrits ci-dessus se sont manifestés dans notre infusion, et ils l'ont fait avec beaucoup plus de rapidité que dans les vases où nous n'avions pas emprunté le secours de la poussière atmosphérique. En voyant combien cette poudre était féconde, confondu en admiration, nous avons reconnu par quelle profonde connaissance de la nature l'auteur de la Genèse était arrivé à nous représenter Dieu créateur tirant l'Homme de la poudre même de la terre, ainsi qu'il est écrit au septième verset du deuxième chapitre de ce livre, où les plus incrédules ne sauraient disconvenir que tout ce qui tient à la création, est rapporté avec la plus minutieuse exactitude et conformément à ce que nous enseigne l'étude bien entendue de l'Histoire Naturelle. *V.* CRÉATION.

CONCLUSION ET FAITS GÉNÉRAUX.

Nous n'avons point, ainsi qu'on l'a établi au commencement de cet article, prétendu pénétrer dans l'essence de la Matière, déterminer ses espèces ou nous occuper de ses molécules, soit que l'on en conçoive la division à l'infini, soit qu'on s'arrête au système des atômes ou corpuscules insécables. Notre but n'était que d'indiquer les dispositions de formes les plus simples, sous lesquelles nous avons vu la Matière se présenter constamment vers ces limites de l'organisation dont le microscope nous facilite l'abord et qu'il est permis à l'observateur d'atteindre.

Nous avons reconnu six formes ou dispositions premières, au-delà desquelles tout ce qu'on croirait entrevoir pourrait n'être plus que supposition. Il en doit exister d'autres cependant, mais il faut être en garde contre le désir qu'on aurait d'en multiplier les espèces; car entre ces six dispositions et ce qu'il ne nous est pas donné de mieux voir, ce qu'on prendrait pour des dispositions primitives échappées à nos recherches, serait peut-être des combinaisons des six formes qui viennent d'être décrites, compliquées les unes par les autres, et par l'introduction d'autres corps dont on ne distinguera jamais la base moléculaire.

Ainsi, après notre Matière muqueuse, nous avions cru pouvoir spécifier une Matière gélatineuse, qu'une sorte de viscosité nous paraissait distinguer et caractériser, et qui, dans le desséchement, jaunissant d'une manière peu sensible, se fendille, s'il est permis d'employer cette expression, ou quelquefois semble présenter des rudimens fibreux. Nous avons reconnu depuis que cette gélatine primitive n'est qu'une complication de la Matière muqueuse par l'addition de Matière agissante sans le secours de la vésiculeuse. Ainsi cette Matière muqueuse, qui n'est par elle-même ni animale ni végétale, ne serait toujours qu'un moyen rudimentaire d'organisation destiné à fournir un milieu aux premières opérations de l'organisation même.

Nous avions cru ensuite découvrir une Matière fibrillaire, analogue à ce qu'on appelle communément Fibrine, dans certains réseaux capillaires qui se forment également à travers l'épaisseur de la Matière muqueuse, par l'introduction de la Matière agissante ou même de la végétative. Nous avons senti plus tard qu'une telle disposition ne pouvait être que le résultat d'une organisation déjà très-compliquée, organisation dont l'admirable effet passe les limites de ce qu'il nous est permis de connaître, en vertu de laquelle la vie se régularise, soit qu'elle se développe avec toute son énergie dans les Animaux à mesure que les organes de ceux-ci se multiplient, soit qu'elle se borne dans les Végétaux aux effets résultans de plus simples modifications. En effet, les globules de la Matière agissante et les corpuscules de la végétative ont une singulière tendance à la cohésion moniliforme, quand ils approchent du desséchement dans leur état de liberté ou d'individualité parfaite, c'est-à-dire lorsque nulle matière muqueuse ne les englobe, ou que la cristallisable ne les agite pas. Cette tendance à se réunir en séries, imitant des colliers de perles, se retrouve dans toute disposition globuleuse, et semble s'accroître à mesure que les globules s'élèvent dans l'échelle de l'organisation. Müller l'avait fort bien reconnue dans la figure qu'il donne de son *Monas Lens* (*Inf.*, pl. 1, fig. 11, A) et qui se trouve reproduite dans l'Encyclopédie Méthodique (Vers, pl. 1, fig. 5, c). Gleichen l'avait observée dans l'Animalcule qu'il appelle *Jeu de la nature* (pl. 17, D. M. et G. 1); nous l'avons remarquée chez tous les Animalcules ronds, qu'on voit souvent dans les observations microscopiques se disposer, avant de mourir par évaporation, les uns à la suite des autres. Les globules dont se composent nos

Pectoralins que Müller plaçait si mal à propos dans son genre *Gonium*, affectent souvent la même disposition avant de former l'étrange figure laminaire sous laquelle ils exercent une vie commune. On dirait, en voyant de pareils Animaux dans leur disposition moniliforme, les filamens en chapelet dont les Nostocs sont remplis, et dont se forment nos Anabaines. La ressemblance est telle que, dans les infusions des Nostocs où ces filamens s'étaient en partie détruits ou disjoints, en même temps que le *Monas Lens* s'y était développé, il nous eût été impossible de distinguer les débris des Nostocs des *Monas*, si ces derniers, venant de temps en temps à se séparer en s'agitant, n'eussent recouvré ces mouvemens volontaires qui sont les preuves de leur animalité. De pareils faits, imparfaitement observés par quelques naturalistes avant nous, ont sans doute donné lieu à l'idée de la vitalité animale des Nostocs et même des Trémelles, qui ne sont néanmoins que de simples Végétaux. Ces faits justifient en quelque sorte certains observateurs d'avoir imaginé que des Animalcules, se réunissant pour former des Plantes, redevenaient ensuite Animalcules libres, *et vice versâ. V*. NÉMAZOAIRES.

Sans oser assigner de bornes à la puissance créatrice, nous croyons que de telles transmutations ne sauraient être possibles dans un ensemble régulièrement soumis à l'unité de composition. La nature ne devint féconde qu'en vertu des lois qui contraignaient la Matière à s'organiser sous telles ou telles formes primitives nécessairement très-simples, et, par leur simplicité même, aptes à devenir les bases de corps de plus en plus composés, au moyen des additions d'organes calculés d'après les mêmes règles de possibilité. Si cette unité de plan dans toutes les additions n'eût pas été commandée par des antécédens, c'est alors seulement qu'on eût pu concevoir de ces métamorphoses du tout au tout, et par lesquelles des corps existant en vertu des complications indicatrices d'une organisation déjà complète, se fussent amalgamés pour former des êtres nouveaux et différens : autant vaudrait croire, en trouvant un Coléoptère chargé d'Uropodes ou quelque autre Animal couvert d'Insectes qui en sont les parasites, que le Coléoptère et l'Animal tourmenté par ces hôtes incommodes, ne sont qu'une agrégation d'Animaux plus petits. On a d'abord, comme nous et comme tout le monde peut le faire, rendu à la molécule agissante son individualité, et ensuite dans chaque individu l'on a imaginé un Animal complet; dès-lors tout Animalcule infusoire, globuleux ou ovale, quelles que fussent sa taille et ses habitudes, a été légèrement regardé comme une molécule émanée des Trémelles, des amas de Bacillariées, des Arthrodiées, ou des Conferves mises en expérience, et l'on a supposé des transmutations auxquelles il a fallu donner un nom nouveau. Il valait mieux s'arrêter au point où l'on avait perdu la trace de la vérité que de hasarder légèrement des conjectures qui ne se réaliseront pas. Nous insistons sur ce point, parce qu'on a dit, lorsque nous donnâmes lecture à l'Académie des sciences du résultat de nos observations sur les Arthrodiées, que ces observations n'étaient que celles de Girod-Chantrans. Il faut que les personnes qui ont émis cette opinion n'aient pas pris la peine de lire l'ouvrage où Girod-Chantrans exposa des idées singulières qui n'ont de rapport qu'avec celles d'Anaxagore et les homéoméries de l'antiquité. Nous n'avons découvert nulle part d'Animaux se groupant pour former des Plantes, de Plantes se divisant pour devenir des Animaux, et surtout nous n'avons jamais parlé d'Animaux qui, en se divisant, produisissent des Animaux d'une autre espèce que la leur.

Les rosaces de globules animés que nous avons vues sortir de nos Antophyses, et que Müller avait reconnues avant nous sur son *Volvox vegetans* (*Inf.*, p. 22, tab. III, fig. 22,

25); plusieurs Microscopiques qui, composés de globules doués d'une vie collective, dès qu'ils se sont agglomérés (nos Uvelles, nos Pandorines et nos Pectoralins), s'éparpillent quelquefois en molécules simples qui continuent d'agir; le *Volvox globator* qui s'évanouit en émettant tous les globules vivans dont il semble n'être qu'un amas, sont conséquemment composés de corpuscules qui peuvent jouir d'une vie individuelle quand leur disjonction est opérée; mais il ne résulte pas des Animaux nouveaux et différens, de leurs parcelles dispersées. Ces parcelles seraient à l'être dont elles se séparèrent, ce que l'œuf est aux Animaux plus avancés dans l'échelle de l'organisation, ou ce que la graine est à la Plante, si l'œuf et la graine n'étaient inertes; les causes déterminantes d'une nouvelle collection de molécules vivantes qui s'y devront développer, existent dans leur petitesse. La moindre particule d'un *Volvox globator* échappée de l'épaisseur de cet Animal, n'est pas un *Monas*, malgré l'analogie d'aspect; il n'est pas à la vérité encore un *Volvox globator*, mais il en est la forme rudimentaire ou fœtale, comme l'œuf n'est pas un Oiseau, ni le gland un Chêne, quoique n'étant pas d'une autre espèce que le Chêne ou l'Oiseau.

Il arrive dans nos Arthrodiées, bornées à la condition végétale, durant la plus grande partie de leur existence, que les propagules intérieurement développés, véritables semences, tant qu'ils demeurent contenus dans les tubes qui leur servent comme de capsules, jouissent d'une vie aussi complète que celle des Microscopiques les plus agissans, dès qu'ils sont émis; cependant il n'y a pas, dans leur changement d'existence, de métamorphose de Plante en Animal, il n'y a tout au plus qu'un Végétal dont la semence est vivante; ce qui après tout n'est pas plus singulier que de voir entre la mère et les petits d'Ovipares bien caractérisés, tels que l'Autruche ou la Tortue, l'œuf inerte et non vivant, selon le sens qu'on attache au mot vivre, préparer deux modes de vies des mieux développées. C'est là le seul passage réel, et conséquemment possible d'un règne à l'autre. A le bien considérer, le fait n'est peut-être pas encore si extraordinaire que ce qui arrive au Chêne, quand cet arbre passe par l'état de gland, pour se reproduire, ou que ce qui se passe dans la Chenille qui, pour devenir Papillon, a végété sous l'enveloppe léthargique d'une Chrysalide inerte, sans jamais avoir cessé d'être un Insecte.

Quoi qu'il en soit, cette tendance à la disposition en chapelet qu'affectent les globules dont se compose la Matière agissante, et qui pousse les Animalcules globuleux à se coordonner en séries moniliformes, se perpétue jusque dans les globules dont plusieurs fluides animaux sont remplis; ainsi ceux du sang, par exemple, éprouvent souvent cette tendance; et lorsque ce sang se dessèche sur le porte-objet du microscope, ses globules d'abord flottans dans un fluide lymphatique muqueux, affectent pour la plupart une disposition sériale : de-là sans doute l'origine des vaisseaux, et cette fibrine qu'il est bien difficile de regarder comme une forme primitive, puisqu'elle n'apparaît qu'où des globules déjà d'organisation compliquée se sont groupés sérialement les uns aux autres.

Les corpuscules de la Matière végétative qui paraissent être ovalaires dès qu'ils deviennent perceptibles, se disposent aussi en séries : de-là ces apparences de fragmens filamenteux qui se produisent dans les observations qu'on fait sur la Matière verte. Ces fragmens filamenteux, composés de trois, six ou dix articles, plus ou moins, sont tellement semblables à des Anabaines ou bien à des filamens de la Conferve improprement appelée par les algologues *Oscillatoria muralis*, que soumis ensemble et comparativement au microscope, ils ne sauraient être que difficilement distingués les uns des

autres même par l'observateur le plus exercé.

La tendance à la disposition mouiliforme, nous n'en disconvenons pas, peut être le premier effet de l'une des lois qui, lorsque la Matière agissante ou la végétative viennent à se manifester, contribuent le plus à développer et à compléter l'organisation ; mais ces premiers résultats fibrillaires ne doivent pas être plus considérés comme une forme primitive, que les agrégats de la Matière cristallisable ou de la terreuse; il est possible qu'en se disposant à la suite les uns des autres, les globules vivans ou végétatifs obéissant à des lois inconnues de polarité, soient contraints à devenir captifs, suivant une subordination irrésistible pour former les vaisseaux destinés à faciliter la circulation des fluides nécessaires dans toute l'existence perfectionnée ; mais comme il nous a été impossible d'approfondir ce fait, nous nous arrêtons, selon notre coutume, au point où les moyens de certitude nous ont manqué.

Dans le cas où l'on n'admettrait point que la vie doive résulter de la complication, les unes par les autres, des formes primitives de la Matière, telles que nous les concevons, nous nous bornerons à donner, d'après le savant Cuvier, la définition de ce qu'est la vie. « Si pour nous faire une juste idée de son essence, nous dit ce naturaliste philosophe, nous la considérons dans les êtres où les effets sont les plus simples, nous nous apercevrons promptement qu'elle consiste dans la faculté qu'ont certaines combinaisons corporelles de durer pendant un temps et sous une forme déterminée, en attirant sans cesse dans leur composition une partie des substances environnantes, et en rendant aux élémens des portions de leur substance. La vie est donc un tourbillon plus ou moins rapide, plus ou moins compliqué, dont la direction est constante et qui entraîne toujours les molécules de mêmes sortes, mais où les molécules individuelles entrent et d'où elles sortent continuellement, de manière que la *forme* du corps vivant lui est plus essentielle que sa *matière*. Tant que le mouvement subsiste, le corps où il s'exerce est *vivant;* il *vit.* Lorsque le mouvement s'arrête sans retour, le corps *meurt.* Après la mort, les élémens qui le composent, livrés aux affinités chimiques ordinaires, ne tardent point à se séparer, d'où résulte plus ou moins promptement la dissolution du corps qui a été vivant. C'était donc par le mouvement vital que la dissolution était arrêtée, et que les élémens du corps étaient momentanément réunis. Tous les corps vivans meurent après un temps dont la limite extrême se trouve déterminée par des conditions spécifiques, et la mort paraît être un effet nécessaire de la vie qui, par son action même, altère insensiblement la structure du corps où elle s'exerce, de manière à y rendre sa continuation impossible.» On voit que le profond physiologiste dont nous empruntons ce passage ne place pas le principe de ce qu'il a si bien défini hors de la nature. Cuvier le trouve dans la nature même des combinaisons corporelles qui attirent sans cesse une partie des substances environnantes, c'est-à-dire les diverses espèces de Matière qui, lorsque le corps meurt, retournent à leur état primitif élémentaire, en se séparant pour se réunir de nouveau en d'autres combinaisons, selon qu'elles sont livrées aux affinités chimiques, lois imposées à la Matière, et de l'impérieuse force desquelles résulte, dans l'existence des êtres, soit qu'ils se forment, et se développent, soit qu'ils dépérissent, qu'ils meurent et qu'ils se dissolvent, ce tourbillon dans lequel Cuvier reconnaît la vie avec ses causes et ses conséquences nécessaires.

Mais sous ce point de vue, pris de si haut qu'on y embrasse à la fois la cause et l'effet, il faut bien reconnaître que les principes matériels n'augmentent ni ne diminuent. Ils ne sauraient, quelle que soit la puissance de ce qu'on pourrait appeler leur métempsycose, éprouver la moindre

déperdition ou le plus léger accroissement, sans que l'ordre de la nature éprouvât une perturbation notoire. L'admission d'une molécule de Matière, ou sa soustraction dans cet ordre général, ne se peut concevoir sans qu'aussitôt l'idée contradictoire de désordre ne se présente à l'esprit ; car la Matière ajoutée ou soustraite serait comme un son de plus ou de moins dans l'harmonie, comme une valeur de plus ou de moins dans le calcul, termes qui changeraient nécessairement les rapports du calcul et de l'harmonie. Il est donc évident que, dès le commencement, la quantité de Matière qui servit de base à la création, était la même qu'aujourd'hui ; les molécules de chacune des espèces de Matière élémentaire, mises en mouvement selon les lois qui les régissent, purent, en se mêlant les unes aux autres, selon leurs affinités spécifiques, prendre diverses apparences, et s'unir sous une multitude de formes qui déguisaient quelques-unes de leurs propriétés ; mais elles n'en demeurèrent pas moins *sui generis*, et peuvent encore maintenant, selon qu'elles s'agglomèrent dans les corps, ou s'en délivrent, contribuer à une multitude d'existences diverses, à travers lesquelles ces molécules demeurent inaltérables quant à la nature et à la quantité.

La Matière, considérée de la sorte, cesse d'appartenir au domaine du naturaliste qui ne s'en doit occuper que sous le rapport des modifications qu'y produisent les *formes.* La chimie avait déjà entrevu, par ses propriétés, la première de celles que nous regardons comme l'une des primitives ; quelques physiciens avaient distingué la seconde sans s'occuper des conséquences qu'on pouvait tirer de son développement; Buffon avait deviné la troisième ; Priestley découvert la quatrième ; Linné, Romé de Lille et Haüy indiqué ou saisi les lois en vertu desquelles se juxtaposent les molécules de la cinquième ; l'antiquité enfin avait supposé l'existence de la dernière. On en conclura probablement que rien n'est nouveau dans ce qui vient d'être dit ; ce n'est pas du nouveau non plus que nous avons prétendu exposer, mais simplement ce que nous avons constaté, sans prétendre en tirer aucun argument pour attaquer ou fortifier certaines idées ni pour nous ériger en novateur. Nous avons exposé des faits dont tout le monde peut, avec un peu d'habitude, vérifier l'exactitude : aucun de ces faits ne tend à détruire le respect dû à la puissance incompréhensible qui dut présider à la création. Ce que nous avons rapporté peut, à la vérité, paraître en opposition avec des systèmes qu'on aurait pu se former d'après le texte mal compris de traditions adoptées sans examen ; mais si l'on veut y réfléchir de bonne foi, sans passions et sans préjugés, on se convaincra aisément qu'on y pourrait trouver, au contraire, des argumens solides en faveur de ce que les ennemis de tout ce qui s'écarte de la routine des siècles d'ignorance, ne manqueront pas de nous accuser d'avoir témérairement attaqué.

Quelques personnes auraient désiré que, pour ajouter à nos expériences un degré de certitude irréfragable, nous en eussions fait quelques-unes dans le vide, et que nous eussions chaque fois acquis préalablement la certitude que l'eau, dans laquelle se produisaient nos six formes primitives, ne contenait rigoureusement rien que de l'eau. Nous répondrons à ceci, que nous n'avons pas entendu prouver, par ce qui vient d'être exposé, qu'on pût faire quoi que ce soit de rien. Convaincu comme nous le sommes que la sagesse admirable, par qui furent établies les lois organisatrices de la création, n'employa pas le *Néant* comme base de ses innombrables œuvres ; nous n'avons pas prétendu trouver plus que cette sagesse même le *Néant* fécond. Nous avons soumis à nos recherches seulement des corps très-simples parce que nous avions la conscience qu'au fond de leur simplicité

même existaient d'inépuisables sources de merveilles, mais rien qui fût impossible.   (B.)

MATIN. MAM. Race de Chien domestique.   (B.)

MATISIE. *Matisia.* BOT. PHAN. Humboldt et Bonpland (Plantes équinoxiales, vol. 1, p. 10, t. 2 et 3) ont donné ce nom à un genre de la Monadelphie Polyandrie, L., qui a été placé par Kunth dans sa nouvelle famille des Bombacées. Voici ses caractères : calice urcéolé, campanulé, persistant, dont le limbe offre de deux à cinq découpures ; cinq pétales inégaux ; étamines nombreuses, dont les filets sont réunis en un tube qui se divise supérieurement en cinq faisceaux, les extérieures anthérifères ; anthères au nombre de douze environ dans chaque faisceau, sessiles, à peu près réniformes, uniloculaires : ovaire supère, sessile, à cinq loges qui contiennent chacune deux ovules fixées à un axe central ; un seul style surmonté d'un stigmate marqué de cinq sillons ; drupe ovée, à cinq loges monospermes ; graines convexes d'un côté, anguleuses de l'autre, ayant des cotylédons chiffonnés. Bonpland assigne en outre à ces graines un endosperme farineux ; mais ce caractère est douteux, et Kunth présume que peut-être Bonpland aura pris pour l'endosperme la lame du tégument interne, qui probablement est farineuse dans ce genre comme dans le *Ceiba* de Gaertner.

Le *Matisia cordata*, Humb. et Bonpl., *loc. cit.*, unique espèce du genre, croît dans les parties chaudes de la Nouvelle-Grenade et du Pérou, où les habitans donnent quelques soins à sa culture. C'est un Arbre de cinq à six mètres de haut, dont le tronc est divisé au sommet en un grand nombre de rameaux étalés horizontalement, garnis de feuilles alternes, pétiolées, cordiformes, entières et à sept nervures saillantes. Les fleurs, d'une couleur blanche légèrement rose, sont soyeuses extérieurement, pédonculées, réunies en trois ou six faisceaux, et naissent sur les branches. Les fruits ont une saveur analogue à celle des Abricots.

(G..N.)

*MATOOK. ois. Espèce du genre Héron. *V*. ce mot. (DR..Z.)

MATOURÉE ou **MATOURI**. *Matourea*. BOT. PHAN. Aublet nomme ainsi un genre de la famille des Scrophulariées et de la Didynamie Angiospermie, L., que Vahl a réuni au genre *Vandellia*, mais qui néanmoins paraît en être distinct. Son calice est à quatre divisions profondes un peu inégales et persistantes; sa corolle est tubuleuse, bilabiée; le tube est long et arqué; la lèvre supérieure est bifide et l'inférieure à trois lobes inégaux. Les quatre étamines sont didynames; le style, de la même longueur que les étamines, est terminé par un stigmate bilamellé. Le fruit est une capsule presque conique, à deux loges contenant un grand nombre de graines attachées à un trophosperme axile.

Ce genre est composé d'une seule espèce, *Matourea Guianensis*, Aublet, Guian., 2, p. 642, t. 259. C'est une Plante herbacée, vulgairement connue à la Guiane sous le nom de *Basilic sauvage*. Ses tiges, tétragones, rameuses et pubescentes, s'élèvent à une hauteur d'environ deux pieds; ses feuilles sont petites, opposées, ovales, aiguës, dentées vers leur sommet, rétrécies à leur base en un pétiole court. Les fleurs sont axillaires et presque sessiles. Cette Plante croît aux environs de la ville de Cayenne. (A. R.)

MATRELLA. BOT. PHAN. Ce nom a été employé par Persoon pour désigner le genre plus connu sous le nom de *Zoysia* qui lui a été imposé par Willdenow. *V*. ce mot. (G..N.)

MATRICAIRE. *Matricaria*. BOT. PHAN. Genre de la famille des Synanthérées, Corymbifères de Jussieu, et de la Syngénésie superflue, L., ainsi caractérisé : involucre hémisphérique, composé d'écailles imbriquées; réceptacle conique, dépourvu de paillettes; calathide dont les fleurs du centre sont hermaphrodites, nombreuses, régulières, fertiles; celles de la circonférence en languettes oblongues et femelles; akènes oblongs et sans aigrettes. Ce genre a beaucoup d'affinité avec le *Chrysanthemum* et l'*Anthemis*. Il ne diffère essentiellement du premier que par la forme de son réceptacle ainsi que par les folioles de son involucre plus foliacées et moins scarieuses sur les bords; il se rapproche encore davantage des *Anthemis*, puisque ce dernier genre s'en distingue uniquement par le réceptacle muni de paillettes. Ces légères différences n'ayant pas toujours été appréciées par les auteurs, quelques espèces ont fait successivement partie des genres que nous venons de citer. Gaertner a même créé un genre *Pyrethrum*, adopté par Smith, Willdenow, De Candolle, etc., dans lequel on a placé une des principales espèces rapportées par Linné à son genre *Matricaria*. En effet, la structure des fleurs du *M. Parthenium*, L., surtout en ce qui concerne l'involucre et le fruit, diffère trop des caractères assignés au genre qui fait le sujet de cet article, pour laisser cette Plante parmi les Matricaires, quoique le nom générique lui ait été primitivement appliqué en raison des propriétés médicales qu'on lui attribuait. *V*. PYRÈTHRE. Par l'exclusion de cette espèce et de celles qu'on a dû placer parmi les Chrysanthèmes et les Anthémides, le nombre des Matricaires est restreint à un très-petit nombre, qui croissent en Europe, et dont nous mentionnerons seulement la plus remarquable.

La MATRICAIRE CAMOMILLE, *Matricaria Chamomilla*, L., vulgairement nommée Camomille ordinaire, croît dans les champs et au milieu des moissons. Sa tige dressée, glabre, rameuse et comme paniculée dès sa base, porte des feuilles sessiles épaisses, profondément pinnatifides, à segmens linéaires. Ses fleurs sont assez petites, solitaires à l'extrémité des rameaux;

les fleurons du centre sont jaunes et les rayons blancs et réfléchis. Cette Plante jouit des mêmes propriétés, mais à un moindre degré que la Camomille romaine, *Anthemis nobilis*, L. Son arôme est moins suave, et son amertume moins intense ; c'est ce qui fait qu'on l'emploie beaucoup moins aujourd'hui, et qu'elle ne peut être qu'un succédané de la vraie Camomille.   (G..N.)

MATRICE. *Uterus.* ZOOL. *V.* GÉNÉRATION et SEXES.

MATTHIOLA. BOT. PHAN. Pour *Mathiola. V.* ce mot.   (B.)

* MATTIA. BOT. PHAN. (Rœmer et Schultes.) *V.* CYNOGLOSSE.

*MATTOLINA. OIS. L'un des noms vulgaires du Cujelier. *V.* ALOUETTE.   (DR..Z.)

MATTUSCHKEA. BOT. PHAN. Schreber ayant cru devoir changer tous les noms génériques imposés par Aublet, sous prétexte qu'ils étaient trop barbares, a substitué le nom de *Mattuschkea* à celui de *Perama*, et quelques auteurs d'une grande autorité ont sanctionné cette inutile innovation. Nous croyons néanmoins que le nom d'Aublet doit être préféré. *V.* PÉRAME.   (G..N.)

* MATTUSCHKIA. BOT. PHAN. Le genre formé sous ce nom par Gmelin (*Syst. Veget.*, p. 589) n'est, selon Michaux, qu'un double emploi du *Saururus. V.* ce mot.   (G..N.)

MATUITI. OIS. Espèce du genre Ibis. *V.* ce mot.   (DR..Z.)

* MATURAQUE. POIS. (Marcgraaff.) Syn. de *Synodus palustris* de Schneider ; espèce brésilienne du genre Erythrin. *V.* ce mot.   (B.)

MATUTE. *Matuta.* CRUST. Genre de l'ordre des Décapodes, famille des Brachyures, tribu des Orbiculaires, établi par Fabricius et ayant pour caractères : troisième article des pieds-mâchoires extérieurs en forme de triangle long, étroit et souvent pointu ; tous les pieds aplatis en nageoire excepté les serres. Ce genre diffère de celui d'Orihye par les pieds, dont la dernière paire seulement est en nageoire dans ce dernier ; il est distingué des Corestes, Leucosies, Hépates et Mursies, parce que ceux-ci n'ont aucun de leurs pieds terminés en nageoires. Le test des Matutes est déprimé presque en forme de cœur tronqué en devant, avec les côtés arrondis antérieurement, dilatés en forme d'épine forte, saillans vers leur milieu, resserrés et convergens ensuite ou vers leur extrémité postérieure. Les yeux sont portés sur des pédicules assez longs et logés dans des fossettes transverses ; les antennes extérieures ou latérales sont beaucoup plus petites que les intermédiaires, et insérées près de leur base extérieure ; le second article des pieds-mâchoires extérieurs est triangulaire, allongé, pointu, prolongé jusqu'aux antennes ou jusque sur le chaperon ; les derniers articles des mêmes pieds mâchoires sont entièrement cachés par leurs articles précédens. La cavité buccale est terminée en pointe. Les pinces des serres sont épaisses, tuberculées, dentelées et presque en crête ; l'espace pectoral compris entre les pates est ovale ; la queue des mâles est composée de cinq tablettes dont celle du milieu plus longue ; celle de la femelle en a sept

Ce genre se compose de quatre ou cinq espèces ; elles sont toutes propres aux mers des Indes-Orientales et de la Nouvelle - Hollande. Fabricius en mentionne deux dont la plus remarquable est la suivante :

Le MATUTE VAINQUEUR, *Matuta victor*, Fabr., Bosc, Herbst (Canc., tab. 6, fig. 44), long de près d'un pouce et demi ; milieu du chaperon bidenté ; corps blanchâtre, parsemé vaguement d'un très-grand nombre de points rouges ; pinces des serres ayant une épine très-forte sur le côté extérieur et près de la base ; second segment de la queue terminé par un bord aigu très-dentelé. Il se trouve dans la mer Rouge et aux Indes-Orientales.   (G.)

*MATUTI. ois. Espèce du genre Martin-Pêcheur. *V*. ce mot. (b.)

MAUBÈCHE. ois. Espèce du genre Bécasseau. *V*. ce mot. On a aussi appelé :

Maubèche grise. (Gérardin.) Le jeune Sanderling variable. *V*. Sanderling.

Maubèche tachetée. (Buffon.) Le jeune Bécasseau Canut. *V*. Bécasseau. (dr..z.)

*MAUDUYTIA. bot. phan. Commerson, dans ses manuscrits et dans son Herbier, donnait ce nom à un genre qui appartient à la famille des Simaroubées de De Candolle, et qui a reçu plusieurs autres dénominations, telles que *Samadera*, *Witmannia* et *Niota*. Cette dernière imposée par Lamarck a prévalu. *V*. Niota. (g..n.)

MAUGHANIA. bot. phan. Pour Moghania, *V*. ce mot.

MAUHLIA. bot. phan. Dahl et Thunberg ont publié sous ce nom un genre déjà constitué par Adanson qui l'appelait *Abumon*. Le *Crinum africanum*, L., différent des autres *Crinum* par son ovaire libre, en était le type. Ce genre a encore été reproduit par l'Héritier et Willdenow sous la nouvelle dénomination d'*Agapanthus* qui a prévalu. *V*. Agapanthe. (g..n.)

MAULIN. mam. Molina (dans son Histoire Naturelle du Chili) décrit ainsi ce Rongeur nommé aussi par lui grande Souris des bois : son poil ressemble à celui de la Marmotte; mais il a les oreilles plus pointues, le museau plus allongé; cinq doigts à chaque pate, et la queue plus longue et mieux fournie de poils; il a les dents semblables pour le nombre et la disposition à celles de la Souris, et il est du double plus gros que la Marmotte. Cette description incomplète ne suffit pas pour qu'on puisse déterminer à quel genre le Maulin appartient réellement; quelques auteurs ont cru pouvoir cependant le placer parmi les Marmottes : tel est particulièrement Shaw qui lui a donné le nom d'*Arctomys Maulina*. (is. g. st.-h.)

MAUNEIA. bot. phan. Ce genre établi par Du Petit-Thouars (*Nov. Gen. Madag.*, p. 6, n. 19) appartient à l'Icosandrie Monogynie, L.; mais ses rapports naturels ne sont pas déterminés, quoiqu'on ait dit qu'il offre quelque affinité avec les *Flacourtia*. Les fleurs sont solitaires et axillaires; leur calice est plane, divisé dans sa partie supérieure en cinq lobes; la corolle manque; les étamines sont en nombre indéfini insérées sur le calice; l'ovaire est supère, surmonté d'un style plus long que les étamines et terminé par trois stigmates. Le fruit consiste en une baie ovale, acuminée par le style persistant, contenant trois graines dont quelquefois deux avortent, ombiliquées à leur base, munies d'un endosperme charnu, d'un embryon plane, verdâtre, renversé, ayant la radicule épaisse et courte. L'espèce qui forme le type de ce genre n'a pas été décrite : c'est un Arbrisseau indigène de Madagascar. (g..n.)

MAURANDIE. *Maurandia*. bot. phan. Genre de la famille des Scrophularinées et de la Didynamie Angiospermie, L., offrant pour caractère essentiel : calice à cinq divisions profondes presque égales; corolle ringente, dont le tube est renflé et agrandi à sa partie supérieure, le limbe à deux lèvres, la supérieure droite à deux lobes, l'inférieure beaucoup plus grande, à trois lobes presque égaux; quatre étamines didynames non saillantes, ayant leurs filets calleux à la base, et leurs anthères à deux loges écartées; ovaire supérieur surmonté d'un style et d'un stigmate en massue; capsule ovale, biloculaire, s'ouvrant à son sommet en dix dents. Ce genre a reçu d'autres dénominations : Cavanilles (*Icon. rar.*, 2, t. 116) l'a nommé *Usteria*, et Roth (*Catalect. Bot.*, 2, p. 64) *Reichardia*; mais la plupart des auteurs ont adopté le nom de *Maurandia* proposé par Jacquin.

Le *Maurandia semperflorens*, Jacq.

(*Hort. Schœnbrun.*, 3, t. 288); *Uste-ria scandens*, Cavan., *loc. cit.*, est une Plante dont les tiges presque ligneuses sont grimpantes, glabres, cylindriques, divisées en rameaux très-étalés, les inférieurs opposés, les supérieurs alternes, garnis de feuilles hastées, glabres, d'un vert clair, à pétioles filiformes et s'accrochant aux Plantes qui les avoisinent. Les fleurs sont axillaires, pendantes, solitaires, d'un pourpre violet, et portées sur des pédoncules flexueux. Cette Plante est originaire du Mexique; elle fleurit en Europe dans les serres tempérées pendant la plus grande partie de l'été.

Une seconde espèce très-voisine de la précédente a été d'abord décrite et figurée par Willdenow (*Hort. Berol.*, 2, p. 8, t. 83) et ensuite par Kunth (*Nov. Gen. et Sp. Plant. æquin.*, 2, p. 362) sous le nom de *Maurandia antirrhiniflora*. Elle croît dans le Mexique, près de la vallée de Saint-Jacques.   (G..N.)

MAURE. MAM. Espèce du genre Guenon découverte par Leschenault, et qu'il ne faut pas confondre avec le *Simia Maura* des nomenclateurs. *V.* GUENON et HOMME, espèce arabique.   (B.)

MAURE. REPT. OPH. Espèce du genre Couleuvre. *V.* ce mot.   (B.)

MAURELLE ou **MORELLE.** BOT. PHAN. Nom vulgaire du *Croton tinctorium* dans le midi de la France, et presque partout du *Solanum nigrum*, L.   (B.)

* **MAURES.** INS. Les amateurs donnent ce nom aux Papillons du genre Satyre qui ont les couleurs obscures et même noires. Ils habitent en général les lieux agrestes. *V.* SATYRE.   (G.)

* **MAURESQUE.** MOLL. Nom vulgaire et marchand de l'*Oliva Maura*, L. *V.* OLIVE.   (D.)

MAURET ou **MAURETTE.** BOT. PHAN. Le fruit du *Vaccinium Myrtillus*. *V.* AIRELLE.   (B.)

* **MAURIA.** BOT. PHAN. Genre appartenant aux Térébinthacées, établi par Kunth dans son Mémoire sur cette famille : ses fleurs hermaphrodites ou quelquefois peut-être polygames présentent un calice petit, urcéolé, divisé en quatre ou cinq lobes, et au-dessus d'eux tapissé en dedans par un disque orbiculaire; quatre ou cinq pétales insérés au calice sur le contour du disque, élargis à la base, égaux entre eux; des étamines en nombre double, insérées de même et beaucoup plus courtes que les pétales; un ovaire libre, sessile, uniloculaire, contenant un seul ovule pendu un peu latéralement vers le sommet de la loge; un stigmate sessile, épais, à trois ou cinq angles saillans. Le fruit, comprimé et accompagné à la base du calice persistant, a la forme d'un ovoïde légèrement oblique; son péricarpe se compose d'une chair peu épaisse et d'un endocarpe mince : la graine oblongue et comprimée offre sous une tunique simple et membraneuse un embryon dépourvu de périsperme, dont les cotylédons sont planes et dont la radicule recourbée se dirige un peu de haut en bas vers le point d'attache. Ce genre renferme deux espèces : ce sont des Arbres du Pérou, à feuilles éparses, simples ou composées d'une ou deux paires de folioles terminées par une impaire, coriaces, dépourvues de points glanduleux, ainsi que de stipules. Les fleurs, d'une couleur blanche rosée, sont disposées, vers le sommet des rameaux, en panicules axillaires ou terminales et accompagnées de bractées (*V.* Humb. et Bonpl., Kunth, *Nov. Gener. et Spec.*, vol. 7, pl. 11, tab. 603-605).   (A. D. J.)

MAURITIE. *Mauritia.* BOT. PHAN. Genre de la famille des Palmiers et de la Diœcie Hexandrie, L., établi par Linné fils (*Supplem.*, 454), et ainsi caractérisé : fleurs dioïques formant un régime rameux et couvert d'écailles; les fleurs mâles pourvues d'un double calice, l'extérieur à trois dents, l'intérieur à trois divisions profondes; six étamines : les fleurs femelles ayant un ovaire à trois loges qui devient une drupe monosperme, couverte d'écailles imbriquées. Le *Mauritia flexuosa*, L. fils, *loc. cit.*, croît sur le continent de l'Amérique méridionale, à la Guiane, aux bouches de l'Orénoque et dans les provinces de Cumana et de Caracas. Il a été cité sous le nom de Palmier Bache par Barrère, ainsi que par Aublet. Dans ses Tableaux de la nature, Humboldt a donné la description et l'histoire de ses qualités bienfaisantes. Le tronc de ce bel Arbre s'élève jusqu'à environ huit mètres de hauteur, et il est garni au sommet de frondes en éventail; il forme dans les lieux humides de superbes groupes d'un vert frais et brillant; et son ombre conserve aux autres Arbres un sol humide, ce qui fait dire aux Indiens que ce Végétal attire et retient l'eau autour de ses racines. L'existence d'une peuplade entière est pour ainsi dire fondée sur celle de ce Palmier. Aux bouches de l'Orénoque, dans la saison où ce fleuve inonde le pays, les Guaranis tendent du tronc d'un Arbre à l'autre des nattes tissues avec les nervures fibreuses des feuilles de *Mauritia*, sur lesquelles ils construisent leurs habitations. La moelle du tronc de l'individu mâle renferme à une certaine époque de la fécule analogue à celle du Sagou; la sève de cet Arbre fournit par la fermentation une liqueur douce et enivrante; enfin ses fruits encore frais, recouverts d'écailles comme les cônes de Pin, fournissent une nourriture variée, selon qu'on en fait usage après l'entier développement de leur principe sucré ou lorsqu'ils ne contiennent encore qu'une pulpe abondante.

Une seconde espèce de ce genre a été mentionnée par Humboldt sous le nom de *Mauritia aculeata;* elle se distingue de la précédente par son stipe épineux, et elle croît sur les rives du fleuve Atabapo.　(G..N.)

MAUROCENIA. BOT. PHAN. Ce nom générique a été d'abord imposé par Linné dans l'*Hortus Cliffortianus*

à une Plante d'Ethiopie qu'il a depuis réunie au genre *Cassine*. *V*. ce mot.
　　　　　(G..N.)

MAUSSANE. BOT. PHAN. L'un des noms vulgaires du *Viburnum Opulus* dans certains cantons de la France.
　　　　　(B.)

MAUVE. OIS. Nom vulgaire de plusieurs des espèces du genre *Larus*, en français Mouettes. *V*. ce mot. (B.)

MAUVE. *Malva*. BOT. PHAN. Ce genre qui a donné son nom à la famille des Malvacées, et qui appartient à la Monadelphie Polyandrie, L., offre les caractères suivans : calice double; l'extérieur ou involucre à trois ou rarement à cinq ou six folioles étroites; l'intérieur à cinq divisions soudées par la base; cinq pétales échancrées au sommet et subcordiformes; étamines nombreuses monadelphes; carpelles capsulaires, nombreux, indéhiscens, réunis circulairement à la base du style. Le nombre des espèces de ce genre excède quatre-vingts. Elles ont été distribuées par De Candolle (*Prodrom. Syst. Veget.*, I, p. 430) en quatre sections, dont nous allons tracer les caractères et la composition.

Sect. 1. **MALVASTRUM.** Carpelles uniloculaires, monospermes. Cette section se compose d'un si grand nombre d'espèces, que pour arriver facilement à leur diagnostic, le prof. De Candolle l'a subdivisée en sept petits groupes, savoir : 1°. *Chrysanthæ;* fleurs jaunes, presque sessiles dans les aisselles supérieures et quelquefois formant une sorte d'épi par la chute des feuilles; celles-ci sont indivises. Les espèces de ce groupe habitent les contrées équinoxiales, principalement celles de l'Amérique. 2°. *Cymbalariæ;* fleurs roses ou blanches, soutenues par des pédicelles axillaires; calice externe à trois folioles; feuilles presque rondes; tiges herbacées. Deux espèces croissent dans l'île de Crète et en Orient, une autre dans l'île de Cuba. 5°. *Bibracteolatæ;* ce groupe dont les six espèces croissent dans la péninsule Ibérique, ne diffère essentiellement du précédent que par son calice extérieur à deux folioles. 4°. *Bismalvæ* ; fleurs roses ou blanches ; pédicelles solitaires, axillaires et uniflores ; involucre à trois folioles ; feuilles profondément divisées en plusieurs lobes ; tige herbacée. Les cinq espèces de cette petite section croissent dans l'Europe méridionale. Deux (*Malva Alcea* et *moschata*, L.) se retrouvent assez loin dans le Nord. 5°. *Fasciculatæ* ; fleurs roses ou blanches ; pédicelles uniflores et nombreux dans les aisselles des feuilles ; involucre à trois folioles ; feuilles cordiformes à cinq nervures ; tige herbacée. Ce groupe renferme quinze espèces qui croissent dans les contrées tempérées des deux continens. 6°. *Capenses* ; fleurs roses ou blanches ; pédicelles solitaires uniflores, rarement géminés ou ternés et à deux ou trois fleurs ; calice extérieur à trois folioles ; feuilles anguleuses et lobées ; tige ligneuse. Toutes les espèces qui constituent ce groupe croissent au cap de Bonne-Espérance. Elles sont au nombre de quinze : mais il est probable que plusieurs d'entre elles sont des hybrides ou des variétés produites par la culture. 7°. *Multifloræ* ; fleurs roses ou blanches ; pédoncules axillaires multiflores ; involucre à trois folioles ; feuilles anguleuses. Les sept espèces de ce groupe croissent au Pérou et au Mexique.

Sect. 2. MALUCHIA. Involucelle à cinq ou six folioles linéaires ; cinq carpelles monospermes, distincts et indéhiscens. On n'y compte que deux espèces (*Malva hibiscoides* et *M. Boryana*) qui croissent à Mascareigne.

Sect. 3. SPHÆROMA. Carpelles uniloculaires, à deux ou plusieurs graines et formant par leur réunion un fruit globuleux ; pédoncules axillaires, le plus souvent multiflores. Cette section, susceptible d'être érigée en un genre distinct, se compose de cinq espèces, dont trois indigènes de l'Amérique, et une du cap de Bonne-Espérance.

Sect. 4. MODIOLA. Carpelles bivalves à deux graines, les valves surmontées de deux barbes rentrant intérieurement et partageant, pour ainsi dire, les carpelles en deux demi loges ; pédicelles axillaires uniflores ; tige herbacée, couchée ou diffuse. Cette section, formée de cinq espèces américaines, avait été considérée par Mœnch comme un genre distinct.

Toutes les Mauves possèdent au plus haut degré les qualités mucilagineuses et adoucissantes de la grande famille dont ce genre est le type. Nous ne ferons connaître ici que les deux espèces les plus répandues dans nos climats et dont l'usage est le plus vulgaire. Elles appartiennent au groupe des *Fasciculatæ* que nous avons mentionné plus haut.

La MAUVE SAUVAGE, *Malva sylvestris*, L., a une racine pivotante de laquelle s'élèvent des tiges dressées, rameuses, hispides, hautes de trois décimètres et plus ; ses feuilles sont alternes, très-longuement pétiolées, réniformes, à cinq ou sept lobes peu profonds, très-obtus et crénelés. Les fleurs sont purpurines, au nombre de trois à cinq dans les aisselles des feuilles, portées chacune sur un pédoncule long et grêle. Cette espèce, que l'on nomme vulgairement grande Mauve, se trouve le long des haies et dans les bois où elle fleurit aux mois de juin et juillet.

La MAUVE A FEUILLES RONDES, *Malva rotundifolia*, L., a une tige un peu pubescente, divisée en rameaux étalés, ascendans et longs de deux à trois décimètres. Les feuilles sont alternes, arrondies, presque réniformes, à cinq ou sept lobes obtus et dentés, pubescentes, munies à leur base de deux stipules velues, aiguës, entières ou denticulées. Les fleurs sont petites, blanchâtres ou purpurines, portées sur des pédoncules au nombre de trois ou quatre, situées à l'aisselle des feuilles. Cette Plante est très-commune sur le bord des chemins et dans les champs ; elle fleurit pendant presque tout l'été.

Les fleurs de ces deux espèces sont fréquemment employées en infusion théiforme, comme adoucissantes, dans les inflammations des bronches, de la trachée-artère, etc. Leurs feuilles et leurs tiges jouissent des mêmes propriétés, mais on en fait principalement usage pour les fomentations, les lotions, les clystères et autres médicamens externes. (G..N.)

MAUVETTE ou **MAUVIN**. BOT. PHAN. Divers Géraniers, particulièrement les *Geranium malacoides* et *rotundifolium*, dans le midi de la France. (B.)

MAUVIARD. OIS. Syn. vulgaire de Mauvis. *V*. MERLE. (DR..Z.)

MAUVIETTE. OIS. Nom vulgaire de la Grive et de l'Alouette des champs. *V*. MERLE et ALOUETTE. (DR..Z.)

MAUVIS. OIS. Espèce du genre Merle. *V*. ce mot. (DR..Z.)

MAUVISQUE. BOT. PHAN. Pour *Malvaviscus*. *V*. ce mot. (G..N.)

* **MAUZ**. BOT. PHAN. Syn. égyptien de Bananier. *V*. ce mot. (B.)

* **MAVACURÉ**. BOT. PHAN. Liane indéterminée que Humboldt et Bonpland soupçonnent être une Rubiacée, et Jussieu appartenir au genre *Coriaria*; elle a le port d'un *Phyllanthus*, croît dans les montagnes de Quanaya, aux sources de l'un des bras de l'Orénoque, et fournit l'un des plus violens poisons végétaux dont les Indiens se servent pour rendre les piqûres faites par les flèches à coup sûr mortelles. Ceux-ci distinguent dans ce poison, aussi appelé Curaré, deux sortes, celle qui s'extrait de la tige, et celle qu'on obtient des racines. L'une et l'autre, conservées dans des fruits de *Crescentia*, se paient, dans les missions de Saint-François, la valeur de huit à dix jours de travail. Des milliers d'Indiens en consomment tous les jours pour l'attaque ou la défense, sans savoir quel Végétal produit le Curaré, dont quelques

vieillards, au fait de sa préparation, ont le monopole. Ce Curaré n'est dangereux que dans les blessures, et on l'emploie à la Guiane comme un remède stomachique. *V*. CURARÉ. (B.)

MAXILLARIA. BOT. PHAN. Le genre d'Orchidées établi sous ce nom par Ruiz et Pavon (*Prodrom. Flor. Peruv.*), paraît devoir être réuni au genre *Dendrobium*. *V*. ce mot. (A..R.)

* **MAXIMILIANA**. BOT. PHAN. Nouveau genre de la famille des Palmiers et de la Monœcie Hexandrie, établi par Martius (*Gen. et Spec. Plant. Brasil.*, t. 91-93) qui l'a ainsi caractérisé : Palmier monoïque ; spathe simple ; fleurs sessiles. Les fleurs mâles offrent un calice à trois folioles, une corolle à trois pétales, six étamines et un rudiment de pistil : les fleurs femelles sont composées d'un calice aussi à trois folioles, d'une corolle à trois pétales, d'un ovaire triloculaire, surmonté d'un style court et de trois stigmates réfléchis. Le fruit est une drupe monosperme dont le noyau a trois pores à sa base ; l'embryon est placé dans un des pores à la base de la graine qui est munie d'un albumen homogène. Ce genre se compose de Palmiers élégans, indigènes du Brésil, dont les stipes sont lisses, annelés, et les frondes pinnées ; les fleurs sont jaunes, formant des régimes très-rameux. (G..N.)

MAYACA. BOT. PHAN. Ce genre, établi par Aublet, fait partie de la famille des Commelinées et de la Triandrie Monogynie, L., et se distingue par les caractères suivans : son calice est à six divisions profondes, trois extérieures, étroites, lancéolées, aiguës, trois intérieures, larges, minces, pétaloïdes et obtuses ; les étamines, au nombre de trois, sont hypogynes. L'ovaire est libre, surmonté d'un style terminé par un stigmate trifide. Le fruit est une capsule environnée par le calice, s'ouvrant en trois valves qui portent chacune deux graines.

Ce genre se compose d'une seule

espèce, *Mayaca fluviatilis*, Aublet,
Guian., 1, p. 25, tab. 15; *M. Aubleti*,
Michx., *Flor. Bor. Am.; Syena fluviatilis*, Vahl, *Enum.* C'est une petite Plante qui croît dans les mares
et les lieux inondés. Ses tiges sont
grêles, rameuses, toutes couvertes
de petites feuilles sétacées, courtes,
très-rapprochées les unes des autres.
Les fleurs sont ordinairement solitaires et pédonculées au sommet des ramifications de la tige. Cette Plante
est commune à l'Amérique méridionale et à l'Amérique septentrionale.

Le genre *Biaslia* de Vandelli est
le même que le Mayaca d'Aublet.

(A. R.)

MAYEPA. BOT. PHAN. Le genre
ainsi nommé par Aublet a été réuni
au *Chionanthus* par Vahl, bien qu'il
ait quatre étamines. *V.* CHIONANTHE.

(A. R.)

MAYETA. BOT. PHAN. Pour Maieta.
V. ce mot.

MAYNA. BOT. PHAN. Aublet
(Plantes de la Guiane, 2, p. 922, tab.
352) a établi ce genre que De Candolle (*Syst. Veget.*, 1, p. 446), d'a-
près les caractères incomplets donnés
par son auteur, a rapporté à la famille des Magnoliacées. Ses fruits ne
sont pas bien connus, ce qui jette
beaucoup d'incertitude sur l'exactitude de sa classification. On l'a placé
parmi les Magnoliacées à cause de ses
feuilles stipulacées, mais ses anthères
tétragones et son inflorescence doivent peut-être le faire reporter dans
les Anonacées. De Candolle (*Prodr.
Syst. Veget.*, 1, p. 79) en énumère
trois espèces, savoir : *Mayna odorata*,
Aublet (*loc. cit.*), qui croît à Cayenne; *M. sericea*, Spreng.; et *M. Brasiliensis*, Raddi. Ces deux dernières espèces sont indigènes du Brésil. G..N.)

*** MAYNOU.** OIS. Espèce du genre
Mainate. *V.* ce mot. (B.)

MAYTENUS. BOT. PHAN. Les auteurs qui ont écrit sur les Plantes du
Chili, et entre autres Feuillée et Molina, ont mentionné sous ce nom un
genre de Plantes que Jussieu a adopté dans son *Genera Plantarum*, mais

sans en pouvoir déterminer avec certitude les affinités. Lamarck le réunit
au genre *Senacia* et Willdenow au
Celastrus. Kunth (*Nov. Gen. et Spec.
Plant. æquinoct.*, 7, p. 64) l'a placé
parmi les Célastrinées de R. Brown,
et en a ainsi développé les caractères :
fleurs polygames ; calice quinquéfide,
régulier, persistant, à préfleuraison
imbriquée ; cinq pétales également
imbriqués pendant la préfleuraison,
elliptiques, un peu concaves, égaux
et très-ouverts ; cinq étamines ayant
la même insertion que les pétales,
alternes avec eux et plus courts, à
anthères ovées-cordiformes et biloculaires ; disque orbiculaire, dans
lequel est à moitié immergé un ovaire à deux ou trois loges, surmonté
d'un stigmate sessile, à deux ou trois
lobes ; capsule coriace à une, deux
ou trois loges monospermes ; graines
dressées, enveloppées d'un arille
membraneux enduit de pulpe, composées d'un tégument crustacé, d'un
endosperme charnu, au milieu duquel est un embryon droit, dont les
cotylédons sont planes, foliacés, et
la radicule supérieure. Ce genre ne se
compose que de quatre espèces dont
la principale est le *Maytenus Chilensis* de De Candolle (*Prodrom. Syst.
Veget.*, 1, p. 9), décrite et figurée sous
le nom de *Maiten* par Feuillée (Observ., 3, p. 39, tab 27). Ce sont des
Arbrisseaux ou Arbustes indigènes
du Pérou et du Chili. Ils sont dépourvus d'épines ; leurs feuilles sont
alternes, simples, coriaces, dentées ;
leurs fleurs axillaires, très-petites
et d'un vert blanchâtre. (G..N.)

MAZAME. MAM. Buffon, d'après
Hernandez, Réchi et Fernandez, désigne collectivement sous ce nom les
espèces du genre Cerf qui habitent le
Mexique. Fr. Cuvier l'a au contraire
appliqué spécifiquement à l'une d'elles, celle qu'il appelle *Cervus campes-
tris.* (IS. G. ST.-H.)

MAZARD. INS. Dans la ci-devant
Bourgogne, on désigne sous ce nom
les Insectes qui rongent les bourgeons. *V.* EUMOLPE, COUPE-BOUR-

GEON, BOICHE, PIQUE-BROT et LI-
SETTE.   (G.)

MAZÉDIATES. BOT. CRYPT. (*Lichens.*) Ordre deuxième de la Méthode lichénographique proposée par
Fries (Act. de Stockh., 1821). Il comprend les Lichens qui renferment
une poussière dans l'intérieur de l'a-
pothécion. La première section de
cet ordre répond au groupe des Caly-
cicïdes de notre Méthode ; la deuxième à nos Sphærophores, à l'exception pourtant du *Rhizomorpha* que
nous plaçons parmi les Hypoxylées, et
du *Roccella*, classé avec les Ramali-
nées parce que l'apothécion est sous-
scutellé. Les Lichens Mazédiates de
Fries comprennent les genres *Pyre-
notea*, Fr. ; *Calycium*, *Strigula*, Fr. ;
Coniocybe, *Rhizomorpha*, *Thamno-
myces*, Ehr. ; *Sphærophoron*, Pers. ;
Roccella, Delise.   (A. F.)

MAZEUTOXERON. BOT. PHAN.
(Labillardière.) Syn. de Correa. *V.* ce
mot.   (B.)

MAZUS. BOT. PHAN. Dans sa Flore
de la Cochinchine, vol. II, p. 468,
Loureiro a constitué ce genre qui
appartient à la Didynamie Angiospermie, et que R. Brown (*Prodrom.
Flor. Nov.-Holl.*, p. 459) a adopté,
en le plaçant dans la famille des Scrophularinées, et le caractérisant ainsi :
calice campanulé, à cinq petites divisions égales; corolle oblique, la lèvre supérieure bilobée, les latérales
réfléchies, l'inférieure trifide, à lobes entiers, et présentant deux gibbosités à la base; capsule renfermée
dans le calice, à deux loges et à deux
valves entières, septifères sur leur milieu. Ce genre est voisin du *Mimulus*.
Il se compose de deux espèces, savoir : 1° *Mazus rugosus*, qui croît
à la Cochinchine, et dont le *Linder-
nia japonica*, Thunb., n'est peut-
être pas distinct; 2° *M. pumilio*, R.
Brown, qui habite la terre de Diémen.
Ce sont de petites Plantes herbacées,
à feuilles ramassées en touffes près de
la racine, quelques-unes seulement
opposées sur la hampe. Les fleurs forment, au sommet de celle-ci, une

grappe en épi lâche dans la Plante de
la Cochinchine; elles sont solitaires
dans une variété de l'espèce décrite
par R. Brown. Elles sont soutenues
par des pédicelles alternes et accompagnées d'une bractée.   (G..N.)

* **MAZZA.** MOLL. Ce genre, dont
Klein est l'auteur (Méthod. Ostrac.,
p. 62), comprend des Coquilles qui
ont assez de rapports avec les Turbinelles et les Pyrules. C'est une des meil-
leures coupes que cet auteur ait établies.   (D..H.)

MEAAREL. POIS. L'un des noms
de pays du *Trichiurus Lepturus*. *V.*
TRICHIURE.   (B.)

MÉADAILLE. BOT. PHAN. (Léme-
ry.) Probablement pour Médaille.
Syn. de *Lunaria rediviva*. *V.* LU-
NAIRE.   (B.)

MEADIA. BOT. PHAN. (Catesby.)
Syn. de Dodécathée. *V.* ce mot. (B.)

MÉANDRINE. *Meandrina.* POLYP.
Genre de l'ordre des Méandrinées,
dans la division des Polypiers entièrement pierreux, ayant pour caractères : Polypier pierreux, fixé, formant une masse simple, convexe,
hémisphérique ou ramassée en boule;
surface convexe, partout occupée par
des ambulacres plus ou moins creux,
sinueux, garnis de chaque côté de
lamelles transverses, parallèles, qui
adhèrent à des crêtes collinaires. La
plupart des zoologues modernes ont
adopté ce genre établi aux dépens des
Madrépores par Lamarck ; en effet,
les Méandrines se distinguent de tous
les autres Polypiers lamellifères par
la présence de sillons allongés, sinueux ou presque droits, plus ou
moins creux et irréguliers, séparés
par des crêtes collinaires plus ou
moins saillantes, qui se remarquent
à la surface supérieure de ces Polypiers; les sillons ou vallons présentent, dans leur centre ou partie la
plus profonde, une sorte de lame
très-poreuse ou plutôt caverneuse, qui
suit les contours du sillon, et qui
s'enfonce dans l'épaisseur du Polypier : il part des deux côtés de cette

lame une infinité de lamelles qui viennent se rendre perpendiculairement sur la crête ou lame collinaire toujours saillante, non poreuse comme celle du centre du vallon, et s'enfonçant comme elle dans l'épaisseur de la substance du Polypier. Les lamelles, souvent inégales, ont leurs surfaces lisses ou couvertes d'aspérités ; leur base est oblique, tantôt entière, tantôt denticulée. Il résulte de cette disposition que les vallons des Méandrines sont de véritables étoiles souvent fort allongées, droites ou tortueuses. Ces Polypiers se présentent en masses presque toujours simples, convexes, hémisphériques ou en boule ; quelques-uns acquièrent de fort grandes dimensions. Dans leur jeune âge ils ressemblent à un corps turbiné, calyciforme, fixé par un pédicule central très-court ; leur surface supérieure est seule alors couverte de sillons lamellifères, l'inférieure est lisse ou simplement striée.

On doit à Lesueur la connaissance des Animaux de plusieurs espèces de Méandrines : les *Meandrina sinuosa* (*Madrepora sinuosa* , Sol. et Ell.), dont il admet quatre variétés ; *Meandrina dædalea*, Lamk. ; *labyrinthica* , Lamk. , et *arcolata* , Lamk. Les Animaux sont situés dans les vallons, rarement isolés, presque toujours réunis latéralement et en nombre d'autant plus grand que les vallons sont plus étendus en longueur : ils sont mous, gélatineux, subactiniformes : ils présentent en dessus un disque charnu, au centre duquel est une ouverture ronde ou ovale, à bords plissés, entourée ou non d'un cercle diversement coloré : les côtés de ce disque s'allongent en une sorte de manteau ou expansion gélatineuse recouvrant la base des lamelles du Polypier, et s'étendant jusqu'au sommet des collines sans les dépasser ; en dessous cette expansion gélatineuse se divise en autant de petites membranes verticales qu'il y a d'intervalles de lamelles qu'elle recouvre, et s'y insinue jusqu'à une certaine pro-

fondeur. Lorsque l'Animal est inquiété il se resserre sur lui-même, et se colle pour ainsi dire au fond du vallon. Dans les trois premières espèces observées par Lesueur, la bouche se trouve au centre d'un petit plateau couvert de stries rayonnantes, de la circonférence duquel naissent une vingtaine de tentacules gros ou déliés, longs ou courts, lisses ou tuberculés suivant les espèces ; quand les Animaux sont isolés ils sont munis de tentacules dans tout leur pourtour ; et lorsqu'il y en a plusieurs dans le même vallon, les tentacules manquent au point de contact des Animaux entre eux, et paraissent rejetés sur les côtés. Dans ces trois espèces le manteau naît en dehors à la base des tentacules. L'Animal du *Meandrina arcolata* a son disque uni, sans tubercules ni tentacules.

Les différentes parties de ces Animaux sont diversement teintes des couleurs les plus belles et souvent nuancées et combinées d'une manière fort élégante : les couleurs varient suivant les espèces et même sur chaque individu (*V.* le Mémoire sur les Polypiers lamellifères, par Lesueur, inséré dans le T. III des Mémoires du Muséum, p. 171). Les Méandrines se trouvent abondamment dans les mers intertropicales.

Ce genre renferme les *Meandrina labyrinthica, cerebriformis, dædalea, pectinata, arcolata, crispa, gyrosa, phrygia, filigrana.*   (E. D..L.)

* **MÉANDRINÉES.** POLYP. Ordre établi par Lamouroux dans la section des Polypiers pierreux lamellifères ; il lui attribue pour caractères : étoiles ou cellules latérales, ou répandues à la surface, non circonscrites, comme ébauchées, imparfaites ou confluentes ; il y rapporte les genres Pavone, Apseudésie, Agarice, Méandrine et Monticulaire. *V.* tous ces mots.
                   (E. D..L.)

MÉANDRITE. POLYP. FOSS. On nomme quelquefois ainsi les Méandrines fossiles.   (E. D..L.)

***MÉAR.** POIS. On ne saurait trop recommander aux naturalistes qui visiteront les côtes d'Afrique depuis le cap Vert jusqu'au fond du golfe de Guinée, la recherche de ce Poisson qui paraît devoir appartenir au genre Gade, et dont l'ancien voyageur Roberts avait déjà fait mention : on le dit excessivement commun, et capable de remplacer par son abondance la Morue de Terre-Neuve. En effet, nous avions remarqué, il y a plus de vingt ans, que les pauvres habitans des îles Canaries faisaient leur principale nourriture d'un Poisson que les pêcheurs de cet archipel vont recueillir en énorme quantité aux lieux où Roberts avait dit qu'on prend le Méar, et que ce Poisson, défiguré par sa préparation, semblait appartenir au genre Gade. Ainsi sans affronter les tempêtes et les régions des mers du Nord, on trouverait d'abondantes pêcheries sur les côtes voisines de l'Afrique : ce trafic ne vaudrait-il pas mieux que la traite des nègres ?   (B.)

MEBBIA. MAM. L'espèce de Chien sauvage du Congo désignée sous ce nom par d'anciens missionnaires pourrait bien être le Chacal.   (B.)

MEBOREA. BOT. PHAN. Aublet (Plantes de la Guiane, 2, p. 825, tab. 323) a décrit et figuré sous le nom de *Meborea Guianensis* un Arbrisseau de la Guiane, qui appartient à la Gynandrie Triandrie, L., mais dont les affinités naturelles ne sont pas déterminées. Cette Plante, que Willdenow a nommée *Rhopium citrifolium*, s'élève à environ un mètre : elle est rameuse, garnie de feuilles alternes, presque sessiles, ovales, acuminées, très-entières, accompagnées à la base de deux stipules caduques ; les fleurs sont très-petites, disposées par petits bouquets axillaires ou terminaux, et sont portées chacune sur un pédoncule partiel, grêle et assez long ; elles offrent un calice à cinq divisions profondes, lancéolées, aiguës, creusées d'une fossette à leur base ; point de corolle ; trois étamines attachées sur se tyles au-dessous des stigmates, filets larges, bifides au sommet et

portant chacun deux anthères à deux loges ; trois styles ; capsule trigone à trois loges, à trois valves qui se divisent ensuite en six partagées par une cloison ; deux graines ovales et noires dans chaque loge.   (G..N.)

MEBORIER. BOT. PHAN. Pour *Meborea. V.* ce mot.   (B.)

* **MEBUTANA.** BOT. PHAN. On nomme ainsi, à Amboine et dans les autres îles de l'archipel Indien, la Plante désignée par Rumph sous le nom de *Radix vesicatoria*, et qui doit être rapportée au *Plumbago rosea*, L.   (G..N.)

MECARDONIA. BOT. PHAN. Genre établi par Ruiz et Pavon (*Syst. Veget. Fl. Peruv.*, p. 164) qui l'ont placé dans la Didynamie Angiospermie, L., avec les caractères suivans : calice à sept folioles ; corolle irrégulière dont le tube est ventru ; le limbe a deux lèvres, la supérieure bifide, l'inférieure à trois divisions ; quatre étamines didynames ; ovaire supère, surmonté d'un style comprimé et courbé à son sommet ; capsule bivalve, uniloculaire, renfermant un placenta cylindrique. Le *Mecardonia ovata*, Plante dont les feuilles sont ovales, dentées en scie, est l'unique espèce de ce genre. Elle croît au Pérou.

  (G..N.)

MÉCHANITIS. INS. Genre de l'ordre des Lépidoptères établi par Fabricius. Latreille ne l'a pas adopté : il le réunit au genre *Heliconia*. *V.* HÉLICONIE.   (G.)

* **MÉCHIDIE.** INS. Genre de l'ordre des Coléoptères, établi par Latreille (Fam. Nat. du Règne Anim.), et intermédiaire entre les Lethrus, Géotrupes et Trox. Les caractères de ce genre n'étant pas encore publiés, nous sont inconnus.   (G.)

MÉCHOACAN. BOT. PHAN. Ce nom d'une province du Mexique est donné dans les pharmacies à une racine résineuse employée autrefois comme purgative. Elle est produite par le *Convolvulus Mechoacana*, L. *V.* LISERON. On a aussi nommé le Jalap

Méchoacan noir, et le *Phytolacca decandra* Méchoacan du Canada.

(G..N.)

MÉCHON. BOT. PHAN. L'un des noms vulgaires de l'OEnanthe pimpinelloïde. (B.)

*** MÉCINE.** *Mecinus.* INS. Genre de l'ordre des Coléoptères, établi par Germar dans la tribu des Charansonites, et adopté par Latreille qui ne donne pas ses caractères. (G.)

MÉCONIQUE. MIN. *V.* ACIDE.

MÉCONITES. GÉOL. *V.* AMITES.

MÉCONIUM. ZOOL. Matière particulière qui se trouve dans les intestins du fœtus quand celui-ci n'a pas encore respiré; il est d'un jaune olivâtre : son odeur est légèrement musquée; il a une saveur faiblement amère; il est en partie soluble dans l'eau. On l'a trouvé composé de o, 28 de matière particulière qui n'a pas encore reçu de dénomination ; de o, o 2 de matière muqueuse, et de o, 70 d'Eau. (DR..Z.)

MÉCONOPSIDE. *Meconopsis.* BOT. PHAN. Ce genre de la famille des Papavéracées et de la Polyandrie Monogynie, L., a été établi par Viguier dans une dissertation sur les Papavéracées, présentée à la Faculté de Médecine de Montpellier. Le professeur De Candolle l'a adopté dans le supplément à la deuxième édit. de la Flore Française, et dans le second volume de son *Systema Vegetabilium*, p. 86. Voici les caractères qu'il lui a assignés : calice formé de deux sépales velus; corolle à quatre pétales; étamines en nombre indéfini ; ovaire ovoïde, surmonté d'un style court, persistant, et qui se tord après l'anthèse; stigmates au nombre de quatre à six, disposés en rayons, persistans, convexes, libres et jamais sessiles; capsule ovée, uniloculaire, à quatre ou six valves, déhiscente par le sommet, renfermant à l'intérieur des placentas minces qui forment à peine des membranes étroites. Ce genre forme le passage des Pavots aux Argemones; il se compose d'un petit nombre d'es-

pèces dont De Candolle a formé deux sections. La première, caractérisée par ses capsules à cinq à six valves lisses, ne renferme que le type du genre, *Meconopsis cambrica*, Viguier, ou *Papaver cambricum*, Linn. Cette Plante a une tige dressée, haute à peu près de trois décimètres, munie inférieurement de feuilles à lobes dentés, incisés, légèrement décurrens, glauques en dessous : ses fleurs au nombre de deux ou trois sont terminales, longuement pédonculées, de la grandeur de celles du Coquelicot, d'un jaune de soufre très-fugace par la dessiccation. Cette espèce croît dans les localités ombragées et humides des montagnes de l'Europe méridionale : on la trouve aussi dans la Russie asiatique.

La deuxième section qui se distingue par ses capsules à valves couvertes de pointes, a été considérée comme un genre distinct par Nuttall qui lui a donné le nom de *Stylophorum*. Elle se compose de deux espèces: *Meconopsis petiolata*, et *M. dyphylla*, D. C., ou *Chelidonium diphyllum*, Michx., qui sont des Plantes indigènes de l'Amérique septentrionale. (G..N.)

MÉDATA. BOT. PHAN. (Apulée.) Syn. de Ballote. (B.)

MÉDAILLE. BOT. PHAN. *V.* MÉDAILLE.

MÉDÉA. MIN. Pline mentionne sous ce nom, dérivé de celui de la magicienne Médée qui la découvrit, une Pierre merveilleuse qui avait, selon ce compilateur crédule, le goût du vin. (B.)

MÉDÉE. INS. Espèce du genre Sphynx dans Fabricius. (B.)

MÉDÉOLE. *Medeola.* BOT. PHAN. Genre de la famille des Asparaginées et de l'Hexandrie Monogynie, L., ayant pour caractères : un calice coloré, pétaloïde, à six divisions profondes, régulières et étalées ; six étamines; un ovaire globuleux, marqué de trois sillons, et terminé par trois styles et trois stigmates. Le fruit est une baie globuleuse déprimée, accompagnée à sa base par le calice, à trois loges monospermes, dont une ou deux avortent quelquefois ; la graine est suspendue, son tégument est noirâtre, recouvrant un endosperme charnu, qui contient un embryon cylindrique, ayant sa radicule opposée au hile.

Ce genre, quoique composé seulement de trois espèces, présente cependant assez d'obscurité. Ces trois espèces sont : *Medeola virginica*, *asparagoides* et *angustifolia*. La première est originaire de l'Amérique septentrionale, les deux autres du cap de Bonne-Espérance. Willdenow, dans le Magasin des curieux de la nature de Berlin pour 1818, a fait un genre *Myrsiphyllum* pour les *Medeola asparagoides* et *M. angustifolia* qui en effet diffèrent du *Medeola virginica* par leurs trois styles et leur fruit à trois loges monospermes. Ces différences avaient déjà été signalées par le professeur Richard (dans la Flore de l'Amérique septentrionale de Michaux), où il dit que le *Med. asparagoides* appartient à un autre genre que le *Med. virginica;* d'un autre côté le professeur Nuttall (*Gen. of north Amer. Plants*) a fait un genre particulier sous le nom de *Gyromia* pour le *Medeola virginica;* d'où il résulterait que dans ce moment-ci il n'y aurait plus de genre *Medeola*, puisque des trois espèces qui le composaient antérieurement, deux forment le genre *Myrsiphyllum* de Willdenow, et la troisième le genre *Gyromia* de Nuttall. Mais il faut remarquer que les caractères assignés par Linné au genre *Medeola*, et qui sont ceux que nous avons exposés au commencement de cet article, se retrouvent dans les *Medeola* du Cap, tandis que le *Medeola* de la Virginie s'en éloigne par ses trois stigmates sessiles et par son fruit dont les loges contiennent plusieurs graines. Il suit de-là évidemment qu'il faut conserver le genre *Medeola* pour les *Medeola asparagoides* et *Med. angustifolia;* rejeter par conséquent le genre *Myrsiphyllum* de Willdenow, et adopter

également le genre *Gyromia* de Nuttall. Les deux espèces de *Medeola* sont des Plantes herbacées, vivaces, ayant leur tige dressée ou sarmenteuse, leurs feuilles alternes, sessiles, et leurs fleurs pédonculées et placées à l'aisselle des feuilles.   (A. R.)

MÉDIASTIN. ZOOL. BOT. On nomme ainsi, en anatomie, une cloison membraneuse résultant de l'adossement des deux plèvres, qui dans l'Homme s'étend de la face postérieure du sternum à la partie antérieure du rachis, et qui divise la cavité du thorax en deux parties, l'une droite et l'autre gauche. *V.* PLÈVRE. On donne le même nom en botanique à une cloison transversale fort mince, qui, dans les Crucifères, sépare la silique ou la silicule en deux parties, et sur les deux faces de laquelle demeurent alternativement attachées les semences quand les deux valves se sont ouvertes. (B.)

* **MEDICA.** BOT. PHAN. La Luzerne chez les anciens, d'où le *Medicago* de Linné, d'après Morison qui l'employa le premier. *V.* LUZERNE. (B.)

MÉDICÉE. BOT. PHAN. L'un des premiers noms qu'on donna au *Nicotiana Tabacum* lors de son introduction en Europe.   (B.)

MÉDICINIER. *Jatropha.* BOT. PHAN. Genre de la famille des Euphorbiacées, et de la Monœcie Décandrie, L.; ses fleurs monoïques offrent un calice à cinq divisions plus ou moins profondes ; une corolle quinquépartie qui manque dans plusieurs espèces ; au dedans cinq glandes ou écailles tantôt distinctes, tantôt réunies en un anneau ou en un disque sinué, quelquefois nulles. On trouve dans les fleurs mâles huit ou dix étamines dont les filets sont soudés ensemble plus ou moins haut, et dont les trois ou cinq les plus centrales sont aussi plus longues que les autres ; dans les femelles, trois styles tantôt simplement bilobés ou bifides, tantôt divisés plusieurs fois par dichotomie et un ovaire à trois loges uniovulées, qui devient une capsule à trois coques. Les espèces de ce genre sont des Arbres, des Arbrisseaux, ou plus rarement des Herbes, remplis d'un suc lactescent. Leurs feuilles alternes, quelquefois munies vers leur base de deux glandes, sont simples ou plus souvent lobées ou palmées, glabres ou hérissées de poils glanduleux; leurs fleurs, disposées en corymbes axillaires ou terminaux, offrent en général des couleurs assez brillantes. On en compte environ vingt espèces dont cinq originaires d'Asie, les autres d'Amérique : on peut les diviser en deux sections que quelques botanistes considèrent même comme des genres distincts. L'une (qu'Houstoun nomme *Jussievia*) renferme les espèces dépourvues de corolle; l'autre, celles qui en sont munies; et il est à remarquer qu'en outre le style est plusieurs fois rameux dans ces dernières, et simplement bilobé dans les premières qui formeraient le genre *Curcas* d'Adanson, le *Bromfeldia* de Necker et le *Castiglionia* de Ruiz et Pavon. Dans celui-ci les auteurs ont décrit les fleurs comme hermaphrodites, et il arrive en effet quelquefois que dans des fleurs d'un sexe on rencontre les organes de l'autre à l'état rudimentaire. La Plante que Swartz a fait connaître sous le nom de *Jatropha divaricata*, et qui présente trois styles courts et simples, avec une capsule à deux ou trois loges dispermes, ne paraît pas congénère des vrais Médiciniers : on en a aussi éloigné plusieurs espèces pour en former le genre *Janipha. V.* ce mot.

Ce nom de Médicinier paraît dû aux propriétés purgatives très-actives des graines, assez énergiques même pour qu'on les considère comme du domaine de la toxicologie plutôt que de la matière médicale. Les graines les plus remarquables sous ce rapport sont celles du *Jatropha Curcas* connues sous les noms vulgaires de Pignon d'Inde et de Noix des Barbades, ainsi que celles du *Jatropha multifida*, appelées aux Antilles Noisettes purgatives. Dans les espèces herbacées la piqûre des poils roides dont la Plante est hérissée, cause une démangeaison brûlante qui persiste long-temps.

(A. D. J.)

MÉDICUSIE. *Medicusia.* BOT. PHAN. Genre de la famille des Synanthérées, et de la Syngénésie égale, L., établi par Mœnch (*Meth. Plant.*, p. 557), et adopté par Cassini qui l'a placé dans la tribu des Lactucées. Ses caractères sont : involucre ovoïde, formé de folioles, sur un seul rang, égales, appliquées, lancéolées, linéaires, toruleuses et carenées, muni à la base d'écailles inégales, linéaires, infléchies au sommet; réceptacle nu; calathide composée de fleurs en languettes, nombreuses et hermaphrodites; akènes arqués en dedans, sillonnés longitudinalement et transversalement, surmontés d'une aigrette plumeuse. Ce genre a été réuni par De Candolle (Flore Franç., vol. 3, p. 38) au *Zacintha*, malgré le caractère de l'aigrette plumeuse qui lui est attribué par Mœnch; mais ce caractère est douteux, puisque le véritable *Crepis rhagadiolodes*, L., sur lequel le *Medicusia* a été établi, n'a pas l'aigrette ainsi conformée, s'il faut s'en rapporter sur ce point à Jacquin et à Willdenow. Cassini pense qu'on pourra le réunir au *Picris*; ce qui d'ailleurs a déjà été opéré par Persoon. Le *Medicusia aspera*, Mœnch, unique espèce du genre, est une Plante herbacée, hérissée sur toutes ses parties de petits aiguillons fourchus. Sa tige est rameuse, haute environ d'un mètre, garnie inférieurement de feuilles oblongues, sinueuses, dentées, et supérieurement de feuilles sessiles, lancéolées. Ses fleurs sont jaunes, rougeâtres extérieurement. Elle croît près de Malaga, en Espagne.   (G..N.)

MÉDION. BOT. PHAN. La Plante ainsi désignée dans Dioscoride, est le *Campanula Medium*, L. *V.* CAMPANULE.   (B.)

MÉDUSA. ACAL. *V.* MÉDUSE.

MÉDUSA. BOT. PHAN. (Loureiro.) *V.* MÉDUSULA.

* **MÉDUSAIRES.** ACAL. Famille d'Animaux invertébrés, de la classe des Radiaires, établie par Lamarck et désignée par la plupart des auteurs sous le nom de Méduses (*V.* ce mot). Les Médusaires sont tous des Animaux marins, entièrement gélatineux ou plutôt semblables à de la gelée, transparens; ils ont des formes très-régulières, élégantes; des couleurs variées et brillantes, et tendres à la fois; leur corps, que l'on nomme Ombrelle, est circulaire, plus ou moins convexe en dessus, plat ou concave en dessous; la bouche, toujours placée à la surface inférieure, est simple ou multiple, quelquefois sessile ou portée sur un appendice central nommé pédoncule. Celui-ci plus ou moins long, plus ou moins volumineux, offrant des formes excessivement variées, est tantôt simple, tantôt divisé plus ou moins profondément, et ces divisions, dont le nombre varie, ont reçu le nom de bras; enfin le pourtour du corps des Médusaires, ou la circonférence de l'ombrelle, est tantôt entier, tantôt divisé en filets plus ou moins longs que l'on a nommés tentacules. On trouve les Médusaires dans toutes les mers, dans tous les climats; ils habitent en général les hautes mers, cependant ils ne sont pas rares près des côtes. Leurs espèces sont très-variées, très-nombreuses, et la plupart semblent confinées dans certains parages dont elles ne s'écartent que fort peu; dans les climats chauds, on les rencontre en toute saison; dans les climats froids ou tempérés, elles ne paraissent que vers la fin du printemps et pendant l'été. Il est des Médusaires que l'on ne peut bien distinguer qu'à l'aide du microscope, et d'autres qui parviennent à plusieurs pieds de diamètre et pèsent cinquante à soixante livres. L'anatomie des Médusaires est presque bornée à la connaissance de leurs formes extérieures. A peine sortis de l'eau, ces Animaux ne tardent pas à se fondre, pour ainsi dire, en un liquide transparent, analogue à de l'eau de mer;

ils ne paraissent constitués que par une enveloppe membraneuse et un tissu celluleux rempli d'eau, et, d'après les observations microscopiques de Bory de Saint-Vincent (*V.* MATIÈRE), de corpuscules hyalins. Dans quelques espèces pourtant, on a distingué un ou plusieurs estomacs, des vaisseaux ramifiés, des cavités contenant de l'air et des ovaires. Les Médusaires exécutent des mouvemens assez rapides et long-temps soutenus; ils nagent avec grâce en contractant et relâchant alternativement la circonférence de leur ombrelle. La plupart répandent une lueur phosphorescente dans l'obscurité : plusieurs produisent sur la main qui les touche une douleur brûlante occasionée sans doute par une sécrétion particulière. On ignore leur mode de respiration et de génération. Les Médusaires se nourrissent de toutes sortes d'Animaux marins et même de Poissons; ceux qui sont munis de bras s'en servent pour attraper leur proie; leur digestion est très-rapide, et leur reproduction prodigieuse. Les variétés de formes des Médusaires, le grand nombre d'espèces qui s'y rapportent, ont nécessité plusieurs divisions et l'établissement de plusieurs genres dans cette famille intéressante d'Animaux. Péron et Lesueur, auxquels on doit, sur les Méduses, un excellent travail inséré dans le 14e volume des Annales du Muséum d'Histoire Naturelle, prenant pour base de leurs coupes principales l'absence ou la présence de l'estomac, ont établi deux grandes divisions : les Méduses agastriques et les Méduses gastriques. Les Méduses agastriques sont subdivisées d'après l'absence ou la présence d'un pédoncule, l'absence ou la présence de tentacules; les genres Eudore, Bérénice, Orythie, Favonie, Lymnorée et Géryonie, sont compris dans cette division et se rattachent aux subdivisions d'après leurs caractères. Les Méduses gastriques sont subdivisées d'après la présence d'une ou de plusieurs bouches, l'absence ou la présence d'un pédoncule, l'absence ou la présence de bras, l'absence ou la présence de tentacules ; à chaque subdivision se rattache un ou plusieurs des genres Carybdée, Phorcynie, Eulimène, Equorée, Fovéolée, Pégasie, Callirhoé, Mélitée, Evagore, Océanie, Pélagie, Aglaure, Mélicerte, Euryale, Ephyre, Obélie, Ocyrbé, Cassiopée, Aurellie, Céphée, Rhizostome, Cyanée, Chrysaore.

Lamarck forme également deux divisions dans les Médusaires ; la première renferme les Médusaires à bouche unique, la seconde ceux qui en présentent plusieurs. Il restreint à plus de la moitié les genres établis par Péron ; ses subdivisions sont fondées à peu près sur les mêmes caractères, c'est-à-dire d'après l'absence ou la présence du pédoncule, des bras et des tentacules. On trouve dans la première division les genres Eudore, Phorcynde, Carybdée, Equorée, Callirhoé, Orythie, Dianée ; et dans la seconde les genres Ephyre, Obélie, Cassiopée, Aurellie, Céphée. Cuvier établit trois genres dans cette famille qui fait partie de ses Acalèphes libres : 1° les Méduses propres, qui ont une vraie bouche sous le milieu de la surface inférieure, soit simplement ouverte à la surface, soit prolongée en pédicule ; 2° les Cyanées, toutes les Méduses à bouche centrale et à quatre cavités latérales ; 3° les Rhizostomes, qui ont quatre ovaires dans des cavités ouvertes comme les Cyanées et au milieu un pédicule plus ou moins ramifié suivant les espèces. Cuvier admet comme sous-genres une partie des genres de Péron, soit avec les caractères indiqués par Péron lui-même, soit avec les modifications admises par Lamarck, soit enfin en les considérant sous une autre acception.   (E. D..L.)

MÉDUSE. *Medusa*. ACAL. Linné créa sous ce nom un genre qui réunissait les Animaux rayonnés à corps libre et gélatineux ; plusieurs auteurs ont adopté ce genre tel qu'il avait été

institué. Péron, qui a établi aux dépens des Méduses un grand nombre de genres, conserve la dénomination linnéenne seulement comme nom de famille et y comprend encore les Béroés, les Porpites et les Physalies. Cuvier se sert également du nom de Méduse comme nom de famille ou de section ; il y rattache de plus les Béroés, les Cestes et les Diphies. Lamarck réunit sous le nom de Radiaires molasses, tous les Animaux qui pouvaient se rapporter au genre Méduse de Linné, et il les divise en Radiaires anomales et Radiaires Médusaires ou simplement Médusaires. Cette dernière section comprend les Méduses proprement dites, c'est-à-dire les Animaux réguliers, orbiculaires, gélatineux, transparens, lisses, plus ou moins convexes en dessus, aplatis ou concaves en dessous avec ou sans appendice en saillie ; munis d'une bouche inférieure, simple ou multiple. Il nous semble que l'on doit préférer, comme nom de famille, la dénomination employée par Lamarck ; celle de Méduse entraînant quelque indécision par l'usage plus ou moins étendu que les auteurs en ont fait. *V.* MÉDUSAIRES.
                      (E. D..L.)

* MÉDUSEA. BOT. PHAN. C'est l'un des genres établis par Haworth aux dépens des Euphorbes. Il a pour type l'*Euphorbia Caput Medusæ*, dont le port est assez particulier ; mais dont les différences ont trop peu d'importance, pour que le genre mérite d'être adopté. *V.* EUPHORBE.
                      (G..N.)

MÉDUSULA. BOT. PHAN. Loureiro (*Flor. Cochinchin.*, 2, p. 493) a établi ce genre sous le nom de *Medusa* dont Persoon a légèrement changé la terminaison pour que la même dénomination ne fût pas appliquée à des êtres qui appartiennent à des règnes différens. Voici les caractères essentiels du *Medusula* qui a été placé dans la Monadelphie Pentandrie, L. : calice persistant, à cinq folioles ; cinq pétales ; cinq étamines dont les filets sont réunis au tube par la base, et dont les anthères sont pendantes ; ovaire supérieur surmonté d'un style et d'un stigmate simple ; capsule hérissée, uniloculaire, à trois valves et renfermant six graines. Le *Medusula anguifera* est un Arbre de la Cochinchine, d'une grandeur médiocre, dont les rameaux sont dressés, garnis de feuilles alternes, ovales, acuminées, glabres et dentées en scie. Les fleurs sont rouges et disposées en grappe. (G..N.)

* MEDUSULA. BOT. CRYPT. (*Lichens.*) Ce genre, créé par Eschweiler dans son *Syst. Lichen.*, p. 16, f. 22, fait partie de sa cohorte des Trypéthéliacées. Il est établi sur les caractères suivans : thalle crustacé, attaché, uniforme ; verrues déprimées, pulvérulentes, blanches ; apothécies linéaires, allongées, immergées, noires, voilées de blanc dans la jeunesse ; périthécie latérale plane. Le genre *Medusula* ne doit point suivant nous figurer dans les *Trypethelium*, mais bien dans les Graphidées dont il a le port et la structure intérieure. Ses fructifications sont linéaires, à disque dilaté, pourvues d'un nucléum charnu, en tout semblable à celui des *Graphis*. Persoon avait décrit la Plante qui a servi de base à ce genre sous le nom d'*Opegrapha Medusula* (Act. Soc. Wéterav.). Acharius regardait comme douteux que ce fût une Opégraphe. Nous examinerons au mot SARCOGRAPHE la validité du genre *Medusula* ; nous nous bornerons maintenant à annoncer que Tode aussi a un genre *Medusula* (*V. Fung. Meckl.*, Sel., 1, p. 17, t. 5, f. 28) qui est adopté. Nous ajouterons que Persoon avait également un genre *Medusula*, fondé sur une Plante phanérogame ; que c'est ce dernier nom qui a prévalu (*V.* ce mot); en sorte qu'il deviendra nécessaire, afin d'éviter la confusion nominale, de changer le nom donné par Eschweiler, si son genre venait à être adopté. (A. F.)

MEÉRÉDYCK. BOT. PHAN. L'un des noms vulgaires du *Cochlearia Armoracia*, L. *V.* COCHLEARIA. (B.)

MÉERSCHAUM. MIN. (Werner.) *V.* ÉCUME DE MER et MAGNÉSITE.

MEESIA. BOT. PHAN. (Gaertner.) *V.* WALKERA.

MEESIA. BOT. CRYPT. (*Mousses.*) Ce genre établi par Hedwig, ne diffère des Brys, qu'en ce que les dents de son péristome externe sont beaucoup plus courtes que celles du péristome interne et très-obtuses. Ce genre a été depuis réuni par plusieurs muscologistes aux Brys ; mais il forme néanmoins dans ce genre un groupe assez naturel par son port. Il renfermait les quatre espèces suivantes : *Bryum trichodes*, Hook., ou *Meesia uliginosa*, Hedw. ; *Bryum hexastichum*, *Bryum triquetrum*, Hook., ou *Meesia longiseta*, Hedw. ; *Bryum dealbatum*, Smith, ou *Meesia dealbata*, Hedw. *V.* BRY. (AD. B.)

MÉGACARPÆA. BOT. PHAN. Ce genre, établi par De Candolle (*Syst. univ. Veget.*, 2, p. 417), appartient à la famille des Crucifères, et à la Tétradynamie siliculeuse, L. Il est ainsi caractérisé : calice sans gibbosités à la base ; pétales entiers ; filets des étamines libres et sans dents ; silicule sessile, à deux écus ou disques, échancrée aux deux extrémités, à loges très-comprimées, ceintes d'un rebord ailé, adnées à l'axe par tout leur côté interne ; style nul ; stigmate en forme de disque, presque à deux lobes ; graines solitaires dans chaque loge, orbiculées, comprimées ; embryon dont la radicule est ascendante, et les cotylédons accombans. Ce genre ne se distingue du *Biscutella* que par son stigmate sessile, sa silicule munie d'un large bord et surtout par son embryon qui au lieu d'être inverse, comme dans les autres genres de la famille, se compose d'une radicule et de cotylédons ascendans. Les deux espèces qui le constituent, *Megacarpæa laciniata* et *M. angulata*, D. C., croissent en Sibérie. Ce sont des Plantes herbacées, vivaces, à feuilles multifides, à fleurs

paniculées, très-petites, et à fruits
d'une grandeur très-considérable
pour des fruits de Crucifères; ce qui
a déterminé la formation du nom
générique.   (G..N.)

* MÉGACÉPHALE. ois. Espèce
du genre Engoulevent. *V.* ce mot.
                          (DR..Z.)
MÉGACÉPHALE. *Megacephala.*
ins. Genre de l'ordre des Coléoptères, section des Pentamères, famille
des Carnassiers terrestres, tribu des
Cicindelètes, établi par Latreille, et
ayant pour caractères : deux palpes
à chaque mâchoire dont les extérieurs
sont notablement plus courts que
ceux de la lèvre; mandibules très-
fortes; les trois premiers articles des
tarses antérieurs des mâles dilatés,
presque en forme de triangle renversé, placés bout à bout; corps épais,
simplement oblong avec le corselet
plus large que long ou à diamètres
presque égaux, légèrement plus élevé
dans son milieu; abdomen ovalaire
comme coupé transversalement à sa
base. Ce genre se distingue des Cicindèles, avec lesquelles il a le plus
de rapports, par les palpes maxillaires
qui dans celles-ci sont plus longs
que les labiaux; les pates des Cicindèles sont aussi plus grêles et plus
allongées. Les Manticores en sont éloignés par des caractères tirés de la
forme générale du corps; enfin les
Thérates en sont séparées parce que
leurs palpes maxillaires internes sont
remplacés par une petite épine. La
tête des Mégacéphales est grosse avec
le front large et plane ou légèrement
convexe. Les yeux sont grands et
assez peu saillans; la lèvre supérieure est courte, transversale ou arrondie et peu avancée; elle laisse les
mandibules bien à découvert. Celles-
ci sont larges, fortement dentées et
peu saillantes. Le dernier article des
palpes maxillaires est légèrement sécuriforme. Les labiaux ont leur premier article allongé et dépassant l'extrémité supérieure de l'échancrure
du menton, le second est très-court,
le troisième très-long, cylindrique et

garni de poils roides et assez longs,
et le dernier est sécuriforme. Le corselet est presque aussi large que la
tête à sa partie antérieure : il se ré-
trécit un peu postérieurement; le
milieu de son bord postérieur est un
peu prolongé, et il recouvre l'écusson dont la pointe n'atteint pas la
base des élytres. Celles-ci sont à peu
près de la largeur de la tête, plus ou
moins allongées; l'avant-dernier anneau de l'abdomen des mâles est
très-fortement échancré. Les pates
sont longues, assez fortes; les tarses
sont aussi assez forts et moins allongés que ceux des Cicindèles. Ces Insectes paraissent jusqu'à présent plus
répandus dans le Nouveau-Monde
que dans l'Ancien, où l'on n'en a
encore trouvé que deux espèces aptères. Toutes celles de l'Amérique
sont ailées. Parmi celles-ci nous citerons :

La MÉGACÉPHALE DE LA CAROLINE,
Megacephala Carolina, Latr., Dej.;
Cicindela Carolina, Fabr., Oliv. (Col.,
2, 33, p. 29, n. 31, t. 2, fig. 22), Sch.
(*Syn. Ins.*, 1. p. 238, n. 8). Elle est
longue de cinq à sept lignes, d'un
beau vert métallique à reflets rouges;
les yeux, les antennes, les organes
de la manducation, l'anus et les pates
sont jaunes; les élytres ont à leur
extrémité postérieure une tache jaune, oblongue et n'atteignant pas la
suture. Elle se trouve dans l'Amérique septentrionale et dans les Antilles; elle a été aussi apportée du
Chili par D'Urville.   (G.)

MÉGACHILE. *Megachile.* ins.
Genre de l'ordre des Hyménoptères,
section des Porte-Aiguillons, famille
des Mellifères, tribu des Apiaires,
établi par Latreille et nommé *Anthophora* par Fabricius qui réunissait à ce genre plusieurs espèces appartenant à des genres bien différens.
Les Mégachiles appartiennent à la
division des Dasygastres de Latreille
(Fam. Naturelles), et les caractères
que ce savant assigne à ce genre
sont : palpes dissemblables, les labiaux en forme de soies écailleuses,

allongées et comprimées ; leurs deux premiers articles presque de la même longueur ; dessous de l'abdomen des femelles garni d'une brosse soyeuse servant à récolter le pollen des fleurs ; labre en forme de carré long et perpendiculaire ; mandibules fortes , en pince ; palpes maxillaires très-petits , de deux articles, dont le second plus long ou de la longueur du premier , presque cylindrique ; abdomen triangulaire , déprimé. La figure en parallélogramme de la lèvre supérieure des Mégachiles avait été remarquée par Réaumur, et il avait observé que cette partie garantissait leur trompe et leur servait en quelque sorte de table lorsqu'elles coupaient des feuilles pour construire leurs nids. Il avait donc distingué les Abeilles solitaires et les avait désignées sous le nom de Coupeuses de feuilles. Cuvier (Tableau élém., etc.) fit de ces Insectes une division particulière. Latreille, immédiatement après, dans son Mémoire sur l'ordre naturel des Insectes composant le genre *Apis* de Linné, sépara ces espèces et en forma avec quelques autres le genre Mégachile ; il le partagea en six sections. Kirby, dans sa Monographie des Abeilles, avait établi, en même temps que Latreille, la même division en faisant une coupe du genre *Apis*. Enfin Latreille a encore travaillé ces coupes (*Gen. Crust.*, etc., et *Fam. Nat.*, etc.), et il a conservé son genre Mégachile tel que nous l'avons caractérisé plus haut. Les Mégachiles ont en général un peu de ressemblance pour leur port avec les Xylocopes, et même les Bombus. Leur tête est épaisse ; leurs antennes sont filiformes, courtes et peu brisées ; leurs yeux sont ovales et assez grands. Le corselet de ces Hyménoptères est court, rond, tronqué et très-obtus postérieurement : leur abdomen est triangulaire, tronqué à la base, avec le dessous plane, soyeux dans les femelles. L'anus, dans les mâles, est souvent courbé, échancré ou dentelé. Leur corps en général n'est pas si velu que celui des Bour-

dons ; souvent une bonne partie de la surface est nue. Leurs pates n'ont pas la longueur de celles des autres Apiaires et servent très-peu au transport du pollen, leurs jambes postérieures n'ayant point de palettes , et le premier article de leurs tarses n'étant point dilaté ni en forme de brosse. Les Mégachiles se distinguent des Cératines, Chélostomes, Hériades et Stélides, par la forme de leur corps qui n'est point étroit et allongé comme dans ces genres ; elles s'éloignent des Cælioxydes , Ammobates et Philérèmes, par des caractères tirés de la forme du labre qui est longitudinal ou triangulaire dans ceux-ci ; enfin les Anthidies , Osmies et Lithurges, en sont distinguées par des caractères tirés de la forme de l'abdomen , du corselet et des antennes. Ces Abeilles ont encore un caractère qui leur a été reconnu par Jurine, et qui a forcé ce naturaliste de les réunir avec des Apiaires très-différentes par l'organisation de leur bouche et par leurs habitudes. Ce caractère est d'avoir une cellule radiale, allongée, et deux cellules cubitales presque égales , dont la seconde reçoit, près de chacune de ses extrémités, une nervure récurrente. Ces Hyménoptères n'offrent que deux sortes d'individus des mâles et des femelles : ils vivent solitairement. Les mâles sont distingués des femelles par leurs antennes de treize articles, quelquefois plus grosses vers le bout ; par leurs mandibules plus étroites, leurs pates antérieures aussi longues ou plus longues que les suivantes, arquées, avec les tarses frangés de poils le long de leur côté inférieur, quelquefois même dilatés et comprimés. Les jambes des autres pates sont souvent épaisses et presque en massue. L'extrémité postérieure de l'abdomen est courbée, arrondie ou très-obtuse, et offre souvent une échancrure ou des dentelures au bord postérieur de l'anneau sous lequel les organes sexuels sont situés. Les organes générateurs sont très-forts, comparativement à la grosseur de l'Insecte ;

ils sont composés de différentes pièces écailleuses, dont quelques-unes sont en pince. Les femelles sont chargées seules de la conservation de leur postérité ; les travaux qu'elles exécutent à ce sujet montrent qu'elles sont douées d'un instinct admirable. Latreille divise ce genre en deux coupes très-naturelles dont nous allons donner les caractères :

† Mégachiles Phyllocopes ou Coupeuses de feuilles.

Cette division comprend les espèces qui ont les mandibules dentelées et dont les dentelures sont au nombre de quatre ; ces espèces ont reçu de Réaumur le nom de Coupeuses de feuilles ; elles emploient dans la construction de leurs nids des portions parfaitement ovales ou circulaires de feuilles, qu'elles entaillent, au moyen de leurs mandibules, avec autant de promptitude que de dextérité. Elles les emportent dans des trous droits et cylindriques qu'elles ont creusés dans la terre et quelquefois dans les murs ou le tronc pourri des vieux Arbres ; elles tapissent avec ces portions de feuilles le fond de la cavité, en formant une cellule qui a la forme d'un dé à coudre, y mettent la provision mielleuse dont la larve doit se nourrir, y pondent un œuf et la ferment avec un couvercle plat ou un peu concave et pareillement de portions de feuilles. Elles font une nouvelle cellule de la même manière en dessus de la première, puis une troisième, une quatrième et ainsi de suite, de manière à ce qu'elles aient rempli leur trou. Nous citerons dans cette division :

La Mégachile du Rosier, *Megachile centuncularis*, Latr ; *Apis centuncularis*, L.; *Anthophora centuncularia*, Fabr., Réaum. (Ins., vi, x). Longue d'environ six lignes, noire avec un duvet d'un gris fauve, de petites taches blanches et transverses sur les côtés supérieurs de l'abdomen, et son dessous garni de poils fauves. Le mâle est décrit par Linné, comme une autre espèce sous le nom de *Lagopoda*.

†† Mégachiles maçonnes.

Les mandibules des espèces de cette division n'ont qu'une petite échancrure sous leur extrémité ; leur corps est seulement plus velu et ressemble un peu à celui des Bourdons ou des Xylocopes ; leurs antennes paraissent être proportionnellement plus longues. Les femelles construisent leurs nids avec de la terre très-fine, dont elles forment un mortier ; elles l'appliquent sur les murs exposés au soleil, contre des pierres, ou bien elles en forment des boules qu'elles attachent à des branches de Végétaux. Ce nid devient très-solide et ressemble à une motte de terre ; il contient dix à douze cellules dans chacune desquelles est déposé un œuf avec de la pâtée mielleuse pour la nourriture de la larve qui se file une coque pour se changer en nymphe, et devient Insecte parfait au commencement du printemps : il s'ouvre un passage à travers les parois de sa prison à l'aide de ses mandibules. Ces Mégachiles ont des ennemis dans les larves d'une espèce de Clairon (*Apiarius*), et dans celles du *Leucospis dorsigera*. Ces deux Insectes ont soin de déposer un œuf dans le nid, un peu avant la Mégachile, et il en sort une larve qui dévore bientôt celles de la propriétaire et se développe dans son habitation. A cette division appartient l'espèce suivante :

Mégachile Sicilienne, *Megachile Sicula*, Latr.; *Apis Sicula*, Rossi (*Faun. Etrus. mantis.*, 2, tab. 4, fig. d, d, e). Noire, velue, avec le front, le dessus du corselet et les pieds d'un fauve vif, et les ailes d'un violet tirant sur le noir foncé. Cette espèce construit un nid de plus d'un pouce de diamètre, sphérique et très-dur ; elle l'attache aux branches des Arbrisseaux, tels que la bruyère. On le trouve en Égypte, en Sicile, et Payraudeau, qui vient de faire un voyage en Corse, pour y faire des observations de zoologie, en a rapporté plusieurs individus et des nids comme ceux que nous venons de décrire. Le *Mega-chile muraria*, figuré par Réaumur (t. 6, pl. 7 et 8) et par Schæffer, appartient à cette division.

D'autres Hyménoptères, appartenant à des genres différens, ont été décrits sous le nom de Mégachile. Ainsi on a appelé

MÉGACHILE CONIQUE, un Cælioxide.

MÉGACHILE TRÈS-PONCTUÉE, AUX AILES NOIRES, des Stélides.

MÉGACHILE GRANDES DENTS, DES CAMPANULES, DES TRONCS, des Chélostomes et des Hériades.

MÉGACHILE BICORNE, DU PAVOT, des Osmies.

MÉGACHILE CINQ CROCHETS, une Anthidie. (G)

* MÉGADÈRE. *Megaderus*. INS. Genre de l'ordre des Coléoptères, section des Pentamères, famille des Longicornes, tribu des Cérambycins, établi par Dejean et Latreille qui ne donnent pas ses caractères. Ce genre a pour type le *Callidium stigma* de Fabricius. (G.)

MÉGADERME. *Megaderma*. MAM. *V*. VESPERTILION.

* MÉGAGNATHE. *Megagnathus*. INS. Genre de Coléoptère établi par Dejean, et que Latreille nomme Prostomis. *V*. ce mot. (G.)

* MEGALOCARPÆA. BOT. PHAN. Pour Megacarpæa. *V*. ce mot. (G..N.)

MÉGALODONTE. *Megalodontes*. INS. Genre de l'ordre des Hyménoptères, section des Térébrans, famille des Porte-Scies, tribu des Tenthredines, établi par Latreille, et nommé *Tarpa* par Fabricius, *Cephaleia* par Jurine, et *Diaprion* par Schrank. Les caractères de ce genre sont : tête arrondie, grande ; mandibules allongées, étroites, fortement bidentées à leur extrémité ; fausse trompe allongée ; antennes sétacées, composées d'un grand nombre d'articles en scie, ou presque pectinées.

Ces Hyménoptères ont beaucoup de rapports avec les *Cephaleias* de Jurine ; ils ont, comme ces derniers, deux cellules radiales et quatre cellules cubitales ; ils ont aussi la tête grande, les mandibules allongées, l'abdomen aplati, et les quatre jambes postérieures munies de deux épines dans leur milieu, outre les deux de l'extrémité ; mais ils s'en distinguent pourtant bien par les antennes qui sont pectinées, tandis qu'elles sont simples dans les *Cephaleia* ou Pamphilies de Latreille (*Lyda*, Fab.). Les Lophyres s'en éloignent par leurs antennes en panache ; les Céphus ont les antennes plus grosses vers le bout ; enfin les Tenthrèdes, Hylotomes, etc., s'en éloignent, parce que ces genres n'ont pas plus de onze articles aux antennes, tandis que les Mégalodontes en ont douze et au-delà. Les larves de ce genre n'ont point de pates membraneuses, et l'extrémité postérieure de leur corps se termine par deux cornes ; elles vivent de feuilles qu'elles plient souvent pour s'y tenir cachées. Klüg, dans sa Monographie de la famille des Tenthredines, mentionne deux espèces de ce genre ; nous citerons :

Le MÉGALODONTE CÉPHALOTE, *Megalodontes cephalotes*, Latr.; *Tarpa cephalotes*, Fabr., Klüg. De six à sept lignes de long ; corps très-noir et luisant ; tête grande, avec trois points entre les yeux, et deux petites taches postérieures en croissant et de couleur jaune ; antennes roussâtres ; corselet ayant une ligne verdâtre en devant ; abdomen portant cinq raies transversales en forme d'anneaux, dont l'extérieure plus grande, jaunes ; pates roussâtres. Cette espèce est rare en France. La seconde espèce est d'Allemagne ; Klüg la nomme *Plagiocephalus :* c'est le *Tenthredo cephalotes* de Fabricius. (G.)

MÉGALONIX. MAM. FOSS. Le célèbre président des Etats-Unis, Jefferson, a le premier donné ce nom à l'Animal auquel avaient appartenu quelques ossemens trouvés en 1797 dans une caverne des montagnes calcaires du comté de Greenbriar en

Virginie : l'inspection d'ongles très-longs, recourbés et acérés, avait porté à croire que ces fragmens pouvaient être ceux d'un Carnassier, voisin des Chats ou des Ours, de la taille environ d'un Bœuf. Cuvier pense, au contraire, que le Mégalonix se rapprochait plutôt des Paresseux ou Bradypes et des Fourmiliers, présomption fondée non-seulement sur les formes et les rapports de position de divers os des membres, mais encore sur la nature d'une dent qui lui a présenté une sorte de cylindre d'émail rempli par une substance osseuse, mais dont la couronne était creuse dans son milieu. Le Mégalonix aurait été un Herbivore analogue principalement aux Bradypes, par la lenteur de ses mouvemens, mais dont la grande taille s'opposait probablement à ce que, comme les espèces actuelles de ce genre, il pût fréquemment monter aux Arbres. Cuvier regarde en définitive le Mégalonix comme une espèce de son genre Mégathérium. *F*. ce mot. (c. p.)

* MÉGALOPE. *Megalopa*. CRUST. Genre de l'ordre des Décapodes, famille des Macroures, tribu des Galathines, établi par Latreille (Fam. Nat. du règne Anim.) qui ne donne pas ses caractères. Ce genre est placé entre les *Janira* de Risso et les Galathées et Porcellanes. (G.)

MÉGALOPE. *Megalopus*. INS. Genre de l'ordre des Coléoptères, section des Tétramères, famille des Eupodes, tribu des Sagrides, établi par Fabricius, et ayant pour caractères : languette profondément échancrée ; pointe des mandibules entière ; antennes courtes, presque en scie ; dernier article des palpes finissant en pointe. Ce genre se distingue de ceux d'Orsodacne et de Sagre, par le corselet qui, dans ceux-ci, est cylindrique, et par les antennes qui sont simples dans ces derniers : il s'éloigne des Mégascelis et des Donacies par des caractères tirés de la forme du corps et des antennes. Les Mégalopes ont la tête inclinée, dégagée du corselet et plus large que lui ; leurs yeux sont grands, fortement échancrés en devant, et ayant par derrière un sinus large et peu profond. Leurs antennes sont presque en scie, insérées vers le bord interne de la partie antérieure des yeux, et composées de onze articles, dont le premier est assez long, en massue ; le second, plus court, presque en cône renversé ; les autres s'élargissent de plus en plus à leur partie antérieure, et forment chacun une espèce de dent de scie. La bouche est avancée ; les mandibules sont proéminentes, étroites, allongées, aiguës, avec leur extrémité entière : elles se croisent l'une sur l'autre. Les mâchoires sont cornées, bifides ; le lobe extérieur est grand, très-velu à son extrémité, et l'intérieur est court et fortement cilié au bord interne. Les palpes sont égaux, filiformes ; leur dernier article est allongé, conique, très-aigu ; les maxillaires sont composés de quatre articles, dont le premier très-court, le second allongé, et le troisième court et pointu. La lèvre est bifide, ses divisions sont très-allongées, obtuses et ciliées. Le corselet est un peu plus étroit que la tête, presque carré, moins large que les élytres, et rebordé à sa partie postérieure. L'écusson est triangulaire et très-distinct ; les élytres sont longues, presque coupées transversalement à leur partie antérieure, et arrondies postérieurement ; elles recouvrent entièrement l'abdomen. Les pates sont fortes, avec les cuisses postérieures souvent renflées ; les jambes intermédiaires et postérieures sont ordinairement arquées ; les tarses sont assez courts, garnis de pelotes en dessous ; leur pénultième article est plus ou moins bilobé ; le dernier est terminé par deux crochets forts, simples et aigus.

Ce genre qui ne se composait que de deux espèces quand Fabricius l'a établi, en renferme à présent une quinzaine au moins ; ce sont des Insectes propres au nouveau continent, et surtout au Brésil ; leurs mœurs ne sont pas connues ; mais il est probable qu'ils vivent sur les feuilles des Végétaux. Nous citerons :

Le MÉGALOPE NIGRICORNE, *Megalopus nigricornis*, Fab., Latr., Hist. Nat. des Crust. et des Ins. T. II, p. 398 ; Oliv., Col. T. VI, n° 96 *bis*, pl. 1 , fig. 2. Il est jaunâtre, avec les antennes , la majeure partie de la tête , une tache sur le corselet, deux autres à la base des cuisses, des pieds postérieurs, leurs jambes et leurs tarses noirs ; les élytres sont d'un verdâtre gris, pubescentes, ponctuées , avec les bords extérieurs et internes , et une ligne près des épaules, noirs. Cet Insecte a été rapporté de l'île de la Trinité par Maugé.

(G.)

* MEGALOPE. POIS. Sous-genre de Clupe. *V*. ce mot.   (B.)

MÉGALOPTÈRES. *Megaloptera.* INS. Tribu de l'ordre des Névroptères , section des Filicornes, famille des Planipennes, établie par Latreille (*Gen. Crust. et Ins.*), et à laquelle il a donné le nom de *Semblides*. Ces Névroptères font le passage des Raphidines aux Perlides ; ils ont cinq articles à tous les tarses , et le prothorax grand , en forme de corselet plus ou moins allongé. Les ailes sont couchées horizontalement ou en toit ; le côté interne des inférieures est courbé ou replié en dessous. Les antennes sont filiformes ou sétacées ; quelquefois pectinées. Les palpes maxillaires sont avancés , un peu plus grêles au bout, et le dernier article est souvent plus court. Ces Insectes sont aquatiques et carnassiers dans leur premier âge , et ils ne sont sujets qu'à des métamorphoses incomplètes. Cette tribu est divisée en trois genres : Corydale , Chauliode et Sialis. *V*. ces mots.   (G.)

MÉGALOSAURE. *Megalosaurus.* REPT. FOSS. Très-grande espèce de Reptile fort voisine du *Geosaurus* (*V*. ce mot au Supplément), découverte dans les bancs d'Oolite de Stone field près d'Oxford , et qui paraît

avoir été intermédiaire aux Lacertiens et aux Crocodiliens. « Si l'on pouvait donner le nom de *Lacerta gigantea* , dit Cuvier (Oss. Foss. T. V , part. 2, p. 343), à un autre Animal que celui de Maëstricht (*V*. MoSOSAURUS), c'est l'espèce dont il est ici question qui le mériterait ; son fémur long de trente-deux pouces anglais annoncerait, en lui supposant les proportions d'un Monitor, une longueur totale de plus de quarante-cinq pieds-de-roi , et même, s'il y a de ces fémurs de quatre pieds et plus, comme on l'a dit, sa longueur serait encore plus étonnante ; mais il est probable que sa queue n'est pas si longue à proportion : en le comparant seulement au Crocodile, on lui donnerait toujours plus de trente pieds. » C'est le professeur Buckland qui a fait, depuis une douzaine d'années , la découverte des débris de ce monstre de l'antique création et qui l'a fait connaître dans les Transactions de la Société géologique de Londres (T. I, part. II , pour 1824). Malheureusement ces débris n'étant pas bien nombreux, il est douteux qu'ils aient appartenu à un même individu. Ils consistent en des fragmens de mâchoires , en un fémur, en une suite de cinq vertèbres, en un grand os plat, et en quelques autres os moins déterminables, dont une partie paraît avoir été roulée et usée par le frottement. Le plus remarquable de ces os est celui que Cuvier (*loc. cit.*) figure, pl. XXII , 17, et qui est plat, un peu concave à la face représentée, un peu convexe à l'autre, plus mince vers le bord arqué, *a*, *b* , épais, surtout à la grosse apophyse , *c*. « Le seul os , dit l'illustre professeur, avec lequel je puisse trouver à ce Fossile quelque analogie, c'est l'os caracoïdien d'un Saurien ; *a*, *b*, serait le bord sternal, qui s'insérerait dans la rainure du disque rhomboïdal du sternum ; *c*, le col qui s'articulerait à l'omoplate ; *d*, l'apophyse du bord antérieur ; mais il faudrait supposer que la facette humérale est beaucoup plus profon de , le col beaucoup plus long , le bord du sternum plus étendu , etc. » Nous ne suivrons pas l'auteur, dont nous venons d'emprunter les propres paroles, dans toutes les suppositions au moyen desquelles il reconstruit l'Animal gigantesque dont il est question ; mais on reconnaît ici une preuve de plus de cette unité de composition au moyen de laquelle l'examen de la moindre partie d'un Animal perdu suffit à Cuvier pour figurer un squelette , aussi en détail , aussi exactement que s'il eût été préparé par Valenciennes ou Laurillard dans les ateliers du Muséum d'Histoire Naturelle. Cependant d'après l'article NATURE, que le Dictionnaire de Levrault doit au professeur Cuvier , on croirait entrevoir que ce savant ne reconnaît pas le système de l'unité de composition; mais la contradiction n'est qu'apparente, comme il en a déjà été touché quelque chose au mot MATIÈRE, et comme il sera prouvé à l'article MOSOSAURE. Ce point est fort important à établir dans la recherche de la vérité ; l'autorité d'un nom comme celui de Cuvier , pouvant éloigner d'une opinion évidemment sienne , des lecteurs superficiels qui ne devineraient pas que c'est en vertu de ces lois générales d'unité de composition , qui font qu'un organe ou qu'une forme en commandent quelqu'autre , qu'une dent , ou que le fémur d'un Animal suffisent pour en décrire non-seulement le squelette , mais pour vous révéler quelles en furent les mœurs, les allures, et jusqu'au pelage, etc. Quoi qu'il en soit, le lieu de l'Oxfordshire où l'on a découvert les restes du Mégalosaure, est un banc de Schiste calcaire qui devient sablonneux en quelques endroits. Cette pierre, que l'on exploite pour en couvrir les maisons, est placée un peu au-dessous de la région moyenne des couches oolitiques, et au-dessus du Lias qui contient les Ichthyosaures. Comme une telle disposition se retrouve en Bavière, il y a lieu de croire qu'on y retrouvera des restes de Mégalosaure, car il n'est pas probable

que la nature eût confiné cet Animal dans un recoin seulement de l'Angleterre. C'était, au reste, toujours selon Cuvier, un Animal marin, grand comme une petite Baleine et très-vorace. On en trouve les os confondus avec des os d'Oiseaux, qu'on a reconnus pour des Echassiers, et des Didelphes, selon le professeur Buckland ; le tout est confondu avec des Ammonites, des Trigonies, des Bélemnites, des Nautiles, des dents de Squales ou autres Poissons, et même avec des élytres de plus d'une espèce de Coléoptères.   (B.)

MÉGALOTIS. *Mégalotis.* MAM. Aucun Animal n'a plus que le Fennec occupé les naturalistes; aucun n'a été le sujet de plus de doutes, de contestations et d'erreurs. On est étonné de le voir placé tantôt parmi les Carnassiers, et regardé alors par les uns comme un Chien , par d'autres comme une Marte, tandis qu'une troisième opinion, celle d'Illiger, faisait du même Animal le type du nouveau genre *Mégalotis;* au contraire , considéré tantôt comme un Rongeur voisin des Écureuils, ou comme un Quadrumane du genre Galago ; enfin, recevant successivement les noms de Zerdo , Zerda , Fennec , Mégalotis, et la singulière dénomination d'Animal anonyme. Suivant l'un, il habite les sables du désert de Sahara , où il se creuse des terriers ; et, ajoute-t-on, la bienfaisante nature ne lui a pas donné de trous auditifs , parce que le sable aurait pu l'incommoder en pénétrant dans ces ouvertures. Suivant un autre, il habite les forêts de Palmiers, se tenant habituellement sur la cime élevée de ces Arbres. Un troisième nous le dépeint encore comme vivant dans les herbes et le foin. Enfin, frappés de toutes ces contradictions, quelques zoologistes en venaient à supposer que l'Animal anonyme n'était qu'une espèce nominale, quand d'autres ont annoncé que le Zerdo existait réellement, et qu'il doit former un genre particu-

lier, où l'on peut même compter deux
espèces.

Après une si grande et si extraordinaire diversité d'opinions, on ne
savait plus que penser du Zerdo,
quand deux savans zoologistes, visitant presque à la même époque le
Muséum zoologique de Francfort, y
virent un Mammifère envoyé de Dongola par le voyageur Ruppel, et que
tous deux reconnurent pour le véritable Zerdo. L'un de ces deux zoologistes est le savant Temminck, qui,
dans le prospectus de ses Monographies de Mammalogie, a annoncé
qu'il ferait enfin connaître l'Animal
anonyme, en ajoutant qu'il appartient réellement au genre *Canis*; l'autre est le docteur Sigismond Leuckart, de Heidelberg, qui publia (Isis,
1825, deuxième cahier) sur le Fennec un mémoire *ex-professo*, auquel
nous emprunterons les détails suivans.

Leuckart pense, comme Temminck,
que ce Quadrupède appartient réellement au genre *Canis*, et qu'ainsi le
genre *Megalotis* d'Illiger, ou *Fennecus* de Lacépède, doit être supprimé.
« Il était surtout important, dit Leuckart (nous traduisons à peu près littéralement), d'examiner les dents,
et c'est ce que nous pûmes faire,
quoique l'Animal fût déjà empaillé,
grâce à la complaisance du docteur
Cretzschmar qui est l'administrateur,
et, pour ainsi dire, l'ame de cette
collection. Nous fûmes à l'instant
convaincus que cet Animal, comme
l'indiquaient tous ses caractères extérieurs, appartient au genre *Canis*, et
même au sous-genre des Renards,
avec lequel il a les rapports les plus
intimes. C'est au *Canis Corsac* qu'il
ressemble davantage, et on peut le
placer à côté de ce dernier. La tête
d'un Renard nous servait de terme
de comparaison, et nous reconnûmes
que les dents sont exactement en
même nombre et de même forme que
chez ce Carnassier auquel il ressemble aussi par les pieds, le nombre
des doigts et la forme de la queue : les
membres sont seulement plus hauts

et plus grêles à proportion. La tête ne
diffère sensiblement que par l'énorme
grandeur des oreilles : cependant le
front est aussi proportionnellement
plus large. La description qu'en donne Bruce rend très-mal la forme et la
disposition des oreilles : les poils du
bord interne sont longs et de couleur
blanche, et couvrent le trou auditif
de manière que le sable ne peut y pénétrer ; le bord externe est également
blanc, et le reste est couvert de poils
courts d'un rouge jaunâtre. On voit
aussi entre l'angle interne de l'œil et
la bouche, une tache d'un jaune
brunâtre ; mais tout le reste de la tête
est blanc jusqu'aux oreilles, et cette
couleur passe insensiblement en arrière au jaune de paille. Les moustaches sont de même blanches. Les parties supérieures du corps sont d'un
jaune de paille ; les inférieures d'un
blanc légèrement jaunâtre. Cette dernière nuance est aussi celle des jambes antérieures et de la plus grande
partie des postérieures. Les poils laineux, assez longs et mols, sont
blancs ; les soyeux sont également
très-doux ; ils sont blancs à leur racine, puis annelés de jaune de paille
et de blanc, et terminés enfin de jaune
de paille : quelques-uns répandus çà et
là ont cependant la pointe noire. La
queue est généralement, et surtout
à sa partie supérieure, d'un jaune
brunâtre, seulement plus noir à sa
racine et à son extrémité : elle est
d'ailleurs touffue et couverte d'assez
longs poils. » Quant aux mœurs de
cet Animal, Leuckart paraît n'avoir
pu obtenir aucun renseignement certain ; mais, comme il le dit, il est
probable qu'il vit dans des terriers, et
se nourrit de petits Quadrupèdes,
d'Oiseaux et d'Insectes. « C'est d'ailleurs certainement à tort, ajoute-t-il,
qu'on a dit de cette espèce qu'elle
peut vivre sur les Arbres et se nourrir de Végétaux, et les personnes qui
l'ont assuré à Bruce la confondaient
sans doute avec une autre, peut-être
avec le *Galago Senegalensis* lui-même ; » remarque qui nous explique pourquoi quelques naturalistes

français n'ont vu dans l'Animal anonyme qu'une espèce de ce genre de
Quadrumanes. Leuckart propose de
nommer le Zerdo, *Canis Zerda*, *C.
pygmæus*, *C. Saharensis*, ou *C. Megalotis*; mais Desmarest ayant décrit
sous ce dernier nom, dans les supplémens de sa Mammalogie, une
nouvelle espèce de Renard apportée
d'Afrique par Delalande (c'est le
Renard Delalande de ce Dictionnaire), on s'exposerait, en l'adoptant pour un autre Animal, à jeter de
la confusion dans la synonymie.

(IS. G. ST.-H.)

* MÉGAPODE. *Megapodius*. OIS.
Genre de l'ordre des Gallinacés. Caractères : bec faible, droit, un peu
fléchi vers la pointe, aussi large que
haut à la base ; mandibule inférieure
droite, dont les bords sont de niveau
avec ceux de la supérieure ; narines
placées vers le milieu du bec et un peu
plus près de la pointe que de la base,
ovoïdes, ouvertes ; fosses nasales longues, couvertes d'une membrane entièrement garnie de petites plumes ;
région des yeux nue ; pieds grands,
forts ; tarse d'une longueur presque
double de celle du doigt intermédiaire ; quatre doigts longs, trois en
avant, à peu près égaux, l'interne
uni à sa base à l'intermédiaire, l'externe divisé, un en arrière posant à
terre dans toute sa longueur ; ongles
très-longs, faiblement courbés, trigones, déprimés ; ailes médiocres ;
les deux premières rémiges plus courtes que la troisième et la quatrième,
qui sont les plus longues.

L'expédition de découvertes autour
du monde, commandée par le capitaine Freycinet, nous a donné les premiers indices de l'existence de ce genre qui vient augmenter la tribu des
Gallinacés. Plus récemment encore,
le professeur Reinwardt, chargé par
le gouvernement des Pays-Bas d'explorer les productions naturelles de
ses possessions dans l'Inde, a été assez heureux en pouvant ajouter aux
deux espèces découvertes par les docteurs Quoy et Gaimard, une troisième
et même la certitude de l'existence

d'une quatrième espèce beaucoup plus
forte et plus grande que les autres.
Reinwardt, ainsi que Quoy et Gaimard, ont rencontré ces espèces aux
Moluques. On peut attribuer à l'extrême timidité de ces Oiseaux, l'i-
gnorance où l'on a été de leur existence, depuis que tant de voyageurs
ont visité les Moluques, car il paraît
que, malgré les efforts des habitans
des contrées presque sauvages où ces
Oiseaux se trouvent très-multipliés,
on n'a pu encore parvenir à leur
faire subir entièrement le joug de la
domesticité ; cependant, sous plus
d'un rapport, ils présentent de grandes ressources pour l'économie générale comme gibier délicieux, et en
raison de leur excessive fécondité.
L'histoire de leurs mœurs est encore
très-peu connue : ils se tiennent de
préférence sur les limites des grandes
forêts qui avoisinent les côtes, et ils
s'y réfugient à l'approche de l'Homme dont ils paraissent redouter fortement la présence ; s'ils sont surpris
en plaine ou sur les plages maritimes,
à l'apparence du moindre danger,
ils partent avec la vitesse d'un trait
et vont se cacher dans les broussailles
les plus impénétrables à travers lesquelles ils courent avec une rapidité
incroyable. Leur cri est une espèce
de gloussement dont l'intensité a
paru assez faible à ceux qui ont pu
l'entendre. Leur fécondité doit être
très-grande si l'on en juge par l'étou-
nante quantité d'œufs que l'on trouve
disséminés sur le sol, dans les trous,
et recouverts de sable, de feuilles et
de débris de Végétaux ; c'est dans ces
trous creusés par les femelles que
celles-ci les déposent, sans s'assujettir au besoin de l'incubation qui s'o-
père à la faveur des rayons du soleil,
habitude assez extraordinaire chez
les Gallinacés qui, pour la plupart,
montrent envers leur progéniture,
une vive tendresse. Ces œufs sont
d'un volume considérable et hors de
toute proportion avec la taille de l'Oiseau ; ils sont fort arrondis, d'égale
grosseur aux deux bouts, et procu-
rent un mets très-recherché des sau-

20*

vages. Chez les espèces observées jusqu'à ce jour, la différence entre les sexes est presque nulle.

Mégapode de Freycinet, *Megapodius Freycinetii*, Gaim., Voy. autour du monde, pl. 32; Temm., Ois. color., pl. 220. Parties supérieures d'un brun noirâtre, les inférieures d'une nuance plus claire; tête garnie de plumes étroites et effilées, susceptibles de se relever en huppe; cou presque nu, recouvert çà et là de quelques faisceaux de plumes courtes et noires, de même que la peau; bec et pieds bruns. Taille, treize pouces. Cette espèce paraît être fort abondante sur les îles Vaigiou et Boni, où on les a trouvés presque à l'état de domesticité; leur démarche est lente, et quelquefois ils font entendre un petit cri assez fréquemment répété qui a beaucoup d'analogie avec le gloussement de la Poule.

Mégapode de La Pérouse, *Megapodius Laperousii*, Gaimard, Voy. autour du monde, pl. 33. Parties supérieures brunes, avec l'extrémité des plumes variée de roux; plumes du sommet de la tête et de la nuque effilées et susceptibles de se redresser en huppe, d'un brun clair; peau nue du cou, d'une teinte jaune tirant sur le rougeâtre; parties inférieures d'un roux clair; bec et pieds noirâtres. Taille, neuf pouces six lignes. Des îles Marianes.

Mégapode de Reinwardt, *Megapodius Reinwardtii*, Temm. Parties supérieures d'un brun olivâtre; cou totalement couvert de plumes d'un brun ardoisé; parties inférieures d'un brun noirâtre; bec blanchâtre; pieds bruns; doigts noirâtres. Taille, douze pouces. Des Moluques. (DR..Z.)

* **MEGA-REKECLAPODA**. REPT. OPH. (Russel.) Nom de pays de l'Hélène, espèce du genre Couleuvre. *V*. ce mot. (B.)

***MEGARIMA**. CONCH. Rafinesque (Journ. de Physiq. T. LXXXVIII, p. 427) a proposé sous ce nom un genre qu'il sépare des Térébratules sur des caractères de trop peu de va-leur pour qu'il puisse être adopté. *V*. TÉRÉBRATULE. (D..H.)

* **MEGASCELIS**. *Megascelis*. INS. Genre de l'ordre des Coléoptères, section des Tétramères, famille des Eupodes, tribu des Chrysomélines, établi par Dejean (Catal. des Coléopt.), et adopté par Latreille (Fam. Nat. du Règn. Anim.). Ce genre, dont les caractères ne sont pas encore publiés, était placé par Dejean près des Mégalopes Sagres et Donacies, à cause des formes générales de son corps, mais Latreille pense qu'on doit le ranger près des *Colaspis* et surtout près du *Colaspis ulema*. (G.)

* **MÉGASEA**. BOT. PHAN. Le *Saxifraga crassifolia*, L., forme le type d'un nouveau genre établi sous le nom de *Megasea* par Haworth (*Saxifragearum Enumeratio*, p. 6) qui lui attribue pour caractères essentiels : un calice campanulé, à cinq lobes, mellifère dans sa partie inférieure; cinq pétales persistans; des étamines soudées avec le calice près de ses lobes; un ovaire supère; deux capsules réunies seulement par la base. Indépendamment du *Saxifraga crassifolia*, l'auteur de ce genre y réunit trois autres Plantes sous les noms de *M. cordifolia*, *media* et *ciliata*. Ces espèces croissent en Sibérie et dans les montagnes de Napaul. (G..N.)

MEGASTACHYA. BOT. PHAN. Genre de la famille des Graminées, et de la Triandrie Digynie, L., établi par Beauvois (*Agrost.*, p. 74, tab. 15, fig. 5) pour les espèces du genre *Poa* et *Briza* qui offrent les caractères suivans : les fleurs sont disposées en une panicule rameuse et forment des épillets allongés, composés de fleurs imbriquées et distiques; la lépicène est bivalve, et contient de cinq à vingt fleurs; la paillette inférieure de la glume est émarginée, et offre un petit mucrone dans son échancrure; la paillette supérieure est bifide; le style est biparti, terminé par deux stigmates velus; le fruit est allongé, dépourvu de sillon, et dégagé des valves de la glume. Ce genre, qui ne doit être considéré que comme une simple section des *Poa*, a pour type le *Poa megastachya* ou *Briza Eragrostis*, L. On y rapporte encore les *Poa pilosa*, *amabilis*, *badensis*, *ciliaris*, *elongata*, *hypnoides*, etc. *V*. PATURIN.   (A. R.)

MÉGATHÈRE. *Megatherium.* MAM. FOSS. Grand Mammifère dont aucun individu n'a été vu vivant, et qui n'est connu que par quelques squelettes trouvés presque entiers dans l'Amérique méridionale, et notamment au Paraguay, d'où lui est venu le nom d'Animal du Paraguay. Le seul cabinet de Madrid possède deux de ces squelettes, dont l'un, presque complet, a été trouvé à près de cent pieds de profondeur dans des excavations faites au milieu du terrain d'alluvion des bords de la rivière de Luxan, non loin de Buenos-Ayres. Cuvier, qui a créé le nom de *Megatherium*, en fait le type d'un genre nouveau de l'ordre des Edentés, voisin des Bradypes, des Fourmiliers et des Tatous. Ce genre renferme jusqu'à présent le Megatherium proprement dit et le Mégalonix. Ces deux Animaux perdus pouvaient avoir une taille supérieure à celle du Bœuf. On pense qu'ils avaient, à chaque membre, cinq doigts forts et armés d'ongles arqués et crochus comme le sont ceux des divers Edentés connus. Dans le squelette du Megatherium, on remarque une longue apophyse aplatie qui descend de la base antérieure de l'arcade zygomatique de même que dans les Bradypes ou Paresseux, et d'un autre côté il paraît que l'on a découvert dernièrement que, comme dans les Tatous, la peau du grand Animal fossile était fortifiée par des plaques polygones ossifiées dans son épaisseur; les mâchoires du Mégathère étaient seulement garnies de quatre dents molaires de chaque côté, prismatiques, carrées, à couronne marquée de collines transversales séparées par un sillon. Cet Animal avait la tête petite en proportion de son corps qui,

selon toute apparence, était lourd et massif, et porté par des membres très-robustes, particulièrement les postérieurs qui, bien que plus courts que les antérieurs (ainsi que cela se voit encore dans les Paresseux), ne l'étaient pas d'une manière aussi disproportionnée que dans ces derniers Animaux. L'avant-bras était formé de deux os distincts qui rendaient le mouvement de torsion possible, disposition qui, avec l'existence d'une très-forte clavicule et d'ongles très-forts, a fait présumer que le *Megatherium* pouvait se servir de ses extrémités antérieures pour saisir, et peut-être même pour grimper; la brièveté des os du nez a fait également présumer à Cuvier, par analogie avec ce que présentent les mêmes parties dans l'Eléphant et le Tapir, que le Megatherium pouvait être pourvu d'une trompe, courte à la vérité d'après ce qu'indique la longueur moyenne du col. La forme des dents suffit pour distinguer le Mégalonix, deuxième espèce, du genre Megatherium, et dont jusqu'à présent on n'a vu que quelques os séparés dans les terrains meubles de l'Amérique méridionale. *V*. MÉGALONIX.   (C. P.)

MÉGATOME. *Megatoma.* INS. Genre de l'ordre des Coléoptères, section des Pentamères, famille des Clavicornes, tribu des Dermestins, établi par Herbst, et dont les caractères sont : pré-sternum recouvrant une partie de la bouche; antennes pouvant se loger en grande partie dans des excavations ou fossettes longitudinales des côtés inférieurs du corselet, une de chaque côté. Ces Insectes ont été confondus avec les Dermestes et les Attagènes, mais ils en diffèrent par leur pré-sternum qui ne recouvre pas la bouche, et par leurs antennes qui ne sont point logées dans des fossettes des côtés du corselet. La massue des antennes des Mégatomes est généralement plus longue et terminée par un article plus grand que le précédent, souvent même très-allongé dans les mâles , tandis que, dans les Dermestes, les trois articles composant cette massue , qui est d'ailleurs plus grosse et de forme à peu près identique dans les deux sexes , vont en diminuant de grandeur , de manière que le second est plus petit que le premier, mais plus grand que le troisième ou le dernier; celui-ci est presque en forme de bouton ; il est plus ou moins conique ou triangulaire dans les Mégatomes ; leur avant-sternum est plus saillant et plus convexe , et s'avance même sous la bouche dans plusieurs; le corps est ordinairement plus court et plus large. Le type de ce genre est :

Le MÉGATOME SERRICORNE , *Megatoma serra* , Latr. (*Gen. Crust. et Ins.* T. II , p. 35 , pl. 8 , fig. 10); Attagène cornes en scie (*Ibid.* , Hist. Nat. des Crust. et des Ins., p. 244): *Dermestes serra* , Fabr. Long d'à peu près deux lignes , d'une couleur de poix noirâtre , luisant , avec les antennes et les pates légèrement colorées de brun jaunâtre. Il se trouve dans les environs de Paris , sous les écorces des Ormes.   (G.)

*MÉGÈRE. INS. Papillon du genre Satyre.   (G.)

MÉGILLE. *Megilla.* INS. Fabricius a donné ce nom à un genre d'Hyménoptères composé des Anthophores de Latreille , et de quelques espèces de ses genres Nomie, Halicte et Cératine. *V.* ces mots.   (G.)

MEGISTANES. OIS. Nom donné par Vieillot, dans sa Méthode ornithologique, à l'une de ses familles qui comprend les genres Autruche, Nandou , Casoar et Émou.   (DR..Z.)

* MÉGOPHRYS. REPT. BATR. Kuhl, naturaliste hollandais, qui voyage en ce moment par ordre du roi des Pays-Bas dans les îles de Java et de Sumatra, établit sous ce nom un genre nouveau parmi les Batraciens, qu'il dit différer des Grenouilles par sa tête anguleuse avec un prolongement de peau en forme de corne qui surmonte les paupières supé-

ricures ; il n'en décrit qu'une espèce , *M. montana* , voisine du *Bufo cornutus* , L.   (B.)

MEHENBETÈNE. BOT. PHAN. (Bauhin.) Le fruit du Canarium. *V.* ce mot.   (B.)

MEHLSPATH. MIN. C'est le nom que l'on donne, aux environs de Weimar et en Thuringe, à un Calcaire compacte de couleur bleuâtre et jaunâtre.   (G. DEL.)

*MEIBOMIA. BOT.PHAN. Plusieurs espèces placées par Linné dans son genre trop vaste et mal circonscrit des *Hedysarum*, en avaient été exclues par Heister, Adanson et Scopoli. Mais ces botanistes n'ayant pas mis assez de précision dans les caractères nouveaux du *Meibomia*, on n'a pas cru devoir l'adopter. L'*Hedysarum Canadense*, L. , regardé comme type de ce nouveau genre , a été réuni au *Desmodium* par De Candolle (*Prodrom. Syst. Veget.*, 2, p. 328). (G..N.)

MEILLAUQUE. BOT. PHAN. Vieux nom français du Sorgho , d'où les noms de MILLOC et MILLOQUE, qu'on donne encore dans certaines parties du midi de la France , particulièrement dans les Landes, à cette Graminée. *V.* HOUQUE.   (B.)

* MEILLET. POIS. (Bonnaterre.) *V.* COESIO.

MÉIONITE. MIN. Hyacinthe blanche de la Somma, Romé de l'Isle. Substance blanche, soluble en gelée dans les Acides, fusible au chalumeau en verre spongieux avec bouillonnement, et cristallisant en prismes droits, à bases carrées, terminées ordinairement par des sommets tétraèdres. La forme primitive adoptée par Haüy, est le prisme symétrique dans lequel la hauteur est au côté de la base comme 4 est à 9. Ces cristaux sont souvent comme fendillés et serrés les uns contre les autres. Leur cassure transversale est ondulée et brillante. Leur pesanteur spécifique est de 2,612. Ils sont composés, d'après une analyse de Stromeyer, de 40,53 de Silice ; 32,72 d'Alumine ; 24,24 de Chaux ; 1,81 de Soude et Potasse ; et par consé-quent ils résultent de la combinaison d'un silicate d'Alumine avec un sili-cate de Chaux. Quelques minéralo-gistes prétendent que leur formule de composition est la même que celle du Weinérite ou Paranthine, avec le-quel ils les confondent en une même espèce : l'analogie complète des for-mes dans les deux substances vient à l'appui de cette opinion. La Méio-nite ne s'est encore rencontrée qu'en cristaux allongés ou en grains cris-tallins dans les roches de la Somma où elle est ordinairement accompa-gnée de Chaux carbonatée lamellaire. Arfwedson a analysé, sous le nom de Méionite du Vésuve, une substance qui paraît être d'une autre nature, puisqu'il en a retiré : Silice, 58,70 ; Alumine, 19,95 ; Potasse, 21,40 ; Chaux, 1,55 ; Oxide de Fer, 0,40.

(G. DEL.)

* **MEISCE.** BOT. PHAN. (Avicenne.) Le *Phaseolus Max*, L.   (B.)

MEISTERIA. BOT. PHAN. (Sco-poli.) Syn. de *Pacourina* d'Aublet. *V.* ce mot.   (B.)

MÉJANE. POIS. Les pêcheurs don-nent ce nom aux jeunes Dorades. (B.)

MÉLADOS. MAM. Selon Desma-rest, ce sont des Chevaux qu'on peut considérer comme de véritables Al-binos dans le genre *Equus*. Ils sont remarquables par leur couleur d'un blanc de neige et la faiblesse de leurs yeux qui sont bleuâtres.   (B.)

MÉLAGASTRE. POIS. Espèce du genre Labre.   (B.)

MELALEUCA. BOT. PHAN. Genre de la famille des Myrtinées, et de la Polyadelphie Polyandrie, L., com-posé d'un très-grand nombre d'es-pèces croissant pour la plupart dans l'Australasie, et quelques-unes dans l'Inde. Ce sont des Arbrisseaux ou quelquefois de très-grands Arbres ornés de feuilles persistantes, oppo-sées ou verticillés, rarement alternes, coriaces, entières, de forme variée suivant les espèces, et de fleurs tan-

tôt disposées en épis cylindriques et terminaux, tantôt, mais plus rare-ment, solitaires ; chacune d'elles offre un calice court, adhérent par sa base avec l'ovaire qui est infère ; son limbe est à cinq divisions dressées ; la co-rolle se compose de cinq pétales éga-lement dressés dans le plus grand nombre des espèces, et se recouvrant en partie latéralement ; les étamines sont fort nombreuses, disposées en cinq faisceaux, dont les androphores sont étroits, plus longs que la co-rolle, insérés ainsi que cette dernière à un bourrelet jaunâtre qui tapisse la partie inférieure du limbe calicinal. L'ovaire est infère, à trois loges, con-tenant chacune un très-grand nom-bre d'ovules fort petits, cylindriques, attachés à un trophosperme saillant qui naît de l'angle interne de chaque loge. Le style est simple, cylindri-que, plus long que la corolle, ter-miné par un stigmate très-petit, simple et un peu oblique. Le fruit est une capsule globuleuse ou dépri-mée, ombiliquée à son sommet qui est couronné par les dents du calice, à trois loges polyspermes s'ouvrant en trois valves par son sommet et son axe seulement ; ces trois valves res-tant réunies à l'extérieur par le calice intimement adhérent avec elles, et ne leur permettant pas de se séparer. Chacune de ces valves porte sur le milieu de sa face interne une des cloi-sons. Les graines sont fort nombreu-ses, très-petites, cylindracées et en-vironnées d'une sorte de réseau.

Les espèces de ce genre sont, com-me la plupart des autres Plantes de la famille des Myrtinées, munies, dans leurs différentes parties, de glandes nombreuses, remplies d'une huile volatile très-odorante. Aussi les *Me-laleuca* sont-ils généralement des Ar-bres aromatiques. Un grand nombre sont cultivés dans nos jardins. Mais comme ils craignent le froid, il est nécessaire de les abriter dans l'oran-gerie pendant l'hiver. Néanmoins, dans le midi de la France, plusieurs peuvent être facilement cultivés en pleine terre. Nous allons décrire quelques-unes de ces espèces que l'on voit le plus souvent dans les jardins.

MELALEUCA A FEUILLES DE MILLE-PERTUIS , *Melaleuca hypericifolia* , Smith. Cette espèce , l'une des plus communes dans nos jardins, et l'une de celles qui y acquièrent la plus grande hauteur , est originaire de la Nouvelle-Hollande. Elle forme un Arbrisseau de douze à quinze pieds d'élévation. Ses rameaux sont allongés , grêles, rougeâtres et pendans à leur extrémité. Ses feuilles sont opposées, sessiles, elliptiques , lancéolées, aiguës. entières, glabres , d'un vert glauque ; celles qui terminent les jeunes rameaux sont rougeâtres et pubescentes. Les fleurs sont très-grandes et d'un beau rouge , formant un épi ovoïde , très-dense et pédonculé. Ses fruits sont gros et ouverts dans leur partie supérieure.

MELALEUCA A BOIS BLANC , *Melaleuca Leucadendron* , L. , Lamk. , Ill. , tab. 641 , fig. 4. Cette espèce croît dans les Indes-Orientales où elle forme un Arbre d'une hauteur assez considérable , ayant une écorce noirâtre, subéreuse ; des feuilles alternes, lancéolées, très-aiguës, entières , marquées de nervures longitudinales , glabres , les terminales soyeuses et blanchâtres. Les fleurs sont blanches, sessiles, formant des épis très-allongés.

On retire, par le moyen de la distillation des feuilles de cet Arbre, une huile volatile fort rare en Europe, mais usitée dans l'Inde , et que l'on connaît sous le nom d'Huile de Cajeput. Elle est très-fluide, transparente, d'une belle teinte verte foncée , plus légère que l'eau, d'une odeur forte, aromatique et non désagréable.

MELALEUCA A FEUILLES DE BRUYÈRE , *Melaleuca ericæfolia* , Smith. C'est un Arbrisseau d'au moins vingt pieds de hauteur, ayant ses rameaux blanchâtres, ses feuilles éparses, très-rapprochées , linéaires , subulées , glabres, ponctuées, un peu recourbées ; ses fleurs d'un blanc sale , formant de petits épis ovoïdes au sommet des rameaux. Elle est originaire de la Nouvelle-Hollande.

MELALEUCA GENTIL, *Melaleuca pulchella* , Willd. Joli petit Arbrisseau de la Nouvelle-Hollande , ayant ses rameaux grêles, flexibles et pendans à leur extrémité ; ses feuilles sont opposées, très-petites, sessiles , lancéolées , aiguës, entières , glabres, ponctuées à leur face inférieure. Les fleurs sont d'un beau rouge carmin , placées isolément à l'aisselle des feuilles , ou réunies de manière à former des épis.

MELALEUCA A FEUILLES DE DIOSMA, *Melaleuca diosmæfolia* , Cavan. Arbrisseau de cinq à six pieds de hauteur, ayant ses rameaux d'un brun mêlé de blanc ; ses feuilles petites, marquées d'un rang de points transparens ; les fleurs sont pourpres.

On cultive encore dans nos jardins un grand nombre d'autres espèces de ce genre ; telles sont les *Melaleuca coronata* , *armillaris* , *styphelioides* , *gnidiæfolia* , *nodosa* , *decussata* , *myrtifolia* , *angustifolia* , etc. Tous ces Arbrisseaux se cultivent de la même manière. Ils doivent être mis en terre de bruyère pure ou mélangée de terre franche. Pendant l'hiver, on doit les abriter dans l'orangerie. On les multiplie , soit de graines que l'on sème au printemps dans des terrines remplies de terre de bruyère , soit par le moyen de boutures sous châssis ou de marcottes par strangulation. Ces Arbrisseaux demandent à être arrosés fréquemment pendant l'été ; on doit les rempoter chaque année.

(A. R.)

MÉLAMBO. BOT. PHAN. Écorce amère et résineuse, originaire de l'Amérique méridionale, introduite récemment dans la pharmacie, et que De Candolle suppose provenir d'une espèce du genre Drymis. (B.)

* MÉLAMÈRE. OIS. Espèce du genre Gros-Bec. *V.* ce mot. (B.)

MÉLAMPE. *Melampus.* MOLL. Montfort a formé sous ce nom , dans sa Conchyliologie Systématique, un

genre qu'il a séparé des Auricules.
Lamarck l'a adopté en lui donnant
le nom de Conovule. Enfin, ce savant a fini par réunir les Conovu-
les aux Auricules dont elles ne diffèrent pas essentiellement. *V*. AURI-
CULE.   (D..H.)

MÉLAMPÉLOS. BOT. PHAN. L'un
des noms antiques de la Pariétaire.
            (B.)

MÉLAMPODE. *Melampodium.*
BOT. PHAN. Linné établit ce genre qui
appartient à la famille des Synanthérées, Corymbifères de Jussieu, et à
la Syngénésie nécessaire ; il le composa de deux Plantes dont on a fait
des genres séparés. Ainsi le *Melampodium americanum*, L., est resté le
type de celui dont il est question dans
cet article, tandis que le *M. australe*,
L. et Lœfl., a formé le genre *Centros-
permum* de Kunth. Le professeur Richard père constitua, dans le *Synopsis* de Persoon, un genre *Dysodium*
qui a les plus grandes affinités avec le
Melampodium, et qui lui a été réuni
par Brown et Kunth ; il en a été de
même du genre *Alcina* de Cavanilles.
Cependant Kunth, quoique réunissant les trois genres, en a formé trois
sections, mais sans assigner de caractères à chacune de celles-ci. Après ces
réformes, ou plutôt après ces réunions,
voici ceux qui distinguent essentiellement le *Melampodium* : involucre à
cinq folioles égales ; réceptacle convexe, conique, muni de paillettes ;
fleurs du disque tubuleuses, mâles ;
celles de la circonférence en languettes et femelles ; akènes sans aigrette,
striés, enveloppés d'une foliole capsulaire. Ce genre ne comprend qu'un
très-petit nombre d'espèces, toutes
indigènes des contrées équinoxiales
de l'Amérique. Ce sont des Herbes
ou des Arbustes à feuilles opposées,
entières, à fleurs axillaires et terminales, jaunes et solitaires. On cultive
avec assez de facilité, dans les jardins
de botanique, les *M. longifolium*,
Willd. ; *M. divaricatum*, Kunth, ou
Dysodium divaricatum, Rich. ; et
M. perfoliatum, Kth., ou *Alcina per-*

foliata, **Cav.** Ces Plantes y fleurissent
sur la fin de l'été.   (G..N.)

MÉLAMPRASION. BOT. PHAN.
(Dioscoride.) Syn. de *Ballota nigra*,
L.   (B.)

MÉLAMPUS. OIS. (Gesner.) Syn.
de Glaréole tachetée. *V*. GLARÉOLE.
            (DR..Z.)

MÉLAMPYRE. *Melampyrum.* BOT.
PHAN. Ce genre de la famille des Rhinanthacées et de la Didynamie Angiospermie, L., est ainsi caractérisé :
calice tubuleux, à quatre divisions
peu profondes ; corolle tubuleuse,
comprimée, à deux lèvres dont la supérieure est en forme de casque, repliée sur ses bords ; l'inférieure en
gouttière et trifide ; quatre étamines
didynames ; capsule oblongue, obliquement acuminée, comprimée, à
deux loges séparées par une cloison
opposée aux valves, et contenant
chacune deux graines. Ce genre présente par ses caractères beaucoup
d'affinités avec les *Bartsia* et *Rhinanthus*, mais il a un port particulier qui
permet de le distinguer au premier
coup-d'œil. Il se compose d'une
dixaine d'espèces presque toutes indigènes des contrées sylvatiques et montueuses de l'Europe. Ce sont des
Herbes à feuilles simples opposées,
et à fleurs situées dans les aisselles des
feuilles supérieures, ou disposées en
épis terminaux, et accompagnées de
bractées. Elles noircissent par la dessiccation encore davantage que les
autres Plantes de la même famille
qui toutes sont sujettes à cet inconvénient. Nous décrirons seulement les
deux espèces suivantes qui sont très-
communes par toute la France, et
surtout aux environs de la capitale.
Le MÉLAMPYRE DES CHAMPS, *Melampyrum arvense*, L., vulgairement
Blé de Vache, Cornette, Rou-
geole, etc., a une tige droite, haute
de deux à trois décimètres, ordinairement rameuse, garnie de feuilles
lancéolées, linéaires et pubescentes ;
ses fleurs sont rouges, mêlées de
jaune, disposées en épis terminaux,
et accompagnées de bractées d'un
rouge de sang, découpées sur les bords,

en lanières sétacées. Cette Plante est
commune parmi les Blés et les Seigles;
ses graines donnent au pain une couleur noirâtre; suivant les uns, elles lui
communiquent des qualités nuisibles,
tandis que, suivant les autres, elles
ne l'altèrent en rien. L'abbé Rozier
concilie ces opinions opposées en observant que les graines récentes sont
encore pourvues de leur eau de végétation, d'où dépendent les mauvais
effets qu'on leur reproche; elles n'ont
au contraire plus rien de malfaisant
lorsqu'une parfaite dessiccation a fait
disparaître leur humidité. L'herbe
du *Melampyrum arvense* est un très-
bon fourrage pour les Vaches; mais,
d'après les expériences de Teissier,
elle vient mal lorsqu'elle est semée
seule; il est donc plus convenable,
pour la nourriture des bestiaux, de
l'arracher soigneusement, d'en purger
les Blés à la végétation desquels elle
porte un tel préjudice que les cultivateurs italiens la comparent à un feu
dévorant, et la désignent sous le nom
de *Fiamma*.

Le MÉLAMPYRE DES BOIS, *Melampyrum sylvaticum*, L., a une tige totalement glabre, haute de trois à
quatre décimètres, très-rameuse, garnie de feuilles très-entières; les fleurs
sont blanchâtres ou jaunâtres, solitaires dans les aisselles des feuilles.
Cette espèce est une de ces Plantes
sociales qui concourent à caractériser
la végétation de certaines contrées :
on la trouve en grande abondance
dans les bois; c'est une bonne pâture pour les Vaches qui, lorsqu'elles
s'en nourrissent, fournissent du lait
et du beurre de la meilleure qualité.

(G..N.)

MÉLANAÉTOS. ois. (Gmelin.)
Syn. de Pygargue. *V.* AIGLE. (DR..Z.)

MÉLANANTHÈRE. BOT. PHAN.
pour Mélanthère. *V.* ce mot. (B.)

MÉLANCHLÈNES. *Melanchlæni.*
INS. Ce nom qui signifie Habillé de
noir, avait été donné par Latreille à
une division des Carabiques comprenant les genres Licine, Harpale et
Siagone. *V.* ces mots. (G.)

MÉLANCHRYSE. *Melanchrysum.*
BOT. PHAN. H. Cassini (Bulletin de
la Société Philomatique, janvier 1817)
a établi ce genre qui appartient à la
famille des Synanthérées, tribu des
Arctotidées, et à la Syngénésie frustranée, L. Voici ses principaux caractères : involucre cylindracé, composé de folioles sur deux ou trois
rangs, un peu inégales, imbriquées,
soudées entre elles par la base, et
surmontées d'un appendice étalé, linéaire et foliacé; réceptacle épais,
charnu, conique, alvéolé, creusé
intérieurement d'une cavité où s'insère le pédoncule; calathide dont les
fleurs centrales sont nombreuses, régulières, hermaphrodites; celles de
la circonférence sur un seul rang, à
corolle tubuleuse en languette dentée
au sommet, et parfaitement neutres;
ovaires couverts de longs poils capillaires dressés et plus longs que l'aigrette qui est composée de paillettes
nombreuses, inégales, linéaires,
subulées, finement denticulées en
scie sur les bords. Ce genre a de tels
rapports avec le *Gazania* que nous les
croyons susceptibles d'être réunis.
V. GAZANIE. Il a pour type une
Plante que Cassini regarde comme le
vrai *Gorteria rigens*, L., lequel est
essentiellement différent de celui qui
a été ainsi nommé par Gaertner, et
qui forme le genre *Gazania* ou *Mus-
sinia* de Willdenow. A cette espèce,
l'auteur du genre *Melanchrysum* en a
ajouté une seconde qu'il a nommée
M. spinulosum, mais qui pourrait
bien n'être qu'une variété de la précédente. Ces deux Plantes croissent
au cap de Bonne-Espérance; on les
cultive dans les jardins d'Europe, à
cause de leurs fleurs, les plus belles
de toute la famille des Synanthérées,
surtout lorsqu'elles sont exposées à
un soleil ardent. La calathide du *M.
spinulosum* est très-large, d'une belle
couleur jaune orangée; chaque languette ayant sur sa partie inférieure
une grande tache très-noire. Ces Plantes se multiplient au printemps par
marcottes que l'on sépare en automne
de la souche commune, et que l'on

met dans un pot rempli de bonne terre légère et placé au soleil : il faut les arroser fréquemment pendant l'été, et les conserver dans l'orangerie durant l'hiver. (G..N.)

MELANCONIUM. BOT. CRYPT. (*Urédinées.*) Ce genre établi par Link est un des plus simples de cette famille ; il ne consiste qu'en des sporidies libres, non cloisonnées, presque globuleuses, qui sortent de dessous l'épiderme des Végétaux sous forme pulvérulente. Ce genre diffère donc des *Nemaspora* par l'absence de substance gélatineuse mêlée aux sporidies, et des *Cryptosporium* de Kunze par ses sporidies presque globuleuses et non fusiformes ; et enfin des *Stilbospora*, dont plusieurs espèces doivent rentrer dans le genre *Melanconium*, par ses sporidies non cloisonnées. L'espèce qui a servi de type à ce genre est le *Melanconium atrum* qui croît sur les jeunes branches mortes de différens Arbres, mais plus particulièrement du Hêtre. Kunze et Nées d'Esenbeck en ont depuis décrit quelques autres espèces. (AD. B.)

***MELANCORYPHUS.** OIS. (Belon.) Syn. de Bouvreuil commun. *V.* BOUVREUIL. (DR..Z.)

MÉLANCRANIS. BOT. PHAN. Genre de la famille des Cypéracées et de la Triandrie Monogynie, L., établi par Vahl (*Enumer. Plant.*, p. 279) qui lui a imposé les caractères essentiels suivans : épis composés d'écailles imbriquées, qui renferment chacune plusieurs fleurs disposées sur deux rangs ; dans chaque fleur on trouve trois étamines, un style à deux stigmates ; akène dépourvu de soies. Ce genre comprend des Plantes indigènes du cap de Bonne-Espérance, et placées par Thunberg parmi les *Schœnus*. Le *S. scariosus* de cet auteur peut être considéré comme le type du genre *Melancranis*. Ce sont des Herbes dont le chaume est roide, sans nœuds, trigone vers le sommet ; les fleurs sont réunies en une tête terminale, composée d'épis très-serrés. (G .N)

MÉLANDRE. POIS. On ne sait encore quel est le petit Poisson tout noir auquel on donne ce nom sur certaines côtes de la Méditerranée. (B.)

MÉLANDRYON. BOT. PHAN. On a rapporté le *Spiræa Aruncus*, le *Lychnis divica*, le *Cucubalus Behen* et le *Melampyrum pratense*, à la Plante ainsi nommée par Pline. (B.)

MÉLANDRYE. *Melandrya.* INS. Genre de l'ordre des Coléoptères, section des Hétéromères, famille des Sténélytres, tribu des Sécuripalpes, établi par Fabricius et confondu par cet auteur avec un grand nombre d'autres genres de la même famille. Ce genre, tel qu'il est restreint par Latreille, a pour caractères : pénultième article de tous les tarses bilobé ; antennes simples, filiformes ; palpes maxillaires terminés par un article très-grand, en hache allongée ; corps presque elliptique ; corselet trapézoïdal plus étroit en devant. Ce genre a été le sujet de bien des erreurs, et il a été embrouillé par Olivier, Fabricius, Illiger et beaucoup d'autres. Latreille (Nouv. Dict. d'Hist. Nat.) entre dans des détails à cet égard qui sont très-propres à éclaircir ce sujet ; nous allons les reproduire ici : Hellénius, dit ce savant, dans les nouveaux Actes de l'Académie de Stockholm, année 1786, forma avec deux espèces de Coléoptères Hétéromères un nouveau genre qu'il nomma *Serropalpus*, à raison des palpes maxillaires dentés en scie. Olivier (Ent. des Col.) l'adopta et le composa aussi de deux espèces dont l'une, le Serropalpe varié, avait déjà été décrite et figurée par Bosc dans les Actes de la Société d'Histoire Naturelle de Paris, et dont l'autre est la *Chrysomela caraboides* de Linné, rangée alors par Fabricius avec les Hélops (*H. serratus*). Olivier rapporte par erreur à son *Melasis buprestoides*, le Serropalpe poli (*lævigatus*) d'Hellénius, et dit ne pas connaître l'autre espèce de cet auteur, le Strié, dont on a fait encore une Mordelle. Illiger, dans sa Faune de Prusse et

son Magasin Entomologique, regarde
cependant le Lymexylon barbu d'O-
livier comme synonyme de cette dernière espèce. Les palpes maxillaires,
dans la figure du Lymexylon barbu donnée par le naturaliste français, ont en effet de grands rapports
avec ceux des Serropalpes; mais on
n'y reconnaît point les antennes, le
port et la grandeur du Serropalpe
strié. Le *Lymexylon barbatum* de Fabricius, cité par Olivier comme identique, est décrit d'une manière si incomplète, qu'il est bien difficile de
savoir quel est l'Insecte dont il avait
parlé, et le sentiment du professeur
Helwigg, qui soupçonnait que c'était
le mâle du *Lymexylon dermestoides*,
me paraît le mieux fondé; mais nul
doute que Fabricius, ayant connu depuis le *Serropalpus striatus* d'Hellénius, et recevant de confiance la synonymie d'Illiger et de Paykull, n'ait
présenté, quoique d'une manière
inexacte, les caractères génériques de
cet Insecte, lorsqu'il mentionne son
Dircœa barbata. Le genre Serropalpe
de Kugellan est composé du Lymexylon barbu et du Serropalpe strié
d'Hellénius; quant à l'autre espèce
de celui-ci, Kugellan la range avec
deux Coléoptères (*Serropalpus qua-
drimaculatus* et *S. fuscus* d'Illiger)
dans un nouveau genre, celui de
Brontes très-différent de celui que
Fabricius a depuis nommé de la sorte;
ainsi que lui il fait un Hélops de la
Chrysomèle caraboïde de Linné et
d'une espèce très-voisine de la précédente et parfaitement congénère (*ca-
naliculatus*). Deux Notoxes (*dubius*
et *bifasciatus*) de Fabricius forment
enfin pour Kugellan un genre propre,
Mystaxis. Nous avons, dans nos premiers ouvrages sur l'Entomologie,
suivi Olivier; quant au genre Serropalpe, Illiger comprend sous la même
dénomination générique les Serropalpes d'Hellénius, les Brontes et les
Mystaxis de Kugellan, et leur associe
encore deux Hélops de Fabricius
mentionnés plus haut. Paykull, dans
sa Faune Suédoise, ne s'éloigne pas à
cet égard de son opinion; mais il fait

un genre *Xylita* du Serropalpe poli
d'Hellénius, et un autre, celui d'*Hy-
pulus*, avec le Serropalpe à quatre taches d'Illiger et un Notoxe (*bifasciatus*) de Fabricius. Fabricius plus
tard (*Syst. Eleuth.*) distingue génériquement sous le nom de Mélandryes
les Hélops que nous venons de citer,
et celui qu'il avait appelé *barbatus*,
mais qui doit y rester ou former un
autre genre : tous les autres Serropalpes d'Illiger et le genre *Hallome-
nus* d'Helwigg, voisin du précédent,
deviennent des Dircées, *Dircœa*, pour
l'entomologiste de Kell. Dufstchmid,
dans sa Faune d'Autriche, conserve
le genre Hallomène qu'il nomme avec
Paykull *Hallominus*, et se conforme
pour le reste à Fabricius.

Les Mélandryes, telles que Latreille les adopte, diffèrent des Serropalpes parce que ceux-ci ont les articles des tarses postérieurs simples; le
corps cylindrique est oblong tandis
qu'il est aplati dans les Mélandryes;
les Orchésies en diffèrent par leurs
antennes qui sont en massues et par
beaucoup d'autres caractères tirés
des palpes, de la forme du corps et
des autres parties; les Conopalpes en
sont séparés par la forme du corps et
par le dernier article de leurs palpes
maxillaires, qui est conique et non en
hache; la tête des Mélandryes est inclinée, enfoncée jusqu'aux yeux dans
le corselet: les yeux sont assez grands,
arrondis et sans échancrure; les antennes sont filiformes, de la longueur de la tête et du corselet, ou un
peu plus courtes; elles ont onze articles, la plupart obconiques, et sont
insérées près de l'extrémité antérieure des yeux; le labre est membraneux, transversal, entier ou légèrement échancré, arrondi latéralement; les mandibules sont cornées,
épaisses, courtes, terminées en pointe
aiguë, et ordinairement unidentées
en dessous; les palpes maxillaires sont
très-grands et saillans, de quatre articles, dont le dernier plus grand, comprimé, cultriforme; les labiaux sont
courts, avec le dernier article un peu
plus grand, en forme de triangle ren-

versé ou presque ovoïde; les mâchoires sont terminées par deux lobes membraneux dont l'extérieur, plus grand, se courbe intérieurement sur l'autre; la languette est membraneuse, presque carrée, un peu plus large et plus ou moins échancrée au bord supérieur; le menton est coriace et presque carré, et plus court que la languette; le corselet est en forme de trapèze ou presque demi-cylindrique, incliné sur les côtés antérieurs sans rebords et un peu rétréci aux angles postérieurs; l'écusson est petit, les élytres sont étroites, allongées et bordées; enfin les pates sont assez grêles, avec les jambes terminées par deux épines; les tarses sont filiformes, leur pénultième article est bifide à son extrémité. Ces Insectes se trouvent dans les bois, ils se cachent sous les écorces des Arbres, dans les parties en décomposition. Nous citerons :

La MÉLANDRYE CARABOÏDE, *Melandrya caraboides*, Latr.; *M. serrata*, Fabr.; *Serropalpus caraboides*, Oliv. (Col. T. III, n. 57 *bis*, pl. 1, fig. 1). Elle est longue d'environ un demi-pouce, d'un noir luisant, pointillée, pubescente, avec les élytres bleuâtres, très-finement chagrinées, et ayant des lignes élevées; son corselet est déprimé sur le milieu du dos, avec une impression à chaque côté postérieur; l'extrémité des antennes et des tarses est roussâtre. Cette espèce se trouve aux environs de Paris : elle n'est pas commune.   (G.)

MELANEA. BOT. PHAN. Lamarck et Persoon ont ainsi altéré le nom du genre *Malanea* proposé par Aublet. *V.* MALANÉE.   (G..N.)

* MÉLANELLE. *Melanella*. MICR. Genre de la famille des Vibrionides, de l'ordre des Gymnodés, dont les caractères consistent dans un corps filiforme, linéaire ou égal d'une extrémité à l'autre, et complétement opaque. Les Mélanelles sont de très-petits Animaux, les plus simples des Microscopiques, avec les Monades, mais très-différentes de ces dernières,

en ce qu'elles ne sont pas globuleuses; elles semblent être l'ébauche de la fibre animée, se rencontrant le plus souvent dans les infusions de muscles, de glandes, ou autres parties d'êtres organisés, dans lesquelles les parties atomaires de cette fibre s'individualisent. On les trouve aussi parfois éparses dans l'eau des marais et de la mer; mais ces eaux peuvent être considérées comme des infusions en grand où les Mélanelles se répandraient comme égarées : leur opacité les particularise. Il en est d'encore informes, de véritables chaos, où le mouvement n'est pas bien prononcé et qui ne vibrent ou n'agissent que par accès. Celles dont la structure est parfaitement déterminée, et que nous avons, ainsi que les micrographes nos prédécesseurs, retrouvées constamment, soit que nous eussions dessein d'en faire développer, soit que le hasard les offrît à nos yeux, sont au nombre de quatre: 1° *Melanella Atoma*, N.; *Vibrio Lineola*, Müll., *Inf.*, tab. 6, fig. 1; Encycl. Vers., pl. 5, fig. 2 : dans l'urine long-temps gardée et corrompue, où elle se trouve par milliers; 2° *Melanella Monadina*, N.; *Monas Punctum*, Müll., tab. 1, fig. 4; Encycl., pl. 1, fig. 3: des infusions fétides de Mouches, de Coléoptères, de Poires et autres fruits; 3° *Melanella flexuosa*, N.; *Vibrio rugula*, Müll., tab. 6, fig. 2; Encycl., pl. 5, fig. 3; bien plus longue que les précédentes, et semblable à une soie noire, tantôt droite, tantôt flexueuse: dans l'eau de pluie gardée ou dans celle où l'on met tremper des fleurs; 4° *Melanella Spirillum*, N.; *Vibrio*, Müll., tab. 6, fig. 9; Encycl., pl. 5, fig. 3. Cette dernière a l'air d'un petit morceau de ces spirales de laiton dont on forme l'élastique des bretelles, s'agitant vivement en se contractant ou en s'allongeant. Elle causa la plus grande admiration à Müller, la première fois qu'il la vit, et nous ne pûmes nous défendre de la même impression, quand nous la découvrîmes dans l'eau où nous avions laissé macérer des testicules de grenouilles pour faire des expériences sur leurs Zoospermes ; des testicules humains nous en ont également présenté, ainsi que cette liqueur puante qui découle de la chair corrompue dans les amphithéâtres. (B.)

* **MÉLANIDES.** *Melanides.* MOLL. Famille que Latreille a proposée pour réunir plusieurs genres qui avoisinent assez les Mélanies, et qu'il met en contact avec elles ; ce sont les suivans : Phasianelle, Mélanie, Mélanopside, Pyrène et Planaxe. Cette famille ne répond pas entièrement aux Mélaniens de Lamarck ; on y trouve de plus les genres Phasianelle et Planaxe : peut-être ce dernier n'est-il pas dans ses rapports naturels. Les Phasianelles sont très-voisines des Ampullaires, près desquelles Cuvier et Blainville les ont constamment placées. Latreille donne les caractères suivans à la famille des Mélanides : les bords de l'ouverture de la coquille sont désunis ; le droit s'élève au-dessus de la columelle, et laisse entre elle et lui un vide formant un angle. Cette columelle n'offre ni plis ni dentelures. (D. H.)

MÉLANIE. *Melania.* MOLL. Genre de la famille des Mélaniens de Lamarck, et des Conchylies de Cuvier. Lister avait placé, depuis fort longtemps, les Mélanies avec les Limnées dans les Buccins d'eau douce ; mais il les avait séparées d'après leur analogie de forme, sans pourtant changer leur dénomination. On voit, par les planches 108 à 124 de son grand ouvrage, qui ne présente que des Mélanies et quelques Mélanopsides, qu'il avait fort bien saisi les caractères d'ensemble de ces Coquilles, qu'il avait séparées des Coquilles terrestres, avec lesquelles, plus tard, on les confondit. Müller fut exempt de cette faute, dans laquelle tomba Linné qui plaça les Mélanies indistinctement parmi les Hélices. Bruguière commit une erreur non moins grave que celle de Linné, et d'autant moins pardonnable au célèbre auteur de l'Encyclopédie, qu'il avait étudié, à Madagascar, l'A-

nimal d'une grande espèce de Mélanie, ce qui ne l'empêcha pas de les confondre dans son genre Bulime, toujours entraîné par des caractères artificiels et trop peu restreints. Lamarck enfin, dans ses premiers travaux, créa le genre Mélanie qu'il plaça d'abord, dans le Système, près des Limnées et des Hélices, et qu'il en éloigna ensuite, à mesure que les genres environnans furent mieux connus, et qu'on put mieux conséquemment en établir les rapports. Cependant ces rapports n'avaient point été justement appréciés ; car nous voyons que les deux zoologistes qui ont le plus étudié l'anatomie des Mollusques, Cuvier et Blainville, s'accordent parfaitement sur la place de ce genre, le premier en le considérant comme sous-genre de ses Conchylies (*V.* ce mot), dans lesquelles il ajoute les Ampullaires et les Phasianelles, et le second en les rangeant dans sa famille des Ellipsostomes, avec les genres que nous venons de citer. Férussac n'a point admis cette opinion. Nous voyons, dans ses Tableaux systématiques, le genre qui nous occupe former un des sous-genres des Paludines. Cette opinion nous semble susceptible de discussion. Latreille ne l'a point adopté : ce savant a plutôt admis celle de Cuvier, en la modifiant (*V.* MÉLANIDES). Ce genre, dont on ne connaît qu'imparfaitement l'anatomie, d'après ce qu'en a dit Bruguière, peut être caractérisé ainsi : Animal trachélipode, dioïque, ayant le pied frangé dans sa circonférence ; deux tentacules filiformes ; les yeux à leur base externe ; un mufle proboscidiforme ; coquille turriculée, à ouverture entière, ovale ou oblongue, évasée à sa base ; columelle lisse, arquée en dedans ; un opercule corné. Les Mélanies sont toutes des Coquilles d'eau douce des pays chauds. On ne les trouve plus vivantes en France, quoiqu'elles y aient vécu autrefois en très-grand nombre. Nos dépôts coquilliers, soit lacustres, soit marins, en offrent un grand nombre d'espèces ; quelques-unes, d'après leur gissement, leur abondance et leur constance dans les terrains marins, semblent avoir vécu dans un fluide salé avec un grand nombre de genres essentiellement marins. Ce fait, qui a porté quelques personnes à établir des hypothèses sur la salure moins grande de la mer, à une époque très-reculée, celle où se déposaient les Fossiles des environs de Paris, n'est pas suffisant pour prouver cette opinion. Nous trouvons en effet dans la Méditerranée une petite Coquille brillante dont l'analogue fossile existe en Italie (*Helix subula* de Brocchi), qu'on ne peut, d'après la coquille, rapporter qu'au genre Mélanie, et qui, d'après l'Animal, pourrait être un autre genre. A cette espèce pourrait se rattacher un certain nombre de celles des terrains marins : il serait donc essentiel de pouvoir en étudier l'Animal. Le genre Rissoa, qui est établi depuis peu de temps, était placé parmi les Mélanies], et comme il est marin, il a pu contribuer à former l'opinion dont nous venons de parler. Ce genre Rissoa a été considéré par Férussac comme sous-genre des Paludines, et il le place près des Mélanies. Blainville l'admet comme genre, et le fait suivre les Mélanies. Si l'on convient de conserver ce genre, qui, de l'aveu de Blainville lui-même, est assez artificiel, il serait assez convenable aussi d'en établir un pour la *Melania costellata*, qui n'est point une véritable Mélanie, ni un Rissoa, et pour la *Melania marginata*, qui se trouve dans la même circonstance. Nous pensons qu'il faut faire de ce genre comme de celui des Nérites, qui a des espèces lacustres, et d'autres marines dont on avait essayé de faire des genres distincts, et qu'on est forcé aujourd'hui de réunir. Nous avons proposé, dans notre ouvrage sur les Fossiles des environs de Paris, de diviser les Mélanies en quatre sections ; nous en ajouterons une cinquième pour des espèces dont le type ne s'est point encore trouvé fossile.

† Espèces ovales subturriculées.

MÉLANIE THIARE, *Melania Amarula*, Lamk., Anim. sans vert. T. VI, 2ᵉ part., pag. 166, n° 10; *Helix Amarula*, Lin., Gmel., p. 3656, n° 126; *Buccinum Amarula*, Müll., Verm., pag. 137, n° 330; Encycl., pl. 458, fig. 6, *a, b*; Chemnitz, Conchyl. T. IX, tab. 134, fig. 1218 et 1219. Cette espèce est une des plus communes dans les collections; elle se trouve en abondance à l'Ile-de-France, à Madagascar et dans l'Inde; elle est toute noire, courte, ovale; ses tours sont marqués par une rampe couronnée d'épines assez longues. Bory de Saint-Vincent, qui l'a recueillie dans l'étang de Saint-Paul à Mascareigne, observa qu'elle y avait constamment l'extrémité rongée, souvent très-profondément dans la substance même de la coquille qui était blanche intérieurement.

†† Espèces allongées turriculées.

MÉLANIE TRONQUÉE, *Melania truncata*, Lamk., Anim. sans vert., *loc. cit.*, n° 2 ; *Bulimus ater*, Richard, Act. de la Soc. d'Hist. Nat. de Paris, pag. 126, n° 18; Encycl., pl. 458, fig. 3, *a, b*. Grande et belle espèce de Mélanie, peu rare, dont le sommet est presque toujours tronqué, comme celui du *Bulimus decollatus*; elle est toute noire, fortement striée en travers ; ces stries sont coupées perpendiculairement par des côtes longitudinales qui ne descendent que vers le milieu des tours. Elle se trouve à la Guiane.

MÉLANIE SOUILLÉE, *Melania inquinata*, Desf., Dict. des Sc. Nat. T. XXIX, pag. 409; *Cerithium melanoides*, Sow., *Mineral. Conchol.*, pl. 147, fig. 6, 7; *Melania inquinata*, Nob., Descript. des Coq. foss. des environs de Paris, T. II, pag. 105, pl. 12, fig. 7, 8, 13 à 16. Quoique cette espèce se soit d'abord trouvée fossile, et qu'elle n'ait été figurée qu'à cet état, les figures qui en existent, et surtout les nôtres, peuvent donner une idée très-juste des individus vivans qui leur sont parfaitement analogues. C'est à Java que se trouvent ces Coquilles à l'état frais, et dans l'Inde l'analogue de notre variété *c*. Les fossiles se trouvent abondamment aux environs d'Epernay, et dans les terrains à lignite du Soissonnais.

††† Espèces dont l'angle inférieur est détaché.

MÉLANIE A PETITES CÔTES, *Melania costellata*, Lamk., Ann. du Mus. T. IV, pag. 430, n° 1, et T. VIII, pl. 60, fig. 2, *a*, *b*, *Ibid.*; Nob., Descript. des Coq. foss. des environs de Paris, T. II, pag. 113, n° 14; espèce que l'on ne connaît que fossile aux environs de Paris, à Valognes et à Ronca dans le Vicentin; elle offre un assez grand nombre de variétés : c'est la seule espèce qui puisse entrer dans cette section.

†††† Espèces qui ont l'ouverture bordée.

MÉLANIE BORDÉE, *Melania marginata*, Lamk., Ann. du Mus. T. II, pag. 430, n° 3, et T. VIII, pl. 60, fig. 4, *a b*; *Ibid.*, Anim. sans vert. T. VII, pag. 544, n° 3; *Bulimus turricula*, Bruguière; Encycl. méthod., pag. 324, n° 44. D'après Bruguière, cette espèce se trouverait en Piémont; elle est fort abondante aux environs de Paris.

††††† Espèces qui ont le bord épaissi non bordé, avancé au-dessus du plan de l'ouverture.

Cette section correspond au genre Rissoa des auteurs; elle contient des Coquilles marines vivantes et fossiles. Nous avons une monographie de ce genre par Freminville.

MÉLANIE AIGUE, *Melania acuta*, Freminville, Monog. insérée dans le Nouv. Bullet. de la Soc. Philomat., T. IV, n° 70, pl. 1, fig. 4.   (D..H.)

* MÉLANIE. INS. Espèce du genre Agrion.   (B.)

* MÉLANIENNE. MAM. Espèce du genre Homme. *V*. ce mot.   (B.)

* MÉLANIENS. MOLL. Cette famille, créée par Lamarck, d'abord sous le nom d'Auriculacées dans la Philosophie Zoologique, parce qu'il y avait joint les Auricules, a été reproduite par lui dans l'Extrait du Cours et dans l'Histoire des Animaux sans vertèbres, sous la dénomination de Mélaniens; il y réunit les trois genres Mélanie, Mélanopside et Pyrène. Les auteurs qui, depuis la formation de ce groupe, écrivirent sur les Mollusques, ne le conservèrent pas : on remarque, dans leurs classifications méthodiques, les genres qui y sont réunis placés dans des groupes différens, comme nous le verrons en traitant chacun d'eux en particulier. Nous observerons que le genre Pyrène, réuni aux Cérites par Blainville dans son article MOLLUSQUE, l'avait été antérieurement aux Mélanopsides par Férussac, dans sa Monographie des Mélanopsides, insérée dans le premier volume des Mémoires de la Société d'Hist. Nat. de Paris : de ces rapprochemens, le second est celui que nous adopterions de préférence. On voit en effet un très-grand nombre de points de contact entre eux, non-seulement dans les circonstances d'habitation, mais encore dans les formes, dans l'épiderme qui les couvre, dans la position et la forme du canal de la base; la seule différence notable se trouve dans l'existence de l'échancrure de la lèvre. *V*. MÉLANIE, MÉLANOPSIDE et PYRÈNE.   (D..H.)

MÉLANIS. REPT. OPH. Espèce du genre Vipère. *V*. ce mot.   (B.)

MÉLANITE. *Melanitis*. INS. Genre de l'ordre des Lépidoptères diurnes, établi par Fabricius et réuni par Latreille au genre Biblis. *V*. ce mot.   (G.)

MÉLANITE. MIN. Nom donné à une espèce de Grenat, de couleur noire, à base de fer et de chaux. *V*. GRENAT.   (G. DEL.)

MELANIUM. BOT. PHAN. Sous ce nom, Daléchamp désignait autrefois le *Viola calcarata*, et De Gingins (*in De Cand. Prodr.*, 1, p. 301) s'en est servi pour une section du genre *Viola*, qui comprend les Violettes tricolores des anciens (*V.* Violette). Une Plante de la Jamaïque a aussi reçu le même nom de Patrice Browne; mais Linné en a fait une espèce de *Lythrum.* Selon Jussieu, elle doit plutôt être rapportée au genre *Parsonsia. V.* ce mot.   (G..N.)

* **MÉLANOCÉPHALE.** ois. Syn. du Turdoïde Cap-Nègre. *V.* Merle. C'est aussi le nom d'une Fauvette, qu'Aristote appelait *Melanocoryphos,* nom que Belon a improprement rapporté au Bouvreuil. *V.* Sylvie.   (DR..Z.)

MÉLANOCÉRASON. bot. phan. C'est-à-dire *Cerise noire.* L'un des noms antiques de la Belladone. (b.)

MÉLANOGRAPHITE. min. Ce nom a été quelquefois appliqué aux Pierres arborisées ou figurées qui présentent dans leur intérieur ou à leur surface des dendrites ou dessins quelconques de matière noirâtre.   (G. DEL.)

MÉLANOIDE. moll. *V.* Mélanopside.

* **MÉLANOLOMA.** bot. phan. Cassini a proposé sous ce nom, dans le Dictionnaire des Sciences Naturelles, un genre qui appartient à la famille des Synanthérées, tribu des Centauriées, et à la Syngénésie frustranée, L. Voici les principaux caractères qu'il lui a assignés : involucre ovoïde, formé d'écailles imbriquées, appliquées, coriaces, les intermédiaires oblongues, munies sur chaque côté d'une bordure linéaire, frangée, scarieuse, noire, et surmontées d'un grand appendice étalé, coriace, à pinnules filiformes, roides et ciliées ; réceptacle plane, épais, charnu, garni de paillettes ; calathide composée au centre de fleurs nombreuses hermaphrodites, et à la circonférence d'un seul rang de fleurons neutres, dont les corolles ont le limbe très-grand, divisé en deux segmens, l'intérieur quadrifide, l'extérieur bifide ou indivis ; dans les fleurons du centre, l'ovaire est oblong, comprimé, sur-

monté d'une aigrette semblable à celle des autres genres de la tribu, avec une petite aigrette intérieure. Ce genre est établi aux dépens du *Centaurea* de Linné, dont, à notre avis, il ne doit former qu'une simple section ; il est intermédiaire entre le *Cyanus* et le *Lepteranthus,* qui ont également été constitués sur des espèces de Centaurées, et n'en diffère même essentiellement que par de légères nuances de formes dans la structure des folioles de l'involucre. Le *Centaurea pullata,* L., en est le type, sous le nom de *Melanoloma humilis.* Cassini en décrit une seconde espèce sous le nom de *M. excelsior,* dont la patrie est inconnue, et que l'on cultive au Jardin des Plantes de Paris.   (G..N.)

MÉLANOMPHALE. bot. phan. (Renaulme.) Syn. d'*Ornithogalum arabicum,* L.   (b.)

MÉLANOPHORE. *Melanophora.* ins. Genre de l'ordre des Diptères, famille des Athéricères, tribu des Muscides, établi par Meigen, et ayant pour caractères : cuillerons grands, couvrant la majeure partie des balanciers ; ailes écartées ; antennes guère plus longues que la moitié du devant de la tête, contiguës à leur base, et terminées par une palette presque lenticulaire. Ces Diptères diffèrent des Phasies, qu'ils avoisinent le plus, par les antennes qui sont écartées à leur naissance et presque parallèles dans ces dernières. Ils s'éloignent des Mouches proprement dites par les antennes qui, dans celles-ci, sont beaucoup plus longues ; les Lispes en sont distinguées parce que leurs ailes se croisent sur le corps. Enfin les Ochthères en sont séparées par leurs cuillerons très-petits et laissant à découvert la plus grande portion des balanciers. Les antennes des Mélanophores sont contiguës à leur naissance, divergentes, guère plus longues que la moitié de la face antérieure de la tête, et composées de trois articles dont le dernier, en palette presque lenticulaire,

supporte , vers la base , une soie
courte. Les ailes sont écartées. Le
vertex présente trois yeux lisses , très-
petits et peu apparens, rapprochés en
triangle. Ces Insectes voltigent sur
les murs et les pierres exposées au
soleil ; leur vol s'exécute par sauts.
On les rencontre aussi quelquefois
sur les fleurs. Le nom de ce genre
vient de deux mots grecs qui expriment que ces Diptères portent une livrée noire; on en connaît un petit nombre d'espèces , dont la principale est
la *Musca carbonaria* de Panzer (*Faun.
Ins. Germ.*, fasc. 54, tab. 15). On doit
rapporter aussi à ce genre la *Musca
grossificationis* , Lin.; *Musca*, n° 1,
Geoffroy; *Musca ruralis*, Fabr. (G.)

* **MELANOPHTHALMUM**. BOT.
CRYPT. (*Lichens*.) Ce genre, que nous
avons établi, est placé dans le groupe
des Squammariées Epiphylles, et renferme plusieurs petites Plantes fort
curieuses , très-distinctes du reste de
la famille. Ses caractères sont d'a-
voir un thallus orbiculaire, crustacé,
sans lobe et inégal ; des apothécions
tuberculés, noirs , brillans , réunis
au nombre de quatre à six vers le
centre, mais toujours distincts. Les
Melanophthalmum forment , sur les
feuilles vivaces de divers Arbres exotiques, des groupes nombreux. Les
thallus naissent distincts les uns des
autres , mais avec l'âge ils se réunissent et sont confluens; leur dimension
n'excède guère une demi-ligne de
diamètre. Les apothécions ont la forme d'une verrue ; jamais on ne les
trouve vers les bords de leur support,
mais bien au centre où ils se pressent
sans se réunir. Lorsque leur sommet
est tombé , ils ne sont plus distincts et ne présentent à l'œil qu'une
surface rugueuse de couleur noire.
Nous avons figuré dans notre Essai
sur les Cryptogames des Ecorces exotiques officinales, tab. 11, f. 2, le
Melanophthalmum Antillarum , N. ,
à thallus crustacé, orbiculaire, d'un
vert jaunâtre, à superficie rugueuse,
à apothécions réunis au centre, un
peu comprimés et très-noirs. Nous

l'avons fréquemment trouvé sur les
feuilles de plusieurs Arbres des Antilles et de Saint-Domingue. (A. F.)

MÉLANOPS. OIS. Espèce du genre
Philédon. *V.* ce mot. Le même nom a
aussi été donné à une espèce peu
commune du genre Faucon , ainsi
qu'à un Merle et à une Moucherolle.
V. ces mots. (DR..Z.)

MÉLANOPSIDE. *Melanopsis.*
MOLL. Les Coquilles qui font aujour-
d'hui partie du genre Mélanopside,
étaient, pour la plupart, connues des
anciens conchyliologues ou de ceux
de l'époque vers laquelle Linné a
donné les dernières éditions du *Systema Naturæ*, en joignant toutefois
aux Mélanopsides les Pyrènes de Lamarck, comme Férussac, dans ces
derniers temps, a proposé de le faire
encore. On en trouve quelques espèces
figurées dans Lister parmi les Buccins d'eau douce , avec un assez
grand nombre de Mélanies. Linné les
a confondues toutes avec les Strombes,
les Buccins et même les Murex , ce
que Gmelin et Dilwyn ont également fait. Bruguière en a mis partie
dans les Bulimes , partie dans les
Cérites. C'est à Férussac père que
l'on doit l'établissement de ce genre ;
cependant Blainville , sans citer les
sources, dit dans le Dictionnaire des
Sciences Naturelles, que Lamarck l'a-
vait proposé plusieurs années auparavant; néanmoins nous voyons que ce
zoologiste n'a fait que l'adopter le premier; nous le trouvons faisant partie de
la Philosophie zoologique, dans la famille des Auriculacées, entre les Auricules et les Mélanies. Nous le retrouvons également dans l'Extrait du
Cours du même auteur, mais dans la
famille des Mélaniens, entre les Mélanies et le genre Pyrène proposé pour
la première fois. Cette association fut
conservée la même par son auteur dans
son dernier ouvrage sur les Animaux
sans vertèbres. Montfort, en adoptant
ce genre , en a changé , on ne sait
trop pourquoi, le nom pour celui de
Faune qui est maintenant presque
oublié, et on ne sait pas davantage

pourquoi il l'a placé entre son genre Ruban, qui est démembré des Agathines, et le genre *Terebra*. Cuvier n'a point adopté le genre et il ne le mentionne pas dans le Règne Animal; il n'en est pas de même de Blainville qui, en l'admettant, tend à faire sentir la nécessité de le rapprocher des Cérites. Il propose même de placer les Pyrènes comme sous-genre des Cérites, et de mettre les Mélanopsides comme genre distinct immédiatement après celui-ci. Férussac avait eu une opinion à peu près semblable comme on peut le voir par les Tableaux systématiques; cependant réunissant les deux genres Mélanopsis et Pyrène, et plaçant ce groupe à la fin de la famille des Trochoïdes, il diffère en cela de Blainville, en ce qu'il les met moins immédiatement en rapport avec les Cérites. Férussac a publié, en 1823, dans le premier volume des Mémoires de la Société d'Histoire Naturelle, la monographie des Mélanopsides. Quoique nous ne partagions pas les conséquences que l'auteur a tirées des faits relatifs aux analogies nombreuses que présente ce genre entre les espèces vivantes et les fossiles, on ne doit pas moins apprécier ses nombreuses observations pleines d'intérêt, qui prouvent que c'est dans des régions plus méridionales qu'il faut aller chercher les analogues vivans des espèces que nous trouvons fossiles en France et en Angleterre. Autrefois très-abondamment répandues dans ces deux pays, comme leur test fossile le prouve, les Mélanopsides ne s'y rencontrent plus; c'est en Espagne, en Asie, en Grèce, en Afrique et jusque dans l'Inde qu'ils vivent aujourd'hui; si l'on trouve encore quelques Mélanopsides dans le nord de l'Allemagne, cela est dû à des circonstances particulières; c'est ainsi que C. Prévost en a recueilli une espèce dans certaines eaux thermales des environs de Vienne. Ce genre, déjà assez nombreux en espèces, peut être caractérisé de la manière suivante : Animal dioïque, spiral, trachélipode;

le pied court, arrondi, pourvu d'un opercule corné : la tête munie de deux gros tentacules coniques, assez peu allongés, incomplétement contractiles, portant les yeux sur un renflement assez saillant situé à leur base externe; la bouche à l'extrémité d'une sorte de mufle proboscidiforme; la cavité respiratrice aquatique, contenant deux peignes branchiaux inégaux et se prolongeant en un tube incomplet à son angle antérieur et externe; coquille allongée, fusiforme ou conico-cylindrique, à sommet aigu; tours de spire plus ou moins nombreux, le dernier ayant souvent les deux tiers de la longueur totale; ouverture ovale oblongue; columelle calleuse, supérieurement tronquée, séparée de la lèvre droite à la base par un sinus peu profond, une callosité plus ou moins considérable ou un sinus à la réunion de la lèvre droite sur l'avant-dernier tour.

† Espèces turriculées; un sinus sur le bord droit. Les PYRÈNES.

MÉLANOPSIDE TÉRÉBRALE, *Melanopsis atra*, Fér., Monograph. du genre Mélanop., Mém. de la Soc. d'Hist. Nat. de Paris, T. 1, pag. 161, n. 12; *Strombus ater*, Linn., *Syst. Nat.*, p. 1213; *Cerithium atrum*, Bruguière, Encyclop. Méth., p. 485, n. 18; *Pyrena terebralis*, Lamk., Anim. sans vert. T. VI, deuxième partie, p. 169; Lister, Conch., tab. 115, fig. 10. Grande et belle Coquille turriculée, assez rare dans les collections; elle est lisse, toute noire; l'ouverture est d'un blanc roussâtre en dedans; elle vit aux Grandes-Indes, et aux Moluques à l'île Waigiou, où Lesson l'a trouvée avec d'autres Coquilles du genre Mélanie.

MÉLANOPSIDE ÉPINEUSE, *Melanopsis spinosa*, Fér., *loc. cit.*, n. 13; *Buccinum flumineum*, Gmel., pag. 3503; *Pyrena spinosa*, Lamk., Anim. sans vert. T. VI, deuxième partie, p. 170, n. 2; Encycl., pl. 458, fig. 2, a, b. Espèce très-remarquable, non moins grande que la précédente; elle est armée de tubercules épineux.

On ne l'a encore rencontrée qu'à Madagascar, d'où Férussac l'a reçue.

Lorsqu'on pourra voir un individu entier de notre *Melanopsis Dufresnii*, il est bien probable qu'il fera partie de la section des Pyrènes.

†† Espèces ovales; une callosité columellaire. Les MÉLANOPSIDES.

MÉLANOPSIDE BUCCINOIDE, *Melanopsis buccinoidea*, Fér., *loc. cit.*, pag. 148, n. 1; *Melania buccinoidea*, Olivier, Voy. au Lev., pl. 17, fig. 8 ; *Bulimus antidiluvianus*, Poiret, *Prod.*, pag. 37, n. 5; *Bulimus prœrosus*, Brug., Encycl. Mét., pag. 361; Lamk., Anim. sans vert. T. VI, deuxième partie ; Descript. des Coq. foss. des environs de Paris, T. 11, pag. 120, n. 2, pl. 14, fig. 24 à 27, et pl. 15, fig. 3,4. Espèce très-commune et très-variable, qui se trouve actuellement vivante en Espagne, particulièrement dans l'aqueduc de Carmona à son entrée à Séville où l'ont recueillie Bory de Saint-Vincent et Férussac ; en Grèce, en Perse, et fossile en France, aux environs de Paris, en Angleterre à l'île de Wight, et en d'autres lieux. *V.* la Monographie de Férussac dans les Mémoires de la Société d'Histoire Naturelle, T. I.

MÉLANOPSIDE ANCILLAROIDE, *Melanopsis ancillaroides*, N., Descript. des Coq. foss. des environs de Paris, T. 11, pag. 121, n. 3, pl. 15, fig. 1, 2. Cette Coquille est voisine de la précédente pour ses rapports; elle s'en distingue cependant par la manière dont les sutures sont couvertes, par un dépôt calcaire poli, semblable à celui des Ancillaires. Elle est fossile, des environs de Meaux; elle est de même taille que le *Melanopsis buccinoidea*. (D..H.)

MÉLANOS. ZOOL. Desmarest propose ce nom, par antiphonie à Albinos, pour désigner les Animaux devenus noirs, lorsque le noir ne forme pas la couleur de leur espèce. Les Chats, les Chiens, les Lapins, les Moutons, les Bœufs, les Souris, les Rats, le Daim parmi les Mammifères, la Poule, le Canard, le Pigeon, le Faucon, l'Alouette, l'Ortolan, le Moineau, le Pinson, le Chardonneret, le Bouvreuil, parmi les Oiseaux, présentent des individus Mélanos. Nous avons eu occasion d'observer quelques Tanches et des Lézards gris qui présentaient le même phénomène, ainsi que des Cyprins dorés de la Chine dans nos viviers. Il est une variété de Poule Mélanos, qui a jusqu'aux os noirs.   (B.)

* MELANOSELINUM. BOT. PHAN. Genre de la famille des Ombellifères et de la Pentandrie Digynie, L., établi par Hoffmann (*Umbellif. Gener.*, p. 156) qui lui a donné pour principaux caractères : involucre général, dont les folioles sont larges, lancéolées, cunéiformes et trifides; involucres partiels à folioles lancéolées; calice à cinq dents aïguës; pétales obcordés, crénelés et onguiculés, munis d'une laciniure courte acuminée et oblique; akènes comprimés, ovales, oblongs, hérissés de poils, à trois côtes saillantes et bordés d'une large aile membraneuse. Ce genre, dont l'admission n'a pas été universellement consentie, est fondé sur une Plante dont on ignore la patrie, et qui a été décrite et figurée par Wendland (*Sert. Hannov.*, p. 23, t. 13), sous le nom de *Selinum decipiens*. Sa tige est inférieurement ligneuse, nue et de la grosseur du pouce. Ses feuilles, analogues à celles de l'Angélique, sont grandes, bipinnées, composées de folioles lancéolées, dentées en scie, la terminale incisée. Les rameaux et les pétioles engaînans de cette Plante sont couverts de poils roides et rares.   (G..N.)

* MELANOSINAPIS. BOT. PHAN. De Candolle (*Syst. Veget. Nat.*, 2, p. 607) nomme ainsi la première section du genre *Sinapis*, qui est caractérisée par sa silique cylindrique ou légèrement tétragone, son style court, petit, et non en forme de bec. Le *Sinapis nigra*, ou la vraie Moutarde, en est le type. *V.* MOUTARDE. (G..N.)

* **MELANOSTICTA**. bot. phan. Genre de la famille des Légumineuses et de la Décandrie Monogynie, L., récemment établi par de Candolle (*Prodrom. Syst. Veget.* T. ii, p. 485) qui lui a imposé les caractères suivans : calice composé de cinq pétales presque égaux, glanduleux extérieurement, formant par leur réunion à la base un tube court et persistant, libres et caducs par leur partie supérieure; cinq pétales presque égaux, elliptiques, rétrécis à la base, et de la longueur du calice; dix étamines libres, dont les filets sont garnis inférieurement de poils rameux; l'ovaire est comprimé, ovale, oblong, hérissé, et renferme quatre ovules. Ce genre, voisin du *Pomaria* de Cavanilles, fait aussi partie de la tribu des Cassiées. Le *Melanosticta Burchellii*, D. C., *loc. cit.*, et Mémoires sur les Légumin., xii, t. 69, est un petit sous-Arbrisseau qui a été découvert au cap de Bonne-Espérance par Burchell. Ses racines sont fasciculées, les unes cylindriques, les autres grosses et tuberculeuses. Les feuilles sont bipinnées; les pinnules à deux rangs composées de six à huit folioles, plus une pinnule terminale allongée et à seize folioles. Elles sont accompagnées de stipules pinnatifides; et les fleurs forment des grappes allongées. Le nom générique de *Melanosticta* a été donné à cette Légumineuse à cause des points noirs glanduleux qui se trouvent à la surface du calice et des folioles. (G..N.)

* **MÉLANOTE**. ois. Espèce du genre Gros-Bec. *V*. ce mot. (DR..Z.)

MELANSCHÈNE. bot. phan. Mot sans doute dérivé de *Melanoschenos* employé par Micheli pour désigner une espèce du genre *Schœnus*, à fleurs noires ou noirâtres. *V*. CHOIN. (B.)

* **MÉLANTHACÉES**. *Melanthaceæ*. bot. phan. La famille de Plantes ainsi nommée par Robert Brown est la même que celle que De Candolle avait antérieurement appelée Colchicacées. *V*. ce mot. (A. R.)

MÉLANTHE. *Melanthium*. bot. phan. Genre de la famille des Colchicacées, et de l'Hexandrie Trigynie, L., ayant pour caractères : un calice coloré à six divisions profondes, étalées et étroites à leur base, où elles offrent fréquemment deux petites glandes à leur face interne; six étamines; trois ovaires réunis par leur côté interne, terminés chacun par un style et un stigmate simples. Le fruit se compose de trois capsules uniloculaires, distinctes seulement par leur sommet, réunies ensemble par leur côté interne et contenant chacune plusieurs graines unies et membraneuses. Les espèces de ce genre croissent dans l'Amérique septentrionale et au cap de Bonne-Espérance; ce sont des Plantes herbacées, vivaces, ayant une racine fibreuse, des feuilles étroites ou lancéolées, entières; des fleurs blanches ou jaunes, disposées en épis simples ou plus souvent en grappes rameuses et terminales. Parmi les espèces américaines on doit citer, les *Melanthium Virginicum*, L.; *M. racemosum*, Michaux. Au nombre des espèces africaines se trouvent les *Melanthium capense*, L.; *M. junceum*, Jacq.; *M. ciliatum*, L. Une espèce croît en Sibérie, c'est le *Melanthium Sibiricum*, L. (A. R.)

MÉLANTHÈRE. *Melanthera*. bot. phan. Genre de la famille des Synanthérées, Corymbifères de Jussieu, et de la Syngénésie égale, L., publié, en 1792, par Von Rohr, reproduit, en 1803, par Richard et Michaux, sous le nom de *Melananthera*, et formé sur une Plante que Dillen, Linné et P. Browne avaient placée successivement dans les genres *Bidens*, *Calea* et *Amellus*. R. Brown, Cassini et Kunth, ayant examiné récemment avec soin la structure de cette Plante, il résulte de leurs observations que le genre en question mérite d'être adopté, et qu'il se distingue par les caractères suivans : involucre convexe ou turbiné, formé de folioles à peu près sur deux rangs, appliquées et ovales; réceptacle convexe garni de paillettes oblongues , lancéolées et embrassantes; calathide composée de fleurs nombreuses, régulières, hermaphrodites , dont les corolles sont blanches, à tube court et à limbe divisé en cinq segmens hérissés de papilles sur leur face supérieure; anthères noirâtres , surmontées d'un appendice blanc; nectaire tubulé; akènes plus ou moins comprimés des deux côtés, élargis de bas en haut, tronqués au sommet, glabres, couronnés par une petite urcéole orbiculaire, occupant le centre de la troncature, et par une aigrette composée d'environ cinq à dix paillettes inégales, filiformes, courtes, légèrement plumeuses, paraissant articulées sur un rebord très-court, épais et dentelé. Ce genre a été placé par Cassini dans la tribu des Hélianthées prototypes; ce qui l'éloigne un peu des *Bidens* et *Calea*, avec lesquels on l'avait d'abord confondu. On en connaît trois espèces, toutes indigènes de l'Amérique méridionale et septentrionale, et que l'on cultive en Europe dans les jardins de botanique. Celle qui doit être considérée comme type du genre, a été désignée par Kunth (*Nov. Gen. et Sp. Plant. æq.* T. IV, p. 199), sous le nom de *Melananthera Linnæi*, et par Cassini sous celui de *Melanthera urticæfolia*. C'était le *Calea aspera* de Jacquin , le *Bidens nivea* de Swartz , Willdenow, De Candolle, etc. Cette Plante est herbacée; elle a la tige haute à peu près d'un mètre, dressée, rameuse, striée, garnie de feuilles opposées, pétiolées, ovales, acuminées, dentées en scie , scabres et d'un vert cendré. Les calathides de fleurs sont blanches, solitaires au sommet de longs pédoncules ordinairement ternes à l'extrémité des rameaux.

La Plante qui était nommée *Chatiakelle* dans l'herbier de Surian, et qui a été rapportée au *Bidens nivea*, forme le type d'un nouveau genre établi par Cassini sous le nom de *Chylodia*. Cet auteur a encore pro-

posé le genre *Blainvillea*, constitué sur une Plante que l'on avait donnée comme synonyme du *Bidens nivea*. *V.* ces mots au Supplément.

(G..N.)

* MÉLANTHÉRIN. POIS. (Oppien.) Syn. de Thon.   (B.)

MÉLANTHÉRITE. MIN. Nom donné par de Lamétherie au Schiste noir à dessiner (*Nigrica* de Wallerius), qui est une variété d'Ampélite.   (G. DEL.)

MELANTHIUM. BOT. PHAN. *V.* MÉLANTHE.

MÉLANTOUN. POIS. Le Squale long nez à Nice.   (B.)

MÉLANURE. ZOOL. Ce nom, qui signifie queue noire, a été imposé comme spécifique à des Oiseaux, à des Poissons, ainsi qu'à des Insectes.

(B.)

MÉLANTZANA. BOT. PHAN. L'un des vieux noms de la Mélongène, employé par Belon. *V.* MORELLE. (B.)

* MÉLAPHYRE. GÉOL. Dans sa classification des Roches, Brongniart a proposé de donner ce nom au Porphyre noir (*Trapporphyr* de Werner) caractérisé par la couleur brune foncée de sa pâte, et différant en cela des véritables Porphyres qui sont en général rouges ou rougeâtres. Cette différence devient plus importante , si, comme l'avance le savant géologue que nous venons de citer, la pâte des Mélaphyres est de l'Amphibole pétrosiliceux , tandis que celle des véritables Porphyres serait toujours du Pétrosilex coloré seulement par l'Amphibole qui y serait dissous. Quoi qu'il en soit, les Mélaphyres comme les Porphyres sont fusibles en émail noir ou gris, et leur pâte, qui n'est pas toujours d'un noir foncé, mais quelquefois d'un brun rougeâtre, enveloppe de la même manière que les Porphyres, des cristaux de Feldspath blancs rougeâtres et quelquefois verts. Nous nous bornerons, pour en donner une idée, à citer quelques-uns des anciens Porphyres que Brongniart prend pour type de

sa nouvelle espèce de Roche dont il distingue trois variétés principales.

MÉLAPHYRE DEMI-DEUIL, noir foncé; cristaux de Feldspath blancs, point de Quartz. De Venaison dans les Vosges; de Suède (la plupart des Porphyres de ce pays); de la Martinique (au Morne malheureux); du Calvados? la Roche, dite *Roche noire*, inférieure à la Houille dans la mine de Litry.

MÉLAPHYRE SANGUIN, noirâtre; cristaux de Feldspath rougeâtres; granit de Quartz. En Corse (Niolo); Provence (Montagu de L'Estrel); Arabie Pétrée (au nord du mont Sinaï).

MÉLAPHYRE TACHES VERTES, brun rougeâtre; cristaux de Feldspath verdâtres ou verts (le Porphyre noir antique). *V*. PORPHYRE et ROCHE.

(C. P.)

MÉLAR. MOLL. (Adanson.) Syn. de Cône strié. *V*. CÔNE.   (B.)

* MÉLARHINE. MAM. Espèce du genre Guenon. *V*. ce mot.   (B.)

MELAS. MAM. *V*. CHAT.

MÉLAS. *Melas*. MOLL. Nom que Montfort, dans sa Conchyliologie systématique, a donné aux Coquilles du genre Mélanie. Cet auteur a mis ce genre en rapport, on ne sait trop pourquoi, avec son genre Mélampe (Conovule, Lamk.) et son genre Cliton démembré des Néritines. *V*. MÉLANIE.   (D..H.)

MÉLASIS: *Melasis*. INS. Genre de l'ordre des Coléoptères, section des Pentamères, famille des Serricornes, tribu des Buprestides, établi par Olivier et ayant pour caractères : palpes finissant par un article beaucoup plus gros que le précédent, presque globuleux; antennes en peigne dans les mâles, en scie dans les femelles ; mâchoires simples ou sans division intérieure; tous les articles des tarses entiers; corps cylindrique. Ces Insectes se distinguent des Cérophytes par les antennes qui sont branchues dans les mâles de ceux-ci : ils s'éloignent des Buprestes et des Aphanistiques par les tarses, les antennes et la forme du corps. Ils ont les antennes courtes et filiformes ; le côté interne de leur troisième article et des suivans est dilaté en forme de dents de peigne, et ces dents augmentent progressivement; les mandibules sont courtes, terminées en pointe simple; les quatre palpes sont courts, menus, terminés par un article un peu plus gros, presque ovalaire et obtus; les mâchoires et les lèvres sont très-petites, membraneuses. Le corps des Mélasis est presque cylindrique; la tête est enfoncée postérieurement dans le corselet qui est presque cubique, un peu étroit en arrière, avec les angles postérieurs prolongés en pointe; son avant-sternum est avancé sur l'origine de la bouche, et terminé en pointe à son extrémité postérieure; les pieds sont courts, avec les cuisses et les jambes très-comprimées. Ces Insectes vivent sur le bois et sur tous les troncs des vieux Arbres qu'ils paraissent perforer comme les Vrillettes. Ces Insectes s'accouplent à l'entrée des trous qu'ils ont faits, et l'un des sexes est en dehors. La larve ne doit pas différer beaucoup de celle des Buprestes. La seule espèce bien constatée de ce genre est :

Le MÉLASIS ÉLATÉROÏDE, *Melasis elateroides*, Illig. ; *Melasis buprestoides*, Oliv.; *Hispa flabellicornis*, Fabr. ; *Ptilinus flabellicornis*, Kugelan ; *Elater buprestoides*, L. Son corps est long d'environ quatre lignes, noir, légèrement pubescent, finement chagriné, avec les antennes, les pieds, et souvent les élytres d'un brun foncé. Les élytres sont striées et se terminent en pointe; les stries sont faiblement pointillées; l'écusson est situé dans un enfoncement. On le trouve en France et aux environs de Paris.

Le *Melasis mystacina*, Fabr., appartient au genre Rhipicère de Latreille (Ptyocère, Thunb.)

Le *Melasis picea* de Palisot-Beauvois (Ins. d'Afr. et d'Amér., pl. 7, fig. 1) paraît former un nouveau genre entre les Cérophytes et les Taupins. (o.)

MELASMA. bot. phan. Linné fils a réuni au *Gerardia* le genre ainsi nommé par Bergius, et que Linné désignait sous le nom de *Nigrina. V.* GÉRARDIE. (o..n.)

MÉLASOMES. *Melasoma.* ins. Famille de l'ordre des Coléoptères, section des Hétéromères, établie par Latreille, et renfermant des Insectes qui, en général, fuient la lumière, se tiennent dans les sables, sous les pierres, dans les lieux obscurs des maisons, et ne quittent leur retraite qu'à la nuit. Ils sont ordinairement aptères, ont les articles des tarses presque toujours entiers; les antennes toujours insérées sous les bords latéraux et avancés de la tête, moniliformes, avec le troisième article allongé. L'extrémité des mandibules est bifide, et ils ont une dent cornée ou crochet au côté interne des mâchoires. Celles de leurs larves, que l'on a observées, sont longues, cylidriques, couvertes d'une peau presque écailleuse et lisse; elles sont munies de six pates courtes, et se trouvent généralement dans les lieux qu'habite l'Insecte parfait. Cette famille embrasse une grande partie du genre *Tenebrio* de Linné; elle est composée de trois tribus. *V.* PIMÉLIAIRES, BLAPSIDES et TÉNÉBRIONITES. (g.)

MELASPHOERULA. bot. phan. (Gawler.) Syn. de Diasie. *V.* ce mot.

MELASTOMA. bot. phan. *V.* MÉLASTOME. (b.)

MÉLASTOMACÉES. *Melastomaceæ.* bot. phan. On appelle ainsi une famille très-naturelle de Végétaux, dont le nom dérive du *Melastoma* qui en est le genre le plus nombreux en espèces. Cette famille est ainsi caractérisée : le calice est toujours monosépale, persistant, ovoïde ou tubuleux, quelquefois adhérent à sa base avec l'ovaire qui, dans ce cas, est infère ou seulement semi-infère, terminé supérieurement par un limbe plus ou moins évasé, tantôt presque entier, tantôt à quatre, cinq ou six dents ou divisions plus profondes, quelquefois réunies entre elles au moyen d'une membrane mince qui va de l'une à l'autre, rarement formant une sorte de cône ou de coiffe qui se détache circulairement à sa base ; la corolle se compose de pétales en même nombre que les lobes du calice, généralement égaux et réguliers, rarement inégaux entre eux, imbriqués latéralement et tordus en spirale avant l'épanouissement de la fleur, insérés, de même que les étamines, à la partie supérieure du tube calicinal au pourtour d'un disque jaunâtre qui en tapisse la paroi interne et le sommet de l'ovaire. Les étamines sont en nombre double des pétales, et leurs anthères offrent une organisation particulière qui forme un des caractères les plus saillans de la famille des Mélastomacées. Elles sont plus ou moins allongées, composées de deux loges membraneuses, réunies entre elles par un connectif placé à leur partie supérieure où il forme une saillie longitudinale, se terminant inférieurement par un prolongement recourbé, quelquefois à peine sensible, d'autres fois très-long, et finissant par deux tubercules ou même deux appendices en forme de corne (*Melast. villosa*, Aublet, 1, pl. 428, tab. 168). Ces étamines ne sont pas constamment toutes de la même forme et de la même longueur, quelquefois elles sont déclinées et unilatérales, d'autres fois elles sont dressées et leurs anthères sont rapprochées en forme de cône. Ces anthères s'ouvrent généralement par un trou ou pore terminal, qui est commun aux deux loges, plus rarement la déhiscence a lieu par un sillon longitudinal. Ces étamines, lorsqu'elles sont encore renfermées dans le bouton, sont recourbées vers le centre de la fleur, de manière que les anthères sont placées dans l'espace qui existe entre la base du calice et les parois de l'ovaire. L'ovaire, ainsi que nous l'avons dit précédemment, est tantôt libre, tantôt plus ou moins adhérent avec le calice, sans que ce caractère puisse en aucune manière servir à la distinction des genres; car ces diverses modifications se rencontrent souvent dans des espèces qu'on ne saurait éloigner. Il présente de trois à huit loges, mais plus souvent quatre ou cinq; chacune d'elles contient un grand nombre d'ovules péritropes attachés à un trophosperme saillant qui naît de l'angle interne de la loge; à son sommet, l'ovaire se termine par une sorte de rebord lobé embrassant la base du style, et qui paraît formé par le disque qui tapisse la paroi du calice et le sommet de l'ovaire. Le style est simple, généralement un peu recourbé, terminé par un stigmate également simple, un peu concave et bordé de poils. Le fruit est tantôt sec, tantôt charnu, couronné par le limbe du calice ou simplement recouvert par le calice lui-même, suivant que l'ovaire était infère ou libre; il offre le même nombre de loges polyspermes que l'ovaire, reste indéhiscent ou s'ouvre en autant de valves septifères sur le milieu de leur face interne. Les graines sont fréquemment réniformes : elles contiennent un embryon sans endosperme, dressé, et quelquefois recourbé sur lui-même, et ayant les deux cotylédons égaux ou inégaux.

Les Plantes qui composent la famille des Mélastomacées offrent entre elles la plus grande ressemblance dans leur port et leurs caractères extérieurs. Ce sont de grands Arbres, des Arbrisseaux, des Arbustes, ou même de simples Végétaux herbacés, ayant des feuilles opposées, simples, munies généralement de trois à cinq, et jusqu'à onze nervures longitudinales, d'où partent un très-grand nombre d'autres petites nervures transversales, parallèles et très-rapprochées. Ce caractère est tellement constant dans tous les Mélastomes qu'il peut suffire pour distinguer et faire reconnaître une Plante appartenant à cette famille. Les fleurs qui,

quelquefois sont fort grandes, surtout dans le genre *Rhexia*, offrent en quelque sorte tous les modes d'inflorescence. Elles sont tantôt solitaires, tantôt réunies et comme capitulées, tantôt disposées en épi simple, géminé ou dichotome, tantôt enfin en grappe ou en panicule. Chaque fleur est nue, ou accompagnée d'une ou de plusieurs bractées, quelquefois étroitement imbriquées les unes sur les autres et recouvrant en grande partie le calice.

Les Plantes qui forment cette famille sont fort nombreuses et appartiennent toutes aux pays chauds, et plus particulièrement à l'Amérique méridionale et aux Antilles. On en trouve un assez grand nombre dans l'Inde, quelques-unes en Afrique, plusieurs dans l'Amérique septentrionale, aucune en Europe. Quelques-unes de ces espèces sont hérissées de poils très-longs et très-rudes, mais simples; d'autres présentent des poils diversement étoilés. Cette différence peut servir à distinguer certaines espèces les unes des autres.

Les genres qui appartiennent à cette famille ont été disposés par Jussieu en deux sections, de la manière suivante :

§ I. Ovaire adhérent.

Valdesia, R. et P.; *Melastoma*, L.; *Miconia*, R. et P.; *Axineia*, R. et P.; *Tristemma*, Juss.

§ II. Ovaire libre.

Meriana, Swartz; *Topobœa*, Aublet; *Tibouchina*, Aubl.; *Maieta*, Aubl.; *Tococa*, Aubl.; *Osbeckia*, L.; *Rhexia*, L.

Mais déjà en traçant le caractère de la famille, nous avons fait voir combien les signes diagnostiques tirés de l'adhérence ou de la non adhérence de l'ovaire, offraient peu d'importance, puisque dans un même genre (*Melastoma* ou *Rhexia*) on trouvait, dans des espèces extrêmement voisines les unes des autres, des ovaires tout-à-fait adhérens et d'autres entièrement libres. Il est donc impossible de tirer aucun parti de ce caractère, ni dans la formation, ni dans la coordination des genres de cette famille. Une division qui nous paraît plus naturelle, quoique fondée sur un caractère qui n'est pas lui-même d'une très-grande valeur, consiste à former deux sections dans les Mélastomées, suivant que leur fruit est sec, capsulaire et déhiscent, ou suivant qu'il est charnu et indéhiscent. Dans la section des fruits charnus se trouvent les genres *Melastoma*, *Tristemma*, *Topobœa*, *Maieta*, *Tococa* et *Valdesia*. La seconde section renferme les genres *Rhexia*, *Tibouchina*, *Osbeckia*, *Miconia* et *Axineia* qui ont un fruit charnu. Ces différens genres, examinés avec soin, nous paraissent fondés sur des caractères si peu importans, que nous ne sommes pas loin de croire que la famille des Mélostomacées ne comprend que deux grands genres : le *Melastoma* qui a le fruit charnu, et le *Rhexia* dont le fruit est sec et déhiscent.

Vers ces derniers temps, le docteur David Don a publié, dans le quatrième volume des Mémoires de la Société Wernérienne d'Edimbourg, un très-beau travail sur l'ordre naturel des Mélastomacées, dans lequel, passant en revue tous les genres de cette famille et les espèces qui y ont été rapportées, il crée un assez grand nombre de nouveaux genres. Les caractères principaux de ces genres sont fondés sur la forme du calice, sur la grandeur et la forme des anthères, dont cet habile observateur ne nous paraît pas avoir bien connu la véritable organisation. Nous allons donner ici le tableau des genres adoptés par David Don, comme formant la famille des Mélastomacées.

§ I. Graines recourbées, marquées à leur sommet d'un grand ombilic concave; embryon arqué, de même forme que la graine; cotylédons inégaux, le supérieur deux fois plus grand que l'inférieur. Arbustes ou Plantes herbacées.

1. *Melastoma*, auquel il faut réunir

le *Tibouchina* d'Aublet, le *Tristemma* de Jussieu; 2. *Osbeckia*, L.; 3. *Pleroma*, Don; 4. *Diplostegium*, Don; 5. *Rhexia*; 6. *Arthrostemma*, Pavon *in Don*; 7. *Aciotis*, Don; 8. *Microlicia*, Don.

§ II. Graines ovoïdes ou allongées, marquées le plus souvent d'un gros ombilic latéral et convexe; embryon droit et de même forme que la graine; cotylédons presque égaux; Arbres ou Arbustes.

9. *Tococa*, Aublet, auquel il faut réunir le *Mayeta* du même auteur; 10. *Clidemia*, Don; 11. *Cremanium*, Don; 12. *Centronia*, Don; 13. *Miconia*, Ruiz et Pavon; 14. *Conostegia*, Don; 15. *Chitonia*, Don; 16. *Axineia*, Ruiz et Pavon; 17. *Meriana*, Swartz; 18. *Blackœa*, L.

Ce travail du docteur Don, dont il est impossible de donner une idée exacte dans cet article, nous a paru fort remarquable, quoique nous ne l'ayons connu qu'en extrait. Mais ayant analysé un grand nombre de Mélastomacées, nous nous sommes de plus en plus confirmé dans notre première opinion, que les genres établis dans cette famille sont tellement artificiels qu'il est plus rationnel de ne les considérer que comme de simples sections d'un même genre.

La famille des Mélastomacées tient en quelque sorte le milieu entre les Myrtacées et les Salicariées. Elle diffère de ces dernières par la structure de ses feuilles et celle de ses anthères; des Myrtacées, par ces deux caractères également, par ses étamines définies et par plusieurs autres signes très-apparens.   (A. R.)

MÉLASTOME. *Melastoma.* BOT. PHAN. Ce genre offre les caractères suivans : le calice est monosépale, persistant, diversement adhérent avec l'ovaire ou tout-à-fait distinct, terminé par un limbe à quatre, cinq ou six divisions plus ou moins profondes, quelquefois presque entier, ou enfin s'ouvrant par une sorte d'opercule en forme de capuchon ou de coiffe. Les pétales sont en même nombre que les lobes du calice, étalés ou dressés, incombans par leurs parties latérales et tordus en spirale avant leur épanouissement. Les étamines sont généralement en nombre double des pétales, insérées ainsi qu'eux au haut du tube du calice, à une sorte de bourrelet formé par un disque qui tapisse la paroi interne du calice; quelquefois la moitié de ces étamines est privée d'anthères, ou bien les étamines sont alternativement plus petites et plus grandes. En exposant dans l'article précédent les caractères généraux des Mélastomacées, nous avons indiqué les principales modifications de forme et de structure que présente l'anthère dans le genre Mélastome. C'est même en grande partie d'après ces modifications de l'étamine, qn'on a cherché à diviser ce genre en plusieurs autres. L'ovaire présente de trois à six loges, contenant chacune un grand nombre d'ovules attachés à un trophosperme saillant de l'angle interne de la loge. Le style est plus ou moins long, terminé par un stigmate tronqué et un peu concave. Le fruit est charnu, offrant autant de loges qu'en présentait l'ovaire, tantôt simplement recouvert par le calice qui d'autres fois en fait partie. Les Mélastomes sont des Végétaux extrêmement élégans, formant tantôt des Arbres ou des Arbrisseaux, et tantôt des Arbustes ou de simples Plantes herbacées. Leurs feuilles, constamment opposées et dépourvues de stipules, sont marquées de trois jusqu'à onze nervures longitudinales, partant de leur base, et d'où naissent un très-grand nombre de nervures transversales. Les fleurs, dont le mode d'inflorescence est très-variable, sont tantôt nues, tantôt accompagnées de deux ou d'un plus grand nombre de bractées imbriquées, recouvrant le calice, et d'après lesquelles on avait fondé les caractères de plusieurs genres.

Dans son travail sur la famille des Mélastomacées, David Don n'a laissé dans le genre Mélastome que les espèces dont le calice a son limbe à cinq ou six divisions caduques; cinq ou six pétales; dix ou douze étamines inégales, ayant les anthères munies à leur base d'un appendice bicorne; un ovaire renfermé dans le tube du calice et adhérent; une capsule bacciforme à cinq ou six loges. Il réunit à ce genre le *Tristemma* de Jussieu, le *Tibouchina* d'Aublet. Parmi les espèces qui appartiennent à ce genre, il cite les suivantes : *Melastoma malabathrica*, L.; *M. aspera*, L.; *M. sanguinea*, *Bot. Mag.*, t. 2241; *M. grandiflora*, Aublet; *M. corymbosa*, *Hort. Kew.*, et plusieurs espèces nouvelles. Les autres espèces ont été réparties dans un grand nombre des autres genres de la famille. Nous répéterons ici ce que nous avons déjà dit dans notre article Mélastomacées, c'est que nous croyons que le genre *Melastoma* doit être formé de toutes les espèces ayant le fruit charnu et indéhiscent, et que les différens genres qui ont été formés dans cette famille extrêmement naturelle, ne doivent en être considérés que comme de simples sections. (A. R.)

MÉLASTOMÉES. *Melastomeæ.* BOT. PHAN. Pour Mélastomacées. *V.* ce mot. (A. R.)

MÉLÉAGRE. *Meleagris.* MOLL. Genre que Montfort a proposé dans sa Conchyliologie systématique (T. II, pag. 206) pour une sous-division des Turbos de Linné, ceux dont la coquille est ombiliquée. Le *Turbo Pica* lui sert de type; personne, comme on peut bien le penser, n'a adopté un tel genre. (D..H.)

MÉLÉAGRIDE. BOT. PHAN. Espèce du genre Fritillaire. *V.* ce mot. (B.)

MÉLÉAGRINE. *Meleagrina.* MOLL. Blainville dit, dans le Supplément à son Traité de Malacologie, pag. 630, que Lamarck a donné pendant quelque temps ce nom au genre que depuis il a nommé Pintadine. Nous avons inutilement cherché cette dénomination dans les ouvrages imprimés de Lamarck. *V.* PINTADINE. (D..H.)

MELEAGRIS. zool. (Linn.) Syn.
générique de Dindon. *V.* ce mot.
Comme spécifique, il désigne la Pin-
tade, un Serpent du genre *Acontias*,
divers Insectes, particulièrement un
Papillon Nymphale, plusieurs Coquilles et un Microscopique du genre
Kolpode. (DR..Z.)

MÉLECTE. *Melecta*. ins. Genre de
l'ordre des Hyménoptères, section
des Porte-Aiguillons, famille des Mellifères, tribu des Apiaires, division
des Cuculines de Latreille, établi par
ce savant entomologiste et ayant
pour caractères : écusson bidenté,
sans tubercules arrondis au milieu ;
quatre cellules cubitales aux ailes
supérieures ; point de brosses pour
recueillir la poussière des étamines ;
antennes filiformes, peu coudées ;
mandibules étroites arquées, pointues ou simplement unidentées au
côté interne ; paraglosses ou divisions latérales de la languette en
forme de soies, presque aussi longues que les palpes labiaux ; palpes
maxillaires de cinq à six articles distincts. Ces Hyménoptères ressemblent
beaucoup aux Nomades, qui en diffèrent, ainsi que les Pasites et les Épéo-
les, parce que ces genres ont les paraglosses beaucoup plus courtes que
les palpes labiaux. Les Crocises en
diffèrent par les palpes maxillaires et
par l'écusson qui, dans ces derniers,
se prolonge en une espèce de lame
échancrée ou bidentée au bout. Les
antennes des Mélectes sont filiformes,
un peu brisées, s'écartant l'une de
l'autre de la base à l'extrémité, et
composées de douze articles dans les
femelles, et de treize dans les mâles ;
on voit sur le vertex trois petits yeux
lisses, disposés presque en ligne transversale ; leur corps est noir, mais couvert en grande partie d'un duvet assez épais, ordinairement d'un gris
jaunâtre ou blanc, formant des taches sur les côtés de l'abdomen et sur
les pates : c'est un caractère très-
secondaire il est vrai, mais qui fait
distinguer, au premier coup-d'œil, ces
Insectes des genres Épéole, Nomade

et Pasite ; le corselet est court, convexe en dessus ; les ailes supérieures
ont une cellule radiale ovale, avec
son extrémité arrondie écartée de la
côte, et quatre cellules cubitales,
la première grande, la seconde petite, très-rétrécie vers la radiale,
recevant la première nervure récurrente, la troisième rétrécie des
deux côtés, recevant la deuxième
nervure récurrente, la quatrième
faiblement tracée. L'abdomen est
court, conique, composé de cinq
segmens, outre l'anus, dans les femelles, en ayant un de plus dans les
mâles ; pates de longueur moyenne,
les quatre premières jambes terminées
par une seule épine, celle des intermédiaires forte, pointue ; jambes postérieures en ayant deux, dont l'intérieure plus longue ; premier article
des tarses aussi grand que les quatre
autres réunis ; crochets bifides, parallèles entre eux et renflés à leur
base. Les Mélectes répondent à une
des divisions du genre Apis de Kirby ;
ce sont des Insectes parasites qui,
étant obligés de vivre de miel dans
leur état de larve, et n'ayant pas les
moyens d'en récolter pour leurs petits, déposent leurs œufs dans le nid
des espèces qui peuvent le récolter,
tels que les Anthophores, les grosses
espèces de Mégachiles, etc. Leur larve
éclot plus tôt que celle du légitime
possesseur du nid, dévore toute la
nourriture destinée à celle-ci, et la
réduit, à sa naissance, au dénuement
le plus complet de vivres, et conséquemment à la mort. Ces Hyménoptères sont propres à l'ancien continent, ils fréquentent les vieux murs
et les bords des chemins, où ils
espèrent rencontrer des nids d'A-
beilles dans lesquels ils pourront déposer leurs œufs ; ils épient le moment
où le propriétaire sort de son nid,
s'y précipitent et pondent un œuf
dans la pâtée destinée à la postérité
de la propriétaire ; ils répètent ce manége dans divers nids jusqu'à ce que
leur ponte soit entièrement finie. Ce
genre se compose d'une dixaine d'espèces parmi lesquelles nous citerons :

La **Mélecte ponctuée**, *Melecta punctata*, Lat.; *Apis punctata*, Linné; *Centris punctata*, Fabr. Longue de six à sept lignes. Corps noir avec la tête et le corselet couverts d'un duvet gris cendré ; écusson armé de deux petites épines; abdomen presque nu, luisant, avec un petit faisceau de poils grisâtres de chaque côté sur les deux premiers segmens, et un point formé par des poils de la même couleur de chaque côté sur les anneaux suivans, à l'exception du dernier ; jambes ayant des anneaux cendrés. La couleur du duvet varie du blanc au gris jaunâtre. Fabricius a placé ces variétés dans deux genres différens : celle à duvet jaune est son *Centris punctata*, et l'autre son *Melecta punctata*.   (c.)

MÉLES. mam. *V*. Blaireau.

MÉLET ou **MÉLETTE**. pois. Espèce du genre Clupe. *V*. ce mot. On nomme aussi Mélet le Joël, espèce du genre Athérine.   (b.)

MELETTE. bot. phan. Variété de Figue.   (b.)

* **MELEUS**. ins. Genre de Charançon, établi par Megerle, et ayant reçu auparavant le nom de Plinthe. *V*. ce mot.   (g.)

MÉLÈZE. *Larix*. bot. phan. Genre appartenant à la famille des Conifères, à la Monœcie Polyandrie, L., et que l'on reconnaît aux caractères suivans : ses chatons mâles sont ovoïdes ou globuleux, simples ; chaque fleur se compose de deux anthères sessiles, uniloculaires, intimement soudées par leur côté interne, et surmontées d'une petite écaille. Les chatons femelles se composent d'écailles imbriquées, terminées par une longue pointe, qui finit par disparaître. Du reste ce genre offre absolument la même organisation que les Sapins, dans ses fleurs femelles, ses fruits et ses graines. Nous pensons même qu'il doit y être réuni, ainsi que le genre Cèdre.

Le **Mélèze d'Europe**, *Larix Europæa*, D. C., Fl. Fr.; *Abies La-*

rix, Rich., Conif., t. 13, est une des Conifères qui en Europe acquièrent les plus grandes dimensions. Son tronc extrêmement droit s'élève souvent à une hauteur qui dépasse cent pieds, sur un diamètre de trois à quatre pieds à sa base. Ses branches sont horizontales, et ses jeunes rameaux sont grêles et pendans. Les feuilles sont courtes, subulées, un peu roides, naissant par petits faisceaux, lesquels ne sont que des rameaux fort courts, qui n'ont pas pris tout leur accroissement. Seul de tous les Arbres de la famille des Conifères, le Mélèze perd ses feuilles et les renouvelle chaque année. Ses fleurs sont monoïques et en chatons qui naissent du centre d'un faisceau de feuilles, c'est-à-dire qu'ils sont terminaux. Les chatons mâles sont plus nombreux que les femelles. Les cônes sont petits, ovoïdes, composés d'écailles imbriquées, arrondies, très-obtuses, ligneuses, non renflées, ni appendiculées à leur sommet. Le Mélèze croît dans les montagnes élevées de la France, de l'Italie, de l'Allemagne, de la Russie, etc. Il n'existe ni en Angleterre, ni dans la chaîne des Pyrénées. Généralement il fleurit vers le mois de mai. Le bois du Mélèze qui est rougeâtre intérieurement est fort estimé. Quoique léger il a beaucoup de solidité et dure surtout très-long-temps. Sa légèreté même est d'un grand avantage dans les constructions, en ce qu'il ne surcharge pas les murs sur lesquels on l'appuie. Le bois de Mélèze a aussi le grand avantage de se conserver parfaitement dans l'eau. Miller dit qu'on trouva dans les mers du nord un bâtiment, formé de bois de Mélèze et de Cyprès, submergé depuis plus de mille ans, et qui était parfaitement conservé. On se sert de ce bois pour faire des conduits d'eau souterrains, des futailles, etc. De même que les Pins et les Sapins, le Mélèze est rempli de substance résineuse. Il suinte des fentes de son écorce une Térébenthine très-pure, que l'on emploie dans les arts et dans la médecine. Ses feuilles se couvrent, pendant les grandes chaleurs de l'été, d'une matière grasse, visqueuse, sucrée, qui se condense sous la forme de petits grains et que l'on connaît sous le nom de Manne de Briançon. Elle jouit, dit-on, des mêmes propriétés que la Manne qui découle du Frêne; mais elle est fort rare, parce qu'elle se résorbe, et disparaît peu de temps après qu'elle s'est montrée. Le Mélèze est fréquemment cultivé dans les jardins paysagers, où il forme un très-bel effet par son feuillage d'un vert tendre, qui contraste avec la teinte sombre des autres Conifères, et au printemps par ses chatons de fleurs, qui sont d'un rouge très-foncé.   (A. R.)

MÉLHANIE. *Melhania.* BOT. PHAN. Genre de la famille des Byttnériacées, et de la Monadelphie Polyandrie, L., établi par Forskahl (*Fl. Ægypt. Arab.*, 64), adopté par De Candolle (*Prodrom. Syst. Veget.*, 1, p. 499) avec les caractères suivans : calice persistant à cinq divisions profondes, et entouré d'un involucre triphylle; cinq pétales; dix étamines dont cinq stériles, alternes avec les cinq autres qui sont fertiles et chargées d'une ou deux anthères; style divisé au sommet en cinq stigmates légèrement réfléchis; cinq carpelles bivalves, étroitement réunis en une capsule; cotylédons chiffonnés, bifides. Ce genre est extrêmement voisin du *Dombeya* dont il ne diffère que par le nombre de ses étamines; aussi plusieurs de ses espèces ont-elles été décrites sous le nom générique de *Dombeya* ou sous celui de *Pentapetes* par les auteurs. De Candolle (*loc. cit.*) en a fait connaître six qu'il a distribuées en deux sections, d'après leurs étamines fertiles portant deux anthères ou une seule. Ce sont des Arbrisseaux qui croissent dans l'Arabie, au cap de Bonne-Espérance et aux îles de Madagascar et de Sainte-Hélène. (G..N.)

MÉLIA. BOT. PHAN. *V.* AZÉDARACH.

MÉLIACÉES. *Meliaceæ.* BOT. PHAN. Famille naturelle de Plantes dicotylédones polypétales et hypogynes, ayant pour type le genre *Melia* appelé en français Azédarach; delà le nom d'Azédarachs que l'on a aussi donné à cette famille. Les Plantes qui la composent sont des Arbres ou des Arbustes ayant des feuilles alternes, sans stipules, simples ou composées, des fleurs tantôt solitaires et axillaires, tantôt diversement groupées en épis, en grappes, etc. Ces fleurs offrent un calice monosépale, à quatre ou cinq divisions plus ou moins profondes; une corolle polypétale, dont les pétales en même nombre que les lobes du calice, sont sessiles et se touchent souvent par leurs côtés. Les étamines sont généralement en nombre double des pétales, rarement en même nombre ou en nombre triple ou quadruple. Elles sont monadelphes et forment un tube, qui porte les étamines tantôt à son bord supérieur, tantôt à sa partie interne. Les anthères sont introrses, et à deux loges s'ouvrant par un sillon longitudinal. L'ovaire est libre, porté sur un disque hypogyne et annulaire, au-dessous duquel sont insérées les étamines et la corolle. Cet ovaire offre quatre ou cinq loges contenant généralement deux ovules collatéraux et superposés, attachés à l'angle interne, rarement un grand nombre dans chaque loge. Le style est simple, terminé par un stigmate plus ou moins profondément divisé en quatre ou cinq lobes. Le fruit est tantôt sec, capsulaire, s'ouvrant en quatre ou cinq valves septifères sur le milieu de leur face interne, tantôt il est charnu ou drupacé, et parfois uniloculaire par suite d'avortement. Les graines se composent d'un tégument propre et d'un embryon qui quelquefois est enveloppé dans un endosperme charnu et peu épais. Plusieurs des genres placés dans cette famille, en ont été distraits pour être portés ailleurs. Robert Brown, dans ses Remarques générales, a le premier indiqué les véritables rapports du genre *Ticorea* d'Aublet, qu'il a proposé de transporter dans la famille des Rutacées. Le même auteur a également proposé d'établir une famille distincte pour les genres *Cedrela* et *Swietenia* sous le nom de Cédrélées. Cette famille se distingue surtout des Méliacées par son fruit dont les loges sont polyspermes, par ses graines souvent membraneuses, par son endosperme charnu, par son embryon dressé. Le professeur De Candolle (*Prodr. Syst.*, 1, p. 619) a réuni aux Méliacées les Cédrélées de Robert Brown, dont il a fait une simple section ou tribu. Voici le tableau des genres, tels qu'ils ont été disposés par le célèbre professeur de Genève.

Tribu 1. MÉLIACÉES.

Loges du fruit contenant une ou deux graines, non terminées en ailes et dépourvues d'endosperme; embryon renversé; cotylédons planes et foliacés. Arbres ou Arbrisseaux à feuilles alternes, simples, excepté dans les deux derniers genres où elles sont composées : *Geruma*, Forsk.; *Humiria*, Aublet; *Turræa*, L.; *Quivisia*, Juss.; *Strigilia*, Cav.; *Sandoricum*, Cav.; *Melia*, L.

Tribu 2. TRICHILIÉES.

Loges du fruit contenant une ou deux graines sans ailes ni endosperme; embryon renversé, ayant les cotylédons très-épais : *Trichilia*, L.; auquel il faut réunir l'*Elcaja* et le *Portesia* de Jussieu, et *Robergia*, Sparm.; *Guarea*, L.; *Heynea*, Roxburgh.

Tribu 3. CÉDRÉLÉES.

Loges du fruit polyspermes; graines généralement terminées par une aile membraneuse et pourvues d'un endosperme charnu peu épais. Embryon dressé, cotylédons foliacés : *Cedrela*, L.; *Swietenia*, L.; *Chloroxylon*, D. C.; *Flindersia*, Brown; *Carapa*, Aublet. La famille des Méliacées doit être placée près des Sapindacées et des Ampélidées; elle a aussi des rapports avec la famille des Théacées.   (A. R.)

MÉLIANTHE. *Melianthus.* BOT.

PHAN. La place de ce genre singulier n'a pu être assignée jusqu'ici avec certitude dans aucune des familles établies; néanmoins il semble se rapprocher des Zygophyllées plus que de toute autre. Son calice grand et coloré se divise profondément en cinq parties de grandeur inégale et de forme diverse; l'inférieure, en effet, écartée des autres et de l'axe de la fleur, est aussi plus courte et forme une bosse dont la cavité revêtue en dedans d'une membrane propre, libre supérieurement, renferme une glande qui, par le liquide mielleux qu'elle sécrète et épanche ensuite sur les diverses parties de la fleur, a fourni l'étymologie de son nom générique. Quatre languettes plus courtes que le calice, libres à leur sommet et à leur base, mais soudées entre elles au milieu par leurs bords velus, semblent représenter autant de pétales; elles s'insèrent entre les divisions inférieures du calice, et quelquefois entre les deux supérieures on trouve un filet qu'on a considéré comme un cinquième pétale. Cependant les étamines sont au nombre de quatre seulement, opposées aux quatre divisions calicinales supérieures; elles entourent l'ovaire au-dessous duquel elles s'insèrent. Les filets des deux supérieures sont libres; ceux des deux autres soudés entre eux par leur base élargie qui sépare de la cavité glanduleuse l'ovaire. Celui-ci est partagé extérieurement en quatre lobes par quatre sillons, et intérieurement en autant de loges incomplètes par des cloisons, dont les bords internes ne se rejoignent qu'inférieurement, mais plus haut s'écartent l'un de l'autre et là portent de deux à quatre ovules. Le style, simple, marqué de même de quatre sillons, courbé légèrement à son sommet et terminé par un stigmate aigu et quadridenté, forme à l'intérieur un tube creux parcouru par quatre cordons vasculaires qui suivent chacun le bord d'une cloison. Le fruit, qu'entourent à sa base les enveloppes flétries de la fleur, présente quatre ailes membraneuses et aplaties, qui, distinctes supérieurement, s'ouvrent par leur angle interne, et qui plus bas répondent à autant de loges monospermes; les graines sont globuleuses et luisantes, composées d'un test mince, d'un périsperme blanc, épais, de consistance cartilagineuse, et d'un embryon verdâtre dont la radicule cylindrique regarde le hile et égale presqu'en longueur les cotylédons minces, linéaires, ovales. On connaît trois espèces de ce genre, toutes trois originaires du Cap, et dont deux surtout sont assez fréquemment cultivées dans nos orangeries. Leurs tiges sont frutescentes; leurs feuilles alternes, pennées avec une impaire, à folioles dentées et décurrentes, accompagnées de deux stipules, tantôt distinctes, tantôt soudées en une seule qui s'accole à la base du pétiole et acquiert alors une dimension remarquable. Les fleurs sont disposées en grappes axillaires ou terminales, sur des pédicelles courts dont chacun est accompagné d'une bractée. *V.* Adr. de Juss., Rutac., tab. 28, n. 48.

(A. D. J.)

MÉLIBÉE. INS. Espèce de Lépidoptère du genre Satyre. (G.)

MELICA. BOT. PHAN. *V.* MÉLIQUE.

* **MELICERTA. INF.** Le genre, établi sous ce nom par Oken dans le voisinage des Vorticelles, nous paraît avoir le plus grand rapport avec les Tubicoles de Lamarck, encore que le savant professeur d'Iéna en donne pour type un Animal du genre Sabelle. *V.* ce mot et TUBICOLE. (B.)

MÉLICERTE. INS. Espèce de Lépidoptère du genre Satyre. (B.)

MÉLICERTE. *Melicerta.* **ACAL.** Genre de Médusaires, établi par Péron et Lesueur dans la division des Méduses gastriques, monostomes, pédonculées, brachidées et tentaculées. Caractères: bras très-nombreux, filiformes, cheyelus, formant une espèce de houppe à l'extrémité du pédoncule. Ce genre a été réuni aux

Dianées par Lamarck. *V.* DIANÉE.

(E. D..L.)

MÉLICERTE. *Melicertus.* **CRUST.** Nom donné par Rafinesque à un genre qu'il caractérise ainsi : tête rostrée; antennes intérieures très-courtes, bifides, les extérieures très-longues et simples; écailles lisses à la base des antennes. La première paire de jambes seule, chélifère. L'unique espèce de ce genre vit dans les mers de Sicile; c'est le *Melicertus Tigris.* (G.)

MELICHLORON. MIN. Pline mentionne sous ce nom une Pierre qui est couleur de miel d'un côté et rousse de l'autre. Des commentateurs ont cherché à savoir ce que c'était que le Mélichloron. (B.)

MELICHRUS. BOT. PHAN. Genre de la famille des Épacridées, et de la Pentandrie Monogynie, L., établi par R. Brown (*Prodrom. Fl. Nov.-Holl.*, p. 439) qui l'a ainsi caractérisé : calice formé de plusieurs bractées; corolle rotacée ou urcéolée, munie à sa base de cinq faisceaux de glandes, et dont les découpures sont à moitié garnies de poils; disque hypogyne, entier et cyathiforme; ovaire à cinq loges; drupe presque sèche, dont le noyau est osseux. Ce genre a été formé sur deux Plantes qui croissent à la Nouvelle-Hollande aux environs du Port-Jackson, et que R. Brown a nommées *Melichrus rotatus*, et *M. urceolatus.* La première a pour synonyme le *Ventenatia procumbens* de Cavanilles (*Icon.*, 4, p. 28, t. 349, f. 1). Ces espèces sont de petits Arbrisseaux couchés sur la terre ou légèrement dressés. Leurs feuilles sont lancéolées, et leurs fleurs dressées. * (G..N.)

MELICOCCA. BOT. PHAN. Genre de la famille des Sapindacées, et de l'Octandrie Monogynie, L. De Jussieu qui lui a consacré un Mémoire particulier (Mém. Mus., 3, p. 170, tab. 5-8), le définit ainsi : calice persistant, à quatre ou cinq divisions profondes; corolle nulle ou composée d'autant de pétales insérés à un disque hypogynique, entier ou lobé ; étamines insérées au même endroit, au nombre de huit ou rarement de dix ; ovaire libre, le plus souvent triloculaire ; style unique ; stigmate en tête ou presque trilobé ; baie sèche, en général uniloculaire et monosperme par l'avortement de plusieurs loges et de plusieurs graines ; embryon dépourvu de périsperme, à radicule infléchie sur les cotylédons à peine recourbés. Arbres ou Arbrisseaux. Feuilles alternes, composées de deux, trois ou plusieurs paires de folioles entières ou rarement dentées ; fleurs axillaires ou terminales, en épis, en paquets ou en panicules, polygames ; les mâles sur des individus distincts. De Jussieu décrit ensuite cinq espèces, dont une seule était connue ; deux sont originaires des Antilles, deux de l'Ile-de-France et une de Ceylan. R. Brown a remarqué qu'ainsi circonscrit, ce genre réunit des Plantes différentes par un point important de leur structure, le point d'attache de la graine. Kunth, en en faisant connaître une sixième espèce de la Nouvelle-Grenade, pense qu'on doit en exclure quatre autres du *Melicocca*, qui, réduit ainsi à deux, sera caractérisé par ses quatre pétales alternant avec autant de divisions du calice, et par son ovaire divisé incomplétement en deux loges, du fond desquelles s'élèvent deux ovules. Enfin De Candolle a conservé le genre *Melicocca* de Jussieu dans son intégrité, mais il le subdivise en trois sections : la première (*Oococca*) est le genre de Kunth, et se distingue par la forme ovoïde de ses fruits ; la seconde (*Sphœrococca*) contient deux espèces à fleurs pentapétales et à fruits sphériques ; la troisième enfin à laquelle il donne le nom de *Schleichera*, sous lequel Willdenow avait distingué génériquement l'une de ses espèces, en renferme trois (dont une douteuse, originaire de l'Inde) et se caractérise par des fleurs apétales ainsi que par des fruits à deux ou trois graines, tandis qu'ils sont monospermes dans

les autres sections. Quant au point d'insertion des graines ou des ovules dans ces différentes sections, De Candolle n'en parle pas.   (A. D. J.)

MÉLICOPE. BOT. PHAN. Forster nomme ainsi un Arbrisseau de l'Octandrie Monogynie, L., qu'il avait rencontré à la Nouvelle - Zélande ; Gaertner en a plus tard décrit le fruit sous un autre nom générique, celui d'*Entoganum* (vol. 1, p. 331, tab. 68). Ses fleurs hermaphrodites présentent un calice quadriparti, persistant ; quatre pétales plus longs et étalés ; huit étamines plus courtes que les pétales et dont les filets subulés portent des anthères cordiformes ; quatre ovaires environnés à leur base par autant de grandes glandes didymes auxquelles Forster applique le nom de Nectaire ; quatre styles qui ne tardent pas à se souder en un seul, terminé par un stigmate épais quadrangulaire ; un fruit composé de quatre capsules, chacune renfermant une seule graine dont l'embryon est enveloppé d'un périsperme charnu. Les feuilles sont opposées, ternées, parsemées de points glanduleux, transparens. Tous ces caractères assignent à ce genre sa place parmi les Diosmées, dans le groupe naturel des Rutacées. *V.* ce mot.
        (A. D. J.)

MELICYTUS. BOT. PHAN. Genre de la Diœcie Pentandrie, L, établi par Forster (*Charact. Gener.*, t. 62) et adopté par Gaertner, Jussieu et Lamarck avec les caractères suivans : fleurs dioïques, ayant un calice très-court à cinq dents, une corolle à cinq pétales et ovales. Les fleurs mâles se composent de cinq filets (nectaires, selon Forster) alternes avec les pétales, courts cyathiformes, creux au sommet, portant sur leur face antérieure cinq anthères ovoïdes plus larges et plus longues que les filets. Les fleurs femelles offrent un ovaire supère entouré par cinq petites écailles qui ne sont peut-être que des filets stériles ; un stigmate presque sessile à quatre lobes en étoile. Le fruit, selon Gaertner, est une capsule bacciforme, globuleuse, glabre, coriace, uniloculaire, renfermant, dans une pulpe rare et peu succulente, quelques graines convexes d'un côté, anguleuses de l'autre. Deux espèces ont été citées sans description par Forster sous les noms de *Melicytus umbellatus* et *M. ramiflorus*. (G..N.)

* **MÉLIE**. *Melia*. CRUST. Genre de l'ordre des Décapodes, famille des Brachyures, tribu des Quadrilatères, établi par Latreille et très-voisin des Rhombilles et des Thelphuses. L'espèce qui lui sert de type est le *Grapsus testellatus*, Encycl. Méth., pl. 505, fig. 2. (U.)

MÉLIER. BOT. PHAN. Du Dict. de Déterville. Syn. de *Blakea*. *V*. ce mot. Ce nom et Meslier désignaient le Néflier en vieux français. (B.)

MÉLILITE MIN. (Fleuriau de Bellevue, Journ. de Phys. T. II, p. 459.) Substance d'un jaune pâle ou d'un jaune orangé, en petits parallélipipèdes rectangles ou en octaèdres rectangulaires, souvent recouverts d'un enduit rouge brunâtre; assez dure pour étinceler par le choc du briquet; soluble en gelée dans l'Acide nitrique, et fusible avec bouillonnement en verre transparent. Selon Carpi (*Taschenbuch für Miner*. T. XIV, p. 219), elle est composée de : Silice, 38; Chaux 19,60; Magnésie 19,40; Alumine 2,90; Oxide de Fer, 12,10; Oxide de Manganèse, 2; Oxide de Titane 4; total 100. Cette substance a été découverte par Fleuriau de Bellevue, aux environs de Rome à Capo di Bove, dans la même lave qui renferme la Pseudosommite; elle y est associée au Feldspath.

Les anciens minéralogistes ont aussi donné le nom de MÉLILITE à une espèce d'Argile compacte d'un jaune de miel, qu'on employait en médecine comme soporifique. (G. DEL.)

MELILOBUS. BOT. PHAN. (Mitchell.) Syn. de *Gleditschia Triacanthos*. *V*. GLÉDITSIE. (A. R.)

MÉLILOT. *Melilotus*. BOT. PHAN. Tournefort est l'auteur de ce genre qui appartient à la famille des Légumineuses, et à la Diadelphie Décandrie, L. Réuni par Linné au *Trifolium*, il fut rétabli par Jussieu, Lamarck et par tous les botanistes modernes qui l'ont ainsi caractérisé : calice tubuleux à cinq dents; corolle papilionacée, dont la carène est simple, petite, les ailes ovales, oblongues, plus courtes que l'étendard; dix étamines, dont neuf soudées par les filets en un seul faisceau; gousse de forme variée, plus longue que le calice, à peine déhiscente, coriace, et ne renfermant qu'une seule ou un petit nombre de graines. Ce genre fait partie de la section des Trifoliées de Brown et de De Candolle; il se compose de Plantes herbacées, qui pour la plupart croissent dans l'Europe tempérée et méridionale. Leurs feuilles sont accompagnées de stipules adnées au pétiole, et composées de trois folioles ordinairement dentées. Les fleurs sont jaunes ou blanchâtres, disposées en grappes, plus ou moins allongées et placées dans les aisselles des feuilles supérieures. Seringe (*in De Candolle Prodrom. Syst. Veget.*, 2, p. 186) en a décrit vingt-sept espèces dont il a formé trois sections qui sont caractérisées par la forme ainsi que par la structure de leurs gousses, et qui ont reçu les noms de *Cœlorutis*, *Plagiorutis* et *Campylorutis*. Parmi ces Plantes, nous décrirons seulement celle qui a servi de type générique.

Le MÉLILOT OFFICINAL, *Melilotus officinalis*, Lamarck; *Trifolium Melilotus officinalis*, Linn., est une Plante annuelle dont la tige dressée et rameuse s'élève à environ six décimètres. Ses feuilles sont composées de folioles ovales, obtuses, mucronées, dentées en scie et glabres. A la base du pétiole, on trouve deux stipules sétacées. Les fleurs sont fort petites, jaunes, disposées en petites grappes unilatérales et très-nombreuses à l'extrémité des ramifications de la tige. Ces fleurs sont presque sessiles, un peu pendantes et munies chacune d'une petite bractée linéaire. Les gousses sont petites, ovoïdes, obtuses, rugueuses, et renferment une ou deux graines. Cette Plante est commune dans les prés, les haies et les bois ; elle fleurit pendant la plus grande partie de l'été. A l'état frais, elle n'a qu'une légère odeur qui se développe par la dessiccation et qui parfume le Foin où le Mélilot se trouve mélangé. On l'employait très-fréquemment autrefois en médecine, mais son usage est restreint aujourd'hui à des lotions ou à des lavemens émolliens. Son principe odorant ne paraît point influer ser le mode d'action de cette Plante.

Le *Melilotus cœruleus*, Lamk., conserve avec beaucoup de ténacité la forte odeur dont il est pénétré, et on le nomme par cette raison Baume du Pérou, Lotier odorant, Trèfle musqué, etc. Nous avons vu un herbier où un seul échantillon de cette espèce parfumait encore, après plus de cinquante années, le paquet qui le contenait. Bory de Saint-Vincent en possède un échantillon desséché en 1698 par Maurin, adjoint de Tournefort au Jardin du Roi, et dont l'odeur est encore parfaitement conservée. Les paysans suisses s'en servent pour aromatiser la variété de fromage à laquelle ils donnent le nom de Chapsigre. (G..N.)

MÉLINE ET MELINUM. MIN. Ce nom a été donné par les anciens à deux substances différentes. L'une qui est le *Melinum* de Pline, paraît être une Argile blanche de l'île de Mélos, qui servait dans la peinture ; l'autre, qui a été citée par Celse, Vitruve et Dioscoride, était une Ocre jaunâtre. (G. DEL.)

MÉLINET. BOT. PHAN. Nom vulgaire et qui doit être repoussé de la science, du genre Cérinthe. *V.* ce mot. (B.)

MELINIS. BOT. PHAN. Ce genre de Graminées et de la Triandrie Digynie, L., établi par Beauvois (Agrost. T. II,

f. 4), offre pour caractères : des fleurs disposées en une panicule composée, ayant une lépicène biflore, bivalve ; la valve inférieure très-petite et mutique, la supérieure de la grandeur des fleurs, bifide à son sommet, où elle porte une petite pointe naissant de la fente ; la fleur externe composée d'une seule paillette herbacée, bifide à son sommet et portant une longue soie qui part de sa bifurcation. La fleur interne est hermaphrodite à deux valves chartacées, mutiques. Ce genre, qui appartient à la tribu des Panicées, est extrêmement rapproché des *Panicum*, dont il diffère surtout par la longue soie de sa fleur neutre. Il a été formé sur une Plante du Brésil que P. Beauvois nomme *Melinis multiflora*. (A. R.)

MELINUM. BOT. PHAN. Ce nom, que les anciens donnaient à l'huile de fleurs de Coings, avait été donné par Césalpin au *Salvia glutinosa*, ainsi qu'au *Teucrium Scorodonia*, L. (B.)

MELINUM. MIN. *V.* MÉLINE.

* **MÉLIPHAGE.** *Meliphaga.* OIS. Syn. de Philédon. *V.* ce mot. (DR..Z.)

MELIPHYLLON. BOT. PHAN. (Dioscoride.) La Mélisse. (B.)

MÉLIPONE. *Melipona.* INS. Genre de l'ordre des Hyménoptères, section des Porte-Aiguillons, famille des Mellifères, tribu des Apiaires, division des Sociales, établi par Illiger, et en même temps par Latreille, et auquel Jurine a donné le nom de *Trigona*. Latreille a détaché quelques espèces des Mélipones, et en a formé un genre sous ce dernier nom. Les caractères des Mélipones proprement dites sont : point d'épines à l'extrémité des jambes postérieures ; premier article des tarses postérieurs plus étroit à sa base, ou en triangle renversé et sans stries sur la brosse soyeuse de sa face interne.

Les Mélipones diffèrent des Trigones de Jurine et Latreille, par les mandibules qui sont dentelées à leur bord interne dans les dernières, tandis qu'elles sont simples dans les Mélipones ; elles diffèrent des Abeilles par leurs petits yeux lisses qui sont situés transversalement sur une même ligne. Les ailes supérieures n'ont que deux cellules cubitales ; la première est carrée, séparée de la seconde par une faible nervure : elle ne reçoit aucune nervure récurrente. La seconde en reçoit une et atteint l'extrémité de l'aile. L'abdomen est plus court que celui des Abeilles, de la longueur à peu près du corselet ; le premier article des tarses postérieurs a une forme triangulaire, ou va en se rétrécissant de l'extrémité à la base, et la brosse soyeuse qui revêt la face interne est continue ou sans stries transverses ; les extrémités des crochets qui terminent les pates sont fendues en deux branches qui sont presque de longueur égale ; les jambes postérieures sont proportionnellement plus larges que celles des Abeilles ; le bout inférieur paraît concave ou échancré, et offre, à son angle interne, un faisceau oblique de poils ou petits crins très-nombreux et très-serrés ; enfin la tranche intérieure a un sillon ou un enfoncement longitudinal qui reçoit une partie du côté inférieur de la cuisse, ce qui donne à ces Hyménoptères plus de facilité pour contracter leurs pates postérieures.

Les Mélipones ont été observées par beaucoup de voyageurs et par peu de naturalistes ; de sorte que tout ce que les premiers ont dit sur leurs mœurs et leurs habitudes, est souvent très-difficile à appliquer aux espèces : quoique ces observations aient été faites par des gens dignes de foi, l'histoire de ces Hyménoptères est encore bien incomplète, et ce que l'on connaît de plus à leur égard n'a pour objet que la nature de leur miel, la forme des ruches et leur régime politique. Latreille, dans sa Monographie des Abeilles proprement dites et des espèces propres au Nouveau-Monde, publiée dans le Recueil de Zoologie du voyage de Humboldt et Bonpland, a rassemblé tous les faits relatifs à ces Hyménoptères, qu'il a extraits de divers auteurs ; nous regrettons que le peu d'étendue de cet ouvrage ne nous permette pas de profiter de ses observations.

Le nombre des espèces que ce genre renferme est indéterminé, et il est bien difficile et même impossible de le fixer. Celles qui sont parfaitement connues ont été apportées en Europe avec leurs ruches, et on a pu voir précisément à quel genre elles appartenaient ; parmi les dernières nous citerons :

La MÉLIPONE RUCHAIRE, *Melipona favosa*, Illig., Latr. ; *Apis favosa*, Fabr., Coqueb. (*Illust. Icon. Ins. dec.*, tab. 22, fig. 3). L'ouvrière est longue de quatre lignes et demie, d'un noirâtre foncé, avec un duvet roussâtre. Le chaperon est d'un jaunâtre pâle ou blanchâtre, avec deux taches brunes longitudinales en triangle allongé dans son milieu. Les ailes et leurs tégules sont jaunâtres. Le bord postérieur des cinq premiers anneaux de l'abdomen est occupé par une bande jaune ou d'un jaunâtre roussâtre. Les jambes de derrière sont en tout ou en partie, ainsi que les derniers articles des tarses, d'un brun plus clair et un peu roussâtre. Cette espèce se trouve à Cayenne, où elle a été recueillie par feu Richard. On peut encore rapporter à ce genre intéressant les *Melipona scutellaris*, Latr. ; *M. interrupta*, Latr. ; les *Apis compressipes*, *segmentaria* et *atra*, Fabr.

(G.)

MÉLIQUE. *Melica.* BOT. PHAN. Genre de la famille des Graminées et de la Triandrie Digynie, établi par Linné et adopté par tous les agrostographes, et présentant les caractères suivans : les fleurs forment une panicule simple ou rameuse ; chaque épillet se compose de deux à quatre fleurs dont une ou deux sont hermaphrodites et les autres neutres ; la lépicène se compose de deux valves un peu inégales ; la glume des fleurs hermaphrodites est formée de deux paillettes presque égales, coriaces, mutiques ; la glumelle consiste dans une seule paléole obtuse et unilatérale. Ce genre a beaucoup de rapport avec le *Poa;* on doit y réunir le *Molinia*, genre qui a pour type le *Melica cærulea*, et qui réellement ne diffère pas des autres Méliques. Ce sont, en général, des Graminées élégantes, dont les panicules ont un aspect soyeux ou brillant.

(A. R.)

MELIS. MAM. (Pline.) Le Blaireau. *V.* ce mot.

(B.)

MÉLISSE. *Melissa.* BOT. PHAN. Ce genre, de la famille des Labiées et de la Didynamie Gymnospermie, L., offre pour caractères essentiels : un calice tubuleux, nu intérieurement, à deux lèvres, la supérieure à trois dents, l'inférieure à deux; une corolle à tube cylindrique, évasé au sommet et partagé en deux lèvres; la supérieure en forme de voûte échancrée; l'inférieure à trois divisions inégales, celle du milieu plus grande, échancrée et cordiforme; quatre étamines didynames, à anthères oblongues; ovaire à quatre lobes, du milieu desquels s'élève un style de la longueur des étamines et terminé par un stigmate bifide. Ce genre est très-voisin de celui des Thyms dont il ne diffère essentiellement que par son calice nu à l'intérieur. Si ce n'était le port qui distingue assez bien les deux genres, un tel caractère n'aurait qu'une faible valeur, car la section du genre *Melissa*, à laquelle Persoon a donné le nom de *Calamintha*, et qui était regardée comme un genre distinct par Tournefort, offre aussi un calice dont l'entrée est velue après la floraison; aussi quelques auteurs ont-ils placé parmi les Thyms les espèces dont cette section est constituée. Il se distingue des Origans en ce que ses fleurs ne sont ni réunies en tête ni accompagnées de bractées.

On a décrit environ quinze espèces de Mélisses qui sont indigènes de l'Europe méridionale et des contrées tempérées de l'Amérique septentrionale. Ce sont des Plantes le plus souvent herbacées, quelquefois sous-frutescentes, odorantes, à feuilles simples,

opposées, et à fleurs axillaires, portées sur des pédoncules rameux, et disposées en grappes au sommet des tiges.

La MÉLISSE OFFICINALE, *Melissa officinalis*, L., a une tige dressée, rameuse, haute de six à huit décimètres, velue vers sa partie supérieure et près de ses nœuds; ses feuilles sont ovales, cordiformes, dentées, pubescentes, portées sur de courts pétioles; ses fleurs sont blanches, verticillées, tournées du même côté, et placées dans les aisselles supérieures des feuilles sur des pédoncules rameux. La Mélisse croît dans les contrées méridionales de l'Europe. On la cultive abondamment dans les jardins, à cause de l'odeur suave, analogue à celle du Citron, que toutes ses parties exhalent, odeur qui a fait donner à cette Plante les noms vulgaires de Citrouelle, Citronade et Herbe de Citron. Elle possède à un haut degré les propriétés communes aux Labiées, c'est-à-dire, qu'étant amère et aromatique, elle agit, comme excitant, sur le système nerveux. Les médecins prescrivent son infusion théiforme, ou plus fréquemment son eau distillée, dans les potions toniques. Elle est un des principaux ingrédiens de l'Eau-des-Carmes, liqueur alcoholique que l'on administre rarement à l'intérieur, mais qui peut avoir, comme l'Eau-de-Cologne, des propriétés antispasmodiques, si on la fait respirer aux personnes qui tombent en défaillance.

Parmi les espèces qui composent la section des *Calamintha* de Persoon, nous citerons les deux suivantes, dont les propriétés sont analogues à celles de la Mélisse officinale, et qui étaient fort en usage dans l'ancienne médecine.

La MÉLISSE A GRANDES FLEURS, *Melissa grandiflora*, L.; *Thymus grandiflorus*, Lamk. et D. C.; a des tiges légèrement pubescentes, garnies de feuilles ovales-aiguës, dentées en scie; les fleurs sont grandes, purpurines, disposées en grappe terminale, au nombre de trois ou quatre, sur des pédoncules assez longs. Cette jolie Plante croît naturellement dans les contrées montueuses et sèches du midi de l'Europe.

La Mélisse Calament, *Melissa Calamintha*, L. ; *Thymus Calamintha*, Lamk. et D. C. ; est pubescente, à feuilles ovales, presque cordiformes à la base, bordées de dents égales et obtuses : elle a des fleurs purpurines ou blanchâtres, tachetées de violet, beaucoup plus petites que celles de l'espèce précédente, disposées en grappes paniculées. On la rencontre fréquemment sur les collines et aux bords des champs dans la France méridionale. Elle est connue sous le nom vulgaire de Calament de montagne.

On a aussi vulgairement appelé Mélisse des Bois, le *Melittis Melissophyllum* ; Mélisse épineuse, le *Molucella spinosa* ; Mélisse de Moldavie, le *Dracocephalum Moldavica* ; Mélisse sauvage, le *Leonurus cardiaca*, etc., etc.   (G..N.)

MÉLISSIÈRE. bot. phan. Syn. vulgaire de *Melittis Melissophyllum*, L.   (B.)

MELISSITUS. bot. phan. Le *Melilotus cretica*, Desf., a été érigé, par Medicus et Mœnch, sous le nom de *Melissitus* en un genre distinct, établi antérieurement par Heister qui le nommait *Melilotoides*. Ces deux dénominations n'ont pas été reçues; la première pouvant être confondue avec celle de *Melicytus* employée par Forster pour un genre fort différent, et la seconde péchant contre les règles établies par Linné. Seringe (*in D. C. Prodrom. Syst. Veget.*, 2, p. 185) s'est donc vu autorisé à leur substituer le nom de *Pocockia. V.* ce mot.   (G..N.)

*** MÉLISSODE.** *Melissoda.* ins. Genre d'Apiaires Scobulipèdes de Latreille, établi par ce savant dans les Familles Naturelles du Règne Animal et dont il ne donne pas les caractères. Ce genre est très-voisin de celui d'Eucère, et renferme quelques espèces analogues du Brésil.   (G.)

MELISSOPHYLLUM. bot. phan. *V.* Mélitte.

MELISTAURUM. bot. phan.(Forster.) Syn. de *Casearia. V.* ce mot.   (G..N.)

MÉLITE. *Melita.* crust. Genre de l'ordre des Amphipodes, famille des Crevettines, établi par Leach et ayant pour caractères : seconde paire de pieds ayant son dernier article très-dilaté, comprimé en forme de main, avec la griffe, ou le doigt qui vient après et qui termine, repliée sous la paumette de l'article précédent; antennes supérieures aussi longues au moins que les inférieures. Ce genre nous est inconnu ; nous citerons l'espèce qui lui sert de type, et qui est le *Cancer palmatus* de Montagu, décrit dans le tome septième des Transactions de la Société Linnéenne de Londres.   (G.)

*** MÉLITE.** polyp. Lamarck nomme ainsi le genre de Polypier appelé par Lamouroux Mélitée. *V.* ce mot.   (E. D..L.)

MÉLITE. bot. phan. Pour Mélitte. *V.* ce mot.   (B.)

MÉLITÉE. *Melitea.* acal. Genre de Médusaires établi par Péron et Lesueur dans la division des Méduses gastriques, monostomes, pédonculées, brachidées et non tentaculées. Caractères : huit bras supportés par autant de pédicules et réunis en une espèce de croix de Malte : point d'organes intérieurs apparens. Ce genre a été réuni aux Méduses propres par Cuvier, et aux Orythies par Lamarck. *V.* Orythie.   (E. D..L.)

MÉLITÉE. *Melitœa.* ins. Nom donné par Fabricius à un genre de Lépidoptères réuni par Latreille aux Argynnes. *V.* ce mot.   (G.)

MÉLITÉE. *Melitea.* polyp. Genre de l'ordre des Isidées, dans la division des Polypiers Corticifères, ayant pour caractères : Polypier lisse, dendroïde, noueux, à rameaux souvent anastomosés; articulations pierreuses, striées, à entre-nœuds spongieux et renflés; écorce crétacée, très-mince , friable dans l'état de dessiccation, et couverte de cellules polypifères, éparses, quelquefois saillantes. Quoique formées, comme les Isis, de cylindres ou articulations calcaires, joints par une substance de structure différente, les Mélitées se distinguent facilement des Isis par leur port, l'aspect, la couleur et le tissu de leurs cylindres calcaires, la structure et la forme du moyen d'union de leurs articulations, la persistance et le peu d'épaisseur de l'écorce sur le Polypier dans l'état de dessiccation.

Les Mélitées sont des Polypiers fort élégans, et dont le port rappelle certaines Gorgones. Quelques espèces parviennent à plusieurs pieds de hauteur ; leurs rameaux sont très-nombreux, ascendans, plus ou moins sinueux, presque tous établis sur le même plan, et souvent anastomosés entre eux ; les internœuds, ou moyens d'union des pièces calcaires, sont renflés, saillans, d'un tissu spongieux et assez mous pour être coupés facilement ; les articulations calcaires sont fermes, solides, cassantes, souvent striées à l'extérieur ; on voit même, sur les jeunes rameaux, des enfoncemens qui correspondent aux cellules de l'écorce ; intérieurement elles sont parcourues, suivant leur longueur, par quelques canaux capillaires remplis d'une matière semblable à celle des entre-nœuds ; leur couleur varie du blanc rosé au rouge de corail le plus vif.

L'écorce des Mélitées est très-mince, et, quoique friable, elle persiste constamment sur les Polypiers desséchés ; celle des Isis, au contraire, est fort épaisse et tellement friable, que les échantillons que l'on voit dans les collections ne s'offrent presque jamais ; la couleur de l'écorce des Mélitées varie suivant les espèces et même suivant les individus ; elle passe du blanc jaunâtre au rouge ponceau ; les cellules polypifères sont petites, nombreuses, éparses, quelquefois saillantes, entourées d'un cercle rouge quand l'écorce est jaune, et d'un cercle jaune quand celle-ci est

rouge. Les Mélitées habitent les mers de l'Inde et de l'Australasie.

Ce genre renferme les *Melitea ochracea*, *Rissoi*, *retifera* et *textiformis*.
(E. D..L.)

MELITHREPTUS. ois. (Vieillot.) *V*. Héobotaire et Philédon.

* **MÉLITOME**. *Melitoma*. ins. Genre d'Hyménoptères très-voisin de celui de Centris de Fabricius, établi par Latreille (Fam. Nat. du Règne Anim.) et dont nous ne connaissons pas les caractères. (G.)

MÉLITOPHILE. *Melitophilis*. ins. Latreille donne ce nom à une division qu'il a formée dans la tribu des Scarabéides. Tous ces Insectes ont le labre presque membraneux, caché sous le chaperon ; les mâchoires sont terminées par un lobe en forme de pinceau ; la languette n'est point saillante, et le corps est le plus souvent ovale, déprimé, avec le corselet en trapèze ou presque orbiculaire ; les couleurs de ces Insectes sont ordinairement brillantes ; ils vivent tous sur des fleurs, et leurs larves passent leurs premiers états dans le tronc des Arbres en décomposition ou dans la tige de diverses Plantes. Cette division renferme six genres, savoir : Platygénie, Crémastocheile, Goliath, Trichie, Cétoine et Gymnétis. *V*. ces mots. (G.)

MÉLITTE. *Melitta*. ins. Kirby nomme ainsi, dans sa Monographie des Abeilles d'Angleterre, un genre correspondant aux Pro-Abeilles de Réaumur et à la tribu des Andrénètes de Latreille ; il partage ce genre en cinq sections dont les quatre premières correspondent aux genres Collète, Hylée, Sphécode et Halicte, et la dernière aux Andrènes et aux Dasypodes de Latreille. *V*. ces mots et Andrénètes.
(G.)

MÉLITTE. *Melittis*. bot. phan. Genre de la famille des Labiées et de la Didynamie Gymnospermie, L., offrant pour caractères essentiels : un calice très-grand, campanulé, bilabié, à trois divisions inégales ; une corolle du double plus longue que le calice, dont le tube est dilaté vers l'entrée ; le limbe a deux lèvres ouvertes, la supérieure entière, plane, l'inférieure à trois grands lobes inégaux et obtus ; akènes arrondis, légèrement triquètres et velus. Le *Melittis Melissophyllum*, L., est l'unique espèce de ce genre, car le *Melittis grandiflora* de Smith (*Flor. Britann.*, 2, p. 644) n'en est qu'une simple variété. Cette Labiée, une des plus élégantes fleurs sauvages de nos climats, croît dans les bois ombragés ; sa tige carrée, dressée, s'élève quelquefois jusqu'à un demi-mètre ; elle porte des feuilles opposées, pétiolées, ovales, un peu aiguës, velues, crénelées, à nervures saillantes sur la partie inférieure ; les fleurs sont grandes, blanches, rassemblées au nombre de deux à quatre dans les aisselles des feuilles supérieures. Toutes les parties de cette Plante exhalent une odeur très-forte qui lui a fait donner les noms de Mélisse puante ou de Mélisse Punaise. Elle était autrefois employée en médecine dans les mêmes circonstances que celles où l'on administre la Mélisse officinale. (G..N.)

MÉLITURGE. *Meliturga*. INS. Genre de l'ordre des Hyménoptères, section des Porte-Aiguillons, famille des Mellifères, tribu des Apiaires, division des Scobulipèdes, établi par Latreille, et ne différant des Eucères et des Macrocères que par les palpes labiaux qui ne ressemblent point aux maxillaires et sont sétiformes. Elles ont les deux divisions de la languette beaucoup plus courtes que les palpes labiaux ; les antennes des mâles sont terminées en massue. Ce genre a pour type le *Meliturga clavicornis*, *Eucera clavicornis*, Latr., *Gen. Crust. et Ins.* T. 1, tab. 14, fig. 14. *V.* Eucère. (G.)

MELLA. BOT. PHAN. Genre de la Didynamie Angiospermie, L., établi par Vandelli (*Flor. Chil. et Lusit.*, p. 43, t. 3, f. 23) qui lui a donné pour caractère essentiel : un calice à cinq divisions ovales, lancéolées, la

supérieure plus longue que les autres ; une corolle monopétale, campanulée, dont le tube est cylindrique, un peu recourbé, le limbe à cinq petits lobes obtus ; quatre étamines didynames dont les filets sont plus courts que la corolle ; ovaire supérieur globuleux, surmonté d'un style filiforme terminé par un stigmate bifide. Le fruit est une capsule biloculaire, quadrivalve et polysperme.

Ce genre, dont l'adoption doit être ajournée jusqu'à ce qu'on ait obtenu d'autres renseignemens sur ses affinités, ne se compose que d'une espèce dont les feuilles sont larges, lancéolées, dentées en scie. (G..N.)

***MELLAMTODDALI.** BOT. PHAN. Syn. malabare de *Celtis orientalis*, et non de *Muntingia*, comme le croyait Linné. (B.)

MELLICHRYSOS. MIN. Pline mentionne sous ce nom une Gemme de l'Inde que l'on croit être une Hyacinthe couleur de miel. (B.)

MELLIFÈRES. INS. *V.* ANTHOPHILES.

MELLIFIGON. BOT. PHAN. (Averrhoës.) Syn. de Millepertuis. *V.* ce mot. (B.)

***MELLILITE.** MIN. (Kirwan.) *V.* ARGILE et MELLITE.

MELLINE. *Mellinus*. INS. Genre de l'ordre des Hyménoptères, section des Porte-Aiguillons, famille des Fouisseurs, tribu des Crabronites, établi par Fabricius, et ayant pour caractères : antennes insérées au-dessus du milieu de la face antérieure de la tête, filiformes, écartées à leur base ; chaperon ou épistome court et large ; quatre cellules cubitales complètes ; mandibules fortes, tridentées. Ces Hyménoptères diffèrent des Pemphrédons parce que ceux-ci n'ont que deux cellules cubitales ; ils sont distingués des Gorytes par les mandibules qui sont simplement unidentées au côté interne dans ces derniers ; enfin les Alysons en sont séparés par la seconde cellule cubitale qui est pétiolée. Ces Hyménoptères ont les antennes filiformes, peu ou point coudées, insérées près de la bouche, et composées de douze articles dans les femelles et de treize dans les mâles ; les mandibules sont au moins tridentées dans les femelles ; deux de ces dentelures sont placées au côté interne, l'autre, longue et forte, est à l'extrémité ; les palpes maxillaires sont au nombre de quatre, ils sont beaucoup plus longs que les labiaux, composés de six articles, les labiaux n'en ont que quatre ; la languette est distinctement divisée en trois parties ; la tête est grosse, elle a trois petits yeux lisses disposés en triangle sur la partie antérieure du vertex ; le premier segment du corselet est linéaire, transversal, distant en dessus de l'origine des ailes, les supérieures ont une cellule radiale qui va en se rétrécissant après la seconde cellule cubitale ; son extrémité aiguë ne s'écarte pas de la côte ; les cellules cubitales sont au nombre de quatre : la première, aussi longue que les deux suivantes réunies, reçoit la première nervure récurrente près de la seconde cellule cubitale, celle-ci est rétrécie auprès de la radiale ; la troisième reçoit la seconde nervure récurrente, la quatrième est presque complète ; l'abdomen est composé de cinq segmens, outre l'anus dans les femelles et de plus dans les mâles ; son premier segment a la base rétrécie en pédicule ; les pates sont de longueur moyenne ; les quatre jambes postérieures sont munies à leur extrémité de deux épines, et les antérieures d'une seule ; le premier article des tarses est long, les autres courts, et le dernier terminé par deux crochets simples, écartés, munis d'une forte pelote dans leur entre-deux. Les Mellines sont en général d'une taille plus forte que les Pemphrédons ; leurs couleurs sont le jaune et le noir ; les femelles creusent des trous dans les terrains secs et sablonneux pour y déposer leurs œufs : elles approvisionnent ces nids de Muscides dont leurs larves se nourrissent.

On ne connaît qu'un petit nombre d'espèces de ce genre, entre lesquelles nous citerons :

Le **Melline des champs**, *Mellinus arvensis*, Fab. ; *Vespa arvensis*, Linn. ; long de quatre lignes ; corps très-noir et assez luisant ; premier article des antennes, bord antérieur de la tête au-dessus de la bouche, bord interne des yeux, premier segment du corselet et écusson jaunes avec une tache de cette couleur de chaque côté et sous l'origine des ailes ; second et troisième articles de l'abdomen ayant en dessus une bande jaune, celle du second quelquefois interrompue ; le quatrième a de chaque côté un point et le cinquième une bande de la même couleur. C'est la Guêpe Ichneumone à filet bossu de Degéer ; elle se trouve dans les environs de Paris.   (G.)

MELLINIORES. *Melliniores.* INS. Latreille désignait ainsi une famille d'Hyménoptères qu'il a convertie depuis en une division de la tribu des Crabronites. Cette division renfermait les genres Pemphrédon (Cémone de Jurine), Melline, Stigme et Alyson. Il l'a supprimée dans son dernier ouvrage.   (G.)

MELLISUGA. OIS. *V.* COLIBRI.

* **MELLITA.** ÉCHIN. Genre d'Oursins, établi par Klein. Il n'a point été adopté, et rentre dans le genre Scutelle de Lamarck. *V.* ce mot.   (E. D.. L.)

MELLITE. MIN. *Honigstein*, Werner. Alumine mellatée. L'un des sels organiques admis comme espèce minérale, et composé, suivant Klaproth, de 46 parties d'Acide mellique, de 16 parties d'Alumine, et de 38 parties d'Eau. Cette substance est d'un jaune de miel et d'un éclat résineux. Elle cristallise en octaèdre à base carrée, dont les faces sont inclinées de part et d'autre de la base de 93° 22''. Cet octaèdre est souvent modifié sur ses angles latéraux. Le Mellite est fragile, a la réfraction double, est soluble dans l'Acide nitrique : la solution précipite en gelée par l'Ammoniaque. Il donne de l'eau par la calcination, se charbonne, brûle sans flamme ni fumée, en laissant un résidu. Sa pesanteur spécifique est de 1,58. Cette substance appartient aux dépôts de lignite des terrains tertiaires ; elle se trouve à Artern en Thuringe, en Suisse, et même aux environs de Paris, dans le lignite terreux d'Auteuil. (G. DEL.)

* MELLITES. INS. Syn. d'Apiaires. *V*. ce mot. (B.)

MELLITURGE. INS. *V*. MÉLITURGE.

MELLOPHAGE. *Mellophagus*. OIS. Syn. de Guêpier. *V*. ce mot. (DR..Z.)

MÉLO. BOT. PHAN. *V*. MELON.

MÉLOBÉSIE. *Melobesia*. POLYP. Genre de l'ordre des Milléporés, dans la division des Polypiers entièrement pierreux. Ses caractères sont : Polypier pierreux, en plaques minces, plus ou moins grandes, étendues sur la surface des Hydrophytes ; cellules très-petites, situées au sommet de petits tubercules épars sur les plaques. Lamouroux, à qui l'on doit l'établissement de ce genre, l'avait placé, dans son Histoire des Polypiers flexibles, à la suite des Corallinées, en avertissant néanmoins qu'il ne regardait point ce rapprochement comme naturel. Dans l'exposition méthodique des Polypiers, le genre Mélobésie est placé parmi les Milléporées. Personne, nous pensons, autre que Lamouroux, ne s'étant occupé de l'étude de ces êtres singuliers, on ne sait, sur leur compte, que ce qu'il en a dit dans son Histoire des Polypiers flexibles, et que nous allons transcrire ici. Les Mélobésies forment des plaques plus ou moins grandes, quelquefois rondes et régulières, d'autres fois irrégulières ; il en est qui couvrent les Plantes marines d'une couche calcaire au point de ne laisser apercevoir ni la forme ni la couleur des feuilles, tandis que d'autres rendent la surface de ces Plantes comme poudreuse ou furfuracée, suivant la grandeur des plaques, semblables à de petites écailles ou à des atomes de poussière. On observe ordinairement sur ces plaques quelques tubercules plus ou moins saillans ; dans leur centre existe un trou ou cellule qui sert d'habitation au Polype constructeur de cette demeure pierreuse.

La substance des Mélobésies ressemble parfaitement à celle de l'écorce des Amphiroés et des Corallines ; il ne leur manque qu'un axe membraneux ou corné pour être de véritables Corallinées. Ces Polypiers paraissent solides ; les espèces ne présentent pas le même degré de dureté ; il y en a de très-dures, tandis que d'autres se réduisent en poussière par le moindre frottement. Tout nous porte à croire que ces dernières, dans l'état de vie, ne s'éloignent pas beaucoup des Alcyonnées. Quoi qu'il en soit, il nous suffit d'avoir attiré sur ces êtres l'attention des naturalistes ; le temps et l'observation pourront nous dévoiler le mystère de leur organisation et de leur véritable place dans l'échelle naturelle des êtres. Les Mélobésies offrent les mêmes couleurs que les Corallines, soit fraîches, soit desséchées. On les trouve dans les différentes mers du globe, ordinairement sur les mêmes espèces d'Hydrophytes ; on dirait que ces Polypiers, comme certains Insectes, ne peuvent vivre que sur un seul genre de Plantes absolument nécessaire à leur existence.

Ce genre renferme les *Melobesia membranacea*, *pustulata*, *farinosa* et *verrucata*. (E. D..L.)

MÉLOCACTE. *Melocactus*. Espèce de Cacte. *V*. CIERGE. (B.)

MELOCHIA. BOT. PHAN. Ce genre, de la Monadelphie Pentandrie, L., avait été placé par Jussieu (*Gener. Plant.*, 274) parmi les Malvacées. Cette famille ayant été subdivisée, le *Melochia* a fait partie des Bytnériacées de R. Brown, Kunth et De Candolle. Ventenat (*Choix de Pl.*, n. 37) en a retiré plusieurs espèces décrites par Cavanilles, caractérisées par leur capsule qui se sépare en cinq coques distinctes , et il en a fait son genre *Riedleia* qui correspond au *Mougeotia* de Kunth. Ainsi réformé, le genre *Melochia* se distingue par les caractères suivans : calice persistant , à cinq divisions peu profondes dont la préfloraison est valvaire, nu ou entouré d'une à trois bractées ; cinq pétales égaux , ouverts et adnés au tube staminal par leurs onglets ; cinq étamines opposées aux pétales , ayant leurs filets soudés par leur partie inférieure ; anthères biloculaires et déhiscentes longitudinalement et extérieurement ; ovaire supère , stipité , à cinq loges , dans chacune desquelles sont deux ovules superposés et fixés à un axe central ; cinq styles réunis par la base surmontés de stigmates en forme de petites massues ; capsule membraneuse , pentagone , à cinq loges , à cinq valves , dont la déhiscence est loculicide et qui portent les cloisons sur leur milieu ; axe central séparable en cinq filets auxquels les cloisons sont suspendues ; une ou deux graines dans chaque loge ayant l'embryon droit , placé au centre d'un endosperme charnu , pourvu de cotylédons planes , foliacés , réniformes , et d'une radicule infère. Ce genre , dégagé des Plantes qui forment le *Mougeotia* de Kunth ou *Riedleia* de Ventenat, ne se compose que de cinq espèces dont deux seulement avaient été décrites par Linné sous les noms de *Melochia pyramidata*, et *M. tomentosa*. La première , qui a pour synonyme le *M. Domingensis*, Jacq. (*Vind.*, 1 , tab. 3o) , croît dans les Antilles et au Brésil. On la cultive dans les jardins de botanique. Trois nouvelles espèces ont été publiées par Kunth (*Nov. Gener. et Species Plant. æquin.*, 5 , p. 3a3, tab. 43a) qui les a nommées *M. Turpiniana, macrophylla* et *parvifolia*. Elles croissent dans la république de Colombie. Les *Melochia* sont des Arbrisseaux ou Arbustes couverts d'un duvet de poils étoilés , à feuilles alternes , entières , dentées en scie , munies de stipules pétiolaires et géminées. Leurs fleurs sont nombreuses , pédicellées , de couleur violacée ou blanche , en ombelles , portées sur des pédoncules terminaux , axillaires et opposées aux feuilles. (G..N.)

MÉLOCHITE. MIN. Nom sous lequel les anciens paraissent avoir connu une variété terreuse et globuliforme d'Azurite ou Carbonate bleu de Cuivre. (G. DEL.)

MELODINUS. BOT. PHAN. Genre de la Pentandrie Digynie, L., établi par Forster (*Charact. Gener.*, p. 57 , tab. 19), adopté par Linné fils et par Jussieu; ce dernier l'a placé dans la troisième section de la famille des Apocynées. Il y est ainsi caractérisé : calice à cinq divisions profondes et persistantes ; corolle hypocratériforme, à tube cylindrique, trois fois plus long que le calice ; le limbe est à cinq divisions obliques , et renferme une couronne composée de cinq appendices courts , pétaloïdes , ouverts en étoile, alternes avec les divisions du limbe de la corolle, et laciniées comme dans les *Nerium ;* cinq étamines très-courtes ; style bipartible et portant deux stigmates ; baie globuleuse, biloculaire, pulpeuse intérieurement , renfermant un grand nombre de graines ovales , arrondies , un peu comprimées. Ce genre paraît avoir des rapports avec le *Rauvolfia* et le *Strychnos*. Il ne renferme qu'une seule espèce, *Melodinus scandens*, Linné fils et Lamarck , *Illust. Gen.*, tab. 179. C'est un Arbrisseau qui croît dans la Nouvelle-Ecosse ; sa tige volubile grimpe sur les Arbres du voisinage ; elle est garnie de feuilles opposées , oblongues , ovales , veineuses et très-entières. (G..N.)

MELODORUM. BOT. PHAN. Sous ce nom, Loureiro (*Flor. Cochinch.*, éd. Willd., p. 43o) a constitué un genre qui fut réuni par Jussieu à l'*Asimina* d'Adanson. Dunal et De Candolle l'ont considéré comme type d'une section du genre *Unona* , et ils ont donné aux *Melodorum arboreum* et *fruticosum*, les noms d'*Unona sylvatica* et d'*Unona dumetorum*. *V.* UNONE. (G..N.)

MÉLOÉ. *Meloe.* INS. Genre de l'ordre des Coléoptères, section des Hétéromères, famille des Trachélides, tribu des Cantharidies, établi par Linné qui comprenait sous ce nom divers autres genres, et adopté par tous les entomologistes avec ces caractères : tous les articles des tarses entiers; antennes grenues, droites, et sans coude remarquable, de la longueur au moins de la tête et du corselet, irrégulières dans plusieurs mâles ; point d'ailes; étuis ne recouvrant qu'une partie de l'abdomen, ovales ou triangulaires, se croisant dans une partie de leur bord interne

Ces Insectes se distinguent, à la première vue, des genres voisins, par leur port lourd, leurs étuis plus courts que l'abdomen et par leur manque d'ailes ; la tête des Méloés est large, déprimée de devant en arrière et inclinée sous le corselet; les antennes sont moniliformes, un peu plus longues que le corselet et la tête réunis ; elles sont composées de onze articles dont le premier est grand et tronqué antérieurement, le second petit et aplati, et les autres arrondis. Les mâles, dans plusieurs espèces, ont les cinquième, sixième et septième articles plus larges, ce qui donne aux antennes une forme irrégulière ; vu de profil, leur milieu offre même, par suite de la disposition de ces articles, une forte échancrure ou une espèce de croissant. Sowerby a observé qu'ils se servent de cette échancrure pour saisir les antennes des femelles pendant l'accouplement. La lèvre supérieure est cornée, échancrée antérieurement; les mandibules sont triangulaires, arquées, cornées, aiguës et sans dents. Les mâchoires sont cornées, bifides, droites et comprimées ; la division interne est tronquée, l'externe est un peu plus grande, arquée et aiguë. La lèvre inférieure est cornée, rétrécie antérieurement pour l'insertion des palpes labiaux qui sont composés de trois articles dont le premier très-petit, le second allongé et le troisième large

et tronqué. Les palpes maxillaires sont plus longs, composés de quatre articles dont le premier très-petit, les deux suivans grands et triangulaires, et le dernier ovoïde. Le corselet est presque cubique, rétréci postérieurement; les élytres sont molles, se recouvrant vers la suture, et plus courtes que l'abdomen qui est composé d'anneaux distincts et mous; les stigmates s'aperçoivent facilement. Les pates sont longues; les cuisses et les jambes sont comprimées, ces dernières sont un peu arquées. Les tarses sont simples et terminés par deux crochets. Les organes de la digestion des Méloés, d'après Léon Dufour qui a fait l'anatomie de ce genre (Ann. des Scienc. Natur. T. III, p. 486), sont composés d'un œsophage qui se dilate, est très-vaste, et semble revêtir les caractères d'un véritable gésier, car il est garni intérieurement de plissures calleuses, comme anastomosées entre elles, et séparé du ventricule chylifique par une valvule formée de quatre pièces principales résultant chacune de l'adossement de deux cylindres creux, tridentés en arrière. Cet organe est moins prononcé dans les genres qui vivent du pollen des fleurs, et qui ne sont point essentiellement herbivores. Le ventricule chylifique est droit, conoïde ou cylindroïde, et formé de rubans musculaires transversaux bien prononcés ; l'intestin grêle est flexueux, filiforme; il offre à son origine une portion conoïde dont l'intérieur a de légères plissures longitudinales et une valvule correspondant au ventricule chylifique, composée de six tubercules ovales, bilobés, un peu calleux; le cœcum est ovale, lisse, et le rectum est assez marqué ; les vaisseaux biliaires, au nombre de six, s'insèrent autour d'un bourrelet de la base du ventricule chylifique, se réunissent trois à chaque côté, et se terminent par deux branches qui vont s'insérer sur la partie antérieure du cœcum.

Ces Insectes font sortir de l'articulation de chaque genou de leurs pieds, lorsqu'on les saisit, une liqueur jaunâtre, visqueuse, semblable à de l'huile, et qui a, suivant Frisch, une odeur de violette, mais qui est inodore suivant Degéer; ils sont lourds, se traînent à terre, dans les champs, les terres labourées ou sur les bords des chemins, et paraissent préférer les lieux sablonneux et exposés au soleil. Ils se nourrissent de feuilles de Végétaux. Ces Coléoptères paraissent au printemps et en automne. On les mêle aux Cantharides dans quelques cantons de l'Espagne, pour les faire servir aux mêmes usages. On les regardait autrefois comme un spécifique contre la rage, et les maréchaux vétérinaires emploient, pour quelques traitemens, de l'huile où ces Insectes ont macéré. On voit, dans Mouflet, que les anciens naturalistes se sont beaucoup étendus sur leurs propriétés médicales. Latreille présume que les Méloés sont les Buprestes des anciens, Insectes auxquels ils attribuaient des effets très-pernicieux, et qui, suivant eux, faisaient périr les Bœufs lorsqu'ils les mangeaient avec l'Herbe. Ces Insectes ont aussi été nommés Proscarabeés par divers naturalistes.

Les femelles des Méloés ont l'abdomen rempli d'un si grand nombre d'œufs, qu'elles acquièrent une grosseur considérable, et que cet organe devient enflé et tendu d'une manière extraordinaire. Une femelle de Proscarabée, que Goëdart nourrissait de feuilles d'Anémones et d'une Renoncule des champs, pondit, du 12 mai au 12 juin suivant, deux mille deux cent douze œufs, sans en compter au moins autant qui furent perdus. Elle effectua cette ponte à deux reprises en enfonçant chaque fois l'extrémité de son ventre dans un trou qu'elle avait fait en terre et déposant ses œufs en un paquet. Ces œufs sont jaunes et semblables, dit-il, à de petits sablons pressés ensemble : il essaya en vain d'élever les larves qu'il en obtint. Ces larves ont le corps long, cylindrique, parsemé de poils, composé de onze anneaux presque égaux et d'une tête ovale pourvue de deux yeux et de deux antennes assez longues. Elles ont six pates qui paraissent grandes comparativement à l'étendue du corps dont l'extrémité postérieure est terminée par deux longs appendices en forme de soies. Degéer, ayant remarqué une grande analogie entre ces larves et un petit Insecte presque semblable qui se trouve sur l'*Eristalis intricarius*, et que Kirby nomme *Pediculus Melittæ*, mit avec les larves de ce Méloé deux Mouches domestiques ainsi qu'une espèce de la même famille. En moins d'une demi-heure, un très-grand nombre de ces larves avaient trouvé le moyen de se rendre sur le corps d'une de ces Mouches et de se fixer à sa poitrine et à une partie de son ventre. La Mouche fit de vains efforts pour s'en débarrasser, elle périt le second ou le troisième jour. Quoique ce fait soit très-merveilleux, et qu'il soit rapporté par un observateur éclairé, Latreille, ainsi que Kirby, combattent le sentiment émis par Degéer, que la larve des Méloés est parasite, et ils donnent des raisons très-bonnes pour prouver que cela ne peut pas être. Nous regrettons que l'étendue de ce Dictionnaire ne nous permette pas d'entrer dans de plus grands détails sur ce sujet intéressant. Au reste, Walkenaer a réuni dans ses Mémoires, pour servir à l'Histoire naturelle des Halictes, tous les faits relatifs à ce sujet de controverse, et nous y renvoyons.

Meyer avait publié une Monographie de ce genre; mais Leach en a donné une nouvelle dans le onzième volume des Transactions de la Société Linnéenne de Londres. Elle est complète et accompagnée de bonnes planches. L'auteur a rectifié la synonymie de quelques espèces, et il partage ainsi ce genre qui se compose d'une vingtaine d'espèces.

I. Antennes filiformes, courtes et assez épaisses dans les deux sexes.

A. Extrémité des antennes entière.

* *Corselet carré.*

Le Méloé varié, *Meloe variegatus*, Leach (tab. 6, fig. 1-2); *M. majalis*, L. Oliv., Latr., Panz.; bronzé, varié de vert et de cuivreux; tête et corselet ponctués; élytres raboteuses. Des environs de Paris.

** *Corselet prolongé de chaque côté.*

Méloé excavé, *Meloe excavatus*, Leach (*ibid.*, p. 243, tab. 18, fig. 3). Noir; tête triangulaire; corselet ayant un enfoncement de chaque côté; élytres couvertes de gros points enfoncés, abdomen lisse, noir, avec les côtés fauves. Patrie inconnue.

B. *Extrémité des antennes échancrée.*

Méloé de mai, *Meloe majalis*, L., Leach (*ibid.*, tab. 6, fig. 3-4). D'un noir très-foncé, uni, avec les bords supérieurs des anneaux de l'abdomen rouges. Leach s'est assuré que cette espèce est celle que Linné nomme ainsi, parce qu'il a vu l'Insecte qui a servi à la description qu'en a faite le naturaliste suédois. Cet individu est conservé dans le cabinet de Smith. Cette espèce est d'Espagne.

II. Antennes filiformes, allongées, et grêles dans les deux sexes.

Méloé ridé, *Meloe rugosa*, Marsham, Leach (*ibid.*, tab. 6, fig. 7-8). De France.

III. Antennes (dans les mâles principalement) plus épaisses à leur extrémité.

A. Corselet court, transverse.

Méloé a corselet court, *Meloe brevicollis*, Panz. (*Ibid.*, tab. 6, fig. 8.) De France.

B. Corselet allongé.

Méloé lisse, *Meloe lœvis*, Leach (*ibid.*). Il se trouve dans l'île d'Haïti.

IV. Antennes (surtout dans les mâles) plus épaisses dans leur milieu, souvent coudées.

Méloé Proscarabée, *Meloe Proscarabœus*, L., Fabr., Oliv., Leach, t. 7, fig. 6-7, *loc. cit.* Noir; corselet et tête ponctués; élytres rugueuses; côtés

de la tête et du corselet, pates et antennes d'un noir violet. Cette espèce est commune en France et dans toute l'Europe. (G.)

MELOLONTHA. ins. Geoffroy a d'abord employé ce nom pour désigner le genre *Clythra*. Ensuite Fabricius s'en est servi pour le genre Hanneton auquel il est resté. *V.* Clythre et Hanneton. (G.)

MELON. *Melo.* bot. phan. Espèce du genre Concombre. *V.* ce mot. On a appelé Melon d'Eau une autre espèce du même genre; Melon épineux, le *Cactus melocactus*; Melon a trois feuilles, le *Cratœva Marmelos*, etc. (A. R.)

MELON DE SYRIE ou DU MONT-CARMEL. min. *V.* Mélonite.

MELONGÈNE ou MÉRINGÈNE. bot. phan. Noms vulgaires et les plus usités du *Solanum Melongena*, L. *V.* Morelle. (B.)

* MÉLONIE. *Melonia.* moll. Genre différent des Mélonies de Montfort, proposé par Lamarck et faisant conséquemment double emploi du même nom pour des corps qu'il est impossible de confondre. Depuis 1802, Fortis avait signalé par des descriptions exactes et de bonnes figures, dans ses Mémoires pour servir à l'oryctologie de l'Italie, plusieurs espèces de Mélonies de Lamarck. Cet auteur les avait confondues à tort avec ce qu'il nommait des Discolites, genre qui en renfermait plusieurs autres, et entre autres des Polypiers. Roissy, dans le Buffon de Sonnini, ne confondit pas, comme Fortis, ces corps avec les Nummulites; mais il n'en fit aucunement mention. Montfort, loin de les rassembler, fit autant de genres que d'espèces, et sans citer Fortis, il établit les genres Bordie, Miliolite et Clausulie. Malgré ces travaux, qui pouvaient donner quelques connaissances des Coquilles dont ils traitent, Lamarck, probablement sans les connaître, institua son genre Mélonie, dans l'Extrait du Cours. Comme les noms génériques

de ce célèbre zoologiste prévalurent, celui-ci fut adopté. Cuvier (Règne Animal) le fit le premier ; il plaça les Mélonies comme sous-genre de ses Camérines, en y réunissant, avec juste raison, les trois genres de Montfort. Férussac, dans ses Tableaux systématiques, suivit entièrement l'opinion de Cuvier. Nous devons nous étonner, d'après cela, que Lamarck, en publiant, en 1822, le septième volume de l'Histoire des Animaux sans vertèbres, ignorât entièrement tous ces antécédens, et dît dans ses observations sur le genre : « Ces Coquilles ne me sont connues que par les figures qu'en a données Fichtel. » Depuis la publication de l'ouvrage de Lamarck, d'autres travaux ont été donnés à la science ; les articles de Blainville et de Defrance, dans le Dictionnaire des Sciences Naturelles, l'article Mollusque du même ouvrage, et les Familles Naturelles du Règne Animal par Latreille. L'article Mélonie de Blainville, dans le Dictionnaire des Sciences Naturelles, ne mentionne absolument que les Mélonies de Montfort, et nullement celles de Lamarck. Defrance, en traitant ce mot dans le même ouvrage, fait observer judicieusement que la figure du genre Mélonie de Montfort n'a aucun rapport avec celles données par Lamarck pour son genre du même nom ; et Defrance semble oublier que ce genre Mélonie de Lamarck a été décrit par lui et figuré dans le dix-septième cahier de planches, sous le nom d'Orizaire, dont les caractères génériques sont donnés à l'article Fabulaire du même auteur. Blainville, à l'article Mollusque précité, ne mentionne plus la Mélonie de Montfort, mais adopte le genre Mélonie de Lamarck auquel il rapporte les Borélies de Montfort seulement. Latreille, dans ses Familles Naturelles, a formé une famille sous le nom de Milléporite, V. ce mot, dans laquelle il réunit tous les Polythalames dont le test présente des pores plus ou moins nombreux ; on y voit un groupe formé des genres Borélie, Miliolite, Clau-

sulie de Montfort et Gyrogonite. De tout ce que nous venons de dire sur le genre Mélonie, il suit que chaque auteur n'a pas connu ce qui était fait antérieurement à lui, et a cru pouvoir donner un nom nouveau à un corps déjà nommé et figuré. Ainsi, au résumé, Fortis le confond avec les Discolithes, Fichtel avec les Nautiles ; Montfort en fait trois genres ; Lamarck, sans faire attention que le nom de Mélonie a été déjà donné par Montfort à un corps tout différent, l'emploie néanmoins pour le genre qui nous occupe ; Defrance ne connaît pas en nature les Mélonies de Lamarck, et cependant en décrit et figure une espèce sous le nom d'Orizaire ; enfin Latreille ne le mentionne pas.

Les Mélonies sont de petits corps subsphériques, quelquefois allongés et un peu pointus à leur extrémité ; ils sont formés de loges nombreuses qui s'enroulent sur un axe droit et perpendiculaire, le dernier tour enveloppant tous les autres ; les cloisons sont imperforées, mais l'intervalle qui les sépare est occupé par un ou plusieurs rangs de tubes extrêmement fins, accollés par leurs parois qui s'ouvrent quelquefois à l'extérieur dans la dernière loge, et qui, d'autres fois, sont constamment cachées. Comme ce caractère est constant dans les espèces qui l'offrent, il peut servir à diviser naturellement le genre en deux sections.

† Espèces dont les pores des cellules sont visibles en dehors.

Mélonie sphérique, *Melonia sphærica*, Lamk., Anim. sans vert. T. VII, p. 615, n. 1 ; *Nautilus Melo*, Fichtel, tab. 24, fig. A, B, C, D, E, F ; Encyclop. Méthod., pl. 469, fig. 1, A, B, C, D, E, F. Genre Clausulie : *Clausulus indicator*, Montfort, Conchyl. Syst. T. 1, p. 178, *an Discolithes sphæricus?* Fortis, Mém. pour servir à l'oryctographie de l'Italie, T. II, p. 112, pl. 3, fig. 6. Cette espèce, de Fortis, semble être semblable à celle figurée par les autres auteurs cités; comme elle est d'un diamètre plus grand, nous l'avons indiquée avec doute dans notre synonymie ; Fortis n'en connaissait pas la localité ; Lamarck n'en indique pas non plus ; Montfort dit que ce corps se trouve fossile en Hongrie, en Transylvanie et à Duina, sur les bords de l'Adriatique.

MÉLONIE DE FORTIS, *Melonia Fortisi*, N.; *Discolithes sphæroideus, oblongus, extremitatibus obtusis*, Fortis, *loc. cit.*, pl. 115, pl. 3, fig. 8, c, D, et fig. 9. Espèce remarquable par son allongement et sa forme ovale, mais dont tous les caractères la placent essentiellement dans le genre; elle est longue de deux lignes à peu près. Fortis l'avait eue de Vandemier, dans le ci-devant Roussillon. Nous l'avons retrouvée dans les sables coquilliers à Nummulites du Soissonnais et des environs de Laon.

†† Espèces dont les pores des cellules ne sont pas visibles.

MÉLONIE SPHÉROÏDE, *Melonia sphæroidea*, Lamk., Anim. sans vert. T. VII, p. 615, n. 2; *Nautilus Melonia*, Fichtel, tab. 24, fig. G, H; Encycl., pl. 469, fig. G, H. Genre Borélie : *Borelis Melonoides*, Montf., Conchyl. Syst. T. I, p. 170. Cette espèce est sphérique, marquée peu sensiblement par les cloisons à l'intérieur. Elle est composée comme les espèces précédentes.

MÉLONIE DE BOSC, *Melonia Boscii*, N.; Oryzaire de Bosc, Defr.; Dict. des Scienc. Natur. T. XVI, p. 104. Très-bien figurée parmi les Polypiers pierreux foraminés, dans le dix-septième cahier de l'Atlas, fig. 4, A, B. Genre Miliolite, *Miliolites subulosus*, Montf., Conchyl. Syst. T. I, p. 174; *Discolithes sphæroideus, gracilis, apicibus acutis*, Fortis, *loc. cit.*, p. 114, pl. 3, fig. 10-11. Celle-ci est très-commune aux environs de Paris, et il ne faut pas la confondre avec les véritables Milioles qui appartiennent à un genre bien différent; quoique plus allongée qu'aucune des autres espèces, et quoique ses extré-

mités soient pointues, elle n'en doit pas moins rester dans le genre par ses caractères. Il paraît que l'individu figuré par Fortis n'était point parfaitement bien conservé, puisqu'il indique des stries transversales qui ne sont visibles que lorsque la première couche de la Coquille a été usée. (D..H.)

MÉLONIE. *Melonis*. MOLL. Genre établi par Montfort pour une Coquille microscopique qu'il place à tort près des Nautiles; elle doit se rapporter bien plutôt aux Nummulites. Ce genre n'est pas du tout le même que celui auquel Lamarck a donné le même nom, et ce serait bien à tort que l'on y rapporterait celui de Montfort, comme l'ont fait au reste quelques auteurs modernes, qui, pour n'avoir pas vérifié, ont commis cette faute. Montfort (Conchyl. Systém. T. I, p. 67) caractérise son genre Mélonie de la manière suivante : coquille libre, univalve, cloisonnée, en disque, et contournée en spirale aplatie, ayant un ombilic ; le dernier tour de spire renfermant tous les autres; bouche arrondie, recevant dans son milieu le retour de la spire, scellée et couverte par un diaphragme sans siphon, mais laissant une ouverture semilunaire contre le retour de la spire; cloisons unies. Si l'on compare ces caractères à ceux donnés par Lamarck à son genre Mélonie, *V.* ce mot, on s'apercevra bientôt que c'est un genre entièrement différent. Montfort donna le *Nautilus pompiloides* de Fichtel et Moll., pl. 2, fig. A, B, C, comme type de son genre. Cette petite Coquille est d'une demi-ligne de diamètre, vésiculaire, mince, irisée, transparente. Elle se trouve vivante sur les Polypiers pierreux de la Méditerranée, et fossile à la Coroncine en Toscane. (D..H.)

MÉLONITE ou MÉLOPONITES. MIN. Aussi Melon du Mont-Carmel et Mélopéponites. Noms donnés par les anciens lithologistes aux géodes de Calcédoine, et aux nodules de Silex, présentant une forme globuleuse, arrondie, comme celle d'un Melon.   (G. DEL.)

MELONNÉE. BOT. PHAN. Variété de Courge.   (B.)

MELONS FOSSILES. GÉOL. On a improprement appelé ainsi des géodes siliceuses, creuses et tapissées de cristaux de Quartz, dont la forme ovoïde rappelle celle des Melons, mais qui bien certainement n'ont point une origine végétale. Les Melons du Mont-Carmel sont de pareilles Agathes impures. Dans la formation du calcaire magnésien et jusque dans les grès de Fontainebleau, on rencontre des masses orbiculaires plus ou moins volumineuses, que l'on a comparées aussi à différens fruits et quelquefois à des Melons. (C. P.)

MÉLOPE. *Melops.* POIS. Espèce de Labre du sous-genre Crénilabre. *V.* LABRE.   (B.)

MELOPEPO. BOT. PHAN. Le genre établi sous ce nom par Tournefort, fait partie du genre *Cucurbita* de Linné. *V.* COURGE.   (G..N.)

MÉLOPÉPONITES. MIN. *V.* MÉLONITE.

MÉLOPHAGE. *Melophagus.* INS. Genre de l'ordre des Diptères, famille des Pupipares, tribu des Coriaces, établi par Latreille qui lui donne pour caractères : ailes nulles ou très-imparfaites ; point de balancier ; tête de grandeur ordinaire, séparée du corselet par une suture apparente: suçoir renfermé entre deux valves coriaces. Ce genre se distingue des Hippobosques et des Ornithomyes par l'absence des ailes. Il est séparé des Nyctéribies, aptères comme lui, par la tête qui dans ceux-ci est très-petite, en forme de tubercule capsulaire et confondue avec le corselet. La tête des Mélophages est en forme d'un segment lunulé, transversal, qui n'est distingué du corselet que par une suture courbe. On n'y découvre point d'yeux lisses. Les antennes consistent en deux tubercules très-apparens, logés, un de chaque côté, dans une cavité, près d'une

pièce qui sert de support à l'espèce de bec que forme la bouche. Cette pièce ressemble à une lèvre supérieure ; son bord antérieur est droit au lieu d'être échancré comme dans les Hippobosques ; les valves du suçoir sont plus longues que la tête. Le corselet est presque carré, les crochets des tarses sont contournés et unidentés en dessous. On peut voir, pour plus de détails, la Monographie qu'a publiée Leach des Insectes de la famille des Pupipares.

Nous ne connaissons que deux espèces de ce genre ; l'une vit sur le Mouton et l'autre sur le Cerf. La première est :

Le MÉLOPHAGE COMMUN, *Melophagus ovinus*, Latr. (Hist. Nat. des Crust. et des Ins., t. 14, p. 403); *Hippobosca ovina*, Linn., Fabr., Panzer (*Faun. Ins. Germ.*, fasc. 51, t. 14). Le corps de cet Insecte est rougeâtre ; il se tient caché dans la laine des Animaux et leur cause des démangeaisons très-vives.   (G.)

MELOSEIRA. BOT. CRYPT. Le genre formé sous ce nom par Agardh, dans son *Systema Algarum*, en 1824, est ainsi caractérisé : filamens articulés, rétrécis aux articles, très-fragiles et se désunissant aisément. Le *Fragillaria nummuloides* de Lyngbye, et le *Conferva nummuloides* de Dillwyn, qui sont deux espèces distinctes, y rentrent selon l'auteur à qui nous avions, lors de son voyage à Paris en 1820, communiqué un dessin grossi de ces Plantes, érigées dès-lors par nous en un genre consigné, dès 1823, dans le T. VI du présent Dictionnaire, p. 393, sous le nom de Gaillonelle. *V.* ce mot. Les caractères du genre dont il est question ayant d'ailleurs été fort imparfaitement établis par Agardh, qui ne s'est probablement pas donné la peine de les examiner au microscope, et le nom de Gaillonelle ayant évidemment l'antériorité, nous croyons que le nom de Méloseira doit être banni de la science.   (B.)

MÉLOSMON. BOT. PHAN. (Dioscoride.) L'un des noms du *Teucrium Polium*, L.   (B.)

MÉLOTHRIE. *Melothria*. BOT. PHAN. Genre de la famille des Cucurbitacées, établi par Linné qui l'a placé dans la Triandrie Monogynie, et offrant des fleurs hermaphrodites, dont le calice adhérent avec l'ovaire infère se termine par un limbe à dix divisions aiguës et étroites; la corolle est monopétale, rotacée, à cinq lobes arrondis. Les cinq étamines sont disposées en trois faisceaux comme dans les autres Cucurbitacées; deux de ces faisceaux se composent chacun de deux étamines, le troisième est formé par une seule. L'ovaire est surmonté d'un style cylindrique, que terminent trois stigmates. Le fruit est une petite baie allongée polysperme.

Ce genre se compose de deux ou trois espèces. Ce sont des Plantes herbacées, grimpantes, ayant des feuilles alternes et découpées, des fleurs pédonculées et solitaires. Parmi ces fleurs qui sont hermaphrodites, on en trouve quelques-unes qui sont simplement mâles.   (A. R.)

MELOTHRON. BOT. PHAN. (Théophraste.) Ecrit quelquefois *Melothrès.* La Bryone selon les uns, la Douce-Amère selon d'autres.   (B.)

*** MELOXIMA.** OIS. Espèce du genre Merle. *V.* ce mot.   (DR..Z.)

MELURSUS. MAM. *V.* OURS.

MÉLYRE. *Melyris.* INS. Genre de l'ordre des Coléoptères, section des Pentamères, famille des Serricornes, tribu des Mélyrides, établi par Fabricius qui n'en distinguait pas le genre Zygie. Tel qu'il est adopté aujourd'hui par tous les entomologistes, il a pour caractères : corps ovoïde; corselet en trapèze, plus étroit en devant; quatrième article des antennes et les suivans obconiques ou turbinés; crochets des tarses distinctement unidentés. Ces Insectes diffèrent des Zygies qui s'en rapprochent le plus, par les articles des antennes qui, à partir du quatrième, sont en scie; les Dasytes

en sont séparés par la forme du corps qui est bien plus allongée dans ceux-ci; enfin les Malachies en sont bien distinguées par la présence des vésicules exsertiles sur les côtés du corps. On trouve ces Insectes en Barbarie et dans les contrées méridionales de la France. Le type du genre est :

Le MÉLYRE VERT, *M. viridis*, Fabr.,Oliv., Entom.T. 2, n° 21, pl. 1, fig. 1, a, b, c, d; pl. 2, fig. 1, a. Cet Insecte a cinq lignes de longueur; il est entièrement d'un vert bleuâtre; ses élytres sont raboteuses, avec trois lignes longitudinales élevées. Cette espèce se trouve très-communément au cap de Bonne-Espérance sur les fleurs.   (G.)

MÉLYRIDES. *Melyrides.* INS. Tribu de l'ordre des Coléoptères, section des Pentamères, famille des Serricornes, division des Malacodermes, établie par Latreille qui lui donne pour caractères : corps généralement oblong, avec le dos plan ou déprimé; mandibules toujours échancrées ou bidentées à leur pointe, étroites et allongées; palpes du plus grand nombre filiformes et courts; tête simplement recouverte à sa base par un corselet plat ou peu convexe, faiblement bombé et généralement en carré plus ou moins long; articles des tarses entiers; les crochets du dernier unidentés ou bordés intérieurement à leur base par une membrane formant un appendice semblable à une dent.

Latreille divise ainsi cette tribu :

† Palpes filiformes.

* Des vésicules intérieures, mais exsertiles sur les côtés du corselet et de la base du ventre.

Genre : MALACHIE.

†† Point de vésicules exsertiles.

Genres : ZYGIE, MÉLYRE, DASYTE.

** Palpes maxillaires terminés par un article plus grand, sécuriformes; antennes sensiblement plus grosses vers leur extrémité; premier article des tarses fort court.

Genre : PÉLÉCOPHORE, Dej. (*Notoxus chinensis*, Schœnb.). Ce dernier genre fait le passage des Dasytes aux Nécrobies qui sont à la tête de la tribu des Clairones. (G.)

MEMBRACE. *Membracis.* INS. Genre de l'ordre des Hémiptères, section des Homoptères, famille des Cicadaires, tribu des Membracides, établi par Fabricius et ayant pour caractères : antennes insérées entre les yeux, de trois articles ; écusson caché ou nul ; corps comprimé ; partie supérieure du corselet très-dilatée et comprimée en manière de feuille, arquée et prolongée sur la tête. Les Insectes de ce genre firent d'abord partie du genre Cigale de Linné ; cependant il en forma deux divisions, les Foliacées et les Porte-Croix. Fabricius les réunit d'abord en un seul genre, *Membracis* ; mais dans son système des Rhyngotes il en a détaché plusieurs espèces dont il a formé ses genres *Ledra*, *Centrotus* et *Darnis*. *V.* ces mots. Les Membraces se distinguent des véritables Cigales (*Tettigonia,* Fabr.) par les antennes qui n'ont que trois articles, tandis que les Cigales en ont six. Les Fulgores et quelques genres voisins s'en distinguent, parce que leurs antennes ne sont pas insérées au milieu du front, mais bien sous les yeux. Enfin les Centrotes en sont séparés, parce que leur écusson est découvert. Ces Insectes vivent sur les feuilles des Plantes et des Arbres ; ils appartiennent aux pays chauds et surtout à l'Amérique. Le genre est assez nombreux en espèces parmi lesquelles nous citerons :

Le MEMBRACE FEUILLE, *Membracis foliata*, Fabr., Stoll (*Cic.*, t. 1, fig. 1). Cet Insecte est d'un brun noirâtre ; il a le front avancé, aplati ; le corselet est marqué d'une bande et d'un arc blancs ; il est très-élevé, aplati des deux côtés, formant une arête saillante, s'avançant sur la tête qu'il couvre presque entièrement, et terminé postérieurement en une espèce de pointe qui se prolonge au-delà de l'abdomen : les élytres sont ovales, plus longues que les ailes. Les pates sont allongées, aplaties, assez larges : les jambes antérieures sont plus courtes, de forme ovale et aplatie. On trouve cette espèce à Cayenne. (G.)

*** MEMBRACIDES.** *Membracides.* INS. Tribu de l'ordre des Hémiptères, section des Homoptères, famille des Cicadaires, établie par Latreille, et renfermant des Insectes qui n'ont, ainsi que les Fulgorelles, que deux ocelles et trois articles aux antennes ; mais ces antennes sont insérées entre les yeux. Le corselet est prolongé en arrière et recouvre une bonne partie du dos : dans plusieurs il se dilate encore du côté de la tête. Latreille divise ainsi cette tribu :

† Ecusson caché ou nul.

Genres : MEMBRACE, DARNIDE.

†† Ecusson découvert.

Genre : CENTROTE. *V.* ces mots.

(G.)

MEMBRANES. ZOOL. On appelle ainsi des organes larges, minces, mous, d'une structure très diversifiée, et dont l'usage est de revêtir et de contenir les diverses parties soit extérieures soit intérieures du corps des Animaux. Bichat est le premier anatomiste qui ait étudié d'une manière spéciale l'organisation des Membranes, et qui en ait tracé une histoire générale et complète, soit dans les Mémoires de la Société médicale d'émulation, soit, et plus particulièrement, dans son Traité des Membranes. Ce célèbre anatomiste a distingué les Membranes en *simples*, qui comprennent les Membranes séreuses, les muqueuses et les fibreuses, et en *composées*, ce sont celles qui se composent à la fois des élémens de deux des espèces précédentes ; telles sont les Membranes *séro-fibreuses*, *séro-muqueuses*, *mucoso-fibreuses*, etc. Bichat n'a pas compris dans cette classification la peau qui forme l'enveloppe extérieure du corps de tous les Animaux. Nous allons décrire ici succinctement les trois ordres de Membranes simples.

§ I. *Membranes séreuses.*

Les Membranes *séreuses*, ainsi nommées parce qu'elles fournissent par exhalation un liquide limpide, qui lubréfie leur face interne, et qu'on a comparé au sérum du sang, composent un système d'organes ou de Membranes fermées de toutes parts, une sorte de sac ou d'ampoule sans ouverture, adhérentes par leur face externe avec les organes qu'elles revêtent, libres et contiguës à elles-mêmes par l'autre face. Les Membranes séreuses que l'on a aussi nommées villeuses simples, succingentes, etc., se rencontrent entre tous les organes qui doivent exécuter un mouvement l'un sur l'autre. Ainsi elles tapissent toutes les articulations mobiles du corps, les parois des cavités splanchniques, et en grande partie les organes qu'elles renferment. Elles servent à la fois de frein, de moyen d'union pour fixer ces derniers; et par le fluide qui lubréfie sans cesse leur surface, elles facilitent le glissement de ces organes les uns sur les autres, diminuent et même détruisent complètement les effets de leur frottement mutuel. Ainsi les Membranes synoviales, celles qui tapissent la gaîne des tendons, le péritoine, le péricarde, l'arachnoïde sont des Membranes séreuses. Elles forment, ainsi que nous l'avons dit, des espèces de vésicules sans ouvertures, c'est-à-dire n'ayant aucune communication avec la surface externe du corps, et par conséquent avec l'air ambiant. On doit néanmoins excepter le péritoine, dont la cavité interne communique à l'extérieur par le moyen de l'ouverture du pavillon de la trompe utérine ou oviducte, dans les organes génitaux, qui ont leur ouverture à la surface du corps. Les séreuses offrent très-souvent dans leur cavité des duplicatures plus ou moins étendues, entre les deux lames desquelles existent des vaisseaux, du tissu cellulaire, souvent rempli de graisse; tels sont, dans le péritoine, le mésentère, l'épiploon, les ligamens larges de l'utérus, les ligamens du foie, etc., et pour les Membranes synoviales, les franges que l'on remarque dans un grand nombre d'articulations. La surface des Membranes séreuses est adhérente aux parties qu'elle recouvre, mais à un degré variable; elle est comme floconneuse. La surface interne, qui est partout contiguë avec elle-même, lorsqu'on l'observe à l'œil nu, paraît extrêmement lisse; mais vue au microscope, elle se montre toute couverte de villosités très-fines, qui paraissent être les extrémités des vaisseaux exhalans, destinés à verser le fluide qui lubréfie sans cesse cette surface. Les Membranes séreuses sont généralement d'un blanc mat, minces, et paraissant demi-transparentes, d'une assez grande résistance, malgré leur peu d'épaisseur. Quoique homogènes au premier aspect, elles sont néanmoins composées de filamens entremêlés et croisés en tous sens. Elles sont formées par une sorte de tissu cellulaire très-condensé, et par un nombre prodigieux de vaisseaux exhalans et absorbans. Dans l'état sain il n'y existe aucune trace de vaisseaux rouges; mais par suite de l'inflammation long-temps prolongée, la partie colorante du sang pénètre jusque dans les vaisseaux blancs, les colore et les rend visibles. On n'a pas encore observé les nerfs de ces Membranes.

Le liquide, qui humecte la surface libre des séreuses, est, dans l'état de santé, limpide et incolore. Dans les cavités splanchniques, il est très-ténu et ressemble à de l'eau à peine visqueuse. Celui des Membranes synoviales, qui a reçu le nom de synovie, est au contraire épais, filant et visqueux, et très-analogue au blanc d'œuf. Ce liquide se compose généralement d'Eau, d'Albumine, d'une matière incoagulable et gélatiniforme, de Fibrine et de différens Sels à base de soude. La proportion et même la nature de ses élémens peuvent éprouver de grands changemens suivant l'état sain ou pathologique des Membranes qui l'exhalent.

§ II. *Membranes muqueuses.*

Le nom de ces Membranes indique la nature de l'humeur qu'elles sécrètent; car ici ce n'est plus une simple exhalation comme dans les Membranes séreuses : c'est une véritable sécrétion, opérée par des glandes et des follicules muqueux. Les Membranes muqueuses tapissent toutes les cavités intérieures qui communiquent au dehors avec la surface externe du corps, de manière qu'il y a une sorte de communication ou de passage insensible entre ces Membranes et la peau. Quoique le nombre des organes qui se trouvent revêtus de Membranes muqueuses soit très-considérable, on peut néanmoins les rapporter à deux surfaces principales, la gastro-intestinale et la génito-urinaire. La surface gastro-intestinale ou mieux nasalo-intestinale. commence d'un côté à l'ouverture de la bouche, du nez, et à la surface externe de l'œil, et finit à l'extrémité ou ouverture inférieure du gros intestin. La surface génito-urinaire commence et finit, dans l'Homme où elle est simple, à l'orifice du canal de l'urètre, et dans la Femme où elle est double à l'entrée du méat urinaire et du vagin. Si l'on considère ensuite que ces deux Membranes communiquent entre elles par le moyen de la peau, qui leur sert d'intermédiaire, on verra qu'elles forment avec elle une Membrane générale, partout continue, qui non-seulement enveloppe toutes les parties extérieures de l'Animal, mais pénètre et tapisse le plus grand nombre de ses organes intérieurs. De même que toutes les autres espèces de Membranes, les muqueuses présentent deux surfaces, l'une libre et humectée de mucosités, l'autre adhérente aux parties sous-jacentes. Cette partie adhérente est partout appliquée sur des muscles, auxquels elle est unie par une couche de tissu cellulaire extrêmement dense et serré, que les anciens anatomistes désignaient sous le nom de *tunique nerveuse.* La surface libre présente constamment deux espèces de plis ou de rides. Les unes sont permanentes, et formées à la fois par la couche fibreuse et la muqueuse; telles sont les valvules conniventes des intestins grêles, le pylore, la valvule de Bauhin, etc. Les autres, au contraire, uniquement formées par la Membrane muqueuse, ne sont qu'accidentelles et produites par la contraction de la partie musculeuse de l'organe, qui plisse la Membrane muqueuse, en diminue l'étendue sans en diminuer la surface, laquelle reste toujours la même.

Par leur organisation intérieure les Membranes muqueuses diffèrent beaucoup des deux autres espèces de Membranes simples. Celles-ci en effet ne sont jamais formées que d'une seule couche ou feuillet; les muqueuses, au contraire, de même que la peau avec laquelle elles offrent la plus grande analogie de structure, se composent de trois feuillets, savoir l'épiderme, le corps papillaire et le chorion. L'épiderme des Membranes muqueuses semble être la continuation de celui de la peau, qui, au voisinage des ouvertures naturelles, s'y enfonce et s'y prolonge. Il est très-apparent sur les lèvres, l'intérieur de la bouche, la surface du gland, et en général sur toutes les parties voisines des ouvertures naturelles. On peut le soulever et le détacher du corps papillaire au moyen de la pointe d'un instrument; l'eau bouillante le détache et l'isole aussi avec une grande facilité. Mais lorsque l'on s'éloigne de ces orifices, et qu'on pénètre plus profondément, il s'amincit de plus en plus, et sa présence devient de plus en plus difficile à constater. Néanmoins il est prouvé qu'il y existe encore, et si dans l'état sain il échappe à nos sens, l'inflammation et d'autres affections pathologiques le mettent en évidence. Au-dessous de l'épiderme on trouve le corps papillaire qui ici, comme dans la peau, paraît être le siége de la sensibilité de ces organes. Ces papilles sont très-apparentes au commencement des Membranes mu-

queuses, au dedans des joues, sur
la langue, le gland, etc. Quoique
moins apparentes, elles n'en existent pas moins sur tous les autres
points de l'étendue de ces Membranes. Ces villosités que plusieurs anatomistes avaient considérées comme
destinées à l'exhalation ou à l'absorption du suc gastrique, sont bien
certainement étrangères à ces fonctions, et ne servent qu'à la sensibilité de ces Membranes. Les papilles nerveuses sont enveloppées dans les
Membranes de l'estomac et des intestins d'un réseau vasculaire, qui leur
donne cette teinte rouge qu'elles n'ont
pas à la peau. Le chorion est la couche
la plus profonde des Membranes muqueuses; son épaisseur varie suivant
les parties; ainsi il est épais au palais,
aux gencives, plus mince à l'estomac
et aux intestins, à peine sensible à la
vessie et dans les conduits excréteurs.
C'est comme celui de la peau, du
tissu cellulaire très-condensé. Indépendamment des trois feuillets que
nous venons d'indiquer, les Membranes muqueuses se composent encore
d'une énorme quantité de glandes
très-petites, placées soit au-dessous,
soit dans l'épaisseur même de leur
chorion, et qui sécrètent le fluide
muqueux qu'elles versent à la surface libre des Membranes par des
orifices imperceptibles. Les glandes
sont surtout très-abondantes dans les
parties où doivent séjourner les matières étrangères qui traversent les
voies muqueuses, où le fluide qu'elles sécrètent sert à la fois et à les défendre du contact immédiat de ces
matières, et à en faciliter le glissement.
Les Membranes muqueuses sont munies d'un très - grand nombre de
vaisseaux sanguins et lymphatiques.
Elles reçoivent aussi beaucoup de
nerfs : aussi ces Membranes sont-elles
fort sensibles.

§ III. *Membranes fibreuses.*

Parmi les Membranes fibreuses,
que le professeur Chaussier désignait
sous le nom de Membranes *albuginées,*
on range les aponévroses, le périoste,

le périchondre, les capsules articulaires, la sclérotique, la Membrane
fibreuse des corps caverneux, des
reins, etc. Ces Membranes qui, au
premier abord, semblent être isolées
les unes des autres, sont néanmoins
continues entre elles au moyen du
périoste, auquel elles viennent toutes
aboutir, ou dont elles tirent leur
origine. On peut donc les considérer,
de même que les Membranes muqueuses, comme formant un seul
système, mais offrant quelques différences suivant les régions où on
l'observe. Bichat divisait les Membranes fibreuses en deux grandes
classes ; dans l'une il plaçait : 1° les
aponévroses d'enveloppe, c'est-à-dire
celles qui revêtent les membres; les
aponévroses d'insertion, qui s'interposent entre les muscles et fournissent des points d'attache à leurs fibres;
2° les capsules fibreuses des articulations; 3° et les gaînes fibreuses qui
forment les coulisses des tendons.
Dans la seconde classe il rangeait les
Membranes fibreuses proprement dites, comme le périoste, la dure-
mère, la sclérotique, l'enveloppe des
corps caverneux, de la rate, des
reins, en un mot toutes les Membranes fibreuses qui semblent faire partie essentielle des organes.
Les Membranes fibreuses ont leurs
deux faces adhérentes aux parties
voisines, c'est-à-dire qu'elles n'ont
pas, comme les séreuses et les muqueuses, l'une de leurs surfaces libre et humectée d'un fluide. Ces Membranes représentent des espèces de
gaînes ou de sacs recouvrant différens organes. Cette enveloppe est
percée dans son étendue de trous destinés au passage des vaisseaux. Elles
sont formées de fibres blanches très-
résistantes, souvent lisses et nâcrées,
ordinairement parallèles, quelquefois
entrecroisées. Ces fibres sont dures,
insensibles, élastiques, peu contractiles ; elles sont aussi la base des ligamens et des tendons, où elles sont
rassemblées en faisceaux. Les Membranes qui nous occupent reçoivent
une très-grande quantité de vaisseaux

sanguins, qui s'y ramifient souvent à l'infini, avant de pénétrer dans l'organe qu'elles enveloppent. On ne connaît pas les nerfs qui s'y rendent, aussi leur sensibilité est-elle généralement très-obtuse. Néanmoins Bichat a remarqué qu'elle n'y est pas tout-à-fait nulle, comme plusieurs physiologistes, et entre autres Haller, l'avaient cru. Ces organes insensibles aux agens qui les coupent, les déchirent et les désorganisent, le sont beaucoup à ceux qui les distendent au-delà de leur degré naturel. Ils ont donc, dit Bichat, leur mode de sensibilité de relation. Les fonctions de ce genre de Membranes consistent à contenir les organes, en leur fournissant une enveloppe résistante, ou à offrir un point d'appui ou d'insertion aux parties qui les composent.

Pour terminer dans cet article tout ce qui a rapport aux Membranes, il nous reste à dire quelques mots des Membranes composées. Nous avons déjà dit que ce sont celles qui résultent de la réunion intime ou de la soudure de deux Membranes d'epèces différentes. Ainsi les séreuses et les fibreuses, lorsqu'elles sont en contact, tendent à se souder et à se confondre. C'est ce qu'on observe à la face interne de la dure-mère, qui est unie avec la portion correspondante de l'arachnoïde, aux capsules articulaires, etc., etc. Ces deux Membranes ainsi soudées semblent n'en former qu'une seule, qui, par sa face interne, a tous les caractères des Membranes séreuses, tandis que par l'externe elle présente ceux des Membranes fibreuses. C'est à cette sorte de Membrane composée qu'on a donné le nom de Membrane *fibro-séreuse*.

La même connexion peut s'observer, quoique plus rarement, entre les Membranes séreuses et les Membranes muqueuses, et surtout entre les fibreuses et les muqueuses, ainsi qu'on le voit dans les uretères, dans le conduit déférent, dans la portion membraneuse de l'urètre, etc. De-là les noms de Membranes *séro-muqueu-* ses et *fibro-muqueuses* qui ont été donnés à ces deux espèces de Membranes composées. (A. R.)

MEMBRANEUSES. INS. Tribu de l'ordre des Hémiptères, section des Hétéroptères, famille des Géocorises, établie par Latreille (Fam. Nat. du Règne Anim.), et renfermant les genres dont la gaîne du suçoir n'offre à découvert que deux à trois articles. Le labre est court et sans stries. Tous les pieds sont insérés près de la ligne médiane du dessous du thorax, terminés par deux crochets distincts, prenant naissance du milieu de l'extrémité du dernier article, et ne servent point à courir ou à ramer sur l'eau. Le rostre est droit, engaîné à sa base ou dans toute sa longueur. La tête n'est pas rétrécie postérieurement en manière de col. Les yeux sont de grandeur ordinaire.

Latreille divise cette tribu ainsi qu'il suit :

† Pieds antérieurs ravisseurs ou terminés en pince (antennes en massue).

Genres : MACROCÉPHALE, PHYMATE.

†† Tous les pieds semblables et simplement ambulatoires.

* Antennes filiformes ou plus grosses à leur extrémité.

Genres : TINGIS, ARADE.

** Antennes sétacées.
Genre : PUNAISE (*Acanthia*, *Lectularia*, Fab.). *V.* tous ces mots.
(G.)

MEMBRILLE. BOT. PHAN. Du mot espagnol *Membrilla*. L'un des noms vulgaires du Coing dans quelques cantons de la France méridionale.
(B.)

MEMBRILLEJO. BOT. PHAN. Dérivé de l'espagnol *Membrilla*. Diverses espèces du genre *Cordia*, au Pérou. (B.)

MÉMÉCYLE. *Memecylon.* BOT. PHAN. Ce genre de l'Octandrie Monogynie, L., a été placé par Jussieu dans la quatrième section de la.

famille des Onagraires, section dont la plupart des genres ont été transportés ailleurs ou sont devenus les types de familles nouvelles. Il offre pour caractères principaux : un calice supère, turbiné, dont le fond est strié, et le bord très-entier ; corolle à quatre pétales ; huit étamines ayant leurs filets dilatés au sommet, et leurs anthères adnées ; baie couronnée par le calice. Ce genre se compose d'un petit nombre d'espèces indigènes des Indes-Orientales. Parmi elles on distingue le *Memecylon capitellatum*, Willd., Lamk., Illustr., t. 284, f. 1 ; et le *M. cordatum*, Lamk., *loc. cit.*, f. 2. Cette deuxième espèce, qui offre une variété à fruit globuleux, croît aussi à l'Ile-de-France.

(G..N.)

MÉMINA. MAM. Espèce du genre Chevrotain. *V.* ce mot.

(IS. G. ST.-H.)

MÉMIRAM. BOT. PHAN. Même chose que Callidunion. *V.* ce mot.

(B.)

*MEMNONITE. MOLL. Nom que les anciens conchyliologues donnaient à une Coquille qu'on appelait Volute Memnonite, et qui appartient au genre Cône. C'était le *Conus Virgo* ou une autre espèce que Bruguière a nommée *Conus distans*, et pour laquelle Lamarck a conservé en français la dénomination vulgaire de Cône Memnonite. (D..H.)

* MÉMOIRE. ZOOL. *V.* INTELLIGENCE.

MÉMPHITE. MIN. Nom donné par Pline à une Agathe Onyx à deux couleurs, dont on faisait des camées, et que l'on trouvait sous la forme de cailloux roulés en Egypte et dans l'Arabie. Il ne faut pas confondre cette Pierre avec le MEMPHYTIS qui était un Marbre dont la poudre dans du vinaigre guérissait les coupures, du moins à ce que dit la docte antiquité.

(B.)

* MÉNA. POIS. Syn. de Lune, *Tetrodon Mola*, L., dans le golfe de Gênes.

(B.)

* MÉNAC ou MÉNAK. MIN. (Wer-

ner.) Syn. de Titane. *V.* ce mot.

(G. DEL.)

* MENADE. CRUST. Espèce du genre Crabe. *V.* ce mot. (B.)

* MENÆTIUS. INS. Genre de Charançon établi par Schonherr, et dont nous ne connaissons pas les caractères : Latreille n'adopte pas ce genre qui a pour type le *Curculio lateralis* de Fabricius, *Curculio rutilans* d'Olivier. (G.)

MENAIS. BOT. PHAN. Ce genre de la famille des Borraginées, et de la Pentandrie Monogynie, L., est ainsi caractérisé : calice persistant, à trois divisions profondes ; corolle hypocratériforme, dont le tube est long, le limbe plane à cinq divisions profondes ; anthères subulées, presque sessiles sur la gorge de la corolle ; un style surmonté de deux stigmates oblongs ; baie quadriloculaire et renfermant quatre graines, c'est-à-dire une dans chaque loge. Le *Menais topiaria*, L., Arbrisseau à feuilles ovales entières, et qui croît dans l'Amérique méridionale, est l'unique espèce de ce genre qui offre de si grands rapports avec l'*Ehretia*, que Jussieu a indiqué avec doute leur réunion.

(G..N.)

MENAKANITE. MIN. (Gregor, Journal de Physique, T. II, p. 72.) Nom donné à une variété granuliforme de Titanate de fer (Titane oxidé ferrifère de Haüy), qui se trouve dans la vallée de Menakan, au comté de Cornouailles. *V.* TITANE. (G. DEL.)

MENANDRA. BOT. PHAN. (Gronou.) Syn. de *Lechea*. *V.* ce mot.

(B.)

MENANTHÈS. BOT. PHAN. (Théophraste.) Le *Menyanthes trifoliata*, L.

(G..N.)

* MENARDA. BOT. PHAN. Dans les herbiers de Commerson et dans ses dessins manuscrits, on trouve ainsi nommée une Plante voisine des *Phyllanthus*, dont elle diffère cependant assez pour que nous ayons cru pouvoir en former un genre distinct, ainsi caractérisé : fleurs monoïques ; calice quinquéparti, grand et persis-

tant; pas de corolle : dans les mâles, cinq glandes alternant avec les divisions du calice, et cinq étamines libres; dans les femelles, trois styles épais, bipartis; un ovaire porté sur un disque glanduleux qui déborde sa base; une capsule à trois coques dispermes.

Le *Menarda cryptophila* de Commerson a été rencontré à Madagascar, où croît aussi une espèce de *Phyllanthus* qui paraît congénère, le *Phyllanthus multiflora* de Poiret. C'est un Arbuste à rameaux opposés ou plus rarement alternes, de même que les feuilles qui sont entières, glabres, stipulées. Les fleurs sont axillaires, portées sur de longs et grêles pédoncules munis de bractées à leur base, solitaires ou réunies en petit nombre, les femelles avec les mâles. *V*. Adr. de Juss., Euphorb., p. 23, tab. 6, u. 18.   (A. D. J.)

MENDOCIA. bot. phan. Vandelli a décrit sous ce nom un genre de la Didynamie Angiospermie, L., qui offre pour caractère essentiel : un calice à deux grandes folioles persistantes; une corolle monopétale irrégulière, dont le tube est renflé à son orifice, le limbe à cinq divisions arrondies, ouvertes; quatre étamines didynames; un ovaire supérieur surmonté d'un style et d'un stigmate bifide ; une drupe monosperme. Ce genre ne se composait d'abord que d'une seule espèce dont les tiges sont grimpantes, les feuilles velues, ovales, aiguës; le calice et les pédoncules velus. Ruiz et Pavon, dans leur *Systema Flor. Peruv.*, p. 158, ont enrichi ce genre (qu'ils ont écrit *Mendozia*) de deux espèces qui croissent dans les grandes forêts du Pérou, savoir : *Mendocia aspera* et *M. racemosa*.   (G..N.)

MENDOLE. pois. Espèce du genre Spare. *V*. ce mot.   (B.)

MENDONI. bot. phan. (Adanson d'après Rhéede, *Malab*. T. VII, tab. 117, f. 57.) *V*. Méthonique. (G..N.)

MENDOZIA. bot. phan. (Ruiz et Pavon.) Pour Mendocia. *V*. ce mot.   (G..N.)

*MENDYA. bot. phan. Ce nom est celui que porte à Ceylan un Arbre que Burmann, dans son *Thesaurus Zeylanicus*, a décrit et figuré comme une espèce de Laurier. Un autre Arbre, dont le bois dur et flexible sert à faire des arcs, porte aussi à Ceylan le nom de *Mœndia* ou de *Waelmœndia*. Linné l'a décrit dans sa *Flora Zeylanica*, sous le nom d'*Apocyno-Nerium*. C'est une Plante voisine du *Nerium*, et qui appartient à la famille des Apocynées.   (G..N.)

MÉNÉKOUI. bot. phan. (Nicolson.) Le *Capparis cynophollophora* dans l'île d'Haïti. Le même nom se donne au *Marcgravia umbellata*, à la Martinique.   (B.)

MENELAS. ins. Nom spécifique d'une espèce de Lépidoptère du genre Papillon proprement dit.   (G.)

MÉNÈS. *Mene*. pois. Le genre formé sous ce nom par Lacépède n'a été adopté que comme sous-genre parmi ses Dorées ou Zées. *V*. ce dernier mot.   (B.)

MÉNIANTHE. bot. phan. Pour Ményanthe. *V*. ce mot.   (B.)

MÉNICHEA. bot. phan. (Sonnerat.) *V*. Stravadie.

MÉNIDIE. pois. Espèce du genre Athérine. *V*. ce mot.   (B.)

MÉNILITHE. min. Pechstein de Ménil-Montant; variété de Quartz-Résinite, ou d'Opale commune, que l'on trouve en masses turberculeuses dans le Schiste happant (*Klebschiefer* de Werner), que l'on a regardée comme une Marne argileuse feuilletée, et que l'on considère aujourd'hui, d'après son analyse, comme une Magnésite opalifère.   (G. DEL.)

MÉNIME. mam. (Vicq-d'Azyr.) Pour Mémina. *V*. ce mot.   (B.)

*MÉNINTING. ois. Espèce du genre Martin-Pêcheur. *V*. ce mot. (DR..Z.)

MENIOCUS. bot. phan. Genre de la famille des Crucifères et de la Tétradyuamie siliculeuse, L., établi par Desvaux (Journ. de Botan. , 3. p. 173), adopté par de Candolle (*Syst. Veget. nat.* , 2, p. 325) qui l'a ainsi caractérisé : calice dont les sépales sont égaux à la base ; pétales entiers ; les deux plus grandes étamines munies d'une dent sur le milieu de leurs filets ; silicule elliptique, presque obovée, comprimée , plane , sans rebord , surmontée d'un style court, filiforme, à valves planes et à cloisons membraneuses; six à huit graines dans chaque loge, disposées sur deux rangs, comprimées , non bordées , à cotylédons accombans. Ce genre est formé aux dépens de l'*Alyssum* dont il ne se distingue que par un plus grand nombre de graines dans chaque loge, par ses silicules glabres et par un port particulier. Le *Meniocus linifolius* , D. C. et Deless. (*Icon. Select.* , 2, tab. 42), *Alyssum linifolium* , Steph. et Willd. , *A. linearifolium* , Lagasca , est la seule espèce du genre. Cette Plante est herbacée , annuelle , quoique frutescente à la base, totalement couverte d'un duvet court et composé de poils étalés, trèsrameuse , à feuilles linéaires entières et à fleurs blanches très-petites , disposées en grappes terminales. Elle croît dans la Russie européenne méridionale , dans la chaîne du Caucase, en Syrie , et elle se représente dans quelques contrées de l'Europe orientale voisines de la Méditerranée, telles que les provinces Illyriennes, ainsi que dans le royaume de Valence, en Espagne.   (G..N.)

MÉNIPÉE. *Menipea.* POLYP. Genre de l'ordre des Cellariées dans la division des Polypiers flexibles, ayant pour caractères : Polypier phytoïde , rameux, articulé ; cellules ayant leur ouverture du même côté et réunies plusieurs ensemble en masses concaténées. Lamouroux a réuni dans ce genre un petit nombre de Polypiers cellulifères, articulés et flexibles , remarquables par la situation de leurs cellules. Les Ménipées naissent d'une multitude de petits filamens flexibles,

fixés aux corps sous-marins ; les premières articulations paraissent bientôt sur ces petits filamens , et le Polypier s'élève en se ramifiant par dichotomies très - nombreuses et trèsrapprochées,chaque articulation donnant constamment naissance de sa partie supérieure à deux autres articulations ; celles-ci ont, en général, la forme d'un coin à sommet tronqué, et dont la base est en haut ; elles sont d'une substance presque entièrement calcaire, luisante et se cassant facilement ; elles sont réunies entre elles par des faisceaux fort courts de petits tubes capillaires flexibles, et qui se rompent difficilement. Les articulations sont aplaties ; une de leurs faces est légèrement convexe et striée longitudinalement, l'autre est plane ou un peu concave, et présente des ouvertures de cellules; celles-ci sont ovalaires, quelquefois fermées par une membrane diaphane ; dans les espèces où il y a plusieurs cellules sur une articulation, elles sont placées sur deux ou trois rangs transversaux ; elles se prolongent dans l'épaisseur de l'articulation qui semble constituée par la réunion de leurs parois. Il est nécessaire de remarquer que les faces des articulations où se trouvent les ouvertures des cellules , sont toutes tournées du même côté. Presque toutes les Ménipées ont leurs rameaux crépus ou recourbés eu panache du côté de l'ouverture des cellules , et loin de se redresser dans l'eau , elles s'y courbent encore davantage. Elles vivent dans les mers équatoriales, attachées sur des Fucus ou autres corps marins.

Ce genre renferme les *Menipea cirrata* , *flabellum* , *flocosa* et *hyalea*.   (E. D..L.)

MENISCIUM. BOT. CRYPT. (*Fougères.*) Genre de la tribu des Polypodiacées , caractérisé particulièrement par des capsules disposées en groupes lunulés le long des nervures secondaires transversales qui unissent les nervures principales.

Ces groupes de capsules ne sont recouverts par aucun tégument ; et par leur nombre et leur régularité, ils donnent à la surface inférieure des frondes fertiles un aspect réticulé qui fait immédiatement reconnaître ce genre. On n'en connaît qu'un petit nombre d'espèces ; elles ont les frondes très-grandes, une seule fois pinnées à pinnules très-allongées. La plupart croissent dans l'Amérique équatoriale ; une seule est arborescente ; elle a été observée par Humboldt et Bonpland près de Caripe, dans la Nouvelle - Andalousie; sa tige s'élève à six pieds environ ; les frondes sont pinnées, à pinnules de plus d'un pied, linéaires, lancéolées, presque sessiles, crénelées, parfaitement glabres. Ce genre se rapproche, surtout par ses caractères, des Hémionites ; mais il en est bien distinct par la disposition de ses nervures qui déterminent la disposition des capsules, et par son port.　　　　(AD. B.)

*MENISCOTIA. BOT. PHAN. Genre nouvellement proposé par Blume, dans les Mémoires pour servir à la Flore de l'Inde hollandaise, publiés à Batavia en 1825, et qu'il regarde comme voisin de la famille des Ménispermées. Il lui assigne les caractères suivans ; fleurs polygames ; les mâles offrent un petit calice à quatre ou cinq dents ; quatre ou cinq pétales sur deux rangs ; cinq étamines opposées aux pétales, et adhérentes à ceux-ci par la base ; un rebord membraneux, court, à cinq dents, entourant la base d'un ovaire didyme et stérile. Les fleurs hermaphrodites sont composées d'un calice, d'une corolle et d'étamines comme dans les fleurs mâles, et d'un ovaire didyme à deux stigmates très-obtus. Le fruit est formé de deux baies drupacées (réduites quelquefois à une seule par avortement), réniformes, comprimées et monospermes. Ce genre ne renferme qu'une seule espèce, *Meniscotia javanica*, Arbuste grimpant qui croît à Java, dans les montagnes de Salak, Seribu, etc.　　　　(G..N.)

MÉNISPERME. *Menispermum.* BOT. PHAN. Type de la famille des Ménispermées. Ce genre, d'après la circonscription qui en a été faite par les auteurs modernes et en particulier par le professeur De Candolle (*System. Veget.*, 1, p. 539), offre les caractères suivans : les fleurs sont dioïques, le calice se compose de six à douze sépales disposés sur deux ou trois rangs ; les pétales sont au nombre de six à huit, formant deux rangées. Dans les fleurs mâles on trouve de douze à vingt-quatre étamines disposées sur deux, trois, quatre rangs; leurs filets sont longs, terminés par des anthères quadrilobées ; les fleurs femelles offrent de deux à quatre ovaires pédicellés, surmontés d'un style bifide à son sommet. Le fruit se compose de deux à quatre drupes charnues extérieurement, réniformes, arrondies, uniloculaires et monospermes. Les espèces de ce genre sont des Arbrisseaux grimpans et sarmenteux, offrant des feuilles alternes, pétiolées, souvent peltées ou cordiformes et anguleuses, ayant toutes leurs nervures partant en divergeant du sommet du pétiole. Les fleurs sont pédonculées, axillaires ou placées en dehors de l'aisselle des feuilles. Ce genre, auparavant fort nombreux en espèces, ne se compose plus que d'un petit nombre qui croissent dans le nord de l'Amérique et de l'Asie. Parmi ces espèces, on distingue surtout les *Menispermum Canadense* et *M. Daouricum.* Cette dernière espèce, confondue avec le *M. Canadense*, en a été distinguée par le professeur De Candolle, et figurée par le baron Delessert, dans le premier volume de ses *Icones Selectæ*, t. 100.

Les autres espèces placées antérieurement dans le genre *Menispermum*, constituent le genre *Cocculus*. *V.* ce mot.　　　　(A. R.)

MÉNISPERMÉES. *Menispermeæ.* BOT. PHAN. Famille naturelle de Plantes dicotylédones polypétales, à étamines hypogynes, établie par Jussieu, adoptée par tous les botanistes modernes, et offrant les caractères suivans : les fleurs sont petites et de peu d'apparence, unisexuées par avortement et souvent dioïques; le calice se compose d'un nombre variable de sépales, caducs, toujours disposés sur deux ou trois rangs de trois ou quatre sépales chacun; il en est de même de la corolle qui manque quelquefois. Les étamines monadelphes, ou plus rarement libres, sont tantôt en même nombre que les pétales auxquels elles sont opposées, tantôt en nombre triple ou quadruple, également disposées sur plusieurs rangs; les anthères sont extrorses et à deux loges. Dans les fleurs femelles, on trouve tantôt plusieurs ovaires réunis un peu par leur base, et terminués chacun par leur style; tantôt on en trouve un seul couronné par plusieurs stigmates; l'ovaire est à plusieurs loges et paraît formé de la réunion et de la soudure de plusieurs carpelles uniloculaires. Les fruits sont presque constamment des espèces de drupes monospermes, obliques ou en croissant, comprimées, indéhiscentes, contenant une seule graine ayant la même forme que le fruit, formée d'un embryon recourbé, accompagnée quelquefois d'un très-petit endosperme charnu, qui manque dans un grand nombre de genres. Les deux cotylédons sont planes, tantôt rapprochés, tantôt écartés l'un de l'autre, et paraissant en quelque sorte placés dans deux espèces de cellules. Cette famille se compose d'Arbrisseaux sarmenteux et volubiles, ayant leurs feuilles alternes pétiolées, le plus souvent entières, peltées ou cordiformes, dépourvues de stipules. Les fleurs sont petites, pédonculées, axillaires ou placées au sommet des ramifications de la tige, et souvent accompagnées de bractées cordiformes très-grandes. Dans le premier volume de son *Syst. Veget.*, le professeur De Candolle décrit quatre-vingt-quatre espèces appartenant à cette famille. Parmi ces espèces, six croissent dans l'Amérique septentrionale, vingt-deux dans l'Amérique méridionale,

trente-cinq dans l'Inde; sept sont communes à la Chine, au Japon et à la Cochinchine, cinq en Afrique et une en Sibérie.

Les genres qui forment cette famille ont été disposés de la manière suivante par le professeur De Candolle :

    † Ménispermées vraies.

      α. Feuilles composées.

Lardizabala, Ruiz et Pavon; *Stauntonia*, D. C.; *Burasaia*, Du Petit-Thouars.

      β. Feuilles simples.

Spirospermum, Du Petit-Thouars; *Cocculus*, D. C.; *Pselium*, Lour.; *Cissampelos*, L.; *Menispermum*, D.C.; *Abuta*, Aublet; *Agdestis*, D. C.

    †† Ménispermées fausses.

Schizandra, Rich. *in Michaux.*

                (A. R.)

MÉNISPERMOIDES. BOT. PHAN. Premier nom donné à la famille des Ménispermées. *V.* ce mot.   (B.)

* MENISPORA. BOT. CRYPT. (*Mucédinées.*) Persoon, dans sa Mycologie Européenne, a donné ce nom au même genre qu'Ehrenberg avait nommé *Campsotrichum. V.* ce mot.

                (AD. B.)

*MENJANG-BAUJOE. MAM. Très-grande espèce de Cerf peu connue, et qui habite les lieux marécageux à Bornéo.   (B.)

MENNICHERSTEIN ET MENNIGERSTEIN. MIN. Sorte de Tuf volcanique (Trass) qu'on exploite à Mennich, sur les bords du Rhin, près d'Andernach, et qui fait l'objet d'un commerce assez considérable avec la Hollande.   (G. DEL.)

MÉNODORE. *Menodora.* BOT. PHAN. Genre de la famille des Acanthacées, établi par Kunth (*in Humb. et Bonpl. Pl. æquin.*, 2, p. 98, t. 110) pour un petit Arbuste très-rameux, étalé, à rameaux et à feuilles opposées. Celles-ci sont très-entières, dépourvues de stipules. Le *Monodora helianthemoides, loc. cit.*, a ses fleurs pédonculées, jaunes, solitaires, terminales, sans bractées. Leur calice, *turbiné* à sa base, a son limbe divisé en un grand nombre de lanières étroites, aiguës, presque égales, moitié plus courtes que la corolle. Celle-ci est hypogyne, monopétale, infundibuliforme, ayant son tube cylindrique, sa gorge velue, et son limbe à cinq ou six divisions oblongues, obtuses et égales. Les étamines au nombre de deux, insérées au tube de la corolle, sont plus courtes que son limbe; les anthères allongées, presque linéaires, à deux loges, s'ouvrant par un sillon longitudinal. L'ovaire est libre, obcordiforme, à deux loges, contenant chacune deux ovules attachés à la cloison et superposés. Le style est dressé, de la longueur de la corolle, terminé par un stigmate renflé. Le fruit est une capsule biloculaire, s'ouvrant en deux valves.

Cet Arbuste croît sur les collines arides, à une hauteur de près de mille toises au-dessus du niveau de la mer, aux environs du bourg de la Magdeleine, dans le Mexique.

(A. R.)

***MÉNONVILLÉE.** *Menonvillœa.* BOT. PHAN. Genre dédié à la mémoire de Thierry de Ménonville, voyageur français qui entreprit une expédition aventureuse pour la recherche des Cactes sur lesquels existe l'Insecte de la Cochenille, qui en décrivit avec soin la culture, et les transporta du continent mexicain dans les Antilles. De Candolle (*Syst. Regn. Veget. Nat.* T. II, p. 418) est l'auteur de ce genre qui appartient à la famille des Crucifères et à la Tétradynamie siliqueuse, L.; il l'a placé dans la tribu des Thlaspidées ou Pleurorhizées angustiseptées, et l'a ainsi caractérisé : calice ayant les sépales dressés, et deux d'entre eux un peu bossus en forme de sac à la base; corolle à pétales linéaires entiers; six étamines presque égales entre elles ainsi qu'au calice, à filets libres et sans dentelures; silicule portée sur un court gynophore, terminée par un

style sillonné et par un stigmate en tête et échancré, à deux loges convexes sur le dos et munies chacune sur les bords d'une grande aile, ce qui donne au fruit l'apparence de deux disques appliqués; une seule graine dans chaque loge, ovée, comprimée, non bordée, à radicule ascendante et à cotylédons accombans. Ce genre a quelques rapports éloignés avec les Biscutelles, mais il s'en distingue au premier coup-d'œil par les loges de sa silicule dilatées d'une manière toute différente que dans cet autre genre, car elles ne sont fixées à l'axe central que suivant une ligne droite, et l'expansion aliforme existe sur les côtés de chaque loge ainsi dilatée, de manière à former deux disques parallèles.

Le *Menonvillœa linearis*, De Cand. et Deless. (*Icon. Select.*, 2, t. 56), est une Plante herbacée qui croît au Pérou et au Chili. De sa racine épaisse s'élèvent au milieu d'une touffe de feuilles linéaires, dont quelques-unes sont grossièrement dentées au sommet, plusieurs tiges hautes d'environ trois décimètres, garnies de quelques feuilles linéaires entières, terminées par des grappes de fleurs d'une couleur triste, et portées sur de courts pédicelles.   (G..N.)

MENOTTE. BOT. CRYPT. L'un des noms vulgaires de la Clavaire coralloïde.   (B.)

MENS. INS. L'un des noms vulgaires de la larve du Hanneton. (B.)

MENTHE. *Mentha.* BOT. PHAN. Ce genre, de la famille des Labiées et de la Didynamie Gymnospermie, L., est un des plus anciennement connus, et de ceux dont les caractères sont les mieux marqués au milieu d'un groupe naturel qui comprend une multitude de genres en général très-difficiles à définir. En effet, les Menthes ont leurs fleurs ainsi organisées : calice tubuleux, presque cylindrique, strié, à cinq dents aiguës, dont les deux supérieures sont un peu petites; corolle infundibuliforme, un peu plus longue que le calice, à quatre lobes obtus, presque égaux ; quatre étamines légèrement didynames , écartées les unes des autres, et dépassant à peine le tube de la corolle; style grêle, filiforme , saillant hors de la corolle , et terminé par un stigmate bifide. On voit donc que le genre *Mentha* est, parmi les Labiées , remarquable par la régularité apparente de ses enveloppes florales ; nous disons régularité apparente, parce qu'il y a toujours deux lobes un peu inégaux, ce qui entraîne l'inégalité des étamines , et fait que ce genre ne présente point d'exception, sous ce rapport, aux caractères généraux de la famille. Les Menthes se reconnaissent encore facilement à leur inflorescence ; elles ont des fleurs disposées en verticilles très-denses , axillaires, ou en épis. Toutes leurs parties exhalent une odeur pénétrante, généralement très-agréable , et qui est due à la présence d'une grande quantité d'huile volatile. Les *Mentha Pulegium* et *Cervina*, L., qui ont un port particulier, avaient été érigées par Miller en un genre distinct, sous le nom de *Pulegium*. On ne les considère maintenant que comme une simple section des Menthes, caractérisée par l'orifice du calice fermée de poils , et la lèvre supérieure de la corolle entière. Le nombre des espèces de Menthes a été porté à plus de soixante ; mais comme plusieurs d'entre elles sont difficiles à bien déterminer, on a souvent donné comme espèces nouvelles des Plantes qui ne sont que des variétés sans caractères fixes d'espèces anciennement connues. La plupart des Menthes croissent dans les localités humides et ombragées des pays méridionaux de l'Europe ; quelques-unes cependant habitent le nord de l'Amérique, et l'on en rencontre aussi en Égypte et dans les Indes-Orientales. Parmi les espèces qui se trouvent en Europe , nous décrirons celle qui possède la plus grande quantité d'huile volatile, et dont les usages sont par conséquent le plus multipliés.

La MENTHE POIVRÉE, *Mentha piperita*, Smith, *Fl. Brit.*, 2, p. 613 ,

a une tige quadrangulaire dressée, rameuse, haute de trois à six décimètres , légèrement velue , à rameaux opposés et dressés. Ses feuilles sont ovales, lancéolées, aiguës, dentées en scie , portées sur des pétioles courts et canaliculés. Les fleurs , de couleur violacée, forment à l'extrémité des rameaux un épi court, ovoïde et très-serré. Cette espèce , originaire d'Angleterre, est cultivée abondamment dans les jardins. Son odeur est fort agréable , et sa saveur laisse dans la bouche une vive impression de fraîcheur. On en retire par la distillation une grande quantité d'huile volatile ; celle qui autrefois était la plus estimée venait d'Angleterre , mais aujourd'hui on préfère avec juste raison l'huile qui se tire de la Menthe cultivée en Italie et dans les pays méridionaux de l'Europe , lorsqu'on a mis tous les soins convenables dans son extraction. La Menthe poivrée est éminemment excitante ; on l'emploie sous forme d'infusion aqueuse , et son eau distillée est le véhicule principal des potions toniques. L'huile volatile sert aux confiseurs et aux liquoristes pour aromatiser leurs pastilles et liqueurs de table. 　　　　　　　　(G..N.)

MENTIANE. BOT. PHAN. L'un des noms vulgaires du *Viburnum Lantana*. 　　　　　　　　(B.)

* **MENTZÉLIACÉES.** BOT. PHAN. Synonyme de Loasées. *V.* ce mot. 　　　　　　　　(A. B.)

MENTZELIE. *Mentzelia.* BOT. PHAN. Genre de la famille des Loasées et de l'Icosandrie Monogynie , établi par Linné, et présentant : un calice tubuleux, adhérent avec l'ovaire infère , terminé par un limbe à cinq divisions profondes, étalées et égales ; une corolle de cinq pétales étalés, égaux , un peu onguiculés ; des étamines très-nombreuses, insérées, ainsi que les pétales , à la base du limbe du calice. De ces étamines , dix sont plus longues que les autres , et placées deux à deux , en face de chacun des pétales. Les filets sont subulés, les anthères à deux loges opposées, s'ouvrant chacune par un sillon longitudinal. L'ovaire est infère à une seule loge, présentant trois trophospermes pariétaux, saillans, en forme de cloisons, donnant attache par leur côté libre à un petit nombre d'ovules renversés qui se recourbent et s'appliquent contre les faces du trophosperme. Le style paraît formé de la réunion de trois styles soudés, et se termine par un stigmate à trois lobes obtus. Le fruit est une capsule ovoïde allongée, couronnée par les lobes du calice, et s'ouvrant seulement par son sommet, au moyen de trois petites dents qui s'écartent les unes des autres. Les graines sont renversées; leur tégument est réticulé et recouvre un endosperme charnu, mince, contenant un embryon dont la radicule est tournée vers le hile.

Les espèces de ce genre, qui toutes croissent dans les deux Amériques, sont des Plantes herbacées, rameuses, souvent munies de poils rudes. Leurs feuilles sont alternes, dentées, sans stipules; leurs fleurs sont jaunes, solitaires, opposées aux feuilles, ou géminées, réunies plusieurs ensemble et terminales.

On connaît cinq espèces de ce genre, dont deux croissent dans l'Amérique du Nord, savoir : *Mentzelia aurea* et *Mentz. oligosperma* de Nuttall; les quatre autres sont originaires de l'Amérique méridionale; ce sont : *Mentzelia aspera*, L.; *Mentz. hispida*, Cavan.; *Mentz. strigosa*, Kunth, et *Mentz. scabra*, id.

(A. R.)

MENU. pois. Espèce du genre Cycloptère. *V.* ce mot.   (B.)

MENUCHON et MENUETS. bot. phan. Noms vulgaires de l'*Anagallis arvensis*, L.   (B.)

MENUISIÈRES. ins. *V.* Xylocope.

MÉNURE. *Menura.* **ois.** Genre de l'ordre des Insectivores, ainsi caractérisé : bec plus large que haut à sa base, droit dans presque toute sa lon-

gueur, mais incliné vers sa pointe qui est échancrée; arête distincte; fosse nasale grande et prolongée; narines placées au milieu du bec, ovales, grandes et couvertes d'une membrane; pieds grêles; tarses du double plus longs que le doigt intermédiaire, celui-ci et les latéraux étant tous à peu près égaux; l'externe uni jusqu'à la première articulation, l'interne divisé; ongles aussi longs que les doigts, larges, convexes en dessus, obtus; ailes lourdes, concaves; les cinq premières rémiges étagées; les sixième, septième, huitième et neuvième, égales entre elles, et les plus longues de toutes; queue à pennes très-longues, de diverses formes. Ce genre extrêmement remarquable n'est formé que d'une seule espèce qui habite la Nouvelle-Hollande, et dont l'organisation et les mœurs sont jusqu'à ce jour si imparfaitement connues, que les ornithologistes sont encore partagés sur la place qu'on doit lui assigner dans les méthodes. Placé d'abord parmi les Gallinacés sous le nom de Faisan Lyre, ou sous ceux de Faisan de montagne et de Faisan des bois, qui lui sont ordinairement donnés à la Nouvelle-Hollande par les Anglais, il fut ensuite reporté parmi les Passereaux par tous les auteurs systématiques. Ainsi, suivant Cuvier et Temminck, il doit être considéré comme voisin des Merles, tandis que Vieillot le rapproche des Calaos; mais le bec est bien réellement échancré à sa pointe, comme l'ont remarqué Cuvier et Temminck, quoique d'autres ornithologistes, qui n'ont point aperçu l'échancrure, sans doute à cause de sa petitesse, aient affirmé le contraire. Du reste le Ménure est tellement différent des Merles par d'autres caractères, qu'il est encore bien permis de douter que ses rapports avec ce genre soient aussi intimes qu'on l'a pensé, et de le regarder comme l'un de ces êtres isolés dans la nature qu'on a coutume de qualifier d'anomaux.

La Lyre, *Menura Novæ-Hollandiæ*, Latham, désignée aussi par divers auteurs sous les noms de

Ménure Porte-Lyre, de Ménure Parkinson, de *Menura magnifica*, et de *Menura lyrata*, est de la taille d'un Faisan, et son plumage est généralement d'un brun-grisâtre, avec la gorge, les couvertures supérieures et les pennes des ailes d'un brun-roux. Mais ce qui distingue le mâle et le rend, malgré la tristesse de ses couleurs, l'un des plus beaux Oiseaux de la Nouvelle-Hollande, c'est la forme de sa queue composée de seize pennes, savoir : douze formées par une tige mince et garnie seulement d'un petit nombre de barbes effilées, écartées les unes des autres et dirigées parallèlement ; deux médianes garnies sur leur côté externe de barbes serrées et étroites, l'interne n'en ayant que quelques-unes très-courtes ; et deux externes courbées en dehors à la manière des branches d'une lyre, ayant les barbes internes grandes et serrées, et représentant un large ruban, et les externes très-courtes dans toute leur longueur si ce n'est au bout où elles s'élargissent tout-à-coup. Cette queue figure très-bien dans son ensemble une lyre, les deux pennes externes représentant les branches, et les douze médianes, les cordes de l'instrument ; ce qui n'empêche pas que le nom de Lyre donné à l'Oiseau, par plusieurs ornithologistes, comme nom générique, ne soit fort impropre, puisqu'on peut concevoir des espèces toutes différentes du Ménure par la forme de leur queue, mais en même temps si voisines par tous les caractères essentiels, qu'elles doivent être placées dans le même genre. Ces conditions d'existence sont même pleinement réalisées chez la femelle qui diffère du mâle par sa queue composée de pennes simplement étagées, et ne présentant dans leur structure rien de remarquable ; elles sont d'ailleurs au nombre de seize comme chez le mâle, et non pas de douze seulement, ainsi qu'on l'a toujours dit. L'espèce habite, comme nous l'avons déjà indiqué, la Nouvelle-Hollande où elle vit dans les cantons rocailleux et les montagnes. « C'est dans des forêts d'*Eucalyptus* et de *Casuarina*, qui couvrent la surface entière des Montagnes-Bleues, et les ravins qui les divisent, qu'habite principalement, dit Lesson (Annales des Sciences naturelles), le Ménure, dont la queue, remarquable par sa rare beauté, est l'image fidèle, dans les solitudes australes, de la lyre harmonieuse des Grecs. Cet Oiseau, nommé Faisan des bois par les Anglais de Port-Jackson, aime les cantons rocailleux et retirés ; il sort le soir et le matin, et reste tranquille pendant le jour sur les Arbres où il est perché. Il devient de plus en plus rare, et je n'en vis que deux peaux pendant toute la durée de mon séjour à la Nouvelle-Galles du Sud. »   (IS. G. ST.-H.)

* **MÉNYA**. BOT. PHAN. Espèce de Paspale indéterminé du pays de Guzarate, dont le grain cause des vertiges quand on le mange. Son nom vient de cette propriété qui, en langage sanscrit, s'exprime par le mot *Mana*.   (B.)

MÉNYANTHE. *Menyanthes*. BOT. PHAN. Ce genre de la Pentandrie Monogynie, L., fut établi et assez bien limité par Tournefort. Cependant Linné y réunit le *Nymphoides* de cet auteur, que plus tard on rétablit sous le nom de *Villarsia*. Les caractères du genre *Menyanthes*, tel qu'on l'admet aujourd'hui, sont donc conformes à ceux que Tournefort a exposés. Le calice est partagé en cinq divisions profondes ; la corolle est infundibuliforme, son limbe divisé en cinq segmens ouverts hérissés de papilles sur leur face supérieure ; elle porte cinq étamines saillantes ; l'ovaire est globuleux, surmonté d'un style et d'un stigmate en tête à deux ou trois lobes ; la capsule est uniloculaire, à deux valves qui portent les graines sur leur milieu. La place de ce genre dans l'ordre naturel n'est pas facile à déterminer. Jussieu l'avait relégué à la fin de ses Lysimachiées ou Primulacées ; mais il en fut retiré par Ventenat et De Candolle, qui le firent entrer dans la famille des Gentianées. C'est aussi dans ce dernier ordre naturel, mais seulement à la suite des autres genres, que R. Brown a pensé qu'on devait le classer. Il s'éloigne néanmoins du reste des Gentianées par un caractère important tiré des organes de la végétation. En effet, ses feuilles alternes, trifoliées et dentelées sur leurs bords, s'opposent puissamment à ce qu'on le place définitivement parmi des Plantes qui sont surtout remarquables par leurs feuilles opposées, simples et entières. Ajoutons, à cette anomalie, celle non moins importante du mode de placentation des graines, laquelle est *dorsale* dans le Ményanthe et *suturale* dans les Gentianées, et on sera convaincu de la nécessité de créer pour le genre *Menyanthes* un ordre naturel fort voisin des Gentianées, mais pourtant suffisamment distinct. Le *Villarsia* ne peut être confondu avec lui, à cause de la structure de sa corolle et de son fruit; sous ce dernier rapport, ainsi que par ses feuilles simples, cet autre genre se rapproche davantage des vraies Gentianées.

Le Ményanthe Trèfle d'eau, *Menyanthes trifoliata*, L., a une souche herbacée, rameuse, horizontale, articulée, cylindrique, qui à différens points de sa face inférieure donne naissance à des fibres radicales blanchâtres. Les feuilles sont alternes, amplexicaules, membraneuses à leur base, portées sur de longs pétioles et composées de trois folioles très-glabres, ovales, obtuses, un peu dentelées sur les bords; les fleurs sont blanches ou teintes d'une légère couleur rosée, et elles forment un épi court au sommet d'une hampe allongée, cylindrique et extra-axillaire. On trouve le Trèfle d'eau dans les étangs et autres lieux marécageux de l'Europe méridionale et tempérée. Ses tiges et ses feuilles sont douées d'une amertume intense, qui est l'indice d'énergiques propriétés toniques. Aussi les emploie-t-on avec beaucoup de succès dans les fièvres in-

termittentes et dans toutes les maladies où il convient de donner une excitation à la fibre musculaire.

(G..N.)

MENZIÉSIE. *Menziesia*. BOT. PHAN. Smith (*Plantarum Icones hactenus ineditæ*, fasc. 3, n° 56) a fondé ce genre qui appartient à la famille des Ericinées et à l'Octandrie Monogynie, L. Il lui a donné pour caractères essentiels : un calice monophylle, sinueux sur les bords; une corolle monopétale en grelot à quatre petites dents; huit étamines dont les filets sont insérés sur la base de la corolle; un ovaire libre, supère, surmonté d'un style et d'un stigmate; une capsule supère quadriloculaire, dont les cloisons sont formées par les bords rentrans des valves. Cette structure de fruit avait fait placer le genre *Menziesia* parmi les Rhodoracées; mais il a été démontré depuis que plusieurs genres de la famille des Ericinées avaient aussi la capsule à cloisons formées par l'introflexion des valves, et conséquemment qu'on ne pouvait, à l'aide de cette seule différence, distinguer les deux familles. *V.* ERICINÉES. La Plante sur laquelle le genre en question a été constitué, a reçu le nom de *Menziesia ferruginea*. C'est un Arbrisseau à feuilles terminales, fasciculées, lancéolées, dentelées, velues en dessus, glabres en dessous, excepté sur les nervures; à fleurs disposées en faisceaux entre les feuilles, et portées chacune sur un long pédoncule. Cette Plante croît dans les contrées occidentales de l'Amérique du Nord.

Jussieu (Ann. du Mus. T. 1, p. 55) a rapporté au genre *Menziesia* une espèce qui avait été placée par Linné d'abord dans les *Erica*, puis parmi les *Andromeda*. Il l'a nommée *Menziesia polifolia*, nom qui a été changé par De Candolle (Flore Française, T. III, p. 674) en celui de *M. Dabeoci*, afin de rappeler le nom spécifique qui lui avait été imposé par Linné, et celui que la Plante porte vulgairement en Irlande. Cette espèce, figurée dans l'Atlas de ce Dictionnaire, est un petit Arbrisseau dont les tiges sont grêles, rameuses, droites et hérissées de poils peu nombreux. Ses feuilles sont opposées ou ternées dans le bas de la Plante, alternes dans le haut, ovales, entières, un peu roulées en dessous sur les bords, blanches et cotonneuses à la surface inférieure, vertes supérieurement et munies de poils roux ; les fleurs sont purpurines, pédonculées, pendantes, alternes, disposées en grappes simples entremêlées de feuilles. Le *M. Dabeoci* est commun en Irlande ; il se trouve en France près de Bayonne et dans les Hautes-Pyrénées.

Deux autres Plantes, indigènes des Etats-Unis d'Amérique, ont été réunies à ce genre, l'une sous le nom de *M. globularis*, et l'autre sous celui de *M. empetriformis*.   (G..N.)

MÉON. BOT. PHAN. Pour Méum. *V.* ce mot. Ce nom grec de Méon a été étendu à diverses Plantes, et l'on appelle :

MÉON AQUATIQUE l'Utriculaire commune ;

MÉON BATARD le Séséli de montagne, etc.   (B.)

MEOSCHIUM. BOT. PHAN. Genre de la famille des Graminées et de la Triandrie Digynie, L., établi par Palisot-Beauvois (Agrost., p. 111, t. 2, f. 6), mais qui nous paraît devoir être réuni à l'Andropogon. *V.* ce mot.   (A. R.)

MEPHITIS. MAM. Syn. de Mouffette. *V.* ce mot.   (IS. G. ST.-H.)

MER. *Mare, Pelagus.* GÉOL. On entend proprement par ce mot la totalité des eaux salées qui occupent la plus grande partie de la surface du globe, soit que ces eaux salées circonscrivent les continens et les îles, soit qu'elles se trouvent réunies en amas plus ou moins considérables dans l'intérieur de certaines régions terrestres. Le mot OCÉAN, donné comme synonyme de Mer dans les Dictionnaires d'histoire naturelle précédens, ne l'est cependant pas ; sa signification est beaucoup plus restreinte,

et s'applique seulement à celles des Mers qui environnent la terre sans jamais y pénétrer, c'est-à-dire que le nom d'Océan ne saurait convenir à aucune Méditerranée ou Caspienne. La plupart des termes employés dans la géographie physique, simple branche de la géologie, ne sont pas mieux définis, et nous ne voyons nulle part dans ces nombreuses descriptions du globe, où tout ce qui n'était pas astronomique, historique ou statistique, fut trop légèrement traité, qu'on ait songé à préciser la valeur des mots par lesquels on doit désigner chaque partie constituante de l'univers. Il n'est pas jusqu'au dictionnaire rédigé par l'Académie française, et qu'il est convenu de regarder comme la base du bon langage, où ce bon langage n'ait été faussé sous ce rapport, ainsi que dans les deux tiers des noms par lesquels on y désigne les corps naturels. C'est ainsi que pour la définition du mot dont il est question dans le présent article, on trouve : « *l'amas des eaux qui environnent la terre et qui la couvrent en plusieurs endroits.* » L'Académie ayant oublié de spécifier que les eaux de la Mer sont essentiellement salées, les Lacs seraient aussi des Mers selon sa décision, ce qui pourrait être tout au plus vrai dans les langues d'origine teutonique, où *See* s'applique indifféremment aux amas d'eau douce de la Suisse, de la Bavière et du Camergutt, à de simples golfes, ainsi qu'à la plupart des Mers véritables.

Pour les premiers géographes dont les écrits nous ont été conservés, la Mer n'était que la Méditerranée, contenue entre l'Afrique, l'Asie et l'Europe ; l'Océan était au-delà des colonnes d'Hercule ; il environnait la terre habitable, à laquelle on supposait une forme entièrement différente de celle que lui ont reconnue les modernes. Et telles étaient les idées bizarres qu'on se faisait de cette forme dans ces temps d'ignorance, où les érudits prétendent retrouver les traces d'un savoir fort avancé, qu'on voit dans les livres hébreux la terre comparée à un livre qui se roule sur lui-même, et, chez les Grecs, cette terre représentée sous la figure générale d'un carré long.

Dans la nécessité où l'on est de préciser les mots pour s'entendre définitivement dans toutes les branches de l'histoire naturelle, nous caractériserons de la manière suivante les diverses parties de la Mer, dont nous n'emploierons désormais le nom que dans l'acception la plus générale.

§ I. *Distribution géographique de la Mer.*

†Océan, *Oceanus.* Nous entendons par ce mot, dans un sens défini, cette immensité de Mers séparant les unes des autres, en les entourant, les diverses parties exondées du globe qui n'occupent guère que le quart de sa surface, l'étendue des terres étant évaluée à 1,400,000 myriamètres carrés, tandis que celle de l'Océan peut bien s'évaluer à 3,700,000. Essentiellement mobile, sans cesse agité par les courans qui en sillonnent le sein, ou par les vents qui sont des courans aériens, on lui a supposé en outre un mouvement général subordonné à la rotation diurne du globe. Partout l'Océan obéit à d'autres mouvemens aussi réglés que manifestes, dont l'effet est subordonné à la forme de côtes qu'assiégent et abandonnent alternativement ses vagues. Ces mouvemens alternatifs dépendans de l'action qu'exercent les astres à sa surface, sont appelés MARÉES (*V.* ce mot), et ont été soigneusement décrits par Constant Prévost dans ce même volume de notre Dictionnaire.

Jusqu'au temps de Fleurieu, l'Océan avait été fort arbitrairement divisé par les géographes et par les faiseurs de cartes; cet illustre marin essaya d'y établir des régions mieux circonscrites, et dans les mappemondes récentes, on s'est généralement conformé à la nomenclature qu'il imposa : ainsi l'on a appelé *Océan Glacial Arctique* les Mers circompolaires du Nord, par opposition à celles du Sud, nommées *Océan Glacial Antarctique; Océan Atlantique,* divisé en boréal, équatoréal et austral, l'étendue contenue entre les deux cercles polaires, l'Ancien et le Nouveau-Monde; *Grand-Océan Boréal,* la Mer qui du tropique du cancer s'étend entre l'Asie orientale et les côtes américaines du nord-ouest; *Grand-Océan Pacifique,* la Mer entre les deux tropiques, l'Amérique équatoréale et la Polynésie; enfin, *Grand-Océan Austral,* l'immensité des eaux comprises entre les pointes méridionales de l'Afrique, de l'Australasie, de l'Amérique, et dont le pôle austral est à peu près le centre. La Mer particulièrement appelée *des Indes,* n'est entrée dans aucune de ces six divisions. Quelles que soient les autorités d'après lesquelles on voudrait faire admettre une telle nomenclature, la raison la repousse, du moins en plusieurs points. Nous croyons important de le prouver avant que l'usage en soit définitivement consacré.

Il n'en est pas de la Mer comme de la terre, où la domination des Hommes s'étant le plus souvent établie et perpétuée par la force et la tyrannie, les limites naturelles de chaque contrée ont dès long-temps disparu pour faire place aux limites politiques où des citadelles s'élevèrent comme nous plaçons des bornes autour de nos propriétés : de sorte que des peuples appartenant à des espèces fort différentes du genre Homme, se sont trouvés confusément mêlés sous le même sceptre, quand leurs caractères physiques semblaient commander entre eux une démarcation éternelle. Nulle limite stable ne put être tracée sur les flots. Tous les parages sont également le domaine des navigateurs; abusant de ses forces navales, une nation usurpatrice peut encore aujourd'hui se réserver exclusivement le commerce de quelque plage déserte, ainsi que Carthage, de son temps, ne permettait pas qu'on visitât ses possessions de l'Atlantique; mais de tels excès ont leur terme, et lorsque les

côtes de la Nouvelle-Calédonie , par
exemple , seront aussi peuplées que
l'étaient celles de l'Amérique du Nord
au temps de l'immortel Washington ,
la Grande-Bretagne n'aura plus le
droit léonin de dire aux mariniers
du reste de la terre : Vous ne vien-
drez pas pêcher de Phoques dans
les parages du détroit de Bass. D'après
cette communauté de la Mer, la géographie ne peut donc admettre , sur
son étendue , de ces divisions que le
caprice et la violence établissent à la
face asservie de la terre. Les distinctions entre des régions où se balancent les flots inconstans ne pouvant
être que géographiques, il faut en poser les bornes rationnellement, c'est-
à-dire en consultant la figure et les
relations naturelles des côtes voisines, le rapport des masses d'eaux avec
les terres qu'on peut considérer
comme continens, enfin l'influence
qu'exerce la température sur les productions de tel ou tel espace inondé,
et c'est ici que la distribution géographique des Hydrophytes et des Animaux marins éclaire une science qui
crut trop jusqu'ici pouvoir se passer
de la Botanique et de la Zoologie.

Ce n'est en aucune partie du globe
terraqué que les productions du règne animal ou du règne végétal s'arrêtent à tel ou tel cercle de la sphère.
L'équateur, les tropiques , l'éclip-
tique, les cercles polaires, les méridiens, dont la connaissance est indispensable, pour déterminer les climats horaires, les positions respectives de chaque point du globe, et la
route d'un vaisseau, n'ont aucun rapport exact et positif avec ses productions aquatiques ou terrestres. On ne
citerait pas plus un Végétal ou un
Animal dont l'apparition commençât
rigoureusement à tel ou tel degré de
longitude ou de latitude , soit dans
les profondeurs de l'Océan, soit sur
les continens ou les îles, qu'on n'en
pourrait citer qui se retrouvassent
d'un pôle à l'autre, sans la moindre
solution de continuité dans sa ligne
de propagation. Toutes les productions de la nature ont leurs zônes

plus ou moins larges et sinueuses ,
dans la largeur variable desquelles
on les voit se propager, soit comme
en société, soit isolément, mais selon
diverses inclinaisons sur tous les cercles de la sphère ; de sorte qu'il est
telle créature qu'on retrouve de Terre-Neuve aux îles Malouines, ou de
Botany-Bay au Japon, tandis que d'autres existant au Chili, se retrouvent dans notre Europe, en passant
par les îles de la Société, les îles de la
Sonde, le Népaul, les îles de France
et de Mascareigne, le cap de Bonne-
Espérance, les côtes de Guinée et la
péninsule Ibérique; d'autres cependant, fidèles à l'équateur, font çà et là
des pointes assez loin en dehors des lignes solsticiales ; d'autres enfin se
trouvent sur des points opposés du
globe et sont comme antipodes les unes
des autres, sans avoir leurs pareilles
sur aucun point de l'espace qui les
sépare ; mais nous n'en connaissons
pas à qui les lois de la dissémination
aient interdit la faculté de s'écarter
de quelques minutes de degré d'une
parallèle ou d'un méridien quelconque. Les productions de l'Océan
étant astreintes aux mêmes règles de
sinuosité ou d'éparpillement dans
leur propagation, nous trouverons
dans la manière dont les principales
sont répandues dans l'immensité des
mers les motifs de la nouvelle division de la surface de ces Mers ; mais
auparavant nous croyons devoir montrer, par quelques exemples , combien était vicieuse la nomenclature
employée jusqu'à ce jour. Ce qu'on
appelait Grand-Océan, d'où l'on avait
appelé Océanie l'archipel qui s'é-
tend à l'est de la Polynésie, n'est
pas plus grand, ni même si grand
que les autres Océans. Le Grand-
Océan Boréal, qui n'est pas non plus
fort étendu, méridional par rapport
à de vastes parties de l'Asie et de
l'Amérique, n'était réellement Boréal
que par rapport à une petite étendue
du tropique du Cancer; tandis que
l'Océan Atlantique, que l'on ne nommait cependant pas grand, était le
plus grand de tous, etc. , etc.

Nous admettrons seulement ici cinq grandes régions océaniques.

1°. L'*Océan Arctique*, Boréal en réalité par rapport à l'universalité du globe. Le pôle arctique en sera le centre, les côtes d'Islande, d'Ecosse, de Norwège, de Russie, de l'Asie et de l'Amérique du nord, en seront les rivages; les îles Féroë, du Spitzberg, de la Nouvelle-Zemble et Liakof en seront les archipels. Le Groënland serait sa plus grande terre, s'il est décidément vrai que le détroit de Davis se prolonge au-delà de la baie de Baffin et le sépare entièrement du continent américain. Cet Océan communiquera avec les autres par le détroit de Béring, peut-être par la baie de Baffin, comme il vient d'être dit, enfin par le canal plus large qui s'étend de la Mer des Esquimaux aux rivages écossais. Des amas éternels d'eau congelée paraissent en occuper le milieu, comme une terre ferme désolée, silencieuse mais éblouissante aux rayons, sans fécondité, de jours de plusieurs mois, auxquels succédent des nuits non moins longues dont le phénomène météorique connu sous le nom d'aurores boréales, ne saurait diminuer l'horreur. Des montagnes de glace s'en détachent parfois, et flottent jusque sur les confins des Mers limitrophes. Des brumes presque continuelles s'échappent de sa froide surface. Quelques grands Cétacés, entre lesquels se distingue le Narwal, sont les Mammifères de ces austères parages, avec ces Ours blancs et des Morses dont le froid semble être l'élément. On n'y voit point de ces Acalèphes libres de forte dimension, si communs dans les zônes chaudes. Les Médusaires y sont presque microscopiques, et nombreuses au point d'y épaissir les flots où ces Animalcules deviennent, avec les Clios, la pâture des Baleines. Les Mollusques et les Conchifères n'y sont jamais diaprés de brillantes couleurs; les Poissons eux-mêmes s'y montrent ternes : ce sont des Gades, des Clupes, la Chimère et quelques espèces, la-plupart sans beauté; mais jamais, ou rarement, on n'y rencontre de ces Balistes bizarrement conformées, de ces Squammipennes élégans, de ces Tétrodons cuirassés, de ces Labres peints de mille couleurs et resplendissant de l'éclat des métaux ou des pierres précieuses. Pour les Oiseaux, ils sont tristes autant par les mœurs que par le plumage; un grand nombre appartient à la famille disgracieuse des Canards. Presque tous sont obligés de fuir vers des climats moins durs pendant la longueur des nuits et d'un hiver où le Mercure descend au degré nécessaire pour sa congélation. Les Hydrophytes portent aussi, dans l'Océan Arctique, un caractère particulier; destinés à résister à de rudes tempêtes très-fréquentes, où souffle en tous sens l'impétueux aquilon, leur tissu y est des plus solides. Ce sont en général des Fucacées ou de ces puissantes Laminariées, jamais rameuses et ressemblant à des lanières de cuir; on doit remarquer combien, à mesure qu'on s'éloigne de l'Océan Arctique, les Hydrophytes deviennent moins coriaces et moins résistans. Enfin, les plages de tous ces lieux, où la Mer obstruant les golfes de glaçons gèle chaque année, présentent une végétation particulière, avec des Animaux terrestres subordonnés à la nature de cette végétation misérable. Les Arbres y sont peu nombreux et presque tous rabougris ou nains; ils consistent dans quelques espèces de Pins et de Bouleaux. Des Lichens y revêtent les landes dont se couronnent des monticules sauvages. Les Sphaignes et autres Mousses y préparent ces vastes tourbières par l'épaississement desquelles s'encombrent des vallons peu profonds et durent huit ou dix mois sur douze ensevelis sous la neige. Les Végétaux aromatiques ou parés de fleurs éclatantes n'y pourraient orner un sol ingrat dont la baie de l'Airelle est le fruit le moins acerbe. Les Rennes, parmi les Ruminans, l'Isatis, divers Renards et autres races ou espèces du genre Chien, des Martes, quelques Rongeurs, le Glouton, qui fait la guerre aux Rennes, encore tourmentés par des OEstres, sont les Mammifères terrestres qu'y apprivoisèrent les Hommes, ou ceux auxquels on voit les chasseurs faire une guerre active pour s'en procurer les fourrures; et les Hommes même de ces horribles bords appartiennent à l'une des espèces les moins favorisées de leur genre au physique comme au moral. Ce sont les Hyperboréens hideux, attachés à leur affreuse patrie au point de ne se jamais éloigner des plages glacées où la pêche alimente leur monotone existence, et l'écorchement des bêtes, leur pauvre commerce; où le vin n'égaie jamais les banquets de familles taciturnes; où l'ivresse causée par une bière grossière ou par du suc de Champiguons fermentés, succède seule au sale plaisir de boire de l'huile de poisson dans une tannière enfumée.

2°. *Océan Atlantique*. Celui-ci borné au nord par le précédent, dans la direction d'une ligne qu'on peut tirer des côtes nord-est du Labrador, jusque vers les Hébrides bien au-dessous du cercle polaire arctique, est contenu entre l'Ancien-Monde, l'Amérique septentrionale, les Antilles et l'Amérique du sud. Il finit au midi, obliquement, dans une ligne qui s'étendrait de la pointe méridionale de l'Afrique, au détroit de Magellan en passant par les Malouines. L'équateur le partage en deux parties à peu près égales, de sorte qu'on peut admettre sa subdivision en *Boréal* au-dehors du tropique du cancer, *Equinoxial* entre les deux lignes solsticiales, et *Méridional* en dehors du tropique du capricorne. Les îles de la première subdivision sont Terre-Neuve, les Bermudes, les Açores, Madère et les Canaries; celles de la partie équatoréale, sont l'archipel du Cap-Vert, l'Ascension, Sainte-Hélène, Martin-Vas, avec quelques autres îles ou rochers épars dans le golfe de Guinée. Les îles de Tristan d'Acuna

sont les seules qui méritent d'être citées dans la portion méridionale. Les vents y suivent le plus généralement la direction du nord-ouest et de l'ouest à l'est, si ce n'est aux approches des régions équatoréales, qui semblent condamnées à subir des calmes brûlans, effroi du navigateur, et capables d'enchaîner à la même place tout imprudent qui pense que, pour se rendre d'Europe au cap de Bonne-Espérance, la ligne la plus droite est la plus courte. C'est dans la partie septentrionale de l'Océan dont il est question, que s'observe le Gulf-Stream qui, dans sa révolution circulaire, côtoye en trois ans environ, et tour à tour, les rives des deux mondes. *V*. COURANS.

Le nom d'Atlantique vient de la tradition fort ancienne, conservée par des prêtres égyptiens et par l'un des sages de la Grèce, d'un continent détruit, duquel nous avons ailleurs essayé de prouver que les Açores, Madère, Porto-Santo, les Salvages, les Canaries et les îles du Cap-Vert durent faire partie. Peut-être cette vaste contrée nommée l'Atlantide tenait-elle aussi à cette partie de l'Afrique sur laquelle se ramifie l'Atlas, et qui fut bien évidemment une île considérable que baignait par le sud une Mer, dont les déserts de Barca et de Sahara présentent aujourd'hui le fond desséché. Plusieurs écrivains ont élevé des doutes sur l'existence de cette Atlantide, qu'on dit avoir été plus grande que l'Asie et la Lybie ensemble. (*V*. nos Essais sur les Îles Fortunées.) Patrin, avec sa légèreté accoutumée, n'y voit qu'un songe; et l'on a lieu d'être surpris que de véritables savans aient adopté, sans examen, cette boutade de Patrin, lorsqu'au contraire Humboldt en admet non-seulement la probabilité, mais trouve encore que nous avons eu raison d'en tracer, dans l'un de nos premiers ouvrages, la carte conjecturale (Voyage aux Rég. Equin. T. 1, p. 326). Quoi qu'il en soit, on sent que dans une Mer immense qui s'étend de régions presque froides jusque sous des climats brûlans, on ne saurait trouver une conformité de physionomie et de productions aussi frappante que dans l'Océan Arctique. Cependant le voyageur qui parcourt l'Atlantique d'une extrémité à l'autre, y reconnaît, quel que soit le changement de température qu'il y éprouve, une certaine ressemblance entre toutes choses; en touchant sur ses rives les plus éloignées, il aperçoit dans l'aspect des côtes opposées, quelle que soit la distance qui les sépare, plus d'analogie qu'il n'en existe entre les côtes adossées des mêmes continens. La Sénégambie, basse et sillonnée de cours d'eaux, a certainement plus de rapports naturels avec la région de l'Orénoque et des Amazones, qu'avec le bassin de la Mer Rouge; comme les régions du bas Orénoque et des Amazones ressemblent plus aux parties arrosées et occidentales de l'Afrique qu'elles ne rappellent les côtes abruptes qui s'étendent de Payta au Chili. Les régions littorales tempérées ou chaudes de notre Europe, diffèrent de même fort peu des parties littorales des Etats-Unis placées en regard : ce sont les mêmes genres de Plantes et d'Animaux qui en habitent la surface à très-peu d'exceptions près, et si l'on plonge dans les flots pour en examiner les productions, l'identité devient presque complète. Le nombre des Laminariées et des Fucacées diminue pour faire place à des Cystoceires : ce sont les Sargasses inconnues vers les Mers Boréales, qui, arrachées à des profondeurs diverses, commencent, dès le quarantième degré, de part et d'autre, à flotter en nappes immenses à la surface des flots. Les Hydrophytes de la plus belle couleur parent surtout les rochers, où les grands Madrépores et les Spongiaires ne sont pas cependant aussi nombreux que nous le trouverons dans l'Océan Pacifique; les Algues filamenteuses, c'est-à-dire les Confervées et les Céramiaires, s'y marient à des Polypiers flexibles; mais

ceux-ci sont encore moins variés que dans la plupart des Méditerranées, ou que dans l'Océan semé d'écueils qui s'étend sur l'autre hémisphère. Les Poissons des hauts parages sont, dans l'Atlantique, de grands Squales, des Scombres et des Coryphœnes occupés à poursuivre des Exocets; des Lophies y montrent déjà leurs formes bizarres avec le Glaucus entre les prairies flottantes de Sargasses. Mais sous l'équateur même, on n'y observe pas encore de ces formes baroques de Poissons, relevées par l'éclat de l'arc-en-ciel, des pierres précieuses et des métaux, qui provoquent l'admiration de l'ichthyologiste dans l'Océan Indien et dans la Polynésie. Le Marsouin et le Dauphin ordinaire sont les grands nageurs de l'Atlantique, où l'on ne trouve fort communément que ces deux petites espèces de Cétacés : les grandes, y paraissant comme dépaysées, semblent n'y descendre que par circonstance. Les Lamantins en sont les herbivores aquatiques sur les deux rives aux parties très-chaudes, à travers desquelles semblent se plaire à passer de l'un à l'autre continent, l'Oiseau comparé par la témérité de son vol à Phaëton, et ces autres grands-voiliers qui, la plupart, appartiennent aux genres linnéens des Pélicans, des Mouettes et des Sternes. L'apparition des bandes de Canards vers le nord et des Albatros vers le sud, avertit le nautonnier qu'il sort de l'Atlantique pour entrer dans l'Océan Arctique d'un côté, ou dans l'Océan Antarctique de l'autre.

3°. *Océan Antarctique.* La plus vaste des Mers; celle-ci occupe une bien plus grande étendue dans les régions australes, que l'Océan Arctique ne couvre d'espace autour du pôle boréal. On reconnaît davantage sur ses limites combien il est faux que les cercles de la sphère suffisent pour circonscrire des climats naturels; car, entre les méridiens du cap de Bonne-Espérance et de la terre de Kerguelen, l'influence glaciale de l'Océan Antarctique se fait ressentir presque jusqu'au quarante-six ou quarante-huitième degré de latitude sud, où flottent des montagnes d'eau congelées, semblables à celles qui, dans notre hémisphère, ne dépassent guère le soixantième degré de latitude nord, tandis que d'un autre côté, au sud des Terres de Feu, les glaces éternelles s'arrêtent vers le Shetland méridional et la Terre de Sandwich par le soixantième degré sud. Nul continent n'est, à proprement parler, baigné par cet Océan dans la direction duquel s'avancent cependant toutes les pointes méridionales de la Terre habitable. Ainsi, l'extrémité de l'Afrique, les côtes de l'Australasie, y compris celles de la Terre de Van-Diémen et de la Nouvelle-Zélande, depuis la Terre de Leuwin jusque vers les antipodes de Paris, et l'extrémité de l'Amérique méridionale, sont exposées à son austère influence sans que ses flots en viennent baigner immédiatement les rivages. Les îles de la Désolation et quelques autres écueils en sont les seules terres, où semblent végéter à regret de tristes Lichens ou des Mousses chétives. Quelques Cétacés égarés y pénètrent çà et là. Peu de points solides y fournissent des supports à la végétation marine qui serait nécessaire pour substanter un grand nombre des créatures vivantes. Un continent de glace et de neige étend au centre de cet Océan sa surface silencieuse et frappée de mort. Les bords d'un tel amas d'eaux durcies, se brisant à la fin de l'été durant la débâcle occasionée par la présence d'un soleil de six mois, deviennent des montagnes flottantes; cependant quelques grands Phoques y sont les analogues des Ours blancs et des Morses de l'Océan Arctique, tandis que des Manchots et des Pingouins y représentent les nombreuses légions de Canards du Nord; mais comme il n'y existe pas de rivages distincts sur lesquels ces Oiseaux singuliers éprouvent la nécessité de se transporter alternativement, que tout y demeure monotone et pareil autour d'une étendue sans Plantes et presque sans Poissons, les Manchots, demi-Poissons eux-mêmes, n'ayant pas besoin d'ailes pour entreprendre de longues migrations, la nature économe ne leur en a point donné.

Cook le premier, et divers navigateurs hardis sur ses traces, ont essayé de trouver quelques points abordables à travers les éternels frimas de ces parages, où le ciel n'a guère qu'un jour et qu'une nuit, où la surface du globe présente moins d'eau que de glaçons. Ces tentatives n'ont produit aucun résultat, et lorsqu'on eut, à travers mille périls, découvert enfin des ports sur quelques terres antarctiques, de quelle utilité eussent été de pareilles rencontres? Quelle colonie d'Esquimaux ou de Lapons eût-il été bon d'y transplanter? Quoi qu'il en soit, si nulle côte ne borne, à proprement parler, l'Océan qui nous occupe, si nulle ligne de bas-fonds ou autres accidens terrestres n'en indiquent géographiquement les marges qui ne s'arrêtent pas au cercle polaire, quelques Hydrophytes et diverses cohortes vivantes établissent ses limites naturelles; elles se plaisent, toujours en suivant une ligne sinueuse dans son pourtour, et ne s'en éloignent guère vers le nord pour chercher des climats plus doux. Nous avons déjà vu l'Albatros avertir les matelots qu'ils quittaient l'Océan Atlantique pour voguer sur les confins de l'Océan Antarctique; les Pingouins et toujours les Manchots se reproduisent sur la plupart des côtes qui regardent celui-ci. Une multitude de Phoques y viennent, avec les Callorynques, paître des Macrocystes et le feuillage d'autres Arbres marins qui s'élèvent du fond à la surface des Mers au point d'arrêter les rames de l'esquif. Le *Durvillœa utilis*, le *Laminaria buccinalis*, sont encore propres à la ligne de démarcation qui vient d'être tracée; mais de telles productions s'avancent parfois le long des côtes occidentales des pointes du Nouveau et de l'Ancien-Monde; fait de géographie aquatique des plus remarquables, que personne n'annota, et qu'on retrouve dans la botanique des continens, où l'on voit diverses productions végétales s'égarer le long de certaines côtes ou chaînes de montagnes hors de la zône où elles croissent habituellement

4°. *Océan Indien*. Cette partie de l'Océan, appelée simplement *Mer des Indes* sur ces mappemondes où les noms d'Océan grand et petit furent si prodigués, confine vers le sud avec l'Océan qui vient de nous occuper, en suivant la courbe qu'on tirerait du midi de l'Afrique à la Terre de Leuwin par les côtes septentrionales de la Terre de Kergulen; les côtes africaines de l'est le bordent à l'occident; les rives occidentales de l'Australasie au levant, et les îles de la Sonde, les côtes de l'Inde, de la Perse avec celles de l'Arabie, le contiennent au septentrion. Madagascar et Ceylan y sont comme des fragmens de continens détachés. Les îles Trials, des Cocos, de Nicobar, d'Andaman, de Chagos, Maldives, Laquedives, Rodrigue, de France, Mascareigne, des Séchelles, de Comore et Socotora, y forment des archipels ou des terres isolées, sur lesquels la végétation et les Animaux présentent, outre la physionomie commune aux climats chauds, un aspect particulier qui tient à la fois de l'africaine, de l'asiatique et de l'australasienne. Ici, le calme est l'état habituel des flots, la plupart du temps si tranquilles, que leur surface paresseuse, unie comme un miroir, mérita à l'Océan Indien le nom de Mer d'huile que lui donnèrent les matelots de tous les pays. Lorsque des ouragans épouvantables, mais très-rares, n'y viennent pas troubler la sérénité habituelle, ce sont des vents réglés appelés Moussons qui y règnent. *V*. MÉTÉORES. Les côtes de ce vaste bassin prodiguent ou peuvent donner les plus précieuses productions qui soient au monde; car la Mer y nourrit jusqu'à ces Pintadines génératrices de la perle. Si une civilisation bien entendue s'établit jamais sur ses rivages, l'Océan Indien baignera les plus belles et les plus heureuses contrées de l'univers.

5°. L'*Océan Pacifique*. Nous croyons devoir adopter ce nom, qui a l'antériorité, et qui désigne assez bien l'état de repos où demeurent ordinairement les flots entre la Polynésie, l'Asie orientale, l'Amérique occidentale et l'Océan Antarctique; nous n'en appellerons pas la partie contenue entre la ligne, le tropique du cancer, la Nouvelle-Guinée et l'Archipel dangereux, *Grand-Océan*, parce que, nous le répétons, nulle partie de l'Océan n'est au contraire plus restreinte que cet espace semé d'écueils, de peu de profondeur et d'une navigation très-dangereuse; nous n'en appellerons pas non plus *Boréale* la région située précisément au sud de l'immense courbe formée à son pourtour par l'Asie et l'Amérique rapprochées. Cet Océan, très-ouvert vers le sud, s'y termine à peu près dans la ligne sinueuse qu'on pourrait tracer de la terre de Van-Diémen à la Nouvelle-Zélande, et de celle-ci vers les côtes du Chili. Les îles Aleutiennes, au nord, en séparent la Mer de Béring, qu'il en faut soigneusement distinguer; des archipels nombreux, dont la plupart sont peu connus et presque inextricables, en remplissent la plus grande partie, surtout entre les Tropiques à l'est de la Polynésie, où la plupart semblent même n'être qu'une continuation de ce futur continent. Il arrive dans cet Océan ce que nous avons reconnu avoir lieu dans l'Atlantique, où, malgré la diversité des climats, les productions des rivages et de l'eau présentent la plus grande analogie. L'humidité perpétuelle qu'entretient une abondante évaporation autour de mille points exondés contribue à parer la surface de ces points d'une végétation riche, fraîche et brillante. Les Fougères et autres tribus cryptogamiques y entrent dans une immense proportion, en dépit des lois précipitamment établies par les arithméticiens de la botanique. Nulle part les Madrépores et autres

Polypiers pierreux, avec les Spongiaires et les Mollusques marins, ne sont plus nombreux, plus variés en figures, plus grands en proportions ni enrichis de plus admirables couleurs. Le luxe des teintes, la multiplicité infinie des formes n'y sont pas restreintes à ces seules légions animées ; les Cétacés eux-mêmes, les Poissons surtout y participent, et la succession active, jamais interrompue par de rigoureux hivers, de toutes ces créations marines, produit avec rapidité l'augmentation des rochers, et l'élévation du sol, partout où quelque écueil peut abriter d'innombrables habitans, architectes et préparateurs d'une terre à venir; terre qui doit nécessairement paraître par l'encombrement de mille détroits, où les pirogues des hommes d'espèce Neptunienne et des vaisseaux anglais cinglent maintenant à pleines voiles. Aussi, malgré la beauté d'un ciel où ne soufflent que des vents assez modérés, la navigation de l'Océan Pacifique est-elle périlleuse pour les embarcations qui tirent beaucoup d'eau. C'est là qu'on voit en peu d'années changer la forme des rivages comme par enchantement, et croître pour ainsi dire le sol : où naguère passait un grand navire, une chaloupe courrait risque de se briser aujourd'hui.

On retrouve dans l'Océan Pacifique, comme entre l'Ancien et le Nouveau-Monde, au revers opposé du globe, de ces bancs flottans de Sargasses, genre de Fucacées totalement étranger aux deux Océans du nord et du sud qui, de leur côte, nourrissent les Laminariées simples autour du pôle arctique, rameuses autour du pôle opposé. Un grand courant circulaire analogue au Gulf-Stream paraît également y régner. Ainsi l'analogie est complète ; et par la division que nous proposons d'établir à la surface de la grande Mer environnante, on voit que quatre Océans s'y correspondent, opposés deux à deux, et qu'un seul, impair et central, y demeure isolé par une multitude de caractères naturels qui lui donnent quelques rapports avec les Mé-

diterranées dont il sera question tout à l'heure. En s'affranchissant de l'antique routine qui condamne les faiseurs de cartes et de traités de géographie à ne reconnaître que deux continens, on pourrait également reconnaître cinq continens, dont un impair, et ne ressemblant à aucun autre par la nature de ses productions, tandis que les quatre autres seraient analogues et opposés deux à deux à la surface du globe ; l'Afrique correspondant à l'Amérique du sud, l'Europe confondue avec l'Asie à l'Amérique septentrionale, et l'Australasie demeurant à part. L'Ancien Monde se composerait comme le Nouveau de deux parties bien distinctes unies seulement par des isthmes, et la nomenclature géographique se trouverait enfin sur la route du bon sens.

†† MÉDITERRANÉE, *Mediterranea*. Se dit selon l'Académie, dont cette fois la définition nous paraît entièrement exacte, de ce qui est enfermé dans les terres. Ce nom de Méditerranée sera conséquemment réservé ici pour désigner toute Mer qui, ne faisant pas partie immédiate d'un Océan, communique par un, ou même par plusieurs détroits, avec quelqu'une des grandes divisions maritimes précédemment établies.

Les Méditerranées, plus nombreuses sur le globe qu'on ne les y avait supposées, ne sont pas sujettes aux marées, ou le sont d'une façon moins régulière que les régions océanes. Selon qu'elles reçoivent le tribut de fleuves plus ou moins considérables, leur salure est plus ou moins sensible ; mais cette salure n'est jamais aussi considérable que celle de l'Océan ou grandes Mers environnantes. Toutes sont moins profondes ; tendent à se fermer comme pour former des Caspiennes ; nourrissent des espèces moins considérables d'Hydrophytes, de Polypiers et de Poissons, mais ces espèces y sont proportionnellement beaucoup plus multipliées. On dirait que protégées par des côtes rapprochées et qui les mettent à l'abri des grandes tempêtes, elles pullulent davantage. Les très-grands Cétacés y pénètrent rarement, comme si leur masse s'y devait trouver moins à l'aise ; les Oiseaux grands - voiliers semblent dédaigner leur surface assez paisible. Ce sont les espèces habituées aux émigrations qui ordinairement les traversent, et des Échassiers semblent, plus que toute autre tribu ailée, se plaire sur leurs paisibles rivages souvent plats et marécageux. À des latitudes égales, les bassins de ces Mers intérieures ou prêtes à le devenir, présentent dans leur végétation et par leurs Animaux une physionomie qui indique en elles une plus grande élévation de température, proportions gardées avec les régions de l'Océan dans lesquelles on voit les Méditerranées se dégorger. Les vents ne suivent guère à leur surface de marche fixe ; ils y sont toujours subordonnés à la direction plus ou moins resserrée des côtes ; un courant général, ordinairement parallèle à la principale direction des rivages, semble en faire graduellement le tour, comme si ce courant partait de l'Océan pour venir recueillir le tribut des fleuves, et le lui rapporter après s'être grossi de ce tribut qui dessale le courant, mais qui n'exerce point sur le vaste espace où il rentre la même influence adoucissante. Ce n'est point l'évaporation qui tend à diminuer la surface des Méditerranées, ainsi qu'à préparer leur séparation définitive du grand réservoir où communiquent ces Mers ; mais c'est le charroi continuel des matières arrachées à la surface des continens par les eaux pluviales, les rivières et les fleuves : les dépôts qui résultent de tels transports entraînés vers les issues par les courans, se répandent en partie et confusément dans l'Océan, tandis que les plus grandes portions de leur masse, abandonnées en chemin, partout où des promontoires peuvent protéger un dépôt, préparent peu à peu la fermeture des détroits.

1°. *Mer Méditerranée proprement dite.* Celle-ci, sur les rivages de laquelle se développa la civilisation de l'espèce Japétique du genre Homme (*V.* ce mot), sépare l'Europe de l'Afrique, à peu près entre les trentième et quarante-cinquième degrés de latitude nord, et s'étend de l'est à l'ouest depuis l'Asie jusqu'aux colonnes d'Hercule dans une longueur de plus de neuf cents lieues ; sa largeur est beaucoup moins considérable. La Mer Noire, dont celle d'Azof n'est qu'un appendice, doit en être considérée comme une dépendance, et la Mer Adriatique y est comme une Méditerranée secondaire qu'en distingue le canal d'Otrante. Beaucoup de ses parties présentent des traces de fracassement et des ruptures volcaniques qui mirent successivement en communication la Mer Noire avec celle de Marmara par le Bosphore, celle-ci avec la Mer Égée par les Dardanelles, cette même Égée avec le reste de la Méditerranée entre la Morée et Cérigo, Cérigo et l'île de Crète, l'île de Crète et Carpathos, Carpathos et Rhodes, Rhodes enfin et l'Anatolie. Peut-être une autre interruption régnait-elle originairement entre la pointe Punique et les Calabres, par Lampédouse, Linose, Malte, Goze et la Sicile. Quoique toujours alimentée par de très-grands fleuves, au nombre desquels le Nil, le Tanaïs, le Borysthène et le Danube sont du premier ordre, et sans que l'évaporation puisse suffire pour absorber la plus grande partie de ses eaux, il est certain que celles-ci furent originairement bien plus élevées qu'elles ne le sont aujourd'hui. Les preuves de la diminution en surface de la Méditerranée proprement dite, sont visibles sur tous les points de ses rivages ; en mille lieux ceux-ci sont coupés à pic, surtout dans les endroits où l'on peut supposer que de vastes courans ont fait irruption, comme au Bosphore, aux Dardanelles, aux extrémités de toutes les pointes héléniques, et surtout vers le détroit de Gibraltar, dont nous croyons avoir démontré la très-récente formation. (*Résumé géogr. de la Pén. Ibér.*, p. 116 et suiv.) La rupture de ce détroit avait été indiquée par divers écrivains, mais sans preuves, et comme tant d'idées hardies sont jetées en avant au hasard par des auteurs téméraires, qui, lorsqu'un observateur scrupuleux a prouvé la réalité des choses, ne manquent pas de dire qu'ils les avaient devinées et proclamées avant tout autre. Nous ne reviendrons pas sur la révolution physique qui détermina la séparation de l'Afrique et de la Péninsule, comme pour incorporer celle-ci à l'Europe à laquelle néanmoins elle semble demeurer toujours étrangère. Il nous suffira, pour ajouter une preuve à ce grand fait, en faveur duquel témoignent les montagnes littorales, la nature des roches, les Caméléons, des Singes, des Orchidées, et le reste de la Flore ou de la Faune Atlantique, de rappeler ce que disait Saussure, qui observa, entre Monaco et Vintimille, de grands rochers coupés à pic vers le rivage, et dont les flancs offraient jusqu'à la hauteur de plus de deux cents pieds une multitude d'excavations profondes, où l'on reconnaissait l'effet du balancement des vagues. Ces excavations, depuis la cime des monts voisins, et graduellement en descendant jusqu'aux lieux où se brisent aujourd'hui les flots, offrent les mêmes caractères. Nous avons également vu comment à l'époque où le détroit de Gibraltar n'existait pas, les bassins opposés de l'Hérault et de la Garonne, à travers l'Occitanie et l'Aquitanique, formaient le dégorgement de cette Mer dont les eaux baignaient d'un côté les racines de l'Atlas, et de l'autre l'extrémité boréale du bassin du Rhône, où leur voisinage alimentait les volcans éteints du centre de la France.

Le littoral de la Méditerranée, tel qu'il est aujourd'hui, forme un bassin naturel des mieux caractérisés, et qui l'est tellement, que les rivages de France de ce côté ressemblent par leur physionomie et leurs productions bien plus aux rives barbaresques ou même syriaques qu'elles n'offrent l'aspect et les productions des plages océaniques de la même contrée. Le naturaliste, soit qu'il mesure la température, soit qu'il interroge la Flore ou la Faune du golfe de Gascogne, par exemple, trouvera bien moins d'analogie avec les mêmes choses sur les bords de la Provence, qu'il n'en trouverait entre la température, la Faune ou la Flore des bords provençaux, et la Flore, la Faune ou la température du Delta égyptien. La plupart des Insectes de Barbarie et du Levant, entre lesquels se font remarquer les Pimélies, les Brachycères, certains Coprides, des Manthes, des Truxales, d'énormes Myrmiléons et des Panorpes, sont aussi occitaniques, du moins quant au plus grand nombre des espèces. Les Ombellifères, les Labiées aromatiques avec les Cistes, sont les Plantes, la plupart ligneuses, le plus généralement répandues dans le pourtour de la Méditerranée, dont les *Juniperus Lycia*, *Phœnicœa* et *Oxycedrus*, le Cyprès avec les Pins d'Alep et *Pinea* sont les Arbres résineux; le *Quercus coccifera* en est le Chêne; l'Olivier, le Figuier, le Caroubier, le Laurier en sont les autres Arbres de prédilection; le *Viburnum Tinus*, l'*Agnus-castus*, l'éclatant Nérion, le *Philyrea angustifolia*, les Lentisques, l'*Anagyris fœtida*, les Jujubiers en sont les Arbrisseaux. Le Dattier n'y gèle nulle part, et le Chamérops représente en beaucoup de points de son enceinte les Palmiers de la Torride. Partout les Cactes et les Agavés s'y sont naturalisés, et les vins sont plus ou moins liquoreux. On n'y voit plus de Laminariées parmi les Hydrophytes; mais déjà des Caulerpes et le *Padina Tournefortii* annoncent l'élévation de la température des eaux; les Spongiaires et les Polypiers flexibles, entre lesquels les petites ombelles des Acétabulaires se font remarquer, tapissent les rochers près

de la surface des flots, tandis que
le Corail précieux descend dans leurs
profondeurs. Les Oiseaux y passent
presque indifféremment d'une rive à
l'autre, et parmi ces voyageurs, il en
est qui demeurent sur celle du nord
après le départ de leurs troupes,
sans paraître trop souffrir de l'hiver par lequel ils se laissèrent surprendre. Les très-grands Cétacés n'y
entrent guère, non plus que le véritable Requin ; mais parmi les espèces
de Poissons de moyenne ou de petite
taille, y brillent de mille éclatantes
couleurs un nombre de Labres proportionnellement plus considérable
que partout ailleurs. La Murène, célèbre dans l'antiquité, paraît, ainsi
que plusieurs autres espèces, lui être
exclusivement propre.

2°. La *Méditerranée Scandinave*
ou *Mer Baltique*. Entièrement européenne, cette Méditerranée septentrionale suit une direction presque
perpendiculaire à la précédente, et
large de trente à quatre-vingts lieues
environ de l'est à l'ouest, s'étend
en longueur depuis le cinquante-quatrième parallèle, jusqu'au soixante-
sixième environ ; c'est-à-dire dans
une région déjà froide. Les golfes de
Bothnie, dans sa partie boréale, de
Finlande vers l'est, et de Livonie,
en sont les principaux enfoncemens
riverains. Elle communique à la Mer
du Nord, par où l'Océan Arctique
s'avance vers le sud, au moyen de
détroits que forment entre la presqu'île de Jutland et la Suède méridionale, des îles dépendantes de la
couronne de Danemarck. Rugen,
Bornholm, Oland, Gothland, Oésel,
Dago et Aland, en sont les autres
îles principales ; une multitude de
rochers formant l'archipel d'Abo entre Aland et la Finlande, semblent préparer la réunion de cette
île à la partie du continent récemment envahie par les Russes ;
cette réunion sera d'autant plus
prompte, que, de toutes les Mers,
la Baltique paraît être celle dont
l'abaissement continuel de niveau
est le plus sensible. En 1745, Cel-

sius, de l'académie de Stockholm,
fit remarquer les traces évidentes de
cet abaissement sur des rochers
qu'on se rappelait fort bien avoir été
couverts par la Mer, et qui déjà s'é-
levaient de plusieurs pieds au-dessus
de sa surface. Les côtes y présentent
d'ailleurs, vers le midi, de grands
étangs qui ne communiquent presque plus avec le reste de la Mer, ou
qui ne participent à sa salure, très-
faible, que par des passes tellement
étroites qu'on peut prévoir à quelle
époque toute communication doit
demeurer interceptée. La végétation
de ces lieux, soit au fond des eaux,
soit sur les rivages, se ressent en
quelque sorte de la petitesse d'un
bassin, où la nature est comme ap-
pauvrie. L'éclat des couleurs n'y
revêt guère aucune production, et la
Faune ainsi que la Flore marine y
sont composées de peu d'espèces dont
aucune n'est considérable par ses
dimensions, tandis que la Faune et
la Flore, sur les rives arctiques et
adossées de Norwège, ne laissent pas
que d'être encore variées, à travers
une physionomie toujours austère.

3°. La *Méditerranée Erythréenne*
ou *Mer Rouge*, qui sépare l'Afrique,
ou ancien continent austral, de l'A-
sie, qui n'est pour nous qu'une
partie de l'ancien continent boréal, est l'une des Méditerranées les
plus étroites. Elle n'a guère que
soixante-dix lieues de l'est à l'ouest,
sous le tropique du cancer qui la
traverse, et quatre-vingts lieues dans
sa largeur la plus considérable entre
l'Yémen et les confins septentrionaux
de l'Abyssinie. Sa longueur prise du
nord-ouest et du fond de la Corne de
Suez jusqu'au détroit de Babel-Mandel, par le sud-est, se trouve d'environ dix-huit degrés en latitude. La
température de ses eaux est très-
élevée, parce qu'elle s'étend entre
des plages brûlantes que ne mettent à l'abri des vents de l'Afrique,
ni hautes montagnes, ni forêts épaisses, et que ne rafraîchissent les
tributs d'aucun fleuve. Cette absence de tout affluent d'eau douce,

pourrait faire présumer que la salure y doit être plus considérable qu'en toute autre Mer : ce fait cependant n'a point été établi. Son peu de profondeur est encore une cause de tiédeur ; des récifs et des brisans nombreux y rendent la navigation fort dangereuse , et quoique de temps immémorial on n'y ait pas observé une diminution visible , elle doit s'obstruer néanmoins d'une manière assez prompte par la succession des tribus madréporiques qu'elle nourrit en très-grande abondance. Le nombre de productions hydrophytologiques qui nous en est connu, et qui ne laisse pas que d'être considérable , nous a prouvé que la Mer Rouge, déjà remplie de Caulerpes , de Sargasses et de Polypiers , identiques avec des productions pareilles venues des Mers de Corée , de Chine et de la Polynésie , avait plus de rapport par ses productions naturelles avec la cinquième Méditerranée dont il sera parlé tout à l'heure, et qui en est cependant séparée par toute la largeur de l'Asie , qu'avec la Méditerranée proprement dite , qui n'en est pas à vingt lieues , en comptant de Suez au fond du lac Menzaleh ; éloignement que semble encore diminuer la présence des lacs amers de Temsali, qu'on trouve aux deux tiers ou à moitié de la distance de l'un à l'autre de ces points. Ce que nous venons d'établir ici nous paraît mériter la plus sérieuse attention , et nous engageons les naturalistes géographes à y réfléchir. En effet , la Méditerranée proprement dite ayant évidemment, comme nous l'avons prouvé dans nos précédens ouvrages, eu son niveau beaucoup plus élevé qu'il ne l'est aujourd'hui , lorsque le détroit de Gibraltar n'existait pas , devait originairement communiquer avec la Mer Rouge, puisque l'isthme de Suez, selon le nivellement des ingénieurs français de l'immortelle et glorieuse expédition d'Egypte , n'a que très-peu d'élévation par rapport aux deux Mers voisines. Ces deux Méditerranées communiquaient donc par la dépression dont l'antiquité profita pour établir un canal que la barbarie laissa disparaître sous des monceaux de sables. Nous prouverons , dans un ouvrage qui doit incessamment être livré à l'impression , que le détroit de Babel-Mandel, au contraire , n'existait pas plus , primitivement, que le détroit de Gibraltar ; c'est où se voient maintenant les rochers à pic qui encaissent cette brisure , que se trouvait le point de jonction de la péninsule Arabique avec le continent africain ; car l'Arabie faisait partie de ce continent africain comme nous avons vu la péninsule Ibérique en avoir fait originairement partie. Lors de cette jonction de deux Mers, aujourd'hui séparées, les productions de l'une et de l'autre devaient être à peu près identiques. Depuis leur disjonction, quelques Hydrophytes , quelques Polypiers, quelques Poissons, sont demeurés communs à l'une et à l'autre ; mais des productions toutes différentes se sont développées en plus grande quantité dans celle qui demeurait nécessairement la plus chaude : ces productions ont imprimé à la Méditerranée Érythréenne une physionomie nouvelle. A ce sujet, nous rappellerons un fait important que nous avons rapporté avec détails dans l'article CRÉATION de ce Dictionnaire (T. V, p. 46). Ayant placé des corps organisés propres à divers points les plus éloignés du globe, dans des vases en cristal remplis d'eau, nous avons vu dans leurs infusions se développer quelques Microscopiques communs à toutes, outre un certain nombre d'espèces exclusivement propres à chacune. Ayant mêlé de ces infusions, quelques espèces de Microscopiques y ont disparu, plusieurs y ont persévéré, et il s'en est formé de nouvelles très — différentes des premières. La nature ferait-elle quelquefois en grand ce que nous avons fait en petit dans nos expériences ? et nos expériences seraient — elles, en diminutif, la répétition de ce qui eut lieu par le mélange de la

Méditerranée Erythréenne avec l'Océan Indien? *O Jehova! quam ampla sunt tua opera!*

On a beaucoup discouru sur l'étymologie du nom d'Erythrée ou Rouge, donné à la Méditerranée dont il est question ; on a cru récemment en trouver la raison dans l'abondance de petits Entomostracés vivement colorés, qu'on dit s'y multiplier parfois, en si grand nombre, que les eaux en paraissent changées en sang comme au temps où Moïse et les magiciens de Pharaon étendaient leurs verges également puissantes sur ces calamiteuses contrées. Le fait n'est cependant pas complétement prouvé, et il se pourrait que ce nom de Mer Rouge n'eût pas de raison plus raisonnable que ceux de Mer Noire, de Mer Blanche, ou de Mer Vermeille, donnés à d'autres parties de la Mer.

4°. *Méditerranée* ou *Golfe Persique.* On peut encore considérer ce prétendu golfe comme une véritable Mer intérieure, qu'un seul détroit unit à l'Océan. Cette Méditerranée dut être originairement plus grande de toutes les plaines mésopotamiques, formées par les transports de deux immenses fleuves qui dépouillèrent les pentes méridionales des monts Taurus et du Kurdistan des sédimens dont ils ont encombré leur bassin. A cette diminution près, qui semble continuer de nos jours, la Méditerranée Persique présente de grands rapports avec la précédente ; mais elle a encore été fort peu observée par les naturalistes. Les productions, aux perles près, en sont fort peu connues. On doit remarquer qu'on y trouve, ainsi que dans la Mer Rouge, des volcans brûlans ou éteints, qui ont pu contribuer à la formation, soit du détroit d'Ormutz, soit de celui de Babel-Mandel.

5°. *Méditerranée Sinique.* Des personnes, habituées à ne voir qu'une Méditerranée, parce que, jusqu'ici, les géographes n'écrivirent ce nom qu'en une seule partie de leurs cartes; mais qui, par l'analogie qu'offre leur détroit unique, consentiront à regarder comme des Méditerranées les Mers intérieures dont il vient d'être question sous les nᵒˢ 2, 3 et 4, répugueront peut-être à nous voir placer au même rang des étendues d'eau que plus d'un détroit mettent en communication avec quelque Océan. Cependant, s'il est prouvé que, fermées d'un côté par une suite de côtes continentales, ces étendues ne tarderont point à l'être entièrement d'un autre côté par la réunion prochaine d'îles voisines, il faudra bien admettre quelques Méditerranées de plus qu'on n'était dans l'usage d'en compter.

La Méditerranée qui va nous occuper s'étend assez exactement du nord-est au sud-ouest, depuis la ligne équinoxiale à peu près, jusque vers le cinquante-quatrième degré de latitude nord. Les côtes peuplées par notre espèce Sinique du genre humain (*V.* T. VIII, p. 297 de ce Dict.) en habitent les bords sans interruption au couchant, depuis l'extrémité boréale de la Manche de Tartarie, où l'île Séghalien touche presque au continent non loin de l'embouchure du fleuve de ce nom, jusqu'à l'extrémité de la presqu'île de Malaca. Elle finit vers le nord en pointe aiguë comme les cornes de la Mer Rouge. La Corée et la péninsule Cochinchinoise s'avancent dans sa largeur ainsi que l'Italie et la Grèce le font dans la Méditerranée proprement dite. Sumatra, Bornéo et les basses de Carémata, qui ne tarderont pas à disparaître par l'élévation de leurs bancs madréporiques, bornent la Méditerranée Sinique vers le sud ; ses limites orientales sont tracées par les revers occidentaux de Palawan, de Mindoro, de Luçon, appartenant à l'archipel des Philippines, par ces îles nombreuses de Babouyanes et de Bashée entre Luçon et Formose, par cette Formose, par les archipels de Madjicosemah, de Lieukieu et d'Oufou, liés à l'empire du Japon ; enfin par cet empire formé d'une chaîne de sommités que séparent des canaux marins, et qui, par Jesso, se lie à l'île de Séghalien vers la pointe méridionale de cette dernière. Le détroit de Malaca établit une communication entre cette Méditerranée et l'Océan Indien ; d'autres détroits , très-nombreux , que des Polypiers ne tarderont pas à faire disparaître , la mettent en rapport avec la petite Mer de Mindanao , qui n'en sera peut-être qu'un golfe. Parmi les communications nombreuses qui existent encore entre elle et l'Océan Pacifique, celui de Diémen au sud de Kiusiu, de Matsumai au nord de Niphon, enfin celui de La Peyrouse entre Jesso et la longue île de Séghalien , sont les plus profonds. Mer peu orageuse , les vents et les courans y sont cependant fort variables; l'immensité des fleuves qui s'y jettent par le côté continental , et la multitude des écueils dont elle est semée étant des causes perpétuelles de perturbation : pour peu que les gros temps y fussent fréquens , cette Mer serait impraticable. Son étendue en latitude est cause que ses productions varient beaucoup du sud au nord, mais en conservant cependant d'une extrémité à l'autre cet air chinois, qu'on nous passe le terme, dont le caractère bizarre n'échappe à personne ; caractère que nous rendent assez bien ces peintures des peuples siniques , qu'on supposa long-temps n'avoir pas de modèle dans la nature , parce qu'elles représentaient des objets fort différens de ce que nous voyons habituellement autour de nous.

Quoique prolongée vers le septentrion , l'extrémité supérieure de la Méditerranée Sinique est loin d'être aussi froide que les Mers qui se trouvent sous les mêmes latitudes dans le reste du globe. Jamais on n'y voit d'amas de glaces menaçantes , comme il arrive par le travers de l'embouchure du fleuve Saint-Laurent, qui y correspond en Amérique, ou dans la Mer du Nord et le sud de la Baltique , qui y correspondent en Europe. Nous ne possédons ni Laminariées, ni même de grandes Fucacées provenues de cette

Mer, dont l'hydrophytologie est du reste fort peu connue , malgré quelques espèces intéressantes rapportées au célèbre algologue Turner , qui en fit graver de belles figures.

6° et 7°. La *Mer d'Okhotsk* et la *Mer de Béring* doivent encore être considérées comme deux Méditerranées boréales. La première, quoique limitrophe de la Sinique , dont elle n'est même pas encore complétement séparée, puisqu'elle s'y unit par deux détroits , est placée presque sous la même latitude, si ce n'est vers le nord, où elle s'élève jusqu'en dehors du soixante-quatrième degré, c'est-à-dire par le travers d'Archangel. Cette Mer est déjà très-froide, même aux limites de la précédente, et si quelques géographes , entraînés par l'habitude, trouvent étrange que nous l'en veuillions distinguer , au moins autant que nous distinguons la Méditerrande proprement dite de l'Érythréenne ou Mer Rouge , nous répondrons qu'ayant vu et possédant même un assez grand nombre des productions hydrophythologiques de la Mer d'Okbotsk , nous y avons reconnu bien plus de rapports avec celles de la Baltique , et même des parages du Groënland, qu'avec celles de la Méditerranée Sinique; en effet, la langue de terre de Séghalien ou Karafthou, établit une limite naturelle aussi tranchée que l'isthme de Suez ; de sorte que sa rive occidentale , sous une influence Sinique, produit toujours des Floridées ou des Ulvacées de la plus belle couleur, avec quelques Caulerpes et encore des Spongiaires; tandis que l'autre, sous l'influence boréale, n'a plus guère que de tristes et coriaces Fucacées , mais pourtant pas encore autant de Laminariées que les Mers définitivement arctiques. Le Kamtschatka forme une rive de cette Méditerranée avec la chaîne des îles Kuriles qui la séparent de l'Océan Pacifique, mais imparfaitement pour quelque temps encore.

Quant à la seconde, la Mer de Béring, circonscrite par la côte orientale du Kamtschatka, et l'extrémité nord-est de l'Asie, par cette partie misérable du Nouveau-Monde qu'on appelle Amérique-Russe, et par la longue courbe que forment les îles Aleutiennes; elle s'étend sous un climat tout-à-fait boréal. Si ce qu'on appelle Grande-Passe, la met en rapport avec les régions tempérées de l'Océan Pacifique, le détroit de Béring, en séparant les deux mondes, l'unit à l'Océan Arctique, qui lui imprime sa physionomie glaciale en lui envoyant des montagnes flottantes d'eau congelée, avec quelques-uns de ces grands Cétacés qu'on trouve sur les côtes d'Islande ou du Spitzberg, ainsi que des Ours blancs et des Morses. Nous possédons de cette Mer de Béring des Hydrophytes en tout semblables à ceux de Terre-Neuve et des côtes de Norwège. Ce sont les mêmes Fucacées robustes, des Laminariées non rameuses, capables par leur solidité de résister au courroux des flots, et parmi lesquelles se fait remarquer l'Agare criblée de trous, encore si rare dans les herbiers, et que nous possédons des bords Koraïkes, des îles Saint-Pierre et Miquelon, et des côtes Scandinaves.

8°. La *Méditerranée Colombienne*. Nous comprendrons sous ce nom le golfe du Mexique et la Mer des Antilles, dont l'ensemble forme l'une des Mers intérieures les mieux caractérisées qu'on puisse reconnaître à la surface du globe; ce que n'ont cependant point aperçu des compilateurs qui, pour avoir visité un point de la Martinique ou de la Guadeloupe avec quelques autres rochers américains, en écrivent des monographies sans nombre, et semblent vouloir s'approprier le monopole de toute publication géographique, statistique, volcanique, pathologique, végétale ou animale, relative aux Antilles. Cette Méditerranée, où l'immortel Colomb pénétra le premier, est, comme la Sinique de l'ancien continent, bornée d'un côté par une suite non interrompue de côtes continentales qui s'étendent depuis la pointe méridionale des Florides jusque dans la province de Cumana, vis-à-vis l'île de la Trinité; de ce dernier lieu part une série d'autres îles petites ou grandes, qui toutes visibles réciproquement de l'une à l'autre, sous le nom d'Antilles du Vent et de Grandes-Antilles, séparent la Méditerranée dont il est question, de l'Océan Atlantique. Parmi ces Grandes-Antilles, la magnanime Haïti, la gémissante Cuba forment la circonscription septentrionale du bassin dont nous exclurons les Lucayes, archipel extérieur qui doit commencer aux îles Turques, à partir des Caïques, jusqu'à l'extrémité ouest de l'île de Bahama. Tous les écueils, petits ou grands, qui forment au nord des Grandes-Antilles, cet archipel de Corail ou d'alluvions déposés par le Gulf-Stream et autres courans, est du domaine de l'Océan; il en reçoit une physionomie tant soit peu septentrionale bien que situé sous le tropique. L'archipel des Lucayes prépare, en protégeant le grand banc de Bahama, qui s'élève de jour en jour, un atterrissement destiné à élargir la barrière qui fermera entièrement la Méditerranée Colombienne au moyen de la réunion de toutes les Antilles. Le canal de Bahama, ou celui de Porto-Rico, y demeureront l'un ou l'autre, et peut-être long-temps ensemble, les analogues des détroits de notre Baltique; il paraît du moins que ce sont les deux communications les plus profondes actuellement existantes. Pour la Jamaïque et les îles sous le vent, elles sont dans cette Méditerranée, comme Gothland et l'archipel d'Abo; ou bien comme la Sicile et l'archipel Egéen; le cap Catoche, à l'extrémité orientale du Jucatan, et celui de San-Antonio, à l'extrémité occidentale de Cuba, s'y avancent l'un vers l'autre, comme Lilibée se rapproche du cap Bon, à l'extrémité punique du royaume de Tunis. De pareils rapprochemens de pointes en pointes sont fré-

quens dans la Méditerranée proprement dite, dans la Sinique et dans
la Baltique; ils indiquent que ces
Mers, une fois totalement séparées
des Océans voisins, éprouveront par
la diminution graduelle de leurs eaux,
des interceptations intérieures, d'où
résulteront successivement des Caspiennes qui deviendront ensuite des
lacs et finalement des bassins de fleuves. Il en sera des Méditerranées actuelles et à venir comme de celles
dont il n'existe plus que des traces.
Le bassin du fleuve Saint-Laurent,
où ne restent que des lacs intercep-
tés, et celui du Danube, où ne restent pas même de tels lacs, mais où
l'on trouve des plaines qui témoignent de leur ancienne existence,
sont en Europe et en Amérique comme pour servir de démonstration à
cette vérité.

Le plus grand fleuve du monde, le
Mississipi, se jette dans la Méditerranée Colombienne, y forme un vaste
delta, et prépare par d'immenses dépôts, le long de ses côtes septentrionales, le rétrécissement du golfe mexicain. Située entre le neuvième degré
environ et le trentième de latitude
nord, traversée d'orient en occident
par un tropique, presque tout entière dans la zône torride, ses
productions offrent le plus grand rapport avec celles des Méditerranées
Érythréenne et Sinique, sans que
l'éloignement des unes et des autres
ait pu altérer une ressemblance
physique très-prononcée. Les Poissons, de forme bizarre et parés de
brillantes couleurs, y vivent partout en grand nombre. Des Polypiers
volumineux en élèvent le fond et
en étendent les rivages; ils contribuent avec une telle rapidité à l'accroissement du sol, surtout du côté
intérieur, par rapport aux Antilles,
que des cadavres humains, encroûtés
de leurs débris calcaires, y sont récemment; sur un point de la Guadeloupe, presque devenus des An-
thropolites (*V.* ce mot). Si l'on y
descend à l'examen des êtres moins
compliqués dans l'organisation, soit

animale, soit végétale, les rapports se
multiplient, et l'on arrive jusqu'à
l'identité; aussi, parmi les Polypiers
flexibles, les Corallinées et les Flus-
trées, parmi les Hydrophytes, les Caulerpes et les Floridées ou autres genres, nous possédons une multitude
d'espèces qu'on ne saurait distinguer
de celles que le savant Delile nous a
rapportées de la Mer Rouge, et que
Lesson ainsi que d'autres voyageurs
ont recueillies dans la Polynésie.
Cependant les parties de l'Océan
interposées n'offrent rien, ou du
moins très-peu de chose qui soit pareil. De tels faits sembleront étranges
sans doute à diverses personnes qui
jusqu'ici ont fait de l'histoire naturelle seulement d'après des Palmiers
ou des Éléphans; mais ces faits ap-
prendront aux judicieux quelle est
l'importance des petites choses dans
l'histoire de la nature; ils appuie-
ront ce que nous voulons désormais
proclamer dans tous nos travaux
géographiques, parce que nous en
avons acquis la certitude dans le silence de l'observation, avant d'en
fatiguer le monde savant par d'incomplètes publications : savoir, que
le globe ayant été entièrement couvert par les eaux de la Mer, c'est par
la végétation et la vie aquatiques, que
la vie et la végétation ont dû se préparer avant de paraître à la surface des
îles et des continens; les productions
de la Mer, surtout les plus simples,
furent les premières; il doit conséquemment résulter de la découverte
et de la comparaison des plus chétives,
de plus importantes vérités, que de
la découverte et de la comparaison
d'objets volumineux, sur lesquels on
prétend concentrer l'attention des
naturalistes, et desquelles on voudrait
déduire certaines règles générales de
répartition entièrement inadmissibles. Un autre grand fait de géographie physique, déjà indiqué dans
cet article et au mot BASSIN de ce
Dictionnaire, ressort encore de l'examen de la Méditerranée Colombienne, autant que de la comparaison des
cornes de la Mer Rouge et du sinus

qu'on pourrait appeler Pélusiaque au fond de notre vieille Méditerranée; nous l'établirons en ces termes : les productions de deux bassins naturels contigus, sont plus différentes les unes des autres sur les pentes adossées des espaces qui en établissent le partage, quel que soit le peu de largeur et d'élévation de ces espaces, que ne le sont les productions des bords opposés les plus éloignés de chacun des deux bassins.

Nous n'avons point, comme tant d'autres voyageurs qui en ont beaucoup écrit, visité les Antilles, l'Amérique du sud, ou ce qu'on s'obstine encore à nommer la Nouvelle-Espagne, mais nous avons soigneusement examiné dans les collections de Berlin, de Vienne, de Paris et surtout de Madrid les productions botaniques de tous ces lieux; voici ce que nous y avons reconnu, et ce que nous affirmons devoir être confirmé par l'expérience en vertu de l'axiôme ci-dessus.

I. Il existe une différence sensible entre la physionomie de l'ensemble des productions enracinées au sol, sur les rivages et les versans océaniques des Antilles, et la physionomie générale des mêmes productions sur les rivages et les versans intérieurs ou méditerranéens de ces mêmes Antilles.

II. Une différence de même genre paraît être encore plus marquée entre les productions des rives continentales de la Méditerranée Colombienne et les productions des côtes adossées appartenant à l'Océan Pacifique.

III. Les productions naturelles des rives de ce qu'on appelle communément la Terre ferme, si peu distantes de celles du golfe de Panama, offrent cependant avec les productions de celles-ci moins d'analogie qu'elles n'en présentent avec celles des rives du sud d'Haïti ou de Porto-Rico, rives qui sont cependant beaucoup plus éloignées, mais qui appartiennent au même bassin.

IV. Enfin, la Jamaïque comme jetée au milieu de la Méditerranée dont il est question, sans connexion quelconque avec l'un ou l'autre Océan circonvoisin, éprouvant dans l'intégrité de sa surface et de son pourtour une même influence méditerranée, ne présente point dans sa Flore, soit terrestre, soit marine, non plus que dans sa Faune aquatique, de ces contrastes qu'on vient de signaler sur les versans adossés des Antilles ou du continent américain.

V. Ce qui vient d'être dit de la Jamaïque se confirme par l'examen de la Sicile, de Malte, de la Corse, de la Sardaigne et des Baléares, dont le pourtour et les pentes, soit que leur exposition regarde le nord, soit qu'elle regarde le sud, n'en éprouvent pas davantage l'influence européenne ou africaine, mais présentent la même physionomie méditerranéenne dans toutes leurs productions.

L'évidence de tels faits que nous n'aurons pas la témérité d'ériger en *grandes lois de la Nature*, frappera cependant tout d'abord l'observateur sans préventions, lorsqu'il examinera les productions rapportées de ces divers parages par des collecteurs intelligens, qui ne croyant pas avoir indiqué suffisamment un *habitat* en inscrivant sur leurs étiquettes, Saint-Domingue, la Guadeloupe, le Pérou ou la Nouvelle-Espagne, auront eu soin d'annoter soigneusement que tels ou tels objets ont été recueillis soit au cap ci-devant Français, ou dans les environs de Santo-Domingo, soit au rivage occidental de la Basse-Terre, ou vis-à-vis la Grande Mer à la Cabesterre, soit sur les côtes de Darien ou sur celles de l'Océan Pacifique, soit enfin à la Vera-Cruz ou de l'autre côté de Mexico.

Il est encore un autre point, au sujet de la Méditerranée Colombienne, sur lequel nous appellerons l'attention des voyageurs naturalistes et géologues, parce que personne n'en a imprimé un mot, quoiqu'on ait répété cent fois au moins depuis vingt-cinq ans, « qu'on n'avait laissé qu'à glaner dans les régions équinoxiales du Nouveau-Monde.» D'après l'habitude contractée par les géographes de tracer sur leurs cartes de longues chaînes montagneuses non interrompues d'une extrémité à l'autre des continens, pour en établir la charpente, c'était le mot consacré, on avait dû imaginer que le Mexique, présentant des sommets altiers, des volcans furieux, des plateaux fort élevés et des mines abondantes, se devait lier intimement aux Cordillières, où se voient des choses pareilles. Conduisant, en vertu du principe aveuglément adopté, à travers l'isthme de Panama et de Darien une arête montueuse aussi fortement prononcée que la croupe du Mexique et que celle des Andes, on lia, sans hésiter, l'Amérique du nord à celle du sud par un chaînon non moins puissant que les plus hautes montagnes de l'univers. Cependant nous avons entendu dire plusieurs fois à feu notre savant ami Zéa, né sur les lieux mêmes, que des rives de Carthagène dans la Méditerranée Colombienne, à celles de l'Océan Pacifique, existait du nord-nord-est au sud-sud-ouest une région très-basse en comparaison des monts de l'isthme de Panama, qui s'y venaient effacer, tandis que ceux de la Nouvelle-Grenade ne commençaient qu'à une assez grande distance au côté opposé; de sorte que par la grande dépression qui s'observait en ce lieu, les deux Mers avaient fort bien pu communiquer, même assez récemment, l'une avec l'autre, comme la Méditerranée de nos climats et la Méditerranée Érythréenne communiquèrent par l'isthme de Suez. Si le fait se confirme, les cartes modernes, adoptées comme parfaites sur la foi de ceux qui disent avoir soigneusement exploré les contrées visitées par Zéa, ne tarderont pas à se trouver vieilles et fautives.

Les Hommes d'espèce Colombique (*V*. T. VIII, p. 309 de ce Dictionnaire) occupaient le pourtour de la Méditerranée dont nous venons d'entretenir le lecteur, lorsque les Européens y pénétrèrent pour faire une épou-

vantable boucherie de ces infortunés.

9°. La *Baie d'Hudson*, dans le nord du continent américain, sous un climat austère, souvent fermée par des glaces qui s'amoncèlent contre ses côtes désertes, peut être encore considérée comme une Méditerranée; mais on en connaît à peine la véritable figure, et très-peu les productions : aussi n'en sera-t-il fait ici que mention.

L'étendue des Mers diminuant sans cesse, ainsi qu'on l'établira tout à l'heure, c'est par la formation successive de Méditerranées futures que des portions plus ou moins considérables des Mers Océanes seront, l'une après l'autre, séparées de ces Mers. Ce qui est arrivé pour les Méditerranées dont une paroi est encore formée d'îles prêtes à se confondre, aura lieu pour divers espaces que des îles nouvelles commencent à environner ; il suffira, pour compléter de telles métamorphoses, qu'une centaine de mètres d'eau seulement ait été transformée sur le globe. On voit déjà les indices de Méditerranées naissantes en beaucoup d'endroits ; nous nous contenterons de citer comme exemple, deux de celles qui se formeront probablement les premières; elles sont l'une et l'autre parfaitement indiquées dans l'Océan Pacifique; la première, confinant à la Sinique, aura pour rives occidentales, depuis Bornéo jusqu'au Japon, les Philippines, Formose et les innombrables petites îles et roches madréporiques ou volcaniques qui lient déjà, mais imparfaitement, ces lieux aux îles plus grandes ; ses côtes orientales commencent à apparaître dans l'archipel de Magellan et dans les Marianes, en se rattachant à Célèbes par Gilolo. La seconde, que coupera la ligne équinoxiale, aura les Carolines pour rives boréales, les Mulgraves pour côtes à l'orient, les îles Fidji pour rives du sud-est. Les archipels infinis qui vont lier, par les Nouvelles-Hébrides et les îles Salomon, la Nouvelle-Calédonie à la Nouvelle-Guinée, et celle-ci à Gilolo à travers la petite Mer des Moluques, fermeront cette Mer dans le reste de son pourtour.

Outre les Méditerranées, il existe sur les côtes du globe d'autres enfoncemens, dont plusieurs seraient aussi des Méditerranées si leur ouverture n'était pas trop considérable pour être réputées détroits. Ce sont les Golfes, qui participent par leurs productions à l'influence climatérique des Océans et des Méditerranées dont ces enfoncemens font partie. La Mer Blanche, au nord de l'empire de Russie, est l'un des golfes les plus remarquables de l'Océan Arctique ; le golfe de Gascogne ou de Biscaye, qui doit être pris de la pointe de Penmarck, vers l'une des extrémités de la Bretagne, jusqu'au cap Ortegal en Galice, appartient sur nos côtes à l'Océan Atlantique ; celui de Guinée dépend du même Océan et s'enfonce sous la ligne vers le centre de l'Afrique. La presqu'île de l'Indostan forme d'un côté, avec les côtes de Perse, d'Arabie et d'Afrique, un grand golfe appelé Mer d'Aman ; de l'autre côté la même presqu'île forme, avec celles de Pégu et de Malaca, le golfe de Bengale ; tous deux dépendans de l'Océan Indien. On peut encore considérer comme un golfe appartenant au même Océan, l'étendue de Mer intertropicale qui se termine dans l'Australasie par la baie de Carpentarie, et que bornent au sud la côte de Witt, et au nord les îles de la Sonde ou autres îles adjacentes jusqu'à la Nouvelle-Guinée. La Mer Vermeille, s'enfonçant entre la Californie et la rive occidentale de l'Amérique du nord, est le golfe le plus étroit et en même temps le plus allongé dans les terres qui nous soit connu. Ces exemples suffiront. La Baie de Baffin, longtemps considérée comme un golfe, ne paraît plus être aujourd'hui qu'une large et vaste communication entre deux parties de l'Océan Arctique, formant une île de ce Groënland qu'on croyait être une continuité du Nouveau-Monde.

Les Baies ne sont que de petits Golfes ; par l'usage tacite qui fait qu'on n'appelle Fleuve (*V.* ce mot) aucun cours d'eau, quelque considérable qu'il soit, quand il n'arrose qu'une île, on n'appelle généralement que Baies, les Golfes des îles, même les plus grandes.

††† Caspiennes, *Caspii.* Nous étendrons ce nom, restreint jusqu'ici à une seule Mer sans communication avec aucune autre, à tout amas d'eau salée qu'emprisonne la terre dans la totalité de sa circonférence, et que nul détroit, ni même de cours d'eau un peu considérable, ne met en communication, soit avec un Océan, soit avec une Méditerranée. Par quelqu'opération barométrique ou nivellement qu'on puisse établir l'élévation de pareilles Mers au-dessus des autres, il est impossible de contester sérieusement qu'elles aient été primitivement unies aux Mers voisines. Elles sont demeurées dans le milieu des continens comme des monumens de la diminution des eaux à la surface du globe.

Comme les Méditerranées se forment aux dépens de l'Océan, les Caspiennes se formèrent à leur tour aux dépens de Méditerranées dont les détroits s'étaient fermés. Elles diffèrent des Lacs (*V.* ce mot) dont l'eau est toujours douce, par leur salure, plutôt que par leur étendue qui n'y fait rien, puisqu'il existe des Lacs plus grands que certaines Caspiennes ; mais comme la salure de ces Caspiennes diminue en raison de l'importance des fleuves ou des rivières qui s'y jettent, il est plus d'un Lac aujourd'hui qui dut être une Caspienne autrefois et plus d'une Caspienne qui ne tardera pas à devenir un Lac. De telles Mers n'étant point alimentées par l'introduction de courans qu'y pourraient envoyer d'autres Mers, tendent à disparaître avec assez de promptitude ; aussi trouve-t-on beaucoup plus de leurs traces qu'il n'en existe aujourd'hui. Les déserts stériles, salés, unis, que ne sillonne aucun cours d'eau, où ne se rencontrent tout au plus que des sources saumâtres de loin en loin , et qu'environnent , dans une étendue plus ou moins considérable, des hauteurs dépouillées , furent des Caspiennes, dont ces hauteurs environnantes furent les antiques rivages. La plupart redeviendraient des Mers, si deux ou trois cents mètres d'eau se trouvaient seulement ajoutés à la masse des eaux actuellement existantes à l'état de fluidité. Nous avons retrouvé le lit de plusieurs de ces Caspiennes desséchées en Espagne (*V.* notre Guide du Voyageur et notre Résumé géographique de cette contrée), où très-souvent persistent , vers le point où ces Mers intérieures furent le plus profondes, de petits amas d'eau dans lesquels la plus grande partie du sel s'étant comme accumulée, on voit, dans les grands étés, se cristalliser ce sel, qui ne redevient liquide qu'au temps où les eaux pluviales viennent en dissoudre de nouveau la masse éblouissante. Les environs de ces culots de Caspiennes , comme eux imprégnés d'un sel qui s'effleurit et brille à la surface du sol, ne produisent, même à de grandes distances des côtes, que des Plantes maritimes , et Léon Dufour nous a assuré avoir vu jusqu'à des Fucus vivans au centre de l'Aragon dans un reste de Caspienne, non loin d'un lieu nommé Buralajos. Cette partie de la Pologne où se trouvent les mines de Willitska, dut être également une Caspienne européenne. Le grand désert de Sahara , au milieu de la partie boréale de l'Afrique, compris entre l'Atlas , les monts de la Guinée , le Bournou inférieur et le Fezzan, fut encore une vaste Caspienne , ainsi que les parties centrales du même continent au midi des montagnes de la Lune, ainsi que le milieu de la presqu'île Arabique , ainsi que le centre de la Perse. Dans ce dernier point du globe, l'existence d'une partie de la Mer effacée est démontrée par la présence d'un vaste désert salé à l'est de Téhéran , et dans l'Afghanistan, par le bassin de la rivière d'Helmend qui, séparé de toute Mer voisine par de grandes

hauteurs , se dégorge dans un lac de Khaujeh demeuré sans issue. Dans l'Asie centrale, le grand désert de Cobi , nommé Shamo par les Chinois , fut encore une Caspienne , originairement aussi grande que notre Méditerranée proprement dite, où ne se voient , sur une aride et monotone étendue , comme témoignages de l'ancien empire des flots amers, que des rivières médiocres, la plupart saumâtres et sans embouchure, avec de petits lacs épars dans les anfractuosités d'un sol infécond. La Songarie fut également une Caspienne dont les lacs Palkati, Alaktugul, Kurgha, Urjunoju et Saisans , sont les dernières reliques , et qui se dégorgeait probablement dans l'Océan Arctique beaucoup plus grand alors qu'il ne l'est de nos jours, par un détroit devenu ce large col de montagnes , où coule maintenant l'Irtisch , grand affluent de l'Obi.

Les voyageurs n'ont indiqué l'existence d'aucune Caspienne dans le Nouveau-Monde ; il dut cependant y en exister. On n'en connaît plus qu'en Asie, où quatre seulement sont assez importantes pour mériter une mention particulière dans cet article.

1°. La *Caspienne proprement dite* , plus longue que large et d'une forme un peu sinueuse; elle s'étend du 37e ou 38e degré, au 47e degré de latitude nord; sa plus grande largeur sous le 45e parallèle , peut être de cent trente et quelques lieues ; le long du Mézendéran elle en a tout au plus quatre-vingt-dix. La région Caucasique la sépare de la Mer Noire. Le Volga , fleuve considérable, descendu de Russie , y porte un grand tribut qui tempère de plus en plus sa salure, en diminuant son étendue par les alluvions, d'où résulte un grand delta qui compose le territoire d'Astrakan. L'Oural y tombe aussi du même côté. Le Kour, dont la Géorgie forme le bassin, grossi de l'Aras, y vient également épancher de l'eau douce sur ses rives occidentales ; par celles de l'orient, vers le sud-ouest, elle reçoit l'Oxus, le Sydéris et le

Macéras de l'antiquité, rivières encore peu connues des géographes modernes. Nul Cétacé n'a persisté dans la Caspienne proprement dite, mais on assure que des Phoques y vivent toujours. Les Poissons n'en ont pas été suffisamment étudiés, on n'en a décrit qu'un petit nombre d'espèces, et nous ne savons absolument rien de son hydrophytologie. Un seul Polypier flexible très-curieux nous est parvenu de ses côtes méridionales, qui sont hautes et généralement escarpées. Tout le reste de son enceinte s'étend dans de basses régions sablonneuses, salées et désertes, qui faisaient sans doute naguère encore partie de son lit. Ce n'est que depuis le règne du czar Pierre Ier, qu'on a une idée de sa figure qui varie néanmoins encore sur nos cartes géographiques.

2°. La *Mer d'Aral*, beaucoup plus petite que la précédente à l'orient de laquelle on la trouve, est coupée en deux parties presque égales par le 45° parallèle nord. Le fleuve Sir qui s'y jette à l'est, par trois grands bras, et le Djihoun qu'elle reçoit vers le sud, en adoucissent les flots. La plus grande analogie règne entre les deux grands amas d'eau voisins, qui firent sans doute primitivement un seul et même tout. On assure qu'il s'y rencontre aussi des Phoques. D'innombrables petites îles en remplissent les parties méridionales, et préparent sa diminution fort prochaine sur le quart de son étendue.

3°. Le *Lac Baïkal* est encore moins connu que les deux Caspiennes qui viennent d'être mentionnées. Nous ne savons aucune particularité bien constatée sur son histoire naturelle, et pas même si ses eaux sont douces ou salées. Quelques voyageurs les disent potables ; mais, d'un autre côté, ils y admettent l'existence de Phoques, qui ne sauraient vivre que dans l'eau de Mer. Situé entre les cinquante-unième et cinquante-cinquième degrés nord, presque au centre d'un vaste continent et sur un plateau qu'on suppose assez élevé,

le lac Baïkal éprouve l'influence d'un climat déjà rigoureux. Le bassin du Sélinga, fleuve qui s'y jette, dut originairement lui appartenir tout entier ; il communique encore avec le Jéniséi par Irkutsk, où dut exister le détroit qui unissait la Caspienne dont il est question avec l'Océan Arctique quand celui-ci couvrait la Sibérie.

4°. La *Mer Morte*. Cette petite Caspienne est aussi appelée Lac Asphaltique, soit parce que des Bitumes flottent dans quelques parties de son étendue, soit d'après l'idée imprimée par des croyances religieuses que les villes de la Pentapole, brûlées par une pluie de matières combustibles envoyée du ciel, y furent englouties après leur destruction. De forme ovale, pointue aux deux extrémités, elle a tout au plus vingt à vingt-deux lieues du nord au sud, sur trois ou quatre de l'est à l'ouest. Elle absorbe le Jourdain, auquel on ne saurait contester le nom de fleuve, puisqu'il tombe dans une Mer qui serait une rivière, si le Lac Asphaltique n'était encore tant soit peu salé ; mais qui n'est guère qu'un ruisseau sous le rapport de ses dimensions. Cependant ce ruisseau, cependant la Caspienne presque imperceptible qui le reçoit, ont acquis une célébrité à laquelle n'atteignit aucun autre point du globe, si ce n'est la triste capitale de la pierreuse et barbare Palestine, ou bien la Mecque où se trouve le tombeau du prophète Mahomet. Cette célébrité, encore récemment augmentée par ce qu'en raconta l'auteur d'un Itinéraire à Jérusalem, ne nous fait pas mieux connaître les lieux sous les rapports de leur histoire physique. S'ils sont très-visités des pélerins, ils ne le sont guère par les savans. On en a rapporté de l'eau dans une bouteille pour d'autres usages que l'analyse chimique, de sorte que les physiciens ne savent seulement pas quelle est la composition de ces eaux et leur degré de salure : on a même dit que la femme du patriarche

Loth, changée en statue de sel, existait toujours sur ses bords, ainsi que des Arbustes portant des pommes sans cesse remplies par les cendres provenues de Sodome et de Gomorrhe; mais les naturalistes ignorent absolument quels en sont les Poissons ou les Hydrophytes, et s'il y existe même des Coquilles. Il serait cependant très-important de vérifier si c'est avec la Méditerranée proprement dite, avec la Méditerranée Erythréenne ou avec toute autre Mer, que la Caspienne sur laquelle nous appelons l'attention des voyageurs éclairés, offre le plus de rapports; posséderait-elle des productions qui lui seraient exclusivement propres?

§ II. *Nature des eaux de la Mer.*

Analysées par Lavoisier, Bergmann, Vogel, Bouillon-Lagrange, John Murray, A. Marcet et autres chimistes, les eaux de la Mer ont été trouvées abondamment fournies de sels, parmi lesquels la soude muriatée domine dans le rapport du quart ou même du tiers; de la Chaux muriatée, sulfatée et carbonatée, entrent dans cette composition et varient en quantité selon les lieux où l'eau soumise à l'expérience fut puisée. Faute d'avoir exactement tenu compte des localités, des profondeurs, des latitudes, du voisinage des côtes, de l'influence des courans ou du dégorgement de quelques fleuves, les travaux chimiques dont la Mer fut l'objet ne présentent point de résultats parfaitement satisfaisans. On n'a, sur une chose de cette importance, que des observations peu liées, souvent contradictoires, dont on tira hâtivement des conséquences et dont on déduisit, selon l'usage, des lois positives qu'il serait imprudent de regarder comme réellement existantes, surtout pour en faire les bases de quelque système. Il suffira, afin de repousser d'avance l'accusation de pyrrhonisme outré qu'on pourrait nous faire d'après ce qui vient d'être dit, de citer un exemple propre à justifier nos doutes. « Bergmann, dit l'auteur de l'article *Mer* dans le Dictionnaire de Déterville, ayant analysé de l'eau de l'Océan qui avait été prise près du pic de Ténériffe, à trois cents pieds de profondeur, fut fort surpris de voir que le sel qu'elle contenait ne faisait que 1/18 de son poids; mais ce fait particulier ne doit nullement servir de règle pour juger de la salure de la Mer à cette latitude, attendu que le sel marin étant un des principaux agens des phénomènes volcaniques, ainsi que je l'ai établi dans ma Théorie des Volcans, il n'est pas surprenant qu'au pied du pic de Ténériffe, l'un des plus puissans volcans de la terre, l'eau de la Mer se trouvât dépouillée d'une bonne partie du sel qu'elle aurait dû naturellement contenir. M. de Humboldt, dans sa traversée en Amérique, a trouvé tout-à-coup une diminution considérable dans la salure de l'Océan près des îles du Cap-Vert où sont plusieurs volcans en activité, et l'on ne saurait douter que ce ne soient ces volcans eux-mêmes qui ont opéré cette diminution. » Voilà donc la théorie de Patrin sur l'importance de la salure de la Mer dans l'action des volcans, établie sur des faits donnés comme décisifs. Cependant si l'on approfondit ces faits, on trouve qu'ils n'y ont nul rapport. Outre qu'il n'existe pas plusieurs volcans en activité aux îles du Cap-Vert, mais qu'un seul, peu considérable, celui de Fuégo, y brûle de mémoire d'homme, et que dès long-temps avant le temps où Bergmann analysait de l'eau de Mer, le pic de Ténériffe était assoupi; nous avons aussi examiné de l'eau prise à une très-grande profondeur dans la Mer des Canaries, et l'avons trouvée plus salée que celle de la surface. Bien près sans doute du point où dans sa traversée en Amérique Humboldt remarqua tout-à-coup une diminution considérable dans la salure de l'Océan près des îles du Cap-Vert, nous trouvâmes au contraire, dans notre voyage aux îles d'Afrique, une augmentation sensible de salure.

On sait d'ailleurs que dans l'archipel au voisinage duquel l'eau de la Mer s'est montrée si différente pour nous et pour un voyageur digne de célébrité, la salure est généralement si considérable, qu'elle y est devenue parfois un objet de spéculation pour les saulniers, et qu'il est notamment une de ces îles, appelée de Sel, à cause de la grande quantité de cette denrée qu'on y recueille par les plus grossiers procédés. Il ne s'ensuit cependant pas que Bergmann se soit trompé dans son analyse, ni que Humboldt soit tombé dans l'erreur, Mais ne se pourrait-il que l'eau examinée par le premier, ayant été long-temps gardée, eût éprouvé des changemens dans sa composition, ou qu'elle eût été puisée au voisinage de quelque source d'eau douce jaillissant au fond de la Mer, et que le savant Humboldt eût fait sa remarque en un point de l'Océan où quelque courant moins salé que la masse environnante causait une altération locale? Quoi qu'il en soit, il ne demeure constant de tout ce qui a été dit jusqu'ici sur la nature des eaux de la Mer, que les propriétés suivantes : 1° une salure plus ou moins intense, 2° une amertume particulière due probablement à la présence d'un principe muqueux, et 3° ce qu'on appelle Phosphorescence.

† SALURE DE LA MER. Nous avons déjà vu qu'elle était moins sensible dans les Caspiennes, où l'influence adoucissante des fleuves se fait puissamment ressentir, que dans les Méditerranées, et, dans celles-ci, que dans les diverses régions de l'Océan, où elle varie néanmoins beaucoup selon les latitudes diverses, le voisinage de l'embouchure des grands cours d'eau douce, l'action de certains courans, les différentes profondeurs ou autres causes plus ou moins directes. Ingen-Houz rapporte que dans les Mers du Nord le sel entre seulement pour 1/64 du poids de l'eau; dans celles d'Allemagne, pour 1/32; dans celle d'Espagne, pour un 1/16; dans les régions équinoxiales de l'O-céan, pour 1/19, et même en certains lieux pour 1/8. « En examinant attentivement, dit Humboldt (Voy., T. I, p. 146), le résultat des expériences de Bladh, réduit par Kirwan à la température de 16°, je trouve, terme moyen, la densité de la Mer,

De 0° à 14° de latitude de 1,0272.
De 15° à 25°.............. de 1,0282.
De 30° à 44°.............. de 1,0278.
De 50° à 60°.............. de 1,0271.

Les proportions de sel correspondantes à ces quatre zônes seraient, d'après Waston, 0,0374; 0,0394; 0,0386, et 0,0372. Ces nombres prouvent suffisamment que les expériences publiées jusqu'ici ne justifient aucunement l'opinion reçue que la Mer est plus salée sous l'équateur que sous les 30 et 44° de latitude.» Baumé ayant analysé l'eau de Mer recueillie par Pages (Voy. autour du Monde, T. II, p. 6 et 273), l'a trouvée d'un demicentième moins salée à 18° 16' de latitude, qu'entre les 25 et 40° degré.

C'est de la présence du sel que vient la différence de pesanteur si frappante entre l'eau de Mer et celle de rivière, pesanteur dont les rapports varient en raison de l'augmentation de la salure, qu'on croit être, mais peut-être sans raisons suffisantes, constamment plus considérable au fond qu'à la surface. Des auteurs qui faisaient consister la philosophie à rendre raison de toute chose, après en avoir établi le pourquoi, ayant décidé qu'en salaut la Mer, le Créateur avait voulu empêcher qu'elle ne se corrompît avec tout ce qu'elle enserre, recherchèrent quels étaient les élémens du phénomène qui nous occupe. Ceux qui ne reconnaissaient pas que la Mer eût été créée toute salée, assuraient qu'elle l'était devenue en dissolvant des bancs de Sel-Gemme mis à nu dans le fond de son lit. Les sels dissous dans les eaux de la Mer sont aussi anciens dans la composition du globe que ces eaux même; ils s'en séparent en cristallisant et se redissolvent selon diverses circonstances. Des espaces de Mer peuvent s'adoucir dans certains cas ; des étendues et des courans d'eau douce peuvent devenir salés dans un terrain imprégné de sel : tous ces changemens sont subordonnés à l'influence des localités. Qu'un étang riverain, que remplit la marée et dont on fit une saline, se trouve par l'encombrement de son boucau à jamais séparé de l'Océan dont les flots y venaient entretenir la salure, et que des ruisseaux d'eau douce y affluent en grande quantité au point de le traverser et de n'en faire qu'un élargissement de leur lit, toute salure y disparaîtra ; que les vagues reconquièrent leur domaine, comme il arrive parfois dans les polders de la Hollande à travers les digues, et des lagunes d'eau douce redeviendront salées. Quoi qu'il en soit, le sel paraît être un des élémens constitutifs de la Mer qui, selon diverses causes particulières, s'en dépouille ou s'en surcharge. Les grands dépôts de cette substance, dont l'état naturel doit être celui de dissolution, et qu'on rencontre concrétés dans l'intérieur des terres, y sont partout des traces certaines de l'ancien séjour d'une Mer. La masse de sel demeure, comme celle de tout autre corps élémentaire, la même dans la nature quant à sa quantité ; elle peut exister en plus ou en moins sur tel ou tel point du globe, mais elle ne saurait s'accroître ou diminuer dans son ensemble. Néanmoins, comme l'a pensé Cronstedt, il se peut former journellement du sel marin ; mais il ne peut s'en former qu'en vertu d'une combinaison chimique qui aurait lieu en grand dans la nature, sans que les élémens qui concourent à sa composition augmentassent ou diminuassent.

†† Mucosité de la Mer. Après la salure des eaux de la Mer qui détermine le goût dominant qu'on y trouve d'abord, le principe le plus remarquable qui s'y manifeste au tact, au goût, à l'odorat et même à la vue, est une sorte de mucosité. Cette mucosité est une des causes qui font que le linge, par exemple,

qu'on plonge dans l'eau salée ne sèche jamais complétement tant qu'on ne l'a pas bien lavé dans de l'eau douce, et que les Hydrophytes qu'on en retire demeurent hygrométriques et absorbent la moindre humidité atmosphérique tant qu'on n'a pas pris les mêmes précautions avant de les dessécher. Une saveur amère et nauséabonde en est le résultat, ainsi que cette odeur dite de marée, si remarquable sur les rivages, que nous avons toujours sentie aux approches des grands bancs de Sargasses dans la haute Mer, et qui ne présente aucun rapport avec l'odeur des marécages ; l'une tient de celle de la Violette, l'autre de celle du Camphre. Cette mucosité est souvent tellement abondante, qu'elle devient sensible au point de poisser les doigts de l'algologue quand il manie et prépare des Hydrophytes sur place. Lorsqu'on plonge le pouce et l'index dans de l'eau de Mer bien fraîche, et qu'on écarte doucement l'extrémité de ces doigts, on la voit s'étendre de l'une à l'autre jusqu'à la distance d'une ligne et même plus. C'est elle qui donne à la surface de la peau humaine quelque chose d'onctueux lorsqu'on s'est baigné dans la Mer, et qui entretient cet enduit gluant dont se revêtent les Poissons. Patrin, dans l'obsession de ses vues volcaniques, en cherche la cause dans le Pétrole et dans les Bitumes, parce que Flacourt et le jésuite Bourzeis ont trouvé du Bitume dans la Mer de l'Inde, et du Pétrole sur les côtes de Madagascar. Nul doute que du Pétrole et des Bitumes ne se rencontrent, non-seulement en diverses parties de l'Océan, mais encore dans plusieurs lacs et dans certaines fontaines d'eau douce. Mais on ne voit nulle part ces corps gras se mêler davantage au fluide où ils surnagent que ne le ferait de l'huile. La mucosité de la Mer est entièrement étrangère aux phénomènes volcaniques, soit comme cause, soit comme résultat. Nous la croyons dépendante de cette mucosité élémentaire, l'une

de nos six formes primitives de
la Matière (*V*. ce mot), dont la
Mer est un immense réservoir, et
dont on trouve le principe jusque
dans l'eau douce, mais en bien moindre quantité ; et si cette Matière muqueuse ne donne ordinairement à
celle-ci ni goût ni odeur , c'est
qu'elle n'y trouve point la modification cristallisable en suffisante
quantité pour former, par sa combinaison avec celle-ci, une sorte de principe savonneux , devenant promptement fétide par sa stagnation , et
dans lequel doit résider principalement la propriété purgative de l'eau
de Mer , analogue à celle du sulfate
de Soude qui en rappelle assez le
goût. Contenant, beaucoup plus que
l'eau douce, de la matière muqueuse et
de la matière cristallisable en suspension, avec une prodigieuse quantité de
matière agissante qui s'y développe
pour peu qu'on la mette en infusion
dans des vases en contact avec l'air
atmosphérique et la lumière, l'eau
de la Mer est l'un des milieux existans sur le globe le plus propre au
développement des corps organisés,
dont plusieurs , par l'addition d'une
matière terreuse abondante, deviennent ces Polypiers, et ces Animaux à
coquilles, par les dépouilles desquels
certaines Mers s'encombrent avec
une si étonnante promptitude. Dans
l'article MATIÈRE de ce Dictionnaire,
nous avons rapporté des observations
faites la plupart avec de l'eau de fontaine, de rivière ou distillée, propres à rendre plus intelligible ce
qui vient d'être dit; les mêmes expériences faites avec de l'eau de
Mer auront des résultats encore plus
prompts , parce que les principes
élémentaires de nos six formes primitives y sont dissous en beaucoup
plus grande quantité ; et comme une
agitation perpétuelle est imprimée à
la masse des Mers, les chances de
création, qui sont les conséquences
des lois propres à chaque espèce de
molécules matérielles mises en mouvement, s'y trouvent bien plus multipliées qu'en toute autre partie du

globe : d'où vient que l'antiquité ,
soulevant un coin du voile sous lequel se cache l'origine des choses,
appelait l'Océan *le vieux père du
monde*, et qu'elle fit sortir des flots la
mère des amours qui donnent, pro-
pagent et perpétuent la vie.

††† PHOSPHORESCENCE DE LA MER.
Avant de nous occuper des causes
qui nous paraissent produire ce brillant phénomène, nous essaierons d'en
donner une idée par le passage suivant extrait de l'un de nos précédens
ouvrages : « Depuis Aristote et Pline,
dit Péron (Voy. aux Terres Aust.
T. 1, p. 121), la phosphorescence de
la Mer a été pour les voyageurs et
pour les physiciens un égal objet d'intérêt et de méditations. » L'auteur
dont nous empruntons ces paroles
peint à son tour la surface de l'Océan
étincelante dans toute son étendue,
comme une étoffe d'argent électrisée
dans l'ombre , ou déployant des vagues en nappes immenses de soufre
et de bitume embrasé. «Ailleurs, ajoute-t-il, on dirait une Mer de lait dont
on n'aperçoit pas les bornes. » Péron donne ensuite une longue liste
d'auteurs, entre lesquels L'Escarbot
ne lui échappe point, et chez qui il
emprunte les traits de feu dont il
illumine ses images ; il parle de bou-
lets rouges de vingt pieds de diamètre,
de cônes de lumière pirouettans , de
guirlandes éclatantes , de serpenteaux
lumineux, qu'il a vus comme tous les
écrivains qu'il cite , et conclut, en
s'étayant du témoignage de Bernar-
din de Saint-Pierre, qui , décrivant
avec enthousiasme ces étoiles brillantes qui semblent jaillir par milliers
du fond des eaux , assure que celles
de nos feux d'artifice n'en sont qu'u-
ne bien faible imitation. «Pour l'explication de ces prodiges, s'écrie Péron,
combien de théories n'ont pas été
émises !» Il passe ces théories en revue;
une seule, selon lui , *n'est pas absurde;* il ne dit positivement pas laquelle en cet endroit, mais il assure
que dans ses journaux de météorologie, il a eu occasion de résoudre le
problème. Malheureusement la partie

de ces journaux où le problème fut
résolu, n'a pas été publiée, ou du
moins ne nous est pas connue; nous
savons seulement que l'observation
suivante est l'une de celles que cite
Péron comme lui étant propres :

« Le phénomène de la phosphorescence de la Mer est d'autant plus
sensible, que l'obscurité de la nuit
est plus profonde. » (5°, p. 125, *loc.
cit.*) Ce que nous ne prétendons pas
contester, attendu que nous savons,
sans qu'on l'ait jamais imprimé, que
les étoiles ne sont pas visibles en plein
midi quand le soleil brille. Péron
dit ensuite (7°, p. 125, *loc. cit.*) :
« Tous les phénomènes de la phosphorescence des eaux de la Mer,
quelque multipliés, quelque singuliers qu'ils puissent être, peuvent
cependant être rapportés tous à un
principe *unique*, la phosphorescence
propre aux Animaux, et plus particulièrement aux Mollusques. »

En attendant un travail sur la
phosphorescence de la Mer, que nous
comptons incessamment soumettre à
l'Académie des Sciences, nous nions
positivement ce fait, quelle que soit
l'autorité des témoignages qui l'ap-
puieraient. Nous n'irons pas chercher
nos raisons dans Stravorinus, Bour-
geils, Béal, Alder, Rothges, Dageler,
Morogue, Van-Neck, ni dans L'Escarbot lui-même, en convenant, dût-on
nous accuser d'ignorance, n'avoir pas
lu de telles autorités; nous convien-
drons même n'avoir jamais vu au sein
de ces mêmes Mers, où nous voya-
geâmes avec Péron, d'étoiles plus
belles que celles de nos feux d'artifice, de cônes pirouettans, de bou-
lets rouges, de guirlandes ou de serpenteaux; mais, armé d'un microscope, nous avons soigneusement, mi-
nutieusement et sans enthousiasme,
examiné les eaux de bien des parages,
dans l'espoir de nous initier, par le secours de cet instrument, au mystère
de la phosphorescence que Péron suppose, dans cinq ou six pages pittores-
ques et sonores, mais sans alléguer un
seul fait positif, être occasionée uniquement par des Animalcules marins.

Il se trouve précisément que, dans la
longue liste d'autorités appelées au
secours de son éloquence, les résultats exacts de nos observations sont
demeurés seuls inconnus à Péron, encore que nous les eussions publiées
dès l'année 1804, c'est-à-dire avant
le retour en Europe des restes de
l'expédition Baudin, et que l'ouvrage
où elles furent consignées nous eût
déjà valu le titre honorable de correspondant de l'Institut.

Bien que le tableau que nous
avons tracé d'une Mer phosphorescente ne soit pas aussi animé que celui
qu'en fit Péron, nous croyons pouvoir
le reproduire dans cet article. On
trouvera peut-être dans sa simplicité
des traits de ressemblance qui eussent
disparu sous un coloris trop brillanté;
on y verra surtout qu'un amas de
vaine érudition ne vaut pas mieux
qu'un ramas de phrases vaines, lorsqu'il est question de rechercher la
vérité, et qu'il est plus efficace d'in-
terroger la nature même, quand on
prétend surprendre ses secrets, que
certains livres à peu près inconnus,
et que ceux même du précepteur
d'Alexandre-le-Grand ou d'un compilateur des premiers temps du vieil
empire des Césars.

« Dans toutes les régions de l'Océan,
dès que le jour disparaît, une nouvelle lumière semble jaillir du sein
des eaux, comme pour tempérer la
lugubre tristesse dont se frappe l'immense étendue. Aux crêtes des vagues
qui retombent sur elles-mêmes, dans
le remous continuel opéré autour du
gouvernail des grandes comme des
moindres embarcations, dans les lames qu'entr'ouvre la proue du vaisseau; enfin dans les flots tumultueux
qui se brisent sans interruption sur les
rochers et les récifs, ou se déroulent
sur de longues plages, les parties écu-
meuses ou agitées des eaux brillent
d'une multitude de points scintillans.
Ces points, quoique éblouissans,
sont souvent presque imperceptibles;
d'autres fois on dirait les éclairs pré-
curseurs de la foudre. Cependant, un
vaisseau poussé par les vents impé-

tueux au sein des Mers et de la nuit,
laisse au loin derrière lui une trace
éclatante qui s'efface avec lenteur.
Des rivages sablonneux baignés par
l'onde amère, des Algues ou autres
productions de l'Océan qu'on vient
d'en retirer, paraissent tout-à-coup
lumineuses dans l'obscurité pour peu
qu'on les touche ou qu'on les agite ;
de sorte que le pied ou la main de
l'homme, posés sur l'arène, y impriment des vestiges qui brillent d'une
lueur semblable à celle des Lampyres. Il existe des parages, et particulièrement ceux des pays chauds
et de la ligne, où de telles bluettes
sans nombre produisent un éclat
très-remarquable à l'extérieur même
de l'Océan. Un baquet d'eau de Mer
puisé pendant le jour, et dans lequel
on s'est assuré, par le secours d'un
verre grossissant, qu'il n'existe aucun
être animé, produit de même dans
l'obscurité, quand on le remue, des
points lumineux, et laisse jusque sur
les corps qu'on y plonge des indices
de phosphorescence. Si l'on garde
cette eau, si on la laisse se corrompre, elle perd sa qualité étincelante. »
Outre ces étincelles lumineuses
dont il vient d'être parlé, les grandes
eaux sont remplies par une multitude
d'êtres qui répandent des lueurs inhérentes à leur organisation. Nous
avons le premier décrit un Animal
chez lequel cette propriété est émi-
nente (le *Monophora noctiluca*, N.,
Pyrosoma de Péron). Ces êtres lucifères appartiennent tous à la classe
des Vers diaphanes et gélatineux,
tels que les Méduses, les Béroës et
les Biphores, flottans dans le vaste
sein des Mers, où ils sont, comme le disait Linné, semblables à des
astres suspendus dans ses obscures
profondeurs; ils paraissent maîtres
d'une lueur dont, à leur gré, ils
augmentent ou diminuent l'intensité,
et qu'ils font cesser totalement quand
ils paraissent le vouloir. S'il n'était
pas démontré que de tels Animaux
sont dépourvus de sexe, on pourrait
présumer qu'en leur donnant le pouvoir de manifester leur existence au

moyen d'une lumière qui leur est
propre, la nature permit qu'ils pussent faire de cette lumière un signal
d'amour, et qu'un sexe se servît de
ses feux pour allumer les feux de
l'autre. Il semble d'abord que des
êtres à peine organisés, jetés sans
défense et sans moyen d'échapper
au sein d'un élément dont les chocs
sont terribles, d'un élément habité
par des créatures voraces et mons-
trueuses, auxquelles une immense
quantité de nourriture sans choix est
nécessaire pour alimenter leur masse
bizarre; il semble, disons-nous, que
ces êtres n'ont reçu de la nature
une organisation diaphane, qu'afin
que, confondus par leur transparence
avec les fluides où ils vivent, les ennemis qu'ils ont à redouter ne puissent profiter de leur inertie pour en
détruire les races entières. Cependant
par quelle vue, en apparence contradictoire, la nature leur a-t-elle donné
une qualité opposée à celle qui leur
permet de se confondre avec ce qui
les environne? Pourquoi dans le silence et durant les ténèbres, les voit-
on, en quelque sorte, s'élancer hors
d'eux-mêmes, et répandre au loin
les indices de leur fragile existence ?
Il y a plus, c'est à l'instant même où
se présente un péril, que les Animaux phosphoriques répandent leurs
lumières humides; ils semblent avertir par leur émission qu'ils sont là ; et
loin que le timide sentiment de leur
extrême faiblesse les porte à se tenir
obscurément épars dans les flots qui
les balancent confondus, ils brillent
au milieu des dangers. En effet, ce
n'est que lorsqu'on tourmente des Animaux pareils qu'ils lancent leurs feux
dans l'obscurité, et c'est seulement
entre les vagues qui les froissent en
se heurtant, ou par le choc d'un
corps résistant, ou bien au sillage
d'un vaisseau dont le remous les fatigue, qu'on voit tout-à-coup scin-
tiller leur masse incandescente.
« L'analogie des Vers mollusques,
qui forment une famille naturelle
très-remarquable, disons-nous il
y a plus de vingt ans (Voyage aux

quatre îles d'Afrique, T. 1, p. 112), et des Microscopiques appelés provisoirement Infusoires, est si marquée, qu'on a cru pouvoir en conclure que comme les Mollusques gélatineux, les myriades d'Animaux imperceptibles que contiennent les eaux de la Mer ont la faculté de briller également à volonté, qu'ils déploient de même cette faculté dans les mêmes circonstances, et que c'est à cette phosphorescence des Microscopiques marins qu'il faut attribuer celle de l'Océan. Le plus grand nombre d'étincelles phosphoriques, dans les amas d'Algues qui servent de retraite à un plus grand nombre d'Infusoires, serait une présomption en faveur de cette opinion à peu près reçue. Mais pourquoi les Paramœcies, les Cyclides, les Bursaires et les Vorticelles d'eau douce ne sont-elles pas aussi phosphoriques? Pourquoi dans les grands marais où le microscope nous montre une aussi grande quantité d'Animalcules imperceptibles à l'œil désarmé que d'eau marécageuse, ne voyons-nous rien de semblable, même en diminutif, aux lueurs jaillissantes de la Mer immense, cependant non moins peuplée? Avouons-le franchement, on n'a encore publié aucune observation microscopique dont on puisse appuyer l'opinion de ceux qui expliquent la phosphorescence de la Mer par les Microscopiques dont elle est remplie. Ce n'est que sur l'analogie, souvent trompeuse, qu'on a bâti ce système et brodé des canevas à déclamations. Personne n'a jamais dit avoir vu de ses yeux, briller un Mollusque invisible à l'œil nu, pas plus qu'un Infusoire. Quant à nous, qui durant notre voyage dans un autre hémisphère avons scruté toutes les eaux, nous n'avons que par hasard trouvé quelques Microscopiques dans celles qui scintillaient, et ils n'y scintillaient pas. Nous avons d'autres fois éteint la lampe astrale, dont l'éclat nous servait pendant des nuits entières à éclairer le porte-objet de notre microscope, quand son champ

embrassait des milliers de petits Animalcules dans une goutte d'eau de Mer, et nous avons cessé alors de distinguer quoi que ce soit. Pour peu que les Microscopiques mis en expérience eussent été lumineux, ils fussent demeurés visibles. Il nous est conséquemment démontré que les Animalcules marins sont pour rien ou pour peu de chose dans un phénomène qu'on leur attribue cependant aujourd'hui, par analogie, d'un commun accord, et principalement sur l'autorité de Péron. Ce qui confirme cette maxime du grand Bacon : « Que l'analogie et le consentement unanime des hommes ne sont pas toujours des preuves suffisantes de la certitude des choses. »

Le passage que nous venons de transcrire nous a valu quelques observations critiques de la part d'un naturaliste dont plusieurs découvertes portent un grand caractère d'exactitude, à l'opinion duquel le bon usage qu'il fait habituellement du microscope sur les bords de la Mer qu'il habite donnerait un grand poids, s'il restait le moindre doute au sujet de la non participation, comme cause *unique*, des Animaux marins dans la phosphorescence. Cet observateur qui paraît tenir fermement à ce que cette phosphorescence vienne sans exception d'Animalcules lumineux, mais qui ne nous dit pas avoir trouvé de véritable Microscopique brillant dans les ténèbres sur son porte-objet, nous allègue les observations d'un naturaliste qui découvrit naguère des Crustacés marins presque imperceptibles et phosphoriques sur les rivages de la Martinique. Nous n'avons garde de douter du fait. Personne n'ignore que Bauks (*Trans. Phil.*, 1810, *part.* 3) observa en pleine Mer le *Cancer fulgens* qui, selon l'expression de ce savant, répandait des flammes très-vives. Dès le milieu du siècle dernier, on connaissait un autre petit Crustacé du Malabar appartenant au genre *Lynceus* qui, s'agitant dans l'eau, y brillait d'une teinte bleue, et déjà Riville (Mém.

des Sav. étr. T. iii) pensait qu'une sorte d'huile lumineuse provenue de semblables Animaux causait la phosphorescence de l'Océan. Puisqu'il existe d'ailleurs tant de Médusaires grands ou infiniment petits, doués de la faculté de briller, il peut fort bien exister des Crustacés à qui cette faculté soit également départie, en plus grand nombre encore que ne le suppose notre correspondant qui paraît n'en connaître qu'un ; ces Crustacés qui se multiplient, en tels ou tels parages, comme les Daphnies et autres Entomostracés le font par myriades dans nos citernes ou dans certains marais, produisent, nous n'en saurions douter, un effet resplendissant, comme le font des Pyrosomes, des Béroës et des Biphores. Les observations de Gaimard ne laissent d'ailleurs aucun doute à ce sujet, et Lesson analysant dans le Bulletin des Sciences naturelles et géologiques (septembre 1825, n. 9, p. 130) les travaux de son jeune ami, dit : « Nous-mêmes, dans les Mers des régions chaudes, nous vîmes souvent des points d'azur jouissant de l'éclat des pierres précieuses, s'agiter avec une rapidité extrême, et jamais nous n'eussions pu nous douter que cet effet était produit par une extrêmement petite Crevette bleue que nous saisîmes avec une étamine, et que nous ne distinguâmes qu'avec une très-forte loupe. » Quoy et Gaimard, en s'occupant de la phosphorescence de la Mer, rapportent à ce sujet des choses fort dignes d'être annotées. Ils racontent (Ann. des Sciences Nat. T. iv, p. 12) qu'étant mouillés dans la petite île de Rawak, directement placée sous l'équateur, ils virent un soir sur l'eau des lignes d'une blancheur éclatante. En les traversant avec leur canot, ils voulurent en enlever une partie; mais ils ne trouvèrent *qu'un fluide* dont la lueur disparut entre leurs doigts. Peu de temps après, pendant la nuit, et la Mer étant calme, on vit près du navire beaucoup de ces zônes blanches et fixes; en les examinant, on

reconnut qu'elles étaient produites par des Zoophytes d'une petitesse extrême, et qui renfermaient en eux *un principe de phosphorescence si subtil et tellement susceptible d'expansion,* qu'en nageant avec vitesse et en ziggag, ils laissaient sur la Mer des traînées éblouissantes, d'abord larges d'un pouce, qui allaient ensuite jusqu'à deux ou trois par le mouvement des ondes. Leur longueur était quelquefois de plusieurs brasses. *Générateurs* de ce fluide, ces Animaux l'émettaient à volonté. Un bocal qu'on mit à la surface de la Mer reçut deux de ces Animalcules qui *rendirent immédiatement l'eau toute lumineuse.* Les observateurs de qui nous venons d'emprunter ces faits, conviennent qu'ils n'ont jamais pu distinguer suffisamment ces Animalcules *générateurs* d'un fluide si phosphorescent. Ils ajoutent que le calme, la chaleur et surtout une surabondance d'électricité dans l'atmosphère accroissent l'intensité de la phosphorescence. Ils ont remarqué après avoir manié des masses d'Animaux lumineux et cette viscosité brillante qu'ils supposent en être formée, mais où la transparence ne permet pas d'en apercevoir, que leur odorat a toujours éprouvé la sensation que produit celle d'une grande quantité d'électricité accumulée sur le plateau d'une machine électrique. Telle est la funeste autorité de l'habitude et des déclamations de certains voyageurs amphigouriques, que leurs admirateurs sont parvenus à ériger en oracles, qu'après avoir exposé d'une manière élégante et lucide les faits si importans que nous venons de reproduire, nos deux savans voyageurs repoussent toute idée de coopération électrique dans la phosphorescence, ne veulent pas que la mucosité de la Mer y concoure, proclament comme causes *uniques* de toute phosphorescence les Animalcules invisibles, et déclarent enfin *oiseux de rappeler des systèmes que la seule observation devrait renverser.* Nous n'avons jamais entendu établir de système sur la phosphorescence de la Mer, et loin que l'observation renverse ce que nous en avons imprimé il y a vingt-cinq ans environ, ce qui vient d'être rapporté confirme au contraire notre manière de voir, cependant diamétralement opposée à celle de Quóy et de Gaimard. Ces voyageurs ne s'étant jamais servis de microscope, comment peuvent-ils décider que la viscosité marine soit pénétrée d'Animalcules capables seuls de lui donner la faculté d'étinceler ? Réconnaissant dans les corps phosphorescens une odeur particulière à l'électricité, comment prononcent-ils que l'électricité ne peut entrer pour rien dans la phosphorescence? Enfin si de petits Zoophytes imperceptibles laissent des traînées lumineuses de plusieurs brasses de longueur, et remplissent des vases considérables d'une lumière humide, la Matière phosphorique, émanée de leur corps presque sans dimension, est-elle un composé d'autres Animalcules, et les Microscopiques qui en élaborent et répandent une quantité tellement supérieure à leur masse, sont-ils autre chose que les préparateurs d'une substance brillante par elle-même, alors qu'elle est émise? Nous le répétons, de ce que des Animaux marins grands ou petits sont phosphoriques, il ne s'ensuit pas que toute phosphorescence marine doive être nécessairement attribuée à de tels Animaux. L'avancer, le soutenir, traiter d'absurde, comme le fit Péron et comme le font ceux qui se sont égarés sur ses traces, toute autre explication de la phosphorescence, que celle qu'on peut emprunter des Polypes invisibles, de Médusaires et de Crustacés, ne nous semble pas admissible en bonne logique. S'il nous était donné d'apercevoir le globe terrestre d'un point de cet espace à travers lequel l'emporte sa rotation diurne, et que, dans l'obscurité de l'une de ses nuits, nous pussions discerner, volant à travers les campagnes, les Lampyres, les Fulgores et les Taupins dont l'éclat est souvent si vif, expliquerions-nous par la phospho-

rescence des Insectes les aurores boréales qui viendraient en même temps que ces Insectes embellir la nuit ? N'est - il donc dans l'étendue des Mers d'autres corps lumineux que ceux dont il vient d'être parlé ? Péron lui - même rapporte (*loc. cit.* T. IV, p. 180) qu'ayant fait draguer par les parages du cap Leuwin par quatre-vingt-dix ou cent brasses, non-seulement des Zoophytes divers, « mais des Fucus et des Ulves en grand nombre étaient phosphoriques, et ce spectacle était d'autant plus agréable que la pêche se faisait dans les ténèbres. » Notre voyageur, qui dans la suite de son Mémoire (p. 193) établit que la Mer diminuant de chaleur à mesure qu'on s'y enfonce, doit enfin demeurer dans *un état de congélation éternelle dans ses abîmes*, note ici que, par une assez grande profondeur, les productions qu'on ramenait, sans en excepter les Fucus et les Ulves, n'étaient pas seulement lumineuses, mais qu'elles étaient plus chaudes de trois degrés au moins que la surface de l'Océan. Sans relever cette contradiction, nous rappellerons les observations de Leroy, professeur à l'école de médecine de Montpellier, et les conséquences qu'on peut tirer des expériences fort bien faites par ce physicien (Sav. Étrang. T. III, p. 143); il remarqua tout comme nous « que l'eau de Mer n'était lumineuse que lorsqu'elle était agitée, et qu'elle répandait d'autant plus de lumière que l'agitation était plus forte ; que si l'on mettait de cette eau dans un vaisseau découvert, elle cessait absolument d'être lumineuse après un certain temps, quelque fortement qu'on l'agitât; que si au contraire elle était contenue dans un vase bien clos, elle conservait plus long-temps sa propriété phosphorique, ce qui eût été le contraire si la phosphorescence eût été produite par des Animalcules qui meurent ou ne se developpent pas dans les vases fermés. » Leroy rendit au contraire de l'eau de Mer phosphorique sans l'intervention de nul être vivant. Il mit dans de l'eau qui était peu ou point lumineuse, différens Poissons morts, tels que des Harengs et des Merlans ; dès que la substance de ces Poissons éprouva un commencement de putréfaction, ce qui arriva au bout de vingt-quatre heures, la surface de l'eau mise en expérience devint entièrement lumineuse, et quand on la voyait le jour, elle paraissait couverte d'une Matière grasse : cette phosphorescence, comme artificielle, subsistait pendant six ou sept jours. On a répété l'expérience avec de l'eau douce, dans laquelle on avait fait dissoudre du sel marin dans la proportion d'une demi-once par pinte ; l'effet fut le même : d'où l'on conclut, comme l'avait fait, il y a déjà bien long-temps, Van-Helmont, que la seule matière huileuse, donnée par les Poissons corrompus, modifiée par du sel marin, suffisait pour produire le phénomène qui nous occupe. On observa encore que l'eau devenue phosphorescente le paraissait plus ou moins selon la nature du corps avec lequel on l'agitait ; de sorte que le mouvement déterminé avec un instrument de fer y produisait plus de bluettes que celui qu'on y donnait avec la main, et que celui qu'on y donnait avec la main en produisait encore plus que l'agitation causée par un morceau de bois. Ces derniers essais prouvèrent que l'électricité pouvait entrer pour quelque chose dans la phosphorescence. Cependant Leroy ne proclama point qu'il avait surpris un secret de la nature, et ne traita pas d'absurdes les naturalistes qui ne voyaient pas comme lui. Ses travaux passèrent presqu'inaperçus, et l'on s'en tient encore généralement aux erreurs anciennes adoptées et pompeusement reproduites dans la Relation du Voyage aux Terres australes, ainsi que dans la compilation qui commence le Tome XXI du Dictionnaire de Déterville.

L'illustre Forster avait déjà soupçonné que le Phosphore devait aussi entrer pour sa part dans une mer-

veille que, d'un commun accord, tout le monde désignait sous le nom significatif et si pittoresque de phosphorescence. Nous développâmes cette idée dans notre Voyage aux quatre îles des Mers d'Afrique, en décrivant sans boursoufflure le spectacle que présente une Mer étincelante ; et croyant que plusieurs autres causes pouvaient y joindre leur action, nous disions (T. I, p. 113), dès l'an XIII de la République : « Plusieurs naturalistes nient que ce soient les Animalcules qui produisent les scintillations de l'eau salée, scintillations bien différentes des lueurs que répandent les Animaux lucifères visibles. Ces naturalistes croient que la Mer peuplée d'êtres innombrables qui, de même que ceux de l'air et de la terre, naissent pour mourir, doit avoir vu se corrompre dans son sein des myriades d'Animaux huileux, dont la plupart furent d'un volume considérable ; et que cette corruption, qui est continuelle depuis tant de milliers de siècles, est la source d'un Phosphore maritime dont l'éclat jaillit au moindre choc. En effet, il n'en est pas de l'Océan toujours agité, comme de la terre relativement immobile. A mesure que les êtres nourris par cette dernière cessent de vivre et se décomposent à sa surface, l'eau du ciel, pénétrant dans son sein par infiltration, les pesanteurs spécifiques, les attractions propres aux molécules dont se composaient les êtres dissous, le temps et la stabilité, ou d'autres causes inconnues, suffisent pour que les élémens des corps détruits se mélangent tranquillement les uns aux autres selon certaines lois de la nature, et reparaissent à la surface du sol en êtres nouveaux ou dans son intérieur en substances, à la formation desquelles concourt la dissolution de toutes les autres. Dans la Mer, au contraire, l'impulsion permanente d'orient en occident qu'on lui attribue, capable de rouler au hasard toutes les molécules inertes qui s'y rencontrent, l'action des marées,

celle d'impétueux courans qui se cô-
toient ou qui se contrarient, le heurte-
ment perpétuel des vagues poussées en
tous sens par les vents déchaînés, enfin mille autres causes de mobilité éternelle ne permettent guère ces juxta-po-
sitions nécessaires pour la prompte recomposition des corps. Les débris de
tout ce qui s'y désorganise, prome-
nés par la force des courans, battus
et mêlés par les tourmentes, se pénètrent, se confondent, et finissent par
s'amalgamer à l'eau qui les tient en
suspension au milieu de son agitation
terrible. De-là ce principe onctueux
et gras de l'eau de Mer, de-là encore cette amertume affreuse et cette
mucosité remarquable quand on
écarte avec précaution l'extrémité
des doigts qu'on a mouillés pour la
reconnaître. La salure de l'Océan n'a
peut-être pas d'autre raison ; et alors
il est naturel de chercher dans le
Phosphore qui a dû provenir de tant
de putréfactions et de mélanges,
l'une des causes de la phosphorescence de la Mer. Au reste, comme
beaucoup d'autres causes tendent à
décomposer les eaux, en opérant la
diminution de leur masse liquide,
et que ces causes n'agissent pas
aussi directement sur les substances que ces eaux tiennent dissoutes
dans leur état de fluidité, il se pourrait très-bien que la Mer diminuant
à mesure que le globe vieillit, le sel,
le principe muqueux, l'amertume et
la phosphorescence augmentassent
de jour en jour. » De telles idées
fondées sur l'observation, émises
avec réserve, et déduites de ce
qu'avaient dit avant nous d'habiles physiciens, ne devaient pas être
traitées avec un superbe dédain, par
qui n'avait observé la nature qu'à
travers le prisme romantique déjà
introduit chez quelques écrivains
qui traitaient des sciences physiques,
vers l'époque où les débris de
l'expédition Baudin revirent l'Europe. Ce n'était point une hérésie
chimique que d'admettre dans l'eau
de la Mer, au milieu d'une mucosité
qui le pouvait mettre à l'abri du

contact de l'air atmosphérique, un
Phosphore liquefié, qui venant à se
dégager de sa prison en se mettant
en contact avec l'oxigène, dont la **Mer**
est aussi remplie, répandait sa vive
lumière au moment du dégagement.
Ne connaît-on pas les belles expériences de Fourcroy et de Vauquelin (Ann. Mus. T. x, p. 169), qui
prouvent que les sels phosphoriques
abondent dans toutes les humeurs
des Poissons? ils sont surtout dans
leur laite.

Qui n'a observé ces traînées glaireuses que les bancs de Harengs laissent fréquemment sur leur passage,
nommées *grésins* par les pêcheurs,
et qui, durant la nuit, paraissent aussi
toutes brillantes ? S'est - on jamais
imaginé que leur éclat vînt de ce
qu'elles étaient pénétrées de Néréides
noctiluques, de Méduses étincelantes, de *Beroe* et de *Cancer fulgens* ou
autres Animaux lumineux ? Qu'on
cesse donc d'attribuer le phénomène
qui vient de nous occuper à une cause
unique. Fourcroy voyait dans la phosphorescence un effet de la lumière
s'engageant dans les interstices des
corps, et Fourcroy avait certainement
raison ; une multitude d'autres causes
la déterminent et l'augmentent ; et si
tant d'Animaux marins vivans ou
morts en font jaillir en effet à nos
yeux, c'est plutôt qu'en ayant absorbé les élémens, ils les rendent à la
masse commune quand nous les
voyons étinceler. *V*. PHOSPHORE.

§ III. *Moyens de rendre l'eau de*
Mer potable.

Tenant en dissolution tant de principes divers qui lui donnent un goût
désagréable, ainsi qu'une propriété
purgative très-prononcée, l'eau de
Mer n'est point potable, et lorsque
l'excès de la soif obligea quelque in-
fortuné naufragé à en boire, elle
augmenta son altération au lieu de
la calmer. Comme l'eau douce em-
barquée dans les vaisseaux pour subvenir aux besoins de longues navigations, se corrompt, ne tarde pas à
devenir fétide, occupe beaucoup de

place aux dépens du chargement,
et peut finir par manquer si quelque
accident imprévu vient allonger la
traversée outre mesure, on a essayé
de dégager l'eau de Mer de tout ce
qui la rend désagréable ou insa-
lubre, et la découverte du procédé
qui lui donnerait les qualités de l'eau
de rivière, serait un bienfait pour
l'humanité. On ne l'a pas entièrement trouvé; cependant on est parvenu, par la distillation, à rendre l'eau
de Mer moins mauvaise; mais alors
le combustible devient un embarras
pour les navires. On a surtout employé avantageusement la distillation sur des côtes desséchées, à qui
la nature refusa des rivières et des
fontaines. Plusieurs navigateurs qui
se sont arrêtés sur des côtes de ce
genre y purent monter leurs alam-
bics, et par le secours des broussailles ou des Arbustes qui croissaient
çà et là, ils parvinrent à obtenir de
l'eau potable aux dépens de l'eau
de Mer soigneusement distillée. Un
médecin, nommé Poissonnier, imagina même, vers les deux tiers du
siècle dernier, un moyen de rendre
cette eau distillée préférable à l'eau
douce trop souvent malfaisante de
certaines plages, en ajoutant de la
Soude à l'eau de Mer dans la proportion de six onces par barrique.
Cet Alcali, formant une sorte de
savon avec les matières muqueuses
grasses que l'on croit la principale
cause du mauvais goût, en déna-
ture l'effet. Poissonnier ajouta même un perfectionnement à l'alambic,
qui facilita son usage à bord, où le
roulis l'avait jusqu'alors rendu presque impossible, et notre célèbre Bougainville, qui employa avec succès l'a-
lambic de Poissonnier, reconnaissait
lui avoir dû le salut de son équipage.
Le physicien Hâles se bornait à laisser
l'eau de Mer se putréfier complètement dans des barriques, et lorsqu'elle
avait perdu l'horrible fétidité qui s'en
était dégagée durant quelque temps, il
la décantait afin de la purger des sédimens qui s'y étaient formés, en faisant distiller ensuite le liquide ainsi

clarifié. Il était arrivé en grand dans les
barriques de Hâles ce que nous avons
produit dans les godets et autres vases de cristal, où nous avons tant de
fois mis de l'eau de Mer en expérience
pour en obtenir la formation de nos
six modifications primitives de la
Matière. La muqueuse s'en était d'a-
bord dégagée en se fixant aux parois ou à la surface des barriques;
les Gaz, sous la forme vésiculeuse,
avaient été rendus à la liberté; l'A-
zote en avait été extrait par l'individualisation de la matière agissante,
qui s'étant introduite dans la muqueuse, avait formé l'écume superficielle, tandis que les matières cristallisables et terreuses, abandonnées aux
lois d'homogénéité et de gravitation,
s'étaient précipitées sous la forme de
limon. *V.* Matière. Chacun peut,
en répétant les mêmes expériences,
rendre potable jusqu'à l'eau des huîtres, cependant si chargée de
tous les principes qui animalisent
l'eau de la Mer, qu'elle répand une
puanteur encore plus grande que
toute autre, quand on la prend pour
base des essais de décomposition et de
recomposition, dans les observations
microscopiques.

§ IV. *De la couleur de la Mer.*

Les habitans de ces parties de l'intérieur des terres où ne coulent que
des ruisseaux, des rivières peu profondes, de claires fontaines ou des
fleuves surchargés de bourbe, et qui
voient la Mer pour la première fois,
admirent la nuance d'un vert plus
ou moins pur et brillant qui lui paraît
propre, le long du rivage. La surprise augmente, lorsqu'ayant puisé
de son eau dans quelque vase, on n'y
distingue plus aucune teinte particulière, et qu'on la trouve d'une transparence parfaite. Cette transparence est
telle, que dans les lieux où nulle im-
pureté ne s'y vient mêler, on distingue
sur le sable de son lit, à une très-
grande profondeur, les moindres cailloux ou les plus petits coquillages, qui
paraissent alors comme resplendis-
sans. Les Plantes marines, les Poly-

piers surtout, y brillent du plus grand
éclat, et parmi ces productions toutes si élégamment nuancées, tant
qu'elles sont sous l'eau, il en est qui
perdent leurs reflets irisés, dès qu'elles
en sont sorties; certains Cystoseires
surtout, et nos Iridées, ainsi que
beaucoup d'Alcyons, qui dans leur
élément nourricier se parent des couleurs de l'arc-en-ciel ou de belles
teintes de pourpre et d'orange, paraissent noirâtres, jaunâtres ou simplement d'un brun et d'un violet
sombres, quand, jetées au rivage,
elles y demeurent abandonnées au
contact de l'air atmosphérique. Lorsque des flots de lumière pénètrent
dans la masse de l'eau, durant un
jour sans nuage, et qu'on se promène
en bateau, les vagues paraissent tellement colorées autour de l'embarca-
tion, qu'on s'y croirait quelquefois, en
admirant l'intensité de la verdeur, sur
une prairie liquide ou sur un tapis de
billard qui serait translucide. À mesure que la nef s'éloigne du bord, et
qu'on gagne les hauts parages où la
profondeur s'accroît de plus en plus,
la teinte verte se change en une teinte
bleue, et dans la grande Mer l'eau
devient, dès cinquante ou soixante
brasses, de la plus belle couleur d'a-
zur. Le retour de la nuance verte annonce généralement quelque danger
ou l'approche de côtes basses : car le
long de celles qui sont coupées à pic
et près desquelles la sonde descend
beaucoup, le bleu d'azur persiste et
semble devenir d'autant plus vif que
la profondeur est plus considérable.
Mais ce bleu, qu'on a coutume de regarder comme l'un des caractères de
l'Océan, et qu'on attribue communément à la façon dont se décomposent, en y pénétrant, les rayons solaires, ne lui est cependant pas exclusivement propre : tout grand amas d'eau
en porte l'empreinte. Les lacs profonds qui ne sont pas salés, surtout
ceux des hautes montagnes, se teignent également en bleu d'azur, et
l'on observe cette belle nuance jusque dans le lit des torrens au fond
desquels, si l'eau remplit quelque

cavité de rocher, la sérénité du ciel
produit en diminutif le plus brillant
effet de coloration.

§ V. *Température de la Mer.*

Sur l'autorité d'Aristote ou a cru
long-temps que la chaleur des vagues augmentait par leur frottement
dans les tempêtes : ce préjugé eut de
nos jours des défenseurs parmi les
plus habiles physiciens. Péron le
premier fit connaître l'erreur : à cet
égard, ses observations sont excellentes et doivent faire autorité. Il démontre fort bien comment on a pu
s'y méprendre. Des recherches de ce
voyageur peuvent se déduire les faits
suivans, qui cadrent parfaitement
avec le résultat de nos propres expériences, faites au large à la surface
de la Mer. « 1°. La température de
l'Océan est généralement plus froide
à midi que celle de l'atmosphère observée à l'ombre ; 2° elle est constamment plus forte à minuit ; 3° le
matin et le soir les deux températures
sont ordinairement en équilibre ; 4° le
terme moyen d'un nombre donné d'observations comparatives entre la température de la surface des flots et celle
de l'atmosphère, répétées quatre fois
par jour, à six heures du matin, à midi,
à six heures du soir, à minuit et dans
les mêmes parages, est constamment
plus fort pour les eaux de la Mer,
par quelque latitude que les observations soient faites ; 5° le terme
moyen de la température des eaux
de la Mer à leur surface et loin des
continens, est donc plus fort que
celui de l'atmosphère avec lequel
les eaux sont en contact.

Ces résultats que nous regardons
comme inattaquables, ne sont cependant pas absolument les mêmes que
ceux qu'obtinrent d'autres observateurs cités pour leur exactitude ; mais
on doit remarquer que ces savans opéraient dans le voisinage des côtes, ou
bien à d'autres heures que Péron, et
généralement vers le milieu du jour,
où, comme on vient de le voir, la température de la Mer est plus basse que
celle de l'atmosphère, parce que l'é-

vaporation y agit alors puissamment.

Il ne suffisait pas de mesurer la température de la surface des Mers, on voulut connaître celle de leurs profondeurs ; on imagina divers instrumens pour y parvenir : tels furent le thermomètre de Mallet et de Pictet, celui de Micheli ; ceux de Marsigli et de Cavendish, qui tous ont été trouvés vicieux ou insuffisans. Saussure construisit un nouvel appareil qui consistait en un thermomètre inséré dans une enveloppe de cire de trois pouces d'épaisseur, et enfermée ensuite dans une boîte de bois dont les parois, très-fortes, nécessitaient la durée de plusieurs heures pour participer à la température des milieux environnans. Ce savant fit l'essai de son thermomètre ainsi disposé, dans les lacs de la Suisse, où il le plongea dans la soirée, pour le retirer le lendemain matin, sans que, dans le trajet du retour, la température des hautes couches d'eau eût eu le temps d'influer sur le thermomètre qu'une nuit d'immersion avait mis en rapport avec la température des plus grandes profondeurs. Il reconnut ainsi que l'eau de ces profondeurs était constamment à trois ou quatre degrés seulement au-dessus de glace, tandis que celle de la surface se trouvait à la température atmosphérique. C'est avec son appareil, éprouvé de la sorte, que Saussure fit ses observations sur la température inférieure de la Méditerranée en divers points du golfe de Gênes. Il trouva, le 7 octobre, à quelque distance du rivage, et par 860 pieds de brassiage, un peu plus de dix degrés, tandis que l'eau de la surface était à un peu plus de seize, et l'atmosphère à un peu plus de quinze. Le 17 du même mois, à 1800 pieds, non loin de Nice, après une nuit entière d'immersion et vers les sept heures du matin, il obtint de son thermomètre absolument les mêmes résultats, pour le fond et pour la surface de la Mer ; la température atmosphérique fut seulement trouvée plus haute d'un degré ou à peu près. Péron, ne croyant pas à la bonté de l'instrument de Saussure, en a conçu un autre, en le donnant comme excellent, parfait, infaillible. A la description minutieuse qu'il en fit, il ajouta une figure ; on la trouve gravée dans la dernière planche du magnifique atlas que le monde savant doit au grand talent du modeste Lesueur. « Je résolus, dit Péron, (Voyage, T. IV, p. 174), d'employer tout à la fois l'air, le verre, le bois, le charbon, les graisses et les résines dans un ordre tel, que leur faculté, peu conductrice du calorique, devînt encore plus faible. Cette idée si simple qu'il doit être étonnant qu'elle ne se soit pas encore offerte à ceux qui les premiers se sont occupés du même objet, est cependant un sûr garant de la supériorité de mon appareil sur tous ceux dont l'on s'est servi jusqu'à ce jour. » Nous avouons que la composition du thermomètre de Péron ne nous paraît pas aussi simple qu'il le dit, et son excellence est loin d'être démontrée par l'usage qu'il en a fait lui-même ; on pourrait ajouter que cet appareil n'a jamais été essayé tel qu'il fut conçu, puisque Péron convient que, vu la difficulté de faire conduire à bord le cylindre métallique, dans lequel consistait le plus important perfectionnement, il fallut se borner à placer l'instrument dans un étui de verre, puis dans du charbon, puis dans un étui en bois, ce qui, au charbon près, à la place de la cire employée par Saussure, n'était jamais qu'une simple modification de l'appareil de ce dernier, appareil que nous persistons à croire beaucoup meilleur et d'un usage bien plus commode. Quoi qu'il en soit, les résultats qu'obtint l'inventeur de la machine nouvelle, appelée *précieuse* par l'inventeur même, consistent dans l'écrasement de cette machine dès la première fois qu'elle fut mise en expérience ; dans un second essai, la pression de l'eau avait tout brisé ; le thermomètre était en pièces, ses fragmens mêlés à la poussière du charbon, et l'on crut obte-

nir la température de la profondeur
de trois cents pieds d'où revenaient
d'informes débris, en mesurant la
température du charbon imbibé de
l'eau qu'il avait traversée, au
moyen d'un autre thermomètre *qu'il
vint dans l'esprit* d'y placer sur le
pont même du navire où se faisait
l'observation. Il est question ensuite
de deux autres expériences faites à
douze cents et deux mille cent qua-
rante-quatre pieds; mais l'appareil,
toujours imparfait, puisque le cylindre de cuivre, qui le devait compléter, y manquait encore, ne resta
pas dans l'une deux heures sous l'eau,
et une heure dans l'autre; dix-sept et
quarante-cinq minutes furent employées à le retirer. Il est impossible
d'admettre comme suffisans les résultats obtenus par de pareils essais, et
lorsque l'auteur, convenant que ce
qu'il a observé présente une différence
très-grande avec ce qui a été observé
par Marsigli et Saussure, réclame la
préférence en faveur de ses prétendues découvertes, on ne saurait la
lui accorder. Une note de notre
confrère Freycinet, insérée dans la
réimpression in-8° de la Relation
du voyage aux terres australes, in-
titulée seconde édition, nous apprend que Péron, de retour en France, fit exécuter, par un des plus habiles artistes de Paris, son appareil
tel qu'il l'avait conçu avec le fameux
étui en cuivre; « mais ayant voulu
s'en servir pour faire, à Nice, de nouvelles expériences, il éprouva une
difficulté presque insurmontable à
l'ouvrir et à le fermer. » Il fallut
faire des trous à la machine, la déna-
turer pour pouvoir l'employer, et
l'eau environnante finissant toujours
par s'y introduire, il n'est guère resté
d'un thermomètre tant vanté que l'é-
pithète d'*ingénieux*, que lui ont donnée ceux qui conviennent tacitement
qu'il ne fut jamais bon à rien. On
connaissait avant ces essais, dont
nous n'eussions pas démontré l'inu-
tilité complète, si l'on n'eût tenté
de leur imprimer le caractère d'une
merveilleuse perfection, les expérien-

ces de Forster faites vers le pôle austral, dans le deuxième voyage de Cook,
et celles du docteur Irving, qui eurent lieu dans l'Océan Arctique jusqu'au 8o° degré nord. Si les quatre
expériences de Péron méritaient la
moindre confiance, il est certain
que faites vers l'équateur, et comparées à celles des deux savans anglais, de vives lumières en pourraient jaillir sur un point encore
très-obscur de la physique. Mais on
ne doit pas se laisser entraîner par
l'autorité des noms, et les résultats obtenus par Forster et par Irving, quoique moins vagues que tous autres,
ne nous paraissent pas encore décisifs.
Sans tenir compte des expériences
recueillies par Kirwan, parce qu'on
ne les appuie d'aucun témoignage de
quelque poids, nous trouvons : 1° six
expériences du compagnon de Cook,
faites depuis le 52° degré de latitude
nord jusqu'au 64° degré sud, et depuis
quatre-vingt-six à cent brasses de profondeur; 2° quatre expériences du
compagnon de lord Mulgrave, faites de
cent quinze à sept cent quatre-vingts
brasses. Péron, qui s'appuie de ces
dernières, dit expressément (note du
tableau de la p. 2o5) qu'on ne peut
compter sur le résultat de l'une d'elles; et quant à celles de Forster, le
thermomètre plongé dans la profondeur des Mers, n'y ayant jamais sé-
journé que durant quinze, seize,
dix-sept ou vingt minutes, trente, une
fois seulement, et ayant mis jusqu'à
vingt-sept minutes et demie pour remonter à la surface, cet instrument
avait-il eu le temps nécessaire pour se
mettre à la température du fond des
eaux? et n'avait-il d'ailleurs pu se remettre à celles des couches intermédiaires ou supérieures en revenant si
lentement à travers celles-ci? C'est
d'après le nombre d'expériences imparfaites dont il vient d'être question,
qui, en tout, avec celles de Péron,
montent à quatorze, que ce dernier, établissant ses tables et faisant
des rapprochemens, donne en ces mots
ses conclusions. «On peut déduire de
mes observations le refroidissement

progressif de la température de la Mer à mesure qu'on s'enfonce dans ses abîmes; le terme est la congélation éternelle de ces abîmes. » Voilà donc les continens et les mers, la terre et les eaux liquides reposant sur un noyau de glaçons, et l'opinion de tant de grands physiciens et de géologues, qui admettaient une chaleur centrale, renversée d'un trait de plume en vertu de dix-sept immersions d'appareils brisés ou qui n'atteignirent qu'à des profondeurs à peine appréciables par rapport au diamètre du globe! L'idée d'un noyau de glaçons paraît en opposition avec tout ce qui fut observé jusqu'à ce jour. On n'avait pas encore imaginé que la congélation des fluides pût commencer du fond à la surface? Le docteur Keraudren, dans son savant article *Eau de Mer* du Dictionnaire des Sciences médicales (Sect. 11, 1814), tend à prouver le contraire. « Sans rechercher, dit le docteur Keraudren, en quoi l'influence atmosphérique peut être nécessaire au phénomène de la congélation, toujours est-il vrai que les rivières, les lacs, et la Mer même, en se congélant, ne se prennent pas en totalité; il s'établit à la superficie une croûte de glace qui a plus ou moins d'épaisseur, et sous laquelle l'eau reste encore fluide. Les navigateurs rapportent avoir trouvé, en approchant des pôles, des îles flottantes de glaces de deux milles de circuit, et de plus de cinquante pieds d'élévation, ce qui suppose que la partie submergée n'avait pas moins de cinq cent cinquante pieds d'épaisseur. La glace, d'après les expériences d'Irving, ne s'élève que d'un douzième au-dessus de l'eau salée; cependant ces énormes glaçons étaient mobiles, et suivaient la direction des vents et des courans; donc l'eau qui les supportait était fluide au-dessous comme autour d'eux, quoiqu'à une latitude et sous une température aussi basse, l'eau du fond de la mer dût être gelée, s'il était vrai qu'elle y pût geler quelquefois. »

De tout ce qui vient d'être dit, il ne faut cependant pas conclure qu'on soit absolument dans l'impossibilité de se former quelques idées approximatives relativement à la température des profondeurs de la Mer; diverses expériences de Humboldt nous fournissent des notions plus exactes qu'on n'en avait avant le retour de ce voyageur. A peine Humboldt quittait l'ancien continent pour explorer le nouveau, que dès sa première excursion dans l'Atlantique, il vérifiait, au moyen d'une sonde thermométrique à soupape, que l'approche d'un bas-fond s'annonce toujours par un abaissement sensible de température à la surface des vagues. Il trouva déjà, en se rendant de la Corogne au Ferrol, près du signal-blanc, indice d'un banc de sable, que le thermomètre centigrade marquait 12° 5' et 15° 5', tandis qu'il se tenait à 15° ou 16° 5' partout ailleurs où la Mer était très-profonde; la température atmosphérique étant alors de 12° 8'. « Le célèbre Franklin et M. Jonathan Williams, auteurs d'un ouvrage qui a paru à Philadelphie, sous le titre de Navigation atmosphérique, ajoute Humboldt (Voy. aux Rég., etc., T. 1, p. 106), ont fixé les premiers l'attention des physiciens sur les phénomènes qu'offre la température de l'Océan, au-dessus des bas-fonds et dans cette zône d'eaux chaudes et courantes, qui, depuis le golfe du Mexique, se porte au banc de Terre-Neuve et vers les côtes septentrionales de l'Europe. L'observation que la proximité d'un banc de sable est indiquée par un rapide abaissement de la température de la Mer à sa surface, n'intéresse pas seulement la physique, elle peut aussi devenir très-importante pour la sûreté de la navigation. L'usage du thermomètre ne doit certainement pas faire négliger celui de la sonde, mais des expériences citées dans le cours de cette relation prouveront suffisamment que des variations de température, sensibles pour les instrumens les plus

imparfaits, annoncent le danger avant
que le vaisseau s'y engage. » Nous ne
chercherons point à expliquer les raisons du phénomène dont il vient d'être
question ; il est trop dangereux d'établir des théories sur un petit nombre
de faits, même bien observés, et nous
bornant à résumer ce qu'on peut entrevoir de moins douteux dans le résultat des expériences faites jusqu'ici,
nous nous bornerons à dire : qu'on a
des raisons de croire à une diminution
de température en descendant de la
surface au fond des Mers; et que cette
diminution est plus sensible dans les
hautes régions de l'Océan que vers ses
rivages. Il existe une grande distance
entre les conséquences qu'un esprit
circonspect peut tirer de cette donnée et celles qu'en déduisit l'écrivain trop hâté de se singulariser, qui
s'écriait : « La source unique de la
chaleur de notre globe, c'est le grand
astre qui l'éclaire; sans lui, sans
l'influence salutaire de ses rayons,
bientôt la masse entière de la terre,
congelée sur tous ses points, ne serait
qu'une masse inerte de frimas et de
glaçons. Alors l'histoire de l'hiver des
régions polaires serait celle de toutes les planètes. » Dans cette hypothèse le monde ne serait donc
plus menacé d'être consumé par un
grand incendie universel comme le
croyaient plusieurs philosophes de
l'antiquité, et comme le prédit l'A-
pocalypse ; en attendant qu'il soit gelé, nous formons des vœux pour qu'on
réitère les expériences, faites jusqu'à ce jour d'une manière vicieuse,
sur la température des profondeurs de
l'Océan. Nous croyons que l'instrument le plus propre à de pareilles recherches est encore celui qu'imagina
Saussure, parce qu'il est simple, facile
à fabriquer en tous lieux, et d'un emploi assez commode. Mais il faudra
donner au thermomètre, par une
immersion d'autant plus longue, que
les profondeurs seront plus grandes, le temps d'éprouver l'influence
complète de ces profondeurs. Il ne
faudra pas le retirer avec une lenteur
capable de permettre le moindre chan-

gement de température dans le trajet;
il faudra prendre de grandes précautions pour saisir les résultats
de chaque immersion avant que l'atmosphère où se trouvera l'investiga-
teur ait eu le temps d'influer sur le
thermomètre placé dans l'intérieur
de l'appareil, au moment où s'en
fera l'ouverture. Ce n'est pas sous
voile surtout qu'on devra s'occuper d'observations thermométriques
de ce genre. Il serait à désirer
qu'on perfectionnât un appareil à
soupape, qui, dans les profondeurs
dont on voudrait connaître la température, admettrait les eaux de
ces profondeurs, et qui, isolant ensuite, par le moyen du suif, de la
cire et du bois, ces mêmes eaux, ne
permettrait pas aux couches supérieures de leur rien ôter ou ajouter pendant le retour. Un pareil
mécanisme aurait encore cet avantage, qu'on pourrait apprendre quelque chose de positif sur les différences
de salure, et dans quelles proportions
la mucosité marine, ainsi que la
phosphorescence, existent au fond de
la Mer, supposé que ces choses y
existent, ce qu'on n'a pas essayé de
savoir, et dont qui que ce soit n'a dit
un mot.

§ VI. *De la profondeur des Mers.*

Considérée sous ce point de vue,
l'histoire de la Mer présente, à notre
sens, l'une des plus grandes singularités qu'il soit possible de concevoir. On n'a pas une seule donnée
précise pour déterminer quelle peut
être la profondeur de la Mer, et cependant des auteurs graves l'ayant
évaluée, ont calculé à un pied cube,
à une demi-livre près, pour combien la masse de ses eaux entrait,
soit sous le rapport de la quantité,
soit sous celui de la pesanteur,
dans l'ensemble du globe. Nous ne
croyons pas devoir consacrer dans
cet article, déjà peut-être trop long,
la moindre place à des évaluations
qui ne sont basées sur rien de solide,
et que l'énoncé le mieux précisé, accompagné des plus savantes formules

algébriques, ne suffirait pas pour
élever au rang des vérités. On peut
présumer, tout au plus, que la Mer
n'a point une profondeur indéfinie,
et qu'elle forme simplement à la surface du noyau solide, dont les continens et les îles sont quelques fragmens de la croûte oxydée, une couche fluide, comme y est l'atmosphère
qui l'environne à son tour, ainsi que
la terre; au-delà de cette présomption,
il n'existe qu'incertitudes. On est à la
vérité parvenu, au moyen de la sonde,
à trouver le fond de la Mer en beaucoup de points de son étendue ; mais
la sonde elle-même ne produit pas
toujours des données parfaitement
exactes surtout au-dessous de quatre ou six cents mètres ; des courans inférieurs la font dévier ; la
corde qui la retient peut finir par
flotter en déplaçant une suffisante
quantité de liquide pour faire obstacle à son enfoncement; et, dans beaucoup de cas, ce que l'on suppose le
sol atteint par le plomb, peut n'être
encore qu'un point de la masse liquide où ce plomb, quelque lourd
qu'il puisse être, flotte comme le ferait une bouée à la surface.

Dans un grand nombre de lieux où
l'on a pris la peine de sonder, c'est de
400 à 600 mètres qu'on a trouvé le
fond véritable aux plus grandes profondeurs, ce qu'a prouvé le suif, en
rapportant du sable, du gravier, de
la vase, ou quelques corps organisés
appartenant aux dernières classes
du règne animal, ou bien à l'hydrophytologie. C'est d'une profondeur
de près de deux cents pieds, en arrivant dans les parages des Canaries,
que Humboldt et Bonpland retirèrent
cette précieuse Caulerpe à feuille de
vigne, dont nous eussions dû citer la
belle couleur verte dans notre article
Matière (p. 263 de ce volume), pour
prouver que la coloration des Végétaux peut avoir lieu dans certains cas,
sans la participation d'une lumière
intense. C'est de cinq cents pieds environ, aux attérages de la Terre de
Leuwin, que Maugé et Péron rame-
nèrent, au moyen de la drague, des

Rétépores, des Sertulaires, des Isis,
des Gorgones, des Eponges, des Alcyons, des Varecs et des Ulves brillans de phosphorescence et qui manifestaient une chaleur sensible. C'est
de six cents pieds environ, qu'entre
les îles de France et de Mascareigne,
nous obtînmes une touffe enracinée de
Sargassum turbinatum, en tout semblable à celles que nous avions recueillies au rivage. C'est enfin à près
de onze cents pieds, par soixante-dix-
neuf degrés de latitude nord, à qua-
tre-vingt milles des côtes du Groënland, que fut déraciné, par un balei-
nier, ce Polype extraordinaire, figuré
par Ellis (*Act. Angl.*, 48, p. 305,
T. XII; et *Corall.*, tab. 37) et devenu
le *Pennatula Encrinus* du *Systema
Naturæ* (XIII, T. I, p. 3867); Animal de six pieds de long, gigantesque dans sa tribu, Ombelle vivante formée d'hydres qui brillaient
de la plus belle teinte jaune : autre
preuve qu'un être organisé peut se
colorer sans la participation du jour,
à moins qu'on n'admette que des
rayons de lumière pénètrent jusque
dans l'abîme. Si quelque physicien
essayait jamais de vérifier ce qui
en est, nous l'engagerions à ne pas
négliger l'examen de la coloration de
certaines productions de la mer, soumises à l'existence végétale, soit qu'elles y ajoutent l'animalité en se couvrant de Polypes, soit qu'elles demeurent toujours bornées à l'état de Plante. Vers la surface des eaux, brillent,
de toutes les couleurs de l'arc-en-ciel,
les tentacules de ces Actinies que leur
beauté changeante fit appeler Anémones de Mer, nos Iridées, la Padine
en plume de Paon et des Cystoseires
produisant l'effet du prisme ; le carmin tendre, le bleu de l'azur, y parent des Méduses, les appendices
des Porpites, des Thalies et des
Glaucus, tandis que les Béroës et les
Amphinomes y agitent leurs cirres
étincelantes. Au-dessous de cette
zône presque superficielle, où pénètre en se décomposant et pour
colorer fortement les corps, chaque
sorte de rayon lumineux, apparaît

la multitude des Floridées où le rouge
avec le pourpre passent à toutes les
nuances ainsi que le Corail semblable
au sang, qui commence avec cette zône. Le vert tendre qui pare les Ulves
et les Conservées depuis la surface des
marais, règne indifféremment dans
les deux couches, pour persévérer
jusqu'à la grande profondeur où
il a été retrouvé sur le *Caulerpa
vitifolia*. Le brun jaunâtre, qu'on
remarque encore plus superficiellement, par l'apparition des espèces
du genre *Lichina* humectées, contre les flancs des rochers riverains,
par l'écume seule des vagues durant la
haute marée, persiste encore au-dessous de la région de verdure, puisque, imprimant sa monotonie à la
plupart des Fucacées, des Spongiaires et des Sertulariées, nous l'avons
observé dans une Sargasse qui croissait vers six cents pieds d'enfoncement. Le jaune pur, qu'on ne trouve
pas dans les régions supérieures, ne se
montre que plus bas, où il dore à
deux çent trente-six brasses ce *Pennatula Encrinus* qui est devenu l'*Um-
bellularia groenlandica* de Lamarck.

Si l'on n'a pas de données précises
sur la profondeur des Mers, si l'on
a même élevé des doutes au sujet de
sondes qui auraient atteint jusqu'à
4,916 pieds, n'est-il pas encore préma-
turé d'établir quels sont les formes et
les accidens de leur lit? On ne pourrait pas donner de carte topographi-
que passable de la millième partie des
pays qu'habitent les Hommes civilisés, et l'on a prétendu figurer le fond
de l'Océan! On y a supposé des formes
pareilles à celles de la surface des continens, et des géographes, abusant
étrangement de la signification des
mots, en ont décrit les montagnes
avec leurs vallons, leurs plateaux et
leurs anastomoses; on fit plus, on traça sur une mappemonde la figure que
doivent présenter les chaînes sous-
marines. Des copies de cette malheu-
reuse conception ont été reproduites
récemment, avec éloge, dans des
atlas mis, pour l'enseignement, aux
mains de la jeunesse; on y trouve gra-

vées, à travers les régions océaniques,
des *Alpes méridionales* et des *Alpes
septentrionales* qui font le tour du
monde divisé, selon la vieille routine,
en quatre parties. Nul doute que le
fond de la Mer ne présente de grandes
inégalités, que ces inégalités n'in-
fluent sur les courans, qu'en beaucoup d'endroits son lit ne s'encom-
bre, au point qu'on peut deviner à
quelle époque quelques – uns des
points élevés de ce lit deviendront
des îles ou se rattacheront aux
continens. Mais des accidens de ce
genre ne sont pas la preuve de l'existence de chaînes de montagnes dans
le sens qu'on doit attacher aux mots
montagnes et chaînes; au contraire,
c'est précisément près des îles nouvelles, soit madréporiques, soit volcaniques, où l'on prétend reconnaître les indices d'Alpes marines, que
tout-à-coup la sonde ne trouve plus
de fond. Nous ferons remarquer en
outre qu'au voisinage des côtes dites
acores, c'est-à-dire coupées à pic,
la Mer est toujours très-profonde,
tandis qu'une plage basse, le long
d'une contrée de plaines, indique peu
de profondeur jusqu'à de grandes distances. Le long des côtes acores l'eau
est le plus bleue; aux approches des
terres basses elle devient de plus en
plus verdâtre.

§ VII. *De la diminution des Mers.*

Sur quelque point du globe qu'on
porte les regards, on aperçoit des
traces irréfragables de l'antique séjour
des eaux. Aux cimes sourcilleuses des
Pyrénées, des Alpes et du Caucase,
dans l'Ancien-Monde, vers celles des
plus hautes Cordillières dans le Nouveau, existent des bancs coquilliers,
ou d'autres débris d'Animaux marins. Frappés d'étonnement à la vue
de telles reliques d'un Océan qui dut
tout recouvrir, les Hommes, qui
les premiers y devinrent attentifs,
imaginèrent de grands cataclysmes
pour expliquer le transport des Coquilles sur les montagnes. L'usage
d'appeler au secours de notre ignorance quelque intervention surna-

turelle pour expliquer un pareil fait, s'est perpétué depuis les âges primitifs jusqu'à nos jours ; il n'est pas un livre, entre ceux même où la possibilité de changemens à vue, dignes de l'Opéra, se trouve justement vouée au ridicule, où, néanmoins, les mots de déluge universel, de grandes révolutions physiques et de cataclysmes ne soient parfois employés comme argumens. Il serait temps cependant de faire disparaître toutes suppositions gratuites du langage scrupuleux qui seul convient dans la science. Il est incontestablement arrivé à la surface du globe des fracassemens de terre, des irruptions de mer, des ruptures de lacs, des débordemens de fleuves, des écartemens de montagne, des engloutissemens et des formations d'îles volcaniques, des écroulemens de rochers, et jusqu'à des bouleversemens qui purent changer les rapports qu'avaient entre elles de vastes régions continentales ; mais ces catastrophes, toutes locales, prodigieuses par rapport à notre petitesse microscopique dans l'immensité de l'univers, n'y ont point opéré de subversion totale. La destruction de la grande Atlantide elle-même, à laquelle nous croyons fermement, ne fut pas sur le globe un événement proportionnellement plus important, que ne le serait à la surface de l'Europe, ou dans les forêts marécageuses du Canada, la destruction d'une fourmilière ou d'une cité de Castors. Lorsque le détroit de Gibraltar se forma, quand l'Angleterre se sépara du continent, si quelques cabanes d'Atlantes ou de Celtes s'élevaient sur les portions de terre qu'entraînèrent les flots, les Celtes et les Atlantes riverains qui purent échapper au désastre, ne manquèrent pas de croire à quelque perturbation totale survenue dans la nature ; ils attribuèrent au courroux des dieux l'épouvantable destruction de leur patrie ; ils se soumirent à des expiations dans l'espoir d'apaiser le ciel irrité, au nom duquel leurs prêtres ne manquaient pas de promettre

que de semblables malheurs ne se renouvelleraient pas, tant que les peuples s'abandonneraient aveuglément aux volontés d'en haut, qu'ils se réservaient de transmettre et d'interpréter. Cependant des brisemens pareils ou même plus dévastateurs encore ont eu lieu en mille autres points de l'univers, mais selon que le théâtre de telles révolutions était ou non peuplé, ces événemens demeuraient ignorés ou l'histoire en perpétua le souvenir. Il serait facile de remonter à la source de chaque tradition de déluge en examinant l'état physique des lieux que ces prétendus cataclysmes durent noyer ; nous avons déjà dit sur quel point de l'Afrique on reconnaît les traces de celui dont il est fait mention dans les anciens livres des Hommes d'espèce arabique (vol. VII, p. 292). Les autres déluges dont parle l'histoire profane eurent probablement lieu lors de l'irruption de la Mer Noire dans la Propontide et de celle-ci dans la Méditerranée proprement dite, à travers la contrée qui s'entr'ouvrit pour devenir la Mer Égée.

L'usage d'expliquer par des déluges universels le séjour des flots au-dessus des plus hautes montagnes était bien digne de l'esprit grossier des temps primitifs, où des hommes abrutis par la superstition s'en pouvaient seuls contenter ; mais on a peine à concevoir comment on y revient encore aujourd'hui. En admettant qu'une cause subite eût pu ajouter à la masse des Mers une quantité d'eau suffisante pour que les plus hautes montagnes en dussent être recouvertes, et qu'une si grande inondation eût disparu assez promptement pour que Deucalion et Pyrrha, par exemple, échappés miraculeusement au désastre, aient eu le temps de repeupler aussitôt la terre, on serait toujours dans l'impossibilité de rendre raison d'une multitude de faits géologiques, dont l'examen prouve que beaucoup de calme et des milliers de siècles furent nécessaires pour façonner, sous les eaux, la croûte du globe où nous vivons, et la rendre telle que nous la voyons aujourd'hui. Dans ces amas de pétrifications qui n'ont pu se former qu'au sein des Mers primitives, et qui sont si élevés au-dessus des Mers actuelles, on n'observe rien dont la répétition n'ait lieu dans les amas analogues que nous voyons se former maintenant sur nos rivages ou dans les profondeurs océaniques. Des Polypiers pierreux et des Coquilles se superposèrent alors, une génération couvrant de ses débris les débris d'une génération précédente, et ainsi de suite, comme il arrive aujourd'hui, en formant des couches régulières mêlées, tout au plus, avec d'autres couches de sédimens, paisiblement déposées et généralement parallèles entre elles, toutes les fois que des causes locales ne venaient pas déranger l'ordre naturel. Les bancs calcaires pénétrés de débris jadis animés, aux plus grandes élévations où les naturalistes en aient observé, présentent absolument la même physionomie que les falaises de nos bords et que les récifs qui, dans les parties chaudes de l'Océan, s'élèvent journellement, et ne tarderont pas à fournir des supplémens à la terre en interceptant de futures Méditerranées (*V*. p. 588 de cet article). Réaumur, observateur ingénieux autant que circonspect, remarqua le premier, dans certains faluns, que si les Coquilles dont ces faluns se composaient y eussent été brusquement accumulées, on les trouverait entassées nécessairement et sans ordre; ce qui n'arrive pas toujours, puisque plusieurs sont placées dans la position où elles durent vivre et mourir par le seul effet de l'âge. Cette découverte fût des plus fécondes, et les naturalistes, que n'enchaînait aucun préjugé, commencèrent à distinguer dès-lors dans les prétendus monumens de confusion qu'on disait dater d'un cataclysme récent, l'effet des siècles et du repos. Ils y virent surtout les preuves de cet ordre inaltérable, établi dans le vaste ensemble de la nature, où le temps, qui manque sans cesse à l'ac-

complissement de nos œuvres, demeure éternellement à la disposition de la Puissance Créatrice, qui n'éprouva jamais la triste nécessité de compter avec ce temps pour changer, modifier ou consolider les siennes.

Ainsi, nul cataclysme universel ne put, de mémoire d'homme, bouleverser la surface du globe, et si les méticuleux trouvaient que cette assertion porte en soi quelque témérité, nous leur répondrions par les argumens déjà employés dans un autre endroit de ce Dictionnaire (T. VI, p. 330). Mais si l'histoire du déluge, appelé universel dans les livres sacrés, ne concerne qu'une petite partie de la terre, celle qui s'étend de l'Abyssinie au détroit de Babel-Mandel; ce n'en serait pas moins dans ces livres même que nous trouverions les preuves irréfragables du séjour primitif des Mers au-dessus du globe entier. Les pères de l'Eglise l'y ont reconnu; et nous pourrions appeler à l'aide de cette opinion saint Jean Damascène, saint Ambroise, saint Basile et le grand saint Augustin particulièrement. L'Esprit de Dieu, abstraction sacrée qu'on peut ici traduire par sa Volonté Créatrice, se mouvait alors à la surface des eaux. Et rien ne saurait être plus conforme à ce qui résulta de son mouvement dans la création, que cette Révélation précieuse. Mais que sont devenues les eaux environnantes? ont demandé les incrédules. Quelques auteurs ont imaginé, pour leur répondre, qu'il s'était tout-à-coup formé de profondes cavernes dans le sein de la terre afin d'en engloutir la surabondance; d'autres ont eu recours à l'évaporation. Van-Helmont, que ses contemporains ne comprenaient pas, et qu'ils regardèrent comme un extravagant, parce que son génie le rendait déjà notre contemporain, Van-Helmont entrevit le pourquoi de cette diminution des eaux qu'on expliquait par des impossibilités. Il en trouva les causes dans une sorte de décomposition chimique, et l'immortel Newton adopta les idées du savant Belge, puisqu'il pensait « que les parties solides de la terre s'accroissent sans cesse, tandis que ses parties fluides diminuent journellement, et qu'elles disparaîtront enfin totalement du globe terrestre, comme elles semblent avoir disparu du globe lunaire, où n'existe plus même d'atmosphère dans le genre du nôtre, qui se compose de fluides vaporisés. »

D'où ces artisans à peine visibles des Madrépores, et dont les parties muqueuses se dissolvent si aisément, pourraient-ils tirer les matériaux des bancs énormes dont ils encombrent l'Océan par l'entrelacement de rameaux calcaires? d'où les Mollusques et les Conchifères, parmi lesquels une valve de Tridacne peut contenir autant de phosphate calcaire que dix squelettes humains, pourraient-ils tirer les élémens de leurs tests destinés à former des pierres de taille? enfin, d'où tant d'autres créatures dont l'organisation repose sur un système osseux et solide, tirent-elles les principes dont leurs os et leurs solides se composent? Ces créatures sont les causes de la diminution des eaux, et nous le répéterons ici, parce qu'il est des vérités qu'on doit reproduire jusqu'à ce que personne ne les conteste plus. « Les êtres organisés ne semblent être doués de la faculté nutritive et organisatrice, en vertu de laquelle ils croissent et se perpétuent, que pour préparer durant leur vie des augmentations au règne minéral. Ainsi, le fœtus de tout Animal que soutient une charpente osseuse, ou le Mollusque et le Conchifère naissant, n'offrant dans leur état rudimentaire aucune trace de phosphate calcaire, doivent, en se développant, préparer une plus ou moins grande quantité de cette substance qu'à l'heure de la mort, les uns et les autres rendront au sol. Ainsi, parmi les Plantes, la Prêle avec ses aspérités rugueuses, les Graminées avec leur enduit vitreux, le Bambou avec son tabaxir, auront également préparé de la silice. Tout

Végétal, tout Animal devant laisser après lui, et pour reliques de son existence, une quantité quelconque de *detritus* appartenant au règne inorganique, peut donc être comparé à ces appareils que l'Homme, rival de la nature, imagina pour changer en apparence la substance des corps, et par les secours desquels il fait du verre avec des métaux, des huiles essentielles avec des plantes, et du noir d'ivoire avec des os. » Celsius, que nous avons déjà cité au sujet de l'abaissement de la Méditerranée Baltique, attribuait cet abaissement à la décomposition de l'eau, opérée par la végétation qui la convertit en parties solides d'où résultent des parties terreuses par la putréfaction des Végétaux. « Cette opinion de Celsius, dit Patrin qu'il est permis de citer quand il ne s'égare pas dans ses volcans, est aujourd'hui prouvée par l'expérience, et l'on peut y joindre comme preuve l'action vitale des Testacés et autres Animaux marins à enveloppe pierreuse, qui, suivant l'opinion de Buffon, ont la propriété de convertir l'eau de la Mer en terre calcaire. » En effet, n'a-t-on pas vu dans ce qui a été dit au paragraphe de cet article où nous avons parlé de la nature des eaux de la Mer, que tous les élémens de créations se trouvaient comme dissous dans ces eaux, afin qu'ils y pussent servir de base à la spontanéité des premières créatures d'essai, dans un milieu où tant d'autres causes ajoutent aux chances nécessaires pour déterminer l'organisation rudimentaire.

En reconnaissant l'intervention de la vie et des siècles dans la diminution des eaux de la Mer, on sent que cette diminution n'a pu être que graduelle et très-lente. Elle a eu lieu sans altérer cet équilibre, l'une des premières nécessités résultantes des lois de la nature et en vertu duquel les fluides recherchent le niveau : aussi les Mers ne s'abaissent pas de la plus petite portion de leur masse, que l'abaissement ne soit réparti proportionnellement à toute sa superficie. C'est en vertu de cette règle, que d'immenses quartiers de rocs, obéissant aux soulèvemens occasionés au fond d'un Océan primitif sans borne, par des volcans sous-marins, durent apparaître successivement au-dessus de cette superficie, en raison de leur élévation, qui avait eu lieu aux dépens de la substance même du noyau planétaire ; ces vastes fragmens de la roche vierge n'étaient point encore encroûtés de substances calcaires préparées par une antique animalité, aussi sont-ils devenus chacun, l'un après l'autre, les sommets de ces montagnes que nous appelons *Primitives*, parce qu'on ne reconnaît dans leur masse ou vers leur faîte, rien qui ait vécu. Entre les fissures occasionées au fond des Mers par ces volcans, dont la chaleur pouvait encore contribuer si loin de l'influence solaire au développement des premiers Hydrophytes, des premiers Polypiers et des premiers Coquillages ; ces premières créatures, en quelque sorte préparatoires, commencèrent à se propager abondamment, protégées qu'elles étaient contre la violence d'un courant général qui devait agir d'abord sans obstacle, en sens inverse de la rotation du globe ; les pentes des Alpes naissantes offraient à ces Animaux des asiles où, par l'accumulation de leurs restes, se sont préparées ces plus anciennes formations calcaires que nous voyons aujourd'hui s'appuyer aux grands systèmes de montagnes ; amas imposans de rochers qui furent éternellement bruts et de couches pierreuses où les moindres particules vécurent, et dont les crêtes étaient dès-lors tellement battues des vagues, que nul être organisé ne s'y pouvant attacher, ces crêtes chenues sont demeurées sans fossiles, comme pour nous faire connaître de quelles roches se compose la croûte réelle du globe, à laquelle la succession de ses habitans n'ajouta qu'une croûte factice, et moderne en comparaison de la première formation des hautes montagnes.

Nous sortirions du cadre de ce Dictionnaire, si nous entreprenions de suivre dans tous ses effets une diminution dont rien n'interrompt le cours. D'après ce qui vient d'être établi, il est peu de faits généraux en géologie qui ne s'expliquent aisément. Il ne nous reste qu'à faire voir que s'il existe en quelque point du globe des accidens d'où l'on ait pu inférer que les Mers changeaient de place, diminuaient en divers lieux et s'accroissaient en d'autres, de tels accidens sont eux-mêmes des preuves en faveur de la diminution graduelle et continue dont on vient d'établir la théorie. En vain l'on arguërait encore d'Aigues-Mortes, qui n'est plus un port, et des inondations si fréquentes en Hollande pour soutenir « que si la Mer perd d'un côté, elle gagne de l'autre ; » cette vieille erreur, comme tant d'autres, n'est un article de foi que pour l'ignorance. La Hollande, à l'embouchure du Rhin et de ses grands affluens, l'île de Nogat, à l'embouchure de la Vistule, se composent d'alluvions formées aux dépens des montagnes d'où naissent la Vistule et le Rhin, ou des plaines traversées par ces fleuves ; successivement déposés vers la ligne de contact formée par les courans d'eau douce qui les chariaient et par les flots qui leur faisaient obstacle, les matériaux de ces alluvions constituèrent d'abord des barres, dans le genre de celles qu'on retrouve à l'embouchure des moindres ruisseaux qui se déchargent dans la Mer ; ces barres s'étendirent ; leur surface finit par demeurer à découvert dans les basses marées ; les hommes, pour les incorporer à leur domaine, les environnèrent aussitôt de digues et les mirent ainsi à l'abri du flux ; mais les terrains dus à ces usurpations n'en sont pas moins demeurés au-dessous du niveau réel des moyennes eaux. Quand, soulevée par les tempêtes, aux grandes marées des équinoxes, la vague furieuse brise les faibles barrières élevées par l'industrie humaine, et parvient à inonder les polders, la Mer ne fait pas de conquête : elle rentre simplement dans le domaine dont elle s'était laissé dépouiller. La Mer ne se retire pas davantage sur les côtes provençales, qu'elle n'empiète sur les plages bataves. Le Rhône, comme le Rhin, entraîne, en dépouillant la vallée qu'il déchira, des cailloux, du sable, de la terre, avec toute sorte de débris; ces matériaux sont déposés au point où le courant fluvial lutte avec les flots de la Méditerranée avant de s'y perdre; il se forme un delta en ce point, delta qui, ne cessant de s'accroître, recule de plus en plus les rivages. La même chose a lieu à l'embouchure du Pô, où se comblent annuellement quelques lagunes vénitiennes; à l'embouchure du Nil, dont les nombreux canaux s'obstruent de jour en jour; en un mot dans tout l'univers, en chaque endroit où de grands cours d'eau sont comme les moyens employés par la nature pour niveler les continens et pour hâter l'encombrement des Mers. Les deux cas dont nous venons de parler, ne présentent d'ailleurs aucun rapport avec la question de la diminution générale et continuelle des eaux à la surface du globe; ils tiennent uniquement à des causes locales; d'une grande importance par rapport aux Hommes, ils ne sont que de peu de considération dans l'immensité de l'univers.

On peut conclure, de la diminution graduelle des eaux à la surface du globe, que les continens ou les îles que nous habitons maintenant, ne présentèrent pas toujours les formes que nous leur voyons. Des fragmens du noyau planétaire, immenses par rapport à nous, mais dont la hauteur est si peu considérable par rapport au diamètre de notre planète, ayant, comme nous l'avons vu tout à l'heure, été soulevés par les plus anciens volcans, formèrent, dans la ligne d'action de ceux-ci, soit des ceintures de murailles continues, soit des pointes plus ou moins écartées les unes des autres, et dont les intervalles usés par des courans, s'étant remplis de débris des générations marines superposées après leur mort, sont devenus, par leur apparition au-dessus des eaux, ce que nous appelons des Alpes, des Pyrénées ou des Cordillières. Le reste des accidens qu'on aperçoit dans la contexture de ces montagnes, vient de causes plus récentes, c'est-à-dire dont l'effet semble postérieur à l'émersion de chacune. Pour expliquer la plupart de ces accidens, on doit tenir compte du desséchement des couches qui s'y trouvèrent comme interposées et sur-ajoutées, ou qui en appuyaient les bases; desséchement qui, n'ayant pas suivi une marche uniforme à cause de la nature diverse de ces couches, causa postérieurement de nombreux affaissemens, des écartemens, des brisemens nouveaux et secondaires, dont les eaux pluviales ont profité, pour creuser le lit des torrens et les vallons, pour arrondir les angles des cassures, pour défigurer le produit des fracassemens primitifs, pour déterminer des fracassemens nouveaux, ou pour former des lacs en s'accumulant au fond de plusieurs cavités demeurées sans issue au sein des terrains soulevés. Ajoutons à ces causes de changemens récens, qui ne permettent plus de reconnaître l'état primitif des choses, qu'il exista, dans les couches de la terre nouvelle, des bancs de substances facilement pénétrables par l'eau, couches inférieures dont plusieurs ont été ramollies souterrainement par l'effet des infiltrations, et qui, ayant été dissoutes et entraînées, ont laissé des vides immenses, qui donnèrent lieu à des affaissemens dont plusieurs ont pu rendre à la Mer, ou bien à l'eau douce, de vastes espaces qu'avait long-temps ombragés la verdure et peuplés des Animaux de toute espèce. Des réservoirs et des canaux d'eau douce s'étant formés dès qu'il exista des montagnes, l'addition de ces eaux douces, résultées de l'évaporation opérée à la surface de la Mer, fut un élément nouveau d'organisation végétale et animale sur le monde naissant, et, s'il était permis d'employer cette expression, comme sortant des eaux de son amnios. On voit déjà, par ceci, comment les terrains d'eau douce se purent préparer de bonne heure, et comment ce qui avait pu avoir lieu sur les croupes de montagnes apparues les premières, put se renouveler entre les anastomoses de leur base, sur de plus grands espaces.

La terre habitable se composa donc primitivement d'archipels sans nombre, et offrit partout la figure que présente maintenant la Polynésie et la plus grande partie de l'Océan Pacifique. Nous avons, sur une suite de mappemondes qui ne tarderont point à voir le jour, tracé, de cinq cents toises en cinq cents toises de diminution, les diverses figures que dut prendre successivement, avant d'être ce qu'il est, le théâtre de nos misères. Ces cartes nous paraissent devoir jeter une vive clarté sur l'histoire de la création : elles donneront des moyens certains de rendre compte de la propagation, du mélange ou de l'isolement d'un grand nombre d'espèces végétales et animales à la surface du globe : elles feront voir combien sont peu fondées les opinions de ceux qui placent le berceau de plusieurs espèces du genre humain, ou qui cherchent les contrées sur lesquelles se mêlèrent des races sorties de ces espèces, vers des points de la terre qui appartenaient à la mer il n'y a peut-être pas trois mille ans (*V.* MARAIS). Quand on aura attentivement examiné nos cartes, on résoudra sans difficulté plusieurs problèmes d'histoire naturelle et de géographie physique, demeurés d'autant plus obscurs, qu'on en avait raisonné davantage, sans avoir essayé préalablement de remonter à ce qu'on pourrait appeler aussi les étymologies dans les sciences physiques.

Le fond de la Mer ne nous étant pas connu comme la surface de la terre, nous n'ajouterons pas aux cartes que nous promettons celle du globe tel qu'il sera lorsque les Mers n'en humecteront plus aucun point, et que gelé selon Péron, ou incendié selon saint Jean l'Évangeliste, il présentera l'aspect du globe lunaire. Nous connaissons trop le danger des publications hâtives pour nous engager de la sorte dans le domaine des conjectures, et l'article Mer finira pour nous où cessent les données positives.

Dans cet article nous n'avons parlé ni des Trombes ou Siphons, ni des Ouragans, ni des Tempêtes; ces dernières surtout étant plus du domaine de la poésie que de celui de l'histoire naturelle, nous en croyons la description déplacée dans la relation d'un voyage ou dans un ouvrage du genre de celui-ci. « Nous eussions pu comme tout autre, disions-nous, en citant un horrible coup de vent dont nous fûmes le jouet par le travers du canal de Mozambique, représenter, dans un jour douteux, le ciel humide et menacé par des vagues que soulevait le souffle des autans; montrer notre navire tour à tour précipité jusqu'aux ténébreuses profondeurs, voisines des derniers gouffres de l'Océan, ou subitement élevé sur une lame mugissante, dont la verdâtre épaisseur s'écroulait bientôt en écume phosphorique ou blanche comme la neige. Mais une marine où Vernet représente l'atmosphère chargé de lourds nuages, les flots et le ciel presque confondus dans une même teinte sombre, où ne se distingue, à la lueur de l'éclair, que l'Oiseau des tempêtes se jouant autour d'un navire prêt à périr, donne une idée bien plus exacte du courroux de l'Océan que tout ce qu'on en peut jamais écrire. »　　　(B.)

* **MÉRA.** BOT. PHAN. L'Arbre de Madagascar mentionné sous ce nom par Flacourt, paraît être le *Securinega* de Commerson. *V.* ce mot.　(B.)

* **MÉRASPERMA.** BOT. CRYPT. (*Confervées?*) Rafinesque a établi ce genre parmi ce qu'il nomme des

Conserves ; mais il en dit les tubes inarticulés, ce qui nous ferait croire que ce sont des Ectospermes qu'a voulu désigner ce naturaliste. Il en dit encore les tubes comprimés, et en cite des espèces américaines entre lesquelles est le *dichotoma*.   (B.)

* **MÉRATIE.** *Meratia.* BOT. PHAN. Loiseleur Deslongchamps avait établi sous ce nom un genre dont le type était le *Calycanthus præcox*, L.; mais ce même genre ayant été nommé *Chimonanthus* (*V.* ce mot) par Lindley, le nom de *Meratia* était resté sans emploi. Cassini s'en est servi pour remplacer celui de *Delilia*, proposé par C. Sprengel (Bullet. de la Soc. Philomat., avr. 1823), parce qu'il existe déjà un autre genre dédié par Humboldt et Bonpland au professeur Delile. *V.* LILÉE. Le *Meratia* de Cassini appartient à la famille des Synanthérées, tribu des Hélianthées, et à la Syngénésie superflue, L. Voici les caractères qui lui sont attribués par ce botaniste : involucre double ; l'extérieur beaucoup plus grand, formé de trois folioles libres, inégales, à peu près orbiculaires, échancrées à la base, mucronées au sommet, membraneuses, réticulées et hispidules, l'une d'elles plus grande, les deux autres à peu près égales, superposées et opposées à la première; involucre intérieur beaucoup plus petit que l'extérieur, composé probablement de trois écailles oblongues, coriaces, glabres, soudées entre elles, formant par leur réunion un étui obovoïde oblong, triquètre, qui embrasse étroitement les ovaires des fleurs ; réceptacle ponctiforme, probablement nu ; calathide composée de trois fleurs, deux au centre ayant une corolle dont le tube est long et grêle, le limbe à cinq divisions; cinq anthères à peine cohérentes ; l'ovaire en partie avorté, n'ayant qu'un style à deux branches écartées; la fleur du bord est unique, sa corolle est à peu près aussi longue que celles du centre, offrant un limbe en cornet, non étalé, fendu

sur la face intérieure ; son ovaire est surmonté d'un style à deux stigmatophores très-longs et arqués en dehors. Ces caractères, que nous avons abrégés pour ne présenter que les plus saillans, n'ont pas été ainsi exposés par Sprengel. L'involucre intérieur est entièrement de la composition de Cassini, qui refuse d'admettre l'existence d'un seul ovaire supportant trois corolles de Synanthérées, lesquelles contiendraient chacune des organes génitaux; il suppose, avec raison, quelque erreur d'observation de la part de Sprengel, erreur qui aura donné lieu à des différences imaginaires. Ainsi, ce que ce dernier botaniste a considéré comme le péricarpe de l'ovaire, n'est qu'un second involucre tel que celui qui est imaginé par Cassini et dont nous avons développé la structure. Le *Meratia* a de l'affinité avec le *Milleria*, genre susceptible d'être partagé en deux ; l'un qui aurait pour type le *Milleria quinqueflora*, L., et qui conserverait le nom de *Milleria*; l'autre qui serait fondé sur le *M. biflora*, et qui recevrait celui d'*Elvira*. *V.* ce mot.

La MÉRATIE DE SPRENGEL, *Meratia Sprengelii*, Cass., *Delilia Berterii*, Spreng., *loc. cit.*, est une Plante herbacée, annuelle, légèrement hispide, et ayant quelque ressemblance extérieure avec un *Melampodium*. Elle a des feuilles opposées, pétiolées, oblongues, lancéolées, un peu crénelées et à trois nervures; les calathides de fleurs sont jaunes et rassemblées en faisceaux à l'extrémité des tiges ou portées sur des pédoncules courts et axillaires. Cette Plante est originaire de l'Amérique méridionale près du fleuve de la Madeleine, où elle a été découverte par Bertero. (G..N.)

MERCADONIA. BOT. PHAN. Pour Mecardonia. *V.* ce mot.   (G..N.)

MERCANETTE. OIS. Syn. vulgaire de Sarcelle d'été. *V.* CANARD.
             (DR..Z.)

***MERCOLFUS.** OIS. (Aldrovande.) Syn. de Rollier. *V.* ce mot. (DR..Z.)

MERCORET. BOT. PHAN. L'un des

noms vulgaires de la Mercuriale commune.   (B.)

MERCURE. INS. Papillon du genre Satyre. *V*. ce mot.   (B.)

MERCURE. MIN. Genre de la classe des substances métalliques autopsides, composé de quatre espèces, dont l'une offre le Mercure à l'état natif, et les autres le présentent combiné avec le Soufre, le Chlore et l'Argent. Ces dernières sont connues sous les noms de Mercure sulfuré, Mercure muriaté et Mercure argental.

1. MERCURE NATIF. Métal blanc, liquide à la température ordinaire; pesant spécifiquement 13,58; se congélant à la température de 40° centigrades au-dessous de zéro, et se volatilisant par l'action d'une chaleur peu élevée. Le phénomène de la congélation du Mercure, observé pour la première fois en Sibérie par Delisle et Gmelin, dans les thermomètres dont ils faisaient usage, a été reconnu depuis et étudié par Braun, Æpinus, Black et Cavendish. Ce Métal, en se solidifiant, cristallise en octaèdres. Ses usages dans les arts économiques et dans la médecine, ainsi que ceux de ses nombreuses préparations, seront indiqués dans la suite de cet article où ce Métal sera considéré sous le point de vue chimique. Le Mercure natif existe tout formé dans la nature, mais toujours en petite quantité; en sorte qu'il ne fait jamais seul l'objet d'aucune exploitation. Il accompagne fréquemment le Mercure sulfuré; se trouve en globules dans les fissures du Minerai et quelquefois disséminé dans toute sa masse.

2. MERCURE ARGENTAL. Amalgame naturel d'Argent; hydrargirure d'Argent, Beud.; substance d'un blanc d'Argent, cristallisant en dodécaèdre rhomboïdal, et composée de deux atomes de Mercure pour un atome d'Argent, ou en poids de 65 parties de Mercure sur 35 parties d'Argent. Sa pesanteur spécifique est de 14,2. Elle donne du Mercure par la distillation, et se décompose par l'action du feu, en laissant sur le charbon un globule d'Argent. On ne connaît de cette substance que deux variétés principales : le Mercure argental *cristallisé*, toujours en dodécaèdre rhomboïdal ou simple, ou modifié sur ses angles et sur ses arêtes, et le Mercure argental *lamelliforme*, en lames minces ou en dendrites superficielles étendues sur différentes gangues. L'un des Cristaux décrits par Haüy, est la réunion de six formes différentes, et possède 122 faces. Le Mercure argental ne se trouve qu'accidentellement çà et là dans quelques mines de Mercure, surtout dans celle de Moschelandsberg, dans l'ancien duché de Deux-Ponts. Sa gangue est tantôt un Grès, tantôt une Argile lithomarge.

3. MERCURE MURIATÉ, ou mieux *Chlorure de Mercure. Quecksilber*, *Hornerz*, Wern. Substance d'un gris de perle, fragile et volatile par l'action du feu; déposant du Mercure lorsqu'on la passe avec frottement sur une lame de Cuivre humectée; cristallisant en prismes à base carrée, terminés par des pyramides; les dimensions du prisme fondamental ne sont pas encore bien connues. C'est un bi-chlorure de Mercure, contenant 15 parties de Chlore et 85 parties de Mercure. Ce Minéral se rencontre quelquefois sous la forme de concrétions mamelonnées ou fibreuses, dans les cavités d'un Grès secondaire à Almaden en Espagne, et dans la mine du duché de Deux-Ponts.

4. MERCURE SULFURÉ, vulgairement *Cinnabre*. Bisulfure de Mercure, composé de 14 parties de Soufre et 86 de Mercure; d'une couleur rouge foncé, passant au rouge brun; offrant dans sa poussière une belle teinte de rouge écarlate; soluble seulement dans l'Acide nitro-muriatique; se volatilisant complétement au chalumeau, en donnant une flamme bleue et une odeur sulfureuse; laissant un enduit d'un blanc métallique, lorsqu'on le passe avec frottement sur le Cuivre; ses cristaux se rapportent au système rhomboédri-

que, et Haüy a adopté pour forme fondamentale un rhomboïde aigu de 71° 48', qui n'offre point de joints très-sensibles parallèlement à ses faces, mais qui se divise très-nettement par des coupes parallèles à l'axe, en donnant les pans d'un prisme hexaèdre régulier; le Cinnabre pèse spécifiquement environ 7; il est facile à gratter avec le couteau; ses formes présentent ordinairement les pans du prisme hexaèdre régulier, combinés avec les faces de trois rhomboïdes différens, qui tous dérivent du rhomboïde primitif par des modifications simples sur les angles-plans des sommets. Les autres variétés dépendantes de la structure sont : le Mercure sulfuré *lamellaire*, *l'écailleux* ou *granuleux*, le *fibreux*, le *pulvérulent* dit *vermillon natif*, et le *compacte*. Quelquefois cette dernière variété est feuilletée ou testacée; mais alors elle est mélangée de bitume; c'est le Mercure sulfuré bituminifère, ou Mercure hépatique. Le Mercure sulfuré, surtout celui qui est bitumineux, est la principale mine de Mercure que l'on exploite pour fournir aux besoins des arts et des manufactures. Il se trouve presque uniquement dans les terrains secondaires, et c'est particulièrement dans le Grès rouge, dans le Grès houiller et les Argiles schisteuses et bitumineuses qui l'accompagnent, qu'on le rencontre en abondance. Ces Argiles renferment des empreintes de Poissons, dont les écailles sont conservées, des Plantes de la famille des Fougères passées à l'état charbonneux, des coquilles fossiles, etc. Tous les Minerais de Mercure sulfuré sont très-riches, même celui qui est bitumineux, qui renferme 81 parties de métal, et qu'on peut regarder comme le plus important, parce qu'il existe en couches très-puissantes. Les principales mines de Mercure sont celles d'Idria, dans le Frioul; d'Almaden, dans la Manche, en Espagne; et du Palatinat, sur la rive gauche du Rhin. Il existe encore des exploitations de Mercure en Hongrie, en Bohême, dans plusieurs autres parties de l'Allemagne et dans les deux Amériques.

(G. DEL.)

Il a été seulement question jusqu'ici du Mercure considéré minéralogiquement, c'est-à-dire des divers états sous lesquels cet important Métal se présente dans la nature. Pour compléter son histoire, nous exposerons les combinaisons chimiques qu'il est susceptible de contracter avec les autres corps, et en même temps nous ferons connaître les utiles applications qui en ont été faites aux sciences et aux arts.

Le Mercure métallique existe naturellement dans plusieurs mines (*V.* MERCURE NATIF), mais jamais en masses considérables; l'immense quantité de celui dont on fait usage dans les arts, s'obtient artificiellement en décomposant par la chaleur le Mercure sulfuré, après l'avoir mélangé avec de la Chaux vive ou de l'Argile. Les procédés distillatoires sont plus ou moins perfectionnés selon les différens pays où ce Métal est en exploitation. Dans le Palatinat, on emploie des cornues de fonte que l'on place dans des fourneaux à galère, et qui sont lutées à des récipiens extérieurs contenant de l'eau. Dans les mines d'Almaden en Espagne et d'Idria en Istrie, où l'on opère plus en grand, la distillation du Minerai de Mercure se fait dans deux pavillons séparés par une terrasse inclinée vers le milieu en forme de toit renversé; l'un de ces pavillons fait l'office de cornue, et l'autre celui de récipient. La distillation, par ce procédé, est très-imparfaite, et l'on assure qu'il se perd une grande quantité de Mercure.

La liquidité de ce Métal, sa pesanteur, son éclat vif et argentin, la pureté et l'homogénéité qu'on lui fait acquérir par plusieurs opérations chimiques, la facilité avec laquelle il peut s'unir à d'autres Métaux et former ce que l'on nomme des Amalgames, sont des qualités précieuses qui en rendent les usages aussi importans que variés. L'exploitation des mines d'Or et d'Argent en consomme d'immenses quan-

27*

tités, puisque les mines de Mercure du Pérou et de l'Amérique méridionale, dont le produit annuel est pourtant de 17 à 18 cents quintaux métriques, sont tellement insuffisantes pour les besoins des mines d'Or et d'Argent de ces contrées, que la plus grande partie du Mercure d'Europe passe en Amérique, et qu'on a même eu recours, en 1782, à celui qui s'exploite en Chine dans la province de l'Yun-Nan. Il est bon d'observer que par l'effet d'une politique imprévoyante et mesquine, l'Espagne voulant tenir ses colonies d'Amérique dans une dépendance absolue, avait interdit l'exploitation des mines de Mercure du Nouveau-Monde, et qu'elle envoyait d'Europe tout le Mercure nécessaire aux mines d'Or du Pérou et du Mexique. D'un autre côté, elle avait proscrit sur le Continent européen la culture des Végétaux utiles, et dont l'acclimatation était presque certaine. Mais les révolutions politiques ont annulé tous ces réglemens arbitraires. L'Amérique peut faire usage des ressources dont la nature s'est montrée prodigue envers elle, tandis que l'Espagne doit se trouver très-heureuse aujourd'hui de lui emprunter quelques-unes de ses richesses naturelles, telles que la Canne à sucre, le Cacte de la Cochenille, etc., qui sont maintenant en pleine culture sur la côte de Malaga.

Comme le Mercure ne devient solide qu'à un froid très-vif (40° centigrades au-dessous de o), qu'il n'entre en ébullition qu'à une chaleur fort élevée (360° centigrades au-dessus de o), et qu'ainsi il peut rester liquide entre des limites de température qui comprennent 400 degrés; comme, d'un autre côté, depuis o à 100 degrés, il se dilate uniformément selon Dulong et Petit, de $^1/_{5550}$ pour chaque degré centigrade, ce Métal fluide est d'une grande utilité pour la confection des thermomètres et des baromètres. Les chimistes en forment leur bain ou cuve hydrargyro-pneumatique, instrument si nécessaire pour l'extraction d'un grand

nombre de gaz. Les anatomistes en composent leurs injections délicates, et le font pénétrer dans les tubes les plus déliés des systèmes vasculaire et nerveux. Sous forme métallique le Mercure est très-employé en médecine. Ce n'est pas dans un ouvrage de la nature de ce Dictionnaire, qu'on doit exposer les effets thérapeutiques et l'action pernicieuse de ce Métal sur l'économie animale; nous devons nous borner à citer les principales préparations qu'on lui fait subir. On divise le Mercure dans les corps gras, résineux ou gommeux, de manière à atténuer ses globules, et à un tel point qu'ils deviennent imperceptibles même à la loupe; on obtient par ce moyen des préparations externes et internes fort usitées dans les maladies syphilitiques et cutanées, préparations que l'on connaît sous les noms d'onguent mercuriel, Mercure gommeux, pilules mercurielles, etc. Les opinions sont partagées sur l'état du Mercure dans ces préparations; selon les uns, il reste à l'état métallique, selon les autres, il a déjà subi un premier degré d'oxidation. Quoique le Mercure n'ait pas de saveur et d'odeur nuisibles, il communique néanmoins à l'eau dans laquelle on le fait bouillir un goût très-désagréable, et qui lui fait acquérir des propriétés vermifuges.

Le nombre des combinaisons que le Mercure produit avec les autres corps est très-grand, car souvent avec tel corps simple il en forme deux ou trois, d'où naissent ensuite à l'infini des combinaisons multiples. Nous ne mentionnerons ici que celles dont les arts, les sciences et surtout la médecine ont su tirer parti.

Avec l'Oxigène, le Mercure donne naissance à deux oxides : l'un (protoxide) qui existe combiné avec les Acides, et forme des sels au *minimum*, mais qui, selon Guibourt, ne peut être séparé de ces composés salins, sans se transformer en un mélange de deutoxide et de Mercure métallique. On l'obtient en traitant par la Potasse ou la Soude un proto-sel de Mercure, par exemple, le proto-nitrate : le précipité se forme en une masse noirâtre, dont l'analyse a donné 4 pour 100 d'Oxigène. La quantité de ce dernier principe étant un multiple par un nombre entier de celle du deutoxide, nous pensons, contre le sentiment de Guibourt, que le précipité noir, connu dans les pharmacies sous le nom de Mercure soluble de Hahneman, est bien un protoxide et non un simple mélange. Le deutoxide de Mercure, nommé anciennement précipité rouge, précipité *per se*, etc., est d'une couleur qui varie depuis le rouge orangé jusqu'au jaune, et qui dépend de l'état du sel qui a servi à le produire. Les anciens chimistes le composaient directement en chauffant, pendant long-temps, le Mercure avec le contact de l'air dans ce qu'ils nommaient l'enfer de Boyle, c'est-à-dire dans une série de matras à fond plat, et placés sur un fourneau à galère. On l'obtient aujourd'hui beaucoup plus facilement en exposant au feu le proto-nitrate ou le deuto-nitrate de Mercure, jusqu'à ce qu'il ne se dégage plus de vapeurs rutilantes. Si le nitrate employé est bien cristallisé, le deutoxide a une belle couleur rouge orangé ; elle est d'autant plus pâle que le nitrate est plus pulvérulent. Le deutoxide de Mercure contient 8 pour 100 d'Oxigène ; il est légèrement soluble dans l'eau, et sa solution verdit le sirop de violette. Les chirurgiens l'emploient comme escharrotique, pour ronger les chairs fongueuses. Trituré convenablement avec des corps gras, et dans une très-faible proportion, il fait la base de plusieurs pommades antiophthalmiques. En se combinant avec les divers Acides, les Oxides dont nous venons de parler forment un grand nombre de sels dont quelques-uns ont été employés en médecine. Tels sont : l'acétate de protoxide de Mercure, qui faisait la base des pilules ou dragées de Keyser, long-temps préconisées dans les affections syphilitiques ; les nitrates de Mercure, employés aussi dans un grand nom-

bre de préparations antisyphilitiques et antipsoriques ; le sous-sulfate de Mercure, anciennement nommé Turbith minéral, et que l'on donnait comme vomitif et diaphorétique.

Le Mercure forme deux combinaisons avec le Chlore, savoir : un proto-chlorure et un deuto-chlorure. Le premier qui a reçu successivement les noms de Calomel, précipité blanc, Mercure doux, Muriate de Mercure, contient 18 parties de Chlore et 100 de Mercure. Il est blanc, jaunissant à l'air, sans saveur et insoluble dans l'eau. On l'obtient par divers procédés ; le plus simple consiste à précipiter le nitrate de protoxide de Mercure dissous dans l'eau par le sel marin ou chlorure de Sodium. Ce deuto-chlorure mercuriel est un médicament très-usité soit comme purgatif vermifuge, soit comme antisyphilitique. Le deuto-chlorure de Mercure généralement connu sous le nom de sublimé corrosif, et qui dans la nomenclature de Guyton et de Lavoisier était désigné sous celui de Muriate oxigéné de Mercure, le deuto-chlorure, disons-nous, se compose de 36 parties de Chlore sur 100 de Mercure. Il est en pains lamelleux ou en aiguilles, d'un beau blanc qui ne s'altère point à l'air. Il n'a pas d'odeur, mais sa saveur est d'une âcreté excessive, laissant dans la bouche un goût affreux ; en un mot, c'est un des plus dangereux poisons que la chimie ait fait connaître. Il se dissout très-facilement dans l'eau et dans l'Alcohol. Parmi les divers procédés en usage pour la préparation du sublimé corrosif, nous citerons le suivant : on mêle 5 parties de sulfate de Mercure, 4 parties de chlorure de Sodium et une partie de péroxide de Manganèse. Le tout introduit dans un matras à fond plat, on chauffe graduellement, jusqu'à porter au rouge le fond de celui-ci. Dans cette opération l'oxigène du péroxide de Manganèse et de l'oxide de Mercure contenu dans le sulfate se porte sur le Sodium et forme de la Soude qui s'unit à l'Acide sulfurique, tandis que le Chlore et le Mercure se subliment à l'état de deuto-chlorure. Ce corps a de nombreux usages en médecine et dans les arts. On l'administre à l'intérieur, en solution ou en pilules, mais à des doses très-faibles, contre la syphilis; à l'extérieur, sous forme de lotion, contre les maladies de la peau. L'emploi de ces remèdes nécessite toujours beaucoup de prudence de la part du praticien. Tout le monde connaît les effets redoutables du sublimé corrosif ingéré à une plus forte dose dans l'économie animale; mais comme il se décompose facilement, et qu'il est ramené à l'état de proto-chlorure par la plupart des substances organiques où l'Oxigène domine, on a indiqué une foule de contrepoisons; le plus efficace, lorsqu'on s'y prend à temps, est l'Albumine ou le blanc d'œuf. On fait entrer le sublimé corrosif dans plusieurs préparations destinées à la conservation des pièces anatomiques et des objets d'histoire naturelle. *V.* les mots HERBIER et TAXIDERMIE.

Les sulfures de Mercure sont, de même que les oxides et les chlorures, au nombre de deux : l'un noir et l'autre rouge. Le premier (proto-sulfure) n'est considéré par Guibourt que comme un mélange du second avec du Mercure métallique. Cependant la même raison que nous avons donnée pour le protoxide peut être alléguée en faveur de l'existence du proto-sulfure. Le sulfure rouge (persulfure) vulgairement nommé Cinabre, et quand il est pulvérisé Vermillon, contient 16 parties de Soufre et 100 de Mercure. C'est le plus commun des Minerais de Mercure, mais il n'offre pas ordinairement la pureté de celui qui est produit artificiellement et dont la peinture fait un grand usage. Sa préparation consiste à incorporer une partie de Mercure dans 4 parties de Soufre en fusion, et à sublimer le mélange dans un vase approprié.

Les combinaisons que le Mercure forme avec les autres corps simples non métalliques, tels que l'Iode, le Phosphore, etc., n'ayant qu'un intérêt très-borné, nous ne pouvons les examiner ici : mais il n'en est pas de même de certains amalgames ou alliages du Mercure avec quelques Métaux ; nous devons au moins mentionner ceux qui sont d'une utilité très-grande.

On se sert, pour étamer les glaces, d'un amalgame d'Etain qui s'applique de la manière suivante : une feuille d'Étain, mise sur un plan horizontal, est recouverte d'une couche de Mercure qui s'y combine par sa surface inférieure; on fait alors glisser dessus une glace, afin d'expulser le Mercure en excès, et on la charge de poids. Si le verre a été préalablement bien desséché, l'amalgame ne tarde pas à y adhérer fortement. Avec l'Etain et d'autres Métaux, le Mercure forme des alliages utiles aux arts et aux sciences, mais que nous nous bornerons à indiquer; tel est l'alliage de Darcet qui se fond à une température inférieure à celle de l'eau bouillante; tel est encore l'alliage que l'on emploie pour augmenter l'intensité d'action des machines électriques.

L'amalgame d'Or s'obtient en plongeant l'Or rouge de feu dans du Mercure chaud. On sépare le Mercure non amalgamé en le faisant traverser une peau de chamois. L'amalgame qui reste dans celle-ci, est blanc, et contient une partie d'Or et une demi-partie de Mercure; il sert à dorer l'argent et le cuivre sur lesquels, après les avoir bien décapés, il suffit de l'appliquer. On chauffe ensuite pour volatiliser le Mercure, et on donne à la dorure le ton de couleur désiré en la recouvrant d'une bouillie de Nitre, d'Alun ou de Sel marin. On fait chauffer de nouveau, on lave à l'eau bouillante et l'on essuie la pièce.

Il est un amalgame triple qui conserve la fluidité du Mercure; c'est celui de trois parties de ce Métal, une de Bismuth et une de Plomb. Comme ces deux derniers Métaux ont moins de prix que le Mercure, il n'est pas rare de rencontrer, dans le commerce, celui-ci falsifié au moyen de l'amalgame en question ; mais on le reconnaît facilement en ce qu'il *fait la queue*, c'est-à-dire qu'au lieu de former des globules sphériques, lorsqu'on le divise sur un plan de verre, il prend alors des formes irrégulières en laissant des traces grises et sans éclat métallique.   (G..N.)

MERCURIALE. *Mercurialis.* BOT. PHAN. Genre de la famille des Euphorbiacées, et placé par les auteurs systématiques dans la Diœcie Ennéandrie, L. Ses fleurs sont monoïques ou plus ordinairement dioïques; leur unique enveloppe est un calice tri ou plus rarement quadriparti. Dans les mâles, on trouve des étamines au nombre de huit ou douze, ou davantage, dont les filets libres et saillans sont terminés par une anthère à deux lobes distincts et globuleux; dans les femelles, deux styles courts, élargis et denticulés dans leur contour; un ovaire partagé en deux lobes par un sillon profond, que suit de chaque côté un filet stérile, à deux loges renfermant chacune un ovule unique; le fruit est une capsule à deux coques revêtue d'aspérités ou d'un duvet tomenteux. Les espèces de ce genre sont au nombre de dix environ, à tiges frutescentes ou le plus ordinairement herbacées. Il est à remarquer qu'il y en a deux seulement exotiques, l'une originaire de l'Inde, l'autre du Sénégal, et que précisément dans ces deux seules, les coques sont souvent au nombre de trois et les feuilles alternes. Elles sont opposées dans toutes les autres qui croissent en Europe; dentées ou entières, stipulées et se teignant, en séchant, d'une couleur bleuâtre plus ou moins foncée; les fleurs sont axillaires ou terminales; les mâles sur des épis, où ils forment de petits pelotons accompagnés chacun d'une bractée; les femelles tantôt solitaires, tantôt en épis ou bien en faisceaux. Deux espèces sont communes dans nos environs, la Mercuriale vivace, *Mercurialis perennis*, L., et surtout

l'annuelle, *M. annua*, L., qui infeste tous les lieux cultivés. Elles participent aux propriétés purgatives de la famille dont elles font partie. (A. D. J.)

MERCURIASTRUM. BOT. PHAN. (Heister.) Syn. d'Acalyphe. *V.* ce mot.   (B.)

MÈRE DE GIROFLE. BOT. PHAN. Même chose que Antofles. *V.* ce mot et GIROFLE.   (B.)

MÈRE DES CAILLES. Nom que l'on donne assez vulgairement au Râle de Genêt. *V.* GALLINULE.
                    (DR..Z.)

MÉRENDÈRE. *Merendera.* BOT. PHAN. Une Plante des Pyrénées que l'on avait confondue avec le *Bulbocodium vernum*, auquel elle ressemble en effet d'une manière frappante par le port ainsi que par les dimensions et les couleurs de sa fleur, est devenue le type d'un genre établi par Ramond (Bullet. de la Société Philom. , n° 47, p. 178, t. 12) et adopté par De Candolle dans la seconde édition de la Flore Française. Ce genre, qui appartient à la famille des Colchicacées et à l'Hexandrie Trigynie, L., est ainsi caractérisé : périanthe divisé jusqu'à la base en six segmens rétrécis en onglets allongés, sur lesquels sont insérées six étamines à anthères longues, étroites, pointues, sagittées, droites et adhérentes aux filets par leur base; trois ovaires réunis par leur partie inférieure, surmontés chacun d'un style simple; capsule à trois lobes droits, non-renflés, semblable à celle des Colchiques. La principale différence qui existe entre ce genre et le *Bulbocodium*, consiste dans la pluralité des styles du *Merendera*. Ce caractère ne peut avoir beaucoup de valeur ; car ayant observé le *Bulbocodium* sur le vivant, nous avons vu qu'il offrait aussi réellement trois styles; mais ces styles étant soudés dans presque toute leur étendue, simulent la structure d'un style simple et triquètre. Comme ils ne sont unis que par un léger tissu cellulaire, on peut les séparer sans lacération, pour

peu qu'on écarte leurs stigmates.
L'organisation du *Merendera* nous
semble donc tellement semblable à
celle du *Bulbocodium*, qu'il est bien
difficile d'admettre la séparatiou de
ces genres. L'auteur de la Théorie
élémentaire de la Botanique a le premier démoutré combien il était important pour la taxouomie de se tenir en garde contre les soudures naturelles. C'est donc, appuyé de ses
propres principes, que nous proposons d'éliminer un genre qu'il avait
adopté dans sa Flore Française avant
d'avoir connu la véritable organisation de la Plante dont on l'avait séparé. Quoiqu'il en soit, le *Merendera
Bulbocodium*, Ram., D.C. et Redouté
(Liliacées, 1, tab. 25) est une Plante
spécifiquement différente du *Bulbocodium vernum*. Si l'on admettait notre opinion relativement à sa classification, on pourrait la nommer *Bulbocodium Merendera*. Elle ne s'élève
pas à plus d'un décimètre; son bulbe
ovoïde émet à la fin de l'été une
fleur solitaire d'un lilas purpurin, à
laquelle succèdent des feuilles linéaires, concaves et étalées; le pédoncule s'allonge considérablement
après la floraison, et porte une capsule qui s'ouvre en trois valves lors
de sa maturité. Cette espèce croît dans
les pelouses des Hautes-Pyrénées.
Desfontaines l'a aussi trouvée sur les
collines des environs d'Alger. Ramond a donné sur l'évolution de sa
racine des détails extrêmement curieux. Selon ce savant observateur,
elle se compose d'un gros bulbe qui
pompe les sucs de la terre par de
nombreuses radicelles, et nourrit un
très-petit bulbe naissant latéralement
de sa base. C'est de celui-ci que procèdent les feuilles et la fleur qui per-
cent les enveloppes communes aux
deux bulbes, en se glissant le long
d'une rainure pratiquée dans le premier. Les tuniques propres de ce
petit bulbe donnent naissance aux
feuilles et aux organes de la fleur,
excepté aux ovaires et aux styles qui,
ainsi que la hampe, sont produits
par un noyau parenchymateux. Ce

bulbe florifère s'enracine immédiatement après la fécondation, et prend
subitement son accroissement en re-
poussant l'ancien bulbe qui se flétrit,
s'aplatit et demeure enfermé comme
un corps étranger entre ses propres
tuniques. Marschall-Bieberstein, dans
sa *Flora Taurico-Caucasica*, a formé
une seconde espèce de *Merendera*,
sous le nom de *M. Caucasica*, qui a
pour synonyme le *Bulbocodium tri-
gynum* d'Adams.　　　(G..N.)

* **MÉRENDÉRÉES**. BOT. PHAN.
(Mirbel.) *V*. COLCHICACÉES.

MÉRÉTRICE. *Meretrix*. MOLL.
Nom que Lamarck a d'abord donné
au genre qu'il démembra des Vénus
de Linné et auquel il donna plus
tard la dénomination plus convenable de Cythérée. *V*. ce mot. Blainville, dans l'article MOLLUSQUE, a
conservé ce nom pour une de ses
nombreuses divisions des Vénus.
V. également ce mot.　　　(D..H.)

MERGANSER. OIS. Vieux syn.
de grand Harle, adopté par Linné
comme nom scientifique de cet Oiseau.
　　　　　　　　　　(DR..Z.)

MERGULE. *Mergulus*. OIS. Genre
de la méthode de Vieillot, qui ne
comprend qu'une seule espèce, le
Guillemot à miroir blanc de la méthode de Temminck. *V*. GUILLEMOT.
　　　　　　　　　　(DR..Z.)

MERGUS. OIS. *V*. HABLE.

MERIANA. BOT. PHAN. Le genre
ainsi nommé par Swartz, dans la famille des Mélastomacées, nous paraît
devoir être réuni au genre *Rhexia*.
Le genre formé par Adanson, sous le
même nom, d'après Trew, rentre
dans les Antholyzes.　　　(A. R.)

MÉRIDA. BOT. PHAN. Necker
(*Elem. Bot.*, n° 1195) a donné ce
nom à un genre qui a pour type le
Portulaca quadrifida, L. C'est le
même genre que Schrank a nommé
Meridiana, dénomination employée
par Linné fils pour une autre espèce
de *Portulaca*, qui rentre dans ce
genre. *V*. MERIDIANA.　　　(G..N.)

MERIDIANA. BOT. PHAN. Ce

genre, établi par Linné, fut réuni par son fils au *Portulaca*. Schrank (*in Botan. Zeitung.*, n° 23, 1804, p. 354) l'a rétabli en le caractérisant ainsi : calice nul ; corolle à quatre pétales ; huit étamines ; un style (ou quatre ?) ; pyxide ou capsule se fendant en travers. A ce genre appartiennent les *Portulaca Meridiana*, L., Suppl., et *P. quadrifida*, L. et Jacq. Collect., 2, p. 356, T. XVII, f. 4, ou *P. linifolia* de Forskahl. La première croît dans l'Inde orientale, et la seconde en Egypte. Schrank (*loc. cit.*) en a décrit une troisième espèce sous le nom de *M. axilliflora*, et dont la patrie est ignorée.   (G..N.)

* **MERIDION**. ZOOL. et BOT. CRYPT. (*Arthrodiées.*) Le genre formé sous ce nom par Agardh, dans son *Systema Algarum*, n'est que l'état muqueux d'une espèce du genre Chaos, pénétré de ce que Lyngbye appelait *Echinella*, que l'algologue de Lund nomme *Frustulis*, et qui sont des Lunulines, des Stylaires, etc. (*V.* ces mots). Il est probable que si Agardh eût observé autrement que sur quelque échantillon d'herbier desséché et méconnaissable, l'*Echinella olivacea* du savant Danois, qui est, sous le nom de *Meridion vernale*, le type de son genre, il n'eût pas introduit une coupe vicieuse et un nom inutile dans une science déjà trop surchargée de termes confus.   (B.)

MÉRIE. *Meria*. INS. Genre de l'ordre des Hyménoptères, section des Porte-Aiguillons, famille des Fouisseurs, tribu des Scoliètes, établi par Illiger et ayant pour caractères : palpes maxillaires courts, composés d'articles presque semblables, avec le premier article des antennes allongé, presque cylindrique, recevant le suivant et le cachant ; mandibules n'ayant point de dentelures. Ce genre ressemble beaucoup à celui de Myzine ; mais il s'en distingue parce que ce dernier a les mandibules dentées. Les Tiphies et les Tengyres en sont séparés par leurs palpes maxillaires, qui sont longs, tandis

qu'ils sont courts dans les Méries ; enfin les Scolies en sont distinguées par le second article de leurs antennes, qui est découvert et non emboîté dans le premier. Jurine a donné à ce genre le nom de *Tachus* ; Fabricius l'a placé avec ses *Bethilus*. Ces Insectes ont la tête arrondie ; leurs antennes sont moniliformes, courtes et épaisses ; leurs mandibules sont fortes et arquées ; le segment antérieur du tronc est de figure presque carrée ; les ailes supérieures n'ont point de cellule radiale ; les cellules cubitales sont au nombre de trois, la seconde est très-petite et pétiolée, la troisième est fort grande et reçoit les deux nervures récurrentes ; l'abdomen est en forme d'ovoïde allongé et déprimé ; les pates sont courtes et fortes avec les cuisses comprimées.

Ces Insectes se trouvent dans les départemens méridionaux de la France, en Espagne et en Italie : on n'en connaît encore que deux espèces. Nous citerons seulement la suivante :

Le MÉRIE DE LATREILLE, *M. Latreillii*, Illig. ; *Bethilus Latreillii*, Fab. ; *Tachus staphylinus*, Jurine, Hym., pl. 14. Longue de cinq à six lignes ; noire avec le devant du corselet et les premiers anneaux de l'abdomen rouges ; sur chaque côté de cette partie est une rangée de points blancs.   (G.)

MERILLO, MERILLUS, MERISTIO, MERLINA. OIS. Noms divers donnés à l'Emerillon. *V.* FAUCON.   (DR..Z.)

MÉRINGIE. BOT. PHAN. Pour Mœhringie. *V.* ce mot.   (B.)

MÉRINOS. MAM. Race espagnole de Moutons.   (B.)

MÉRION. *Malurus*. OIS. Genre de l'ordre des Insectivores. Caractères : bec plus haut que large, comprimé dans toute sa longueur, fléchi et légèrement courbé vers la pointe qui est un peu échancrée ; arête distincte qui se prolonge même jusqu'entre les plumes du front ; base garnie de petits poils rudes ; narines placées de chaque côté du bec, près de la base, et à moitié recouvertes par une membrane ; pieds longs et grêles ; doigt externe uni à l'intermédiaire jusqu'à la première articulation ; l'interne divisé ; ailes très-courtes , arrondies , les trois premières rémiges également étagées , souvent les trois et même les quatre suivantes d'égale longueur et dépassant les autres ; queue très-longue , conique; rectrices étroites et souvent à barbules rares et décomposées. La formation de ce genre est due à Vieillot. A l'exception de quelques espèces anciennement connues, et que , jusqu'alors, on avait réparties dans les genres Merle et Sylvie , celles qui le composent sont nouvelles ; elles ont été trouvées dans l'archipel des Indes et dans l'Océanie. Deux ont été rapportées par les naturalistes de l'expédition de découvertes autour du monde , commandée par le capitaine Freycinet. Les docteurs Quoy et Gaimard ont procuré à la science des documens bien précieux dans les descriptions parfaites et les figures bien exactes dont se compose la partie zoologique du nouveau voyage autour du monde. Il est à regretter que la marche rapide qu'exigeaient la sûreté et le succès de l'expédition , n'ait point accordé aux naturalistes le temps nécessaire pour leur permettre toute espèce de recherches et d'observations relatives aux objets qu'ils ont rapportés. Ils nous eussent infailliblement tracé l'esquisse des mœurs et des habitudes des Mérions, et nous ne nous trouverions point dans la triste nécessité de passer sous silence tout ce qui tient aux généralités historiques de ces Oiseaux.

Mérion Binnion, *Muscicapa maluchura* , Lath. ; *Malurus palustris* , Vieill. ; Levaill. Ois. d'Afr., pl. 129, fig. 2. Parties supérieures d'un brun ferrugineux avec la tige des plumes noirâtre ; sourcils bleus ; tectrices alaires et rémiges noirâtres , bordées de brun roussâtre ; barbules roides qui ne sont en quelque sorte que des soies noires placées à certaines distances les unes des autres ; gorge et devant du cou bleus ; milieu du ventre blanc ; le reste des parties inférieures roussâtre ; bec et pieds noirâtres. Taille , sept pouces. La femelle n'a point de bleu aux sourcils ni à la gorge. Cette espèce habite les parties marécageuses de la Nouvelle-Hollande où elle se nourrit d'Insectes et de larves aquatiques.

Mérion brachyptère , *Turdus brachypterus*, Lath. Parties supérieures et poitrine d'un brun cendré; parties inférieures grisâtres ; rectrices étagées; bec et pieds noirâtres. Taille, neuf pouces. De l'Océanie.

Mérion Capocier, *Sylvia macroura* , Lath., Buff.; pl. enl. 752, fig. 2 ; Levaill., Ois. d'Afr., pl. 129 et 130. Parties supérieures d'un jaune brun , avec le bord des plumes roussâtre ; les inférieures d'un blanc jaunâtre ; bec brun et pieds roux. Taille, cinq pouces six lignes. Ces Oiseaux se trouvent en nombre assez considérable dans les contrées méridionales de l'Afrique , où ils visitent avec confiance les habitations des colons. Levaillant, qui les a observés, rapporte au sujet de quelques-uns d'eux des choses qui, pour plus d'un motif , excitent un vif étonnement. Du reste, il paraît assez certain qu'ils se nourrissent d'Insectes , qu'ils construisent leur nid avec le duvet qui entoure la graine d'une espèce d'Asclépiade , nommée par les colons *Capoc* , que ce nid, assez volumineux , laisse une entrée à la partie supérieure et que souvent il est établi dans les bifurcations de l'Arbrisseau même. Selon le même observateur la ponte serait de sept œufs verdâtres , tachetés de roussâtre , et l'incubation durerait quatorze jours.

Mérion fluteur , *Turdus tibicen* , Vieill., Levaill., Oiseaux d'Afrique, pl. 112, fig. 2. Parties supérieures d'un brun roussâtre , tacheté de noirâtre; rectrices étagées, à barbules rares et distantes les unes des autres ; gorge blanche, tachetée de noir ; devant du cou et poitrine blanchâtres ; le reste des parties inférieures d'un fauve clair; bec et pieds brunâtres.

Taille, sept pouces. Du cap de Bonne-Espérance où il égaie les plaines marécageuses par les sons tour à tour graves et flûtés qui constituent son chant.

MÉRION GALACTOTE, *Malurus galactotes*, Temm., Ois. color., pl. 65, f. 1. Parties supérieures d'un cendré roussâtre, parsemées de taches striées noirâtres; rémiges bordées de roux; tectrices alaires brunes; rectrices brunâtres terminées de blanc que précède une tache noire; gorge blanche; parties inférieures d'un fauve jaunâtre; bec et pieds jaunâtres. Taille, six pouces. De la Nouvelle-Hollande.

MÉRION LEUCOPTÈRE, *Malurus leucopterus*, Gaimard., Voy. autour du monde, pl. 23, f. 2. Parties supérieures d'un bleu noirâtre; rémiges primaires d'un blanc jaunâtre; petites tectrices alaires d'un blanc pur; rectrices et parties inférieures bleues; bec et pieds noirs. Taille, trois pouces quatre lignes. De la Nouvelle-Hollande.

MÉRION LONGIBANDE, *Malurus marginalis*, Reinw., Temm., Ois. col., pl. 65, fig. 2. Parties supérieures d'un cendré roussâtre, parsemées de taches striées brunes, environnées d'un trait fauve très-clair; rémiges et rectrices d'un brun cendré, celles-ci très-étagées; sourcils et parties inférieures d'un blanc que traverse sur la poitrine une zône de petits points noirâtres; abdomen et cuisses d'un fauve jaunâtre parsemé de stries noirâtres; mandibule supérieure brune, l'inférieure blanche; pieds noirâtres. Taille, huit pouces. De Java.

MÉRION A LONGUE QUEUE DE LA CHINE, *Sylvia longicauda*, Lath.; *Motenilla longicauda*, Gmel. Parties supérieures d'un vert olive; sommet de la tête roussâtre; rectrices longues, étroites et étagées; parties inférieures d'un fauve verdâtre; bec et pieds noirâtres. Taille, six pouces six lignes.

MÉRION NATTÉ, *Malurus textilis*, Gaimard, Voy. autour du monde, pl. 23, f. 1. Parties supérieures d'un brun roussâtre, parsemé de taches d'un brun plus clair; rémiges et rectrices roussâtres, tachetées de fauve; sommet de la tête, gorge, devant du cou et poitrine variés de roux et de blanchâtre; le reste des parties inférieures brunâtre; bec et pieds noirâtres. Taille, six pouces six lignes. De la Nouvelle-Hollande où il se tient presque constamment sous les buissons, courant très-vite, au point qu'on peut facilement le prendre à travers les broussailles pour un petit Quadrupède.

MÉRION NOIR ET ROUGE, *Malurus hirundinaceus*, Vieill.; *Sylvia hirundinacea*, Lath. Parties supérieures noires; menton, gorge et devant du cou d'un rouge brillant; le reste des parties inférieures blanc avec une large ceinture noire sur le ventre; tectrices caudales et anales orangées; bec et pieds noirâtres. Taille, quatre pouces. De l'Océanie.

MÉRION A QUEUE GAZÉE. *V.* MÉRION BINNION.

MÉRION SUPERBE, *Sylvia cyanea*, Lath. Parties supérieures noirâtres: plumes de la tête noires, longues et touffues, susceptibles, sur la nuque, de se relever en huppe; front, partie des joues et des oreilles d'un bleu vif et foncé; trait oculaire noir; collier, gorge et dessus des rectrices bleus; rémiges et rectrices rousses, bordées de noir, celles-ci longues et étagées; bec et pieds noirâtres. Taille, cinq pouces quatre lignes. De la Nouvelle-Hollande.

MÉRION TACHETÉ, *Malurus maculatus*, Vieill. Parties supérieures brunes; front et parties inférieures blanchâtres, tachetées de noir; rectrices grises avec une tache noire vers l'extrémité qui est blanche; rémiges brunes bordées de blanchâtre. Cette espèce offre beaucoup de ressemblance avec le Mérion galactote de Temm., et il ne serait pas impossible que les deux fussent identiques.

MÉRION A TÊTE BLEUE DE L'ILE DE LUÇON, *Muscicapa cæruleocapilla*, Vieill. Parties supérieures d'un gris ardoisé; tête d'un beau bleu ainsi que la gorge et le dessus du cou; une large tache brune sur les tectrices alaires ; rémiges et rectrices noirâtres, les intermédiaires de celles-ci plus longues que les latérales ; parties inférieures cendrées ; bec et pieds noirs. Taille, quatre pouces. (DR..Z.)

* **MÉRIONE**. *Meriones*. MAM. *V*. GERBOISE. On a écrit également MÉRION ; mais ce nom appartenant déjà à un genre d'Oiseaux, le mot Mérione nous semble devoir être préféré. (IS. G. ST.-H.)

* **MERIONUS**. INS. Nom donné par Germer à un genre de Charanson que Latreille n'adopte pas. (G.)

MERISIER. BOT. PHAN. Espèce du genre Cerisier. *V*. ce mot. On a appelé MERISIER A GRAPPES une autre espèce du même genre, MERISIER DU CANADA le *Betula lenta* et MERISIER DORÉ, aux Antilles, le *Malpighia spicata*, L. (B.)

MERISMA. BOT. CRYPT. (*Champignons.*) Persoon a distingué sous ce nom des Plantes qui avaient été d'abord confondues avec les Clavaires, et que depuis Fries avait réunies aux Théléphores. On peut le caractériser ainsi : réceptacle irrégulier, rameux, à rameaux comprimés, dilatés et filamenteux vers leur extrémité ; membrane-fructifère étendue sur leurs deux faces, mais portant les thèques particulièrement à l'inférieure ; on voit que le mode de division et la forme générale de ces Champignons les rapproche des Clavaires, tandis que la disposition des thèques à la surface inférieure indique leur analogie avec les Théléphores.

L'espèce la plus commune de ce genre, et qui lui a servi de type, est le *Merisma cristatum*, Pers., *Clavaria laciniata*, Sow., *Fung.*, t. 158. Il croît en automne parmi les Mousses dans les bois, il est irrégulièrement rameux, à rameaux comprimés en forme de crête d'un jaune sale ; il adhère fortement aux Végétaux voisins qu'il enveloppe presque toujours en partie. (AD. B.)

* **MERIZOMYRIA**. BOT. CRYPT. (*Ulvacées? Conferves?*) Genre fort obscur formé par Ciro Pollini (*Bibliot. Ital.*, n. 21, p. 420, T. VII, fig. 11, a, b), dont le nom signifie divisée en une infinité de parties, et auquel l'auteur assigne pour caractères : tige cylindrique opaque, fistuleuse, inarticulée, très-divisée en rameaux également fistuleux, sans articulations, et terminés en forme de cil. L'auteur n'en mentionne qu'une espèce qu'il nomme *Merizomyria aponine* qui habite dans les Thermes Eugéniens où elle supporte 30 à 44 degrés de chaleur au thermomètre de Réaumur ; elle y forme sur les pierres et sur les rameaux inondés comme un gazon d'un vert gai ; vue au microscope la base en est opaque et les extrémités transparentes. La figure de ce Végétal n'en peut donner qu'une idée fort imparfaite, et le *Merizomyria* doit être considéré comme un genre douteux jusqu'à ce qu'il ait été examiné avec plus de détail. (B.)

MERLAN. *Merlangus*. POIS. Espèce devenue type d'un sous-genre de Gade. *V*. ce mot. (B.)

MERLE. *Turdus*. OIS. Genre de l'ordre des Insectivores. Caractères : bec médiocre, tranchant, échancré, recourbé et comprimé à la pointe ; des poils isolés à son ouverture ; narines placées de chaque côté de sa base, ovoïdes, à moitié fermées par une membrane nue ; pieds un peu grêles ; tarse plus long que le doigt intermédiaire ; quatre doigts, trois en avant, l'extérieur réuni par sa base à l'intermédiaire ; un en arrière ; première rémige presque nulle ou de moyenne longueur, la troisième ou quelquefois la quatrième la plus longue.

Il est dans toutes les parties de l'histoire naturelle et dans l'ornithologie surtout des circonstances où le méthodiste se trouve fort embarrassé pour tracer les limites qui doivent circonscrire un genre. Celui des Merles en offre un exemple remarquable - malgré les genres nouveaux auxquels ses subdivisions ont donné naissance, et la répartition qu'une étude des plus approfondies, a permis de faire, dans des genres voisins, de beaucoup d'autres qui s'étaient glissées dans celui-ci, on voit encore ses nombreuses espèces toucher, de manière à ne présenter que des dissemblances rationnelles, d'un côté au genre presque aussi nombreux des Sylvies, d'un autre aux Brèves et même se fondre insensiblement dans les Pies-Grièches. Aussi tous les auteurs qui se sont attachés à vouloir rendre exclusifs les caractères génériques qu'ils ont tracés, ont-ils échoué lorsqu'ils sont arrivés aux Merles, et ont-ils été forcés d'avouer qu'entre telles espèces formant les extrêmes du genre, mais qui se sont trouvées groupées par des dégradations intermédiaires insensibles, on remarquait beaucoup plus d'anomalies choquantes que l'on n'en observe assez souvent entre des espèces de genres différens. On peut concevoir d'après cela les difficultés que l'on doit s'attendre à rencontrer dans la détermination des Merles.

Dans le dessein d'arriver plus aisément à la connaissance des espèces, on a subdivisé le genre Merle en plusieurs sections dans lesquelles on a groupé successivement des Merles proprement dits, des Grives, des Moqueurs, des Turdoïdes, etc., etc.; il est résulté pour cette opération, dans laquelle on n'a pas reconnu les avantages que l'on en attendait, une multiplicité de difficultés semblables à celles qui se sont élevées primitivement pour la formation du genre, et plus de la moitié des espèces pouvaient trouver place dans plusieurs sections indistinctement. Ces subdivisions étant d'ailleurs purement arbitraires, ne faisaient que jeter de la confusion dans le travail sans aucunement l'alléger.

Il est difficile de donner un aperçu général des mœurs et des habitudes d'une masse nombreuse d'individus disséminés sur tous les points du globe; aussi nous bornons-nous à glisser à la suite de la description des espèces qui nous intéressent le plus quelques mots relatifs à leur histoire.

Les espèces nombreuses de ce genre sont les suivantes :

MERLE D'AMBOINE, *Turdus Amboinensis*, Lath. Parties supérieures d'un brun rougeâtre avec les rectrices alaires intermédiaires jaunes ; rectrices jaunes inférieurement; bec et pieds noirs. Taille, dix pouces.

MERLE D'AMÉRIQUE, *Turdus Americanus*, Briss. Parties supérieures noires, à reflets violets, les inférieures d'un noir mat : extrémité des rectrices et des rémiges rousse; bec et pieds jaunes. Taille, neuf pouces.

MERLE A AIGRETTES, *Turdus crinatus*, Lath. Parties supérieures d'un brun rougeâtre; sourcils, gorge et tectrices anales blancs; joues noires; une petite touffe blanche sur les oreilles; rectrices terminées de noir, bordées de blanc; devant du cou et poitrine d'un fauve rougeâtre; abdomen blanc; bec et pieds d'un gris bleuâtre. Taille, dix pouces. De la Chine.

MERLE D'AIGUE. *V*. MARTIN-PÊCHEUR ALCYON.

MERLE AUX AILES COURTES. *V*. MÉRION.

MERLE AUX AILES LONGUES. *V*. LANGRAYEN A LIGNES BLANCHES.

MERLE AUX AILES ROUGES. *V*. MERLE MAUVIS.

MERLE DES ARDENNES. *V*. MERLE MAUVIS.

MERLE AZURIN, *Turdus azureus*, Temm., pl. 274. Parties supérieures d'un bleu noirâtre, varié de brunâtre, avec le sommet de la tête et le bord des rémiges et des rectrices d'un bleu d'azur; occiput, nuque, côtés du cou et croupion d'un bleu foncé, brillant; gorge, devant du cou et poitrine d'un brun olivâtre, le reste des parties inférieures d'un noir bleuâtre; bec et pieds noirs. Taille, huit pouces six lignes. La femelle a les couleurs moins vives et tout le dessous du corps d'un noir bleuâtre. Des Moluques.

MERLE DE LA BAIE D'HUDSON. *V*. TROUPIALE.

MERLE BANAWILL-WILL, *Turdus muscivorus*, Lath. Parties supérieures d'un noir bleuâtre avec les ailes et la queue brunes ; parties inférieures blanches ; bec et pieds bruns. Taille, neuf pouces quatre lignes. De la Nouvelle-Guinée.

Merle Baniahbou, *Turdus Canorus*, Lath. Parties supérieures d'un brun foncé avec le bord extérieur des tectrices alaires et des rémiges cendré ; sourcils blancs et prolongés ; parties inférieures d'un brun cendré ; bec et pieds jaunes. Taille, neuf pouces ; queue longue et étagée. La femelle est grise, à l'exception des trois rémiges et des trois rectrices extérieures qui sont presque entièrement blanches. Du Bengale.

Merle a barbe blanche, *Turdus leucopogus*. Parties supérieures d'un bleu ardoisé foncé ; première rémige entièrement noire, les autres ainsi que les tectrices alaires bordées de bleu ardoisé pâle ; rectrices noires, étagées ; les quatre latérales terminées de blanc ; menton blanc ; gorge et devant du cou noirs avec quelques stries blanches ; poitrine d'un cendré bleuâtre qui s'éclaircit vers le milieu du ventre ; abdomen d'un roux vif ; tectrices anales blanches ; bec noirâtre ; pieds jaunes. Taille, dix pouces six lignes. Nous avons reçu cette espèce de l'île de Cuba, et nous en avons envoyé des individus aux Musées des Pays-Bas et de Paris.

Merle Basset de Barbarie, *Turdus Barbaricus*, Lath. Parties supérieures d'un vert clair ; croupion, extrémité des tectrices alaires et caudales jaunes ; rémiges et rectrices jaunâtres ; parties inférieures blanchâtres, avec des mouchetures sur la poitrine ; bec brun, jaunâtre à sa base ; pieds jaunes. Taille, onze pouces. Espèce douteuse que l'on présume être le Loriot femelle jaune.

Merle a bec jaune. *V.* Merle noir.

Merle a bec jaune d'Afrique, *Turdus Africanus*, Lath. Parties supérieures noires ; devant du cou, poitrine et ventre variés de roux et de noirâtre ; abdomen et tectrices cau-

dales d'un blanc pur ; bec jaune avec la pointe noire ; pieds jaunâtres. Taille, neuf pouces six lignes.

Merle a bec bleu, *Turdus tenebrosus*, Lath. Parties supérieures noires ; rémiges bordées de blanc ; sommet de la tête brunâtre ; parties inférieures blanches à l'exception du menton qui est noir ; bec bleu ; pieds noirs. Taille, six pouces. De la Nouvelle-Galles du sud.

Merle du Bengale. *V.* Merle Baniahbou.

Merle bleu, *Turdus cyaneus*, Gmel. ; *Turdus solitarius*, Lath. ; *Turdus Manillensis*, Lath. ; Solitaire de Manille, Buff., pl. enl. 564, f. 2. Parties supérieures d'un bleu foncé ; rémiges et rectrices noires ; tectrices alaires noires bordées de bleu ; gorge et devant du cou bleuâtres ; parties inférieures bleues avec le bord des plumes noir, terminé de blanchâtre ; bec et pieds noirs. Taille, huit pouces six lignes. La femelle a les parties supérieures variées de bleu et de brun ; les rémiges et les rectrices d'un brun noirâtre, bordées de cendré bleuâtre, des taches roussâtres sur la gorge et le devant du cou ; les parties inférieures rayées et variées de bleuâtre, de cendré et de brun. Les jeunes sont d'un brun cendré tacheté de blanchâtre, avec une nuance bleue sur les parties supérieures. Du midi de l'Europe et du Levant où ils habitent les montagnes, nichent dans les anfractuosités des rochers les plus escarpés, dans les trous de ruines abandonnées où ils se nourrissent d'Insectes et de baies ; ils ne descendent dans la plaine que lorsqu'ils en sont pressés par le besoin. La ponte consiste en cinq ou six œufs d'un blanc verdâtre.

Merle bleu-cendré. *V.* Troupiale de la baie d'Hudson.

Merle bleu de la Chine, *Turdus violaceus*, Lath. Le plumage bleu avec des reflets violets sur la tête, le cou, les tectrices alaires, la poitrine et le côté interne des jambes ; une tache blanche à l'extrémité des deux petites tectrices alaires les plus externes; bec et pieds noirs. Taille, huit pouces.

Merle de Bohème. *V*. Jaseur.

Merle de bois. *V*. Merle Draine.

Merle du Brésil, *Turdus Brasiliensis*, Lath. Parties supérieures noires avec le croupion d'un brun ferrugineux; une bande blanche sur le milieu des ailes; rectrices étagées; les latérales blanches, les autres terminées de cette nuance; parties inférieures d'un brun pâle rayé de noirâtre; bec noir; pieds bruns. Taille, huit pouces.

Merle brillant de Congo. *V*. Stourne éclatant.

Merle brun d'Abyssinie, *Turdus Abyssinicus*, Lath. Parties supérieures brunes; rémiges et rectrices noirâtres bordées de brun clair; gorge brunâtre; parties inférieures d'un jaune fauve; bec et pieds noirs. Taille, huit pouces.

Merle brun du cap de Bonne-Espérance. *V*. Merles Spréo et brunet.

Merle brun des Indes. *V*. Merle Baniahbou.

Merle brun de la Jamaïque, *Turdus leucogenus*, Lath. Parties supérieures noirâtres avec une tache blanche sur les tectrices alaires; gorge et ventre blanchâtres, le reste des parties inférieures brunâtre; bec jaune avec une ligne noire à l'extrémité; pieds orangés. Taille, neuf pouces six lignes.

Merle brun olivatre. *V*. Merle Grivet.

Merle brun de passage. *V*. Merle erratique.

Merle brun a poitrine noire, *Turdus obscurus*. Tout le plumage brun avec une teinte noirâtre sur la poitrine; sourcils et menton blancs; bec et pieds noirâtres. Taille, neuf pouces. De Sibérie.

Merle brun et roux, *Turdus rufiventris*, Vieill. Parties supérieures brunes; gorge, devant du cou et haut de la poitrine blanchâtres, tachetés de brun; le reste des parties inférieures d'un roux vif; bec rougeâtre, brun à sa base; pieds bruns. Taille,

huit pouces six lignes. Du Brésil.

Merle brun d'Haïti, *Turdus fuscatus*, Vieill. Parties supérieures brunes; rectrices latérales d'un gris bleuâtre, terminées de banc; parties inférieures grises tachetées de brun; bec jaune; pieds bruns. Taille, dix pouces.

Merle brun du Sénégal, *Turdus Senegalensis*, Lath., Buff., pl. enl. 563. Parties supérieures brunes, les inférieures blanchâtres; rémiges, rectrices, bec et pieds noirâtres. Taille, huit pouces.

Merle brunet, *Turdus Capensis*, Lath., Levaill., Ois. d'Afrique, pl. 105. Parties supérieures brunes, les inférieures brunâtres, avec le ventre, les cuisses et les tectrices anales jaunes; bec et pieds noirs. Taille, sept pouces. D'Afrique.

Merle Brunoir, *Turdus nigricans*, Vieill., Levaill., Ois. d'Afrique, pl. 106. Parties supérieures, cou et poitrine brunâtres avec le centre des plumes plus foncé; tête, côtés du cou et gorge d'un brun noirâtre, de même que les rémiges; ventre blanc; tectrices anales jaunes; bec et pieds noirs. Taille, sept pouces. D'Afrique.

Merle buissonnier. *V*. Merle a plastron.

Merle Cadran. *V*. Merle de Mindano.

Merle a calotte blanche, *Turdus albicapillus*, Vieill. Tête, dessus et côté du cou, ailes et rectrices intermédiaires noirâtres; le reste du plumage roux; sommet de la tête tiqueté de blanc; bec et pieds noirs. Taille, dix pouces trois lignes. Du Sénégal.

Merle a calotte noire, *Turdus nigricapillus*, Vieill., Levaill., Ois. d'Afrique, pl. 108. Parties supérieures d'un brun noirâtre, les inférieures blanchâtres; sommet de la tête noir dans le mâle; bec jaune, noir à la pointe de la mandibule supérieure; pieds rougeâtres. Taille, six pouces. D'Afrique.

Merle du Canada. *V*. Merle erratique.

MERLE DU CAP DE BONNE-ESPÉ-
RANCE. *V*. MERLE JAUNOIR.

MERLE CAP-NÈGRE, *Turdus atriceps*, Temm., Ois. col., pl. 147. Parties supérieures vertes; tête, gorge et
partie du devant du cou noires, irisées de pourpre et de vert; tectrices
alaires d'un vert jaunâtre; rémiges
noires, bordées de vert; rectrices
noires, terminées de jaune; croupion, ventre et abdomen jaunes; bec
et pieds noirs. Taille, six pouces. La
femelle a les couleurs plus ternes, et
le noir tire sur le verdâtre. Des Moluques.

MERLE DE LA CAROLINE. *V*. MERLE
MOQUEUR FRANÇAIS.

MERLE A CASQUE NOIR, *Turdus
atricapillus*, Lath., Buff., pl. enl.
592. Parties supérieures brunes avec
la tête et la nuque noires; rémiges tachées de blanc vers leur base; rectrices étagées, noirâtres; les latérales
terminées de blanc; parties inférieures roussâtres, rayées de brun vers les
flancs; bec et pieds noirâtres. Taille,
neuf pouces. De l'Amérique méridionale.

MERLE CAT-BIRDT, *Turdus Cat-
Birdt*. Parties supérieures d'un noir
cendré avec le front, le sommet de
la tête et la nuque noirs; rémiges
frangées de gris; gorge et ventre d'un
gris bleuâtre qui prend une nuance ardoisée sur la poitrine et les flancs; tectrices anales d'un brun marron; bec
et pieds noirâtres. Taille, sept pouces
six lignes. De l'Amérique septentrionale où on lui a donné le nom d'Oi-
seau-Chat à cause de son ramage dont
quelques modulations imitent le miau-
lement au point que l'on pourrait y
être trompé.

MERLE CENDRÉ. *V*. MERLE TILLY.

MERLE CENDRÉ D'AMÉRIQUE. *V*.
MERLE TILLY.

MERLE CENDRÉ DE MADAGASCAR.
V. MERLE OUROVANG.

MERLE CENDRÉ DE SAINT-DOMIN-
GUE. *V*. MERLE MOQUEUR FRANÇAIS.

MERLE CHAMPENOIS. *V*. MERLE
MAUVIS.

MERLE CHAUVE DE CAYENNE. *V*.
CORACINE COU-NU.

MERLE CHAUVE DES PHILIPPINES.
V. MARTIN CHAUVE.

MERLE DE LA CHINE, *Turdus pers-
picillatus*, Lath., Buff., pl. enl.
604. Tête, cou et haut de la poitrine
d'un gris plombé: dos, ailes et queue
d'un brun cendré; front et espace
circulaire des yeux noirs; parties inférieures blanchâtres; tectrices anales
d'un jaune roussâtre; bec noir; pieds
jaunes. Taille, dix pouces. De la
Chine. La femelle ou l'individu que
l'on regarde comme telle a tout le
plumage d'un brun olivâtre tirant sur
le blanchâtre vers la gorge; le front,
les joues entourant la moitié des yeux
et le menton d'un roux marron vif;
le bec brun, noir à sa base; les pieds
couleur de corne. Nous ne savons
trop si l'on est bien fondé à voir dans
cet Oiseau la femelle du Merle de la
Chine: d'abord on ne nous l'a encore
envoyé que des Moluques, et sur
une trentaine d'individus que nous
avons vus venant de Java il ne s'en
est jamais trouvé aucun qui présentât les caractères du Merle de la
Chine. Cette prétendue femelle est
encore dans une collection sous le
nom de *Turdus fuscifrons* que nous
lui avons donné dès le premier moment.

MERLE CHOCHI, *Turdus Chochi*,
Vieill. Parties supérieures d'un brun
noirâtre; tectrices alaires bordées de
roux; gorge et devant du cou blancs,
striés de noirâtre; le reste des parties
inférieures roux; bec brun; pieds
d'un gris bleuâtre. Taille, neuf pouces six lignes. De l'Amérique méridionale.

MERLE CHOUCADOR, *Sturnus ornatus*, Daud.; *Corpus splendidus*, Shaw,
Levaill., Ois. d'Afrique, pl. 86. Parties supérieures d'un vert brillant
irisé, les inférieures noires; bec et
pieds noirâtres. Taille, huit pouces
six lignes.

MERLE A COLLIER D'AMÉRIQUE. *V*.
STOURNE A COLLIER.

MERLE A COLLIER BLANC, *Turdus
albicollis*, Vieill. Parties supérieures
brunes avec les scapulaires roussâtres, le cou, les tectrices alaires et

caudales d'un gris ardoisé; gorge blanche, tachetée de noir; un large collier blanc; milieu de la poitrine et flancs roux ; le reste des parties inférieures blanc; bec bleu, jaunâtre en dessous; pieds bruns. Taille, dix pouces. Du Brésil.

MERLE DES COLOMBIERS. *V.* STOURNE.

MERLE COMMUN. *V.* MERLE NOIR.

MERLE A COU NOIR, *Turdus nigricollis*, Lath. Parties supérieures d'un brun ferrugineux; tête et nuque blanches ; trait oculaire jaunâtre; rémiges et rectrices noirâtres ; tectrices alaires terminées de blanc ; gorge blanche; cou noir; poitrine et jambes jaunes; le reste des parties inférieures brun ; bec et pieds noirâtres. Taille, huit pouces.

MERLE COULEUR DE ROSE. *V.* MERLE ROSE.

MERLE COURONNÉ. *V.* MERLE GRIVELET.

MERLE A COURTE-QUEUE DE LA MARTINIQUE , *Turdus brachyurus* , Vieill. Parties supérieures brunes; parties inférieures blanches avec les flancs bruns ; bec, joues et pieds noirs. Taille, huit pouces quatre lignes.

MERLE A CRAVATE BLANCHE. *V.* PIE-GRIÈCHE A CRAVATE BLANCHE.

MERLE A CRAVATE DE CAYENNE. *V.* BATARA A CRAVATE NOIRE.

MERLE A CRAVATE FRISÉE. *V.* PHILÉDON.

MERLE CUL-JAUNE DU SÉNÉGAL. *V.* MERLE BRUNOIR.

MERLE CUL-D'OR, *Turdus aurigaster*, Vieill., Levaill., Ois. d'Afrique, pl. 107. Parties supérieures d'un gris brun plus foncé sur les ailes et la queue; sommet de la tête, joues et gorge noirs : devant du cou et parties inférieures blanchâtres; tectrices anales jaunes; bec noir ; pieds bruns. Taille, six pouces. D'Afrique.

MERLE CUL-ROUGE, *Turdus Cafer*, Lath. *V.* MERLE HUPPÉ DU CAP.

MERLE CURCU, *Turdus Curcus* , Lath. Plumage entièrement noir ainsi que le bec et les pieds. Taille,

neuf pouces six lignes. De l'Amérique méridionale.

MERLE DE LA DAOURIE, *Turdus ruficollis*, Lath. Parties supérieures brunes ; cou et rectrices latérales d'un roux vif; les deux rectrices intermédiaires grises ; parties inférieures blanches; bec et pieds bruns. Taille, onze pouces.

MERLE DAUMA, *Turdus Dauma*, Lath. Parties supérieures noirâtres , marquées de taches lunulées noires ; rémiges brunâtres terminées de cendré ; tectrices alaires noirâtres bigarrées de blanc ; rectrices noirâtres ; joues blanches; parties inférieures lunulées de noir; bec noir; pieds jaunâtres. Taille, neuf pouces. Des Indes.

MERLE DILBOURG, *Turdus melanophus* , Lath. Parties supérieures d'un brun olivâtre ; plumes du front relevées en crête jaune , variée de noir ; une tache rouge , entourée de noir, de chaque côté de la tête ; rémiges et rectrices noires; parties inférieures brunâtres; bec et pieds rouges. Taille, neuf pouces. De l'Australasie.

MERLE DOMINICAIN DE LA CHINE. *V.* MARTIN.

MERLE DOMINICAIN DES PHILIPPINES , *Turdus Dominicanus* , Lath., Buff., pl. enl., n. 627. Parties supérieures brunes irrégulièrement irisées de violet; rectrices à reflets verdâtres; parties inférieures d'un gris brunâtre ; bec et pieds bruns. Taille, six pouces.

MERLE DORÉ, *Turdus auratus. V.* STOURNE.

MERLE DORÉ DE MADAGASCAR. *V.* MERLE SAVI-JALA.

MERLE DOUTEUX, *Turdus dubius* , Lath. *V.* PHILÉDON.

MERLE DRAINE ou DRENNE, *Turdus viscivorus*, Buff., pl. enl. 489. Parties supérieures d'un brun cendré ; joues d'un gris blanc ; tectrices alaires bordées de blanc, de même que les trois rectrices latérales ; parties inférieures d'un blanc roussâtre , variées de taches brunes, lancéolées sur la gorge et le devant du cou , ovales sur le reste ;

bec brun, jaune à la base; pieds jaunes.
Taille, onze pouces. Dans toute l'Europe qu'elle parcourt périodiquement,
s'éloignant des régions septentrionales aux approches de l'hiver et y retournant lorsque les frimas ne s'y
font plus sentir. Les migrations de ces
Oiseaux s'exécutent quelquefois en
troupes assez nombreuses, plus souvent isolément, c'est-à-dire par couples. Alors ils paraissent s'arrêter de
préférence dans les forêts rocailleuses sur les montagnes couronnées de
Genevriers, dont les baies sont pour
eux un mets très-friand; ils se nourrissent également de fruits et d'Insectes; nichent, avant leur départ des
contrées du Nord, sur les Pins et les
Sapins des sombres forêts de ces climats; la ponte est de trois à cinq
œufs d'un blanc verdâtre, tachetés
de violet et pointillés de roux. Dans
certains cantons la Draine est connue
sous le nom de Double-Grive; en
général, comme gibier, elle est moins
estimée que la Grive ordinaire.

MERLE D'EAU. *V*. CINCLE.

MERLE ÉCAILLÉ. *V*. PHILÉDON.

MERLE ÉCLATANT. *V*. STOURNE
ÉCLATANT.

MERLE ÉCLATANT DE CONGO. *V*.
STOURNE ÉCLATANT.

MERLE A ÉPAULETTES ROUGES,
Turdus phœnicopterus, Temm., Ois.
color., pl. 71. Parties supérieures d'un
noir brillant, irisé de violet et de
bleu; rémiges et rectrices d'un noir
mat, bordées de reflets verts; petites
tectrices alaires d'un rouge vif; bec
et pieds noirs. Taille, sept pouces.

MERLE ENSANGLANTÉ, *Turdus dispar*, Horsf., Temm., Ois. color., pl.
137. Parties supérieures d'un jaune
olivâtre; tête et nuque noires; rectrices d'un brun noirâtre; gorge couverte de petites plumes membraneuses d'un rouge vif; poitrine d'un
jaune rougeâtre; le reste des parties
inférieures jaune; bec noir; pieds
cendrés. Taille, six pouces six lignes. Les femelles ou peut-être les
jeunes ont la tête d'un brun noirâtre; la gorge et la poitrine d'un blanc
rougeâtre, les couleurs des autres

parties beaucoup moins vives. De
Java.

MERLE ERRATIQUE, *Turdus migratorius*, Lath., Buff., pl. enl. 556, fig.
1. Parties supérieures d'un gris brun;
côtés de la tête d'un gris bleuâtre
avec trois taches blanches; rectrices
noires bordées de gris; gorge, devant
du cou et poitrine d'un roux orangé
avec quelques mouchetures noires;
le reste des parties inférieures varié
de blanc et de roux; bec jaunâtre
avec la pointe noire ainsi que les
pieds. Taille, neuf pouces. De l'Amérique septentrionale.

MERLE D'ESPAGNE. *V*. MERLE A
PLASTRON BLANC.

MERLE ESPION, *Turdus explorator*,
Vieill., Levail., Ois. d'Afrique, pl.
103. Parties supérieures brunes; tectrices alaires et rémiges noirâtres
bordées de blanc; tête, cou et scapulaires d'un gris bleuâtre; tectrices
caudales et rectrices latérales rousses;
poitrine d'un roux marron; ventre
roussâtre; bec et pieds noirs. Taille,
huit pouces. D'Afrique.

MERLE FLUTEUR. *V*. MÉRION.

MERLE FRIVOLE, *Turdus frivolus*,
Lath. Parties supérieures brunes;
front blanchâtre; rémiges grises;
rectrices noirâtres; parties supérieures blanches à l'exception de la poitrine et des côtés du cou qui sont
roux; bec noir; pieds cendrés. Taille,
huit pouces six lignes. De la Nouvelle-Hollande.

MERLE FULIGINEUX, *Turdus fuliginosus*, Lath. Parties supérieures
d'un brun verdâtre; gorge et devant
du cou d'un gris clair; poitrine blanchâtre, tachetée de noir; bec cendré;
pieds jaunes. Taille, huit pouces. De
la Nouvelle-Hollande.

MERLE CUA-TOIROI, *Turdus albifrons*, Lath. Parties supérieures noirâtres; front blanc; parties inférieures jaunâtres; bec d'un gris ardoisé;
pieds bruns. Taille, six pouces six
lignes. De la Nouvelle-Hollande.

MERLE GOLO-BEAU, *Turdus crocirostris*, Lath. Parties supérieures d'un
brun roussâtre; côtés de la tête
bruns, tachetés de roux; devant du

cou cendré ; abdomen blanchâtre ; bec et pieds noirs. Taille, huit pouces six lignes. De la Nouvelle-Hollande.

MERLE A GORGE NOIRE DE SAINT-DOMINGUE , *Turdus ater* , Lath. , Buff., pl. enl. 559. *V*. TROUPIALE.

MERLE A GORGE NOIRE , *Turdus atrogularis*, Temm.; *Turdus dubius* , Bechst. Parties supérieures d'un cendré olivâtre ; tête brune ; tectrices alaires bordées de jaunâtre ; face, joues, devant du cou et haut de la poitrine noirs ; le reste des parties inférieures blanchâtre ; flancs roussâtres, tachetés de brun ; tectrices anales rousses, terminées de blanc ; bec noirâtre avec la base de la mandibule inférieure jaune ; pieds bruns. Taille, dix pouces six lignes. Les jeunes ont sur la poitrine une rangée de taches longitudinales, les flancs cendrés , tachetés de brun. En Allemagne et en Russie.

MERLE A GORGE ROUGE. *V*. TANGARA BEC D'ARGENT.

MERLE (GRAND) DES ALPES. *V*. PYRROCORAX CHAQUART.

MERLE (GRAND) DE MONTAGNE. Variété du Merle à plastron blanc.

MERLE (GRAND) DE NUIT. *V*. ENGOULEVENT D'EUROPE.

MERLE GRIS. *V*. MERLE A PLASTRON BLANC.

MERLE GRIS BLEU , *Turdus dilutus*, Lath. Parties supérieures brunes avec la tête , le cou et le croupion d'un gris ardoisé ; rectrices d'un brun noirâtre ; parties inférieures d'un blanc bleuâtre ; bec et pieds bleuâtres. Taille, huit pouces. De la Nouvelle-Hollande.

MERLE GRIS DE GINGI , *Turdus griseus* , Lath. Parties supérieures et gorge d'un gris noirâtre ; dessus de la tête et du cou blanchâtre ; parties inférieures d'un gris rougeâtre ; bec et pieds d'un blanc jaunâtre. Taille , dix-huit pouces. Des Indes.

MERLE GRIS DE LA MARTINIQUE , *Turdus cinereus*, Vieill. Parties supérieures d'un gris brun ; rectrices latérales terminées inférieurement de blanc ; parties inférieures d'un gris

cendré avec le bord de chaque plume brune ; bec noir ; pieds d'un gris bleuâtre. Taille, huit pouces.

MERLE GRIS A TÊTE NOIRE , *Turdus varius* , Lath. Parties supérieures brunes ; tête et dessus du cou gris, rayés de brun ; un espace nu derrière l'œil ; rectrices terminées de blanc; milieu de la gorge noir; parties inférieures d'un gris clair , rayé de lunules brunes ; bec et pieds jaunes. Taille, dix pouces. De la Nouvelle-Hollande.

MERLE GRIVE , *Turdus musicus* , L., Buff., pl. enl. 406. Parties supérieures d'un brun olivâtre ; tectrices alaires bordées et terminées de jaune roussâtre; joues jaunâtres; gorge blanche ; côtés du cou et poitrine d'un jaune roussâtre tacheté triangulairement de brun ; ventre et flancs blancs avec des taches ovoïdes brunes ; bec jaunâtre; pieds bruns. Taille, huit pouces six lignes. Cette espèce , comme la plupart de celles qui ont le plumage grivelé, est extrêmement amie des voyages et paraît visiter alternativement toutes les contrées de l'Europe. Les Grives n'habitent les contrées tempérées que pendant l'hiver; elles y arrivent vers l'automne ordinairement par bandes nombreuses, quelquefois isolées ou réunies en petites familles. Les unes séjournent jusqu'au printemps ; d'autres , après une apparition d'un mois ou deux, gagnent des pays moins froids , repassent ensuite pour aller vers le nord se mettre à l'abri des chaleurs qui paraissent leur être fort incommodes. Leur vol est bas et tortueux ; elles se nourrissent de baies de fruits , d'Insectes et de Vers ; les mâles sont en général de la même grosseur que les femelles, qui n'en diffèrent que par moins de vivacité dans les nuances; il en est de même des jeunes. Les Grives font plusieurs pontes dans l'année et ne soignent pas longtemps leurs petits, ce qui est assez ordinaire chez les Oiseaux de grande fécondité. Elles sont agiles, peu défiantes et n'ont point cette âpreté de mœurs que l'on observe si souvent dans les Oiseaux de passage. Elles se laissent facilement approcher et c'est pour elles le plus grand malheur, car la délicatesse de leur chair étant généralement connue, il n'est point de moyens de chasse que l'on n'emploie contre elles, et tôt ou tard elles deviennent victimes de leur confiance. Pendant leur première apparition, c'est-à-dire en automne, les Grives recherchent les baies du Cornouiller, les fruits de l'Eglantier, de l'Asperge, etc. Pendant la seconde ne trouvant plus que des Limaces et quelques Insectes, elles font maigre chère, aussi les chasseurs qui se montraient si ardens à les poursuivre pendant l'automne, les dédaignent-ils au printemps. Comme leurs unions sont durables, les deux sexes travaillent en commun à la construction du nid qui fait leur première occupation printanière ; ils s'établissent sur des Arbres de moyenne hauteur et quelquefois sur des buissons ; ce nid formé de mousse et de feuilles sèches est revêtu extérieurement d'un mortier de terre lié par des petites tiges flexibles ; la ponte consiste en cinq ou six œufs d'un vert foncé, parsemé de taches noirâtres. Les Grives, dont maints auteurs vantent le chant mélodieux et presque continuel, ne font jamais entendre, dans nos climats, qu'un petit cri ou sifflement aigu qu'elles répètent en voltigeant. Hors l'époque de l'arrivée et du départ, on ne les trouve réunies que par petites bandes de huit à dix individus qui paraissent composer une famille.

Merle Grivelet, *Turdus aurocapillus*, Lath., Vieill., Ois. de l'Amér. sept., pl. 64. Parties supérieures d'un brun olivâtre ; sommet de la tête d'un jaune orangé ; sourcils et moustaches noirs ; parties inférieures blanches tachetées de noir sur la poitrine et le ventre ; bec et pieds bruns. Taille, cinq pouces. Des États-Unis.

Merle Griverau, *Turdus olivaceus*, Lath., Levaill., Ois. d'Afrique, pl. 98. Parties supérieures d'un brun olivâtre ; devant du cou et poitrine brunâtres, nuancés d'orangé ; gorge blanchâtre striée de brun ; le reste des parties inférieures d'un fauve orangé ; bec et pieds jaunes. Taille, huit pouces six lignes. De l'Afrique.

Merle Grivet, *Turdus minor*, Lath., Vieill., Ois. de l'Amérique septentrionale, pl. 63. Parties supérieures brunes ; rémiges et rectrices bordées de brunâtre ; parties inférieures d'un blanc roussâtre, tacheté de brun ; milieu du ventre et tectrices anales d'un blanc pur ; bec et pieds bruns. Taille, six pouces.

Merle a gros-bec. *V.* **Merle Golo-Beau.**

Merle a gros-bec, *Turdus densirostris*, Vieill. Parties supérieures brunes avec le bord des plumes brunâtre ; rémiges intermédiaires terminées de blanc ; rectrices brunes terminées de blanc ; tectrices caudales bordées de blanc ; parties inférieures blanchâtres, variées de brun ; gorge et milieu du ventre blancs ; bec très-fort et long, brun de même que les pieds. Taille, dix pouces six lignes. De la Martinique.

Merle grosse Grive. *V.* **Merle Draine.**

Merle de Gui. *V.* **Merle Draine.**

Merle de la Guiane, *Turdus Guianensis*, Lath., Buff., pl. enl. 398, f. 1. Parties supérieures d'un brun verdâtre ; tectrices alaires brunes ; gorge grise avec des stries brunes ; devant du cou blanc ; le reste des parties inférieures roussâtre ; bec et pieds bruns. Taille, six pouces six lignes.

Merle Hoami, *Turdus Sinensis*, Lath. Parties supérieures d'un brun roux ; sourcils jaunâtres ; rectrices marquées de six bandes noires ; parties inférieures d'un roux jaunâtre. La femelle a les sourcils blancs ; tout le plumage d'une teinte uniforme de blanc roux, strié de noirâtre sur la tête et le cou ; bec et pieds jaunes. Taille, neuf pouces. De la Chine.

Merle Hoche-Queue, *Turdus Motacilla*, Vieill., Ois. de l'Amér. sept., pl. 65. Parties supérieures d'un brun olivâtre; bande oculaire blanche se prolongeant sur l'occiput; gorge, devant du cou et poitrine blancs; flancs et ventre roussâtres; toutes ces parties inférieures mouchetées de brun; bec brun; pieds jaunes. Taille, cinq pouces trois lignes.

MERLE HUPPÉ DU CAP DE BONNE-ESPÉRANCE, *Turdus Cafer*, Lath., Buff., pl. enl. 563, fig. 1. Parties supérieures brunes avec les plumes du dos, des ailes et du croupion bordées de blanchâtre; tête noire, ornée de plumes longues et étroites, susceptibles de se relever en huppe irisée de violet; gorge noire; devant du cou et poitrine d'un brun irisé; ventre gris avec le bord des plumes blanchâtre; abdomen et tectrices caudales blancs; tectrices anales rouges; bec et pieds noirs. Taille, huit pouces trois lignes.

MERLE HUPPÉ DE LA CHINE. *V.* MARTIN.

MERLE HUPPÉ DE SURATE, *Turdus Suratensis*, Lath. Parties supérieures d'un brun ferrugineux; tête et cou noirs, la première garnie de plumes effilées, à reflets métalliques; rémiges et rectrices noires; petites tectrices alaires d'un vert irisé; parties inférieures d'un gris cendré; bec brun; pieds noirs. Taille, huit pouces.

MERLE DES ÎLES DES AMIS, *Turdus pacificus*, Lath. Parties supérieures cendrées; côtés de la tête blancs, lavés de brun; un trait noir entre le bec et l'œil; rémiges noires terminées de blanc; parties inférieures blanchâtres, avec les côtés du cou et de la poitrine brunâtres. Bec et pieds noirs. Taille, cinq pouces trois lignes.

MERLE DE MASCAREIGNE, *Turdus Borbonicus*, Lath. Parties supérieures d'un cendré olivâtre; sommet de la tête noir; grandes tectrices alaires variées de brun et de roux; rémiges bordées extérieurement de roux; poitrine d'un cendré verdâtre; le reste des parties inférieures jaunâtre avec le milieu du ventre blanc. Bec et pieds jaunes. Taille, sept pouces trois lignes. Cet Oiseau vit dans les bois des grandes hauteurs de l'île de Mascareigne, loin de l'Homme qu'il connaît peu et dont le séparent ses mœurs solitaires. Rarement il approche des habitations, et nous trouvons les détails suivans, sur cet Oiseau, dans la Relation du voyage en quatre îles des mers d'Afrique, par Bory de Saint-Vincent (T. I, p. 308): « Nous avions, dit-il, fait halte aux Trois-Jours, dans les hautes forêts, vers six cents toises d'élévation, pour dîner avec des Merles que nous avions tués en route. Ces Merles ne sont pas les mêmes que ceux d'Europe (*Turdus Borbonicus*, Gmel., *Syst. Nat.*, XII, t. 1, p. 821); leur plumage tire sur l'ardoise et le bistre; ils font entendre une espèce de grincement chevrotant et aigu, qui m'a paru être leur seul ramage; ils sont d'un très-bon goût et d'une stupidité incroyable; en certains endroits peu fréquentés, on peut en tuer avec des gaules; à peine partent-ils au coup de fusil; et j'en ai vu tuer, qu'on avait manqué d'un premier feu, sans qu'ils eussent bougé de place. »

MERLE DES ÎLES SANDWICH, *Turdus Sandwichensis*, Lath. Parties supérieures brunes; sommet de la tête et cou cendrés; parties inférieures brunâtres; bec et pieds noirs. Taille, cinq pouces trois lignes.

MERLE IMPORTUN, *Turdus importunus*, Vieill., Lev., Ois. d'Afriq., pl. 106. Parties supérieures d'un vert olivâtre; rémiges et rectrices latérales bordées de jaunâtre; parties inférieures d'un vert foncé. Bec et pieds bruns. Taille, sept pouces. D'Afrique.

MERLE DES INDES, *Turdus orientalis*, Lath., Buff., pl. enl. 275. Parties supérieures noires; croupion cendré; les trois tectrices latérales terminées de blanc; cou, moustache noirs; grandes rémiges en partie bordées de blanc; parties inférieures blanches; queue étagée; bec et pieds noirs. Taille, six pouces six lignes.

MERLE DE LA JAMAÏQUE, *Turdus Jamaicensis*, Lath. Parties supérieures d'un brun cendré ; rémiges et tectrices noirâtres ; tête brune; gorge et devant du cou blancs avec des stries brunes ; poitrine cendrée ; le reste des parties inférieures blanc ; bec et pieds bruns. Taille , neuf pouces.

MERLE AUX JAMBES ROUGES. *V.* MERLE TILLY.

MERLE JABOTEUR. *V.* MERLE BRUN DU SÉNÉGAL.

MERLE JEAN-FRÉDÉRIC , *Turdus phænicurus*, Lath. , Levaill. , Ois. d'Afriq., pl. 3. Parties supérieures d'un brun olivâtre ; front et sourcils blancs ; auréole des yeux noir ; gorge, poitrine, croupion et tectrices latérales d'un roux vif; queue étagée; bec et pieds cendrés. Taille, six pouces six lignes. D'Afrique.

MERLE JAUNE. *V.* LORIOT D'EUROPE.

MERLE JAUNE HUPPÉ , *Turdus melanicterus*, Lath., Levaill., Ois. d'Afrique , pl. 117. Sommet, nuque et côtés de la tête, poitrine, abdomen et tectrices anales d'un jaune doré ; le reste du plumage noir ; les plumes de la nuque susceptibles de se relever en huppe; bec et pieds noirâtres. Taille, onze pouces. De l'Océanique.

MERLE JAUNOIR DU CAP DE BONNE-ESPÉRANCE , *Turdus Morio* , Lath. , Buff., pl. enl. 199. Parties supérieures d'un noir brillant irisé, les inférieures d'un noir mat ; rémiges d'un brun jaunâtre avec l'extrémité plus foncée. Bec et pieds noirs. Taille , onze pouces. La femelle est un peu plus petite; elle a les parties supérieures plus ternes et d'un gris varié de noirâtre sur la tête , le cou et la poitrine.

MERLE AUX JOUES BLEUES, *Turdus cyaneus* , Lath. Parties supérieures verdâtres ; tache oculaire bleue; rémiges et tectrices d'un brun ferrugineux ; parties inférieures blanches ; bec et pieds bleuâtres. Taille, onze pouces. De la Nouvelle-Hollande.

MERLE AUX JOUES NOIRES. *V.* PHILÉDON.

MERLE DU KAMTSCHATKA, *Turdus Kamtschatkensis*, Lath. Parties supé-

rieures brunâtres ; tache oculaire noire ; gorge rouge; parties inférieures d'un blanc brunâtre ; tectrices noires, etc., etc. *V.* ACCENTEUR.

MERLE DU LABRADOR. *V.* TROUPIALE.

MERLE DE LESCHENAULT, *Turdus Leschenaultii*, Vieill. Sommet de la tête, croupion noirâtres ; tectrices alaires , tectrices latérales et extrémité des autres blanches ; le reste du plumage noir, ainsi que le bec ; pieds rougeâtres. Taille, neuf pouces. Des Moluques.

MERLE DE LESUEUR , *Turdus Suerii*, Vieill. Parties supérieures grises; rémiges et tectrices noires bordées de blanc, qui est la nuance du front, des joues , d'une partie des tectrices alaires, de la gorge et du ventre; devant du cou , poitrine , croupion et tectrices caudales blancs, rayés de gris ; bec et pieds noirs. Taille, six pouces.

MERLE LEUCOPHRYS, *Turdus Leucophrys*, Lath. Parties supérieures noires; parties inférieures , sourcils et taches alaires d'un blanc pur; jambes noires variées de blanc; bec et pieds noirs. Taille, sept pouces. De la Nouvelle-Hollande.

MERLE LITORNE , *Turdus pilaris* , L., Buff., pl. enl. 490. Parties supérieures cendrées , roussâtres sur le haut du dos , et le milieu des tectrices alaires ; sourcils blancs; joues noires; gorge et poitrine roussâtres , tachetées de noir; flancs roux , tachés de noir entouré de blanc; ventre blanc ; tectrices noires , l'externe terminée de gris; bec et pieds noirâtres. Taille , dix pouces. En Europe. Pendant leurs migrations qui s'effectuent en troupes non moins nombreuses que celles des Grives, mais cependant un peu plus tard , ces Oiseaux choisissent pour lieux de repos les forêts les plus sombres et les moins fréquentées ; aussi les voit-on prendre directement leur route par les grandes vallées de la Suisse, de la Souabe et de la Franconie. Quand ils sont pressés par le besoin , ils se répandent dans les marais et les prairies humides, à la recherche des Vers et des Limaces. Comme gibier, les Litornes sont moins estimées que les Grives

MERLE LITORNE DE CAYENNE, *Turdus Cayanus*, Lath. Il ressemble assez à la précédente espèce pour n'en paraître qu'une simple variété.

MERLE LITORNE DU CANADA. *V.* MERLE ERRATIQUE.

MERLE A LONG BEC, *Turdus longirostris*, Lath. Parties supérieures olivâtres avec le croupion jaune; sourcils, bord des tectrices alaires et des rémiges jaunâtres; tectrices intermédiaires brunes, les autres d'un jaune obscur; parties inférieures d'un jaune pâle. Taille, neuf pouces. De l'Océanique.

MERLE A LONGUE QUEUE, *Turdus macrourus*, Lath. Parties supérieures d'un noir pourpré, avec le croupion blanc; rémiges noir mat; tectrices très-étagées; les latérales ou entièrement blanches ou terminées de cette nuance; parties inférieures orangées; bec noir; pieds jaunes. Taille, onze pouces. De l'Archipel des Indes.

MERLE A LONGUE QUEUE DU SÉNÉGAL. *V.* STOURNE VERT-DORÉ.

MERLE A LUNULES. *V.* PHILÉDON.

MERLE DE MACÉ, *Turdus Macei*, Vieill. Parties supérieures d'un gris bleuâtre; quelques taches blanches sur les tectrices alaires; tête, gorge, devant du cou et poitrine d'un roux clair; abdomen blanc; bec jaunâtre, brun à la pointe; pieds rougeâtres. Taille, sept pouces six lignes. De l'Inde.

MERLE DE MADAGASCAR. *V.* MERLE TANAOMBÉ.

MERLE DES MALOUINES, *Turdus Falcklandii*, Quoy et Gaimard, Voy. autour du monde. Parties supérieures brunes, les inférieures d'un roux assez vif, strié de noirâtre sous la gorge; dessous des tectrices d'un brun clair; bec et pieds noirâtres. Taille, onze pouces.

MERLE MAUVIS, *Turdus Iliacus*, L., Buff., pl. enl. 51. Parties supérieures d'un brun olive; sourcils larges et blanchâtres; joues variées de jaunâtre et de noir; côtés du cou, poitrine et côtés du ventre blanchâtres, tachetés de noirâtre; flancs et tectrices alaires inférieures d'un roux vif; abdomen blanc; bec noir; pieds cendrés. Taille, huit pouces. D'Europe. Le Mauvis a des habitudes semblables à celles de la Grive, et les migrations se font ordinairement de concert seulement. On a remarqué qu'il suivait de préférence la direction des terrains marécageux, tandis que la Grive traverse également les terres labourées et les grandes forêts. Il niche dans les buissons, et son nid de même bâtisse que celui de la Grive, renferme six œufs d'un blanc verdâtre, taché de noirâtre.

MERLE MÉLANOPS. *V.* PHILÉDON.

MERLE DE MINDANAO, *Turdus Mindanensis*, Lath. Parties supérieures, gorge, haut de la poitrine d'un noir brillant irisé en bleu; bande sur l'aile et parties inférieures blanches; bec et pieds bruns. Taille, sept pouces.

MERLE MOLOXITA, *Turdus monacha*, Lath. Parties supérieures d'un brun jaunâtre; rémiges noirâtres, bordées de gris; tectrices alaires et rectrices brunes bordées de jaune; tête et côtés du cou qui se terminent en pointe sur la poitrine, noirs; parties inférieures jaunes; bec rougeâtre; pieds cendrés. Taille, neuf pouces six lignes. D'Abyssinie.

MERLE DES MOLUQUES. *V.* BRÈVE DE MADAGASCAR.

MERLE DE MONTAGNE. Variété du Merle à plastron blanc.

MERLE MOQUEUR, *Turdus Orpheus*, Lath.; *Turdus polyglottus*, L. Parties supérieures d'un gris brunâtre; une grande tache blanche oblique sur les tectrices alaires, accompagnée ordinairement de petites mouchetures; sourcils blancs; rectrices noirâtres bordées de blanc: parties inférieures blanchâtres tachetées de blanc; bec et pieds noirâtres. Taille, neuf pouces. De l'Amérique septentrionale. Son nom, ainsi que celui de quelques-unes des espèces suivantes, lui vient de la facilité avec laquelle il contrefait le chant des autres Oiseaux.

MERLE MOQUEUR CENDRÉ, *Turdus gilvus*, Vieill. Parties supérieures cendrées; rémiges et tectrices alaires supérieures d'un brun foncé, bordées de gris; rectrices brunes, irrégulièrement terminées de blanc; sourcils et parties inférieures blanchâtres; poitrine grise; flancs cendrés, striés de brun; bec et pieds noirs. Taille, huit pouces trois lignes. De l'Amérique septentrionale.

MERLE MOQUEUR FRANÇAIS. *V.* MERLE ROUX.

MERLE MOQUEUR THÉMA. *V.* MERLE THÉMA.

MERLE NABIROB. *V.* STOURNE VIOLET.

MERLE DE NAUMANN, *Turdus Naumanni*, Temm. Parties supérieures d'un roux cendré; sommet de la tête et oreilles d'un brun foncé; scapulaires bordées de roux; rémiges et rectrices intermédiaires brunes; rectrices latérales rousses, de même que le croupion et les côtés du cou; parties inférieures roussâtres, avec le bord des plumes et le milieu du ventre blancs; bec et pieds bruns. Taille, neuf pouces. Les jeunes (*Turdus dubius*, Naum.) ont les parties inférieures blanches, tachetées de brun noirâtre; un large sourcil brun; des teintes roussâtres aux flancs seulement. En Europe.

MERLE DE NEW-YORCK. *V.* TROUPIALE NOIR.

MERLE NOIR, *Turdus Merula*, L., Buff., pl. enl. 2 et 555. Plumage entièrement noir; bec et auréole des yeux jaunes. Taille, neuf pouces six lignes. La femelle est d'un brun fuligineux; elle a la gorge brune, tachetée de roussâtre; la poitrine d'un brun roussâtre et le ventre cendré; le bec et les pieds noirâtres. D'Europe. Les Merles paraissent sédentaires dans le voisinage des lieux qu'ils ont une fois adoptés pour leur résidence; pendant l'hiver, ils recherchent les endroits plantés d'Arbres verts, tels que Sapins et Genevriers, et s'y font un abri des fourrées les plus épaisses. Ce n'est que pendant les journées les plus froides,

qu'ils semblent éprouver le besoin de la société; ils se réunissent alors en troupes plus ou moins nombreuses : hors ce temps, ils vivent isolés ou seulement par couples. Ils ont le tempérament vif et chaud : aussi ressentent-ils de bonne heure le désir de s'unir; le printemps n'a point encore dissipé les frimas, que déjà le couple s'occupe de la construction du nid; il le compose de duvet et de mousse, revêtus extérieurement d'une couche de mortier de terre. Ce nid, placé dans les broussailles, à peu d'élévation du sol, renferme quatre, cinq ou six œufs verdâtres, tachetés de fauve; la ponte se renouvelle deux fois; mais à chacune le nombre des œufs diminue. Le Merle se nourrit de fruits, de baies, de Vers et d'Insectes; dans l'état de liberté, son chant n'a rien de remarquable; il se borne à un sifflement très-court, qu'il réitère plus souvent le matin et le soir; mais si l'on s'est occupé de son éducation, si l'on a pris la peine de l'instruire, l'aisance avec laquelle il siffle les airs qu'on lui a appris, la facilité avec laquelle il répète les mots qu'il a entendus, dédommagent des soins qu'on lui a prodigués.

MERLE NOIR A AILES BLANCHES, *Turdus leucopterus*, Vieill. Plumage noir, à l'exception du pli de l'aile, de l'extrémité des tectrices alaires et d'une partie des plumes du haut du dos, qui sont d'un blanc pur; bec et pieds noirs. Taille, six pouces. Du Brésil.

MERLE NOIR ET BLANC D'ABYSSINIE. *V.* PIE-GRIÈCHE BOUBOU.

MERLE NOIR ET BLANC DE LA NOUVELLE-GALLES DU SUD, *Turdus volitans*, Lath. Parties supérieures d'un bleu ardoisé avec des taches noires sur les tectrices alaires; rectrices noires; parties inférieures d'un gris bleuâtre; abdomen jaune foncé; bec et pieds noirs. Taille, huit pouces six lignes.

MERLE NOIR ET JAUNE, *Turdus asiaticus*, Lath. Parties supérieures noires; rémiges et tectrices alaires bordées de blanc et de jaune; rec-

trices d'un noir olivâtre ; parties in-
férieures jaunes ; bec et pieds noirs.
Taille, cinq pouces six lignes. De la
Chine.

MERLE NOIR ET POURPRÉ, *Turdus
speciosus*, Lath. Parties supérieures
d'un noir velouté ; rectrices latérales ;
quelques taches sur les rémiges et
parties inférieures d'un rouge intense ; bec et pieds noirs. Taille, huit
pouces. De l'Inde.

MERLE NOIR – POURPRÉ A TÊTE
CENDRÉE, *Turdus poliocephalus*. Tout
le plumage noir à reflets pourprés ;
tête et cou d'un gris cendré ; bec et
pieds jaunes. Taille, sept pouces. De
l'Australasie.

MERLE NOIR A SOURCILS BLANCS,
Turdus Sibiricus, Lath. Plumage noir,
à l'exception des sourcils et du dessous des ailes qui sont blancs ; bec
et pieds jaunes. Taille, huit pouces.
De Sibérie.

MERLE NOIRATRE ET BLANC, *Turdus leucomelus*. Parties supérieures
d'un brun doré ; tectrices alaires
bordées de jaune vif ; gorge et devant du cou blancs, striés de brun ;
côtés de la poitrine brunâtres ; parties
inférieures blanches ; tectrices anales tachetées de brun ; bec et pieds
d'un gris bleuâtre. Taille, neuf pouces deux lignes. De l'Amérique méridionale.

MERLE DE LA NOUVELLE-ZÉLANDE,
Turdus australis, Lath. Plumage d'un
brun noirâtre à l'exception de la poitrine et du ventre qui sont blancs ;
bec et pieds noirs. Taille, huit pouces.

MERLE OCHROCÉPHALE, *Turdus
Ochrocephalus*, Temm., Ois. color.,
pl. 136. Parties supérieures vertes
avec une nuance cendrée sur le dos ;
sommet de la tête et joues d'un jaune
d'ocre ; lorum et moustaches noirs ;
cou strié de blanc ; gorge blanche ;
parties inférieures d'un vert cendré,
varié de blanchâtre ; tectrices anales
jaunes ; bec et pieds noirs. Taille,
dix pouces. Des Moluques.

MERLE OLIVATRE DE BARBARIE,
Turdus Tripolitanus, Lath. Parties
supérieures d'un jaune olivâtre ; tectrices alaires lavées de brun ; rémi-

ges et rectrices noires, celles-ci terminées de jaune ; parties inférieures
blanchâtres ; bec d'un brun rougeâtre ; pieds bleuâtres. Taille, onze
pouces.

MERLE OLIVE DU CAP DE BONNE-
ESPÉRANCE. *V*. MERLE GRIVERAU.

MERLE OLIVE DES INDES, *Turdus
Indicus*, Lath., Buff., pl. enl. 564,
f. 1. Parties supérieures d'un vert
olive foncé ; rémiges et rectrices brunes, bordées de verdâtre ; parties inférieures d'un vert jaunâtre ; bec et
pieds noirs. Taille, huit pouces.

MERLE OLIVE DE SAINT-DOMIN-
GUE, *Turdus Hispaniolensis*, Buff.,
pl. enl. 275, fig. 1. Parties supérieures olivâtres ; rémiges, grandes tectrices et rectrices brunes bordées de
verdâtre ; parties inférieures d'un gris
verdâtre ; bec et pieds cendrés. Taille,
six pouces.

MERLE D'ONALASCHKA, *Turdus
Onalaschkæ*, Lath. Parties supérieures brunes, tachetées de noirâtre ; rémiges et rectrices noirâtres,
bordées de brun rougeâtre ; poitrine
jaune, tachetée de noir ; bec et pieds
bruns. Taille, sept pouces.

MERLE ORAN-BLEU, *Turdus chrysogaster*, Lath., Buff., pl. enl. 221.
Parties supérieures bleues avec le
bord des plumes d'un bleu noirâtre ;
parties inférieures d'un jaune orangé ; bec, pieds et rémiges noirs.
Taille, sept pouces. D'Afrique.

MERLE A OREILLES BLANCHES. *V*.
PHILÉDON LEUCOTIS.

MERLE OUROVANG, *Turdus Ourovang*, Lath., Buff., pl. enl. 557, f. 2.
Parties supérieures cendrées ; tête
d'un vert noirâtre ; rémiges et rectrices verdâtres ; parties inférieures d'un
vert olive ; ventre jaunâtre ; bec jaune :
pieds bruns. Taille, huit pouces. De
Madagascar.

MERLE PALE, *Turdus pallidus*,
Lath. Parties supérieures d'un gris
jaunâtre ; rectrices cendrées avec l'extrémité des latérales blanche ; parties inférieures blanchâtres. Taille,
huit pouces. De Sibérie.

Merle palmiste, *Turdus palmarum.* *V.* Tangara.

Merle du Paraguay, *Turdus triurus*, Vieill. Parties supérieures d'un brun plombé ; sourcils blanchâtres ; joues noirâtres ; croupion d'un jaune doré ; rémiges noirâtres ; les onze, douze, treize, quatorze, quinze et seizièmes blanches, de même que les rectrices latérales et toutes les parties inférieures ; bec et pieds noirâtres. Taille, huit pouces.

Merle Penrith. *V.* Merle a gorge noire jeune.

Merle de Péron, *Turdus Peronii*, Vieill. Plumage roux, à l'exception du lorum, des paupières, de la gorge, du milieu de la poitrine, du ventre, des petites tectrices alaires et de l'extrémité des rémiges qui sont blancs ; joues, tache oculaire, partie des tectrices moyennes et rémiges noires ; bec brun, jaune à sa base ; pieds rougeâtres. Taille, neuf pouces. De la Nouvelle-Hollande.

Merle Persique, *Turdus Persicus*, Lath. Parties supérieures noires avec les ailes brunes : une tache blanche sous l'œil ; gorge et poitrine noirâtres ; ventre et tectrices anales cendrés ; bec et pieds jaunes. Taille, onze pouces. En Perse.

Petit Merle de la côte du Malabar. *V.* Merle verdin.

Petit Merle de l'île Panay, *Turdus cantor*, Lath. *V.* Stourne chanteur.

Merle petite Grive. *V.* Merles Grive et Grivet.

Merle petite Grive de Catesby. *V.* Merle Grivet.

Merle petite Grive de gui. *V.* Merle-Grive.

Merle petite Grive des Philippines, *Turdus Philippensis*, Lath. Parties supérieures d'un brun olivâtre ; devant du cou roux, tacheté de blanc ; parties inférieures d'un blanc jaunâtre ; bec et pieds bruns. Taille, sept pouces.

Merle des Philippines. *V.* Brève des Philippines.

Merle a pieds jaunes, *Turdus flavipes*, Vieill. Parties supérieures

d'un bleu ardoisé, avec les ailes, la queue, la tête, la gorge, le devant du cou et le haut de la poitrine noirs ; le reste d'un bleu cendré ; bec jaune. Taille, neuf pouces. Du Brésil.

Merle a pieds rouges. *V.* Merle Tilly.

Merle a plastron blanc, *Turdus torquatus*, L., Buff., pl. enl. 516. Tout le plumage noirâtre, avec le bord des plumes gris ; une large plaque blanche traversant le haut de la poitrine ; bec et pieds noirâtres. Taille, dix pouces six lignes. Chez la femelle et les jeunes, toutes les nuances ont une teinte grisâtre. Dans les contrées boisées de l'Europe, où il est fort sédentaire, ses mœurs sont celles du Merle noir ; il place son nid très-près de terre, et les œufs d'un vert blanchâtre tacheté de brun ou de rougeâtre, y sont au nombre de quatre à six.

Merle a poitrine jaune. *V.* Merle d'Onalaschka.

Merle Podobé, *Turdus erythropterus*, Lath., Buff., pl. enl. 354. Plumage noir, avec les ailes rousses, tachetées de blanc à l'extrémité des tectrices alaires ; rectrices blanches ; bec brun ; pieds roux. Taille, dix pouces. Du Sénégal.

Merle du port Jackson, *Turdus badius*, Lath. Parties supérieures d'un brun rougeâtre ; tête ardoisée ; rémiges et rectrices plombées et bordées de blanchâtre ; parties inférieures blanchâtres avec le milieu du cou et de la poitrine brunâtres ; bec jaune ; pieds bruns. Taille, neuf pouces.

Merle-Grive du port Jackson, *Turdus harmonicus*, Lath. Parties supérieures d'un brun clair ; rémiges et rectrices noirâtres ; parties inférieures blanchâtres, striées de brun ; bec et pieds cendrés. Taille, huit pouces six lignes.

Merle provençal. *V.* Merle Draine.

Merle a queue blanche. *V.* Traquet rieur.

Merle a queue courte, *Turdus brevicaudus*, Vieill. Parties supérieures d'un brun roussâtre, avec le bord des plumes d'une teinte plus foncée; une longue moustache roussâtre; rectrices terminées de roussâtre; gorge et parties inférieures blanches, striées de brun; poitrine roussâtre; tectrices anales rousses; bec brun, jaunâtre en dessous; pieds longs et jaunes. Taille, neuf pouces. Du Brésil.

MERLE A QUEUE ROUSSE, *Turdus ruficaudus*, Lath. Parties supérieures d'un brun olivâtre; rémiges et rectrices noirâtres, les latérales de celles-ci terminées de roux; tectrices caudales rousses; parties inférieures d'un blanc pourpré; bec et pieds noirs. Taille, six pouces six lignes. Du cap de Bonne-Espérance.

MERLE RÉCLAMEUR, *Turdus reclamator*, Vieill., Levaill., Ois. d'Afrique, pl. 104. Parties supérieures brunes, variées de gris bleuâtre et d'olivâtre; rémiges noires, bordées de gris bleuâtre; rectrices intermédiaires noirâtres, les latérales jaunes, bordées de noir; parties inférieures fauves; bec cendré; pieds jaunes. Taille, sept pouces. D'Afrique.

MERLE DE RIO-JANEIRO. *V*. COTINGA CORDON-BLEU.

MERLE ROCAR, *Turdus rupestris*, Vieill., Levaill., Ois. d'Afrique, pl. 101. Parties supérieures brunes, avec le bord des plumes roux; gorge et cou d'un gris bleuâtre; rémiges d'un gris foncé, bordées de bleuâtre; croupion, rectrices latérales et parties inférieures d'un roux vif; bec et pieds noirs. Taille, huit pouces. D'Afrique.

MERLE DE ROCHE, *Turdus saxatilis*, Lath.; *Lanius infaustus min.*, Gmel., Buff., pl. enl. 562. Parties supérieures noirâtres avec un large espace blanc sur le dos; tête et cou d'un cendré bleuâtre; rémiges et rectrices intermédiaires brunes; parties inférieures et rectrices latérales rousses; tectrices anales rousses terminées de blanc; bec et pieds noirs; taille, huit pouces. La femelle a les parties supérieures d'un brun terne, avec quelques taches blanchâtres, bordées de brun; la gorge et les

côtés du cou blancs; les parties inférieures d'un blanc roussâtre, finement rayées de brun; habite les plus hautes montagnes de l'Europe.

MERLE ROSE. *V*. MARTIN ROSELIN.

MERLE DE ROSEAUX. *V*. SYLVIE ROUSSEROLLE.

MERLE ROUGE. *V*. MERLE-GRIVE.

MERLE ROUPENNE. *V*. MERLE JAU-NOIR.

MERLE ROUSSATRE, *Turdus rufulus*. Parties supérieures brunes, avec l'extrémité des tectrices alaires blanchâtre; sourcil blanchâtre; gorge et devant du cou blancs, striés de brun; côtés de la poitrine noirâtres, celle-ci et le ventre d'un roux fauve; abdomen blanc; tectrices anales blanchâtres, tachetées d'olivâtre; bec noirâtre, blanchâtre à la base de la mandibule inférieure; pieds bruns. Taille, huit pouces. Nous avons reçu cette espèce avec celle que nous avons nommée *Striée*, de Java, où son apparition est périodique.

MERLE ROUSSEROLLE. *V*. SYLVIE ROUSSEROLLE.

MERLE ROUX, *Turdus rufus*, Lath., Buff., pl. enl. 645. Parties supérieures d'un brun roux; rémiges et rectrices brunes bordées de roux; deux raies blanches sur les tectrices alaires; gorge blanche; poitrine grise; flancs d'un roux cendré; tectrices anales roussâtres; des taches noirâtres sur le cou, la poitrine et les flancs; bec et pieds bruns. Taille, dix pouces. De l'Amérique septentrionale.

MERLE ROUX DE CAYENNE. *V*. BATARA A FRONT ROUX.

MERLE ROUX A COLLIER NOIR, *Turdus atricollis*, Vieill., Levaill., Ois. d'Afrique, pl. 113. Parties supérieures ardoisées; tectrices alaires tachetées et bordées de roux; rémiges noires bordées de roux; une tache noirâtre sur les oreilles; gorge et devant du cou d'un jaune d'ocre foncé; une bande noirâtre sur la poitrine; le reste des parties inférieures d'un roux jaunâtre, avec le bord des plumes brun; bec brun; pieds roussâtres. Taille, sept lignes. De l'Australasie.

MERLE DE SAINT-DOMINGUE. *V.* MERLE MOQUEUR.

MERLE DES SAVANES , *Turdus pratensis,* Vieill. Parties supérieures d'un noir qui tire au brun, toujours en pâlissant à mesure qu'il est plus voisin du croupion ; un espace nu de chaque côté du cou ; tectrices alaires noires, bordées de roussâtre ; rectrices noires terminées irrégulièrement de blanc ; parties inférieures jaunes, striées de noir vers les flancs ; bec noir ; pieds jaunâtres. Taille, neuf pouces. De l'Amérique méridionale.

MERLE SAUI-JALA, *Turdus nigerrimus,* Gmel., Buff., pl. enl. 539, fig. 2. Plumage noir avec le bord de chaque plume d'un jaune citron, beaucoup plus marqué sur la poitrine, où il forme une espèce de collier ; bec et pieds noirs. Taille, six pouces. De Madagascar.

MERLE DE SAVOIE. *V.* MERLE A PLASTRON BLANC.

MERLE DU SÉNÉGAL. *V.* MERLE BRUN DU SÉNÉGAL.

MERLE SHAN-HU, *Turdus Shanhu,* Lath. Parties supérieures brunes variées de verdâtre ; une tache blanche sur les oreilles ; paupières , menton et gorge noirs ; devant du cou , poitrine et ventre gris ; bec noir ; pieds bruns. Taille , dix pouces. De la Chine.

MERLE SOLITAIRE. *V.* MERLE BLEU.

MERLE SOLITAIRE DE MANILLE , *Turdus Manillensis* , Lath. , Buff., pl. enl. 636.

MERLE SOLITAIRE DES PHILIPPINES, *Turdus Eremita* , Lath. , Buff. , pl. enl. 339. Ces deux Oiseaux ne diffèrent presque en rien du MERLE BLEU.

MERLE SPRÉO , *Turdus bicolor* , Lath., Levaill., Ois. d'Afrique. Plumage brun , irisé en vert ; croupion et ventre blancs. Bec brun , jaunâtre à la base de la mandibule inférieure ; pieds bruns. Taille, dix pouces. Du cap de Bonne-Espérance.

MERLE STRIÉ , *Turdus striatus.* Parties supérieures d'un brun olivâtre, avec les plumes du sommet de la tête et de la nuque , les rémiges et les tectrices largement bordées de brun roussâtre ; un trait fauve entre la narine et l'œil ; joues blanchâtres avec des stries olivâtres ; menton blanchâtre ; gorge, devant du cou et haut de la poitrine variés et tachetés de roussâtre et de brun sur un fond blanchâtre ; le reste des parties inférieures blanchâtre , tacheté de cendré ; extrémité des tectrices latérales blanche ; bec noir, jaune à sa base ; pieds jaunâtres. Taille, huit pouces. Jura.

MERLE DE SURINAM , *Turdus Surinamus* , Lath. Plumage d'un noir brillant avec le sommet de la tête jaune ; une tache jaunâtre de chaque côté de la poitrine, et le croupion d'un jaune fauve ; partie des tectrices alaires blanche ; bec et pieds bruns. Taille, six pouces six lignes.

MERLE TACHETÉ , *Turdus nævius* , Lath. Parties supérieures d'un cendré obscur ; tête noirâtre ; sourcils ferrugineux ; extrémité des tectrices alaires marquée de brun ferrugineux ; parties inférieures roussâtres ; poitrine traversée par une bande brune ; bec noir avec la base de la mandibule inférieure jaune. Pieds jaunes. Taille, huit pouces. La femelle a la poitrine d'un rouge terne ; les parties supérieures d'un gris cendré et les inférieures grisâtres ; elle n'a point de bande noire. De l'Amérique septentrionale.

MERLE TANAOMBÉ, *Turdus Madagascariensis* , Lath., Buff. , pl. , enl. 557, fig. 1. Parties supérieures d'un brun verdâtre ; rémiges noires irisées en vert et en violet ; tectrices marquées d'une tache oblongue jaune ; rectrices d'un vert doré, bordées de blanc ; poitrine d'un brun roux, le reste des parties inférieures blanc ; bec et pieds noirs. Taille, sept pouces. De Madagascar.

MERLE TANNÉ , *Turdus mustelinus,* Lath. Parties supérieures d'un brun roussâtre ; tectrices alaires brunâtres, bordées de roux ; croupion et tectrices caudales d'un gris brun ; moustache composée de points noirâtres ;

parties inférieures blanches, variées de taches brunes ; bec brun, jaunâtre à la base de sa partie inférieure ; pieds rougeâtres. Taille, huit pouces. De l'Amérique septentrionale.

MERLE TERRIER. *V.* MERLE A PLASTRON BLANC.

MERLE A TÈTE BLEUE, *Turdus cyanocephalus*, Lath. Parties supérieures brunes ; sommet de la tète d'un bleu foncé ; rémiges noirâtres terminées de blanc ; tectrices brunes, terminées par une tache triangulaire blanche ; parties inférieures d'un blanc jaunâtre, rayées et tachetées de brun ; bec et pieds bleus. Taille, huit pouces. De la Nouvelle-Galles du sud.

MERLE A TÈTE NOIRE DU CAP DE BONNE-ESPÉRANCE. *V.* MERLE A CASQUE NOIR.

MERLE A TÈTE TACHETÉE, *Turdus punctatus*, Lath. Parties supérieures brunes, tachetées de noir ; une tache rousse sous l'œil ; sourcils et menton blancs ; poitrine bleuâtre ; parties inférieures d'un blanc roussâtre, tachetées de noir ; bec noir ; pieds jaunes. Taille, onze pouces. De la Nouvelle-Hollande.

MERLE THÉMA. *V.* MERLE MOQUEUR THÉMA.

MERLE TILLY, *Turdus plumbeus*, Var., Lath. Parties supérieures d'un gris ardoisé ; tectrices terminées de blanc ; moustache noire ; gorge blanche, striée de noir ; poitrine d'un cendré bleuâtre ; ventre blanc ; bec et pieds rouges. Taille, dix pouces. De l'Amérique septentrionale.

MERLE TOURDELLE. *V.* MERLE LITORNE.

MERLE TRICOLOR A LONGUE QUEUE, *Turdus tricolor*, Lath., Levaill., Ois. d'Afrique, pl. 114. Parties supérieures d'un noir bleuâtre ; croupion et extrémité des tectrices latérales d'un blanc pur ; gorge, cou et partie antérieure de la poitrine noirs ; le reste des parties inférieures roux ; queue très-étagée ; bec brun ; pieds roux. Taille, douze à treize pouces.

MERLE A TROIS QUEUES. *V.* MERLE DU PARAGUAY.

MERLE TSUTJU - CRAWAN. *V.* MERLE OCHROCÉPHALE.

MERLE TURBULENT, *Turdus inquietus*, Lath. Parties supérieures noires, les inférieures blanches ; bec long, noir ainsi que les pieds. Taille, sept pouces six lignes. De la Nouvelle-Hollande.

MERLE D'ULIÉTÉA, *Turdus Ulietensis*, Lath. Plumage d'un brun roux, avec les rémiges et tectrices alaires bordées de noirâtre ; tectrices noirâtres, s'arrondissant à l'extrémité de la queue ; bec d'un gris rougeâtre ; pieds bruns. Taille, huit pouces.

MERLE DE VAN-DIÉMEN, *Turdus Novæ-Hollandiæ*, Lath. Plumage d'un gris de plomb, à l'exception de la tète, de la gorge, des ailes et de la queue qui sont noirs ; tectrices latérales terminées de blanc ; bec et pieds noirs. Taille, six pouces six lignes.

MERLE VARIÉ DE ROUX, *Turdus rufovariegatus*. Parties supérieures d'un bleu ardoisé varié de noirâtre ; sommet de la tète et nuque d'un brun noirâtre strié de roux ; petites tectrices alaires terminées par une tache d'un blanc roussâtre ; gorge et devant du cou blanchâtres ; côtés du cou et milieu de la poitrine variés de roux et de bleu noirâtre ; le reste des parties inférieures d'un roux vif, à l'exception des tectrices anales qui sont d'un blanc cendré ; bec noirâtre ; pieds jaunâtres. Taille, sept pouces. De Java.

MERLE A VENTRE JAUNE, *Turdus melinus*, Lath. *V.* PHILÉDON

MERLE A VENTRE ORANGÉ DU SÉNÉGAL. *V.* PIE-GRIÈCHE BACBAKERI.

MERLE VERDATRE DE LA CHINE, *Turdus virescens*, Lath. Parties supérieures d'un vert grisâtre ; sourcils, moustaches, ventre et tectrices anales blancs ; gorge grise, tachetée de blanc ; poitrine et flancs roussâtres ; rémiges et tectrices brunes ; bec et pieds jaunâtres. Taille, six pouces six lignes.

MERLE VERDIN. *V*. PHILÉDON VERDIN.

MERLE VERT D'ANGOLA. *V*. STOURNE.

MERLE VERT A COLLIER DE CONGO. *V*. PIE-GRIÈCHE VERTE A COLLIER.

MERLE VERT DORÉ. *V*. STOURNE.

MERLE VERT DE L'ILE-DE-FRANCE, *Turdus Mauritanus*, Lath., Buff., pl. enl. 648, f. 2. *V*. STOURNE CHANTEUR.

MERLE VERT ET JAUNE, *Turdus gutturalis*, Lath. Parties supérieures vertes ; tête et partie des côtés du cou noires ; nuque jaunâtre ; menton blanc ; poitrine, ventre et tectrices anales jaunes ; bec et pieds noirs. Taille, huit pouces. De la Nouvelle-Hollande.

MERLE VERT A LONGUE QUEUE DU SÉNÉGAL. *V*. STOURNE VERT-DORÉ.

MERLE VERT DES MOLUQUES. *V*. BRÈVE DU BENGALE.

MERLE VERT A TÊTE NOIRE DES MOLUQUES. *V*. BRÈVE DES PHILIPPINES.

MERLE VIOLET DU ROYAUME DE JUIDA. *V*. STOURNE.

MERLE VIOLET A VENTRE BLANC DE JUIDA. *V*. STOURNE. (DR..Z.)

MERLE ET **MERLOT**. POIS. Noms vulgaires de l'espèce de Labre scientifiquement appelée *Turdus*. (B.)

MERLESSE ET **MERLETTE**. OIS. Vieux noms de la femelle du Merle, dont on appelait les petits Merlau ou Merlot. (B.)

MERLU ET **MERLUS**. *Merluccius*. POIS. Espèce du genre Gade, type du sous-genre Merluche. *V*. GADE. (B.)

MERLUCCHUS. POIS. Rafinesque a établi sous ce nom un genre aux dépens des Gades et dont le Merlu ou Merlus était le type. Il y adjoignait une seconde espèce appelée *Smeriddu* sur les côtes de Sicile. Le genre dont il est question, qui répond à peu près au sous-genre Merluche, n'a pas été adopté par les ichthyologistes. (B.)

MERLUCHE. POIS. Sous-genre de Gade. *V*. ce mot. (B.)

MERLUS. POIS. *V*. MERLU.

MÉROCTÈS. MIN. Ecrit dans quelques éditions *Morotes*. Pline cite sous ce nom, qu'il ne faut pas confondre avec *Morochtus*, une Pierre verte qui devenait blanche quand on la frottait. (B.)

MERODON. *Merodon*. INS. Genre de l'ordre des Diptères, famille des Notacanthes, tribu des Syrphies, établi par Meigen, et ayant pour caractères : trompe beaucoup plus courte que la tête et le corselet ; tête prolongée antérieurement, en forme de bec court et perpendiculaire, sans élévation ou bosse en dessus ; ailes couchées sur le corps ; antennes beaucoup plus courtes que la tête, écartées ; leur troisième article en palette, presque trigone, finissant en pointe, avec une soie biarticulée inférieurement ; pieds postérieurs ayant les cuisses et les jambes arquées. Latreille, dans tous ses ouvrages, a réuni ce genre à ses Milésies ; ce n'est que dans les familles naturelles qu'il l'a adopté. L'espèce qui lui sert de type est :

Le MÉRODON CLAVIPÈDE, *Merodon clavipes*, Meig., Fabr., Illig., Latr. Il a plus de huit lignes de long ; son corps est noir, mais tout couvert d'un duvet gris jaunâtre. Le corselet a une bande noire, transverse ; l'abdomen est couvert d'un duvet d'un jaune roussâtre, à commencer du second anneau qui a deux petites raies obliques, blanchâtres. Les pates postérieures ont les cuisses très-renflées, avec les jambes arquées dans les mâles surtout. L'abdomen de la femelle est différent pour les couleurs ; les second, troisième et quatrième anneaux sont noirs ; leur bord postérieur est d'un gris jaunâtre. Cette espèce est assez commune aux environs de Paris. (G.)

MÉROPS. OIS. (Linn.) Syn. de Guêpier. *V*. ce mot. (DR..Z.)

MEROU ET **MERRA**. POIS. Espèce du genre Serran. (B.)

* **MERSA**. OIS. (Pallas.) Syn. de

Canard couronné, jeune. *V*. CANARD.
(DR..Z.)

MERTENSIA. BOT. PHAN.
Genre placé dans la Pentandrie Digynie, L., voisin du *Celtis* ou *Micocoulier*, et qui présente les caractères suivans : fleurs polygames; calice quinquéparti au fond duquel s'insèrent cinq étamines opposées à ses divisions ; deux styles bifides surmontant un ovaire uniloculaire, dans lequel se trouve un ovule unique pendu au sommet. Le fruit est une drupe. Les espèces de ce genre sont des Arbres à feuilles alternes, égales à leur base, très-entières et marquées dans le sens de leur longueur de trois nervures. De leurs aisselles partent des grappes de fleurs, ou bien, dans les rameaux non florifères, des aiguillons solitaires ou geminés. La présence de ces aiguillons fait distinguer au premier coup-d'œil les Arbres de ce genre, des Micocouliers dont les rameaux sont inermes : ils en diffèrent aussi par leurs styles bifides et non simples. Les espèces de Celtis qui présentent ce double caractère doivent donc être reportées aux *Mertensia* : on en connaissait une; Kunth en a décrit trois nouvelles de l'Amérique équatoriale (*Nov. Gen. et Spec.*, 2, p. 30, tab. 130) en établissant le premier ce genre. Il est dédié à F. C. Mertens, botaniste de Brème, connu pas ses travaux sur les Algues ainsi que sur les Plantes d'Allemagne. Roth avait, sous le même nom, distingué génériquement une espèce de Pulmonaire (*V*. ce mot). Il a été encore consacré à un genre de Fougères.
(A. D. J.)

MERTENSIE. *Mertensia*. BOT. CRYPT. (*Fougères*.) Ce genre, établi par Willdenow, est très-voisin des *Gleichenia*, auxquels il a été réuni par R. Brown. Il forme avec ce genre et le *Platizoma* de Brown la petite tribu des Gleicheniées. La fructification de ces trois genres diffère à peine ; elle consiste en capsules sessiles, réunies en petit nombre, en groupes arrondis; cha-

que capsule est entourée par un anneau élastique complet, large, strié, transversal, et s'ouvre par une fente longitudinale. Les Gleichenies diffèrent réellement des Mertensies, quant au faciès, en ce que les pinnules des premières sont profondément pinnatifides, tandis que celles des secondes sont linéaires et entières ; il en résulte un port très-différent, mais qui ne suffirait pas pour former deux genres, si l'on n'y avait trouvé d'autres caractères; c'est ce qui a engagé plusieurs botanistes à suivre l'opinion de Robert Brown, et à réunir les *Mertensia* aux *Gleichenia*. Les Plantes que Willdenow range dans le genre *Mertensia* sont des frondes plusieurs fois dichotomes, d'une forme très-régulière et fort élégante ; les pinnules simples, étroites, assez allongées, perpendiculaires sur ce rachis dichotome, sont en général très-rapprochées, entières, souvent glauques en dessous; elles portent à leur face inférieure des groupes peu nombreux de capsules nues. Ce genre est entièrement propre à la zône équatoriale des deux continens et aux régions australes. La seule espèce connue au-delà du tropique du Cancer est la *Mertensia glauca*, qui habite le Japon ; les autres espèces croissent dans l'Amérique équinoxiale, aux Indes-Orientales, dans les îles du grand Océan, à la Nouvelle-Hollande, dans les îles de France et de Mascareigne.
(AD. B.)

MERUA. BOT. PHAN. Pour Mærua. *V*. ce mot.
(B.)

MÉRULA. OIS. *V*. MERLE

MÉRULE. *Merulius*. BOT. CRYPT., (*Champignons*.) Le nom de *Merulius* appliqué d'abord à un grand nombre de Champignons, a depuis été limité à quelques espèces qui paraissent avoir porté primitivement ce nom ; les autres forment le genre *Cantharellus*. (*V*. CHANTERELLE). On peut donner le caractère suivant au genre *Merulius*, tel que Nées d'Ésenbeck et Fries l'ont circonscrit : chapeau irrégulier, étendu, sessile; membrane fructifère, occupant sa surface inférieure, garnie de plis ou de veines sinueuses, anastomosées, flexueuses, formant des cellules irrégulières, et portant des thèques épaisses. Toutes les Plantes de ce genre croissent sur les bois pourris, et particulièrement sur les solives des plafonds des appartemens bas et humides ; elles forment de larges plaques charnues, ou d'un aspect cotonneux, marquées de veines épaisses souvent plus coloriées, qui s'étendent rapidement sur le bois, entretiennent l'humidité à sa surface, et hâtent sa destruction. C'est ce qui leur a fait donner les noms de *Merulius serpens*, *Merulius tremellosus*, *Merulius vastator*, *Merulius lacrymans*.   (AD. B.)

* MERUS. MAM. On ne sait quelle est l'espèce d'Antilope du pays des Cafres, mentionnée sous ce nom par le père Lobo.   (B.)

MERVEILLE A FLEURS JAUNES. BOT. PHAN. L'un des noms vulgaires de l'*Impatiens nolitangere*, L.   (B.)

MERVEILLE D'HIVER. BOT. PHAN. Variété de Poires.   (B.)

MERVEILLE DU PÉROU. BOT. PHAN. D'où le nom scientifique de *Mirabilis*, premier nom que reçut la Belle-de-Nuit lors de son introduction dans les jardins de France. *V.* NYCTAGE.   (B.)

* MERYCOTHERIUM. MAM. Bojanus (*Nov. Act. acad. Cæs. Leopold. nat. Curios.* T. XII) a décrit avec soin, et figuré trois dents trouvées en Sibérie, et qui indiquent un Ruminant de très-grandes dimensions. L'espèce à laquelle appartiennent ces débris, devra probablement, selon l'anatomiste allemand, devenir le type d'un nouveau genre qu'il propose de nommer *Merycotherium*. D'autres naturalistes pensent au contraire que ces dents pourraient bien n'être que des dents de Chameau ou de Girafe.   (IS. G. ST.-H.)

MERYTA. BOT. PHAN. Forster (*Charact. Gen. Plant.*, n. 60) a éta-

bli sous ce nom un genre de la Diœcie Triandrie, L., dont il n'a décrit que la structure des fleurs mâles. Elles sont agrégées en capitules sessiles sur les branches. Le périanthe est à trois divisions ovales aiguës; les étamines, au nombre de trois, ont leurs filets capillaires de la longueur du calice, et les anthères à quatre sillons. Cette description incomplète, qui n'est pas éclaircie par plus de détails dans la figure de Forster, ne permet d'établir aucune bonne considération sur ce genre.   (G..N.)

MÉRYX. *Meryx.* INS. Genre de l'ordre des Coléoptères, section des Tétramères, famille des Xylophages, tribu des Trogossitaires, établi par Latreille, et ayant pour caractères : corps étroit et allongé; antennes composées de onze articles, plus longues que la tête et terminées par une massue de trois articles; mandibules bifides, peu ou point saillantes; palpes très-courts; les maxillaires saillans. Ce genre se distingue des Latrédies et des Sylvains, parce que ceux-ci n'ont pas les palpes saillans; il est séparé des Trogossites et des Prostomis par les mandibules qui, dans ceux-ci, sont très-fortes et avancées. Ce genre a été établi sur un petit Insecte rapporté des îles de la mer du Sud, par Labillardière et Riche; il est très-voisin de celui des Lyctes, mais il s'en distingue par la massue de ses antennes, composée de trois articles, tandis qu'il n'y en a que deux à celle des Lyctes. La seule espèce connue de ce genre est :

La MÉRYX RUGUEUSE, *Meryx rugosa*, Latr., *Gen Crust. et Ins.* T. I, pl. XI, fig. 1. Elle est longue d'environ trois lignes, d'un brun obscur, pubescente, ponctuée avec des lignes élevées formant une sorte de réticulation ou de grandes mailles sur les élytres. Les antennes et les pates tirent sur le fauve.   (G.)

MÉSA. BOT. PHAN. Pour Mæsa. *V.* ce mot.   (B.)

MÉSAL. MOLL. Nom donné par Adanson (Voy. au Sénégal, pl. 10) à une Coquille qu'il place à tort dans son genre Cérithe; elle appartient aux Turritelles; les auteurs ne l'ont point encore mentionnée : c'est pourtant une espèce intéressante en ce qu'elle pourrait servir de passage entre les Turritelles et le genre Proto proposé par Defrance. *V*. ces mots.　　　　　　　　(D..H.)

MÉSANGE. *Parus*. ois. Genre de l'ordre des Granivores. Caractères : bec assez fort, droit, conique, comprimé, court, pointu, non échancré, garni de petits poils à sa base et tranchant aux bords des mandibules; mandibule supérieure quelquefois un peu recourbée vers les narines placées de chaque côté du bec et la pointe près de sa base, arrondies et presque entièrement cachées par de petites plumes dirigées en avant; pieds assez robustes; quatre doigts : trois en avant entièrement divisés, un en arrière dont l'ongle est plus fort et plus recourbé que les autres; la première rémige de moyenne longueur ou presque nulle, la seconde de beaucoup moins longue que la troisième qui dépasse toutes les autres, plus courte aussi que les quatrième et cinquième. Vivacité, courage, hardiesse, perfidie, ardeur belliqueuse et même une certaine férocité, sont les traits les plus saillans du caractère des Mésanges, que, malgré la réunion de telles qualités, le besoin de vivre en société tient presque toujours groupées par bandes de dix, douze et même plus. Abondamment répandues dans tous les climats, les Mésanges, quelle que soit l'espèce qui prédomine dans un canton, offrent partout la plus grande similitude dans leurs habitudes; partout, on les trouve constamment à la recherche des Insectes et des larves réfugiés sous l'écorce des Arbres dont elles parcourent la surface dans toutes les directions, en s'y tenant fortement cramponnées par les ongles, au moyen de muscles dont la vigueur doit être extrême. Elles font de leur bec fort et pointu, un levier qui détache sou-

vent des fragmens d'écorce dont le volume a lieu de surprendre; et, de leurs petites serres, elles saisissent l'Insecte et le dépècent avant de l'avaler. Elles poursuivent ordinairement leur proie jusque sur les plus petites ramifications des branches, et, parvenues à leur extrémité, elles s'y tiennent suspendues, sans que le balancement qui résulte de leur position, apporte aucun obstacle à leur chasse qu'elles continuent sur les petits Insectes qui peuvent voltiger autour d'elles. Tous les plans inclinés ou verticaux des rochers comme des murailles, sont parcourus et visités de la même manière par les Mésanges; et il est bien rare que les Insectes qui s'y étaient réfugiés leur échappent. Quand, fatiguées de la nourriture des Insectes, ou quand elle venant à leur manquer, les Mésanges ont recours aux fruits, aux semences et surtout aux graines oléagineuses, qui sont pour elles un mets favori, elles ne broient point ces substances végétales, ainsi que le font la plupart des Oiseaux granivores, mais elles les divisent à coups de bec, et en avalent des fragmens qu'elles ont soin de monder de toute matière qui ne pourrait être digérée. Quelquefois, devenant encore plus omnivores, elles se jettent sur les charognes qu'elles rencontrent, pour en détacher de petits lambeaux, à la manière des Rapaces; enfin elles visitent les nids des petites espèces d'Oiseaux, guettent les momens d'absence de la couveuse, attaquent la progéniture sans défense, la détruisent en perçant le crâne pour sucer la cervelle. C'est surtout dans la captivité que se décèle l'humeur féroce des Mésanges; toujours elles finissent par se débarrasser des autres Oiseaux qu'on leur adjoint, et il arrive bien rarement qu'une seule Mésange ne reste point maîtresse absolue de la volière. Nous avons vu plusieurs fois le résultat d'un semblable brigandage commis en une seule nuit, et tous les compagnons d'esclavage étendus, le crâne percé d'un coup de bec. De tous les

Oisillons auxquels on tend des piéges, aucun n'y donne plus facilement que la Mésange, surtout lorsqu'elle est attirée par les cris d'une congénère captive, que dans cette circonstance elle cherche imprudemment à délivrer; cette confiance aveugle forme un certain contraste avec le fond de son caractère. Du reste, ceci n'est pas un grand bonheur pour le chasseur, car cet Oiseau ne lui offre qu'une chair peu abondante, dure et d'un fumet désagréable. On en prend beaucoup à la pipée, et l'acharnement avec lequel une sorte d'antipathie la porte à attaquer courageusement la Chouette, sert encore à favoriser cette chasse. Le chant ou plutôt le cri des Mésanges peint assez bien leur humeur colérique; ces cris, ordinairement fort aigus, sont plus vifs, plus concentrés et plus souvent répétés à l'époque des amours qui, pour ces Oiseaux, se fait sentir de très-bonne heure. Déjà, dès le mois de février, dans nos climats, ils s'apparient; les sociétés se rompent; et chaque couple, abandonnant le voisinage des habitations dont ces Oiseaux s'approchent avec une hardiesse très-familière, se retire dans les bois; là, ils s'occupent bientôt de la construction de leur nid. Ce petit édifice est un véritable chef-d'œuvre d'architecture; il est placé, soit dans les bifurcations des couronnes touffues des Arbres, soit dans le creux de leurs troncs vermoulus, soit enfin dans des trous de murailles, dans des crevasses de rochers. La ponte, toujours fort nombreuse, est suivie d'une incubation de douze à quatorze jours. Les parens soignent leur famille avec des attentions d'autant plus admirables que l'on conçoit plus difficilement que deux petits êtres puissent, par leur chasse, pourvoir, pendant un temps assez long, à la nourriture de vingt autres. La tendresse qu'ils lui témoignent, et le courage avec lequel ils la défendent contre toute attaque, est encore un autre sujet d'étonnement sur la singularité et la bizarrerie des mœurs de ces Oiseaux qui,

d'ordinaire, n'épargnent pas même leurs semblables : il faut que chez tous les Animaux, la nature ait placé la tendresse maternelle au-dessus de toutes les passions, qu'elle en ait fait généralement la sensation la plus puissante. Quoique les Mésanges rendent d'assez grands services au cultivateur par l'étonnante destruction qu'elles font parmi les Insectes, surtout dans le premier état de ceux-ci, on est cependant obligé de leur faire une guerre à outrance, dans les cantons où l'on s'occupe de l'éducation des Abeilles. Un seul couple de ces Oiseaux suffit pour anéantir en peu de jours tout un essaim et rendre ainsi la ruche improductive.

Le genre Mésange, tel qu'il a été établi par Linné, a été divisé par Cuvier, en Mésanges proprement dites, en Moustaches et en Rémiz; cette division est fondée sur une légère différence dans la conformation du bec ou seulement de l'extrémité de la mandibule supérieure. Temminck s'est borné à établir dans ce genre, deux sections; il a plus consulté, comme motif de la division, les oppositions d'habitudes : les Mésanges proprement dites préférant à tout les lieux secs, élevés et boisés; les Moustaches et les Rémiz se tenant au contraire dans les endroits aquatiques et marécageux, dans les jonchaies et les roseaux. Quant aux différences physiques, ceux-ci ont la première rémige nulle ou presque nulle, tandis que les Mésanges l'ont de moyenne longueur.

MÉSANGE DES ALPES SUNAMISICES, *Parus alpinus*, Lath. Parties supérieures noires avec le bord des plumes cendré: petite moustache blanche; rémiges noires en dessus, cendrées eu dessous; tectrices alaires noires terminées de blanc; rectrices noires avec une tache blanche à l'extrémité des latérales qui sont plus longues que les intermédiaires; parties inférieures rougeâtres, tachetées de noir; bec et pieds noirâtres. Taille : cinq pouces six lignes. De Perse.

MÉSANGE AMÉRICAINE. *V.* SYLVIE DES SAPINS.

MÉSANGE AMOUREUSE, *Parus amorosus*, Lath. Plumage d'un noir bleuâtre, d'une teinte un peu plus claire en dessous; petites tectrices alaires bordées d'un fauve clair, les grandes bordées de roussâtre, ce qui dessine sur l'aile deux bandes; queue fourchue; bec noir avec la pointe orangée; pieds noirs. Taille, cinq pouces six lignes. De Chine. Espèce douteuse.

MÉSANGE AZURÉE, *Parus cyanus*, Pall., *Parus Sulbiensis*, Gmel. Parties supérieures d'un bleu d'azur; front, tempes, ainsi qu'une grande tache sur la nuque d'un blanc pur; sommet de la tête d'un blanc bleuâtre; bande oculaire d'un bleu vif; grandes tectrices alaires bleues, bordées de bleuâtre et de blanc; rectrices intermédiaires bleues, les latérales bordées et terminées de blanc, moins longues que les autres; parties inférieures blanches; bec et pieds noirâtres. Taille, cinq pouces six lignes. Du nord de l'Europe.

MÉSANGE DE BAHAMA. *V.* GUIT-GUIT SUCRIER.

MÉSANGE DE LA BAIE D'HUDSON. *V.* MÉSANGE PÊCHE-KESHICH.

MÉSANGE BARBUE. *V.* MÉSANGE MOUSTACHE.

MÉSANGE BLEUE, *Parus cœruleus*, L., Buff., pl. enl. 3, fig. 2. Parties supérieures bleuâtres; sommet de la tête d'un bleu azuré; sourcils, front et occiput blancs; tempes et collier bleus; bas du cou et partie du dos d'un gris verdâtre; grandes tectrices alaires terminées de bleu; gorge et raie longitudinale sur le milieu du ventre d'un noir bleuâtre; poitrine, flancs et abdomen jaunes; bec et pieds noirs. Taille, quatre pouces six lignes. Cette espèce, de toutes la plus querelleuse et la plus méchante, est aussi plus que les autres dominée par l'instinct de la prévoyance; elle amasse dans les trous d'Arbres, qu'elle a adoptés, des graines dont, sans doute, elle fait usage aux jours de disette. C'est dans ces trous qu'elle se blottit

pendant les plus grands froids; c'est là aussi qu'elle établit son nid, où l'on compte quelquefois jusqu'à vingt-deux œufs d'un blanc rougeâtre, pointillés de rouge et de brun. En Europe.

MÉSANGE A BOUQUET. *V.* MÉSANGE HUPPÉE.

MÉSANGE BRULÉE. *V.* MÉSANGE CHARBONNIÈRE.

MÉSANGE BRUNE A POITRINE NOIRE, *Parus fuscus*, Vieill., Levaill., Ois. d'Af., pl. 134, fig. 1. Parties supérieures brunâtres; sommet de la tête, cou, gorge et poitrine noirs; large moustache blanche; rémiges intermédiaires et tectrices alaires supérieures bordées de blanc; tectrices alaires inférieures brunâtres; rectrices noires, les intermédiaires terminées de blanc, les latérales bordées de même; flancs et abdomen d'un gris roussâtre; bec et pieds d'un gris plombé. Taille, quatre pouces six lignes. De la Cafrerie.

MÉSANGE DES CANARIES. Variété de la Mésange bleue.

MÉSANGE DU CAP DE BONNE-ESPÉRANCE. *V.* MÉSANGE PETIT-DEUIL.

MÉSANGE CAP-NÈGRE, *Parus atriceps*, Horsf., Temm., Ois. color., pl. 287, fig. 2. Parties supérieures d'un cendré bleuâtre; sommet de la tête, côtés du cou, gorge et poitrine d'un bleu d'acier poli; joues, partie de la nuque, épaules blanches; tectrices alaires bordées de blanc, ce qui dessine une bande transversale sur l'aile; rémiges et rectrices cendrées, bordées de bleuâtre; rectrice latérale blanche, bordée intérieurement de cendré; parties inférieures blanchâtres avec une bande noire sur le milieu du ventre; bec noir; pieds bruns. Taille, cinq pouces. De Java.

MÉSANGE A CAPUCHON NOIR. *V.* SYLVIE MITRÉE.

MÉSANGE A CEINTURE BLANCHE, *Parus Sibiricus*, Lath., Buff., pl. enl. 708, fig. 3. Parties supérieures d'un brun cendré; sommet de la tête et dessus du cou d'un gris brun; tectrices alaires, rémiges et rectrices bordées de gris roussâtre; parties inférieures roussâtres, une plaque noire sur la gorge descendant sur la poitrine ; cette plaque est bordée de chaque côté par une bande blanche qui forme une espèce de ceinture ; bec et pieds noirâtres. Taille, cinq pouces. De Sibérie.

MÉSANGE CENDRÉE. *V.* SYLVIE CENDRÉE.

MÉSANGE CHAPERONNÉE. *V.* MÉSANGE HUPPÉE.

MÉSANGE CHARBONNIÈRE, *Parus major*, Linn., Buff., pl. enl. 3, fig. 1. Parties supérieures d'un vert olivâtre; tête, gorge, devant du cou et milieu du ventre noirs ; tempes blanches ; petites tectrices alaires et croupion cendrés; une bande blanche sur les ailes ; rectrices d'un cendré noirâtre, avec celles extérieures en partie blanches ; tectrices anales blanches, bordées de cendré ; côtés de l'abdomen jaunes ; bec et pieds noirâtres. Taille, cinq pouces huit lignes. La Charbonnière qui tire son nom, dit-on, de l'habitude qu'elle a de suivre les ouvriers qui, dans les forêts, fabriquent le charbon, établit son nid dans des creux d'Arbres ; elle le construit de mousse et de duvet ; la femelle y dépose huit ou quinze œufs blancs pointillés de rouge. C'est l'un des petits Oiseaux les plus communs de la France.

MÉSANGE CHINOISE, *Parus Sinensis*, Lath. Parties supérieures d'un brun ferrugineux, les inférieures de même que la tête, d'un brun roussâtre; rémiges et rectrices brunes, bordées de noir ; bec noir ; pieds rougeâtres. Taille, trois pouces six lignes.

MÉSANGE COIFFÉE. *V.* MÉSANGE HUPPÉE.

MÉSANGE A COLLIER. *V.* SYLVIE MITRÉE.

MÉSANGE DE LA CÔTE DU MALABAR, *Parus Malabaricus*, Lath. Parties supérieures d'un gris foncé ; rémiges et tectrices alaires noires, avec quelques taches blanches sur celles-ci ; rectrices d'un rouge pâle à l'exception des deux intermédiaires qui sont noires ; gorge noire ; parties inférieures d'un rouge tirant à l'orange ; bec

et pieds noirs. Taille, cinq pouces huit lignes. La femelle a le dessous du corps d'un jaune roussâtre.

MÉSANGE A COURONNE ROUGE, *Parus griseus*, Lath. Espèce douteuse qui pourrait bien être la SYLVIE ROITELET.

MÉSANGE CRÊTÉE. *V.* MÉSANGE HUPPÉE.

MÉSANGE A CROUPION ÉCARLATE. *V.* SYLVIE A CROUPION ROUGE.

MÉSANGE A CROUPION JAUNE. *V.* SYLVIE A CROUPION JAUNE.

MÉSANGE DORÉE. *V.* TANGARA TÉITÉ.

MÉSANGE A GORGE NOIRE, *Parus palustris*, Var., Lath. *V.* MÉSANGE KISKIS.

MÉSANGE GRISE A GORGE JAUNE. *V.* SYLVIE GRISE A GORGE JAUNE.

MÉSANGE GRISE A JOUES BLANCHES, *Parus cinereus*, Vieill., Levail., Ois. d'Afr., pl. 139, fig. 2. Parties supérieures grisâtres ; sommet de la tête, cou, gorge et poitrine noirs ; joues blanches ; rémiges noires bordées de blanchâtre, les six rectrices latérales blanches ; grandes tectrices alaires frangées de blanc ; ventre et abdomen d'un blanc rosé ; bec et pieds gris. Taille, quatre pouces six lignes. De Java.

MÉSANGE GRISETTE, *Parus cinerascens*, Vieill., Levaill., Ois. d'Afr., pl. 138. Parties supérieures d'un gris bleuâtre; sommet de la tête et dessus du cou noirs ; un demi-collier blanc entre le cou et le dos ; une cravate noire encadrée de blanc sur la gorge; joues, devant du cou, poitrine et parties inférieures blanches; rémiges brunes ; tectrices alaires brunâtres, frangées de blanc ; rectrices noires, bordées de gris bleuâtre ; bec noir ; pieds bleuâtres. Taille, cinq pouces six lignes. D'Afrique.

GROSSE MÉSANGE. *V.* MÉSANGE CHARBONNIÈRE.

GROSSE MÉSANGE BLEUE. *V.* MÉSANGE AZURÉE.

MÉSANGE A GROSSE TÊTE, *Parus macrocephala*, Lath. Parties supérieures noirâtres; trait frontal blanc, de même qu'une bande assez large sur les ailes et les trois rectrices latérales, dont l'extrémité cependant est noire; bord des tectrices alaires et poitrine d'un jaune orangé; le reste des parties inférieures jaunâtre; bec et pieds noirs. Taille, quatre pouces. Les plumes de la nuque et du cou sont presque décomposées, ce qui fait paraître la tête d'un volume très-considérable. La femelle a le dessus du corps d'un brun clair et le dessous jaune; en outre toutes les rectrices sont noires. De l'Australasie.

MÉSANGE HUPPÉE, *Parus cristatus*, L., Buff., pl. enl. 502, fig. 2. Parties supérieures d'un brun roussâtre, cendré; joues et côtés du cou blanchâtres; sommet de la tête couronné d'une huppe qui s'élève en pyramide, et dont les plumes sont noires, bordées de blanc; une petite raie transversale noire sur les tempes; collier noir; parties inférieures d'un blanc roussâtre; bec noirâtre; pieds plombés. Taille, quatre pouces six lignes. Cette Mésange quitte rarement les grandes forêts européennes où abondent les Genevriers et autres broussailles constamment vertes; c'est là qu'elle fait sa ponte dans les creux des vieux Arbres ou dans des nids abandonnés; elle consiste en dix ou douze œufs blancs marqués vers le gros bout de petites taches d'un rouge obscur.

MÉSANGE HUPPÉE DE CAYENNE. *V.* **SYLVIE HUPPÉE**, *Sylvia elata*, Lath., dont Vieillot a fait son genre **TYRANNEAU**.

MÉSANGE HUPPÉE DE LA CAROLINE, MÉSANGE A HUPPE GRISE, *Parus bicolor*, Lath. Parties supérieures d'un gris ardoisé; une tache frontale noire; sommet de la tête garni de plumes grises allongées et relevées en huppe pointue; tectrices alaires bordées de roussâtre; parties inférieures d'un blanc roussâtre; flancs et tectrices anales roussâtres; bec et pieds gris. Taille, cinq pouces six lignes. De l'Amérique septentrionale.

MÉSANGE JAUNE. *V.* **SYLVIE TACHETÉE DE ROUGEATRE.**

MÉSANGE KISKIS, *Parus atricapil-*

lus, Lath. Parties supérieures d'un gris cendré; sommet de la tête, nuque et gorge noirs; plumes nasales, côtés de la tête et du cou, poitrine et parties inférieures blanchâtres; bord interne des rectrices latérales et dessous des rémiges blanchâtres; bec et pieds noirs. Taille, cinq pouces. De l'Amérique septentrionale.

MÉSANGE KNJACSCIK, *Parus Knjacscik*, Lath. Blanche, avec un large trait oculaire et un collier de teinte livide. De la Sibérie. Espèce douteuse.

MÉSANGE DU LANGUEDOC. *V.* **MÉSANGE RÉMIZ.**

MÉSANGE A LONGUE QUEUE, *Parus caudatus*, L., Buff., pl. enl. 502, fig. 3. Parties supérieures cendrées; milieu du dos, rémiges, croupion et rectrices intermédiaires noirs; tête, cou, gorge et poitrine blancs; scapulaires rougeâtres; grandes tectrices alaires bordées de blanc, de même que les rectrices latérales; queue très-longue, cunéiforme; bec et pieds noirâtres. Taille, cinq pouces huit lignes. La femelle a un large sourcil noir qui se prolonge sur la nuque et va se réunir au trait du milieu du dos. Cette petite espèce européenne qui s'éloigne un peu de ses congénères par la nature des barbules de plumes du corps, qui sont en quelque sorte décomposées, apporte un art tout particulier dans la construction de son nid. Lorsqu'au mois de mars elle déserte les jardins pour se réfugier dans les bois, elle choisit un buisson bien touffu et peu élevé pour y établir son nid, que toute l'industrie humaine n'imiterait qu'imparfaitement. Adossé au tronc et dans la bifurcation des branches, il présente dans sa forme celle d'un œuf posé verticalement, et sur le côté une et quelquefois deux petites ouvertures correspondantes, de manière que la Mésange peut entrer dans le nid et en sortir sans se retourner. Ce nid, qui a ordinairement huit pouces de hauteur sur quatre de base, est composé de Lichens, de Mousse et de Laine entrelacés avec une adresse admirable; il est garni intérieurement de plumes et de duvet. La ponte est de quinze ou vingt œufs blanchâtres, pointillés de rouge vers le gros bout.

Mésange lugubre, *Parus lugubris*, Natt. Parties supérieures d'un brun cendré ; sommet de la tête d'un brun noirâtre ; rémiges et rectrices cendrées, lisérées de blanchâtre ; tempes et parties inférieures blanchâtres ; gorge, devant et côtés du cou noirs ; bec noirâtre ; iris brun ; pieds cendrés. Taille, six pouces. Cette Mésange que l'on pourrait confondre avec la Nonnette cendrée, en diffère essentiellement par la force plus grande de son bec, et des pieds plus robustes, outre plus d'étendue dans la queue. Elle est des provinces orientales du midi de l'Europe.

Mésange de marais. *V*. Mésange Rémiz. On confond aussi sous ce nom la Mésange Nonnette cendrée.

Mésange de montagne. *V*. Mésange Rémiz.

Mésange de montagne de Strasbourg. *V*. Mésange petite charbonnière.

Mésange Moustache, *Parus biarmicus*, Lin., *Parus Russicus*, Gmel., Buff., pl. enl. 648, fig. 1 et 2. Parties supérieures rousses ; tête et occiput d'un gris bleuâtre ; moustaches formées de plumes noires et longues, descendant sur les côtés du cou ; grandes tectrices alaires noires, bordées de roux ; rémiges brunes bordées de blanc ; rectrices étagées rousses, les latérales bordées de blanc ; gorge et devant du cou d'un blanc qui prend une teinte rosée sur la poitrine ; parties inférieures roussâtres ; flancs roux ; tectrices ovales noires ; bec jaune ; pieds noirâtres. Taille, six pouces trois lignes. La femelle n'a point de moustaches noires. Toutes les parties supérieures, la tête comprise, sont rousses, tachetées de noir sur le dos ; les tectrices anales sont d'un roux clair. Cette espèce habite le nord de l'Europe ; elle est très-abondante en Hollande dans les vastes marécages que cette province renferme ; elle établit

son nid au milieu des joncs et des roseaux, mais toujours au-dessus de la hauteur que peuvent atteindre les eaux dans leurs crues périodiques ; la ponte consiste en six ou huit œufs rougeâtres tachetés de brun.

Mésange de Nankin, *Parus Indicus*, L. Parties supérieures cendrées, avec les rémiges et les rectrices noirâtres ; sommet de la tête d'un jaune verdâtre ; sourcils blancs ; une tache jaune sur les rémiges qui sont en outre bordées de cette nuance ; rectrices latérales verdâtres, terminées de blanc ; gorge et devant du cou jaunes ; le reste des parties inférieures jaunâtre avec les flancs gris ; bec en partie jaune, puis brun ; pieds noirâtres. Taille, cinq pouces six lignes.

Mésange de Narbonne, *Parus Narbonensis*, Gmel. *V*. Mésange Rémiz.

Mésange noiratre d'Afrique, *Parus Afer*, Lath. Parties supérieures brunes, les inférieures blanchâtres ; côtés de la tête et tour des yeux blancs, de même qu'une tache sur l'occiput et un trait sur les côtés du cou ; gorge et queue noires ; bec et pieds noirâtres. Taille, quatre pouces six lignes. Vieillot la considère comme une variété d'âge de la Mésange grise à joues blanches.

Mésange noire d'Afrique, *Parus niger*, Vieill., Levaill., Ois. d'Afrique, pl. 137. Tout le plumage noir avec un peu de blanc sur les tectrices alaires, qui sont en partie bordées de cette nuance de même que les rémiges et l'extrémité des rectrices latérales ; bec noir ; pieds plombés. Taille, cinq pouces huit lignes. La femelle est d'un noir moins pur ; elle a la poitrine variée de cendré, et les tectrices anales terminées de blanc.

Mésange noire a tête dorée. *V*. Manakin a tête d'or.

Mésange noire ou Cela, *Parus Cela*, Lath. Plumage entièrement noir à l'exception de deux taches jaunes sur les ailes et les tectrices caudales ; bec blanc ; pieds noirs. Taille, cinq pouces six lignes. De l'Inde.

Mésange de Norwège, *Parus Siro-*

mei, Lath. Parties supérieures d'un vert jaunâtre; gorge et poitrine jaunes, celle-ci tachetée de marron; ventre bleu; abdomen jaunâtre; bec noir en dessus, jaune en dessous; pieds noirs. Taille, cinq pouces.

Mésange Nonnette cendrée, *Parus palustris*, L., *Parus atricapillus*, Gmel., Buff., pl. enl. 3, fig. 3. Parties supérieures grises, nuancées de brun; sommet de la tête et partie de la nuque d'un noir profond; tempes blanchâtres; rémiges et tectrices alaires brunes, bordées de blanchâtre; parties inférieures d'un blanc brunâtre, avec la gorge noirâtre; bec et pieds noirs. Taille, quatre pouces trois lignes. La femelle a le sommet de la tête brun et la gorge grise, variée de brun. En Europe; très-abondante en Hollande où elle établit son nid dans les Arbres creux des jardins et des vergers. Elle y dépose dix à douze œufs blancs, tachetés de pourpre.

Mésange a panache. *V.* Mésange huppée.

Mésange Pêche-keshich, *Parus Hudsonicus*, Lath. Parties supérieures d'un cendré verdâtre; sommet de la tête d'un brun ferrugineux; un trait blanc en dessous des yeux; gorge noire; une bande blanche sur la poitrine qui est brune ainsi que le reste des parties inférieures; croupion d'un blanc roussâtre; rémiges et rectrices brunes bordées de cendré; bec et pieds noirs. Taille, cinq pouces six lignes. Toutes les plumes du corps sont à barbules longues et lâches. De l'Amérique septentrionale.

Mésange penduline. *V.* Mésange Rémiz.

Mésange de Perse. *V.* Mésange des Alpes sunamisices.

Mésange Petit-Deuil, *Parus Capensis*, Lath. Parties supérieures d'un gris cendré; les inférieures d'un cendré clair; rémiges noires bordées de blanc; rectrices noires en dessus, blanches en dessous; bec et pieds noirs. Taille, cinq pouces. Des Indes.

Mésange petite charbonnière, *Parus ater*, Linn. Parties supérieures cendrées; sommet de la tête, nuque, gorge et devant du cou noirs; un grand espace sur la nuque et un large trait sur les côtés du cou blancs; deux bandes transversales de la même nuance sur les ailes; parties inférieures grisâtres; ventre blanc; queue légèrement fourchue; bec noir; pieds plombés. La petite Charbonnière moins commune que la Charbonnière, habite les mêmes régions; elle quitte les bois en automne et se répand alors dans les jardins voisins des habitations. Elle niche sur les Arbres, et sa ponte consiste en une vingtaine d'œufs blancs tachetés de points pourprés.

Mésange (petite) a tête noire. *V.* Mésange Nonnette cendrée.

Mésange de Pologne. *V.* Mésange Rémiz.

Mésange Pinson. *V.* Sylvie a collier.

Mésange a queue fourchue, *Parus furcatus*, Temm., Ois. color., pl. 287, fig. 1. Parties supérieures d'un gris bleuâtre; sommet de la tête et nuque d'un gris olivâtre qui passe en cendré sur le dos; lorum et auréole des yeux jaunes; deux larges moustaches d'un gris bleuâtre; rectrices inégales brunâtres, terminées de noir; les deux grandes tectrices caudales terminées par un petit croissant blanc; rémiges noirâtres bordées de jaune; tectrices alaires noirâtres bordées de roux vif; parties inférieures d'un jaune fauve avec les flancs gris; poitrine d'une teinte mordorée; bec et pieds bruns. Taille, cinq pouces. De la Chine.

Mésange Rémiz, *Parus pendulinus*, Lath., *Parus Narbonensis*, Gmel., Buff., pl. enl. 618, fig. 3. Parties supérieures d'un gris roussâtre; sommet de la tête et nuque cendrés; front, joues, région des yeux et orifice des oreilles noirs; croupion cendré; rémiges et rectrices noirâtres bordées de roux blanchâtre, celles-ci terminées de blanc; gorge blanche; une teinte rosée sur les autres parties inférieures; bec noir, droit, un peu allongé et fortement pointu, iris jaune ; pieds d'un gris plombé. Taille, quatre pouces trois lignes. La femelle a les couleurs généralement moins vives, et le rosé des parties inférieures se change en jaune. Cette espèce, qui habite les contrées orientales et méridionales de l'Europe, se tient presque toujours dans le voisinage des étangs, au milieu des Roseaux et des Plantes aquatiques. C'est là qu'elle construit avec beaucoup d'art, un nid dont l'enveloppe extérieure est un tissu très-serré formé avec un duvet qui s'échappe des bourgeons de Saule et de Peuplier. Ce nid qui a la forme d'une bourse est suspendu aux rameaux flexibles des Arbres qui bordent les marais et les ruisseaux ; l'intérieur est tapissé des matières les plus duveteuses, et l'entrée est pratiquée sur le côté. La femelle y dépose cinq à six œufs blancs, faiblement tachetés de roux, et s'abandonne en les couvant au balancement que les vents impriment au nid.

Mésange de Roseaux. Nom que successivement ont reçu les Mésanges Moustache, a longue queue et Rémiz.

Mésange rouge cendré de la Nouvelle-Zélande, *Parus Novæ-Zelandiæ*, Lath. Parties supérieures variées de rouge, de cendré et de brun ; front roux ; sourcils blancs ; partie des joues et côtés de la tête cendrés ; rémiges brunes ; rectrices intermédiaires noires, les autres d'un cendré rougeâtre avec une tache brune vers le milieu de chacune ; parties inférieures d'un gris roussâtre ; bec brun, noirâtre à la pointe ; pieds noirs. Taille, cinq pouces.

Mésange de Sacby. *V.* **Mésange azurée.**

Mésange a tête de faïence. *V.* **Mésange bleue.**

Mesange a tête noire. *V.* **Mésange petite charbonnière.**

Mésange a tête noire du Canada. *V.* **Mésange Kiskis.**

Mésange a ventre rouge-brun des Indes et de la Chine. *V.* **Mésange de Nankin.**

Mésange de Virginie. *V.* **Sylvie a croupion jaune.** (dr..z.)

MÉSAPE. *Mesapus.* crust. Genre établi par Rafinesque dans l'ordre des Décapodes Macroures, voisin des Palémons, et auquel il donne pour caractères : écaille de la base des antennes extérieures épineuse ; première paire de pieds chéliforme, la seconde et quelquefois la troisième pincifères. L'espèce qui fait le type de ce genre est le *Mesapus fasciatus*. Il est glabre ; le rostre est tronqué, entier ; ses épaules sont bicpineuses ; le dos est épineux ; les bras égaux. La queue a deux bandes noires transversales et terminées par deux appendices membraneux. Il paraît avoir plus de raports avec le genre Egéon qu'avec les autres. (g.)

* **MÉSAR.** ois. Syn. vulgaire de Fauvette grise. *V.* **Sylvie.** (dr..z.)

MESEMBRYANTHEMUM. bot. phan. *V.* **Ficoïde.**

MESEMBRYON. bot. phan. Nom employé par Adanson (Familles des Plantes, vol. 2, p. 242) pour désigner le genre *Mesembryanthemum* de Dillen et Linné. *V.* **Ficoïde.** (g..n.)

MÉSENGÈRE, MÉSENGLE. ois. Noms vulgaires donnés à la Mésange charbonnière. *V.* **Mésange.** (dr..z.)

MÉSENTÈRE. zool. anat. *V.* **Péritoine.**

* **MÉSENTÉRINE.** polyp. Espèce du genre Explanaire. *V.* ce mot. (b.)

MÉSENTÉRIQUE. *Mesenterica.* bot. crypt. (*Champignons.*) Persoon a donné ce nom à un genre encore très-imparfaitement connu ; il n'est probablement composé que de Champignons encore imparfaits, qui forment des plaques membraneuses très-étendues sur les vieux bois et les murs humides : leur tissu est byssoïde et en même temps trémelloïde ; peut-être doit-on les regarder comme le commencement d'espèces de Mérules (*V.* ce mot) ou comme des

Byssus , voisins des genres *Hypha* et *Himantia*. Ils sont particulièrement remarquables par les sortes de veines saillantes rameuses qu'ils présentent à leur surface , et qui les ont fait comparer à un Mésentère : c'est à ce genre que se rapporte la Plante figurée par Vaillant (*Bot. Par.* , t. 8 , fig. 1) sous le nom de *Corallofungus argenteus tomentiformis.*   (AD. B.)

* MÉSHAT. ois. L'un des noms vulgaires de la Mésange huppée. *V.* MÉSANGE.   (DR..Z.)

MÉSIER. bot. phan. Nom proposé dans les Dictionnaires antérieurs pour désigner le genre *Walkera*, parce que Gaertner l'avait appelé *Meesia.* Ce nom désignant déjà un genre de Mousse ne pouvait être adopté. *V.* WALKERA.   (B.)

MESLIER. bot. phan. L'un des noms vulgaires du Néflier , et une variété de Vigne. On a aussi nommé MESLIER ÉPINEUX le *Ruscus aculeatus*, L. *V.* FRAGON.   (B.)

* MÉSOCHÈRE. *Mesocheira.* ins. Genre de l'ordre des Hyménoptères , section des Porte-Aiguillons , famille des Mellifères , tribu des Apiaires , établi par Lepelletier de Saint-Fargeau et Serville , aux dépens de Mélectes de Fabricius, et auquel ils donnent pour caractères : antennes filiformes, un peu brisées, s'écartant l'une de l'autre, de la base à l'extrémité, composées de douze articles dans les femelles et de treize dans les mâles ; mâchoire et lèvres assez courtes, n'étant pas plus longues que la tête et le corselet pris ensemble ; mandibules pointues, étroites et unidentées au côté interne; palpes maxillaires de six articles, les labiaux de quatre ; trois petits yeux lisses disposés en ligne transverse sur le vertex ; corselet court, convexe en dessus ; écusson bidenté ; ailes supérieures ayant une cellule radiale qui va en se rétrécissant après la troisième cubitale , son extrémité arrondie , s'écartant de la côte, et quatre cellules cubitales ; les trois premières presque égales entre

elles, la première nervure récurrente aboutissant à la nervure commune aux seconde et troisième cubitales ; troisième cubitale rétrécie vers la radiale , recevant la deuxième nervure récurrente , la quatrième à peine commencée , faiblement tracée ; abdomen court, conique, composé de cinq segmens , outre l'anus, dans les femelles , et de six dans les mâles ; pates de longueur moyenne ; les quatre premières jambes munies d'une seule épine à leur extrémité, celle des antérieures simple , celle des intermédiaires élargie à son extrémité , échancrée, bilobée , l'un des lobes en forme d'épine aiguë , l'autre denté ; jambes postérieures ayant deux épines dont l'intérieure plus grande ; premier article des tarses plus grand que les quatre autres pris ensemble. Ces Hyménoptères se distinguent des Mélectes par les ailes supérieures qui, dans celles-ci, ont la première cellule cubitale notablement plus grande que les autres , tandis qu'elles sont égales dans les Mésochères ; les Mésonychies s'en distinguent par l'épine des jambes intermédiaires , dont l'extrémité n'est ni dilatée ni échancrée. Ce genre renferme un petit nombre d'espèces toutes propres à l'Amérique méridionale. Nous citerons :

La MÉSOCHÈRE BICOLORE , *Mesocheira bicolor*, Lepell. et Serville (Encycl. méth., article PHYLÉRÈME); *Melecta bicolor*, Fabr., *Crocisa bicolor*, Jurine. Longue de six lignes , noire, presque velue ; abdomen d'un vert métallique en dessus, ferrugineux en dessous ; antennes noirâtres, d'un brun ferrugineux en dessus ; ailes transparentes avec deux taches noirâtres. Elle se trouve à Cayenne.   (G.)

* MÉSOGLOJE. *Mesogloja.* bot. crypt. (*Chaodinées.*) Genre institué par Agardh , adopté par Lyngbye, dont les caractères consistent en une masse gélatineuse, allongée en rameaux composés de filamens rameux, articulés par sections transverses partant du centre vers la circonférence,

et produisant à leurs extrémités et extérieurement, des gemmes obrondes nues et analogues à celles des Céramies, genre avec lequel celui-ci forme un passage très-naturel. La consistance des Mésogloges ne permet pas de les séparer des Chaodinées, où elles sont très-voisines des Chœlophores et autres genres chez lesquels les filamens se développent dans une mucosité particulière.

La *Mesogloja vermicularis*, Agardh, *Syn.* 126; Lyngb., *Tent.*, p. 190, pl. 65, était jusqu'ici la seule espèce connue dans ce genre. Les rocs de Biaritz et de Belle-Ile-en-Mer nous en ont fourni de nouvelles. (B.)

* MÉSOLE. MIN. Nom donné par Berzélius (Journal philosophique d'Édimbourg, T. VII, p. 7) à une substance de la famille des Zéolithes, en masses globulaires radiées, de couleur blanche, légèrement translucide, pesant spécifiquement 2,37, et formée, sur 100 parties, de 42,60 de Silice, 28 d'Alumine, 11,43 de Chaux, 5,63 de Soude, et 12,70 d'Eau. On la trouve dans les îles Féroë, tapissant les cavités d'un Amygdaloïde dont la première couche est généralement de Mésoline et la seconde de Mésole. Elle est accompagnée de Cristaux, de Stilbite et d'Apophyllite. (G. DEL.)

* MÉSOLINE. MIN. Nom donné par Berzélius (Journal phil. d'Édimbourg, T. VII, p. 7) à une matière blanchâtre cristalline, formant la croûte extérieure de l'Amygdaloïde de Féroë, qui contient la Mésole. Elle est composée de Silice 47,50, Alumine 21,40, Soude 4,80, Chaux 7,90, Eau 18,19. C'est probablement une variété de la Chabasie. (G. DEL.)

* MÉSOLITHE. MIN. Nom donné par Berzélius à une Mésotype d'Islande mélangée de Scolézite, et composée, d'après l'analyse de Geblen et de Fuchs : de Silice 47,46, Alumine 25,35, Soude 4,87, Chaux 10,04, Eau 12,41; l'angle du prisme fondamental est de 91°, 20', suivant les mesures de Brooke. Une autre Zéoli-

the fibreuse, provenant de la Bohême, a été analysée par Freysmuth : elle contient 44,562 de Silice, 27,562 d'Alumine, 7,688 de Soude, 7,087 de Chaux, et 14,125 d'Eau.
(G. DEL.)

MÉSOMORA. BOT. PHAN. (Rivin.) Syn. de Cornouiller. (B.)

* MÉSOMPHIX. MOLL. Toutes les espèces d'Hélices qui ont un ombilic assez largement ouvert pour laisser apercevoir les tours de spire, ont reçu de Rafinesque (Journal de Physiq. T. LXXXVIII, p. 45) ce nom générique. Cette coupe ne peut être adoptée comme genre ; à peine peut-elle l'être comme sous-division du genre.
(D..H.)

* MÉSOMYONES. *Mesomyona.* MOLL. Latreille, dans les Familles Naturelles du Règne Animal, a proposé de diviser son ordre des Manteaux ouverts (*V.* ce mot) en deux sections : la première, qu'il nomme Mésomyones, et la seconde Plagymyones (*V.* ce mot). Cette première section répond assez bien aux Monomyaires de Lamarck. Latreille la divise en plusieurs familles qui sont les Ostracées, les Pectinides et les Oxigones. *V.* ces différens mots.
(D..H.)

* MÉSONEVRON. BOT. PHAN. *V.* Mézonevron.

* MÉSONYCHIE. *Mesonychium.* INS. Genre de l'ordre des Hyménoptères, section des Porte-Aiguillons, famille des Mellifères, tribu des Apiaires, établi par Lepelletier de Saint-Fargeau et Serville, et qu'ils caractérisent ainsi : antennes filiformes, un peu brisées, s'écartant l'une de l'autre de la base à l'extrémité, composées de douze articles dans les femelles, et de treize dans les mâles; mâchoires et lèvres assez courtes, n'étant pas plus longues que la tête et le corselet pris ensemble ; mandibules pointues, étroites, unidentées au côté interne ; palpes maxillaires de six articles, les labiaux de quatre; corps court; corselet court, convexe en dessus; écusson point prolongé postérieurement,

ayant deux dents courtes posées sur son milieu ; ailes supérieures ayant une cellule radiale pointue à sa base, allant en se rétrécissant du milieu vers l'extrémité, celle-ci arrondie, écartée de la côte, appendiculée ; et quatre cellules cubitales, la première un peu plus petite que la seconde, cette dernière presque en carré long ; la première nervure récurrente aboutissant à la nervure qui sépare les seconde et troisième cubitales ; troisième cubitale pétiolée, presque en demi-lune, recevant la deuxième nervure récurrente, la quatrième non commencée, mais tracée ; abdomen court et conique ; pates de longueur moyenne, les quatre premières jambes terminées par une seule épine, celle des intermédiaires non dilatée à son extrémité qui porte une dent particulière ; jambes postérieures ayant deux épines terminales. Les Mésonychies diffèrent des Mésochères par leurs jambes intermédiaires, dont l'épine n'est point divisée, et par d'autres caractères tirés des ailes, de la forme du corps, etc. Elles se distinguent des Mélectes par leur cellule radiale qui est appendiculée, tandis qu'elle est simple dans ces dernières. On ne connaît qu'une espèce de ce genre ; c'est :

La Mésonychie bleuatre, *Mesonychium cœrulescens*, Lepell. et Serv. (Encycl. méth., article Philérème). Elle est longue de six lignes, noire, garnie d'un duvet de même couleur. L'abdomen a un reflet bleu et vert métallique. Les ailes sont brunes à reflet violet. Cet Insecte se trouve au Brésil. (G.)

*MESOPUS. bot. crypt. (*Champignons.*) On a donné ce nom aux sections des genres Agaric, Bolet, Hydne, etc., qui renferment les espèces dont le pédicule est central par opposition au mot de *Pleuropus* qu'on a donné à celles qui comprennent les espèces à pédicule latéral. (AD. B.)

* MÉSOSPERME. bot. phan. De Candolle (Mémoires sur les Légumineuses, p. 37) nomme ainsi le réseau vasculaire qui existe entre les deux membranes du Spermoderme ou enveloppe de la graine. *V.* Spermoderme. (G..N.)

MESOSPHÆRUM. bot. phan. Patrice Browne (*Nat. Hist. of Jamaïo*, p. 257) donnait ce nom à un genre formé sur une Plante dont Linné fit son *Ballota suaveolens*, et que Poiteau a réunie au genre *Hyptis. V.* Hyptide. (G..N.)

MÉSOTHORAX. ins. *V.* Thorax.

MÉSOTYPE. min. Zéolithe fibreuse. Espèce du genre des Silicates doubles alumineux, ayant pour caractères, suivant Haüy, de cristalliser en prismes droits rhomboïdaux de 93° 1/3 ; de fondre avec bouillonnement en émail spongieux ; de se résoudre en gelée dans les Acides, et de donner de l'eau par la calcination. En étudiant avec soin les variétés de ce Minéral, on y a reconnu depuis deux espèces distinctes quoique très-rapprochées, qui, tantôt, sont isolées et tantôt mélangées ensemble, et qui donnent lieu à des différences de composition et de mesures d'angles, que l'on observe dans les Mésotypes venues de localités différentes. L'une de ces espèces a pour type la Mésotype de l'île de Staffa, analysée et décrite par Gehlen et Fuchs, qui lui ont donné le nom de Scolézite. Elle est blanche, et cristallise en prismes droits rhomboïdaux de 91° 20, selon Brooke, et en prismes droits à base carrée, selon Beudant ; ces prismes sont ordinairement terminés par des sommets tétraèdres. Elle est composée de Silice 46,75 ; Alumine 24,82 ; Soude 0,39 ; Chaux 14,20 ; Eau 13,64. La Mésotype d'Auvergne est le type de la seconde espèce qui, dans son état de pureté, se présente en prismes droits rhomboïdaux de 91° 40. Sa pesanteur spécifique est de 2,6. Elle est composée, d'après l'analyse de Klaproth, de Silice 49, Alumine 26, Soude 16, Eau 9. Elle possède deux axes de double réfraction, et souvent elle s'électrise par la chaleur. La variété de forme la plus ordinaire est celle qu'Haüy nomme *Pyramidée*, et qui résulte d'une loi de décroissement par une simple rangée sur les arêtes des bases ; celles-ci étant à la hauteur dans le rapport de 89 à 45. — Les variétés principales de Mésotype sont: 1° la Fibreuse ou Aciculaire, en fibres ou aiguilles quelquefois libres et le plus ordinairement divergentes ; telle est celle du Puy de Marmant en Auvergne , et de Fassa en Tyrol ; 2° la Globuliforme radiée de Montechio-Maggiore et de Fassa; 3° la Concrétionnée mamelonnée d'un jaune-brunâtre, dite *Natrolithe*, de Hohentwiel en Souabe, et de Bilin en Bohême ; 4° la Floconneuse de Norwège ; 5° la Compacte, dite *Crocalite*, de Fassa en Tyrol; 6° enfin la Terreuse, plus ou moins altérée, appelée *Mehlzeolith*, de Dalécarlie et de l'île Disko en Groënland. La Mésotype est presque toujours d'un blanc mat; mais, par suite de mélanges étrangers, elle est quelquefois colorée en vert ou en rouge : telle est la variété à laquelle on a donné le nom d'Edélite. — La Mésotype se rencontre en noyaux dans les cavités des roches celluleuses et amygdalaires des dépôts basaltiques ; ses gangues les plus ordinaires sont : le Basalte (dans le département du Puy-de-Dôme), le Phonolite porphyrique en Souabe, et la Wacke amygdaloïde aux îles Féroë , dans le Tyrol et au Groënland.

MÉSOTYPE ÉPOINTÉE. *V.* APOPHYLLITE. (G. DEL.)

* MESPILOPHORA. BOT. PHAN. Ce genre, proposé par Necker (Élém. bot. , 724), est le même que le *Mespilus* de Lindley , qui a pour type le *Mespilus Germanica. V.* NÉFLIER. (G..N.)

MESPILUS. BOT. PHAN. *V.* NÉFLIER.

MESSAGER. OIS. *V.* SECRÉTAIRE. Willugby nomme aussi de la sorte un Pigeon. *V.* ce mot. (DR..Z.)

MESSERSCHMIDIA. BOT. PHAN. Linné établit ce genre de la Pentandrie Monogynie , qui fut adopté par Jussieu et Lamarck , et placé dans la famille des Borraginées. R. Brown (*Prom. Flor. Nov.-Holland.*, p. 496) le réunit au *Tournefortia;* mais en même temps il indiqua qu'on devait distraire de ce dernier genre les *Tournefortia hirsutissima*, Swartz, *volubilis*, L., et *scandens* , Soland. mss., et il exposa les différences d'organisation que présentent ces espèces, différences qui nécessitent l'établissement d'un nouveau genre. Rœmer et Schultes (*System. Veget.* T. IV, p. 51) ont donné le nom de *Messerchmidia* à ce nouveau genre, en adoptant les caractères tracés par R. Brown , et qu'ils ont ainsi exprimés : calice quinquépartite ; corolle infundibuliforme , dont l'entrée est nue ; les divisions du limbe ordinairement subulées ; baie à quatre, ou par avortement à un ou deux noyaux monospermes. R. Brown ajoute que l'embryon est droit dans le *T. hirsutissima*, et arqué dans le *T. volubilis.* Les onze espèces de ce genre, décrites par Rœmer et Schultes, croissent pour la plupart dans l'Amérique méridionale et dans les Antilles. (G..N.)

MESSIRE-JEAN. BOT. PHAN. Variété de Poires. (B.)

*MESSORE. POIS. L'un des noms vulgaires du Chabot. *V.* COTTE. (B.)

MESTERNA. BOT. PHAN. Adanson donnait ce nom au genre *Guidonia* de P. Browne, réuni par Swartz au *Lætia. V.* ce mot. (G..N.)

MESTIQUES. BOT. PHAN. On désigne sous ce nom , dans les îles de la Sonde, les concrétions siliceuses qui se forment dans les Noix de Cocos, et sur lesquelles Lesson a publié récemment des détails intéressans. *V.* Bullet. des Sc. Nat. T. VII, p. 40. (G..N.)

* MESTOTES. BOT. PHAN. C'était le nom que Solander, dans ses manuscrits inédits, avait donné au genre *Chailletia* de De Candolle. Celui-ci s'en est servi pour désigner la première section de ce genre, laquelle

se compose uniquement du *Chailletia pedunculata*.   (G..N.)

*MESUA. BOT. PHAN. Genre de la famille des Guttifères et de la Polyandrie Monogynie, L. Son calice se compose de quatre folioles persistantes; ses pétales sont en nombre égal; ses étamines nombreuses se soudent entre elles par la base de leurs filets ; le style se termine par un stigmate épais et concave. Le fruit est une noix tétragone ou conique, dont le péricarpe de consistance coriace et fongueuse se fend en quatre valves, et renferme d'une à quatre graines. Ce fruit, avant sa maturité, laisse exsuder un suc tenace et glutineux, et cette graine se mange comme la Châtaigne. Une espèce que Burmann associait au *Calophyllum*, croît dans l'Inde et dans l'île de Java; c'est le *Nagassarium* de Rumph (*Herb. Amboin.*, 7, t. 2). Une autre Plante de l'Inde que Rhéede (*Hort. Malab.*, 3, t. 53) a fait connaître sous le nom de *Belluta-Tsjampacam*, doit être aussi rapportée à ce genre. Ce sont des Arbustes dont les feuilles sont dépourvues de veines, et dont les fleurs axillaires ou terminales et ordinairement solitaires répandent une odeur agréable.   (A. D. J.)

* MESY. OIS. (Salerne) L'un des noms vulgaires de la Cresserelle, *Falco Tinnunculus*. *V*. FAUCON. (B.)

* MÉTALASIE. *Metalasia*. BOT. PHAN. Ce genre de la famille des Synanthérées et de la Syngénésie égale, L. , a été proposé par R. Brown (*Observ. on the Compositæ*, p. 124) pour différentes espèces placées dans les *Gnaphalium* par les auteurs. Il lui attribue pour caractère essentiel : un involucre cylindrique, pourvu, dans la plupart des espèces, d'un rayon court, formé par les lames colorées et étalées des écailles intérieures ; fleurons peu nombreux, tous hermaphrodites ; rayons de l'aigrette caducs, épaissis et dentés au sommet. Cassini, ayant adopté ce genre, l'a placé dans la tribu des Inulées, sec-

tion des Gnaphaliées, et en a beaucoup étendu les caractères. Selon ce botaniste, le *Metalasia* est ainsi caractérisé : involucre long, cylindracé, formé d'écailles appliquées, régulièrement imbriquées, les extérieures ovales oblongues, scarieuses, plus ou moins pubescentes ; les intermédiaires larges, obovales et scarieuses; les intérieures oblongues, arrondies au sommet, blanches et pétaloïdes ; réceptacle très-petit et nu ; calathide composée de trois ou quatre fleurons égaux, réguliers et hermaphrodites ; corolles dont le limbe est rouge, à cinq divisions ; anthères munies à la base de longs appendices subulés et barbus ; ovaires obovoïdes, oblongs, glabres, surmontés d'une aigrette composée de petites écailles coniques, libres, filiformes inférieurement, épaisses et dentées supérieurement. Ces caractères ne s'éloignent de ceux assignés par R. Brown à son *Metalasia*, que par la structure de l'involucre. Cassini n'ayant point observé la radiation des folioles intérieures sur les échantillons qu'il a observés , s'est cru autorisé à rejeter ce signe différentiel ; il n'est pas probable, cependant, qu'un naturaliste aussi sévère que R. Brown se soit mépris à cet égard, et nous aimons mieux croire que Cassini n'a pas eu à sa disposition des Plantes dans un assez bon état de conservation. L'auteur du genre y a réuni les *Gnaphalium muricatum*, *mucronatum* et *seriphioides* de Bergius et Linné. Ce sont des Arbrisseaux indigènes de l'Afrique méridionale, et faciles à reconnaître par leurs feuilles petites, roides, analogues à celles des bruyères, ayant les bords roulés en dessus, la face supérieure tomenteuse, l'inférieure convexe et presque glabre. Ces feuilles sont retournées sens dessus dessous, caractère qu'on a négligé dans les descriptions, excepté par Linné qui l'a exprimé brièvement dans l'*Hortus Cliffortianus*, en parlant du *Gnaphalium muricatum*. Les deux espèces dont Cassini a donné des descriptions détaillées ont été nommées *Metalasia cymosa* et *M. umbellata*. Elles ont pour synonymes les *Gnaphalium muricatum*, L., et *G. virgatum*, Vahl. (G..N.)

MÉTALLIQUES. *Metallici.* INS. Latreille désignait ainsi une division de la famille des Carabiques, composée des genres Cychre, Calosone, Carabe et Panagée. *V.* ces mots et CARABIQUES. (G.)

*** MÉTALLITE.** *Metallites.* INS. Genre de Charanson établi par Latreille (Fam. Nat. du Règne Anim.), et dont ce savant ne donne pas les caractères. (G.)

MÉTALLURGIE. MIN. C'est ainsi qu'on nomme l'art de purifier les Minerais et d'en obtenir les Métaux dans l'état de ductilité, de malléabilité, d'élasticité qui leur est propre, et qui les a rendus d'un usage indispensable à l'Homme. Les procédés qu'emploie la Métallurgie sont d'une étendue immense; ils participent de toutes les connaissances économiques et industrielles, depuis la préparation du sable grossier jusqu'aux moyens de constater dans une masse d'Or, la présence de la plus faible portion d'alliage. Les travaux métallurgiques sont toujours précédés par des essais docimasliques destinés à tracer au métallurgiste la marche qu'il doit suivre, et à le diriger dans ses travaux. Dans ces essais qui sont entièrement du ressort de la chimie minérale, l'opérateur, alors tout chimiste, ne s'attache qu'à bien connaître la nature du Minerai qu'il se propose de travailler en grand; il en distingue les parties riches et les parties pauvres; il analyse les corps étrangers qui y sont accidentellement unis, ceux qui en forment la gangue, afin qu'il puisse, selon que l'exigeront les travaux, écarter préalablement les corps étrangers par des moyens mécaniques, ou les faire concourir immédiatement au succès de ses opérations. Dans tous ces détails qui exigent beaucoup de connaissances et d'habitude, les vues

d'économie peuvent être écartées, parce que les quantités sur lesquelles on opère, sont si faibles, que la dépense ne saurait entrer en ligne de compte; il n'en est pas de même pour les travaux en grand; tous les soins, toutes les combinaisons du métallurgiste doivent tendre à simplifier le plus possible les procédés, à éviter par des moyens mécaniques bien appropriés, la perte de temps et la main-d'œuvre, qui sont le point le plus important dans un établissement considérable. Après avoir profité de tous les avantages que peuvent lui procurer les localités, il doit tourner toute son attention vers le choix des agens chimiques, porter la plus grande économie dans l'emploi du combustible; veiller à ce que l'air atmosphérique même, qu'il est obligé de faire participer à ses opérations, ne soit point inutilement prodigué; tâcher enfin de tirer parti de tous les produits accessoires, nés pendant la fusion, de recueillir ceux qui peuvent se dissiper sous forme de fluides élastiques, etc., etc. Le laboratoire de chimie doit donc être la première pièce de l'usine du métallurgiste: c'est là qu'il détermine la nature des agens qu'il doit employer à ses opérations; le premier est la chaleur qu'il obtient, soit des matières végétales directement, soit de la Houille ou de la Tourbe brutes ou épurées par une opération préliminaire; soit enfin du Bitume ou de l'Hydrogène, lorsque le bas prix de ces combustibles peut procurer de l'avantage. Quel que soit le corps qui produise le calorique, il n'en peut être dégagé sans le concours de l'Oxigène ou plutôt de l'air atmosphérique, et l'emploi de celui-ci, quoique d'un faible intérêt en apparence, mérite souvent la plus grande attention. Viennent ensuite les Métaux purs ou combinés, sous forme terreuse ou alcaline, que l'on emploie comme alliage ou fondant, le Carbone, le Soufre, le Phosphore, etc., etc. Du laboratoire on passe à la bocarderie, à la laverie, où les Minerais sont successivement réduits en fragmens plus ou moins gros, à l'aide de machines appelées bocards, dont la force est proportionnée à la dureté, à la ténacité du Minerai, ainsi qu'à la puissance motrice dont on peut disposer. Quant au lavage, il doit être d'autant plus coûteux que, selon la valeur du Minerai, l'on est obligé de multiplier la main-d'œuvre et de recourir aux plans inclinés, aux tables garnies, etc., etc. On arrive à l'atelier de grillage; il peut être établi en plein air ou sous des hangards. Dans le premier cas, il consiste en de simples tas de Minerais entremêlés d'autant de matières combustibles qu'il en faut pour préparer, alimenter et consommer le grillage. Pour d'autres Minerais, on emploie les fourneaux d'évaporation, et même assez souvent ceux de réverbère. Ordinairement les opérations du grillage n'ont pour but que d'attendrir et de diviser le Minerai, afin d'en faciliter postérieurement la fusion; quelquefois on cherche, par ce moyen, à faire naître un jeu d'affinités entre les constituans du Minerai, d'où résultent des composés nouveaux, plus favorables à la fusion; d'autres fois enfin les principes qui obéissent à la loi d'écartement, sont assez précieux pour être recueillis; alors le métallurgiste doit conduire les vapeurs dans les cheminées de condensation, d'où, par des moyens appropriés, l'on puisse détacher les produits sublimés. La fonderie, qui est l'usine ou la partie de l'usine dans laquelle se traite tout ce qui est relatif à la fusion proprement dite, est, sans contredit, l'objet le plus important de la Métallurgie. Il est à regretter que les bornes dans lesquelles nous sommes obligés de nous renfermer, ne nous permettent pas de nous y arrêter, et en effet, pour donner une idée, même très-superficielle, des opérations qui s'exécutent dans les fourneaux, ainsi que des fondans qu'on y emploie; pour décrire toute espèce de forges et de fourneaux, leur disposition générale, leur construction, leur

conduite, les manières diverses de les charger, selon la nature des Minerais; les soufflets et les machines soufflantes, les trompes et les régulateurs, etc.; il faudrait un espace dont nous n'avons point à disposer. Il est plusieurs opérations de Métallurgie où la chaleur n'est employée que comme moyen secondaire. C'est, par exemple, lorsqu'il s'agit de séparer l'Or ou l'Argent natif des corps étrangers avec lesquels ils se trouvent unis, soit à l'état de simple mélange, soit à celui d'alliage. Alors on pulvérise la mine aussi bien lavée que possible, on la broie, on la triture sous la meule avec une quantité de Mercure suffisant pour en former un amalgame que l'on introduit dans des cornues, sur un fourneau de galère, et l'on distille pour séparer le Mercure par la volatilisation; l'Or ou l'Argent restent au fond de la cornue d'où on les retire pour les porter au creuset, après toutefois en avoir constaté le titre. C'est cette opération qui mit long-temps une partie du Nouveau-Monde dans la dépendance du coin de l'Europe qui possède les inépuisables mines d'Almaden. *V.* MERCURE.   (DR..Z.)

MÉTAMORPHOSE. *Metamorphosis.* ZOOL. BOT. Ce mot, passé de la Mythologie dans le langage des sciences physiques, signifie : *changement d'une forme en une autre;* il est exactement synonyme de *transformation* et de *transfiguration*, mais non, comme nous le trouvons quelque part, et comme le répètent certains auteurs qui se renferment dans le rôle de copistes, du mot *transmutation* synonyme de *transubstantiation.* Les Métamorphoses ou transfigurations sont partout dans la nature; les transmutations ou transubstantiations ne sauraient être admises dans la majestueuse régularité de sa marche immuable; aussi un Homme sensé, qui peut bien concevoir comment un Cocos devient un Palmier, un OEuf un Oiseau, une Chenille un Papillon, par l'effet de Métamorphoses successives, ne saurait ajouter foi à certains changemens qui seraient de véritables transubstantiations, aussi impossibles que la transmutation des Métaux, à laquelle crurent si fermement, durant tant de siècles, nos bons aïeux que dupaient des alchimistes de toutes les espèces.

C'est par rapport à l'entomologie uniquement qu'on a, jusqu'ici dans les Dictionnaires d'histoire naturelle, traité des Métamorphoses; nous les considérons sous un point de vue plus général. L'engagement en a été formellement contracté à la fin de l'article INSECTE et surtout au mot LARVES, où l'on avait déjà renvoyé du mot CHENILLE, et dans lequel notre collaborateur Audouin disait : « Quelque variées que soient les formes dans les quatre états d'OEuf, de Larves, de Nymphe et d'Insecte parfait, on reconnaît qu'elles sont au développement successif des parties, comme cela se voit dans tous les Animaux qu'ils soient Ovipares ou Vivipares. Il nous a donc paru nécessaire de présenter dans un seul et unique cadre, ces diverses périodes; nous en traiterons au mot MÉTAMORPHOSE. » Ce serait abuser de la patience du lecteur que de le renvoyer encore au mot OEUF, sous prétexte que l'OEuf est le point de départ de toute Métamorphose. Pour tenir la parole donnée, nous allons conséquemment tracer un aperçu des changemens par lesquels, comme d'essais en essais, la nature conduit toutes ses créations, de la forme rudimentaire où nous les voyons dans leur état absolu de simplicité, jusqu'à la forme qui comporte le plus haut degré de complication ; c'est-à-dire à l'état où chaque être, selon son espèce, devient apte à se reproduire.

Nous ne demanderons pas « quelle a pu être l'intention de la nature en attribuant des formes si différentes au même être dans les diverses phases de son existence, qu'on le prendrait pour une chose toute autre ? » Nous répondrons encore moins « que

c'était, sans doute, afin d'approprier chaque créature à l'état des autres créatures par une merveilleuse harmonie, etc., etc. » Nous n'invoquerons ni le témoignage d'Ovide, ni celui de La Fontaine, ni Jupiter taureau, serpent, cygne, ou quelqu'autre chose, ni même Tartufe, pour prouver que « les transformations dans l'espèce humaine sont d'ordinaire des additions à l'extérieur ; que l'Homme se dérobe, tandis que l'Animal se montre à nu, et qu'il se dégrade toujours et s'avilit en se travestissant, tandis que l'Animal, par ses Métamorphoses, parvient au contraire au faîte de sa perfection. » (Dict. de Déterville. T. xx, p. 547.) Nous prendrons seulement la liberté de faire observer au prosateur naturaliste, dont nous venons de transcrire quelques lignes, que les Métamorphoses en histoire naturelle, ne consistent dans aucun *travestissement*, comme tendrait à le faire croire sa dernière comparaison, mais qu'elles s'opèrent par des *dépouillemens* successifs, ce qui nous paraît être diamétralement l'opposé. Quoi qu'il en soit, peu de phénomènes prouvent mieux que les Métamorphoses, l'unité de plan que suivit la nature dans sa manière de procéder, quand elle voulut créer des êtres organisés, susceptibles d'un développement dont le dernier terme s'arrête aux conditions d'où résultent les espèces ; « elle ne produisit pas les Animaux tout à la fois, dit le grand Lamarck, mais successivement, et dans cette production, elle n'a pu compliquer leur organisation que graduellement, en commençant par la plus simple, et terminant par la plus composée et la plus perfectionnée sous tous les rapports. » Telle est en abrégé l'histoire des Métamorphoses. Les Animaux les plus simples furent comme des coups d'essai, de véritables fœtus, et des capacités où se trouvèrent renfermés les rudimens d'un certain nombre d'organes, susceptibles d'accroissement, et qu'une même force poussa, soit tous ensemble, soit les uns après les autres, et dans divers rapports, au degré d'accroissement nécessaire pour atteindre aux formes définitives qui devaient fixer la place de chaque créature dans l'ensemble de l'univers en y perpétuant sa race. Il s'ensuit que tout être organisé assez avancé par sa complication, pour que des combinaisons fortuites ne suffisent plus pour le reproduire, ne peut provenir que d'un germe, et dans ce sens le système de l'ovarisme est parfaitement raisonnable. Auparavant, des corps d'une telle simplicité que nul organe n'y déterminait de centres vitaux, pouvaient, une fois créés par diverses combinaisons des formes primitives que prend la Matière tendant vers l'organisation, se perpétuer par divisions ou par boutures ; d'autres corps, également susceptibles de se rompre en fragmens reproductifs, pouvaient en outre émettre des propagules qui n'étaient pas plus leurs ovaires ou leurs œufs, que les bulbines de certaines Liliacées ne sont leurs semences ; mais dès que deux organes, quelque simple que soit leur manifestation, apparaissent dans une créature appartenant aux degrés inférieurs, l'addition de l'un et l'autre ne permet plus le mode de génération tomipare, parce que ces organes étant également indispensables à l'exercice de la vie, tout déchirement qui les disjoindrait, causerait nécessairement la mort de chaque moitié, où ne se trouveraient plus les conditions nécessaires à l'existence spécifique de l'être binaire. Plus le nombre des organes s'accroît, plus la vie se développe ; mais plus aussi elle se subordonne à l'intégrité d'un être qui ne se peut plus morceler impunément. La nature y doit donc ajouter des moyens de reproduction sans soustraction de parties, que ne pourrait plus réparer l'être qui les aurait perdues ; et de cette nécessité commence, par l'apparition des propagules ou gemmules dans la Cryptogamie, des zoocarpes dans les Psychodiaires, des ovaires dans les petits Crustacés et

dans les Entozoaires, la série des Métamorphoses qui sont, pour chaque formation, une répétition de ce qui s'opéra dans l'ensemble de la création même, passant du simple au composé, ainsi que vient de nous le dire l'illustre auteur de l'Histoire des Animaux sans vertèbres.

Cependant beaucoup de Radiaires, s'avançant vers les séries d'Animaux plus complets, sans que l'on y puisse encore apercevoir d'ovaires, se multiplient toujours par boutures, et la nature en donnant des graines aux Végétaux parfaits ne leur a pas interdit tout autre mode de reproduction ; mais lorsque ces modes accessoires de reproduction ont lieu, il n'y a pas de Métamorphoses, c'est l'individu lui-même qui se perpétue, et non sa lignée avec laquelle rien ne lui saurait être désormais commun. Aussi voit-on que tout Arbre venu de bouture ou de plant enraciné, est en tout pareil au sujet dont il fit partie intégrante, tandis que les Arbres provenus de graine sont presqu'autant de variétés, où peu d'individus se ressemblent en tout point ; de sorte que si l'on sème dix pepins de pommes, il en pourra résulter dix Pommiers fort différens quant à la forme et à la saveur de leurs fruits, lorsque toutes les branches d'un même Pommier, converties en boutures, donneront des pommes absolument pareilles à celles que produisait l'Arbre multiplié. C'est du moins ce que prétend Van-Mous, auquel l'horticulture doit un grand nombre de découvertes importantes du même genre.

Il ne sera pas question dans cet article de tous les changemens qu'éprouvent les graines et les œufs, une fois introduits dans le plan de la nature, pour atteindre au dernier développement dont les Végétaux et les Animaux sont susceptibles. Nous ne suivrons pas non plus les Métamorphoses à partir de l'état fœtal jusqu'au dépérissement et à la mort ; ce serait anticiper sur ce qui doit être dit aux mots Mue, Œuf, Organisation et Végétation, ou répéter une partie de ce qu'on a déjà trouvé dans les articles GÉNÉRATION, GERMINATION et même MAMMIFÈRES. En nous restreignant ici à traiter des Métamorphoses dans le règne animal, où ce mot est plus particulièrement employé, nous rappellerons que c'est assez récemment qu'elles furent un objet d'attention et de recherches pour les naturalistes. Les anciens s'y étaient peu ou point arrêtés, et quoiqu'Aristote paraisse avoir su que les Papillons, les Abeilles et les Scarabées, en sortant de l'œuf, passaient par divers états, avant de se montrer tels qu'ils finissent par être; peu avant le temps où les Redi, les Swammerdam, les Goëddart, les Malpighi, les Leuwenhoëck et autres savans, commencèrent à sonder les mystères de la nature; Mouffet, père de l'entomologie, prenait les Nymphes aquatiques des Libellules pour des Animaux tout différens sous le nom de Sauterelles aquatiques. L'erreur était excusable; on pourrait sans être taxé d'incrédulité, si l'expérience ne nous l'avait enseigné, et si on ne pouvait le vérifier chaque jour, refuser de reconnaître, par exemple, chez les larves de Cousins, nageant et vivant dans l'eau comme de petits Poissons, les mêmes Animaux que ces incommodes volatiles qui nous tourmentent de leur piqûre en sonnant l'alarme. Qui eût jamais pu deviner, en voyant pour la première fois, une Chenille lourde, noire et disgracieuse, rampant sur la feuille de l'Ortie dont elle déchire pour s'en nourrir les feuilles coriaces au moyen de puissantes mandibules, la Chrysalide d'un jaune roussâtre, inerte, sans bouche, et suspendue par sa pointe le long de quelque mur où l'attache plus étroitement encore une ceinture en soie; enfin cette brillante Io, l'ornement du jour qu'on en surnomma le Paon, voltigeant dans les airs où la soutiennent de grandes ailes rouges largement ocellées d'azur, et savourant le miel que sa longue trompe va puiser dans le sein des fleurs; qui

eût jamais pu deviner, nous le répétons, que ces trois choses n'en étaient qu'une? La surprise que causerait la découverte d'un pareil fait ne serait-elle pas encore augmentée en voyant que la Chenille, la Chrysalide et le Papillon sortent en outre, pour y retourner, d'une première ou quatrième forme, qu'à son aspect on serait bien plus tenté de prendre pour une graine que pour un produit animal?

Des naturalistes, qui trouvent tout simple qu'un œuf non vivant, dans le sens du mot vivre, provenu d'un Oiseau, devienne à son tour un Oiseau vivant dans toute l'étendue du mot, et qu'un œuf inerte, venu d'un Papillon pour redevenir Papillon en passant par l'état d'inertie et presque de graine appelé Chrysalide, des naturalistes ne veulent pas admettre des Métamorphoses tout aussi naturelles, peut-être moins extraordinaires encore et qu'on pourrait appeler *inverses* parce qu'elles consistent dans le passage d'une existence végétale à une autre de même nature, par l'intermède d'un propagule agissant. Cette incrédulité s'explique par deux raisons: la première est que l'éducation des Poulets et des Vers-à-Soie a rendu la merveille des Métamorphoses d'Oiseaux et de Lépidoptères tout-à-fait triviale; la seconde qu'il est difficile à certains savans, chez qui toutes les cases de la mémoire se trouvent occupées, d'y admettre des idées avec lesquelles ils n'auraient pas vieilli, ou bien qu'eux ou leurs amis n'auraient pas mises au jour avant tout autre; cependant ces naturalistes qui traitent avec un certain mépris l'idée de propagules ou œufs vivans, capables, pour disséminer les espèces dont ils sortirent, de choisir un site convenable à son développement, et qui ne sauraient consentir à voir un Zoocarpe passer à l'état léthargique analogue à celui d'une Chrysalide, pour s'allonger en temps et lieu sous la forme d'un tube confervoïde, voient des choses bien autrement incompréhensibles; ils trouvent des Enchélides, des Vibrions, des Navicules et des

Bacillaires, êtres qui ne se ressemblent guère plus, selon nous, que ne se ressemblent des Colibris, des Perroquets, des Murènes, des Tortues ou des Crocodiles, qui sont absolument un même être, seulement sous des formes diverses qu'il est donné à cet être polymorphe de prendre, selon des *prédispositions* inhérentes à sa nature; ils assurent qu'un tel Protée tantôt sphérique, tantôt membraneux, tantôt anguilloïde et contractile, tantôt en forme de navette coriace, pointu aux deux bouts, tantôt enfin en forme de bâton cylindrique, tronqué par les extrémités, ne vit que pour décevoir tout micrographe qui serait tenté de reconnaître dans les Enchélides, les Vibrions, les Navicules et les Bacillaires des espèces distinctes, appartenant à des genres différens; et comme tout est extraordinaire dans cette manière de voir, ce que, *dans notre ignorance de la grammaire*, nous appelons des Microscopiques (*V.* ce mot), ainsi que nos Arthrodiées, qui sont la même chose sous un nom qu'il nous a plu d'inventer, produiraient une mucosité, dans l'épaisseur de laquelle chaque individu du Protée qui s'est si fort joué de nous, s'associe à des individualités de même forme pour constituer des filamens simples ou ramifiés, lesquels végètent au point d'avoir été jusqu'ici pris pour des Plantes, mais qui, tout végétans et sans vie qu'ils puissent paraître, ne sont pas des Végétaux, mais sont des Animaux véritables! On s'étaie pour soutenir de telles doctrines du témoignage d'un savant algologue qui écrivait à leur principal auteur : « J'ai fait voir à un grand nombre de personnes le *Conferva mutabilis* dans son état de Plante, le 3 août, se résoudre le 5 en molécules douées de locomobilité; lesquelles se sont réunies le 6 en forme de simples articulations, et ont reconstitué le 10 la forme primitive de la Conferve. » On voit qu'il n'est plus question, après la citation d'un tel fait, de Métamorphose, mais de trans-

mutations auxquelles nous avons déclaré ne pas croire, parce que ce n'est pas seulement depuis le 25 février 1825, que nous observons et que nous raisonnons. Ce sont ici les idées de Girod - Chantrans presque textuellement reproduites; ce sont celles d'Agardh, qui appelle également à son secours l'histoire du *Conferva mutabilis*, espèce de notre genre *Draparnaldia* à laquelle nous n'avons pas conservé son surnom de *mutabilis*, parce qu'il indique ses changemens prétendus d'Animalcules en Conferves, et de Conferves en Animalcules, mais simplement parce que la Plante est aussi capricieuse dans ses formes que le *Broussonetia*, par exemple, où nous commençons à nous étonner qu'on n'ait pas encore eu recours pour prouver qu'un Figuier peut devenir un Mûrier; car les feuilles du *Broussonetia*, selon son âge, ressemblent à celles de l'un ou de l'autre Arbre. Agardh, dans un petit ouvrage assez mal imprimé en 1820 (*Dissertatio de Metamorphosi Algarum*), est, après Girod - Chantrans, le premier qui se soit égaré dans la fausse route des transmutations ou transubstantiations qui, nous le répétons, ne sont pas des Métamorphoses, mais de pures impossibilités. Très-adonné à l'étude des Conferves, le professeur de Lund a vu des Conferves partout, et la nature entière se réduit pour lui à des Conferves travesties. Un petit Fucus bien coriace, compacte dans son tissu et fortement coloré en pourpre, croît-il, parasite, à la base du tube d'une Conferve filamenteuse, bien verte, capillaire et fragile : c'est la Conferve qui, sous le nom de *Mirabilis*, se change en Fucus, ou le Fucus qui toujours *Mirabilis* se change en Conferve? Un *Telephora* ou toute autre fongosité naissante, apparaît-elle sous une figure byssoïde : c'est une Conferve qui se métamorphose en Champignon? D'après cette manière d'envisager les choses, on finirait par voir le même être dans un Chêne et dans son Gui, et la baguette de

Circé ne produisait pas des effets plus abasourdissans, que n'en crée le microscope de quelques observateurs!...

Dans le sens où se doit prendre le mot Métamorphose en histoire naturelle, il s'entend : d'une suite de révolutions opérées dans l'économie d'un être, en vertu de laquelle, tandis que certains organes sont portés au plus haut degré de développement qu'il est de leur nature d'atteindre, d'autres demeurent stationnaires ou semblent s'annihiler; d'où il résulte que les rapports des fonctions de ces organes venant à changer en raison de la prépondérance que les uns prennent sur les autres, l'être éprouve successivement de tels changemens dans sa manière d'exister, qu'il peut ne lui rester, au terme de son développement, presque rien de ce qui le constituait lorsqu'il naquit.

Les Métamorphoses s'opèrent par métastase, c'est-à-dire par le transport des forces vitales sur tels ou tels organes, ou par des dépouillemens successifs qui font apercevoir des formes nouvelles. Les Métamorphoses par métastase sont plus particulières aux Animaux qui sortent de l'œuf ou de l'utérus sous la forme, à peu près, qu'ils conserveront durant leur vie, sans qu'il s'y vienne ajouter de membres nouveaux; elles se bornent en quelque sorte à des changemens d'équilibre organique, d'où résulte l'apparition des dents, des poils, des cornes ou autres parties qui se montrent tour à tour; il n'est pas jusqu'à des viscères d'une grande importance qui ne puissent en subir l'influence puissante; ainsi, par exemple, l'estomac, d'abord composé de la seule poche qui s'appellera Caillette dans les Ruminans, se compliquera au point d'être composé dans la suite de quatre estomacs distincts. Entre les Métamorphoses par métastase, dignes qu'on les signale ici, et celles qui ont lieu par addition de membres, ou par des changemens de formes plus ou moins remarquables, sont celles des Ba-

traciens. On a vu, quand il a été question de ces Animaux qui mériteraient qu'on établît pour eux une classe à part dans le règne animal, qu'ils naissaient Poissons. Chez ces Batraciens la larve appelée Têtard, est fort différente de l'état d'adulte; herbivore, ses intestins, qui doivent un jour être courts et disposés pour une nourriture animale, sont longs et contournés; dans plusieurs de ces Têtards se verra d'abord une queue qui doit tomber lorsque quatre pates y apparaîtront; il n'est pas jusqu'au système respiratoire, si compliqué, qui ne soit destiné à passer du mode branchial au mode pulmonaire. Les artères sortant du cœur pour aller aux branchies s'oblitèrent, à l'exception de deux rameaux inférieurs qui se rendent au poumon lors de la transformation définitive; aussi les branchies meurent et se détachent comme des feuilles fanées, et les poumons se développent. En même temps que les branchies cessent de recevoir du sang artériel, la queue en reçoit moins, la moelle épinière se retire du prolongement caudal, par une sorte d'ascension qui a également lieu dans le fœtus humain, et tous ces organes accessoires perdant leurs élémens vitaux, sont en partie résorbés dans l'économie animale où le surcroît d'énergie qui en résulte détermine le développement des quatre membres, vers lesquels se portent la puissance nutritive et celle du sang artériel. Ce qui arrive dans les Cousins et dans les Libellules n'est pas plus extraordinaire, et nous-même qui nous plaçons tellement au-dessus des Animaux, que toute comparaison avec eux choque notre orgueil, nous avons éprouvé une Métamorphose analogue, lorsque nous dégageant des enveloppes qui contenaient les eaux de l'amnios où nous nagions, le trou de botal se ferma dans notre cœur, pour métamorphoser en Mammifère, ce qui durant neuf mois n'avait été qu'une sorte de larve. Les Métamorphoses, chez le reste des Reptiles, se bornent à des changemens de peau ; chez les Oiseaux ce ne sont guère que des mues ; il n'en résulte que des changemens de plumage, lequel, selon les époques de la vie, prend des teintes si différentes, que les ornithologistes ont trop souvent décrit comme des espèces distinctes des individus d'âge différent. La plus remarquable de ces Métamorphoses de plumage est celle qu'éprouvent les vieilles femelles. Plusieurs, vers l'époque où se perd la faculté génératrice, prennent la livrée des mâles, ce qui les a fait confondre, chez les Faisans, avec les métis appelés Caquarts. Les Métamorphoses des Poissons sont moins évidentes ainsi que celles de tout être qui, vivant essentiellement et toujours dans l'eau, n'éprouve guère le besoin de se modifier pour changer de condition animale. Les Radiaires et nos Microscopiques n'en subissent probablement d'aucune sorte, comme si dans la production de ces êtres aquatiques et d'essai, la nature s'étant bornée au développement de la vie, par les procédés les plus simples, n'avait pas jugé nécessaire, après avoir atteint son premier but, d'y ajouter des rudimens d'organes susceptibles par leur développement d'élever de telles ébauches au rang des Animaux complets.

Dans les Articulés, long-temps regardés indifféremment comme des Insectes, les Métamorphoses plus frappantes, s'opérant par des changemens de formes souvent du tout au tout, présentent d'admirables phénomènes. Swammerdam, qui le premier porta un regard philosophique dans leur examen, y établit quatre classes. Dans la première, où ces Métamorphoses suivent un cours moins varié, étaient comprises celles des Aptères, qui la plupart sont aujourd'hui des Myriapodes, à qui poussent des anneaux ou segmens avec leur paire de pieds, des Arachnides et des Crustacés sujets à de simples changemens d'enveloppe. Dans la seconde, se rangeaient les Insectes qui naissent avec six pates, mais dont les ailes cachées ou renfermées dans une sorte d'écaille qui en protége d'abord les rudimens, se déploient à l'instant prescrit ; ce sont les Orthoptères, les Hémiptères et plusieurs Névroptères. Dans la troisième, l'Animal parcourt trois périodes diverses ; cette classe renferme deux ordres, le premier comprend les Insectes où le second état, appelé Nymphe ou Semi-Nymphe, présentant soit l'apparence de pieds et d'ailes, soit la réalité de ces deux choses, ils ne sont point réduits à demeurer ensevelis sous l'apparence léthargique ou de la mort, afin de passer à leur dernière forme ; tels sont le reste des Névroptères, les Hyménoptères et les Coléoptères. L'autre ordre se composait des Lépidoptères, où la larve, munie de pieds, communément appelée Chenille, sujette à des dépouillemens préparatoires, vit comme pour manger en changeant plusieurs fois de peau, jusqu'à ce qu'ayant choisi un lieu de repos, elle s'y engourdit en une Chrysalide à travers l'enveloppe coriace de laquelle on peut bien apercevoir les changemens qui se préparent, mais qui n'a ni pates, ni ailes, ni bouche, ni quoi que ce soit où l'on puisse reconnaître un Animal vivant. Dans la quatrième classe enfin, rentraient des espèces qui étant d'abord des larves en sortant de l'œuf, sans pieds comme des Vers, ou avec six pieds au plus, se transforment en Nymphes, mais sans changer de peau, de sorte que cette peau venant à se durcir, et l'Animal s'y trouvant emprisonné à l'état de Chrysalide, en sort enfin avec des ailes : ce sont les Diptères.

Réaumur, qui s'occupa particulièrement des Métamorphoses chez les Lépidoptères, Linné et Fabricius ont modifié ces distributions ; de nos jours Huber de Genève, Dutrochet, Savigny, Marcel de Serres, et notre illustre collaborateur Latreille, ont, par des observations précieuses, ou par des considérations nouvelles, jeté un grand jour sur une matière si curieuse; et maintenant on s'accorde à distinguer les Métamorphoses des Insectes en incomplètes ou partielles, qui modifient l'être, et en complètes, qui en transforment la totalité. Dans toutes, les changemens intérieurs en commandent de correspondans à l'extérieur, c'est-à-dire que ceux du dehors sont conséquens de ceux du dedans; car jusqu'aux trois principaux systèmes organiques tout y subit des transformations, et l'on sent quelle influence ces transformations des appareils nerveux, nutritif et respiratoire, doivent avoir sur l'instinct même des créatures où elles ont lieu. C'est donc avec pleine raison que Virey, dont nous saisissons toutes les occasions de citer un bon passage, dit : « Le système nerveux doit jouer ici un rôle auquel on n'a pas accordé assez d'attention. Nous avons fait remarquer que la Chenille ayant un autre instinct que le Papillon, et les diverses larves d'autres genres de vie que l'Insecte parfait, il fallait bien que l'appareil excitateur de toutes ces opérations éprouvât des changemens. Nous avons fait la comparaison de l'Insecte avec ces petits orgues portatifs, dont le cylindre a différens airs notés sur son pourtour, et qui exécutent chacun de ces airs, selon qu'on avance ou qu'on recule le cylindre. Pareillement le système nerveux ou la série de ganglions le long du cordon médullaire double, se déployant diversement chez la larve et l'Animal parfait, doit exciter des actions différentes dans l'un et dans l'autre, mais appropriées à l'état des organes externes. Ainsi la larve du Scarabée nasicorne, qui vit dans le tan, a ses ganglions nerveux tellement rapprochés qu'ils ne composent qu'une masse fusiforme, et les rameaux qui en sortent se rendent en divergeant, comme des rayons, aux divers organes : il existe en outre un autre nerf analogue au récurrent de l'Homme, et qui se distribue en rameaux avec des ganglions à l'estomac. Chez le même Animal complet les ganglions du cordon médullaire lon-

gitudinal s'écartent au contraire en cinq ou six espaces. Dans le Cerf-Volant, espèce du genre Lucane, le cordon médullaire n'a plus que quatre ganglions assez gros; sa larve en avait huit outre un nerf récurrent. Les Chenilles de la plupart des Bombices, particulièrement celle du Cossus, avaient douze ganglions; les Papillons en ont moins par le rapprochement de ces nœuds. »

Des êtres chez lesquels ce qui représente le cerveau varie de la sorte ne devraient, ce nous semble, conserver aucune des idées qu'ils purent avoir dans leur premier état; et nous disons idées, car, quelque étroit qu'on en suppose le cercle, il faut à la larve des idées pour subvenir à ses besoins et pour choisir le lieu de sûreté où elle se retirera afin de s'engourdir. Par quelle sorte de mémoire cependant le Lépidoptère, qui pompe indifféremment du miel de toutes les fleurs, se souvient-il que dans son jeune temps il broyait tel ou tel feuillage, et dépose-t-il ses œufs à portée de la Plante qui doit nourrir une progéniture qui ne recevra pas ses leçons?

Dans l'appareil nutritif, les changemens ne sont pas moins étranges ; ils subordonnent la machine à des appétits divers ; si la bouche et les intestins ne changent pas de forme dans les Articulés à Métamorphose incomplète, ces parties se dénaturent entièrement dans les Insectes à Métamorphoses complètes, et leurs variations sont véritablement admirables en ce qu'elles font connaître quelle multitude de moyens sait employer la nature pour ne jamais se répéter dans ses productions, qui sont le résultat de lois d'autant plus fécondes qu'elles paraissent être moins nombreuses. Ainsi plus le canal alimentaire se raccourcit, plus l'Animal devient carnivore ou se nourrit d'alimens substantiels. La Chenille vorace qui, par le moyen de ses robustes mâchoires, déchire et broie un feuillage souvent coriace dont elle consomme jusqu'à trois fois son poids dans une journée, véritable machine à manger, a son intestin énormément dilaté et boursouflé comme le colon. Les larves des Guêpes et des Abeilles ont un estomac si vaste qu'il en occupe presque tout l'intérieur ; mais lorsque ces Animaux sont parvenus à l'état parfait, leur panse se resserre ; ainsi l'Abeille ne conserve plus, d'un vaste laboratoire nutritif, que deux poches à miel inégales ; et les Papillons, dans la trompe desquels Savigny a reconnu des pièces correspondantes aux mâchoires, n'employant plus ces parties aux mêmes usages consommateurs, ont aussi leur estomac bien plus petit, ce qui est le contraire des Ruminans, ces grands Vertébrés où nous avons vu que l'estomac, formé d'une seule poche dans le fœtus, se multipliait en quatre dans l'adulte ; et cette forme multiple de l'estomac se reproduit encore chez les Insectes, où nous en retrouvons trois et quatre dans les Orthoptères, qui sont conséquemment herbivores. Ne pourrait-on pas, d'après des considérations tirées de l'appareil nutritif, première et principale base de l'animalité tendant à la complication, établir parmi les familles d'Insectes quelles sont celles qui, formées sur un plan analogue, peuvent être considérées comme représentant des familles d'ordres plus élevés, dans un embranchement de cette création, où jusque dans les résultats les plus disparates, en apparence, saille encore l'évidence d'une marche inaltérablement soumise à l'unité de plan. En général les larves, ayant l'intestin plus vaste, sont herbivores ; plusieurs, par le resserrement et les étranglemens de ce fondement de leur existence, deviennent des Animaux de proie ; tant il est rare de voir les mœurs des créatures vivantes ne pas tendre à la destruction mutuelle selon que des forces s'y développent. Un Insecte aquatique paraît cependant faire exception à cette règle cruelle, c'est l'*Hydrophilus piceus*, L., dont la larve est si féroce qu'on l'appelle Ver-Assassin ; elle engloutit

dans son intestin court comme celui des Tigres et des Loups, tout Animal vivant qu'elle peut atteindre, et devient moins sanguinaire à mesure que son intestin, de Métamorphoses en Métamorphoses, s'allonge ; « amélioration de caractère, dit encore Virey, fort rare chez les Insectes et chez les Hommes. »

Les changemens dans le système respiratoire ne sont pas moins singuliers que les précédens ; il a déjà été question de ceux qu'éprouvent les Têtards pour devenir des Batraciens ; ils sont à peu près pareils dans beaucoup d'Insectes qui, en passant de l'état de larves aquatiques nageantes, à l'état d'Insectes volans aériens, échangent leurs branchies ou fausses branchies contre des trachées, et ce qui paraît assez bizarre dans la plupart de ces larves, c'est que c'est vers l'anus qu'existe le tube par lequel la respiration a lieu. Ne nous étant proposé dans cet article que d'exposer quelques généralités appelées par l'ordre alphabétique, nous laisserons à l'un des rédacteurs chargés de la partie entomologique dans ce Dictionnaire, le soin de faire connaître les merveilles de détail que présente l'histoire des Métamorphoses chez les Insectes ; il s'occupera de ces Animaux au sortir de leur berceau même, c'est-à-dire au mot OEUF. En attendant nous nous bornerons à la remarque suivante, qui nous paraît mériter qu'on la prenne en considération.

Tous les Animaux dont la complication organique nécessite, pour qu'ils puissent se perpétuer, un autre mode de reproduction que le mode tomipare, sortent ou d'un propagule, ou d'un œuf dans lequel durent exister rudimentairement les moindres parties constitutives de leur être. Cependant le propagule ni l'œuf ne peuvent être considérés, chez ces Animaux, comme vivans, dans le sens qu'on attache à ce mot, encore que l'un et l'autre renferment les principes des sensations ou du mouvement, car ni ce mouvement, ni les sensations n'y existent. La créature qui s'y prépare à la vie réelle n'en sortira qu'en vertu d'une suite d'efforts opérés intérieurement par l'action organisatrice toute-puissante, mais réduite au rôle d'agent secondaire, dès après la naissance où l'instinct, ce premier intellect rudimentaire interne, commandé par l'organisation même, suffit pour déterminer la créature qui a vu le jour, à rechercher d'elle-même ce qui lui est bon en évitant ce qui lui serait dommageable. L'Animal est alors émancipé, et la prépondérance ou la subordination des parties constitutives, les unes par rapport aux autres, avec le jeu de toutes, modifieront sa vie selon les besoins de chaque âge. L'amour sera le but de ce merveilleux mécanisme ; de nouveaux œufs en seront le résultat ; le trépas en sera le terme. Deux états de repos, l'un temporaire et plein d'avenir, l'autre éternel et sans espérances, marquent donc les deux extrémités de la carrière animale. Cependant une exception semble avoir lieu chez les Insectes à Métamorphose complète, notamment chez les Lépidoptères, où la Chenille consommatrice est si différente du Papillon producteur, que la démonstration journalière de sa transformation est nécessaire pour constater l'identité ; ici néanmoins l'exception confirme la règle. Au sortir de l'œuf la Chenille est devenue tout ce qu'elle pouvait être, il ne lui manque rien d'un Animal parfaitement complet ; mais le développement des diverses parties qui la composent s'est opéré selon un tel équilibre, que celles de ces parties qui eussent dû se trouver, par leur prépondérance, aptes à la reproduction, sont demeurées confondues parallèlement avec les autres sans atteindre à leur but culminant. La nature cependant ne condamnera point la Chenille à laisser une place vacante dans son sein maternel, mais telle est l'inflexibilité des lois qui la rendent féconde, qu'on ne la verra pas non plus, au moyen d'une sorte de miracle ou de transsubstantiation brus-

que, porter dans la Chenille, l'organe générateur qui s'y trouvait demeuré impuissant, vers le degré de prépondérance qu'il est de sa nature d'atteindre. Elle ne procède point comme ces magiciens qui changeaient des baguettes en Serpens, et qui faisaient des Grenouilles sans Têtards préalables ; mais sagement circonspecte, elle rentre dans sa marche habituelle par un retour sur elle-même, et la Chrysalide équivalente au tombeau, par rapport à la Chenille dont elle termine l'existence manquée, devient comme un nouvel œuf par rapport à l'Insecte parfait, qui s'y revêt de cette brillante parure nuptiale avec laquelle on le voit apparaître au jour de la résurrection. Et cette Chrysalide, œuf ou sépulcre intermédiaire, qui n'est point la vie, mais qui n'est point la mort, peut être indifféremment considérée comme un trait d'union ou comme un temps d'arrêt entre deux modes très-distincts d'existence chez un même Animal.

(в.)

*METAPLEXIS. BOT. PHAN. Robert Brown (*Mem. of Wern. Societ.*, 1, p. 48) est l'auteur de ce genre qui appartient à la famille des Asclépiadées et à la Pentandrie Digynie, L. Voici ses caractères essentiels : couronne à cinq petites folioles en capuchon, alternes avec les anthères ; masses polliniques renflées, pendantes, fixées par le côté ; stigmate en forme de bec allongé, indivis. Aucun nom spécifique n'ayant été imposé à la Plante qui a été considérée par l'auteur comme type générique, Schultes (*Syst. Veget.*, 6, p. 111) lui a donné celui de *Metaplexis Stauntoni*, en l'honneur de la personne qui l'a rapportée de la Chine. C'est un sous-Arbrisseau volubile, glabre, dont les feuilles sont cordiformes, les fleurs disposées en grappes pédonculées et interpétiolaires. Une seconde espèce de ce genre a été décrite par Sprengel (*Neue Entedck.*, 1, p. 269) qui l'a nommée *Metaplexis mucronata*. Sa tige est frutescente, cylindrique, à ra-

meaux étalés ; ses feuilles sont opposées, pétiolées, oblongues, presque
cordiformes, mucronées et glauques;
les pédoncules sont plus courts que
les pétioles, et portent environ six
fleurs disposées en ombelle. Cette
Plante croît au cap de Bonne-Espérance.   (G..N.)

*MÉTAPTÈRE. *Metaptera*. CONCH.
Genre proposé par Rafinesque dans
sa Monographie des Coquilles de
l'Ohio insérée dans les Annales générales des Sciences de Bory de
Saint-Vincent et Drapiez, pour un
démembrement des *Unio*, qu'il caractérise de la manière suivante :
coquille ovale, triangulaire, dilatée
en aile postérieurement; ligament incliné sur l'aile; dent bilobée, crénelée; dent lamellaire courbée, détachée du bord de l'aile; axe extramé-
dial ; contour à peine épaissi ; trois
impressions musculaires. Mollusque
semblable à celui de l'*Unio*. Ce genre,
établi sur des formes extérieures et
surtout sur le prolongement en forme
d'aile du côté postérieur, ne peut
être conservé ; à peine pourrait-il
former une division très-secondaire
parmi les Mulettes. *V.* ce mot.
       (D..H.)

* METASTELMA. BOT. PHAN.
Genre de la famille des Asclépiadées et
de la Pentandrie Digynie, L., établi par R. Brown (*Mem. of Wern.
Societ.*, 1, p. 5a) qui lui a donné pour
caractères essentiels : corolle presque
campanulée dont la gorge est couronnée par cinq dents placées sur les
sinus du limbe; anthères terminées
par une membrane; masses polliniques comprimées, fixées par leur
sommet aminci et pendantes; stigmate mutique. Ce genre est constitué sur le *Cynanchum parviflorum* de
Swartz (*Flor. Ind. occid.*, 1, p. 537),
Plante qui croît dans les localités
montueuses des Antilles et autres îles
de l'Amérique. Elle a une tige très-
longue, divisée en rameaux filiformes,
volubiles et divariqués. Ses feuilles
sont distantes, pétiolées, ovales et
terminées en pointe. Ses fleurs petites,

blanchâtres ou verdâtres, sont dispo-
sées en ombelles presque sessiles.
R. Brown a nommé cette Plante
Metastelma parviflorum.   (G..N.)

MÉTATHORAX. INS. *V.* THORAX.

MÉTAUX. MIN. Les chimistes et
les minéralogistes ont, de tous temps,
réuni sous cette dénomination commune des corps simples qui avaient
pour caractères d'être opaques en
masse, d'avoir un certain brillant
qu'il est difficile de définir, mais
qu'on n'a besoin de désigner que par
le nom d'*éclat métallique*, tant il est
propre à cette classe de substances ;
de posséder une grande densité, supérieure en général à celle de toutes
les pierres ; de prendre un beau poli ;
d'être bons conducteurs du calorique
et de l'électricité, etc. Cette classe
de corps a reçu une grande extension
depuis la découverte importante de
Davy sur la composition des Alcalis
et des Terres ; mais, en même temps,
les limites d'abord si tranchées qui
la séparaient de la classe des corps non
métalliques, se sont effacées peu à
peu ; plusieurs des nouveaux Métaux
ont perdu cette grande densité, qui
était un des traits caractéristiques
des anciens, et quelques-uns sont
assez légers pour surnager sur l'eau.
Il y a passage des corps métalliques
proprement dits, aux corps non métalliques auxquels Berzélius a cru
devoir donner le nom de Métalloïdes,
par certains corps tels que le Sili-
cium, qu'on hésite à placer de préférence dans l'une ou l'autre division.
Mais en adoptant la coupe proposée
par Haüy dans la classe des Métaux,
on a l'avantage d'accorder, jusqu'à
un certain point, la nouvelle méthode avec l'ancienne, en laissant
ensemble dans un même groupe tous
les Métaux anciennement connus, les
seuls qui méritent ce nom dans les
arts et qui intéressent vivement le
naturaliste. Haüy donne le nom de
Métaux hétéropsides à ces nouveaux
Métaux reconnus ou admis par analogie dans les Terres et les Alcalis,
qu'on n'a jamais vus dans la nature

avec l'éclat métallique qui leur est propre, et qui ne sont pas même susceptibles d'exister naturellement à l'état libre. Tels sont le Potassium, le Sodium, le Calcium, le Strontium, le Magnésium, etc. Le même savant donne le nom de Métaux autopsides (c'est-à-dire qui s'offrent d'eux-mêmes sous leur véritable aspect) aux Métaux qui se trouvent naturellement à l'état métallique, ou qui s'y laissent ramener aisément au moyen du charbon : ce sont les seuls dont nous ayons à parler ici; ils sont au nombre de vingt-sept, dont quinze seulement sont remarquables par leurs usages. Les voici rangés dans l'ordre de leur plus grande utilité dans les arts : le Fer, le Plomb, le Cuivre, l'Etain, le Zinc, le Mercure, l'Argent, l'Or, le Platine, l'Antimoine, le Bismuth, le Cobalt, l'Arsenic, le Chrôme et le Manganèse.

Les Métaux forment la classe la plus importante des corps, puisqu'on les emploie dans presque tous les arts nécessaires à la vie, qu'ils servent à fabriquer les instrumens sans lesquels plusieurs de ces arts n'existeraient pas, et qu'ils sont ainsi l'une des causes les plus actives du progrès des sciences et de la civilisation. Parcourons rapidement les principales propriétés physiques auxquelles ils sont redevables de cette prééminence sur la plupart des autres substances naturelles. La plus remarquable de ces propriétés est l'aspect brillant qui les caractérise et qu'ils conservent jusque dans leurs moindres parties. Quelques substances parmi les pierres, telles que le Mica et la Diallage, n'ont qu'une fausse apparence de cet éclat, qui disparaît dès qu'on raye leur surface avec un corps dur. Cet éclat est dû à la faculté qu'ils ont de réfléchir en très-grande abondance les rayons lumineux, ce qui les rend particulièrement convenables à la confection des diverses sortes de miroirs. Indépendamment de cet éclat très-vif, que le poli fait encore ressortir, les Métaux ont une couleur qui leur est propre, mais dont la teinte varie selon que le Minéral est en masse ou en poussière. Les Métaux sont parfaitement opaques, à moins qu'on ne les réduise en feuilles extrêmement minces, auquel cas ils acquièrent un certain degré de translucidité. Leur densité l'emporte généralement de beaucoup sur celle des autres substances : l'Etain, le plus léger des Métaux usuels, a une pesanteur spécifique de 7,3; le Platine, qui est le plus dense, l'est 21 fois plus que l'eau. Les Métaux ont en général peu de dureté; mais dans quelques-uns cette qualité peut être augmentée par l'art. C'est ainsi que l'on est parvenu à convertir le Fer en Acier, qui à son tour peut servir à travailler le Fer et les autres Métaux. L'élasticité des Métaux, qui est en rapport avec la dureté, peut être aussi accrue par des moyens artificiels : l'Acier, dont sont faits les ressorts de montres, est très-élastique, quoique le Fer, dans son état naturel, ne le soit que très-peu. L'une des propriétés les plus importantes des Métaux, est leur *malléabilité*. On appelle ainsi la propriété qu'ils ont de se laisser aplatir et étendre sous le marteau, et prendre de cette manière la forme qu'on veut leur donner. Tous les Métaux ne jouissent pas cependant de cette propriété; mais il est à remarquer que presque tous ceux qui furent connus des anciens la possédaient. Cette propriété est accrue par la chaleur; par l'effet du marteau, les Métaux acquièrent plus de densité et de dureté. Voici la liste des Métaux malléables et l'ordre de leur malléabilité : l'Or, l'Argent, le Cuivre, l'Etain, le Platine, le Plomb, le Zinc et le Fer. La ductilité consiste dans la faculté qu'ont certains Minéraux de se laisser allonger en fils lorsqu'on les force à passer par des trous de différens diamètres. Pour qu'un fil puisse être étiré, il faut que le Métal ait une grande ténacité : l'Or, l'Argent, le Fer, l'Acier, le Cuivre sont ceux qui sont le plus ordinairement employés. La ténacité d'un fil métallique est la propriété qu'il a de résister, sans se rompre, à l'effort d'un poids suspendu à l'une de ses extrémités. Il est des Métaux qui se brisent par la percussion au lieu de se laisser étendre : tels sont le Cobalt, l'Antimoine et le Manganèse. Les Métaux sont non-seulement dilatables par la chaleur, mais encore fusibles à des degrés de température très-différens, selon les espèces. Il en est un, le Mercure, qui est liquide à la température ordinaire ; d'autres qui sont fusibles à la simple flamme d'une bougie ; d'autres, comme le Platine, qui ne peuvent être fondus que par la plus violente chaleur qu'il soit possible de produire.

Les Métaux se rencontrent rarement purs, ou à l'état natif, dans les couches du globe. On les trouve plus ordinairement unis ensemble à l'état d'alliage, ou bien à l'état de Minerais ; c'est-à-dire combinés avec les principes minéralisateurs, tels que l'Oxigène, le Soufre, le Carbone, etc. ; quelquefois enfin à l'état de Sel, lorsque leurs Oxides sont unis aux Acides carbonique, sulfurique, hydrochlorique, etc. Pour ce qui concerne la recherche des Minerais utiles et leurs traitemens métallurgiques, voyez les mots GISEMENT, MINES, MINERAIS et MÉTALLURGIE. 　　　(G. DEL.)

MÉTEIL. BOT. PHAN. Mélange des grains de Froment et de Seigle, semés et récoltés ensemble. 　　(B.)

MÉTEL. BOT. PHAN. Espèce du genre Datura. *V.* ce mot. 　　(B.)

MÉTÉORES. Parmi les phénomènes qui prennent naissance au sein de notre atmosphère ou dans les régions de l'espace adjacentes à celle-ci, phénomènes que l'on nomme Météores, les uns, comme les Globes de feu, les Aurores Boréales, sont accidentels, et excitent en nous un intérêt d'autant plus vif, que leur origine est moins déterminée ; les autres, au contraire, comme la Pluie, la Neige, les Vents par leur fréquence et leur continuelle succession, n'étonnent plus notre esprit ; mais quoiqu'ils exercent une grande influence sur les corps de la nature, quoique l'Homme ait su tirer parti de certains d'entre eux et en faire d'utiles applications, leur apparition n'excite maintenant presque aucun désir d'en approfondir les causes ni de découvrir les lois qui président à leur formation. Cette sorte d'indifférence de la part des physiciens atteste leur impuissance à réduire les faits observés en un corps de doctrine qui puisse être placé au rang des sciences exactes. Jusqu'à ce jour, la Météorologie ne peut donc avoir de règles fixes ; c'est une science à peine ébauchée, toute remplie d'hypothèses contradictoires, et par cela même trop peu dignes de confiance malgré l'autorité des Deluc, des Saussure et de tant d'autres physiciens célèbres qui se sont livrés à ce genre de recherches. Elle est encore loin de présenter quelques-unes de ces théories satisfaisantes, à l'aide desquelles il soit possible de tirer des inductions certaines sur la manière dont se présenteront dans la suite des saisons les phénomènes atmosphériques. Trop long-temps le charlatanisme en a imposé sur ce point à la crédulité publique ; aujourd'hui on reconnaît que ces phénomènes sont liés à une foule de causes agissantes dont l'appréciation et le calcul des forces doivent nécessairement nous échapper. Il faut donc s'en tenir à l'observation pure et simple des faits, et se borner à les exposer d'une manière qui soit en harmonie avec les lois générales de la physique. C'est le but que nous nous proposons d'atteindre dans cet article, en même temps que nous examinerons l'importance de l'action des Météores sur les êtres qui composent le vaste domaine de la nature.

Les Météores sont *aqueux*, *ignés* ou *aériens*, selon que l'Eau, le Feu ou l'Air semblent y jouer le principal rôle ; dans la plupart des cas ils sont produits simultanément, ou plutôt ils ne sont que des conséquences les uns des autres. Ainsi les Météores aqueux surviennent en même temps ou immédiatement après les Météores aériens, et de temps à autre ils sont accompagnés de quelques Météores lumineux. Au nombre des grandes causes qui les déterminent, les plus agissantes sont le Calorique et l'Électricité : le premier de ces agens physiques évapore les Eaux de la surface du globe, les dissout dans l'Air, en forme des vapeurs invisibles qui, par un refroidissement graduel, se résolvent en brouillards, nuages, pluie, rosée, neige, givre, grêle et grésil.

Les *Brouillards*, qui sur la mer prennent le nom de *Brumes*, sont formés de globules aqueux flottans dans l'Air, ou, suivant de Saussure, de vésicules d'Eau creuses à l'intérieur, et spécifiquement plus légères que l'Air. Quelques physiciens célèbres doutent maintenant de cet état vésiculaire de la vapeur observée par de Saussure : en effet, l'expérience sur laquelle ce savant s'est appuyé ne nous semble point confirmative de sa théorie. La vapeur du Café et celle de l'Eau chargée d'encre ne pouvaient être noires, parce que le corps colorant n'était point volatil, et conséquemment qu'il ne pouvait s'échapper, pendant l'ébullition de ces liquides, que de la vapeur d'Eau pure. S'il eût employé un liquide coloré avec une susbtance volatile, alors seulement il aurait pu conclure de la couleur blanchâtre des globules, qu'ils étaient creux à l'intérieur, puisqu'ils auraient dû paraître noirs s'ils avaient été pleins. Dans les brouillards, ces globules ou vésicules sont plus ou moins gros, et se groupent entre eux de diverses manières; ce qui détermine la plus ou moins grande intensité du phénomène. Il n'y a personne qui n'ait été témoin de quelques-uns de ces brouillards si épais, qu'au milieu du jour il en résultait une obscurité pour ainsi dire nocturne; et l'on sait que sur les bords de la Tamise de pareils événemens ténébreux ne sont pas rares. Quelquefois les brouillards affectent désagréablement le sens de l'odorat sans que l'on sache à quoi peut tenir cette particularité. Le fond des vallées et la surface des rivières sont les lieux qu'occupent le plus fréquemment les brouillards; souvent ils y sont stationnaires pendant plusieurs semaines, tandis que les sommets des montagnes qui les encaissent jouissent de toute la sérénité du ciel : c'est alors un spectacle admirable, et dont nous avons été souvent témoin en Suisse, que de contempler du haut d'une de ces sommités la vaste plaine des brouillards que le reflet des rayons solaires rend semblable à une mer d'argent, et qui est terminée dans le lointain par une suite de récifs, c'est-à-dire par les points culminans des montagnes opposées. Ce phénomène se montre dans une plus grande intensité, lorsqu'on parcourt les contrées équinoxiales. La hauteur des montagnes, la vaste étendue des eaux qui sont à proximité, la température si élevée du fond des plaines, et l'action d'un soleil perpendiculaire, donnent naissance à un grand nombre de circonstances météoriques inconnues à nos climats secs et tempérés. Écoutons le récit qu'en fait notre collaborateur Bory de Saint-Vincent (Voy. aux îles des mers d'Afrique, 1, p. 345) dans son excursion à la plaine des Chicots de l'île Mascareigne : « Nous jouîmes d'un spectacle réservé à ceux qui voyagent dans les hautes montagnes. Le vaste espace par lequel les deux plaines sont séparées s'était rempli peu à peu de nuages d'un blanc éblouissant; ces nuages y étaient arrivés en brouillards par la partie inférieure de l'encaissement, ou en gros flocons semblables à des paquets de coton qui tombaient mollement en cascades de la cime du gros morne; ils se confondaient avec l'horizon, de sorte que le sommet sur lequel nous étions, et la plaine des Fougères, avaient l'air de deux îles placées sur un océan de neige. Le soleil derrière nous, débarrassé des vapeurs qui l'avaient éclipsé pendant une partie du jour, se réfléchissait dans les nuages, et y produisait de grands cercles concentriques un peu vagues, peints des couleurs de l'arc-en-ciel, où l'orangé semblait dominer. Nos ombres allongées, se dessinant sur les vapeurs, étaient comme environnées d'auréoles : ce dernier phénomène était bien moins sensible que l'espèce de parélie que nous admirions, et j'eus de la peine à le faire distinguer à celui de mes camarades de voyage qui était à mes côtés. » Pour qu'un brouillard puisse se produire à la surface des rivières, il est nécessaire que la température de celles-ci surpasse celle de la couche d'Air qui repose immédiatement au-dessus ; il faut de plus que cet Air soit calme, car on a observé qu'un courant d'Air sec empêchait le brouillard de se produire malgré la différence de température que présentaient l'Eau et la couche d'Air adjacente. C'est ce qu'on observe sur le Danube qui n'a aucun brouillard, quoique sa température l'emporte de plusieurs degrés sur celle de la couche atmosphérique. Il semblerait alors que le courant d'Air sec dissout complétement le brouillard au fur et à mesure qu'il se produit.

De même que les brouillards, les *Nuages* sont composés de globules aqueux suspendus dans l'Air, et qui sont réunis en groupes de formes très-diversifiées. Ces groupes n'ont pas la même densité, puisque les uns restent généralement à une hauteur peu considérable, tandis que les autres s'élèvent aux plus hautes régions. Selon Gay-Lussac, le nuage monte dans les airs par l'impulsion des courans ascendans qui résultent de la différence de température entre la surface de la terre et les régions élevées. Fresnel a donné récemment (Ann. de Chimie et de Physique, T. xxi, p. 59 et 260) une autre théorie de la suspension des nuages. Elle résulte de ce que ceux-ci ont une pesanteur spécifique moindre que celle des couches inférieures de l'athmosphère ; en effet, la ténuité des globules aqueux est extrême, et ils renferment entre leurs interstices de l'Air qui ne peut s'échapper qu'avec beaucoup de lenteur. Ces globules, ainsi que l'Air qu'ils emprisonnent, sont plus susceptibles que les couches ambiantes d'Air atmosphérique de s'échauffer par les rayons solaires et par les rayons calorifiques qui leur sont envoyés de la terre ; cet échauffement détermine une dilatation de l'Air contenu dans les interstices, et le nuage se trouve alors dans les conditions d'un aérostat qui s'élève en vertu de sa légèreté spécifique. Les couleurs dont les nuages sont affectés ne sont que des jeux de lumière qui varient à l'infini par les décompositions, les réflexions et les réfractions résultant de leurs formes et de leur situation par rapport au corps lumineux et au spectateur. La formation des nuages est la même que celle des brouillards dont ils ne diffèrent d'ailleurs à aucun égard ; ils prennent naissance plus spécialement sur les flancs et les sommets des montagnes par l'effet de la condensation de la vapeur dissoute dans les couches d'Air les plus voisines de ces montagnes. N'occupant d'abord qu'une petite étendue, ils s'agrandissent insensiblement et finissent par se détacher pour être emportés au gré des vents ; on les voit ensuite s'amonceler, former des nuées épaisses qui ordinairement se résolvent en pluies abondantes ; quelquefois ils restent épars et disséminés dans l'atmosphère. Ces groupes aériens semblent, dans leur course vagabonde, éviter de se heurter, et lorsqu'ils sont portés par les vents vers la crête des montagnes, ils en sont vivement repoussés, et par une sorte de bond ils franchissent cette crête pour passer dans une autre vallée. Ce phénomène, que nous avons observé dans la chaîne de montagnes subalpines de la France méridionale, ne paraît pas avoir été pris en considération par les météorologistes ; il est pourtant de nature à mériter tout leur intérêt en ce qu'il indique les circonstances dans lesquelles les nuages, doués d'une propriété répulsive et réciproque, ne peuvent s'amonceler ni se résoudre en pluie. Mais quelle est la cause de cette répulsion? ne serait-elle pas due à l'électricité qui, étant alors de même nom dans les nuages, aurait pour effet, suivant la théorie, de les empêcher de se confondre? Cette explication nous paraît simple et naturelle, mais elle demande à être vérifiée par des expériences directes, et dont l'exécution ne serait pas fort difficile. Bory de Saint-Vincent, dans le cours de ses voyages, fut plusieurs fois témoin d'un phénomène analogue à celui que nous venons de décrire. L'explication qu'il en donne nous paraît aussi très-plausible : quand les petits nuages coureurs sont portés par les vents contre les flancs d'une montagne, ils ne voyagent point avec une rapidité aussi grande que celle de leurs moteurs; ceux-ci arrivent donc beaucoup plus tôt contre l'obstacle; là ils sont réfléchis, et repoussent ainsi dans leur marche rétrograde les nuages qu'ils avaient d'aborp dirigés sur cet obstacle.

Lorsque les nuages n'ont pu passer à l'état de vapeur invisible, et qu'au contraire ils se sont condensés au point de se convertir en gouttelettes, celles-ci tombent sur la terre tantôt légèrement et sous forme d'un brouillard très-dense, qui reçoit alors le nom de *Bruine*, tantôt avec impétuosité et en gouttes très-grosses, telles que nous les voyons dans les pluies d'orages. Mais la pluie se présente dans tous les états intermédiaires à ces deux extrêmes; les pluies par torrens sont plus communes en été et dans les pays chauds du globe, et les bruines au contraire s'observent plus fréquemment pendant les saisons froides et dans les climats tempérés et polaires. On a remarqué qu'il pleuvait davantage dans les contrées montueuses que dans les pays de plaines, et nous avons signalé en parlant des forêts (*V.* ce mot) l'influence que ces masses de Végétaux avaient sur la formation des pluies de dégroupement, et par suite sur la végétation générale du pays. Il paraît que la hauteur des montagnes ne détermine pas une chute de pluie plus abondante; car des côteaux peu élevés agissent assez sur la direction des vents et des nuages pour que la pluie se distribue inégalement sur un espace de terrain peu étendu. On estime la quantité d'eau qui tombe annuellement par la hauteur qu'aurait la masse formée de la réunion de toute celle qui tombe successivement sur une même surface horizontale. Depuis long-temps on a multiplié les observations à cet égard, et il a été possible d'en conclure que la quantité annuelle de pluie est plus considérable dans les régions intertropicales que dans les autres : ainsi au Cap-Français, dans l'île d'Haïti, il tombe par an 508 centimètres d'eau, tandis qu'à Upsal, en Suède, on n'en compte que 43 centimètres; à Paris et à Londres le terme moyen est de 53 centimètres; mais en certaines provinces de France et d'Angleterre, peu éloignées des grandes villes que nous venons de nommer, la quantité d'eau qui tombe annuellement se monte à plus du double. Ces anomalies indiquent l'influence des montagnes et des forêts dont nous avons parlé plus haut. Mais si les climats équatoriaux reçoivent dans le cours de l'année une quantité d'eau plus considérable que les autres contrées du globe, le temps pendant lequel la chute s'en opère est infiniment moindre, ou, en d'autres termes, le nombre des jours pluvieux augmente lorsqu'on s'avance de l'équateur vers les pôles. Tous les voyageurs nous décrivent les pluies de la Zône-Torride comme des averses épouvantables, qui quelquefois détruisent les récoltes, mais dont la chute est souvent désirée avec impatience, car le terrain desséché et brûlé par les feux perpendiculaires d'un soleil qui, pendant plusieurs mois, n'est jamais voilé, a besoin de ces énormes quantités d'eau pour être abreuvé et faire sa provision d'eau pour les mois suivans. Une remarque analogue à la précédente se fait lorsqu'on compare les saisons entre elles; il tombe généralement plus d'eau en été qu'en hiver, et cependant le nombre des jours pluvieux l'emporte dans cette dernière saison sur ceux de la première. Les contrées que nous habitons diffèrent encore de celles qui sont situées entre les tropiques par l'irrégularité des circonstances météorologiques. Dans les climats chauds l'année offre toujours une saison pluvieuse qui détermine la crue périodique et réglée des fleuves et des rivières ; ainsi le débordement du Nil, dont l'époque est si constamment régulière, n'est causé que par les pluies abondantes qui fondent à une époque déterminée sur les montagnes de l'Abyssinie et des pays voisins de l'équateur où les affluens du fleuve qui fertilise l'Egypte prennent leur source. Dans les contrées tempérées, telles que l'Europe et les Etats-Unis, la chute des pluies n'arrive point dans un temps circonscrit et limité ; elle y est au contraire fort accidentelle et intermittente ; cependant on a observé que lorsque les pluies commençaient vers les approches des équinoxes et du solstice d'été, elles duraient pendant un temps assez considérable. Virgile, chantant le nuageux Orion et les pluvieuses Pléiades, nous a fait connaître à ce sujet les observations de l'antiquité païenne, lesquelles étaient au fond les mêmes que celles de nos agriculteurs chrétiens. A la maligne influence d'une nébuleuse constellation, ceux-ci n'ont fait que substituer le pouvoir redoutable des bienheureux saint Médard et saint Gervais.

La *Rosée* est un Météore aqueux que l'on observe pendant les matinées et les soirées de printemps, d'été et d'automne ; elle se dépose, sous forme de gouttelettes, principalement sur les feuilles des Plantes ; en certains pays secs, comme par exemple l'Italie méridionale, elle est assez forte pour suppléer à la pluie et entretenir la verdure. On ne peut l'assimiler au brouillard puisqu'elle ne trouble pas sensiblement la transparence de l'Air, et elle offre ceci de particulier, qu'elle

ne s'attache point aux Métaux polis et particulièrement à l'Or. Nous verrons bientôt que dans la production de ces deux sortes de Météores, les circonstances sont tout-à-fait opposées, c'est-à-dire que si les brouillards exigent pour leur formation que l'Air soit plus froid que la surface du globe, c'est le contraire pour la rosée. Plusieurs hypothèses ont été faites sur la production de ce dernier phénomène. Comme on avait remarqué que la rosée se déposait quelquefois sur la surface inférieure des corps, on en avait conclu que dans ce cas elle s'élevait de terre, et conséquemment qu'elle était ascendante, tandis que le plus souvent elle était descendante. Ces faits divers se trouvent expliqués très-naturellement par la théorie proposée par Wells, et que ce savant a appuyée de nombreuses observations. Pendant les belles nuits des saisons chaudes, la température des corps placés à la surface de la terre diminue beaucoup par le rayonnement du calorique qu'ils avaient accumulé dans la journée, et dont la perte n'est point compensée par l'acquisition d'une quantité suffisante de calorique qui serait rayonné des parties supérieures de l'atmosphère. Ce refroidissement persiste parce que les corps adjacens, ou ceux qui mettent les corps refroidis en communication avec la terre, ne sont ordinairement pas de bons conducteurs. La couche d'Air qui repose sur les corps refroidis laisse alors déposer une partie de l'eau qu'elle tenait en dissolution, et c'est ainsi que se produit la rosée. On conçoit que ce phénomène ne doit point avoir lieu s'il se trouve des corps interposés entre la terre et les parties supérieures de l'atmosphère, car le rayonnement du calorique produit par ces sortes d'écrans sera suffisant pour réparer celui qu'auront perdu les corps placés sur la surface terrestre, c'est-à-dire que l'échange étant à peu près égal, la température des uns et des autres ne sera pas sensiblement altérée. C'est ainsi que les nuages empêchent la formation de la rosée, et d'autant plus qu'ils sont moins élevés, parce qu'alors leur température propre est moins basse. Le vent peut également s'opposer à la production de la rosée en apportant sur les corps refroidis de nouvelles couches d'Air plus chaudes qu'eux et qui rétablissent leur température, en faisant évaporer la rosée à mesure qu'elle se forme.

C'est en raison de leur grande conductibilité et de la faiblesse de leur rayonnement, que les Métaux, comme l'Or, l'Argent, le Cuivre et l'Etain, se refroidissent peu, et conséquemment qu'ils ne se chargent point de rosée; celle-ci continue à se déposer au contraire sur les feuilles des Végétaux, sur les bois, etc., tant que la température de ces corps est moins élevée que celle de la couche d'Air qui leur est contiguë; et cet abaissement de température, continuant pendant la nuit entière, peut, en certaines circonstances, être porté au point que la rosée se convertisse en *gelée blanche*; c'est ce qui a lieu durant les belles nuits du printemps et de l'automne, car on croit qu'elle est déposée sous forme liquide, et que sa congélation ne s'opère qu'après son contact avec les corps qui se trouvent à la surface de la terre.

On doit au contraire attribuer uniquement à un abaissement de température dans l'atmosphère elle-même, la formation de la *Neige*; elle se produit sous forme de flocons blancs pendant l'hiver dans nos plaines, et en été sur les sommets des hautes montagnes : lorsque ces flocons neigeux tombent par un temps très-calme, on reconnaît, à l'aide de la loupe, qu'ils sont formés d'un assemblage de cristaux en étoiles à six rayons. Le capitaine Scoresby a vu dans les régions boréales, et par un temps en apparence serein, tomber de cette neige qui présentait alors des formes entièrement régulières. C'est encore dans un abaissement de température atmosphérique qu'il faut reconnaître la cause du *Givre* ou de la congélation des brouillards : comme

ceux-ci se déposent lentement sur les corps, leur cristallisation s'opère avec régularité, mais les cristaux ne sont pas aussi faciles à observer que ceux de la neige, parce que les globules aqueux dont est formé le brouillard étant de la plus grande ténuité, ne peuvent se convertir qu'en cristaux également d'une extrême petitesse.

Dans certaines contrées boréales, et sur quelques sommets des Alpes, la neige offre une teinte rouge très-prononcée. Cet accident, qui ne s'observe que sur des espaces peu étendus, a souvent occupé l'attention des naturalistes. De Saussure y ayant reconnu le premier la présence d'une substance organique, on était allé jusqu'à dire que cette substance de nature végétale n'était autre chose que le pollen des Conifères ou des Arbres verts si fréquens dans le voisinage des neiges perpétuelles, pollen qui aurait été apporté en masses poudreuses par les vents. En général, on n'a pas été satisfait de cette explication, et encore moins de celle de quelques chimistes qui attribuaient la couleur rouge de la neige à la présence d'Oxides ferrugineux et d'autres corps inorganiques. Cette question reprit de l'intérêt lorsque l'expédition du capitaine Ross en 1818 eut rapporté de cette neige rouge trouvée sur de la pierre calcaire dans la baie de Baffin, par 60° de latitude nord. Le docteur Wollaston, et le célèbre peintre-naturaliste Bauer, l'ayant examinée au microscope, y reconnurent la présence de globules excessivement petits, que Bauer crut être un *Uredo*, et qu'il nomma *U. nivalis*. Le baron Wrangel (Mémoires de l'Académie de Stockholm, pour l'année 1825, première partie, p. 71) ayant observé avec beaucoup d'attention une singulière production d'une belle couleur cramoisi, qui couvre les roches de l'île d'Aland en Suède, l'a rapportée au genre *Lepraria* sous le nom de *L. kermesina*. Il mit de la neige sur une pierre couverte de cette production, et cette neige prit aussitôt une teinte rougeâtre, ce qui l'a autorisé à penser que le *Lepraria kermesina* était une Plante analogue à l'*U. nivalis*, et que celle-ci, dans les régions boréales, aura été entraînée des roches par les eaux qui se seront ensuite gelées et auront communiqué leur teinte à la neige voisine. C'est aussi l'opinion de Richardson, botaniste de l'expédition du capitaine Franklin, qui en recueillit sur des mottes de terre le long des torrens, près du fort de l'entreprise, par 60° de latitude. Brown et De Candolle sont d'accord pour classer cette Cryptogame parmi les Algues, sans cependant se prononcer sur le genre dont elle doit faire partie; Agardh l'a placée dans son nouveau genre *Protococcus*. L'examen comparatif de la neige rouge des Alpes et celle des contrées polaires, ayant fourni au professeur De Candolle les mêmes globules, ce savant pense que la teinte extraordinaire de ces neiges est produite par la même cause.

Les phénomènes que nous venons de décrire succinctement, se représentent trop souvent pour que nous devions insister plus long-temps sur leur exposition. Nous allons maintenant nous occuper d'un Météore heureusement plus rare, et dont l'étendue, ordinairement limitée à une région peu considérable, prouve qu'il doit sa production à des circonstances particulières et purement accidentelles. La *Grêle*, c'est-à-dire la chute de l'eau sous forme de morceaux ordinairement globuleux, compactes, où la congélation ne semble s'être opérée que par couches successives; la grêle, disons-nous, tombe seulement en été, ou tout au plus au printemps; dans cette dernière saison les grêlons sont petits, peu consistans, et on leur donne alors le nom de *Grésil*. L'apparition de la grêle, quoique subite, est facilement pressentie par les gens des campagnes lorsqu'ils aperçoivent une nuée grisâtre précédée d'un bruit éclatant, et ayant un aspect particulier qu'ils reconnaissent par l'habitude plutôt que

d'après des caractères qu'ils puissent exprimer. On a dit que les grêlons n'offrent point de traces de cristallisation; c'est pourtant d'après cet état particulier de l'eau que Bosc, en 1788, crut reconnaître la figure de ses cristaux. L'intérieur des grêlons qu'il observa, présentait des géodes ou cavités hérissées de petites pyramides. *V*. Eau. Le volume considérable que les grains de grêle présentent quelquefois (car on en a vu qui pesaient plus d'une demi-livre) a beaucoup embarrassé les physiciens qui ont voulu se faire une idée juste de leur formation. Ils croyaient autrefois que la grêle commençait à se former sous de petites dimensions dans les régions les plus élevées de l'atmosphère, et qu'elle en acquérait de très-considérables par les nouvelles couches dont elle se couvrait durant son grand trajet jusqu'à nous. Une telle explication était loin de satisfaire l'esprit de ceux qui ne se contentent pas de simples idées, mais qui veulent encore quelques preuves à l'appui; aussi celle qui fut développée par l'illustre Volta a-t-elle, jusqu'à ce jour, été universellement admise. Deux nuages très-denses et fortement électrisés en sens contraire, sont censés attirer et repousser alternativement les grêlons pendant un temps assez long pour qu'ils puissent se charger d'un grand nombre de couches, et souvent acquérir un volume énorme. Cette hypothèse est d'autant plus plausible, que les nuages qui vomissent la grêle sont toujours précédés de signes indiquant une grande intensité dans leur état électrique. On donne une idée assez exacte, dans les cours de physique, de cette formation de la grêle, par l'attraction et la répulsion successives et prolongées des corps placés entre deux plateaux très-chargés d'électricités opposées. Pour prévenir ce terrible fléau, on a proposé un appareil assez simple et qui a reçu le nom de *paragrêle* : il se compose d'un certain nombre de perches érigées verticalement et surmontés de tiges métalliques communiquant au sol par des fils également métalliques. L'effet de cet appareil devait être de soutirer l'électricité des nuages et conséquemment d'empêcher la formation des grêlons. Mais l'ingénieuse hypothèse de Volta, sur laquelle repose l'explication de l'efficacité des paragrêles, est loin d'être une réalité ou au moins une théorie qui concilie toutes les observations; d'ailleurs l'élévation des perches n'atteint jamais les nuages chargés de la grêle et de ses élémens; il est donc bien difficile de se former une idée raisonnable, d'après les lois de la physique, de la manière dont agissent les paragrêles (si toutefois leur action est constatée par l'expérience). L'Académie des Sciences de Paris, dans sa séance du 8 mai 1826, a exprimé son opinion sur la nullité théorique de ce moyen qui a été préconisé par plusieurs sociétés d'agriculture de province.

En décrivant les Météores aqueux, leur assignant pour causes principales les modifications de température et d'électricité qu'éprouvent les corps placés à la surface du globe terrestre, ainsi que ceux qui flottent dans l'atmosphère, et les diverses couches de cette atmosphère elle-même : enfin en tenant compte des réactions occasionées par ces variations, nous avons passé sous silence les circonstances concomitantes de ces principaux phénomènes. Elles forment un autre ordre de Météores dont les causes ainsi que les lois sont encore très-peu connues. Les vents, c'est-à-dire les mouvemens de l'Air atmosphérique qui forment des courans dont la direction varie dans tous les sens, semblent procéder de la formation des nuages, ou si l'on veut de la condensation de l'humidité contenue dans l'Air des contrées éloignées; ils peuvent également naître de la pression que les nuages exercent sur les couches mobiles de l'Air, et non-seulement ils nous indiquent l'existence des Météores aqueux,

mais encore ils les transportent à des distances considérables. L'apparition d'une de ces sortes de Météores détermine toujours l'apparition ou la disparition de l'autre, selon que le courant trouve sur son passage une plus ou moins grande masse de nuages, selon qu'il occasione un changement plus ou moins grand dans la température et dans les autres circonstances physiques des couches qu'il traverse. Il n'est pas de remarque plus populaire que celle de l'influence de certains vents sur la sérénité du ciel. Les marins particulièrement ont, dans leurs observations routinières, des moyens plus certains que les savans dans leurs instrumens météorologiques, car ils pronostiquent, sur la production du plus léger mouvement de l'Air, quel sera l'état du ciel, pendant les heures qui suivront. Dans nos contrées, les vents du nord annoncent presque toujours un temps clair et sec, tandis que ceux du sud nous amènent infailliblement les nuages et la pluie. Le froid se fait plus sentir à la surface de la terre lorsque les premiers soufflent; les autres au contraire élèvent brusquement la température de plusieurs degrés. Ces variations de chaleur atmosphérique peuvent bien provenir de ce que les vents du nord traversent des zônes froides pour arriver à nous, et de ce que ceux du midi, au contraire, apportent avec eux le calorique des climats chauds qu'ils ont parcourus; mais il nous semble qu'on doit ajouter à cette cause celle du rayonnement de la surface de la terre, qui lorsque les vents du nord ont balayé le ciel et que les couches supérieures de l'atmosphère sont très-froides, doit nécessairement, comme dans le cas de la rosée, y occasioner un abaissement de température. Les vents du midi, au contraire, chargeant notre atmosphère de nuages épais ou d'une énorme quantité de vapeurs aqueuses, empêchent que le rayonnement ne tourne au préjudice de la surface du globe, puisque les nuages et les vapeurs dont la température est assez élevée, lui renvoient une quantité de calorique plus grande que celle qu'ils en reçoivent.

Dans les régions du globe situées entre les tropiques, on observe des vents réguliers qui soufflent de l'est vers l'ouest et que l'on connaît sous le nom de *Vents alisés*. Voici comment on explique leur origine : le soleil dans les pays équatoriaux échauffant les couches d'Air, les dilate à mesure qu'elles se présentent à son influence par le mouvement de la terre ; il se forme ainsi comme un équateur d'Air dilaté, conséquemment plus élevé que le reste de l'atmosphère, et dont les couches supérieures, n'étant plus soutenues latéralement, doivent retomber au nord, et au sud vers les pôles. Pour remplacer cet Air qui forme un courant partant de l'équateur, un autre courant en sens contraire et inférieur au premier s'établit depuis les pôles vers l'équateur. Les particules d'Air qui composent le courant inférieur ne possèdent d'abord qu'un faible mouvement de rotation égal à celui des parallèles terrestres qu'elles abandonnent. Mais comme elles arrivent en des lieux de la terre où sa rotation est infiniment supérieure à la leur, elles sont renvoyées de l'ouest à l'est par les obstacles qu'elles rencontrent à la superficie du globe, obstacles dont la vitesse de rotation est d'autant plus grande qu'ils se trouvent plus rapprochés de l'équateur. Quoique la cause qui produit les vents alisés doive également agir hors des tropiques et jusque dans nos climats, son effet y est beaucoup plus faible à cause de la moindre chaleur du soleil, et de la moindre différence des vitesses de la rotation ; en outre les variations accidentelles achèvent de rendre nul cet effet. Les vents locaux et réguliers, que dans les mers orientales on connaît sous les noms de *Moussons*, et qui paraissent dépendre de l'action de la chaleur solaire sur les continens et les îles qui les avoisinent,

empêchent aussi la production des vents alisés, malgré la situation de ces mers entre les tropiques. Certaines îles des mers équinoxiales présentent encore des vents réguliers qui paraissent tenir à des causes locales. C'est ainsi qu'aux îles de France et de Mascareigne on connaît des vents de terre et de mer qui soufflent alternativement et à des heures tellement fixes que les marins comptent sur ce phénomène pour aborder ou pour effectuer leur départ.

L'impétuosité des vents est souvent extrême ; elle occasione les ouragans et les *tempêtes* qui portent la désolation sur les mers et principalement sur les terres non abritées par de hautes chaînes de montagnes. C'est surtout dans les îles basses, comme les Antilles et les archipels des climats équatoriaux, excepté ceux de la Polynésie, qu'ils causent les plus grands ravages. On a dit qu'ils étaient beaucoup moins violens sur les hautes sommités que dans les plaines. Cette assertion nous semble bien loin d'être démontrée, et nous avons été témoin d'ouragans affreux qui exerçaient leur empire à des hauteurs fort considérables. Les observations météorologiques faites sur le Grand-Saint-Bernard, nous apprennent que les tempêtes y sont fréquentes et d'une furie extraordinaire ; il est vrai que le couvent se trouve placé dans un défilé étroit et qui aboutit à d'immenses vallées par où les vents tendent à s'écouler avec violence. Ainsi, dès qu'il est constaté que les tempêtes éclatent sur les hauteurs, elles ne sont quelquefois point produites uniquement, comme on l'a également prétendu, par des courans horizontaux régnant dans les régions les plus basses de l'atmosphère, régions fortement comprimées dans un espace étroit par les couches supérieures qui résistent à leur mouvement. Les *Orages* diffèrent des tempêtes en ce qu'ils n'agissent point sur une vaste étendue de pays ; n'exerçant au contraire leur empire qu'à un espace assez limité, ils ont leur siége dans une nuée épaisse formée de l'accumulation de plusieurs nuages, et ils cessent lorsque cette nuée a disparu, ou que du moins elle ne se trouve plus dans les conditions propres à les faire naître. Ces conditions consistent surtout dans la condensation rapide des vapeurs aqueuses qui composent les nuages orageux, et dans la forte dose d'électricité dont ils sont chargés. Aussi les orages sont-ils accompagnés de pluies abondantes, quelquefois de grêle, d'éclairs et de tonnerre. Nous avons fait connaître à l'article ÉLECTRICITÉ, l'explication simple et naturelle que Franklin a donnée de la production de ces derniers Météores lumineux, et les moyens ingénieux qu'il a imaginés pour se mettre à l'abri de leurs funestes effets. Les *Trombes* sont une sorte d'orage qui se présente avec des circonstances particulières. Le nuage offre alors une forme de cône renversé ou d'entonnoir, déterminée par une colonne d'Air tourbillonnant sur elle-même et avec une telle force d'impulsion qu'elle est capable d'enlever de grandes masses d'eau et souvent des corps solides d'un poids immense. Ce phénomène est fort dangereux pour les navires dont il tortille les voiles et les agrès, qu'il fait pirouetter et que souvent il inonde d'un déluge d'eau. Ordinairement, du sein de cette colonne brumeuse, la foudre éclate comme dans les autres nuages orageux. Les trombes exercent une forte pression sur la surface des espaces liquides, et il en résulte sans doute des différences très-marquées dans leur niveau. C'est peut-être à une cause de ce genre qu'il faut rapporter l'apparition d'un phénomène assez commun pendant l'été sur les lacs de Suisse, et particulièrement sur le Léman où on lui donne le nom de *Sèches*. Les rives de ces lacs s'élèvent brusquement en certains lieux à plusieurs pieds, et restent pendant un temps plus ou moins considérable dans cet état extraordinaire d'élévation. Si ce n'est pas une trombe qui donne naissance

au phénomène des sèches (car on en observe par un ciel dont la sérénité semble être générale), il est du moins extrêmement probable que la pression atmosphérique est beaucoup augmentée sur quelques points du lac; mais cette inégalité de pression que Vaucher a démontrée par l'observation du baromètre, n'a pas encore été expliquée d'une manière satisfaisante, de même qu'on ne peut reconnaître avec certitude la cause des variations ordinaires de la pression atmosphérique qui, comme on sait, offre tant de connexions avec la production des phénomènes météorologiques.

Après l'exposition sommaire des phénomènes principaux qui constituent les Météores aqueux et aériens, nous devrions peut-être traiter ici de la même manière la question des Météores ignés ou lumineux, dont les causes et les effets ont tant occupé les physiciens. Nous ne pouvons cependant lui accorder qu'une faible attention, parce que, 1° cette classe de phénomènes n'offre presque pas de relation avec l'histoire naturelle proprement dite; 2° parce qu'on a placé à tort, parmi les Météores ignés, certains corps célestes dont l'apparition est accidentelle : tels sont les Comètes; ou des phénomènes d'optique, comme les Arcs-en-Ciel, les Halos, etc., qui sont dus à des réfractions et à des réflexions accidentelles de la Lumière, produits par des dispositions particulières des nuages et des vapeurs aqueuses par rapport au corps lumineux et à l'observateur. Dans notre article sur l'Électricité, nous avons cherché à donner des idées nettes sur le plus remarquable des Météores ignés, c'est-à-dire sur l'éclair. Nous croyons donc qu'il sera suffisant d'entrer dans quelques détails sur les autres, dont l'histoire est bien loin d'être aussi connue. Les bolides ou globes de feu, et les aurores boréales, ont été rejetés, par des savans illustres, de la classe des Météores, parce que, disent-ils, le lieu de la scène où ils se passent est probablement situé hors de l'atmosphère. Il n'est guère possible d'admettre une telle distinction ; car , en regardant même comme démontré que ces phénomènes aient lieu hors de l'enveloppe atmosphérique, on ne peut nier qu'ils ne soient dépendans du globe terrestre , soit qu'ils émanent de lui-même , soit qu'ils en éprouvent l'influence attractive; et comme ils s'opèrent à une faible distance de nous ; comme les aurores boréales, ainsi que nous le verrons bientôt, offrent des rapports avec un des principaux agens physiques , et que les globes de feu sont accompagnés ordinairement de la chute de substances minérales particulières, nous ne voyons pas pourquoi on leur refuserait le nom de Météores, c'est-à-dire de phénomènes dont l'atmosphère ou les régions adjacentes de l'espace sont le laboratoire. Quelques personnes , qui ne s'aperçoivent pas ou qui semblent avoir oublié que notre planète n'est qu'un point dans l'immensité des mondes, trouveront peut-être trop vaste le petit laboratoire atmosphérique ainsi que ses dépendances , et elles diront que nous ne circonscrivons pas assez la région des Météores. Nous répondrons à leur objection que , limiter cette région à l'atmosphère, et à plus forte raison , comme Lamarck l'a proposé, aux couches inférieures de l'atmosphère, c'est préjuger sur la constitution physique de l'espace situé au-delà de la couche mince que nous assignons à celle-ci, c'est admettre à une faible distance de nous un vide absolu et subit que rien n'autorise à supposer. Il nous semble , au contraire, plus naturel de croire, dans une question qu'aucune observation directe ne peut éclairer, que les couches de l'atmosphère ayant une densité décroissante à mesure qu'on s'élève, il n'y a pas de limite tranchée entre l'atmosphère et l'espace absolument vide. Nous oserons même avancer que si cette limite existe , ainsi que le docteur Wollaston l'a prétendu d'après de hautes consi-

dérations physiques et astronomiques, elle est beaucoup plus reculée qu'on ne le pense , et nous en conclurons qu'il n'est pas rationnel d'enserrer la région des Météores dans une zône aussi étroite que celle qu'on lui assigne ordinairement.

Ce que l'on nomme *Globe de Feu* est l'apparition d'un corps lumineux d'un diamètre que l'on a comparé à celui de la pleine lune, sillonnant les airs, se mouvant avec une vitesse extraordinaire, en laissant après lui une longue trace lumineuse. Un tel phénomène est bien propre à jeter la consternation parmi le vulgaire et à lui inspirer des craintes superstitieuses ; on dit même que de grands capitaines , ayant interprété dans un sens favorable à leurs audacieuses entreprises de semblables apparitions , ont inspiré à leurs soldats une confiance qui décida de la victoire. Nous sommes loin sans doute de ces temps d'ignorance et de crédulité , et nous n'y voyons pas autre chose qu'un phénomène naturel ; cependant il faut avouer que nous sommes réduits à de simples suppositions sur sa cause, et que , vu la rareté du Météore, ou plutôt vu l'impossibilité des physiciens à faire de bonnes observations, puisqu'ils n'y sont nullement préparés, nous manquons de documens bien avérés sur toutes les circonstances qui accompagnent les globes de feu ; on sait seulement qu'ils prennent naissance à une grande hauteur, car celui de 1771 a été aperçu simultanément depuis le midi de la France jusqu'en Angleterre, c'est-à-dire sur un espace terrestre de six degrés de latitude et de cinq degrés en longitude; on a estimé sa hauteur à plus de 80,000 mètres, son diamètre devait être au moins de 1000 mètres et sa vitesse de plus de 2000 mètres par seconde, c'est-à-dire plus de quatre fois celle d'un boulet de 24. Comme les masses pierreuses tombées de l'espace, auxquelles on a généralement donné le nom de Météorites , ont été souvent précédées par l'apparition de détonations et de globes de feu, il était naturel d'en conclure que ceux-ci sont les signes ou les phénomènes concomitans de la chute des Météorites. Quelquefois à la place des masses pierreuses on a vu des substances gélatineuses sur la nature desquelles l'analyse chimique n'a pas encore prononcé. Le phénomène des *Etoiles filantes* que l'on voit si fréquemment durant les belles nuits d'hiver paraît se rattacher à celui des globes de feu; il n'y aurait de différence que dans les dimensions du Météore. Mais ce que nous exprimons ici comme une probabilité n'a pas encore été appuyé d'observations positives.

Dans les régions polaires du globe terrestre le spectacle des aurores boréales est assez fréquent. Ce sont des gerbes de lumière qui occupent un grand espace de l'horizon, et dont le centre ou le point de réunion est placé dans la direction du méridien magnétique de l'observateur. Une telle relation entre la production de ce curieux phénomène et la cause du magnétisme a été de nouveau confirmée par les perturbations que les aurores boréales produisent sur l'aiguille aimantée, et qui ont été constatées vers ces derniers temps par Arago. Ce savant a trouvé, en compulsant les archives de l'Observatoire de Paris, que l'aurore boréale de Dublin observée en mai 1788, et qui fut si apparente qu'on la vit en plein jour à onze heures du matin, coïncidait avec des irrégularités très-marquées dans la marche diurne de l'aiguille. Des observations semblables viennent d'être répétées à Casan par le professeur Kupfer. Le pôle austral présente aussi le phénomène des aurores, de sorte que la dénomination de boréales n'est point exacte, et qu'il conviendrait mieux de les désigner sous le nom d'aurores polaires.

Les Météores lumineux étant purement accidentels et pouvant être rangés parmi les causes perturbatrices des lois de la nature, nous ne

pousserons pas plus loin l'étude de ces étonnans phénomènes; tout au plus les aurores polaires sembleraient exercer quelque influence sur les climats où elles se montrent avec une grande intensité; ce serait une sorte de compensation que l'auteur de l'univers leur aurait accordée pour les longues nuits qui les couvrent de deuil pendant la majeure partie de l'année. Les Météores aériens et aqueux, au contraire, ont la plus grande importance par les effets qu'ils produisent sur les êtres répandus à la surface de notre globe. Les vents entretiennent l'admirable équilibre qui existe, en tous lieux, entre les élémens de l'Air; ils évaporent l'excès d'humidité des contrées basses, tandis qu'ils poussent vers les régions sèches les nuages formés dans les pays brumeux, et qui se résolvent en pluies abondantes. On sait que les moussons des Indes et les vents alisés des mers équatoriales sont autant de bienfaits pour ces climats, et dont l'art nautique a su faire son profit. Nous ne reproduirons pas ici ce que nous avons dit ailleurs de l'influence des Météores aqueux sur les êtres vivans; et comme ces phénomènes concourent à déterminer la température des lieux où leur répétition est plus ou moins fréquente, le lecteur trouvera aux mots Géographie et Température cette question traitée sous tous les points de vue nécessaires au naturaliste.　　　　　　　　(G..N.)

MÉTÉORIDE. bot. phan. Pour *Meteorus. V.* ce mot.　　　(B.)

* **MÉTÉORIEN.** pois. Espèce du genre Exocet. *V.* ce mot.　　(B.)

MÉTÉORINE. *Meteorina.* bot. phan. Genre de la famille des Synanthérées, Corymbifères de Jussieu, et de la Syngénésie nécessaire, L., établi par Cassini (Bullet. de la Soc. Philomat., novembre 1818) qui l'a ainsi caractérisé : involucre à peu près campanulé, formé de folioles presque sur un seul rang, égales, appliquées, lancéolées, souvent membraneuses sur les bords; réceptacle nu, plane ou conique, peu élevé pendant la floraison, toujours plane à la maturation ; calathide radiée, composée au centre de fleurons nombreux réguliers, hermaphrodites près du bord du disque, mâles dans le milieu ; à la circonférence, d'un seul rang de demi-fleurons femelles. Les fleurs marginales du disque ont un ovaire comprimé des deux côtés, obovale, glabre, lisse, dépourvu d'aigrette, muni d'une aile sur chacune de ses arêtes extérieure et intérieure ; cet ovaire devient un akène très-large, à deux grandes ailes membraneuses épaissies sur leur bord ; la corolle n'a qu'un tube très-court, son limbe est long, cylindracé, à cinq divisions ; le style offre deux branches divergentes, larges, arrondies au sommet, bordées de deux gros bourrelets stigmatiques accompagnés d'une rangée transversale de collecteurs. Les fleurs centrales du disque ont un ovaire avorté, long, étroit, grêle, comprimé, contenant à sa base un rudiment d'ovule à peine perceptible ; leur style offre deux branches non divergentes et beaucoup plus courtes que dans les fleurs marginales. Les fleurs de la circonférence ont la corolle en languette oblongue tridentée au sommet ; le style à longues branches, pourvues de bourrelets stigmatiques, glabre ; le fruit presque droit, oblong, cylindracé, triquètre. Ce genre fait partie de la tribu des Calendulées de Cassini : il a été formé sur des Plantes qui étaient placées par Linné dans son genre *Calendula*. Necker, en 1791, avait déjà constitué deux genres sous les noms de *Gattenhofia* et *Lestibodea*, qui correspondent au *Meteorina* de Cassini. Ce dernier auteur ne s'est point borné à ce seul démembrement du *Calendula*, L.; il a créé en outre les genres *Blaxium*, *Arnoldia* et *Castalis* (*V.* ces mots au Supplément) sur les *Calendula fruticosa*, L., *C. chrysanthemifolia* et *C. flaccida* de Ventenat.

Les espèces qui doivent être regardées comme types du genre *Meteorina*,

sont les *Calendula pluvialis* et *C. hybrida*, L., auxquelles Cassini impose les noms de *Meteorina gracilipes* et *M. crassipes*. La première est une Plante herbacée, dont la tige, haute d'environ deux décimètres, est droite, rameuse, garnie de feuilles alternes, sinuées, denticulées, les inférieures spathulées, les supérieures linéaires; la tige et les branches se terminent en un pédoncule long et grêle, portant une grande calathide dont le disque est d'un brun foncé au centre, les rayons d'un beau blanc sur la surface supérieure des fleurs, et d'un violet purpurin sur leur partie inférieure. Cette Plante est originaire du cap de Bonne-Espérance : on la cultive en Europe dans les jardins, où ses fleurs, d'ailleurs très-belles, sont fort sensibles aux variations atmosphériques. Si le temps est serein, elles s'épanouissent à sept heures du matin, et se ferment à quatre heures du soir : elles restent au contraire fermées si le temps est pluvieux. Cependant elles n'annoncent point les pluies d'orage. La culture de cette Plante est assez facile : on en sème les graines au mois de mars sur couche et même en pleine terre ; elle fleurit pendant les mois d'été. Il lui faut une bonne terre, un peu légère, fréquemment arrosée et surtout exposée au soleil. Les autres espèces du genre sont également indigènes du cap de Bonne-Espérance. (G..N.)

MÉTÉORITES. MIN. On désigne sous ce nom les masses solides qui se précipitent des hautes régions atmosphériques à la surface de la terre, et qui sont accompagnées d'un ensemble constant de phénomènes, dont nous donnerons plus bas l'exposition. La dénomination de Météorites doit être préférée à celles d'Aérolithes, de Pierres de la lune, Pierres du ciel, Bolides, etc., qu'on leur donne quelquefois, en ce qu'elle rappelle simplement le phénomène maintenant incontestable de la chute de ces pierres, et qu'elle ne fait rien préjuger sur leur origine. Aucun fait n'est demeuré plus long-temps, nous ne dirons pas in-connu (car les auteurs les plus res-pectables de l'antiquité en ont fait mention), mais étranger, pour ainsi dire, aux fastes des sciences. De tout temps, et dans tous les pays, il a passé pour avéré dans l'esprit du vul-gaire qui a conservé la tradition de quelques histoires de pierres tombées du ciel. Ainsi nous avons vu de vieux campagnards faire le récit des circonstances où ils avaient été té-moins, disaient-ils, du *Tonnerre tom-bé en pierre*, circonstances absolu-ment conformes à celles qu'on a cons-tatées dans la chute des Météorites. Cependant, ces paysans n'étaient jamais sortis de leur province, où l'on n'a point mentionné d'Aéroli-thes; ce qui nous porte à croire que l'observation de ce phénomène ayant été négligée dans la plupart des cas, on l'a cru moins fréquent qu'il ne l'est réellement. L'époque à laquelle les savans ouvrirent enfin les yeux sur la chute des Météorites est en-core très-récente. Jusqu'à ces der-niers temps ils s'étaient refusés de croire à des faits qui leur semblaient si étranges et dont ils ne pouvaient se faire aucune idée d'après les con-naissances imparfaites que la physi-que et l'histoire naturelle du temps leur avaient acquises. La pierre qui tomba le 13 septembre 1768, à Lucé (département de la Sarthe), fut ana-lysée par Lavoisier, Cadet et Fouge-roux, qui, dans leur rapport, affir-mèrent que cette pierre n'était point tombée du ciel, et que ce n'était qu'un Grès pyriteux frappé par la foudre. L'incrédulité sur ce point fit donc un tort réel à la science; elle fournit un argument de plus à ceux qui soutiennent qu'il ne faut rejeter aucune observation, quelque absurde qu'elle paraisse d'abord, et qu'il faut toujours vérifier avant de se pronon-cer hardiment sur son impossibilité. Les préjugés chez les savans sont, en effet, plus funestes à la recherche de la vérité que les récits prétendus ridicules des simples observateurs qui n'ont aucune théorie à défendre ou à

combattre. Quoi qu'il en soit, plu-sieurs sociétés célèbres et entre autres l'Institut de France, éclairées par les communications positives que leur firent des physiciens et des chimistes dont l'opinion n'était pas à dédai-gner, donnèrent une attention parti-culière au phénomène des Météorites. L'occasion était belle; il venait de tomber (26 avril 1803) une pluie ef-frayante de pierres à Laigle (départe-ment de l'Orne); tout le monde en parlait; on montrait de ces pierres dans les jardins publics, au peuple français, qui, comme à son ordinai-re, en fit un sujet de plaisanterie, et chanta les pierres de la lune. Il fallait bien que les savans pré-sentassent leur opinion. Chaptal, alors ministre de l'intérieur, proposa donc à ses collègues de l'Institut d'en-voyer un commissaire sur les lieux, afin de constater la vérité des faits, et Biot, qui fut chargé de cette mis-sion, fit un rapport tellement cir-constancié, tellement appuyé de preuves convaincantes, qu'il ne fut plus permis de douter de la réalité de la chute des pierres de l'atmos-phère.

Les Météorites se montrent d'a-bord sous la forme d'un globe de feu se mouvant avec une extrême vélocité, et dont la grandeur est sou-vent celle du disque de la lune, quel-quefois plus petite, mais d'autres fois beaucoup plus grande. On a vu de tels globes lancer des étincelles, ou laisser derrière eux une traînée brillante de lumière. Cette vive clarté disparaît au bout d'une à deux minutes en laissant ordinairement à sa place un petit nuage blanchâtre, semblable à de la fumée et qui se dissipe après quelques instans. On entend ensuite une ou plusieurs détonations aussi fortes que celle d'une grosse pièce d'artillerie, lesquelles sont suivies d'un bruit semblable à celui du rou-lement de plusieurs tambours ou de plusieurs voitures qui ébranleraient le pavé; à ce bruit succède enfin des sifflemens dans l'air et la chute des pierres qui, se précipitant avec une grande impétuosité, s'enfoncent plus ou moins profondément. Immédiatement après leur chute, ces pierres, très-variables par leur nombre et leurs dimensions, sont chaudes, noires extérieurement, et répandent une forte odeur sulfureuse. La chute des Météorites ne paraît avoir aucun rapport avec l'état météorologique de l'atmosphère; elle a lieu sous toutes les latitudes et dans toutes les saisons. C'est en Europe que l'on a rassemblé le plus grand nombre d'observations; mais on en possède également qui ont été faites avec soin dans les climats les plus éloignés de nous; telle est celle recueillie à l'Ile-de-France par notre collaborateur Bory de Saint-Vincent, et consignée dans le troisième volume de son Voyage aux quatre principales îles d'Afrique; telle encore est celle de Krak-Hut à quatorze milles de Bénarès dans les Indes-Orientales. Howard et de Bournon constatèrent à Londres l'analogie d'aspect et de composition de ces derniers Météorites avec les Météorites d'Europe; et Vauquelin, ayant de son côté analysé les mêmes pierres, en conclut, dès 1798, qu'elles étaient identiques avec celles de France et d'Angleterre, et il exprima franchement son adhésion aux idées des savans anglais qui croyaient qu'elles étaient tombées des régions supérieures de l'enveloppe atmosphérique. C'était, comme il est facile de le voir par les dates, au moins cinq années avant le rapport de Biot à l'Institut; de sorte que les savans anglais paraissent nous avoir précédés dans la connaissance de la vérité sur l'étonnant phénomène qui fait le sujet de cet article. Il est juste, néanmoins, de dire que plusieurs physiciens et naturalistes français, malgré les opinions de leurs collègues, avaient cru fermement aux Aérolithes. On peut citer pour preuve, l'histoire des pierres qui tombèrent, en 1790, à Juillac et à Barbotan en Gascogne, et qui furent envoyées à Condorcet, ainsi que la pierre qui faillit tuer plusieurs personnes, le 12

mars 1798, à Salles près Villefranche, département du Rhône. Celle-ci fut examinée par le minéralogiste De Drée qui donna une relation de sa chute.

Ce serait outre-passer les bornes que nous nous sommes prescrites dans cet article, que de rapporter toutes les chutes de Météorites que l'on a observées, depuis que les circonstances du phénomène ont été bien avérées. Des catalogues et des ouvrages ex-professo ont été publiés sur ce sujet par des savans distingués; tels sont les Mémoires de Chladni, Izarn et Bigot de Morogues, où l'on trouve la liste chronologique des chutes de pierres observées depuis 1478 ans avant l'ère vulgaire jusqu'à nos jours.

Lorsqu'on fut bien convaincu de la réalité du phénomène des Météorites, on tenta de l'expliquer. L'esprit de circonspection qui caractérise notre siècle, détourna les savans de ces brillans systèmes faits seulement pour séduire la multitude, mais qui ne peuvent soutenir l'examen sévère des amis de la vérité. Aussi les hypothèses que l'on a proposées sont-elles peu nombreuses, et encore ne portent-elles pas toutes les caractères de la probabilité. En effet, toutes ont été appuyées de tant de calculs et de données, qu'en les examinant chacune à part, on les trouve assez plausibles; mais, en réfléchissant aux différences et même aux oppositions directes qu'elles offrent entre elles, on arrive à cette conclusion que si l'une est vraie, les autres sont fausses, et qu'il est permis de dire qu'elles sont de la classe des *possibles*, mais rien de plus. Les uns supposent que ces corps solides se seraient formés par la condensation de leurs élémens existant à l'état gazeux dans les régions élevées. Plusieurs phénomènes chimiques opérés dans nos laboratoires, où sous nos yeux des corps solides et opaques naissent subitement de gaz invisibles, appuient cette théorie; mais on objecte que les élémens des Météorites étant formés par des Métaux ou des substances métalloïdes impossibles à volatiliser par nos moyens actuels, et que ces élémens se trouvant toujours à peu près combinés dans les mêmes proportions relatives, il n'est guère probable d'une part que ces Métaux existent à l'état gazeux dans l'espace, et de l'autre qu'ils se condensent toujours à peu près de la même manière en formant des masses énormes, composées de particules distinctes et séparées, analogues à nos Grès pour la contexture. Cependant quelles données certaines possède-t-on sur la nature de ce qu'il nous plaît de nommer substances élémentaires? Est-on bien assuré que ces Métaux, ces corps signalés aujourd'hui comme simples, ne sont pas des produits complexes des substances gazeuses qui constituent, soit l'atmosphère, soit les régions éthérées, ou qui s'y trouvaient répandues? Nos connaissances chimiques sont trop bornées et la puissance de la nature trop étendue pour ne pas hésiter devant ces considérations.

D'autres personnes ont imaginé que, par quelque catastrophe dont nous ignorons et les causes et les circonstances, une planète se serait brisée en éclats, et que ses débris continuant à se mouvoir dans l'espace, auraient fini par entrer dans la sphère d'attraction du globe terrestre, où le frottement qu'elles éprouvent par leur contact avec l'air atmosphérique les échauffe à un tel point qu'ils deviennent lumineux et donnent lieu aux autres circonstances que nous avons exposées. On voit que cette théorie repose sur le fait d'une catastrophe qui est une hypothèse fort hasardée, car ces idées de bouleversemens, même partiels, nous paraissent difficiles à concilier avec l'harmonie nécessaire au système de l'univers, système où le plus léger dérangement doit amener des perturbations très-sensibles. Loin de cela, on observe toujours, depuis aussi long-temps qu'on s'est mis à observer, la plus constante uniformité dans les révolutions des corps célestes. Cependant l'illustre géomètre Lagrange a embrassé cette théo-

rie qui compte beaucoup de sectateurs.

Enfin des volcans lunaires ont été supposés, par Laplace, lancer les Météorites avec une telle force d'impulsion, que ceux-ci devaient atteindre la sphère d'attraction de la terre et s'y précipiter. La direction oblique suivant laquelle leur chute s'opère, exige nécessairement une force projectrice quelconque, et s'explique assez bien par la théorie des volcans de la lune. Néanmoins si cette force projectrice continue d'avoir quelque action une fois que le Météorite est arrivé au point où il est attiré par notre globe, elle doit être infiniment modifiée par cette dernière force qui a pour effet de rapprocher de la perpendiculaire ou si l'on veut de la verticalité la voie que parcourent les Bolides enflammés. Ne devrait-on pas attribuer plutôt leur direction oblique à une autre force résultant de l'éclatement produit par le changement subit de température, peut-être même d'agrégation, que ces corps éprouvent dans leur contact avec l'atmosphère? Les détonations, les ignitions et les sinuosités lumineuses qui accompagnent les Météorites sont des preuves matérielles et appréciables à nos sens de l'explication que nous présentons ici, tandis que la force d'impulsion des volcans de la lune est une supposition simplement possible, mais qui n'est appuyée par aucune observation positive de ces volcans en éruption. Ce n'est pas, cependant, que l'excessive intensité de la force de projection qui porterait les Météorites au-delà de l'attraction lunaire puisse beaucoup nous étonner; on a calculé qu'il suffirait pour cela qu'elle fût cinq fois plus forte que celle qui chasse un boulet de canon; or, oserons-nous refuser à la nature des moyens assez bornés, ou aurions-nous la prétention de croire que les nôtres soient presqu'aussi puissans, en un mot pouvons-nous penser qu'elle n'a pas à sa disposition de semblables forces qui sont, il est vrai, supérieures à celles

qu'elle déploie dans les volcans terrestres ?

Sans avoir eu connaissance de
l'hypothèse de Laplace sur les volcans lunaires, notre collaborateur
Bory de Saint-Vincent, qui habitait
alors un autre hémisphère, avait émis
une théorie qui offre quelqu'analogie
avec celle-ci, du moins quant à l'o-
rigine volcanique des Météorites, et
qu'il exposa plus tard dans le troisième volume de ses Voyages aux
îles principales d'Afrique. Il attribuait l'origine des Météorites à des
lancemens volcaniques de la terre
elle-même, produits à cette époque
antique où le noyau incandescent de
ce globe fit exonder les continens ;
alors les monts ignivomes offraient
des cratères dont la profondeur n'é-
tait rien moins que le rayon de la
terre, et qui possédaient une force
d'impulsion proportionnée à leurs
dimensions gigantesques. La plupart
des pierres météoriques lancées par
ces immenses soupiraux sont retom-
bées sans doute sur la terre, mais
elles ont été recouvertes par les couches qui se sont formées postérieurement. Cependant quelques-unes auront pu être portées à une telle distance de la terre que l'attraction produite par celle-ci se trouvant considérablement affaiblie, les Météorites
auraient obéi à d'autres forces capables d'en faire autant de petits sa-
tellites, c'est-à-dire de déterminer
une circulation particulière, jusqu'à
ce que leur gravitation les ayant rapprochés insensiblement de nous, leur
chute se soit opérée accidentellement
avec toutes les circonstances que nous
avons rapportées. L'opinion de notre
collaborateur est passée à peu près inconnue, quoiqu'elle lui eût été suggé-
rée par l'aspect des Météorites si semblables aux autres substances travail-
lées par les volcans, par ces grands
phénomènes terrestres dont il avait,
dit-il, la tête toute remplie. La facilité
avec laquelle l'auteur sacrifie son
hypothèse en faveur de celle de Laplace, nous dispense de présenter
les objections auxquelles elle pour-

rait donner lieu aussi bien que les
théories du même genre.

Telles sont les principales hypothèses imaginées pour expliquer l'o-
rigine des Météorites ; nous croyons
en avoir assez dit sur un sujet où les
données sont si peu certaines, et conséquemment sur lequel on pourrait
écrire de fort beaux volumes sans
beaucoup éclaircir la question. Nos
lecteurs nous sauront donc gré de
leur épargner l'exposé des idées émises par d'autres personnes peu ver-
sées dans les sciences physiques.

L'analyse chimique des Météorites
y a démontré l'existence de plusieurs
Métaux, et principalement du Fer à
l'état natif. Ces corps ont en conséquence été classés dans le genre FER
par les minéralogistes. Les sections
que l'on a proposées parmi ces singuliers Minéraux qui, d'ailleurs,
n'ont point d'analogues dans le reste
des corps inorganiques répandus à la
surface ou enfouis au sein de la
terre, se distinguent entre elles par
des caractères extérieurs assez constans, mais elles offrent une composition qui a pour bases principales
quelques élémens toujours identiques, comme le Fer, le Nickel, le
Chrôme, la Silice et la Magnésie.

Les MÉTÉORITES MÉTALLIQUES,
Brard (Dict. des Sciences Nat.), *Me-
teorisen*, Karsten, sont composés
d'une grande proportion de Fer métallique, plus ductile et plus blanc
que celui qui provient de nos fabriques, et qui est allié à une quantité
plus ou moins forte de Nickel. La
présence de ce dernier Métal y est
tellement constante, qu'elle fait infailliblement reconnaître si tel Fer est
un produit de l'art, ou bien un Météorite. Ainsi, à l'aide de ce caractère, les énormes masses de Fer natif
(il en est dont le poids est estimé à
plus de 4oo quintaux) que plusieurs
voyageurs ont trouvées en diverses
régions du globe, ont été reconnues
pour des Météorites quoiqu'on n'eût
aucun document sur leur origine, à
l'exception des deux blocs qui tombèrent à Straschina près d'Agram en

Croatie, le 26 mai 1751. La chute de ces blocs fut précédée de l'apparition d'un globe de feu qui détona ensuite avec fracas en répandant une fumée noire. L'identité de leur composition avec celle des masses qui existent dans l'Amérique méridionale, au cap de Bonne-Espérance, au Sénégal, en Sibérie, dans les contrées arctiques de l'Amérique, etc., ne permet pas de douter que celles-ci ne soient aussi venues des régions supérieures de l'atmosphère ; seulement il y a lieu de croire que leur chute date d'une époque très-reculée et qu'elle n'est point aussi fréquente que celle des autres Météorites, puisque nulle part on n'en a conservé le souvenir. Le Fer natif météorique est caverneux et comme spongieux, couvert à sa surface d'un enduit qui le préserve de l'oxidation. Outre le Nickel qui l'accompagne toujours, ainsi que nous l'avons dit plus haut, l'analyse chimique a fait encore découvrir de la Silice, de la Magnésie et du Cobalt. Il est assez singulier que le Fer météorique soit principalement constitué par les trois Métaux (Fer, Nickel et Cobalt) qui seuls jouissent de propriétés magnétiques.

Les Météorites pierreux, Brard, *loc. cit.*, présentent des formes indéterminées; leu surface est couverte d'arêtes ou angles émoussés par le commencement de fusion que ces corps ont éprouvé, et qui les a enduits d'une sorte de fritte vitreuse. La cassure est matte, terreuse, à grains grossiers, analogue à celle de certains Grès. Dans deux cas seulement, la texture était schisteuse, ou sensiblement lamelleuse. Souvent les grains sont tellement gros et séparés que l'extérieur de ces pierres, ordinairement d'une couleur grise cendrée, présente l'aspect de certaines brèches. La dureté des Météorites est considérable ; ils rayent le verre, et leur croûte vitreuse étincelle sous le briquet. Ils ont une pesanteur spécifique qui varie entre 5,5 et 4,3, d'après la plus ou moins grande

proportion de Fer qu'ils contiennent. La composition chimique des Météorites pierreux ne diffère que dans les proportions des principes constitutifs, ou par l'addition de quelques corps qui ne s'y trouvent ordinairement qu'en très-petite quantité. D'après le tableau comparatif de vingt-huit analyses faites par des chimistes distingués sur vingt-un Météorites différens, ils sont généralement formés : de 20 à 47 parties de Fer métallique en grains plus ou moins gros, en paillettes, en filets ou en petits lingots qui se croisent (ce Fer est ordinairement allié au Nickel qui s'y trouve jusque dans la proportion de 6 pour 100, mais quelquefois n'y existe pas); de Silice dont la quantité varie entre 21 et 56; de Magnésie dont la présence, deux fois seulement, n'a pas été démontrée, mais que l'on a obtenue quelquefois en proportion considérable, comme 25 à 50 pour 100; de Soufre qui y est assez constant, et qui s'y rencontre jusqu'à 9 pour 100. Parmi les principes additionnels ou ceux qui n'ont été découverts que dans un petit nombre de Météorites, nous mentionnerons seulement l'Alumine, la Chaux, le Manganèse, le Chrôme et le Cobalt. Les deux premiers ont manqué dix-huit à vingt fois sur vingt-huit analyses, mais aussi on les a trouvés, dans quelques-unes, en proportion assez considérable. Quant aux trois derniers Métaux, leur présence a été constatée, à l'aide de moyens chimiques très-délicats, par Thénard et Laugier; la quantité en est toujours minime, et ils ne peuvent conséquemment fournir un bon caractère pour distinguer les pierres météoriques. Nous pouvons en dire autant du Carbone qui entre dans la composition du Météorite tombé, en 1806, près d'Alais, département du Gard. Ce principe imprimait, il est vrai, à la pierre, des qualités physiques un peu différentes de celles des autres Météorites, telles qu'une couleur noire terne dans toute son épaisseur, la propriété de tacher les mains comme le charbon, une moindre pesanteur spécifique, etc.; cependant, cette addition de Carbone ne nous semble point suffisante pour motiver la séparation de ce Météorite charbonneux des Météorites pierreux, puisque sa composition a comme ces derniers, pour bases essentielles, le Fer, le Nickel, la Silice, la Magnésie, enfin toutes les substances que nous avons énumérées plus haut.

(G..N.)

MÉTÉOROLOGIE. Science qui a pour objet l'étude des météores; c'est l'application de toutes les connaissances que la physique et l'histoire naturelle fournissent pour l'observation et l'explication de ces phénomènes. *V.* MÉTÉORES.   (G..N.)

METEORUS. BOT. PHAN. Loureiro (*Flora Cochin.*, édit. Willd., p. 498) a décrit sous ce nom un genre qu'il a placé dans la Monadelphie Dodécandrie, L., et dont il a ainsi exprimé les caractères : calice supère à quatre divisions peu profondes, arrondies et dressées; corolle monopétale hypocratériforme, dont le tube est court, le limbe à quatre segmens ovales, un peu réfléchis; plus de trente étamines ayant leurs filets grêles flexueux, du double plus longs que la corolle, réunis inférieurement en un tube cylindrique; ovaire arrondi, surmonté d'un style filiforme et d'un stigmate légèrement épaissi; drupe ovoïde, octogone, glabre, coriace, couronnée par le calice persistant et ne contenant qu'une seule graine arrondie et cornée. L'auteur de ce genre cite avec doute comme synonyme le *Butonica terrestris* de Rumph (*Herb. Amboin.*, l. 5, t. 115), dont Gaertner (*De Fruct.*, 2, p. 97, t. 101) a décrit le fruit sous le nom de *Barringtonia acutangula.* Si l'on compare la description donnée par ces auteurs, on trouve que le *Meteorus* pourrait en effet être rapporté à la Plante de Rumph, mais plutôt à la variété *alba*, figurée tab. 116 de l'*Herb. Amboinense*, et dont Linné fait une espèce d'*Eugenia* sous le nom d'*E. racemosa.* Loureiro a eu

raison, ce nous semble, de former un nouveau genre pour la Plante qu'il a décrite. C'était aussi l'opinion de Gaertner, qui, tout en donnant le nom générique de *Barringtonia* à l'*Eugenia acutangula*, L., ajoutait que cette espèce différait tellement du *Barringtonia speciosa*, qu'elle semblerait former un genre particulier; mais que cependant il n'avait pas voulu les disjoindre, à cause des rapports qu'elles conservaient dans les diverses parties de la fleur et du fruit.

Le *Meteorus coccineus* est un grand Arbre à rameaux tortueux et ascendans. Les feuilles sont ovales oblongues, légèrement dentées en scie, glabres, épaisses et pétiolées; les fleurs, de couleur écarlate, sont portées sur des épis très-longs et pendans. Il croît dans les forêts de la Cochinchine.   (G..N.)

*** MÉTHOCAMPE.** INS. Genre de l'ordre des Lépidoptères nocturnes, tribu des Phalénites, établi par Latreille et comprenant les Phalènes, dont les chenilles ont douze pates. *V.* PHALÈNE.   (G.)

MÉTHODE. D'après l'étymologie du mot, la MÉTHODE est la route rationnelle qui nous conduit à la connaissance des choses. Cette signification générale et métaphysique est en effet celle que les philosophes ont donnée à ce mot appliqué à l'étude des sciences abstraites, c'est-à-dire à l'Idéologie et à la Logique. Mais en histoire naturelle il a reçu une acception différente : on appelle MÉTHODE un mode de classification selon lequel les êtres de la nature sont rangés d'après des principes qui varient suivant l'espèce de classification que l'on emploie.

L'utilité des classifications en histoire naturelle est incontestable. C'est par elles que celui qui s'occupe de cette belle partie des connaissances humaines, peut se reconnaître au milieu de cette innombrable quantité d'êtres et de corps dont se compose le domaine des sciences physiques : elles sont pour lui comme le fil d'Ariane. C'est par le moyen des Méthodes ou classifications, que le naturaliste rapproche les êtres selon les ressemblances qu'ils présentent, qu'il les divise en un certain nombre de groupes d'après les caractères qui leur sont communs, et qu'il acquiert une connaissance plus approfondie de la structure de ces êtres, des rapports qui les unissent et des différences qui les éloignent.

On s'étonne de voir des naturalistes et des philosophes, tels que Buffon, par exemple, s'élever avec autant de violence contre les classifications et les nomenclatures systématiques. Mais entraîné par son génie, qui ne pouvait s'assujettir aux entraves d'une Méthode régulière, le Pline français n'avait pas bien saisi le but de ces Méthodes, et par conséquent n'en pouvait concevoir l'utilité. Il n'avait pas vu que, loin d'avoir pour objet de rétrécir l'immensité de la nature dans les bornes étroites de nos conceptions, ainsi qu'il l'a si souvent reproché particulièrement à Linné, les Méthodes, en histoire naturelle, n'avaient pour but que de disposer les objets dans un ordre assez régulier pour que notre esprit pût en embrasser l'ensemble, et saisir les traits qui leur sont communs ou les différences qui les distinguent. Mais aujourd'hui il n'y a plus de contestation à cet égard ; tous les naturalistes ont reconnu la nécessité des Méthodes ; cependant tous ne sont pas d'accord sur les principes qui doivent leur servir de base.

Les classifications ne sont devenues indispensables que depuis l'époque où le nombre des êtres, dont s'occupe la science, a pris un tel accroissement que la mémoire la plus vaste ne peut en retenir le nom, avec les traits principaux de l'histoire de ces êtres. Aussi voyons-nous les anciens, auxquels un nombre assez limité d'Animaux, de Plantes ou de Minéraux était connu, ne suivre aucune classification dans les livres qu'ils ont écrits sur cette partie alors informe des connaissances humaines. Ce n'est qu'à dater de la renaissance des lettres, où, par l'effet des voyages, on découvrit une multitude d'objets jusqu'alors inconnus, que l'on a commencé à sentir la nécessité de ranger d'une manière quelconque ces objets, afin que l'esprit pût en embrasser l'ensemble et qu'il fût possible de retrouver chacun d'eux au besoin.

En considérant d'une manière générale les diverses sortes de classifications introduites en histoire naturelle, on reconnaît qu'elles peuvent se grouper en deux grandes séries. Les unes sont fondées sur des considérations qui n'ont que peu ou point de rapports avec la nature même des objets, et qui par conséquent donnent des idées incohérentes de leur structure, de leurs formes ou de leur composition : telles sont les classifications par ordre alphabétique, les classifications géographiques ou celles dans lesquelles les objets sont rangés suivant le pays dont ils viennent, les classifications par ordre de grandeur, de durée, etc. Ces classifications ont reçu le nom d'*empiriques*. Elles n'ont d'utilité que pour ceux qui connaissent déjà les objets envisagés sous le point de vue d'après lequel elles ont été établies ; en un mot, elles ne peuvent servir que pour des catalogues destinés à donner une simple énumération ou des êtres d'un pays, ou des objets réunis dans une collection.

Bien différentes de cette première espèce, les *classifications* dites *méthodiques* sont fondées sur d'autres principes, et par conséquent doivent amener à des résultats différens. Elles sont toujours établies d'après des caractères tirés de l'organisation même de quelque partie des objets qu'elles embrassent ou de leur structure générale étudiée dans leur ensemble. De-là deux sortes de classifications méthodiques, les *Systèmes*, où les divisions sont fondées sur un seul organe, dont les modifications ont servi à former autant de groupes distincts, et les *Méthodes*, dont les divisions sont établies, non d'après l'étude d'un seul organe, mais d'après les caractères fournis par l'ensemble de l'organisation étudiée dans tous ses détails.

On a encore désigné ces deux espèces de classifications sous les noms de *Méthodes artificielles* et de *Méthodes naturelles*. Quoique leur but soit essentiellement le même, puisqu'il consiste à disposer les objets dans un ordre régulier et méthodique, cependant l'esprit qui a présidé à leur formation est tout-à-fait différent. Une Méthode artificielle, appelée particulièrement Système, empruntant tous ses caractères des modifications d'un seul organe, ne nous fait connaître que ce seul organe et les différences qu'il présente dans les êtres que l'on compare. Il n'est en quelque sorte qu'une table alphabétique des matières, où les caractères, qui sont la base de la classification, jouent le rôle des lettres de l'alphabet. Ainsi, en Zoologie, un système fondé sur le nombre et la forme des dents, sur le nombre et la forme des nageoires, peut être très-utile et surtout d'une application facile dans la pratique; mais il ne nous fait connaître que le nombre et la disposition des dents, que le nombre et la disposition des nageoires. Il en est de même en Botanique : le système de Tournefort, fondé essentiellement sur la forme du périanthe, celui de Linné, sur les modifications diverses des étamines et des pistils, ne nous font envisager les Végétaux que d'après un trop petit nombre d'organes pour qu'une foule de rapports naturels n'y soient pas brisés.

Mais il n'en est pas de même dans une classification naturelle ou Méthode proprement dite. Ici, ce n'est plus un seul organe qui sert de base aux divisions établies; c'est l'ensemble de tous les signes caractéristiques que l'on peut tirer des divers organes des êtres classés, qui sert à former le caractère diagnostique de ces divisions.

Quand on jette les yeux sur l'immensité de la nature et sur le nombre prodigieux d'êtres sortis des mains du Créateur, on n'y voit d'abord que confusion et désordre. A côté d'une Plante qui végète, étalant tour à tour ses fleurs et ses fruits, on voit un Oiseau qui voltige, un Serpent qui rampe, un Quadrupède qui court, ou quelque Reptile étendu, immobile sur un monceau de rochers. Tous ces êtres, ainsi confondus et mélangés, vivant souvent les uns aux dépens des autres, nous offrent en quelque sorte l'image du chaos. Mais si nous les examinons avec plus de soin, nous finissons par reconnaître qu'il existe, entre certains d'entre eux, des propriétés communes. Ainsi, nous trouverons que le Quadrupède, que l'Oiseau, le Lézard, le Serpent, vivent, se meuvent et changent de place à volonté; que la Plante, immobile sur le point qui l'a vue naître, s'accroît par l'allongement de ses différentes parties; que le rocher, au contraire, ainsi que toutes les autres parties solides de notre globe, non-seulement est immobile et privé de vie, mais que son accroissement, fort lent, n'a lieu que par l'addition de nouvelles molécules de même nature, qui s'ajoutent à l'extérieur et en augmentent successivement la masse. Dès-lors, notre esprit ayant saisi quelques-unes des différences et des analogies qui existent entre ces trois sortes de corps, en formera trois groupes ou classes, ainsi qu'on voudra les nommer. Ce premier pas vers un arrangement méthodique, en fera bientôt faire d'autres. Ainsi, après avoir réuni ensemble tous les Animaux, l'homme qui portera son attention uniquement sur ce groupe, ne tardera pas à reconnaître les caractères communs qui existent entre ceux qui sont couverts de poils et qui ont quatre pates; entre ceux qui, ayant des plumes au lieu de poils et deux pates seulement, volent et s'élèvent dans les airs; entre ceux qui, ayant quatre pates, sont dépourvus de poils et rampent à la surface du sol; entre ceux enfin qui, n'ayant ni pates ni poils, ont le corps couvert d'écailles et nagent au milieu des eaux. Par ce procédé analytique de notre esprit, les Animaux qui forment un des groupes primitifs de la nature, se trouveront eux-mêmes divisés en un certain nombre de groupes secondaires, qui, étudiés chacun avec le même esprit d'analyse, pourront se prêter également à de nouvelles subdivisions. Telle est la véritable marche de toute classification méthodique et naturelle. L'examen attentif de la nature doit précéder toute espèce de classification, et c'est de cet examen que doivent naître les caractères des divisions que la nature semble avoir ainsi indiquées elle-même. C'est lorsqu'on les envisage sous ce point de vue, qu'on peut appeler ces classifications des *Méthodes naturelles*, parce qu'en effet elles se rapprochent, autant que possible, de la marche de la nature; bien différentes des systèmes, où l'on part de principes établis *à priori*, et auxquels on soumet tous les êtres de la nature, quelle que soit d'ailleurs la résistance qu'y opposent leurs autres qualités.

De cette différence dans la marche des deux sortes de classifications, il suit nécessairement que les êtres réunis dans un groupe ou classe d'un système, peuvent n'avoir de commun que la modification d'organe, d'après laquelle cette classe est fondée, et différer dans toutes les autres parties de leur organisation; tandis que dans une Méthode naturelle, ces êtres doivent avoir en commun les traits les plus saillans de leur organisation totale. Les Méthodes ont donc un avantage immense sur les systèmes, puisqu'elles nous font envisager les objets sous tous les points de vue possibles, et que par conséquent elles nous les font réellement connaître. Car, pour arriver à la détermination d'un Animal ou d'une Plante d'après une Méthode naturelle, il faut d'abord avoir étudié son sujet dans toutes ses parties, en avoir saisi l'ensemble et les détails avant de pouvoir arriver à savoir à quelle classe il appartient. Mais aussi les systèmes ont à leur tour un avantage sur les Méthodes; c'est la facilité de leur étude et de leur application dans la pratique. Un système n'étant fondé que d'après un seul organe, il suffit d'étudier ses modifications pour pouvoir facilement en faire usage. Aussi, le but et le résultat d'une semblable classification, sont-ils simplement de faire arriver avec facilité au nom des objets. Sous ce rapport les Méthodes ne peuvent leur être comparées, et toutes les fois qu'il s'agira de dénommer ou de distinguer des objets, les systèmes devront avoir la préférence. Cependant, comme dans l'état actuel de l'histoire naturelle, la science ne consiste pas dans la connaissance pure et simple du nom des objets, mais dans celle de leur organisation et des lois qui président à leur formation et à leur développement, c'est vers le perfectionnement des Méthodes que doivent tendre les efforts des naturalistes, puisque ces Méthodes ne sont que l'expression de nos connaissances sur chaque partie des sciences, et que l'on peut juger par l'état de perfection des Méthodes, de l'état de perfection où sont arrivées les branches auxquelles on en a fait l'application.

L'étude approfondie de la nature a conduit les observateurs à reconnaître qu'il existe, parmi les Animaux comme parmi les Plantes, des groupes dont tous les individus se ressemblent par tant de points communs, qu'ils paraissent être en quelque sorte les membres d'une même famille. C'est à ces groupes que l'on a donné le nom de *Familles naturelles*. Tous les êtres appartenant à une famille naturelle, ont cela de commun, qu'ils se ressemblent beaucoup plus entre eux par l'ensemble et les détails de leur organisation, qu'à tout autre individu pris indistinctement dans un autre groupe ou famille. Ainsi, de tous temps, les botanistes même avant d'avoir prononcé ce nom de *familles naturelles*, avaient senti les rapports intimes qui existent entre les Graminées, toutes les Labiées, les Ombellifères, les Crucifères, les Synanthérées, les Légumineuses, etc. Aussi, long-temps avant qu'on songeât à aucun arrangement systématique, voyons-nous les Plantes formant ces familles rapprochées par la force même de l'évidence dans les ouvrages de Bauhin et des autres botanistes de la même époque.

Il en est de même en Zoologie : dès qu'on a commencé à étudier la science avec soin, on a reconnu les affinités de certains Animaux entre eux ; tels sont le Lion, le Tigre, la Panthère, le Lynx, qui forment un groupe dans lequel vient naturellement se placer le Chat domestique ; tels sont le Loup, le Chien, le Renard ; tels sont encore les Sarigues, les Cayopollins, les Marmoses, les Dasyures, les Péramèles, les Kanguroos, et en général tous les Animaux munis d'une poche sous l'abdomen. Certes, ces Animaux se ressemblent tellement entre eux, qu'il est impossible de ne pas reconnaître les caractères qui les rapprochent. Aussi n'est-il personne qui ne sente que le Tigre ressemble plus au Lion ou au Chat, qu'au Loup ou au Chien ; de-là on peut conclure que ces Animaux appartiennent à la même famille naturelle, et c'est dans ce sens que ce mot est aujourd'hui employé.

Il existe donc en Zoologie des groupes que l'on peut appeler familles naturelles, aussi bien qu'en Botanique. Linné, qui fut à la fois le législateur de toutes les branches de l'histoire naturelle, avait parfaitement senti ces rapports, et la plupart des genres qu'il a établis dans le Règne Animal, à une époque où l'anatomie comparée n'existait pas encore, c'est-à-dire avant les travaux des Pallas, des Perrault, des Daubenton, des Hunter, des Blumenbach, des Vicq-d'Azir, des Cuvier, des Geoffroy Saint-Hilaire et des Blainville, sont en général tellement naturels, qu'ils forment en quelque sorte les familles

établies dans ces derniers temps par les zoologistes.

L'étude des familles naturelles, dans la Zoologie comme dans la Botanique, est le véritable point de vue philosophique d'après lequel on doit envisager ces sciences. C'est au perfectionnement de ces groupes que les naturalistes de nos jours emploient toutes les forces de leur génie et de leurs méditations. Mais il n'est qu'un seul moyen de concourir au perfectionnement de cette partie fondamentale de la science : c'est par l'observation réitérée de l'organisation intime des Animaux et des Plantes ; c'est par l'étude comparative et philosophique de leurs diverses parties et des fonctions qu'ils exécutent ; c'est en suivant chaque organe dans ses divers degrés de développement ou d'aberrations, que l'on finira par saisir ces rapports, quelquefois masqués à nos yeux, qui lient entre elles toutes les productions de la nature.

Les principes des Méthodes doivent varier suivant les sciences auxquelles on les applique. Aussi renvoyons-nous aux mots ANIMAL, CONCHYLIOLOGIE, ENTOMOLOGIE, ERPÉTOLOGIE, MAMMALOGIE, MICROSCOPIQUES, MINÉRALOGIE, etc., où l'on a exposé les diverses Méthodes appliquées à ces sciences. Nous ne parlerons ici que de la MÉTHODE NATURELLE en botanique, parce que cette partie essentielle de la science n'a pas été décrite au mot BOTANIQUE. Mais cependant nous croyons d'abord devoir définir certains termes employés dans toutes les espèces de classifications, et qui ayant quelquefois un sens différent, suivant les parties de l'histoire naturelle où on les emploie, ont besoin que l'on fasse bien connaître leurs diverses acceptions. Ces mots sont ceux d'INDIVIDUS, ESPÈCES, VARIÉTÉS, GENRES, ORDRES, CLASSES.

INDIVIDUS. Ce mot a une signification très-simple, mais qu'un exemple fera mieux connaître qu'une définition. Lorsqu'on considère une forêt de Pins ou de Chênes, un troupeau de Bœufs ou de Moutons, une réunion d'Hommes, chaque Pin ou Chêne, chaque Bœuf ou Mouton, chaque Homme enfin pris isolément, est un individu des espèces que l'on nomme Chêne, Pin, Mouton, Bœuf, Homme. Les individus sont donc chacun des êtres dont se compose l'espèce en général, considérés isolément. Mais ce mot, dont le sens rigoureux signifie un être qui ne peut être divisé, ne s'emploie que dans le règne organique, c'est-à-dire seulement pour les Animaux et les Végétaux, où il est l'idée la plus simple que l'on puisse se former des êtres. Dans le règne inorganique, il n'y a pas d'individus; il n'y a que des masses formant des espèces ou des variétés, qui pouvant se diviser à l'infini, sans cesser d'être toujours elles-mêmes, ne peuvent, en aucune manière, constituer des individus. C'est donc à tort, selon nous, que ce mot a été employé par quelques minéralogistes.

Espèces. Il est extrêmement difficile de donner une définition rigoureuse de ce que les naturalistes ont nommé Espèce, car tous n'ont pas accordé à ce mot la même signification. L'espèce, dans le règne organique, est la réunion des individus qui offrent les mêmes caractères et se reproduisent avec les mêmes propriétés essentielles et les mêmes qualités. Ajoutons que les individus qui forment l'espèce peuvent se féconder entre eux et donner naissance à d'autres individus entièrement semblables, qui jouissent également de la propriété de se reproduire et de se perpétuer par le moyen de la génération, à de très-légères modifications près, qui ne sauraient altérer essentiellement les caractères fondamentaux du type. S'il arrive quelquefois que deux espèces différentes se fécondent, elles ne produisent que des Hybrides ou Mulets, qui sont eux-mêmes privés de la faculté de perpétuer leur race. Cependant, ces Métis ou Mulets peuvent quelquefois engendrer; mais néanmoins cette faculté n'est pas permanente, et la race ne tarde pas à

s'éteindre, si elle n'est entretenue par de nouveaux croisemens. Les belles observations de Prévost et Dumas sur la forme et la grosseur des Zoospermes ou Animalcules spermatiques, et sur les phénomènes de la génération en général, nous donnent une explication de ce fait. Ces deux habiles physiologistes ont trouvé une heureuse application de l'observation faite dès la fin du siècle dernier par Gleichen et depuis par l'un de nos collaborateurs, Bory de Saint-Vincent, au sujet de la liqueur séminale du Mulet, qui ne contient pas de Zoospermes, lesquels dans la théorie de Prévost et Dumas sont la cause de la fécondation. Néanmoins ce fait n'est pas constant, puisque l'on a vu des Métis de Chien et de Loup, par exemple, produire pendant plusieurs générations de suite. *V.* Mulets et Hybridité.

Variétés. Les individus d'une même espèce peuvent offrir les mêmes caractères essentiels et néanmoins différer entre eux par quelques caractères qui tiennent à des circonstances accidentelles. On appelle variétés, ces individus qui s'éloignent un peu du type primitif de l'espèce par des caractères de peu d'importance. En Botanique la variété, dit Linné, est une Plante qui a éprouvé quelque changement par des causes accidentelles, telles que le climat, la nature du sol, la chaleur, les vents, etc. On doit encore ajouter comme cause de variation, la hauteur des lieux où croissent les espèces. L'influence de ces causes agit surtout sur la grandeur, la couleur, ou quelques autres propriétés aussi peu importantes, mais elle ne porte pas son action sur les caractères vraiment spécifiques. Ainsi dans l'espèce du Cheval, on doit considérer comme de simples variétés le Cheval blanc, le noir, le bai, le pie, etc. Il en est de même de la taille qui ne peut servir à établir de véritables espèces. En botanique une tige plus ou moins grande, des feuilles plus ou moins profondément découpées, des fleurs d'une couleur différente, simples ou doubles, ne sont pas des caractères spécifiques, ils n'annoncent que de simples variétés. Remarquons qu'en général les variétés ne se multiplient pas constamment par le moyen de la génération. Ainsi des graines de Lilas blanc produiront en se développant des individus à fleurs violettes, comme dans le type primitif, et d'autres individus à fleurs blanches, mais en moins grand nombre. Cependant dans les Plantes, comme parmi les Animaux, il y a certaines variétés constantes et qui se reproduisent toujours avec les mêmes caractères par le moyen de la génération. C'est à ces variétés constantes qu'on a donné le nom de *races*. Ainsi dans l'espèce du Bœuf (*Bos Taurus*, L.), le *Zébu* ou Bœuf à bosse, forme une race constante, qui habite l'Inde, la partie orientale de la Perse, l'Arabie, la partie de l'Afrique située au midi de l'Atlas jusqu'au cap de Bonne-Espérance, et Madagascar, etc. Cette race se perpétue au moyen de la génération. Mais transportée dans d'autres climats, elle dégénère et les individus qu'elle produit avec nos Bœufs domestiques finissent par perdre cette bosse, qui fait le seul caractère de la race des Zébus.

De même en Botanique, un grand nombre de variétés ou races se conservent par le moyen des graines, et cette circonstance est fort heureuse, car ces races sont celles des Plantes les plus intéressantes soit par leur beauté, soit par leurs usages économiques. Ainsi il existe une grande quantité de variétés dans les Céréales, dans les Légumineuses, les Crucifères et en général dans toutes les Plantes cultivées, qui se perpétuent de graines comme les espèces. Aussi plusieurs auteurs ont-ils cru qu'on devait les regarder comme de véritables espèces. Mais ce qui les en distingue, c'est d'abord le peu d'importance des caractères d'après lesquels elles sont établies, et en second lieu c'est que lorsqu'elles cessent d'être soumises aux influences sous lesquel-

les elles se sont développées, elles perdent leur caractère particulier, pour reprendre celui de l'espèce dont elles s'étaient momentanément éloignées. En Minéralogie les deux mots Espèce et Variété ont un sens tout-à-fait différent. Haüy a défini l'espèce : la réunion des mêmes caractères physiques et chimiques, et des mêmes molécules intégrantes et constituantes. Mais cette définition de l'espèce minéralogique varie selon la théorie dominante dans les sciences. Plus récemment Alex. Brongniart a dit que l'espèce est la réunion des individus composés des mêmes principes, combinés dans les mêmes proportions définies. La première de ces définitions appartient à un minéralogiste essentiellement cristallographe, qui met la forme des molécules intégrantes au premier rang du caractère de l'espèce. La seconde est celle d'un minéralogiste - chimiste, qui regarde comme plus importante la composition chimique et la nature des élémens. Ainsi la Chaux carbonatée, le Plomb phosphaté, le Mercure sulfuré sont autant d'espèces minérales fort distinctes. Chacune de ces espèces offre ensuite un nombre plus ou moins grand de variétés, dont les caractères varient par leur constance et leur importance. Aussi a-t-on établi plusieurs subdivisions de l'espèce, savoir : les *sous-espèces*, les *variétés* et les *sous-variétés*. Les *espèces*, dit Brongniart (Elém. minér., p. 63), sont formées des Minéraux qui ont la même composition chimique. Les sous-espèces renferment les Minéraux d'une même espèce, qui diffèrent par la présence d'un principe accessoire, ou par le mode d'agrégation de leurs parties. Les variétés se composent des Minéraux d'une même espèce, qui ne diffèrent que par le mode d'agrégation de leurs parties ou par une couleur remarquable, appartenant à de grandes masses, dans des circonstances semblables ; elles renferment aussi quelquefois des Minéraux mélangés lorsque la substance étrangère forme un tout presque homogène avec l'espèce principale. Enfin les sous-variétés sont celles qui se composent de Minéraux, dont les différences sont encore moins importantes; telles sont celles qui résultent des formes secondaires, des couleurs fugaces, des mélanges très-apparens, etc. Ces distinctions n'ont-elles pas une nuance d'arbitraire? *V.* pour de plus grands détails l'article MINÉRALOGIE.

GENRES. De même que la réunion des individus semblables et même des races et des variétés constitue l'espèce, de même la réunion des espèces qui ont entre elles une ressemblance évidente dans leurs caractères intérieurs et leurs formes extérieures constitue le GENRE. Les caractères sur lesquels les genres sont fondés, sont tirés de considérations d'un ordre supérieur à celles d'après lesquelles on établit les espèces. Elles tiennent à l'organisation de quelque partie essentielle. Ainsi dans les Mammifères les caractères des genres sont principalement fondés sur le nombre et la forme des dents, sur le nombre des doigts, la structure des organes intérieurs, etc. Dans le Règne Végétal, c'est principalement dans la forme ou dans la disposition des diverses parties de la fructification que les botanistes puisent les caractères par lesquels ils distinguent ces genres. Mais le nombre et la valeur de ces caractères sont loin d'être les mêmes pour toutes les familles. Un caractère qui dans certain groupe serait de la plus haute importance devient presque nul dans un autre ordre. Ainsi dans les familles très-naturelles, comme, par exemple, dans les Graminées, les Ombellifères, les Crucifères, les différences d'après lesquelles on établit les genres, sont souvent si peu considérables, que dans d'autres familles elles serviraient à peine à distinguer les espèces entre elles. Nous reviendrons plus en détail sur cet objet important, lorsque nous parlerons de la valeur des caractères en traitant dans la suite de cet article de la Méthode des familles

naturelles appliquée à la Botanique.

Pour qu'un genre soit réellement bon et naturel, il faut non-seulement que les espèces qu'il réunit aient de commun entre elles la modification d'organe qui constitue le caractère essentiel, mais encore qu'elles se ressemblent par leur port et leurs formes extérieures. *Character non facit genus*, a dit Linné. Il ne faut pas perdre de vue ce sage précepte, toutes les fois qu'on veut établir un genre. On doit à la fois consulter les organes d'après lesquels on croit devoir établir la distinction, et voir si leur différence entraîne avec elle quelques signes extérieurs qui justifient la séparation du genre. Ainsi dans le Règne Animal les genres Chien, Eléphant, Chameau, etc., et dans le Règne Végétal les genres Chêne, Renoncule, Tulipe, Bruyère, etc., sont fort naturels, parce qu'indépendamment de leur caractère essentiel et commun, toutes les espèces ont un port et des formes extérieures entièrement analogues.

ORDRES. En opérant pour les genres comme on a fait pour les espèces, c'est-à-dire en rapprochant ceux qui conservent encore des caractères communs, on établit des ORDRES, si l'on n'a égard qu'à un seul caractère, des FAMILLES ou ORDRES NATURELS, si on rapproche les genres d'après les caractères offerts par toutes les parties de leur organisation. Ainsi dans le Système sexuel de Linné en réunissant les genres qui ont le même nombre de styles ou de stigmates, on en forme des ordres. Mais si, au contraire, on a examiné chacun des genres en particulier, et si on a rapproché les uns des autres, tous ceux qui ont la même organisation dans leurs graines, leur fruit, les diverses parties de leurs fleurs, et la même disposition dans leurs organes de la végétation, alors on a formé une *famille naturelle*.

CLASSES. Enfin les CLASSES qui sont le premier degré de division dans une classification, se composent d'un certain nombre d'ordres ou de familles naturelles réunies par un caractère plus général et plus large, mais toujours propre à chaque être qui se trouve contenu dans la classe. Par exemple Linné, dans son Système sexuel des Plantes, a formé une classe de tous les genres qui ont cinq étamines; cette classe se divise en un certain nombre d'ordres suivant que les genres qui y sont réunis ont un, deux, trois, quatre, cinq, ou grand nombre de styles et de stigmates. De même Jussieu a formé, dans sa Méthode des familles naturelles, quinze classes dont le caractère essentiel est fondé sur le mode d'insertion des étamines ou de la corolle monopétale staminifère.

En suivant une marche inverse de celle qui vient d'être établie, nous dirons donc que dans une classification quelconque les premières divisions portent le nom de classes, que les classes se divisent en ordres dans les systèmes artificiels, en familles dans les Méthodes naturelles ; que les ordres ou familles se partagent en genres, que les genres sont des réunions d'espèces qui elles-mêmes enfin sont des collections d'individus.

On a souvent agité la question de savoir le sens précis que l'on doit attacher aux mots *Genres Naturels* et *Familles Naturelles*, et par conséquent si les genres et les familles existent dans la nature. Cette question, assez peu importante en elle-même, nous paraît devoir être résolue négativement : la nature n'a créé que des individus, elle a modifié dans chacun d'eux l'organisation générale, de manière que l'on peut en quelque sorte s'élever par des passages presque insensibles du Végétal le plus simple à celui dont l'organisation est la plus compliquée. L'Homme, ayant appliqué les forces de son génie à la contemplation de la nature, a fini par reconnaître que dans la multitude des Végétaux épars sur la surface de notre planète, il y en a qui se reproduisent constamment avec les mêmes caractères, et par le moyen de leurs graines ; il a donné à cette succession d'êtres provenant originairement d'un

seul individu, considérée d'une manière générale et abstraite, le nom d'espèce. Portant plus loin son attention, il a vu que parmi ce grand nombre d'espèces différant les unes des autres par quelques signes, il y en avait un certain nombre ayant des caractères communs soit dans leur structure intime, soit dans leur port, et il en a formé abstractivement une sorte de groupe ou de réunion qu'il a appelé un genre. S'élevant de cette idée de genre à une idée encore plus générale, il a formé d'autres groupes qu'il a nommés familles naturelles de la réunion des genres ayant entre eux de la ressemblance dans l'ensemble de toutes les parties de leur organisation. Mais les espèces, les genres et les familles dans le sens abstrait que nous attachons à ces mots, n'existent pas dans la nature. La nature a créé les types d'organisation d'après lesquels nous avons cru devoir établir ces divisions, mais elle n'a pas marqué, dans la suite non interrompue d'êtres qu'elle a formés, les limites qui devaient séparer les espèces, les genres et les familles : c'est l'Homme dont l'esprit trop étroit, dont les sens limités ne peuvent embrasser dans leur ensemble en même temps que saisir dans leurs détails toutes les œuvres de la création, qui a établi ces divisions. Elles lui permettent de porter successivement son attention sur toutes les productions de la nature. Car s'il en était autrement, si, en effet, ces divisions avaient été établies par la nature elle-même, elles seraient fixes et invariables, et tous les Hommes seraient d'accord sur le sens et la valeur de chacune d'elles. Mais il n'en est pas ainsi : il s'en faut de beaucoup que les naturalistes s'entendent sur ce qu'il faut nommer espèce, genre, famille. Chacun d'eux en quelque sorte donne une signification différente à ces mots, inconvénient inséparable de toutes les choses que l'Homme a cherché à définir.

Cependant on peut employer les mots de genre et de famille naturelle, mais en leur donnant une autre signification. Un genre ou une famille seront réellement naturels quand les espèces ou les genres qu'on y aura réunis formeront en quelque sorte une suite non interrompue, c'est-à-dire que l'organisation générale se nuancera insensiblement de l'un à l'autre, sans offrir ces contrastes choquans, qui sont contraires à l'harmonie générale de la nature. C'est dans ce sens seulement que le mot de naturelles pourra être appliqué à ces divisions systématiques, établies par l'Homme.

Après avoir posé les idées générales touchant la Méthode, il nous reste à porter l'attention du lecteur uniquement sur la Méthode naturelle dans les Végétaux. Déjà l'on connaît le sens que l'on doit attacher à ce genre de classification, et les points qui le distinguent des systèmes purement artificiels. Il nous reste donc à faire dans cet article l'application des idées générales exposées précédemment à la classification des Végétaux; mais nous croyons devoir présenter d'abord en abrégé l'origine de cette classification des Végétaux en familles naturelles.

Magnol est le premier botaniste qui dans un ouvrage intitulé : *Prodromus Historiæ generalis Plantarum*, publié à Montpellier en 1689, ait tenté de rapprocher les Végétaux en groupes qu'il désigne, pour la première fois, sous le nom de familles, en faisant, dit-il, allusion à la réunion des individus formant les familles dans la société. La préface de cet ouvrage, où il expose les principes qui l'ont guidé, est un monument très-remarquable pour l'époque où il a été écrit, et renferme en abrégé les principes fondamentaux de la classification naturelle. Magnol dit qu'ayant l'intention de faire une histoire générale des Plantes, il a étudié avec soin les différens systèmes établis avant lui, mais qu'il n'a cru devoir en adopter aucun, parce que tous lui ont paru rompre les affinités les plus naturelles qui existent entre les Vé-

gétaux. « J'ai cru, dit-il, qu'on pouvait établir parmi les Plantes des familles comme il en existe parmi les Animaux : les caractères de ces familles ne doivent pas être tirés uniquement des organes de la fructification, mais aussi de toutes les autres parties du Végétal; cependant nous convenons, ajoute Magnol, que les caractères les plus importans sont ceux que l'on tire de la fleur et de la graine, comme étant les parties les plus essentielles du Végétal; mais il ne faut pas néanmoins négliger les autres organes qui, dans plusieurs circonstances, m'ont été d'un grand secours pour caractériser certaines familles. Il y a dans un grand nombre de Plantes une ressemblance et une affinité qui existent non dans chaque organe pris isolément, mais dans l'ensemble de l'organisation, et qui frappent les sens quoiqu'on ne puisse les exprimer par des mots. Nous citerons pour exemples les familles des Aigremoines et des Quintefeuilles, que tout botaniste reconnaîtra pour naturelles, bien que les Plantes qui les forment diffèrent beaucoup entre elles par leur racine, leurs feuilles, leurs fleurs, etc. : on peut aussi puiser d'excellens caractères dans les feuilles séminales et leur germination. »

Ces idées, que l'on trouve toutes dans la préface de l'ouvrage de Magnol, cité précédemment, nous paraissent encore aujourd'hui de la plus grande justesse, et propres à servir de base aux principes fondamentaux de la classification naturelle. Partant de ces idées générales, le professeur de Montpellier avait établi soixante-seize familles naturelles sous la forme de tableaux; mais il n'en a pas donné les caractères, et n'y a rapporté que les genres principaux. Cependant l'ouvrage de Magnol, malgré le grand nombre de rapprochemens peu naturels qu'il a opérés dans ses familles, nous paraît renfermer l'idée mère de la Méthode naturelle des Végétaux, que plus tard d'autres botanistes, aidés des progrès de la science, ont fécondée et exposée dans tout son jour.

En 1758, Linné, dans ses *Classes Plantarum*, proposa une distribution des genres en soixante-sept familles naturelles. Ce grand naturaliste avait déjà senti, à cette époque, que son système, tout ingénieux qu'il était, et malgré son utilité pratique, n'était qu'un échafaudage peu solide, et non le monument durable de la science. Aussi le voit-on, dans la plupart des ouvrages qu'il a publiés postérieurement à cette époque, considérer les familles naturelles comme la seule classification qui se rapproche de la nature. « La méthode naturelle, dit-il, a été le premier et sera le dernier terme de la Botanique ; le travail habituel des plus grands botanistes est et doit être d'y travailler. Il est constant que la méthode artificielle n'est que secondaire de la méthode naturelle, et lui cédera le pas, si celle-ci vient à se découvrir. J'ai pendant long-temps, comme plusieurs autres, travaillé à l'établir ; j'ai obtenu quelques découvertes ; je n'ai pu la terminer, et j'y travaillerai tant que je vivrai, etc. » On voit par ce petit nombre de citations, que nous aurions pu augmenter facilement, que Linné était bien pénétré de l'importance de la Méthode naturelle, et qu'il en sentait la supériorité sur les systèmes artificiels. On doit donc s'étonner que ceux qui se disent ses élèves aient été pendant si long-temps les adversaires les plus opiniâtres de cette Méthode, et qu'ils se soient autorisés du nom de leur maître pour décrier une classification que lui-même avait proclamée la meilleure.

Linné, de même que Magnol, ne donne pas les caractères des familles qu'il établit ; il semble les ranger aussi dans un ordre tout-à-fait arbitraire et sans suivre de Méthode.

Heister, en 1748, dans son *Systema Plantarum generale*, a également présenté les Végétaux réunis par familles, mais son ouvrage, plein des vues les plus saines, n'a eu aucune influence

sur les progrès de la science, n'ayant pas été apprécié par ses contemporains.

Ce fut en 1759 que Bernard de Jussieu, en établissant le jardin botanique de Trianon, y fonda sa série des ordres naturels. Mais, de même que ses prédécesseurs, il donna un simple catalogue sans caractériser les groupes qu'il venait d'établir. Ces familles, présentées par Bernard de Jussieu, et dont son neveu, Ant.-Laurent de Jussieu, nous a transmis le tableau, à la fin de la préface de son *Genera Plantarum*, sont beaucoup plus naturelles que celles de ses prédécesseurs. Le savant botaniste de Paris avait étudié avec un soin tout particulier l'organisation des différens genres de Végétaux, il les avait soigneusement comparés, et c'est en s'appuyant sur un nombre prodigieux d'observations et d'analyses, qu'il était parvenu à construire sa Méthode.

Adanson, observateur passionné et voyageur infatigable, publia, en 1763, son livre sur les familles naturelles des Végétaux. Il partit de cette idée qu'en établissant le plus grand nombre possible de systèmes, d'après tous les points de vue sous lesquels on pouvait considérer les Plantes, celles qui se trouveraient rapprochées dans le plus grand nombre de ces systèmes devaient être celles qui auraient entre elles les plus grands rapports, et par conséquent se trouver réunies dans un même ordre naturel. De-là l'idée de sa Méthode universelle ou de comparaison générale. Il fonda sur tous les organes des Plantes un ou plusieurs systèmes, en les envisageant chacun sous tous les points de vue possibles, et arriva ainsi à la création de soixante-cinq systèmes artificiels. Comparant ensuite ces différentes classifications entre elles, il réunit ensemble les genres qui se trouvaient rapprochés dans le plus grand nombre de ces systèmes, et en forma ses cinquante-huit familles. Adanson est le premier qui ait donné des caractères détaillés de toutes les familles qu'il a établies, et, sous ce rapport, son travail a un avantage marqué sur ceux de ses prédécesseurs. Ces caractères sont tracés avec beaucoup de soin et de détails, et pris dans tous les organes des Végétaux, depuis la racine jusqu'à la graine.

Mais ce ne fut qu'en 1789 que l'on eut véritablement un ouvrage complet sur la méthode des familles naturelles. Le *Genera Plantarum* d'Antoine-Laurent de Jussieu présenta la science des Végétaux sous un point de vue si nouveau par la précision et l'élégance qui y règne, par la profondeur et la justesse des principes généraux qui y sont posés, que c'est depuis cette époque seulement que la méthode des familles naturelles a été véritablement créée, et que date la nouvelle ère de la science des Végétaux. Jusqu'alors chaque auteur n'avait cherché qu'à former des familles sans établir les principes qui devaient servir de base et de guide dans cet important travail. L'auteur du *Genera Plantarum* posa le premier les bases de la science, en faisant voir quelle était l'importance relative des différens organes entre eux, et par conséquent leur valeur dans la classification. Le premier il établit une Méthode ou classification régulière pour disposer ces familles en classes, et non-seulement il traça le caractère de chacune des cent familles qu'il établit, mais il caractérisa tous les genres alors connus, et qu'il avait ainsi groupés dans ses ordres naturels.

C'est l'ouvrage d'Antoine-Laurent de Jussieu qui a servi de base à plusieurs autres du même genre qui ont été publiés depuis; tels sont ceux de Ventenat et de Jaume Saint-Hilaire, qui n'en sont que de simples traductions. Depuis cette époque la science a certainement fait des progrès importans, auxquels l'auteur du *Genera* n'a pas peu contribué lui-même par ses différens travaux; de nouvelles familles ont été établies, soit avec des genres entièrement nouveaux, soit

avec des genres anciens, mais dont on a mieux connu la structure, ou dont les nouvelles découvertes ont révélé les véritables affinités. Mais tel qu'il est le *Genera* de Jussieu est sans contredit le plus beau monument que l'esprit humain ait élevé à la science de la nature. Il a fait, selon la remarque de Cuvier, la même révolution dans les sciences d'observation, que la chimie de Lavoisier dans les sciences d'expérience. En effet, il a non-seulement changé la face de la botanique, mais son influence s'est également exercée sur les autres branches de l'histoire naturelle, et y a introduit cette Méthode philosophique et naturelle, vers le perfectionnement de laquelle tendent désormais les efforts de tous les naturalistes. C'est donc dans l'ouvrage de Jussieu que nous puiserons la plupart des principes généraux que nous allons d'abord exposer. Nous aurons également recours à ce qu'a écrit sur la Méthode naturelle notre savant collaborateur le professeur De Candolle de Genève, dans son excellente Théorie élémentaire de la botanique.

La Méthode naturelle a pour objet la recherche des rapports ou affinités qui existent entre les différens Végétaux pour en former des genres que l'on dispose en groupes plus ou moins nombreux, nommés familles naturelles depuis Magnol, et dont tous les individus se ressemblent par les caractères les plus essentiels.

Mais que doit-on entendre par un caractère? c'est l'expression du changement ou d'une modification quelconque qui existe dans un organe. Ainsi quand je dis : corolle *monopétale*, étamines *monadelphes*, les mots *monopétale* et *monadelphes* sont des expressions caractéristiques qui signifient que la corolle est d'une seule pièce, que les étamines sont toutes réunies en un seul tube ou faisceau par leurs filets. Mais on a aussi appliqué le nom de caractère à la réunion des signes diagnostiques qui distinguent les espèces, les genres, les familles, les classes, etc ;

et c'est dans ce sens que l'on dit caractère spécifique, caractère générique, caractère de famille, etc.

C'est en étudiant avec soin les divers caractères des Végétaux, c'est en les comparant entre eux pour déterminer leur importance réelle et leur valeur relative, que l'on peut arriver à une bonne classification des genres en familles naturelles. Pour parvenir à ce but, il faut rechercher et imiter autant que possible la marche que la nature elle-même semble avoir suivie dans la formation de ces groupes, qui, de tout temps, ont frappé les observateurs par les rapports intimes qui existent entre les êtres qui les composent. Or, en examinant attentivement un certain nombre de ces groupes, on voit que parmi les caractères qu'ils présentent il y en a qui sont constans et invariables; d'autres qui sont généralement constans, c'est-à-dire qui existent dans le plus grand nombre des familles; quelques-uns qui, constans dans un certain nombre de groupes, manquent toujours dans d'autres; certains enfin qui n'ont aucune fixité et varient dans chaque ordre. Nous avons ainsi quatre degrés de caractères relativement à leur constance. On conçoit que l'importance de ces caractères est en raison directe de leur plus grande invariabilité, et que dans la formation des groupes, on ne doit pas compter les caractères, mais peser leur valeur relative. Ainsi un caractère invariable, du premier degré, doit en quelque sorte équivaloir à deux caractères du second degré, et ainsi successivement. Or, nous voyons que cette invariabilité plus ou moins grande des caractères est en raison de l'importance plus ou moins grande de l'organe auquel ils sont empruntés. Ainsi, comme il y a deux fonctions essentielles dans la vie végétale, la nutrition et la reproduction, ce sont les organes les plus indispensables à l'exercice de ces deux fonctions qui sont aussi les plus invariables, et qui, par conséquent, jouent le rôle le plus important dans la coordination des Végétaux. Dans la reproduction, l'embryon, qui est le but et le moyen de cette fonction, puisque c'est à sa formation que tous les autres organes concourent, et qu'une fois formé, c'est par lui que peut se renouveler et se perpétuer l'espèce, l'embryon, dis-je, est donc l'organe le plus important dans la série de ceux qui agissent dans cette fonction. Mais de l'embryon, comme de toute autre partie, on peut tirer plusieurs sortes de caractères qui n'auront pas une égale valeur. Ainsi on conçoit que les plus importans sont ceux qui tiennent d'abord et essentiellement à son existence ou à son absence, puisqu'il y a des Végétaux qui en sont dépourvus; à son organisation propre, ou à son mode de développement, qui est une conséquence nécessaire de celle-ci. Nous pouvons tirer de l'embryon trois séries de caractères du premier degré, savoir : 1° Plantes avec ou sans embryon; 2° Plantes avec l'extrémité cotylédonaire simple ou divisée; 3° Plantes cotylédonées avec la radicule nue ou renfermée dans une poche qu'on nomme coléorhize. Ces deux derniers caractères sont absolument de même valeur, et, en quelque sorte, la traduction l'un de l'autre; car toutes les Plantes qui ont l'extrémité cotylédonaire indivise, c'est-à-dire l'embryon monocotylédone, ont la radicule incluse ou coléorhizée, c'est-à-dire qu'ils sont *Endorhizes*, et tous ceux qui ont le corps cotylédonaire divisé, c'est-à-dire l'embryon dicotylédoné, ont la radicule nue, c'est-à-dire qu'ils sont *Exorhizes*.

Les organes sexuels fournissent aussi quelques caractères du premier degré. Nous ne parlerons pas de leur présence ou de leur absence, qui sont en corrélation d'existence avec la présence ou l'absence de l'embryon, puisque toutes les Plantes qui ont un embryon ont nécessairement des organes sexuels et *vice versâ*; le seul caractère constant et qu'on puisse ranger parmi ceux du premier degré, est la position relative des deux organes, c'est-à-dire leur mode d'insertion. Les caractères que l'on peut tirer de cette considération, sans avoir la même valeur que ceux que fournit l'embryon, sont néanmoins placés au rang des plus importans. *V.* INSERTION.

Les organes de la nutrition nous fournissent aussi des caractères, que le professeur De Candolle place au premier rang d'importance. Or, parmi ces organes, il n'en est pas de plus essentiels que les vaisseaux nourriciers, qui néanmoins manquent dans un certain nombre de Plantes; de-là deux caractères : les Végétaux sans vaisseaux, qui sont entièrement formés de tissu cellulaire, et qu'on nomme pour cette raison Végétaux *cellulaires*, et les Végétaux *vasculaires*. Mais ces vaisseaux nourriciers sont tantôt placés à l'intérieur même, au centre du Végétal, dont l'accroissement et la nutrition s'opèrent ainsi à l'intérieur, tantôt ils sont placés extérieurement, et l'accroissement a lieu à l'extérieur; de-là la distinction des Végétaux vasculaires en *Endogènes* et *Exogènes*, établie par le savant professeur de Genève.

Les caractères empruntés aux organes essentiels des deux fonctions du Végétal, la nutrition et la reproduction, ont une importance absolument égale, comme le prouve la corrélation qui existe entre eux. Ainsi les divisions fournies dans les Végétaux d'après l'embryon correspondent exactement à celles établies par le moyen de vaisseaux nourriciers. Les Inembryonnés correspondent aux Végétaux cellulaires, les Embryonnés aux Vasculaires, les Monocotylédons ou Endorhizes aux Endogènes, les Dicotylédons ou Exohizes aux Exogènes. Cette correspondance entre des caractères pris dans des organes différens est une chose importante à noter. Ainsi il y a telle modification d'organe qui entraîne constamment telle autre modification dans un autre organe. Par exemple l'ovaire infère nécessite constamment un calice monosépale ; la corolle

vraiment monopétale entraîne toujours l'insertion des étamines sur la corolle elle-même, etc.

Mais tous les organes des Plantes n'offrent pas dans leurs caractères la même constance et la même invariabilité que l'embryon et les vaisseaux nourriciers, et, sous ce rapport, nous avons encore à examiner trois ordres de caractères. Les caractères du second degré, avons-nous dit, sont ceux qui sont généralement constans dans toute une famille, ou qui ne souffrent qu'un petit nombre d'exceptions. A cette classe se rapportent les caractères que l'on peut tirer de la corolle monopétale, polypétale ou nulle, ceux que fournit la présence ou l'absence de l'endosperme, ceux que l'on tire de la position de l'embryon, relativement à la graine, et celle de la graine relativement au péricarpe. Parmi les caractères du troisième ordre, les uns sont constans dans quelques familles, les autres sont inconstans ; par exemple, le nombre et la proportion des étamines, leur réunion par les filets en un, deux ou plusieurs corps ou faisceaux ; l'organisation intérieure du fruit, le nombre de ses loges, leur mode de déhiscence ; la position des feuilles alternes ou opposées, la présence des stipules, etc. Enfin on rejette, parmi les caractères tout-à-fait variables, les différens modes d'inflorescence, la forme des feuilles, celle de la tige, la grandeur des fleurs, etc.

Tels sont les différens degrés d'importance des caractères que fournissent les Végétaux pour leur coordination en familles naturelles. Cette importance, nous le répétons, est surtout fondée sur leur invariabilité; mais néanmoins ceux même que nous rangeons dans le premier degré, c'est-à-dire parmi les plus fixes, peuvent cependant souffrir quelques exceptions, mais qui confirment la règle générale plutôt qu'elles n'y portent atteinte. Ainsi l'embryon n'est pas uniquement à un seul ou à deux cotylédons, plusieurs Plantes de la famille des Conifères en offrent un plus grand nombre. La disposition des vaisseaux nourriciers qui correspond toujours si exactement à la structure de l'embryon, souffre une exception très-notable dans la famille des Cycadées, qui sont des Endogènes ou Monocotylédons, par l'organisation de leur tige et leur port, tandis que leur embryon est bien réellement à deux cotylédons, et que la structure de leurs fleurs les place tout près des Conifères. L'insertion des étamines est également rangée parmi les caractères du premier ordre, néanmoins cette insertion est variable dans les différens genres qui forment les familles des Légumineuses, des Violacées, etc. Mais ces exceptions sont tellement rares qu'elles n'altèrent en rien la valeur de ces caractères. Cependant on doit en conclure qu'en histoire naturelle les caractères que nous regardons comme les plus fixes, peuvent néanmoins offrir quelques exceptions.

La valeur des caractères n'est pas la même dans toutes les familles, c'est-à-dire qu'il y a certains caractères qui, peu importans dans quelques cas, acquièrent dans d'autres une très-grande valeur. Ainsi rien de moins important en général que les caractères qu'on tire des feuilles entières ou dentées. Cependant ce signe devient d'une valeur très-grande dans les Rubiacées; à tel point qu'il est peut-être le seul vraiment général et qui s'observe dans tous les genres de cette famille, lesquels ont des feuilles parfaitement entières. Il en est de même de la forme de la tige, qui est constamment carrée dans toutes les Labiées. Aussi voyons-nous que dans quelques familles les caractères de la végétation sont plus fixes, et par conséquent ont plus de valeur que les caractères de la fructification.

C'est d'après les principes que nous venons d'exposer précédemment, c'est-à-dire en comparant attentivement tous les organes des Végétaux, en étudiant les caractères qu'ils peuvent fournir, et en groupant ces caractères, que l'on est parvenu à réunir tous les genres connus en familles naturelles. Les caractères du premier ordre, c'est-à-dire la structure de l'embryon et l'organisation intérieure des tiges, l'insertion relative des organes sexuels, doivent rigoureusement être les mêmes dans tous les genres d'une même famille. Il en est de même de ceux du second ordre, dont quelqu'un pourra néanmoins manquer. Les caractères du troisième degré devront en général se trouver réunis dans tous les groupes génériques du même ordre naturel ; mais cependant leur présence à tous n'est pas indispensable. Car remarquons ici que, comme le caractère général d'une famille n'est pas un caractère simple, mais résulte de la réunion des caractères de tous les genres, quelques-uns de ces caractères peuvent ne pas exister dans le caractère général, surtout quand ils ne sont que du troisième degré. Ainsi, quoique dans un grand nombre de Solanées le fruit soit charnu, cependant plusieurs genres à fruit sec appartiennent également à cette famille, etc., etc.

Nous venons d'étudier le mécanisme de la formation des familles, il nous reste à parler de la coordination de ces familles entre elles.

La forme de nos ouvrages didactiques, la disposition et l'arrangement de nos collections nous forcent à suivre dans la classification des familles entre elles la série linéaire ; mais cette série rompt l'ordre des affinités naturelles. En effet, les familles, aussi bien que les genres, n'ont pas uniquement des rapports avec le groupe qui les précède et celui qui les suit. Ces rapports sont multipliés et souvent croisés. Aussi Linné avait parfaitement senti cette vérité lorsqu'il dit que les familles ne peuvent être placées les unes à la suite des autres, mais disposées comme les territoires ou provinces dans une carte géographique, qui se touchent entre eux par un très-grand nombre de points.

Mais comme une pareille disposition ne peut être adoptée dans la pratique , il a fallu avoir recours à une classification quelconque , et c'est ici que s'est introduite une partie systématique jusque dans la Méthode naturelle. On a cherché à réunir les familles en classes , comme on avait réuni les genres pour en former des familles. Ici se présentent deux voies ; l'une, suivie par Jussieu, consiste à s'élever de l'organisation la plus simple à la plus compliquée , c'est-à-dire de commencer la série des familles par les Byssus et autres Végétaux filamenteux à peine organisés, pour arriver graduellement jusqu'à ceux dont la structure est la plus complexe. Dans l'autre on part, avec De Candolle , des Végétaux les plus complets, et par conséquent les mieux connus, pour descendre par une succession presque non interrompue jusqu'à ces Végétaux d'une organisation simple , qui forment en quelque sorte le passage aux autres règnes. Quelle que soit celle de ces deux routes pour laquelle on se décide, il s'agit d'établir des classes ou divisions pour y grouper les familles. Or, on conçoit que les caractères de ces classes doivent être pris parmi les plus fixes et les plus importans.

Le célèbre auteur du *Genera Plantarum* a adopté la classification suivante : Les caractères des classes ont été pris successivement dans les organes les plus importans. Or, nous avons dit que c'était en première ligne la structure de l'embryon, et ensuite la position relative des organes sexuels entre eux , c'est-à-dire leur insertion (*V*. Insertion). Les Végétaux ont donc d'abord été divisés en trois grands embranchemens, suivant qu'ils manquent d'embryon , suivant que leur embryon offre un seul , ou suivant qu'il offre deux cotylédons. Les premiers ont reçu le nom d'*Acotylédonés* , parce que n'ayant pas d'embryon , ils sont nécessairement sans cotylédons ; les seconds , celui de *Monocotylédonés* , et

enfin les derniers celui de *Dicotylédonés*. On a donc d'abord réuni les familles dans ces trois grandes divisions primordiales. La seconde série de caractères , celle qui sert vraiment à établir les classes proprement dites, est fondée sur l'insertion relative des étamines ou de la corolle, toutes les fois qu'elle est monopétale et qu'elle porte les étamines. Or, on sait qu'il y a trois modes principaux d'insertion, l'*Hypogynique*, la *Périgynique* et l'*Epigynique*. Ils ont servi à former autant de classes.

Les Acotylédons, qui sont non-seulement sans embryon, mais sans fleurs et sans organes sexuels proprement dits , n'ont pu être divisés d'après cette considération. On en a formé la première classe. Les Monocotylédons ont été divisés en trois classes, d'après leur insertion , et l'on a eu les Monocotylédons hypogynes , les Monocotylédons périgynes et les Monocotylédons épigynes.

Les familles de Plantes dicotylédones étant beaucoup plus nombreuses , on a dû chercher à y multiplier le nombre des divisions ; car dans tout système , plus le nombre des divisions est grand , plus son utilité et sa facilité augmentent dans la pratique. Or, nous avons vu que dans l'ordre d'importance des organes, la corolle, considérée en tant que monopétale, polypétale ou nulle, était , après l'embryon et l'insertion, l'organe qui fournissait les caractères de la plus grande valeur ; c'est donc à la corolle que Jussieu a emprunté une nouvelle source de caractères classiques. En examinant les familles de Plantes dicotylédones , on en trouve un certain nombre qui sont entièrement privées de corolle, c'est-à-dire qui n'ont qu'un périanthe simple ou calice ; d'autres qui ont leur corolle d'une seule pièce ou monopétale , d'autres enfin qui offrent une corolle polypétale. On a donc formé parmi les Dicotylédones trois groupes secondaires, savoir : les *Dicotylédones apétales* ou sans corolle ; les *Dicotylédones monopétales*, et les *Dicoty-*

CLEF

DE LA MÉTHODE DES FAMILLES NATURELLES

D'ANTOINE-LAURENT DE JUSSIEU.

CLASSES.

PLANTES.

- ACOTYLÉDONÉES. . . . . 1. ACOTYLÉDONIE.
- MONOCOTYLÉDONÉES . . . .
  - Étamines hypogynes. . . . . 2. MONOHYPOGYNIE.
  - —— périgynes. . . . . 3. MONOPÉRIGYNIE.
  - —— épigynes. . . . . 4. MONOÉPIGYNIE.
- DICOTYLÉDONÉES. .
  - APÉTALES. . . . .
    - Étamines épigynes. . . . . 5. ÉPISTAMINIE.
    - —— périgynes. . . . . 6. PÉRISTAMINIE.
    - —— hypogynes . . . . 7. HYPOSTAMINIE.
  - MONOPÉTALES. .
    - Corolle hypogyne. . . . . 8. HYPOCOROLLIE.
    - —— périgyne. . . . . 9. PERICOROLLIE.
    - —— Épigyne : ÉPICOROLLIE. . . { Anthères réunies. . 10. SYNANTHÉRIE.
      - Distinctes. 11. CORISANTHÉRIE.
  - POLYPÉTALES. .
    - Étamines épigynes. . . . . 12. ÉPIPÉTALIE.
    - —— périgynes. . . . . 13. PÉRIPÉTALIE.
    - —— hypogynes. . . . . 14. HYPOPÉTALIE.
  - DICLINES. . . . . 15. DICLINIE.

TABLEAU

D'UNE NOUVELLE CLASSIFICATION DES FAMILLES NATURELLES DU RÈGNE VÉGÉTAL.

CLASSES

PLANTES. . . .

- ACOTYLÉDONÉES. . . . . 1. ACOTYLÉDONIE.
- MONOCOTYLÉDONÉES. . . . .
  - Ovaire libre. . . . 2. MONO-ÉLEUTROGYNIE.
  - —— adhérent. 3. MONO-SYMPHYSOGYNIE.
- DYCOTYLÉDONÉES. . .
  - APÉTALES. . . . . .
    - Ovaire adhérent. 4. APÉTALIE-SYMPHYSOGYNIE.
    - —— libre. . . . 5. APÉTALIE-ÉLEUTROGYNIE.
  - MONOPÉTALES. . .
    - Ovaire libre. . . . 6. MONOPÉTALIE-ÉLEUTROGYNIE.
    - —— adhérent. 7. MONOPÉTALIE-SYMPHYSOGYNIE.
  - POLYPÉTALES. . . .
    - Ovaire adhérent. 8. POLYPÉTALIE-SYMPHYSOGYNIE.
    - —— libre. . . . 9. POLYPÉTALIE-ÉLEUTHROGYNIE.

lédones polypétales. C'est alors qu'on a employé l'insertion pour diviser chacun de ces groupes en classes. Ainsi on a partagé les Dicotylédones apétales en trois classes, savoir : les Apétales épigynes, les Apétales périgynes et les Apétales hypogynes. Quant aux Dicotylédones monopétales, on a eu recours non pas à l'insertion immédiate des étamines qui sont toujours attachées à la corolle, mais à celle de la corolle staminifère qui offre les trois modes particuliers d'insertion hypogynique, périgynique et épigynique, et l'on a eu ainsi les Monopétales hypogynes, les Monopétales périgynes et les Monopétales épigynes. Ces dernières ont été subdivisées en deux classes, suivant qu'elles ont les anthères soudées entre elles et formant un tube, ou suivant que ces anthères sont libres et distinctes, ce qui a fait quatre classes pour les Dicotylédones monopétales. Les Dicotylédones polypétales ont été partagées en trois classes, qui sont les Dicotylédones polypétales épigynes, les Polypétales périgynes et les Polypétales hypogynes. Enfin on a formé une dernière classe pour les Plantes dicotylédones à fleurs véritablement unisexuées et déclines. Jussieu est donc ainsi arrivé à la formation de quinze classes, savoir : une pour les Acotylédons, trois pour les Monocotylédons, et onze pour les Dicotylédons. Il n'avait d'abord pas donné de nom à ces classes, mais plus tard il a senti la nécessité de pouvoir désigner chacune d'elles par un nom simple, et il les a désignées ainsi qu'on va le voir dans le tableau ci-joint (n° I).

Toutes les familles connues ont ensuite été rangées dans chacune de ces classes, mais elles n'y ont pas été placées au hasard. Commençant les Acotylédones par la famille des Champignons où l'organisation est la plus simple, et la famille des Champignons par le genre *Mucor*, qui ne consiste qu'en de petits filamens, l'auteur du *Genera*, suivant comme pas à pas la marche même de la création, s'est graduellement élevé du plus simple au plus composé, et chaque genre, chaque famille ont été placés de manière qu'ils soient précédés et suivis de ceux avec lesquels ils avaient le plus de rapports. C'est en suivant cette marche que l'on a cherché à conserver l'ordre des affinités entre les genres et les familles, autant que le permet la disposition en série linéaire. Telle est la classification des familles naturelles, ainsi qu'elle a été présentée par l'illustre fondateur de cette Méthode. Depuis, quelques autres botanistes y ont apporté quelques modifications qui n'en ont pas changé l'esprit. Ainsi, le professeur Richard, qui avait fait une étude si approfondie de la graine et du fruit, ayant remarqué que la division des Plantes, d'après le nombre des cotylédons, offrait un assez grand nombre d'exceptions, puisque 1° quelques-unes en avaient trois, quatre, cinq et même douze; 2° que les cotylédons étaient quelquefois soudés entre eux, de sorte qu'une Plante bien réellement dicotylédone ne paraissait avoir qu'un cotylédon ou même en manquer totalement, avait proposé une division primaire des Végétaux, d'après la radicule. Cet organe en effet peut offrir des caractères de premier ordre, au moins aussi constans que ceux que l'on tire du corps cotylédonaire. Ainsi la radicule manque dans toutes les Plantes sans embryon, et dans les Plantes embryonnées, elle est tantôt nue, tantôt renfermée dans une poche ou coléorhize, et tantôt soudée entièrement par sa base avec l'endosperme. De-là la répartition des familles en quatre grandes sections : les *Arhizes*, ou Végétaux dépourvus d'embryon et par conséquent de radicule ; les *Endorhizes* ou ceux qui ont la radicule intérieure, c'est-à-dire enveloppée par une coléorhize qu'elle est obligée de percer pour se développer; les *Exorhizes* qui ont la radicule extérieure et nue; et les *Synorhyzes* dont la radicule est soudée par son extrémité avec l'endosperme. *V*. Embryon.

Le professeur De Candolle, ainsi que nous l'avons dit précédemment, a suivi une marche inverse de celle qu'avait tenue Jussieu. Au lieu de partir des Végétaux les plus simples, et de commencer la série des familles par les Cryptogames, il a cru devoir partir de ceux dont l'organisation est la plus complète, c'est-à-dire des familles qui ont le plus grand nombre d'organes, et ces organes distincts les uns des autres, et descendre ainsi successivement jusqu'à celles dont l'organisation est la plus simple. En suivant cette marche, on voit graduellement les Végétaux perdre quelques-unes de leurs parties jusqu'à ce qu'on arrive à ces *Lepra* et à ces *Mucor* qui sont en quelque sorte les premières formes de la matière organisée en Végétaux. Ainsi, le professeur de Genève commence sa série par les familles dicotylédones polypétales qui ont les étamines attachées au réceptacle, et qu'il nomme *Thalamiflores*; il passe ensuite aux *Calyciflores* ou Polypétales à étamines attachées au calice; puis aux *Corolliflores* ou Monopétales, et aux *Monochlamydées* ou Apétales; ensuite viennent les Monocotylédons ou Endogènes, e il termine par les Végétaux cellulaires.

On avait reproché à la Méthode de Jussieu que les caractères des classes tirées de l'insertion relative des étamines ou de la corolle, étaient non-seulement d'une vérification très-difficile dans la pratique, mais qu'ils offraient même un assez grand nombre d'exceptions dans des familles naturelles. C'est pour cette raison que dans notre *Botanique médicale* nous avons proposé de tirer les caractères des classes de l'adhérence ou de la non-adhérence de l'ovaire avec le tube du calice, et nous avions formé le tableau ci-joint (n° II).

Ainsi, la première classe s'appelait Acotylédonie, la seconde Mono-Eleuthérogynie, la troisième Mono-Symphysogynie, la quatrième Apétalie Symphysogynie, la cinquième Apétalie Eleuthérogynie, etc. Cette classification a sur celle fondée sur l'insertion, le seul avantage d'être plus facile dans l'usage, en ce qu'il est, sans contredit, toujours aisé de déterminer si une Plante a ou n'a pas l'ovaire infère. Mais elle offre aussi quelques exceptions dans la pratique, en ce qu'il existe des familles extrêmement naturelles, qui offrent à la fois ces deux modifications de l'ovaire libre et infère; telles sont les Mélastomacées, les Saxifragées, etc.

Au reste, et nous le répétons, il est impossible dans une série linéaire, la seule que nous puissions suivre dans nos livres, de conserver toutes les affinités naturelles de Plantes, parce que ces affinités sont souvent très-multipliées et croisées, et que des familles appartenant à des classes différentes peuvent avoir entre elles de grands rapports, bien qu'elles soient éloignées l'une de l'autre. C'est un inconvénient attaché à toutes nos méthodes de classification, que nous ne pouvons pas détruire complétement, mais auquel nous remédions en partie en indiquant à la fin de chaque famille les rapports même éloignés qu'elle offre avec les autres groupes naturels du Règne Végétal. Ceci posé, peu importe ensuite le point de départ, il faut toujours en choisir un; ainsi, on peut aussi bien partir des Renonculacées, par où commence De Candolle, que des Champignons. Ce qui est vraiment important, quel que soit l'ordre qu'on adopte, c'est de suivre dans la disposition des familles les rapports et les affinités qu'elles ont les unes avec les autres, et sous ce point de vue on est quelquefois obligé de déroger aux caractères des classes, et de rapprocher entre elles des familles qui, dans l'ordre rigoureux de la classification, appartiendraient à deux classes différentes. C'est ainsi que les Alismacées doivent être placées auprès des Hydrocharidées, les Asparaginées auprès des Dioscorées, quoique dans les Alismacées et les Asparaginées l'insertion soit périgynique, tandis qu'elle est épigynique dans les deux autres familles. Dans son état actuel, la classification des familles naturelles est loin d'être parfaite. Il reste encore beaucoup à faire pour perfectionner plusieurs de ses parties; mais l'élan est donné. Les botanistes de toutes les nations ont senti la supériorité de cette Méthode, la seule qui repose sur des principes vraiment philosophiques et naturels. Tous se rallient sous la bannière de la *Botanique française*, comme, à la fin du dernier siècle, les chimistes proclamèrent les principes de la chimie de Lavoisier. Que ne doit-on pas espérer pour les progrès futurs de la science du concours de tous les hommes qui cultivent aujourd'hui la science des Végétaux?   (A. R.)

MÉTHONIQUE. *Methonica.* BOT. PHAN. La Plante sur laquelle ce genre a été fondé par Tournefort, est sans contredit une des plus belles de la nature. Les noms emphatiques que les voyageurs et même les botanistes lui ont imposés, prouvent combien elle a excité leur admiration. Linné changea son nom générique en celui de *Gloriosa*, auquel il ajouta le mot *superba* comme nom spécifique. Mais Jussieu (*Genera Plant.*, p. 48) lui restitua son nom de *Methonica* sous lequel Hermann et Plukenet l'avaient anciennement décrite et figurée. En effet, l'un des deux mots substitués par Linné ne pouvait être admis; car, d'après les principes établis par ce grand naturaliste lui-même, un nom générique ne devait pas être formé par un adjectif. Rhéede (*Hort. Malab.*, 7, p. 107, t. 57) en a donné une bonne figure, sous le nom de *Mendoni*. Enfin le professeur Desfontaines a publié sur cette Plante une notice complète insérée dans le premier volume des Annales du Muséum d'Histoire Naturelle.

La MÉTHONIQUE SUPERBE, *Methonica superba*, Desf., *loc. cit.*, Redouté, Liliacées, tab. 26, vulgairement Superbe de Malabar, appartient à la famille des Liliacées et à l'Hexandrie Monogynie, L. Sa racine est ferme, charnue, souvent bosselée, de la grosseur du pouce, courbée à sa partie supérieure. De cette courbure naît une tige cylindrique, lisse, faible, presque sarmenteuse, de la grosseur d'une plume à écrire et de la longueur d'environ deux mètres. Vers sa partie moyenne, cette tige émet un, deux ou trois rameaux opposés et pendans. Ses feuilles sont alternes et éparses, à l'exception de celles qui naissent sous les branches et qui sont comme elles géminées ou ternées. Elles sont étalées, sessiles, lancéolées, lisses, très-entières, marquées de nervures longitudinales parallèles qui se réunissent pour former une vrille courte, roulée en dessous et accrochante. Les fleurs sont solitaires au sommet des pédoncules qui naissent à côté des feuilles, dans la partie supérieure de la tige. Ces pédoncules sont cylindriques, nus, horizontaux et longs à peu près de deux centimètres. Le bouton de la fleur est hexagonal et d'une couleur verdâtre. La fleur épanouie offre d'abord un périanthe corolloïde, partagé en six divisions très-profondes, lancéolées, aiguës, ondées, crépues sur les bords, relevées vers le ciel, rapprochées au sommet, canaliculées, jaunes depuis le milieu jusqu'à la base où l'on remarque une petite protubérance longitudinale, d'un rouge de sang dans tout le reste de sa longueur. Au bout de quelques jours, la couleur jaune disparaît, et les divisions du périanthe se teignent uniformément de cette belle couleur sanguine qui, lors de l'anthèse, n'affectait que leur extrémité. Les étamines, au nombre de six, sont un peu moins longues que le périanthe; elles ont des anthères pleines d'un pollen jaune, linéaires, mobiles, attachées par leur milieu à des filets cylindriques et divergens sur un même plan horizontal. Le style filiforme, de la longueur des étamines, surmonté de trois stigmates grêles, est d'abord horizontal, puis relevé obliquement, de manière à former un angle aigu avec l'ovaire. Celui-ci n'adhère point au périanthe; il est vert, lisse, ovale, obtus, à trois

angles arrondis, marqué de six sillons, dont trois sont plus profonds.
La capsule est coriace, ovale, allongée, à valves marquées chacune
d'un sillon longitudinal, et à trois
loges renfermant chacune deux rangées de graines rouges, rondes, avec
une petite éminence près de l'ombilic.

Cette belle Plante croît naturellement sur la côte du Malabar, où,
selon Rhéede, les habitans la cultivent pour l'ornement de leurs jardins
et parce qu'ils lui attribuent des propriétés superstitieuses. Dans nos climats, on est forcé de la conserver
dans la serre chaude, et même il est
assez rare de l'y voir donner des
fleurs. Après la floraison qui a lieu
en été, on enlève les racines hors de
terre pour les replanter au printemps
suivant. (G. N.)

MÉTHOQUE. *Methoca.* INS. Genre
de l'ordre des Hyménoptères, section
des Porte-Aiguillons, famille des Hé-
térogynes, tribu des Mutillaires,
établi par Latreille et ayant pour caractères : mandibules bidentées; palpes maxillaires aussi longs au moins
que les mâchoires, composés de six
articles, les labiaux n'en ayant que
quatre. Antennes plus longues que la
tête avec le second article découvert
et point reçu dans le premier. Dessus
du corselet comme noueux et articulé.
Ce genre se distingue des Myrmo-
ses et des Sclérodermes par des caractères tirés de la forme du corselet qui n'a que des divisions peu marquées en dessus. Les Myrmécodes en
sont séparées par leurs palpes maxillaires beaucoup plus courts que les
mâchoires, et par le second article
des antennes qui est reçu dans le premier et caché. Les Méthoques sont
de petits Insectes dont les femelles
sont aptères et ressemblent à des Mu-
tilles, mais elles en sont distinguées
par leur corselet noueux. On n'en
connaît que deux espèces appartenant
au midi de la France.

La MÉTHOQUE ICHNEUMONIDE, *Methoca ichneumonides*, Latr., *Mutilla
formicaria*, Jurine (Hyménopt., pl.

13). Elle a environ trois lignes de
long; son corps est noir, luisant,
avec le corselet d'un rouge fauve. (G.)

MÉTIS. ZOOL. BOT. Ce mot signifie
proprement, qui naît de l'union de
deux espèces différentes. *V.* HYBRIDE
et HYBRIDITÉ. (B.)

METNAM. BOT. PHAN. (Forskahl.)
Syn. de *Passerina hirsuta*, L. (B.)

MÉTOPIE. *Metopia.* INS. Genre
de l'ordre des Diptères, famille des
Athéricères, tribu des Muscides, établi par Meigen et ayant pour caractères : cuillerons grands, couvrant la
majeure partie des balanciers; ailes
élevées; antennes guère plus longues
que la moitié de la face antérieure de
la tête, contiguës à leur naissance et
terminées par une palette oblongue.
Ce genre se distingue de celui de Pha-
sie par les antennes qui, dans ce dernier, sont écartées à leur naissance,
et par d'autres caractères tirés de la
forme du corps et des ailes. Les Lispes en sont distingués par le port des
ailes; enfin les Achias ont les côtés
de la tête prolongés en cornes et portant les yeux. Les antennes des Mé-
topies sont composées de trois articles
dont le dernier est en palette, très-
grand, oblong et portant à sa base
une soie simple, longue et subulée.
Les palpes sont filiformes. Ces Diptères ont trois yeux lisses très-petits
et très-rapprochés, placés en triangle sur le vertex. On les trouve dans
les bois, voltigeant sur les feuilles;
ils se font remarquer par la couleur
argentée très-brillante de la partie
antérieure de leur tête; nous ne connaissons pas leurs métamorphoses. Ce
genre renferme deux espèces, dont
la principale est :

La MÉTOPIE A LÈVRES, *Metopia
labiata*, Meig., Latr.; *Musca labiata*,
Fabr. Sa tête est entièrement argentée, à l'exception du vertex; ses balanciers sont blanchâtres. Le corps
est chargé de grands poils assez roides, au travers desquels on aperçoit,
surtout sur l'abdomen, un duvet très-
court et fort brillant, qui a, dans

quelques endroits et sous certain aspect, un reflet argentin. Cette espèce est commune aux environs de Paris.   (G.)

METOPIUM. BOT. PHAN. La Plante de la Jamaïque sur laquelle P. Browne avait constitué le genre *Metopium*, a été réunie au genre *Rhus* par Linné. De Candolle (*Prodrom. Syst. Veget. Nat.*, 2, p. 67) en a fait une section caractérisée par ses fleurs hermaphrodites, sa drupe ovale, sèche, glabre, à noyau très-grand et crustacé. Le *Rhus Metopium*, L., a des feuilles composées de deux paires de folioles avec une impaire; celles-ci sont ovales, pétiolées et très-entières. On en retire une substance résineuse nommée *Doctor-Gum* par les colons de la Jamaïque.   (G..N.)

*METOPIUS. INS. Genre de l'ordre des Hyménoptères, établi par Panzer aux dépens des Ichneumons, et n'en différant que par des caractères très-secondaires. *V*. ICHNEUMON et ICHNEUMONIDES. Il ne faut pas confondre ce genre avec le *Metopia*, de l'ordre des Diptères.   (G.)

* MÉTRIQUES (CAILLOUX). GÉOL. Brongniart, dans son Mémoire sur les terrains calcaréo-trapéens du Vicentin, propose d'employer des épithètes déterminées pour indiquer d'une manière précise les diverses dimensions des Cailloux arrondis dont sont composés les Pouddings. D'après ce géologue, on devrait les désigner ainsi en raison de leur volume : Cailloux métriques, ceux dont le diamètre est d'environ un mètre; bimétriques, diamètre de deux mètres; gigantesques, diamètre au-dessus de deux mètres; péponaires, de la grosseur d'un potiron ; céphalaires, de la grosseur de la tête d'un Homme ; pugillaires, de la grosseur du poing; ovulaires, de la grosseur d'un œuf de poule ; avellanaires, de la grosseur d'une noisette; pisaires, de la grosseur d'un pois. Cette nomenclature rationnelle n'est malheureusement pas toujours facile à employer dans les descrip-

tions, lorsque les mêmes dépôts et les mêmes couches renferment des Pouddings à Cailloux d'un volume très-différent, entre lesquels on trouve toutes les nuances intermédiaires ; car, dans ce cas, des expressions d'un sens trop précis pourraient donner des idées inexactes sans éviter l'emploi du langage ordinaire. *V*. POUDDING et ROCHE.   (C. P.)

METROCYNIA. BOT. PHAN. Genre de la famille des Légumineuses et de la Décandrie Monogynie, L., établi par Du Petit-Thouars (*Nov. Gener. Madagasc.*, n° 76) qui lui a donné pour caractère essentiel : un calice dont le tube est campanulé, le limbe à cinq divisions longues, réfléchies et colorées; cinq pétales droits; dix étamines dont les anthères sont insérées au sommet des filets hérissés; style de la longueur des étamines; gousse courte presque réniforme, monosperme, verruqueuse ou plissée. Ce genre est, d'après son auteur, voisin du *Schotia* et du *Cynometra*. De Candolle (*Prodrom. Syst. Veget. Nat.*, 2, p. 507) l'a placé dans la tribu des Cassiées, et a décrit l'unique espèce dont il se compose, sous le nom de *Metrocynia Commersonii*. C'est un Arbrisseau indigène de Madagascar, à feuilles composées de deux paires de folioles, l'une située à la base, l'autre au sommet du pétiole; ces folioles sont coriaces, elliptiques, obovales ou échancrées. Les fleurs sont disposées en épis serrés.   (G..N.)

*MÉTRODORE. *Metrodorea*. BOT. PHAN. Genre de la famille des Rutacées, établi par Auguste de Saint-Hilaire dans sa Flore du Brésil, et qui présente : un calice quinquéfide; cinq pétales beaucoup plus longs et étalés ; cinq étamines très-courtes, dont les filets subulés et chargés d'anthères cordiformes se réfléchissent en dehors. L'ovaire semble porter les étamines, parce que le disque sur lequel elles s'insèrent, l'entoure et s'épanche sur toute sa surface. Ainsi confondus, ces organes forment une masse tuberculeuse à l'extérieur, creusée à l'intérieur de cinq loges qui renferment chacune suspendus à l'angle interne deux ovules juxta-posés. L'ovaire est partagé supérieurement en cinq lobes, du milieu desquels part un style court, dilaté à son sommet en un stigmate obtus. Le fruit n'a pas été observé. Ce genre ne renferme jusqu'ici qu'une seule espèce trouvée au Brésil sous les tropiques. C'est un Arbrisseau à feuilles opposées et composées de deux folioles, ou plus fréquemment d'une seule, entière et parsemée de points glanduleux transparens. Le pétiole qui les porte se dilate à sa base en deux appendices latérales, prolongées à leur sommet en une pointe libre, et formant par leur ensemble une surface concave. Cette surface, appliquée contre celle du pétiole opposé, forme une cavité qui cache et protége pendant un certain temps le bourgeon terminal. Les fleurs d'un pourpre noirâtre sont petites et marquées de points glanduleux, accompagnés de bractées et disposés en panicules terminales ou latérales. Dans quelques-unes, on trouve le nombre des parties de quatre seulement. *V.* Aug. Saint-Hil., *Flor. Brasil.*, vol. 1, p. 81, tab. 16. (A. D. J.)

MÉTROSIDÉROS. BOT. PHAN. Ce nom, employé d'abord par Rumph pour désigner plusieurs Arbres du Malabar qui rentrent pour la plupart dans le genre *Mimusops* de Linné, a été ensuite transporté par Banks et Solander à un genre de Plantes de la famille des Myrtacées et de l'Icosandrie Monogynie, L., qui a été adopté par tous les botanistes modernes, et présente les caractères suivans : le calice est turbiné, adhérent par sa base avec l'ovaire infère évasé dans sa partie supérieure qui se termine par un limbe à cinq divisions courtes ; toute la face interne du calice est tapissée d'un disque pariétal qui forme un petit bourrelet annulaire à son sommet ; la corolle se compose de cinq pétales assez petits et étalés ; les étamines sont fort nombreuses, lon-

gues, saillantes, à filamens distincts ; l'ovaire offre de trois à quatre loges, contenant un très-grand nombre d'ovules fort petits, attachés à un trophosperme saillant de l'angle interne ; le style est simple, terminé par un stigmate discoïde, déprimé et également simple. Le fruit est une capsule couronnée par le calice qui est comme tronqué à son sommet, et qui est devenu ligneux ; elle offre ordinairement trois loges s'ouvrant en trois valves septifères par leur côté interne, et contenant un très-grand nombre de graines excessivement petites.

Les espèces de ce genre sont nombreuses et presque toutes originaires de la Nouvelle-Hollande : ce sont en général des Arbres ou des Arbrisseaux fort élégans dans leur port et remarquables par l'extrême dureté de leur bois ; leurs feuilles persistantes, entières, sont alternes ou opposées, entières, lancéolées ou subulées, parsemées de points glanduleux, ainsi que presque toutes les autres parties du Végétal. Les fleurs sont bien plus remarquables par la longueur et souvent les couleurs très-vives de leurs étamines que par leur corolle ; elles sont quelquefois solitaires, mais assez souvent réunies en capitules ou en épis cylindriques plus ou moins allongés et surmontés quelquefois d'une touffe de feuilles. Un grand nombre de ces espèces sont cultivées dans nos jardins. Sous le climat de Paris elles doivent être rentrées l'hiver dans la serre tempérée ; mais dans les provinces méridionales elles peuvent être cultivées en pleine terre. Nous décrirons ici les espèces qu'on rencontre le plus souvent dans les jardins, en les divisant en deux sections, suivant que leurs feuilles sont alternes ou éparses, ou suivant que ces feuilles sont opposées.

† Feuilles alternes ou éparses.

MÉTROSIDÉROS A PANACHES, *Metrosideros Lophanta*, Vent., Jard. de Cels, t. 69. Cette espèce est celle que l'on voit le plus fréquemment dans les jardins où elle forme un Arbuste de six à dix pieds de hauteur; ses rameaux sont effilés et souvent pendans ; ses feuilles très-rapprochées , lancéolées , entières , glabres, ponctuées, longues d'environ trois pouces, larges de quatre à cinq lignes, quelquefois légèrement soyeuses à leur face inférieure ; les fleurs sont disposées en un épi dense et cylindrique au sommet des rameaux; leurs étamines, longues et d'un beau rouge ponceau, constituent une sorte de plumet extrêmement élégant : les calices et même les pétales sont velus et soyeux extérieurement; assez souvent les épis de fleurs sont surmontés par un jeune rameau qui ne tarde pas à s'allonger. Cette espèce est originaire de la Nouvelle-Hollande.

MÉTROSIDÉROS A FEUILLES DE SAULE, *Metrosideros Saligna* , Vent., Jard. de Cels , t. 70. Cette espèce a beaucoup de ressemblance avec celle qui précède et dans son port et dans ses caractères : elle forme un Arbuste de cinq à six pieds d'élévation, très-glabre dans toutes ses parties ; ses feuilles sont plus étroites et plus lancéolées , surtout à leur partie supérieure qui est très-allongée; ses fleurs sont un peu plus petites ; ses calices et ses pétales entièrement glabres ; ses étamines sont blanchâtres. Elle vient également de la Nouvelle-Hollande.

MÉTROSIDÉROS GLAUQUE, *Metrosideros glauca*, Bonpl. , Pl. Nav. , p. 86, t. 34. Cette espèce nouvelle , décrite et figurée pour la première fois par Bonpland , est sans contredit la plus belle du genre : elle forme un Arbuste de six à douze pieds de hauteur ; ses rameaux sont dressés ; ses feuilles éparses, glauques , lancéolées , glabres : ses fleurs sont rouges ponceau , beaucoup plus grandes que dans le *Metrosideros Lophanta*, mais disposées de la même manière. Elle vient de la Nouvelle-Hollande.

MÉTROSIDÉROS PALE, *Metrosideros vallida*, Bonpl. , Pl. Navar. , p. 101, t. 41. Cette espèce est pâle et glauque dans toutes ses parties; sa tige est haute de quatre à six pieds ; ses feuil-

les alternes , éloignées , lancéolées , entières, glabres , coriaces ; ses fleurs disposées en épis cylindriques comme dans les espèces précédentes , ayant ses étamines d'un jaune pâle. Elle diffère du *Metrosideros Saligna*, dont elle se rapproche beaucoup, par ses feuilles moins lancéolées et ses fleurs moins grandes. Nouvelle-Hollande.

MÉTROSIDÉROS A FEUILLES DE CORIS, *Metrosideros coridifolia*, Vent., Jard. Malmais. , t. 46. Cette espèce, originaire de la Nouvelle-Hollande , est extrêmement commune dans les jardins ; elle y constitue un Arbuste de quatre à six pieds de hauteur, très-rameux , ayant ses feuilles alternes et éparses, très-rapprochées , courtes , étroites et linéaires, ponctuées ; ses fleurs sont blanches, axillaires, solitaires ou réunies au nombre de trois à quatre seulement ; le calice est glabre et ponctué; les pétales sont très-courts , arrondis et blancs.

†† Feuilles opposées.

MÉTROSIDÉROS A FEUILLES LINÉAIRES, *Metrosideros linearis* , Smith. Grand Arbuste originaire du port Jackson , ayant ses rameaux dressés ; ses feuilles opposées , roides , linéaires, à bords recourbés en dessous, longues de trois à quatre pouces , larges seulement d'une ligne ; ses fleurs sont très-grandes, verdâtres, formant un épi cylindrique très-dense, couronné par une touffe de jeunes feuilles ; les calices sont velus et soyeux.

MÉTROSIDÉROS ANOMAL, *Metrosideros anomala*, Vent. , Jard. Malm., t. 5; *Angophora cordifolia*, Cavan., Ic. rar., 4, t. 338; *Metrosideros hispida*, Smith, Exot. Bot., 4. Petit Arbuste de trois à quatre pieds de hauteur, ayant sa tige très-rameuse, hérissée à sa partie supérieure ; les feuilles sont opposées, sessiles, cordiformes , allongées, obtuses, coriaces , un peu rudes au toucher; les fleurs sont d'un blanc jaunâtre, solitaires ou réunies plusieurs ensemble au sommet des rameaux.

Outre les espèces que nous venons

de décrire, on en cultive encore plusieurs autres dans les jardins ; toutes demandent à être placées dans la terre de bruyère, et doivent être rentrées dans l'orangerie pendant l'hiver ; cependant on peut les cultiver en pleine terre dans le midi de la France. On les multiplie soit de graines, soit de marcottes. (A. R.)

* METROXYLON. bot. phan. Le genre de Palmiers établi sous ce nom par Rottboell (*in Kœnig. Ann. bot.*, 1, t. 1), est réuni par Martius au *Sagus* de Rumph et de Gaertner. *V.* ce mot. (G..N.)

* METZGERIA. bot. crypt. (Raddi.) *V.* Jungermanne.

MEULIÈRE (Pierre). min. *V.* Quartz et Silex.

MEUM. bot. phan. Tournefort avait institué ce genre qui appartient à la famille des Ombellifères et à la Pentandrie Digynie ; mais Linné le réunit d'abord aux Athamantkes ; il fut transporté ensuite parmi les *Æthusa* et les *Ligusticum*. Rétabli par Jacquin, Gaertner et Sprengel, il présente les caractères suivans : ombelle composée ; involucre général quelquefois nul, plus souvent formé d'une à cinq folioles étroites ; involucres partiels composés de folioles linéaires, en petit nombre et souvent placées d'un seul côté ; fruits elliptiques, prismatiques, à cinq côtes saillantes, séparées par des intervalles planes.

Le *Meum athamanticum*, Jacq., Austr., 4, t. 303 ; *Athamantha Meum*, L., est une espèce assez commune dans les Alpes, les Pyrénées et les Vosges. Sa tige, un peu rameuse, s'élève ordinairement à la hauteur de trois décimètres ; elle porte des feuilles deux ou trois fois ailées et composées de folioles très-nombreuses, d'un vert foncé ; glabres, courtes et capillaires.

Sprengel réunit à ce genre l'*Æthusa Bunius*, L. ; le *Phellandrium Mutellina*, L. ; le *Fœniculum vulgare* de Gaertner, ou *Anethum Fœniculum*,

L. ; et le *Sison inundatum*, L. La réunion de ces Ombellifères, dont chacune a fait successivement partie de plusieurs genres différens, n'est pas généralement admise ; ainsi, malgré l'analogie du port, on a suffisamment considéré le *Fœniculum* comme un genre distinct. Le *Sison inundatum*, L., nous paraît aussi devoir être éloigné des *Meum*, car il ne s'en rapproche que par le fruit, et si l'on ne considère que ce seul caractère on devra réunir beaucoup d'autres Ombellifères qui n'ont d'ailleurs entre elles presque aucune ressemblance. (G..N.)

MEUNIER. zool. Espèce d'Able. On donne aussi ce nom au Chabot commun, *Cottus Gobio*, L. On a encore appelé ainsi parmi les Oiseaux le Corbeau mantelé et un Perroquet. Chez les Insectes ce nom a été donné à plusieurs Coléoptères, tels que le mâle des Hannetons, le Foulon, enfin le Ténébrion dont la larve, se nourrissant de farine, est fort recherchée pour la pâture des Rossignols. (B.)

MEUNIÈRE. ois. Syn. vulgaire de Mésange à longue queue. On donne aussi ce nom en différentes provinces à la Corneille mantelée. *V.* Mésange et Corbeau. (DR..Z.)

MEYERA. bot. phan. Adanson avait formé sous ce nom un genre particulier pour l'*Holosteum umbellatum* ; mais ce genre n'a pas été adopté. Le même nom a été donné par Schreber à un genre de Synanthérées appelé antérieurement *Enydra* par Loureiro dans sa Flore de la Cochinchine. *V.* Enydre. (A. R.)

MÉZÉRÉON. bot. phan. Espèce du genre Daphné. *V.* ce mot. (B.)

MÉZONEVRON. bot. phan. Genre de la famille des Légumineuses, voisin des Cæsalpinies, établi par le professeur Desfontaines (*Mem. Mus.*, 4, p. 245) qui lui donne les caractères suivans : calice à cinq divisions, quatre supérieures orbiculaires, une inférieure concave, en forme de casque, recouvrant les quatre autres

avant l'épanouissement de la fleur ;
corolle presque régulière, de cinq
pétales arrondis , onguiculés , le supérieur un peu plus petit ; dix étamines déclinées et plus longues que la
corolle, ayant les filets distincts , les
anthères oblongues et à deux loges ;
le style également décliné se termine
par un stigmate arrondi. Le fruit est
une gousse plane , foliacée , oblongue,
rétrécie en pointe à ses deux extrémités , uniloculaire , indébiscente ,
polysperme, portant sur son côté se-
minifère une crête saillante, membraneuse, ondulée; les graines sont
ovoïdes, allongées, lisses. Ce genre
se rapproche du *Cæsalpinia* par beaucoup de caractères , mais il en diffère
essentiellement par son fruit ; il a
aussi des rapports avec l'*Hœmatoxy-
lum*, mais dans ce dernier la gousse
s'ouvre en deux parties. Le professeur Desfontaines a décrit et figuré
deux espèces de ce genre ; l'une, *Mezoneuron glabrum, loc. cit.*, t. 10, est
un Arbre originaire de l'île de Timor,
ayant ses feuilles doublement pari-
pinnées ; ses pinnules opposées , composées d'environ quatorze folioles alternes, elliptiques, obtuses, très-entières et petites ; les pinnules, au
nombre de six à douze paires, sont
opposées et accompagnées à leur base
de deux aiguillons recourbés ; les
fleurs forment une panicule simple et
pyramidale au sommet des rameaux.
La seconde espèce , *Mezoneuron
pubescens*, Desf., *loc. cit.*, t. 11, est
également arborescente et originaire
de Java : ses feuilles bipinnées se
composent de seize ou dix-sept paires
de pinnules opposées, accompagnées
de deux aiguillons crochus ; ses folioles sont opposées et légèrement
pubescentes.   (A. R.)

* **MIANGIS** ou **MYANGIS**. BOT.
PHAN. Du Petit-Thouars (Hist. des
Orchidées des îles d'Afrique) donne
ce nom à une des Plantes de son
genre *Angorchis*, et qui croît dans
l'Ile-de-France. Suivant la nomenclature admise par les botanistes ,
elle doit porter celui d'*Angræcum*

parviflorum. Elle est figurée , *loc.
cit.*, t. 60.   (G..N.)

MIASZITE. MIN. Nom donné au
Calcaire magnésien trouvé par Pallas
aux environs de Miaska en Sibérie
                              (G. DEL.)

MIAULARD , MIAULLE ET
MIAULEUR. OIS. Dénominations
vulgaires des Goélands et des Mouettes. *V.* ce mot.   (DR..Z.)

MIBORA. BOT. PHAN. Ce genre de
la famille des Graminées , établi par
Adanson pour l'*Agrostis minima*, L.,
qui a reçu successivement les noms
de *Knappia, Micagrostis, Sturmia* et
Chamagrostis, a été décrit dans ce
Dictionnaire sous ce dernier nom. *V.*
CHAMAGROSTIDE.   (A. R.)

MICA. MIN. *Glimmer*, Wern.
L'une des substances minérales le plus
abondamment répandues dans la nature, l'une des plus faciles à reconnaître, si l'on se borne aux indications des caractères extérieurs , mais
qu'il est presque impossible de déterminer comme espèce, parce que
les nombreuses variétés de Mica paraissent cacher sous une analogie
d'aspect fort remarquable des différences essentielles de composition et
de structure. Nous les décrirons ici
avec tous les minéralogistes sous le
même nom de Mica , en indiquant
dans le groupe de ces variétés les divisions qu'on a cru y reconnaître,
jusqu'à ce que de nouvelles observations viennent les confirmer , et
rendent indispensable un changement
dans la classification et la nomenclature. Les Micas se présentent presque
toujours en lames ou en feuillets
minces , divisibles en lamelles d'une
grande ténuité, brillantes, flexibles
et élastiques ; fusibles en émail au
chalumeau, et quelquefois à la simple flamme d'une bougie. Leur composition est encore incertaine, et
probablement elle est variable comme la structure cristalline. Elle se
rapporte en général à l'ordre des
doubles silicates; les bases combinées avec la Silice sont : l'Alumine ,
la Potasse , la Magnésie et le tritoxi-

de de Fer. H. Rose a reconnu dans les Micas la présence de l'Acide fluorique, et Peschier de Genève celle de l'Oxide de Titane. D'après les caractères tirés de la cristallisation et de la double réfraction, on peut partager l'ensemble des Micas en trois groupes principaux, qui paraissent encore susceptibles de nouvelles subdivisions.

1er Groupe : Micas à un axe. Ces Micas laissent voir une croix noire, lorsqu'on les regarde avec l'appareil imaginé par Biot, et composé de deux lames croisées de Tourmaline. Ils ont donc un seul axe de double réfraction; aussi leurs formes secondaires paraissent indiquer pour forme primitive le prisme hexaèdre régulier : mais l'intensité de la double réfraction est variable selon les échantillons de diverses localités, ainsi que sa nature qui est attractive dans les uns (Micas verdâtres de la vallée d'Ala), et répulsive dans les autres (Micas verdâtres du Vésuve, Micas volcaniques des bords du Rhin; Mica noir de Sibérie; Mica rouge de Saint-Marcel en Piémont). Tous les Micas à un axe contiennent de la Magnésie. Le Mica noir de Sibérie, analysé par Klaproth, renferme suivant ce chimiste : 42,50 de Silice; 11,50 d'Alumine; 22 d'Oxide de Fer; 9 de Magnésie, et 10 de Potasse. Rose y a trouvé de l'Acide fluorique, et Peschier de l'Oxide de Titane. Les variétés principales de forme et de structure des Micas à un axe, sont : le Mica prismatique, en prismes hexaèdres réguliers, ordinairement lamelliformes et groupés les uns sur les autres; le Mica foliacé, en grandes feuilles, auquel on a donné les noms impropres de Verre, ou de Talc de Moscovie; le Mica écailleux composé de lamelles ou d'écailles, qui se détachent aisément par l'action du doigt.

2e Groupe : Micas à deux axes, ayant pour forme primitive un prisme droit rhomboïdal de 60^d et 120^d. Le plan des deux axes est perpendiculaire à la base du prisme, et passe par sa grande diagonale. Tels sont les Micas du Saint-Gothard, ceux d'Altenberg en Saxe, de Zinnwald en Bohême.

3e Groupe : Micas à deux axes, ayant pour forme primitive un prisme rhomboïdal oblique (Bournon et Soret). Le plan des axes passe par les petites diagonales de ses bases. Tels sont les Micas enfumés de Sibérie, ceux de Brodbo et de Kimito en Finlande; le Mica jaune de Binn, etc. C'est aux Micas à deux axes que se rapportent la plus grande partie des substances qui portent ce nom. Nous ajouterons aux variétés que nous avons citées, les suivantes, sans que nous puissions décider auquel des deux derniers groupes elles se rattachent. Mica argentin de Russie, et d'Arendal en Norwège; Mica de Ueto en Suède; Mica de Couserans, dans les Pyrénées; Mica verdâtre du Mexique; Mica violâtre des Etats-Unis; Mica lépidolithe de Rosena en Moravie. Les Micas à deux axes diffèrent des Micas à un axe, en ce qu'ils ne renferment point de Magnésie. Ils diffèrent entre eux, même ceux d'un même groupe, par l'écartement des axes de double réfraction, qui varie entre 40 et 80 degrés. Les variétés de forme et de structure de ces Micas, sont les suivantes : Mica rhomboïdal, en prismes rhomboïdaux droits ou obliques; le Mica rectangulaire, en prismes rectangles, à base droite ou oblique; le Mica hexagonal à base droite, régulière ou simplement symétrique; le Mica testacé ou hémisphérique, engagé dans une roche granitique à Feldspath rougeâtre, de Dalécarlie en Suède; le Mica lamellaire ou écailleux; le fibreux, palmé ou flabelliforme; enfin le Mica pailleté, en parcelles libres, disséminées dans les sables ou les roches solides, et en petites masses saccaroïdes engagées dans le Granite (Lépidolithe).

Les substances que nous venons de décrire sous le nom de Mica, sont très-abondantes dans le sol primordial. Le Mica fait partie essentielle du Granite, du Gneiss et du Micaschiste ; et c'est à sa disposition en feuillets que les deux dernières roches doivent leur structure schisteuse. Les Schistes talqueux, les roches phylladiformes, qui terminent la série primitive, sont encore formés en grande partie de lamelles de Mica empilées les unes sur les autres. On retrouve aussi ce Minéral dans les dépôts schisteux du sol intermédiaire, connus sous les noms de Phyllades et de Grauwackes; enfin on le rencontre disséminé sous forme de paillettes dans les Grès secondaires, et jusque dans les sables meubles des terrains tertiaires. On trouve aussi le Mica abondamment disséminé en lamelles d'une teinte ordinairement noirâtre dans les différens dépôts d'origine ignée, tels que les Trachytes, les Basaltes et les Laves. On emploie le Mica à différens usages. En Sibérie, on le substitue au verre pour en garnir les fenêtres, et on s'en sert principalement pour le vitrage des vaisseaux; on en fait aussi des lanternes. La poudre d'or ou poudre pour l'écriture, n'est autre chose qu'un sable micacé, dont on se sert pour empêcher l'écriture de s'effacer.

MICA DES PEINTRES. *V.* GRAPHITE et FER CARBURÉ.

MICA VERT. Syn. d'URANITE.

(G. DEL.)

*MICAGROSTIS. BOT. PHAN. (D'Anthoine.) Syn. de *Chamagrostis. V.* ce mot. (A. R.)

* MICAPHYLLITE. MIN. Nom donné par Brunner à l'Andalousite, l'eldspath apyre d'Haüy. (*V.* les Annales de Moll, T. III, p. 294.)

(G. DEL.)

* MICARELLE. MIN. Nom donné par Abildgaard à une variété de Paranthine, d'un blanc métalloïde, semblable au Mica argentin. *V.* PARANTHINE. (G. DEL.)

MICASCHISTE. MIN. *Glimmerschiefer*, Werner. Roche composée, comme le Greisen, de Mica et de Quartz, mais dans laquelle les deux

principes composans ont une disposition différente. Le Quartz y est beaucoup plus rare, et les lamelles de Mica qui forment ses feuillets sont très-étendues, et presque sur le même plan. On en distingue deux variétés principales : le Micaschiste ordinaire, composé de couches successives de Mica et de Quartz grisâtre ; et le Micaschiste phylladiforme, ou à grain fin, que l'on peut confondre aisément avec le Phyllade proprement dit; il est souvent coloré en noir par le carbure de Fer. Les Minéraux que l'on rencontre accidentellement dans cette roche, sont : le Grenat, quelquefois très-abondant, et formant souvent des espèces de nœuds enveloppés de Mica ; la Tourmaline, la Staurotide, la Macle, le Fer carburé et le Fer oxidulé. Le Micaschiste appartient aux terrains anciens, et il est peu de contrées du sol primordial où on ne le rencontre, superposé au Granite ou au Gneiss. Il renferme un assez grand nombre de couches subordonnées et de filons métallifères. (G. DEL.)

MICHAUXIE. *Michauxia.* BOT. PHAN. Ce genre de la famille des Campanulacées, et de l'Octandrie Monogynie, L., avait été nommé *Mindium* par les premiers auteurs qui ont écrit sur la botanique, nom qui fut adopté par Adanson et Jussieu. Néanmoins l'Héritier, dans une monographie de ce genre, changea son nom en celui de *Michauxia*, et cette mutation a été admise par tous les botanistes modernes en mémoire du respectable voyageur botaniste Michaux. Voici ses caractères essentiels : calice à huit découpures réfléchies; corolle campanulée très-grande, à huit divisions; huit étamines; ovaire inférieur surmonté d'un style à huit stigmates; capsule à huit loges polyspermes, couronnée par les découpures du calice. Deux belles Plantes, que l'on cultive dans les jardins de botanique, constituent ce genre.

La MICHAUXIE RUDE, *Michauxia*

campanuloides, l'Hérit., et Lamk., *Illust.*, tab. 295; *Michauxia strigosa*, Pers., est couverte dans toutes ses parties de poils rudes. Sa tige droite herbacée, haute d'environ un mètre, porte des feuilles alternes, variables dans leurs formes; les radicales longuement pétiolées, entières, sinuées ou lobées, les caulinaires inférieures découpées, pinnatifides, les supérieures peu divisées, presque sessiles. Les fleurs sont grandes, blanches, sessiles, penchées et disposées en une sorte de panicule. Cette belle Plante est indigène des vallées du Liban et de quelques autres contrées de l'Orient.

La MICHAUXIE LISSE, *Michauxia lævigata*, Venten., Jard. de Cels, tab. 81, diffère de la précédente par ses feuilles inférieures peu ou point découpées, et hérissées seulement de quelques poils, les autres parties de la Plante étant presqu'entièrement glabres. Ses tiges, un peu plus élevées, portent des feuilles dentées et ciliées. Les feuilles sont éparses et pédonculées. Cette espèce a pour patrie le mont Albour en Perse où elle a été découverte par Bruguière et Olivier.

Le genre *Michauxia* de Necker est le même que le *Leysera* de Linné. *V.* ce mot. (G..N.)

* MICHE. MIN. *V.* ARTOLITHE.

* **MICHELARIA.** BOT. PHAN. Dans ses observations sur les Graminées de la Flore Belgique, B. C. Dumortier a donné ce nouveau nom générique à une Plante que Lejeune avait d'abord décrite, dans la Flore de Spa, sous le nom de *Calotheca bromoidea*, et pour laquelle il avait constitué plus tard le genre *Libertia*. Cette création de noms génériques n'a pas été adoptée, parce que la Plante dont il est question n'est qu'une espèce de *Bromus*, à laquelle Raspail a donné le nom spécifique d'*auriculatus*. *V.* LIBERTIE. (G..N.)

MICHÉLIE. *Michelia*. BOT. PHAN. Linné est le fondateur de ce genre qui appartient à la famille des Magnoliacées, et à la Pentandrie Polygynie.

Adopté par Gaertner et De Candolle, il offre les caractères suivans : calice à trois sépales pétaloïdes, qui tombent après la floraison, ceint d'une bractée spathacée et déhiscente latéralement; pétales au nombre de six à quinze, disposés sur plusieurs rangs, les extérieurs plus grands; étamines nombreuses, plus courtes que les pétales, à anthères linéaires; ovaires nombreux, agrégés et formant une sorte d'épi autour d'un réceptacle ou torus pyramidal; capsules presque bacciformes, déhiscentes par le sommet, bivalves, distantes entre elles, non imbriquées, et contenant environ huit grappes rougeâtres. Ce genre a été nommé *Champaca* par Adanson, du mot *Champac* qui, dans l'Inde-Orientale, désigne en général toutes les espèces de Michélies. Blume, dans un ouvrage récemment publié sur les Plantes du jardin de Buitenzorg, a créé un genre *Manglietia* (*V.* ce mot) qui paraît identique avec le *Michelia*. Les Plantes de ce dernier genre sont des Arbres élégans, à feuilles ovales ou lancéolées, entières, pétiolées, penninerves, à fleurs axillaires, solitaires ou géminées; ils croissent tous dans les Indes-Orientales où on les cultive comme Arbres d'agrément, surtout à cause de l'odeur suave que leurs fleurs exhalent. Linné n'en connaissait que deux espèces, savoir : *Michelia Champaca* et *M. Tsjampaca*, figurées anciennement par Rhéede et Rumph. De Candolle (*Syst. Veget. Natur. et Prodrom.*) en a décrit sept, dont quatre nouvelles communiquées par Buchanan et Wallich; et il a rétabli (*in Delessert Icon. sel.*, 1, t. 85) le *M. parviflora* de Rumph. (G..N.)

MICHUACANENS. MAM. (Fernandez.) Nom d'une race de Chiens, voisine de celle connue sous le nom d'Alco. *V.* ce mot. (IS. G. ST.-H.)

MICINE. *Micinus*. BOT. CRYPT. (*Champignons.*) Pour *Mycena*. *V.* AGARIC. (B.)

* **MICIPPE.** *Micippa*. CRUST. Genre de l'ordre des Décapodes, famille des

Brachyures, tribu des Triangulaires, établi par Leach aux dépens des Maïas, et adopté par Latreille (Fam. Nat du Règn. Anim.). Les caractères de ce genre sont : antennes extérieures insérées en dehors des fossettes oculaires, velues, et ayant leur premier article plus long et plus gros que le second, mais cylindrique comme lui et non comprimé ou dilaté ; pieds-mâchoires extérieurs, ayant leur troisième article presque triangulaire, échancré à son extrémité et en dedans : serres médiocres, plus courtes que les autres pates, inermes, à carpe court ; mains allongées, à doigts minces et peu courbés ; pates proprement dites décroissant successivement de grandeur depuis la seconde paire, qui n'est qu'une fois et demie aussi longue que le corps, jusqu'à la dernière : ongles longs, grêles et courbés ; carapace granuleuse et épineuse, médiocrement dilatée postérieurement, comme tronquée en avant, avec ses côtés peu obliques et garnis d'épines : yeux portés sur des pédoncules assez longs, un peu arqués et n'étant pas plus gros que ceux-ci ; bord antérieur des orbites muni d'une grande pointe, le postérieur coupé par une fissure profonde. Ce genre se distingue des autres genres formés aux dépens des Maïas, par la position des antennes hors des orbites et par le peu de développement de leurs serres. Nous citerons :

La MICIPPE PHILYRE, *Micippa Philyra*, Leach ; *Cancer Philyra*, Herbst., *Canc.*, tab. 38, fig. 4 ; *Maia Philyra*, Lamk. Les bords latéraux de sa carapace sont irrégulièrement épineux : son rostre est avancé en pointe, échancré et armé, de chaque côté, d'une épine recourbée ; les mains sont glabres. Il se trouve dans la mer des Indes, sur les rivages de l'Île-de-France.   (G.)

* MICLOU. OIS. Espèce du genre Canard. *V.* ce mot.   (B.)

MICO. MAM. On désignait autrefois d'une manière générale sous ce nom les Singes des terres de l'Orénoque, et spécialement ceux de petite taille, et c'est dans ce sens qu'il a été employé par Joseph d'Acosta et par Gumilla ; mais Buffon en a fait le nom propre d'une espèce du genre Ouistiti, le *Jacchus argentatus* de Geoffroy Saint-Hilaire. *V.* OUISTITI.

(IS. G. ST.-H.)

MICOCOULIER. *Celtis.* BOT. PHAN. Ce genre appartient aux Amentacées de Jussieu et à la Polygamie Monœcie, L., ou, si l'on divise ce grand groupe en plusieurs, à l'exemple de Richard, aux Ulmacées de ce dernier botaniste. Il est caractérisé par des fleurs polygames ou monoïques ; un calice quinquéparti ; cinq étamines ; deux styles simples ; une drupe renfermant une graine unique dont les cotylédons sont chiffonnés. Ses espèces sont des Arbres sans piquans, à feuilles alternes, inégales à leur base, dentées, trinervées, plus ou moins roides et scabres ; à fleurs axillaires solitaires, ou disposées, soit en grappes dichotomes et souvent géminées, soit plus rarement en panicules. Le nombre de ces espèces s'élève à plus de vingt, après qu'on en a séparé celles qui, distinctes par leurs styles bifides et les aiguillons dont elles sont hérissées, constituent le genre Mertensie. *V.* ce mot. Elles sont répandues dans le nouveau ainsi que dans l'ancien continent. Nous devons citer ici celle qu'on trouve dans le midi de l'Europe et qui se montre même en France, où elle porte vulgairement le nom de *Fabrecoulier*, de *Bois de Perpignan*. C'est le *Celtis australis* de Linné, Arbre de trente à quarante pieds de hauteur, dont le bois noirâtre, compacte et tenace, est employé par les charrons, les luthiers, les tourneurs. Plusieurs autres espèces ont été acclimatées et pourront également être cultivées avec avantage.

(A. D. J.)

MICONIA. BOT. PHAN. Genre de la Décandrie Monogynie, L., établi par Ruiz et Pavon (*Flor. Peruv. et Chil. Prodrom.*, p. 60) qui en ont ainsi exposé les caractères : calice à

cinq dents, supère, persistant, à cinq
petites divisions ovales et obtuses;
corolle à cinq pétales obovales et insérés sur le calice; dix étamines, dont
les filets sont insérés au-dessous des
onglets des pétales, et ayant leurs
anthères plissées et éperonnées postérieurement ; cinq petites écailles bifides, placées au-dessous de chaque
paire de filets d'étamines et entourant l'ovaire; ovaire ovoïde, surmonté
d'un style subulé et d'un stigmate simple, aigu; capsule également ovoïde,
couronnée par le calice et les écailles,
à cinq loges et à cinq valves; graines
nombreuses très-petites, scobifor-
mes. Le nombre des parties de la
fleur est assez variable dans la même
espèce ; mais ce nombre correspond
toujours à celui des dents du calice
et des loges de la capsule. Ce genre a
été compris dans la famille des Mélastomacées par Don (*Mem. of the
Werner. Societ.*, vol. 4, p. 276). Il ne
renferme que trois espèces indigènes
des grandes forêts du Pérou, et que
les auteurs de la Flore du Pérou et
du Chili ont seulement fait connaître
par de courtes phrases spécifiques
sous les noms de *Miconia pulveru-
lenta*, *M. triplinervia* et *M. emargi-
nata*.　　　　　　　　　(G..N.)

MICOU. MAM. Syn. de Mico. *V.*
ce mot.　　　　　　　(IS. G. ST.-H.)

MICOURE. *Arara*. MAM. Nom de
pays des Didelphes chez les Guaranis.
　　　　　　　　　　　　(B.)

MICRAMPÉLIS. BOT. PHAN. Rafinesque-Schmaltz appelle ainsi un
genre de Cucurbitacées voisin du *Mo-
mordica*, dont il diffère par son frui:
renflé, épineux, à deux ou trois loges
monospermes. Ce genre, établi pour
une Plante originaire de la Pensylvanie, est trop imparfaitement connu
pour pouvoir être adopté.　　(A. R.)

*MICRANTHEA. BOT. PHAN. Gen-
re de la famille des Euphorbiacées
et de la Monœcie Triandrie, L.,
que Desfontaines a fait connaître dans
les Mémoires du Muséum (vol. IV,
p. 255, tab. 14). Ses fleurs sont mo-

noïques: on observe dans les mâles
un calice coloré, composé de six sépales, dont trois alternes, intérieurs,
plus grands, pétaloïdes, et trois étamines libres insérées autour d'un
disque glanduleux, trilobé; dans les
femelles, un calice partagé jusqu'à
la base en six lanières subulées; trois
styles simples et courts et autant de
stigmates; un ovaire à trois loges
biovulées, devenant une capsule que
surmontent les styles persistans et
qui se sépare en trois coques bivalves
et dispermes; les graines, cylindriques, ont un embryon grêle dans un
périsperme charnu de même forme.
On ne connaît de ce genre qu'une
espèce originaire de la Nouvelle-Hollande : c'est un sous-Arbrisseau à
feuilles alternes et linéaires, à fleurs
courtement pédonculées et se montrant au nombre d'une à trois dans
les aisselles de ces feuilles. (A. D. J.)

MICRANTHÊME. *Micranthemum.*
BOT. PHAN. Genre établi par le professeur Richard (*in Michaux Flora
Bor. Americ.*, 1, p. 10) et appartenant
à la famille des Primulacées et à la
Diandrie Monogynie, L. Il offre les
caractères suivans : calice à quatre
divisions profondes, subspathulées,
les deux supérieures un peu plus petites; corolle très-courte, presque
campanulée; tube très-petit, glabre
intérieurement; limbe à quatre divisions inégales et comme bilabié, la
division supérieure étant la plus
courte; deux étamines convergentes,
à filets recourbés, appendiculés à
leur base, à anthères arrondies et
presque didymes; ovaire globuleux,
surmonté d'un style court et décliné,
que termine un stigmate déprimé et
oblique; capsule recouverte par le calice qui persiste, globuleuse, uniloculaire, polysperme, s'ouvrant en
deux valves; les graines sont très-
nombreuses, ovoïdes, striées, attachées à un trophosperme basilaire et
central. Ce genre, fort distinct par les
caractères que nous venons d'énoncer, a été ainsi nommé à cause de l'extrême petitesse de ses fleurs. Il a pour

type, et jusqu'ici pour espèce unique, le *Globifera umbrosa*, Gmel., Syst., 3⒉, ou *Micranthemum orbiculatum*, Mich., Fl. Bor., 1, p. 10, T. 11. C'est une petite Plante herbacée, vivace, rampante, très-glabre, portant des feuilles opposées, sessiles, arrondies, obtuses, entières, et des fleurs extrêmement petites, pédonculées, solitaires à l'aisselle des feuilles. Elle croît dans les lieux humides et ombragés des forêts de la Caroline et de la Géorgie; elle fleurit en août. (A. R.)

* **MICRANTHÈRE.** *Micranthera.* BOT. PHAN. Genre de la famille des Guttifères, et de la Diœcie Polyandrie, L., qui présente les caractères suivans : fleurs dioïques; calice à quatre folioles colorées ; dix pétales inégaux ; dans les mâles, étamines nombreuses, dont les filets libres portent adossées des deux côtés de leur sommet les deux loges de l'anthère, qu'on prendrait au premier coup-d'œil pour deux pores (c'est leur extrème petitesse qui a fourni le nom du genre); dans les femelles, un ovaire environné de filets stériles et en moindre nombre, couronné par un stigmate sessile et quinquélobé. Il devient une baie pyriforme, dont le péricarpe est de consistance fongueuse, et dont les loges, au nombre de cinq, renferment chacune une seule graine fixée à leur angle interne. Les deux cotylédons sont soudés entre eux par les faces en contact. La seule espèce de ce genre jusqu'ici connue est le *M. clusioides*, Arbre originaire de la Guiane, dont les indigènes l'appellent *Pighouara Paly*. Sa hauteur est de douze mètres environ ; ses feuilles sont opposées et veinées; ses fleurs terminales, les femelles presque solitaires, les mâles en panicules courtes et comme dichotomes, portées sur des pédicelles munis vers leur milieu de deux bractées opposées. On doit la connaissance de cette Plante à Choisy, qui l'a décrite et figurée pour la première fois dans les Mémoires de la Société d'Histoire Naturelle (T. 1, p. 224,

tab. 11 et 12). La description, reproduite dans le Prodrome de De Candolle, diffère un peu de la précédente, en ce qu'elle porte à six le nombre des dents du stigmate et des loges de l'ovaire.   (A. D. J.)

* **MICRANTHES.** BOT. PHAN. Ce nom a été employé par Haworth (*Synops. Succul. Plant.*, p. 3⒉0, et *Saxifragearum Enumer.*, p. 45) pour un des nombreux genres qu'il a formés aux dépens du genre *Saxifraga* de Linné. Il lui a attribué pour caractères essentiels : un calice dont les cinq divisions sont étroitement rapprochées: une corolle à cinq pétales distans, sans onglets et rubannés; les filets des étamines uniformes, planes, comprimés, plus courts que les pétales. Les espèces qui composent le *Micranthes*, que nous ne pouvons considérer que comme une simple division de genre, sont des Plantes herbacées vivaces, à feuilles radicales sessiles, lancéolées, hérissées de petits poils qui, à la loupe, paraissent singulièrement articulés. Leurs fleurs sont agglomérées, petites, verdâtres et portées sur des hampes droites et fistuleuses. Haworth y place le *Saxifraga Pensylvanica*, L., et le *S. hieracifolia*, Willd. Il y comprend aussi une espèce de l'Amérique du nord, qui avait été confondue avec celle-ci, et qu'il nomme *M. hirta*.   (G..N.)

MICRANTHUS. BOT. PHAN. Nom donné par Wendland au genre *Phaylopsis* de Willdenow. *V.* ce mot.   (G..N.)

MICRELIUM. BOT. PHAN. C'est ainsi que Forskahl a nommé un genre de Synanthérées établi pour une Plante de l'Arabie que Vahl a réunie plus tard au genre *Eclipta*.   (A. R.)

MICROBASE. *Microbasis.* BOT. PHAN. De Candolle appelle ainsi les fruits des Labiées et d'un grand nombre de Borraginées, qui consistent en un disque hypogyne, que l'on a nommé gynobase, peu épais, portant quatre coques généralement distinctes à l'époque de leur maturité, et provenant d'un ovaire unique à quatre loges monospermes, dont l'axe central était fort déprimé. Cette modification de fruit ne diffère en aucune manière de celle que l'on a nommée Fruit gynobasique. (A. R.)

MICROCARPÉE. *Microcarpœa.* BOT. PHAN. Genre de la famille des Scrophularinées et de la Diandrie Monogynie, L., établi par R. Brown (*Prodrom. Flor. Nov.-Holl.*, p. 435) qui l'a ainsi caractérisé : calice tubuleux, à cinq angles et à cinq découpures peu profondes; corolle bilabiée; deux étamines anthérifères, les stériles n'existent pas; capsule bivalve, à cloison opposée, et qui devient libre par la maturité. Ce genre est fondé sur une Plante que Kœnig (*in Retz. Obs.*, fasc. 5, p. 10) avait placée parmi les *Pœderota*. R. Brown lui donne le nom de *Microcarpœa muscosa*. C'est une petite Herbe qui ressemble à une Mousse, glabre, à feuilles opposées et à fleurs axillaires, très-petites et dépourvues de bractées. Cette Plante croît à la Nouvelle-Hollande, dans les contrées situées entre les tropiques. (G..N.)

MICROCARPUM. BOT. CRYPT. (*Lycoperdacées.*) Schrader avait donné ce nom à un genre que Persoon a nommé *Trichia*, nom qui a été adopté. Il n'avait indiqué qu'une seule des espèces de ce genre nombreux. *V.* TRICHIE. (AD. B.)

*** MICROCÉPHALE.** *Microcephalus.* INS. Genre de Carabiques mentionné par Latreille (*Fam. Nat. du Règne Anim.*), et dont nous ne connaissons pas les caractères. Il est voisin des Patrobes et des Panagées. (G.)

MICROCÉPHALES. *Microcephal.* INS. Tribu de l'ordre des Coléoptères, section des Pentamères, famille des Brachélytres, établie par Latreille qui en faisait une section de la famille des Brachélytres, et ayant pour caractères : tête enfoncée postérieurement dans le corselet, jusque près des yeux, n'offrant point d'étranglement à sa base ; corselet trapézoïde, s'élargissant d'avant en arrière. Cet a-

tribu comprend trois genres. *V.* LOMÉCHUSE, TACHINE et TACHYPORE. (G.)

MICROCHLOA. BOT. PHAN. Le *Nardus indica*, L., ou *Rottboella setacea*, Roxb., *Corom.*, 2, p. 18, t. 132, forme le type de ce genre proposé par Robert Brown (*Prodr. Nov.-Hol.*, 1, p. 208) et adopté par Kunth (*Nov. Gen.*, 1, p. 84, T. XXII). On peut le caractériser de la manière suivante : les épis sont simples, unilatéraux et non articulés ; les épillets sont sessiles, uniflores, composés d'une lépicène membraneuse à deux valves presque égales, mutiques et aiguës ; la glume est formée de deux paillettes plus courtes, mutiques, velues; le nombre des étamines varie de deux à trois; l'ovaire est surmonté de deux styles, terminés chacun par un stigmate plumeux.

Le *Microchloa setacea*, R. Brown, est une petite Plante annuelle, dont la racine fibreuse est surmontée de plusieurs chaumes de quatre à cinq pouces de hauteur, terminés chacun par un épi unilatéral et un peu arqué. Il croît non - seulement dans l'Inde, mais dans l'Amérique méridionale et à la Nouvelle-Hollande. (A. R.)

*** MICROCOLEUS.** ZOOL.? BOT.? (*Arthrodiées.*) Desmazières propose, dans le second fascicule de ses Cryptogames du nord de la France (n° 55), de substituer ce nom à celui de Vaginaire, sous lequel nous avions établi le genre dont il va être question, dans le T. I, p. 594 du présent Dictionnaire. Nous nous empressons d'adopter ce changement dû à la sagacité d'un excellent observateur, dont les travaux sur la Cryptogamie méritent la plus haute confiance. Il existait d'ailleurs dans la Phanérogamie un genre *Vaginaria* établi par Michaux. Nous sacrifions donc le nom vicieux que nous avions introduit dans la science, sans tenir beaucoup à ce que, dans les catalogues cryptogamiques, on imprime *Microcoleus*, Desmaz., ou *Vaginaria*, B. L'important est de bien établir les caractères du genre qui appartient à la famille des Oscillariées, dans l'ordre des Arthrodiées, du règne Psychodiaire. *V.* tous ces mots. Ses caractères sont : filamens simples, semblables, par leur organisation, à ceux des Oscillaires proprement dits, mais non libres ou empatés dans une masse muqueuse, et se dégageant, par une sorte de reptation, de gaînes commune à plusieurs, dans lesquelles ces filamens sont comme fasciculés. On y distingue bien évidemment deux mouvemens provenant des deux états sous lesquels se présentent les Microcoléus; le premier, celui de la masse, est une sorte de reptation lente, purement végétale, et comparable à celle de toute Plante qui croît appliquée contre les interstices du sol ; le second consiste dans l'oscillation et les flexions légères que se donne chaque filament partiel, lorsque l'ensemble de ceux-ci, sortant des extrémités rompues de la gaîne commune qui les tenait emprisonnés, ayant pris en quelque sorte l'essor, s'allonge, chaque filament pour son compte, en tâtant le terrain, s'il est permis d'employer une telle expression. Thore nous fit pour la première fois, dès l'an v de la République, remarquer l'espèce qui sert de type au genre Microcoléus. Elle croissait à Dax, sur la terre humide d'un pot où il élevait un Héliotrope ; ayant retrouvé la même production sur des terres grasses du canton d'Entre-deux-Mers, vis-à-vis Bordeaux, nous la communiquâmes à Draparnaud, et nous avons retrouvé, dans l'herbier de ce savant ami, après sa mort, le croquis que nous en avions fait sous le nom de *Vaginaria Thorii.* Draparnaud n'y voyait qu'un état du *Conferva fontinalis*, L., venu hors de l'eau : telles étaient les idées que nous avions tous alors de l'infaillibilité de Linné, que nous osions croire à peine à l'existence d'un être que n'eût pas mentionné le législateur de l'Histoire Naturelle. Vaucher en fit plus tard l'un de ses Oscillatoires ; mais avec son ordi-

naire sagacité cet excellent observateur entrevoyait la nécessité de séparer cette espèce d'un genre où des gaînes communes n'emprisonnent jamais les individus. Les algologues ont depuis, sur les traces du botaniste genevois, laissé les Microcoléus parmi les Oscillaires. Deux espèces, certainement tranchées, nous paraissent jusqu'ici exister dans le genre dont il est question.

1°. *Microcoleus terrestris (V.* planches de ce Dictionn., sous le nom de Vaginaire terrestre, fig. 6) Desmaz., Fasc. Crypt., II, n° 55 ; *Oscillatoria vaginata,* Vauch., Conf., p. 200, pl. XV, fig. 13; *Oscillatoria Chthonoplastes,* ß.; *vaginata,* Lyngb., *Tent.,* p. 92; *Oscillatoria autumnalis,* ß.: Agardh, *Syst.,* p. 62. Cette espèce, la plus anciennement connue, est commune aux environs des fermes et des maisons, dans certains lieux ombragés des jardins clos; c'est elle qui rampe quelquefois sur les pots de fleurs. Nous l'avons constamment trouvée assez appliquée aux petites anfractuosités du sol, entre lesquelles on voit, à l'œil nu, serpenter ses faisceaux comme de petites ligues d'un noir muqueux, de la grosseur d'un crin ou d'un fort cheveu, se croisant, se surmontant les uns les autres de façon à former à la fin une sorte de *plexus* luisant et onctueux au toucher. Dépouillé de la terre qui le supporte, ce plexus adhère fortement au papier; élevé durant quelques jours dans l'eau, il s'y étend ; les faisceaux y deviennent fort gros ; mais le Microcoléus finit bientôt par s'y dissoudre : il ne lui faut, pour prospérer, que de l'humidité, et non des masses de liquide qui le noient. Il disparaît aux premières gelées. La figure grossie que nous en avons donnée a paru à Agardh lui-même, présenter parfaitement sa physionomie : celle que Desmazières ajoute à ses échantillons, n'est pas moins bonne, encore que ce savant remarque que sa gaîne y est plus arrêtée sur les bords, et qu'il n'a pas vu les filamens devenir flexueux.

Lyngbye et Agardh les ont vus comme nous , et nous croyons nous souvenir que la figure du présent Dictionnaire ayant été dessinée à Lille ,
chez Desmazières même , lorsque ,
en 1820, nous observâmes ensemble
le *Microcoleus* dont il est question , et
qui croissait dans son jardin, il trouva
cette figure parfaite. On voit ici en C
un filament nu au très-fort grossissement d'une demi-ligne de foyer ;
déjà d'autres petits filamens , imperceptibles au grossissement d'une ligne
et demie que nous avons employé en
B , et qui paraît celui de Desmazières,
se montrent à l'extrémité comme sortant du tube. Ce qui confirme ce
qu'avait entrevu avec tant de justesse
le savant Vaucher, lorsqu'il dit (*loc.
cit.*) : «Il est assez probable que cette
espèce ne se multiplie pas comme les
autres ; mais qu'au contraire chaque
filet, après s'être séparé du fourreau,
grossit et devient lui-même à son tour
une enveloppe qui contient plusieurs
filets...» La propriété qu'a cette Arthrodiée de revivre dès qu'elle est humectée , et de ne pas périr comme les
autres par la sécheresse, la rend encore plus remarquable. Bayonne et
Dax sont les points les plus méridionaux où nous ayons trouvé le Microcoléus terrestre. Lyngbye le mentionne comme croissant sur la terre
humide et ombragée le long de certains ruisseaux de Norwège , et rapporte que Hooker l'a retrouvé jusqu'en Islande, mais sur un terrain
contigu à des sources thermales.
Nulle part on ne l'indique comme du
voisinage de la mer, ou mouillé par
les flots salés de celle-ci. Il suffit d'a-
voir observé l'espèce dont il vient
d'être question , pour ne pas comprendre qu'Agardh y ait pu voir une
variété de notre ancien *Phytoconis
nigricans*, qu'il savait bien être notre *Oscillaria urbica*, et dans lequel
on ne saurait retrouver la moindre
trace de gaînes communes.

2°. *Microcoleus maritimus*, N.; *Os-
cillatoria Chthonoplastes*, *a*, Lyngb.,
Tent., p. 92, tab. 27, fig. *a*; Hofm.,
Bang., *De usu Conf.*, p. 19 (*cum icon.*);

Agardh , *Syst.*, p. 62. Nous ne pouvons consentir à regarder comme
appartenant à cette espèce la figure
du *Flora danica*, que lui rapportent
les algologues, et qui nous paraît
convenir beaucoup mieux à un *Bangia*, si le genre *Bangia* doit être conservé, ce qu'avait entrevu Agardh
dans ses premiers ouvrages (*Syn.*,
p. 121). Le Microcoléus maritime diffère du précédent par son *habitat*;
car il ne s'éloigne jamais des rivages
de la mer ; il y croît dans le sable
imprégné de sel, souvent inondé par
les flots amers ; plus grand dans toutes ses parties, mais ayant pourtant
les filamens moins visiblement articulés ; ceux-ci sont souvent tortueux
et comme cordés en spirales dans
l'intérieur des gaînes , ne devenant
droits qu'aux orifices, par lesquels
ils rayonnent. Leur couleur tire sur
le brun , et ils finissent, de stratification en stratification, par former des
couches muqueuses plus ou moins
épaisses, ce qui n'arrive pas dans
l'espèce terrestre.   (B.)

MICROCORYS. bot. phan. Robert Brown a imposé ce nom à un
genre nouveau qu'il a établi dans la
famille des Labiées, et auquel il a
donné pour caractères : un calice à
cinq divisions peu profondes ; une
corolle monopétale irrégulière, à
deux lèvres, la supérieure en forme
de casque et plus courte, l'inférieure
à trois lobes, dont celui du milieu
est le plus large ; les étamines didynames, les deux supérieures sont
incluses; l'anthère est à deux loges,
l'une, remplie de pollen, est glabre ;
l'autre est stérile et velue; les deux
étamines inférieures ont leurs anthères à deux loges stériles et vides.

Ce genre se compose de trois espèces observées par l'illustre botaniste anglais sur la côte méridionale
de la Nouvelle-Hollande. Ce sont
des Arbustes à feuilles ternées, très-
entières, à fleurs axillaires solitaires,
munies chacune de deux bractées;
ces fleurs sont blanches ou purpurines.   (A. R.)

MICROCOS. bot. phan. Ce genre, établi par Linné, ne diffère point du *Grewia*, auquel il a été réuni d'abord par Linné lui-même, et ensuite par Vahl, Roxburgh, Jussieu et De Candolle. Cependant, Gaertner et Smith ont voulu le conserver, se fondant sur le caractère que présente son fruit, qui, selon ces botanistes, est à trois loges, et ils ont décrit sous le nom de *Microcos* plusieurs Plantes qui doivent rentrer dans le genre *Grewia*. *V.* ce mot.   (G..N.)

MICRODACTYLE. *Microdacty-lus*. ois. Nom donné par Geoffroy Saint-Hilaire au genre Cariama, *Dicholophus*, Illiger. *V.* Cariama.
      (DR..Z.)

*MICRODUS. ins. Genre d'Hyménoptères de la tribu des Ichneumonides, établi par Nées d'Esenbeck et mentionné par Latreille (Fam. Nat. du Règne Anim.) qui ne donne pas ses caractères et qui ne semble pas l'adopter. Il paraît voisin du genre Bracon.   (G.)

MICROGASTRE. *Microgaster*. ins. Genre de l'ordre des Hyménoptères, section des Térébrans, famille des Pupivores, tribu des Ichneumonides, établi par Latreille et ayant pour caractères : bouche point avancée en forme de bec; palpes labiaux de trois articles; abdomen petit, très-aplati et annexé au corselet par un très-court pédicule. Ce genre se distingue du genre Bracon par les parties de la bouche qui sont avancées dans ce dernier, et par la languette qui est bifide. Il s'éloigne de tous les autres genres de sa tribu par le nombre des articles des palpes labiaux et par d'autres caractères tirés des ailes et des formes de l'abdomen. Les antennes des Microgastres sont longues, sétacées, multiarticulées, vibratiles, insérées au-dessous du front et ne se roulant pas à leur extrémité; le premier article est assez gros, turbiné, un peu plus long que le troisième, le second est entièrement caché dans le premier, et le troisième et tous les suivans sont de longueur à peu près égale, jusqu'au dernier, mais diminuant un peu de grosseur, passé le milieu de l'antenne; les mandibules ne sont point saillantes; les mâchoires et la lèvre sont droites, courtes et ne s'avançant point en manière de bec ni de museau; les palpes maxillaires sont deux fois plus longs que les labiaux, composés de cinq articles, le second long, un peu en massue; les labiaux de trois articles; la tête est petite, plus étroite que le corselet; les trois petits yeux lisses sont disposés en ligne courbe sur le vertex; le corselet est court; les ailes supérieures ont une cellule radiale, grande, se rétrécissant après la première cellule cubitale; celle-ci est grande, distincte de la première cellule discoïdale supérieure, recevant la nervure récurrente; la dernière cellule cubitale est très-grande et très-longue; les cellules discoïdales sont au nombre de trois, l'inférieure se prolonge jusqu'au bord postérieur de l'aile; l'abdomen est petit, court, inséré à la partie postérieure du mésothorax, paraissant presque sessile, peu convexe en dessus et caréné longitudinalement en dessous; la tarière des femelles est plus courte que l'abdomen et dépasse toujours l'anus; ses fourreaux sont un peu comprimés; les quatre pates antérieures sont de longueur moyenne; les postérieures sont plus fortes et leurs hanches sont très-grosses et longues. Les Microgastres sont des Hyménoptères de petite taille; leurs larves vivent isolées dans le corps de petites Chenilles telles que celles des Pyrales, ou en société dans des Chenilles de moyenne taille. Nous citerons :

Le Microgastre déprimé, *Microgaster deprimator*, Latr.; *Ichneumon deprimator*, Fabr., Jur., Panz. (*Faun. Germ.*, fasc. 79, fig. 11); *Bassus deprimator*, Panz. Long de deux lignes; noir; cuisses, jambes et base des tarses testacées; base des cuisses antérieures et extrémité des postérieures noires; premiers segmens de l'abdomen pâles en dessous; ailes transparentes, les supérieures avec deux bandes transversales brunes, qui se réunissent un peu dans leur milieu. Cette espèce se trouve aux environs de Paris. S'larve vit solitaire dans la Chenille d'une espèce de Pyrale.   (G.)

MICROLÈNE. *Microlæna.* BOT. PHAN. Rob. Brown appelle ainsi (*Prodr. Nov.-Holl.*, 1, p. 210) un genre de Graminées, voisin du *Tetrarrhæna* qu'il propose d'établir pour l'*Ehrharta stipoides* de Labillardière (*Nov.-Holl.*, 1, p. 91, t. 118), et qu'il caractérise ainsi : lépicène très-petite, uniflore et bivalve : glume double, portée sur un pédicelle barbu, plus long que la lépicère ; l'une et l'autre se compose de deux valves glabres ; celles de la glume extérieure sont égales et terminées à leur sommet par une arête : la glumelle est formée de deux paléoles opposées, alternant avec les paillettes de la glume. Les étamines sont constamment au nombre de quatre ; les deux stigmates sont sessiles et plumeux. La seule espèce de ce genre, *Microlæna stipoides*, Brown, *loc. cit.*, est une Graminée originaire de la Nouvelle-Hollande, ayant son chaume filiforme, glabre, ses feuilles planes et courtes, sa ligule incisée, et ses fleurs portant une panicule penchée.   (A. T.)

*** MICROLÉPIDOTE.** POIS. Espèce du genre Labre, et d'Acanthure du sous-genre Pryonure. *V.* ces mots.   (B.)

MICROLEUCONYMPHEA. BOT. PHAN. (Boerhaave.) Syn. d'Hydrocharide. *V.* ce mot.   (B.)

*** MICROLICIE.** *Microlicia.* BOT. PHAN. Dans son travail sur la famille des Mélastomacées (*Mem. Soc. Wern. Edimb.*, 4, 2ᵉ part., p. 267), le docteur Don a établi sous ce nom un genre nouveau pour quelques espèces de Rhexie, originaires du Brésil, et fort remarquables par leur port. Ce sont en général des Arbustes ayant plutôt le port des Bruyères que des autres Mélastomacées, munies de feuilles petites, très-rapprochées et comme imbriquées, et de fleurs solitaires ou géminées placées à l'aisselle des feuilles. Leur calice est globuleux, ayant son limbe à cinq divisions profondes et persistantes ; sa corolle formée de cinq pétales. Le connectif des anthères est très-long, placé au sommet du filet, terminé à l'une de ses extrémités par un appendice simple et en forme d'éperon. Le fruit est une capsule sèche, à trois loges, s'ouvrant en trois valves. Le docteur Don a décrit cinq espèces de ce genre, toutes nouvelles et venant du Brésil. *V.* MÉLASTOME et MÉLASTOMACÉES.   (A. R.)

*** MICROLOMA.** BOT. PHAN. Genre de la famille des Asclépiadées et de la Pentandrie Digynie, L., établi par R. Brown (*Mem. Wern. Societ.*, 1, p. 53) qui l'a ainsi caractérisé : corolle urcéolée, dont le tube est renflé, anguleux, nu à son orifice, plus court que le limbe ; cinq écailles insérées sur le milieu du tube de la corolle, et alternes avec un égal nombre de faisceaux de poils ; couronne staminale dépourvue d'appendices ; anthères sagittées, terminées par une membrane ; masses polliniques comprimées, fixées par le sommet et pendantes ; stigmate apiculé. Ce genre renferme deux espèces nommées par R. Brown *Microloma sagittatum* et *Mic. lineare.* L'une et l'autre sont indigènes du cap de Bonne-Espérance. La première a été décrite par Linné et Thunberg sous le nom de *Ceropegia sagittata;* la deuxième sous celui de *Ceropegia tenuifolia.* Cette dernière a encore pour synonymes le *C. tenuiflora* de Thunberg et Willdenow, et le *Periploca tenuiflora* de Linné, qui n'est pas le même que celui de Willdenow et de Kunth. Ce sont des sous-Arbrisseaux sarmenteux, à feuilles opposées et à fleurs en ombelles naissant dans les aisselles des feuilles.   (G..N.)

*** MICROMA.** BOT. CRYPT. (*Hypoxylées.*) Nom donné par De Candolle à une section du genre *Xyloma*, et élevé au rang de genre par Desvaux. *V*. XYLOMA. (AD. B.)

* MICROMIUM. BOT. CRYT. (*Lichens.*) Persoon avait proposé d'établir sous ce nom un genre particulier, renfermant les *Urceolaria leproides*, *variolarioides* et le *Variolaria exasperata. V.* URCÉOLAIRE. (AD. B.)

MICROMMATE. *Micrommata.* ARACHN. Genre de l'ordre des Pulmonaires, famille des Aranéides, section des Dipneumones, tribu des Latérigrades, établi par Latreille, et auquel Walkenaer a ensuite donné le nom de *Sparasse* qui n'a pas été adopté. Les caractères de ce genre sont : yeux disposés quatre par quatre sur deux lignes transverses, dont la postérieure plus longue ; mâchoires droites et parallèles. Les Micrommates ont le corps plus ou moins garni de duvet ; leur corselet est en forme de cœur, tronqué en devant et peu élevé ; les mâchoires sont longitudinales, parallèles, très-écartées l'une de l'autre, et arrondies au bout. La lèvre est courte et presque demi-circulaire. Les pates sont longues, leurs tarses sont terminés par un article offrant en dessous un duvet plus ou moins serré, formant une sorte de brosse divisée en deux parties égales par un sillon longitudinal qui s'étend jusque sous les crochets de l'extrémité ; la seconde paire est la plus longue, la première ensuite, et la quatrième après. L'abdomen est ovalaire, souvent mou. Ce genre diffère de celui de Sélénope par la disposition des yeux qui sont placés six en avant et de front, et deux en arrière. Les Thomises s'en distinguent par leurs mâchoires qui sont inclinées sur la lèvre. Les espèces de ce genre, que quelques auteurs ont désignées sous le nom d'Araignées-Crabes, sont peu nombreuses, et leurs mœurs ne sont pas encore bien connues. La seule qu'on ait observée jusqu'à présent sous ce rapport (*M. smaragdina*) se trouve au printemps sur les Plantes,

les charmilles et les Arbres dont elle gagne même le sommet. Clerck et Walkenaer ont observé qu'elle saute avec promptitude, et qu'elle est très-agile à la course. Un individu femelle que Clerck élevait lui a fait voir la manière dont ces Araignées opèrent la manducation. Aussitôt qu'elle avait saisi une mouche, elle la perçait avec les griffes de ses mandibules, la comprimait ensuite, et la mâchait avec ses mâchoires : elle semblait faire mouvoir les cils dont leur côté interne est muni, puis la tournait et la retournait avec ses palpes, et retirait l'une de ses griffes pour l'enfoncer ailleurs. L'on voyait dans l'entre-deux de ces mâchoires, ou dans ce qu'il appelle le gosier, une matière écumeuse qui absorbait les sucs nutritifs exprimés du cadavre, et qui rentrait ensuite dans cet enfoncement. On distinguait plus facilement l'action de ces divers organes lorsque le corps de la Mouche était réduit d'un tiers ; toute sa substance molle ou liquide étant épuisée, l'Animal en rejetait les restes. Elle nettoyait ensuite les extrémités de ses palpes en se servant des griffes de ses mandibules, de ses mâchoires, et à l'aide surtout d'une matière liquide qu'elle faisait sortir de l'œsophage. La femelle rapproche et lie, avec un grand nombre de fils, trois ou quatre feuilles dont elle fait un paquet qui a comme une forme triangulaire ; son intérieur est tapissé d'une soie épaisse, et au milieu de ce nid est placé le cocon qui est composé de la même matière, mais plus renforcée ; il est rond, blanc, formé d'une seule couche, et la ténuité de ses parois permet très-bien d'y distinguer les œufs. Clerck en a compté environ cent quarante. C'est en juin ou en juillet que la femelle les pond ; ils sont de la grandeur d'une graine de rave, sphériques, d'un vert clair, luisant, avec des cercles blancs sur un des côtés : ils ne sont point agglutinés dans le cocon, et, comme ils sont très-lisses, ils coulent comme des gouttes de Mercure quand ils sont placés sur une surface plane. La femelle s'établit dans le milieu du paquet de feuilles pour y veiller à la conservation de sa postérité ; les petits qui naissent vers la fin de juillet ont des couleurs plus pâles que les adultes. Latreille divise ce genre en deux sections, ainsi qu'il suit :

† Corps, l'abdomen surtout, garni d'un duvet serré qui le colore ; yeux intermédiaires postérieurs plus petits que les intermédiaires antérieurs ; ceux-ci, ainsi que les latéraux de la même ligne, beaucoup plus gros.

Micrommate argélasienne, *Micrommata argelasia*, Latr.; *Sparassus argelasius*, Walken., Hist. des Aran., tab. 9. Longue d'environ dix-huit millimètres ; tronc et palpes d'un fauve pâle, garnis d'un duvet clair semé grisâtre ; mandibules assez fortes et noirâtres ; yeux d'un rougeâtre brillant ; bord antérieur du tronc garni d'un duvet jaunâtre foncé, formant une ligne transverse et courte ; abdomen ovalaire, couvert d'un duvet très-serré, d'un gris cendré ; milieu du dos ayant à sa base une petite bande grise circonscrite par deux petites lignes noires : les côtés du dos sont picotés de noir ; milieu du ventre occupé par une grande tache très-noire, échancrée antérieurement ; pates garnies de piquans noirs, avec des anneaux noirs aux jambes. Le mâle est un peu plus petit et d'une teinte plus claire ; ses palpes ont le dernier article en massue ovoïde. Cette espèce a été trouvée en Espagne par Léon Dufour.

†† Corps à duvet clair-semé et laissant paraître la couleur naturelle de la peau ; les deux yeux intermédiaires antérieurs notablement plus petits que les autres ; les latéraux et antérieurs plus gros.

Micrommate smaragdine, *Micrommata smaragdina*, Latr.; *Sparassus smaragdulus*, Walk.; *Aranea smaragdula*, Fabr., *viridissima*, Degéer, Clerck, *Aran.*, pl. 6, t. 4. De grandeur moyenne ; tronc et pates d'un vert de gramen, avec des poils courts et noirs ; crochets des mandibules et

bout des pieds d'un brun clair ; yeux noirs, entourés de poils blancs ; côtés du tronc bordés d'un jaune clair ; abdomen d'un jaune verdâtre, avec une raie verte le long du milieu du dos, et une plaque noire à la partie sexuelle dans la femelle ; poils très-courts et d'un brun jaunâtre. Cette espèce est commune aux environs de Paris et dans toute l'Europe. Elle se trouve dans les bois. (G.)

*MICROMYZIDES. *Micromyzides.* ins. Famille de l'ordre des Diptères établie par Fallen, et réunie par Latreille à sa tribu des Muscides. *V.* ce mot. (G.)

MICROPE. *Micropus.* bot. phan. Genre de la famille des Synanthérées et de la Syngénésie nécessaire, L., anciennement établi par Tournefort sous le nom de *Gnaphalodes*, qui a été conservé par Adanson et Mœnch. Les principaux caractères assignés à ce genre par Cassini qui l'a placé dans la tribu des Inulées, section des Inulées-prototypes, sont : involucre double ; l'extérieur plus court, formé d'environ cinq écailles à peu près égales, ovales, lancéolées, planes et membraneuses ; l'intérieur à cinq écailles égales, coriaces et hérissées de longs poils ; chacune de celles-ci enveloppant complétement une fleur de la circonférence ; réceptacle petit, tantôt nu, tantôt muni de cinq paillettes irrégulières, membraneuses, séparant les fleurs du centre de celles de la circonférence ; calathide dont le disque est composé de cinq fleurs irrégulières et mâles, la circonférence également composée d'à peu près cinq fleurs tubuleuses, très-grêles et femelles ; ovaires de la circonférence comprimés des deux côtés, obovales, dépourvus d'aigrettes ; ceux du disque nuls ou presque totalement avortés. Ce genre a pour types deux Plantes qui croissent dans l'Europe méridionale et tempérée : la première, *Micropus supinus*, L. et Lamk., Ill. Gén., t. 694, f. 1, croît dans les localités sablonneuses et maritimes. La seconde, *Micropus erectus*, L., se trouve dans les champs et sur les côteaux arides ; nous l'avons cueillie en abondance près de Fontainebleau. Persoon a en outre décrit d'après Lagasca une espèce qui a de l'affinité avec la précédente, et qu'il a nommée *M. discolor*. Celte Plante croît près de Madrid. Le *Filago pygmæa*, L., a été rapporté par Desfontaines et De Candolle au genre *Micropus*; mais cette Plante doit rester parmi les *Filago. V.* ce mot.   (G..N.)

MICROPÈPLE. *Micropeplus.* INS. Genre de l'ordre des Coléoptères, section des Pentamères, famille des Clavicornes, tribu des Peltoïdes, établi par Latreille aux dépens des Staphylins de quelques auteurs, et ayant pour caractères : palpes très-peu distincts ; les maxillaires ayant leur second article renflé ; antennes logées dans une cavité particulière du corselet en massue solide. Ce genre se distingue de tous les autres de la même tribu parce que les palpes ne sont pas apparens, et surtout parce que les antennes sont terminées par une massue de deux articles et logées dans une cavité du corselet, ce qui n'arrive pas dans les autres. Les antennes des Micropèples sont plus courtes que le corselet, leurs deux premiers articles sont plus grands que les suivans, globuleux ; les deux derniers sont très-grands, et forment à eux seuls une massue solide et globuleuse ; les mandibules sont arquées vers leur extrémité, pointues, bidentées, sans dentelures ; les palpes maxillaires sont très-petits, beaucoup plus épais dans leur milieu, amincis à leur extrémité et terminés en une pointe particulière ; les labiaux ne sont point visibles ; les mâchoires sont bifides, leur lobe intérieur ayant la forme d'une dent ; la lèvre est presque carrée, dilatée et arrondie sur les côtés ; son extrémité est un peu plus étroite, tronquée, entière ; le menton est transversal, petit et entier ; les élytres sont beaucoup plus courtes que l'abdomen ; les tarses ont leur premier article très-court.

Plusieurs auteurs ont placé la seule espèce de ce genre avec les Staphylins ; ses élytres sont en effet bien plus courtes que l'abdomen comme dans ces Insectes ; mais ce caractère ne leur est pas exclusivement propre puisque les Escarbots et beaucoup de Nitidules le partagent avec eux.

Le **MICROPÈPLE SILLONNÉ**, *Micropeplus porcatus*, Latr. ; *Nitidula sulcata*, Herbst. ; *Staphylinus porcatus*, Oliv., Col., t. 3, p. 35, n. 50, pl. 4, fig. 33. Il est long d'une ligne ; son corps est ovale, noir ; sa tête est petite, son corselet est rebordé sur les côtés, très-rabotteux, les élytres n'atteignent qu'environ la moitié de la longueur de l'abdomen, elles sont marquées chacune de trois lignes longitudinales élevées ; le dessus de l'abdomen a quelques impressions ; la base des antennes et les pates sont brunes. Cette espèce se trouve aux environs de Paris dans les matières animales et végétales corrompues.   (G.)

MICROPETALUM. BOT. PHAN. Persoon (*Syn. Plantar.*) avait substitué ce nom à celui de *Spergulastrum*, employé dans la Flore de l'Amérique boréale de Michaux ; mais ce changement n'a pas été adopté.   (A. R.)

MICROPÈZE. *Micropeza.* INS. Genre de l'ordre des Diptères, famille des Athéricères, tribu des Muscides, établi par Meigen et adopté par Latreille (Fam. Nat.). Les caractères de ce genre sont : cuillerons petits ; balanciers nus ; ailes écartées, vibratiles ; antennes courtes. Ces Diptères ressemblent beaucoup aux Téphrites avec lesquels Fabricius les avait placés, mais ils en diffèrent par les formes plus allongées qu'ils affectent ; leur tête est presque globuleuse, le corselet est ovalaire ou presque cylindrique et aminci en devant ; l'abdomen a presque la même forme et se termine en pointe conique ; les pates, surtout les postérieures, sont longues ; les antennes sont insérées près du milieu de la face antérieure de la tête, courtes, de trois articles dont les deux premiers beaucoup plus courts et dont le troisième en forme de palette, en carré long avec une soie simple, dorsale et située près de sa base. Les ailes de ces Mouches sont quelquefois couchées l'une sur l'autre. Nous citerons :

La MICROPÈZE POINT, *Micropeza Punctum*, Latr., Meig. ; *Tephritis Punctum*, Fabr., Schell., Dipt, tab. 4, fig. 2 ; elle est d'un noir pourpré ou cuivreux : la base de l'abdomen et les pieds sont fauves ; elle a un point noir près du bout de chaque aile. Cette espèce se trouve aux environs de Paris.

La *Musca cynipsea* de Linné appartient aussi à ce genre ; elle répand, suivant Degéer, une odeur forte que l'on peut comparer à celle de la Mélisse.   (G.)

*MICROPHENIX. ois. (Fabricio de Padoue.) Syn. de Jaseur. *V*. ce mot.   (DR..Z.)

*MICROPHTHIRES. *Microphthira*. ARACHN. Latreille (Fam. Nat. du Règn. Anim.) a réuni sous cette dénomination les genres d'Arachnides trachéennes qui sont toutes parasites et n'ont que six pieds ; c'est la dernière famille de la classe, elle renferme les Araignées les plus imparfaites. *V*. CARIS, LEPTE, ACHLYSIE et ASTOME.   (C.)

MICROPORUS. BOT. CRYPT. (*Champignons*.) Nom donné par Palisot de Beauvois à un genre séparé des Bolets, mais qui fait partie du genre *Polyporus* de Micheli, réuni par Linné aux Bolets et rétabli depuis par Fries. *V*. POLYPORE.   (AD. B.)

MICROPS. MAM. Espèce de Cachalot du sous-genre Physeter. *V*. CACHALOT.   (I.)

MICROPTÈRE. *Micropterus*. POIS. Genre de l'ordre des Acanthoptérygiens, et de la famille des Percoïdes, établi par Lacépède qui lui donne pour caractères : un ou plusieurs aiguillons et pas de dentelures aux opercules ; un ou point de barbillon aux mâchoires ; deux dorsales, la seconde très-basse, plus petite et formée de rayons mous. Les dents sont en velours sur plusieurs rangs, et la gueule fendue. Le corps est épais et comprimé. On n'en connaît qu'une seule espèce, dédiée à Dolomieu, et figurée pl. III du tome IV de l'Histoire des Poissons. Sa patrie n'est pas connue. Sa caudale forme le croissant. Les pectorales et l'anale sont fort arrondies. Elle a deux rayons aiguillonnés, et sept articulés à la première dorsale, quatre mous à la seconde, deux aiguillonnés et quatre articulés à l'anale.   (B.)

MICROPTÈRES. INS. Nom donné par Gravenhorst aux Insectes coléoptères que Cuvier a nommés Brachélitres, ou au grand genre *Staphylinus* de Linné. *V*. BRACHÉLITRES et STAPHYLIN.   (G.)

MICROPUS. ois. (Meyer.) *V*. MARTINET.

MICROPUS. BOT. PHAN. *V*. MICROPE.

MICROPYLE. *Micropyla*. BOT. PHAN. Nom donné par Turpin à une ouverture extrêmement petite déjà entrevue par un grand nombre d'observateurs, que l'on remarque sur le tégument propre de certaines graines, sur le hile ou non loin de cette cicatrice, ou quelquefois dans un point tout-à-fait opposé à cette cicatrice, et à laquelle viennent, selon cet observateur, aboutir les vaisseaux destinés à transmettre le fluide fécondant. Mais l'existence de ces vaisseaux n'est pas encore bien démontrée, et quelques botanistes la nient absolument. Une observation importante à faire, relativement au Micropyle, c'est qu'il est toujours placé en face de la base de l'embryon, c'est-à-dire de la radicule. C'est pour cette raison que le célèbre Rob. Brown a proposé de le considérer comme servant à indiquer la base de la graine.   (A. R.)

MICROSCOMA. MOLL. Rédi donne ce nom à l'*Ascidia Conchyloga*, L. *V*. ASCIDIE.   (D..H.)

*MICROSCOPIQUES. zool. Dans un essai publié récemment et tiré au nombre seulement d'une centaine d'exemplaires, comme l'avant-coureur d'un *Species* que nous préparons depuis plus de vingt-cinq ans, nous avons proposé ce nom pour désigner la classe que composent les êtres vivans, d'abord vaguement appelés Animalcules, et improprement, depuis Müller, Infusoires. Nous ne reviendrions pas sur les motifs qui nous ont engagé à proposer ce changement de nom, si parmi les personnes aux lumières desquelles nous avons soumis notre premier travail pour en obtenir des avis, il ne s'en était trouvé une que nos raisons n'ont pas convaincue, et qui nous écrivait à ce sujet : « Vous me permettrez, Monsieur, de vous témoigner ma surprise de l'étrange préférence que vous donnez au nom de *Microscopiques* sur ceux d'*Infusoires* et d'*Animalcules* qui renferment des idées positives et plus déterminées ; si tous les infiniment petits de la création avaient été compris dans votre traité, l'insignifiance de votre désignation me choquerait moins ; mais restreindre à une partie des êtres Microscopiques la valeur de cette appellation, c'est bouleverser toutes mes idées grammaticales. » L'auteur de l'observation ajoute, dans le même style, qu'on ne saurait raisonnablement employer un adjectif comme nom propre en histoire naturelle. Déterminé que nous sommes à réformer ce qui serait hasardé dans nos publications, nous ne demanderions pas mieux que de trouver une autre désignation plus capable de satifaire notre correspondant. Il suffira, pour juger du peu d'importance que nous mettons au mot Microscopiques, de lire ce que nous avons écrit au sujet de ce mot qui renverse toutes les idées grammaticales de notre critique. On y trouvera que ce nom si choquant avait été employé bien avant que nous l'eussions adopté ; nous ne l'avons pas reçu comme bien bon, mais *comme moins insuffisant* que tout autre ; en

effet, les dénominations d'Amorphes et d'Agastraires, proposées par un naturaliste du premier ordre (qui, paraissant ne pas trop ajouter foi à l'existence des êtres dont il est question, ne leur en donne pas moins des noms) ne sauraient être admises, car si l'on en excepte les Amibes et quelques autres Microscopiques, il en est parmi les moins compliqués dont la forme est peut-être plus déterminée et mieux arrêtée que celle des créatures des premières classes ; et, quant à la privation d'un estomac ou d'un tube alimentaire, il serait téméraire de prononcer à cet égard ; les verres grossissans, qui nous font connaître les infiniment petits, n'en multipliant sans doute point assez le volume pour permettre à notre faiblesse d'y apercevoir des organes qui peuvent fort bien exister. On ne peut pas nier l'existence d'organes qui nous échappent dans les Microscopiques, avec plus de fondement qu'on aurait pu nier l'existence de ces êtres même avant l'invention du précieux instrument qui nous les révéla. Il en était de même pour la dénomination d'*Infusoires* qui renferme à la vérité une idée positive, mais précisément une idée positivement fausse : ce fut le grand Müller qui la proposa ; elle indiquerait des êtres se développant ou vivant dans les infusions seulement ; cependant Müller lui-même était loin de lui donner une telle signification, et ne renversait pas moins toutes les idées grammaticales, lorsque sur près de quatre cents prétendus Infusoires qu'il fit connaître, il n'en était pas la sixième partie qui vécût dans les infusions, tandis que le reste, habitant les eaux pures, meurt dans l'eau corrompue. Le nom d'Animalcule ne convenait pas davantage ; si nous nous en rapportons au Dictionnaire de l'Académie, il signifie *petit Animal ;* or la plupart des Acarides et beaucoup d'Insectes, ainsi que les petits Polypes des Sertulaires, sont autant que nos Microscopiques des Animalcules dans le sens où l'entend le régu-

lateur du langage. Ce mot d'Animalcule peut renfermer une idée
juste, mais à coup sûr non une
idée positive, suffisamment restreinte pour désigner une classe zoologique; car il est une époque de
l'existence où tout être vivant, quelle
que soit sa taille et le rôle qu'il joue
sur le globe, n'est qu'un Animalcule.
Nous devions donc préférer entre les
noms impropres ou insuffisans usités
jusqu'à nous, celui qui ne donnait
pas d'idée fausse, et nous nous
sommes arrêté à un adjectif, il est
vrai, quand on l'emploie conjointement à un substantif pour en préciser
l'attribut, mais qu'il n'était pas plus
interdit en histoire naturelle d'élever à la dignité substantive que le
mot Quadrupède et tant d'autres.
Nous eussions, à la vérité, pu construire un nom grec de six à huit syllabes avec deux ou trois voyelles de
suite pour trancher la difficulté;
mais nous n'avons recours à de pareils moyens qui hérissent trop souvent le langage de la science, que
lorsque nous ne trouvons aucune autre ressource dans la langue qu'emploie tout le monde, et qui suffit pour
se faire comprendre. Le nom de
Microscopique ayant d'ailleurs sa
racine dans le bel idiome, où notre
critique peut puiser afin de nous en
fournir le remplacement, nous de-
mandons pour l'amour du grec qu'on
lui veuille bien faire grâce jusqu'à ce
qu'on ait pu renfermer dans celui
qu'on y substituera les caractères
suivans qui sont ceux de la classe
pour laquelle on veut absolument un
nom substantif d'origine : Animaux
invisibles à l'œil désarmé, dont un
grossissement considérable peut seul
révéler les formes, plus ou moins translucides, dépourvus de membres (les
appendices ou queues qu'on aperçoit
chez plusieurs ne pouvant être réputés
tels); où l'on n'a pu encore découvrir
d'yeux véritables, même rudimentaires; contractiles en tout ou en partie; éminemment doués du sens du
tact; se nourrissant par absorption ;
dont la génération paraît s'opérer par

section ou par l'émission de gemmules, quand elle n'est pas spontanée;
vivant sans exception dans les eaux.

On nous accusera encore probablement de répéter dans cet article à peu
près ce que nous avons dit ailleurs sur
le même sujet : nous avons plus d'une
fois eu occasion d'entendre certaines
personnes reprocher à feu notre ami et
collaborateur Lamouroux, de reproduire dans ce Dictionnaire sur les Polypiers ce qu'il avait rapporté de ces
Animaux dans ses précédens ouvrages et dans les excellens articles dont
il enrichissait la belle Encyclopédie
de la veuve Agasse ; mais peut-on
si aisément, de trois ou quatre manières différentes, rapporter les mêmes faits? tout le monde ne possède
pas une telle faconde, que la nature
nous a complétement refusée. Il
n'en est pas des sciences positives
comme des choses d'imagination susceptibles d'être brodées en mille fa-
çons ; on ne peut guère énoncer les
vérités dont elles se composent que
dans les mêmes termes, à moins de
se jeter dans ces déclamations où se
complaisent les auteurs qui tirent à
la feuille, ce que les rédacteurs cons-
ciencieux du présent livre se sont
rigoureusement interdit.

Entre les Microscopiques se trouveront donc, non-seulement des êtres
qui n'offrent par leur forme aucun
rapport apparent avec le reste des
Animaux, et qui ne paraissent être
que des molécules agitées, non encore
asservies en apparence à un plan
d'organisation parfaitement déterminé ; mais on trouve chez eux les êtres
par lesquels la nature semble s'être
essayée à produire la vie, pour la
modifier ensuite en conséquence des
formes qui, une fois imprimées
à la matière, sont demeurées propres à transmettre ce précieux résultat de l'organisation. On trouve
encore chez les Microscopiques, non-
seulement les ébauches où se reconnaissent les sources de diverses
classes animales plus élevées, mais
encore celles de la végétation rudimentaire et primitive. Il sera donc

essentiel désormais d'indiquer les embranchemens par lesquels on peut remonter des Microscopiques aux Acalèphes libres de Cuvier, à ses Vers intestinaux qui sont devenus les Entozoaires de l'illustre Rudolphi, aux Crustacés, aux Radiaires, et vers ces êtres ambigus qui, tenant également de la Plante et de l'Animal, ont mérité que nous leur appliquassions le nom de Psychodiaires. *V.* ce mot. Quand les Hommes auront trouvé des moyens plus efficaces d'observation que ceux dont ils se servent aujourd'hui, il est probable que les genres de Microscopiques qui s'embranchent ainsi, devront être déplacés et portés dans la classe dont ils semblent être l'origine ou l'ébauche en miniature; mais nous avouons notre insuffisance pour prononcer sur un point de cette importance dans la classification des êtres; nous préférons laisser à des successeurs plus avancés dans la carrière, le soin de lever nos doutes exposés de bonne foi, que de nous hâter d'établir quelque système dont l'expérience ne confirmerait point les principes prématurément établis.

Avant de nous étendre sur les Microscopiques, il devient indispensable de dire un mot sur l'instrument qui remplace le fil d'Ariane dans le dédale de leur histoire, et à l'aide duquel nous avons établi notre classification provisoire. Les anciens ne le connurent pas, et lorsqu'il fut inventé on ne se doutait pas des grands changemens que son emploi devait tôt ou tard introduire dans la science. C'est à la Hollande que nous le devons. Deux grands physiciens, Hartzoeker et Leuwenhoeck, l'y inventèrent, à peu près simultanément. Leur découverte ne fut pas d'abord appréciée comme elle méritait de l'être, et les premiers observateurs qui marchèrent sur les traces des deux grands hommes, n'y paraissent avoir d'abord cherché que des moyens de divertissement, à peu près comme de nos jours on usa du kaleidoscope. Les instrumens dont on se servait étant d'ailleurs imparfaits,

on n'en obtint souvent que de mauvais résultats, « et on était loin de se douter, avons-nous dit ailleurs, quand on discourait sur les prétendues plumes des Papillons, sur les Anguilles du vinaigre qu'on figurait avec des têtes de Serpens, sur des pates de Mouches ou sur des brins de soie effilée, que les micrographes fussent parvenus vers les limites du néant de l'être, et, s'il est permis d'employer cette expression, jusqu'aux confins de l'infini. » Pour grossir les objets, on employait de petites bulles de verre, quelquefois remplies d'eau, et l'on regardait à travers ces lentilles grossières, pour obtenir cinq ou six augmentations. Les lentilles se perfectionnèrent, on les disposa de façon à ce que la lumière frappât de tout l'éclat possible ce qu'on y soumettait; mais comme pour obtenir la plus grande quantité possible de cette lumière, il fallait qu'on regardât dans le sens d'où elle venait, les liquides étendus sur le porte-objet, y coulant vers le bas, des courans y entraînaient les objets flottans qu'on voulait observer, et l'on ne parvenait que très-difficilement à saisir leurs caractères. Les lentilles ordinaires, construites dans le système d'alors, ne grossissant d'ailleurs que cinq ou six fois, on eut l'heureuse idée d'en accroître la puissance au moyen d'autres lentilles ajoutées, et dont le foyer coïncidait; mais c'était sans cesse verticalement que se faisaient les observations, de sorte qu'il était de plus en plus difficile d'éviter des erreurs qui se multipliaient en raison du grossissement. Il fallut une patience admirable de la part de ceux qui employèrent les premiers de tels moyens pour en obtenir la moindre certitude; on parvint enfin à placer le porte-objet horizontalement en l'éclairant de bas en haut au moyen d'un miroir réflecteur; alors le microscope fut un guide sûr et un instrument commode. On put bientôt en compliquant son mécanisme obtenir des grossissemens de deux à trois cents fois, et enfin de mille, avec la plus grande netteté. Il arriva néanmoins qu'on n'avait d'augmentation qu'aux dépens de la clarté et de l'étendue du champ d'observation. Il était réservé à Selligue d'imaginer un appareil excellent, à l'aide duquel les corps opaques eux-mêmes peuvent être soumis à la plus rigoureuse investigation. Les microscopes construits d'après les procédés de cet ingénieux mécanicien laissaient déjà peu à désirer, quand l'opticien Vincent Chevalier fils (quai de l'Horloge, n° 69, à Paris), qu'il ne faut pas confondre avec un soi-disant ingénieur du même nom, y ajouta divers perfectionnemens nouveaux, au-delà desquels il serait difficile de rien trouver. On obtient par le secours du microscope de Selligue, construit par Vincent Chevalier fils, des résultats semblables à ceux que donne le microscope solaire, avec cet avantage qu'on n'y voit pas seulement le simple contour des corps, devenus opaques, comme aux ombres chinoises ou dans nos grossières lanternes magiques, mais avec leurs moindres détails, avec leurs teintes, en un mot tels qu'ils sont réellement dans la nature. On a prétendu contester à Selligue le mérite de l'invention, en avançant que son microscope existait bien avant qu'il en eût occupé l'Académie des sciences ; il n'est pas douteux que le célèbre Euler n'eût indiqué des règles, d'après lesquelles se pouvait construire l'appareil que nous recommandons au monde savant ; mais Euler n'en avait pas réellement donné la composition ; si d'après ses écrits il eût été facile de faire d'excellens microscopes, l'usage s'en serait plus tôt répandu, et l'on en eût communément trouvé chez les opticiens, où ils ont été néanmoins jusqu'ici fort rares, parce que très-peu d'artistes en savaient faire autrement que par routine. Il est au reste peu de grandes découvertes, ou d'applications importantes des sciences exactes aux objets d'utilité, dont on n'ait contesté la propriété aux inventeurs. N'a-t-on pas soutenu que Co-

pernic et Christophe Colomb avaient dérobé la connaissance du véritable système céleste et du nouveau continent à quelques philosophes de l'antique Grèce ? Quoi qu'il en soit, habitué depuis vingt-cinq ans à l'usage des microscopes, ayant essayé de tous, dès l'âge de quinze ans, et nous étant arrêté pour nos observations les plus délicates à celui que nous avions fait nous-même construire vers 1800, par un fort habile opticien appelé Rochette, nous avons, malgré d'anciennes habitudes et les préventions qui en étaient résultées en faveur de notre propre instrument, adopté le microscope de Selligue, construit par Vincent Chevalier fils, dès que nous l'avons connu.

Les mystères révélés par Leuwenhoeck paraissaient incroyables. Une classe de savans qui, pour avoir appris beaucoup de choses, n'en tiennent pas moins au vulgaire par plus d'un côté, ou de ces esprits superficiels encore qu'éclairés, qui font profession de mépriser ce qu'ils n'ont pas étudié, préféreraient nier des vérités nouvelles au parti plus raisonnable de la vérification. De tels antagonistes alléguaient l'incertitude des résultats du microscope, où chacun, selon eux, voyait à sa manière ou comme il voulait voir. Cependant les découvertes microscopiques furent attestées et accrues par Hill, Baker, Joblot, Ledermuller, Goëze, Wrilberg, Eichorn, Gleichen, Roësel, Pallas, Spallanzani, Néédham, et surtout O.-F. Müller ; le grand Linné y ajoutait foi. Il était réservé à notre âge de s'en moquer, et Voltaire en donna l'exemple : les Anguilles de la pâte et du vinaigre furent pour lui une source de plaisanteries qui ne valent pas mieux que celles qu'il a faites sur les Coquilles, et que pour rendre ses OEuvres un monument aussi complet qu'admirable de raison et de vérité, les éditeurs de cet ingénieux Protée devraient faire disparaître dans leurs nombreuses réimpressions.

On est surpris de voir encore aujourd'hui des hommes qu'on place aux sommités de la science, alléguer contre les observations microscopiques, les raisonnemens rebattus des premiers détracteurs de ces observations. De ce qu'ils n'ont pas daigné apprendre à voir à travers des verres grossissans, ils concluent qu'on n'y saurait rien distinguer; ils oublient que leurs yeux eurent besoin d'un long exercice et de la régularisation par le tact, pendant la durée de leur enfance, pour reproduire en eux l'image des objets tels qu'ils sont, et ne veulent pas, en modifiant les moyens de vision, s'astreindre à l'étude d'une nouvelle manière d'apercevoir les choses. Ayant jeté quelques regards, comme au hasard, à travers des instrumens imparfaits ou mal construits qui ne donnaient rien d'arrêté, ils supposent toujours que les microscopes sont trompeurs, et d'après les moindres contradictions, plus apparentes que réelles, qui se trouvent chez les anciens micrographes, ils persistent à répéter que ceux-ci n'ont pas bien vu. Il est vrai qu'un microscope mal fait peut être une source d'erreurs; mais de bons instrumens bien faits, tels que ceux dont nous avons l'habitude, sont d'un usage aussi commode que certain, et l'on y reconnaît les objets portés à des grossissemens énormes avec tant de netteté, que nous avons constamment trouvé voir comme nous, des personnes entièrement étrangères à toute espèce d'investigation de ce genre, quand nous les avons appelées au spectacle merveilleux que montre le microscope. Des gens de la plus grossière ignorance, et qui ne se doutaient pas de l'existence des verres grossissans, ont vu, tout aussi bien que nous-même, nos petits Animaux, et partagé notre admiration. Il suffit d'un peu d'habitude pour échapper à l'influence des moindres causes d'erreurs. Les irisations peuvent en produire, il faut pour n'y jamais être trompé s'exercer à faire agir le miroir réflecteur sur le porte-objet afin d'y varier les inflexions de la lu-

mière. Des courans semblables à ceux d'une rivière, agissant dans une direction commune ou dans vingt sens divers, peuvent donner encore une apparence de mouvement à ce qui n'en a pas, mais on ne tardera point à reconnaître ce qui tient à l'effet de tels courans. L'évaporation peut aussi produire des anomalies sur le liquide où nagent les corps observés, mais il sera bientôt facile à l'observateur de faire la part de cet agent. Le plus grand inconvénient que présentait pour nous l'emploi de la lentille d'un quart de ligne qui nous a donné le grossissement certain et le plus considérable, était l'extrême rapprochement de cette lentille et des corps observés; il résultait de ce rapprochement que la surface de l'eau, en vertu d'une attraction exercée par la forme globuleuse de la lentille, s'y appliquait, et, la venant humecter, jetait le trouble dans les plus belles observations à l'instant où nous allions saisir quelque fait nouveau. On est parvenu à remédier à ce malheur, en plaçant la goutte où nagent les Microscopiques entre deux lames de verre très-minces; il reste entre elles assez de place pour que les Animalcules y puissent nager en tout sens, même en plongeant, et le petit océan ne mouille plus la lentille. D'ailleurs, dans le microscope nouveau, on n'éprouverait guère un tel inconvénient, la multiplication des grossissemens s'opérant au moyen de la combinaison des oculaires, et la lentille la plus forte demeurant toujours à une distance assez considérable du porte-objet. Cet avantage énorme n'a point été assez apprécié par les membres de la commission de l'Institut chargés d'examiner le microscope dont nous désirons voir se répandre l'usage; on n'a guère admiré que la grandeur des proportions obtenues, dans la transparence des objets, et jusque pour l'observation des corps opaques, quand c'était l'éloignement et la fixité du porte-objet qui méritaient surtout les plus grands éloges. Avec le nouveau microscope nous sommes parvenu à voir sans difficulté et sans être exposé à les perdre de vue par collement à la lentille, les plus petits Animacules précisément de la grosseur qui leur fut donnée dans les belles planches de Müller. Jusque-là nous n'y étions arrivé qu'avec les plus grands efforts de patience, ce qui nous fait supposer que la plupart des micrographes avaient coutume d'exagérer un peu leurs figures pour en rendre plus appréciables les contours et les caractères. C'est selon nous un excès dans lequel on ne doit jamais retomber, et qui introduit une cause d'erreur de plus dans un genre de recherches où l'on ne saurait trop recommander de circonspection et de fidélité dans les moindres détails, l'épaisseur d'un cheveu devenant de la plus haute importance dans les proportions des corps soumis aux recherches microscopiques.

Jusque vers le milieu du siècle dernier et depuis l'invention du microscope, il faut en convenir, on s'était occupé sans méthode de la Micrographie : ce fut Müller, savant Danois, qui en fit enfin une science. Son Histoire des Vers et son Prodrome de la Zoologie Danoise, furent les premiers essais que ce réformateur livra au public. Gmelin s'empara de la totalité de ses travaux, et dans la treizième édition du *Systema Naturæ*, où l'ordre des Lithophytes fut réuni à celui des Zoophytes sous ce dernier nom, un cinquième ordre, appelé INFUSOIRES, compléta enfin, en la terminant, la classe des Vers. On ne possédait que peu de figures, la plupart grossières, de tant d'êtres ajoutés au catalogue des êtres vivans, et qui ne sauraient être réputés connus qu'autant qu'on en a parfaitement constaté l'existence par de parfaites représentations. Le magnifique Traité intitulé : *Animalcula Infusoria, fluviatilia et marina*, parut en 1786. On y trouve cinquante planches, offrant d'excellentes images de trois cent soixante - dix espèces, gravées sous diverses faces. Bru-

guière en enrichit plus tard l'Encyclopédie Méthodique, en y ajoutant les figures que Müller n'avait pas reproduites dans sa Zoologie Danoise, et quelques planches non moins exactes empruntées de Roësel. La quarante-sixième livraison de cette importante collection, contient conséquemment ce qui existe jusqu'ici de plus satisfaisant sur les Microscopiques. On y trouve dans quatre-vingt-trois pages de texte à deux colonnes, un *species* explicatif de vingt-huit planches, contenant près de onze cents figures, où sont représentées trois cent quatre-vingt-cinq espèces, vues de tous les côtés.

Müller, instituant une classe nouvelle, la divisa en dix-sept genres de la manière suivante :

ORDRE Ier. Sans nuls organes extérieurs.

*** Epaissis.**

1. *Monas*; corps punctiforme (10 espèces).

2. *Protœus*; corps variable (2 espèces).

3. *Volvox*; corps sphérique (12 espèces).

4. *Enchelis*; corps cylindracé (2 espèces).

5. *Vibrio*; corps allongé (31 espèces).

**** Membraneux.**

6. *Cyclidium*; corps ovale (10 espèces).

7. *Paramœcium*; corps oblong (5 espèces.)

8. *Kolpoda*; corps sinueux (16 espèces).

9. *Gonium*; corps anguleux (5 espèces.

10. *Bursaria*; corps excavé (5 espèces).

ORDRE II. — Ayant des organes externes.

*** Nus.**

11. *Cercaria*; glabres, ayant une queue (22 espèces).

12. *Trichoda*; velus ou ciliés (89 espèces).

13. *Kerona*; ayant des appendices corniculés (14 espèces).

14. *Himantopus*; ayant des appendices cirreux (7 espèces).

15. *Leucophra* ; velus à toute la surface (26 espèces).

16. *Vorticella*; ciliés à l'orifice (75 espèces).

** *Munis de test.*

17. *Brachionus* ; ciliés à l'orifice (22 espèces).

Gmelin, qui publia son sixième volume avant l'apparition du travail posthume de Müller, et qui n'avait eu pour guide dans sa compilation que les premiers essais de ce grand naturaliste, ne mentionne, dans un ordre contraire, c'est-à-dire descendant, que les genres *Brachionus*, *Vorticella*, *Trichoda*, *Cercaria*, *Leucophra*, *Gonium*, *Colpoda* (*Kolpoda*), *Paramœcium*, *Cyclidium*, *Bursaria*, *Vibrio*, *Enchelis*, *Bacillaria* (compris depuis dans le genre *Vibrio* de Müller), *Volvox* et *Monas*. De tels genres étaient la plupart insuffisans. Dès l'an 1815, le savant Lamarck avait senti la nécessité de réformer la méthode de celui qui, ayant ouvert la route, n'avait pu y marcher d'un pas sûr. En adoptant la classe des Infusoires comme la première de sa méthode, il caractérisa de la sorte les êtres qu'il supposa y devoir demeurer : Animaux Microscopiques, gélatineux, transparens, polymorphes, contractiles; n'ayant point de bouche distincte, aucun organe intérieur, constant, déterminable; où la génération est fissipare ou subgemmipare. « Ainsi, poursuit celui que nous appelons à juste titre le Linné de la France, ces Animaux, n'ayant point de bouche, point de sac alimentaire, ne se nourrissent que par l'absorption qu'exercent leurs pores extérieurs ou par imbibition interne ; ainsi, leur organisation, qui est la plus simple de toutes celles qu'offre le règne animal, présente par son caractère un degré particulier qui les distingue éminemment de tous les autres Animaux. Je me suis assuré qu'il en existe de semblables : car j'en ai observé moi-même plusieurs : et quand

même il n'en existerait qu'un petit nombre, j'en eusse fait une classe à part d'après la considération du caractère éminent qui la distingue. » (Anim. sans vert. T. 1, p. 393.) Lamarck a donc établi une première classe des Infusoires, d'où il repousse toutes les espèces où l'on peut distinguer la moindre complication. Il forme, pour ceux où se montrent déjà des poils ou cirres, addition organique très-importante, l'ordre premier de sa seconde classe sous le nom commun de *Polypes ciliés* (T. II, p. 18). Réunissant les Kérones avec les Himantopes en un seul genre, divisant au contraire les Cercaires en deux, sa classe première répond à peu près aux quinze premiers genres de son prédécesseur ; elle est divisée en deux ordres : celui des Infusoires nus, et celui des Infusoires appendiculés. En reconnaissant l'excellence de telles bases, nous devons cependant faire remarquer combien les Animaux appelés Polypes ciliés, qui forment bien réellement un ordre au moins dans la nature, sont déplacés parmi les Polypes, dont l'étymologie du nom est dans le grand nombre de pieds ou appendices qui furent primitivement comparés à des pieds.

Cuvier (Règn. Anim. T. IV, p. 89) ne forme des Infusoires qu'une division de son quatrième embranchement des Animaux qu'il appelle *Zoophytes* ou *Animaux rayonnés*. Sans examiner si le nom de Zoophytes (Animaux Plantes) convient à la généralité des êtres que le savant professeur considère comme formant son quatrième embranchement, nous pouvons assurer que le nom de Rayonnés ne peut, sous aucun prétexte, convenir à nul de ces véritables Infusoires de la première classe de Lamarck, où ne se reconnaissent ni cirres, ni tentacules, ni membre, ni quoi que ce soit dont on puisse inférer le moindre rapport avec un organe rayonné quelconque. Cuvier paraît d'ailleurs avoir rejeté la cinquième et dernière classe de son quatrième embranchement à la fin de son excellent ouvrage , sans attacher beaucoup d'importance aux êtres qu'il y comprend ; et comme fatigué par l'immensité de son travail , il s'est borné , en diminuant arbitrairement le nombre des genres qu'il n'avait probablement pas examinés dans la nature même, à conserver la section des Rotifères de Lamarck, en l'élevant à la dignité d'ordre, appelant *Infusoires homogènes* tous ceux où l'on ne reconnaît pas d'organe distinct. Il extrait en outre les Vorticellés de sa dernière classe, pour les reporter dans le voisinage des Polypes à bras , rendus célèbres par les travaux de Trembley , mais qui n'y ont guère de rapport. Nous étant, dès notre première jeunesse, habitué à l'usage du microscope ; n'ayant cessé depuis d'employer en tous lieux cet instrument pour la recherche des êtres singuliers qu'il décèle ; certain, par les dessins sans nombre que nous en avons faits, et d'après des notes que nous en avons tenues, de la constance des formes qui s'y manifestent, peu des Animaux décrits par Müller ou par les autres micrographes nous ont échappé ; nous en avons découvert un nombre bien plus considérable qu'on n'en avait trouvé, et sur tant de faits acquis, nous avons essayé de former, dans l'Encyclopédie par ordre de matières, une classification qui nous semble la moins imparfaite entre celles qui furent jusqu'ici proposées. Nous l'avons suivie , et nous nous proposons de la suivre désormais dans les articles de ce Dictionnaire qui traiteront des genres de Microscopiques , tels que nous pensons qu'ils doivent être établis. Cette méthode est exposée dans le tableau ci-joint. Les caractères de chaque ordre, de chaque famille et de chaque genre, qui s'y trouvent contenus, seront établis avec plus de développement dans les articles respectifs qui seront consacrés à ces genres, à ces familles et à ces ordres. Nous entrerons ici dans quelques détails sur les mots seulement qui ont été omis dans le cours de notre Dictionnaire, et que

l'ordre alphabétique ne doit plus amener.

GYMNODÉS. Ce premier ordre de notre classe des Microscopiques répond à la classe entière des Infusoires de Lamarck. L'étonnante simplicité des êtres qui le constituent n'est pas ce qui paraît encore le plus singulier dans l'existence de ces êtres. On n'y saurait distinguer la moindre trace d'organes internes. Comme formés de matière muqueuse et de matière agissante, seulement pénétrés de corpuscules hyalins, dus à ce que nous appelons forme vésiculaire (*V.* MATIÈRE), leur masse est parfaitement diaphane et nage souvent avec la plus étonnante rapidité dans toutes les directions, sans qu'on puisse distinguer, même à l'aide de prodigieux grossissemens, par quel mécanisme une telle natation se peut opérer. Ces êtres se déterminant dans leurs mouvemens pour une direction plutôt que pour une autre, évitant en tournant les obstacles selon qu'il est nécessaire , sachant fort bien discerner, à mesure que l'eau qu'ils habitent s'évapore, les points où ils pourront prolonger leur existence, parce qu'il y reste de l'eau plus long-temps ; cherchant en général à s'abriter du jour trop brillant que porte sur eux le miroir réflecteur, ces êtres, disons-nous , sont bien évidemment doués de volonté; et, cependant, la volonté ne peut résulter que d'un mode de raisonnement déterminé par la faculté de percevoir et de comparer l'effet des perceptions.

Tout être qui agit spontanément et avec intention d'agir, est beaucoup plus avancé dans la vie que ne l'ont imaginé ceux qui, parce qu'ils n'entrevoyaient pas de traces de système nerveux dans certains êtres, en ont conclu que de tels êtres, privés de nerfs, étaient insensibles, comme si la sensibilité , première attribution de la vie animale, ne pouvait résulter absolument que de la présence d'un système nerveux. Cependant, nos Gymnodés , qui sentent, ne sont pas les seules créatures évidemment vivantes qui soient privées de ce qu'on veut être la raison de tout sentiment : des êtres, déjà très-compliqués par l'addition d'organes visibles, soit externes, soit internes, manquent aussi de nerfs. Nous pouvons affirmer n'avoir rien vu même d'analogue dans les Hydres ou Polypes d'eau douce, dont personne ne saurait aujourd'hui contester la sensibilité exquise, et la plupart des très-grands Animaux Médusaires que nous avons eu occasion de disséquer vivans, n'en présentent pas davantage, encore qu'on ait cru en avoir trouvé dans leurs pareils. En suivant dans ses complications le développement des Microscopiques, on croit reconnaître au contraire que l'apparition d'un système nerveux est l'une des dernières. A la simplicité parfaite des Gymnodés, viennent s'ajouter, bien avant la moindre apparence de réseau et de ganglions nerveux, l'intestin, ou du moins évidemment ce qu'on doit considérer comme l'ébauche de cet organe; l'ébauche d'une ouverture buccale vient plus tard encore. Beaucoup d'êtres vivans parcourent toutes les périodes de leur existence sans la moindre apparence d'aucune autre modification. Les cils et poils cirreux qui nous semblent préparer un système additionnel destiné à la respiration, viennent **après l'intestin et l'ouverture buccale**, et, se compliquant en vibratiles et rotatoires, complètent le système par lequel l'air est appelé à jouer un si grand rôle dans l'exercice de la vie; le développement d'un très-grand nombre de Microscopiques s'est arrêté là. Après l'importante introduction des cirres vibratiles et des rotatoires propres à la respiration, vient celle d'un système circulatoire, et le cœur se montre; de sorte que l'ébauche intestinale et buccale est bientôt suivie de l'ébauche respiratoire, et celle-ci de la circulatoire. Alors les êtres qui, tant qu'il n'existait pas en eux de centre d'action vitale, pouvaient être le résultat de générations spontanées, ou dans lesquels la reproduction avait lieu par divisions ou bou-

tures, deviennent indivisibles et soumis à un mode de génération gemmipare, qui est encore une ébauche; ils cessent d'être tomipares; des propagules internes commencent à s'y reconnaître; une sorte de système nerveux devient dès-lors indispensable pour ajouter une sensibilité plus puissamment excitative à l'ensemble constitutif de créatures dont la reproduction dépendra désormais de l'attrait qui porte un sexe vers l'autre.

Long-temps on ne conçut pas de propagation sans sexes : il a bien fallu se rendre à l'évidence, et admettre l'existence de créatures agames : aujourd'hui encore, on ne conçoit pas de perceptions sans nerfs; il faudra finir par admettre un mode de perception qui ne nécessite pas de nerfs. L'idée de générations spontanées révolta d'abord de très-bons esprits, et le microscope en démontre pourtant l'existence. Ces assertions seront sans doute traitées légèrement par la presque totalité des savans qui, ayant formé leur manière de voir d'après l'examen de créatures où des nerfs et des sexes sont incontestables, ne sauraient consentir à ne pas avoir tout connu; mais lorsque l'habitude des observations du genre de celles où nous nous sommes long-temps et patiemment exercé, sera très-répandue, et que pour étudier la nature on adoptera la marche du simple au composé, force sera de ne les plus trouver absurdes. Dans les Gymnodés où la vie n'est pour ainsi dire encore qu'un cas fortuit, une seule molécule presque insécable peut être un Animal complet. Les admirables lois créatrices qui ont fait de cette molécule une Monade, *Monas*, agissant pour son compte, peuvent élever le même être à un degré de complication où d'autres molécules internes exerceront par leur réunion une vie collective, sans que cette vie collective détruise la vie individuelle que reprend chaque partie constitutrice lorsqu'une cause quelconque vient à l'individualiser. Le fait est avéré : Müller l'a vu, nous l'avons vingt autres observateurs l'ont également vu ; les Pandorines le présentent à chaque instant. Lorsqu'une complication de plus, telle que l'épaississement de notre matière muqueuse dans laquelle se trouvent agglomérées des molécules vivantes, ne permet plus à celles-ci de se dégager, que des bulles de matière vésiculaire s'y viennent mêler, et qu'une membrane vient emprisonner l'ensemble qui résulte de tels mélanges, un Animal complet, provient de cette merveilleuse complication : nulle molécule ne s'en peut plus dégager sous peine de la vie ; et pour se reproduire, l'être ainsi composé n'a plus que la voie du dédoublement ou de la séparation en parties égales, d'où résultent deux Animaux pareils à celui dont ils furent des moitiés. L'histoire des Gymnodés ne va pas plus loin, et pour n'être pas composée de faits nombreux elle n'en est pas moins digne d'admiration parce que son étude permet peut-être à la persévérance humaine l'espoir de soulever le voile mystérieux qui nous cache les plus importans secrets de la nature

Ce qui concerne les Trichodés, les Stomoblépharés et les Rotifères, troisième, quatrième et cinquième ordres de la classe des Microscopiques, n'ayant point encore dû trouver place dans notre Dictionnaire, sera traité lorsque l'ordre alphabétique amènera ces mots. Mais il devient nécessaire de traiter encore, sous le rapport des généralités, ce qui concerne le cinquième, dont il n'a pas été question.

CRUSTODÉS. Nous avions long-temps regardé tous les Animaux à qui ce nom peut convenir comme formant une seule famille dont nous nous occupâmes à l'article BRACHIONIDES. Mais les Brachionides, dans l'état de nos connaissances accrues, ne peuvent plus former qu'une simple famille de cet ordre important, où les Miscroscopiques ayant reçu toutes les additions organiques que peut contenir leur excessive petitesse, s'élèvent vers le grand embranchement des Ar-

ticulés par les Crustacés, dont ils sont comme des ébauches en miniature. Un test capsulaire, univalve ou bivalve, invariable dans ses formes spécifiques, a fixé les limites d'un être qui ne se pourrait plus dédoubler ni diviser sans mourir aussitôt. C'est alors que des moyens de reproduction nouveaux devenaient indispensables, et des propagules internes dont la forme approche déjà rudimentairement des ovaires qu'on distingue dans les Entomostracés, viennent compléter l'organisation, mais ne constituent néanmoins pas encore de véritables Ovipares. Il en est de ce mode de reproduction comme de celui qui s'opère par des gemmules, organes qui dans les Cryptogames complétement privées de sexe, ne peuvent être considérés comme des graines dans l'acception que la botanique donne à ce mot, encore que ces gemmules ressèment les Végétaux dont ils sont sortis.

On dirait que, dans le test des Crustodés, la nature a voulu essayer les formes des enveloppes plus résistantes et souvent si bizarres des Malacostracés. Les Animaux compris dans cet ordre sont généralement un peu moins petits que ceux des trois premiers, mais moins grands que la plupart de ceux qui constituent celui des Rotifères. L'aspect que leur donne le test dont ils sont protégés, les rend reconnaissables au premier coup-d'œil ; mais nul autre caractère que ce test protecteur, si ce n'est un *facies* particulier et des habitudes semblables dont la vivacité forme le fond, ne les unit intimement. Ainsi, les uns présentent des organes rotatoires très-complets, d'autres de simples cirres vibratiles, et il en est de parfaitement glabres dans toutes leurs parties. Ceux-ci sont munis de queues ou d'appendices caudiformes ; ceux-là ne portent d'appendices d'aucune espèce ; aucun cependant n'est polymorphe dans l'étendue du mot. Le corps de la plupart, toujours composé de molécules entre lesquelles ne se distinguent pas de muscles, et qu'on aperçoit dans la transparence des enveloppes, est à la vérité plus ou moins contractile dans sa petite prison; mais sa forme est déjà symétrique. La plupart présentent, parmi d'autres ébauches d'organes internes qu'on peut diviser en régions analogues à celles dont les empreintes existent sur la carapace des Crustacés complets; la plupart, disons-nous, présentent un cœur bien évident, qu'on avait cru mal à propos être l'organe de la déglutition. La position interne de ce cœur d'essai, la rapidité de son agitation où l'on reconnaît les mouvemens de systole et de diastole, outre une coloration prononcée, indiquent des fonctions bien différentes; mais les Crustodés ont évidemment une bouche, et un intestin où la dilatation par plénitude est souvent très-visible : aussi la plupart vivent-ils évidemment de proie; l'absorption, à laquelle leur armure s'oppose sur la plus grande partie de leur surface, ne suffisant d'ailleurs plus pour les substanter. Trois familles se groupent dans l'ordre des Crustodés.

† Les *Brachionides*. Les modifications que nous avons fait subir à cette famille, sont suffisamment indiquées dans le tableau ci-joint, et ne changent rien à l'exactitude de ce que nous en avons déjà dit au T. II de ce Dictionnaire.

†† Les *Gymnostomées* sont totalement dépourvues de rotatoires et de cirres vibratiles; ce sont des Brachionides imberbes. Mais elles n'en sont pas moins des êtres fort éloignés dans l'échelle de l'organisation des Gymnodés, glabres comme elles. Leur complication est déjà fort grande. On y voit un orifice buccal très-distinct, et non-seulement un appendice caudal s'y reconnaît, mais cet appendice est évidemment articulé, tandis que le test s'y prononce de plus en plus.

††† Les *Citharoïdes* ont des cirres soit à l'extrémité antérieure seulement, soit aux deux extrémités, mais on n'y distingue pas de queue. Elles semblent former le passage des Kéro-

nes de l'ordre des Trichodés, aux véritables Brachionides; le genre Anourelle, qui appartient aux Citharoïdes, a déjà été décrit; mais c'est à tort que nous lui avions attribué des rotatoires complets. Les cirres vibratiles n'y sont bien certainement disposés qu'en faisceaux. Le genre Plœsconie qui appartient à cette famille nous occupera en son lieu; il nous reste à parler du genre Coccudine, que nous avions omis.

COCCUDINE, *Coccudina*. Le quatre-vingt-deuxième et dernier de notre tableau, ce genre a pour caractères : un corps moléculaire adhérent au fond d'un test cristallin évidé et libre sur les bords en forme de petit capuchon, comme une Patelle l'est dans sa coquille; l'Animal peut employer les deux faisceaux de cirres dont il est muni, l'un antérieurement, l'autre postérieurement, pour nager et pour marcher, ce qu'il fait à la manière des Insectes aquatiques sur les corps inondés, lorsqu'il s'applique en retirant les organes vibratiles en dedans, contre les Plantes des marais ou contre tout autre corps mis en infusion : on dirait un petit Coccus. Nous citerons comme exemples dans ce genre : le *Coccudina Keronina*, N.; *Kerona Patella*, Müll., *Inf.*, t. 35, f. 16, 17; Encycl., pl. 18, f. 1-4; et le *Coccudina Cimex*, N.; *Trichoda*, Müll., *Inf.*, pl. 22, f. 21, 23; Encycl., pl. 17, f. 15, qui est la petite Araignée aquatique de Joblot, pl. 10, f. 15.

Nous avions encore omis dans les précédens volumes de ce Dictionnaire les genres suivans :

GYGES, *Gyges*. Les caractères qui placent ce genre parmi les Volvociens, consistent dans la forme sphérique ou ovoïde du corps, au centre duquel sont agglomérées les molécules constitutrices, qui semblent être réunies dans un globe interne plus petit que l'enveloppe extérieure, au centre duquel on le dirait suspendu, de sorte qu'il demeure, dans quelque position que l'Animal prenne, un anneau translucide à son pourtour. Les espèces du genre Gyges diffèrent des Volvoces par cet anneau remarquable ; ils en ont du reste les habitudes et se trouvent aux mêmes lieux. Nous citerons comme exemples : le *Gyges viridis*, N.; Encycl. Dic., n° 2; *Volvox Granulum*, Müll., *Inf.*, pl. 5, fig. 5; Encycl., pl. 1, f. 2, et le *Gyges Encheloides*, N.; Encycl. Dic., n° 5 ; *Enchelis similis*, Müll., pl. 4, f. 4, 5 ; Encycl., pl. 2, f. 5.

HIRONDINELLE, *Hirundinella*. Les caractères de ce genre qui le placent dans la famille des Bursariées sont : corps membraneux, concave inférieurement avec une demi-cloison membraneuse qui, régnant à l'extrémité inférieure de l'excavation, rappelle la forme des Coquilles du genre Navicelle (Lamk.) vues au-dessous. Mais là les extrémités s'allongent en pointe, entre deux petits appendices latéraux, prolongemens de la substance même de l'Animal, dont la figure étrange rappelle celle des cerfs-volans de papier dont s'amuse l'enfance. Nous n'en connaissons qu'une espèce ; elle est perceptible à l'œil nu, c'est l'*Hirundinella quadricuspis*, N., Encycl. Dic.; *Bursaria Hirundinella*, Müll, *Inf.*, pl. 17, f. 9-12; Encycl., pl. 8, f. 9-11.

CRATÉRINE, *Craterina*. Ce genre, comme le précédent, appartient à la famille des Bursariées ; il a pour caractères un corps membraneux, cylindracé, complétement urcéolé. Les Cratérines seraient de véritables Urcéolaires si leur orifice était cirreux ; on dirait des enveloppes vivantes d'Animaux qui semblent manquer dans leur intérieur. Les principales espèces sont : 1° *Craterina margarina*, N., en coupe ovale, obtuse au côté fermé, tronquée du côté ouvert; nageant assez vivement, indifféremment en avant ou en arrière, mais plus souvent par le côté buccal; tournant aussi sur elle-même dans le sens de sa longueur ; formée de molécules rondes, distinctes, longitudinalement sériales en côtes de Melon et, en même temps, disposées en

anneaux circulaires d'une manière plus ou moins distincte ; sa couleur est d'un gris tirant sur le blond ; nous l'avons trouvée parfois dans de l'eau où nous élevions des Oscillaires ; 2° *Craterina Lagenula*, N., Urinal de Joblot, pl. 8, f. 2, et Bouteilles dorées du même auteur, pl. 8, f. 4-5, pl. 7, f. 13. Obronde, légèrement contractile, s'amincissant en cou antérieurement où elle est ouverte, et par où elle s'applique quelquefois à de petits corps étrangers qui la bouchent, et qu'elle emporte avec elle en nageant. Elle se trouve dans plusieurs infusions végétales, particulièrement dans celles de Céleri ; 3° *Craterina Stentorea*, N., Joblot, pl. 7, f. 6. Oblongue, conique, amincie postérieurement tantôt en pointe, tantôt obtuse; s'évasant souvent beaucoup antérieurement, ou se rétrécissant parfois en cou de bouteille ; la plus variable et la plus simple de toutes par sa transparence, elle se trouve comme la précédente dans les infusions de Céleri. L'*Enchelis viridis*, Müll., *Inf.*, pl. 4, f. 1 ; Encycl., pl. 2, f. 1 ; et l'*Enchelis fritillus*, Müll., pl. 4, f. 22, 23 ; Encycl., pl. 2, f. 9, appartiennent encore au genre *Craterina*.

CÉPHALODELLE, *Cephalodella*. Corps musculaire, comme vaginé, se plissant selon les divers mouvemens de l'Animal, à l'extrémité antérieure duquel se forme un étranglement qui en sépare comme une sorte de tête, à laquelle ne se distingue néanmoins encore ni orifice buccal, ni apparence de cirres. Un appendice caudiforme bifide place ce genre dans la famille des Urodiées; on en trouve les espèces indifféremment dans les eaux douces ou dans celles des infusions. Nous citerons comme exemple le *Cephalodella Catesimus*, N.; *Furcocerca*, Lamk., An. sans vert. T. 1, p. 448; *Cercaria*, Müll., *Inf.*, t. 20, f. 10; Encycl., pl. 9, f. 22, 23, et le *Cephalodella Lupus*, N.; *Furcocerca*, Lamk., loc. cit.; *Cercaria*, Müll., pl. 20, f. 14, 17; Encycl., pl. 9, f. 26, 29.

Le genre Ezéchiéline pouvant être considéré comme le type de la famille des Rotifères, sera traité à l'article où il sera question de ces Animaux. Il suffit pour le moment, afin de détruire une erreur qu'on essaie de nouveau d'accréditer, de signaler la résurrection des Rotifères desséchées comme une fable dans toute l'étendue du mot. Il n'est pas moins radicalement faux que ces Animaux soient des larves ; ce que Spallanzani appelait *Tardigrade* en peut être une, mais quiconque l'avancerait des Rotifères pour en avoir trouvé une ou deux fois dans sa vie, s'exposerait à se voir démenti par le micrographe le moins exercé.

Quant aux familles nouvellement établies des Bursariées et des Kolpodinées, ce qui en est rapporté dans notre tableau, ainsi qu'à l'histoire des genres qui s'y groupent, suffira pour les faire connaître sans que nous entrions dans de plus longs détails.

Outre les Microscopiques que nous sommes parvenus à soumettre à l'ordre méthodique exposé dans le tableau ci-joint, il en existe dans plusieurs auteurs qui nous ayant jusqu'ici échappé n'ont pu rentrer dans aucun de nos genres ; nous en recommandons la recherche aux micrographes, parce qu'ils nous paraissent fort extraordinaires. Tels sont :

1°. Ce que Gleichen a figuré plusieurs fois sous le nom de Jeux de nature et de Balles ramées. On dirait des individus de *Monas Punctum* ou *Bulla* placés à la distance de deux ou trois fois leur diamètre, et unis par des corps filiformes qui les tiendraient assujettis comme pour former un Animal double.

2°. Ce que le même auteur appelle Chaos ou Informes, et que constitue une masse sans figure déterminée, composée de molécules confuses et inégales, où l'on ne voit rien qui puisse faire supposer une organisation quelconque, mais qui cependant n'en manifeste pas moins tous les indices de la vie, allant, venant et nageant en tous sens.

3°. Le *Volvox Lunula* de Müller, *Inf.*, p. 7, t. 3, f. 11 ; Encycl., pl. 1, fig. 6. Corps hémisphérique, composé de corpuscules cristallins, parfaitement translucides, en forme de croissant et dont le nombre est considérable. Cette singulière créature manifeste un mouvement double, c'est-à-dire que la masse et la molécule s'y agitent indépendamment l'une de l'autre.

4°. Le *Vorticella cincta* du même auteur, p. 256, pl. 35, f. 5, 6, A, B ; Encycl., pl. 19, f. 6, 9. Sorte de cupule mouvante, bivalve, dépourvue de cirres et que nous ne pouvons rapporter à nulle de nos divisions d'ordre.

Quant aux Vorticelles, composées ou simplement pédicellées, figurées dans l'immortel ouvrage du savant Danois (planches 44, 45 et 46), ainsi que dans les planches 24, 25 et 26 de l'Encyclopédie, elles n'appartiennent pas à la classe des Microscopiques, dont elles s'éloignent même beaucoup quoiqu'elles y confinent avec les Urcéolaires. Simples Végétaux durant une partie de leur existence, elles produisent à certaines époques de leur développement des boutons qui, au lieu de s'épanouir en fleurs, deviennent de véritables Animaux, communiquant leur faculté vitale aux rameaux qui les produisirent. Devenus adultes ou mûrs, car ces deux expressions conviennent également ici, ces Animaux-Fleurs se détachent de leur pédoncule au temps qui leur est prescrit pour jouir enfin d'une liberté absolue ; on ne saurait qu'arbitrairement contraindre de telles créatures, Plantes durant la moitié de leur existence, Animaux durant l'autre, à rentrer dans l'un des deux vieux règnes adoptés par les naturalistes pour renfermer la totalité de la création organique. Cette manière de voir est encore l'une de celles contre lesquelles s'élèvent divers naturalistes qui, n'ayant pas eu l'idée d'établir un règne de plus, ne consentiront que difficilement à l'adopter ; mais il arrivera une épo-

que où les observateurs, jugeant d'a-
près les faits , l'adopteront. Alors on
prétendra qu'elle ne fut pas de nous ,
et que nous l'avions puisée dans les
écrits même de ceux qui l'auront
combattue ; qu'importe , elle n'en
est pas moins dans la nature ?
en attendant, on nous a déjà assez vivement reproché d'avoir voulu
exclure du catalogue des Animaux
telle ou telle Vorticelle , par la raison
que jusqu'ici ces Vorticellaires avaient
été classées dans le règne animal, et
qu'on les avait vues courir fréque n-
ment et vivement sur le porte-objet
du microscope. Nous n'essaierons pas
de contester que les *Vorticella cyathi-
na*, *putrina* et *patellina* par exemple ne
vivent d'une manière parfaitement
décidée à certaine époque de leur
durée, et dans toute l'étendue du mot
vivre , mais comme il nous est démontré que le développement du pédicule y précède le globule animé, et
qu'avant que celui-ci ait apparu , ce
pédicule constitue un véritable filet
byssoïde végétant, nous ne voyons
pas à quel titre on rayerait plutôt
ces Vorticelles du règne végétal que
du règne animal. Il faut les laisser,
selon leur âge, dans chacun des deux
règnes , ou ne les laisser ni dans
l'un ni dans l'autre, il n'y a qu'à
choisir. Nous reviendrons sur ce point
au mot PSYCHODIAIRE.

On pourrait être surpris de nous
voir terminer cet article sans y dire un
mot des lueurs de la mer, que l'on attribue communément à ses nombreux
Microscopiques ; ce qui est encore une
erreur matérielle. Nul doute qu'il
n'existe dans l'Océan beaucoup d'Animalcules, des Crustacés et même de
gros Animaux très-phosphorescens ,
qui contribuent à son éclat nocturne,
comme il existe des Lampyres et des
Taupins qui brillent sur la terre et
dans les airs, en contribuant à la
beauté des nuits de nos campagnes ,
sans que néanmoins ces petites bêtes
soient les causes du clair de lune.
Ce point a été éclairci à l'article MER.
V. ce mot.   (B.)

* **MICROSEMMA.** BOT. PHAN.
Genre de la Polyandrie Monogynie, L.,
récemment établi par Labillardière
(*Sertum Austro-Caledonicum , pars
secunda* , p. 58) qui lui a imposé les
caractères suivans : calice persistant,
à cinq ou rarement à six folioles, dont
trois placées sur une rangée intérieure;
coronule pétaloïde, formée de dix à
douze pétales distincts; étamines nombreuses (environ trente), hypogynes,
à filets légèrement soudés par la base,
et à anthères biloculaires, réniformes ;
ovaire globuleux , supère , surmonté
d'un style simple et d'un stigmate à
cinq ou six lobes ; capsule ovée à dix
ou douze loges , et à autant de valves
qui portent les cloisons sur leur milieu; graines solitaires dans chaque
loge, fixées au sommet des valves ,
contenant un périsperme charnu ,
et une radicule supère , infléchie sur
les cotylédons foliacés. Ce genre est
rapporté par son auteur, qui en a
donné une excellente figure, à la
famille des Ternstrœmiacées ; et il est
nommé *Microsemma* à cause de sa
corolle en petite couronne pétaloïde.

Le *Microsemma salicifolia*, Labill.,
loc. cit. , tab. 57 , est un Arbrisseau
des îles de la mer du Sud , dressé, à
branches nombreuses , cylindriques,
glabres, cendrées, terminées par des
ramuscules jaunâtres et pubescens.
Les feuilles sont elliptiques-oblon-
gues, coriaces, glabres, très-entières,
ou crénelées et ondulées; alternes ,
pétiolées , vertes en dessous , brunes
en dessus, à petites nervures parallèles , anastomosées et proéminentes
des deux côtés , la médiane épaisse ,
roussâtre et légèrement pubescente.
Les fleurs sont réunies vers le sommet
des branches, portées sur des pédoncules munis de bractées oblongues ,
fauves , velues et caduques. (G..N.)

* **MICROSOLÈNE.** *Microsolena.*
POLYP. Genre de l'ordre des Tubiporées, dans la division des Polypiers
pierreux, ayant pour caractères : Polypier pierreux, fossile, en masse turbinée ou informe, composé de tubes
capillaires, cylindriques, rarement
comprimés, parallèles et rapprochés,

communiquant fréquemment entre eux par des ouvertures latérales d'un diamètre à peu près égal à celui des tubes. Les Microsolènes ne sont pas très-rares dans le Calcaire à Polypiers des environs de Caen ; les petits échantillons ont une forme en général turbinée, les gros sont tout-à-fait irréguliers et presque toujours détériorés. Le plus souvent l'intérieur des tubes est rempli d'une matière calcaire spathique ; nous n'avons trouvé qu'une seule fois ce Polypier avec ses tubes vides. Les parois de ceux-ci sont confondus dans la masse, ou plutôt les tubes paraissent creusés dans la substance du Polypier : ils sont très-petits, capillaires, cylindroïdes, perpendiculaires, parallèles, séparés par des intervalles pleins, irréguliers, et d'un volume à peu près égal à celui des tubes. Ces intervalles sont percés, suivant la longueur, d'une infinité de trous qui font communiquer de toutes parts les tubes les uns avec les autres, et cette disposition rend la masse du Polypier autant celluleuse que tubuleuse. On ne peut reconnaître l'arrangement des tubes qu'à la surface supérieure, où l'on aperçoit qu'ils forment de petites aires rayonnantes dont les limites ne sont point distinctes ; la grandeur des aires et le diamètre des tubes varient un peu sur les divers échantillons que nous avons observés, mais nous n'avons pu découvrir de différences assez tranchées, et surtout assez constantes pour établir plusieurs espèces. Ce genre ne renferme d'autre espèce que celle décrite et figurée par Lamouroux dans son Exposition méthodique des Polypiers, et qu'il a nommée *Microsolena porosa*.   (E. D..L.)

*MICROSPERME. *Microspermum.* BOT. PHAN. Genre de la famille des Synanthérées, Corymbifères de Jussieu, et de la Syngénésie égale, L., établi par Lagasca (*Gen. et Spec. Plant.*, p. 25) qui l'a ainsi caractérisé : involucre campanulé à plusieurs folioles égales ; réceptacle nu ; fleurons de la circonférence plus grands que ceux du centre, au nombre de six à douze, dont le limbe est divisé en deux lèvres ; akènes surmontés de dents très-courtes. Ce genre, trop incomplétement caractérisé pour qu'on puisse déterminer ses affinités immédiates, ne se compose que d'une seule espèce, *Microspermum nummulariæfolium*, Lag., indigène de la Nouvelle-Espagne. C'est une petite Plante herbacée dont la tige est filiforme, décombante, simple, hérissée, munie inférieurement de feuilles opposées, portées sur de courts pétioles, arrondies, presque cordiformes, ou légèrement ovales. Les fleurs sont terminales sur des pédoncules à deux ou trois divisions.   (G .N.)

* MICROSTACHYS. BOT. PHAN. Nous avons séparé plusieurs espèces du genre *Tragia* pour en former le *Microstachys*, qui est tout-à-fait distinct, comme on peut s'en convaincre par l'examen de ses caractères qui sont les suivans : fleurs monoïques ; calice triparti ou composé de trois folioles dont la préfloraison est imbriquée ; dans les mâles, trois étamines libres ; dans les femelles, style divisé profondément en trois branches réfléchies ; trois stigmates ; capsule glabre ou armée de pointes régulièrement disposées, à trois coques arrondies ou prismatiques, bivalves, monospermes ; graines lisses. Ses espèces sont des Arbres ou des Arbrisseaux, ou plus rarement des Herbes. Les feuilles alternes, quelquefois accompagnées de petites stipules caduques, sont finement dentées ; les fleurs sont disposées aux aisselles de ces feuilles ou un peu au-dessus ; les mâles en épis extrêmement courts et grêles ; les femelles solitaires, et courtement pédonculées. Une bractée munie latéralement de deux glandes accompagne une ou plusieurs fleurs. A ces genres se rapportent le *Tragia Chamelea*, L., les *T. corniculata* et *bicornis* de Vahl. Auguste de Saint-Hilaire vient d'en faire connaître une espèce nouvelle (*Mém. du Mus.*, vol. XII, p. 340) ; Martius et Zuccarini en ont aussi décrit, parmi leurs Plantes du

Brésil, quelques-unes, sous le nom générique de *Gnemidostachys*. Elles sont toutes originaires de l'Amérique équatoriale, le Brésil, la Guiane et les Antilles. On pourrait les partager en deux sections, comprenant l'une les espèces dont la capsule est à coques prismatiques et régulièrement armées de pointes; l'autre, les espèces dont la capsule a ses lobes arrondis et glabres. Le *Sapium obtusifolium* de Humboldt et Kunth rentre dans cette dernière par quelques-uns de ses caractères. *V*. Adr. de Juss., Euphorb., pag. 48, t. 15, n° 50.   (A. D. J)

MICROSTEMMA. BOT. PHAN. Genre de la famille des Asclépiadées et de la Pentandrie Digynie, L., établi par R. Brown (*in Wern. Transact.* I, p. 25) qui l'a caractérisé de la manière suivante : corolle rotacée, quinquéfide ; couronne staminale monophylle, charnue, à cinq lobes alternes avec les anthères; celles-ci ne sont point terminées par une membrane; masses polliniques fixées par le côté, incombantes avec le stigmate qui est mutique; follicules grêles et lisses; graines aigrettées. Le *Microstemma tuberosum*, R. Br., *loc. cit.*, est une Plante herbacée, glabre et dressée. Sa racine est tubéreuse ; sa tige simple inférieurement, garnie de feuilles très-petites, rameuse supérieurement, et munie de feuilles opposées linéaires. Les fleurs, dont les corolles ont une couleur purpurine noirâtre, et sont barbues à l'intérieur, forment des ombelles sessiles latérales et terminales. Cette Plante croît dans les contrées de la Nouvelle-Hollande situées entre les tropiques.

(G..N.)

MICROSTOME. *Microstoma.* POIS. Sous-genre d'Esoce. *V*. ce mot. (B.)

MICROTÉE. *Microtea.* BOT. PHAN. Genre de la famille des Atriplicées et de la Pentandrie Digynie, L., établi par Swartz (*Prodr.*, 53) et auquel Rohr a donné plus tard le nom de *Schollera*, qui n'a pas été adopté. Ce genre se compose d'une seule espèce, *Microtea debilis*, Swartz, *loc.*

cit., Lamk., Ill., t. 182. C'est une Plante annuelle très-commune dans toutes les Antilles, où elle croît sur le bord des chemins et les vieux murs. Ses tiges sont herbacées, rameuses, étalées, grêles, à cinq angles et comme noueuses. Les feuilles sont éparses, ovales, obtuses, rétrécies à leur base en un pétiole court. Les fleurs sont fort petites, formant des épis géminés, opposés aux feuilles. Elles sont blanches, dressées et sessiles. Le calice est monosépale, régulier, corolliforme, presque campanulé, à cinq divisions ovales et un peu étalées. Les étamines, au nombre de cinq, sont insérées au fond du calice qui est charnu et solide, alternes avec les lobes, et étalées entre leurs incisions. Les anthères sont terminales, globuleuses et didynies. L'ovaire est appliqué sur le disque charnu qui remplit la partie inférieure du calice. Il est globuleux et chagriné extérieurement, terminé par un style très-court, bi ou trifide à son sommet, et finissant par autant de stigmates divergens. Le fruit est un akène globuleux, verruqueux, recouvert par le calice.   (A. R.)

MICROTHUOEREIA ou **MICROTUARSIA.** BOT. PHAN. *V*. THOUARSIE.

MICROTIS. *Microtis.* BOT. PHAN. Robert Brown appelle ainsi un nouveau genre d'Orchidées, ayant quelque ressemblance de port avec le genre *Prasophyllum*, et qu'il caractérise de la manière suivante : le calice est irrégulier en mufle; les folioles latérales externes sont sessiles, placées au-dessous du labelle; les intérieures sont à peu près semblables et dressées. Le labelle est oblong, obtus, calleux à sa base; le gynostème est comme en entonnoir; l'anthère est placée à son sommet, et un peu à sa partie postérieure; elle est munie de chaque côté d'un petit appendice membraneux et en forme d'oreillette. Chaque loge renferme deux masses polliniques pulvérulentes, attachées par leur base au sommet du stigmate.

Ce genre se compose de six espèces en y comprenant l'*Ophrys unifolia* de Forster, ou *Epipactis porrifolia* de Swartz qui en fait partie. Ce sont des espèces herbacées, terrestres, glabres, ayant des bulbes arrondis et entiers, une seule feuille fistuleuse, cylindrique, munie d'une gaîne très-longue. Les fleurs sont petites, verdâtres, quelquefois blanches, disposées en un épi multiflore. Ces espèces sont toutes originaires de l'Australasie. (A. R.)

* **MICTOPHUM.** POIS. *V.* MYCTOPHE.

MICTYRE. *Mictyris.* CRUST. Genre de l'ordre des Décapodes, famille des Brachyures, tribu des Quadrilatères, établi par Latreille et ainsi caractérisé : antennes intermédiaires très-petites, à peine bifides au bout, leur premier article plutôt longitudinal que transversal ; carapace bombée, plus étroite en avant qu'en arrière ; yeux peu écartés, placés en avant, portés sur un court pédoncule, et non logés dans des fossettes. Latreille avait d'abord placé ce genre, d'après la forme du corps, dans la section des Orbiculaires, à côté des Atélécycles, des Thies, des Pimothères, des Corystes, des Leucosies et des Ixa, genres qui appartiennent à d'autres tribus. Maintenant il le range entre les Gélasimes et les Pimothères ; il diffère de ce dernier genre par des caractères tirés des antennes intermédiaires, des Occipodes et des Gélasimes, par la forme du test et les proportions des articles des pieds-mâchoires. Les articles inférieurs de leurs pieds-mâchoires extérieurs sont fort larges, foliacés et très-velus. Les pieds sont longs, diminuant progressivement de grandeur à partir de la seconde paire, et ayant leur dernier article pointu, comprimé et sillonné. Les serres sont grandes, avancées, et forment près de leur milieu, en se dirigeant brusquement en bas, un coude très-prononcé ; leur carpe est très-allongé. La carapace est presque ovoïde, molle, un peu plus large et tronquée postérieurement ; elle est renflée avec les séparations des régions bien marquées par des lignes enfoncées. L'abdomen des femelles est formé de sept pièces ; le front est rabattu comme celui des Gécarcins et des Occipodes. On ne connaît, jusqu'à présent, qu'une seule espèce de ce genre ; c'est :

Le MICTYRE LONGICARPE, *Mictyris longicarpus*, Latr. (*Gen. Crust. et Ins.* T. I, p. 40). Il est petit et jaunâtre, il a été rapporté des Indes-Orientales par Péron et Lesueur. Lesson et Garnot l'ont recueilli sur les côtes de la Nouvelle-Hollande et à Amboine. (G.)

MIDAS. MAM. REPT. et INS. Pour *Mydas. V.* ce mot. (B.)

* **MIE DE PAIN.** *Medula Panis.* BOT. CRYPT. (Jacquin.) Espèce du genre Bolet. (B.)

MIEGIA. BOT. PHAN. (Schreber.) *V.* REMIREA d'Aublet. (Persoon.) *V.* ARUNDINAIRE.

MIEL. Matière sucrée, élaborée par les Végétaux, recueillie par les Abeilles, et préparée dans l'estomac de ces Insectes, avant qu'ils la déposent dans les alvéoles de leurs gâteaux. Pour l'obtenir il ne s'agit que de rompre la mince cloison de cire qui tient le miel renfermé dans l'alvéole, et de le faire écouler du gâteau. Il est blanc, jaune ou rouge-brun ; très-compacte ou mollasse ; offrant des grains cristallins plus ou moins gros et brillans, suivant les espèces d'Apiaires qui l'ont préparé, les Végétaux d'où il a été pris, le climat, et le degré de pureté résultant de sa préparation ; de ces mêmes causes aussi dépend le plus ou moins de douceur et de suavité du Miel. Cette matière est soluble dans l'eau en toutes proportions, et cette solution, mise à fermenter, produit une espèce de vin que l'on nomme Hydromel ; ce vin éprouve à son tour la fermentation acéteuse ; elle est en partie soluble dans l'Alcohol qui ne touche pas au véritable sucre cristallisable ; du reste elle jouit de presque toutes les propriétés du sucre qu'elle suppléc dans beaucoup de cas. *V.* ABEIL-LES. On a aussi appelé MIEL AÉ-RIEN la Manne. *V.* ce mot. (DR..Z.)

* **MIELLIN**. BOT. CRYPT. L'un des noms vulgaires du Bolet du Noyer, *Boletus Juglandis*. (B.)

MIÉMITE. MIN. Nom donné par Karsten à un Calcaire magnésien de couleur verdâtre et quelquefois blan-châtre, qui se trouve près de Miémo en Toscane. On peut rapporter à la même variété les concrétions du pays de Szakowacz en Styrie, formées d'un assemblage de corps de couleur verdâtre, qui sont des espèces de po-lyèdres serrés l'un contre l'autre. Leur configuration pseudo-cristalline pa-raît être l'effet de la compression qu'ils se faisaient subir mutuellement pen-dant leur formation dans le même espace. (G. DEL.)

MIGA. MOLL. (Adanson, Voy. au Sénég., p. 115, pl. 8.) Espèce du genre Buccin bien caractérisée; Bru-guière l'a mentionnée sous le nom de *Buccinum Miga*, dénomination qui a été adoptée par Lamarck qui joint à la synonymie le *Buccinum stolatum* de Gmelin, quoique celui-ci ne rap-porte pas le Miga d'Adanson dans la synonymie de son espèce. (D..H)

* **MIGNARD**. OIS. Espèce du genre Gobe-Mouche. *V.* ce mot. (DR..Z.)

MIGNARDISE. BOT. PHAN. Nom vulgaire donné par les jardiniers aux *Dianthus Armeria* et *plumosus*, L. *V.* OEILLET. (B.)

MIGNONET BLANC ET ROUGE. BOT. PHAN. Noms vulgaires du Trèfle des prés. (B.)

MIGNONNE. BOT. PHAN. Une va-riété de Pêches et la Mauvisque. (B.)

MIGNONNETTE. BOT. PHAN. Nom vulgaire du *Draba verna* et de l'*Ho-losteum umbellatum*. On a aussi ap-pelé Mignonnette, le Réséda, la Lu-zerne Lupuline et le Poivre concassé de l'épicerie. (G.)

* **MIGRAINE**. BOT. PHAN. De *Mil-legraines*. La Grenade fruit du Gre-nadier dans le midi de la France. (B.)

MIGRANES. CRUST. Cuvier donne ce nom aux Crustacés du genre Ca-lappe. *V.* ce mot. (G.)

MIGRATIONS. ZOOL. Les Ani-maux peuvent, eu égard à leur mode d'habitation, se diviser en deux classes : les uns restent pendant toute la durée de leur vie dans les régions où ils ont pris naissance, ou du moins ne s'en éloignent que fort peu, et par des causes particulières et in-dividuelles qu'il est presque toujours assez facile d'apprécier. D'autres, au contraire, entreprennent soit pé-riodiquement dans certaines saisons de l'année, soit non périodiquement, des voyages de long cours, et se ren-dent à des distances quelquefois très-considérables, le plus ordinairement pour y passer un certain laps de temps, d'autres fois même pour s'y établir tout-à-fait. Ce sont ces voyages ou excursions périodiques ou irrégu-lières, temporaires ou durables, qu'on a coutume de désigner sous les noms de Migrations ou Émigrations.

Il n'est pas besoin de posséder des notions approfondies sur l'organisa-tion des différentes classes qui com-posent le règne animal, pour sentir que toutes les espèces chez lesquelles les mouvemens de progression s'exé-cutent par des causes quelconques avec lenteur ou difficulté, et par con-séquent avec peine et fatigue, ne peuvent émigrer, ou que, si elles émigrent, elles ne peuvent faire que de très-petites excursions. On con-cevra de même que celles qui entre-prennent des voyages de long cours, doivent se trouver parmi celles qui peuvent se déplacer, non pas sans fatigue, car il n'est pas de mouve-ment qui s'opère sans action mus-culaire, et par conséquent sans fati-gue; mais du moins avec très-peu de fatigue. On voit donc, *à priori*, que sans parler de plusieurs Mammifères et de plusieurs Reptiles, que l'im-perfection de leurs organes de loco-motion retient nécessairement dans le canton où ils sont nés, pres-que toutes les espèces appartenant aux deux classes que nous venons de nommer, doivent ne pas voyager ou ne voyager que très-peu, et que les espèces dont les Migrations sont remarquables par leur étendue et leur régularité, doivent au contraire se rencontrer parmi ces Oiseaux pourvus d'ailes que leurs formes et leurs dimensions rendent propres à un vol soutenu, et parmi les Poissons, auxquels les modifications de leur queue et de leurs membres, la figure générale de leur corps et principalement la nature du milieu dans lequel ils vivent plongés, rendent les mouvemens de locomotion si peu difficiles et si peu pénibles. C'est en effet ce qui a lieu, comme nous allons le montrer en présentant quelques remarques sur les Migrations considérées dans les différentes classes.

On a noté un assez grand nombre d'exemples de Migrations faites par divers Mammifères, et particulièrement par plusieurs espèces de Carnassiers et de Rongeurs. Mais ces exemples sont presque tous plutôt des faits individuels que des faits spécifiques, en ce sens que ce sont, à l'égard de la plupart des espèces chez lesquelles ils ont été observés, des faits exceptionnels et contraires à leurs habitudes générales. Cependant les excursions assez régulières de l'Isatis (*V.* ce mot à l'article Chien) et d'un très-petit nombre d'autres Mammifères, et surtout les voyages du Lemming, sont très-remarquables et dignes d'attention; et nous ne manquerions pas de les faire connaître ici avec quelque détail, si l'on ne l'eût déjà fait ailleurs. (*V.* Lemming au mot Campagnol.)

Les Migrations des Oiseaux sont connues de tout le monde. Il n'est presque personne qui ignore que les Merles, les Grives, les Fauvettes et le Rossignol, les Hirondelles, les Coucous, les Colombes, les Pluviers, les Grues, les Cigognes, les Hérons, les Oies, les Canards, les Harles, et beaucoup d'autres, vont, dans certaines saisons de l'année, chercher dans d'autres climats la température qui leur convient. Ce phénomène est sans contredit l'un des plus remarquables qui aient fixé l'attention des observateurs. On sait que dans plusieurs des espèces que nous venons de citer, les individus qui doivent faire partie de la même troupe, se rendent tous sur le même point à la même époque, et qu'ils partent tous ensemble de ce lieu de rendez-vous, rangés dans un ordre régulier, et disposés de la manière la plus propre à leur permettre de vaincre avec le moins d'effort possible, la résistance de l'air. «Ce vol, dit Buffon, en parlant des Migrations de l'Oie sauvage, se fait dans un ordre qui suppose des combinaisons et une espèce d'intelligence supérieure à celle des autres Oiseaux.... Celui qu'observent les Oies semble leur avoir été tracé par un instinct géométrique : c'est à la fois l'arrangement le plus commode pour que chacun suive et garde son rang, en jouissant en même temps d'un vol libre et ouvert devant soi, et la disposition la plus favorable pour fendre l'air avec plus d'avantage et moins de fatigue pour la troupe entière; car elles se rangent sur deux lignes obliques formant un angle à peu près comme un V, ou, si la bande est petite, elles ne forment qu'une seule ligne; mais ordinairement chaque troupe est de quarante ou cinquante. Chacun y garde sa place avec une justesse admirable. Le chef, qui est à la pointe de l'angle et fend l'air le premier, va se reposer au dernier rang lorsqu'il est fatigué, et tour à tour les autres prennent la première place. »

Temminck a aussi fait sur les Migrations des Oiseaux quelques observations fort curieuses. « Il est certain, dit ce célèbre ornithologiste (Manuel d'Ornithologie, T. 1, p. 384), que tous les Oiseaux qui émigrent, voyagent en troupe ou en famille; que les jeunes, chez le plus grand nombre, ne voyagent point avec les vieux, ou que, partant en famille, ils se séparent pour se réunir en troupes composées d'individus du même âge ; les jeunes reviennent rarement dans les mêmes lieux qui les ont vu naître, ce qu'il est très-facile de suivre chez toutes les espèces où ceux-ci ont besoin de plusieurs années et de l'accomplissement de plusieurs mois, avant de se revêtir de la livrée des vieux. Dans telle contrée, on ne trouve que les jeunes âgés d'un ou de deux ans ; dans telle autre que des individus adultes, et jamais ou très-accidentellement des individus dont le plumage indique qu'il n'est point encore parvenu à l'état adulte, mêlés avec ceux dont le plumage a acquis son dernier degré de perfection ou de stabilité. Tous les Oiseaux des genres *Falco*, *Ardea*, *Podiceps*, *Colymbus*, *Larus*, *Lestris*, *Pelecanus*, *Carbo*, et quelques espèces d'autres genres en fournissent de nombreuses preuves qu'il serait trop long de détailler ici. »

Nous venons de voir que les jeunes individus ne reviennent que rarement dans les lieux où ils ont pris naissance ; il n'en est point de même des adultes, comme l'ont prouvé des remarques faites sur les Hirondelles, les Cigognes, les Grues, les Hoche-Queues et plusieurs autres espèces, par divers observateurs au nombre desquels nous citerons Linné et Spallanzani. La science possède même un grand nombre de faits qui démontrent que plusieurs espèces reviennent tous les ans couver dans les mêmes lieux et pondre dans le même nid ; et les personnes qui habitent la campagne ont même presque toutes d'assez fréquentes occasions de faire par elles-mêmes de semblables observations.

Nous devons dire ici quelques mots d'une opinion fort répandue parmi le peuple des campagnes, et qui a même été adoptée par plusieurs naturalistes : c'est celle qui voit des indices certains des variations futures de la température dans les époques de Migration des Oiseaux de passage, et qui attribue ainsi à ces êtres remarquables, une sorte de prévision. On cite un assez grand nombre de faits à l'appui de cette idée, si souvent célébrée par les poëtes latins ; mais quelques observations lui sont aussi contraires. Nous citerons un exemple parmi ceux qui ont été recueillis le plus récemment. « L'hiver de l'année 1822, dit le docteur Gaspard (Mém. sur le Coucou, Journ. de Physiol. expérim., juillet 1824), ayant manqué presque entièrement, comme cela n'était jamais arrivé de mémoire d'Homme, la Primevère ainsi que les Navettes commençant à fleurir à la fin de décembre, les Seigles épiant au milieu de mars, la Vigne abritée offrant des fleurs à la fin de ce mois, la végétation, en un mot, se trouvant au printemps d'un mois plus précoce qu'à l'ordinaire, le Coucou ne devança cependant point son époque, et ne chanta que le 25 mars. Il en fut de même de l'Hirondelle. » L'hypothèse dont nous venons de parler, et d'après laquelle on a dit peut-être avec plus d'esprit que de justesse, que « ce n'était pas une institution uniquement superstitieuse que celle du collége des augures à chlamydes violettes chez les anciens Romains, » peut cependant être admise ; mais seulement tout autant qu'on ne lui donnera pas trop d'extension. On peut très-bien concevoir, par exemple, que certaines modifications atmosphériques, préludes d'un changement de température, puissent, quoique insensibles pour nous, être ressenties de l'Oiseau, et qu'il lui soit ainsi possible de nous indiquer par avance ce que nous devons à notre tour ressentir : dans cette manière de voir, il serait affecté et agirait, si l'on peut s'exprimer ainsi, comme le font un hygromètre ou un baromètre. Au contraire, quelle que soit l'étendue d'intelligence et de sensibilité qu'on veuille attribuer à un être quelconque, la raison se refuse à croire qu'il puisse pressentir et nous révéler, comme par une sorte d'instinct de divination, ce qui ne doit arriver que dans un temps plus ou moins éloigné.

Nous ne dirons rien ici des Rep-

tiles ni des Poissons ; des Reptiles ,
parce que leurs voyages se bornent
à de courtes excursions d'un canton dans un autre, et ne peuvent
véritablement être embrassés sous
le nom de Migrations ; des Poissons , parce que les faits très-remarquables que présente leur histoire ont été ou seront exposés avec
tout le détail nécessaire soit dans plusieurs articles spéciaux (*V.* CLUPE,
etc.), soit dans l'article POISSONS (*V.*
ce mot).

Parmi les Invertébrés , il est un
petit nombre d'espèces dont les Migrations sont dignes d'attention.
Tels sont quelques Crustacés, et quelques Insectes , parmi lesquels on doit
surtout remarquer ces Sauterelles ,
qui, s'avançant en nombre infini,
ont plusieurs fois porté la désolation
dans plusieurs contrées, et exercé des
ravages que l'imagination conçoit
difficilement, et à la réalité desquels
on a peine à croire , malgré le
témoignage unanime d'un grand
nombre d'historiens anciens et modernes. Au reste, ces Migrations des
Sauterelles et de quelques autres Insectes ne sont nullement comparables
à celles des Oiseaux et des Poissons :
elles sont irrégulières comme celles
des Lemmings, et heureusement plus
rares encore.

Il nous reste maintenant à indiquer
les causes des faits dont il vient d'être
question. Nous voyons, dans toutes
les Migrations non périodiques , une
multitude d'Animaux sortant en
troupes innombrables des lieux qu'ils
habitent ordinairement, et dévorant
tout ce qu'ils rencontrent sur leur
passage. Il est probable, pour les Insectes dont nous avons parlé, et il paraît certain à l'égard des Lemmings ,
que les causes de ces voyages si remarquables résultent d'une multiplication considérable d'individus, ame-
nant nécessairement la destruction
des substances qui forment la nourriture habituelle de l'espèce et de
celles qui peuvent la suppléer, et par
suite les besoins et les souffrances de
la faim.

La cause des Migrations périodiques des Poissons est , suivant la plupart des icthhyologistes, le besoin
qu'ils éprouvent dans la saison de la
propagation , de rechercher des lieux
favorables pour déposer leur frai.
On sait, qu'à la même époque, un
grand nombre d'espèces parmi celles
qui n'émigrent pas, remontent les
fleuves dans le même but.

Quant aux causes des Migrations
périodiques des Oiseaux, il en est
deux dont il est assez facile de se rendre compte. Ainsi on conçoit que les
espèces essentiellement insectivores
qui habitent les climats tempérés, ne
peuvent y demeurer dans la saison
froide, et qu'elles périraient nécessairement, si elles n'allaient dans d'autres régions chercher la nourriture
qu'elles ne peuvent plus trouver dans
leur patrie. Une autre cause non
moins puissante est le besoin d'é-
chapper aux variations de la température. C'est ainsi qu'une multitude
d'espèces , après avoir passé le printemps et l'été dans nos climats, se
retirent à la fin de l'automne, et vont
dans des régions plus méridionales ,
retrouver la douce température que
nous n'avons plus. Réciproquement,
beaucoup d'autres espèces ne fréquentent nos côtes que pendant la saison
froide, et les quittent à la fin de l'hiver pour se rapprocher des régions
polaires. Tels sont principalement un
grand nombre de Palmipèdes ; et tels
sont aussi, parmi les Passereaux, les
Becs-Croisés. « Ce qu'il y a de plus
remarquable, dit Temminck , c'est
qu'ils nichent et se reproduisent dans
nos climats dans la saison rigoureuse
de l'hiver ; ils émigrent en été vers
les régions du cercle arctique. »

C'est à ces deux causes que les ornithologistes ont généralement rapporté les voyages périodiques des Oiseaux. Mais il s'en faut bien qu'elles
nous les expliquent d'une manière
tout-à-fait satisfaisante , comme le
prouvent plusieurs expériences qu'il
est aussi facile de vérifier qu'il est
difficile de les analyser. Un Oiseau de
passage, qu'on prend le soin de tenir

dans une température constante, et auquel on donne une nourriture convenable, éprouve, comme dans l'état de nature, le besoin d'émigrer lorsque l'époque du départ est venue. Il annonce son désir par des battemens d'ailes, par de l'agitation, par des élancemens; et si l'on continue à le retenir, il ne tarde pas à périr, sans qu'on puisse, par l'examen de ses organes internes, se rendre compte des causes de sa mort. Ces expériences remarquables, déjà faites pour plusieurs espèces, l'ont été surtout avec beaucoup de soin pour le Coucou par le docteur Gaspard, dont nous avons déjà cité l'intéressant Mémoire: les effets obtenus sont même si constans, que ce physiologiste, après un assez grand nombre d'expériences, a cru pouvoir conclure que, « dans nos climats, on ne peut point élever de Coucous, quelques soins qu'on leur donne. »   (IS. G. ST.-H.)

MIGUEL. REPT. OPH. Espèce du genre Orvet. *V.* ce mot.   (B.)

MIKANIE. *Mikania.* BOT. PHAN. Ce genre de la famille des Synanthérées, Corymbifères de Jussieu, et de la Syngénésie égale, L., fut établi par Willdenow sur une Plante que Mutis et Linné fils avaient placée dans le genre *Cacalia.* Il a été adopté par Humboldt et Bonpland, dans le second volume de leurs Plantes équinoxiales, et par Kunth (*Nova Genera et Spec. Plant. Amer.*, vol. IV, p. 134), qui en ont ainsi fixé les caractères : involucre composé d'un petit nombre de folioles presque égales ; réceptacle nu ; calathide formée d'un petit nombre de fleurons tubuleux et hermaphrodites; anthères saillantes; stigmate très–proéminent à deux branches divariquées; akènes à cinq angles, surmontés d'une aigrette poilue. Ce genre est extrêmement voisin de l'*Eupetorium;* il n'en diffère essentiellement que par le petit nombre de folioles de son involucre et de ses fleurons, ainsi que par ses anthères saillantes. D'après ces légères différences, on a retiré du genre *Eu-*

patorium plusieurs espèces pour en former des *Mikania;* tels sont : les *E. scandens, herbaceum, volubile, denticulatum, tomentosum,* etc. Les nouvelles espèces décrites par les auteurs cités ci-dessus, ont augmenté de douze le nombre des Plantes qui composent ce genre et qui croissent toutes dans les contrées chaudes de l'Amérique. Ce sont des Plantes herbacées ou ligneuses, volubiles, rarement arborescentes, à feuilles opposées, à fleurs blanches ou violettes et disposées en corymbes. Nous ne parlerons ici que d'une seule de ces espèces qui offre quelque intérêt en ce qu'on lui a attribué des propriétés efficaces contre la morsure des Serpens. Le *Mikania Guaco*, Humb. et Bonpl. (Plantes équinoxiales, 2, p. 84, t. 105), a une tige herbacée, volubile, à rameaux cylindriques, sillonnés, hérissés, garnis de feuilles ovales, presque acuminées, rétrécies à la base, dentées, veineuses – réticulées. Les fleurs sont en corymbes axillaires, au nombre de quatre dans un involucre à quatre folioles. Cette Plante est nommée *Guaco* par les habitans de l'Amérique méridionale, près des bords de la Madeleine; mais elle ne nous semble pas la même que le *Guaco* sur lequel Mutis a fait ses expériences contre la morsure des Reptiles venimeux. *V.* GUACO.   (G..N.)

MIL ou **MILLET.** BOT. PHAN. Ce nom est donné à diverses Graminées, en différentes régions de la terre. Il a désigné de tout temps en France le *Panicum miliaceum*, L., dont les graines servent à nourrir les Oiseaux que l'on élève en cage. *V.* PANIC. Cependant Linné a composé son genre *Milium* de plusieurs Plantes au nombre desquelles ne se trouve pas le Mil vulgaire. *V.* MILIUM. Le Mil à Chandelle de Cayenne et des Antilles se rapporte à l'*Holcus spicatus*, suivant Aublet. En d'autres colonies, le Mil est tantôt la graine du *Milium africanum*, tantôt celle de l'*Holcus Sorghum. V.* HOUQUE.   (G..N.)

MILAN. OIS. et POIS. Espèce du

gènre Faucon, formant le type d'un sous-genre. *V.* FAUCON. On a appelé MILAN MARIN une espèce du genre Trigle. *V.* ce mot et PASTENAQUE.

(DR..Z.)

MILANDRE. *Galeus.* POIS. Espèce de Squale, devenue type d'un sous-genre. *V.* SQUALE.   (B.)

MILAX. BOT. PHAN. (Dioscoride.) L'If. Belon applique ce nom au *Quercus coccifera.*   (B.)

MILÉSIE. *Milesia.* INS. Genre de l'ordre des Diptères, famille des Athéricères, tribu des Syrphies, établi par Latreille qui lui donne pour caractères : antennes beaucoup plus courtes que la tête, ayant leur troisième article en palette presque ovoïde, comprimée, très obtuse à son extrémité ou en forme de cône allongé ; trompe beaucoup plus courte que la tête et le corselet ; prolongement antérieur et en forme de bec de la tête court, perpendiculaire, sans proéminence à sa partie supérieure ; ailes couchées l'une sur l'autre au bord interne. Ce genre a été divisé par Meigen qui a établi à ses dépens les genres *Eumeros, Spilomyia, Heliophilus, Chrysogaster,* et quelques autres. Plusieurs ont été adoptés par Latreille (Familles Naturelles du Règne Animal), d'autres ont été rejetés par ce savant et confondus avec des genres déjà établis ; comme cet entomologiste ne donne pas les caractères de ces genres, nous n'en parlerons pas ici, et nous conserverons le genre Milésie, tel qu'il l'a présenté dans le Règne Animal par Cuvier, et dans le Dictionnaire d'Histoire Naturelle, édition de Déterville. Il y divise ce genre ainsi qu'il suit :

† Les deux pieds postérieurs peu différens des autres. *Chrysogaster,* Meig.

Les espèces de cette division ont la palette des antennes proportionnellement plus longue que dans les divisions suivantes, et quelquefois même en forme de cône allongé.

MILÉSIE BRONZÉE, *Milesia ænea,* Latr. ; *Eristalis æneus,* Fabr., Panz.

(*Faun. Insect. Germ.,* fasc. 82, tab. 15); corps d'un vert noirâtre, luisant, avec les genoux blancs.

†† Les deux pieds postérieurs, dans les mâles principalement, beaucoup plus grands que les autres ; à cuisses ordinairement renflées et dentelées en dessous et à jambes arquées.

* Abdomen conique ou triangulaire. *Spilomyia* et *Heliophilus,* Meig.

MILÉSIE DIOPHTHALME, *Milesia diophthalma,* Latr., Fabr.; *Spilomyia diophthalma,* Meig., Panz. (*Faun. Ins. Germ.,* fasc. 72, tab. 23); noire, presque glabre, avec plusieurs taches sur le corselet et six cercles jaunes sur l'abdomen ; cuisses postérieures dentées ; cette espèce ressemble à une Guêpe ; elle se trouve dans les bois, aux environs de Paris.

** Abdomen presque cylindrique. *Eumeros,* Meig.

MILÉSIE LENTE, *Milesia segnis,* Fabr., Latr.; *Eumeros segnis,* Meig., Degéer, Ins., t. 6, pl. 7, fig. 10. Corps presque glabre, allongé ; corselet bronzé ; abdomen long, aplati en dessous, roussâtre au milieu, noir aux deux extrémités ; cuisses postérieures grosses et épineuses ; celles du mâle ayant, près de leur origine, un crochet écailleux, courbé et très-pointu. Elle est très-commune sur les fleurs.   (G.)

MILIAIRE. REPT. OPH. Espèce du genre Erix. *V.* ce mot et COULEUVRE.   (B.)

MILIARUM. BOT. PHAN. Le genre que Mœnch a établi sous ce nom, paraît devoir rentrer dans le *Milium* aux dépens duquel il avait été formé. *V.* MILIUM.   (G..N.)

*MILIOLE. *Miliola.* MOLL. Genre de Multiloculaires créé par Lamarck, dans sa Philosophie zoologique, pour des corps microscopiques qui, dans certaines couches de Calcaire coquillier, forment, avec quelques débris d'autres tests de Mollusques, la masse principale des collines qui sont comprises dans cette formation. Ce genre fut d'abord compris dans la famille des Lenticulacées, qui renfermaien: sept genres présentant peu d'analogie entre eux ; c'est ainsi que celui qui nous occupe était en rapport avec les Gyrogonites, les Lenticulines, etc. Dans l'Extrait du Cours, la famille des Lenticulacées (*V*. ce mot au Supplément) éprouva de nombreux et d'utiles changemens. Le genre Miliole fut groupé avec les Mélonies et les Gyrogonites, pour former la famille des Sphérulées. Montfort, dans sa Conchyliologie systématique, proposa aussi de son côté un genre Miliolite qu'il ne faut pas confondre avec celui de Lamarck ; il en est tout différent, ayant été fait avec une espèce de Mélonie (*V*. ce mot). Il paraît que cet auteur ignorait au reste l'existence du genre de Lamarck, puisqu'il le proposa de nouveau sous le nom de Pollonte. Nous ignorons pourquoi Cuvier a conservé ces deux genres ; il a été induit en erreur par le Pollonte de Montfort ; il le sépare des Milioles, parce que, dit-il, les Pollontes ont les chambres percées au deux bouts, et la dernière ouverte dans toute sa longueur. Nous avons revu la figure de Soldani copiée par Montfort ; nous avons aussi lu attentivement ce que dit Montfort sur cette Coquille, et nous n'avons rien trouvé de ce que dit Cuvier. Férussac ne commit pas la même faute ; il réunit les Pollontes aux Milioles dans ses Tableaux systématiques. Lamarck conserva la famille des Sphérulacées de l'Extrait du Cours dans son dernier ouvrage ; elle resta composée des mêmes genres, et les Milioles s'y trouvent dans les mêmes rapports. Blainville (article MOLLUSQUE du Dict. des Scienc. Nat.) en adoptant la famille des Sphérulées de Lamarck, qu'il nomme Sphérulacées (*V*. ce mot), y laissa les Milioles et les Mélonies, en éloigna les Gyrogonites que l'on a reconnu être une graine fossile de Chara, et y ajouta deux petits genres proposés par Defrance : Séracénaire et Textulaire. Latreille, probablement trom-

pé par le double emploi de Montfort pour les Milioles, ne cite ce genre que dans les rapports indiqués par cet auteur, et ne mentionne nulle part ni les Milioles de Lamarck ni les Pollontes : ce qui fait penser avec quelque raison qu'il y a eu ici confusion. Le genre Miliole peut être caractérisé de la manière suivante : Animal inconnu ; coquille transverse, ovale, globuleuse ou allongée, multiloculaire ; à loges transversales, entourant l'axe et se recouvrant alternativement les unes les autres ; ouverture très-petite, située à la base du dernier tour, soit orbiculaire, soit oblongue. Les Milioles sont de petites Coquilles multiloculaires, de la grosseur des grains de millet ; elles sont plus ou moins ovales, globuleuses, quelquefois subtrigones, aplaties ; la place de l'axe est perpendiculaire à celui des tours de spire, ce qui est l'inverse de ce qui a lieu dans toutes les Coquilles discoïdes ; leurs loges, par conséquent, sont plus larges que longues ; elles sont transversales, elles enveloppent l'axe dans sa longueur et se recouvrent toutes successivement ; la dernière est ouverte, et si on la brise, on retrouve l'avant-dernière ouverte de même ; cette ouverture très-petite est ordinairement orbiculaire, quelquefois oblongue, et se trouve dans quelques espèces supportées par un col court et un peu étranglé. On connaît des espèces vivantes et fossiles de Milioles, elles sont peu nombreuses.

MILIOLE GRIMAÇANTE, *Miliola ringens*, Lamk., Ann. du Mus. T. v, p. 351, n° 1, et T. IX, pl. 17, fig. 1 ; *ibid.*, Anim. sans vert. T. VII, p. 612, n° 1 ; Def., Dict. des Scienc. Nat. T. XXXI, p. 68 ; c'est la plus grande et la plus remarquable des espèces par la forme particulière de l'ouverture.

MILIOLE TRIGONULE, *Miliola Trigonula*, Lamk., Anim., *loc. cit.*, et même planche, fig. 4 ; *ibid.*, Anim. sans vert., *loc. cit.* ; Def., Dict. des Scienc. Nat., *loc. cit.*   (D..H.)

MILIOLITE. *Miliolites.* MOLL.

Genre établi par Montfort pour une Coquille qui appartient au genre Mélonie de Lamarck. *V.* ce mot ainsi que MILIOLE.   (D..H.)

MILIUM. BOT. PHAN. Genre de la famille des Graminées, et de la Triandrie Digynie, L., ayant pour caractères principaux : lépicène uniflore, à deux valves ventrues ; glume renfermée dans la lépicène à deux valves entières presque égales, l'extérieure ordinairement surmontée d'une arête à peu près terminale ; trois étamines courtes ; deux styles velus, terminés chacun par un stigmate en pinceau ; caryopse arrondie, enveloppée dans la glume. Ce genre établi par Linné fut réuni aux *Agrostis* par Lamarck. Palisot de Beauvois, dans son Agrostographie, l'a conservé, mais il a formé plusieurs nouveaux genres sur des espèces qui étaient réunies au *Milium* par les auteurs. On en compte plus de vingt espèces qui sont des Plantes herbacées à fleurs disposées en panicules. Celle qui doit être considérée comme type du genre, est le *Milium effusum*, L., dont la tige est droite, haute souvent de plus d'un mètre, garnie de feuilles linéaires, divariquées ; les fleurs sont disposées en panicule lâche. Cette Graminée croît dans les lieux ombragés aux environs de Paris et dans toute l'Europe. Elle fournit un fourrage abondant d'une odeur agréable, et fort recherché des bestiaux. On peut en dire autant du *Milium paradoxum*, L., qui croît aussi en France et dans le midi de l'Europe.   (G..N.)

MILLA. BOT. PHAN. Cavanilles (*Icon. rar.*, 2, p. 76, t. 196) a donné ce nom à un genre de l'Hexandrie Monogynie, L., ayant pour caractères essentiels : un périanthe corolloïde infundibuliforme, à six divisions ouvertes, ovales, dont trois alternes plus étroites ; six étamines insérées sur l'entrée du tube ; ovaire supérieur, pédicellé ; un style saillant surmonté de trois stigmates globuleux ; capsule triangulaire, à trois valves et à trois loges polyspermes. Le *Milla biflora*, Cav., *loc. cit.*, est une Plante dont les racines, bulbeuses et fasciculées, émettent des feuilles étroites, subulées, un peu canaliculées, glabres et entières. Une hampe droite s'élève de leur centre, et porte deux fleurs blanches accompagnées de trois bractées courtes et aiguës. Cette Plante est originaire du Mexique.   (G..N.)

MILLEFEUILLE. *Achillœa.* BOT. PHAN. Genre de la famille des Synanthérées, Corymbifères de Jussieu, de la section des Anthémidées de Cassini, et de la Syngénésie superflue, L., ayant pour caractères : un involucre cylindracé, composé d'écailles imbriquées ; réceptacle commun, saillant, hémisphérique ou même conique, tout couvert d'écailles paléacées, analogues à celles de l'involucre, mais plus minces ; fleurs radiées ; demi-fleurons généralement peu nombreux, femelles, fertiles, ayant le limbe de leur corolle ligulé, large, assez court et trilobé ; fleurons hermaphrodites, fertiles, ayant leur corolle tubuleuse, évasée en cinq lobes réguliers. Le style se termine par deux stigmates recourbés et élargis vers leur extrémité. Les fruits sont prismatiques, anguleux, dépourvus d'aigrette. Ce genre est très-nombreux en espèces, avec lesquelles Tournefort avait fait deux genres distincts, savoir : *Millefolium*, qui comprenait celles qui ont leurs feuilles découpées en lobes très-nombreux et très-fins, et *Ptarmica* réunissant les espèces à feuilles simples et lancéolées. Les espèces du genre Millefeuille sont en général des Plantes herbacées et vivaces, qui croissent pour la plupart dans les diverses régions de l'Europe et spécialement dans les montagnes. En France on en compte environ une vingtaine d'espèces, dont plus de la moitié se trouvent dans les Alpes, les Pyrénées et les autres chaînes de montagnes. Ces espèces ont tantôt les demi-fleurons de la circonférence blancs, et tantôt jaunes ; quelquefois ils sont violacés. Quelques-unes des espèces de Millefeuille sont cultivées dans les parterres comme Plantes d'ornement ; d'autres sont utiles en médecine. Nous en décrirons ici quelques-unes des plus intéressantes.

MILLEFEUILLE COMMUNE, *Achillæa Millefolium*, L., Rich., Bot. méd., 1, p. 374. C'est une Plante vivace, très-commune dans les lieux incultes et sur les bords des chemins. Ses tiges, qui s'élèvent à une hauteur d'un à deux pieds, sont simples inférieurement, striées, velues, portant des feuilles allongées, divisées en un nombre très-considérable de segmens linéaires, et multifides. Les fleurs sont blanches ; les demi-fleurons de la circonférence sont généralement au nombre de cinq. Il y a une variété de cette espèce dont les fleurs sont d'une teinte purpurine. La Millefeuille fleurit pendant la plus grande partie de l'été. Les feuilles de cette Plante ont une saveur faiblement amère et acerbe. Elles ont eu jadis une très-grande réputation dans le traitement des plaies récentes, à une époque où l'on croyait utile d'aider la cicatrisation des plaies simples, par des applications topiques, le plus souvent fort nuisibles. De-là l'origine des noms vulgaires d'Herbe à la coupure, Herbe au charpentier, sous lesquels on désigne la Millefeuille dans quelques contrées. On les donnait aussi à l'intérieur, soit en décoction à la dose de deux onces pour une pinte d'eau, soit sèches et réduites en poudre, depuis un jusqu'à deux gros. Quant à sa racine, elle est également un peu astringente, mais elle ne nous a pas paru posséder cette odeur de camphre que quelques auteurs lui attribuent. On l'avait proposée comme un succédané de la Serpentaire de Virginie, mais son usage est tombé en désuétude, aussi bien que celui des feuilles.

MILLEFEUILLE PTARMIQUE, *Achillæa Ptarmica*, L., Rich., Bot. méd., 1, p. 375. Vulgairement désignée sous les noms d'Herbe à éternuer ou de Ptarmique. Cette espèce est commune dans les prés et les lieux humides, au voisinage des ruisseaux. Sa tige est tout-à-fait simple, d'un pied à un pied et demi d'élévation, portant des feuilles alternes, lancéolées, aiguës, sessiles, glabres, finement dentées en scie. Ses fleurs sont plus grandes que dans l'espèce précédente, également blanches. Les demi-fleurons sont en général au nombre de dix à treize. La Ptarmique est légèrement odorante et aromatique ; sa saveur est âcre et chaude, et a assez de ressemblance avec celle de l'Estragon. Sa racine et ses feuilles séchées et réduites en poudre, sont fréquemment employées comme sternutatoires, et la racine, lorsqu'on la mâche, excite d'une manière très-marquée l'action des glandes salivaires.

Dans les Alpes de la Suisse et de la Savoie, les habitans désignent sous le nom de GENIPI les sommités fleuries de plusieurs petites espèces alpines du genre Millefeuille ; telles sont les *Achillæa nana*, *atrata* et *moschata*. Le Genipi a une odeur et une saveur aromatiques. Il est excitant, et dans le pays où on le récolte on en fait un usage très-fréquent. Plusieurs espèces de ce genre sont cultivées dans les jardins comme Plantes d'agrément. Nous citerons surtout les suivantes : *Achillæa aurea*, Lamarck. Elle est originaire du Levant ; *Ach. ægyptiaca*, L. ; *Ach. macrophylla*, L. Elle croît dans les Alpes ; *Ach. compacta*, L., du midi de l'Europe ; *Achillæa ageratum*, du midi de la France. On la désigne aussi sous le nom d'Eupatoire de Mésué.   (A. R.)

On a encore appelé vulgairement :

MILLEFEUILLE AQUATIQUE, l'*Hottonia palustris*.

MILLEFEUILLE D'EAU et CORNUE, les Myriophylles, les Cératophylles et diverses variétés du *Ranunculus aquatilis*.

MILLEFEUILLE DE MARAIS, les Utriculaires.

MILLEFEUILLE MARINE, diverses Fucacées très-divisées, etc.   (B.)

MILLEFLEUR. bot. phan. L'un des noms vulgaires du *Thlaspi arvense*, L.   (b.)

MILLEGRAINE. bot. phan. On a ainsi nommé les Herniaires, la Rodiole et les Oldenlandes.   (b.)

MILLEGREUX. bot. phan. Nom vulgaire des Joncs sur quelques points des côtes de France.   (b.)

MILLEPÈDE. moll. L'un des noms marchands du *Strombus Millepeda*, L.   (b.)

MILLEPERTUIS. *Hypericum.* bot. phan. Genre formant le type de la famille des Hypéricinées, et appartenant à la Polyadelphie Polyandrie, L., qui se compose d'un très-grand nombre d'espèces croissant dans presque toutes les contrées du globe, et qui ont pour caractères communs : un calice à cinq divisions très-profondes et le plus souvent inégales; une corolle formée de cinq pétales onguiculés; des étamines très-nombreuses, ayant leurs filets réunis tout-à-fait à leur base en trois ou cinq faisceaux; un ovaire globuleux à trois ou cinq loges, surmonté d'un égal nombre de styles, et pour fruit une capsule membraneuse, à trois ou cinq loges polyspermes s'ouvrant en autant de valves, à bords réfléchis en dedans. Les Millepertuis, dont le professeur De Candolle a mentionné cent vingt-six espèces dans le premier volume de son Prodrome, sont des Plantes herbacées, ou des Arbustes, quelquefois sarmenteux et grimpans; leur tige est cylindrique ou anguleuse; leurs feuilles presque constamment sessiles, opposées, quelquefois marquées de points translucides, qui semblent être des petits trous, lorsqu'on examine la feuille entre l'œil et la lumière; d'autres fois offrant sur leurs bords des poils glanduleux et noirâtres; les fleurs généralement de couleur jaune sont quelquefois très-grandes et diversement disposées. Parmi les espèces rapportées à ce genre, plusieurs ont été portées dans d'autres genres. Ainsi l'*Hype-*

ricum Androsœmum, L., forme le genre *Androsœmum* d'Allioni, qui diffère surtout des Millepertuis par son fruit charnu et à une seule loge; d'autres ont été placées dans le genre *Vismia* de Vandelli; telles sont les *H. sessilifolium*, *guyannense*, *cayennense* d'Aublet, et quelques autres. Quant au genre *Hypericum* proprement dit, dont Choisy de Genève a publié la monographie, il a été divisé en cinq sections, qui chacune ont reçu un nom particulier, et dont nous allons exposer les caractères et indiquer les espèces les plus intéressantes que chacune d'elles renferme.

† ASCYREIA, Choisy.

Sépales du calice inégaux et soudés entre eux par leur base; étamines très-nombreuses; trois à cinq styles. Arbustes à feuilles très-grandes, à fleurs terminales et en petit nombre. Cette section renferme vingt-six espèces formant deux groupes suivant qu'il y a trois ou cinq styles. Parmi ces espèces nous remarquerons les suivantes.

MILLEPERTUIS A ODEUR DE BOUC, *Hypericum hircinum*, L. Cette espèce, originaire des contrées méditerranéennes, a une tige rameuse, à rameaux ailés, des feuilles opposées, sessiles, ovales, lancéolées, aiguës, émarginées à la base, glanduleuses sur leurs bords; des fleurs jaunes, très-grandes, situées à l'aisselle des feuilles et portées sur des pédoncules accompagnées de deux bractées. Les étamines sont jaunes et plus longues que la corolle; l'ovaire est surmonté de trois styles. Les fleurs répandent une odeur forte et désagréable. Cette espèce doit être cultivée dans une terre franche et légère, et dans une exposition chaude. Elle craint le froid, et il est prudent de la couvrir pendant l'hiver ou de la rentrer dans l'orangerie.

MILLEPERTUIS A GRANDES FLEURS, *Hypericum calycinum*, L., Mant.; Curt. Bot. Mag., t. 146. Originaire de l'Orient et de la Grèce. Ce Millepertuis est un Arbuste étalé, diffus, ayant

ses rameaux quadrangulaires ; ses
feuilles grandes, sessiles, ovales, marquées de points translucides ; ses
fleurs sont solitaires, pédonculées,
ayant jusqu'à trois pouces de diamètre, lorsqu'elles sont bien ouvertes,
et son ovaire surmonté de cinq styles.
On cultive cette espèce dans les jardins, au voisinage des murs ou sur
les rochers où elle produit un très-
bel effet par ses rameaux allongés en
forme de feston. Elle doit être couverte pendant l'hiver. On cultive encore dans les jardins plusieurs autres
espèces appartenant à cette section,
telles sont : *Hypericum chinense*, L.,
Aman, ou *H. monogynum*, L., Sp.,
Curt. Bot. Mag., t. 334 ; *H. ascyrum*, L. ; *H. pyramidatum*, Vent.,
Malm., t. 118 ; *H. balearicum*, L.,
Curt. Bot. Mag., t. 137.

†† TRIDESMOS, Choisy.

Calice formé de cinq sépales égaux
et entiers ; étamines réunies en trois
faisceaux pénicilliformes ; trois styles. Arbustes à fleurs axillaires et
longuement pédonculées. Cette section ne comprend que deux espèces,
l'une, *Hyp. biflorum*, Lamk., originaire de la Chine, l'autre, *H. articulatum*, Lamk., de Madagascar.

††† ELODEA, Choisy.

Calice de cinq sépales égaux et entiers ; trois styles ; étamines peu nombreuses, de neuf à dix-huit, réunies.
Plantes herbacées, rougeâtres ; fleurs
parfois rouges, axillaires ou réunies
au sommet des rameaux. Cette section avait été érigée en genre par
Pursh (*Flor. Am. bor.*), sous le nom
d'*Elodea* ; mais il existe déjà un autre genre sous le même nom, établi
antérieurement par le professeur Richard dans la famille des Hydrocharidées. A cette section appartiennent
trois espèces originaires de l'Amérique septentrionale, savoir : *Hyp. paludosum*, *H. Virginicum* et *H. tubulosum*.

†††† PERFORARIA, Choisy.

Calice de cinq sépales égaux, entiers, dentés ou glanduleux ; étami-

nes très-nombreuses ; ordinairement
trois styles. Plantes herbacées ou Arbustes à fleurs axillaires ou paniculées, à feuilles rarement linéaires.
On compte dans cette section soixante-dix-neuf espèces dont plusieurs
croissent en France. Tels sont les
Hypericum quadrangulum, L ; *H.
repens*, L. ; *H. crispum*, L. ; *H. humifusum*, L. ; *H. perforatum*, L. ; *H.
elodes*, L. ; *H. tomentosum*, L. ; *H.
hirsutum*, L. ; *H. nummularium*, L. ;
H. pulchrum, L. ; *H. dentatum*, Loisel. ; *H. montanum*, L. ; *H. fimbriatum*, Lamk. ; *H. ciliatum*, Lamk. ;
H. hyssopifolium, Villars ; *H. linearifolium*, Vahl ; *H. Coris* L.

††††† BRATHYS, Choisy.

Calice de cinq sépales entiers, égaux
et souvent tout-à-fait semblables aux
feuilles ; étamines nombreuses ; trois
ou cinq styles. Arbustes à fleurs solitaires et axillaires, à feuilles imbriquées, souvent linéaires et subulées, ou verticillées et très-rapprochées. Cette section renferme onze
espèces toutes exotiques et pour la
plupart originaires de l'Amérique méridionale.

Nous ne devons pas terminer cet
article sans dire quelques mots des
propriétés médicales attribuées au
Millepertuis ordinaire, *Hypericum
perforatum*, L., si commun dans
tous nos bois. Lorsqu'on le froisse entre les doigts, il répand une
odeur aromatique et résineuse ; sa
saveur est légèrement âcre ; autrefois
on en faisait un usage très-fréquent
comme d'un médicament excitant et
propre à combattre les Vers du canal
intestinal. Il jouissait aussi d'une très-
grande réputation dans le traitement
des plaies, à l'époque où l'usage des
substances vulnéraires était en vogue.
L'huile dans laquelle on a fait macérer les sommités fleuries de Millepertuis qui lui communiquent une belle
couleur rouge, passait pour un excellent remède pour favoriser la cicatrisation des plaies simples et des ulcères.
Quelques médecins ont même employé
cette Plante dans le traitement des

fièvres graves et de plusieurs autres maladies fort différentes. Mais l'oubli où elle est tombée de nos jours parle peu en faveur de son efficacité.

L'*Hypericum elodes* répand une odeur très-forte, et nous pensons que cette Plante serait beaucoup plus active que les autres espèces de ce genre. Néanmoins elle n'est pas employée. (A. R.)

MILLEPERTUIS (FAMILLE DES). BOT. PHAN. Syn. d'Hypéricinées. *V*. ce mot. (A. R.)

MILLÈPES. MOLL. Klein (*Method. Ostrac.*, p. 99) a formé ce genre pour une sous-division des Strombes, qui répond très-bien au genre Ptérocère. *V*. ce mot. (D..H.)

MILLEPIEDS. INS. On donne vulgairement ce nom aux Insectes que Latreille a nommés Myriapodes. *V*. ce mot. (G.)

MILLE-POINTS. MOLL. Nom vulgaire et marchand du *Conus litteratus*, L. (B.)

MILLÉPORE. *Millepora*. POLYP. Genre de l'ordre des Milléporées, dans la division des Polypiers entièrement pierreux, ayant pour caractères : Polypier pierreux, solide intérieurement, polymorphe, rameux ou frondescent, muni de pores simples, non lamelleux ; pores cylindriques, en général très-petits, quelquefois non apparens, perpendiculaires à l'axe ou aux expansions du Polypier. Lamarck a séparé avec raison du genre Millépore de Linné un assez grand nombre de Polypiers dont il a formé plusieurs genres. Malgré cette élimination, le genre Millépore ainsi restreint est encore très-artificiel, et les espèces qu'il renferme n'ont entre elles que fort peu d'analogie. L'on est étonné, en effet, de voir encore figurer parmi les Millépores ces productions singulières que Lamarck en avait d'abord séparées sous le nom de Nullipores, et qu'il y a réunies dans son grand ouvrage sur les Animaux sans vertèbres.

Elles doivent former un genre à part, et n'appartiennent peut-être pas à la division des Polypiers foraminés ou Milléporées, comme nous espérons le démontrer. *V*. NULLIPORES. Débarrassé des Nullipores, le genre Millépore reste encore composé d'élémens assez hétérogènes, que l'on divisera sans doute encore quand les Animaux des espèces qui le composent seront mieux connus. Ainsi le *Millepora alcicornis* des auteurs avec lequel Lamarck forme ses *M. squarrosa*, *complanata*, et peut-être le *M. aspera*, sont remarquables par leurs pores petits, inégaux, ronds, à ouverture subdenticulée, épars, en général assez nombreux à l'extrémité des rameaux, rares sur le reste du Polypier ; par leur surface finement rugueuse et criblée de lacunosités extrêmement petites, mais visibles à la loupe. Tous les auteurs attribuent à ce Polypier une substance intérieure solide; cependant elle n'est point compacte : en l'examinant avec de très-fortes loupes, on s'aperçoit qu'elle est lacuneuse; on l'entame très-facilement avec le burin. Nous en avons plusieurs fois extrait, au moyen de cet instrument, des Serpules, des Balanes ou autres Coquilles, souvent sans les casser, quoiqu'elles fussent presque entièrement englobées dans cette substance. La plupart des pores, d'un diamètre égal à celui de l'ouverture, ne pénètrent qu'à une petite profondeur dans la substance : en la fracturant, on s'aperçoit que quelques pores pénètrent jusqu'au centre des expansions, et ceux-ci présentent de petits diaphragmes calcaires, dont le nombre varie de deux ou trois à sept ou huit. Ces Polypiers croissent par toute leur surface en couches d'un tiers de ligne à une ligne d'épaisseur, souvent faciles à reconnaître par leurs nuances différentes, et démontrées plus certainement encore par les corps étrangers qu'elles recouvrent et englobent de leur substance pierreuse.

Les formes de ces Millépores sont

peu arrêtées ; ils ont une tendance à croître en expansions aplaties , et les espèces très-rameuses ont constamment leurs rameaux plus ou moins comprimés ; on les trouve souvent parasites sur les divers corps submergés ; il est assez commun de trouver des Gorgones dépouillées de leur écorce, recouvertes de toutes parts par ces Polypiers ; on en a vu sur des bouteilles, des briques, des tuiles, des morceaux de bois, des noix de Cocos, etc. On pourrait former un genre de ces Polypiers, auxquels on réunirait le Pocillopore bleu de Lamarck (*Madrepora interstincta*, L.; *Millepora cœrulea* , Pall.), dont la structure se rapproche infiniment des Millépores dont nous parlons, et qui n'en diffèrent que par la grandeur des cellules.

Le Millépore tronqué se distingue de tous les autres par ses rameaux toujours cylindriques ; par ses pores petits, ovalaires, disposés en quinconce presque régulier, constamment recouverts par un opercule corné ; par ses cellules dont la cavité est plus grande que les pores auxquels elles aboutissent. Sa surface extérieure est comme vernie ; cependant, examiné avec de très-fortes loupes , son tissu paraît lacuneux ou plutôt poruleux et d'un aspect tout particulier. Ce Millépore ne s'accroît que par l'extrémité des rameaux ; les cellules de la circonférence sont perpendiculaires à l'axe du Polypier; il y a au centre quelques cellules obliques ou droites qui se rapprochent de la direction de l'axe. Ce Polypier n'encroûte jamais les corps marins , et sa forme ne varie point. Donati et Cavolini ont observé l'Animal du Millépore tronqué ; il est allongé, renflé dans sa partie moyenne , aminci en arrière dans le point par lequel il s'attache au fond de sa cellule, aminci également en avant où il se termine par une sorte d'entonnoir évasé au fond duquel est la bouche ; du col de cet entonnoir naissent deux petits muscles qui s'attachent à l'opercule et le ferment quand

l'Animal rentre dans sa cellule. Cette organisation paraît très-singulière dans un Animal de la famille des Polypes.

Le Millépore rouge présente une autre manière d'être. Sa surface plane, lobée ou légèrement rameuse, est couverte de pores très-petits, anguleux, irrégulièrement disposés et tout-à-fait superficiels ; il croît par toute sa surface et semble formé de lames poreuses superposées , dont les pores ne se correspondent point d'une manière exacte, de sorte que lorsqu'on le casse dans le sens vertical , on n'aperçoit qu'une substance comme spongieuse, où l'on remarque pourtant des traces de couches. Nous en avons fracturé dans ce sens plusieurs échantillons , dans lesquels nous avons remarqué entre les couches une lame mince, blanche, due à la présence d'une couche de Nullipore qui avait recouvert accidentellement ces Polypiers pendant leur croissance. Lorsqu'on les fracture dans le sens horizontal , c'est-à-dire suivant la direction des couches , on retrouve les pores très-distincts, disposés comme à la surface ; mais ils sont plus profonds. Nous ne connaissons les Millépores tubulifère et pinné que par les figures qu'en a données Marsigli et les descriptions de Pallas ; mais nous croyons pouvoir avancer qu'ils n'ont que fort peu de rapports avec les Polypiers ci-dessus mentionnés ; peut-être même devrait-on les rapporter aux Tubulipores.

Quant aux Millépores fossiles , spécialement ceux du Calcaire des environs de Caen , que Lamouroux a rapportés à ce genre , ce sont bien les Millépores par excellence ; mais ils ont encore un aspect qui leur est particulier : leurs pores très-petits , excessivement nombreux , ont des formes anguleuses, souvent hexagonales ; ils sont arrangés entre eux comme les ouvertures des rayons d'Abeilles ; les cellules ont la même forme : elles sont perpendiculaires à l'axe du Polypier, et séparées les unes des autres par des cloisons excessivement minces. Ces Polypiers croissent par toute leur surface, en allongeant leurs cellules ; quand celles-ci, par leur croissance excentrique, venaient à s'écarter de leurs voisines, de nouvelles cellules ou plutôt de jeunes Polypes s'interposaient dans les interstices agrandis des cellules et croissaient accolées à leurs mères. C'est de-là que dépend la présence de petits pores en entourant de plus grands, disposition qui se voit très-fréquemment sur les Millépores des Calcaires des environs de Caen. Ils affectent différentes formes ; ce sont des masses diversement lobées ou branchues, plus ou moins souvent anastomosées, quelquefois des rameaux allongés et fort élégans ; ils encroûtent souvent des Serpules ou des Coquilles. Tant que l'on ne connaîtra pas mieux les Animaux des Millépores, on peut les laisser réunis dans un genre caractérisé par la petitesse des pores et le défaut de lames internes en étoiles ; mais nous sommes convaincu que la découverte des Animaux fera établir de nouvelles divisions génériques, déjà rendues évidentes par l'étude seule des Polypiers.

Ce genre renferme, parmi les espèces vivantes, les *Millepora squarrosa*, *complanata*, *alcicornis*, *aspera*, *truncata*, *tubulifera*, *pinnata*, *rubra* ; et parmi les fossiles les *Millepora dumetosa*, *pyriformis*, *conifera*, *corymbosa*.   (E. D..L.)

* MILLÉPORÉES. POLYP. Ordre établi par Lamouroux dans la section des Polypiers pierreux foraminés. Il lui attribue pour caractères : Polypiers pierreux, polymorphes, solides, compacts intérieurement ; cellules très-petites ou poriformes, éparses ou sériales, jamais lamelleuses, quelquefois cependant à parois légèrement striées. Il y rapporte les genres Ovulite, Rétéporite, Lunulite, Orbulite, Ocellaire, Mélobésie, Eudée, Alvéolite, Distichopore, Hornère, Krusensterne, Silésie, Théonée, Chrysaore, Millépore, Térébellaire,

Spiropore, Idmonée. *V.* tous ces mots.   (E. D..L.)

* MILLÉPORITE. *Milleporita*. MOLL. Latreille (Fam. Nat. du Règn. Anim.) a divisé les Polythalames Décapodes en quatre tribus ; la dernière, qu'il a désignée sous le nom de Milléporites, renferme un assez grand nombre de genres qui nous semblent bien hétérogènes. Voici comment ce groupe se trouve caractérisé : la coquille n'offre plus de siphon apparent ni d'ouverture extérieure, ou, si elle existe, elle est entièrement appliquée sur le tour précédent, l'extrémité externe du dernier s'avançant et se confondant avec lui ; l'intérieur de la coquille est divisé en une infinité de petites loges, ou elle est plutôt poreuse que celluleuse ; sa forme est tantôt discoïdale et très-aplatie, tantôt presque globuleuse ou presque ovoïde. Les genres compris dans ce groupe au nombre de seize, y sont distribués de la manière suivante. Quoique Latreille se soit abstenu de citer les genres de Montfort qui lui ont semblé douteux, il n'en a pas moins admis quelques autres qu'il est impossible d'adopter.

† Coquille ayant une ouverture, mais appliquée sur le tour précédent et cachée.

1. Intérieur de la coquille roulé en spirale.

α Un ombilic ou un mamelon au centre.

ARCHIDIE, ILOTE.

β Point d'ombilic ni de mamelon au centre.

HÉLÉNIDE.

2. Intérieur de la coquille rayonné.

CELLULIE, CÉLIBE.

†† Coquille n'ayant aucune trace d'ouverture.

1. Coquille subglobuleuse ou subovoïde.

BORÉLIE, MILIOLITE, CLAUSULIE, GYROGONITE.

2. Coquille discoïdale.

α Coquille rayonnée.

Rotalie, Egéone.

β Coquille à cercles concentriques.

Tinopore, Sidérolite, Nummu-lie, Licophre, Discolite.

Parmi ces genres de Montfort, qui presque tous peuvent être des sujets de discussion, nous remarquerons que les Cellulies et les Célibes ne semblent avoir aucuns rapports entre eux, si l'on en juge d'après la description de Montfort. Nous ferons observer également que le genre Gyrogonite ayant été reconnu pour une graine de Chara, ne doit plus se trouver ici, et nous ajouterons que les trois genres Borélie, Miliolite et Clausulie de Montfort, ont été faits pour trois espèces d'un même genre que Lamarck a nommé Mélonie (*V.* ce mot). Quant au dernier groupe, il présente des élémens tout-à-fait hétérogènes : d'abord les genres Tinopore et Sidé-rolite, n'en doivent former qu'un seul ; ils ont des rapports avec les Nummulies. Ce dernier comprend-il les Lenticulites de Lamarck ? cela est probable ; mais Latreille ne le dit pas. Les deux autres genres sont reconnus pour des Polypiers d'un même genre, dont les Discolites forment le commencement d'une série, et les Licophres la fin. Nous renvoyons, pour d'autres détails, aux mots des genres cités dans cet article. (D..H.)

MILLÉPORITES. POLYP. On a quelquefois donné ce nom aux Millépores fossiles. (E. D..L.)

* **MILLERAIES. OIS.** Espèce du genre Faucon, sous-genre Autour. *V.* Faucon. (DR..Z.)

MILLÉRIE. *Milleria.* **BOT. PHAN.** Genre de la famille des Synanthé-rées, Corymbifères de Jussieu, et de la Syngénésie nécessaire, L., établi par Linné, adopté et réformé par Jussieu et Kunth qui l'ont ainsi caractérisé : involucre à trois folioles inégales, l'extérieure plus grande ; réceptacle nu ; fleurons au nombre de deux à cinq, ceux du disque tu-

buleux et mâles, celui du bord unique, en languette et femelle ; akène solitaire, dépourvu d'aigrette. Cavanilles (*Icon.*, tab. 4 et 223) réunissait à ce genre deux Plantes (*Milleria contrayerba* et *M. angustifolia*) qui ont formé les types du genre *Flaveria* de Jussieu ou *Vermifuga* de Ruiz et Pavon. *V.* Flavérie.

Les *Milleria quinqueflora* ou *M. dichotoma*, Cav., *loc. cit.*, 1, t. 82, et *M. biflora*, L., sont des Plantes herbacées, à feuilles opposées, entières ; à fleurs jaunes terminales ou axillaires, agglomérées ou disposées en corymbes. Elles croissent au Mexique et dans l'Amérique méridionale. (G..N.)

MILLESPÈCES. BOT. PHAN. Syn. vulgaire de Calament, espèce du genre Mélisse. *V.* ce mot. (B.)

MILLET. REPT. OPH. Espèce du genre Crotale. *V.* ce mot. (B.)

MILLET. BOT. PHAN. *V.* Mil. On a appelé vulgairement :

Millet d'Afrique, le Sorgho.

Millet de Chèvres, l'*Impatiens noli me tangere*.

Millet d'Amour, le *Lithospermum officinale*.

Millet d'Inde, le Sorgho, diverses Graminées comestibles et jusqu'au Maïs.

Millet sauvage, le *Melampyrum arvense*, L.

Millet du soleil, le Grémil, *Lithospermum officinale*, L., etc. (B.)

* **MILLINE.** *Millina.* **BOT. PHAN.** Genre de la famille des Synanthérées, Chicoracées de Jussieu, et de la Syngénésie égale, L., établi par Cassini (Dict. des Sc. Nat. T. XXXI, p. 89) qui l'a ainsi caractérisé : involucre dont les folioles sont disposées presque sur un seul rang, un peu inégales, appliquées, oblongues-lancéolées, aiguës au sommet, carenées, embrassantes ; la base de l'involucre entourée de petites écailles irrégulièrement disposées, inégales, lancéolées, subulées, arquées en dedans ; réceptacle plane, marqué de fossettes,

à réseau charnu, denticulé; calathide composée de demi-fleurons nombreux, hermaphrodites, ayant leurs corolles garnies de poils épars sur le haut du tube et le bas du limbe; akènes oblongs, cylindracés, ridés transversalement, prolongés en un col long et grêle, surmontés d'une aigrette plumeuse. Ce genre est placé par son auteur entre le *Tragopogon* et le *Thrincia*; il diffère du premier par son port et par son involucre; il ressemble par le port aux *Thrincia* ainsi qu'aux *Leontodon*; mais il s'en distingue essentiellement par la structure du fruit. Une seule espèce, cultivée dans les jardins de botanique, le constitue. Cassini la nomme *Millina leontodontoides*; elle est probablement l'*Apargia chicoracea* de Tenore. Cette Plante est herbacée, et ressemble beaucoup au *Leontodon autumnale*.

(G..N.)

MILLINGTONIE. *Millingtonia.* BOT. PHAN. Le genre établi sous ce nom par Linné fils (Suppl., 291) a été réuni au genre *Bignonia* par Roxburgh (Corom., t. 214) sous le nom de *Bignonia suberosa*. (A. R.)

MILLO. OIS. Syn. de Balbuzard. *V*. FAUCON. (DR..Z.)

* **MILLOC.** BOT. PHAN. *V*. MEILLAUQUE.

MILOUIN ou **MILLOUIN.** OIS. Espèce du genre Canard. Cuvier, dans le Règne Animal, en a fait le type d'un sous-genre. *V*. CANARD.

(DR..Z.)

MILOUINAN. OIS. Espèce du genre Canard, autour de laquelle Cuvier a groupé un petit sous-genre. *V*. CANARD. (DR..Z.)

* **MILNEA.** BOT. PHAN. Nouveau genre de la famille des Méliacées et de la Pentandrie Monogynie, L., établi par Roxburgh (*in Carey Fl. Ind.*, 2, p. 430), et offrant les caractères suivans : le calice est monosépale à cinq divisions profondes; la corolle se compose de cinq pétales; le tube ou nectaire formé par les filets staminaux

est urcéolé, portant à son bord supérieur cinq anthères disposées en rond. L'ovaire est à trois loges, contenant chacune une à deux graines attachées à l'axe central, et dépourvues d'endosperme.

Ce genre, dédié à Colin Milne, auteur d'un Dictionnaire, d'Institutions et de plusieurs autres ouvrages de botanique, se compose d'une seule espèce nommée *Milnea edulis*, Roxb., *loc. cit.*; c'est un grand Arbre, originaire de l'Inde, ayant des feuilles alternes inégalement pinnées, sans stipules, longues de six à douze pouces, composées de trois à six paires de folioles, presque opposées, pétiolées, lancéolées, entières, acuminées, quoiqu'un peu obtuses à leur sommet, de trois à six pouces de long sur un à deux de large. Les fleurs très-nombreuses, petites et caduques, forment une panicule rameuse et axillaire; elles sont accompagnées de bractées très-petites et également caduques. Les filamens des étamines sont courts, attachés au sommet du nectaire; les anthères sont sagittées. L'ovaire est à demi-infère, à trois loges; le style est court, terminé par un stigmate turbiné, tronqué, à six lobes peu marqués. Le fruit est arrondi, à trois loges, contenant généralement une seule graine, les autres ovules ayant avorté. Cette graine est ovoïde, attachée sur une sorte d'arille épais, transparent, bon à manger: de-là le nom spécifique donné à cet Arbre. (A. R.)

MILOS ET **SMILOS.** BOT. PHAN. Même chose que Milax (*V*. ce mot), qu'il ne faut pas confondre avec Smilax. (B.)

MILTITES. MIN. Ce qui signifie Pierre couleur de brique. Pline donne ce nom à sa quatrième espèce d'Hæmatite lorsqu'elle est calcinée. Il paraît que c'était une variété de Fer oxidé qui devenait rouge en passant par le feu. (B.)

MILTUS. BOT. PHAN. Genre de la Dodécandrie Pentagynie, L., établi par Loureiro (*For. Cochinchin.* , 1 , 370) qui lui a donné pour caractères essentiels : un calice à cinq folioles ; corolle nulle; douze étamines insérées au fond du calice, à anthères ovales, biloculaires ; ovaire supérieur surmonté de çinq stigmates sessiles et courbés en dehors ; cinq capsules conniventes, renfermant chacune une seule graine. Ce genre paraît appartenir à la famille des Ficoïdes, et se rapprocher surtout de l'*Aizoon*. Il ne renferme qu'une seule espèce, *Miltus africana*, Lour. , *loc. cit.* , dont les tiges sont ligneuses, grêles, couchées, glabres, longues de plus d'un mètre, munies de feuilles opposées, presque sessiles, fort petites, glabres, charnues, allongées, obtuses, très-entières et souvent fasciculées. Ses fleurs sont latérales, agrégées et portées sur des pédoncules simples. Cette Plante croît dans les lieux arides de la côte de Mosambique en Afrique.   (G..N.)

MILVUS. ois. *V.* **Milan.**

MIMETES. bot. phan. Genre des Protéacées, établi par Salisbury et adopté par R. Brown dans son Mémoire sur cette famille. Ses fleurs hermaphrodites ont un calice divisé profondément en quatre parties distinctes et égales, creusées chacune à leur sommet d'une cavité à laquelle est opposée une anthère libre de toute adhérence. Le style filiforme et caduc se termine par un stigmate cylindrique, grêle, souvent aigu. L'ovaire, accompagné à sa base de quatre petites écailles caduques qui manquent quelquefois, contient un ovule unique, et devient un akène ventru, lisse et sessile. Les espèces de ce genre sont des Arbrisseaux dont les feuilles ont leur contour entier ou marqué de dents calleuses. Les fleurs sont disposées en têtes terminales, ou plus fréquemment axillaires , et embrassées quelquefois par la feuille supérieure courbée en capuchon. Un involucre, composé d'un nombre indéfini de folioles imbriquées, entoure ces têtes, où les fleurs, portées

sur un réceptacle plane , sont entremêlées de paillettes étroites et caduques. On compte onze de ces espèces , toutes originaires du sud de l'Afrique, aux environs du cap de Bonne-Espérance. Plusieurs ont été décrites pour la première fois dans le Mémoire cité de Brown; celles qui étaient connues avant lui étaient des *Protea* pour Linné et la plupart de ses successeurs. Elles portaient dans Boerhaave le nom de *Hypophyllocarpodendron*, que sa longueur a dû nécessairement faire abandonner.   (A. D. J.)

MIMEUSE. *Mimosa.* **bot. phan.** Ce genre appartient à la famille des Légumineuses, où il forme le type d'une section particulière sous le nom de Mimosées. Tel qu'il a été limité par Willdenow et les autres botanistes modernes , le genre *Mimosa* présente les caractères suivans : les fleurs sont polygames; leur calice est monosépale, régulier, tubuleux, à cinq divisions plus ou moins profondes , pétaloïde et persistant; il est accompagné extérieurement d'un calicule plus court ou quelquefois simplement d'une ou deux bractées. Ce calice a été considéré par tous les botanistes, jusqu'à ce jour, comme une corolle monopétale régulière, et le calicule comme le véritable calice. *V.* **Mimosées.** Les étamines varient de quatre à douze; elles ont leurs filets grêles, capillaires, hypogynes, attachés soit à la base du calice, soit au petit pédicule qui supporte le pistil ; les anthères sont presque globuleuses, didymes , à deux loges contenant des grains de pollen composé. L'ovaire, quelquefois stipité à sa base, est allongé , un peu oblique, comprimé, finissant insensiblement à son sommet en un style capillaire que termine un stigmate simple. Le fruit est une gousse comprimée, plane , à une seule loge, composée d'une ou plusieurs articulations monospermes, se séparant les unes des autres, et contenant chacune une graine lenticulaire. Les Mimeuses, dont on trouve soixante et onze espèces décrites dans le second volume du Prodrome de De Candolle, sont tantôt des Arbres, tantôt des Arbustes, ou plus rarement des Plantes herbacées, souvent munies d'aiguillons. Leurs feuilles sont alternes, articulées, composées, pinnées, doublement pinnées ou digitées-pinnées. Les folioles sont également articulées ; les stipules sont placées sur le pétiole. Les fleurs, généralement très-petites, sont roses ou blanches, très-rapprochées les unes des autres, et formant des capitules globuleux ou ovoïdes, simples ou groupés, en panicule ou en grappe. Plusieurs espèces de ce genre sont remarquables par les mouvemens d'irritabilité que présentent leurs feuilles. Nous en dirons quelques mots dans cet article. Les Mimeuses sont toutes exotiques ; elles croissent dans les régions chaudes des deux Indes, et particulièrement dans l'Amérique méridionale, où habitent environ les deux tiers des espèces connues. Parmi ces dernières, un grand nombre d'espèces nouvelles ont été décrites et figurées par Kunth dans son magnifique ouvrage intitulé : Mimoses, et autres Légumineuses du nouveau continent, in-fol., fig. color. Dans le second volume de son Prodrome et dans ses Mémoires sur les Légumineuses, De Candolle a formé trois sections naturelles parmi les espèces du genre Mimeuse. Nous allons décrire quelques-unes des espèces les plus intéressantes de chacune de ces sections.

Sect. 1. — EUMIMOSA, D. C.

Gousse comprimée, moniliforme, articulée. Fleurs roses.

MIMEUSE BLANCHATRE. *Mimosa albida*, Kunth, Mim., p. 2, t. 1. Cette jolie espèce, voisine de la suivante, a été trouvée par Humboldt et Bonpland, sur le bord de la mer du Sud, entre le petit village de Moche et la ville de Truxillo, dans le royaume du Pérou. Sa tige est rabougrie, pubescente, blanchâtre, rameuse, munie d'aiguillons. Ses feuilles sont conjugées, pinnées, bijugées ; ses folioles sont oblongues, aiguës, un peu obliques, pubescentes et blanchâtres à leur face inférieure ; leurs pétioles sont dépourvus d'aiguillons. Les capitules sont globuleux, géminés, et les fruits velus et presque hispides. Cette espèce diffère de la Mimeuse sensible par son port rabougri, ses feuilles plus petites, son duvet plus serré et blanchâtre, surtout à la face inférieure des feuilles, ses pétioles dépourvus d'aiguillons, et ses fleurs d'une belle couleur rose. Celles-ci ne contiennent chacune que quatre étamines.

MIMEUSE SENSIBLE, *Mimosa sensitiva*, L., Sp. 1501. Cette espèce est un Arbuste sarmenteux, originaire des forêts du Brésil. Sa tige est rameuse et pubescente. Ses feuilles sont, comme celles de l'espèce précédente, digitées-pinnées et bijugées ; ses pétioles sont garnis de quelques aiguillons courts ; la foliole interne de la paire inférieure est extrêmement petite et presque avortée. Les fleurs sont roses, tétrandres, formant des capitules globuleux et géminés, portés sur des pédoncules moitié plus courts que les pétioles. Les fruits sont hispides et terminés par une longue pointe. Les feuilles de cette espèce sont légèrement sensibles lorsqu'on les touche.

MIMEUSE SENSITIVE, *Mimosa pudica*, L., Sp. 1501 ; Breyn., cent., t. 18. Il est peu de Plantes plus célèbres et plus généralement connues que cette espèce, que l'on désigne communément sous le nom de *Sensitive*. C'est des forêts du Brésil que les graines en ont été transportées en Europe, où elle est aujourd'hui cultivée dans toutes les serres, et où chaque jour elle fait l'étonnement de l'observateur par les phénomènes nombreux d'irritabilité qu'elle présente. La Sensitive est une Plante annuelle, ayant sa tige rameuse, haute d'environ deux pieds, un peu étalée, articulée, noueuse, poilue et armée d'aiguillons nombreux et recourbés ; les feuilles sont pétiolées, digitées, pinnées. Les pinnules, au nombre de quatre, sont multijugées, composées de folioles elliptiques allongées, obtuses et sessiles. Les fleurs sont roses, pentandres, formant des capitules globuleux, axillaires et pédonculés; le calicule consiste en une simple bractée, ciliée sur ses deux bords. Les fruits sont planes, hispides et ciliés seulement sur leur contour. La Sensitive est sans contredit le Végétal dans lequel les mouvemens d'irritabilité sont le plus étendus. Lorsque l'on touche seulement du bout du doigt l'une de ses folioles, on la voit se redresser et s'appliquer par sa face supérieure contre celle qui lui est opposée, et presqu'instantanément le même mouvement se propage dans toutes les paires de folioles qui composent la pinnule. Non-seulement chaque paire de folioles s'applique face à face, mais encore elles se couchent obliquement vers le sommet de la pinnule, et se recouvrent en partie par l'un de leurs côtés. Bientôt la pinnule elle-même se redresse, et si le mouvement ou le choc a été un peu violent, les trois autres pinnules le partagent, et le pétiole commun lui-même ne tarde pas à se fléchir vers la terre. Dans cet état la feuille semble flasque et fanée. Mais cette apparence est trompeuse, car si l'on tente de redresser le pétiole, on sent qu'il oppose une résistance réelle et qu'il se trouve dans un état de rigidité qu'on ne pourrait vaincre sans effort, et peut-être sans occasioner quelque déchirure. Non-seulement ce mouvement a lieu par l'action directe et immédiate d'un choc quelconque, mais par un choc communiqué médiatement. C'est ainsi que le mouvement d'une voiture qui roule au voisinage d'un pied de Sensitive suffit pour mettre en jeu son irritabilité. Bien d'autres agens exercent aussi sur elle une influence marquée. Ainsi l'électricité, les vapeurs irritantes, telles que celle du Chlore par exemple, de l'Acide acétique très-concentré, du gaz nitreux, l'air agité par le vent, l'ombre d'un nuage, l'action trop forte de la chaleur concentrée sur une foliole au moyen d'une len-

tille, celle du froid, suffisent pour provoquer les mêmes phénomènes que le choc direct imprimé à l'une des folioles. Dutrochet, habile expérimentateur que nous avons déjà eu plus d'un fois occasion de citer dans plusieurs articles de ce Dictionnaire, a fait des recherches curieuses pour reconnaître quelle était la partie de la Plante où l'irritabilité avait son siége, et arriver ainsi à savoir la cause de cette propriété, et pour cela il s'est occupé d'abord de l'anatomie de cette Plante. Nous ferons brièvement connaître ici le résultat de ses observations. Dans toutes les feuilles articulées, qui sont uniquement celles où s'observent les mouvemens d'irritabilité, on aperçoit à la base du pétiole un renflement ou bourrelet, terminé inférieurement par un rétrécissement plus ou moins étroit. Jusqu'à présent on avait assimilé le mouvement des feuilles de la Sensitive au mouvement des membres dans les Animaux qui en sont pourvus; c'est-à-dire que l'on avait pensé qu'il avait lieu dans la partie rétrécie ou l'articulation. Mais en examinant plus attentivement ce phénomène, Dutrochet a reconnu que tel n'est pas son mécanisme. Les mouvemens se passent, non dans la partie rétrécie, mais dans le bourrelet lui-même, et se réduisent à la flexion et au redressement. Dans le premier cas le bourrelet forme une courbe dont la convexité est tournée vers le ciel, et il y a distension du tissu qui forme la partie supérieure du bourrelet et refoulement de celui qui constitue sa partie inférieure. Ce bourrelet est principalement composé de cellules globuleuses, qui contiennent un fluide concrescible, et qui sont environnées par un tissu cellulaire très-délicat, dans lequel il existe une immense quantité de corpuscules verdâtres que Dutrochet regarde comme des corpuscules nerveux; ce tissu est un développement particulier de l'enveloppe herbacée ou parenchyme cortical, dont le centre est occupé par un faisceau de tubes nourriciers. C'est ce tissu cellulaire du bourrelet qui est le siége des mouvemens du pétiole, et l'on peut à volonté les anéantir, en enlevant avec soin ce tissu, sans intéresser le faisceau vasculaire. Le mouvement de flexion vers la terre a son siége dans le tissu cellulaire de la partie supérieure du bourrelet, et celui de redressement dans le tissu de la partie inférieure du même bourrelet. Ainsi quand on enlève le tissu cortical du côté inférieur du bourrelet, la feuille reste flétrie et ne peut se redresser; si, au contraire, c'est la partie supérieure qui a été enlevée, la feuille reste dressée sans pouvoir se fléchir. De ces faits il paraît résulter que la flexion du pétiole est produite par l'action de la partie supérieure du tissu cellulaire du bourrelet, et que son redressement est dû à l'action de la partie inférieure. Ce sont en quelque sorte deux ressorts antagonistes, dont l'un devient alternativement plus puissant que l'autre et le force à céder. Si l'on coupe une tranche très-mince du tissu cellulaire de la partie supérieure du bourrelet et qu'on la plonge dans l'eau, on la voit se rouler en un cercle, dont la concavité est tournée vers l'axe du bourrelet. Le phénomène se présente de la même manière, si l'on prend une lame du même tissu au côté inférieur ou sur les parties latérales du bourrelet, toujours la lame se roule de manière à ce que sa concavité corresponde à l'axe du pétiole. Le pétiole se trouve donc composé, selon la remarque de Dutrochet, de ressorts antagonistes et opposés, qui tendent à se courber en sens inverse; ainsi le ressort inférieur redresse le pétiole, et le supérieur le fléchit. L'auteur nomme *incurvation* cette propriété que possèdent les lames du bourrelet de s'incurver ou se rouler dans un sens ou dans un autre. La cause immédiate de ces mouvemens d'incurvation réside, selon cet habile physiologiste, dans *l'action nerveuse mise en jeu par les agens du dehors.* Il était naturel qu'ayant attribué aux Plantes un système nerveux, analogue à ce-

lui des Animaux, il lui fît jouer, dans les phénomènes de la végétation, le rôle important qu'il remplit dans la vie animale. Ainsi donc, selon Dutrochet, l'action du système nerveux est la cause des mouvemens visibles des Végétaux comme des Animaux. Mais, s'il en est ainsi, ce système nerveux doit, comme dans ces derniers, être l'organe de transmission de ces mouvemens, ou, en d'autres termes, la partie de l'organisation qui propage le stimulus destiné à mettre en jeu l'action de ce système. Or, c'est ce qui n'a pas lieu du propre aveu de l'auteur; car, par des expériences fort délicates, il est parvenu à connaître que l'action nerveuse qui détermine les mouvemens des feuilles, se transmet uniquement par les vaisseaux qui forment l'étui médullaire, vaisseaux entièrement privés de tubercules nerveux. Ainsi donc le prétendu système nerveux des Végétaux serait l'agent, le siége de la puissance nerveuse, sans être l'organe de transmission de cette puissance, ce qui est impossible. Il nous semble que l'on peut tirer de-là cette conclusion, que l'importante question de la cause des mouvemens des feuilles n'est point encore résolue, et que de nouvelles données sont encore nécessaires pour arriver à une solution satisfaisante. Nous savons que ces mouvemens sont dus à une propriété des tissus, que par analogie nous avons appelée *irritabilité;* mais quel est le siége précis de cette irritabilité? Pourquoi tous les Végétaux, dont l'organisation est la même, ne la présentent-ils pas? Est-elle due, comme le pense Lamarck, au passage rapide des fluides, et à leur action sur les vaisseaux? Faut-il l'attribuer à l'action vitale? et par conséquent avouer que nous en ignorons l'essence?

A cette première section du genre *Mimosa* appartiennent encore plusieurs autres jolies espèces, dont un assez grand nombre ont été décrites et figurées par notre collaborateur Kunth; telles sont les suivantes: *Mimosa pectinata*, Kunth, Mim., 5, t.

2; *M. polycarpa*, *loc. cit.*, 8, t. 5; *M. polydactyla*, *loc. cit.*, 14, t. 5; *M. tomentosa*, *loc. cit.*, 11, t. 4; *M. montana*, *loc. cit.*, 31, t. 10; *M. somnians*, *loc. cit.*, 20, t. 7, et plusieurs autres.

Sect. 2. — HABBASIA, D. C., Lég.

Gousse comprimée, très-hispide, à bords droits, non contractés, à articulations courtes et nombreuses; rameaux et pétioles armés d'aiguillons, opposés sur les pétioles; feuilles bipinnées; fleurs blanches.

MIMEUSE PELUCHÉE, *Mimosa pellita*, Willd., Kunth, Mim., 27, t. 9. Cette espèce est munie d'aiguillons recourbés et rougeâtres; ses feuilles sont bipinnées, composées de neuf à dix paires de pinnules opposées, et composées chacune d'un très-grand nombre de paires de folioles oblongues, obtuses, entières; le pétiole commun est velu et muni d'aiguillons droits. Les fleurs sont blanches, disposées en capitules globuleux pédonculés, généralement au nombre de deux à l'aisselle des feuilles. A ces fleurs succèdent des gousses comprimées un peu falciformes, velues et hispides, surtout lorsqu'elles sont encore jeunes, composées d'un grand nombre d'articulations dont la largeur est double de la hauteur. Cette espèce croît dans plusieurs parties de l'Amérique méridionale, près de Cumana, sur le bord de la rivière de la Magdeleine, où elle a été recueillie par Humboldt et Bonpland. A l'occasion de cette espèce, le premier de ces deux célèbres voyageurs fait sur les Mimeuses du nouveau continent une remarque que nous croyons devoir rapporter ici. « Nous avons observé, dit-il (Relat. histor., 1, p. 456), que les Mimeuses, comme toutes les Plantes à feuilles pennées, participent à la paresse qui est commune à tous les êtres des Tropiques. Elles se ferment vingt-cinq à trente-cinq minutes avant le coucher apparent du soleil, et mettent, après son lever, autant de minutes pour s'éveiller, même dans les plaines. Le *Vultur*

Aura en fait autant. Il paraît qu'accoutumées pendant la journée à une extrême vivacité de lumière, les Sensitives et d'autres Légumineuses minces et délicates se ressentent le soir du plus petit affaiblissement dans l'intensité des rayons, de sorte que la nuit commence pour ces Végétaux, là comme chez nous, avant la disparition totale du disque solaire. Mais pourquoi sous une zône où il n'y a presque pas de crépuscule, les premiers rayons de l'astre ne stimulent-ils pas les feuilles avec d'autant plus de force que l'absence de la lumière a dû les rendre plus irritables? Peut-être l'humidité déposée sur le parenchyme par le refroidissement des feuilles, qui est l'effet du rayonnement nocturne, empêche-t-elle l'action des premiers rayons du soleil? Dans nos climats, les Légumineuses à feuilles irritables s'éveillent déjà avant l'apparition de l'astre, pendant le crépuscule du matin.

Cette section renferme encore les *Mimosa dormiens* de Humboldt; *Mimosa canescens*, *M. hispida*, *M. ciliata*, *M. polyacantha* de Willdenow avec plusieurs autres.

Sect. 3. — BATACAULON, D. C., Lég.

Gousse comprimée, plane, très-glabre ou à peine pubescente, articulée, non contractée aux articulations, quelquefois bordée d'une simple rangée de poils; feuilles bipinnées; fleurs blanches ou jaunâtres

MIMEUSE EN FORME DE RONCE, *Mimosa rubicaulis*, Lamk.; *M. octandra*, Roxb., Cor., 2, t. 200. Cette espèce est originaire des Indes-Orientales; ses rameaux et ses pétioles sont munis d'aiguillons forts et recourbés; les feuilles sont bipinnées, très-velues ainsi que les rameaux, composées de cinq paires de pinnules, qui sont chacune formées de dix à douze paires de folioles linéaires allongées. A la base de chaque pinnule on trouve, surtout dans les jeunes feuilles, une glande oblongue. Les fleurs sont jaunâtres, formant des capitules globuleux pédonculés, naissant au nombre de trois à quatre à l'aisselle des feuilles supérieures qui sont rudimentaires. Les fruits sont glabres, comprimés, fortement ciliés sur leurs bords, très-rarement dépourvus de cils.

On trouve encore dans cette section les *Mimosa Ceratonia*, L.; *M. oligacantha*, D. C.; *M. casta*, L.; *M. leiocarpa*, D. C. (A. R.)

MIMOPHYRE. MIN. (Brongn.) Roche à structure porphyroïde, formée par voie d'agrégation mécanique, et composée essentiellement d'un ciment argiloïde qui réunit des grains quartzeux ou feldspathiques : c'est le Poudingue porphyroïde de Dolomieu. Brongniart en distingue trois variétés : le quartzeux, le pétrosiliceux et l'argileux. Sa position géologique ordinaire est au-dessus du terrain houiller; elle peut être aisément confondue avec les Psammites et Péphites (Grès rouges des géognostes).
(G. DEL.)

MIMOSA. BOT. PHAN. *V.* MIMEUSE.

MIMOSE. GÉOL. Syn. de Dolérite ou Graustein. *V.* ces mots. (B.)

*MIMOSÉES. *Mimosæ.* BOT. PHAN. Robert Brown a le premier donné ce nom à un groupe ou tribu de la famille des Légumineuses, qui se compose du genre *Mimosa* de Linné, lequel a été divisé en onze genres distincts par les auteurs modernes. *V.* LÉGUMINEUSES, où nous avons donné les caractères de cette tribu et des genres qui la forment. (A. R.)

MIMULE. *Mimulus.* BOT. PHAN. Genre de Plantes de la famille des Scrophularinées et de la Didynamie Angiospermie, L., appelé *Monavia* par Adanson et *Cynorynchium* par Mitchell, et ayant un calice monosépale, tubuleux, à cinq angles et terminé par cinq dents; une corolle monopétale irrégulière, personnée, ouverte, à deux lèvres, la supérieure bilobée et réfléchie sur ses côtés, l'inférieure à trois lobes inégaux; des étamines didynames, dont les anthères ont leurs deux loges divariquées à la base; l'ovaire est environné d'un disque hypogyne annulaire et oblique, et le style se termine par un stigmate formé de deux lamelles; le fruit est une capsule recouverte par le calice, à deux loges polyspermes, s'ouvrant en deux valves entières, portant chacune la moitié de la cloison sur le milieu de leur face interne.

Les espèces de ce genre sont ou des Plantes herbacées, dressées ou étalées, ou des Arbustes portant des feuilles opposées, des fleurs jaunes, orangées, violettes ou blanches, dépourvues de bractées, axillaires et solitaires, ou disposées en épis, ou plus rarement en corymbes. Toutes les espèces de Mimules sont originaires de l'Amérique septentrionale ou méridionale, à l'exception de deux qui ont été trouvées par Robert Brown à la Nouvelle-Hollande, savoir : *Mimulus repens* et *M. gracilis.* Plusieurs de ces espèces sont cultivées dans les jardins. Nous citerons ici les suivantes :

MIMULE GLUTINEUX, *Mimulus glutinosus*, Willd., Sp.; *M. aurantiacus*, Curt., Bot. Mag., tab. 354. C'est un Arbuste rameux, de trois à quatre pieds de hauteur, dont la tige, ainsi que les feuilles, sont glutineuses et pubescentes; ses feuilles sont opposées, semi-embrassantes à leur base, sessiles, elliptiques-allongées, aiguës, obscurément dentées; les fleurs sont grandes, d'un jaune orangé, axillaires, solitaires et portées sur un pédoncule assez court; leur calice est tubuleux, un peu arqué, à cinq dents inégales, la supérieure plus longue, et à cinq angles; la corolle est également tubuleuse, mais son tube est plus long que le calice, elle se termine par un limbe oblique, plane, à deux lèvres, la supérieure bilobée, l'inférieure à trois lobes. Cette espèce, originaire de la Californie, se cultive dans les jardins : elle doit être rentrée dans l'orangerie pendant l'hiver. Dans ce Mimule, comme dans toutes les autres espèces du même genre, le stigmate se compose de deux lamelles glanduleuses sur leur face interne. Quand on touche la face supérieure ou interne de l'une d'elles avec la pointe d'un canif ou tout autre instrument, on les voit se rapprocher l'une de l'autre par un mouvement assez prompt.

MIMULE TACHETÉ, *Mimulus guttatus*, D. C., Cat. Mont. 127. Cette espèce, qui est annuelle, est originaire du Pérou ; mais aujourd'hui elle est très-commune dans les jardins. Elle offre beaucoup de rapports avec le *Mimulus luteus* de Linné ; mais elle en diffère néanmoins par sa tige et ses pétioles velus et non glabres, par ses feuilles inférieures longuement pétiolées et non sessiles ; par les dents irrégulières de celles-ci ; par les pédoncules de ses fleurs plus courts que les feuilles et non deux fois plus longs qu'eux comme dans le *M. luteus* ; enfin par ses fleurs presque deux fois plus petites.

Le nom de *Mimulus* avait été employé par Pline pour désigner une Plante qu'on croit être le *Rhinanthus Crista-Galli*.   (A. R.)

MIMUSOPE. *Mimusops.* BOT. PHAN. Genre de la famille des Sapotacées et de l'Octandrie Monogynie, L., composé d'un petit nombre d'espèces, qui pour la plupart sont de grands et beaux Arbres, originaires des Indes-Orientales, à l'exception de deux espèces qui croissent à la Nouvelle-Hollande, où elles ont été observées par R. Brown, savoir *Mimusops Kauki* et une espèce nouvelle, à laquelle il a donné le nom de *Mimusops parvifolia*. Les caractères de ce genre sont : un calice monosépale à six ou huit divisions disposées sur deux rangs ; une corolle monopétale dont les lobes forment également deux rangées, l'une intérieure composée de six à huit lobes entiers, l'autre extérieure formée de six à seize lobes divisés en lanières étroites ; les étamines fertiles varient de six à huit et sont opposées aux lobes intérieurs ; les étamines stériles, en même nom-

bre que les précédentes, alternent avec elles ; l'ovaire présente de six à huit loges ; mais par suite d'avortement le fruit est très-souvent uniloculaire et contient une seule graine presque osseuse, munie d'un endosperme. Ce genre est très-voisin de l'*Imbricaria* de Jussieu, qui en diffère par sa corolle, dont les lanières trifides forment trois rangées, et par ses graines munies d'une crête saillante vers l'ombilic. Selon R. Brown, le genre *Binectaria* de Forskahl doit être réuni au *Mimusops*, dont il ne diffère que par les divisions extérieures de sa corolle qui sont deux fois bifides. L'*Achras dissecta* de Forster n'est aussi qu'une espèce de *Mimusops*.

MIMUSOPE ELENGI, *Mimusops Elengi*, L., Lamk., Ill., tab. 300. Cet Arbre, connu vulgairement sous les noms de *Marone*, *Cavequi*, *Magouden*, etc., est originaire des Grandes-Indes. Ses rameaux, dont l'écorce est grisâtre, portent des feuilles alternes, rapprochées les unes des autres vers l'extrémité des jeunes rameaux, portées sur des pétioles assez longs ; elles sont elliptiques, acuminées, entières, un peu sinueuses sur leurs bords, coriaces, glabres et luisantes à leur face supérieure ; les fleurs sont axillaires, quelquefois solitaires, plus souvent réunies au nombre de deux à six ; les divisions du calice sont lancéolées, aiguës, pulvérulentes et jaunâtres en dehors ; les fruits sont ovoïdes, charnus, de la grosseur d'une prune moyenne, rougeâtres et lisses extérieurement, monospermes, accompagnés à leur base par le calice qui est persistant. Ces fruits ont une saveur légèrement astringente et agréable : les Indiens les mangent. Les fleurs répandent une odeur douce, et on en prépare une eau distillée très-agréable.   (A. R.)

MINARET. *Turris.* MOLL. Genre démembré par Montfort (Conchyl. Syst. T. II, p. 538) des Mitres de Lamarck et des autres auteurs modernes pour les espèces les plus turri-

culées. Blainville semble avoir adopté
ce genre. Comme nous ne le croyons
pas suffisamment motivé, nous ne
suivrons pas son exemple. *V*. MITRE.
(D..H.)

MINDIUM. BOT. PHAN. Nom donné
par l'Arabe Rhazès et adopté par
Adanson pour désigner la Plante qui
est devenue le *Michauxia* de l'Héritier. *V*. MICHAUXIE.   (B.)

MINE. MIN. et GÉOL. Ce mot a plusieurs acceptions : il est souvent synonyme de Minerai; on l'emploie aussi
pour indiquer le gîte des Minerais
dans le sein de la terre, et on appelle
MINES les excavations faites par les
Hommes pour extraire les Minerais de
leur gîte. *V*. MINERAI et MINES.

On a improprement donné le nom
de Mine à des substances qui ne sont
point les Minerais du Métal ou de
la Matière qu'elles désignent. Plusieurs de ces mots étant quelquefois
employés dans des ouvrages scientifiques, où on les a adoptés par usage
populaire ou par irréflexion, nous
indiquerons à quels Minéraux ils appartiennent.

MINE AURIFÈRE DE TRANSYLVA-
NIE. Le Tellure graphique. *V*. TEL-
LURE.

MINE D'ACIER. Le Fer carbonaté
spathique, susceptible de donner directement l'Acier qu'on nomme naturel. *V*. FER.

MINE D'ARGENT GRISE. C'est le
Cuivre gris, où l'Argent ne fait point
partie essentielle aux yeux du minéralogiste. *V*. CUIVRE.

MINE DE BRONZE ou MINERAI DE
CLOCHE. L'Étain sulfuré cuprifère. *V*.
ÉTAIN.

MINE DE CONAIL. C'est un Minerai
de Mercure sulfuré bituminifère, tel
que celui d'Idria, qui présente par
sa structure quelques ressemblances
éloignées avec des groupes de Co-
raux.

MINE D'ÉTAIN BLANC. Le Schéelin
calcaire. *V*. ce mot.

MINE DE LAITON. On a ainsi nommé le Minerai de Cuivre accompagné

d'Oxide de Zinc, et susceptible de
donner immédiatement du Laiton
par le traitement. *V*. ZINC.

MINE A LAYE DE TERRE et MINE
A MARÉCHAL. Diverses sortes de
Houilles.

MINE DE PLOMB. C'est le Graphite
ou Fer carburé dont on fait les
crayons. Ce Minerai ne renferme pas
un atome de Plomb. *V*. FER CAR-
BURÉ.

MINE TIGRÉE. Les mineurs allemands ont donné cette mauvaise dénomination (*Tiegererz*) à divers
Minéraux qui présentent des taches
noirâtres, tels que la variété de Baryte sulfatée avec des taches de Minerai d'Argent; la Dolomie qui offre
de semblables taches; et un Calcaire
lamellaire mélangé d'un peu de Plomb
sulfuré.

MINE A VERNIS. La Galène, parce
qu'elle entre dans la composition de
l'Émail ou Vernis des poteries. *V*.
PLOMB SULFURÉ.   (G..N.)

MINERAI. MIN. Ce mot sert à désigner toute substance minérale renfermant un ou plusieurs Métaux susceptibles d'en être retirés par des
moyens économiques. Si la substance
minérale se compose de plusieurs
Métaux, elle est Minerai par rapport
à celui qui s'y trouve en plus grande
quantité et dont la valeur est plus
considérable. Le Cuivre gris, par
exemple, s'exploite tantôt comme
Minerai d'Argent, tantôt comme Minerai de Cuivre, d'après la prédominance de chacun de ces deux Métaux. Dans certains Minerais très-
complexes, on fait, pour ainsi dire,
abstraction de plusieurs des Métaux
qui s'y rencontrent, et l'on ne vise
qu'à retirer avec bénéfice ceux qui
offrent et valeur et quantité. L'extraction de ces Métaux se fait par le triage,
le bocardage, le lavage, le grillage,
les essais, etc., procédés dont les détails sont étrangers à l'histoire naturelle proprement dite. *V*. MÉTAL-
LURGIE.   (G..N.)

MINÉRALOGIE. Science des Minéraux, c'est-à-dire des corps bruts,

formés naturellement, et que l'on rencontre à la surface ou dans l'intérieur de la terre. Elle embrasse dans son objet la connaissance de leurs propriétés générales, celle des caractères particuliers qui distinguent les différentes espèces les unes des autres, et les variétés de chaque espèce entre elles ; celle de leurs manières d'être dans la nature, et de leur emploi dans les arts et les usages de la vie ; enfin celle de leur classification, ou de leur disposition dans un ordre propre à en faciliter l'étude, et à faire mieux ressortir leurs analogies et leurs dissemblances.

Les bornes étroites dans lesquelles nous sommes obligés de resserrer cet article, où le but principal est d'exposer rapidement l'état actuel de la science, ne nous permettent pas d'y présenter l'histoire de ses faibles commencemens, et de la marche lente qu'elle a suivie jusqu'au siècle de Linné et de Wallerius ; nous nous contenterons de citer quelques-uns des noms les plus célèbres, parmi ceux des auteurs anciens qui ont traité des Minéraux dans leurs ouvrages : dans les temps les plus reculés, Aristote, Théophraste, Pline, Dioscoride ; pendant la période du moyen âge, le fameux médecin Avicenne ; après la renaissance des lettres, Georges Agricola le père de la Métallurgie, Conrad Gessner, Boëce de Boot, Beccher et Boyle. Les notions vagues que la plupart de ces auteurs nous ont laissées dans leurs écrits, ont été presque entièrement étrangères aux progrès réels de la Minéralogie, que l'on peut considérer comme une science toute récente ; elle doit uniquement son avancement à l'esprit d'observation et de méthode, qui caractérise les travaux des naturalistes modernes, et aux secours importans qu'elle a reçus de la chimie et de la physique, dont les développemens récens et prodigieux ont exercé sur elle la plus heureuse influence, en ramenant les faits nombreux dont elle se compose à un petit nombre de lois générales. Nous aurons soin, en traitant successivement de chacune des parties de la science, de rappeler en peu de mots ce que la doctrine particulière qu'elle enseigne, doit aux savans qui l'ont créée, étendue ou perfectionnée.

Le premier pas à faire dans l'étude des Minéraux, c'est de déterminer nettement en quoi ils diffèrent des autres productions naturelles, et d'abord quels sont les principaux caractères qui distinguent les êtres vivans des êtres bruts, les corps organiques des corps inorganiques. Le corps organique se compose de parties dissemblables, qui concourent par leurs actions réciproques à l'existence du tout; il a une forme déterminée, constante, qui lui est plus essentielle que sa composition chimique interne, laquelle varie continuellement, et de cette forme dérivent les caractères propres à la détermination de l'espèce ; rarement il peut être divisé sans être détruit; il est en général ce qu'on appelle un *individu*; il naît d'un autre individu préexistant et semblable à lui; il s'accroît par intussusception, et seulement jusqu'à un certain terme, après lequel sa destruction s'opère d'elle-même. Le corps inorganique, au contraire, est une masse homogène, une simple agrégation de particules semblables, que l'on peut à volonté séparer les unes des autres ou réunir en nombre plus ou moins considérable ; il est susceptible d'être divisé et subdivisé, sans changer de nature, car il existe tout entier dans la moindre de ses parties; mais quelque loin que l'on pousse ces divisions successives, on n'obtient jamais que des masses plus petites, et non des individus isolés, qui ne pourraient être ici que les particules composantes elles-mêmes ; le corps inorganique étant une agrégation de molécules similaires, et cette agrégation pouvant avoir lieu d'une infinité de manières, sa forme est variable à l'infini ; elle est presque toujours accidentelle, et le caractère de l'espèce réside essentiellement, non dans cette propriété extérieure, mais dans la nature chimique de la substance, laquelle est constante et déterminée ; enfin le corps inorganique se forme par la juxtaposition de ses particules, en vertu des forces d'attraction qui leur sont propres ; il s'accroît toujours à l'extérieur, de manière qu'à un instant quelconque de sa formation, tout ce qui existait jusqu'alors n'éprouve plus de changement ; il n'y a point de limite à cet accroissement, et le corps inorganique une fois formé peut durer indéfiniment, si nulle action du dehors ne tend à le détruire.

Il existe des différences assez grandes entre les corps inorganiques, sous le rapport du mode de leur formation. Les uns ne peuvent être produits que sous l'influence des forces vitales, qui aident ou modifient l'action des forces d'affinité ; tels sont : les sucres, les gommes, les résines et la plupart des matières, qui prennent naissance dans les êtres vivans. D'autres au contraire se sont formés sans aucune participation des forces vitales, comme les sels, les pierres et les Métaux. D'autres enfin sont d'origine mixte ; ils proviennent de matières organiques qui, enfouies depuis long-temps dans le sol, y ont changé de nature par suite des décompositions qu'elles ont éprouvées ; tels sont les combustibles charbonneux et bitumineux. La première division des corps inorganiques est tout-à-fait étrangère à la Minéralogie ; il faut encore exclure des deux autres tous les corps formés artificiellement dans nos laboratoires, et limiter le champ de la science à ceux que la nature a produits d'elle-même et que nous retirons du sein de la terre. C'est à eux seulement que peut convenir le nom de *Minéraux*, auquel on substitue souvent dans les langues étrangères le terme équivalent de *Fossiles*, employé chez nous dans une acception toute différente.

Les Minéraux, considérés dans leur ensemble, sont doués de *propriétés* générales, fort remarquables en elles-mêmes, et dignes de toute l'attention du philosophe. Ces propriétés, par les modifications qu'elles éprouvent dans la série des différentes substances, fournissent des *caractères*, qui servent à la détermination rigoureuse des espèces, ou seulement à leur distinction relative. Les caractères dont il s'agit dérivent ou de la simple observation, ou de l'expérience. Mais tous n'ont pas la même valeur aux yeux du minéralogiste ; le Minéral étant pour lui un agrégat de particules semblables, doit lui offrir des caractères de différens ordres ; les uns uniquement dépendans de la nature des particules, et par-là véritablement spécifiques, d'autres dépendans plus ou moins du mode d'agrégation de ces particules, et n'étant, pour la plupart, que des caractères de variétés.

Les idées fondamentales d'*Espèce* et de *Variété* semblent établies tout naturellement par la supposition précédemment faite, que le Minéral consiste dans une agrégation quelconque de particules semblables. En effet, d'après cette supposition, tous les Minéraux composés des mêmes particules, quel que soit d'ailleurs leur mode d'agrégation, doivent former une même espèce ; et tous les Minéraux de la même espèce, qui diffèrent par le mode d'agrégation de leurs particules, et par suite par quelques-uns de leurs caractères extérieurs, doivent constituer autant de variétés. Mais l'observation nous apprend que la supposition admise n'est pas rigoureusement le cas de la nature, et que fréquemment la même masse minérale se trouve mélangée de molécules diverses, appartenant à des espèces différentes. Toutefois, dans l'examen que nous allons faire des principales propriétés des Minéraux, nous continuerons de les considérer comme étant chimiquement purs, sauf à modifier ensuite les résultats auxquels nous serons parvenus, de manière à tenir compte des circonstances dont nous faisons maintenant abstraction.

Des lois de la composition chimique dans les Minéraux.

1°. Composition qualitative. Les chimistes, en examinant tous les Minéraux connus, en ont retiré par l'analyse cinquante-deux substances différentes, que dans l'état actuel de la science ils considèrent comme autant de corps simples, et qui sont pour le naturaliste les élémens du règne inorganique. Ces élémens sont presque toujours combinés entre eux dans la nature, mais ce qu'il importe de remarquer, c'est qu'ils ne le sont pas indifféremment les uns avec les autres. Il en est beaucoup qu'on ne trouve presque jamais unis ensemble; il en est un petit nombre au contraire qu'on rencontre dans presque toutes les combinaisons connues, comme si les premiers avaient peu de tendance à former des composés, et les seconds une grande énergie de combinaison. Ceux-là sont des êtres en quelque sorte passifs, qui ont besoin pour se réunir entre eux de l'action médiate des autres corps. On peut leur donner le nom de *bases* ou de corps *minéralisables*, et désigner avec Beudant par celui de *minéralisateurs*, ces principes actifs, sans lesquels la plupart des combinaisons naturelles ne pourraient exister. Ces derniers sont en petit nombre : on distingue parmi eux l'Oxigène, le Soufre, le Fluore, le Chlore, le Carbone, l'Arsenic, le Sélénium, etc. Les combinaisons *binaires* formées par l'Oxigène avec les corps minéralisables, et qu'on nomme *Oxides*, sont les plus nombreuses; les combinaisons du Soufre, ou les *Sulfures*, sont aussi assez abondantes. Les Chlorures, les Arseniures, les Séléniures, le sont beaucoup moins. Après les combinaisons binaires, celles que l'on rencontre le plus fréquemment dans la nature, sont les combinaisons auxquelles on peut donner le nom de *Ternaires*; elles résultent en général de l'union de deux composés binaires qui ont un principe commun, comme de

deux Oxides, de deux Sulfures, de deux Arseniures, etc. Celles qui sont formées de deux Oxides sont les plus abondantes de toutes. On peut faire ici sur les corps oxigénés la même remarque que nous avons faite sur les corps simples : c'est qu'on ne les trouve pas indifféremment combinés entre eux, et qu'on peut aussi les partager en deux séries, l'une composée de ceux qui ont une grande tendance à se combiner avec la plupart des autres pour former des *Sels*, et qui s'unissent rarement entre eux : ce sont les Acides proprement dits et quelques Oxides capables de jouer le même rôle; l'autre, composée des Alcalis et des Oxides qui se comportent de la même manière, et auxquels on peut donner le nom commun de *bases salifiables*. Les combinaisons ternaires les plus abondantes sont les Silicates simples, les Carbonates, les Sulfates, les Phosphates et Arséniates. Il existe aussi des combinaisons d'ordres plus élevés, mais elles deviennent de plus en plus rares, à mesure qu'elles se compliquent davantage. Parmi celles qu'on peut appeler *quaternaires*, les plus remarquables sont les sels doubles et les sels aqueux, qui résultent de l'union de deux composés ternaires, entre eux, ou d'un composé ternaire avec l'eau. Tels sont les doubles Silicates, les doubles Carbonates, et les sels simples avec eau de cristallisation.

2°. Composition quantitative. Les combinaisons des élémens se font toujours dans la nature en proportions *définies*, c'est-à-dire constantes et déterminées. Un même corps peut à la vérité s'unir avec un autre en plusieurs proportions différentes, mais ces proportions sont fixes. Elles n'ont pas lieu au hasard; mais elles sont réglées par une loi remarquable, celle *des multiples*. Cette loi consiste en ce que les différentes quantités en poids de l'un des corps, qui se combinent avec une même quantité de l'autre corps, sont toujours multiples les unes des autres. On connaît par exemple trois degrés d'oxidation du Soufre, qui sont tels que pour 100 de Soufre il y a 49,7 d'Oxigène dans le premier, 99,44 dans le second, et 149,12 dans le troisième. Or, il est visible que ces trois quantités d'Oxigène données par l'expérience, sont à très-peu près entre elles comme les nombres 1, 2, 3. Cette loi des multiples reparaît sous une autre forme dans les combinaisons ternaires. Lorsque deux Oxides s'unissent entre eux, ils le font dans un rapport tel, que la quantité d'Oxigène de l'un est multiple de la quantité d'Oxigène de l'autre. Pareillement dans les combinaisons de deux Sulfures ou de deux Arseniures, la quantité de Soufre ou d'Arsenic de l'un est un multiple exact de la quantité de Soufre ou d'Arsenic de l'autre.

On rend raison de ces faits importans au moyen de la théorie atomistique, qui en outre a l'avantage d'en fournir l'expression la plus simple. Cette théorie admet en principe, que tout corps inorganique est un agrégat de molécules ou d'atomes égaux en poids, et que, dans toute combinaison chimique, des nombres déterminés d'atomes de diverses espèces s'unissent intimement pour donner naissance à des atomes plus composés. Dès-lors il est aisé de voir à quoi tiennent ces rapports multiples, dont nous avons cité plus haut un exemple, pris dans les combinaisons de l'Oxigène et du Soufre. Ils proviennent nécessairement de ce que pour le même nombre d'atomes de Soufre il y a un atome d'Oxigène dans la première, deux atomes dans la seconde, et trois atomes dans la troisième. Ceci nous montre qu'il est possible d'exprimer les lois de ces combinaisons autrement que par des rapports de quantités pondérables : on peut le faire beaucoup plus simplement et plus rigoureusement, en indiquant les nombres relatifs des atomes qui se combinent, et la chose est facile si l'on connaît d'avance les *poids relatifs* de ces mêmes atomes. Supposons que l'atome d'Oxigène

étant pris pour terme de comparaison, son poids soit représenté par 100 ; supposons de plus que par un moyen quelconque, on soit parvenu à connaître le poids de l'atome de Soufre, égal à 201,20 ; il y aura, dans le premier degré d'oxidation du Soufre, un certain nombre d'atomes d'Oxigène, dont le poids total est 49,7, combinés avec un certain nombre d'atomes de Soufre, dont le poids total est 100 ; et il est clair qu'on obtiendra ces deux nombres d'atomes, en divisant successivement le poids total de chacun d'eux par le poids de l'atome simple. Or les quotiens de ces divisions étant les mêmes, on en conclura que dans le premier degré d'oxidation du Soufre, il y a un atome de Soufre pour un atome d'Oxigène, et par conséquent dans le degré suivant, deux atomes d'Oxigène pour un de Soufre ; dans le troisième degré, trois atomes d'Oxigène pour un de Soufre. On peut rendre ces compositions en quelque sorte sensibles à l'œil, et faciliter par-là leur comparaison, en les représentant par des signes de convention analogues aux signes de l'algèbre. Il suffit pour cela de désigner les différens corps simples par leurs lettres initiales, de placer ces lettres à côté les unes des autres pour indiquer une combinaison, et de les accompagner de chiffres, en forme d'exposans, pour marquer les nombres d'atomes. Lorsqu'il n'y aura qu'un atome du corps, on omettra l'exposant. Ainsi, les trois combinaisons de l'Oxigène et du Soufre dont nous avons parlé, seront représentées par les signes suivans : SO, SO^2, SO^3. On abrégera encore ces signes, en exprimant les atomes d'Oxigène par des points placés au-dessus de la lettre qui désigne la base ; on aura de cette manière les formules très-simples : $\dot{S}$, $\ddot{S}$, $\dddot{S}$.

Ainsi, il y a deux manières d'exprimer les lois des combinaisons des corps : 1° par les rapports des quantités en poids des élémens : c'est l'expression ordinaire d'une analyse en

centièmes du poids du corps analysé;
2° par des formules représentatives de
la composition, indiquant les nombres relatifs d'atomes élémentaires
qui sont unis dans chacun des atomes du composé. Cette seconde méthode a l'avantage de servir à rectifier le résultat de la première, en en
faisant disparaître par le calcul les
petites erreurs inséparables des observations. Ces méthodes sont d'ailleurs équivalentes, et il est toujours
facile de repasser d'une analyse donnée en formule à une analyse en
poids; il suffit pour cela d'un simple
calcul de parties proportionnelles.
Mais la détermination des nombres
d'atomes d'une combinaison suppose
la connaissance préalable des poids
relatifs de ces atomes, et par conséquent il faut avoir les moyens de
connaître ces poids et d'en dresser
des tables. On détermine le poids de
l'atome d'un corps quelconque par la
comparaison de ses différens degrés
d'oxidation ou de sulfuration. Ainsi,
dans l'exemple du Soufre cité plus
haut, les quantités relatives d'Oxigène qui sont combinées avec une
même quantité de Soufre sont entre
elles comme 1, 2, 3. Ce résultat d'observation nous fait voir qu'il y a un
certain nombre n d'atomes de Soufre
combinés avec 1, 2 et 3 atomes
d'Oxigène. Si l'on représente par p
le poids de l'atome de Soufre, et par
100 celui de l'atome d'Oxigène, le
rapport des quantités de Soufre et
d'Oxigène qui entrent dans la combinaison au minimum sera celui de
$n\,p$ à 100, le même que celui de 100
à 49,7; par conséquent p est égal à
$\frac{100 \times 100}{n \times 49,7}$ ou à $\frac{201,20}{n}$. On voit par-
là que la détermination complète de
la valeur de p ne dépend plus que de
celle que l'on supposera au nombre n;
et si pour faire la supposition la plus
simple possible, on pose n égal à 1,
on aura p, ou le poids de l'atome de
Soufre, égal à 201,20, comme nous
l'avions admis plus haut et comme le
donnent les tables de poids atomistiques. S'il y a quelque chose d'arbi-

traire dans la détermination de ce
nombre, on peut dire cependant que
sa valeur ainsi calculée est probablement la véritable ou du moins
qu'elle en est la moitié, le tiers, etc.,
ou un multiple fort simple. Or une
pareille donnée est tout ce qu'il faut
pour l'expression des lois de la composition quantitative, telles que l'observation nous les fait connaître.

Indépendamment de l'avantage que
l'on a de rectifier les résultats de
l'analyse, et d'atteindre les véritables
rapports des élémens, en mettant
ainsi ces résultats sous la forme atomistique, on trouve encore dans
cette méthode un avantage précieux
sur l'ancienne manière de présenter
les analyses en poids. C'est que par
les nombres simples d'atomes dont
elle indique la combinaison, on se fait
une idée plus nette de la nature du
composé, et de la différence qu'il y
a entre deux corps formés des mêmes
élémens dans des proportions diverses, mais assez rapprochées. Par
exemple, les sulfures rouge et jaune
d'Arsenic renferment, le premier ·
Arsenic 70, et Soufre 30; et le second : Arsenic 61, et Soufre 39. Ces
deux rapports ont entre eux une différence assez faible pour que plusieurs minéralogistes aient été tentés
de la regarder comme non essentielle;
mais cette différence se trouve confirmée et expliquée par le calcul atomistique, qui nous montre clairement, par la traduction exacte en formules des résultats précédens, que
dans le Réalgar il y a deux atomes
de Soufre et un atome d'Arsenic,
tandis que dans l'Orpiment il y a
trois atomes de Soufre et un atome
d'Arsenic.

Les composés ternaires oxigénés se
traduisent aisément en formules, en
plaçant l'un à côté de l'autre les
signes des deux Oxides dont ils sont
la combinaison, affectés chacun d'un
exposant qui marque le nombre des
atomes : ainsi, la Chaux ayant pour
signe Ca, et l'Acide Carbonique C, le
Carbonate de Chaux naturel sera
représenté par CaC², étant formé d'un

atome de Chaux et de deux atomes d'Acide carbonique. Mais les composés ternaires, résultant de deux composés binaires qui ont un principe commun, peuvent encore s'exprimer d'une manière plus simple, fondée sur la loi des multiples, à laquelle ils sont soumis. Pour cela on supprime entièrement les signes d'oxidation, et l'on indique par les exposans non plus les nombres d'atomes, mais seulement les quantités relatives d'Oxigène contenues dans les quantités de base et d'Acide combinées, lesquelles sont toujours en rapport simple et multiple l'une de l'autre. Dans le Carbonate de Chaux dont nous avons parlé, la quantité d'Oxigène de l'Acide étant double de la quantité d'Oxigène de la base, on peut écrire la formule de ce sel ainsi : CaC^2, en employant les caractères italiques, pour ne pas confondre ces signes avec les premiers, ni avec ceux des combinaisons de corps simples. Ces nouveaux signes portent le nom de *signes minéralogiques*, parce qu'on en fait un fréquent usage en Minéralogie, à raison de leur simplicité et de la facilité avec laquelle on peut les lire. Il faut les distinguer soigneusement des autres signes, appelés *signes chimiques*, et qui expriment la composition chimique d'une manière rigoureuse et complète. Les composés quaternaires se représentent au moyen des signes des deux composés binaires, que l'on place à la suite l'un de l'autre en les séparant par le signe +.

Pour faciliter la lecture des signes minéralogiques, on a imaginé une nomenclature fort simple, à l'aide de laquelle on les traduit immédiatement en langage ordinaire. Les composés binaires, qui résultent de la réunion d'un atome d'un élément avec un atome d'un autre élément, se désignent par le nom chimique de la combinaison employé seul ou précédé de l'épithète *mono* : ainsi l'on dit *un sulfure simple*, ou un *mono-sulfure*, pour marquer la combinaison d'un atome de Soufre avec un atome d'un autre corps. Pour les combinaisons en d'autres nombres, on ajoute au nom chimique une autre épithète, qui marque le nombre d'atomes du principe minéralisateur, uni avec un atome du second élément. Par exemple, on dit : *bi-sulfure*, *tri-sulfure*, *quadri-sulfure*, etc., pour indiquer la combinaison d'un atome d'un corps simple avec deux, trois, quatre, etc., atomes de Soufre. Beudant a proposé de dire dans le même sens : Oxide, Bioxide, Trioxide, etc. On dit également : Silicate, Bisilicate, Trisilicate, etc.; Sulfate, Bisulfate, Trisulfate, etc.; pour désigner des sels dans lesquels la quantité d'Oxigène de l'Acide est égale à la quantité d'Oxigène de la base, ou en est le double, le triple, etc. Si la base renferme plus d'Oxigène que l'Acide, c'est devant le nom de la première que se place alors l'épithète : ainsi, on dit : *Silicate tri-alumineux* pour désigner un Silicate, dans lequel l'Oxigène de l'Alumine est triple de l'Oxigène de la Silice.

Les faits relatifs aux proportions multiples des élémens dans les combinaisons chimiques soit naturelles, soit artificielles, sont dus aux travaux de Richter, et aux recherches de Dalton, de Gay-Lussac et de Berzélius. C'est principalement à ce dernier chimiste que l'on est redevable de la théorie atomistique, telle que nous venons de l'exposer, et dont il a fait le premier une application de la plus haute importance au règne inorganique. Pour en donner ici un aperçu rapide, nous avons mis à profit l'excellent Traité de Minéralogie, publié par Beudant en 1824, et dans lequel toutes les généralités de cette science sont présentées avec une clarté et une précision vraiment remarquables.

Des caractères chimiques des Minéraux.

Lorsque cherchant les caractères spécifiques d'une substance que l'on rencontre pour la première fois, on veut arriver à la connaissance précise de sa composition chimique, c'est-à-dire de la nature diverse et des proportions de ses élémens, il faut en faire une analyse exacte, en opérant avec tous les soins convenables sur un poids déterminé de cette substance. Mais s'il ne s'agit que de reconnaître un individu, appartenant à une espèce déjà connue, il n'est besoin pour cela que d'un simple essai de la substance, que l'on pratique sur une parcelle infiniment petite, et par lequel on cherche seulement à distinguer les élémens qui la composent, sans aucun égard à leur quantité relative, en les isolant les uns des autres, et les forçant à manifester successivement leurs caractères. Ces essais chimiques sont de deux sortes : les uns se font par la voie sèche, à l'aide du chalumeau et des fondans ou des réactifs solides ; les autres par la voie humide, à l'aide des réactifs liquides.

1°. *Essai des Minéraux par la voie sèche.* Le chalumeau dont on fait usage pour soumettre un Minéral à l'action du feu, est un instrument emprunté de l'art du metteur en œuvre, et qui se compose essentiellement d'un tube métallique recourbé vers l'une de ses extrémités, où il se termine par une ouverture très-déliée. On souffle dans le tube par l'autre extrémité, et le courant d'air qui en sort est dirigé sur la flamme d'une bougie ou d'une lampe à mèche plate : celle-ci s'allonge horizontalement en forme de dard, dont la pointe possède un degré de chaleur très-intense. Le corps que l'on veut exposer à l'action de cette flamme se place à l'extrémité d'une pince en platine, ou sur un charbon dans lequel on a creusé une petite cavité qui fait en quelque sorte fonction d'un creuset. On doit toujours choisir un très-petit fragment de la substance, et souvent il est bon qu'il ait une arête vive ou une pointe déliée. Il y a deux manières d'opérer avec le chalumeau : ou bien on chauffe le corps avec le contact de l'air, en le plaçant au sommet du petit cône lumineux, et dans ce cas il s'oxide,

s'il est combustible : c'est ce qu'on appelle le soumettre *au feu d'oxidation* : ou bien on le chauffe sans le contact de l'air, en le plongeant tout entier dans la partie brillante de la flamme, et alors il se désoxide, s'il est oxigéné ; c'est ce qu'on nomme le traitement *au feu de réduction.* — Pour faire manifester à un Minéral ses caractères pyrognostiques, on le traite tantôt seul, c'est-à-dire sans addition de corps étrangers, tantôt avec addition de flux ou de réactifs.

* Sans addition. — On a pour but, en opérant ainsi, de reconnaître si la substance est fusible ou infusible, si elle est réductible ou non en un globule métallique, si la chaleur en dégage un principe volatil, qui s'y trouvait tout formé, ou qui s'y forme pendant le grillage même. Pour essayer la fusibilité, on fait usage ordinairement de la pince de platine. Dans le cas de fusion, on examine si le morceau d'essai se fond en un globule parfait, s'il s'arroudit seulement sur ses bords, ou se couvre à la surface d'un simple vernis vitreux ; si le résultat de la fusion est une *scorie*, c'est-à-dire une matière boursoufflée et irréductible en globule ; une *fritte*, c'est-à-dire un corps dont une partie composante non fondue est disséminée au milieu de l'autre partie fondue ; un *émail*, ou corps vitreux opaque, blanc ou coloré ; enfin un *verre* proprement dit, ou globule vitreux transparent, également blanc ou coloré, et dont l'intérieur peut être compacte ou bulleux. On examine encore si la forme du globule est sphérique ou polyédrique, si sa surface est lisse ou couverte d'aspérités, etc. Dans le cas de non fusion, on observe si la matière d'essai éprouve quelque altération ou changement d'aspect, si elle durcit ou devient plus tendre, si elle acquiert des propriétés alcalines, faciles à reconnaître au moyen des papiers à réaction ; si elle prend de la saveur ; si elle décrépite, c'est-à-dire éclate et se disperse en une multitude de parcelles ; si elle s'exfolie par la séparation des feuillets

ou lames dont elle est composée; si elle se boursouffle et s'épanouit à la manière d'un chou-fleur; enfin, si elle bouillonne par le dégagement de quelque matière gazeuse. Plusieurs de ces effets peuvent précéder celui de la fusion et le modifier. Dans le cas de volatilisation, on examine si elle est complète ou partielle. Pour sublimer les matières toutes formées dans le Minéral, on met celui-ci dans un petit matras de verre à long col, ou simplement dans un tube de verre fermé par un bout : et par l'action du feu, les matières volatiles se portent et se déposent ordinairement dans la partie supérieure du tube. Si le Minéral renferme de l'eau, elle se dégage en vapeur, et se condense en gouttelettes dans le col du matras. La présence de l'Acide fluorique s'annonce par la formation d'un anneau blanc siliceux, un peu au-dessus de la matière d'essai. Celle de l'Arsenic se manifeste par un sublimé métallique, etc. Pour reconnaître les matières volatiles qui se forment pendant le grillage, on met le Minéral dans un tube de verre ouvert par les deux bouts et un peu courbé vers sa partie moyenne, puis on le chauffe au travers du tube; ou bien on l'essaie en le plaçant sur un Charbon. Dans le premier cas on recueille ordinairement le sublimé dans le haut du tube; dans le second cas, il se répand dans l'atmosphère, et on ne peut le reconnaître qu'à son odeur, à la couleur de sa vapeur, et à la teinte qu'elle communique à la flamme du chalumeau. Une odeur d'Acide sulfureux annonce la présence du Soufre, une odeur d'ail l'Arsenic, une odeur de raves le Sélénium, etc. C'est aussi sur le Charbon qu'on essaie les Minéraux, pour savoir s'ils sont réductibles en globules métalliques.

** Avec addition. — On ajoute à la matière d'essai différens flux ou réactifs, pour aider la fusion du Minéral ou sa décomposition, pour découvrir les Oxides qu'il renferme, et quelquefois amener leur réduction. Les principaux réactifs solides sont : le Carbonate de Soude, le Borate de Soude et le Phosphate double de Soude et d'Ammoniaque, que, pour plus de brièveté, on désigne dans les essais pyrognostiques, par les noms techniques de *Soude*, *Borax* et *Sel de Phosphore*. On emploie la Soude pour reconnaître la présence de la Silice en quantité considérable dans un Minéral pierreux, infusible sans addition. Ce Minéral, traité par la Soude, fond avec effervescence en donnant un verre transparent, qui a la faculté de dissoudre la base enlevée par la Soude à la Silice, et qui conserve sa transparence après le refroidissement. Mais le principal usage de la Soude est de servir à réduire les Oxides métalliques, et à faire découvrir dans les Minéraux des quantités de Métal réductible, assez petites pour échapper aux analyses faites par la voie humide. On pulvérise la matière d'essai, on la pétrit dans le creux de la main avec de la Soude humectée, et on chauffe le tout sur un Charbon. Si le Métal est en grande quantité dans le Minéral, il se réduit en petits globules distincts que l'on peut recueillir et examiner. Mais si le Métal est disséminé en quantité très-petite dans le Minéral, il est absorbé avec la Soude par le Charbon. On enlève alors avec un couteau la pellicule de Charbon qui a été pénétrée par le mélange; on la broie sous l'eau, et on lave ensuite la poudre, en décantant successivement, jusqu'à ce que tout le Charbon soit enlevé; il ne reste plus alors que le Métal, sous forme de petites paillettes brillantes, s'il est fusible et malléable, et sous forme pulvérulente, s'il est cassant ou n'a pas subi la fusion. — On emploie le Borax pour opérer la fusion ou la dissolution d'un grand nombre de substances minérales. On obtient un verre ordinairement transparent après le refroidissement, et qui reçoit du corps dissous des propriétés et des couleurs qui lui sont propres. Les différens Oxides se distinguent entre eux par les couleurs différentes que prend le Verre de Borax au feu de réduction et au feu d'oxidation, avant et après le refroidissement. Quelques-uns donnent des verres qui deviennent opaques au flamber, c'est-à-dire lorsqu'on les chauffe légèrement à la flamme extérieure de la lampe. — Les essais avec le Borax se font ordinairement sur la feuille de platine. Lebaillif a imaginé de les faire sur une petite coupelle blanche de quatre lignes de diamètre et d'un tiers de ligne d'épaisseur, formée de parties égales de terre à porcelaine et de terre de pipe. Cette coupelle reçoit la matière d'essai avec le fondant, et se place ensuite sur le Charbon. Au premier coup de feu, la matière qui entre en fusion adhère à la coupelle ; le verre qui se forme s'étend bientôt en surface sur un fond blanc, ce qui rend sa couleur plus facile à saisir. En opérant ainsi, on a encore l'avantage de pouvoir garder la coupelle et montrer en tout temps le résultat de l'essai, et l'un des caractères de la substance. — Le Sel de Phosphore agit comme réactif au moyen de l'Acide phosphorique libre ; il s'empare de toutes les bases, et forme avec elles des verres dont on examine la transparence et la couleur. Il fait mieux ressortir que le Borax les teintes caractéristiques des divers Oxides métalliques, et ces teintes diffèrent souvent de celles qu'on obtient avec ce dernier fondant. Le même Sel exerce sur les Acides une action répulsive : ceux qui sont volatils, comme l'Acide fluorique, se subliment, et ceux qui sont fixes restent en suspension dans le verre sans s'y dissoudre ; la Silice des Silicates est mise en liberté, et se montre dans le Sel liquéfié sous l'apparence d'une masse gélatineuse. C'est encore par le même réactif qu'on découvre la présence du Chlore dans les Minéraux. On fond le Sel de Phosphore avec de l'Oxide de Cuivre, et ajoutant la matière d'essai on chauffe de nouveau. Si elle renferme du Chlore, le globule vitreux s'environne d'une flamme bleue tirant sur le pourpre. — On emploie encore pour les essais au chalumeau, quelques autres réactifs, mais seulement dans des cas particuliers, et pour découvrir la présence de certaines substances. Ainsi le Nitre sert à rendre sensibles des quantités de Manganèse trop petites pour colorer le verre, sans l'intermédiaire de ce réactif : l'Acide borique vitrifié sert à la manifestation de l'Acide phosporique : le Nitrate de Cobalt dissous dans l'eau s'emploie pour reconnaître la présence de l'Alumine et de la Magnésie, qui donnent avec l'Oxide de Cobalt, après une forte ignition, la première une belle couleur bleue, la seconde une couleur rose pâle. — Enfin, on se sert quelquefois de l'Étain et du Fer, à l'état métallique, et de la poudre de Charbon. L'Étain a pour objet de désoxider le plus qu'il est possible les Oxides métalliques pour rendre plus décisif le résultat de leur réaction ; le fil de Fer est employé pour précipiter différens Métaux, et pour les séparer du Soufre ou des Acides fixes avec lesquels ils peuvent être combinés.

La première application que l'on ait faite du chalumeau à l'essai des Minéraux, est due à Swab, conseiller des mines de Suède. Ce nouveau moyen de détermination a été perfectionné ensuite par Cronstedt, Engestrom, Bergmann et surtout Gahn, son disciple. Enfin, dans ces derniers temps, de Saussure, Wollaston et Berzélius l'ont porté au degré de développement que nous lui connaissons aujourd'hui. Ce dernier chimiste a réuni dans son traité qui a pour titre : *De l'Emploi du Chalumeau* (Paris, 1821), tous les détails qui concernent l'usage de cet instrument, et tous les résultats particuliers auxquels peut conduire son application à l'examen des diverses substances minérales.

2°. *Essai des Minéraux par la voie humide.* — Ces essais consistent à mettre le corps que l'on veut examiner en solution dans un liquide, et à faire agir sur lui différens réactifs également en solution, de manière à ce qu'on isole par des précipitations successives les élémens qui le composent,

et qu'on puisse les recounaître aisément à la nature des précipités
qu'ils produisent. Comme on n'a pour
but que de distinguer la nature de ces
élémens, sans vouloir apprécier leur
quantité, on n'opère jamais qu'en
petit, sur une simple parcelle du Minéral et sur quelques gouttes de solution, sans faire aucune pesée. On
se sert pour faire les solutions, les
filtrer et les évaporer, d'instrumens
fort petits, tels que verres de montre,
tubes de verre, etc.

Tous les essais par la voie humide
exigent, comme nous venons de le
dire, une opération préparatoire, qui
consiste à mettre en solution le corps
que l'on veut examiner : or cela peut
se faire aisément; car la plus grande
partie des Minéraux sont solubles
immédiatement, à chaud ou à froid,
dans l'eau ou dans les Acides, et
ceux qui ne le sont pas le deviennent,
lorsqu'on les fond préalablement avec
la Soude ou la Potasse. Les substances
solubles dans l'eau sont en petit nombre : leur solution est incolore ou
colorée. Dans ce dernier cas, la couleur suffit pour faire reconnaître le
Sel. Le bleu annonce le Sulfate de
Cuivre, le vert clair le Sulfate de Fer,
le vert d'Émeraude le Sulfate de Nickel, et le rose le Sulfate de Cobalt. Si
la solution est incolore, on la traite
par le Nitrate de Baryte. Se fait-il un
précipité? on peut en conclure que
la substance examinée est un Borate,
un Carbonate ou un Sulfate : un Borate, si en ajoutant de l'Acide sulfurique à la solution, on obtient un
nouveau précipité, formé de paillettes
cristallines; un Carbonate, si dans le
même cas il se produit une effervescence due à un dégagement rapide
de Gaz; un Sulfate enfin, s'il ne se
fait ni précipité, ni effervescence. S'il
n'y a point de précipité par le Nitrate
de Baryte, on essaie s'il n'y en
aurait point par le Nitrate d'Argent : un précipité par le Nitrate
d'Argent indique un Hydrochlorate.
Enfin, s'il ne se fait de précipité par
aucun de ces deux Nitrates, on en
conclut que la substance en solution

est elle-même un Nitrate. On est donc
parvenu ainsi à connaître son Acide.
Pour déterminer sa base, on cherche
à précipiter la solution par l'Ammoniaque. Un précipité gélatineux,
flottant dans la liqueur, indique l'A-
lumine; un précipité pulvérulent, la
Magnésie; un précipité qui se redissout aussitôt l'Oxide de Zinc. Si aucun de ces effets n'a lieu, on traite
par l'Oxalate de Potasse; un précipité
blanc produit par ce réactif, annonce
la présence de la Chaux. Si l'Ammoniaque et l'Oxalate de Potasse ne
donnent point de précipité, on examine si la solution traitée par la Potasse caustique dégage de l'Ammoniaque; ou si elle précipite en jaune
par l'Hydrochlorate de Platine, ce qui
est l'indice de la Potasse; ou enfin si
elle ne produit aucune de ces réactions, auquel cas la Soude est la base
que l'on cherche.

Si le corps que l'on veut essayer
n'est point soluble dans l'eau, on
cherche s'il ne le serait point par un
Acide, et l'on choisit de préférence
l'Acide nitrique. On observe si ce
corps se dissout avec effervescence,
en dégageant un Gaz incolore, ou
une vapeur qui devient rouge par son
contact avec l'air; s'il se dissout lentement, sans aucun dégagement de
Gaz, et en produisant une gelée plus
ou moins abondante; enfin, s'il se
dissout lentement, sans dégagement
de Gaz et sans production de gelée.
Les substances qui sont solubles, à
chaud ou à froid, dans l'Acide nitrique, avec dégagement de Gaz incolore, sont les Carbonates. On examine
si leurs solutions précipitent ou non
par l'Acide sulfurique; dans le premier cas, si la base est simple, elle
ne peut être que l'Oxide de Plomb,
la Strontiane ou la Baryte, et il est
facile de la déterminer, d'après les caractères connus de ces trois Oxides.
Dans le second cas, où il ne se fait
point de précipité par l'Acide sulfurique, on essaie d'autres réactifs, tels
que l'Acide hydrochlorique, l'Ammoniaque et l'Oxalate d'Ammoniaque, et la nature du précipité que

l'on obtient détermine de même celle de la base. Les substances qui se dissolvent dans l'Acide nitrique en donnant lieu à un dégagement de Gaz coloré, c'est-à-dire de Gaz nitreux, sont les Sulfures, les Arseniures, les Métaux natifs, etc. Il est encore facile de distinguer tous ces corps les uns des autres par les différens précipités que donnent leurs solutions traitées par les réactifs. Les substances dont les solutions se prennent en gelée, sont des Hydrosilicates ou des Silicates. Cette apparence gélatineuse est due à la Silice qui a commencé à se précipiter, et dont on débarrasse la solution, en évaporant à siccité, jetant de l'eau sur le résidu et filtrant; la matière blanche qui reste sur le filtre est la Silice pure. On procède ensuite à la recherche des bases, en traitant la liqueur par l'Acide sulfurique ou l'Ammoniaque. Les substances qui se dissolvent lentement sans dégagement de Gaz et sans production de gelée, sont des Phosphates, des Sulfates, des Arséniates, des Chlorures, etc., ou de simples Oxides. Si ce sont de simples Oxides ou combinaisons d'Oxides, on les reconnaît en évaporant la liqueur à siccité et jetant de l'eau sur le résidu : celui-ci se redissout alors tout entier. Dans le cas où une partie du résidu serait insoluble, la substance appartiendrait à l'un des autres composés, et il faudrait alors reprendre la solution et la traiter par un Carbonate alcalin pour séparer les bases de l'Acide, et reconnaître celui-ci plus aisément.

Si le corps qu'on examine n'est soluble immédiatement ni dans l'Eau, ni dans les Acides, on le traite au feu par le Carbonate de Soude. Alors si le corps renferme un Acide, celui-ci est enlevé par la Soude, et il se forme d'une part un Sel de Soude le plus souvent soluble dans l'Eau ou attaquable par un Acide, et d'une autre part un Carbonate qu'on peut toujours attaquer par l'Acide nitrique. Si c'est la Silice qui tient lieu d'Acide dans la substance, on fond alors celle-ci avec une grande quantité de Soude, ou bien avec la Potasse caustique, et l'on obtient une matière soluble dans les Acides. Ainsi, dans tous les cas, la substance peut être mise en solution, et sa nature peut toujours se conclure de l'examen de la liqueur par les réactifs.

Les détails dans lesquels nous venons d'entrer sont loin d'être complets, et n'ont pour but que de donner une idée des essais méthodiques, auxquels le minéralogiste peut avoir recours pour déterminer avec certitude un corps dont il soupçonne la nature. Ces essais sont ceux qui sont en usage dans les laboratoires, pour l'examen préliminaire des substances qui doivent être soumises à une analyse rigoureuse. Wollaston a depuis longtemps montré l'application qu'on pouvait faire des opérations chimiques les plus délicates, à la détermination des substances minérales : et Beudant est le premier minéralogiste qui ait introduit dans les élémens de la science la manière de pratiquer ces essais en petit, et qui ait présenté systématiquement la série des résultats auxquels ils peuvent conduire, à l'exemple de ce que Berzélius avait déjà tenté pour les expériences faites par la voie sèche.

Des caractères physiques des Minéraux.

Les caractères dont nous allons maintenant nous occuper sont ceux qui se manifestent sans altération ou du moins sans aucun changement notable de l'état du corps qui les présente. Tels sont les diverses sortes de structure des Minéraux, leurs différens degrés de densité et de dureté; les formes de leur cassure, c'est-à-dire des fragmens qu'on en détache par la percussion; les propriétés physiques particulières, dépendantes de leur action sur la lumière, sur les fluides électrique et magnétique, et sur les sens; enfin les accidens variés de leurs formes extérieures.

A. *De la structure des Minéraux.*

La structure d'un Minéral dépend

du mode d'agrégation de ses particules : elle est régulière ou irrégulière.

I. *Structure régulière ou cristalline.*

Lorsqu'un corps passe lentement de l'état aériforme ou liquide à l'état solide, les molécules similaires qui le composent, en cédant à leur attraction réciproque, se tournent dans des positions semblables et s'espacent symétriquement entre elles. C'est dans cet arrangement régulier des particules intégrantes d'un corps que consiste la structure cristalline ; elle se manifeste à nos sens par différens caractères qui la distinguent de l'agrégation confuse ou structure irrégulière. Ces caractères sont : le *clivage*, la *forme cristalline*, les *axes de réfraction* et le *polychroïsme*.

1°. *Le clivage.* Toute masse homogène, à structure cristalline, est traversée par des fissures planes dans une multitude de sens, suivant lesquels les molécules adhèrent entre elles avec plus ou moins de force. Si l'on essaie de la briser par la percussion, l'effet du choc se propageant avec plus d'avantage dans les directions de la moindre cohérence, agrandit les fissures naturelles qui existent dans ces directions, les rend sensibles par les reflets qu'il développe à l'intérieur et par les stries qu'il fait naître à la surface, et souvent détermine la division du corps suivant des surfaces planes, lisses et éclatantes. Ce mode particulier de cassure a reçu le nom de *clivage*, et les faces qu'il met à découvert se nomment *plans de clivage* ou *joints naturels.* Les directions de clivage sont toujours en petit nombre, et dans la même espèce se trouvent inclinées entre elles sous des angles constans. Un Cristal susceptible d'être clivé peut être partagé en lames plus ou moins épaisses, à faces parallèles, au moyen de divisions successives opérées dans le même sens : on dit alors qu'il a la *structure laminaire.* Il peut offrir ce genre de structure dans un seul sens ou dans plusieurs sens à la fois. Si le nombre et

la direction des clivages sont tels que les fragmens qu'on détache du Cristal soient terminés de toutes parts par des plans, sa structure est alors *polyédrique.* Les différences que présentent les clivages dans leur nombre, leurs inclinaisons respectives, leur éclat, la facilité et la netteté avec lesquelles on les obtient, sont autant de caractères qui servent à distinguer entre eux les Minéraux cristallisés.

Lorsque les Minéraux à structure polyédrique ont tous leurs clivages également nets et faciles, on remarque que les plans de ces clivages se coordonnent symétriquement à l'entour d'un point ou d'un axe central, en sorte qu'on peut obtenir de leur réunion un solide dont toutes les faces soient égales et semblables. Ce solide intérieur est appelé *forme primitive*, parce qu'il est le type dont on peut faire dériver toutes les formes polyédriques extérieures des Cristaux de la même espèce, lesquelles formes sont susceptibles de varier à l'infini. (*V.* CRISTALLOGRAPHIE.) Et parce qu'en divisant méthodiquement chacun de ces Cristaux, il est possible d'en retirer ce même solide intérieur, placé en son centre comme une sorte de noyau, on substitue souvent ce nom de *noyau* à celui de forme primitive. Les formes primitives, dont toutes les faces sont égales et semblables, sont les suivantes : le tétraèdre régulier, le cube, l'octaèdre régulier, le dodécaèdre rhomboïdal, le rhomboïde, le dodécaèdre bipyramidal à triangles isoscèles, l'octaèdre à base carrée et l'octaèdre à base rhombe. L'ensemble de toutes les formes cristallines qui peuvent coexister dans une même espèce minérale, ou dériver d'une même forme primitive, porte le nom de *système de cristallisation* (*V. Ibid.*). Or, deux formes primitives différentes pouvant quelquefois donner naissance à deux systèmes de cristallisation parfaitement identiques, il en résulte que deux espèces minérales peuvent présenter les mêmes formes extérieures, et être distinguées l'une de l'autre par le caractère tiré du clivage ou de la forme primitive : tels sont, par exemple, le Spath fluor et la Galène, dont l'un a un octaèdre et l'autre un cube pour noyau.

Lorsque les Minéraux à structure polyédrique présentent des clivages de netteté différente, ces clivages correspondent à des faces qui, sur le noyau, ont des positions et des grandeurs différentes. Dans ce cas, les plans qui terminent ce noyau ne forment plus un même système, rapporté à un seul point ou axe central ; mais ils composent autant d'ordres de faces qu'il y a de sortes de clivages, et l'on remarque que les divisions les plus nettes et les plus faciles correspondent en général aux faces les moins étendues du noyau, lorsque les dimensions de celui-ci sont ramenées à la symétrie et à leur limite théorique. Les formes primitives, qui se composent de deux ordres de faces ou qui sont données par des clivages de deux espèces, sont les suivantes : le prisme droit à base carrée, le prisme droit à base rhombe, le prisme rhomboïdal à base oblique, le prisme hexaèdre régulier et l'octaèdre rectangulaire. Celles qui résultent du concours de trois ordres de faces et par conséquent de clivages, sont : le prisme droit rectangulaire, le prisme oblique également rectangulaire, le parallélipipède irrégulier et l'octaèdre irrégulier. Lorsque le nombre des clivages distincts est plus que suffisant pour circonscrire la forme primitive, telle qu'on la conclut de la comparaison des formes cristallines dérivées, on regarde alors les clivages superflus comme surnuméraires, et ce sont ordinairement les moins nets et les moins faciles. Ces clivages surnuméraires divisent diagonalement ou coupent transversalement la forme primitive ; c'est-à-dire qu'ils sont parallèles ou perpendiculaires à l'axe des Cristaux. Mais il peut arriver que quelques-uns des clivages essentiels

à la production du noyau, ne soient sensibles que par de très-légers indices ou même disparaissent totalement, en sorte que le Cristal offre à la place de ces clivages une cassure tout-à-fait compacte. Dans ce cas, le nombre et la position des clivages subsistans peuvent être d'un grand secours pour distinguer entre eux des Minéraux qui se rapprochent par leurs formes extérieures, et dont les formes primitives sont du même genre. L'Amphibole, le Pyroxène et le Feldspath ont tous les trois pour noyau un prisme rhomboïdal à base oblique ; mais dans l'Amphibole, le clivage parallèle à la base manque entièrement, tandis que ceux qui sont parallèles aux pans sont très-faciles et d'un éclat très-vif : dans le Pyroxène au contraire, c'est le clivage parallèle à la base qui est le plus facile et le plus net ; enfin dans le Feldspath, un clivage parallèle à la base se combine avec un autre clivage d'égale netteté, passant par la diagonale oblique, et par conséquent tombant à angles droits sur le premier. Dans les Minéraux qui ont des formes primitives prismatiques, il arrive quelquefois qu'il n'existe de clivage que dans une seule direction toujours parallèle ou perpendiculaire à l'axe. On remarque alors que ce clivage unique est d'une extrême netteté, et si facile que le Minéral peut se diviser en lames minces, et qu'il se présente même naturellement sous cette forme. Tel est le cas du Gypse, et surtout des substances appelées *Micas*. La Topaze offre aussi un seul joint très-brillant, parallèle à la base du prisme, et ce caractère suffit pour la distinguer des autres corps, avec lesquels on pourrait la confondre.

Dans une grande partie des Minéraux, où les joints naturels sont peu sensibles, on parvient souvent à les reconnaître en observant leurs fractures le soir, à la lumière d'une bougie. Pour faire cette observation, on choisit un Cristal dans lequel la position présumée des joints que l'on

cherche soit parallèle à des faces naturelles, et l'on brise le Cristal de
manière à laisser subsister des portions de ces mêmes faces. Alors on
varie successivement la position du
fragment, jusqu'à ce que les reflets
de la lumière paraissent simultanément sur ces portions de faces et sur
les endroits fracturés : cette coïnci-
dence des reflets est une preuve du
parallélisme dont il s'agit, et la position des faces extérieures sert ensuite à déterminer celle des joints situés à l'intérieur, et par conséquent
des faces de la forme primitive elle-
même. Si les Minéraux non susceptibles de clivage se refusent au genre
d'observation dont nous venons de
parler, dès-lors ils présentent dans
tous les sens la cassure compacte, et
leur caractère cristallin ne peut plus
se conclure que de l'étude des formes
extérieures ou des propriétés optiques.

2°. *La forme cristalline.* Les Minéraux dont la cristallisation s'est
opérée lentement et sans aucun trouble, se montrent ordinairement sous
des formes polyédriques, analogues à
celles des solides de la géométrie.
Ces formes sont régulières, ou du
moins symétriques, c'est-à-dire composées de faces égales et parallèles
deux à deux. Elles sont variables à
l'infini dans la même espèce. Mais
cette singulière métamorphose que
subit un même corps est soumise à
des lois simples, dont on peut calculer tous les effets; elle se borne à modifier l'aspect extérieur de la substance, sans nuire au mécanisme de
sa structure interne, laquelle est uniforme et constante dans l'ensemble
des variétés. Telle est la relation qui
existe entre les formes cristallines
d'un Minéral, que chacune d'elles
représente en quelque sorte toutes
les autres, et que la simple observation de ces formes extérieures ou
secondaires peut servir à déterminer
la forme primitive elle-même, de
même que la forme primitive, supposée connue d'avance, sert à prévoir et à calculer toutes les formes

secondaires. Cette vue théorique est
fondée sur quelques faits généraux
que nous allons exposer ici d'une manière succincte, en renvoyant, pour
les développemens dont ils sont susceptibles, à l'article CRISTALLOGRA-
PHIE.

Une même substance peut s'offrir
sous une multitude de formes différentes, qui paraissent au premier
abord n'avoir aucun trait de ressemblance entre elles, et qui, lorsqu'elles sont du même genre, se distinguent par les mesures diverses de
leurs angles. Ces formes ne sont
point entièrement accidentelles ou
indépendantes de la nature de la
substance. Elles composent autant de
variétés qui sont fixes, et qu'on retrouve partout les mêmes, avec des
valeurs d'angles parfaitement identiques, pourvu toutefois qu'on les
mesure à un degré constant de température; car la chaleur, en dilatant
inégalement les Cristaux, peut altérer jusqu'à un certain point les
inclinaisons de leurs faces. Si l'on
réunit une suite nombreuse de Cristaux appartenant à la même espèce
minérale, et qu'on les compare deux
à deux avec soin, on verra qu'ils ne
sont réellement que de simples modifications les uns des autres, et qu'il
est possible de les disposer en une série qui rende sensible le passage graduel de l'une des formes à toutes les
autres. Le passage entre une forme
quelconque et la suivante a lieu par
de petites facettes modifiantes, qui
remplacent les bords ou les angles
de la première forme, et qui prennent
ensuite dans d'autres individus de la
même variété une plus grande extension, jusqu'à devenir dominantes et
faire disparaître ce qui restait des
faces primitives. Ces petites facettes
ou ces modifications ne sont pas produites au hasard; elles sont assujetties
à des lois qui règlent leur nombre,
leurs positions relatives et leurs inclinaisons. La première de ces lois
est connue sous le nom de *loi de symétrie.* Elle consiste en ce que les
bords ou les angles solides de la

forme modifiée, qui sont identiques entre eux, reçoivent tous à la fois les mêmes modifications, tandis que les bords ou angles non identiques ne sont pas semblablement modifiés. Une conséquence de cette loi, c'est qu'il est facile, en partant d'une seule forme du Minéral, d'arriver d'une manière rationnelle à la détermination des autres formes qu'il peut prendre, et de connaître ainsi *à priori* ce qu'on nomme son *système de cristallisation*. Ce procédé toutefois ne détermine que l'espèce de chaque forme et non ses dimensions; mais une seconde loi, à laquelle les modifications sont assujetties, donne au minéralogiste les moyens d'établir des relations entre les angles de la forme primitive ou fondamentale et ceux de la forme secondaire ou dérivée. Les systèmes de cristallisation sont au nombre de six: ils se distinguent entre eux d'après la diversité de nature des solides prismatiques, que l'on peut regarder comme leurs formes fondamentales et qui sont tous des parallélipipèdes, les uns rectangulaires, les autres obliquangles. On peut les diviser et les classer de la manière suivante.

1re Division. — Parallélipipèdes rectangles.

1°. Les trois arêtes égales entre elles; forme fondamentale : le cube;

2°. Deux arêtes égales, et la troisième différente : forme fondamentale : le prisme carré droit;

3°. Les trois arêtes inégales; forme fondamentale : le prisme rectangle droit.

IIe Division. — Parallélipipèdes obliquangles.

1°. Les trois angles plans de l'un des angles solides, égaux entre eux; forme fondamentale : le rhomboïde;

2°. Deux angles plans égaux, et le troisième différent; forme fondamentale : le prisme rhomboïdal oblique;

3°. Les trois angles plans inégaux; forme fondamentale : le prisme obliquangle oblique ou parallélipipède irrégulier.

Les formes composant chaque système se subdivisent en plusieurs séries, dans chacune desquelles il est une forme simple qui domine ou dont toutes les autres portent l'empreinte. Par exemple, les formes dominantes du système rhomboédrique sont : le rhomboïde, le prisme hexagonal régulier, le dodécaèdre à triangles isoscèles et le dodécaèdre à triangles scalènes. Dans les espèces minérales, fécondes en Cristaux, et qui présentent toutes les formes comprises dans un même système, on remarque que les variétés provenant de localités diverses ou de terrains différens, affectent en général des formes dominantes particulières, et dans un grand nombre d'espèces où la totalité des formes du système ne s'est pas encore montrée, ou observe une sorte d'habitude de certaines formes de préférence aux autres, ce qui, joint à la diversité du clivage, établit des différences entre les Minéraux appartenant au même système. Mais c'est principalement de la mesure des angles que se tirent leurs caractères distinctifs. L'invariabilité des angles dans chacune des formes propres à une même espèce, donne à leur mesure une très-grande importance, parce qu'elle est susceptible d'être prise avec beaucoup de précision, et parce qu'elle est comme un point à peu près fixe et immobile au milieu des diverses causes qui font varier les autres caractères des Minéraux. Pour déterminer les incidences mutuelles des faces d'un Cristal, on se sert d'instrumens appelés *goniomètres;* il y en a de deux sortes : les uns qu'on peut appeler *goniomètres d'application*, et dont l'invention est due à Garangeot, se composent de deux lames d'acier réunies par un axe autour duquel elles peuvent tourner, et qu'on applique sur les faces d'un angle dièdre, perpendiculairement à leur intersection. Puis, sans changer leur degré d'ouverture, on les replace sur un rapporteur en cuivre, dont le limbe divisé fait connaître la valeur de l'an-

gle cherché. La seconde sorte d'instrumens, qui donne des mesures
beaucoup plus précises, est due au
au docteur Wollaston. Elle porte le
nom de *goniomètre à réflexion*, parce
qu'elle sert à déterminer un angle
dièdre au moyen de la réflexion d'un
objet sur l'une et l'autre des faces
qui composent cet angle. Cet instrument ne peut convenir qu'aux Cristaux très-petits, à surfaces polies et
réfléchissantes.

Les formes polyédriques des Cristaux n'étaient point inconnues aux
anciens. Pline a décrit, avec assez de
justesse, celles du Cristal de roche
et du Diamant. Mais jusqu'au milieu
du dix-septième siècle, on les avait
considérés comme de simples jeux de
la nature. Sténon attira le premier
l'attention des naturalistes sur ce sujet intéressant, en publiant à Flo-
rence, en 1669, une dissertation
ayant pour titre : *De solido intrà so-
lidum naturaliter contento.*

Depuis cette époque, on étudia les
Cristaux avec plus de soin, et pour
y rechercher les lois d'une géométrie rigoureuse. Il parut à Bologne,
en 1688, un ouvrage curieux pour
le temps, mais qui fut peu remarqué,
quoiqu'il contînt le germe d'une
science nouvelle. Cet ouvrage était
intitulé : *Reflessioni filosofiche de-
dotte dalle figure dei Sali.* L'auteur,
Dominique Guglielmini, publia ensuite une Dissertation sur les Sels,
qui a été imprimée à Venise en 1705.
Déjà les fondemens de la cristallographie étaient posés, et l'on vit paraître en 1723, à Lucerne, un Prodrome de cette science, par Capeller.
Bientôt après Linné tenta le premier
essai d'une distribution méthodique
des Minéraux, dans laquelle les formes cristallines aient été prises en
considération, et il joignit à son travail des descriptions et des figures
aussi fidèles que le comportait l'état
où se trouvait alors la science. Romé
de l'Isle vint ensuite, et fit faire un
grand pas à cette science en démon-
trant, par l'expérience, que les angles des Cristaux étaient constans,

en comparant entre elles les formes
cristallines propres à chaque espèce,
et prouvant qu'elles dérivaient toutes de certaines formes simples et
fondamentales, au moyen de tronca-
tures plus ou moins profondes sur les
angles et sur les arêtes de ces dernières. Sa Cristallographie, publiée
en 1783, est un ouvrage aussi remarquable pour le fond que pour la méthode, la clarté et la précision qui
y règnent, et il a fait époque dans
l'histoire de la science. À peu près
vers le même temps, Bergmann,
cherchant à pénétrer jusque dans le
mécanisme de la structure des Cristaux, considéra les différentes formes relatives à une même substance
comme produites par une superposition de lames de dimensions variables autour d'une même forme primitive. S'il eût suivi cette heureuse
idée dans toutes ses conséquences, et
s'il eût cherché à la vérifier à l'aide
de l'observation et du calcul en l'appliquant aux nombreuses variétés de
formes des substances connues de
son temps, il aurait eu la gloire qui
fut réservée à l'un de nos plus illustres compatriotes, de donner une
explication simple et naturelle de la
structure des Cristaux, et de fonder
une théorie mathématique qui devait
être l'une des plus solides bases de la
Minéralogie. *V.* l'article CRISTALLO-
GRAPHIE, pour ce qui concerne l'histoire des importantes découvertes
d'Haüy et des faits intéressans qu'y
ont ajoutés ses successeurs.

3°. *Le nombre et la position des
axes de réfraction.* La double réfraction de la lumière est une des propriétés caractéristiques des substances
cristallisées, parce qu'elle tient à
l'arrangement uniforme et régulier
de leurs molécules. Elle consiste en
ce que le rayon lumineux qui les traverse se partage généralement en
deux faisceaux qui suivent deux routes différentes. L'un des deux faisceaux, qu'on nomme le *rayon ordinaire*, se réfracte d'après la loi commune à tous les corps, c'est-à-dire
de manière que le rayon réfracté et

le rayon incident sont dans un même
plan normal à la surface réfringente,
et que le sinus de l'angle de réfraction est dans un rapport constant
avec le sinus de l'angle d'incidence.
L'autre rayon suit une loi particulière, découverte par Huyghens et
vérifiée par Wollaston et Malus : ce
rayon porte le nom de *rayon extraordinaire*. L'existence et la marche de
ce second rayon se trouvent liées
avec les positions suivant lesquelles
les molécules du Cristal se présentent
au rayon incident. Si ces molécules
sont arrangées d'une manière uniforme et symétrique à l'entour du
centre du Cristal, alors il n'y a plus
de division du rayon lumineux, et le
phénomène de la double réfraction ne
se manifeste plus. C'est le cas de tous
les Minéraux cristallisés, qui appartiennent au système de cristallisation
du cube. Toutes les autres substances, sans exception, donnent lieu à
l'observation du phénomène ; mais
avec des circonstances particulières,
en rapport avec leur structure cristalline. On remarque en effet qu'il y
a toujours une ou deux directions
fixes qui sont telles, que le rayon ne
se divise plus s'il tombe d'aplomb sur
une face perpendiculaire ou parallèle à l'une de ces directions. C'est
une conséquence de ce que les molécules sont alors disposées symétriquement à l'entour de cette direction,
en sorte qu'elles tiennent en équilibre
le rayon extraordinaire, dont la marche se confond avec celle du rayon
ordinaire. Toute ligne de l'intérieur
d'un Cristal, dans la direction de
laquelle le phénomène de la double
réfraction est nul, porte le nom d'*axe
de double réfraction*. Les axes de
double réfraction sont en rapport,
quant à leur nombre et à leur position, avec les axes de cristallisation,
et par conséquent avec la forme fondamentale du système. Ils peuvent
servir à la détermination de cette
forme, ou du moins de la classe à
laquelle elle appartient, conjointement avec les caractères tirés du
clivage et des formes extérieures. Ces

relations importantes entre les axes
de réfraction et les formes cristallines
se généralisent et s'expriment de la
manière suivante :

1°. Tous les Cristaux qui n'offrent
qu'un seul axe de réfraction, ont des
formes primitives telles, que leurs
faces sont toutes semblablement disposées par rapport à une seule ligne
parallèle à la direction de l'axe. Ces
Cristaux appartiennent au système
de cristallisation du rhomboïde ou
du prisme carré droit.

2°. Tous les Cristaux qui présentent deux axes de réfraction, ont des
formes primitives dont les faces ne
peuvent se rapporter à un seul axe
de cristallisation. Ce sont ceux qui
appartiennent au système du prisme
rectangle droit, du prisme rhomboïdal oblique et du parallélipipède
irrégulier.

3°. Les Cristaux qui présentent,
dans tous les sens, la réfraction simple, appartiennent au système de
cristallisation cubique.

On emploie divers moyens pour
reconnaître si une substance est douée
de la double réfraction. Le plus simple et le plus ordinaire consiste à rechercher si elle produit le phénomène
de la double image, lorsqu'on regarde
un objet à travers deux de ses faces
opposées, ce qui doit toujours avoir
lieu, si les faces font entre elles un
certain angle, et ne sont ni parallèles, ni perpendiculaires à un axe
de réfraction. Dans le Calcaire rhomboïdal et dans le Soufre, ce phénomène est très-sensible, même à travers deux faces parallèles. Mais dans
la plupart des autres substances, il
ne se manifeste aisément que lorsqu'on choisit des faces réfringentes
disposées favorablement pour ce
genre d'observation. Aussi est-on
obligé souvent de faire tailler le corps
dans un ou plusieurs sens, afin de
s'assurer que le phénomène a lieu,
et rendre son effet plus sensible en
augmentant l'écart des deux images.
Pour faire commodément cette expérience, on applique l'une des faces du corps contre l'œil, de ma-

nière que l'arête de jonction de ces faces soit horizontale, et l'on tient en même temps de l'autre main une épingle dirigée horizontalement, que l'on présente à une certaine distance du Cristal, et que l'on regarde à travers les deux faces réfringentes. En faisant mouvoir cette épingle de bas en haut, on parvient bientôt à une position sous laquelle on voit deux images situées l'une au-dessus de l'autre et irisées. On peut aussi faire l'expérience le soir, en regardant à travers le corps une bougie allumée, placée à une certaine distance. On voit alors deux images de la flamme, ordinairement nettes et bien prononcées. Ces moyens d'observation ne peuvent s'appliquer qu'aux substances qui se présentent naturellement en Cristaux assez volumineux ou en lames épaisses. Quant à celles qui s'offrent toujours en lames minces comme les Micas, ou qu'on peut aisément ramener à cette forme par le clivage, on les soumet à un autre genre d'épreuve, beaucoup plus simple et non moins rigoureux que les précédens. Ce nouveau procédé repose sur les propriétés qu'acquiert un rayon lumineux dans son passage à travers un corps doué de la double réfraction. Nous nous bornerons à décrire ici ce procédé, nous réservant d'en donner l'explication dans l'article de ce Dictionnaire où il sera traité de la double réfraction d'une manière spéciale. *V*. Réfraction (double). Il consiste à faire usage d'un appareil inventé par Biot, et composé de deux lames minces de Tourmaline transparente, que l'on a extraites d'un prisme de cette substance, en le taillant parallèlement à son axe. Ces deux lames sont posées l'une sur l'autre, de manière que leurs axes de cristallisation ou de réfraction se croisent à angle droit. Dans ce cas, on remarque une tache ou croix noire à l'endroit du croisement des axes, où il ne passe aucune particule de lumière. On place entre ces lames le corps que l'on veut éprouver, et s'il possède la double

réfraction, la lumière reparaît à l'endroit du croisement; s'il a la réfraction simple, le lieu du croisement reste obscur comme auparavant. Le même appareil peut servir à déterminer si une substance possède un ou deux axes de double réfraction.

4°. *Le polychroïsme.* Il existe dans le mode de transmission de la lumière à travers les corps cristallisés, d'autres différences qui paraissent également en rapport avec leur structure cristalline. Elles consistent en ce que ces corps, quand ils sont transparens et qu'on les regarde par réfraction ou en les plaçant entre l'œil et la lumière, manifestent des couleurs différentes, suivant les sens dans lesquels la lumière les pénètre. Cette différence de couleur est nulle dans les Minéraux qui appartiennent au système de cristallisation du cube, et la raison en est évidente. Mais elle es plus ou moins sensible dans les substances qui présentent le phénomène de la double réfraction. Dans ce les qui n'ont qu'un axe de réfraction, on observe ordinairement deux teintes, l'une produite par la lumière qui traverse le Cristal parallèlement à l'axe, et l'autre par celle qui le traverse dans le sens perpendiculaire : c'est le phénomène connu sous le nom de *dichroïsme.* Pour toutes les directions intermédiaires, la couleur varie entre ces deux teintes extrêmes. Ce phénomène est sensible dans la Cordiérite, la Tourmaline, l'Émeraude, le Mica du Vésuve, etc. Dans les Cristaux à deux axes de réfraction, on est conduit à admettre l'existence d'une triple couleur ou du *trichroïsme,* ainsi que Soret l'a remarqué dans une Topaze du Brésil dont les couleurs variaient du rose-jaunâtre au violet et au blanc-jaunâtre. Dans ce cas, l'une des couleurs est donnée, lorsque la lumière traverse le corps parallèlement au plan des axes et à la ligne qui divise en deux parties égales l'angle formé par leurs directions; la seconde a lieu lorsque la lumière traverse le corps parallèlement à ce plan et perpendiculairement à la ligne moyenne; et la troisième, lorsque la lumière traverse le corps perpendiculairement à ce plan et à la ligne moyenne. On peut donner, à l'exemple de Beudant, le nom de *Trichroïtes* aux Minéraux qui manifestent ainsi une triple couleur; celui de *Dichroïtes* à ceux qui en montrent deux et ne possèdent qu'un axe de réfraction; et enfin celui de *Monochroïtes* aux substances qui ne présentent qu'une seule teinte et n'ont que la réfraction simple. C'est aux travaux de Malus, de Brewster, de Biot, etc, qu'on est redevable de la découverte des propriétés optiques que nous avons exposées dans les deux derniers paragraphes et de leur application à la distinction des structures cristallines des Minéraux.

II. *Structure irrégulière.*

Les Minéraux non cristallisés n'ont qu'une structure irrégulière provenant de la réunion confuse de leurs molécules : elle est ou simple ou composée. Les Minéraux à structure simple irrégulière, ne présentent qu'une masse homogène, dans laquelle l'œil ne discerne aucune partie, aucune surface de séparation. Tels sont les corps auxquels on donne le nom de *compactes*, et dont la structure est analogue à celle du verre. Les structures composées ou d'agrégation résultent de la réunion en une seule masse solide d'un très-grand nombre de parties discernables, qui prises isolément possèdent une structure simple, soit cristalline, soit irrégulière. On distingue plusieurs sortes de structure composée ou d'agrégation :

La *structure lamellaire*, provenant d'une accumulation confuse d'un très-grand nombre de petits Cristaux ou de lames, qui présentent leurs clivages dans tous les sens, et qui se distinguent par le miroitement que chacune d'elles produit en réfléchissant la lumière. Si les Cristaux sont fort petits, la masse a une structure plus ou moins analogue à celle du sucre : on lui donne alors le nom de *structure saccharoïde ;*

La *structure granulaire*, provenant d'une multitude de petits Cristaux ou grains cristallins arrondis, entassés les uns sur les autres et agrégés entre eux avec une force moindre que celle qui réunit leurs particules ;

La *structure oolitique*, produite par une accumulation de globules à couches concentriques ;

La *structure fibreuse*, provenant de Cristaux très-allongés, aciculaires ou cylindroïdes, groupés entre eux dans le sens de leur longueur ou réunis par leurs extrémités en rayons divergens, ce qui produit des masses bacillaires ou radiées ;

La *structure schisteuse* ou *feuilletée*. Celle des masses composées d'un très-grand nombre de feuillets séparables, comme l'Ardoise ;

La *structure stratiforme*, provenant de l'accroissement du corps par couches ou enveloppes successives, qui se manifestent par des ondulations de diverses couleurs à la surface extérieure ou dans les fractures ;

La *structure compacte terreuse*, produite par un entassement confus de très-petits Cristaux ou grains tellement serrés, qu'ils sont indiscernables, et ne présentent que des masses d'un aspect terne sans aucun indice de tissu.

Il est encore d'autres modes de contexture des Minéraux dus à des causes accidentelles qui ont agi pendant ou après leur formation. Tels sont ceux qui résultent des diverses solutions de continuité qu'ont pu produire le retrait occasioné par le refroidissement ou le desséchement des masses minérales, le dégagement des Gaz, etc.; on leur donne les noms de *structure cariée*, *cellulaire*, *poreuse*, *ponceuse*, etc., suivant la forme et la disposition des cavités qui divisent la masse. Enfin il est une dernière espèce de structure que l'on peut appeler *structure organique*, parce qu'elle est tout-à-fait d'emprunt, et que le Minéral en est redevable à des corps organisés dont il a pris la place et dont il a imité fidèlement le tissu. Telle est la structure des corps auxquels on donne le nom de Fossiles et de Pétrifications.

B. *De la densité relative ou pesanteur spécifique.*

Les Minéraux de nature différente présentent en général des différences de poids appréciables, lorsqu'on les compare entre eux sous un même volume. Les rapports que ces poids ont entre eux pouvant être évalués avec beaucoup de précision, il en résulte un caractère spécifique d'une assez grande importance, pourvu qu'on le détermine toujours d'après les variétés qui ont une structure simple et régulière. On donne le nom de *pesanteurs spécifiques* à ces rapports de poids que l'on évalue en prenant pour unité la pesanteur spécifique d'une substance convenue, et en cherchant par l'expérience le rapport du poids d'un volume quelconque de chaque corps à celui d'un volume égal de cette substance. On est convenu de prendre pour unité de pesanteur spécifique, celle de l'eau distillée; mais comme elle varie avec la température, on prend pour unité la pesanteur spécifique de ce fluide à quatorze degrés de Réaumur, ce qui est à peu près la température moyenne de notre climat.

Peser spécifiquement un corps, c'est, d'après ce que nous venons de dire, calculer son poids en prenant pour unité celui d'un volume d'eau pareil au sien. Cela revient donc à peser séparément le corps, puis un volume d'eau égal au sien, et à prendre le rapport des deux poids obtenus, c'est-à-dire à diviser l'un par l'autre. Ainsi toute la difficulté consiste à réduire l'eau au même volume que le corps, pour la peser ensuite. Il y a deux procédés en usage pour ce genre de recherches. Voici en quoi consiste le premier, qui est susceptible de beaucoup d'exactitude. On choisit un flacon à large ouverture et bouché à

l'émeril; on le remplit d'eau, on le bouche et on l'essuie avec soin; on le pèse ensuite avec le Minéral qu'on veut éprouver, en mettant l'un et l'autre dans l'un des bassins d'une balance. On note le poids observé; cela fait, on débouche le flacon et on y introduit le corps; puis, rebouchant le flacon, on le pèse dans ce nouvel état. On trouve une différence entre le poids actuel et le poids primitif: cette différence provient de ce que le corps, en s'introduisant dans le flacon, en a fait sortir un volume d'eau égal au sien : donc elle exprime le poids de l'eau sous un volume égal à celui du corps. En divisant donc le poids du corps par cette différence, on aura la pesanteur spécifique que l'on cherche. Le second procédé, moins exact que le précédent, est néanmoins d'une précision suffisante dans les cas ordinaires, et convient surtout aux minéralogistes, qui ne veulent que rapporter une variété à une espèce déjà connue. Il consiste à peser d'abord le corps dans l'air, puis à le peser de nouveau en le plongeant dans l'eau. Il perd alors une partie de son poids précisément égale au poids du liquide qu'il a déplacé, c'est-à-dire au poids d'un volume d'eau pareil au sien. Ainsi l'on déterminera le poids d'un volume d'eau égal à celui d'un corps solide quelconque, en cherchant la perte de poids que ce corps éprouve lorsqu'il est plongé dans l'eau. Pour effectuer commodément cette double pesée, on se sert d'un instrument imaginé par Nicholson, et qui n'est qu'une modification de l'aréomètre de Fahrenheit. C'est un cylindre creux de fer-blanc, arrondi à ses extrémités et terminé supérieurement par une tige qui supporte une petite cuvette. La partie inférieure tient suspendu un cône renversé, concave à l'endroit de sa base et lesté dans son intérieur de manière que, quand on plonge l'instrument dans l'eau, il y a toujours une partie du cylindre qui surnage. La tige qui porte la cuvette supérieure est marquée d'un petit trait, et l'on connaît d'avance le poids qu'il faut mettre dans cette cuvette pour que le trait vienne à fleur d'eau ; ce que l'on appelle *affleurer l'aréomètre*. On choisit dèslors un fragment du Minéral à essayer, dont le poids soit plus petit que celui-là ; il est clair que ce corps placé dans la cuvette supérieure, ne sera pas suffisant pour produire l'affleurement, et qu'il faudra lui ajouter un autre petit poids. Ce poids additionnel, retranché du poids qui produit l'affleurement, donne le poids du corps pesé dans l'air. On retire ensuite ce corps de la cuvette supérieure, sans ôter le poids qu'on lui avait ajouté, et on le place dans la cuvette inférieure. Il perd alors une partie de son poids, et l'instrument n'étant plus affleuré, il faut ajouter de nouveaux poids dans la cuvette supérieure pour reproduire l'affleurement. Cette nouvelle charge exprimant la perte que le corps a faite de son poids dans l'eau, est par conséquent le poids d'un volume d'eau égal à celui du corps. Il ne reste plus qu'à diviser par ce poids celui du corps pesé dans l'air.

C'est en opérant de cette manière qu'on a dressé des tables des pesanteurs spécifiques de tous les Minéraux connus. Ces tables fournissent des caractères assez importans, parce qu'ils sont peu variables, et qu'on peut toujours les ramener à leurs véritables limites en faisant l'opération sur des morceaux choisis dans le plus grand état de pureté possible. Ils réunissent encore à l'avantage d'une grande généralité celui d'être susceptibles d'une estimation rigoureuse.

c. *De la dureté et de quelques autres propriétés dépendantes de la cohésion.*

Les corps naturels, en vertu de la cohésion qui réunit leurs particules, opposent une résistance à toute force qui agit du dehors pour les désunir : c'est ainsi qu'ils résistent plus ou moins à l'action d'un choc qui tend à les briser, à la pression qu'on exerce à leur surface, à l'effort qu'on fait pour les entamer avec une pointe vive ou un instrument tranchant. On confond assez ordinairement sous le nom commun de *dureté* ces diverses sortes de résistances qu'il importe d'autant plus de distinguer, qu'elles n'ont point de rapport nécessaire entre elles. Il convient donc de fixer ce qu'on doit entendre par la dureté relative des Minéraux, et comment il faut l'estimer dans tous les cas. On dit qu'un Minéral est plus ou moins dur qu'un autre, suivant qu'il le raye ou qu'il en est rayé. Ainsi le Diamant est le plus dur de tous les Minéraux parce qu'il les entame tous et qu'il n'est entamé par aucun. C'est par le frottement qu'on estime la dureté, en faisant passer les parties anguleuses d'un Minéral sur la surface d'un autre, et appuyant le plus qu'il est possible. Pour évaluer non pas rigoureusement, mais d'une manière approximative et avec une précision suffisante les différens degrés de dureté des Minéraux, Mohs a proposé de former une échelle comparative des duretés de certains corps bien connus, en les choisissant de manière qu'elles croissent par des différences à peu près égales, et de représenter la série de leurs valeurs par celle des nombres naturels 1, 2, 3, 4, 5..... C'est ainsi qu'il a composé l'échelle suivante, qui comprend dix termes de comparaison, depuis le Talc, le plus tendre des Minéraux, jusqu'au Diamant qui en est le plus dur :

1. Le Talc laminaire ; 2, le Gypse ; 3, le Calcaire rhomboïdal ; 4, le Spath fluor ; 5, l'Apatite ; 6, le Feldspath Adulaire ; 7, le Quartz hyalin ; 8, la Topaze ; 9, le Corindon ; 10, le Diamant.

Tout autre Minéral que ceux qui sont contenus dans l'échelle, aura nécessairement un degré de dureté intermédiaire entre ceux de deux termes consécutifs de cette échelle ; c'est-à-dire qu'il rayera le premier et sera rayé par le second. Mohs représente alors sa dureté par un nombre fractionnaire, compris entre les nombres entiers qui expriment les duretés de ces deux termes.

De la ténacité et de la fragilité. Les Minéraux diffèrent entre eux par le degré de force avec lequel ils résistent au choc qui tend à les briser. On nomme *tenaces* ceux qui se brisent très-difficilement, et *fragiles* les corps qui sont faciles à casser. Ces propriétés paraissent être tout-à-fait indépendantes de la dureté, si l'on prend ce mot dans l'acception minéralogique. Parmi les substances tenaces, il en est de très-tendres, comme le Talc, le Graphite, la Magnésite, et d'autres qui sont durs, comme le Jade et l'Emeril. Les Minéraux à structure celluleuse ou fibreuse, les corps compactes à cassure vitreuse, sont en général difficiles à briser ; ceux qui, dans leur cassure, présentent l'éclat de la résine, ou qui sont solubles dans l'eau, les corps à structure lamelleuse, sont généralement très-fragiles. On considère quelquefois dans les Minéraux une autre propriété qui suppose dans le corps qui en est doué un certain degré de dureté et de ténacité tout à la fois. C'est celle de donner des étincelles par le choc du briquet. L'étincelle étant produite par la combustion d'une particule d'Acier détachée par le choc, il faut que le corps soit assez dur pour attaquer l'Acier, et assez tenace pour ne pas se briser trop facilement par la percussion.

On distingue encore dans les Minéraux quelques autres propriétés dépendantes de la force de cohésion qui réunit leurs particules ; telles sont la *friabilité* ou la propriété d'un corps qui s'égrène par un choc léger ou se désagrège par la simple pression du doigt ; la *flexibilité* ou la faculté que possèdent certains Minéraux de pouvoir être courbés sans se briser ; l'*élasticité*, qui ramène les substances flexibles à leur première forme, lorsque la force qui les a fléchies n'agit plus sur elles ; la *ductilité*, qui permet à certains corps de se laisser étendre par la pression ou par le choc,

en conservant sensiblement la forme qu'on leur a donnée, etc.

D. *De la cassure.*

Lorsque d'une masse minérale on détache un fragment par la percussion, la forme de ce fragment et l'aspect de la surface de cassure sont souvent en rapport avec la structure du Minéral et peuvent fournir des caractères propres à la faire reconnaître. Ainsi la cassure est lamelleuse ou feuilletée dans les corps à structure régulière ou schisteuse ; elle est fibreuse ou grenue dans les masses composées de fibres ou de grains ; enfin elle est compacte et terreuse dans les masses dont la structure est désignée par les mêmes noms. Cette dernière espèce de cassure présente des modifications particulières de forme et d'aspect. Relativement à la forme, elle peut être : 1°. *conique*, c'est ce qui a lieu lorsque le corps dont on détache le fragment est homogène, qu'il est terminé par une surface à peu près plane, et qu'on applique le coup perpendiculairement à cette surface. Le choc détermine alors dans l'intérieur un cône plus ou moins obtus, dont le sommet répond au point où l'on a frappé. Cette cassure se manifeste très-aisément dans le Grès luisant de la forêt de Montmorency, dans les Agathes et les Silex, dans des masses de verre, etc. 2°. *Conchoïde*; ce n'est qu'une modification de la cassure précédente, et qui consiste en une surface arrondie, concave sur l'un des fragmens, convexe sur l'autre, et sillonnée par des stries concentriques comme les valves de certaines Coquilles. On l'observe fréquemment dans les substances dont la compacité est vitreuse ou résineuse. 3°. *Raboteuse*; c'est-à-dire n'offrant que des inégalités irrégulières. 4°. *Esquilleuse*, lorsqu'il se détache en partie de la surface du fragment de petites écailles ou esquilles, semblables à celles que présente un morceau de bois ou un os fracturé. 5°. Enfin la cassure peut être tout-à-fait *plate*, comme cela a lieu dans les pierres lithographiques et dans les Silex meuliers. Relativement à l'aspect de la surface de cassure, on examine si elle est *vitreuse*, *résineuse*, *cireuse*, *terreuse*, etc. La propriété dont jouissent les Minéraux de se casser de telle ou telle autre manière, n'est pas sans intérêt pour les arts : c'est sur les genres de cassure propres aux pierres à fusil et aux pierres meulières, qu'est fondé l'art de tailler les premières et d'exploiter les secondes avec facilité.

E. *Des propriétés physiques particulières.*

† Propriétés dépendantes de l'action de la lumière.

Les propriétés optiques des Minéraux se rapportent les unes à la transmission de la lumière à travers l'intérieur du corps, les autres à sa réflexion sur la surface. Les premières sont : la transparence, l'opacité, et les diverses sortes de réfraction ; aux secondes appartiennent les couleurs, l'éclat, le chatoiement, etc. Il importe beaucoup de distinguer parmi ces propriétés celles qui sont constantes et spécifiques, parce qu'elles tiennent à la nature intime du corps, d'avec celles qui sont variables et accidentelles, et qui dépendent uniquement du mode d'agrégation des particules ou de la présence d'une matière étrangère interposée entre elles et comme dissoute dans la substance.

Il est peu de substances minérales qui ne soient transparentes, lorsqu'elles sont cristallisées et sans mélange ; mais cette propriété peut être plus ou moins masquée ou altérée par diverses causes, telles que la trop grande épaisseur du corps, la vivacité de l'éclat rehaussé par le poli des surfaces, l'intensité des couleurs, etc. Il y a donc lieu de distinguer dans les Minéraux différens degrés entre la transparence parfaite et l'entière opacité. Un Minéral est *transparent*, lorsque les rayons qui le pénètrent sont assez abondans pour qu'on puisse distinguer nette-

ment un objet à travers son épaisseur ; *demi-transparent*, lorsqu'il ne laisse voir les objets que d'une manière confuse ; *translucide*, lorsqu'on ne peut rien distinguer, même confusément ; *opaque*, lorsqu'il ne laisse passer aucun rayon de lumière. Il est des substances qui sont opaques, quand elles ont une certaine épaisseur, et qui deviennent transparentes, lorsqu'on les réduit en lames minces, ou qui montrent de la translucidité sur les bords amincis des fragmens.

Tous les Minéraux transparens ont la propriété de réfracter les rayons lumineux, qui les pénètrent, mais avec des différences remarquables qui dépendent de la nature et du mode d'arrangement de leurs particules. Les substances qui ne sont point cristallisées, et celles dont les cristaux se rapportent au système du cube, ne possèdent que la réfraction simple ; toutes les substances cristallisées, qui appartiennent aux autres systèmes, sont douées de la double réfraction : et elles se distinguent entre elles par la quantité dont les deux rayons, ordinaire et extraordinaire, s'écartent l'un de l'autre pour une même incidence. On a vu plus haut qu'il y avait encore entre elles des différences importantes, dépendantes du nombre et de la position relative des axes de double réfraction.

Les Minéraux ne manifestent pas moins de diversité entre eux, relativement à la manière dont les rayons lumineux se réfléchissent à leur surface. On distingue dans l'impression que font ces rayons sur l'organe de la vue, deux effets différens, susceptibles chacun de modifications particulières. Ces deux effets sont ce qu'on nomme la *couleur* et l'*éclat* ; le premier dépend de la nature des rayons réfléchis, le second tient à leur intensité, aux qualités particulières de leur teinte, et au plus ou moins de poli des surfaces. Il y a plusieurs sortes d'éclat dans les Minéraux : l'éclat métallique, l'éclat vitreux, l'éclat résineux, l'éclat céroïde, l'éclat gras, l'éclat soyeux et l'éclat nacré. Quelques substances pierreuses ont une certaine apparence de l'éclat propre aux Métaux, qui disparaît, lorsqu'on vient à rayer leur surface : on donne à ce faux éclat métallique le nom de *métalloïde*. Il est à remarquer que dans les corps qui ont une structure régulière, l'éclat n'est pas toujours le même dans les différens sens de clivage. C'est ainsi que l'éclat nacré ne se montre ordinairement que dans une seule direction, parallèle à la base des cristaux prismatiques.

Les couleurs des Minéraux se distinguent en *couleurs propres* et *couleurs accidentelles* ; les premières tiennent à la nature même des molécules, elles sont uniformes et constantes, tant que la substance conserve son état de pureté; aussi les caractères qu'elles fournissent sont-ils d'une assez grande valeur pour la distinction des espèces. Ces couleurs peuvent varier d'intensité et quelquefois de ton avec le mode d'agrégation des particules ou le degré de densité de la substance. Mais on les trouve les mêmes dans les différentes variétés, en ayant soin de ramener celles-ci dans des conditions semblables. C'est pour cela qu'on commence toujours par réduire le Minéral en poussière, avant d'observer le caractère de sa couleur. Les substances naturelles, qui possèdent des couleurs propres, sont : les Métaux, le Soufre, les Oxides métalliques, les Sulfures, etc. Les couleurs accidentelles sont dues à la présence de molécules étrangères, mélangées soit chimiquement, soit d'une manière purement mécanique, avec les parties constituantes de la substance. Ces couleurs pouvant varier à l'infini, elles sont beaucoup moins importantes que les premières, et ne peuvent constituer que des caractères de simples variétés. Les mélanges chimiques, si communs dans les pierres fines, n'altèrent en général ni leur transparence, ni leur éclat;

il n'en est pas de même des mélanges mécaniques. Les couleurs accidentelles, quoiqu'essentiellement variables, ne s'observent pas indifféremment dans toutes les substances minérales ; on remarque dans la plupart d'entre elles certaines habitudes de coloration, qui sont telles que souvent une même teinte domine dans la série de leurs variétés, ce qui fournit un caractère empirique pour les reconnaître.

Indépendamment des couleurs propres ou accidentelles, dont nous venons de parler, et qui sont fixes dans les substances qui les présentent, il existe encore d'autres couleurs qu'on peut appeler *mobiles*, parce qu'elles semblent se mouvoir à mesure qu'on fait varier l'aspect du Minéral. Tels sont ces reflets, que l'on voit flotter dans l'intérieur de certaines pierres, et auxquels on a donné le nom de *chatoiement*, par allusion aux yeux du Chat qui brillent dans l'obscurité, et que ces pierres imitent grossièrement, lorsqu'elles sont taillées en cabochon. Cet accident de lumière paraît être dû soit au tissu fibreux de la substance elle-même, soit à une interposition de matières étrangères, distribuées régulièrement dans le sens de certains joints naturels. D'autres reflets diversement colorés, et auxquels on a donné le nom d'*Iris*, se montrent aussi à l'intérieur, ou à la surface de quelques substances : ces reflets sont produits par des vacuoles qui existent naturellement dans la pierre, ou par une substance très-atténuée et souvent fluide, interposée dans la matière propre du corps, ou enfin par un commencement d'altération qu'il éprouve à sa surface.

Il est aussi un grand nombre de Minéraux qui ont la propriété de devenir lumineux par eux-mêmes et par conséquent de pouvoir luire dans les ténèbres, lorsqu'on les place dans certaines circonstances favorables à la production de ce phénomène, qui est connu sous le nom de *phosphorescence*. On développe cette faculté dans les Minéraux qui en sont susceptibles, par quatre moyens différens, savoir : en les chauffant ; en les exposant quelque temps à la lumière du soleil ; en leur faisant subir l'action du frottement ; enfin en les soumettant à l'action des étincelles électriques. Dessaignes, dans un Mémoire couronné par l'Institut en 1809, a parfaitement bien étudié toutes les circonstances de ce phénomène intéressant ; il a montré que dans un grand nombre de cristaux, où il se manifestait, il était en rapport avec la structure cristalline de la substance, et il a cherché à rendre raison de ses effets, en les attribuant à un dégagement de fluide électrique.

†† Propriétés dépendantes de l'action électrique.

Toutes les substances minérales sont susceptibles d'acquérir la vertu électrique ; mais elles diffèrent beaucoup entre elles, soit sous le rapport des moyens que l'on emploie pour la développer aisément dans chacune d'elles, soit par le plus ou moins de tendance qu'elles ont à la conserver ou à la transmettre, soit enfin par l'espèce de fluide électrique qu'elles retiennent de préférence entre leurs pores. La plupart des Minéraux ne s'électrisent, que lorsqu'on les a frottés avec un autre corps, tel qu'un morceau de drap ; quelques-uns ont la propriété de devenir électriques, lorsqu'on se borne à les presser entre deux doigts ; d'autres enfin, mais en petit nombre, le deviennent, lorsqu'ils sont exposés à un certain degré de chaleur. Sous le rapport de la faculté conservatrice de l'électricité, on distingue les Minéraux en deux grandes classes : les Minéraux *isolans*, qui retiennent le fluide électrique comme engagé dans leurs pores, sans lui permettre de se répandre sur les corps environnans, et qu'on peut électriser par le frottement, en les tenant entre ses doigts ; et les Minéraux *conducteurs*, qui transmettent plus ou moins faci-

lement le fluide électrique aux corps qui sont en contact avec eux, et qu'on ne peut électriser, qu'après les avoir isolés, c'est-à-dire après les avoir fixés sur un support fait d'une substance isolante. Les substances qui sont transparentes, et incolores dans leur état de perfection, sont en général isolantes, et acquièrent par le frottement l'électricité vitrée. Tels sont les Minéraux de nature vitreuse ou pierreuse. Les substances douées d'une couleur propre, et de nature résineuse, sont également isolantes, mais elles acquièrent, à l'aide du frottement, l'électricité résineuse. Les substances essentiellement opaques et douées de l'éclat métallique, sont conductrices, et acquièrent lorsqu'elles sont isolées et frottées, les unes l'électricité vitrée, et les autres la résineuse. C'est parmi les corps isolans que se rencontrent ceux qui sont susceptibles de s'électriser immédiatement par la chaleur. Ce mode particulier de développement de l'électricité donne lieu à des phénomènes extrêmement curieux, qui ont été, pour la plupart, découverts et étudiés avec beaucoup de soin par Haüy. D'abord, les Minéraux électriques par la chaleur manifestent toujours les deux espèces d'électricité à la fois ; il se forme en général vers les extrémités de chaque axe d'un cristal, deux pôles électriques différens ; de plus, le cristal déroge à la symétrie ordinaire, en ce que l'un des sommets dans lesquels résident les deux fluides, offre des facettes qui ne se répètent pas sur le sommet opposé ; et ce qu'il y a de remarquable, c'est une corrélation constante entre ces différences de configuration des sommets et les forces contraires de leurs pôles : on observe en effet que le pôle vitreux possède toujours un plus grand nombre de facettes que le pôle résineux. Les Minéraux électriques par la chaleur diffèrent entre eux sous le rapport du degré de chaleur auquel ils prennent la vertu électrique : il en est un, la Calamine, qui est ha-

bituellement électrique à la température ordinaire. Mais la plupart ont
besoin d'être chauffés jusqu'à un certain degré, pour acquérir la propriété dont il s'agit, et ils la conservent ensuite entre certaines limites
de chaleur, différentes pour chacun
d'eux. Lorsqu'on laisse refroidir le
corps au-dessous de la limite inférieure, il cesse tout-à-coup de donner des signes d'électricité ; mais il
existe dans cet abaissement de température un autre terme, où la vertu
électrique reparaît avec des caractères, qui la distinguent de la première. Les pôles sont alors renversés, c'est-à-dire que le sommet du
cristal où se manifeste l'électricité
vitreuse dans les limites supérieures,
possède la résineuse et réciproquement.

Pour déterminer si un Minéral
est isolant ou conducteur, on le
frotte en le tenant à la main, et on
le présente ensuite à une petite aiguille métallique, mobile sur un
pivot, et qui est dans son état naturel. Si le corps est isolant, il aura
conservé son électricité, et dans ce
cas il attirera l'aiguille ; mais s'il est
conducteur, il sera sans aucune action sur elle. Lorsqu'on veut connaître la nature de l'électricité que
le corps a acquise et conservée, on le
présente à une petite aiguille semblable à la précédente, mais qui doit
être isolée, et préalablement électrique ; et suivant qu'il y a attraction
ou répulsion, on juge que le corps
possède une électricité contraire à
celle de l'aiguille, ou la même électricité qu'elle. Une pareille aiguille
électrisée d'avance, porte le nom
d'*Electroscope*. L'électroscope peut
être vitré ou résineux. L'électroscope
vitré consiste en une aiguille métallique, dont une extrémité porte
un petit barreau de Spath d'Islande,
et qui est garnie en son milieu d'une
chape de cristal de roche, par laquelle elle s'appuie et se meut sur
une pointe d'acier, ayant elle-même
pour support un bâton de gomme
laque. Il suffit de presser le petit

morceau de Spath entre les doigts,
pour qu'il acquière aussitôt l'électricité vitreuse, et il la conserve
très-long-temps. L'électroscope résineux diffère du précédent en ce
que l'aiguille est tout entière métallique, comme dans le premier appareil. On la met à l'état d'électricité
résineuse, en frottant sur un morceau de laine ou de drap, un bâton
de cire d'Espagne ou un fragment
de Succin, puis en l'approchant jusqu'au contact d'une des extrémités
de l'aiguille, qui est aussitôt re-
poussée.

††† Propriétés dépendantes de l'action
magnétique.

Ces propriétés sont restreintes à
un très-petit nombre de substances
parmi lesquelles il n'y a que le Fer,
qui se trouve dans la nature à l'état
où il est susceptible d'agir sur l'aiguille aimantée. On distingue deux
sortes d'action des Minéraux sur
cette aiguille : celle qu'on peut appeler *simple*, et qui consiste dans
une attraction de ces corps sur l'un
et l'autre pôle de l'aiguille ; et l'action *polaire*, dont jouissent les corps,
qui étant présentés successivement
par le même point aux deux pôles,
agissent constamment sur l'un par
attraction et sur l'autre par répulsion. Pour reconnaître si un corps
possède le magnétisme simple, il
suffit de le présenter à l'aiguille et de
voir s'il l'attire ou non. Si le corps
possède le magnétisme polaire, on
déterminera d'abord le point qui
agit par attraction sur l'une des extrémités de l'aiguille, puis on le
présentera de nouveau à cette même
extrémité par le point diamétralement opposé, lequel agira alors par
répulsion. Parmi les différens Miné-
rais de fer, il en est un qui possède
le magnétisme polaire d'une manière très-sensible. Les autres agissent simplement par attraction, ou
s'ils ont la vertu polaire, ils ne la
manifestent que lorsqu'on les fait
agir sur une aiguille faiblement aimantée. *V.* MAGNÉTISME.

‡††† Propriétés dépendantes de l'action sur les sens.

1°. Le *toucher*. Les Minéraux peuvent exercer sur le tact des sensations très-différentes. On dit qu'ils ont le *toucher doux*, lorsque leurs parties sont fines, et qu'elles glissent sous le doigt sans produire l'effet d'un corps gras; le *toucher onctueux*, lorsqu'elles produisent un effet analogue à celui du savon ; le *toucher rude*, quand ils sont composés de grains assez durs et fortement agrégés ; le *toucher âpre*, lorsque la surface du corps a une certaine âpreté, due aux parties dures et anguleuses, dont elle se compose. Quelques Minéraux ont la propriété d'être *happans à la langue*, c'est-à-dire que placés sur l'extrémité de cet organe, ils en absorbent l'humidité et y adhèrent fortement, ce qui est un résultat de leur contexture poreuse et de leurs nombreuses cavités capillaires.

2°. L'*Odeur*. Elle se manifeste tantôt d'elle-même, tantôt avec l'aide de la chaleur ou du frottement; elle est propre à la substance et due à la volatilisation de ses principes constituans, ou bien elle est tout-à-fait accidentelle et provient d'une matière étrangère interposée entre les particules de cette substance. On distingue plusieurs sortes d'odeur : l'*odeur argileuse*, qui se développe lorsqu'on fait tomber la vapeur de l'haleine sur la surface du corps ; l'*odeur fétide*, qui se dégage par le frottement de certains cristaux et de certaines pierres compactes ; l'*odeur bitumineuse* que l'action du feu fait naître dans la Houille; l'*odeur aromatique* du Succin; l'*odeur sulfureuse* des différens Sulfures; l'*odeur d'Ail* des corps qui renferment de l'Arsenic, etc.

3°. La *Saveur*. Ce caractère existe dans les Minéraux qui sont solubles, et susceptibles de se combiner avec les matières salines de la salive. On distingue plusieurs sortes de saveur, que l'on désigne, suivant leur nature, par les noms de *métallique*,

astringente, *styptique*, *salée*, *fraîche*, *amère*, *urineuse*, *acide* et *alcaline*.

4°. Le *Son*. Ce caractère est d'une très-faible importance. Il a été admis par les minéralogistes allemands, qui ont remarqué que certaines pierres, réduites en plaques minces et frappées par un corps dur, rendent des sons dont le degré est quelquefois appréciable.

†††††† Des formes extérieures en général.

Les seules formes que nous avons considérées jusqu'à présent dans les Minéraux, sont celles qui résultent du travail de la cristallisation, et qui sont soumises à des lois constantes et régulières. Telle est l'action de ces lois auxquelles la nature inorganique est assujettie, que quand rien ne la trouble, elle tend à produire les formes les plus simples et les mieux caractérisées par leur régularité et leur symétrie. Mais il est rare que des circonstances locales et des causes perturbatrices n'agissent pas pour interrompre ou déranger sa marche ordinaire : aussi ne produit-elle souvent que des formes incomplètes, de simples ébauches dans lesquelles on voit la forme primitive se dégrader insensiblement, des agrégations confuses de feuillets ou d'aiguilles, de fibres ou de grains ; enfin des masses compactes dont la configuration est tout-à-fait irrégulière et indéterminable. Si l'on excepte les formes cristallines, qui paraissent en rapport avec la nature particulière des substances, et dans lesquelles cependant on observe encore certaines variations dépendantes des circonstances dans lesquelles elles se sont formées, on peut dire qu'en général les formes extérieures des Minéraux sont tout-à-fait accidentelles, qu'elles sont ainsi d'une très-faible importance dans leur classification, puisqu'elles ne peuvent établir que des caractères de simples variétés. Mais il est nécessaire de les considérer, lorsqu'on en vient à la description des espèces et de leur manière d'être dans la nature, et elles sont d'autant plus intéressantes, qu'elles peuvent donner une idée des causes et des circonstances de la formation du Minéral.

On peut diviser, ainsi que l'a fait Beudant, les formes extérieures des Minéraux en plusieurs classes : 1° les *formes régulières*, dont il a été déjà question dans cet article, et que nous avons considérées d'une manière spéciale au mot CRISTALLISATION. 2°. Les *Cristaux indéterminables*, ou les formes oblitérées, provenant de l'altération des formes régulières, par l'accroissement démesuré de certaines dimensions, ou l'arrondissement des faces et des arêtes. Il est presque toujours possible de les ramener aux types dont elles dérivent. C'est ainsi que les formes du système cubique, qui approchent de la sphère, donnent lieu à des formes globuleuses ou sphéroïdales ; les rhomboïdes à des formes lenticulaires, plus ou moins aplaties ; les dodécaèdres, aux Cristaux spiculaires et aux formes en aiguilles ; les prismes en général à des Cristaux tabulaires ou lamelliformes, ou bien à ces sortes de configurations que l'on désigne sous les noms de *cylindroïde*, *bacillaire*, *aciculaire*, etc. 3°. Les *groupes de Cristaux*, ou ces agrégations plus ou moins régulières de Cristaux appartenant à la même espèce, parmi lesquelles on doit distinguer surtout les groupemens réguliers connus sous le nom de *Macles*. *V.* ce mot. 4°. Les *Stalactites*, ou ces concrétions allongées, coniques ou cylindriques, qui résultent de l'infiltration d'un liquide chargé de molécules pierreuses ou métalliques, à travers les voûtes des cavités souterraines. 4°. Les *formes oolitiques*, ou ces formes globuleuses à couches concentriques, qui proviennent du mouvement qu'avait le liquide chargé de leurs particules, au moment où il les abandonnait à elles-mêmes. 6°. Les *formes ovoïdes* ou *tuberculeuses*, telles que les rognons, les géodes ou corps arrondis et creux à l'intérieur, dont la cavité est ordinairement tapissée de Cristaux ou remplie d'une matière pulvérulente. 7°. Les *pseudomorphoses* ou *formes empruntées*, produites soit par incrustation sur des corps organiques ou inorganiques, soit par moulage dans les cavités des roches et dans l'intérieur des Coquilles, soit par substitution graduelle de certains principes à ceux d'une autre substance, comme celles qui résultent de ces métamorphoses auxquelles on a donné les noms d'*épigénie* et de *pétrification*. 8°. *Les formes produites par le retrait* des matières pâteuses qui se dessèchent, ou des matières fondues qui se refroidissent. 9°. Enfin celles qui sont dues au roulis des eaux, et qui proviennent de Cristaux ou de fragmens détachés de roches préexistantes, entraînés par les eaux et usés par leur frottement mutuel.

De la valeur relative des Caractères minéralogiques et de la Classification.

Nous venons de parcourir l'ensemble des propriétés diverses que peuvent présenter les Minéraux, envisagés sur toutes leurs faces. Ces propriétés étant supposées connues par l'observation dans chacun d'eux, on conçoit que leur énumération complète fournirait une description exacte de chaque individu pris isolément et considéré en lui-même. Mais quand bien même il serait possible de parvenir à connaître ainsi chaque corps d'une manière absolue et indépendamment de tous les autres, cette connaissance ne suffirait pas encore pour constituer toute la science qui doit se composer, non de faits isolés, mais des rapports et des différences que l'on observe dans ces faits, lorsqu'on les a comparés et rapprochés entre eux, suivant le plus ou moins de ressemblance qu'ils manifestent. On a l'avantage de pouvoir exprimer ces rapports et ces différences, et de les faire servir ensuite à distinguer et dénommer les Minéraux, malgré la multitude innombrable de ceux que nous offre la nature, en distribuant tous les êtres inorganiques en divisions et subdivisions, d'après leurs caractères communs, de manière qu'en partant de l'observation de ces caractères, on arrive aisément à trouver la place que le Minéral occupe dans la méthode et le nom qu'il y porte. Nous ne chercherons point à faire ressortir ici l'importance d'une telle classification, ni à tracer d'une manière générale la marche à suivre dans la formation des méthodes en histoire naturelle, ce sujet ayant été traité avec tout le développement convenable dans un article spécial. *V.* MÉTHODES. Le point essentiel qu'il nous faut établir, c'est le principe rationnel d'où l'on doit faire dériver en minéralogie cette première sorte de division qu'on nomme *espèce* dans les règnes organiques, et qui est comme le terme commun auquel aboutissent toutes les divisions supérieures de la méthode. Dans les corps organisés, le principe d'où dérive l'espèce, et qui établit la similitude des individus qu'elle embrasse, c'est la génération successive de ces individus, qui tous peuvent être conçus comme étant originaires d'un seul. En minéralogie, ce principe n'a pas lieu, et l'espèce ne peut être qu'une réunion d'individus, qui ont une certaine ressemblance dans les propriétés. Pour que la méthode soit naturelle, il faut que ces individus aient entre eux plus d'analogie qu'ils n'en ont avec tous les autres : telle est la notion de l'espèce en général, et on ne peut la préciser davantage, qu'après avoir fixé ce qu'on doit entendre par *individus* dans le règne inorganique. Si l'on prend ce terme à la rigueur, il sera impossible de trouver le caractère de l'individualité dans les corps bruts que nous offre la nature, et qui tous peuvent être divisés, sans être détruits ; et l'on sera réduit à le chercher dans la molécule intégrante, qui jouissant seule d'une certaine organisation, a le privilége de ne

pouvoir être décomposée qu'en parties hétérogènes. Mais rien n'empêche d'appliquer ce nom d'*individu*, dans un sens plus lâche, à une agrégation de molécules identiques, et de voir des individus semblables dans toutes les masses composées des mêmes molécules, quelle que soit la variété de leur structure. D'après cette idée, l'*espèce inorganique* est la réunion de tous les corps, dans chacun desquels les molécules sont identiques entre elles et avec celles des autres corps. Cette identité de molécules, que suppose la définition précédente, a lieu fréquemment dans les produits de nos laboratoires, comme aussi dans un grand nombre des produits de la nature ; nous l'avons admise jusqu'ici dans tous les Minéraux, les ayant considérés comme purs, pour rendre plus simple l'étude de leurs propriétés ; mais on rencontre souvent des agrégats mixtes, composés de plusieurs sortes de molécules, qu'il faut alors regarder comme des mélanges d'individus différens, ou si l'on veut d'espèces différentes. Nous verrons bientôt que dans ce cas il est toujours possible de démêler les espèces qui se combinent pour former une même masse, et qu'un pareil mélange, quand il se fait en proportions notables, n'a lieu ordinairement qu'entre les espèces les plus analogues.

Les molécules des substances minérales étant généralement composées d'atomes élémentaires, leur identité exige qu'elles soient formées des mêmes principes, combinés entre eux de la même manière et dans les mêmes proportions. S'il nous était possible de voir et d'étudier ces molécules elles-mêmes, rien ne serait plus facile que de vérifier ces conditions d'identité et d'appliquer la définition générale de l'espèce à la détermination d'une substance donnée. Mais nous sommes réduits à n'opérer que sur des masses, c'est-à-dire sur des agrégats de molécules, souvent de nature diverse ; nous n'avons pour prononcer sur l'analogie ou la diffé-

rence des individus que les caractères qui appartiennent à ces masses ,
et qui peuvent dépendre plus ou
moins du mode accidentel de leur
structure ou du mélange des espèces.
Or l'emploi de ces caractères exige
une juste appréciation de leur valeur
relative ; il faut savoir exactement
jusqu'à quel point ils peuvent s'accorder ou se trouver en opposition
entre eux , quels sont ceux que l'on
doit regarder comme caractères do-
minans et spécifiques , et dans quel
ordre les autres se subordonnent aux
premiers , pour établir soit les variétés de l'espèce , soit les réunions
d'espèces en genres , familles , ordres
et classes.

C'est parce qu'on n'a pas bien apprécié les rapports qu'ont entre eux
les divers genres de caractères , et
parce qu'on a exagéré l'importance
ou le degré de fixité de certains d'entre eux , qu'il y a tant de divergence
entre les méthodes des minéralogistes,
de ceux-là même qui semblent avoir
admis en principe la notion de l'espèce, telle que nous l'avons donnée
ci-dessus. Ils ont erré dans l'application , en faisant servir à la détermination spécifique , au défaut de tel
caractère , tel autre qu'ils croyaient
propre à le suppléer , parce qu'ils
le supposaient en accord perma-
nent avec le premier. C'est ce qui
est arrivé pour les deux caractères
que l'on regarde généralement comme étant de première valeur en Minéralogie , savoir : la composition
chimique et la forme cristalline.
Haüy a été conduit par le raisonnement à regarder le premier de ces
caractères comme l'un des types fondamentaux de l'espèce ; mais en cherchant à appliquer sa définition à
la classification des Minéraux , il a
quelquefois manqué le but, en appelant à son aide un autre principe
qui n'était point une conséquence
rigoureuse de sa définition , et que
l'expérience n'avait pas suffisamment
démontré : ce principe était , que
deux corps différemment composés
ne pouvaient avoir la même forme

cristalline, à moins que ce ne fût
une forme limite, c'est-à-dire une
de celles qui appartiennent au système de cristallisation cubique. Aussi
toutes les fois que deux individus
avaient des formes semblables non
régulières , Haüy en concluait que
leur composition chimique essentielle devait être la même ; et il rejetait soit sur les mélanges accidentels,
soit sur l'imperfection des analyses ,
les nombreuses variations que l'on
remarquait dans les résultats de ces
dernières. Mais de nouvelles observations nous ont appris ce que ce
point de vue pouvait avoir d'inexact,
en établissant les rapports qui lient
entre elles la forme cristalline et la
composition atomistique, et en faisant
voir que la première dépendait d'une
manière plus immédiate du nombre
et de l'arrangement des atomes, que
de leur nature particulière.

Il résulte des belles découvertes de
Mitscherlich , que des corps composés d'élémens différens , mais d'atomes en nombre égal et réunis de la
même manière , ont en général des
formes , sinon identiques , du moins
très-rapprochées par la mesure de
leurs angles. Cela tient à ce que les
différentes bases , au même degré
d'oxidation , ont elles-mêmes des
formes identiques ou analogues , et
qu'elles communiquent ensuite cette
identité ou cette analogie de forme ,
aux composés dans lesquels elles se
combinent dans la même proportion
avec un même Acide. Il en résulte
ainsi des composés ternaires ou quaternaires de même formule , qui ne
laissent apercevoir souvent aucune
différence essentielle dans leurs caractères extérieurs , et qui cachent
néanmoins sous cette apparente conformité de traits une diversité de nature , que l'analyse chimique peut
seule découvrir. On connaît déjà
plusieurs classes d'Oxides qui sont
telles, que les corps qui composent
chacune de ces classes renferment le
même nombre d'atomes d'Oxigène ,
ont des formes semblables , et jouissent de la propriété de se remplacer

mutuellement dans une même com- binaison , sans altérer sensiblement sa forme cristalline. C'est à ces Oxi- des que l'on a cru devoir donner le nom de *bases isomorphes*, expression qu'il ne faut pas prendre dans un sens trop rigoureux. La Chaux , la Magnésie , le deutoxide de Cuivre , les protoxides de Fer, de Manganèse, de Cobalt, de Nickel et de Zinc , composent une première classe. La Baryte , la Strontiane , l'Oxide de Plomb , en forment une seconde. Une troisième renferme l'Alumine, et les deutoxides de Fer et de Manganèse.

Les composés isomorphes ont la propriété, quand ils sont dissous dans le même liquide, de cristalliser ensemble en toutes proportions, de manière que leurs molécules, quoi- que différentes de nature, concou- rent également à l'accroissement d'un Cristal unique, celles de l'un pouvant se substituer indifféremment à celles d'un autre, à cause de l'analogie de leurs formes ; et la configuration du Cristal mélangé est sensiblement la même que celle des Cristaux purs que chaque composé aurait produite isolément. Ce fait très-important , que l'on a remarqué d'abord dans les substances dont la cristallisation est artificielle, paraît avoir eu lieu fré- quemment dans la nature, et il four- nit une explication satisfaisante des variations que l'on observe dans les analyses de certains corps regardés jusqu'ici comme appartenant à une même espèce. C'est ainsi que les an- ciennes espèces, appelées *Grenat*, *Amphibole*, *Pyroxène*, comprennent un grand nombre de composés diffé- rens et de même formule, et les ré- sultats de leurs analyses, qui pendant long-temps avaient paru n'accuser que des mélanges accidentels, dans lesquels il ne pouvait y avoir rien de fixe, s'interprètent aujourd'hui et se calculent d'une manière rigou- reuse lorsqu'on les discute avec soin dans la vue d'y reconnaître et d'y démêler les substitutions isomorphes.

On voit, par ce qui précède, qu'une même forme cristalline indi-

que dans les Minéraux une analogie de composition bien plus qu'une identité de nature, et qu'ainsi le ca- ractère tiré de la forme ne peut être mis sur la même ligne que celui qui dérive de la composition chimique, supposée bien connue. On sait main- tenant d'une manière positive, non- seulement qu'une même forme cris- talline peut appartenir à des compo- sitions différentes , mais encore que la même composition chimique peut se montrer sous des formes cristal- lines, incompatibles dans un même système, sans qu'il soit toujours pos- sible d'expliquer cette diversité par un changement dans la disposition des atomes, puisque d'après les ob- servations de Mitscherlich , elle a lieu jusque dans le Soufre, que tout le monde regarde comme un corps simple. La forme cristalline n'en est pas moins un caractère d'une très- grande importance, et s'il ne peut être employé seul à la détermination rigoureuse des espèces , il sert à rap- procher celles qui ont le plus d'ana- logie, et à en former des groupes naturels qui correspondent assez bien à cette seconde sorte de division qu'on nomme *genre* dans les métho- des relatives aux règnes organiques.

Le caractère tiré de la double ré- fraction peut être assimilé au pré- cédent, puisqu'il est toujours en rap- port constant avec lui. Viennent en- suite comme caractères de seconde valeur, ceux qui dérivent de la den- sité et de la dureté dans les Minéraux : on les emploie souvent comme auxi- liaires des véritables caractères spé- cifiques, quand ceux-ci ne se sont pas encore prononcés d'une ma- nière nette et décisive. Quant aux ca- ractères tirés des structures d'agré- gation et des formes accidentelles , nous avons déjà vu qu'ils ne pou- vaient servir qu'à établir les variétés de l'espèce.

Les espèces étant formées , il faut ensuite les réunir en genres, grou- per ceux-ci en ordres ou familles, et les ordres en classes. Les genres ne peuvent être établis que par le rapprochement des espèces qui ont le plus d'analogie dans leur composition chimique, et l'on s'accorde généralement à les former de celles qui ont un principe commun , soit le principe minéralisé ou la base, soit le principe minéralisateur ou celui qui fait fonction d'acide. Mais suivant qu'on adopte l'un ou l'autre principe pour construire l'échafaudage des divisions supérieures, on arrive à des méthodes inverses l'une de l'autre, dont chacune a ses avantages. La méthode par les bases a été suivie par un grand nombre de minéralogistes, tant chimistes que cristallographes, par Haüy et Brongniart dans leurs Traités de Minéralogie, par Berzélius, dans son premier Essai d'un système purement chimique, etc. La seconde a été tentée avec beaucoup de succès par Beudant, dans le Traité qu'il a publié en 1824, et d'après les raisons qu'il a fait valoir en sa faveur, il est très-présumable qu'elle ne peut tarder à être généralement adoptée ; elle a déjà pour elle les suffrages d'un savant dont les opinions peuvent faire autorité dans une telle matière, Berzélius, qui n'a point hésité à modifier ses premières idées dans la nouvelle classification qu'il vient de proposer (*V.* Annales de Chim. et de Phys. T. XXXI, p. 5). La méthode par les Acides a le grand avantage de rompre beaucoup moins de rapports naturels entre les espèces ; elle laisse subsister les analogies si marquées que la forme cristalline établit entre elles, et permet de laisser ensemble, dans un même groupe, toutes celles que les anciennes méthodes confondaient et identifiaient sous le même nom ; elle rapproche le plus qu'il est possible les espèces mélangées des espèces pures dont elles proviennent ; enfin elle est le seul moyen d'arriver à une distribution naturelle des êtres inorganiques, ce qui est le but vers lequel doivent tendre tous les efforts des minéralogistes. On peut voir, dans l'ouvrage que nous avons cité plus haut, les développemens philosophiques sur

lesquels Beudant a motivé le changement important qu'il a opéré dans la classification des Minéraux ; il a abordé avec franchise toutes les difficultés du sujet, et il est parvenu souvent à les résoudre de la manière la plus heureuse.

La méthode d'après laquelle on a traité les articles de ce Dictionnaire, étant l'ancienne distribution par les bases, telle que Haüy l'a proposée dans la seconde édition de son Traité, en y faisant toutefois les modifications que nécessitent les progrès de la science, nous devons exposer ici en peu de mots les principales divisions de cette méthode. Haüy divise l'ensemble du règne minéral en quatre grandes classes, dont la première ne comprend que les Acides trouvés libres dans la nature. Elle ne renferme qu'un très-petit nombre d'espèces. Les deux classes suivantes sont relatives aux Minéraux qui renferment des substances métalliques. Or, Haüy distingue parmi les Métaux : 1° ceux que les nouvelles découvertes de la chimie ont fait reconnaître dans les terres et les alcalis, et qui, ne pouvant exister seuls dans la nature, se montrent toujours sous un aspect différent de l'éclat métallique : ce sont les Métaux *hétéropsides* ; 2° ceux qui sont doués naturellement de cet éclat, qui s'offrent d'eux-mêmes sous leur véritable aspect, ou sont faciles à réduire à l'état métallique au moyen du Charbon : ce sont les Métaux *autopsides*, ou Métaux proprement dits. D'après cette distinction , sont établies les deux classes des substances métalliques hétéropsides et des substances métalliques autopsides. Ces deux classes sont divisées en genres, dont chacun comprend les espèces qui ont une base commune, et diffèrent l'une de l'autre par l'Acide uni à cette base. Ainsi le genre *Chaux* se compose des espèces : Chaux carbonatée, Chaux phosphatée, Chaux fluatée, Chaux sulfatée, etc. A la fin de la seconde classe, qui répond à l'ancienne classe des Sels ou subs-

tances acidifères, Haüy avait cru
devoir placer à part, dans un appendice, toutes les substances siliceuses, c'est-à-dire celles qui composaient anciennement la classe des pierres ou substances terreuses. Mais cette
ligne de séparation, qui d'ailleurs
n'était que provisoire, doit disparaître aujourd'hui que l'on sait à quoi
s'en tenir sur le rôle que joue la Silice dans ces combinaisons. Une quatrième classe renferme les substances
combustibles non métalliques, auxquelles sont jointes, par appendice,
sous le nom de *substances phytogènes*,
c'est-à-dire *engendrées des Végétaux*,
celles qui doivent évidemment leur
origine au règne végétal, comme les
Houilles, les Bitumes, etc.

Jusqu'à présent, nous avons étudié les propriétés des Minéraux considérés en eux-mêmes, et tout ce
qu'il est nécessaire de connaître pour
être en état de les décrire séparément
et d'en ordonner ensuite le tableau
général. Mais le minéralogiste qui
veut compléter leur histoire, doit
indiquer avec soin leur manière d'ê-
tre dans la nature, leurs relations de
position entre eux, leurs différentes
associations, et enfin l'emploi qu'on
peut en faire dans les arts et les usages
de la vie. Sous ces rapports, il existe
entre eux de grandes différences. Les
espèces minérales ne sont pas également
ment distribuées à la surface et dans
l'intérieur du globe : elles correspondent et à diverses époques et à divers
modes de formation. Les unes ont été
formées par voie de cristallisation et
de dissolution préalable ; d'autres par
voie de fusion ignée ; d'autres enfin
par voie de sédiment ou de dépôt,
dans des eaux qui tenaient leurs particules en suspension. Les unes se
présentent, mais de différentes manières, dans les terrains de toutes les
époques ; d'autres appartiennent plus
particulièrement à telle ou telle classe
de terrains. Les unes entrent dans la
composition des grandes masses minérales ou forment à elles seules des
montagnes, des couches, des amas
ou dépôts limités, des veines ou des

filons. Les autres sont répandues en
noyaux, en rognons, en petits nids
ou veinules, dans les grandes masses. Elles se présentent en général de
deux manières bien distinctes : ou
disséminées en Cristaux et en grains
dans l'intérieur des roches, ou im-
plantées sur les parois des cavités
souterraines. Enfin il en est qui ne se
montrent qu'en enduit ou efflorescence à la surface de certaines pierres,
et d'autres qu'on ne trouve ordinairement qu'en solution dans les eaux
minérales. Ces diverses manières d'ê-
tre des Minéraux constituent ce qu'on
nomme le *gisement* de l'espèce, auquel on peut ajouter l'indication des
diverses localités où elles se rencontrent. Les Minéraux diffèrent encore
entre eux, sous le rapport de l'application qu'on peut en faire aux besoins et aux agrémens de la vie. Nous
n'entrerons ici dans aucun détail sur
les différens genres d'utilité dont ils
sont susceptibles, les articles spéciaux
qui les concernent présentant un
court exposé de leurs principaux usages. Nous nous bornerons à dire que
le règne minéral est peut-être celui
qui fournit le plus de ressources à
l'industrie et répand le plus de richesses dans la société, et nous renverrons ceux qui voudraient apprécier toute son importance à cet égard
à l'ouvrage de Brard, qui a pour titre :
Minéralogie appliquée aux arts, et au
Traité de Héron de Villefosse, sur
la richesse minérale.   (G. DEL.)

MINÉRAUX. Corps bruts ou inorganiques, dont la formation a été
naturelle, et qui font partie de l'enveloppe extérieure du globe terrestre. Tels sont ceux auxquels on a
donné les noms vulgaires de Pierres,
de Sels, de Bitumes et de Métaux, et
dont l'ensemble compose le règne
Minéral. Le mot FOSSILE est synonyme du mot MINÉRAUX dans plusieurs
langues ; mais dans la nôtre, il est
pris dans un sens plus restreint, et
ne s'applique qu'aux débris organiques, enfouis dans le sein de la
terre, où ils subissent des altérations
qui souvent les transforment en de

véritables substances minérales. *V.*
pour les caractères distinctifs des Minéraux, comparés aux êtres des deux
autres règnes, et les diverses sortes
de propriétés dont ils jouissent, le
mot MINÉRALOGIE.   (G. DEL.)

* **MINERVE.** REPT. OPH. Espèce
du genre Couleuvre. *V.* ce mot. (B.)

MINES. Dès que l'Homme fut assez
avancé dans la civilisation pour sentir toute l'importance et se faire une
nécessité de certaines substances
minérales, il tenta de les extraire du
sein de la terre par des fouilles ou
par des excavations pratiquées selon
la direction que présentaient les amas
de ces substances. On donna le nom
de *Mines* à ces excavations, lorsqu'elles avaient pour objet la recherche
des matières d'une valeur assez considérable, telles que les substances
métalliques qui dans leur état de
nature et mélangées avec d'autres
substances sont désignées sous le
nom de Minerais; et l'on appela
simplement *Carrières*, les excavations creusées pour l'extraction des
terres, des sables et des substances
pierreuses d'une très-faible valeur
intrinsèque. L'art des Mines ne reçut
de grands développemens qu'après
que les sciences physiques eurent
fait préalablement des progrès étendus. Il fallait d'abord trouver le Minéral, en reconnaître la composition
et les propriétés physiques : c'était la
leçon que le minéralogiste seul pouvait enseigner; connaître les moyens
de s'enfoncer dans les profondeurs
de la croûte terrestre, quelle qu'en
fût la résistance, quelques obstacles
qu'elle présentât par la présence des
voies d'eau ou d'autres fluides qui la
traversent accidentellement : c'était
l'art du mineur proprement dit; enfin on devait ensuite par les procédés les plus économiques en retirer
les substances utiles et les amener à
l'état de pureté : c'était l'affaire du
métallurgiste et du chimiste. Puisque
tant de connaissances étaient nécessaires, il dut s'écouler bien des
siècles avant qu'on ne commençât

l'exploitation des Mines de Métaux
altérés par leur combinaison avec une
foule de corps étrangers à leur nature. Aussi les Métaux qui se rencontrent presque purs, ou seulement
engagés dans des combinaisons faciles
à détruire, ceux qui d'ailleurs possèdent une grande ductilité, de l'éclat
et une certaine dureté, furent-ils les
premiers en usage : le Cuivre, par
exemple, est la matière de la plupart
des vases que l'on découvre dans les
monumens de la plus haute antiquité. Mais aussitôt que l'Homme eut
reconnu la grande utilité du Fer et
sa supériorité réelle sur toutes les
autres substances métalliques, il di-
rigea d'abord toute son attention vers
l'extraction de ce Métal; il y arriva
enfin par des procédés qui, à la vérité, ne découlaient d'aucunes connaissances chimiques, mais qui, cependant, reposaient sur les théories que
le perfectionnement des sciences, et
l'investigation des savans modernes
sont parvenus à établir. *V.* les considérations philosophiques qui terminent l'article HOMME, où notre collaborateur Bory de Saint-Vincent a
fait voir l'influence de la découverte
des Métaux sur la civilisation. Quant
aux moyens de pénétrer dans l'intérieur de la terre, il suffit de rappeler la
puissance de la force expansive de la
poudre à canon, pour faire sentir
toutes les conséquences utiles de
cette admirable invention. Que de
travaux longs et dispendieux n'a-t-
elle pas épargnés, depuis son introduction en 1615, dans l'art du
mineur? La perforation des roches
quartzeuses et granitiques; la division de celles qui offrent des scissures naturelles, mais dont les
masses étaient énormes, ne s'opéraient
qu'avec une lenteur tellement déses-
pérante qu'il fallait pour la surmon-
ter la persévérance opiniâtre des
malheureux condamnés aux plus pénibles travaux; l'emploi de la poudre abrégea donc les efforts des Hommes en leur facilitant l'accès des Minerais enfouis dans les abîmes que
l'on jugeait jusqu'alors impénétra-

bles avec le seul secours des outils.

Les travaux des Mines s'exécutent, soit par des tranchées ou excavations à ciel ouvert, soit par des puits ou des galeries souterraines. La Tourbe, les terres et les sables où gisent l'Or, les Diamans et les Minerais d'alluvion, sont exploités par le premier moyen. On met en usage les autres, lorsqu'il est nécessaire d'établir des ouvrages fort compliqués, lorsqu'il s'agit de l'extraction des Minerais dont les amas et les filons se prolongent à une grande profondeur et suivant des directions variables. Dans les houillères, par exemple, on pratique des ouvrages *en gradins*, c'est-à-dire en formant des entailles semblables aux marches d'un escalier. Les gradins sont dits *droits* ou *descendans*, lorsqu'on attaque les Minerais par-dessus, et on les appelle *renversés* ou *montans* quand le Minerai est attaqué par-dessous. Ces deux sortes d'ouvrages ont des avantages et des inconvéniens particuliers, qui les font préférer suivant les circonstances. Lorsque la couche est assez épaisse et peu mélangée, que le toit est difficile à soutenir, et qu'on veut exploiter à de grandes distances sans être obligé de beaucoup étayer, on travaille par *chambres*. Ce sont des tailles droites de dix à vingt mètres de largeur, qui avancent dans la Houille sans galeries préparatoires, soit suivant la direction de la couche, soit suivant son inclinaison. Cette sorte de travaux est employée avantageusement quand on craint le voisinage de quelques amas d'eau qu'il est facile de reconnaître par le sondage, et qu'on peut arrêter par la construction d'une digue solide derrière le front de la taille. Quelquefois, après avoir donné aux chambres la plus grande largeur possible, de manière cependant que le plafond ne risque pas de s'ébouler, on laisse des massifs de Houille comme moyen de soutennement, et une portion de la couche supérieure quand le toit de celui-ci est ébouleux. C'est ce qu'on appelle exploitation *par piliers* ou *en échiquier*. Ce

mode est désavantageux, en ce que les massifs qui forment les piliers sont des matériaux perdus, c'est pourquoi on ne leur donne que les dimensions nécessaires pour remplir leur objet.

Dans ce Dictionnaire uniquement consacré à l'étude générale de l'histoire naturelle, notre but n'est point de faire connaître les moyens ingénieux et hardis que les mineurs emploient pour extraire les masses minérales ; ils sont trop nombreux, trop importans pour que nous puissions en donner une idée suffisante, et ce serait empiéter sans nécessité sur le domaine des sciences technologiques. Renvoyant pour ce sujet, aux écrits qui en ont traité avec une grande perfection de détails, et entre autres au magnifique ouvrage de Héron de Villefosse sur la richesse minérale, ainsi qu'à l'intéressante Notice sur les Mines publiée par Elie de Beaumont, nous devons nous borner à considérer les Mines sous les points de vue statistique et scientifique. Le lecteur trouvera, d'ailleurs, aux divers articles qui concernent les gîtes des Minerais, tels que : FILONS, GISEMENT, HOUILLES, LIGNITES, TERRAINS, etc., tous les renseignemens désirables sur leur exploitation et sur les circonstances que celle-ci fait naître ordinairement. Les articles où il est question de substances minérales d'une valeur considérable, comme ceux du Diamant, de l'Or et des autres Métaux, contiennent aussi les notions nécessaires sur les procédés spéciaux employés dans les différens pays pour l'extraction et la purification de chacune de ces substances ; ils donnent en outre l'indication des principales Mines du globe. Cependant nous croyons utile de présenter ici une récapitulation générale des Mines, en suivant la division adoptée par les géologues, qui les partagent en trois classes, savoir : 1° les Mines des terrains antérieurs à la Houille ; 2° les Mines des terrains secondaires et de sédiment ; 3° et les Mines des terrains d'alluvion.

Mines des terrains antérieurs à la Houille.

Elles n'existent que dans certaines régions montagneuses, et sont ouvertes pour la plupart sur des filons, des amas et des couches métalliques. Dans cette classe, les Mines de l'Amérique espagnole sont les plus célèbres; la richesse de celles du Pérou, et du Mexique est même devenue proverbiale. Elles sont situées dans la grande chaîne nommée Cordillière des Andes qui longe tout le littoral de l'Océan Pacifique; mais ces montagnes ne paraissent pas être également métallifères dans toute leur étendue, et les exploitations se trouvent seulement dans des cantons très-éloignés les uns des autres. L'Argent y est le Métal le plus commun; on y a aussi ouvert quelques Mines d'Or, de Mercure, de Cuivre, de Plomb, et même de Sel gemme. La fameuse montagne de Potosi, située vers le 20° degré de latitude australe sur le versant oriental de la chaîne, ne fournit plus comme autrefois un Minerai très-riche; néanmoins le produit n'en a pas diminué, parce que l'abondance de ce Minerai a suppléé à la richesse. Dans les premières années de leur exploitation, c'est-à-dire vers le milieu du XVIe siècle, on trouvait communément des Minerais qui rendaient 40 à 45 pour cent; depuis le commencement du siècle qui vient de s'écouler, la richesse moyenne n'est plus que de 48/100 à 68/100 d'once par quintal, ou 0,0003 à 0,0004. La masse d'Argent produite jusqu'au commencement du siècle présent, par les Mines de Potosi, est estimée par Humboldt à 5,750,000,000 de francs. Le Minerai est en filons très-nombreux dans un Schiste argileux primitif, qui constitue la masse principale de la montagne et qui est recouvert par une couche de Porphyre argileux.

D'autres districts de l'Amérique méridionale sont aussi fameux par leurs Mines d'Argent. Ceux de Huantajaya, de Pasco et de Chota l'emportent de beaucoup sur les autres par l'abondance de leurs Minerais. C'est dans les Mines de Huantajaya qu'on a trouvé les plus grandes masses d'Argent natif; on en découvrit une, en 1758, qui pesait huit quintaux. Dans les Mines de Pasco, le Minerai est encore très-riche, puisque le produit moyen de tous les Minerais est de 1 once 28 centièmes par quintal et qu'on en trouve même qui donnent 30 ou 40 pour cent. Combien il est à regretter que ces riches dépôts aient été la possession des plus ignorans d'entre les Hommes! Durant plus d'un siècle et demi, on avait criblé le sol, sans aucun ordre, d'une grande quantité de puits, et l'épuisement des eaux ne se faisait qu'à bras d'homme, et d'une manière très-dispendieuse. Il n'y a pas plus de dix années que des mineurs européens ont établi dans ces Mines des machines à vapeur pour l'épuisement des eaux; et déjà l'exploitation a donné des résultats infiniment avantageux. La partie équatoriale des Andes est encore très-riche en Minerais d'autres Métaux que l'Argent. On exploite dans les districts de Huailas et de Pataz, des Mines d'Or et de Plomb. Le Pérou offre aussi plusieurs Mines de Cuivre et de Mercure. Ces dernières ne sont pas nombreuses; la plus remarquable et la seule importante est celle de Huancavelica qui se trouve sur le revers oriental des Andes du Pérou à 13° de latitude australe et à 5732 mètres au-dessus de la mer. Enfin on connaît au Pérou quelques Mines de Sel gemme, sur lesquelles Rivero, ingénieur péruvien, qui a achevé son éducation scientifique en France, a donné de très-curieux renseignemens. Les Cordillières dans la partie qui se rapproche de l'isthme de Panama, c'est-à-dire dans les Etats principaux de la république de Colombie, sont peu riches en gîtes métallifères, tandis qu'au contraire les terrains d'alluvion y fournissent par les lavages une quantité d'Or très-considérable.

Le Mexique a toujours été célèbre par la grande variété de ses Minerais; néanmoins on s'y borne presqu'exclusivement à l'exploitation des Mines d'Argent. Situées principalement à l'ouest de la chaîne des Cordillières, elles se trouvent en général à une très-grande élévation au-dessus de la mer. Les travaux forment environ trois mille Mines distinctes qui sont réparties autour de cinq cents chefs-lieux que l'on nomme Réales. Ces Mines embrassent une superficie de plus de 12000 lieues carrées, c'est-à-dire à peu près la dixième partie de la surface du Mexique. Quelques Réales sont remarquables par leur excessive richesse, tandis que d'autres n'offrent que des Minerais très-pauvres. Les gîtes sont principalement des filons qui traversent des roches primitives ou de transition. Les énormes produits d'Argent que verse le Mexique dans la circulation, sont plutôt dus à la facilité de l'exploitation et à l'abondance des Minerais qu'à leur richesse intrinsèque, et les produits seraient susceptibles de beaucoup d'augmentation, si les travaux des Mines étaient mieux dirigés qu'ils ne l'ont été par les Espagnols ou les Mexicains. Des compagnies anglaises ont entrepris de les améliorer, mais elles ne paraissent pas avoir parfaitement réussi, et le bien qui semblait devoir en résulter vient d'être annihilé par l'effet des secousses politiques ou peut-être par l'avidité des entrepreneurs. Les Réales du Mexique ne sont pas distribuées uniformément sur toute l'étendue des Cordillières. On peut les considérer comme formant huit groupes qui ont reçu les noms des provinces dans lesquelles ils sont situés. Le plus remarquable est le *Groupe central* dont le point principal est la grande ville de Guanaxuato, à soixante lieues N.N.O. de Mexico, et qui comprend les fameux districts des Mines de Guanaxuato, Catorce, Zacatecas et Sombrerete, les plus riches du Mexique, puisqu'à eux seuls ils fournissent plus de la moitié de l'Argent que cet empire met en circulation.

Le filon principal du district de Guanaxuato est connu sous le nom de la *Veta-Madre*. Sa puissance est de quarante à quarante-cinq mètres, et il est reconnu sur une longueur de 12700 mètres. On y compte dix-neuf exploitations, dont le produit annuel a une valeur de près de trente millions de francs. La plus riche est celle de Valenciana, découverte en 1764, et qui n'a jamais produit moins de deux à trois millions de francs par année.

Le nord de l'Amérique est loin de pouvoir être comparé, sous le rapport de la richesse minérale, avec les contrées méridionales de cette partie du monde. Il est vrai qu'on ne connaît pas suffisamment la géologie de la vaste région de l'Ouest, quoiqu'elle ait été naguère explorée par plusieurs savans minéralogistes; mais il paraît que la nature n'y est pas abondante en produits métalliques. La chaîne des Alleghanys qui court parallèlement aux rivages de l'Océan Atlantique, renferme un assez grand nombre de gîtes de Minerais de Fer, de Plomb et de Cuivre, quelques Minerais d'Argent, de Fer carburé et chromaté; mais la plupart des tentatives faites pour les exploiter sont demeurées sans succès.

De ce que l'ancien continent a été habité par les espèces du genre Homme les plus avancées dans les arts et les sciences, il en est résulté que l'emploi des Métaux, soit comme signe représentatif des richesses, soit comme matières premières pour la confection de tous les instrumens nécessaires à l'Homme social, a puissamment excité la recherche des Minerais enfouis dans toutes les localités de cette partie du globe. Aussi les découvertes s'y sont-elles multipliées à l'infini, et le nombre des Mines y est tellement considérable, qu'il n'entre point dans notre plan de les énumérer avec quelques détails. Nous indiquerons seulement les contrées de l'Asie et de l'Europe qui sont surtout remarquables par l'exploitation de leurs Mines, et parmi ces dernières nous ferons connaître celles dont les produits sont les plus considérables.

Dans le grand nombre d'exploitations importantes que possède la Sibérie, les plus riches en Métaux précieux constituent l'arrondissement de Kolywan, et sont situées à l'extrémité occidentale de la chaîne des monts Altaïs. Ces Mines sont ouvertes dans les terrains schisteux qui environnent au nord, à l'ouest et au sud-ouest, la croupe occidentale de la haute chaîne granitique dont ils sont séparés par des terrains formés par d'autres roches primitives.

La Mine de Zméof située à 51° 9' 25" de latitude boréale, et 79° 49' 50" de longitude orientale de Paris, est la plus importante des Mines de l'arrondissement de Kolywan, lesquelles produisaient, en 1786, selon Patrin, environ trois mille marcs d'Or et six mille marcs d'Argent. Indépendamment de ces Métaux, on y trouve encore des Minerais abondans de Cuivre, de Plomb, de Zinc et d'Arsenic. Ces Minerais ont pour gangues de la Baryte sulfatée, de la Chaux carbonatée, du Quartz et rarement de la Chaux fluatée. Les premières années ont été les plus productives ; mais les travaux commencés en 1745 étaient si mal dirigés, qu'ils avaient fortement compromis l'exploitation. Il a fallu que le gouvernement russe eût recours à des mineurs allemands pour parvenir à régulariser les travaux de ces Mines, lesquels sont très-compliqués en raison de la puissance et de l'inclinaison du gîte. Celui-ci forme un filon reconnu sur une longueur de plusieurs centaines de toises et jusqu'à quatre-vingt-seize toises de profondeur. Il est incliné d'environ 50° dans sa partie supérieure, et il devient presque vertical à une certaine profondeur. On exploite, dans les monts Altaïs, quelques Mines de Cuivre qui donnent de grands produits ; mais il n'y a pas de Mines de Plomb proprement dites : tout celui qui est employé pour le traitement des Minerais d'Or et d'Argent, est tiré de Nertschinck, Mine située à sept cents lieues de-là sur les bords du fleuve Amour. La principale fonderie de la région métallifère de Kolywan, qui existait dans ce dernier lieu, a été supprimée à cause de la rareté du combustible. Elle est maintenant à Barnaoul, ville située sur l'Obi et distante de cinquante lieues de Zméof.

Il n'est aucune contrée du monde plus riche en Minerais de Plomb que la partie de la Daourie où est situé Nertschinck, chef-lieu du troisième arrondissement des Mines de la Sibérie. Le Minerai est de la Galène qui a ordinairement pour gangue des Minerais de Zinc et de Fer dont on ne tire aucun parti. Les filons se trouvent dans un Calcaire gris souvent siliceux et argileux, qui repose sur un sol de Granite et de Schiste. Ces Mines sont exploitées presque uniquement pour l'Argent que contient le Minerai, et dont la proportion n'est que de six à dix gros par quintal. La Litharge produite par la coupellation est rejetée comme inutile, et, près des fonderies, l'on en voit des tas plus hauts que les maisons. Une petite quantité cependant est conservée pour le traitement des Minerais d'Or et d'Argent des autres arrondissemens. L'exploitation des Mines de la Daourie date de la fin du dix-septième siècle ; mais on n'a donné une grande impulsion aux travaux de ces Mines qu'après l'expulsion des Chinois, qui possédaient le pays, et qui en avaient commencé les premières opérations.

L'immense chaîne des monts Ourals, qui, sur une longueur de plus de cinq cents lieues, sert de limite naturelle à l'Europe et à l'Asie, contient des gîtes très-riches de Minerais de Fer, de Cuivre et d'Or. Les exploitations de ces Mines sont situées sur les deux versans ; mais elles sont beaucoup plus nombreuses sur le versant oriental, où elles constituent l'arrondissement d'Ekaterinbourg, depuis les environs de cette ville jusqu'à cent vingt ou cent trente lieues au nord. Dans les Mines de Cuivre, les filons sont en général remplis de matières argileuses pénétrées d'oxide rouge de Cuivre et mêlées de Cuivre carbonaté vert et bleu, de Cuivre sulfuré et de Cuivre natif. Parmi les exploitations des monts Ourals, on cite comme les plus importantes celles de Tourinski et de Goumechefski. Le Minerai des premières donne dix-huit à vingt pour cent, et en 1786, le produit annuel était de dix mille quintaux métriques de Cuivre. Les secondes sont célèbres par les belles Malachites qu'on y trouve : c'est de-là que sont venus presque tous les beaux morceaux de cette substance employés en bijouterie. Le Minerai n'y rend que trois à quatre pour cent de Cuivre; mais son abondance, en 1786, était telle, que le produit annuel s'élevait à vingt mille quintaux métriques de ce Métal.

On exploite, dans les monts Ourals, un grand nombre de Mines de Fer. Les Minerais du versant occidental se trouvent souvent dans un Calcaire gris, compacte, dont l'âge géologique paraît beaucoup plus moderne que les roches de la chaîne centrale. Le Fer oxidulé doué du magnétisme polaire est très-commun dans les Mines du versant oriental, sur lequel on voit des montagnes entières d'Aimant. Tous ces Minerais de Fer sont exploités à ciel ouvert et rendent rarement moins de cinquante à soixante pour cent de Fer; ils alimentent de nombreuses usines dont les plus anciennes ont été fondées en 1628. Vers 1790, la quantité annuelle des matières fabriquées par les usines à Fer des deux versans s'élevait à plus de cinq cent mille quintaux métriques. Elles étaient embarquées sur les divers affluens du Volga qui descendent de la chaîne de l'Oural, puis de-là transportées dans l'intérieur de la Russie européenne.

Au pied des monts Ourals, du côté de l'Asie et à trois lieues nord-est d'Ekaterinbourg, existe une Mine d'Or célèbre par le Plomb chromaté qu'on y a découvert en 1776, et par quelques variétés rares de Minéraux. L'Or y est à l'état natif disséminé dans un Minerai de Fer hydraté caverneux, qui constitue un large filon dont la profondeur n'est pas considérable, et qui diminue en richesse à mesure qu'on s'éloigne de la surface. Cette Mine d'Or n'est pas la plus importante des monts Ourals ; car la grande quantité de ce Métal qu'on exploite dans ces contrées provient des dépôts d'Argile aurifères qui appartiennent à d'autres terrains que ceux dont nous parlons. L'Or est si répandu dans ces terrains, que les matériaux dont sont construites les maisons de la ville d'Ekaterinbourg en contiennent une quantité assez considérable pour qu'on ait songé, vers ces derniers temps, à l'extraire avec beaucoup de bénéfice. C'est encore dans les monts Ourals que l'on exploite les belles feuilles de Mica connues dans le commerce sous le nom de Mica de Russie.

Après avoir sommairement exposé la statistique des Mines de la Sibérie ou de l'Asie septentrionale, nous essaierions de parler des Mines qui existent dans les autres régions de cette vaste partie du monde, telles que la Chine et l'Indoustan, si d'une part les renseignemens que les voyageurs ont fournis sur ces contrées n'étaient pas trop insuffisans, et si, d'un autre côté, les principales exploitations de ces Mines n'avaient pour objet la recherche des Métaux précieux ou des Diamans qui appartiennent aux terrains d'alluvion et dont il sera parlé plus bas. Mais, d'après l'ordre de notre plan, ne considérant d'abord que les Mines de terrains antérieurs à la Houille, nous terminerons l'exposition de cette catégorie par les Mines d'Europe. Ici le nombre des exploitations se multiplie tellement, que nous sommes forcés d'user d'encore plus de brièveté dans leur énumération, quoique leur importance, l'intérêt qu'elles doivent nous inspirer par leur situation au milieu de nous et par les notions exactes que l'on possède sur elles, seraient de bons motifs pour nous étendre davantage sur les travaux qu'on y exécute et sur les produits importans qu'elles fournissent.

Ayant d'abord parlé des Mines de Sibérie, une transition naturelle nous amène à dire un mot des Mines de l'Europe orientale et particulièrement de celles de la Hongrie et de la Transylvanie. Elles forment quatre groupes principaux, nommés d'après les villes principales qui s'y trouvent, ou mieux par leurs positions géographiques respectives.

Dans le groupe du nord-ouest, les districts de Schemnitz, de Kremnitz et de Kœnigsberg, renferment des Mines d'Or, d'Argent et de Plomb, dont quelques-unes sont exploitées depuis le temps des Romains. A Schemnitz, le Minerai se trouve dans des roches porphyriques le plus souvent vertes, qui ont les plus grands rapports avec les Porphyres métallifères du Mexique. Les filons de ce Minerai sont nombreux et parallèles entre eux : ils sont en général très-puissans ; mais leur étendue en longueur paraît n'être pas très-considérable. Parmi les Minéraux dont ils sont composés, les plus importans sont l'Argent sulfuré mêlé d'Or natif, et la Galène ou Plomb sulfuré. Tantôt ces deux principales substances sont isolées, tantôt elles sont mélangées de manière à donner des Minerais de toutes les richesses, depuis ceux qui rendent soixante pour cent d'Argent jusqu'à la Galène la plus pauvre. L'Or y accompagne l'Argent dans une proportion extrêmement variable, mais qui ordinairement approche de celle de un à trente. Les travaux des Mines de Schemnitz sont généralement très-bien conduits ; on y a ouvert de belles galeries d'écoulement, et les eaux motrices sont recueillies et employées avec art. Cependant il paraît que l'état prospère de ces Mines commence à éprouver un mouvement de décadence qui provient peut-être de ce que l'instruction des ingénieurs est moins soignée aujourd'hui, malgré

les progrès des sciences, qu'elle ne l'était il y a une cinquante d'années, époque à laquelle Marie-Thérèse établit l'école des Mines de Schemnitz, qui avait d'abord acquis une grande célébrité.

Les roches métallifères de Kremnitz sont fort analogues à celles de Schemnitz, et les filons y sont à peu près de même nature. Seulement, ils contiennent plus d'Or natif, et on y trouve de l'Antimoine sulfuré et de l'Antimoine hydrosulfuré qui n'existent pas dans les autres. Kremnitz est le siége d'un hôtel des monnaies où l'Or et l'Argent de toutes les Mines de Hongrie est soumis au départ, et où s'exécutent en grand toutes les opérations chimiques et la préparation des substances nécessaires à la métallurgie.

Près de Kœnigsberg, ville située à six lieues de Schemnitz, existent des Mines dont les filons ont une position très-irrégulière et très-incertaine, ce qui fait que les mineurs ont peu de données fixes sur la conduite des travaux et sur les produits des exploitations. Leurs Minerais ont pour gangue une roche feldspathique, et se composent principalement d'Argent sulfuré aurifère.

Les environs de la petite ville de Neusohl sont remarquables par leurs Minerais de Cuivre exploités depuis le treizième siècle et qui contiennent six onces d'Argent par quintal. Ces masses de Minerai paraissent constituer des filons dans le Schiste micacé ou dans les couches inférieures de Grauwacke qui forme des montagnes assez élevées. A quinze ou vingt lieues, à l'est de Neusohl, existe encore une contrée très-riche en Mines de Cuivre argentifère et surtout en Mines de Fer. Ce dernier Métal s'y trouve en couches dans des Schistes talqueux et argileux et à l'état de Fer spathique, ou le plus ordinairement de Fer hydraté, concrétionné et compacte. C'est aux environs de Bethler, Schmœlnitz, Gœlnitz, Ensiedel, Prakendorf, Rosenau, etc., que sont situées les principales Mines. Enfin si nous voulions faire connaître la totalité des richesses minérales de cette contrée, nous parlerions de la Mine de Mercure de Zalathna, de celle d'Antimoine de Rosenau et des Mines d'Opales de Czervenitza.

On exploite une grande variété de Métaux dans les Mines qui forment le groupe de Nagybanya ou du nord-est. Elles se trouvent dans une grande chaîne de montagnes dont la composition est analogue à celles de Schemnitz, et qui partant des frontières de la Buchowine où elle se lie aux monts Krapacks, viennent se perdre au milieu des Grès salifères, sur les frontières de la Transylvanie. Toutes ces Mines donnent de l'Or; mais les plus importantes sont aussi exploitées pour d'autres Métaux employés dans les arts. Ainsi, les Mines de Laposbanya produisent aussi du Plomb sulfuré argentifère : celles d'Olaposbanya contiennent du Cuivre et du Fer ; celles de Kapnick du Cuivre ; celles de Felsobanya du Réalgar, et celles d'Ohlalapos de l'Orpiment. Il en est d'autres qui produisent de l'Antimoine sulfuré et du Manganèse. Enfin, dans le comté de Marmarosh, vers le nord, existe l'importante Mine de Fer de Borscha, et sur les frontières de la Buchowine, la Mine de Plomb de Radna, qui contient en outre beaucoup de Minerais de Zinc.

Dans les montagnes qui occupent la partie occidentale de la Transylvanie, entre la Lapos et la Maros, sont situées les Mines formant le groupe de l'est ou d'Abrudbanya. Les Minerais y gisent principalement dans des roches porphyriques analogues à celles de Schemnitz, quoiqu'on en trouve également dans le Micaschiste, la Grauwacke et jusque dans le Calcaire. On compte environ quarante exploitations qui fournissent toutes des Minerais aurifères. Elles produisent en outre du Cuivre, de l'Antimoine, du Manganèse et du Tellure. C'était même la seule localité connue de ce dernier Métal, avant qu'on ne

l'eût retrouvé, il y a peu d'années, en Norwège. Les Mines de Nagyag sont les mieux exploitées ; elles sont aussi les plus riches; car les filons y sont fort nombreux et moins irréguliers que dans les autres Mines où les travaux sont en général très-mal combinés.

Le dernier groupe des Mines de Hongrie et de Transylvanie, celui du sud-est ou du Bannat de Temeschwar, est situé dans les montagnes qui viennent barrer à Orschova la vallée du Danube. Les dépôts métalliques y forment des couches entre le Micaschiste et le Calcaire, quelquefois entre celui-ci et le Syénit-Porphyre ; ils se montrent aussi en filons bien prononcés dans le Syénit-Porphyre et le Micaschiste. Le Cuivre argentifère contenant un marc d'Argent par quintal, et quelquefois un peu d'Or, est le plus important Minerai des exploitations de cette contrée. C'est là que l'on rencontre les plus beaux échantillons de Cuivre carbonaté bleu. D'importantes Mines de Fer, quelques-unes de Plomb, de Zinc et de Cobalt, sont aussi exploitées dans le Bannat de Temeschwar.

Indépendamment des Mines que nous venons de citer, la Hongrie en possède quelques autres éparses dans diverses parties de ce royaume. Elles ont principalement pour objet l'exploitation de la Galène, de la Houille et du Sel gemme.

D'après les évaluations de Héron de Villefosse, les Mines de Hongrie et de Transylvanie produisent annuellement 1,277 kilogrammes d'Or et environ 20,803 kilogrammes d'Argent, c'est-à-dire à peu près la totalité de l'Or et le tiers de l'Argent que produisent les Mines de l'Europe. Elles donnent en outre dix-huit à vingt mille quintaux métriques de Cuivre.

L'Allemagne orientale, qui comprend, sous le rapport géologique, l'Autriche, la Bavière, la Moravie, la Silésie, les parties adjacentes de la Bohême et de la Saxe, possède dans ses terrains primitifs et de transition un nombre prodigieux de Mines. Elles sont situées dans les diverses chaînes de petites montagnes que présentent ces contrées; la plus riche en gîtes de Minerais est celle qui sépare la Saxe de la Bohême, sur la rive gauche de l'Elbe, et que l'on connaît sous le nom d'Erzgebirge. Ses produits principaux sont l'Argent, l'Étain et le Cobalt. Les Mines du versant septentrional sont célèbres depuis plusieurs siècles. C'est là qu'est établie la fameuse école des Mines de Freyberg. Sa position est à quatre cents mètres au-dessus du niveau de la mer, dans un pays agréable et commerçant, mais malheureusement dépourvu de bois. Les travaux souterrains y sont exécutés avec une grande régularité, et on y admire surtout la perfection des machines d'épuisement et d'extraction. Une seule administration y dirige les opérations qui occupent neuf à dix mille hommes répartis dans plus de quatre cents Mines, parmi lesquelles celles des environs de Freyberg sont les plus productives. Leur prospérité va toujours croissant malgré la profondeur qui en quelques lieux est déjà poussée à quatre cent quatorze mètres, c'est-à-dire à peu près au niveau de la mer. Ces Mines d'Argent sont ouvertes sur des filons qui traversent le Gneiss. Celles de Marienberg, petite ville située à sept lieues de Freyberg, étaient jadis les plus florissantes ; car au seizième siècle, on a trouvé à peu de distance de la surface, des Minerais qui donnaient une quantité presque incroyable d'Argent; mais depuis la guerre de trente ans, ces Mines ont considérablement déchu, et se sont presque anéanties. Les autres Mines de la Saxe ont été exploitées successivement pour l'extraction de l'Argent, du Fer et du Cobalt. On en retire aussi du Bismuth, du Manganèse, un peu de Galène argentifère et du Cuivre gris. Les Minéraux dont l'Argent est la base constituent les principaux Minerais, et on les traite en partie par l'amalgamation. La richesse moyenne n'est que de trois à quatre onces par quintal ; cependant elle est à peu près égale à celle des Minerais du Mexique et supérieure à la richesse actuelle de ceux du Potosi. Ce n'est donc que par leur abondance que les Minerais d'Amérique sont les plus productifs du globe. Le Cobalt est exploité en Saxe et travaillé de la manière la plus étendue. On le retire des mêmes filons que l'Argent et on en fabrique du Smalt ou bleu de Cobalt. Le Cuivre et le Plomb n'y sont que des produits accessoires.

Les Mines d'Étain de l'Erzgebirge sont les plus importantes après celles d'Argent. La Mine d'Altenberg est en exploitation depuis le quinzième siècle. Le Métal s'y trouve en amas et en filons, disséminé dans des masses d'Hyalomycte intercallées dans le Granite. Ces roches sont extrêmement dures, et l'on est obligé de s'aider par le feu pour l'attaque du Minerai. Néanmoins on y a pratiqué des chambres immenses qui, à diverses époques, ont occasioné des éboulemens fâcheux. On estime à deux mille deux cent quintaux métriques le produit annuel des Mines d'Étain de l'Erzgebirge. On obtient en outre une grande quantité d'Oxide d'Arsenic, par le grillage des Minerais d'Étain qui sont accompagnés de Pyrites arsenicales.

Les autres chaînes de montagnes de l'Allemagne orientale renferment plusieurs Mines importantes de Fer, de Cuivre, de Plomb argentifère quelquefois accompagné de Blende dans laquelle on a reconnu la présence du Cadmium. Nous ne pouvons donner ici des détails étendus sur ces Mines qui sont disséminées dans l'Autriche, la Bohême, la Moravie et la Silésie.

Ayant commencé l'histoire abrégée des Mines de l'Allemagne, par l'Orient, c'est le lieu d'exposer de la même manière celle des Mines de l'Allemagne occidentale dont les principales forment cette contrée classique des Mines que l'on nomme le

Hartz , c'est-à-dire cette petite partie de notre continent qui correspond à une portion de l'antique *Sylva Hercynia* de Tacite. C'est un pays de forêts qui s'étend autour du Broken, montagne située à l'ouest de Magdebourg et qui s'élève à mille cent trente-deux mètres au-dessus du niveau de la mer. Son étendue est à peu près de douze myriamètres carrés de surface. Les filons de Plomb, Argent et Cuivre, qui forment la richesse fondamentale du Hartz, se trouvent principalement aux environs des villes d'Andreasberg, Clausthal, Zellerfeld et Lauthental. Ils se dirigent généralement du nord-ouest au sud-est et plongent au sud-ouest, en faisant avec l'horizon un angle de 80°. Ils ont pour gangue une roche de Grauwacke commune et schisteuse, recouverte par du Calcaire de transition ; ce système est supporté par le Granite qui constitue la montagne de Broken. C'est dans les districts d'Andreasberg et de Clausthal que sont exploités les Minerais les plus riches et qui consistent en Plomb argentifère , en Minerais d'Argent proprement dits, tels que de l'Argent rouge, et en Minerais de Cobalt.

Le district de Goslar est remarquable par la mine de Cuivre de Rammelsberg , ouverte depuis près de neuf siècles , et dont le produit annuel est de douze à treize cents quintaux métriques. Le Minerai contient aussi de la Blende , accompagnée d'une petite quantité d'Argent et d'Or , susceptibles néanmoins d'en être séparés avec bénéfice.

L'époque de la plus grande prospérité des Mines du Hartz a été le milieu du siècle dernier. En 1808 , leur produit brut annuel avait une valeur de cinq à six millions de francs. Elles livrent annuellement trente mille quintaux métriques de Plomb , seize à dix-sept cents quintaux métriques de Cuivre , huit mille cinq cents kilogrammes d'Argent et une immense quantité de Fer.

Les travaux de ces Mines sont admirables par leur étendue et l'habileté avec laquelle ils ont été conduits. C'est surtout par la manière dont les eaux sont recueillies et économisées pour le flottage des bois et le mouvement des machines , que le Hartz est célèbre ; aussi les mineurs de ce pays méritent par leur patience , leur activité et leurs talens , d'être regardés comme ceux qui ont poussé le plus loin les progrès de leur art. Dans la Mine de Samson , près d'Andreasberg, on voit le plus grand ouvrage à gradins qui se rencontre dans aucune Mine ; il se compose de quatre-vingts gradins droits , et sa longueur est de plus de six cents mètres. Les aqueducs présentent un développement total de vingt myriamètres ; ils sont pratiqués soit à ciel ouvert autour des montagnes , soit dans leur intérieur comme des galeries souterraines.

Les régions boréales de l'Europe , où l'âpreté du climat imprime à la nature une physionomie si chétive dans ses productions organiques , sont en revanche dotées d'une grande opulence minérale.

La Suède et la Norwège possèdent de riches mines de Cuivre, de Fer et d'Argent. Pendant long-temps on a exploité à quinze ou vingt lieues sud-ouest de Christiania , des Mines d'Argent qui ont fourni une grande masse de ce Métal ; mais depuis 1792, elles n'ont donné qu'un très-faible bénéfice. La Mine de Sabla ou Sahlberg , à environ vingt-trois lieues nord-ouest de Stockholm , était autrefois très-productive ; elle ne donne aujourd'hui que quatre à cinq mille marcs d'Argent par an. En général les produits des Mines de Suède et de Norwège ont beaucoup diminué quant aux Métaux précieux, comme l'Or, l'Argent et le Cuivre ; mais ces contrées conservent encore leur réputation pour les Fers excellens qu'elles produisent. Ce Métal forme avec le Cuivre la principale richesse de la Suède, dont les Mines et Usines donnaient , en 1809 , un produit brut de 36,590,000 fr. Les dépôts de Minerais de Fer y semblent inépuisables et sont situés au milieu de grandes forêts de Bouleaux et de Conifères dont le Charbon passe pour le plus propre à la réduction du Fer. On évalue à sept cent cinquante mille quintaux métriques de Fer ou de Fonte moulée le produit annuel des Mines et Usines de Suède; sur cette quantité, cinq cent mille quintaux sont versés dans le commerce extérieur. C'est dans les provinces de Wermeland, d'Upland, de Smoland, dans la Laponie, la Dalécarlie, et l'île d'Utoe, qu'existent les plus considérables Mines de Fer. Parmi les plus importantes, nous citerons celles de Nordmarck et de Persberg, situées près de Philipstadt, sur le rivage septentrional du lac Wener. Elles ont été ouvertes, en 1650, sur des filons ou couches de Fer oxidulé de plusieurs mètres de puissance, dans un terrain composé de roches amphiboliques talqueuses et granitiques. L'emploi de la Poudre a considérablement abrégé les travaux de ces Mines, qui d'abord s'exécutaient à l'aide d'instrumens de Fer, et qui offrent des tranchées verticales, à ciel ouvert, de cent vingt mètres de profondeur. Les Mines de Dannemora, situées à onze lieues d'Upsal, tiennent le premier rang parmi celles de la Suède et même de toute l'Europe. Le Minerai magnétique qu'on en retire fournit un Fer extrêmement susceptible d'être converti en Acier. On en exploite les masses dans un terrain formé de roches primitives, en employant le feu et la poudre. Ces travaux sont exécutés à ciel ouvert, sur une longueur de plus de quatorze cents mètres et à une profondeur effrayante.

Après les exploitations de Fer, celles de Cuivre sont les plus importantes de la Suède. La Mine de Fahlun en Dalécarlie, est creusée dans une masse irrégulière et très-puissante de Pyrites enveloppées par des roches talqueuses ou amphiboliques. Ces Pyrites sont en quelques points presque uniquement ferrugineuses, et en d'autres, surtout près de la circonférence, elles contiennent une plus ou moins grande proportion de Cuivre. Les travaux de ces Mines ont d'abord été exécutés à ciel ouvert; l'éboulement des parois de l'excavation, arrivé en 1647, a fait renoncer à ce mode d'exploitation, et depuis ce temps on a creusé des puits et des galeries jusqu'à la profondeur d'environ quatre cents mètres. Cette Mine qui dans ses temps les plus prospères, rendait cinquante mille quintaux métriques de Cuivre par an, n'en fournit plus maintenant que six à neuf mille. On en retire en même temps trois cents quintaux métriques de Plomb, une faible quantité d'Argent et d'Or, et beaucoup de Soufre qui sert à la fabrication de l'Acide sulfurique, et d'autres produits chimiques. C'est dans cet établissement que le célèbre Berzélius a fait la découverte du Sélénium. Parmi les autres Mines considérables de Cuivre, nous ne citerons que celles de Garpenberg à dix-huit lieues de Fahlun, de Nyakopparberg en Nérieie à vingt lieues de Stockholm, et d'Atwidaberg en Ostrogothie. Ces Mines sont remarquables, non-seulement par leurs énormes produits, mais encore par la forme et la disposition singulière de leurs masses de Minerais. Nous passerons sous silence les Mines des autres Métaux, comme l'Antimoine et le Cobalt que l'on a commencé à exploiter en Suède depuis une quarantaine d'années; leurs produits, dont la qualité est d'ailleurs excellente, ne sont pas en quantités considérables.

Les autres parties de l'Europe boréale ne peuvent être comparées à la Suède sous le rapport de l'importance de leurs Mines. En Finlande existent bien quelques Mines assez considérables; mais il paraît qu'elles ont beaucoup déchu, depuis que ce pays a cessé d'appartenir aux Suédois. Les tentatives que l'on a faites pour l'exploitation de plusieurs Mines découvertes sur les bords des lacs Ladoga et Shuyna, dans le nord de la Russie européenne, ont été pour la plupart infructueuses.

La Grande-Bretagne, déjà si riche par ses immenses relations commerciales, possède dans son sein un fonds de richesses moins factice et qu'aucune nation ne pourra lui enlever ; nous voulons parler de ses abondantes Mines d'Étain, de Cuivre et de Plomb, abstraction faite des énormes produits en Fer que fournissent les terrains houillers et dont il sera fait mention ultérieurement. On peut juger de la richesse minérale de l'Angleterre par l'immense quantité de Cuivre seulement que produisent ses Mines, quantité que l'on évalue à cent mille quintaux métriques par année.

Ces Mines sont situées : 1° dans le Cornouailles et le Devonshire ; 2° dans le sud-est de l'Irlande ; 3° dans l'île d'Anglesey et les parties voisines du pays de Galles ; 4° dans le Cumberland, le Westmoreland, le nord du Lanscashire et l'île de Man ; 5° dans le midi de l'Écosse ; 6° dans la partie moyenne de ce dernier royaume.

Les Minerais de Cuivre du Cornouailles et du Devonshire consistent en Pyrites cuivreuses et en Cuivre sulfuré, accompagnées de Pyrites arsenicales ; elles constituent des filons dirigés à peu près de l'est à l'ouest, et encaissés ordinairement dans un Schiste argileux, talqueux ou amphibolique que l'on nomme Killas ; quelquefois ces filons se trouvent dans le Granite qui forme des protubérances au milieu du Schiste. C'est aussi la manière dont se présentent les filons d'Étain, mais leur inclinaison est tellement différente, qu'ils sont coupés et interrompus par les filons de Cuivre dont la formation est par conséquent postérieure. Les Minerais d'Étain forment aussi des amas qui paraissent se rattacher aux filons par un de leurs points. Près de l'entrecroisement des filons, on trouve des mélanges de Minerais de Cuivre et d'Étain. Ainsi quelques Mines donnent à la fois de l'Étain et du Cuivre, mais la plupart ne produisent en quantité notable qu'un seul de ces

Métaux. En certains lieux du Cornouailles, les filons croiseurs contiennent du Plomb argentifère et divers Minerais d'Argent. Le produit annuel des Mines du Cornouailles et du Devonshire est d'environ vingt-huit mille quintaux métriques d'Étain, quatre-vingt-cinq mille quintaux métriques de Cuivre, et sept à huit mille quintaux métriques de Plomb. Toutes les opérations sont faites, dans ces Mines, de la manière la plus économique et la mieux étendue ; c'est là qu'on voit des machines à vapeur, d'une force prodigieuse, suppléer avec un immense avantage aux moyens ordinaires, aux bras des hommes dont le service est extrêmement coûteux en Angleterre. Quelques exploitations sont célèbres par la hardiesse de leurs travaux. Nous citerons par exemple celle appelée *Botallack-Mine*, près du cap Cornwall ; elle est ouverte dans les rochers qui forment le rivage de la mer, et s'étend à plusieurs centaines de mètres sous ses eaux et à plus de deux cents mètres au-dessous de son niveau. L'épaisseur du rocher qui soutient en quelques points les eaux est si faible, qu'on entend distinctement le roulement des cailloux pendant les tempêtes.

L'Irlande possédait autrefois un très-grand nombre de Mines de Fer ; elles ont beaucoup diminué par suite de la destruction des forêts. Les principales Mines de ce pays ont pour objet l'exploitation de Pyrites cuivreuses, accompagnées de quelques autres Minerais de Cuivre, de Plomb et d'Antimoine sulfurés.

Les côtes du Pays de Galles qui avoisinent l'île d'Anglesey et cette île elle-même, sont remarquables par leurs Mines de Cuivre. Elles ont pour objet des masses de Pyrites cuivreuses, quelquefois d'un volume considérable, et qui paraissent former des amas dans un terrain renfermant des Serpentines et diverses roches talqueuses. On traite tous ces Minerais dans une usine établie dans l'île d'Anglesey. Les Mines du Westmoreland, du Cumberland et du Lancashire sont assez importantes par l'abondance de leurs Minerais de Cuivre et de Fer. C'est à Borrowdole, dans le Westmoreland, qu'on exploite la Mine de Plombagine ou Fer carburé qui fournit les excellens crayons anglais. Ce Minéral forme des amas dans un terrain talqueux.

Dans le midi de l'Écosse existent des Mines de Plomb célèbres, à Lead-Hills dans le Lanarckshire ; les filons sont encaissés dans la Grauwacke et contiennent aussi du Manganèse. Une Mine de Cuivre a été découverte depuis peu à Cally, et une d'Antimoine à West-Kirck dans le Dumfriesshire. Les Mines de Plomb de Strontiane dans l'Argylhshire sont les plus remarquables de la partie moyenne de l'Écosse. Elles sont ouvertes sur des filons qui traversent le Gneiss. Le produit annuel de ces Mines ainsi que de celles de l'Écosse méridionale, est de vingt-cinq mille cinq cents quintaux métriques de Plomb.

Plusieurs contrées montagneuses de l'Angleterre sont formées par un Calcaire immédiatement inférieur au terrain houiller, et qui en un grand nombre de lieux, renferme d'abondantes Mines de Plomb. Les filons offrent généralement cette disposition remarquable, qu'ils s'amincissent et même s'interrompent brusquement lorsqu'ils rencontrent des couches de Grès ou de Roches trapéennes qui se trouvent intercallées dans le Calcaire. Les produits fournis par ces Mines de Plomb sont immenses. On évalue à cent soixante-dix mille quintaux métriques celui d'Alston-Moor en Cumberland, mais il y a lieu de croire que c'est de la Galène et non de la quantité de Plomb métallique que les savans Anglais ont voulu parler en donnant cette évaluation. Les Mines du Derbyshire, très-nombreuses et peu considérables, commencent à s'épuiser ; elles donnent annuellement neuf mille quintaux métriques de Plomb, et un peu de Calamine et de Cuivre. On rencontre dans les filons du Derbyshire des

échantillons de Minéraux de la plus grande beauté. La partie nord-ouest du pays de Galles, forme le district le plus productif après celui d'Alston-Moor ; il produit chaque année soixante-neuf mille quintaux métriques de Plomb, et une certaine quantité de Calamine.

Les terrains primitifs de la France, bien qu'ils occupent une assez grande étendue de sa superficie, ne sont point aussi métalliques que les autres contrées de l'Europe qui viennent d'être successivement examinées. Si des Minerais s'y présentent fréquemment, ils ne sont pas d'une assez grande importance pour donner lieu à des exploitations qui puissent être comparées à celles du Hartz, de Saxe et d'Angleterre. Malgré tout l'intérêt qu'une notice détaillée sur les Mines de notre pays pourrait offrir aux lecteurs de cet ouvrage, nous nous voyons donc obligé de ne faire qu'indiquer les principaux gîtes de Minerais en exploitation, soit dans le centre de la France, soit dans les chaînes de montagnes qui en forment les limites naturelles, sans avoir égard aux divisions territoriales politiques, si mobiles depuis le commencement de ce siècle. Les circonscriptions géologiques sont en effet les seules immuables ; ainsi quel que soit le souverain qui ait étendu sa domination en-deçà du Rhin et des Alpes, la Belgique et les contrées Alpines n'en font pas moins naturellement partie de l'empire des Gaules. Le naturaliste va même plus loin, il ne s'arrête pas à une seule considération géologique ; il regarde comme faisant partie d'une même contrée, tous les pays enclavés dans les bassins naturels, où non-seulement s'observe l'analogie de la nature des terrains, mais encore où l'on trouve une grande similitude dans les productions.

Les Vosges forment avec les montagnes de la Forêt-Noire qui n'en sont séparées que par la vallée du Rhin, un seul système composé des mêmes roches, et où se voient plusieurs centres d'exploitation de Minerais de

Plomb et de Cuivre argentifères, des Minerais de Fer et quelques Mines de Manganèse et d'Anthracite. Parmi les principales Mines des Vosges, nous citerons celles de La Croix-aux-Mines, de Sainte-Marie-aux-Mines et de Giromagny. Dans les premières, un filon de Plomb argentifère a offert une puissance de plusieurs toises, et a été reconnu sur plus d'une lieue de longueur. Après les filons d'Amérique, c'est un des plus grands que l'on connaisse; il contient du Plomb phosphaté, de l'Argent antimonié sulfuré, etc. Sa direction est du nord au sud parallèle à peu près à la ligne de jonction du Gneiss et d'un Granite porphyroïde Il coupe le Gneiss en plusieurs points, mais peut-être se trouve-t-il quelquefois entre les deux roches. C'est aussi le Gneiss que traversent les filons exploités à Sainte-Marie-aux-Mines. Ils se dirigent perpendiculairement aux filons de La Croix, dont une montagne syénitique les sépare. Outre le Plomb sulfuré, ils contiennent divers Minerais de Cuivre, de Cobalt et d'Arsenic, tous plus ou moins argentifères. Des Minerais à peu près semblables constituent les filons des environs de Giromagny sur la croupe méridionale des Vosges. Ces filons sont dirigés à peu près du nord au sud, et traversent des Porphyres et des Schistes argileux, système qui rappelle le terrain métallifère de Schemnitz. Malgré les avantages que semblaient promettre les Mines des Vosges, par les produits qu'elles ont fournis à diverses époques, elles sont abandonnées en ce moment; on espère que celles de La Croix et de Sainte-Marie-aux-Mines seront reprises incessamment, et qu'elles seront long-temps productives, attendu que leur exploitation n'a jamais été poussée au-dessous des vallées voisines.

Au-delà du Rhin, les environs de Fribourg en Brisgaw offrent des exploitations de Plomb en grande activité; elles forment six Mines distinctes qui donnent annuellement quatre cents quintaux métriques de ce Métal, et deux cents marcs d'Argent. A Wittichen, dans le Furstemberg, existaient des Mines de Cuivre, de Cobalt et d'Argent, qui produisaient, il y a quelques années, près de quatre cents kilogrammes d'Argent. Elles alimentent une fabrique de Smalt et de produits arsenicaux.

Les plus importantes Mines de Fer des Vosges, sont celles de Framont et de Rothau. Les Minerais des premières sont du Fer oxidé rouge et de l'Hématite brune qui se trouvent en filons très-épais et très-irréguliers dans un terrain composé de Grünstein, de Calcaire et de Grauwacke. On y a découvert récemment un filon extrêmement riche de Cuivre sulfuré. Les filons des Mines de Rothau traversent un Granite syénitique, et se composent d'Oxide de Fer rouge le plus souvent magnétique. Enfin un grand nombre de gîtes de Minerais de Fer sont exploités en divers points des Vosges, à Saulnot près Belfort, aux environs de Thann et de Massevaux non loin des sources de la Moselle, et dans le nord des Vosges près d'Erlenbach, et de Schœnau. Le Minerai de Fer y est quelquefois remplacé par divers Minerais de Plomb dont le plus abondant est le Plomb phosphaté qui est en exploitation à Erlenbach et à Katsental. Les Mines de Manganèse des environs de Sarrebrück, renommées par la bonté de leurs produits, constituent dans le Grès des Vosges, un filon analogue à ceux de Fer que nous venons de mentionner.

Plusieurs Mines célèbres de Fer, de Zinc, de Plomb et de Cuivre, existent dans les terrains de transition qui forment un pays de collines assez étendu en Belgique et dans le nord-ouest de l'Allemagne. C'est sur la rive droite du Rhin, dans les principautés de Nassau et de Berg, qu'on trouve les principales exploitations de Cuivre et de Plomb argentifère. Toutes ensemble produisent annuellement six mille quintaux métriques de Plomb et trois mille cinq cents marcs d'Argent. On cite encore quelques Mines de Cobalt aux environs de Siegen , ainsi que dans le grand duché de Hesse-Darmstadt et dans le duché de Nassau-Usingen. Les Mines de Fer de la rive droite du Rhin donnent des produits très-considérables. Leurs Minerais sont composés de Fer hydraté en filons , de Fer spathique en amas, et de Fer oxidé rouge disposés par couches. Dans les provinces prussiennes de la rive gauche du Rhin , existent aussi beaucoup de Mines de Fer dont les Minerais sont du Fer hydraté , quelquefois zincifère , formant des filons ou des dépôts très-irréguliers dans les terrains de transition. Les Mines de Plomb de ces provinces, jadis assez importantes , sont maintenant complétement abandonnées. En s'avançant vers le nord, on rencontre les gîtes de Calamine dont le plus considérable est situé dans le pays de Limbourg et appartient au royaume des Pays-Bas. Les Espagnols qui entreprirent de l'exploiter, il y a plusieurs siècles, n'avaient d'abord exécuté que des travaux à ciel ouvert; on en est venu aux galeries souterraines qui sont percées jusqu'à la profondeur de quatre-vingts mètres. La Calamine est encore retirée de diverses Mines situées dans les environs d'Aix-la-Chapelle, qui en fournissent quinze à vingt mille quintaux métriques aux fabriques de Laiton. Dans ces localités, les gîtes calaminaires se reconnaissent facilement à la végétation du sol qui les recouvre. *V*. les mots CALAMINE et GÉOGRAPHIE BOTANIQUE. T. VII, p. 277. Au nord de Namur se trouve la Mine de Vedrin ouverte sur un filon de Galène à peu près vertical, d'une puissance d'un à trois mètres, sur une longueur d'une demi-lieue. Cette Mine a produit jusqu'à neuf mille quintaux métriques de Plomb ; mais aujourd'hui elle ne donne plus qu'environ deux mille quintaux métriques de Plomb et sept cents marcs d'Argent.

Le sol de plusieurs départemens du centre et du midi de la France est constitué par des terrains granitiques qui n'offrent que des Mines isolées et de peu d'importance. Elles se trouvent toutes vers le bord oriental de la masse des terrains anciens, dans une zône où les roches schisteuses sont très-abondantes. Les Mines du département de la Lozère sont remarquables par la régularité de leurs travaux , mais elles ne produisent annuellement que mille quintaux métriques de Plomb et mille six cents marcs d'Argent. A Chessy et à Saint-Bel, au nord-ouest de Lyon, on a exploité avec succès des veines très-étendues de Pyrites cuivreuses renfermées dans un schiste talqueux, au-dessus duquel est un Grès rouge ou bigarré qui contient une grande quantité de superbes Cristaux de Cuivre carbonaté bleu et de Cuivre oxidulé. Le Manganèse oxidé forme un amas très-abondant dans le Granite, à Romanèche , département de Saône-et-Loire. Non loin de-là , est la montagne des Ecouchets près de Couches, qui renferme un gîte d'Oxide de Chrôme.

Il existe en Bretagne deux grandes exploitations de Plomb. Ce sont les Mines de Poullaouen et de Huelgoat , près de Carhaix ; on les regarde comme les plus importantes des Mines métalliques de France. La Mine de Huelgoat est ouverte sur un filon de Galène qui traverse des roches de transition , et dont l'exploitation commencée il y a environ trois siècles, atteint une profondeur de deux cents mètres. Elle est célèbre par le Plomb-Gomme qu'on y a découvert. Le filon de Poullaouen, découvert en 1741, se présentait d'abord avec une grande puissance ; mais il s'est considérablement appauvri et divisé à mesure qu'on a creusé, ce qui n'en a pourtant point arrêté les travaux. Ces Mines occupent plus de neuf cents ouvriers , et on y remarque de belles machines hydrauliques pour l'épuisement des eaux. Elles livrent annuellement plus de cinq mille quintaux métriques de Plomb , quelques quintaux de Cuivre et environ quatre cent soixante-dix kilogrammes d'Argent. Nous ne citerons ici que pour mémoire les Mines d'Etain qu'on a découvertes récemment près de Limoges, et à Guérande dans la Loire-Inférieure, parce que les recherches n'ont pas été poussées assez loin pour permettre d'espérer de grands succès. Il en est de même des gîtes de Mercure et d'Antimoine sulfurés découverts dans plusieurs départemens du centre, et qui n'ont qu'une très-faible importance.

Quoique les Alpes et leurs embranchemens possèdent un certain nombre de Mines, celles-ci sont encore loin de correspondre à la masse et à l'étendue de ces montagnes primitives. Dans les Alpes proprement dites, c'est-à-dire dans les chaînes qui se groupent autour du Mont-Blanc, on ne compte que fort peu de Mines en activité. Celles de Pesey et de Macot, à sept lieues de Moutiers, en Savoie, sont les plus considérables. C'était dans ce lieu que l'empereur Napoléon avait établi une école pratique des Mines. Le Plomb sulfuré s'y trouve en amas dans des roches talqueuses et mélangé avec du Quartz, de la Baryte sulfatée et de la Chaux carbonatée ferrifère. La Mine de Pesey a donné, sous le gouvernement impérial, un produit annuel de deux mille quintaux métriques de Plomb et de deux mille cinq cents marcs d'Argent. Cette Mine commence à s'épuiser; mais celle de Macot, ouverte depuis peu d'années, donne déjà des produits considérables. A Servoz, dans la vallée de l'Arve et dans une montagne schisteuse qui fait face au Mont-Blanc, est une Mine de Pyrites cuivreuses dont l'exploitation est maintenant suspendue.

La partie du département de l'Isère qui forme le pied des Alpes, est remarquable par ses nombreux gîtes de Minerais. Malheureusement, leurs exploitations sont pour la plupart abandonnées. La Mine d'Allemont a donné annuellement, vers la fin du dix-huitième siècle, jusqu'à deux mille marcs d'Argent, sans compter les Minerais de Cobalt, l'Antimoine natif, le Mercure sulfuré, etc., qu'on a mis à profit.

Les Mines du Piémont ont aussi considérablement déchu. Dans les unes, telles que les Mines de Manganèse de Saint-Marcel, c'est faute de débouchés; dans le plus grand nombre, telles que les Mines de Cuivre d'Allagne et d'Ollomont, les Pyrites aurifères de Macugnaga au pied du Mont-Rose, la cause doit en être attribuée à la pauvreté progressive des Minerais. Mais le Piémont possède, par compensation, des Mines de Fer très-florissantes, et qui consistent en des amas de Fer oxidulé analogue à celui de Suède. Leur produit total est de cent mille quintaux métriques de Fer en barres.

C'est encore le Fer qui fait la richesse fondamentale des ramifications que les Alpes envoient dans les Etats autrichiens. Elles consistent principalement en Minerais de Fer spathique qui gisent au milieu de roches de diverse nature et appartenant au terrain de transition ancien des Alpes. Le produit annuel des Mines de Styrie et de Carinthie, est de deux cent cinquante mille quintaux métriques de Fer; celui des Mines de la Carniole est de cinquante mille.

Pour éviter une énumération sèche et monotone d'indications peu intéressantes, nous nous tairons sur un grand nombre de petites Mines qui existent en Suisse dans les cantons des Grisons, de Berne et du Valais; en France, dans les départemens des Hautes et Basses-Alpes; en Tyrol, dans le pays de Saltzbourg; dans les Apennins, etc. Nous ne ferons que mentionner en passant la fameuse Mine de Mercure d'Idria, située au pied des Alpes, à dix lieues nord-ouest de Trieste. Le Calcaire dans lequel elle se trouve, est ce que les Allemands ont nommé le Zechstein, ou le plus ancien des Calcaires secondaires. Enfin, nous devons également citer les Mines de Fer de l'île d'Elbe, dont la position et la nature du terrain en font une dépendance du système alpin. Célèbres dès la plus haute antiquité, elles passaient, au siècle de César, pour inépuisables, et, depuis ce temps, on n'a cessé de les exploiter à ciel ouvert sur des amas énormes de Fer oligiste, criblé de cavités tapissées de Cristaux.

Les Pyrénées et leurs annexes présentent, relativement à leur étendue, encore moins que les Alpes, de Mines en exploitation. Les plus considérables consistent en Fer spathique, en Fer hydraté et en Fer oxidé rouge. Elles se trouvent en Catalogne, en Aragon, en Biscaye et en France, dans les départemens de l'Arriége, des Basses-Pyrénées et des Pyrénées-Orientales. Les Minerais se présentent tantôt en filons qui traversent le Grès rouge, tantôt en bancs ou en couches qui traversent le Calcaire de transition. On connaît, dans ces montagnes, les gîtes d'un très-grand nombre de filons de Plomb, de Cuivre, de Cobalt et d'Antimoine; mais ces Mines ne sont pas exploitées, ou leurs travaux ont été abandonnés. C'est dans ce dernier cas que sont : la Mine de Cuivre argentifère de Baygorry, département des Basses-Pyrénées; celle de Plomb et Cuivre d'Aulus, dans la vallée d'Erce, département de l'Arriége, et la Mine de Cobalt de la vallée de Gistain, en Aragon.

Des Mines d'Or et d'Argent étaient exploitées du temps des Romains et des Carthaginois dans la péninsule Ibérique. L'histoire nous apprend que ces deux peuples rivaux se les sont vivement disputées, et l'on voit encore près de Soria (l'antique Numance) et de Burgos, des restes considérables de leurs anciens travaux. Les Carthaginois avaient ouvert des Mines d'Étain dans le nord de la Lusitanie. Ces Mines ont disparu et n'ont pas été remplacées par d'autres, quoiqu'on ait découvert plusieurs filons de ce Métal dans le midi de la Galice. On n'a tiré aucun parti, faute de combustible, de plusieurs gîtes d'Antimoine sulfuré, de Minerais de Plomb, de Mercure, de Plombagine, etc., qui

existent en Portugal. C'est seulement le Fer qui dans ce royaume fait l'objet d'une exploitation suivie : il en existe plusieurs Mines près de Felguiera et de Torre de Mancorvo, et l'on en connaît depuis un temps immémorial deux établissemens importans situés dans l'Estramadure de Portugal, l'un dans le district de Thomar, et l'autre dans celui de Figuiero dos Vinhos : ils sont alimentés par du Fer oxidé rouge.

La Sierra-Morena présente les gîtes de Minerais les plus remarquables de l'Espagne. Sur son flanc septentrional se trouvent les célèbres Mines d'Almaden, qui ont pour objet des filons très-puissans de Mercure traversant un Grès que l'on ne suppose pas antérieur à la Houille. La partie de la chaîne qui se rapproche de Séville, renfermait, à Villa-Guttiera, des Mines importantes d'Argent qui paraissent n'être plus productives. Celles de Guadalcanal et de Cazalla à quinze lieues au nord de Séville, ne fournissent également qu'une faible quantité d'Argent; leurs principaux Minerais sont l'Argent rouge et le Cuivre gris argentifère. Linarès, à douze lieues au nord de Jaen, et sur le versant méridional de la Sierra-Morena, est le centre de plusieurs exploitations considérables de Plomb. Une grande partie des travaux ont été exécutés par les Maures; mais comme les filons sont très-riches près de la surface, on a criblé le terrain de plus de cinq mille pieds, et l'on n'a pas poussé profondément la poursuite des filons. Six mille quintaux métriques de Plomb sont le produit annuel des six mines qui sont exploitées pour le compte du gouvernement. Il existe encore plusieurs autres Mines de Plomb dans les provinces de Murcie et de Grenade. Celles d'Alméria sont entre autres extrêmement productives, et leurs Minerais sont en partie traités sur les lieux avec de la Houille de New-Castle, en partie envoyés à New-Castle même pour y être travaillés. Des Mines abondantes de Zinc, situées près d'Alcaras à quinze lieues nord-est de Linarès, y alimentent une fabrique de Laiton.

Dans le coup-d'œil que nous venons de jeter rapidement sur les principales Mines des terrains primitifs, nous en avons sans doute omis un grand nombre de très-importantes, mais sur lesquelles il nous manque des renseignemens positifs. Ainsi nous n'avons rien dit des Mines de Plomb et de Fer du Brésil, qui commencent à être exploitées avec vigueur, depuis que ce vaste pays n'est plus sous le joug du régime colonial. Il ne nous a pas été plus possible de parler des Mines de Fer et de Cuivre de l'intérieur de l'Afrique, de l'Arabie, de la Perse et des environs du Caucase, du Thibet, de l'empire des Birmans, de la Chine et du Japon. On sait que ces diverses régions fournissent des masses considérables de Fer et de Cuivre d'une excellente qualité; mais on ignore l'étendue, les procédés opératoires, et jusqu'à la position exacte de leurs Mines. Tout ce que l'on sait à leur égard est un amas de détails populaires puisé dans les traductions des livres chinois ou indous, auxquels il est difficile d'avoir cette confiance qu'inspirent les écrits des hommes versés dans les sciences. Il faut attendre que des voyageurs plus instruits que les missionnaires jésuites nous apportent quelques renseignemens sur ce sujet intéressant.

Mines des terrains secondaires.

Le plus ancien des terrains secondaires, le terrain houiller tire son nom des Mines qu'il renferme. Il n'est pas nécessaire de faire ressortir l'importance de ces Mines; tout le monde sait à quelle puissance manufacturière le précieux combustible qu'elles fournissent a élevé l'empire britannique. C'est en effet dans ce pays qu'existent les plus célèbres exploitations de Houille; et sous ce rapport, nulle autre contrée du globe ne peut être mise avec lui en parallèle. *V.* l'art. Houille, où notre collaborateur C. Prévost a donné une statistique abrégée des gisemens de cette substance.

C'est dans le terrain houiller, et même à côté de la Houille, que la nature a déposé le Fer carbonaté, Minéral de la plus faible valeur intrinsèque, mais qui acquiert une très-grande importance lorsqu'il se rencontre en quantités énormes, comme cela a lieu dans plusieurs houillères d'Angleterre et d'Écosse : on prétend que les usines à Fer de ce pays, alimentées uniquement par le Fer carbonaté des houillères, produisent annuellement plus de deux millions cinq cent mille quintaux métriques de fonte moulée et de Fer en barre dont la valeur est de cent millions de francs. Cette quantité est à peu près double de celle que livrent toutes les forges réunies de la France.

Le Grès dans lequel nous avons dit que se trouve le Cuivre carbonaté bleu de Chessy près Lyon, est analogue au Grès rouge regardé comme coutemporain du terrain houiller. C'est dans un Grès presque semblable que gisent les Minerais de Plomb des environs d'Aix-la-Chapelle, dont l'exploitation est des plus faciles.

Le Calcaire auquel les géologues donnent les noms de Calcaire alpin et magnésien, *Zechstein* des Allemands, contient différens dépôts métalliques. Les Mines de Mercure sulfuré d'Idria, d'Almaden et de Huancavélica que nous avons mentionnées, ainsi que celles du Palatinat, gisent dans ce terrain ou dans des roches à peu près du même âge. Mais on y rencontre plus communément des Schistes cuivreux argentifères en couches très-minces, susceptibles cependant de donner d'immenses produits. Telles sont les Mines du pays de Mansfeld qui livrent annuellement vingt mille quintaux de Cuivre et vingt mille marcs d'Argent; celles de la Hesse, près de Frankenberg, Bieber et Riegelsdorf, où l'on voit des travaux souterrains qui s'étendent, suivant la direction de la couche, sur une longueur de huit mille mètres , et s'enfoncent jusqu'à une très-grande profondeur.

Le Sel gemme a pour gisement ordinaire les terrains qui séparent le Zechstein du Lias ou Calcaire à gryphites. C'est ainsi que cette substance si utile se présente non-seulement en Europe , dans le Cheshire , à Vic en Lorraine , à Wieliczka en Pologne , à Saltzbourg , etc. ; mais encore en plusieurs localités de l'ancien et du Nouveau - Monde. Des terrains analogues renferment différentes Mines de Lignites et d'autres combustibles fossiles.

Le Calcaire oolitique qui forme le sol de plusieurs points de la France et des Pays-Bas , renferme un grand nombre de gîtes de Minerais de Fer déposés dans des cavités irrégulières et souvent très-profondes. Ces Minerais se trouvent encore dans les terrains supérieurs , comme les assises de Grès et de Sables inférieurs à la Craie , et dans les premières assises de celle-ci. Ce sont des Oxides ou des Pyrites qui donnent lieu à une foule d'exploitations qu'il serait trop long d'énumérer ici.

L'Argile plastique est remarquable par les nombreuses couches de Lignite qu'on y exploite , soit comme combustible , soit comme terre vitriolique. Dans ces Lignites se trouve l'Ambre jaune ou le Succin. *V.* Lignite. Les autres terrains tertiaires et ceux d'origine volcanique ne présentent guère que quelques Mines de Fer , de Bitume , de Soufre et d'Alun.

Mines des terrains d'Alluvion.

Citer les Mines de Diamant et de presque toutes les pierres précieuses qui se trouvent au Brésil et aux Indes-Orientales ; le Platine et la plus grande partie de l'Or de la Nouvelle-Grenade , du Brésil et des sables fluviatiles de plusieurs parties du globe ; l'Étain de la presqu'île de Malacca et des royaumes de Pégu et de Siam , etc. ; c'est donner une idée bien imparfaite de la richesse minérale des terrains d'alluvion. Les Mines de Fer qu'on y exploite , sur-tout en France , en Allemagne et aux États-Unis , sont si nombreuses , que nous ne saurions comment en faire l'énumération. C'est aussi à cette classe de terrains qu'on rapporte la formation de la Tourbe , combustible d'un emploi si fréquent dans une foule de localités marécageuses et déboisées. *V.* Tourbe et Tourbières.

Après les détails abrégés que nous venons de donner sur la statistique des Mines , il nous reste à les considérer dans leurs rapports avec les sciences physiques et naturelles. Nous avons fait voir , au commencement de cet article , combien l'art du mineur était redevable aux progrès des connaissances humaines dans le cours des siècles derniers ; et nous avons fait la part de la minéralogie , de la physique et de la chimie. Guidé par ces sciences , le mineur est venu à son tour leur rendre le tribut de ses découvertes ; ne se bornant pas à la recherche des Minerais utiles , son investigation s'est portée sur tous les corps naturels qui se découvraient à lui à mesure qu'il pénétrait dans les profondeurs de la terre. La géognosie fut , à plus forte raison , un objet d'étude pour l'ingénieur des Mines ; la connaissance de la nature des divers terrains et de leur ordre de superposition qui lui importait si fort , ne put être éclairée que par les fouilles profondes entreprises , à la vérité , dans un autre but , mais sans lequel l'occasion ne se serait jamais offerte pour les examiner. Ce fut ainsi qu'un art d'application réagit sur les sciences qui lui avaient servi de base , et que des points obscurs ou purement scientifiques de la théorie, furent éclaircis par les hommes qui d'abord semblaient ne chercher que l'utilité immédiate de la science pour les besoins de la société. Les écoles des Mines établies en Allemagne et en France n'ont cessé d'être dirigées par des hommes dont les noms sont chers à l'universalité des sciences ; proclamer ceux de Bergmann , Werner , Dolomieu et Haüy, pour ne pas nommer la plupart de nos illustres contemporains; c'est rappeler par quelques mots, à nos lecteurs, l'impulsion extraordinaire que les professeurs des Mines ont imprimée à la chimie, à la géologie, à la physique, à la minéralogie et à presque toutes les branches des connaissances positives.

En ouvrant un chemin dans l'intérieur de la terre, les Mines ont offert un théâtre précieux d'observations pour arriver à la solution d'une des questions les plus importantes de l'histoire physique du globe, c'est-à-dire celle de sa température propre. Vers le milieu du dix-huitième siècle, Guettard, Deluc et Gensanne publièrent quelques observations faites dans les Mines de Wieliczka, du Hartz et de Giromagny, et qui permirent d'établir comme vérité, que la température augmente rapidement à mesure qu'on s'éloigne de la surface. Plus tard, De Saussure, de Humboldt et Freisleben, d'Aubuisson, Rob. Bald, Fox donnèrent des mesures exactes de l'élévation de la température des Mines. Ce dernier a en outre observé que le thermomètre enfoncé dans les filons métalliques du Cornouailles, indiquait généralement une température de 1 à 2°,5 centigrades, supérieure à celle qu'on obtenait lorsque le thermomètre était plongé dans une roche granitique. La nature du Minerai produisait aussi quelques différences; les filons d'Étain, par exemple, étaient plus froids que les filons de Cuivre. Il ne faut pourtant pas conclure de cette inégalité de température entre les filons de divers Minerais, qu'elle résulte de quelques changemens ou décompositions chimiques, et qu'elle est soumise à l'action de l'air et des eaux qui coulent sur les Minerais. Pour que cette objection fût admissible, il faudrait avoir reconnu, par l'analyse chimique de ces eaux, la présence des Sels qui résulteraient de la décomposition chimique des Minerais et dont la quantité devrait être en

rapport avec la chaleur de l'intérieur des Mines; c'est ce que l'expérience n'a pas démontré. D'ailleurs ces Minerais ne s'échauffent pas lorsque, après leur extraction du sein de la terre, ils sont exposés à l'action des agens atmosphériques. La différence de chaleur entre les filons de nature diverse, est un fait qui paraît dépendre de leur plus ou moins grande conductibilité du calorique dont la source est dans le globe lui-même. D'un autre côté, on a prétendu que l'élévation de température devait être attribuée à certaines causes accidentelles, telles que la chaleur dégagée par les ouvriers, par la combustion de la poudre et des lampes, par l'éclairage, enfin par la compression de l'air qui descend dans le fond des exploitations. Mais il en est de ces faibles influences, comme de tous les autres effets locaux auxquels des personnes superficielles veulent donner une importance générale; quelquefois, à la vérité, elles peuvent légèrement augmenter le phénomène dans l'air ambiant ainsi qu'aux surfaces pariétales des excavations; mais jamais on ne peut les considérer comme les causes d'un effet constant et général. La progression croissante de la température, en raison directe de la profondeur des Mines, s'accorde exactement avec d'autres observations fort bien exécutées sur la température de l'eau des sources qui jaillissent à des profondeurs considérables, observations qui ont prouvé que la température de ces sources est toujours supérieure à la température moyenne des localités, et conséquemment que cet excès de chaleur est dû à une cause générale inhérente au globe terrestre lui-même.

Par le simple aperçu que nous venons d'exposer sur une seule question de la physique du globe, il est facile d'entrevoir les facilités que les Mines doivent offrir pour d'autres observations scientifiques où il est absolument nécessaire à l'observateur d'éviter les circonstances qui le gênent lorsqu'il est placé à la surface terrestre. Ne pouvant, ne devant même pas les indiquer ici, à moins de sortir des limites de cet article, nous terminerons par quelques mots sur les productions naturelles des Mines. C'est dans ces cavités que la plupart des Minéraux ont été découverts. Sous le rapport de la minéralogie proprement dite, plusieurs exploitations ont acquis une grande célébrité ; telles sont celles de Cornouailles, du Derbyshire, de Sainte-Marie-aux-Mines, du Hartz, de la Saxe, des monts Ourals et Altaïs, de la Daourie, etc. Cependant, il est des localités où l'on trouve beaucoup de Minerais, sans cependant qu'on y voie d'exploitations remarquables. Ainsi les cavernes naturelles d'un grand nombre de montagnes, les terrains déchirés par les éruptions volcaniques, sont très-remarquables par la diversité de leurs Minéraux et par la beauté de leurs Cristaux.

Quant à l'histoire naturelle des Mines, sous le rapport de leurs productions zoologiques et botaniques, elle ne présente qu'un intérêt fort médiocre. Le défaut de lumière et la stagnation de l'air dans les galeries souterraines, nuisent au développement des êtres élevés dans l'échelle de l'organisation. Ils y seraient hors de leurs élémens naturels, et l'Homme lui-même, qui a regardé long-temps le travail des Mines comme une punition, ne peut, sous peine de maladies graves, y soumettre perpétuellement son existence. Des Reptiles immondes ou quelques Invertébrés sans couleur et sans ornemens ; des Champignons, des Algues et autres Cryptogames, sont les seuls êtres vivans qui composent la Faune misérable et la triste Flore des Mines.

Pour les débris des corps organisés, tels que les Poissons, les Zoophytes et les Végétaux fossiles qui se trouvent dans plusieurs Mines, notamment dans les houillères, *V.* les mots FOSSILE, HOUILLE, LIGNITE, TERRAIN, ainsi que les articles où sont exposées les généralités concernant chacun des ordres des êtres organisés, comme POISSONS, CRUSTACÉS, VÉGÉTAUX, etc.   (G..N.)

MINETTE DORÉE. BOT. PHAN. L'un des noms vulgaires du *Medicago Lupulina.*   (B.)

* **MINEUSE.** OIS. Espèce du genre Alouette de l'Amérique méridionale. *V.* ALOUETTE.   (DR..Z.)

MINIADE. INT. Pour Minyade. *V.* ce mot.   (B.)

MINIÈRE. Ce nom était autrefois synonyme de Mines ; il se prend aujourd'hui dans une acception plus restreinte, et ne s'applique qu'aux exploitations à ciel ouvert des Minerais de Fer d'alluvion, des Terres pyriteuses et des Tourbières. *V.* MINES.   (G. DEL..)

MINIME. ZOOL. On a donné ce nom, d'après leur couleur d'un marron foncé, à une Couleuvre, à un Cône, au *Murex Morio*, L., ainsi qu'à un Coléoptère du genre Anthribe.   (B.)

MINIME A BANDES. INS. Nom vulgaire du Bombyx du Chêne, employé par Geoffroy et par Engramelle.   (B.)

MINISTRE. OIS. Syn. de Gros-Bec bleu. *V.* GROS-BEC.   (DR..Z.)

MINIUM. MIN. Deutoxide de Plomb d'un rouge orangé très-vif. On le prépare en grand dans les arts, en opérant la fusion du Métal, dans un fourneau de réverbère dont l'aire est creusée, et autour de laquelle se trouvent et le foyer et la cheminée. On y entretient la fusion en enlevant la couche de protoxide gris ou jaunâtre, à mesure qu'elle se produit à la surface du Métal fondu. On lave ce protoxide, on le fait sécher, on en remplit des caisses de fer-blanc, larges et peu profondes, puis on les porte dans un four où l'on entretient une chaleur rouge pendant vingt-quatre heures. On laisse alors tomber le feu, puis on retire le deutoxide qui offre une belle couleur rouge de feu.   (DR..Z.)

MINJAC. moll. Nom donné par Adanson (Voyage au Sénégal, p. 109, pl. 7) à une Coquille du grand genre Buccin de Linné, *Buccinum Olearium*, qui rentre aujourd'hui dans le genre Tonne de Lamarck. C'est le *Dolium Olearium* de cet auteur.   (D..H.)

MINQUAR. *Minquartia*. bot. phan. Aublet a décrit et figuré (Pl. de la Guiane, Suppl., p. 4, tab. 370) sous le nom de Minquar de la Guiane, *Minquartia Guyanensis*, un Arbre dont les organes importans sont trop incomplétement connus pour qu'on puisse déterminer ses affinités naturelles. En effet, les fleurs en sont inconnues, et ce que l'on sait de ses fruits ne permet pas de lui assigner une place certaine dans l'une des familles connues du règne végétal. Cet Arbre s'élève à plus de douze mètres; son écorce est cendrée; son bois est blanchâtre, dur et fort compacte; le tronc est percé de trous quelquefois tellement profonds, qu'ils le traversent d'outre en outre, et les cavités sont alors recouvertes par l'écorce; au sommet naissent les branches, qui sont garnies de feuilles alternes, pétiolées, ovales, aiguës, glabres et très-entières; les fruits sont disposés en grappes dans l'aisselle des feuilles ou à l'extrémité des rameaux; ils sont ovoïdes, allongés, plus gros à leur partie inférieure, lisses, verdâtres, munis d'une écorce épaisse, fibreuse et blanchâtre; leur cavité inférieure est partagée en deux loges par une cloison membraneuse; les graines y sont disposées sur deux rangées placées de champ les unes sur les autres et enveloppées d'une substance pulpeuse; chaque graine est plate, blanche, composée d'une amande recouverte par une enveloppe mince, sèche et coriace. Cet Arbre croît dans le quartier de Caux à la Guiane. Son bois y passe pour incorruptible, et on l'emploie pour faire des poteaux et des fourches que l'on enfonce dans la terre. Les copeaux de ce bois bouillis dans l'eau fournissent une teinture noire qui prend très-bien sur le coton.   (G..N.)

MINUARTIE. *Minuartia*. bot. phan. Genre encore fort mal connu, rapporté à la Triandrie Trigynie, L., et à la famille des Caryophyllées, mais qui nous paraît devoir être placé dans la famille des Paronychiées. Il se compose de trois espèces, qui sont des petites Plantes herbacées, annuelles, ayant le port des *Scleranthus* et croissant toutes les trois en Espagne. Leur tige est simple ou ramifiée, portant de petites feuilles sétacées, connées à leur base; des fleurs sessiles, également très-petites, composées d'un calice à cinq divisions, très-profondes; d'une corolle formée de cinq à dix pétales extrêmement petits, ce qui fait que plusieurs auteurs n'en ont pas reconnu l'existence; le nombre des étamines varie de trois à cinq, et même dix, alternes avec les pétales, périgynes et à anthères caduques; l'ovaire est globuleux, surmonté de trois styles recourbés; le fruit est une capsule uniloculaire, s'ouvrant en trois valves et contenant plusieurs graines réniformes.   (A. R.)

* **MINULE.** ois. Espèce du sous-genre Autour parmi les Faucons. C'est aussi le nom que portent un Guêpier et un Pic de l'Amérique septentrionale. *V.* Faucon, Guêpier et Pic.   (DR..Z.)

* **MINUNGA.** bot. phan. *V.* Binunga.

* **MINUPHYLLIS.** bot. phan. Nom donné par du Petit-Thouars (Hist. des Orchidées des îles d'Afrique, tab. 109) à une des espèces de son genre *Phyllorchis*, et qui croît dans l'île de Madagascar. Cette Plante se rapporte au genre *Cymbidium* de Swartz, et doit être nommée *Cymbidium minutum*.   (G..N.)

MINX. mam. Deux espèces portent ce nom dans le genre Marte. *V.* ce mot.   (B.)

MINYADE. *Minyas*. échin. Genre d'Echinodermes sans pieds, établi par Cuvier (Règn. Anim. T. iv, p. 24) et dont les caractères sont : corps sans pieds, ouvert aux deux bouts, ayant la forme d'un sphéroïde déprimé aux pôles et sillonné comme un Melon ; bouche non armée. Ce genre ne renferme qu'une seule espèce, d'une forme très-élégante et d'un bleu foncé. Cuvier la nomme *Anyas cyanea*. Elle est figurée pl. xv, fig. 8 de l'ouvrage cité. Elle vit dans l'Océan Atlantique.   (E. D..L.)

MIOLANE. bot. phan. L'un des noms vulgaires du *Myrica Gale*, L.   (B.)

MION. ois. L'un des synonymes vulgaires de Canard siffleur. *V.* Canard.   (DR..Z.)

* MIPPI. bot. phan. L'Arbre cité sous ce nom par l'Ecluse est un Figuier selon C. Bauhin.   (B.)

MIRABANDÈS. ins. On donne ce nom au Brésil à des Insectes qui vivent en société dans une espèce de nid, qui attaquent et poursuivent les bestiaux à une distance considérable. On ne sait si c'est une Guêpe ou un Taon ; il faut attendre que quelque voyageur en apporte des individus ou des figures pour se décider à cet égard.   (G.)

MIRABELLE. bot. phan. Espèce de Prune.   (B.)

MIRABILIS. bot. phan. Le genre ainsi nommé par Linné a été appelé *Nyctago* par Jussieu, nom qui a été généralement adopté, parce que le premier étant adjectif est conséquemment peu propre pour un nom générique. *V.* Nyctage.   (A. R.)

* MIRAGE. *V.* Landes et Lumière.

* MIRAGUAMA. bot. phan. Palmier du genre Coryphe qui croît dans l'île de Cuba.   (B.)

MIRAILLET ou MIRALET. pois. C'est-à-dire *Petit-Miroir*, espèce de Raie. *V.* ce mot.   (B.)

MIRAN. moll. C'est ainsi qu'Adanson (Voy. au Sénég., p. 50, pl. 4)

nomme une Coquille qui est un Buccin pour les auteurs modernes, *Buccinum mutabile* de Bruguière. Représentée avec son Animal, elle a servi de type au genre Vis établi par Adanson et adopté depuis par la plupart des auteurs pour d'autres Coquilles généralement plus allongées. *V.* Vis.   (D..H.)

MIRBÉLIE. *Mirbelia.* bot. phan. Ce genre de la famille des Légumineuses et de la Décandrie Monogynie, L., a été fondé par Smith (*Ann. Bot.*, 1, p. 511, et *Trans. Linn. Soc.*, 9, p. 265) et adopté par Ventenat, R. Brown et De Candolle. Celui-ci l'a placé dans la première tribu des Légumineuses, à laquelle il a donné le nom de Sophorées. Voici ses caractères principaux : calice bilabié à cinq divisions très-courtes; corolle papilionacée dont l'étendard est droit et cordiforme, les ailes allongées, rabattues, plus courtes que l'étendard, munies d'une oreillette, la carène plus courte que les ailes; dix étamines libres; ovaire supérieur pédicellé, surmonté d'un style recourbé et d'un stigmate en tête; légume disperme, divisé longitudinalement en deux loges formées par l'introflexion des deux sutures, et surtout de la supérieure. Cette structure remarquable du fruit rappelle celui des Astragales, mais le port de la Plante, ainsi que la liberté de ses étamines, la rapprochent des Sophorées. Les Mirbélies sont indigènes de la Nouvelle-Hollande. De Candolle (*Prodrom. Syst. Veget.* T. ii, p. 114) en décrit trois espèces sous les noms de *Mirbelia reticulata*, *M. speciosa* et *M. dilatata*. La première a été décrite et figurée par Ventenat (Jardin de Malmaison, t. 119); c'était le *Pultenœa rubiœfolia* d'Andrews (*Bot. Reposit.*, t. 351). Cet Arbuste, dont le port est élégant, ne s'élève qu'à environ six décimètres. Sa tige est glabre, noueuse, à rameaux opposés ternés, quelquefois alternes. Elle porte des feuilles ternées, lancéolées, linéaires, veineuses, réticulées, mucronées, très-entières. Les fleurs d'une couleur bleue violacée, sont

disposées en grappes courtes et axillaires.   (G..N.)

MIRE. BOT. PHAN. Pour Myrrhe.
V. ce mot.   (B.)

MIRETTE. BOT. PHAN. L'un des
syn. vulgaires de Prismatocarpe. *V*.
ce mot.   (B.)

MIRIDE. *Miris*. INS. Genre de l'ordre des Hémiptères, section des Hétéroptères, famille des Géocorises,
tribu des Longilabres, établi par Fabricius et adopté par Latreille qui lui
donne pour caractères : point d'ocelles ; antennes sétacées, plus grêles à
leur extrémité, et allant insensiblement en pointe ; corps étroit et allongé. Ces Insectes se distinguent des
Capses, dont ils sont extrêmement
voisins, en ce que ceux-ci n'ont pas
les antennes entièrement sétacées,
et que leurs deux derniers articles
sont plus menus que le précédent.
Les Astemmes en diffèrent par leurs
antennes filiformes et non sétacées ;
enfin ils sont séparés des genres
Myodoque, Béryte, Salde, etc.,
par l'absence des ocelles. Ces Insectes
ont les antennes longues, insérées à
nu sur la partie supérieure des côtés
de la tête, composées de quatre articles cylindriques ; le premier dépassant de beaucoup l'extrémité de la
tête, le second le plus long de tous,
ayant à peu près la longueur du premier, le troisième presque aussi long
que le premier, le dernier le plus
court de tous ; ces articles conservent
dans toute leur longueur leur grosseur
particulière ; le premier étant le plus
gros de tous, chacun des suivans plus
mince que celui qui précède. Le bec
est long, atteignant au moins les hanches intermédiaires, composé de quatre articles, et renfermant un suçoir de quatre soies. La tête est petite, triangulaire ; les yeux sont saillans, globuleux ; le corps est mou,
ordinairement étroit et allongé ; le
corselet va en se rétrécissant à partir
des élytres jusqu'à la tête ; ses bords
sont droits. L'écusson est triangulaire.
Les élytres sont un peu plus larges et
un peu plus longues que l'abdomen,

assez molles, souvent demi-transparentes. L'abdomen est composé de
segmens transversaux dans les mâles :
les avant-derniers plus ou moins rétrécis dans leur milieu, posés obliquement et en forme de chevrons
brisés, ce dernier s'élargissant à sa
partie moyenne dans les femelles ;
l'anus de celles-ci est sillonné longitudinalement ; ce sillon renferme une
tarière longue comprimée, ployée en
deux sur elle-même dans le repos,
et pouvant être retirée ; l'anus des
mâles est entier, court, sans sillon
longitudinal. Les pates sont longues ;
les postérieures le sont beaucoup plus
que les autres ; leurs tarses sont composés de trois articles ; le premier est
plus long que les suivans, le second
et le troisième presque égaux entre
eux, celui-ci terminé par deux petits
crochets. Ces Insectes n'offrent rien
de particulier dans leurs métamorphoses ; ils vivent sur les Végétaux
dont ils sucent le suc, ou sur les
fleurs. Quoiqu'ils ne vivent pas précisément en société, on en rencontre
un assez grand nombre d'individus de
la même espèce sur une seule Plante.
Ils marchent et volent surtout avec
une grande facilité ; on croit qu'ils
n'exhalent pas d'odeur désagréable.
L'Europe nourrit un grand nombre
d'espèces de ce genre, qui est divisé
ainsi qu'il suit :

I. Pates postérieures propres à sauter ; leurs cuisses renflées ; corps ovalaire ; ses bords latéraux arrondis.

MIRIS COU JAUNE, *Miris luteicollis*,
Lygœus luteicollis, Panz. (*Faun.
Germ.*). Noir, luisant ; tête et corse-
let jaunes ; antennes et pates jau-
nes, avec les cuisses tachées de noir.
De France et d'Allemagne.

II. Pates postérieures propres à la
marche seulement ; leurs cuisses grêles ; corps allongé ; ses bords latéraux droits.

† Antennes insérées au-dessous et
assez loin des yeux : tête allongée et
peu distinctement séparée du corselet.

MIRIS VERT, *Miris virens*, Fabr.,

Cimex virens, Linn., Wolf. (*Icon. Cimic.*, tab. 8, fig. 75). Corps vert ; abdomen, pates et antennes un peu velus, celles-ci de couleur rouge, surtout vers leur extrémité ainsi que les tarses. Des environs de Paris.

†† Antennes insérées au-dessous et près des yeux ; tête distinctement séparée du corselet.

MIRIS STRIÉ, *Miris striatus*, Fabr., Latr. ; *Cimex striatus*, Degéer (Ins. T. 3 , p. 290, n° 29, pl. 15, fig. 14 et 15) ; Linn., Wolf. ; *Ligœus striatus*, Panz. Noir, avec les élytres rayées longitudinalement de ferrugineux et de noir. Dessus du corps noir. De France. (G.)

MIRIOPHYLLE. BOT. PHAN. Pour Myriophylle. *V*. ce mot. (A. R.)

MIRIS. INS. *V*. MIRIDE.

* MIRLE. OIS. Syn. d'Émerillon. *V*. FAUCON. (DR..Z.)

MIRLIROT. BOT. PHAN. L'un des syn. vulgaires de Mélilot officinal et de Luzerne Lupuline. (B.)

MIRMAU. BOT. CRYPT. Adanson avait donné ce nom à un genre formé sur le *Lycopodium Selago*. *V*. LYCOPODE. (B.)

MIRMECIA. BOT. PHAN. Syn. de *Tachia* d'Aublet. *V*. ce mot. (B.)

MIROBOLAN. BOT. PHAN. Pour Myrobolan. *V*. ce mot. (A. B.)

MIROBOLANÉES. BOT. PHAN. Pour Myrobolanées. *V*. ce mot. (A. R.)

MIROIR. INS. (Geoffroy.) Espèce du genre Hespérie. *V*. ce mot. (B.)

MIROIR D'ANE OU DE LA VIERGE. MIN. Les carriers de Montmartre nomment ainsi le Gypse laminaire. On a aussi appelé MIROIR DE SAINTE-MARIE d'autres variétés de Chaux sulfatée, et le Mica foliacé. (B.)

MIROIR DES INCAS. M . Syn. d'Obsidienne. *V*. ce mot. (B.)

MIROIR DE VÉNUS. BOT. PHAN. L'un des syn. vulgaires de Prismatocarpe. *V*. ce mot. On a aussi appelé

MIROIR DU TEMPS, le Mouron rouge. (B.)

MIROITANTE. MIN. (Delamétherie.) Syn. de Diallage métalloïde. (B.)

MIROSPERME. BOT. PHAN. Pour Myrosperme. *V*. ce mot. (A. R.)

MIROXYLE. BOT. PHAN. Pour Myroxyle. *V*. ce mot. (A. R.)

MIRSINE. BOT. PHAN. Pour Myrsine. *V*. ce mot. (A. R.)

MIRSINÉES. BOT. PHAN. Pour Myrsinées. *V*. ce mot. (A. R.)

MIRTE. BOT. PHAN. Pour Myrte. *V*. ce mot. (B.)

MIRTIL. INS. Nom donné par Engramelle et Geoffroy au *Satirus Janira* de Latreille et de tous les entomologistes. (G.)

MIRTIL. *Mirtillus*. BOT. PHAN. Espèce du genre Airelle. *V*. ce mot. (B.)

MISAGO. OIS. *V*. BISAGO.

*MISAINE. MOLL. Nom vulgaire et marchand du *Strombus succinctus*. (B.)

MISANDRA. BOT. PHAN. Lamarck a réuni au *Gunnera* ce genre établi par Commerson, et qui avait été d'abord adopté par Jussieu dans son *Genera Plantarum*. Celui-ci avait néanmoins indiqué le premier son identité avec le genre *Gunnera*. *V*. ce mot. (G..N.)

* MISCOPETALUM. BOT. PHAN. Haworth (*Synopsis succulent. Plant.*, p. 323) a établi sous ce nom un genre ayant pour type le *Saxifraga rotundifolia*, L., qui diffère essentiellement, selon lui, du *Saxifraga*, par les pétales onguiculés et par son ovaire supérieur. Mais comme ces caractères se nuancent dans les diverses espèces de *Saxifraga*, nous pensons, avec la plupart des botanistes, qu'on ne peut les employer pour former des coupes génériques. *V*. SAXIFRAGE. (G..N.)

MISCOPHE. *Miscophus*. INS. Genre de l'ordre des Hyménoptères, section des Porte-Aiguillons, famille des Fouisseurs, tribu des Larrates, établi par Jurine, ayant tous les caractères des Larres proprement dits, et l'en différant qu'en ce que leurs ailes supérieures n'ont que deux cellules cubitales, tandis que les Larres, les Palares et les Lyrops en ont trois. Chacune des deux cellules cubitales reçoit une nervure récurrente. Les antennes sont filiformes et presque semblables dans les deux sexes, tandis qu'elles sont différentes dans les Dinètes, genre voisin. L'espèce qui sert de type est :

Le MISCOPHE BICOLOR, *Miscophus bicolor*, Jurine (Hyménopt., pl. 11, genre 25). C'est un petit Hyménoptère dont le corps est noir, avec l'extrémité des ailes supérieures noirâtre, et les deux premiers anneaux de l'abdomen ainsi que la base du troisième fauves. Il se plaît dans les lieux sablonneux, et se trouve dans toute la France.   (G.)

MISGURNE. *Misgurnus*. POIS. *V*. COBITE.

MISILE. *Misilus*. MOLL. Genre proposé par Montfort (Conchyl. Syst. T. 1, pag. 295) pour un petit corps fort singulier qui se trouve vivant dans l'Adriatique et fossile aux environs de Sienne. Ce genre est caractérisé de la manière suivante par son auteur : coquille libre, univalve, cloisonnée, droite et formée en cruche un peu aplatie, carenée et armée sur un des côtés; bouche ovale, ouverte; cloisons unies; siphon inconnu. Le Misile nommé Misile aquaire, *Misilus aquatifer*, par Montfort, est un petit corps ovale, aplati, muni d'une crête profondément découpée qui s'étend seulement sur un des côtés. Ce petit corps paraît si singulier et si anomal, que quelques auteurs ne le rangent qu'avec doute parmi les Mollusques.   (D.-H.)

MISIS. INS. Nom donné par Engramelle au *Satirus Eudora* de Latreille.   (B.)

MISOCAMPE. *Misocampe*. INS. C'est-à-dire ennemi des Chenilles. Genre de l'ordre des Hyménoptères, section des Térébrans, famille des Pupivores, tribu des Chalcidites, établi par Latreille aux dépens des Cynips et des *Ichneumones minuti* de Linné, ou des Diplolèpes de Geoffroy, et ayant pour caractères : mandibules dentelées; antennes insérées près du milieu de la face antérieure de la tête, ou sensiblement éloignées de la bouche, composées de huit à dix articles la plupart cylindriques, serrés, et sans verticilles de poils dans les deux sexes; segment antérieur du tronc carré. Ce genre se distingue des Leucospis et des Chalcis, parce que les cuisses ne sont pas renflées. Les Chirocères de Latreille ont les antennes flabellées; les Eucharis et les Thoracantes en diffèrent par leur écusson, qui est très-grand et recouvre les ailes. Les Misocampes ont les antennes rapprochées à leur base, brisées, terminées un peu en massue et courtes; le premier article de chacune d'elles s'applique inférieurement dans un sillon longitudinal du front. La tête est verticale, comprimée, appliquée contre le corselet. Celui-ci est tronqué antérieurement. L'abdomen est ovale et conique, souvent comprimé, quelquefois très-petit. Son extrémité est pourvue, dans les femelles, d'une tarière plus ou moins saillante, quelquefois de la longueur du corps, filiforme, de trois pièces, dont celle du milieu est seule la tarière proprement dite, les pièces latérales ne lui servant que de fourreaux. Les ailes n'ont presque pas de nervures; on n'y aperçoit quelquefois qu'un point marginal et plus épais avec une ou deux veines courtes. Le corps est court, renflé, orné le plus souvent de couleurs très-brillantes, parmi lesquelles le vert, le bronze ou le cuivreux dominent. Quelques espèces ont la faculté de sauter par le moyen de leurs pates de derrière : telles sont celles qui vivent dans les larves des Lépidoptères.

Les mœurs des Misocampes ont été observées par Degéer (Mém. sur les Ins. T. 2, p. 479). Suivant cet auteur, la femelle du Cynips doré à queue, du Bédéguar lisse de Geoffroy (*Ichneumon Bedeguaris*, L.), sait déposer ses œufs auprès de la larve qui habite l'intérieur de cette galle, en introduisant sa longue tarière ou son oviductus jusqu'au centre du corps qui avait produit le Bédéguar. Il paraît que ce Misocampe ne pond qu'un œuf dans chaque galle, puisque cette production ne renferme jamais qu'un seul habitant, et que sa substance ne peut suffire qu'à la consommation d'un seul individu de ce parasite. Les larves des Misocampes des Mouches se nourrissent de l'intérieur du corps des larves des Coccinelles et de celles des Syrphes ou Mouches aphidivores, et se transforment en nymphes sous leur peau. L'Insecte parfait en sort par le moyen d'une ouverture circulaire qu'il y pratique avec ses dents. Réaumur a été témoin de l'accouplement d'une autre espèce de Misocampe qui pond toujours ses œufs dans les chrysalides de Lépidoptères, et qui épie le moment où la Chenille passe ou vient à passer à l'état de chrysalide, et où elle est encore molle, pour l'attaquer et lui confier ses œufs. Voilà comment a lieu la jonction des deux sexes : le mâle se place d'abord sur le milieu du corps de la femelle, de manière que les deux têtes sont tournées du même côté ; mais il y a encore loin de celle du mâle à celle de la femelle, parce que celle-ci surpasse beaucoup l'autre en grandeur. Dès que le mâle s'est posé, il marche en avant jusqu'à ce que sa tête excède un peu celle de sa compagne. Alors il incline tellement la tête du côté de celle de la femelle qu'il semble lui donner un baiser. Cette caresse, qui ne dure qu'un instant, une fois faite, il va promptement à reculons, jusqu'à ce que son derrière se trouve par-delà celui de la femelle. Il le courbe et le fait passer sous l'extrémité du ventre de celle-ci ; là, il le tient fixé un moment, puis il commence son manége. Réaumur l'a vu renouveler par le même jusqu'à vingt fois ; le mâle ne s'est retiré que pour céder forcément la place à un individu du même sexe plus frais. L'organe de la génération est renfermé entre deux pièces qui forment chacune une demi-gouttière. On peut le faire paraître en pressant le ventre de l'Insecte. Degéer a décrit une autre espèce de Misocampe, qui est aptère et remarquable par sa faculté de sauter portée au plus haut degré. Geoffroy parle d'une espèce de Misocampe qui va déposer ses œufs dans le corps d'une larve d'Ichneumon très-petit qui se nourrit de l'intérieur du corps des Pucerons. La larve du Misocampe attaque et fait périr celle de ce dernier, se métamorphose ensuite au même endroit, et perce la peau du cadavre où elle était renfermée quand elle s'est changée en Insecte parfait. Nous avons eu occasion d'observer cette espèce sortant de la Cochenille du Peuplier. Enfin une autre espèce met ses œufs dans c[elui d]e plusieurs autres Insectes, la [larve] s'y nourrit de leur substance, s'y transforme, et l'Insecte parfait en sort en perçant la coque. Les larves des Misocampes ont beaucoup de rapports avec celles des Ichneumons, mais les nymphes des premiers sont nues, au lieu que celles des seconds sont renfermées dans des coques filées par les larves. On connaît plusieurs espèces de Misocampes ; la plus commune est :

Le Misocampe du Bédéguar, *Misocampe Bedeguaris*, *Ichneumon Bedeguaris*, Latr., Linn., Réaum., etc. Ses antennes sont noires, une fois plus longues que la tête. Ses yeux sont bruns ; la tête et le corselet sont d'un vert doré ; l'abdomen est d'un pourpre doré, et les pates sont jaunes. La tarière de la femelle est beaucoup plus longue que le corps. Cette espèce se trouve dans toute l'Europe ; elle vit sous la forme de larve et de nymphe dans les galles chevelues du Rosier sauvage appelé *Bédéguar*. (G.)

MISOLAMPE. *Misolampus.* INS. Genre de l'ordre des Coléoptères, section des Hétéromères, famille des Mélasomes, tribu des Blapsides, établi par Latreille et ayant pour caractères : palpes terminés par un article plus gros ; le dernier des maxillaires sécuriforme; troisième et quatrième articles des antennes de la même longueur; corps convexe; corselet presque globuleux.

Ce genre a été formé par Latreille sur un Coléoptère du Portugal que Herbert avait décrit et figuré sous le nom de *Pimelia*. Il est très-rapproché de celui des Blaps; mais il en diffère par les antennes qui vont en grossissant vers leur extrémité, et par leur corselet qui est globuleux comme celui des Moluris ; les tarses sont à peu près semblables dans les deux sexes ; leur menton, qui est petit ou moyen, ne recouvre pas la base des mâchoires. L'espèce qui sert de type à ce genre est :

Le Misolampe de Hoffmannsegg, *Misolampus Hoffmannseggi*, Latr., *Gen. Crust. et Ins.*, t. 10■■■; *Pimelia gibbula*, Herbst., ■■■ 1, p. 20, fig. 7. Cet Insecte est ■■■ de près d'un demi-pouce, d'un noir foncé, luisant et chargé de points. Ceux des élytres y forment des lignes. Les antennes, les palpes et les tarses, sont roussâtres. Il a été trouvé en Portugal par Hoffmannsegg. (G.)

MISON. bot. crypt. Pour Myson. *V*. ce mot. (B.)

MISPIKEL. min. Syn. de Fer arsénical. *V*. Fer. (G. DEL.)

MISQUE. *Miscus*. ins. Genre de l'ordre des Hyménoptères établi par Jurine et formé de quelques espèces d'Ammophiles et de Pompiles, ayant la troisième cellule cubitale pétiolée. *V*. Ammophile et Pompile. (G.)

MISSULÈNE. *Missulena*. arachn. Genre établi par Walkenaer et auquel Latreille avait déjà donné le nom d'Eriodon. *V*. ce mot. (G.)

MISSOTTE. bot. phan. Le *Poa maritima* sur les côtes occidentales et méridionales de la France. (B.)

MISY. min. Nom ■■é par Pline (Hist. Nat., XXXIV, 31) sous lequel les anciens paraissent avoir connu le sulfate de Fer, qu'ils tiraient principalement de l'île de Chypre. Il lui attribue une couleur jaune, ce qui pourrait faire croire que le nom de Misy s'appliquait aux efflorescences de Schistes alumineux. (G. DEL.)

* MISYE. ois. Espèce du genre Bouvreuil. *V*. ce mot. (B.)

MITCHAGATCHI. ois. Espèce du genre Macareux. *V*. ce mot. (B.)

MITCHELLE. *Mitchella*. bot. phan. Genre de la famille des Rubiacées et de la Tétrandrie Monogynie, L., composé d'une seule espèce originaire de la Nouvelle-Hollande. Le *Mitchella repens*, L., Lamk., ●Ill., tab. 63, est un très-petit Arbuste de l'Amérique septentrionale, ayant sa tige grêle, rameuse, étalée, rampante, longue de cinq à six pouces ou davantage, et portant des feuilles opposées, courtement pétiolées, ovales, arrondies, obtuses et un peu mucronées au sommet, légèrement sinueuses sur les bords, coriaces, persistantes et accompagnées de deux bractées très-petites et persistantes ; les fleurs sont terminales et géminées, soudées ensemble par leur ovaire, ainsi qu'on l'observe dans un grand nombre d'espèces de Chèvrefeuilles; chaque calice est adhérent avec son ovaire infère, surmonté seulement d'un limbe à quatre dents; la corolle est tubuleuse, infundibuliforme ; son limbe, qui est presque plane, est à quatre, rarement à cinq divisions allongées, très-velues sur leur face supérieure ; les étamines sont de la longueur du tube calicinal ; le style est plus long, saillant, terminé par un stigmate profondément divisé en quatre lanières linéaires, obtuses et glanduleuses; le fruit est un double nuculaine globuleux, presque didyme, qui se compose des deux ovaires réunis ; il présente vers ses parties latérales et supérieures deux ombilics formés par les dents des calices, chacun d'eux contient quatre nucules ovoïdes, rapprochés les uns des autres. Ce genre a de grands rapports avec le genre *Nertera* de Banks, et surtout avec le *Nertera tetrasperma* de Kunth; néanmoins il en est fort distinct. Mitchell avait donné à ce genre le nom de *Chamædaphne*.   (A. R.)

* **MITCHILLIEN**. pois. Espèce du genre Exocet. *V.* ce mot.   (B.)

MITE ou MITTE. *Acarus*. ARACHN. Dans la Méthode de Linné, on désigne ainsi un genre d'Insectes Aptères très-nombreux en espèces et correspondant à la seconde tribu des Arachnides Holètres de Latreille, celle des Acarides. *V.* ce mot.

On désigne vulgairement sous le nom de Mite domestique ou Mite de fromage l'*Acarus domesticus* de Degéer; Mite des Moineaux l'*Acarus passerinus*; Mite de la farine l'*Acarus farinœ*; Mite de la gale l'*Acarus scabiei*, etc. *V.* ACARUS.   (G.)

* **MITELLE**. *Mitella*. MOLL. Oken a donné ce nom à un genre de Cirrhipèdes que Hill avait désigné longtemps avant sous le nom de *Scalpellum* adopté par Leach et que Blainville a changé, dans son Traité de Malacologie, pour celui de Polylèpe, *Polylepas. V.* ce mot.   (D..H.)

MITELLE. *Mitella*. BOT. PHAN. C'est le nom d'un genre de la famille des Saxifragées et de la Décandrie Digynie, L., ayant pour caractères : un calice monosépale, étalé, à cinq dents; une corolle composée de cinq pétales profondément laciniés sur leurs bords en découpures sétacées; dix étamines insérées, comme la corolle, à la paroi interne du calice; un ovaire ovoïde, surmonté de deux styles fort courts; le fruit est une capsule presque globuleuse, à une seule loge polysperme, s'ouvrant en deux valves. Ce genre se compose de cinq à six espèces qui toutes sont originaires de l'Amérique septentrionale. Ce sont des Plantes herbacées vivaces, ayant en général leurs feuilles toutes radicales, excepté dans la *Mitella diphylla*, L., qui porte au bas de son épi de fleurs deux feuilles involucrales opposées et sessiles; les fleurs sont petites, jaunâtres, disposées en un long épi au sommet de la tige qui forme une sorte de hampe nue.

Le *Mitella diphylla*, L., Lamk., Ill., tab. 373, fig. 1; Gaertn., 1, tab. 44, est l'espèce la plus commune et la plus grande de ce genre; ses feuilles radicales sont réunies en touffe et portées sur des pétioles de trois à quatre pouces de longueur, hérissés de poils roussâtres; ces feuilles sont minces, membraneuses, cordiformes et à trois ou cinq lobes aigus peu profonds et doublement dentés; la tige, haute de six à douze pouces et même davantage, est simple, nue inférieurement, portant vers sa partie moyenne deux feuilles sessiles et terminées par un long épi de fleurs pédicellées, jaunâtres; les capsules sont un peu comprimées, s'ouvrant en deux valves par leur partie supérieure et contenant plusieurs graines noires et luisantes.

Les autres espèces de ce genre sont : les *Mitella cordifolia*, Lamk., Ill., tab. 373, fig. 3; *M. reniformis*, Id., Ill., tab. 373, fig. 2; *M. grandiflora*, Pursh; et *M. prostrata*, Michaux.   (A. R.)

MITHRAX. *Mithrax*. CRUST. Genre de l'ordre des Décapodes, famille des Brachyures, tribu des Triangulaires, établi par Leach et auquel Latreille avait donné, dans la Collection du Muséum d'Histoire Naturelle de Paris, le nom de *Trachonite*. Ses caractères sont: test plus large que long, approchant de la figure rhomboïdale; serres et pieds gros et courts, très-épineux. Ce genre se distingue des Parthenopes par les pieds antérieurs qui, quoique très-grands, sont cependant moins longs que les mêmes des Parthenopes; ils se dirigent en avant, ce que ne peuvent pas faire ceux des Parthenopes, et n'ont pas les doigts des pinces en bec de Perroquet. Il se distingue encore des autres genres dérivant de celui d'Inachus de Fabricius par des caractères tirés de la forme et de la position des antennes et d'autres tirés de la forme du corps et des pates ; les antennes extérieures des Mithrax sont placées près du canthus interne des yeux, très-courtes, terminées par une tige conique ou en alène, guère plus longue que leur pédoncule, dont le premier article est un peu plus gros, mais plus court que le second ; le troisième article des pieds-mâchoires extérieurs est presque carré, avec l'angle interne supérieur échancré ; les serres sont grandes, mais moins que celles des Lambres et des Eurynomes, dirigées en avant et ne formant pas d'angle avec l'axe longitudinal du corps ; elles sont terminées par des pinces plus ou moins ovales, dont les doigts ne s'inclinent pas brusquement comme ceux des Eurynomes et des Lambres ; la carapace a un rostre bifide, elle est tantôt courte, tantôt renflée sur les côtés, très-épineuse et inégale, tantôt oblongue et médiocrement inégale ; les yeux sont entièrement renfermés dans une cavité cylindrique, ils sont gros et portés sur un court pédicule. Ce genre est assez nombreux en espèces. Nous citerons :

Le Mithrax lunulé, *Mithrax lunulatus*, Latr. Il a le test oblong, allongé, terminé par deux pointes très-aplaties et mousses, avec le dessus sans tubercules et les côtés pourvus de quatre dents, dont la seconde est la plus grande. Il se trouve à la Nouvelle-Hollande. On doit encore rapporter à ce genre le *Maia condyliata*, Riss.? et les *Cancer spinipes*, *condyliatus*, *hispidus* et *aculeatus* d'Herbst. Tous des Indes-Orientales.

(G.)

* MITHRAX. min. La Gemme mentionnée sous ce nom par Pline paraît être une Opale ou un Girasol.

(B.)

MITHRIDATEA. bot. phan. Le genre *Ambora* de Jussieu était ainsi nommé par Commerson dans ses manuscrits. Schreber et Willdenow ont préféré cette dénomination, quoique le mot *Ambora* n'eût rien de choquant, et qu'il fût en harmonie avec celui que l'Arbre porte à Madagascar. Si l'on eût regardé comme absolument nécessaire de s'en rapporter sévèrement à la règle arbitraire qui veut que tous les noms vulgaires soient proscrits du langage scientifique, il aurait fallu au moins adopter pour le genre en question le nom de *Tambourissa*, d'abord proposé par Sonnerat. *V*. Ambora.   (G..N.)

MITHRIDATIUM. bot. phan. Ce nom est dans les anciens celui de la Dent de Chien (*Erythronium dens Canis*, L.) Adanson l'a employé comme nom générique pour désigner ce genre. *V*. Erythrone.   (A. R.)

* MITILLINE. inf. Pour Mytiline. *V*. ce mot.   (B.)

MITINA. bot. phan. Adanson fait du *Carlina lanata*, L., un genre distinct qu'il nomme *Mitina*, et qu'il distingue surtout par les écailles de l'involucre, qui sont dépourvues d'épines sur leurs bords. Mais ce genre n'a pas été adopté, même par les auteurs qui, dans ces derniers temps, ont pris à tâche de diviser à l'infini et sans mesure les Plantes de cette famille. *V*. Carline.   (A. R.)

MITOSATES. *Mitosata*. ins. Fabricius donne ce nom au sixième ordre de sa classe des Insectes ; cet ordre répond à celui des Myriapodes de Latreille. *V*. Myriapodes et l'article Entomologie.   (G.)

MITRA. bot. phan. Le genre établi sous ce nom par Houston fut adopté par Linné qui le nomma *Mitreola*, puis le réunit à l'*Ophiorhiza*. Notre collaborateur, A. Richard, en a de nouveau établi la distinction ; il a définitivement rangé le véritable *Ophiorhiza* parmi les Rubiacées, tandis que le *Mitreola* reste parmi les Gentianées. *V*. Mitréole. (G..N.)

MITRAGYNE. bot. phan. (R. Brown.) Syn. de Mitrasacme. *V*. ce mot.   (B.)

MITRAIRE. *Mitraria*. bot. phan. Cavanilles (*Icon. rar.*, 6, p. 57, t. 579) a établi sous ce nom un genre de la

Didynamie Angiospermie, L., et qui paraît devoir avoir quelques affinités avec la famille des Bignoniacées. Il offre pour caractères principaux : calice double, l'extérieur en forme de mitre, et partagé inégalement ; l'intérieur à cinq divisions profondes, inégales, linéaires et aiguës ; corolle tubuleuse, renflée, à deux lèvres dont la supérieure est bifide et l'inférieure trifide ; quatre étamines didynames, ayant leurs filets écarlates plus longs que la corolle, insérés à la base du tube de celle-ci ; une cinquième étamine rudimentaire ; ovaire supérieur ovale, surmonté d'un style subulé et d'un stigmate épais ; baie succulente, uniloculaire, renfermant des graines nombreuses, nageant dans la pulpe, luisantes et allongées. Ce que l'auteur de ce genre considère comme la partie extérieure d'un calice double, n'est que la cohérence de deux bractées, ainsi que cela s'observe sur un grand nombre de Plantes qui appartiennent à la classe des Monopétales. Ce caractère nous semble donc moins important que s'il dépendait d'une structure particulière dans les enveloppes florales ; l'organe dont il s'agit ne faisant plus partie du calice, et devant être rejeté parmi ceux de la végétation et assimilé aux feuilles, sur lesquelle on ne peut établir de bons caractères génériques.

Le *Mitraria coccinea*, Cavan., *loc. cit.*, a des tiges ligneuses, grimpantes, divisées en rameaux faibles, opposés, obscurément tétragones et légèrement velus. Ses feuilles sont opposées, quelquefois ternées, portées sur de courts pétioles, ovales, aiguës ou allongées, dentées en scie, vertes et légèrement velues à la face supérieure, et glauques en dessous. Les fleurs, d'un rouge écarlate, sont ordinairement solitaires, quelquefois géminées ou ternées, axillaires, pendantes et portées sur des pédoncules longs, rudes et épaissis à leur sommet. Cette Plante croît près de San-Carlos, dans l'île de Chiloe.

Gmelin (*Syst. Veget.*) a donné le même nom de *Mitraria* à un genre qui a pour type l'*Eugenia racemosa*, L., et qui a été nommé *Stravadium* par Jussieu. *V.* ce mot.   (G..N.)

MITRASACME. bot. phan. Labillardière (*Nov. Holland. Plant. Spec.*, 1, p. 56, t. 49) a constitué sous ce nom un genre de la Tétrandrie Monogynie, L., et il le considérait comme faisant partie de la famille des Scrophularinées. En adoptant ce genre, et proposant le nom de *Mitragyne* comme plus convenable, R. Brown (*Prodr. Flor. Nov.-Holland.*, p. 452) l'a placé à la fin de la famille des Gentianées, parce qu'il a plus de rapports avec le genre *Exacum* qu'avec aucun de ceux qui composent les Scrophularinées. Voici les caractères qu'il lui a attribués : calice anguleux, à quatre ou rarement à deux divisions courtes ; corolle caduque dont le tube est anguleux, le limbe à quatre divisions profondes et égales ; quatre étamines égales, ordinairement renfermées dans le tube de la corolle, rarement saillantes ; anthères s'ouvrant à l'extérieur ; style bifide à la base ; capsules déhiscentes au sommet par les fentes qui séparent les branches du style. Les Plantes de ce genre sont des Herbes glabres ou poilues ; à feuilles opposées, tantôt connées, tantôt rassemblées en rosettes au collet de la racine, et alors la tige est nue. Leurs fleurs sont disposées en ombelles terminales, plus rarement axillaires et solitaires. On doit considérer comme type le *Mitrasacme pilosa*, Labill., *loc. cit.* Cette Plante, velue sur toutes ses parties, couchée sur le sol, à feuilles ovales, à fleurs solitaires, axillaires et pédonculées, croît à la terre de Van-Diémen. R. Brown a décrit dix-huit autres espèces, toutes originaires des environs du Port-Jackson, et de la partie de la Nouvelle-Hollande située entre les Tropiques ; il les a distribuées en quatre sections : la première se compose de seize espèces que l'auteur a nommées vraies Mitrasacmes (*Mitrasacme veræ*). Elle est caractérisée par son calice quadrifide, par ses étamines incluses et insérées sur le milieu du tube de la corolle, par son style bifide à la base jusqu'au moment de l'épanouissement de la fleur, et par son stigmate bilobé. La seconde section diffère essentiellement de la précédente par son calice bifide. Elle ne renferme qu'une seule espèce à laquelle R. Brown a donné le nom de *Mitrasacme paradoxa.* La troisième section offre les caractères de la première; mais on n'y retrouve point la structure si singulière du style. Le *Mitrasacme connata* possède en effet un style dont la base est indivise même avant l'anthèse, et dont le stigmate est entier. Enfin, dans la quatrième section, l'auteur a placé le *Mitrasacme ambigua*, dont le calice est plissé, à lobes concaves, les étamines saillantes, insérées sur l'entrée de la corolle, et la capsule qui finit par se diviser en deux valves. (G..N.)

MITRE. *Mitra.* MOLL. Il est peu de genres parmi les Mollusques qui offrent des Coquilles dont les formes soient plus agréables et les couleurs plus vives et mieux distribuées. Voisines des Volutes, les Mitres, quant à l'Animal, doivent en différer fort peu, quoique celui-ci ne soit point encore connu. Les rapports des Coquilles sont si grands, qu'il est impossible de nier leur analogie. La plupart des auteurs anciens connurent des Coquilles de ce genre, mais n'établissant de distinction parmi elles que d'après les formes ou même les accidens extérieurs, ils les confondirent indistinctement avec des genres fort différens, principalement avec les Buccins. Linné lui-même les rangea dans les Volutes, ce que firent Bruguière et ses autres imitateurs. Lamarck est le premier qui ait séparé les Mitres des Volutes de Linné dans le Système des Animaux sans vertèbres (1801); il le conserva depuis dans ses autres ouvrages. Montfort, d'après les formes extérieures seulement, divisa le genre Mitre de Lamarck en deux autres, les Minarets et les Mitres. Cette

division n'est point motivée par de bons caractères. Aussi la plupart des auteurs n'adoptèrent pas cette opinion, et le genre Mitre resta dans son entier jusque vers ces derniers temps où Sowerby proposa de démembrer sous le nom de Conelix, un petit genre contenant toutes les espèces qui ont à peu près la forme d'un cône ou d'une olive, et qui ont un assez grand nombre de plis à la columelle; ce démembrement, à notre avis, ne peut pas plus que celui de Montfort, être admis comme genre, mais seulement comme des sous-divisions favorables à la détermination des espèces.

Les rapports des Mitres avec les Volutes sont si évidens, que l'on a généralement fort peu varié sur la place que ce genre devait occuper dans la série, confondu, comme nous l'avons dit, par Linné et Bruguière, avec les Volutes. Lamarck, en le créant, le laissa tout près de ce genre. De Roissy, dans le Buffon de Sonnini, adopta l'opinion de Lamarck, et l'appuya judicieusement. Dans la Philosophie zoologique, Lamarck conserva les mêmes rapports que dans le Système, ce qu'il fit aussi dans l'Extrait du Cours et dans son dernier ouvrage, où il conserva sa famille des Columellaires. Montfort plaça les Minarets après les Pleurotomes, et à côté des Turbinelles, qu'il rapprocha des Mitres en rompant ainsi les rapports les plus naturels. Cuvier, en conservant le genre Volute de Linné, dut y apporter des changemens d'après les travaux les plus modernes; il le sous-divisa en plusieurs sous-genres, dont l'un est consacré aux Mitres de Lamarck. Férussac, dans ses Tableaux systématiques des Mollusques, a conservé les Mitres dans le voisinage des Volutes, et de ces deux genres, avec celui des Vis, il en a fait la famille des Volutes, qui est loin de répondre à la famille des Columellaires de Lamarck. De Blainville (Traité de Malacologie) a réuni les Mitres, les Volutes et plusieurs autres genres dans la famille des Angystomes (*V.* ce mot au Suppl.), et Latreille, dans les Familles du Règne Animal, a conservé sans changemens la famille des Columellaires de Lamarck ; les Mitres s'y trouvent conséquemment dans les mêmes rapports.

Les Mitres sont des Coquilles qui habitent principalement les mers équatoriales ; elles diminuent et disparaissent à mesure que l'on s'éloigne des mers chaudes. Quoique les collines subappennines présentent à l'état fossile plusieurs grandes espèces, on n'en retrouve plus aujourd'hui que de petites dans la Méditerranée, d'espèces différentes, et elles y sont fort rares ; les environs de Paris en offrent aussi un assez grand nombre dont on ne connaît plus les analogues vivans. Le genre Mitre peut se caractériser de la manière suivante : Animal inconnu, mais probablement voisin de celui des Volutes ; coquille turriculée, subfusiforme ou coniforme, à spire pointue au sommet, à base échancrée et sans canal ; columelle chargée de plis parallèles entre eux, transverses, et dont les inférieurs sont les plus petits ; bord columellaire mince, et appliqué. On connaît dans les collections un fort grand nombre de Mitres ; plusieurs sont très-recherchées. Lamarck en caractérise quatre-vingts parmi lesquelles il y en a plusieurs qu'il est impossible de reconnaître d'après la seule phrase caractéristique. Pour mettre les espèces dans leurs rapports les plus naturels, nous diviserons ce genre en quatre sections de la manière suivante :

† Coquilles turriculées ou bucciformes, sans dépression sur le bord droit.

MITRE PAPALE , *Mitra papalis*, Lamk. , Anim. sans vert. T. VII, p. 299, n° 2; *Voluta papalis*, L., p. 3459, n° 95; Encycl., pl. 370, fig. 1, a, b. Grande et belle Coquille striée transversalement, surtout dans le jeune âge, avec des points peu profonds dans les stries ; ces stries et ces points disparaissent presque entièrement sur le dernier tour ; sur un fond

blanc, cette Coquille est agréablement ornée de taches d'un rouge briqueté ; elles sont sériales. Les sutures de chaque tour sont plissées régulièrement et couronnées de dents. On voit cinq plis à la columelle, et le bord droit est souvent dentelé dans toute sa longueur.

†† Espèces qui ont un sinus sur la lèvre droite. Les MINARETS.

MITRE PLICAIRE, *Mitra plicaria*, Lamk. ; *Voluta plicaria*, L., Gmel., p. 3452, n° 55; Lister, Conchil., t. 820, fig. 37; Martini, Conchil. Cab. T. IV, t. 148, fig. 1362 et 1363; Encyclop., pl. 373, fig. 6. C'est parmi les Minarets l'espèce la plus commune et la mieux caractérisée sous le rapport du sinus du bord droit, qui est assez profond et assez semblable à celui des Clavatules.

MITRE EN LYRE, *Mitra lyrata*, Lamk., Anim. sans vert. T. VII, p. 308, n° 26; *Mitra subdivisa*, Lamk., Ann. du Mus. T. XVII, p. 204, n° 26; Martini, Conchil. Cab. T. x, t. 151, fig. 1434 et 1435; Encyclop., pl. 373, fig. 1, a, b. Très-jolie Coquille , élégamment ornée de côtes longitudinales, distantes, étroites, et dans leur intervalle se voient des stries transverses , fines et peu profondes.

††† Espèces courtes, qui ont le bord droit épaissi, renflé dans son milieu.

MITRE BIZONALE, *Mitra bizonalis*, N. ; *Colombella bizonalis*, Lamk., Anim. sans vert. T. VII, p. 294, n° 6; Martini, Conchil. Cab. T. II, t. 44, fig. 463 et 464; Encyclop., pl. 375, fig. 7, a, b. Lamarck, en confondant plusieurs espèces de Mitres de cette section avec les Colombelles, avait assigné à celles-ci un caractère qu'elles n'ont jamais, les plis à la columelle ; ces plis, dans les Coquilles qui nous occupent, sont absolument semblables à ceux des autres Mitres ; ils ont dû nous servir de caractère essentiel pour les replacer dans leurs rapports naturels, et les huit ou dix espèces que nous colnaissons font un groupe bien caractérisé parmi les Mitres.

††† Espèces oliviciformes ou coniformes. Genre CONELIX, Sow.

MITRE DACTYLE, *Mitra Dactylus*, Lamk, Anim. sans vert. T. VII, p. 314, n° 44; *Voluta Dactylus*, L., Gmel., p. 3443, n° 25; Lister, Conchil., t. 813, fig. 23; Chemnitz, Conchil. Cab. T. x, t. 150, fig. 1411, 1412; Encyclop., pl. 372, fig. 51, a, b.

MITRE CRÉNELÉE, *Mitra crenulata*, Lamk., Anim. sans vert. T. VII, p. 315, n° 46; *Voluta crenulata*, Chemnitz, Conchil. Cab. T. x, t. 150, fig. 1413, 1414; *Voluta crenulata*, Gmel., p. 3452, n° 130; Encyclop., pl. 372, fig. 4, a, b. Quoique la forme des espèces de cette section soit différente de celles des autres Mitres, nous devons néanmoins ne pas admettre le genre de Sowerby, car on arrive à ces formes par des passages insensibles. (D..H.)

* MITRE DE MER. POLYP. Ce nom a été donné, par d'anciens naturalistes, à des Psychodiaires de la famille des Éponges. (E. D..L.)

* MITRE DE NEPTUNE, MITRE POLONAISE. POLYP. On a donné ces noms à une variété du *Madrepora Pileus* de Linné, dont Lamarck a fait une espèce sous le nom de Fongie Bonnet. *V.* FONGIE. (E. D..L.)

* MITREMYCES. BOT.. CRYPT. (*Lycoperdacées.*) Ce genre établi par Nées d'Esenbeck a pour type le *Lycoperdon heterogenum*, décrit par Bosc dans les Mémoires de l'Académie de Berlin, T. v, p. 87, pl. 6, fig. 10. On peut le caractériser ainsi : péridium double; l'extérieur globuleux, ayant son orifice fermé par une sorte de coiffe écailleuse et laciniée sur ses bords; l'interne arrondi, beaucoup plus petit, fixé supérieurement au pourtour de l'orifice du péridium externe; sporules dépourvues de filamens. On ne connaît qu'une seule espèce de ce genre, qui croît dans la Caroline et dans quelques autres parties des États-Unis; Schweinitz en a donné une excellente description et une très-bonne figure dans son histoire des Champignons de le Caroline du Nord (*Comment. Soc. Nat. Cur. Lipsiensis*). Le pédicule de cette Plante est épais, irrégulier, d'un brun foncé; il supporte un péridium gros comme une petite noix, sphérique, lisse, d'une couleur fauve; la petite coiffe qui couvre son orifice est d'un beau rouge; le péridium interne, beaucoup plus petit que l'externe, est suspendu dans la cavité de celui-ci, qu'il ne remplit pas à beaucoup près. Schweinitz a observé, dans la Pensylvanie, une autre espèce de ce genre plus petite et rouge. Il pense que le *Scleroderma pistillare* de Persoon doit également se ranger dans ce genre.
(AD. B.)

MITRÉOLE. *Mitreola*. BOT. PHAN. Linné avait nommé ainsi un genre appelée d'abord *Mitra* par Houston, et qu'il avait ensuite réuni à l'*Ophiorhiza*, placé par Jussieu dans la famille des Gentianées. Mais ayant étudié avec soin l'organisation des deux Plantes nommées par Linné *Ophiorhiza Mungos* et *O. Mitreola*, nous avons reconnu (Mém. de la Soc. Hist. Nat. de Paris, 1, p. 61) que ces deux espèces appartiennent non-seulement à deux genres différens, mais que ces deux genres doivent se ranger dans deux familles distinctes. Nous avons donc ôté la seconde espèce du genre *Ophiorhiza*, et rétabli pour elle le genre *Mitreola* qui reste dans la famille des Gentianées, tandis que le genre *Ophiorhiza* fait partie des Rubiacées. Voici les caractères que nous avons assignés au genre *Mitreola* : son calice est à cinq divisions profondes, persistant et libre; la corolle est monopétale, régulière, presque urcéolée, à cinq lobes. Les cinq étamines sont incluses. L'ovaire est libre à deux loges polyspermes; les ovules sont attachées à la cloison. Le style est court, simple, terminé par un stigmate également simple. Le fruit est une capsule terminée supérieurement par deux cornes, et s'ouvrant par leur côté interne.

Ce genre se compose d'une seule espèce , *Mitreola ophiorhizoides* , Rich., *loc. cit.* T. 5 , qui est originaire de l'Amérique septentrionale et a le port d'un Héliotrope, surtout quant à la disposition de ses fleurs. Sa tige est simple , dressée , glabre , cylindrique , haute d'un pied à un pied et demi ; ses feuilles opposées , sessiles, ovales, oblongues, aiguës, un peu sinueuses. Les fleurs, fort petites , forment une espèce de cime terminale composée d'un grand nombre de ramifications roulées en crosse, comme dans les Héliotropes. Quoique l'ovaire soit terminé par un style et un stigmate simples, le fruit est néanmoins bicorne à son sommet. Voici comment se fait ce changement. Après la fécondation, peu à peu la cloison se sépare en deux lames , qui s'écartent l'une de l'autre, et il se forme une sorte de fente qui traverse l'ovaire dans sa partie supérieure, son sommet restant intact. Mais bientôt le sommet lui-même se fend, et chaque moitié emporte avec elle une partie du style. (A. R.)

* MITROPHORA. BOT. PHAN. Necker (*Elem. Bot.*, n. 208) a donné ce nom, comme générique , au *Valeriana Cornucopiæ* , L. , type du genre *Fedia* de Mœnch et de De Candolle. *V.* FÉDIE. (G..N.)

MITROUILLET. BOT. PHAN. L'un des noms vulgaires de la Gesse tubéreuse. (B.)

* MITRULA. BOT. CRYPT. (*Champignons.*) Persoon donna d'abord le nom de *Mitrula Heyderii* à un Champignon qu'il réunit ensuite au genre *Leotia* sous le nom de *Leotia Mitrula;* Fries a rétabli le genre Mitrula en y plaçant plusieurs espèces nouvelles , et il a formé de l'espèce décrite en premier par Persoon une section particulière sous le nom de *Heyderia.* Ces Plantes se rapprochent des *Clavaires* et des *Leotia*; elles présentent

un style charnu qui supporte un chapeau en forme de massue ovoïde parfaitement distinct du stipe libre , même à sa base dans les véritables *Mitrula*, adhérent au stipe dans les *Heyderia* ; ce chapeau porte extérieurement , sur toute sa surface , une membrane fructifère. On connaît cinq espèces de ce genre qui ont été observées particulièrement dans le nord de l'Europe, en Suède et en Angleterre ; elles croissent sur les feuilles mortes , et plus spécialement sur celles des Conifères.

 (AD. B.)

MITTE. ARACHN. *V.* MITE.

MITU-PORANGA. OIS. Espèce de Hocco du Paraguay où le nom de Mitu paraît désigner le genre même. *V.* Hocco. (B.)

MITZLI. MAM. (Nieremberg.) Syn. de Couguar. *V.* ce mot. (B.)

MIXINE. POIS. Pour Myxine. *V.* ce mot. (B.)

MNASIUM. BOT. PHAN. Syn. de *Rapatea* d'Aublet. *V.* ce mot. (G..N.)

MNEMOSILLA. BOT. PHAN. Ce genre de Forskahl a été réuni à l'*Hypecoum. V.* ce mot. (G..N.)

MNÉMOSINE. INS. Espèce du genre Papillon de Linné, placée par Latreille dans le genre Parassie. *V.* ce mot. (G.)

MNÉMOSYNE. BOT. CRYPT. (*Mousses.*) (Ehrard.) Syn. de Tetraphis. *V.* ce mot. (G..N.)

MNESITEON. BOT. PHAN. Ce nom qui, chez les anciens Grecs, désignait le Genevrier, a été donné par Rafinesque (*Flor. Ludov.*, p. 67) à un genre qu'il a établi dans la famille des Synanthérées, et qui appartient à la Syngénésie superflue, L. Il offre pour caractère essentiel : un involucre à quatre folioles étalées ; calathide radiée, dont les fleurons sont hermaphrodites, à corolles quadrifides; quatre étamines syngénèses; akènes comprimés, membraneux, ailés, couronnés par un rebord épais ; réceptacle nu. Si ces caractères sont exacts, le genre Mnesiteon est très-remarquable parmi les Synanthérées, par le nombre quaternaire des parties de sa fleur. Mais l'auteur n'aurait-il pas observé une variété accidentelle, au lieu d'une structure constante qui seule peut motiver l'établissement d'un nouveau genre ? Nous nous croyons autorisés à faire cette réflexion, parce que nous avons vu le nombre des parties de la fleur varier assez souvent dans la même espèce, parmi les Plantes qui appartiennent à diverses familles dont la corolle est monopétale. Quoi qu'il en soit, Rafinesque a formé son genre Mnesiteon de deux espèces sous les noms de *Mnesiteon album* et *Mnesiteon luteum*. La première a des rapports avec le *Buphtalmum angustifolium* de Pursh. Ces Plantes sont indigènes de la Louisiane.

(G..N.)

MNIARE. *Mniarum.* BOT. PHAN. Genre de la famille des Paronychiées, et de la Monandrie Digynie, L., établi par Forster sous ce nom qu'ont adopté Labillardière et R. Brown : Banks et Gaertner, après lui, le nomment *Ditoca*. Son calice urcéolé, divisé jusque vers son milieu en quatre parties, porte insérée à sa gorge une étamine unique. Son ovaire libre renferme un seul ovule, et est surmonté d'un style biparti. Son fruit est un utricule renfermé dans le tube endurci du calice persistant. Sa graine renversée présente un périsperme embrassé par un embryon à radicule supère. Les deux espèces de ce genre, qui croissent l'une et l'autre à la Nouvelle-Hollande, sont de petites Herbes, couvertes de feuilles courtes, opposées, connées à leur base, rapprochées et subulées. Les pédoncules biflores portent vers leur sommet quatre bractées et s'allongent après la floraison.

(A. D. J.)

MNIOTILTE. OIS. Genre de la méthode de Vieillot, dans lequel cet ornithologiste a placé le Figuier varié. *V.* SYLVIE.

(DR..Z.)

MNIUM. BOT. CRYPT. (*Mousses.*) Linné et Hedwig, ainsi que Schwægrichen, ont donné ce nom à un genre qui a été définitivement réuni au *Bryum* par Hooker. *V.* BRY.

(G..N.)

FIN DU TOME DIXIÈME.

ERRATA.

TOME IX.

Page 205, colonne 1, ligne 43, l'étang de Cazan, *lisez* : l'étang de Cazeau.

P. 233, col. 1, l. 1, soies, *lisez* : sores.

P. 340, col. 1, l. 40, un Animal de l'histoire de Pavana, *lisez* : un Animal de l'isthme de Panama.

TOME X.

P. 144, col. 1, l. 13, *Combessedea*, lisez : *Cambessedea*.

P. 161, col. 1, * MARAYE. pois. *lisez* : *MARAXE. pois.

P. 258, col. 2, l. 48, matière vésiculeuse, *lisez* : matière vésiculaire ; ainsi que partout où la même faute se retrouverait.

P. 259, col. 1, l. 3, moteur de tout mouvement, *lisez* : raison de tout mouvement.

— col. 2, l. 4, résultat, *lisez* : résultant.

P. 261, col. 1, l. 15, épaisses, *lisez* : s'épaississent.

—— l. 28, le puisse, *lisez* : la puisse.

P. 262, col. 2, l. 47, supprimer le mot *devenu* qui termine la ligne.

P. 263, col. 1, l. 46, supprimer le mot *de* qui termine la ligne.

P. 264, col. 2, l. 34, plus grandes? *lisez* : plus apparentes?

P. 271, col. 2, l. 40, se développe, *lisez* : se manifeste.

P. 272, col. 1, l. 6, La réunion de la matière végétative, *lisez* : Une réunion analogue à celle de la matière végétative.

—— l. 12, métamorphoses, *lisez* : transmutations.

P. 273, col. 2, l. 6, encore, *lisez* : davantage.

—— l. 35, de celle-ci, *lisez* : de cette cristallisation.

P. 275, col. 2, l. 18, en molécules colorantes, *lisez* : en particules colorantes.

P. 276, col. 1, l. 6, concrétées; *lisez* : concrétées?

P. 276, col. 2, l. 34, distinguera jamais, *lisez* : distinguera probablement jamais.

P. 277, col. 1, l. 34, ne les agite pas, *lisez* : ne les excite pas.

P. 278, col. 2, l. 3, dès qu'ils sont, *lisez* : tant qu'ils sont.

—— l. 8, *globator* qui s'évanouit, *lisez* : *globator* enfin qui s'évanouit.

P. 279, col. 2, l. 22, toute l'existence, *lisez* : toute existence.

P. 281, col. 1, l. 14 et 15, qui dut présider à la création, *lisez* : qui préside à toute création.

P. 372 : col. 1, l. 23, comme continens, *lisez* : comme contenant.

P. 273, col. 2, l. 47, et durant huit ou dix mois, *lisez* : et durant huit à dix mois.

P. 378, col. 1, l. 41, de leur côté, *lisez* : en retour.

— col. 2, l. 43, considérable, *lisez* : forte.

P. 380, col. 1, l. 41, de l'Hérault, *lisez* : de l'Aude.

P. 414, col. 1, l. 46, attacher, ces, *lisez* : attacher; ces.

P. 466, col. 2, l. 44, les espèces dont, *lisez* : l'espèce dont.

P. 469, col. 1, l. 17 et 18, Caquarts, *lisez* : Coquarts.

P. 477, col. 2, l. 45, la chaîne, *lisez* : plusieurs chaînes.

P. 541, col. 2, l. 24, l'existence, *lisez* : la certitude.

MAMMIFÈRES (Méthode de Linné, *Systema Naturæ*, tome I).

MAMMIFÈRES.

Unguiculés ; incisives..

Au nombre de quatre à chaque mâchoire ; une dent canine de chaque côté des dents incisives. . . . **LES PRIMATS** (*Primates*). Ordre I.
- 1. Homme (*Homo*).
- 2. Singe (*Simia*).
- 3. Maki (*Lemur*).
- 4. Chauve-Souris (*Vespertilio*).

Nulles. . . . . **LES BRUTES** (*Brutæ*). Ordre II.
- 5. Eléphant (*Elephas*).
- 6. Morse (*Trichechus*).
- 7. Bradype (*Bradypus*).
- 8. Fourmilier (*Myrmecophaga*).
- 9. Pangolin (*Manis*).
- 10. Tatou (*Dasypus*).

Coniques, six, deux ou dix à chaque mâchoire ; une canine de chaque côté des incisives. . . . . **LES BÊTES FAUVES** (*Feræ*). Ordre III.
- 11. Phoque (*Phoca*).
- 12. Chien (*Canis*).
- 13. Chat (*Felis*).
- 14. Civette (*Viverra*).
- 15. Marte (*Mustela*).
- 16. Ours (*Ursus*).
- 17. Didelphe (*Didelphis*).
- 18. Taupe (*Talpa*).
- 19. Musaraigne (*Sorex*).
- 20. Hérisson (*Erinaceus*).

Au nombre de deux à chaque mâchoire ; point de canines. . . . **LES LOIRS** (*Glires*). Ordre IV.
- 21. Porc-Épic (*Hystrix*).
- 22. Lièvre (*Lepus*).
- 23. Castor (*Castor*).
- 24. Rat (*Mus*).
- 25. Ecureuil (*Sciurus*).
- 26. Noctilion (*Noctilio*).

Ongulés ; incisives.

Nulles à la mâchoire supérieure. . **LES BESTIAUX** (*Pecora*). Ordre V.
- 27. Chameau (*Camelus*).
- 28. Musc (*Moschus*).
- 29. Cerf (*Cervus*).
- 30. Chèvre (*Capra*).
- 31. Mouton (*Ovis*).
- 32. Boeuf (*Bos*).

Existant aux deux mâchoires. . . **LES GRANDS QUADRUPÈDES** (*Belluæ*). Ordre VI.
- 33. Cheval (*Equus*).
- 34. Hippopotame (*Hippopotamus*).
- 35. Cochon (*Sus*).
- 36. Rhinocéros (*Rhinoceros*).

Sans ongles. . . . . **LES CÉTACÉS** (*Cete*). Ordre VII.
- 37. Narwhal (*Monodon*).
- 38. Baleine (*Balæna*).
- 39. Cachalot (*Physeter*).
- 40. Dauphin (*Delphinus*).